Wolff • Hauck • Küchlin
Mathematik für Informatik und BioInformatik

Springer
*Berlin
Heidelberg
New York
Hongkong
London
Mailand
Paris
Tokio*

M.P.H. Wolff · P. Hauck · W. Küchlin

Mathematik für Informatik und BioInformatik

Springer

Professor Dr. Manfred Wolff
Universität Tübingen
Mathematisches Institut
Arbeitsbereich Mathematik in den Naturwissenschaften
Auf der Morgenstelle 10
72076 Tübingen
DEUTSCHLAND
e-mail: manfred.wolff@uni-tuebingen.de
http://www.uni-tuebingen.de/mandfred.wolff/

Professor Dr. Peter Hauck
Universität Tübingen
Wilhelm-Schickard-Institut für Informatik
Arbeitsbereich Diskrete Mathematik
Sand 14
72076 Tübingen
DEUTSCHLAND
e-mail: hauck@informatik.uni-tuebingen.de
http://www-dm.informatik.uni-tuebingen.de

Professor Dr. Wolfgang Küchlin
Universität Tübingen
Wilhelm-Schickard-Institut für Informatik
Arbeitsbereich Symbolisches Rechnen
Sand 14
72076 Tübingen
DEUTSCHLAND
e-mail: Wolfgang.Kuechlin@informatik.uni-tuebingen.de
http://www-sr.informatik.uni-tuebingen.de

Bibliografische Information der Deutschen Bibliothek

Die Deutsche Bibliothek verzeichnet diese Publikation in der Deutschen Nationalbibliografie; detaillierte bibliografische Daten sind im Internet über <http://dnb.ddb.de> abrufbar.

ISBN 3-540-20521-7 Springer-Verlag Berlin Heidelberg New York

Springer-Verlag ist ein Unternehmen von Springer Science+Business Media

www.springer.de

© Springer-Verlag Berlin Heidelberg 2004
Printed in Germany

Einbandgestaltung: *design & production GmbH*, Heidelberg
Satz: Datenerstellung durch die Autoren unter Verwendung eines Springer $\text{L\!A\!T\!}_{\text{E}}\text{X}$ Makropakets
Druck- und Bindearbeiten: Fa. Strauss, Mörlenbach

Gedruckt auf säurefreiem Papier   44/3142AT-5 4 3 2 1 0

Unseren Familien gewidmet
MW, PH, WK

Vorwort

Die Informatik ist erwachsen geworden und benötigt ihre eigene Mathematik. Dieses Buch enthält eine speziell auf das Informatik-Studium an Universitäten und Technischen Hochschulen zugeschnittene Einführung, die im Informatik- und BioInformatik-Studium der Universität Tübingen die ersten 3–4 Semester abdeckt.

Welche Mathematik benötigt die Informatik? Die traditionell aus dem Mathematik- und Physikstudium übernommene Analysis und Lineare Algebra sind für die Modellierung und Berechnung der physikalischen Natur wichtig. Grundlegende Kenntnisse in diesen Gebieten sind auch für die Informatik unabdingbar, da die entsprechenden Rechenverfahren heute natürlich auf Computern ausgeführt werden. Überall dort, wo zufällige Erscheinungen modelliert werden, benötigt man die Stochastik. Dies ist insbesondere in der BioInformatik der Fall, etwa wenn es um das Auftreten von Mutationen geht. Für die gesamte Informatik ist die Diskrete Mathematik von besonderer Bedeutung, da eben der Computer selbst eine diskret (also in genau unterscheidbaren Zuständen) arbeitende Maschine ist. Diskrete Mathematik, zu der Gebiete wie Graphentheorie, Kombinatorik und Teile der abstrakten Algebra gehören, sowie die mathematische Logik stellen die Grundlagen für die Konstruktion der Sprachen und Datenstrukturen der Informatik zur Verfügung. Insbesondere die mathematische Logik geht in alle Teilgebiete der Informatik ein, also in Theorie, Technik, Software-Konstruktion und Anwendungen.

Wie soll die Mathematik für Informatiker vermittelt werden? Natürlich mit Hilfe des Computers und anhand von Beispielen aus der Informatik. Unser Gesamtkonzept ruht neben der Vorlesung auf den drei Säulen:

– Lehrbuch,
– Visualisierungen und Übungen im Internet,
– Verfilmung der Vorlesung im Internet.

Begleitend zu diesem Buch existiert die Web-Site

`min.informatik.uni-tuebingen.de`

mit interaktiven Visualisierungen mathematischer Gegenstände und Verfahren, wie z. B. Graphen von Funktionen, Grenzwertprozessen oder Interpolationsverfahren. Durch den Einsatz dynamischer Programme statt statischer Textseiten wird Mathematik interaktiv erfahrbar, da man die entsprechenden Programme nun auch an selbstgewählten Beispielen ausprobieren kann. Außerdem bekommen algorithmische Verfahren ein größeres Gewicht, da sie direkt zu Programmen führen, mit denen auch größere und realistischere Beispiele gerechnet werden können, die von Hand schlicht nicht zu bewältigen wären.

Zusätzlich werden auf der Web-Site im Rahmen des Tübinger Internet Multi-Media Servers TIMMS Vorlesungsmitschnitte als digitale Video-Ströme bereit gestellt. Die Videos sind mit Schlagworten versehen, so dass man gezielt nach Themenbereichen suchen und kompakte Ausschnitte ansehen kann.

Im Buch schlägt sich unser Konzept einer "Mathematik für Informatik und Bio-Informatik" in vielerlei Hinsicht nieder, so z. B. durch:

- Motivationen aus der Informatik,
- Anwendungsbeispiele aus der Informatik,
- Angabe konkreter Algorithmen in Pseudocode,
- Rechenbeispiele zu den Algorithmen,
- Querverweise auf Implementierungen in einem Lehrbuch der Informatik [21],
- Verweise auf die begleitenden Applets im Internet.

Mathematisches Denken und Beweistechniken üben wir gleich zu Beginn dieses Buches explizit im Rahmen der mathematischen Logik und der Diskreten Mathematik ein. Wir versuchen die wesentlichen mathematischen Ideen deutlich zu machen, die zum Verständnis des Stoffs notwendig sind und verzichten dann häufig auf Details der Beweise. Das Layout ist so gestaltet, dass die wichtigsten Begriffe und Sätze besonders hervorgehoben sind. Beweise und anderes, was beim ersten Lesen nicht unbedingt sofort intensiv durchgearbeitet werden muss, sind kleiner gedruckt. Generell stehen Übungsaufgaben sofort an den Stellen, wo sie sinnvoll zum besseren Verständnis des Textes beitragen und nicht erst am Ende eines Abschnittes oder Kapitels. Zahlreiche Beispiele im Text und die begleitenden Applets im Internet fördern das Verständnis wesentlich.

Insgesamt eröffnet sich damit für die Lernenden die völlig neuartige Möglichkeit, ein Thema im Buch zu studieren, dazu den entsprechenden Vorlesungsausschnitt eines der Autoren anzusehen und im Internet interaktiv Visualisierungen und Übungen zu dem Thema zu nutzen. Dies dürfte insbesondere für Studierende von Nutzen sein, die durch Überschneidungen im Stundenplan oder durch eine berufliche Tätigkeit gelegentlich Vorlesungen versäumen.

Hinweis für Dozenten

Dieses Lehrbuch eignet sich zur Verwendung mit jeder Standardvorlesung der Informatik in den ersten 3–4 Semestern. Im ersten Studienjahr ersetzt unsere Mathematik für Informatik und BioInformatik die traditionellen parallel laufenden Vorlesungen Analysis und Lineare Algebra. Dadurch wird die Belastung durch die Mathematik reduziert und das Gewicht des Studiums kann stärker auf die Informatik verlagert werden. Eine ausführliche Diskussion findet sich in Kapitel 1.

Danksagung

Dieses Buch entstand aus langjährigen Bemühungen, die für die Informatik wesentlichen Gebiete der Mathematik zu identifizieren, in ihrer Bedeutung einzuordnen und in einer für Informatiker angemessenen Weise zu präsentieren. Wir sind allen zu Dank verpflichtet, die uns hierbei in irgendeiner Form geholfen haben, auch wenn wir sie nicht alle namentlich nennen können.

Einer der Autoren (PH) hat als Leiter des Deutschen Instituts für Fernstudienforschung (DIFF) langjährige Erfahrung in der Computer-basierten Lehre. Ein anderer Autor (WK) hat bereits 1985 auf Anregung von E. Engeler und unter Anleitung von U. Stammbach an der ETH Zürich Visualisierungen mathematischer Gegenstände mit dem Computer für die Vorlesung "Analysis für Ingenieure" entwickelt; der Erstautor (MW) hat ähnliche Vorarbeiten für die "Mathematik für Physiker" entworfen.

Mitte der 1990er Jahre wurden diese Vorarbeiten (von MW und WK) wieder aufgegriffen mit dem Ziel, die Mathematik mit Computerhilfe leichter studierbar zu machen. Das Konzept wurde 1995 vom Stifterverband für die deutsche Wissenschaft als "modellhafte Initiative zur Studienreform" ausgezeichnet, mit Hilfe des Computer-Algebra Systems Maple verwirklicht und als Buch dokumentiert [30].

In der Folge wurde mit Förderung des Landes Baden-Württemberg im Teilprojekt "Mathematik für BioInformatiker" des Forschungsverbundes "Multi-Media Bio-Informatik" (innerhalb der Landes-Initiative "Virtuelle Hochschule") ein Grundstock neuer Internet-basierter Visualisierungen mit Java Applets hergestellt. Die Applets laufen nun in gängigen Internet-Browsern ab, und eine Installation von Spezialsoftware erübrigt sich deshalb. Die TIMMS Software, die die Verfilmung der Vorlesung ermöglicht, wurde ebenfalls in dieser Landesinitiative gefördert.

Von 2003 bis 2005 wird die Weiterentwicklung und Vervollständigung der Applets sowie die Verfilmung der Vorlesung im Projekt "Mathematik für Informatik" (MIN) innerhalb der Programmlinie "Modularisisierung" im "Bündnis für Lehre" durch das Land Baden-Württemberg erneut gefördert.

Wir danken Herrn Prof. Dr. Kaletta vom ZDV für die Verfilmung im Rahmen des Projekts MIN, sowie Herrn Prof. Dr. Zell für die Koordination des Forschungsverbundes "Multi-Media BioInformatik". Herr Dr. D. Bühler, Herr Dr. C. Sinz, Frau C. Chauvin und Herr M. Großmann vom Arbeitsbereich Symbolisches Rechnen des Wilhelm-Schickard-Instituts für Informatik haben den MIN Web-Server aufgebaut. Eine Vielzahl weiterer Autoren waren und sind mit der Erstellung von Applets beschäftigt. Für die Hilfe bei biologischen Fragen danken wir Frau P. Reinhard-Hauck.

Die Erstellung des Buchs selbst wäre für uns ohne die Satzsysteme TEX und LATEX unmöglich gewesen, die selbst ein schönes Beispiel für die Verbindung von Mathematik und Informatik darstellen. Für ihre Beiträge zur Erfassung des Textes, zur Erstellung von Bildern und Diagrammen, zur Endredaktion und zur Klärung kniffliger LATEX-Fragen danken wir ganz besonders Frau E.-M. Dieringer, Herrn M. Geyer, Herrn M. Hauck und Frau M. Rümmele. Ohne ihre freundliche und engagierte Unterstützung wäre es nicht gegangen.

Tübingen, im März 2004   *Manfred Wolff   Peter Hauck   Wolfgang Küchlin*

Inhaltsverzeichnis

1. Einleitung und Überblick

1.1 Ziele und Entstehung des Buchs

Dieses Buch dokumentiert die neu gestaltete Vorlesungsreihe "Mathematik für Informatik und BioInformatik" an der Universität Tübingen. Sie ersetzt die traditionellen Vorlesungen in Analysis I/II, Lineare Algebra I/II, Wahrscheinlichkeitstheorie und Numerik[1]. Wir wollen damit einen Schritt zur Reformierung der Mathematik-Inhalte des Informatik-Studiums unternehmen und dazu beitragen, dass diese Inhalte auf eine für die Informatik angemessene Art zusammen gestellt, in Abfolge gebracht, motiviert und vermittelt werden. Wie schon im Vorwort erwähnt, sind wesentliche Ziele:

− Konzentration auf das für die Informatik Wesentliche
− Motivation aus der Informatik
− Anwendungsbeispiele aus der Informatik
− Brückenschlag zu den Methoden der Informatik
− Illustrationen und Übungen im Internet mit Mitteln der Informatik
− Querbezüge zu einem Lehrbuch der Informatik

Bei Verwendung des Lehrbuchs

W. Küchlin, A. Weber: *Einführung in die Informatik − objektorientiert mit Java* (Springer-Verlag, 2. Auflage 2003.)

für die Vorlesungen Informatik I/II ergibt sich ein abgestimmtes und modernes Curriculum für die Informatik im ersten Studienjahr. Dort werden z. B. Funktionen der Analysis programmiert, es werden Methoden der Analysis zur Komplexitätsanalyse von Algorithmen (Rechenverfahren) verwendet, und es wird ein *function plotter* entworfen, mit dem der Graph einer reellwertigen Funktion einer Veränderlichen (wie z. B. $sin(x)$) gezeichnet werden kann. Solche Querbezüge sollen in zukünftigen Auflagen sukzessive verstärkt werden.

Unmittelbarer Anlass für die Entwicklung dieser neuen Vorlesung war die Einführung des Studiengangs BioInformatik an der Universität Tübingen. Die Fülle zusätzlichen Lehrstoffs aus den Lebenswissenschaften macht in der Mathematik eine Konzentration auf das Wesentliche notwendig. Studierende mit untypischem Vorwissen,

---

[1] Aus Platzgründen konnte die Numerik im Buch nur auszugsweise berücksichtigt werden.

die sich aber neuen und vielfältigen Anforderungen ausgesetzt sehen, verlangen eine bessere Unterstützung des Mathematik-Lernens. Ein verdichteter Stundenplan mit zahlreichen Pflichtpraktika ist nicht immer frei von Überschneidungen, so dass versäumte Vorlesungsstunden nachgeholt werden müssen.

Nach guten Erfahrungen mit der neuen "Mathematik für BioInformatik" wurde diese Vorlesung auch für den Studiengang Informatik übernommen. Auch hier scheitern Studierende oft wegen der Mathematik, und wir wollten jedes mathematische Thema daraufhin überprüfen, warum es in der Informatik gebraucht wird und dies möglichst mit Beispielen belegen. Da Informatik inzwischen mit vielfältigen Nebenfächern kombiniert werden kann, was zu Überschneidungen im Stundenplan führt, und da die Studierenden der Informatik oft bereits früh berufsbezogen arbeiten, ist es auch hier wünschenswert, dass einzelne Einheiten möglichst selbstständig nachgearbeitet werden können.

Da Studierende der Informatik ohnehin gut mit dem Computer umgehen können, haben wir begleitend zur Vorlesung Internet-basierte Visualisierungen und Übungen geschaffen (http://min.informatik.uni-tuebingen.de). Ausgangspunkt waren zunächst Analysis und Lineare Algebra. Im noch laufenden Forschungsprojekt MIN werden diese Illustrationen weiter überarbeitet und zunächst vor allem in Richtung Diskrete Mathematik ausgebaut.

Durch den Einsatz des Computers können komplexe mathematische Gegenstände visualisiert werden, wie z. B. Kurven in 3D oder Polynome hohen Grades zusammen mit ihren Ableitungen. Weiter können anspruchsvolle Algorithmen auf größeren Beispielen ausgeführt werden, wie etwa eine Fourier-Transformation. Schließlich wird die Mathematik interaktiv erfahrbar, da die Lernenden selbst Eingaben machen und z. B. Parameter verändern, 3D-Objekte drehen und wenden können und dabei nicht auf fest gewählte Beispiele beschränkt sind.

Weiterhin wurde im Rahmen von MIN die von M. Wolff und P. Hauck gehaltene Vorlesungsreihe, die diesem Buch zugrunde liegt, vom Zentrum für Datenverarbeitung der Universität Tübingen digital verfilmt, mit Schlagworten versehen und auf dem Tübinger Internet Multi-Media Server (TIMMS)[2] gespeichert. Damit ist es Studierenden erstmals möglich, zur Nacharbeit eines bestimmten Themas nicht nur die entsprechenden Seiten in diesem Buch zu lesen, sondern gezielt den zugehörigen Ausschnitt aus der Vorlesung – gehalten von einem der Autoren selbst – im Internet abzurufen und anschließend im Internet eine interaktiv gesteuerte Veranschaulichung der mathematischen Konzepte durchzugehen. Der durchgängige begleitende Einsatz des Computers ist hier problemlos möglich, da sich dieses Buch ohnehin an Informatik-Studenten richtet und da keine Spezialsoftware benötigt wird, sondern lediglich ein gängiger Java-fähiger Browser (mit Java-3D plug-in).

---

[2] TIMMS (timms.uni-tuebingen.de) ist ein Projekt des Zentrums für Datenverarbeitung der Universität Tübingen unter der Leitung von Prof. Dr. Dietmar Kaletta.

1.2 Wozu dient die Mathematik in der Informatik?

Die Frage nach Sinn und Zweck der Mathematik in der Informatik stellt sich unweigerlich allen Studierenden im ersten Semester, die plötzlich einen Großteil ihrer Zeit mit Mathematik verbringen und kaum zur geliebten Informatik kommen. Wir geben zunächst eine erste kurze Antwort, die wir nachfolgend weiter vertiefen.

Grundprinzip: *Die Mathematik dient einerseits zur strukturellen Erfassung und Lösung der inhärenten Probleme der Informatik. Andererseits dient die Mathematik zur abstrahierenden, präzisen Modellierung der realen Umwelt. Mit den mathematischen Modellen kann sodann gerechnet werden, um die Umwelt zu analysieren, zu beeinflussen, oder ihre Reaktionen vorherzusagen.*

Den ersten Punkt wollen wir nur kurz streifen. Er besagt unter anderem, dass Mathematik für die Theoretische Informatik unerlässlich ist. Dies ist schon intuitiv nicht weiter verwunderlich. Zudem lassen sich die mikro-elektronischen Schaltungen, aus denen Computer aufgebaut sind, durch Formeln der Booleschen Algebra beschreiben. Jede Berechnungssequenz lässt sich daher (theoretisch) als eine Auswertung dieser algebraischen Ausdrücke begreifen.

Warum braucht man Mathematik aber auch dann, wenn man sich nicht mit Theorie beschäftigt, insbesondere, wenn man "nur" programmieren möchte? In der Technischen Informatik hat man es zunächst wieder mit Boolescher Algebra zu tun. Es geht hier aber zudem um physikalische Phänomene wie Strom und Spannung, deren Verhaltensweisen durch mathematische Gesetze wie das von Ohm modelliert sind.

| Computer-Berechnungen |
| Mathematische Modelle |
| Umwelt |

Aber auch wenn ein Softwaresystem Berechnungen anstellt, dann können diese zwangsläufig nur auf einem Modell der Umwelt ablaufen, nicht aber auf der Umwelt selbst. (Das Modell kann natürlich aus Daten der Umwelt gespeist sein.)

Die abstrahierende Modellbildung gibt es in allen Natur- und Ingenieurwissenschaften, und auch die Ingenieurwissenschaft Informatik nutzt sie. Ein berühmter Ausspruch lautet: Das Buch der Natur ist in der Sprache der Mathematik geschrieben. Am einfachsten sieht man das vielleicht am Beispiel der Newtonschen[3] Gesetze. Sobald man etwa den Fall eines Körpers mathematisch modelliert hat, kann man den Zeitpunkt des Aufschlags, den Aufschlagort und die Aufschlaggeschwindigkeit des Körpers einfach ausrechnen. Die mathematischen Modelle sind oft in Form von Gleichungssystemen gegeben, die gelöst werden müssen. Oft sind darin Funktionen enthalten, die miteinander in Beziehung gesetzt werden, wie zum Beispiel in Differentialgleichungssystemen, mit denen kontinuierliche dynamische Systeme modelliert werden.

---

[3] Isaac Newton, 1643–1727, britischer Mathematiker und Physiker, Lucas-Professor in Cambridge. Gilt als der Begründer der klassischen theoretischen Physik und als einer der Schöpfer der Infinitesimalrechnung.

Jedes mathematische Modell stellt eine präzise Hypothese über das Verhalten der Natur (oder eines technischen Systems) dar. Mit Hilfe der Mathematik kann man solche Hypothesen systematisch entwickeln, daraus Konsequenzen berechnen und mit Beobachtungen vergleichen. Kann man nicht rechnen, so kann man die Hypothesen im Wesentlichen nur durch Spekulation immer wieder neu aufstellen, man kann nicht systematisch Konsequenzen vorhersagen und mit Beobachtungen vergleichen und man ist oft gezwungen, die Hypothese einfach zu glauben.

Historisch gesehen fand der Übergang vom Glauben zur mathematischen Modellbildung in der Natur-Erkenntnis in der Folge der Renaissance statt und dauerte einige hundert Jahre. Am Anfang des 17. Jahrhunderts war z. B. der in Tübingen promovierte Johannes Kepler einer der ersten, der davon ausging, dass physikalische Gesetze auch im Himmel gelten und nicht nur auf der Erde, dass also auch die Bewegungen der Planeten physikalischen Gesetzen gehorchen und deshalb berechnet werden können. Bis dahin hatte man u. a. geglaubt, die Planeten seien an Kristallschalen (den Sphären) aufgehängt. In der Folge konstruierte der Tübinger Professor Wilhelm Schickard die erste mechanische Rechenmaschine, um seinem Brieffreund Kepler die Berechnungen zu erleichtern. Dieses Beispiel liefert gleichzeitig eine Begründung, warum die Informatik, genau wie die Mathematik, an jeder Universität vertreten sein sollte.

Da die Informatik heute auch außerhalb der Naturwissenschaften tätig ist, halten wir hier gleich explizit fest, dass diese Vorgehensweise typisch naturwissenschaftlich ist, wogegen andere Wissenschaften, insbesondere manche Geisteswissenschaften, oft andere Methoden benutzen.[4] Ein Naturwissenschaftler oder Ingenieur präzisiert jedes Problem durch mathematische Modellbildung, rechnet dann Vorhersagen und Konsequenzen des Modells durch und überprüft diese durch Beobachtungen der externen Umwelt. Wenn die Vorhersagen mit der Realität übereinstimmen, dann "stimmt" auch das Modell und das Problem ist gelöst (bis vielleicht ein besseres Modell kommt, mit dem man noch mehr und präzisere Vorhersagen machen kann); wenn nicht, dann muss man das Modell so lange variieren, bis es stimmt.

Da die Informatik die Wissenschaft des mechanischen Berechnens mit dem Computer ist, ist sie ganz besonders an der mathematischen Modellierung der Umwelt interessiert. Da wir mit dem Computer besser und schneller rechnen können als von Hand, können wir also auch die Natur besser und schneller analysieren, vorhersagen oder beeinflussen. Nicht umsonst betreiben zum Beispiel die Wetterdienste einige der größten Rechenanlagen der Welt (Supercomputer), und wenn man die Qualität des Wetterberichtes vor einigen Jahrzehnten mit heute vergleicht, wird der Fortschritt augenfällig. Der früher übliche Satz: "heiter bis leicht bewölkt, strichweise Regen" wurde abgelöst durch recht präzise zeitliche Angaben über den Durchzug von Regengebieten.

---

[4] Natürlich wird Mathematik auch von anderen Nicht-Naturwissenschaften eingesetzt. Mathematische Logik spielt z. B. in der Philosophie eine Rolle, und Psychologie und Soziologie setzen Wahrscheinlichkeitstheorie und Statistik ein, um menschliches Verhalten modellieren und vorhersagen zu können.

Für die Informatik können wir präzisieren:
Grundvoraussetzung: *Informatik kann nur eingesetzt werden, nachdem mathematisch modelliert wurde. Die Umwelt muss immer mit solchen Modellen beschrieben werden, die für den Rechner geeignet sind.*

Dies gilt für die Informatik immer, und sogar dann, wenn keine bewusste Modellbildung stattfindet, sondern einfach nur "drauflosprogrammiert" wird; in diesem Fall bildet der Programmcode das einzige Modell. Ohne systematische Modellierung mit formalen Methoden reduziert sich die Informatik aber auf ein probierendes "Herumhacken". Dieses kann im Kleinen noch funktionieren (insbesondere bei den Anfänger-Beispielen der ersten Semester), bei großen Software-Systemen führt das aber zur Katastrophe: Es entsteht ein strukturloses Software-Gemenge, das nicht mehr durchschaut werden kann. Die Software ist dann voller Fehler, die nicht gefunden werden können, und sie kann schon sehr bald nicht mehr erweitert oder an veränderte Bedingungen angepasst werden – kurz: Sie ist Software-Schrott.[5]

Demgegenüber hat gut konstruierte Software mehrere Modelle auf verschiedenen Abstraktionsstufen, so dass man zum Verstehen je nach Bedarf nur bis zu einem gewissen Detaillierungsgrad einsteigen muss. Im allgemeinen erklären die Modelle auch verschiedene Aspekte der Software, zum Beispiel erklärt das externe Modell die relevanten Annahmen über die Umwelt, und ein Implementierungsmodell erklärt, wie das externe Modell programmiertechnisch umgesetzt wurde. Dinge und Zustände der externen Welt schlagen sich in internen Daten nieder, Vorgänge führen zu Berechnungsabläufen auf diesen Daten. Hierfür gibt es wieder Datenmodelle und Berechnungsmodelle. Ein Algorithmus ist ein abstraktes Modell einer Berechnung, ein Programm ist ein konkretes Modell auf der Ebene einer bestimmten Programmiersprache, ggf. für einen bestimmten Computer.

Beim objektorientierten Software-Entwurf wird besonderer Wert auf die systematische Konstruktion einer Reihe solcher Modelle gelegt. Hierfür wurde eigens die Modellierungssprache UML (*unified modelling language*) entwickelt. Objektorientierte Programmiersprachen wie Java unterstützen die programmiertechnische Umsetzung der objektorientierten Modelle besonders gut, da man mit ihnen die Berechnungsmodelle eng an die zugehörigen Datenmodelle binden kann [21, Kap. 4].

Die Modelle sind hier abstrakt in dem Sinn, dass sie von unwesentlichen Details abstrahieren, so dass wir das Problem im Kern lösen können. Abstrakte Modelle sind also nicht etwa kompliziert oder unrealistisch, sondern im Gegenteil einfacher, auf das Wesentliche reduziert. Im Prinzip ist natürlich jedes Modell an sich schon abstrakt, da es immer nur einige Aspekte des modellierten Gegenstands herausgreift, die für den gegebenen Zweck wichtig sind. Wenn wir ausdrücklich von abstrakten Modellen sprechen, verdeutlichen wir damit lediglich, dass die Modelle der Mathematik und Informatik niemals gegenständlich sind, wie etwa eine Modelleisenbahn.

---

[5] Diplom-Informatiker ziehen hieraus auch Nutzen, denn dann müssen hochbezahlte Berater mit akademischer Ausbildung herangezogen werden, die eine Struktur in die Sache bringen und den Karren aus dem Dreck ziehen.

Zur Konstruktion all dieser Modelle kennt die Informatik ein ganzes Arsenal von Mitteln, die das gesamte Spektrum von streng mathematisch formal über halbformal bis zu informell abdecken. Zum Beispiel könnte in einem Softwaresystem ein externer Vorgang durch eine mathematische Funktion modelliert sein, die mittels der Datenstruktur "Hash-Tabelle" [21, Kap. 14] umgesetzt wird, die wiederum in einem bestimmten Programmteil auf ganz bestimmte Art und Weise implementiert wurde. Die mathematische Funktion ist hier das am meisten abstrakte, das Programm das am wenigsten abstrakte Modell des Vorgangs, dazwischen liegt das Modell einer typischen Datenstruktur der Informatik.

An diesem Beispiel sehen wir auch, warum man durchaus als Programmierer arbeiten kann, ohne ein Hochschulstudium absolviert zu haben, oder warum man in der Informatik nicht immer das gesamte Repertoire mathematischer Methoden anwenden muss: Manchmal, wenn es weniger kompliziert ist, reichen eben schon weniger mächtige Modelle aus. Ein Diplom-Informatiker mit mathematische Bildung kann aber mit dem ganzen Arsenal der Abstraktion arbeiten, ein angelernter Programmierer kann im Extremfall nur die Implementierung selbst betrachten und kennt die höheren abstrakteren Konzepte nicht, die sich darin widerspiegeln. Aller Erfahrung nach haben Programme umso weniger Fehler und sind umso klarer und effizienter, je besser das zugrunde liegende Modell ist, d. h. je besser der Programmierer abstrahieren kann. Wenn man aber nicht genügend abstrahieren kann und deshalb gezwungen ist, immerfort in allen Details zu denken, verliert man schnell den Überblick und kann sich nicht mehr mitteilen. Die Kommunikation mit Menschen, denen man dauernd alles im Detail erklären muss, wird für alle anderen schnell zur Qual und ist nicht sehr effizient.

Modellbildung in einem weit über die naturwissenschaftliche Nutzung hinausgehenden Sinn ist für die Informatik derart fundamental, dass sie Alfred Aho und Jeffrey Ullman [1] sogar zur Charakterisierung der Informatik herangezogen haben:

Charakterisierung der Informatik: *Die Informatik ist eine Wissenschaft der Abstraktion und ihrer Mechanisierung. Es geht um die Konstruktion des passendsten Modells zur Repräsentation eines Problems und um die Erfindung der geeignetsten Rechenverfahren, die das Modell zur Lösung des Problems nutzen. Ein Modell ist umso besser, je klarer es ist und je besser sich damit rechnen lässt.*

Diese Charakterisierung verdeutlicht damit auch die Nähe der Informatik zur Mathematik. Letztlich ist die Informatik aber immer an der konkreten Realisierung von Systemen interessiert, die auf realen Computern ablaufen und praktisch nützliche Dinge tun. Mathematische Modellbildung ist das Mittel zum Zweck der Beherrschung dieser Systeme, sie ist nicht Selbstzweck zur Konstruktion eleganter Theorien.

Die Informatik braucht die Mathematik also zunächst zur Konstruktion präziser abstrakter Modelle. Lautet damit die Antwort auf unsere Frage einfach: Die Informatik braucht soviel Mathematik, wie sie nur bekommen kann? Im Prinzip Ja, aber nur dort, wo wir die Informatik in den Naturwissenschaften zusammen mit der

Mathematik einsetzen, um durch besseres Rechnen die Natur besser zu verstehen. Da dies die Hauptbegründung für die Einführung der Informatik als Hochschulfach war (Mitte der 1960er in den U.S.A. und Anfang/Mitte der 1970er an den Technischen Universitäten sowie Anfang der 1990er an den Universitäten in Deutschland), erklärt sich auch der hohe Anteil der klassischen Mathematik im traditionellen Informatik-Studium.

Was die Sache in der heutigen Praxis kompliziert macht, ist, dass die Informatik sich längst zur Querschnittswissenschaft entwickelt hat, die in *allen* gesellschaftlichen, wirtschaftlichen und wissenschaftlichen Bereichen Anwendung findet, und dass die Mathematik in anderen Bereichen, z. B. in den Geisteswissenschaften oder im normalen Büro-Alltag längst nicht die Rolle spielt wie in den Naturwissenschaften. Dabei gilt die Grundvoraussetzung weiter, dass man zuerst ein Modell der Umwelt im Rechner schaffen muss, bevor man mit diesen Modellen mechanisch Probleme lösen kann. Falls es sich bei dieser "Umwelt" aber nicht um die Natur selbst handelt, sondern etwa um eine Firma oder eine Bibliothek, dann werden für die Modellierung nicht unbedingt die klassischen mathematischen Methoden wie die Analysis und die Lineare Algebra benötigt. Ähnliches gilt, wo sich die Informatik mit sich selbst beschäftigt, wo sie also z. B. Übersetzer (Compiler) konstruiert, Mikrochips entwirft oder große verteilte Softwaresysteme baut. Hier kommen Gebiete wie Diskrete Mathematik, Mathematische Logik und Algebra zum Einsatz.

Es gibt also gewissermaßen eine *Mathematik des Kernbereichs der Informatik* (**MKI**) und eine *Mathematik der Anwendungen der Informatik* (**MAI**). Die Anwendungen sind primär außerhalb der Informatik, können aber auch in den auf dem Kernbereich aufbauenden Teilen der Informatik liegen. Dabei gibt es auch Überlappungen zwischen beiden Feldern.

Mit der MAI wird die Natur modelliert (z. B. als Gleichungssystem). Wichtige Beispiele sind Differentialgleichungssysteme der Analysis, die mit numerischen Algorithmen gelöst werden, oder Abbildungen der affinen Geometrie, mit denen Bewegungen von Körpern im Raum modelliert werden und die mit den Methoden der numerischen linearen Algebra berechnet werden. Mit der MKI modelliert die Informatik ihre eigene Hardware und Software, insbesondere auch die Software, die sie zur Lösung der mit MAI konstruierten Modelle baut.

| Computer-Berechnungen |
| Analysis |
| Lineare Algebra |
| Technik und Natur |

MKI wird benötigt, da ein Computer ein ungeheuer komplexes System ist. Schon ein handelsüblicher PC hat leicht etwa 1 Milliarde Byte Speicher und einen Prozessor mit über 100 Millionen Transistoren.[6] Wie wir weiter unten erklären werden, kann der Speicher also $2^{8.000.000.000}$ Zustände annehmen, und für jeden Speicherzustand kann der Prozessor $2^{100.000.000}$ Schaltzustände annehmen. Die Informatik

---

[6] Dies gilt bei Drucklegung dieses Buchs. Noch bis ca. 2020 werden sich diese Zahlen alle 18 Monate verdoppeln.

bekommt ein System dieser Komplexität nur dadurch in den Griff, dass sie einen ganzen Turm aus Abstraktionsschichten definiert, die von den Transistoren und Bits der tiefsten Hardware-Ebenen ausgehend nach oben hin die "niedrigen" Details "vergessen" und die für die Anwendung wichtigen abstrakten Funktionalitäten aufbauen (vgl. [21, Kap. 2]). Zur Definition dieser Abstraktionsschichten (die nach oben hin u. a. zu Datenstrukturen führen) bedient sich die Informatik der MKI.

Die MKI wird also in jedem Fall von jedem Informatiker gebraucht. Besonders wichtige Konzepte sind hier [1]:

– Rekursive Definition
– Induktion
– Kombinatorik und Wahrscheinlichkeit
– Graphentheorie, insbesondere Bäume
– Mengen
– Relationen und Funktionen
– Aussagenlogik und Boolesche Algebra
– Prädikatenlogik

Manche Teile davon, wie etwa Graphentheorie als Grundlage vieler Datenstrukturen und Algorithmen, werden heute auch in der Informatik selbst weiterentwickelt und dort gelehrt. Andere Teile, wie Mathematische Logik, kommen in einem eher grundlagenorientierten, strukturellen Teil in der Mathematik vor, der durch die Informatik zusätzliche Bedeutung gewonnen hat.

In vielen wirtschaftlich bedeutsamen Anwendungsgebieten der Informatik reicht auch schon die MKI zur Modellierung der Umwelt. Hierzu zählt das wichtige Gebiet der betrieblichen Informationssysteme, auf dem in der Praxis viele Informatiker beschäftigt sind. Dort geht es darum, betriebliche Daten in einem Datenbanksystem zu verwalten und Sachbearbeitern die gewünschten Informationen zusammenzustellen und auf dem PC (ggf. an einem entfernten Ort) zu präsentieren. Informatiker, die in diesem Gebiet tätig sind, berichten dann manchmal, dass sie "die Mathematik des Studiums in der Praxis nie gebraucht" haben; das bedeutet dann aber lediglich, dass sie nie explizit in Logik und Diskreter Mathematik unterrichtet wurden.

| Computer-Berechnungen |
| Diskrete Mathematik |
| Produktion und Verwaltung |

Die MAI ist immer dort unverzichtbar, wo Natur modelliert werden muss. Das Paradebeispiel ist das wissenschaftliche Rechnen, wo die großen Gleichungssysteme numerisch gelöst werden, die etwa bei der Wettervorhersage oder den simulierten Crashtests auftauchen. Aber auch die Analysis und die Lineare Algebra haben Anwendungen innerhalb der Informatik. So wird die Analysis bei der theoretischen Analyse des Laufzeitverhaltens von Algorithmen gebraucht (vgl. [21, Kap. 10]), und Lineare Algebra wird z. B. in der Computer-Graphik und der Robotik benutzt, um räumliche Bewegungen zu modellieren.

Schließlich und endlich bedienen sich beide Arten der Mathematik aus einem gemeinsamen Grundschatz an Konzepten und Methoden: Mengen, Funktionen, Relationen und formal-logische Schlussweisen wie etwa Induktionsbeweise kommen in beiden Gebieten vor. Mathematische Logik ist ein Grundlagengebiet der Mathematik, das genau diese Prinzipien untersucht. G. W. Leibniz[7] erkannte schon vor mehr als 300 Jahren die Bedeutung formal-logischer Schlussweisen (Kalküle) und hoffte, alle in einer hinreichend präzisen Sprache formulierten philosophischen Probleme durch einfaches mechanisches Ausrechnen lösen zu können. Zwar haben mathematische Logiker des 20. Jahrhunderts (u. a. Kurt Gödel, Alonzo Church und Alan Turing) gezeigt, dass dies nicht einmal für alle Probleme geht, die in der Sprache der Mathematik formuliert werden, aber das Konzept greift bei sehr vielen wichtigen Problemen und ist dann ungeheuer effektiv. Heute werden geeignete in Software-Systemen implementierte Logik-Kalküle dazu benutzt, Hardware und Software formal zu verifizieren, also ihre Korrektheit zu beweisen. Beispiele sind die Aussagenlogik und die Prädikatenlogik mit dem Kalkül der Resolution, oder der speziell für die Software-Verifikation geschaffene Hoare-Kalkül (vgl. [21, Kap. 17]).

Nun verstehen wir etwas besser, warum zur Begründung der MAI im Studium der Informatik immer wieder angeführt wird, man lerne schließlich auch mathematisch-logisch denken und dies sei sehr nützlich in der Informatik, auch da, wo man die Analysis nicht wirklich brauche.

Wieviel Mathematik braucht man also für die Informatik? Erstaunlich viel, aber für den genauen Umfang kommt es nicht zuletzt auf das Einsatzgebiet an. Am wenigsten Mathematik braucht man tendenziell im Software Engineering, wo es um die systematische Konstruktion großer Softwaresysteme geht. Hier gibt es bereits spezielle Studiengänge, die nur die MKI lehren. Am meisten Mathematik braucht man für technisch-wissenschaftliche Anwendungen und für Teilgebiete wie die Computer-Graphik, die auf die MAI nicht verzichten können. Auch in neuen naturwissenschaftlichen Grenzgebieten, wie der BioInformatik, steht zunächst immer die Erarbeitung mathematischer Modelle und grundlegender Rechenverfahren im Vordergrund. Nicht zuletzt kann derjenige Student nie genug Mathematik lernen, der an einer Hochschulkarriere interessiert ist, da es an Universitäten immer eher auf die Erarbeitung wissenschaftlicher Prinzipien und Verfahren ankommt, als auf die Konstruktion großer Anwendungssysteme.

---

[7] Gottfried Wilhelm Leibniz, 1646–1716, deutscher Jurist, Philosoph und Mathematiker. Er entwickelte parallel und unabhängig von Newton die Fundamente der heutigen Differential- und Integralrechnung.

1.3 Unsere mathematische Auswahl

Dieses Buch umfasst im Wesentlichen den Stoff unserer Vorlesungsreihe Mathematik I–IV. Es möchte ohne Anspruch auf Vollständigkeit in die für die Informatik und BioInformatik wichtigen Gebiete der Mathematik einführen. Weiterführende Bücher für einzelne Teilgebiete sind im Hauptstudium unerlässlich.

Da für die naturwissenschaftlich orientierte BioInformatik ein starker Anteil an Mathematik aus dem Anwendungsbereich der Informatik (MAI) notwendig ist, der auch für Computer-Graphik und Robotik innerhalb der Informatik gebraucht wird, haben wir bei der Themenauswahl einen eher konservativen Ansatz mit einem noch relativ hohen Anteil an MAI gewählt. Allerdings behalten wir immer die Anwendungen der Mathematik in der Informatik im Auge und verzichten auf die Erarbeitung schöner Strukturen um ihrer selbst willen.

Kapitel 2 bis 4 behandeln im obigen Sinn die Mathematik des Kernbereichs der Informatik (MKI) wie Mengen, Graphentheorie, Aussagenlogik und abstrakte Algebra. Küchlin und Weber behandeln die Grundlagen von Mengen, Funktionen, Ordnungen, Aussagenlogik und Prädikatenlogik [21, Kap. 15 und 16], sowie die Verfahren von Floyd [21, Kap. 5] und Hoare [21, Kap. 17] zum Beweis der Korrektheit von Programmen (Verifikationsverfahren) als wichtige Anwendung innerhalb der Informatik.

Kapitel 5 bis 15 haben mit Analysis und Linearer Algebra die MAI zum Gegenstand. Die Themenliste umfasst Folgen und Reihen, Funktionen einer Veränderlichen, Differential- und Integralrechnung, Vektorräume, lineare Abbildungen, lineare Gleichungssysteme und affine Geometrie, sowie in etwas geraffter Form mehrdimensionale Funktionen und die zugehörige mehrdimensionale Differential- und Integralrechnung. Dabei gehört allerdings gerade die Lineare Algebra sowohl zur MKI als auch zur MAI. In [21] werden Vektoren, Matrizen und komplexe Zahlen als Objektklassen realisiert [21, Kap. 7], es wird in Java ein *function plotter* zum Zeichnen reeller Funktionen einer Veränderlichen entwickelt [21, Kap. 9], und es werden solche Funktionen auf die Komplexitätsanalyse von Algorithmen angewendet [21, Kap. 10].

Kapitel 16 ist einer Einführung in die Stochastik gewidmet, die für die BioInformatik von großer Bedeutung ist, da sich Prozesse des Lebens sehr oft nur statistisch erfassen lassen.

Insgesamt konzentrieren wir uns auf den diskreten Teil der MKI und auf die zur Modellbildung wichtigen Gebiete der MAI. Das Gebiet der Numerischen Mathematik, das die Konstruktion optimaler Berechnungsverfahren unter beschränkt genauen Zahldarstellungen zum Thema hat, konnte aus Platzgründen nur mit einigen Beispielen berücksichtigt werden.

2. Grundlagen

Motivation und Überblick

In der Informatik und Mathematik gibt es ein Grundwissen an formalen Werkzeugen, das man später ständig benutzt. Dazu gehören die Mengenlehre, die Kombinatorik, die Graphentheorie und die Logik. Es gibt kaum einen Bereich der Informatik, der ohne Kenntnisse auf diesen Gebieten auskommt.

2.1 Einführung in das mathematische Argumentieren

Motivation und Überblick

Jede Wissenschaft hat ihre eigenen Methoden, ihre Aussagen zu begründen. In der Mathematik und Informatik benutzt man hierzu eine eingeschränkte und präzisierte Form der Alltagslogik. In diesem Abschnitt machen wir uns die Grundregeln klar und beginnen, logisches Argumentieren zu formalisieren, damit wir zum Beispiel kompliziertere Aussagen korrekt bilden und verstehen sowie Beweise präzise führen können. Gleichzeitig dient dieser Abschnitt zur Vorbereitung des Abschnitts über die formale Aussagenlogik.

Wir beginnen zur Motivation mit einem einfachen aber realistischen Beispiel, um zu zeigen, wie das Argumentieren in unserer Alltagssprache durch Einschränkung und Präzisierung Eingang in das mathematische Argumentieren findet. Dabei setzen wir teilweise ein intuitives Verständnis von einfachen Konzepten wie "Menge" und "Funktion" erst einmal voraus; diese werden in nachfolgenden Kapiteln mathematisch präziser erklärt.

In der Informatik müssen wir uns in extrem großen Zustandsmengen zurechtfinden. Ein moderner Mikroprozessor wie der Itanium 2 vereinigt auf einem einzigen Silizium-Chip über 200 Millionen Transistoren. Jeder Transistor ist ein Schalter, der einen von zwei möglichen Zuständen einnehmen kann, nämlich "offen" oder "geschlossen", das heißt, die Menge der möglichen Schaltzustände ist {"$offen$", "$geschlossen$"}. Aus einer einfachen kombinatorischen Überlegung ergibt sich, dass damit der Chip theoretisch über $2^{200.000.000}$ verschiedene Zustände annehmen kann.

Für jeden Transistor T_i gilt also zu jedem Zeitpunkt entweder die Aussage "T_i ist geschlossen" oder "T_i ist offen". Für gewisse Schaltzustände des Chips gelten Aussagen der Art "T_1 ist offen und T_2 ist geschlossen". Um beweisen zu können, dass der Chip korrekt funktioniert, ist man an Aussagen der folgenden Art interessiert: "Wenn T_1 oder T_2 offen ist, dann ist auch T_3 offen und T_4 offen".

Die letzten Aussagen sind offensichtlich aus einer Kombination der ersten, elementareren Aussagen durch "logische Verbindungen" oder "Verknüpfungen" wie "und", "oder", "wenn-dann" entstanden. Wie schwer es im Alltag fällt, mit solchen Aussagen umzugehen, wird im folgenden Beispiel deutlich: Verneinen Sie bitte einfach einmal die Aussage A: "Es regnet, und wenn es regnet, wird die Straße nass". Oder verneinen Sie die Aussage: "Wenn Schalter T_1 und T_2 offen sind, ist Schalter T_3 geschlossen."

Damit wir solche Aufgaben "rechnerisch" lösen können, müssen wir formal festlegen, wie wir mit Verneinung, mit "oder", "und" und "wenn..., dann..." umgehen sollen, und das sollte möglichst nicht zu sehr vom Alltagsgebrauch abweichen. Wir schaffen also ein *Modell von alltäglichem Argumentieren*.

Wir wollen dazu präzis definierte Verknüpfungsoperatoren einführen mit dem Ziel, dass wir die Wahrheit einer zusammengesetzten Aussage aus der Wahrheit der Eingangsaussagen und der Kenntnis der Operatoren einfach mechanisch ausrechnen können – ein erster Schritt in die Richtung der Formalisierung der Logik.

Logische Verknüpfungen. In Anlehnung an die Alltagssprache wählen wir die Verknüpfungsoperatoren "Nicht", "Und", "Oder", "Impliziert", die wir mit den Symbolen $\neg$, $\wedge$, $\vee$ und $\Rightarrow$ bezeichnen.[1]

- **Verneinung (Negation):** Ist A eine Aussage, dann ist auch $(\neg A)$ (lies: "nicht A") eine Aussage. Sie bedeutet die **Verneinung (Negation)** von A.
- **Und:** Sind A und B Aussagen, dann ist auch $(A \wedge B)$ (lies: "A und B") eine Aussage (**Konjunktion von A und B**).
- **Oder:** Sind A und B Aussagen, dann ist auch $(A \vee B)$ (lies: "A oder B") eine Aussage. Sie bedeutet A oder B oder beide (**Disjunktion von A und B**)
- **Folgerung (Implikation):** Sind A und B Aussagen, dann ist auch $(A \Rightarrow B)$ (lies: "A impliziert B", auch "B folgt aus A", oder auch "Wenn A, dann B") eine Aussage.

Damit haben wir die Verknüpfungen erklärt. Gehen wir zurück zu unseren Beispielen. Sei "es regnet" die Aussage A_1, "die Straße wird nass" die Aussage A_2. Wir verlangten dann die Verneinung der Aussage $(A_1 \wedge (A_1 \Rightarrow A_2))$. Bezeichnen wir im zweiten Beispiel jeweils die Aussage "T_i ist offen" mit A_i, so verlangten wir die Verneinung der Aussage $((A_1 \wedge A_2) \Rightarrow (\neg A_3))$.

Nun müssen wir aber noch genau festlegen, was mit "Wahrheit einer Aussage" gemeint ist. Im einfachsten Fall kann eine Aussage immer entweder wahr oder falsch

---

[1] In Java heißen die ersten drei "!", "&&", "||".

sein. Kompliziertere Schattierungen, die uns aus dem täglichen Leben bekannt sind, wollen wir hier nicht betrachten. Wir führen also (wie in der Programmiersprache Java) die Menge $boolean = \{true, false\}$ der Booleschen[2] Wahrheitswerte ein. (Je nach Bedarf benutzt man auch die Bezeichnungen $\{W, F\}$, {wahr, falsch} oder $\{1, 0\}$). Damit kann jeder Aussage alternativ einer der Wahrheitswerte aus $boolean$ zugeordnet werden. Die Benutzung von 1 und 0 suggeriert, dass man wirklich "rechnen" kann.

Wie können wir nun den Wahrheitswert einer zusammengesetzten Aussage so festlegen, dass sie der Alltagssprache möglichst gut entsprechen?

Für den einstelligen Operator $\neg$ gibt es nur die Regel: Wenn A wahr ist, also den Wert $true$ hat, dann ist $(\neg A)$ falsch, hat also den Wert $false$ und umgekehrt. Wir erhalten also die folgenden beiden Tabellen – **Wahrheitswertetafeln** genannt – wobei die erste die Werte true und false (wahr und falsch) benutzt, die zweite die Werte 1 und 0, weshalb wir sie auch die zugehörige Bit-Tabelle nennen.

A	$(\neg A)$
true	false
false	true

A	$(\neg A)$
1	0
0	1

Ist in der Bit-Tabelle x der Eingangswert, so bezeichnen wir mit x' den Wert nach der Negation. Die Rechenoperation ist also $x' = 1 - x$.

Für die verbleibenden Operatoren gehen wir ganz analog vor: Das alltagssprachliche "und" liefert: Die zusammengesetzte Aussage "A und B" ist genau dann wahr, wenn sowohl A als auch B wahr sind, in allen anderen Fällen ist "A und B" falsch. Wir erhalten die Tabellen:

A	B	$(A \wedge B)$
true	true	true
true	false	false
false	true	false
false	false	false

A	B	$(A \wedge B)$
1	1	1
1	0	0
0	1	0
0	0	0

Der Konjunktion entspricht also in der zweiten Tabelle die Bildung des Minimums beider Eingangszahlen. Dabei ist das Minimum $\min(a, b)$ zweier Zahlen a und b die kleinere der beiden Zahlen. Wenn $a = b$ gilt, ist $\min(a, b) = a = b$.

Beim "oder" müssen wir aufpassen. Es ist gerade in der deutschen Sprache nicht ganz klar, ob es sich um ein "ausschließendes oder" handelt, also in Wirklichkeit um "entweder-oder" oder ob es sich um ein "nicht ausschließendes oder" handelt. Im Lateinischen gibt es hierfür ein eigenes Wort: "vel" (im Gegensatz zu "aut – aut" für "entweder – oder"). In der Mathematik und Informatik wird "oder" im nicht ausschließenden Sinn verwendet. Damit ergeben sich die folgenden Tabellen:

---

[2] George Boole, 1815–1864, englischer Professor für Mathematik am Queens College in Cork (Irland).

A	B	$(A \lor B)$
true	true	true
true	false	true
false	true	true
false	false	false

A	B	$(A \lor B)$
1	1	1
1	0	1
0	1	1
0	0	0

In der zweiten Tabelle erhalten Sie die dritte Spalte, indem Sie das Maximum der Einträge der beiden linken Spalten nehmen. Dabei ist das Maximum $\max(a, b)$ zweier Zahlen die größere der beiden. Wenn $a = b$ gilt, ist $\max(a, b) = a = b$.

"Entweder A oder B" (in der Informatik auch "exklusives oder" bzw. "XOR" genannt) wird nun durch die folgenden Tabellen charakterisiert:

A	B	Entweder A oder B
true	true	false
true	false	true
false	true	true
false	false	false

A	B	Entweder A oder B
1	1	0
1	0	1
0	1	1
0	0	0

Die dritte Spalte der zweiten Tabelle erhalten Sie auch als $\max(x, y) - xy$.

Wenn wir unsere Regeln auf die Aussage $((A \lor B) \land (\neg(A \land B)))$ anwenden, so erhalten wir die folgende Tabelle:

A	B	$(A \lor B)$	$(A \land B)$	$(\neg(A \land B))$	$((A \lor B) \land (\neg(A \land B)))$
true	true	true	true	false	false
true	false	true	false	true	true
false	true	true	false	true	true
false	false	false	false	true	false

Wir erhalten als letzte Spalte der Tabelle dieselbe wie die letzte Spalte in der Tabelle zur Aussage "Entweder A oder B". Wir sagen, dass die beiden Aussagen "Entweder A oder B" und $((A \lor B) \land (\neg(A \land B)))$ *logisch äquivalent* sind.

"Wenn – dann" – Aussagen. Die Implikation ist umgangssprachlich etwas schwieriger zu verstehen. Überlegen wir uns, wann der Satz "Wenn der Schalter T_1 an ist, ist auch der Schalter T_2 an" falsch ist. Das ist offensichtlich der Fall, wenn T_1 an, aber T_2 aus ist. In der Mathematik und in den Naturwissenschaften sagt man, dass der Satz in allen anderen möglichen Fällen wahr ist! Das ist etwas gewöhnungsbedürftig, aber durchaus vernünftig. Denn falls T_1 aus ist, wird über den Zustand T_2 gar nichts ausgesagt. Wir fassen unsere Überlegung in der folgenden Wahrheitswerte-Tabelle bzw. Bit-Tabelle zusammen:

A	B	$(A \Rightarrow B)$
true	true	true
true	false	false
false	true	true
false	false	true

A	B	$(A \Rightarrow B)$
1	1	1
1	0	0
0	1	1
0	0	1

In beiden Tabellen erkennt man im Gegensatz zu den vorangegangenen Tabellen eine *Asymmetrie* bezüglich A und B. Vertauscht man A und B, so kommt etwas anderes heraus!

Wir sind nun in der Lage, die eingangs aufgeführten Verneinungsaufgaben zu lösen.

Beispiele:

1. Das erste Beispiel war $(A_1 \wedge (A_1 \Rightarrow A_2))$. Wir erhalten die folgende Tabelle:

A_1	A_2	$(A_1 \Rightarrow A_2)$	$(A_1 \wedge (A_1 \Rightarrow A_2))$	$(\neg(A_1 \wedge (A_1 \Rightarrow A_2)))$
1	1	1	1	0
1	0	0	0	1
0	1	1	0	1
0	0	1	0	1

Es ergibt sich, dass die *Verneinung* der Aussage "Es regnet und wenn es regnet, wird die Straße nass" umgangsspachlich formuliert werden kann als "es regnet nicht, oder aber es regnet und die Straße bleibt trocken", das heißt, die Aussage ist äquivalent zu $((\neg A_1) \vee (A_1 \wedge (\neg A_2)))$. Stellen Sie die Tabelle hierfür auf und vergleichen Sie sie mit der oben stehenden Tabelle.

2. Die Aussage $((A_1 \wedge A_2) \Rightarrow (\neg A_3))$ soll verneint werden. Führen Sie das selbst durch.

"Genau – Dann" – Aussagen. Es gilt zwar nach unserer Erfahrung der Satz "Wenn die Sonne auf den Stein scheint, wird der Stein warm", aber der umgekehrte Schluss "Wenn der Stein warm wird, scheint die Sonne auf ihn" gilt nicht. Zum Beispiel wird der Stein auch warm, wenn wir nachts ein Feuerchen auf ihm machen.

Sei nun A die Aussage: Die natürliche Zahl a ist durch 2 und 3 teilbar. B sei die Aussage: Die natürliche Zahl a ist durch 6 teilbar. Dann gilt offenbar $(A \Rightarrow B)$ **und** $(B \Rightarrow A)$. Wir sagen für die Aussage $((A \Rightarrow B) \wedge (B \Rightarrow A))$ **"A gilt genau dann, wenn B gilt"** oder etwas umständlicher: **"A gilt dann und nur dann, wenn B gilt"**, und wir schreiben dann $(A \Leftrightarrow B)$.

Aufgaben:

1. Zeigen Sie bitte, dass die Aussagen "$(A \Rightarrow B)$" und "$(\neg B \Rightarrow \neg A)$" logisch äquivalent sind.
2. Zeigen Sie bitte die sogenannten **De Morganschen**[3] **Regeln**: "$(\neg(A \wedge B))$" ist logisch äquivalent zu "$((\neg A) \vee (\neg B))$"und "$(\neg(A \vee B))''$ ist logisch äquivalent zu "$((\neg A) \wedge (\neg B))$".

Mathematische Beweise. Wie im obigen Beispiel "Wenn es regnet, wird die Straße nass" betrachtet man auch in der Mathematik und Informatik Aussagen von der Form $A \Rightarrow B$, wobei A und B in einer inhaltlichen Beziehung zueinander stehen. Sätze in der Mathematik sind fast immer von der Form "Es gilt '$A \Rightarrow B$'". Damit ist gemeint, dass die Aussage $A \Rightarrow B$ stets wahr ist, das heißt (vergleiche die Wahrheitswerttafel für $A \Rightarrow B$): immer wenn A wahr ist, ist zwangsläufig auch B wahr.

---

[3] Augustus De Morgan, 1806–1871, Professor der Mathematik an der Universität London, Beiträge zur formalen Logik.

In einem Beweis wird genau dies nachgewiesen, wobei dazu in mehreren Zwischen-schritten die Wahrheit der Implikationen $A \Rightarrow B_1$, $B_1 \Rightarrow B_2, \ldots, B_n \Rightarrow B$ gezeigt wird. Dahinter steckt die komplexe Aussage

$$((A \Rightarrow B_1) \wedge (B_1 \Rightarrow B_2) \wedge \cdots \wedge (B_n \Rightarrow B)) \implies (A \Rightarrow B),$$

deren Wahrheitswert immer *true* (bzw. 1) ist, unabhängig von den Wahrheitswerten für $A, B_1, \ldots, B_n, B$.

In der Informatik und Mathematik wird oft auch die Formulierung "Es gilt '$A \Leftrightarrow B$' " oder "A und B sind äquivalent" gebraucht. Hier ist nicht die logische Äquiva-lenz gemeint (siehe oben), sondern auch hier stehen A und B in einer inhaltlichen Beziehung und die Äquivalenz bedeutet, dass A genau dann wahr ist, wenn B wahr ist.

Oft betrachten wir auch mehrere Aussagen B_1, B_2, $B_3, \ldots, B_n$. Wir nennen sie äquivalent, wenn sie paarweise äquivalent sind, d. h. wenn $(B_i \Leftrightarrow B_j)$ für $i, j = 1, \ldots, n$ gilt. Um die Äquivalenz zu zeigen, genügt es,

$$(B_1 \Rightarrow B_2), \quad (B_2 \Rightarrow B_3), \quad \ldots, \quad (B_{n-1} \Rightarrow B_n), \quad (B_n \Rightarrow B_1)$$

nacheinander zu zeigen, also ein **zyklisches Beweisverfahren** durchzuführen. Denn

$$(B_1 \Leftrightarrow B_2) \wedge \cdots \wedge (B_1 \Leftrightarrow B_n) \wedge \cdots \wedge (B_{n-1} \Leftrightarrow B_n)$$

ist *logisch* äquivalent zu

$$(B_1 \Rightarrow B_2) \wedge (B_2 \Rightarrow B_3) \wedge \cdots (B_{n-1} \Rightarrow B_n) \wedge (B_n \Rightarrow B_1).$$

Beispiel: Seien a und b natürliche Zahlen. Wir sagen, a teilt b , wenn $\frac{a}{b}$ wieder eine natürli-che Zahl ist. Wir wollen einen Beweis für den folgenden Sachverhalt (mathematischen Satz) angeben:
Sei a eine natürliche Zahl. Die folgenden drei Aussagen sind äquivalent:
B_1: 21 teilt a.
B_2: Es gibt eine natürliche Zahl b mit $a = 21 \cdot b$.
B_3: Sowohl 3 als auch 7 teilen a.
Anstatt nun $B_1 \Leftrightarrow B_2$, $B_1 \Leftrightarrow B_3$, $B_2 \Leftrightarrow B_3$ zu beweisen, genügt es, $B_1 \Rightarrow B_2$, $B_2 \Rightarrow B_3$ und $B_3 \Rightarrow B_1$ zu zeigen. Da $A \Leftrightarrow B$ die Codierung für zwei Aussagen ist, braucht man also schon in diesem einfachen Fall beim zyklischen Beweisverfahren nur die Hälfte der Beweis-anstrengungen.
Beweis des mathematischen Satzes:
$B_1 \Rightarrow B_2$: B_1 besagt $\frac{a}{21} = b$ wobei b eine natürliche Zahl ist. Multiplikation dieser Glei-chung mit 21 liefert $a = 21 \cdot b$, also B_2.
$B_2 \Rightarrow B_3$: $\frac{a}{3} = 7b$ und mit b ist auch $7b$ eine natürliche Zahl. Genau so ergibt sich $\frac{a}{7} = 3b$ und $3b$ ist eine natürliche Zahl.
$B_3 \Rightarrow B_1$: B_3 besagt $a = 3b = 7c$, wo b und c natürliche Zahlen sind. *Hilfsbehauptung:* 3 teilt c, also $c = 3k$, wo k eine natürliche Zahl ist. Wenn die Hilfsbehauptung bewiesen ist, ist

$\frac{a}{21} = k$, also B_1 bewiesen.

Beweis der Hilfsbehauptung: Es ist $1 = 5 \cdot 3 - 2 \cdot 7$. Damit folgt $(-2) \cdot 3b = (-2) \cdot 7c = (1 - 5 \cdot 3)c$. Hiermit ergibt sich $c = 15c - 6b = 3 \cdot (5c - 2b)$. Da c eine natürliche Zahl ist, ist $5c - 2b > 0$, also ebenfalls eine natürliche Zahl und $\frac{c}{3} = 5c - 2b$, das heißt 3 teilt c. Damit ist die Hilfsbehauptung bewiesen (vergl. den Beweis von Korollar 3.12).

Sehr verbreitet ist der sogenannte **indirekte Beweis**. Wir bereiten ihn mit der folgenden Aufgabe vor:

Aufgabe: Zeigen Sie, dass "$(A \Rightarrow B)$", "$((\neg A) \lor B)$" und "$(\neg B) \Rightarrow (\neg A)$" dieselben Wahrheitswerte in Abhängigkeit von den Wahrheitswerten von A und B annehmen, d. h., dass Sie für alle drei Aussagen die gleiche Wahrheitswertetafel erhalten.

"$(A \Rightarrow B)$" ist also logisch äquivalent zu "$((\neg A) \lor B)$" und dies ist logisch äquivalent zu "$(\neg B) \Rightarrow (\neg A)$". Das ist das Prinzip des *indirekten Beweises*: Sei A "Es regnet" und B "Die Straße wird nass". Dann ist "Wenn es regnet, wird die Straße nass" logisch äquivalent zu "Wenn die Straße nicht nass wird, regnet es nicht".

Beispiel: Sei $m > 1$ eine natürliche Zahl. Wir betrachten die Aussage *"Wenn m^2 gerade (also ein Vielfaches von 2) ist, ist auch m gerade"*. A ist hier die Aussage "m^2 ist gerade", B die Aussage "m ist gerade". Hier ist ein indirekter Beweis: Sei $m > 1$ ungerade, also von der Form $m = 2q + 1$ mit einer geeigneten natürlichen Zahl q. Dann ist $m^2 = 4q^2 + 4q + 1 = 4(q^2 + q) + 1$ ebenfalls ungerade. Damit ist die Behauptung bewiesen.

Ähnlich wie der indirekte Beweis verläuft der **Beweis durch Widerspruch**. Um die Aussage "$A \Rightarrow B$" zu beweisen, schließt man aus $\neg B$ unter der Voraussetzung, dass A gilt, auf eine Aussage $\neg C$, wobei C eine bekannte wahre Aussage ist. Dabei kann A auch fehlen; das bedeutet, dass B ohne weitere Voraussetzung gilt. Ein typisches Beispiel ist die Aussage B, dass es unendlich viele Primzahlen gibt. Aus der Annahme, es gäbe nur endlich viele (also aus $\neg B$), schließt man, dass es dann eine Zahl gäbe, für die die Primfaktorzerlegung nicht gilt, was Theorem 3.21 (der Aussage C) widerspricht (siehe die Aufgabe auf Seite 86).

Widerspruchsbeweise sind oft elegant und kurz, aber nicht konstruktiv. Wir vermeiden diese Beweistechnik, wo es möglich ist, da Informatiker in erster Linie an konstruktiven Beweisverfahren interessiert sind, die meist wichtige Algorithmen zur Problemlösung liefern.

Quantoren. Aus der Schule wissen wir, dass $m \leq 10$ genau dann gilt, wenn $m - 10 \leq 0$ ist. In dieser Form ist noch nicht ausgedrückt, dass die Aussage für alle natürlichen Zahlen m gilt. Man würde also genauer sagen: *Für alle natürlichen Zahlen m gilt: $m \leq 10$ genau dann, wenn $m - 10 \leq 0$.* Dafür benutzt man den **All-quantor** $\forall$. So kann man die Aussage formal so schreiben (für die Bezeichnungen siehe Abschnitt 2.2):

$$\forall (m \in \mathbb{N}) \, [m \leq 10 \Leftrightarrow m - 10 \leq 0] \, .$$

Zu 3 gibt es ein $k \in \mathbb{N}$ mit $3k > 10$. Mit dem **Existenzquantor** $\exists$ kann man diesen Satz auch so ausdrücken:

$$\exists (k \in \mathbb{N})\,[3k > 10]\,.$$

Die Kraft dieser Formalisierung zeigt sich natürlich nicht in so einfachen Aussagen. Sie wird in der Mathematik zum Teil zur Abkürzung benutzt, und zum Teil, um Manipulationen mit solchen Aussagen zuverlässig durchzuführen. Wichtig sind zum Beispiel die verallgemeinerten De Morganschen Regeln (siehe Seite 29).

Wir betonen, dass die Schreibweise nicht einheitlich ist. Üblich für den All-Satz ist zum Beispiel auch die Schreibweise $\forall_{m \in \mathbb{N}}\,(m \leq 10 \Leftrightarrow m - 10 \leq 0)$ oder $\forall m\,((m \in \mathbb{N}) \Rightarrow (m \leq 10 \Leftrightarrow m - 10 \leq 0))$, oder auch $\forall m \in \mathbb{N} : (m \leq 10 \Leftrightarrow m - 10 \leq 0)$.

In der Prädikatenlogik wird der Gebrauch der Quantoren vollständig formalisiert. Sie geht aber über den Umfang des Buches hinaus und wird deshalb nicht behandelt.

Ausblicke in die Informatik

Eine berühmtes Problem der Informatik ist die Frage, ob es für einen beliebigen, aus Aussagen $A_1, A_2, \ldots, A_n$ mit Verknüpfungsoperatoren zusammengesetzten Ausdruck $C(A_1, A_2, \ldots, A_n)$ Wahrheitswerte für die Eingangsaussagen $A_1, \ldots, A_n$ gibt, sodass der Wert des gesamten Ausdrucks $C(A_1, A_2, \ldots, A_n)$ sich zu $true$ (bzw. 1) ergibt. Dies ist das **Erfüllbarkeitsproblem** der Aussagenlogik. Es lässt sich natürlich mit Hilfe der Wahrheitswerttafeln lösen, aber das kann sehr aufwändig werden: Bei n Eingangsaussagen $A_1, \ldots, A_n$ hat man für 2^n viele Kombinationen der Wahrheitswertverteilungen auf $A_1, \ldots, A_n$ den Wahrheitswert von $C(A_1, \ldots, A_n)$ zu bestimmen. Es gibt auch Algorithmen, die nach gewissen Regeln eines Kalküls logisch äquivalente Umformungen durchführen und damit für jede Problemstellung die Antwort in endlicher Zeit berechnen (siehe den Abschnitt 2.5 über formale Aussagenlogik). Wie immer man auch vorgeht, die notwendigen Berechnungen sind im Allgemeinen langwierig, denn das Erfüllbarkeitsproblem gehört zu der berühmten Klasse der NP–vollständigen Probleme, für deren Lösung keine effizienten Algorithmen bekannt sind.

Zur Verdeutlichung, was wir durch unsere bisherigen Überlegungen gewonnen haben, betrachten wir kurz eine weitere Anwendung für unsere intuitive "Aussagenlogik", nämlich die Speicherzustände eines Rechners.

Im Computer werden alle Daten als Bitmuster gespeichert [21, Kap. 2]. Die elementare Speichereinheit Bit kann alternativ genau einen von den zwei Speicherzuständen 1 oder 0 annehmen. Jeweils 8 Bits sind zu einem Byte gebündelt, je 4 Bytes bilden ein Wort. Damit kann ein Byte $2^8 = 256$ und ein Wort 2^{32} verschiedene Zustände annehmen. Ganz analog zu Schaltzuständen sind wir nun an Aussagen über Speicherzustände interessiert. Wenn wir mit A_i die Aussage "Bit i ist auf 1 gesetzt" bezeichnen, können wir mit unserer Logik zusammengesetzte Aussagen über Speicherzustände formulieren wie zum Beispiel $((A_1 \wedge A_2) \Rightarrow (\neg A_3))$.

Da Mikrochips auch mit nur zwei Spannungszuständen arbeiten (die gemeinhin mit high und low bezeichnet werden), können wir völlig analog Aussagen über den Spannungszustand einer Schaltung an verschiedenen Punkten treffen. Computerschaltungen werden sogar explizit nach den Gesetzen der Aussagenlogik entworfen, denn man kann die Operatoren $\land$, $\lor$, $\neg$ relativ leicht mit jeweils ein paar Transistoren realisieren ($A \Rightarrow B$ ist logisch äquivalent zu $((\neg A) \lor B)$, kann also auch durch $\land$, $\lor$ und $\neg$ realisiert werden). Die Grundlage für die Berechnung von Computerschaltungen bildet die Theorie der Booleschen Algebren, siehe Kapitel 4.5.

2.2 Mengen

Motivation und Überblick

Eine Menge ist grob gesprochen die Gesamtheit von Objekten mit einer spezifischen Eigenschaft. Damit ist die Mengenlehre das fundamentale Hilfsmittel der Mathematik, Objekte zu spezifizieren und Stukturen zu bilden. Wir werden hier keine Theorie der Mengen entwickeln, das ist eine schwierige mathematische Angelegenheit. Vielmehr gehen wir pragmatisch von einem intuitiven Verständnis von Mengen aus.

Wir behandeln zunächst die elementaren Operationen mit Mengen, die den logischen Operatoren "und", "oder", "wenn . . . dann" usw. entsprechen.

Eine immer wiederkehrende Aufgabe der Informatik besteht darin, Beziehungen zwischen Objekten verschiedener Mengen zu modellieren. Hierfür wurde zum Beispiel die Modellierungssprache UML geschaffen. Die mathematische Präzisierung der umgangssprachlichen "Beziehung" ist der Begriff der Relation. In der Informatik spielen zum Beispiel Relationen zwischen Objekten und relationale Datenbanken eine große Rolle. Wir behandeln das kartesische Produkt von Mengen, das es erlaubt, präzise die fundamentalen Begriffe "Abbildung" und "Relation" zu erklären. Datenbanken zum Beispiel werden als Relationen auf endlichen Mengen modelliert. Entsprechend kann man Manipulationen mit Relationen Datenbank-technisch interpretieren. Neben diesen Anwendungen werden noch die Ordnungsrelationen und Äquivalenzrelationen behandelt. Auch sie finden sich praktisch überall in den Grundlagen der Informatik.

2.2.1 Einführung

Eine **Menge** M ist für uns eine Gesamtheit von Objekten x mit einer bestimmten Eigenschaft E. Man schreibt dann $M = \{x : x \text{ hat Eigenschaft } E\}$. Zum Beispiel bilden die durch ein festes Netz verbundenen Computer eine Menge D. $x \in D$ besagt: x ist Computer in diesem Netz. Ist x ein Objekt mit dieser Eigenschaft E, so sagen wir: x ist Element von M, in Zeichen: $x \in M$. Hat x die Eigenschaft E nicht, so schreiben wir $x \notin M$. *Die Beschreibung von Mengen durch definierende Eigenschaften E ist in den bei uns betrachteten Fällen unproblematisch.* Sie kann aber in manchen Fällen problematisch werden: Innerhalb der Mengenlehre ist zum Beispiel die Eigenschaft E, eine Menge zu sein, problematisch. Sei nämlich $M =$

$\{x : x$ ist eine Menge, die sich nicht selbst als Element enthält $\}$. Gälte $M \in M$, so würde kraft der definierenden Eigenschaft $M \notin M$ gelten. Gälte aber $M \notin M$, so würde ebenfalls aufgrund der definierenden Eigenschaft $M \in M$ gelten müssen. Diese Antinomie wird in der modernen Theorie der Mengen umgangen.

Wir vermeiden diese Schwierigkeit, indem wir alle Elemente immer in einer klar (logisch einwandfrei) definierten Grundmenge betrachten. Statt $\{x :$ x hat Eigenschaft $E\}$ müssten wir eigentlich immer schreiben $\{x \in G :$ x hat Eigenschaft $E\}$, wo G eben jene einwandfrei definierte Menge ist. G kann die Menge der natürlichen Zahlen, der ganzen Zahlen, der reellen Zahlen usw. sein. Wir werden nur Mengen G wählen, die innerhalb der mathematischen Mengenlehre als klar definiert gelten und auf die genaue Angabe $x \in G$ verzichten.

Da es geschehen kann, dass kein $x \in G$ die Eigenschaft E hat, führt man die **leere Menge** $\emptyset$ ein. Sie enthält kein Element.

Auch die Objekte gleichen Typs bilden in der Theorie der objektorientierten Programmierung eine Menge, die sog. Objektklasse. Wir werden diese Analogie gelegentlich benutzen (vergl. [21, S. 52]).

In der Mathematik häufig benutzte Mengen sind:

- $\mathbb{N}$: Menge der natürlichen Zahlen $1, 2, 3, 4, \ldots$.
- $\mathbb{N}_0$: Menge der natürlichen Zahlen zuzüglich 0.
- $\mathbb{Z}$: Menge der ganzen Zahlen $0, \pm 1, \pm 2, \ldots$.
- $\mathbb{Q}$: Menge der rationalen Zahlen p/q mit $p \in \mathbb{Z}$, $q \in \mathbb{N}$.
- $\mathbb{R}$: Menge der reellen Zahlen.
- $\mathbb{C}$: Menge der komplexen Zahlen.
- $\mathbb{Q}_+, \mathbb{R}_+$: Menge der nicht-negativen rationalen bzw. reellen Zahlen.

Wichtig sind auch die verschiedenen **Intervalle** in $\mathbb{R}$:

- $[a, b] = \{x \in \mathbb{R} : a \leq x \leq b\}$: abgeschlossenes, beschränktes Intervall, oder auch kompaktes Intervall.
- $]a, b] = \{x \in \mathbb{R} : a < x \leq b\}$: links offenes, rechts abgeschlossenes Intervall.
- $[a, b[= \{x \in \mathbb{R} : a \leq x < b\}$: links abgeschlossenes, rechts offenes Intervall.
- $]a, b[= \{x \in \mathbb{R} : a < x < b\}$: offenes Intervall.
- Links offene, rechts abgeschlossene bzw. links abgeschlossene, rechts offene Intervalle nennt man kurz auch **halboffen**.

Mit $\mathbb{R}$ und $\mathbb{C}$ werden wir uns später noch eingehend befassen.

Wenn wir die Elemente einer Menge M irgendwie nummerieren können (siehe auch den Abschnitt über abzählbare Mengen, Satz 2.11), so schreiben wir $M = \{x_1, x_2, \ldots\}$. Dabei kommt es auf die Reihenfolge nicht an.

2.2.2 Mengen und Mengenrelationen

In Analogie zu unseren sprachlichen Ausdrücken "nicht", "und", "oder", "impliziert", "genau dann, wenn", mit denen wir Aussagen verknüpfen, führen wir nun Mengenoperationen und -relationen ein.

Der Implikation entspricht die Teilmengenrelation:
Seien M, N Mengen. M ist **Teilmenge** von N, in Zeichen: $M \subseteq N$, wenn für alle x gilt: $x \in M \Rightarrow x \in N$. Ist M keine Teilmenge von N, so schreiben wir $M \nsubseteq N$. In unserer Tabelle ist jede Menge Teilmenge der auf ihr folgenden Zahlenmenge, also $\mathbb{N} \subseteq \mathbb{N}_0 \subseteq \mathbb{Z}$, usw. Die leere Menge $\emptyset$ ist Teilmenge jeder anderen Menge. Denn da $x \in \emptyset$ stets falsch ist, gilt immer $x \in \emptyset \Rightarrow x \in N$ (vergleiche die Definition der Implikation auf Seite 14).

Dem "genau dann, wenn" von Aussagen entspricht die Gleichheit von Mengen:
$M = N$, wenn für alle x gilt: $x \in M \Leftrightarrow x \in N$.

Beispiel: Wir schreiben $a \mid b$, falls die natürliche Zahl a die natürliche Zahl b teilt (siehe Seite 16 sowie Kapitel 3, Abschn. 3.1). Sei $M = \{x \in \mathbb{N} : 21|x\}$ und $N = \{x \in \mathbb{N} : 3|x \text{ und } 7|x\}$. Dann ist $M = N$.

Dem "und" entspricht der Durchschnitt von Mengen:
Der **Durchschnitt** $M \cap N$ von M und N ist die Menge aller x mit $(x \in M) \wedge (x \in N)$.

Beispiel: Sei $M = \{x \in \mathbb{N} : 3 \mid x\}$, $N = \{x \in \mathbb{N} : 7 \mid x\}$. Dann ist nach dem Beispiel auf Seite 16 $M \cap N = \{x \in \mathbb{N} : 21 \mid x\}$.

Dem "oder" entspricht die Vereinigung von Mengen:
Die **Vereinigung** $M \cup N$ von M und N ist die Menge $M \cup N = \{x : (x \in M) \vee (x \in N)\}$.

Beispiel: $M = \{x \in \mathbb{N} : 2 \mid x\}$, $N = \{x \in \mathbb{N} : \neg(2 \mid x)\}$. Dann ist $M \cup N = \mathbb{N}$.

Der Negation entspricht das Komplement:
Seien M und N beliebige Mengen. Dann ist die einseitige **Differenz** $M \setminus N = \{x \in M : x \notin N\}$. Ist $N \subseteq M$, so heißt $M \setminus N$ auch **Komplement** von N in M. Hierfür schreibt man auch oft N^c (vor allem, wenn M festgelegt ist).

Dem *"entweder – oder"* entspricht die **symmetrische Differenz** von Mengen.

$$M \triangle N = (M \setminus N) \cup (N \setminus M) = (M \cup N) \setminus (M \cap N).$$

Im Folgenden schreiben wir $m|n$, falls $n = km$ für ein $k \in \mathbb{N}$ ist, und $m \nmid n$, wenn das nicht der Fall ist. Sei $M = \{n \in \mathbb{N} : 2|n\}$ und $N = \{n \in \mathbb{N} : 3|n\}$. Dann ist $M \cap N = \{n \in \mathbb{N} : 6|n\}$, $M \setminus N = \{n \in \mathbb{N} : 2|n, 3 \nmid n\}$ und $M \triangle N = \{n \in \mathbb{N} : 2|n \text{ oder } 3|n \text{ und } 6 \nmid n\}$.

Aufgaben:

1. Seien $M_1 = \{1, 2, 3, 4\}$ und $M_2 = \{5, 3, 2, 6\}$. Berechnen Sie bitte: $M_1 \cap M_2$, $M_1 \cup M_2$, $M_1 \setminus M_2$.
2. Zeigen Sie bitte $(M^c)^c = M$.
   Tipp: Verwenden Sie Aufgabe 2, S. 15.
3. Seien $M_1, M_2 \subseteq N$. Zeigen Sie bitte die **De Morganschen Regeln für Mengen:**

$$(M_1 \cap M_2)^c = M_1^c \cup M_2^c,$$

$$(M_1 \cup M_2)^c = M_1^c \cap M_2^c.$$

Tipp: Verwenden Sie Aufgabe 3, S. 15.

Verallgemeinerungen

$$
\begin{aligned}
M_1 \cap M_2 \cap \cdots \cap M_n &= \{x : (x \in M_1) \wedge (x \in M_2) \wedge \cdots \wedge (x \in M_n)\}, \\
M_1 \cup M_2 \cup \cdots \cup M_n &= \{x : (x \in M_1) \vee \cdots \vee (x \in M_n)\}.
\end{aligned}
$$

Wiederholung

Begriffe: $A \subseteq B$, $A \cup B$, $A \cap B$, A^c, $A \setminus B$.

2.2.3 Kartesisches Produkt und Abbildungen

Motivation und Überblick

Das kartesische Produkt ist die Grundmenge für Beziehungen zwischen Objekten. Gleichzeitig erlaubt es, mehrdimensionale Sachverhalte zu beschreiben. Abbildungen und Relationen sind einfach Teilmengen des kartesischen Produkts geeigneter Mengen. Dabei ist eine Abbildung nichts anderes als ein spezieller Typ von Relation. Die Bedeutung von Abbildungen ist aber so grundlegend, dass wir sie gesondert behandeln. Mit Abbildungen kann man zum Beispiel wichtige Manipulationen mit Relationen, also insbesondere mit Datenbanken, elegant beschreiben. Funktionen, die Sie aus der Schule kennen, sind weitere Beispiele von Abbildungen. Dynamische Systeme werden ebenso durch Abbildungen beschrieben wie alle algebraischen Operationen, die Sie kennen.

Jedes (einfache) Computerprogramm berechnet also eine Abbildung, denn es ordnet einer Eingabe eindeutig eine Ausgabe zu. (Eingabe und Ausgabe können hier alternativ als Zeichenreihen oder als Zahlen aufgefasst werden.) Umgekehrt können alle mathematischen Abbildungen von $\mathbb{N}$ nach $\mathbb{N}$ (bzw. von $\mathbb{N} \times \mathbb{N} \times \cdots \times \mathbb{N}$ nach $\mathbb{N}$), die prinzipiell berechenbar sind, auch von einem Computerprogramm berechnet werden. Es ist daher für die Informatik höchst nützlich, sich Klarheit über den Begriff der mathematischen Abbildung zu verschaffen.

Kartesisches Produkt. Wir lesen von links nach rechts, also wissen wir, welches Zeichen vor welchem beim Lesen kommt. Wenn wir Personenlisten anfertigen, ist es wichtig, ob wir den Vornamen **vor** dem Nachnamen eintragen oder umgekehrt, weil sonst Irrtümer entstehen. (Manfred, Wolff) zum Beispiel ist in diesem Sinn ein *geordnetes Paar* von Daten. Ohne die zusätzliche Information, dass der Vorname **vor** dem Nachnamen kommt, könnten wir Datenpaare wie zum Beispiel (Stephan, Paul) nicht eindeutig deuten. Diese einfache Feststellung ist die Grundlage von relationalen Datenbanken.

Aus der Schule kennen Sie die Ebene. Einen Punkt in ihr findet man nach Festlegung eines Achsenkreuzes mit waagrechter und senkrechter Achse durch Angabe eines geordneten Zahlenpaares (x, y), wo x sich auf die waagrechte, y auf die senkrechte Achse bezieht. Auch hier ist also die *Reihenfolge* der Zahlen wichtig. Damit ist uns klar, was ein geordnetes Paar ist. Ebenso ist uns klar, was ein *geordnetes Tripel* (x, y, z) bzw. ein *geordnetes 10-Tupel* $(x_1, \ldots, x_{10})$ oder allgemeiner ein *geordnetes n–Tupel* $(x_1, \ldots, x_n)$ ist. Auch Datensätze in einer relationalen Datenbank sind solche (geordneten) n-Tupel.

Zwei geordnete n-Tupel $(x_1, x_2, \ldots, x_n)$ und $(y_1, y_2, \ldots, y_n)$ sind genau dann gleich, wenn $x_1 = y_1$, $x_2 = y_2, \ldots, x_n = y_n$ gilt.

Definition 2.1. (Kartesisches Produkt)
Sei $n \in \mathbb{N}, n \geq 2$ und seien $M_1, M_2, \ldots, M_n$ nichtleere Mengen. Dann heißt die Menge der geordneten n-Tupel

$$M_1 \times M_2 \times \cdots \times M_n = \{(x_1, \ldots, x_n) : x_1 \in M_1, x_2 \in M_2, \ldots, x_n \in M_n\}$$

das **kartesische**[4] **Produkt** *der Mengen $M_1, M_2, \ldots, M_n$.*

Bemerkungen:

1. Statt $M_1 \times \cdots \times M_n$ schreibt man auch $\prod_{k=1}^{n} M_k$. Sind alle Mengen untereinander gleich, also $M_1 = \cdots = M_n = M$, so schreibt man M^n statt $\prod_{k=1}^{n} M_k$. So ist die Ebene nach Einführung eines Koordinatensystems mit $\mathbb{R}^2$ identifizierbar.
2. Eine Tabelle einer Datenbank ist abstrakt gesehen nichts anderes als eine Teilmenge eines kartesischen Produkts endlicher Mengen.

Abbildungen. In der Schule haben Sie mit Funktionen wie zum Beispiel $f(x) = x \cdot \sin(x)$ gearbeitet. Auf Reisen machen Sie Fotos. Und bei einer großen Feierlichkeit wird oft eine Sitzordnung mit Tischkarten festgelegt. Ein Programm ordnet jedem Satz von Eingangsdaten einen (anderen) Satz von Ausgangsdaten zu. Alle diese an

---

[4] René Descartes (Cartesius), 1596–1650, einer der bedeutendsten Philosophen der Neuzeit, Begründer der analytischen Geometrie.

sich völlig verschiedenen Dinge haben etwas gemeinsam, das wir im Begriff der **Abbildung** festlegen.

Definition 2.2. *(Abbildungen)*
Seien M und N nichtleere Mengen.

a) *Eine* **Abbildung** *f der Menge M in die Menge N erhält man durch eine Zuordnung, die jedem* **Argument** *(Urbild) $x \in M$ eindeutig sein* **Bild** $f(x)$ *zuordnet. M heißt* **Definitionsbereich** *von f, die Menge $\{f(x) : x \in M\}$ heißt* **Bild** *oder* **Bildbereich** *von M unter f.*

b) *Die Menge $G_f = \{(x, f(x)) : x \in M\} \subseteq M \times N$ heißt* **Graph von** *f.*

Der hier eingeführte Begriff des "Graphen" einer Abbildung darf nicht verwechselt werden mit dem Begriff des Graphen, mit dem wir uns in Abschnitt 2.4 beschäftigen werden.

G_f ist das, was Sie (ausschnittweise) in der Schule zeichneten. Beim obigen Beispiel $f(x) = x \cdot \sin(x)$ ist implizit $M = \mathbb{R} = N$ angenommen. Bei der Landkarte ist M der Ausschnitt der Erde, den die Landkarte darstellt, N ist die Landkarte und f die spezielle Darstellungsweise (sog. Kartenprojektion). Bestimmen Sie selbst in den Beispielen "Foto" und "Tischordnung" die Definitionsbereiche M, die jeweilige Menge N und die Abbildung f. (Es gibt mehrere Möglichkeiten, weil die Umgangssprache nicht eindeutig ist).

In der Schule sprachen Sie in der Regel von **Funktionen**. Funktionen sind nach mathematischem Sprachgebrauch *Spezialfälle von Abbildungen*. Man spricht fast immer dann von Funktionen statt Abbildungen, wenn der Definitionsbereich in $\mathbb{R}$ bzw. $\mathbb{R}^p$ oder $\mathbb{C}$ bzw. $\mathbb{C}^p$ liegt.

Beispiele:

1. Alle Funktionen, die Sie aus der Schule kennen, sind Abbildungen in unserem Sinn. Der Definitionsbereich ist meistens ganz $\mathbb{R}$. Aber wenn Sie Polstellen untersucht haben, haben Sie als Definitionsbereich gerade $\mathbb{R} \setminus N$ gewählt, wo N die Menge der Nullstellen des Nenners oder allgemeinere Singularitäten der Funktion waren.

2. Die **Betragsfunktion** $|\cdot|$ von $\mathbb{R}$ nach $\mathbb{R}$, auch **Absolutbetrag** genannt, ist definiert durch
$$|x| = \begin{cases} x & \text{falls } 0 \leq x \\ -x & \text{falls } x < 0 \end{cases}$$

3. Als **Schaltfunktion** definiert man eine Abbildung F von $\{0,1\}^n$ in $\{0,1\}^q$. Besonders wichtig sind die Schaltfunktionen von $\{0,1\}^n$ in $\{0,1\}$, siehe auch Satz 4.95.

4. Ist $M \subseteq A$ eine Teilmenge der Menge A, so heißt $1_M : A \to \{0,1\}, x \mapsto$
$$\begin{cases} 1 & x \in M \\ 0 & x \notin M \end{cases} \quad \textbf{Indikatorfunktion der Menge } M.$$

5. Jeder Algorithmus mit Ein- und Ausgabe liefert eine Abbildung. Wenn Sie einen solchen Algorithmus schon kennen, überlegen Sie sich, was hier der Definitionsbereich ist.

6. Sei $F : M \to N$ eine Abbildung und $H \subseteq M$ eine nicht leere Teilmenge von M. Dann ist die **Einschränkung** $F|_H$ **von** F **auf** H einfach gegeben durch $F|_H(x) = F(x)$ für alle $x \in H$, also $G_{F|_H} = \{(x, F(x)) : x \in H\}$. Statt Einschränkung sagt man auch **Restriktion**.

7. Sei $F : M \to N$ eine Abbildung und M sei eine Teilmenge der Menge K. Gibt es eine Abbildung G von K nach N mit $G|_M = F$, so heißt G **Fortsetzung von** F. Solche Fortsetzungen gibt es immer. Man braucht sich ja nur einen Punkt y_0 aus N her zu nehmen und $G(x) = \begin{cases} F(x) & x \in M \\ y_0 & x \in K \setminus M \end{cases}$ zu setzen. In den Anwendungen kommt es darauf an, ob es Fortsetzungen mit vorgeschriebenen Eigenschaften gibt wie zum Beispiel der, dass G stetig ist, wenn F stetig ist. So ist die Funktion $G : \mathbb{R} \to \mathbb{R}$, $x \mapsto 2^x = \exp(x \cdot \ln(2))$ die stetige Fortsetzung der Funktion $F : \mathbb{Q} \to \mathbb{R}$, $p/q \mapsto \sqrt[q]{2^p}$ (siehe die Aufgaben auf Seite 238).

Zwei Zuordnungsvorschriften können verschieden sein, aber zur gleichen Abbildung führen. Zum Beispiel liefern die Vorschriften $x \mapsto x^2$ und $x \mapsto x$ dieselbe Abbildung (Funktion) von $\{0, 1\}$ in sich. Präziser erklären wir:

Definition 2.3. (Gleichheit von Abbildungen)
Zwei Abbildungen f von M_1 nach N_1 und g von M_2 nach N_2 heißen gleich, *wenn* $N_1 = N_2$ *und* $G_f = G_g$ *gilt.*

Im wesentlichen sind zwei Abbildungen also gleich, wenn ihre Graphen gleich sind. Automatisch folgt daraus, dass ihre Definitionsbereiche gleich sind.

Aufgabe: Welche der folgenden reellwertigen Funktionen sind gleich? Dabei sei der Definitionsbereich immer gleich $\mathbb{R}$.

1. $f(x) = 1$ für alle x.
2. $f(x) = x^2 - 2$.
3. $f(x) = (x + \sqrt{2})(x - \sqrt{2})$.
4. $f(x) = \cos(x)^2 + \sin(x)^2$. Hier brauchen Sie Ihr Schulwissen.

Für eine Abbildung f von M nach N schreiben wir kurz $f : M \to N$. Ist $A \subseteq M$, so heißt $f(A) = \{f(x) : x \in A\}$ **Bild(menge) von** A **unter** f. Ist $B \subseteq N$, so heißt $f^{-1}(B) = \{x : f(x) \in B\}$ **Urbild von** B **unter** f.
Trainieren Sie den Umgang mit diesen Begriffen mit den folgenden Aufgaben.

Aufgaben:

1. Sei $M = \mathbb{N}_0$, $N = \{0, 1, 2\}$ und $f(x) = x \bmod 3$, das ist der Rest nach Division durch 3. Was ist $f(\{3k + 1 : k \in \mathbb{N}\})$? Was ist $f^{-1}(\{0\})$?
2. Sei $M = N = \mathbb{R}$ und $f(x) = x^2$. Was ist $f(M)$? Was ist $f^{-1}(\{y : y \leq 0\})$? Was ist $f^{-1}(\{1\})$?
3. Sei $M = N = \mathbb{R}$ und $f(x) = \sin(x)$. Für zwei reelle Zahlen $s < t$ sei $[s, t]$ wie auf Seite 20 das Intervall aller reellen Zahlen x mit $s \leq x \leq t$. Was ist $f([0, \pi])$? Was ist $f^{-1}([5, 6])$? Was ist $f^{-1}([0, 1])$?
4. Finden Sie alle Abbildungen der Menge $M = \{1, 2, 3\}$ in sich. (Es sind 27).
5. Ist $\{(x^3, x) : x \in \mathbb{R}\}$ Graph einer Abbildung von $\mathbb{R} \to \mathbb{R}$?
6. Ist $\{(x^2, x) : x \in \mathbb{R}\}$ Graph einer Abbildung von $\mathbb{R} \to \mathbb{R}$?
7. Sei $G = \{(x, y) : x \in M\} \subseteq M \times N$. Zeigen Sie bitte: G ist genau dann Graph einer Abbildung $f : M \to N$, wenn für alle $x \in M$ aus $(x, y) \in G$ und $(x, z) \in G$ stets $y = z$ folgt.

Die nächsten abstrakten Begriffe hängen eng mit dem Lösen von Gleichungen zusammen (siehe die Aufgabe 3 unten).

Definition 2.4. (Surjektivität, Injektivität, Bijektivität)
Sei $f : M \to N$ eine Abbildung.
a) f heißt **surjektiv**, *wenn $N = f(M)$.*
b) f heißt **injektiv**, *wenn aus $x \neq y$ stets $f(x) \neq f(y)$ folgt.*
c) f heißt **bijektiv**, *wenn f surjektiv und injektiv ist. Eine bijektive Abbildung heißt kurz* **Bijektion**.

Trainieren Sie gleich den Umgang mit diesen Begriffen:

Aufgaben:

1. Welche der folgenden Abbildungen ist surjektiv, welche injektiv, welche bijektiv?
   $f(x) = x$, $f(x) = x^2$, $f(x) = x^3$, $f(x) = \sin(x)$. (Hier ist $M = N = \mathbb{R}$.)
2. Bestimmen Sie alle Bijektionen der Menge $M = \{1, 2, 3\}$ auf sich.
3. Sei $f : M \to N$. Zeigen Sie bitte:
   a) f ist genau dann surjektiv, wenn die Gleichung $f(x) = y$ für jede rechte Seite $y \in N$ **mindestens** eine Lösung hat.
   b) f ist genau dann injektiv, wenn die Gleichung $f(x) = y$ für jede rechte Seite $y \in N$ **höchstens** eine Lösung hat.
   c) f ist genau dann bijektiv, wenn die Gleichung $f(x) = y$ für jede rechte Seite $y \in N$ **genau eine** Lösung hat.
   Dabei ist eine **Lösung** der Gleichung $f(x) = y$ bei vorgegebener rechter Seite $y \in N$ nichts anderes als ein Urbild von y unter f.
4. Zeigen Sie bitte: $f : M \to N$ ist genau dann injektiv, wenn $H := \{(f(x), x) : x \in M\}$ Graph einer Abbildung h von $f(M)$ nach M ist. *Tipp:* Verwenden Sie Aufgabe 7, S. 25.

Bemerkung: Sei $M = \{1, 2, \ldots, n\}$ und N eine beliebige Menge. Sei $f : M \to N$ eine Abbildung. Ihr ordnen wir das n-Tupel $x_f = (f(1), \ldots, f(n)) \in N^n$ zu. Die Abbildung $x : f \mapsto x_f$ von der Menge A aller Abbildungen von M nach N in N^n ist surjektiv. Denn ist $y = (y_1, \ldots, y_n) \in N^n$, so setze $f(k) = y_k$ für $k \in M$. Dann ist $y = x_f$. Offensichtlich ist $f \mapsto x_f$ auch injektiv. Man kann also A mit N^n identifizieren.

Seien nun M und N ganz beliebige nichtleere Mengen. Dann bezeichnet man die Menge aller Abbildungen von M nach N in Analogie zu der Identifizierung von A mit N^n (siehe oben) mit N^M, also

$$N^M = \{f : f \text{ ist Abbildung von } M \text{ nach } N\}.$$

In der Schule haben Sie bereits "zusammengesetzte" Funktionen behandelt, zum Beispiel $f(x) = \sin(x^2)$. Diese entsteht, indem man *erst* jedem x das x^2 zuordnet und *danach* den Sinus darauf anwendet, also zwei Funktionen hintereinander ausführt. Tatsächlich gilt der folgende allgemeine Satz:

Satz 2.5. (Hintereinanderausführung von Abbildungen)
a) Seien $f : M \to N$ und $g : N \to P$ zwei Abbildungen. Dann erhält man durch die Zuordnung $x \mapsto g(f(x))$ eindeutig eine Abbildung von M nach P, die **Hintereinanderausführung** $g \circ f$ *(sprich: g nach f) der Abbildungen f und g.*
b) Ist zusätzlich $h : P \to R$ eine Abbildung, so gilt $(h \circ g) \circ f = h \circ (g \circ f)$. Man sagt, die Hintereinanderausführung ist **assoziativ.**

Beweis:
a) ist klar.
b) Für $x \in M$ ist $((h \circ g) \circ f)(x) = (h \circ g)(f(x)) = h(g(f(x))) = h((g \circ f)(x)) = (h \circ (g \circ f))(x)$. $\qquad\square$

Sei id_M die **identische Abbildung** von M auf sich, d. h. $id_M(x) = x$ für alle $x \in M$. Bijektive Abbildungen lassen sich dadurch charakterisieren, dass sie eine Umkehrabbildung besitzen.

Satz 2.6. *Sei $f : M \to N$ eine Abbildung. Die folgenden Aussagen sind äquivalent:*
(i) f ist bijektiv.
(ii) Es gibt eine Abbildung $g : N \to M$ mit $g \circ f = id_M$ und $f \circ g = id_N$.
g ist eindeutig bestimmt und heißt **Umkehrabbildung** *oder* **inverse Abbildung** *f^{-1} zu f.*

Den einfachen Beweis stellen wir als Aufgabe.

Aufgaben:

1. Beweisen Sie diesen Satz. *Tipp:* Für (i) $\Rightarrow$ (ii) betrachten Sie $H = \{(f(x), x) : x \in M\}$ und verwenden Sie Aufgabe 4, S. 26.
2. Berechnen Sie von den folgenden Abbildungen jeweils die Umkehrabbildung, falls sie existiert. Dabei schreiben wir die Abbildungen als Tabellen; in der oberen Zeile stehen die Argumente, in der Zeile darunter der jeweilige Funktionswert. Also wird die Funktion $f : \{1, 2\} \to \{1, 2\}$, $f(1) = 2, f(2) = 1$ so kodiert: $\begin{pmatrix} 1 & 2 \\ 2 & 1 \end{pmatrix}$.

   a) $\begin{pmatrix} 1 & 2 & 3 \\ 2 & 1 & 2 \end{pmatrix}$.

   b) $\begin{pmatrix} 1 & 2 & 3 \\ 2 & 3 & 1 \end{pmatrix}$.

   c) $\begin{pmatrix} 1 & 2 & 3 & 4 \\ 2 & 4 & 1 & 3 \end{pmatrix}$.

   d) f sei die Abbildung aus c). Sei $g = f \circ f$. Berechnen Sie g^{-1}, falls g bijektiv ist.
3. Was ist die Umkehrabbildung zu $f : \mathbb{R} \to \mathbb{R}$, $f(x) = x^3$?
4. Zeigen Sie bitte: Die Hintereinanderausführung

$$\left\{ \begin{matrix} \text{surjektiver} \\ \text{injektiver} \\ \text{bijektiver} \end{matrix} \right\} \text{ Abbildungen ist } \left\{ \begin{matrix} \text{surjektiv} \\ \text{injektiv} \\ \text{bijektiv} \end{matrix} \right\}.$$

Wiederholung

Begriffe: Abbildung, Definitionsbereich, Bildbereich, Graph einer Abbildung, surjektiv, injektiv, bijektiv, Umkehrabbildung, inverse Abbildung, Einschränkung und Fortsetzung einer Abbildung.

Satz: Existenz der Umkehrabbildung.

2.2.4 Potenzmenge, Verallgemeinerung der Mengenoperationen

Motivation und Überblick

Sei M eine Menge, zum Beispiel die Menge $\{1, 2, \ldots, 49\}$. Ein für die Informatik und die Mathematik sehr wirksamer Abstraktionsschritt ist es, die einzelnen Teilmengen von M selbst als neue Objekte zu betrachten und mit ihnen neue Mengen zu bilden. Eine solche Menge hat also selbst Mengen als Elemente. Im gegebenen Beispiel ist es ganz natürlich, die Menge A aller möglichen Spielausgänge beim Lotto 6 aus 49 zu betrachten. Bei Lichte besehen handelt es sich um die Menge aller Teilmengen von M mit genau 6 Elementen. Jede Teilmenge mit sechs Elementen ist also selbst als (neues) Objekt (nämlich als Spielausgang) angesehen worden. Um die Wahrscheinlichkeiten für Gewinne in allen Rängen zu berechnen, betrachtet man in einem weiteren Schritt der Abstraktion die Menge aller Teilmengen von möglichen Spielausgängen, also die Menge aller Teilmengen der Menge aller sechselementigen Teilmengen von M. Der Durchbruch der modernen Wahrscheinlichkeitstheorie beruht auf diesem Abstraktionsschritt. Aber auch in allen anderen Bereichen der Mathematik und der theoretischen Informatik ist dieser Schritt unerlässlich.

Definition 2.7. *Sei M eine Menge. Unter der* **Potenzmenge** $\mathcal{P}(M)$ *verstehen wir die Menge aller Teilmengen von M, $\mathcal{P}(M) = \{A : A \subseteq M\}$. Anders ausgedrückt: $A \subseteq M \Leftrightarrow A \in \mathcal{P}(M)$.*

Beispiele:

1. M selbst und die leere Menge $\emptyset$ sind immer Elemente der Potenzmenge $\mathcal{P}(M)$.
2. $M = \{1\}:\quad \mathcal{P}(M) = \{\emptyset, \{1\}\}$.
3. $M = \{1, 2\}:\quad \mathcal{P}(M) = \{\emptyset, \{1\}, \{2\}, \{1, 2\}\}$.
4. $M = \{1, 2, 3\}:\quad \mathcal{P}(M) = \{\emptyset, \{1\}, \{2\}, \{3\}, \{1, 2\}, \{1, 3\}, \{2, 3\}, \{1, 2, 3\}\}$.
5. $M = \emptyset:\quad \mathcal{P}(M) = \{\emptyset\}$.
6. Sei M die Menge aller lebenden Menschen und W die Teilmenge aller lebenden Menschen weiblichen Geschlechts. Dann ist $W \in \mathcal{P}(M)$.
7. $M = \mathbb{N}$. Hier kann man $\mathcal{P}(M)$ nicht mehr explizit hinschreiben (das ist klar), aber auch nicht durch Algorithmen beschreiben.

Für spätere Zwecke ist die folgende Verallgemeinerung von Durchschnitt und Vereinigung nützlich:

Definition 2.8. (Beliebige Durchschnitte und Vereinigungen)
Sei $\mathcal{A} \subseteq \mathcal{P}(M)$ eine beliebige nichtleere Teilmenge der Potenzmenge von M
Dann ist

$$\bigcup_{A \in \mathcal{A}} A = \{x : es\ gibt\ A \in \mathcal{A}\ mit\ x \in A\}$$

und

$$\bigcap_{A \in \mathcal{A}} A = \{x : f\ddot{u}r\ alle\ A \in \mathcal{A}\ gilt\ x \in A\}.$$

Bemerkungen:

1. Sei $I \neq \emptyset$ eine weitere Menge und sei $A : I \to \mathcal{P}(M)$, $i \mapsto A_i$ eine Abbildung von I in die Potenzmenge von M. Dann ist der *Durchschnitt* der A_i, definiert als $\bigcap_{i \in I} A_i = \bigcap_{B \in A(I)} B$ und die *Vereinigung* der A_i, definiert als $\bigcup_{i \in I} A_i = \bigcup_{B \in A(I)} B$.

2. Statt $\bigcup_{n \in \mathbb{N}} A_n$ schreibt man auch oft $\bigcup_{n=1}^{\infty} A_n$, analog für $\bigcap_{n \in \mathbb{N}} A_n$. Analog schreibt man $\bigcup_{k=1}^{n} A_k$ statt $\bigcup_{k \in \{1,\ldots,n\}} A_k$ und entsprechend für $\bigcap$.

Wir benötigen nun für das Weitere die **verallgemeinerten De Morganschen Regeln**: Sei $I \neq \emptyset$ eine beliebige Menge und für $i \in I$ sei $A(i)$ eine von i abhängige Aussage. Dann gelten die beiden folgenden Formeln, die Sie sich am besten dadurch klar machen, dass Sie die einfachen De Morganschen Regeln (siehe Aufgabe 2, Seite 15) mit Hilfe von Wahrheitswerttafeln nachweisen und berücksichtigen, dass "$\forall$" als ein verallgemeinertes "und" sowie "$\exists$" als ein verallgemeinertes "oder" angesehen werden können. Um dies zu verdeutlichen, sei $I = \{1, 2, \ldots, n\}$. Dann bedeutet "Für alle i gilt $A(i)$" nichts anderes als "Es gilt $(A(1) \wedge A(2) \wedge \cdots \wedge A(n))$". Analoges gilt für "Es gibt" und "oder".

"$\neg$ (Für alle i gilt $A(i)$)" ist logisch äquivalent zu "Es gibt ein i mit $\neg(A(i))$"

und

"$\neg$ (Es gibt ein i mit $A(i)$)" ist logisch äquivalent zu "Für alle i gilt $\neg(A(i))$".

Unter Benutzung von Quantoren und dem Symbol $\equiv$ für logische Äquivalenz kann man dies auch so schreiben:

$$\neg\,(\forall(i \in I)A(i)) \quad \equiv \quad \exists(i \in I)(\neg A(i)),$$
$$\neg\,(\exists(i \in I)A(i)) \quad \equiv \quad \forall(i \in I)(\neg A(i)).$$

Beispiele:

1. Die **allgemeinen De Morganschen Regeln für Mengen** gelten in der folgenden Form. Seien I, M und A wie in der obigen Definition. Dann gilt $(\bigcap_{i \in I} A_i)^c = \bigcup_{i \in I} A_i^c$ und $(\bigcup_{i \in I} A_i)^c = \bigcap_{i \in I} A_i^c$. Beweisen Sie bitte selbst die Aussagen unter Verwendung der verallgemeinerten De Morganschen Regeln.

2. Aus der Schule wissen Sie: Ist $x \in \mathbb{R}$ und $0 \leq x < \frac{1}{n}$ für jede natürliche Zahl n, so ist $x = 0$. Sei $A_n = \{y : 0 \leq y < \frac{1}{n}\}$. Dann ist also $\bigcap_{n \in \mathbb{N}} A_n = \{0\}$.

3. Sei $A_n = \{x \in \mathbb{R} : x < \frac{1}{n}\}$ für $n \in \mathbb{N}$. Dann ist $\bigcap_{n \in \mathbb{N}} A_n = \{x \in \mathbb{R} : x \leq 0\}$.

4. Sei $I = \{1, 2\}$. Dann ist $\bigcap_{i \in I} A_i = A_1 \cap A_2$ (im früheren Sinn) und $\bigcup_{i \in I} A_i = A_1 \cup A_2$.

Zerlegung einer Menge

Definition 2.9. *a) Zwei Mengen A und B heißen* **disjunkt**, *wenn $A \cap B = \emptyset$.*

b) Sei $\emptyset \neq \mathcal{Z} \subseteq \mathcal{P}(M)$ eine Menge von Teilmengen von M. Wir sagen, die Elemente von $\mathcal{Z}$ sind **paarweise disjunkt**, *wenn je zwei verschiedene Elemente aus $\mathcal{Z}$ disjunkt sind,*

b) Sei $\mathcal{Z}$ eine Menge paarweise disjunkter nichtleerer Teilmengen von M. Dann schreiben wir statt $\bigcup_{Z \in \mathcal{Z}} Z$ informativer $\biguplus_{Z \in \mathcal{Z}} Z$. Gilt dabei $\biguplus_{Z \in \mathcal{Z}} Z = M$, so heißt $\mathcal{Z}$ eine **Zerlegung** *oder* **Partition** *von M.*

Beispiele:

1. $M = \{1, 2, 3, 4\}$ wird durch die Mengen $Z_1 = \{1, 2\}$, $Z_2 = \{3, 4\}$ zerlegt.
2. $\mathbb{N}$ wird durch die Mengen $Z_0 = \{2k : k \in \mathbb{N}\}$ und $Z_1 = \{2k - 1 : k \in \mathbb{N}\}$ zerlegt.
3. Sei $m \geq 2$ eine natürliche Zahl. $\mathbb{Z}$ wird durch die folgenden Mengen zerlegt: $Z_0 = \{mk : k \in \mathbb{Z}\}$, $Z_1 = \{mk + 1 : k \in \mathbb{Z}\}, \ldots, Z_{m-1} = \{mk + (m - 1) : k \in \mathbb{Z}\}$.
4. Ist $\rho : M \to N$ eine surjektive Abbildung von einer Menge M auf eine Menge N, so erhält man durch $\mathcal{Z} = \{\rho^{-1}(\{y\}) : y \in N\}$ eine Zerlegung von M. Für $M = \mathbb{R}$, $N = \mathbb{R}_+ = \{x \in \mathbb{R} : x \geq 0\}$ und $\rho(x) = x^2$ erhält man $\rho^{-1}(y) = \{\sqrt{y}, -\sqrt{y}\}$, also $\mathcal{Z} = \{\{\sqrt{y}, -\sqrt{y}\} : y \geq 0\}$.

   Ist umgekehrt $\mathcal{Z} = \{Z_i : i \in I\}$ eine Zerlegung von M, also $Z_i \cap Z_j = \emptyset$ für $i \neq j$, so sei $\rho(x)$ die eindeutig bestimmte Menge Z_i, in der x liegt. Dies ergibt eine surjektive Abbildung von M auf $\mathcal{Z} \subseteq \mathcal{P}(M)$.

Im Abschnitt über die Kombinatorik werden wir untersuchen, wie viele Zerlegungen einer endlichen Menge es gibt (siehe Satz 2.35). Dabei werden wir den Zusammenhang zwischen Zerlegungen und surjektiven Abbildungen benutzen. Außerdem werden wir diesen Zusammenhang bei Äquivalenzrelationen (Seite 36) und bei der Konstruktion von Faktorringen (Definition 4.46) verwenden.

2.2.5 Endliche, abzählbare und überabzählbare Mengen

Motivation und Überblick

Endliche Mengen kennen Sie aus der Grundschule. Es war die große Entdeckung des Mathematikers Georg Cantor, dass man den Begriff der unendlichen Menge weiter ausdifferenzieren kann. Dies hat unter anderem Konsequenzen für die Konstruierbarkeit reeller Zahlen und viele verwandte Fragen.

Mit dem Begriff der Abbildung kann man auch erklären, wieviele Elemente eine Menge enthält. Dabei ist der erste Teil der folgenden Definition genau das, was man im Alltag unter einer endlichen Menge versteht, nur etwas anders ausgedrückt.

Definition 2.10. *Eine Menge M heißt* **endlich**, *wenn sie leer ist, oder es ein $n \in \mathbb{N}$ und eine bijektive Abbildung von $\{1, \ldots, n\}$ auf M gibt. Wir sagen dann, M hat n Elemente und schreiben dafür $|M| = n$.*
Eine nicht-endliche Menge M heißt **unendlich***; wir schreiben dann $|M| = \infty$. Sie heißt* **abzählbar unendlich** *oder kurz* **abzählbar***, falls es eine bijektive Abbildung von $\mathbb{N}$ auf M gibt. Andernfalls heißt sie* **überabzählbar***.*

Die Menge $\mathbb{R}$ der reellen Zahlen ist überabzählbar, wie der Mathematiker Georg Cantor[5] Ende des 19. Jahrhunderts bewies. Für die Informatik wichtig ist der folgende Satz, aus dem man folgern kann, dass die Menge $\mathbb{Q}$ sowie die Menge der Worte, die man aus einem endlichen oder abzählbaren Alphabet bilden kann und die Menge der Ausdrücke, die man in der Aussagenlogik bildet, abzählbar sind. Sein Beweis ist jedoch nur mit Hilfe des Induktionsaxioms möglich, weshalb wir ihn erst auf Seite 41 bringen.

Satz 2.11. *a) Ist A endlich beziehungsweise abzählbar und $\rho : A \to B$ eine beliebige bijektive Abbildung, so ist auch B endlich beziehungsweise abzählbar.*
b) Sei M eine abzählbare Menge. Dann ist jede Teilmenge N von M endlich oder abzählbar.
c) Seien $M_1, \ldots, M_n$ abzählbar. Dann ist auch $M_1 \times \cdots \times M_n$ abzählbar.
d) Sei $\mathcal{B}$ eine abzählbare Menge von abzählbaren Teilmengen der Menge M. Dann ist auch $\bigcup_{B \in \mathcal{B}} B$ abzählbar.
e) Sei M eine endliche Menge. Dann ist $\bigcup_{n \in \mathbb{N}} M^n$ abzählbar.

Beispiele:

1. Betrachtet man die endliche oder abzählbare Menge M als Alphabet und Worte als endliche Zeichenketten, gebildet mit Zeichen aus M, zum Beispiel $a_1 a_2 a_3$ mit $a_j \in M$, so kann man durch $a_1 a_2 a_3 \mapsto (a_1, a_2, a_3)$ und analog für Worte mit n Zeichen die Menge aller Worte mit n Zeichen mit M^n identifizieren. Also ist die Menge aller Worte ($= \bigcup_{n \in \mathbb{N}} M^n$), die mit dem Alphabet gebildet werden, abzählbar.
2. Sei $\mathcal{A}$ die Menge aller entsprechend den Regeln auf Seite 62 gebildeten Ausdrücke der Aussagenlogik. $\mathcal{A}$ ist abzählbar. Denn $\mathcal{A}$ ist Teilmenge der Menge aller Worte, die man aus der Menge $M = V \cup \{\vee, \wedge, \neg\} \cup \{\underline{0}, \underline{1}\} \cup \{(,)\}$ bilden kann, die ihrerseits nach Voraussetzung über V endlich oder abzählbar ist.
3. Sei $\mathbb{P}$ die Menge aller Programme zur Berechnung von reellen Zahlen. Dabei ist ein Programm eine endliche Folge von Anweisungen, formuliert mit einem Alphabet $\mathcal{A}$ mit endlich vielen Buchstaben. Wir nehmen der Einfachheit halber an, dass $\mathcal{A}$ ein Leerzeichen enthält. Dann ist $\mathbb{P} \subseteq \bigcup_{n \in \mathbb{N}} \mathcal{A}^n$, also abzählbar. Damit ist die Menge aller (durch endliche Programme) berechenbaren Zahlen abzählbar (sie kann offenbar nicht endlich sein, weil jede natürliche Zahl durch ein Programm berechnet werden kann). Die Menge $\mathbb{R}$ aller reellen Zahlen ist aber überabzählbar.

Wir zeigen nun mit dem **Diagonalverfahren** von Cantor, dass die Menge $\{0, 1\}^{\mathbb{N}}$ überabzählbar ist. Als Anwendung erhalten wir, dass $\mathcal{P}(\mathbb{N})$ überabzählbar ist.

---

[5] Georg Cantor, 1845–1918, Prof. für Mathematik in Halle, Begründer der Mengenlehre.

Satz 2.12. *Die Menge $M = \{0,1\}^{\mathbb{N}}$ ist überabzählbar.*

Beweis: Die Menge M ist sicher nicht endlich. Angenommen, sie wäre abzählbar und $\varphi : \mathbb{N} \to M, n \mapsto \varphi_n$ eine bijektive Abbildung von $\mathbb{N}$ auf M. Um die Methode des "Diagonalverfahrens" zu verstehen, schreiben wir die abzählbar vielen Abbildungen in einer unendlichen Tabelle auf:

$$\begin{pmatrix} \varphi_1(1) & \varphi_1(2) & \varphi_1(3) & \varphi_1(4) & \dots \\ \varphi_2(1) & \varphi_2(2) & \varphi_2(3) & \varphi_2(4) & \dots \\ \varphi_3(1) & \varphi_3(2) & \varphi_3(3) & \varphi_3(4) & \dots \\ \varphi_4(1) & \varphi_4(2) & \varphi_4(3) & \varphi_4(4) & \dots \\ \varphi_5(1) & \varphi_5(2) & \varphi_5(3) & \varphi_5(4) & \dots \\ \vdots & \vdots & \vdots & \vdots & \vdots \end{pmatrix}.$$

Wir konstruieren ein Element a aus M auf folgende Weise: $a(n) = \begin{cases} 1 & \varphi_n(n) = 0 \\ 0 & \varphi_n(n) = 1 \end{cases}$.
Wir ändern also genau die Diagonalelemente in der Tabelle. a ist eine Abbildung von $\mathbb{N}$ in $\{0,1\}$. Daher gibt es genau ein $k \in \mathbb{N}$ mit $a = \varphi_k$. Aber nach Konstruktion gilt $\varphi_k(k) \neq a(k)$. Dieser Widerspruch widerlegt die Annahme, M sei abzählbar. $\qquad \square$

Korollar 2.13. $\mathcal{P}(\mathbb{N})$ *ist überabzählbar.*

Beweis: Wir bilden $\mathcal{P}(\mathbb{N})$ bijektiv auf $\{0,1\}^{\mathbb{N}}$ durch $M \subseteq \mathbb{N} \mapsto 1_M \in \{0,1\}^{\mathbb{N}}$ ab, wo 1_M die Indikatorfunktion der Menge M bezeichnet (siehe Beispiel 3, Seite 24). $\qquad \square$

Für kombinatorische Aufgaben sowie allgemein für endliche Mengen ist der folgende Zusammenhang zwischen Injektivität, Surjektivität und Bijektivität wichtig. Er ist eigentlich klar und wir werden ihn oft benutzen, ohne ihn zu zitieren. Beim Beweis machen wir von dem folgenden einleuchtenden Argument Gebrauch: Sei M eine endliche Menge und $M = \biguplus_{j=1,\dots,n} A_j$. Dann ist $|M| = \sum_{j=1}^{n} |A_j|$.

Satz 2.14. *Seien M und N endliche Mengen mit $|M| = |N|$. Für eine Abbildung φ von M nach N sind die folgenden Aussagen äquivalent:*
a) φ ist injektiv.
b) φ ist surjektiv.
c) φ ist bijektiv.

Beweis: Wir können ohne Beschränkung der Allgemeinheit $M = N = \{1, \dots, n\}$ annehmen.
a) $\Rightarrow$ b). Sei $B = \varphi(M)$. Dann ist $M = \biguplus_{x \in B} \varphi^{-1}(\{x\})$, also $n = |M| = \sum_{x \in B} |\varphi^{-1}(\{x\})| = |B|$, denn wegen der Injektivität von φ ist $|\varphi^{-1}(\{x\})| = 1$. Aus $B \subseteq M$ und $|B| = |M|$ folgt $B = M$, also die Surjektivität von φ.
b) $\Rightarrow$ c): Es ist $M = \biguplus_{y \in M} \varphi^{-1}(\{y\})$, also $n = |M| = \sum_{y \in M} |\varphi^{-1}(\{y\})|$. Daher muss $|\varphi^{-1}(\{y\})| = 1$ für alle y in M gelten, φ ist also bijektiv.
c) $\Rightarrow$ a): klar. $\qquad \square$

Wiederholung

Begriffe: Potenzmenge, beliebige Durchschnitte und Vereinigungen, abzählbare und überabzählbare Mengen, Zerlegungen.

Sätze: die allgemeinen De Morganschen Regeln, Bildung abzählbarer Mengen aus abzählbaren Mengen, Überabzählbarkeit von $P(\mathbb{N})$, Zusammenhang zwischen Injektivität, Surjektivität und Bijektivität bei endlichen Mengen.

2.2.6 Relationen

Motivation und Überblick

Schon in der Einleitung betonten wir die Wichtigkeit von Relationen. Konkrete Beziehungen zwischen Objekten werden durch Relationen beschrieben. Zum Beispiel sind Adress-Datenbanken Relationen, die die Beziehungen zwischen Vornamen, Nachnamen, Postleitzahl, Straße, Hausnummer und Wohnort erfassen. Ein weiteres Beispiel sind Äquivalenzrelationen, die Objekte bezüglich bestimmter Eigenschaften als gleich anzusehen ermöglichen. Schließlich stehen viele Objekte in einer Vergleichsbeziehung zueinander, was durch Ordnungsrelationen beschrieben wird. Beispiele bilden die lexikographische Ordnung der Wörter einer Sprache oder die Ordnung von Objekten hinsichtlich ihrer Größe.

Die Modellierungssprache UML enthält verschiedene Symbole, mit denen wichtige Relationen zwischen den Klassen eines objektorientierten Programms modelliert werden können (siehe [21, S. 52 ff]).

Allgemeine Definition. Neben Abbildungen haben Sie in der Schule auch schon die Ordnung der natürlichen oder der reellen Zahlen kennen gelernt. Das sind spezielle Relationen. Eine Datenbank von Adressen, die Vornamen, Nachnamen, Postleitzahl, Straße, Hausnummer und Ort enthält, ist eine Teilmenge des kartesischen Produkts von sechs verschiedenen Mengen (welchen?). Wir fassen die Datenbank als sechsstellige Relation auf. So werden wir auf die folgende Definition geführt.

Definition 2.15. *Seien $M_1, M_2, \ldots, M_n$ beliebige nichtleere Mengen. Eine **n-stellige Relation** R über $M_1, \ldots, M_n$ ist eine Teilmenge von $M_1 \times \cdots \times M_n$.*

Ist $M_1 = \cdots = M_n$, so spricht man auch von einer n-stelligen Relation *auf M*. Der Graph einer jeden Abbildung ist eine (spezielle) zweistellige Relation. Tabellen relationaler Datenbanken sind n-stellige Relationen über endlichen Mengen.

Sei $R \subseteq M_1 \times M_2$ eine zweistellige Relation. In der Regel wählen wir ein Symbol wie z. B. $\preceq$ oder $\sim$ zur Bezeichnung der Relation und schreiben $x \preceq y$ bzw. $x \sim y$ für $(x, y) \in R$. Bei Bedarf bezeichnen wir dann auch R mit $R_\preceq$ bzw. $R_\sim$.

Zu einer zweistelligen Relation kann man die duale Relation einführen:

Definition 2.16. *Sei $\preceq$ eine zweistellige Relation, also $R_\preceq = \{(x, y) \in M \times N : x \preceq y\}$. Dann heißt $R_\succeq = \{(y, x) \in N \times M : (x, y) \in R_\preceq\}$ die zu $R_\preceq$ **duale Relation**. Es ist also $y \succeq x$ genau dann, wenn $x \preceq y$.*

Beispiele:

1. Wir betrachten die Gleichheitsrelation "=" auf M. Dann ist $R_= = \{(x,x) : x \in M\} \subseteq M \times M$. Die Gleichheitsrelation wird also mit der "Hauptdiagonalen" in $M \times M$ identifiziert. Dies ist gleichzeitig der Graph der identischen Abbildung $x \mapsto x$ von M auf sich.

2. Sei $f : M \to N$ eine Abbildung. Ihr Graph $G_f = \{(x, f(x)) : x \in M\}$ ist eine zweistellige Relation.

3. $R = \{(x^2, x) : x \in \mathbb{R}\} \subseteq \mathbb{R}^2$. Dies ist die duale Relation zum Graphen der Funktion $f(x) = x^2$. Sie ist kein Graph einer Funktion.

4. $R = \{(x^2, x) : x \geq 0\} \subseteq \mathbb{R} \times \{x \in \mathbb{R} : x \geq 0\}$. Diese Relation erfüllt die Bedingung des Graphen einer Funktion bis auf die Ausnahme: Ist $x < 0$, so gibt es kein y mit $(x,y) \in R$. Man nennt R eine **partiell definierte** Funktion.

5. Allgemeiner: Sei $\emptyset \neq R \subseteq M \times N$ und es gelte: Ist (x,y) und (x,y') in R, so ist $y = y'$. Dann heißt R eine **partiell definierte Funktion**.
   In der Informatik gibt es Programme, die für fast alle Eingabewerte einen zugehörigen Funktionswert berechnen, aber für einige Ausnahmen entweder einen Fehler auswerfen oder aber in eine endlose Berechnung eintreten. Solche Programme berechnen also partiell definierte Funktionen.
   Sei $D(R) = \{x \in M :$ es gibt $y \in N$ mit $(x,y) \in R\}$. Dann ist $R \cap (D(R) \times N)$ wirklich Graph einer Abbildung $\rho_R : D(R) \to N$. *Partiell definierte Funktionen lassen sich also immer in gewöhnliche Abbildungen umwandeln.*

6. Wir betrachten die übliche Ordnungsrelation "<" auf $\mathbb{N}$. Dann ist $R_< = \{(m,n) \in \mathbb{N}^2 : m < n\}$. Ihre duale Relation ist einfach $R_> = \{(n,m) : n > m\}$.

7. In Programmiersprachen ist "<" ein Operatorsymbol, das eine Abbildung $f_< : M \times N \to Bool$ bezeichnet. Es ist $(x R_< y)$ genau dann, wenn $f_<(x,y) = true$.

8. Auch die Teilbarkeit (siehe das Beispiel auf Seite 16 sowie Kapitel 3.1) liefert eine Relation: Wir setzen $m|n$ genau dann, wenn $n = km$ für ein $k \in \mathbb{N}$ ist. Es ist also $R_| = \{(m,n) \in \mathbb{N}^2 : m|n\}$.

Operationen auf Relationen. Auf alle Relationen über denselben Mengen M_j $(j = 1, \ldots, n)$ kann man natürlich die üblichen Mengenoperationen $\cap$, $\cup$, etc. anwenden. Darüber hinaus gibt es jedoch weitere Operationen, die zum Beispiel auch bei Datenbanken verwendet werden.

Sei $R \subseteq M_1 \times \cdots \times M_n = \mathcal{M}$. Wir definieren auf R die **Projektionen** $\pi_{(i_1,\ldots,i_k)}$, wo $i_1 < i_2 < \cdots < i_k$ ist, durch $\pi_{(i_1,\ldots,i_k)}(x_1,\ldots,x_n) = (x_{i_1}, x_{i_2}, \ldots, x_{i_k}) \in M_{i_1} \times \cdots \times M_{i_k}$. Fasst man R als relationale Datenbank auf, so bedeutet dies die Auswahl von Spalten einer Datenbanktabelle.

Schließlich erklären wir noch eine **Verknüpfung zweier zweistelliger Relationen**. Seien $R \subseteq M_1 \times M_2$ und $S \subseteq M_2 \times M_3$ zwei Relationen. Dann setzt man $R \circ S = \{(x,z) \in M_1 \times M_3 : \exists y((x,y) \in R \text{ und } (y,z) \in S)\}$.

Beispiele:

1. Seien G_f, G_g Graphen von Abbildungen $f : M \to N$ und $g : N \to R$. Dann ist der Graph $G_{g \circ f}$ gerade gleich $G_f \circ G_g$. *Dass sich dabei die Reihenfolge von f und g in der Bezeichnung gerade umkehrt, ist gewöhnungsbedürftig.*

2. Sei $R_\leq = \{(x,y) \in \mathbb{R}^2 : x \leq y\}$. Dann gilt:
   (i) $x \leq x$ sowie $(x \leq y) \wedge (y \leq x) \Rightarrow (x = y)$.
   (ii) $(x \leq y) \wedge (y \leq z) \Rightarrow (x \leq z)$.

(iii) Es gilt $x \leq y$ oder $y \leq x$.
Dies kann man auch direkt durch $R_\leq$ und die duale Relation $R_\geq$ ausdrücken:
(i') $E = \{(x,x) : x \in \mathbb{R}\} = R_\leq \cap R_\geq$.
(ii') $R_\leq \circ R_\leq \subseteq R_\leq$.
(iii') $R_\leq \cup R_\geq = \mathbb{R}^2$.

Ordnungsrelation. Das letzte Beispiel lässt sich verallgemeinern.

Definition 2.17. *Sei M eine nichtleere Menge und $\leq$ eine Relation, die die folgenden Eigenschaften hat:*

(i) Für alle $x \in M$ gilt $x \leq x$.   **Reflexivität**

(ii) Für alle $x, y \in M$ gilt: ist $x \leq y$ und $y \leq x$ so ist $x = y$.   **Antisymmetrie**
(iii) Für alle x, y, z gilt: ist $x \leq y$ und $y \leq z$, so ist $x \leq z$.   **Transitivität**

*Dann heißt $\leq$ **(partielle) Ordnung**.*
Gilt zusätzlich

(iv) Für alle $x, y \in M$ gilt $x \leq y$ oder $y \leq x$.   **Linearität**

*so heißt die Ordnung **linear** oder **total**.*
*Man liest $x \leq y$ als x **ist kleiner oder gleich** y und sagt dann auch: M ist durch $\leq$ geordnet.*

Bemerkung: Der Begriff "linear" erklärt sich dadurch, dass man die Elemente von M analog zu denen von $\mathbb{R}$ auf einer Linie der Größe nach anordnen kann.

Aufgabe: Die zweistellige Relation $\leq$ ist genau dann eine Ordnung auf M, wenn $R_\leq = \{(x,y) \in M^2 : x \leq y\}$ die Eigenschaften (i') und (ii') aus Beispiel 2 oben hat. Die Ordnungsrelation $\leq$ ist genau dann linear, wenn $R_\leq$ auch (iii') erfüllt.

Sei $\leq$ eine Ordnung auf M. Wir schreiben $x < y$ falls $x \leq y$ und $x \neq y$. Wir lesen dies: x **ist kleiner als** y. Wir schreiben $x \geq y$ falls $y \leq x$ und lesen dies: x **ist größer oder gleich** y. Schließlich schreiben wir $x > y$ (x **ist größer als** y) falls $y < x$.

Beispiele:

1. Sie kennen alle die Anordnung der Wörter in einem Lexikon. Dies lässt sich folgendermaßen verallgemeinern: Sei $\leq$ eine lineare Ordnung auf M. Dann ordnen wir M^n auf folgende Weise: $u = (u_1, \ldots, u_n) \leq (v_1, \ldots, v_n) = v$ soll genau dann gelten, wenn entweder $u_1 < v_1$ oder $u_1 = v_1, \ldots, u_k = v_k$ und $u_{k+1} < v_{k+1}$ für ein $k < n$ oder $u = v$ gilt. Dies ist wieder eine lineare Ordnung, die **lexikographische Ordnung** auf M^n. Eine zweite, nicht lineare Ordnung ergibt sich durch $u \leq v$ genau dann, wenn $u_k \leq v_k$ für alle Indizes k gilt.
2. $R = \{(m, n) \in \mathbb{N}^2 : m | n\}$ (siehe oben). Das ist eine partielle, aber keine lineare Ordnung. Sie hat die Eigenschaft, dass für jedes n die Menge $A(n) = \{m : (m, n) \in R\}$ endlich ist. $A(n)$ ist die Menge der **Vorgänger von** n (einschließlich n). Eine Ordnung heißt **wohlfundiert**, wenn es keine unendliche absteigende Kette von Elementen

$e_1 > e_2 > e_3 > \ldots$ gibt. Die übliche Ordnung in $\mathbb{N}$ und die hier behandelte "Teiler–Ordnung" sind wohlfundiert.

3. Sei $\mathcal{A}$ die Menge aller aussagenlogischen Ausdrücke, die wir nach den Regeln auf Seite 62 bilden. Sie ist ebenfalls partiell geordnet durch $A \leq B$, falls in B die Aussage A zwischen zwei Klammern auftritt. Auch diese Ordnung ist nicht linear, aber fundiert. Ausdrücke (aussagenlogische Formeln) heißen auch **Terme** und die Ordnung **Termordnung**. So ist $A_1 \leq (A_1 \wedge A_2) \leq ((A_1 \wedge A_2) \Rightarrow A_3)$.

Äquivalenzrelationen. Neben Ordnungen spielen vor allem in der Algebra Äquivalenzrelationen eine wichtige Rolle. Grob gesprochen nennt man zwei Objekte äquivalent, wenn sie sich in Bezug auf eine bestimmte Eigenschaft gleichen. So mögen zwei Schalter äquivalent genannt werden, wenn sie beide im gleichen Zustand (entweder beide offen oder beide geschlossen) sind. Damit wird die Menge der Schalter in einem PC in zwei Klassen eingeteilt: die Klasse der offenen und diejenige der geschlossenen Schalter. Ein anderes Beispiel: Zwei natürliche Zahlen mögen äquivalent genannt werden, wenn sie beide nach Division durch 6 den gleichen Rest lassen. Hier erhalten wir die Äquivalenzklassen K_m, wo K_m die Menge aller natürlichen Zahlen ist, die den Rest m lassen ($0 \leq m \leq 5$).

Wir erklären allgemein:

Definition 2.18. *Sei M eine nichtleere Menge und $\sim$ mit $R_\sim \subseteq M^2$ eine Relation mit den Eigenschaften*

(i) Für alle $x \in M$ gilt $x \sim x$.   **Reflexivität**
(ii) Für alle $x, y \in M$ gilt: Ist $x \sim y$, so ist $y \sim x$.   **Symmetrie**
(iii) Für alle $x, y, z \in M$ gilt: Ist $x \sim y$ und $y \sim z$, so ist $x \sim z$. **Transitivität**

Dann heißt $\sim$ eine **Äquivalenzrelation***.*

Aufgabe: Sei $\sim$ eine zweistellige Relation auf M. Zeigen Sie bitte: $\sim$ ist genau dann eine Äquivalenzrelation, wenn $R_\sim$ die folgenden Eigenschaften hat:
(i') $E = \{(x, x) : x \in M\} \subseteq R_\sim$.
(ii') Die zu $R_\sim$ duale Relation ist eine Teilmenge von $R_\sim$.
(iii') $R_\sim \circ R_\sim \subseteq R_\sim$.

Sei $\sim$ eine Äquivalenzrelation auf M und $x \in M$ ein beliebiges Element. Dann nennt man die Menge $[x] = \{y \in M : y \sim x\}$ die **Äquivalenzklasse**, in der x liegt. Es gilt der folgende Satz.

Satz 2.19. *a) Sei $\sim$ eine Äquivalenzrelation und für $x \in M$ sei $[x] = \{y : y \sim x\}$ die Äquivalenzklasse zu x. Dann gilt:*
(i) Ist $[x] \neq [y]$, so ist $[x] \cap [y] = \emptyset$.
(ii) Sei $\mathcal{Z}$ die Menge der verschiedenen Äquivalenzklassen. Dann gilt $M = \biguplus_{Z \in \mathcal{Z}} Z$. $\mathcal{Z}$ bildet also eine Zerlegung von M.
b) Sei umgekehrt $\{Z_i : i \in I\}$ eine Zerlegung von M. Setzt man $x \sim y$ genau dann, wenn x und y in derselben Menge Z_i liegen, so ist $\sim$ eine Äquivalenzrelation, deren verschiedene Äquivalenzklassen gerade die Z_i sind.

Beweis: a) Sei $[x] \cap [y] \neq \emptyset$. Wir behaupten, dass dann $[x] = [y]$ ist. Denn sei $z \in [x] \cap [y]$ und $u \in [x]$ beliebig. Dann ist $u \sim x \sim z \sim y$, also $u \in [y]$ wegen der Transitivität von $\sim$. Man erhält $[x] \subseteq [y]$ und analog $[y] \subseteq [x]$. Wegen $x \sim x$ für alle $x \in M$ liegt auch jedes x in einer Äquivalenzklasse. Daraus folgt a).

b) Übungsaufgabe   □

Aufgabe: Beweisen Sie bitte b).

Beispiele:

1. Sei $M = \mathbb{Z}$ und $x \sim y$ gelte genau dann, wenn $x - y$ gerade, also durch 2 teilbar ist. Die Äquivalenzklassen sind $[0] = \{2k : k \in \mathbb{Z}\}$ und $[1] = \{2k + 1 : k \in \mathbb{Z}\}$.
2. Allgemeiner sei $M = \mathbb{Z}$ und $x \sim y$ gelte genau dann, wenn $x - y$ durch ein fest gewähltes $r \in \mathbb{N}$ teilbar ist. Die Äquivalenzklassen sind $[0] = \{rk : k \in \mathbb{Z}\}$, $[1] = \{rk + 1 : k \in \mathbb{Z}\}, \ldots, [r - 1] = \{rk + (r - 1) : k \in \mathbb{Z}\}$ (vergleiche die Zerlegung in Beispiel 3, Seite 30).
3. Es gibt eine **gröbste Äquivalenzrelation**, nämlich $x \sim y$ für alle x, y oder $R_{\text{gröbste}} = M \times M$. Sie hat M als einzige Äquivalenzklasse. Die Gleichheitsrelation hingegen ist die **feinste Äquivalenzrelation**. Dabei heißt eine Äquivalenzrelation "$\equiv$" feiner als die Äquivalenzrelation "$\sim$", wenn $R_{\equiv} \subseteq R_{\sim}$. $\sim$ heißt dann auch gröber als $\equiv$. Dies ist genau dann der Fall, wenn gilt: $\forall (x, y) \left((x \equiv y) \Rightarrow (x \sim y) \right)$.
4. Sei $\mathcal{A}$ die Menge aller aussagenlogischen Ausdrücke, die wir nach unseren Regeln (siehe Seiten 12 und 62) bilden können. Auf $\mathcal{A}$ definieren wir die Relation $R_{\equiv} = \{(A, B) : A \text{ ist log. äquivalent zu } B\}$. Dann ist $R_{\equiv}$ eine Äquivalenzrelation. In den Abschnitten über Aussagenlogik und über Boolesche Algebren werden wir sie genauer untersuchen.
5. Seien $\emptyset \neq M, N$ und $\rho : M \to N$ sei eine surjektive Abbildung. Wir setzen $x \sim y$, falls $\rho(x) = \rho(y)$ gilt. Dann ist $\sim$ eine Äquivalenzrelation und $\{\rho^{-1}(\{z\}) : z \in \mathbb{N}\}$ ist die Menge der Äquivalenzklassen dieser Relation (vergleiche das Beispiel 4 auf Seite 30).

Aufgaben:

1. Sei $\mathcal{R}$ eine Menge von Äquivalenzrelationen auf der gegebenen Menge M. (Damit gilt $\mathcal{R} \subseteq \mathcal{P}(M \times M)$). Zeigen Sie bitte, dass $\bigcap_{R \in \mathcal{R}} R$ eine Äquivalenzrelation ist. Es ist die gröbste unter allen Äquivalenzrelationen, die feiner sind als alle $R \in \mathcal{R}$.
2. Sei $R_1 = \{(x, y) \in \mathbb{Z} \times \mathbb{Z} : 4 \text{ teilt } x - y\}$, $R_2 = \{(x, y) \in \mathbb{Z} \times \mathbb{Z} : 6 \text{ teilt } x - y\}$. $\mathcal{R} = \{R_1, R_2\}$. Zeigen Sie bitte, dass $R_1 \cup R_2$ keine Äquivalenzrelation ist.
3. Sei $\mathcal{R}$ wie unter Aufgabe 1 und $\mathcal{S}$ die Menge aller Äquivalenzrelationen S mit $\bigcup_{R \in \mathcal{R}} \subseteq S$. $\mathcal{S}$ enthält $M \times M$, ist also nicht leer. $\bigcap_{S \in \mathcal{S}} S$ ist die feinste Äquivalenzrelation, die gröber ist als alle $R \in \mathcal{R}$.
4. Zeigen Sie bitte, dass die feinste Äquivalenzrelation, die gröber ist als R_1, R_2 aus Aufgabe 2, gerade $R = \{(x, y) \in \mathbb{Z} \times \mathbb{Z} : 2 \text{ teilt } x - y\}$ ist.

Wenn wir mit Äquivalenzklassen rechnen wollen, ist es oft nützlich, ein Repräsentantensystem statt der Äquivalenzklassen zu betrachten. Damit ist das Folgende gemeint:

Definition 2.20. *Sei $\sim$ eine Äquivalenzrelation auf der Menge M und sei $\widehat{M}$ die Menge der Äquivalenzklassen. Sei ρ eine injektive Abbildung von $\widehat{M}$ in M mit der Eigenschaft $\rho([x]) \in [x]$ für alle x. Dann heißt das Bild $\rho(\widehat{M})$ ein* **Repräsentantensystem** *für $\sim$.*

Beispiele:

1. Wir betrachten Beispiel 2 auf Seite 37. Ein mögliches Repräsentantensystem ist $\mathbb{Z}_r = \{0, 1, \ldots, r - 1\}$. ρ ordnet jeder Äquivalenzklasse die kleinste nichtnegative Zahl zu, die in ihr enthalten ist. Sei insbesondere $n \in \mathbb{N}$ und $r = 2^n$. Dann ist $\mathbb{Z}_r$ die Menge derjenigen nichtnegativen ganzen Zahlen, die mit n Bits darstellbar sind; in der Informatik heißen sie auch *unsigned integers* (mit n Bits).

2. Ein weiteres in der Informatik sehr gebräuchliches Repräsentantensystem für $r = 2^n$ sind die n–bit Zahlen im Zweierkomplement [21, Kap. 2], die sog. *n–bit integer* $I = \{-2^{n-1}, -2^{n-1} + 1, \ldots, -1, 0, 1, \ldots, 2^{n-1} - 1\}$. Durch diese Wahl kann man innerhalb des Darstellungsbereichs ganz normal auch mit negativen Zahlen rechnen.

Wiederholung

Begriffe Relation, duale Relation, Operationen auf Relationen, Ordnungsrelation, partielle Ordnung, lineare Ordnung, Äquivalenzrelation, Repräsentantensystem.
Sätze Satz über den Zusammenhang zwischen Äquivalenzrelationen und Zerlegungen.

2.3 Natürliche Zahlen und Kombinatorik

Motivation und Überblick

Zählen ist die Basis aller Zivilisation: Insofern sind die natürlichen Zahlen "von Gott gegeben" und jede weitere Rechnung baut hierauf auf. Wenn die Objekte, die wir zählen wollen, durch Kombination anderer Objekte entstehen, führt uns das sofort in die Kombinatorik. Dabei sind die Fragen, mit denen wir uns hier beschäftigen, wie die nach der Anzahl aller Wörter mit n Buchstaben aus einem Alphabet mit a Buchstaben, noch relativ einfach. Die Kombinatorik ist ein Eckpfeiler bei der Abschätzung des Aufwandes – der Komplexität – von Algorithmen. Außerdem ist sie die Grundlage der diskreten Wahrscheinlichkeitstheorie.
Die Bedeutung der natürlichen Zahlen rührt über das bloße Zählen hinaus daher, dass man potentiell unendliche Sachverhalte oft durch endlich viele Regeln beschreiben kann; darin liegt die Bedeutung des Prinzips der vollständigen Induktion und, damit verbunden, der rekursiven Definitionen.
Computer manipulieren Bitmuster, aber es gibt eine bijektive Abbildung zwischen Bitmustern und natürlichen Zahlen (vergleiche Satz 3.3), so dass wir ebenso gut sagen können, dass Computer mit natürlichen Zahlen rechnen. Wegen des in der Praxis endlichen Speichers kann ein Computer allerdings nur mit einem Teilbereich der natürlichen Zahlen rechnen.

2.3.1 Die natürlichen Zahlen und das Induktionsprinzip

Im Folgenden setzen wir eine Vertrautheit mit den natürlichen Zahlen voraus.

Die folgende Eigenschaft aller nichtleeren Teilmengen von $\mathbb{N}$ erscheint uns zunächst fast selbstverständlich:

Jede nichtleere Teilmenge A der natürlichen Zahlen hat ein kleinstes Element, genannt Minimum von A, in Zeichen $\min(A)$.

Diese Eigenschaft trägt oft den Namen **Induktionsaxiom**[6]. Denn wenn man die Menge der natürlichen Zahlen exakt zu beschreiben versucht, ist gerade diese Eigenschaft nicht ohne weiteres klar, weil man ja gar nicht weiß, wie eine beliebige Teilmenge von $\mathbb{N}$ aussieht. Und tatsächlich kann man im Rahmen der Theorie der Mengen ein "Modell" $\mathbb{N}^*$ für die natürlichen Zahlen finden, das genau diese Eigenschaft nicht hat. Es ist natürlich $\mathbb{N}^* \neq \mathbb{N}$. Dies alles führt weit über den Rahmen dieses Buches hinaus. In der Theorie der Mengen gilt für unsere Menge der natürlichen Zahlen dieses "Induktionsaxiom".

Hier sind zwei einfache Beispiele, bei denen wir keine Probleme haben:

Beispiele:

1. Sei A die Menge der geraden natürlichen Zahlen, $A = \{n : 2 \text{ teilt } n\}$. A hat ein kleinstes Element, nämlich die 2.
2. Ebenso hat die Menge B aller Primzahlen, die größer als 20 sind, ein kleinstes Element, nämlich 23.

Mit diesem Induktionsaxiom können wir nun sofort das *Beweisprinzip der vollständigen Induktion* und das *Prinzip der rekursiven Definition von Funktionen* einsehen. Insbesondere die Rekursion spielt eine wichtige Rolle bei der Programmierung (siehe [21, S. 128]). Dazu bringen wir zunächst jeweils ein Beispiel zum Beweis durch vollständige Induktion und eines zur Definition durch Rekursion.

Beispiele:

1. Wir wollen die Aussage $1 + x + x^2 + \cdots + x^n = (x^{n+1} - 1)/(x - 1)$ für alle reellen Zahlen $x \neq 1$ und $n \in \mathbb{N}$ beweisen.
   Wir wählen ein festes $x \in \mathbb{R}, x \neq 1$. Dann erhalten wir für jedes $n \in \mathbb{N}$ die Aussage
   $A(n) : 1 + x + \cdots + x^n = (x^{n+1} - 1)/(x - 1)$.
   (I) Für $n = 1$ lautet $A(1) : 1 + x = (x^2 - 1)/(x - 1)$. Sie ist wegen $x^2 - 1 = (x + 1)(x - 1)$ wahr.
   (II) Wir nehmen nun an, $A(n)$ sei wahr und folgern daraus, dass $A(n + 1)$ wahr ist. Es ist

$$1 + x + \cdots + x^n + x^{n+1} \underbrace{=}_{A(n) \text{ wahr}} \frac{x^{n+1} - 1}{x - 1} + x^{n+1}$$

$$= \frac{x^{n+1} - 1 + x^{n+1}(x - 1)}{x - 1} = \frac{x^{n+2} - 1}{x - 1}.$$

Also ist unter unserer Annahme der Wahrheit von $A(n)$ auch $A(n + 1)$ wahr. Können wir daraus folgern, dass $A(n)$ für jedes n wahr ist? Ja, mit Hilfe des *Induktionsaxioms*. Sei $B = \{n \in \mathbb{N} : A(n) \text{ ist wahr}\}$. Angenommen $B \neq \mathbb{N}$. Dann ist $B^c =: C = \{n : A(n) \text{ ist falsch }\}$ nicht leer, hat also ein kleinstes Element n_C. Weil $A(1)$ wahr ist (s.o.), ist $n_C > 1$. Da n_C das kleinste Element von C ist, ist $A(n_C - 1)$ wahr. Aber dann ist nach (II) auch $A(n_C)$ wahr im Widerspruch zu $n_C \in C$.

---

[6] Axiom (griech. axioma: Geltung, Forderung) nennt man eine Aussage, die *innerhalb* der Theorie – hier der natürlichen Zahlen – weder begründet wird, noch begründet werden kann.

2. Üblicherweise beschreibt man die **Fakultätsfunktion** von $\mathbb{N}_0$ nach $\mathbb{N}$ durch $0! = 1$ und $n! = 1 \cdot 2 \cdots n$ für $n \geq 1$. Dabei geht man davon aus, dass die Punkte in "$1 \cdot 2 \cdots n$" richtig interpretiert werden als Produkt über alle natürlichen Zahlen von 1 bis n. Die korrekte Art der Defninition ist die folgende rekursive Definition: $0! = 1$ und $n! = n \cdot (n-1)!$. Damit ist $g : \mathbb{N}_0 \to \mathbb{N}, n \mapsto n!$ eindeutig erklärt. Der Beweis hierfür ist völlig analog zu dem Argument am Ende des ersten Beispiels.

Bemerkung: Ähnlich wie das Beweisen durch vollständige Induktion funktioniert auch die Verifikation (Prüfung) eines Programmes mit Startwert und einer Schleife mittels der Methode von Floyd (vgl. [21, Kap. 5.5.2]).

Wir formulieren beide Prinzipien etwas allgemeiner:

Beweisprinzip der vollständigen Induktion:
Sei $n_0 \in \mathbb{N}_0$ fest. Für jedes $n \geq n_0$ sei $A(n)$ eine Aussage.
Es gelte
a) *$A(n_0)$ ist wahr*   (**Induktionsanfang**).
b) *Für jedes $n \geq n_0$ ist "$A(n) \Rightarrow A(n+1)$" wahr*   (**Induktionsschritt**).
Dann ist die Aussage $A(n)$ für alle natürlichen Zahlen $n \geq n_0$ wahr.

Prinzip der eindeutigen Definition durch Rekursion:
Sei $n_0 \in \mathbb{N}_0$ fest gewählt. Sei $A = \{n \in \mathbb{N}_0 : n \geq n_0\}$ und M eine beliebige, nicht leere Menge. Sei schließlich $F : A \times M \to M$ eine Abbildung und $s \in M$. Dann liefert die folgende Vorschrift eine eindeutige Funktion $g : A \to M$:
a) *$g(n_0) = s$*   (**Festlegung des Startgliedes**).
b) *$g(n+1) = F(n, g(n))$*   (**Rekursionsschritt**).

Beispiele:

1. *Potenzen:* Sei $x \in \mathbb{R}$ fest, $x^0 = 1$, $x^{n+1} = x \cdot x^n$. Hier ist $M = \mathbb{R}$, $A = \mathbb{N}_0$, $F(n, y) = xy$.
2. *Summen:* Sei $a : \mathbb{N}_0 \to \mathbb{R}$, $n \mapsto a_n$ eine Abbildung.
   Für jedes $n \in \mathbb{N}_0$ definieren wir $\sum_{k=0}^{n} a_k$ durch $\sum_{k=0}^{0} a_k = a_0$, $\sum_{k=0}^{n+1} a_k = \sum_{k=0}^{n} a_k + a_{n+1}$.
3. *Produkte:* $\prod_{k=0}^{n} a_k$ wird definiert durch $\prod_{k=0}^{0} a_k = a_0$, $\prod_{k=0}^{n+1} a_k = \prod_{k=0}^{n} a_k \cdot a_{n+1}$.
4. *Fakultät* (s.o.): $0! = 1$, $(n+1)! = n! \cdot (n+1)$.

Bemerkung: Für Summen und Produkte sind eine ganze Reihe anderer Schreibweisen üblich. Statt $\sum_{k=0}^{n} a_k$ schreibt man auch $\sum_{0 \leq k \leq n} a_k$, $\sum_{k \in \{0,\dots,n\}} a_k$, oder, wenn n aus dem Zusammenhang hervorgeht, einfach $\sum_k a_k$. Oft setzt man auch $A = \{a_0, \dots, a_n\}$ und schreibt $\sum_{x \in A} x$ an Stelle von $\sum_{k=0}^{n} a_k$. Entsprechende Schreibweisen sind für das Produkt üblich.

Aufgaben:

1. Programmieren Sie $\sum_{k=1}^{n} a_k$ rekursiv (vergl. [21, Kap. 6.7.5]).
2. Beweisen Sie bitte die folgenden Formeln (gegebenenfalls durch Induktion):
   a) $\sum_{k=1}^{n} a_k + \sum_{l=1}^{n} b_l = \sum_{j=1}^{n}(a_j + b_j)$.
   b) $a \cdot \sum_{k=1}^{n} a_k = \sum_{k=1}^{n} a \cdot a_k$.
   c) $\left(\sum_{k=1}^{m} a_k\right) \cdot \left(\sum_{l=1}^{n} b_l\right) = \sum_{k=1}^{m}\left(\sum_{l=1}^{n} a_k b_l\right) = \sum_{l=1}^{n}\left(\sum_{k=1}^{m} a_k b_l\right)$.

3. Beweisen Sie mit vollständiger Induktion:
   a) $\sum_{k=1}^{n} k = n(n+1)/2$.
   b) $\sum_{1}^{n} k^2 = n(n+1)(2n+1)/6$.
   c) $\sum_{1}^{n} (-1)^{k+1} k^2 = (-1)^{n+1} \dfrac{n(n+1)}{2}$.
   d) $\sum_{k=1}^{n} k^3 = \left(\sum_{k=1}^{n} k\right)^2 = \frac{1}{4} n^2 (n+1)^2$.
   e) Für welche $n \geq 2$ gilt $2^n > n^2$. Geben Sie einen Beweis für Ihre Aussage.
   f) Jede Zahl a der Form $a = n^3 + 5n$ ist durch 6 teilbar.

Beweis des Satzes 2.11 über abzählbare Mengen. Wir tragen nun den Beweis von Satz 2.11 nach. Dabei wiederholen wir die einzelnen Behauptungen in Kursivschrift.

a) Ist A endlich beziehungsweise abzählbar und $\rho : A \to B$ eine beliebige bijektive Abbildung, so ist auch B endlich beziehungsweise abzählbar.
Beweis: Sei A abzählbar. Dann gibt es eine bijektive Abbildung φ von $\mathbb{N}$ auf A. Aber dann ist $\rho \circ \varphi$ eine solche von $\mathbb{N}$ auf B. Analog behandelt man den Fall, dass A endlich ist. □

b) Sei M eine abzählbare Menge. Dann ist jede Teilmenge N von M endlich oder abzählbar.
Beweis: Aufgrund von a) genügt es zu zeigen: Jede Teilmenge A von $\mathbb{N}$ ist endlich oder abzählbar. Sei A eine nichtendliche Teilmenge von $\mathbb{N}$. Wir definieren $\rho(1) = \min(A)$, was nach dem Induktionsaxiom auf Seite 39 existiert und in A liegt. Sei $\rho(n)$ schon erklärt. Dann ist $A \setminus \{\rho(1), \rho(2), \ldots, \rho(n)\} = A_n$ nicht leer (sonst wäre A endlich). Also ist $\rho(n+1) = \min(A_n)$ definiert. Es gilt offensichtlich $\rho(1) < \rho(2) < \rho(3) < \cdots$ (auch das kann man per Induktion beweisen). Also ist ρ eine injektive Abbildung von $\mathbb{N}$ in A.
Behauptung: ρ ist bijektiv.
Beweis: Sei $B = \rho(\mathbb{N})$. Dann gilt $B \subseteq A$. Angenommen $A \setminus B \neq \emptyset$. Sei $x \in A \setminus B$ fest gewählt. Sei k die größte natürliche Zahl mit $\rho(k) \leq x$. Diese existieren wegen $\rho(1) < \rho(2) < \cdots$. Dann ist $x < \rho(k+1) = \min(A_k)$. Andererseits ist wegen $x \in A \setminus B$ sicher $x \in A_k$, also $x \geq \rho(k+1)$, ein Widerspruch. Also ist $B = A$ und die Surjektivität bewiesen. Daher ist A abzählbar. □

c) Seien $M_1, \ldots, M_n$ abzählbar. Dann ist auch $M_1 \times \cdots \times M_n$ abzählbar.
Beweis: Wegen a) genügt es zu zeigen, dass $\mathbb{N}^n$ abzählbar ist. Dazu benötigt man, dass $\mathbb{N}^2$ abzählbar ist. Dies geht anschaulich wie folgt: wir schreiben $\mathbb{N}^2$ als unendliche Zahlentafel, und zeigen mit Pfeilen, wie wir wir sukzessive abzählen.

$$
\begin{pmatrix}
(1,1) & (1,2) & (1,3) & (1,4) & \cdots \\
 & & & & \cdots \\
(2,1) & (2,2) & (2,3) & (2,4) & \cdots \\
 & & & & \\
(3,1) & (3,2) & (3,3) & (3,4) & \cdots \\
\vdots & \vdots & \vdots & \vdots & \vdots
\end{pmatrix}.
$$

$\rho(1,1) = 1$. Dann folgt $\rho(1,2) = 2$, $\rho(2,1) = 3$. Im nächsten Durchgang zählt man $\rho(3,1) = 4$, $\rho(2,2) = 5$, $\rho(1,3) = 6$. Allgemein erhält man die Formel $\rho(k,l) = \rho(1, k+l-1) + k = \dfrac{(k+l-2)(k+l-1)}{2} + k$. Durch Induktion zeigt man, dass diese Abbildung $\mathbb{N}^2$ bijektiv auf $\mathbb{N}$ abbildet.

Nun kann man leicht – wiederum durch Induktion – zeigen, dass $\mathbb{N}^n$ für jedes $n \in \mathbb{N}$ abzählbar ist.   □

d) Sei $\mathcal{B}$ eine abzählbare Menge von abzählbaren Teilmengen der Menge M. Dann ist auch $B_\infty = \bigcup_{n \in \mathbb{N}} B_n = \bigcup_{B \in \mathcal{B}} B$ abzählbar.

Beweis: Sei $n \mapsto B_n$ eine bijektive Abbildung von $\mathbb{N}$ in $\mathcal{B}$. Sei $\rho_n : \mathbb{N} \to B_n$ eine bijektive Abbildung (die nach Voraussetzung existiert, weil alle B_n abzählbar sind). Wir setzen $\varphi : \mathbb{N}^2 \to B_\infty$, $(k, n) \mapsto \varphi(k, n) = \rho_n(k) \in B_n \subseteq B_\infty$. φ ist surjektiv. Für jedes $a \in B_\infty$ sei $\psi(a) \in \varphi^{-1}(\{a\})$ ein fest gewähltes Element. Das liefert eine injektive Abbildung ψ von B_∞ in $\mathbb{N}^2$. Dann ist $\psi(B_\infty)$ eine Teilmenge von $\mathbb{N}^2$ und damit abzählbar. Es gibt also eine bijektive Abbildung $\chi : \mathbb{N} \to \psi(B_\infty)$. Man rechnet leicht nach, dass $\varphi \circ \chi$ bijektiv von $\mathbb{N}$ auf B_∞ ist.   □

e) Sei M eine endliche oder abzählbare Menge. Dann ist $\bigcup_{n \in \mathbb{N}} M^n$ abzählbar.

Beweis: Wir nehmen ohne Beschränkung der Allgemeinheit $M \subseteq \mathbb{N}$ an. Dann ist $\bigcup_{n \in \mathbb{N}} M^n \subseteq \bigcup_{n \in \mathbb{N}} \mathbb{N}^n$, also eine offensichtlich unendliche Teilmenge einer nach dem Bisherigen abzählbaren Menge, also selbst abzählbar.   □

Wiederholung

Begriffe: Beweisprinzip der vollständigen Induktion, Definition durch Rekursion.

2.3.2 Einführung in die Kombinatorik

Motivation und Überblick

Wir hatten schon die Hauptaufgabe der Kombinatorik beschrieben als die Berechnung der Anzahl von Kombinationen (Zusammenfassungen) von endlich vielen verschiedenen Objekten. Dies ist die Basis für Abschätzungen der Komplexität vieler Algorithmen und für die "Diskrete Wahrscheinlichkeitstheorie". Wir behandeln folgende Fragestellungen:
- Anzahl der Elemente in der Menge $M_1 \times \cdots \times M_n$ bei bekannten Anzahlen von Elementen in M_k.
- Auswahl von k Gegenständen aus n Gegenständen.
- Anzahl der Elemente in $A_1 \cup A_2 \cup \cdots \cup A_n$.
- Anzahl der möglichen Zerlegungen einer Menge.
- Anzahl verschiedener Arten von Abbildungen von M nach N.

Anzahl der Elemente in $M_1 \times M_2 \times \cdots \times M_n$ Sei A ein Alphabet mit k Buchstaben. In der Informatik ist oft $A = \{0, 1\}$, in der Molekularbiologie ist A zum Beispiel die Menge der vier verschiedenen Basen (Adenin, Guanin, Cytosin, Thymin), aus denen die Sprossen der DNA–Moleküle gebildet werden. Wie viele Worte der Länge n lassen sich bilden? Ein solches Wort ist zum Beispiel 1011100 im Fall $A = \{0, 1\}$ und $n = 7$. Bei ihm kommt es auf die Reihenfolge an, denn es ist $1011100 \neq 0111100$. Also ist ein Wort der Länge n (bis auf eine andere Schreibweise) nichts anderes als ein n-Tupel mit Einträgen aus dem Alphabet A.

Damit ist die Menge $W(A, n)$ aller solchen Worte nichts anderes als $W(A, n) = A^n = \underbrace{A \times A \times \cdots \times A}_{n \text{ mal}}$.

Ganz analog ist die Frage, wie viele Datensätze es maximal gibt, wenn ein Datensatz insgesamt n Einträge aus den Mengen $M_1, \ldots, M_n$ hat. Die Menge aller möglichen Datensätze ist dann $M_1 \times M_2 \times \cdots \times M_n$.

Mit $|M|$ bezeichnen wir wie gehabt die Anzahl der Elemente von M. Es gilt:

Satz 2.21. *Es ist* $|M_1 \times \cdots \times M_n| = |M_1| \cdot |M_2| \cdots |M_n|$. *Insbesondere ist* $|W(A, n)| = |A|^n$.

Beweis: (natürlich durch Induktion)
1. Es ist $|M_1 \times M_2| = |M_1| \cdot |M_2|$. Denn ist $v \in M_1$, so gibt es genau $|M_2|$ Paare (v, x), bei denen an der ersten Stelle v und an der zweiten Stelle ein beliebiges $x \in M_2$ steht. Dies gilt für jedes $v \in M_1$, also ist

$$|M_1 \times M_2| = \sum_{v \in M_1} |\{v\} \times M_2| = |M_1| \cdot |M_2|.$$

2. Es ist

$$|M_1 \times \cdots \times M_{n+1}| = |(M_1 \times \cdots \times M_n) \times M_{n+1}|$$
$$\underbrace{=}_{\text{nach 1.}} |M_1 \times \cdots \times M_n| \cdot |M_{n+1}| = |M_1| \cdots |M_n| \cdot |M_{n+1}|.$$

$\square$

Anzahl von Auswahlen von k Gegenständen aus n Gegenständen In diesem Abschnitt behandeln wir nacheinander die folgenden vier elementaren Auswahlprobleme, die sich so beschreiben lassen:

Sei A eine Menge mit n verschiedenen Elementen. Üblicherweise stellt man sich hierbei eine Urne mit n verschiedenen Kugeln $g_1, g_2, \ldots, g_n$ vor. Dann lauten die Fragestellungen

1. **Geordnete Auswahl ohne Wiederholung:** Man greift k mal nacheinander in die Urne hinein. Wie viele verschiedene Auswahlen $(g_{i_1}, g_{i_2}, \ldots, g_{i_k})$ sind möglich? Dabei ist stets $i_j \neq i_k$ für $j \neq k$. Solch ein k-Tupel kann man mit der injektiven Abbildung $\begin{pmatrix} 1 & 2 & \ldots & k \\ g_{i_1} & g_{i_2} & \ldots & g_{i_k} \end{pmatrix}$ von $\{1, 2, \ldots, k\}$ nach A identifizieren. Dann lautet das Problem: Wie viele injektive Abbildungen von $\{1, 2, \ldots, k\}$ nach A gibt es?

2. **Geordnete Auswahl mit Wiederholung:** Man greift k mal nacheinander in die Urne hinein und nach jedem Hineingreifen registriert man das Ergebnis und legt die Kugel vor dem nächsten Hineingreifen zurück. Man erhält also als mögliche Ergebnisse k-Tupel $(g_{i_1}, \ldots, g_{i_k})$ wobei $i_j = i_k$ für $j \neq k$

erlaubt ist. Identifiziert man das k-Tupel $(g_{i_1}, \ldots, g_{i_k})$ mit der Abbildung $\begin{pmatrix} 1 & 2 & \cdots & k \\ g_{i_1} & g_{i_2} & \cdots & g_{i_k} \end{pmatrix}$ von $\{1, 2, \ldots, k\}$ nach A, so lautet das Problem: wieviele Abbildungen gibt es von $\{1, 2, \ldots, k\}$ nach A?

3. **Ungeordnete Auswahl ohne Wiederholung:** Man greift k mal nacheinander in die Urne hinein und legt die Kugeln in einen Korb. Wie viele verschiedene Korbfüllungen gibt es? Hier kommt es im Gegensatz zum ersten Problem also nicht auf die Reihenfolge der Ziehung an. Eine äquivalente Formulierung ist daher: Wie viele verschiedene Teilmengen mit k Elementen hat die n-elementige Menge A?

4. **Ungeordnete Auswahl mit Wiederholung:** Man greift k mal in die Urne, legt aber nach jedem Hineingreifen die Kugel wieder zurück und achtet nicht auf die Reihenfolge. Dann erhalten wir als Ergebnis ein n-Tupel $(x_1, \ldots, x_n)$ aus $\mathbb{N}_0^n$, wobei x_j die Zahl angibt, wie oft die Kugel g_j gezogen wurde. Das Problem ist: Wie viele solcher n-Tupel mit $\sum_{j=1}^n x_j = k$ gibt es?

Geordnete Auswahl ohne Wiederholung. Wir können das oben beschriebene Problem noch anders formulieren: In einer Urne haben wir n verschiedene Kugeln $g_1, g_2, \ldots, g_n$. Ferner haben wir $1 \leq k \leq n$ Plätze $P_1, \ldots, P_k$, auf die wir sie verteilen können und zwar pro Platz genau eine Kugel. Es darf kein Platz frei bleiben. Wieviele solcher Verteilungen gibt es?

Wir setzen $(n)_k = \begin{cases} n & k = 1 \\ n(n-1)\cdots(n-k+1) & k \geq 2 \end{cases}$, also $(n)_k = \dfrac{n!}{(n-k)!}$.

Satz 2.22. *Es gibt genau $(n)_k$ verschiedene Verteilungen von n verschiedenen Gegenständen auf k Plätze $(1 \leq k \leq n)$.*

Beweis: (natürlich durch Induktion) 1. Ist $k = 1$, so gibt es genau $n = (n)_1$ verschiedene "Verteilungen" (hier würde man besser von Belegungen sprechen).

2. Sei die Aussage für k Plätze $(1 \leq k \leq n-1)$ schon bewiesen. Haben wir P_1 bis P_k schon mit einem Gegenstand belegt, so bleiben für den Platz P_{k+1} nur noch $(n-k)$ Gegenstände übrig. Pro fester Verteilung auf P_1 bis P_k hat man also $(n-k)$ Möglichkeiten für P_{k+1}. Nach Induktionsvoraussetzung erhält man insgesamt $(n)_k \cdot (n-k) = (n)_{(k+1)}$ Verteilungen. $\square$

Wir können eine feste Verteilung V auch als injektive Abbildung ρ_v von $\{P_1, \ldots, P_k\}$ in den Sack G mit n verschiedenen Gegenständen auffassen (siehe oben). Wir erhalten das folgende Korollar.

Korollar 2.23. *Seien A, B nichtleere endliche Mengen, $|A| = k$, $|B| = n$. Dann gibt es genau $(n)_k$ injektive Abbildungen von A nach B. Ist insbesondere $|A| = |B| = n$, so gibt es $n!$ verschiedene Bijektionen von A auf B.*

Eine bijektive Abbildung einer endlichen Menge M auf sich selbst nennt man **Permutation (Umordnung)** der Menge. *Es gibt also $|M|!$ Permutationen von*

M. Die Menge aller Permutationen der Menge $\{1,\dots,n\}$ bezeichnen wir mit S_n, es gilt somit $|S_n| = n!$. Eine Permutation $\pi \in S_n$ lässt sich durch das Schema $\pi = \begin{pmatrix} 1 & 2 & \dots & n \\ \pi(1) & \pi(2) & \dots & \pi(n) \end{pmatrix}$ beschreiben. Beispielsweise ist $\pi = \begin{pmatrix} 1 & 2 & 3 \\ 1 & 3 & 2 \end{pmatrix} \in S_3$ die Permutation, welche die 1 festhält und die 2 mit der 3 vertauscht.

Geordnete Auswahl mit Wiederholung. Wir hatten oben schon gesehen, dass die Zahl geordneter Auswahlen mit Wiederholung gleich der Zahl aller Abbildungen von $\{1,\dots,k\}$ nach A ist. Jeder solchen Abbildung ρ von $\{1,\dots,k\}$ nach A entspricht ein k-Tupel mit Elementen aus A, also einer Auswahl mit Wiederholung, bei der es auf die Anordnung (Reihenfolge) ankommt. Wir bestimmen also die Zahl solcher k–Tupel.

Satz 2.24. *Die Anzahl der Abbildungen einer k-elementigen Menge B in eine n-elementige Menge A ist n^k. Dies ist auch die Anzahl aller geordneten Auswahlen mit Wiederholung von k Elementen aus A.*

Beweis: Sei ohne Beschränkung der Allgemeinheit $B = \{1,\dots,k\}$. Nach der Bemerkung auf Seite 26 gibt es eine bijektive Abbildung von A^B auf $A^k = \underbrace{A \times \dots \times A}_{k\,\text{mal}}$ und diese Menge hat nach Satz 2.21 $|A|^k$ Elemente. □

Ungeordnete Auswahl ohne Wiederholung. Ein typisches Beispiel für die ungeordnete Auswahl ohne Wiederholung ist das Zahlenlotto: $A = \{1,\dots,49\}, k = 6$.

Definition 2.25. *Die Zahl* $\binom{n}{k} = \begin{cases} 0 & k > n \\ \frac{n!}{k!(n-k)!} & 0 \le k \le n \end{cases}$ *heißt* **Binomialkoeffizient.** *($\binom{n}{k}$ wird gelesen als: n über k.)*

Aufgaben:

1. Berechnen Sie bitte $\binom{6}{3}$, $\binom{5}{4}$ und $\binom{7}{2}$.
2. Zeigen Sie bitte $\binom{n}{k} = \binom{n}{n-k}$.
3. Beweisen Sie bitte

$$\binom{n}{k} + \binom{n}{k-1} = \binom{n+1}{k}. \tag{2.1}$$

Der Name "Binomialkoeffizient" ist durch die binomische Formel in Satz 2.28 motiviert.

Satz 2.26. *Die Anzahl der ungeordneten Auswahlen von k Elementen aus einer Menge mit n Elementen ist gleich der Anzahl der k-elementigen Teilmengen einer Menge mit n Elementen und diese Zahl ist gleich $\binom{n}{k}$.*

Beweis: Dass die Anzahl der ungeordneten Auswahlen von k Elementen aus einer Menge mit n Elementen gleich der Anzahl der k-elementigen Teilmengen einer Menge mit n Elementen ist, haben wir in der Einleitung zu diesem Abschnitt gesehen.

Der Satz ist richtig für $k \geq n$ und $k = 0$ (die leere Menge ist die einzige mit 0 Elementen). Sei also $1 \leq k \leq n - 1$. Wir bleiben bei dem Bild mit dem Korb (siehe oben) und bringen in dem Korb k verschiedene Plätze an. Dann erhält man nach Satz 2.22 $(n)_k$ verschiedene Belegungen. Einen Korbinhalt kann man auf $k!$ verschiedene Weisen auf die Plätze im Korb verteilen. Kommt es also nicht auf die Verteilung innerhalb des Korbs, sondern nur auf dessen Inhalt an, so muss man $(n)_k$ durch $k!$ teilen. Also erhält man

$$\frac{(n)_k}{k!} = \frac{n(n-1)\cdots(n-k+1)}{k!} = \frac{n!}{k!(n-k)!} = \binom{n}{k}.$$

$\square$

Korollar 2.27. *Sei* $M = \{0,1\}^n$. *Die Menge* K *aller* $\omega \in M$, *die genau an* k *Stellen eine 1 haben, hat* $\binom{n}{k}$ *Elemente.*

Beweis: Für $\omega \in K$ sei $M(\omega) = \{\ell \in \{1, 2, \ldots, n\} : \omega_\ell = 1\}$. Dies ist eine Bijektion auf die Menge der k–elementigen Teilmengen von $\{1, 2, \ldots, n\}$. $\square$

Der nächste Satz, der sogenannte Binomiallehrsatz, der Potenzen eines "Binoms[7]" $a + b$ durch Potenzen von a und b ausdrückt, erlaubt uns die Anzahl aller Teilmengen einer Menge zu berechnen. Durch ihn erklärt sich der Name "Binomialkoeffizient" für $\binom{n}{k}$.

Satz 2.28. (Binomiallehrsatz)
Für beliebige Zahlen $a, b \in \mathbb{R}$ *und* $n \in \mathbb{N}$ *gilt*

$$(a + b)^n = a^n + \binom{n}{1}a^{n-1}b + \cdots + \binom{n}{n-1}ab^{n-1} + b^n$$

$$= \sum_{k=0}^{n} \binom{n}{k}a^{n-k}b^k$$

Beweis: (durch Induktion)
Induktionsanfang: Der Satz ist richtig für $n = 1$.
Induktionsschritt: Angenommen der Satz ist richtig für ein $n \geq 1$.
Es ist (siehe die Rechenregeln für das Summenzeichen, Aufgabe 2 auf Seite 40)

---

[7] lat. bis: zwei; nomen: Name

$$
\begin{aligned}
(a+b)^{n+1} \;=\;& (a+b)(a+b)^n = (a+b)\sum_{k=0}^{n}\binom{n}{k}a^{n-k}b^k \\[2mm]
=\;& \sum_{k=0}^{n}\binom{n}{k}a^{n+1-k}b^k + \sum_{k=0}^{n}\binom{n}{k}a^{n-k}b^{k+1} \\[2mm]
=\;& a^{n+1} + \sum_{k=1}^{n}\left(\binom{n}{k}+\binom{n}{k-1}\right)a^{n+1-k}b^k + b^{n+1} \\[2mm]
\underset{(2.1)}{=}\;& \sum_{k=0}^{n+1}\binom{n+1}{k}a^{n+1-k}b^k .
\end{aligned}
$$

Mit dem Prinzip der vollständigen Induktion folgt die Behauptung.   □

Korollar 2.29. *Sei M eine endliche Menge. M hat $2^{|M|}$ Teilmengen. Anders ausgedrückt:*

$$
|\mathcal{P}(M)| = 2^{|M|}.
$$

Beweis: Sei $|M| = n$. Es ist $2^n = (1+1)^n = \sum_{k=0}^{n}\binom{n}{k}$. Aus Satz 2.26 folgt die Behauptung.   □

Ungeordnete Auswahl mit Wiederholung. Wir beschließen diesen Abschnitt mit der Antwort auf das letzte noch ausstehende "k aus n"–Auswahlproblem: wieviel Möglichkeiten gibt es, aus einer Menge mit n Elementen genau k Elemente mit Wiederholung auszuwählen.

Satz 2.30. *Sei A eine Menge mit n Elementen. Die folgenden drei Größen sind gleich:*

1. *Die Anzahl aller Möglichkeiten, k Elemente aus A ohne Berücksichtigung der Anordnung mit möglichen Wiederholungen auszuwählen.*
2. *Die Anzahl der geordneten n–Tupel $(x_1, \ldots, x_n)$ nicht-negativer ganzer Zahlen mit $x_1 + \cdots + x_n = k$.*
3. *Die Anzahl aller $0,1$ – Folgen der Länge $n + k - 1$, die genau $n - 1$ Einsen enthalten.*

Diese gemeinsame Zahl ist $\binom{n+k-1}{k}$.

Beweis: (I) Sei $A = \{a_1, \ldots, a_n\}$. Jeder Auswahl von k Objekten aus A mit Wiederholung (das heißt, man darf das ausgewählte Element vor der nächsten Ziehung zurücklegen) ordnen wir das n–Tupel $(x_1, \ldots, x_n)$ von nicht-negativen ganzen Zahlen zu, wobei x_i die Anzahl ist, wie oft a_i in der Auswahl vorkommt. Es gilt $\sum_{j=1}^{n} x_j = k$. Jede Auswahl bestimmt eindeutig solch ein n–Tupel, und jedes solche n–Tupel bestimmt eindeutig eine Auswahl.

(II) Dass die zweite Anzahl gleich der dritten ist, folgt aus der Zuordnung

$$
(x_1, \ldots, x_n) \longleftrightarrow (\underbrace{0, \ldots, 0}_{x_1}, 1, \underbrace{0, \ldots, 0}_{x_2}, 1, \ldots, 1, \underbrace{0, \ldots, 0}_{x_n})
$$

und es gilt $\sum_{i=1}^{n} x_i + \underbrace{(n-1)}_{\text{Einsen}} = k + n - 1$.

(III) Einer 0, 1-Folge der Länge $n + k - 1$ mit $n - 1$ Einsen ordnet man die Teilmenge

$$\{x \in \{1, \ldots, n + k - 1\} : \text{die } x. \text{ Stelle der Folge ist } 1\}$$

zu. Dies ist eine bijektive Abbildung von $\{1, \ldots, n + k - 1\}$ auf die Menge aller $(n - 1)$-elementigen Teilmengen. Deren Anzahl ist $\binom{n+k-1}{n-1} = \binom{n+k-1}{k}$.   □

Wir stellen in einer Tabelle alle Auswahlprobleme zusammen:

k aus n	Wiederholung nicht möglich	Wiederholung möglich
Anordnung relevant	$(n)_k$ (Satz 2.22)	n^k (Satz 2.24)
Anordnung nicht relevant	$\binom{n}{k}$ (Satz 2.26)	$\binom{n+k-1}{k}$ (Satz 2.30)

Verteilung mehrerer Sorten von Gegenständen Bisher haben wir k Gegenstände aus n verschiedenen auf unterschiedliche Weise ausgewählt. Das konnte man auch als eine Verteilung von n Gegenständen auf k Plätze ansehen

Das folgende Problem ist komplexer. Es taucht in der Theorie der Isomere einer chemischen Verbindung auf. Wir haben n_1 schwarze, n_2 rote, n_3 weiße Kugeln und $n = n_1 + n_2 + n_3$ Plätze, auf die wir sie verteilen können. Die gleichfarbigen Kugeln sind unter sich nicht zu unterscheiden. Wieviele unterscheidbare Belegungen der Plätze gibt es? Um die Frage zu beantworten, markieren wir die Kugeln so, dass jetzt alle unterscheidbar sind. Dann gibt es $n!$ Belegungen. Sei eine solche fest gewählt. Die schwarzen Kugeln mögen auf den Plätzen $P_{i_1}, P_{i_2}, \ldots, P_{i_{n_1}}$ liegen. Nehmen wir nun die Markierungen weg, können wir nicht mehr unterscheiden, von genau welcher Belegung unsere vorliegende Verteilung stammt. Wir haben also $n_1!$ bezüglich der schwarzen Kugeln ununterscheidbare Verteilungen nach Entfernung der Markierung. Unabhängig davon erhalten wir $n_2!$ ununterscheidbare Verteilungen nach Entfernung der Markierung der roten Kugeln und $n_3!$ ununterscheidbare bezüglich der weißen Kugeln. $n_1! \cdot n_2! \cdot n_3!$ Verteilungen liefern nach Entfernung der Markierung das gleiche Bild. Es gibt also $\dfrac{n!}{n_1! n_2! n_3!}$ unterscheidbare Verteilungen. Dies gilt natürlich ganz allgemein.

Satz 2.31. *Es gebe k verschiedene Sorten von Gegenständen; von der j. Sorte gebe es n_j Exemplare. Die Gesamtzahl sei $n_1 + n_2 + \cdots + n_k = n$. Dann gibt es $\dfrac{n!}{n_1! \cdot n_2! \cdots n_k!}$ verschiedene Verteilungen aller Gegenstände auf die n Plätze.*

Aufgabe: Ein Seminar mit 15 Studierenden will eine Fußballmannschaft zusammenstellen (3 Stürmer, 3 Mittelfeldspieler, 3 Verteidiger, 1 Libero, 1 Torwart, 4 Reservespieler). Wie viele Mannschaftsaufstellungen sind möglich, wenn jeder Seminarteilnehmer für jeden Posten gleich geeignet ist?

Einschließungs–Ausschließungs-Prinzip Wir kennen die Anzahl aller Abbildungen von A nach B sowie die Anzahl der injektiven Abbildungen von A nach B. Wir wollen jetzt die Anzahl der surjektiven Abbildungen von A nach B bestimmen. Dazu beweisen wir zunächst das **Einschließungs- und Ausschließungsprinzip**. Zuvor überlegen wir uns (vergleiche den Absatz vor Satz 2.14): Ist $A = \bigcup_{i=1}^{n} A_i$, wobei die A_i paarweise leeren Durchschnitt haben, das heißt $A_i \cap A_j = \emptyset$ für $i \neq j$, so ist $|A| = \sum_{i=1}^{n} |A_i|$. Nach Definition 2.9 schreiben wir für diese Situation $A = \biguplus_{i=1}^{n} A_i$.

Satz 2.32. *Seien $A_1, \ldots, A_n$ beliebige endliche Mengen. Dann ist*

$$|A_1 \cup A_2 \cup \cdots \cup A_n| = \sum_{j=1}^{n} (-1)^{j+1} \left(\sum_{1 \leq i_1 < \cdots < i_j \leq n} \Big| \bigcap_{k=1}^{j} A_{i_k} \Big| \right). \qquad (2.2)$$

Beweis: (I) *Behauptung:* der Satz ist richtig für $n = 2$.
Beweis: Es ist $A \cup B = (A \setminus (A \cap B)) \uplus (B \setminus A \cap B) \uplus (A \cap B)$, also

$$
\begin{aligned}
|A \cup B| &= (|A| - |A \cap B|) + (|B| - |A \cap B|) + |A \cap B| \\
&= |A| + |B| - |A \cap B|.
\end{aligned}
$$

(II) Sei der Satz wahr für beliebiges $n \geq 2$.
Behauptung: Er gilt für $n + 1$.
Beweis: Es ist

$$
\begin{aligned}
|A_1 \cup \cdots \cup A_{n+1}| &= |(A_1 \cup \cdots \cup A_n) \cup A_{n+1}| \\
&= |(\bigcup_{k=1}^{n} A_k)| + |A_{n+1}| - |(\bigcup_{k=1}^{n} A_k) \cap A_{n+1}| \\
&= \sum_{j=1}^{n} (-1)^{j+1} \sum_{1 \leq i_1 < \cdots < i_j \leq n} \Big| \bigcap_{k=1}^{j} A_{i_k} \Big| + |A_{n+1}| \\
&\quad - |\bigcup_{k=1}^{n} (A_k \cap A_{n+1})| \\
&= \sum_{j=1}^{n} (-1)^{j+1} \sum_{1 \leq i_1 < \cdots < i_j \leq n} \Big| \bigcap_{k=1}^{j} A_{i_k} \Big| + |A_{n+1}| \\
&\quad - \sum_{\ell=1}^{n} (-1)^{\ell+1} \sum_{1 \leq r_1 < \cdots < r_\ell \leq n} \Big| \bigcap_{s=1}^{\ell} (A_{r_s} \cap A_{n+1}) \Big| \\
&= \sum_{j=1}^{n+1} (-1)^{j+1} \sum_{1 \leq i_1 < \cdots < i_j \leq n+1} \Big| \bigcap_{s=1}^{j} A_{i_s} \Big|.
\end{aligned}
$$

$\square$

Mit diesem Satz können wir die Anzahl der surjektiven Abbildungen von A nach B berechnen.

Satz 2.33. *Seien A, B nichtleere endliche Mengen, $|A| = m$, $|B| = n$. Sei $Surj(A, B)$ die Menge der surjektiven Abbildungen von A auf B. Dann ist*

$$|Surj(A, B)| = \sum_{j=0}^{n-1}(-1)^j \binom{n}{j}(n - j)^m.$$

Beweis: Sei $B = \{b_1, \dots, b_n\}$ und $S_k = \{\rho \in B^A : b_k \notin \rho(A)\}$. Dann ist $Surj(A, B) = B^A \setminus (\bigcup_{k=1}^n S_k)$. Nach Satz 2.24 ist $|B^A| = |B|^{|A|} = n^m$. Wir bestimmen $|\bigcup_{k=1}^n S_k|$ nach dem vorigen Satz.
(1) Es ist $|S_k| = |B \setminus \{b_k\}|^{|A|} = (n - 1)^m$ und es gibt $\binom{n}{1} = n$ verschiedene S_k.
(2) Für $i < j$ ist $|S_i \cap S_j| = |B \setminus \{b_i, b_j\}|^{|A|} = (n - 2)^m$ und es gibt $\binom{n}{2}$ solcher Mengen $S_i \cap S_j$.
(3) Analog erhält man für $1 \leq i_1 < \cdots < i_j \leq n$ $\quad |S_{i_1} \cap \cdots \cap S_{i_j}| = (n - j)^m$ und es gibt $\binom{n}{j}$ solcher Mengen.
Setzt man dies in die Aussage (2.2) für die Anzahl $|S_1 \cup \cdots \cup S_n|$ ein so erhält man $|S_1 \cup \cdots \cup S_n| = \sum_{j=1}^n (-1)^{j+1} \binom{n}{j}(n - j)^m$. Damit folgt wegen $-(-1)^{j+1} = +(-1)^j$

$$|Surj(A, B)| = n^m + \sum_{j=1}^n (-1)^j \binom{n}{j}(n - j)^m = \sum_{j=0}^{n-1}(-1)^j \binom{n}{j}(n - j)^m.$$

$\square$

Eine weitere wichtige Aufgabe der Kombinatorik ist die Berechnung der Anzahl von Zerlegungen einer endlichen Menge in Teilmengen (siehe Definition 2.9), die auf James Stirling[8] zurückgeht.

Definition 2.34. *Die Anzahl aller möglichen Zerlegungen von A mit $|A| = n$ in k Mengen heißt* **Stirling-Zahl zweiter Art** *$S(n, k)$.*

Satz 2.35. *Es gilt*

$$S(n, k) = \frac{1}{k!} \sum_{j=1}^k (-1)^{k-j} \binom{k}{j} j^n.$$

Beweis: (I) Sei $A = \{a_1, \dots, a_n\}$, $B = \{1, \dots, k\}$. Dann ist

$$|Surj(A, B)| = \sum_{j=0}^{k-1}(-1)^j \binom{k}{j}(k - j)^n = \sum_{j=1}^k (-1)^{k-j} \binom{k}{j} j^n.$$

Also muss man nur zeigen: $k! S(n, k) = |Surj(A, B)|$.

---

[8] James Stirling, 1692–1770, Mathematiker, Verwalter eines Kohlenbergwerks in Schottland. Bekannt ist u. a. seine Formel $\lim_{n \to \infty} \dfrac{n!}{(\frac{n}{e})^n \sqrt{2\pi n}} = 1$.

(II) Sei $\rho : A \to B$ eine surjektive Abbildung. Dann bildet $\{\rho^{-1}(\{1\}), \ldots, \rho^{-1}(\{k\})\}$ eine Zerlegung. Sei $A_j = \rho^{-1}(\{j\})$. Wir erhalten dieselbe Zerlegung, nur umnummeriert, wenn $\pi : B \to B$ eine Bijektion und $\rho_\pi = \pi \cdot \rho$ ist. Also liefern $k!$ surjektive Abbildungen die **gleiche** Zerlegung. Andererseits definiert auch jede Zerlegung $\mathcal{Z} = \{A_1, \ldots, A_k\}$ eine surjektive Abbildung $\rho_{\mathcal{Z}}$ durch $\rho_{\mathcal{Z}}(a_j) = \ell \Leftrightarrow a_j \in A_\ell$. Daraus folgt die Behauptung. $\square$

Wiederholung

Begriffe: Verschiedene Formen der Auswahl von k Gegenständen aus n Gegenständen, Permutationen, Ein- und Ausschließungsprinzip.
Sätze: Anzahl der verschiedenen Auswahlmöglichkeiten von k Gegenständen aus n Gegenständen, Anzahl der injektiven, respektive bijektiven oder surjektiven Abbildungen zwischen Mengen, Anzahl der Elemente von $\bigcup_{k=1}^n A_k$, Anzahl der Zerlegungen einer Menge, Binomischer Lehrsatz.

2.4 Einführung in die Graphentheorie

Motivation und Überblick

Graphen sind mathematische Objekte, mit denen Zusammenhangseigenschaften von Systemen dargestellt werden können. Mögliche Anwendungen sind u. a. Transport- oder Kommunikationssysteme, Datenstrukturen, Rechnernetze, Schaltkreise, Rechnerarchitektur und Automatentheorie. Auch zweistellige Relationen auf Mengen, zum Beispiel Ordnungs- oder Äquivalenzrelationen, kann man durch Graphen beschreiben.
Wir geben die wichtigsten Definitionen und behandeln Eulersche Graphen und Bäume.

2.4.1 Begriffe und einfache Ergebnisse

Anschaulich ist ein Graph ein Netzwerk, also eine Menge von Knoten, die durch Leitungen, Straßen oder einfach durch Linien (Kanten) verbunden sind. Typische Fragen sind die nach einer kanonischen Darstellung, nach der Existenz von Wegen zwischen zwei Punkten und nach der Existenz besonders "günstiger" Wege. Wir definieren:

Definition 2.36. *Ein* **Graph** $G = (E, K, \tau)$ *besteht aus einer nicht-leeren Menge* E *von* **Ecken** *(oder* **Knoten***), einer Menge* K *von* **Kanten** *(wobei* E *und* K *disjunkt sind) und einer Abbildung* τ*, die jeder Kante* $k \in K$ *eine nicht leere, aber höchstens zweielementige Menge* $\tau(k) = \{u, v\}$ *von Ecken zuordnet;* u, v *heißen die Ecken oder Endknoten der betreffenden Kante. Die Abbildung* τ *heißt* **Inzidenzabbildung***.*

Bemerkungen:

1. Die Bedingung $E \cap K = \emptyset$ impliziert eine klare Unterscheidung von Ecken und Kanten.
2. Oft lässt man das τ auch fort und bezeichnet den Graphen einfach mit (E, K).
3. Im Englischen heißt eine Ecke *vertex* (Plural: *vertices*), eine Kante heißt *edge*. Bei Benutzung angelsächsischer Literatur muss man also darauf gefasst sein, dass die Menge E dort mit V und die Kantenmenge K mit E bezeichnet wird.

Beispiele:

1. Jedes Dreieck, allgemeiner: jedes n–Eck ist ein Graph. Genauer sei $E = \{e_1, e_2, \ldots, e_n\}$ und K bestehe aus den Verbindungsstrecken zwischen e_k und e_{k+1} ($1 \le k \le n - 1$), sowie der Verbindungsstrecke zwischen e_1 und e_n, also $K = \{\overline{e_1, e_2}, \overline{e_2, e_3}, \ldots, \overline{e_{n-1}, e_n}, \overline{e_1, e_n}\}$. Es ist $\tau(\overline{e_j, e_{j+1}}) = \{e_j, e_{j+1}\}$ und $\tau(\overline{e_1, e_n}) = \{e_1, e_n\}$. Solche Graphen heißen **zyklisch**. Abb. 2.1 zeigt ein Viereck:

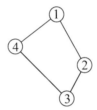

Abbildung 2.1. Viereck

2. $E = \{a, b\}$, $K = \mathbb{N}$ und $\tau : n \mapsto E$. Hier gibt es nur zwei Knoten, die auf abzählbar vielen verschiedenen Kanten liegen.

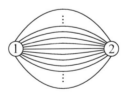

Abbildung 2.2. 2 Knoten mit abzählbar vielen Kanten

3. Ein **vollständiger Graph**: Jede mögliche Verbindungslinie zwischen zwei verschiedenen Ecken ist eine Kante (siehe Abb. 2.3). Sei $E \neq \emptyset$. Dann setzen wir $K = \{A \subseteq E : |A| = 2\}$ und $\tau(A) = A$.
4. E sei die Menge der Gemeinden, die ein Handelsvertreter besuchen muss, K sei die Menge der Verbindunsstraßen zwischen diesen Gemeinden, τ ordnet jeder Verbindungsstraße die beiden Städte zu, die sie verbindet. Abb. 2.4 zeigt einen möglichen Graphen für einen Handlungsreisenden.

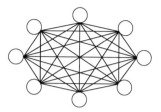

Abbildung 2.3. Vollständiger Graph

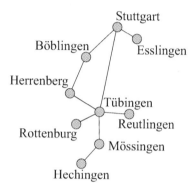

Abbildung 2.4. Graph eines Handlungsreisenden

5. Die Teilerrelation. Wir bezeichnen die Knoten mit natürlichen Zahlen und ziehen eine Kante zwischen m und n, wenn m die Zahl n teilt oder umgekehrt. Abb. 2.5 zeigt einen solchen Graphen mit $n = 4$.

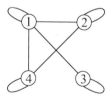

Abbildung 2.5. Teilerrelation

6. Abb. 2.6 zeigt einen Arbeitszuweisungsgraphen (Bipartiter Graph).

Definition 2.37. *a) Sei $G = (E, K, \tau)$ ein Graph. Besteht für eine Kante k die Menge $\tau(k)$ aus nur einem Element, so heißt k eine* **Schleife**.
b) ist τ injektiv (das heißt: gibt es zwischen zwei verschiedenen Ecken nur höchstens eine Kante) und gibt es keine Schleifen, so heißt G **schlicht**.

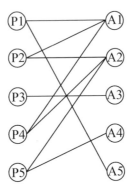

Abbildung 2.6. Bipartiter Graph

In schlichten Graphen kann man jede Kante mit der eindeutig bestimmten zwei-elementigen Menge ihrer Ecken identifizieren, kurz: $K \subseteq \mathcal{P}_2(E) := \{M \subseteq E : |M| = 2\}$.

Aufgabe: Welche der bisher angegebenen Graphen sind schlicht?

Wir erwähnen hier noch zwei Erweiterungen der angegebenen Graphendefinition, die auch in der Informatik wichtig sind, in dieser Einführung aber nicht behandelt und deshalb auch nicht durch Rahmen bzw. Nummer hervorgehoben werden.

Definition *a) Ein* **gerichteter Graph** *G ist ein Tripel $G = (E, K, \rho)$, wo E die Menge der Ecken, und K die Menge der Kanten ist und ρ jeder Kante k ein geordnetes Paar $\rho(k) = (u, v) \in E \times E$ zuordnet. u heißt Anfangspunkt oder* **Startknoten**, *v Endpunkt oder* **Zielknoten** *von k. Solche Kanten zeichnet man gerne als Pfeile.*
b) Ein **gewichteter Graph** *G ist ein Graph $G = (E, K, \tau))$, für den eine weitere Abbildung $\gamma : K \to \mathbb{R}$ existiert, die jeder Kante k ein Gewicht $\gamma(k)$ zuordnet.*

Wir erhalten im obigen Beispiel der Teilerrelation einen gerichteten Graphen, wenn wir $\rho(k) = (u, v)$ setzen, falls u teilt v. Gewichtete Graphen sind zum Beispiel Reiserouten, bei denen den einzelnen Verbindungswegen zwischen zwei Orten die Fahrzeit oder der Fahrpreis zugeordnet wird.

Wir werden im Folgenden nur **endliche** Graphen betrachten, das heißt solche, bei denen sowohl E als auch K endlich sind. Diese Voraussetzung gelte für den gesamten Abschnitt, ohne dass sie in den Definitionen und Sätzen gesondert erwähnt wird. Wir erinnern daran, dass wir auch nur ungerichtete Graphen, also Graphen im Sinne von Definition 2.36 behandeln.

Definition 2.38. *Sei $G = (E, K)$ ein Graph. Der* **Grad** *(oder die* **Valenz***) $d(u)$ einer Ecke u ist die Anzahl der Kanten, die u als Ecke besitzen. Dabei wird vereinbart, dass eine Schleife mit Ecke u bei der Berechnung von $d(u)$ zweimal gezählt wird.*

Beispiele:

1. Im Viereck hat jede Ecke den Grad 2. Dasselbe gilt allgemein für zyklische Graphen.
2. Sei $G = (E, K)$ ein vollständiger Graph (siehe Beispiel 4, Seite 52). Die Menge der Kanten mit Ecke u ist gerade $\{\{u, x\} : u \neq x \in E\}$, also ist $d(u) = |E| - 1$. Ist umgekehrt $G = (E, K)$ schlicht und gilt $d(u) = |E| - 1$ für alle Ecken u, so ist G vollständig.

Sehr nützlich ist das folgende "Handshaking-Lemma":

Satz 2.39. *Sei $G = (E, K)$ ein Graph. Dann ist $\sum_{u \in E} d(u) = 2 \cdot |K|$.*

Beweis: (I) Sei G zunächst ein Graph ohne Schleifen. Wir zählen die Menge

$$A = \{(u, k) : u \in E, \ k \in K, \ u \text{ ist Ecke von } k\}$$

auf zwei Weisen ab (Prinzip des doppelten Abzählens).
Jede Ecke u tritt nach Definition der Valenz in genau $d(u)$ vielen Paaren auf, d.h. $|A| = \sum_{u \in E} d(u)$. Jede Kante k tritt in genau 2 Paaren auf, nämlich in denen mit ihren beiden Ecken, die voneinander verschieden sind, weil es keine Schleifen gibt. Also $|A| = 2 \cdot |K|$. Die Behauptung folgt.
(II) Für beliebige Graphen folgt die Behauptung aus (I) und der Tatsache, dass für jede Schleife mit Endknoten u der Grad $d(u)$ um 2 erhöht wird. $\square$

Korollar 2.40. *Jeder Graph hat eine gerade Anzahl von Knoten ungeraden Grades.*

Definition 2.41. *Sei $G = (E, K)$ ein Graph.*
a) Eine Folge $(u_0, k_1, u_1, k_2, \ldots, u_{n-1}, k_n, u_n)$ mit $u_i \in E$ und $k_i \in K$ heißt **Kantenzug***, falls u_{i-1}, u_i Endknoten von k_i sind, $i = 1, \ldots, n$. Man sagt: der Kantenzug* **verbindet** *u_0 mit u_n. n heißt die* **Länge** *des Kantenzugs. Ein Kantenzug heißt* **geschlossen***, falls $u_0 = u_n$ gilt.*
b) Ein Kantenzug heißt **einfach***, falls alle auftretenden Kanten verschieden sind.*
c) Ein einfacher Kantenzug $(u_0, k_1, \ldots, u_{n-1}, k_n, u_n)$ heißt ein **Weg***, falls $u_0, \ldots, u_n$ paarweise verschieden sind (außer evtl. $u_0 = u_n$). Ein geschlossener Weg (also $u_0 = u_n$) heißt* **Kreis***, falls $n \geq 1$.*
d) G heißt **zusammenhängend***, wenn je zwei Ecken von G durch einen Kantenzug verbunden werden können.*

Bemerkung: In einem schlichten Graphen haben Kreise mindestens 3 verschiedene Knoten. Kreise der Länge 1 werden durch Schleifen, Kreise der Länge 2 durch Mehrfachkanten gebildet. Ist der Graph zusammenhängend, so lassen sich je zwei Ecken durch einen Weg verbinden.

2.4.2 Eulersche Graphen

Wir skizzieren hier einen Ausschnitt aus dem Stadtplan des ehemaligen Königsberg. Die Frage, die sich Leonhard Euler[9] stellte, war, ob es einen Rundweg gibt, der über jede Brücke genau einmal führt (**Königsberger Brückenproblem**).

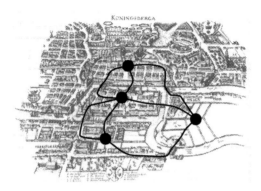

Abbildung 2.7. Historische Abbildung von Königsberg

Die Skizze zeigt, was wir unter den Ecken bzw. Kanten verstehen, wenn wir das ganze Problem graphentheoretisch behandeln wollen. In der Sprache der Graphentheorie lautet das Problem dann:

Gibt es einen geschlossenen *einfachen* Kantenzug, der jede Kante des Graphen enthält?

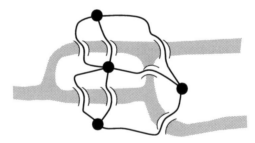

Abbildung 2.8. Schematische Darstellung des Königsberger Brückenproblems

---

[9] Leonhard Euler, 1707–1783, Mitglied der Akademie der Wissenschaft in Sankt Petersburg und in Berlin, bedeutendster Mathematiker des 18. Jahrunderts.

Definition 2.42. *Ein Graph G heißt* **Eulerscher Graph**, *falls es einen geschlossenen einfachen Kantenzug gibt, der jede Kante von G enthält. Ein solcher Kantenzug heißt dann* **Eulerscher Kantenzug**.

Theorem 2.43. *Sei G ein zusammenhängender Graph.*
Genau dann ist G ein Eulerscher Graph, wenn jeder Knoten von G geraden Grad hat.

Beweis: (I) Sei G ein Eulerscher Graph. Ein Eulerscher Kantenzug trifft jeden Knoten, da G zusammenhängend ist. Folgt man dem Eulerschen Kantenzug, so wird jeder Knoten von einer Kante herkommend angelaufen und auf einer anderen Kante verlassen. Da alle Kanten im Kantenzug vorkommen und keine zweimal durchlaufen wird, hat jeder Knoten einen geraden Grad. (Hier ist es wichtig, dass jede Schleife in einem Knoten u den Beitrag 2 zu $d(u)$ liefert.)

(II) Für die umgekehrte Richtung der Behauptung geben wir einen Beweis, der sich leicht zu einem Algorithmus zur Bestimmung eines Eulerschen Kantenzugs (in Graphen mit der angegebenen Gradbedingung) umwandeln lässt.

Wir wählen einen Knoten $u \in E$ aus und bilden einen Kantenzug, beginnend bei u, der keine Kante doppelt enthält, solange das möglich ist. Bei jedem Knoten $\neq u$, den der Kantenzug erreicht, gibt es eine ungerade Anzahl von Kanten mit Endknoten, die bisher vom Kantenzug noch nicht benutzt worden sind (beachte: Schleifen zählen zweimal!). Daher kann man bei jedem solchen Knoten den Kantenzug fortführen. Da die Zahl der Kanten endlich ist, bricht das Verfahren einmal ab. Sei der erhaltene Zug gerade $Z = (u = u_0, k_1, u_1, \ldots, k_n, u_n)$. Dann ist $u_n = u$. Denn wäre $u_n \neq u$, so muss es außer k_n eine weitere Kante k_{n+1} geben, dessen einer Knoten u_n ist, weil die Gradzahl $d(u_n)$ gerade ist. Also wäre das Verfahren noch nicht abgebrochen. Wir erhalten den geschlossenen einfachen Kantenzug $(u = u_0, k_1, u_1, \ldots, u_{n-1}, k_n, u_n = u)$.
Sei S die Menge der Kanten dieses Kantenzugs. Ist $S = K$, so sind wir fertig.
Sei also $S \neq K$. Dann existiert ein Knoten v, der Endknoten einer Kante aus S und einer Kante aus $K \setminus S$ ist, da der Graph zusammenhängend ist. Wir betrachten den Graphen H mit Knotenmenge E und Kantenmenge $K \setminus S$. Jeder Knoten dieses Graphen hat geraden Grad. Wir können daher, wie oben, in H einen einfachen geschlossenen Kantenzug von v nach v bilden: $(v, k_{n+1}, v_1, \ldots, v_{m-1}, k_{n+m}, v)$. Da v Endknoten einer Kante aus S ist, ist $v = u_i$ für ein $i \in \{0, \ldots, n\}$. Wir fügen nun den Kantenzug in H in den ursprünglichen Kantenzug "an der Stelle $v = u_i$" ein:

$$(u = u_0, k_1, u_1, \ldots, k_i, u_i = v, k_{n+1}, v_1, \ldots, v_{m-1}, k_{n+m}, v = u_i, k_{i+1}, \ldots, k_n, u).$$

Dies liefert einen größeren geschlossenen einfachen Kantenzug. In dieser Weise fortfahrend erhalten wir wegen der Endlichkeit von G am Ende einen Eulerschen Kantenzug. $\square$

Als Anwendung erhalten wir: Das Königsberger Brückenproblem hat keine Lösung.

Aufgabe: Wie viele Brücken müssten mindestens nachgebaut werden (und wo), damit ein Rundgang möglich ist?

Benutzen Sie nun bitte das Applet "Euler-Graph". Sehen Sie sich die Veranschaulichung des im Beweis des Eulerschen Satzes enthaltenen Algorithmus am Demonstrationsbeispiel an. Wählen Sie auch eigene Graphen.

Bemerkung: Der Satz von Euler gibt ein schnell nachprüfbares Kriterium dafür an, ob ein Graph Eulersch ist. Das duale Problem fragt nach einem geschlossenen Weg, der jede Ecke genau einmal enthält. Solche Graphen heißen **Hamiltonsch**. (Hamilton[10] hat ein Spiel entwickelt, bei dem die 20 Ecken eines Dodekaeders mit dem Namen einer Hauptstadt bezeichnet sind; das Ziel ist, eine Tour zu finden, die alle Hauptstädte genau einmal trifft.)

Im Gegensatz zu Eulerschen Graphen ist es ein schwieriges Problem zu entscheiden, ob ein Graph Hamiltonsch ist. Tatsächlich ist dies ein sogenanntes NP-vollständiges Problem. Wir wollen wenigstens den folgenden Satz ohne Beweis angeben. Für einen Beweis siehe [10], Seite 114.

Theorem *Sei G ein schlichter Graph mit n Ecken (n ≥ 3). Ist die Valenz d(v) jedes Knotens v größer oder gleich n/2, dann ist G Hamiltonsch.*

2.4.3 Bäume

Wir wenden uns jetzt einer wichtigen Teilklasse von Graphen zu, den sog. Bäumen. Sie spielen eine besondere Rolle in der Informatik, z. B. in Zusammenhang mit der Grammatik von Programmiersprachen (Syntaxbäume), oder bei Such- und Entscheidungsalgorithmen (vgl.c̃ite[Kap. 13]KW02).

Definition 2.44. *Ein Graph heißt* **Wald***, falls er keinen Kreis enthält. Ein zusammenhängender Wald heißt* **Baum***.*

Beispiele:

1. Sei E ein regelmäßiges n-Eck (siehe Beispiel 3, Seite 52). Lässt man die letzte Kante $\{n, 1\}$ weg, so erhält man einen Baum.

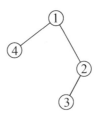

2. Nach festen Regeln aufgebaute Ausdrücke wie zum Beispiel arithmetische Ausdrücke oder Ausdrücke der Aussagenlogik (siehe Abschn. 2.5) kann man durch Bäume darstellen, die die innere Struktur widergeben (Struktur- oder Analysebäume, *parse tree*). Sei

---

[10] William R. Hamilton, 1805–1865, Professor der Astronomie am Trinity College, Begründer der nach ihm benannten Mechanik, Entdecker der Quaternionen.

f der arithmetische Ausdruck $(z \cdot (x + y))$. Die Knotenmenge ist $E = \{x, y, z, +, \cdot\}$, die Kantenmenge ist $\{\{x, +\}, \{y, +\}, \{+, \cdot\}, \{\cdot, z\}\}$. Man sieht sofort, dass ein Baum vorliegt. Man kann nun mit geeigneten Algorithmen (siehe [21, Kap. 13]) den Baum durchlaufen und (bei Vorgabe bestimmter Werte für die Variablen) den Wert des Ausdrucks berechnen.

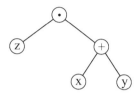

Satz 2.45. *Sei $B = (E, K)$ ein Baum mit $|E| \geq 2$. Dann gibt es mindestens zwei Knoten vom Grad 1.*

Beweis: Die Länge eines jeden Weges in B ist kleiner oder gleich $|E|$. Daher gibt es Wege maximaler Länge. Sei $(u_0, k_1, u_1, \ldots, u_{n-1}, k_n, u_n)$ ein solcher. Da B zusammenhängend ist und $|E| \geq 2$, ist $n \geq 1$. Da B keine Kreise enthält, ist $u_0 \neq u_n$. Wir zeigen, dass $d(u_0) = d(u_n) = 1$ gilt. Es genügt, dies für u_0 zu zeigen. Wäre $d(u_0) > 1$, so gäbe es eine Kante $k \neq k_1$ mit Endknoten u_0 (beachte, dass B keine Schleifen enthält). Sei v der zweite Endknoten von k. Es ist $k \neq k_i, i = 1, \ldots, n$, da $k_2, \ldots, k_n$ sämtlich Endknoten $\neq u_0$ besitzen. Außerdem ist $v \neq u_i, i = 0, \ldots, n$, denn andernfalls wäre $(v, k, u_0, k_1, \ldots, k_i, u_i)$ ein Kreis. Also ist $(v, k, u_0, k_1, \ldots, k_n, u_n)$ ein Weg, im Widerspruch zur Maximalität von $(u_0, k_1, \ldots, k_n, u_n)$. Daher ist $d(u_0) = 1$.   □

Definition 2.46. *Die Knoten eines Baumes, die Grad 1 haben, werden **Blätter** genannt, die Knoten vom Grad größer als 1 heißen **innere Knoten**.*

Wir wollen jetzt eine Charakterisierung von Bäumen angeben. Dazu benötigen wir das folgende Lemma.

Lemma 2.47. *Sei $G = (E, K)$ ein zusammenhängender Graph, und c ein Kreis in G. Entfernt man aus G eine Kante k, die zu c gehört, so ist der resultierende Graph $G' = (E, K \setminus \{k\})$ auch noch zusammenhängend.*

Beweis: Seien u, v zwei beliebige Knoten. Da G zusammenhängend ist, gibt es einen Weg d, der u und v verbindet. Gehört k nicht zu d, so ist d ein Weg in G' und u und v sind in G' verbunden. Sei also k eine Kante, die zu d gehört: $d = (u, \ldots, t, k, s, \ldots, v)$, wobei t, s die Endknoten von k sind. Im Kreis c können wir einen geschlossenen Weg bilden, der bei s beginnt, über k zu t führt, und wieder bei s endet: $(s, k, t, k_1, \ldots, k_m, s)$. Ersetzt man in d das Stück (t, k, s) durch $(t, k_1, \ldots, k_m, s)$, so erhält man einen Kantenzug

$$d' = \underbrace{(u, \ldots, t,}_{\text{vorderer Teil von d}} \quad k_1, \ldots, k_m, \quad \underbrace{s, \ldots, v)}_{\text{hinterer Teil von d}} \quad ,$$

der u und v verbindet. Da d und c Wege, also insbesondere einfache Kantenzüge sind, sind alle in d' auftretenden Kanten von k verschieden. Daher ist d' ein Kantenzug in G', der u und v verbindet. G' ist also zusammenhängend. □

Satz 2.48. *Sei $G = (E, K)$ ein Graph. Die folgenden Aussgen sind äquivalent:*
a) G ist ein Baum.
b) G ist zusammenhängend und $|K| = |E| - 1$.

Beweis: a) $\Rightarrow$ b): Wir haben $|K| = |E| - 1$ zu zeigen. Dies geschieht durch Induktion über $n = |E|$.
$n = 1$ ist klar. Sei G ein Baum mit n Knoten, $n > 1$. Nach Satz 2.45 enthält G einen Knoten u mit $d(u) = 1$. Sei k die (eindeutig bestimmte) Kante mit Endknoten u. Sei G' der Graph $(E \setminus \{u\}, K \setminus \{k\})$. Man sieht sofort, dass G' zusammenhängend ist (wegen $d(u) = 1$ und da G zusammenhängend ist) und dass er keine Kreise enthält (da G keine Kreise enthält). Also ist G' ein Baum. Per Induktion ist $|K \setminus \{k\}| = |E \setminus \{u\}| - 1$, also $|K| = |E| - 1$.

b) $\Rightarrow$ a): Wir müssen zeigen, dass G keine Kreise enthält. Angenommen G enthält einen Kreis c. Nach Lemma 2.47 können wir aus c eine Kante k_1 entfernen, so dass $G' = (E, K \setminus \{k_1\})$ weiterhin zusammenhängend ist. In dieser Weise fortfahrend (so lange es noch Kreise gibt) erhalten wir einen zusammenhängenden Graphen $B = (E, K \setminus \{k_1, \ldots, k_m\})$, der keinen Kreis enthält, also ein Baum ist (beachte: K ist endlich). Nach dem schon bewiesenen Teil a) $\Rightarrow$ b) (angewandt auf B) folgt $|E| - 1 = |K| - m$. Also ist $m = 0$, d.h. G enthält keinen Kreis, ist also ein Baum. □

Bemerkung: Der Beweis des Teils b) $\Rightarrow$ a) im vorangegangenen Satz zeigt auch, dass man in jedem zusammenhängende Graphen $G = (E, K)$ eine Teilmenge $K' \subseteq K$ finden kann, so dass $B = (E, K')$ ein Baum ist (der also alle Knoten von G enthält). Ein solcher Baum heißt **aufspannender Baum** von G.

Korollar 2.49. *Sei $B = (E, K)$ ein Baum. Dann gilt $\sum_{u \in E} d(u) = 2|E| - 2$.*

Beweis: Das Korollar folgt aus Satz 2.48 und und dem Handshaking-Lemma (Satz 2.39). □

Wiederholung

Begriffe: Graph, Knoten, Kante, Valenz, schlichter Graph, gerichteter Graph, gewichteter Graph, Kantenzug, Schleife, Weg, Kreis, zusammenhängender Graph, Eulerscher Graph, Hamiltonscher Graph, Baum, Blatt.
Sätze: Handshaking-Lemma, Kennzeichnung Eulerscher Graphen, Existenz von Blättern an Bäumen, Kennzeichnung von Bäumen.

2.5 Formale Aussagenlogik

Motivation und Überblick

Wir setzen die Formalisierung des logischen Argumentierens aus Abschnitt 2.1 fort. Dazu wird in für die Informatik typischer Weise die Syntax der Sprache der Aussagenlogik induktiv durch Regeln aufgebaut; dies ergibt die Menge aller Ausdrücke oder aussagenlogischen Formeln. Ebenfalls durch Termdinduktion wird dann eine Interpretation eingeführt (die Semantik). Um mit den Ausdrücken "rechnen" zu können, führen wir eine durch die Menge der Interpretationen in natürlicher Weise induzierte Äquivalenzrelation ein, die hilft, Ausdrücke durch äquivalente Ausdrücke zu ersetzen, ohne den "Wahrheitsgehalt" zu ändern. Jedem Ausdruck lässt sich dabei eine äquivalente "konjunktive Normalform" zuordnen, die es erlaubt, den "Resolutionskalkül" zu entwickeln, mit dem von jedem Ausdruck entschieden werden kann, ob er erfüllbar oder kontradiktorisch ist.
Die Informatik hat ihren Ursprung in der Möglichkeit, Programme mit Bedingungen und Verzweigungen auf Maschinen laufen lassen zu können (Konrad Zuse[11], Johann von Neumann[12]). Dem formalen Umgang mit solchen Bedingungen und Verzweigungen liegt die Aussagenlogik zugrunde. Der "rechnerische" Umgang einschließlich der Hardware-Implementierung von logischen Gattern wird dann über die oben angesprochene Äquivalenzrelation durch die Theorie der Booleschen Algebren möglich, die wir in Kapitel 4.5, behandeln.

2.5.1 Aufbau der Sprache

In Abschnitt 2.1 hatten wir eine intuitive, gewissermaßen halbformale Einführung in den Umgang mit konkreten Aussagen gegeben. Wir wollen nun diese halbformalen Überlegungen weiter führen, um so mit "Ausdrücken" – oder aussagenlogischen Formeln –, die an die Stelle konkreter Aussagen treten, wirklich "rechnen" zu können. Die hier entwickelte Aussagenlogik hat vielfältige Anwendungen bei der Organisation sehr komplexer Systeme, wie sie zum Beispiel auch in der Logistik von Großfirmen vorkommt.

Um unser erklärtes Ziel zu erreichen, müssen wir erst die Sprache der Aussagenlogik erklären. Dies erfolgt in mehreren Schritten. Dabei tritt mehr oder weniger explizit die Induktion nach dem Aufbau der Ausdrücke auf.

Das Alphabet Das Alphabet der Sprache der Aussagenlogik besteht aus einer Menge V von **Variablen** $u, v, w, x_1, \ldots$, zwei Konstanten $\underline{0}, \underline{1}$, den **logischen Junktoren** $\neg, \vee, \wedge$ und den Klammern $(,)$. Dies sind zunächst Symbole ohne jegliche Bedeutung. Aus den Zeichen des Alphabets werden in einem nächsten Schritt nach

---

[11] Konrad Zuse, 1910–1995, Maschinenbauingenieur, baute die erste frei programmierbare Rechenmaschine.

[12] Johann von Neumann, 1903–1957, Professor für Mathematik an der Universität Princeton. Er schuf die mathemathischen Grundlagen der Quantenmechanik, erfand die Spieltheorie und entwickelte eine bis heute aktuelle grundlegende Architektur für Computer (siehe [21, Kap. 2]).

bestimmten Regeln sogenannte **Ausdrücke** gebildet. Auch sie sind rein formale Zeichenketten. Eine Bedeutung erhalten sie erst durch eine **Interpretation**, deren Regeln wir im Abschnitt über die Semantik definieren. Dabei wird dann klar, dass in diesem Zusammenhang $\underline{1}$ und $\underline{0}$ für die wahre beziehungsweise falsche Aussage und $\neg$, $\vee$, $\wedge$ für die Verneinung, das Oder und das Und stehen. In Abschn. 2.1 hatten wir eine weitere Verknüpfung, nämlich $\Rightarrow$ eingeführt. Diese werden wir hier durch einen äquivalenten, aus $\neg$ und $\vee$ zusammengesetzten Ausdruck ersetzen. Denn je weniger Junktoren wir benutzen, desto einfacher ist es, etwas durch Induktion zu definieren oder zu beweisen. Allerdings werden die Ausdrücke dann auch komplexer und unanschaulicher.

Die Syntax Mit Hilfe des Alphabets bilden wir **Ausdrücke** $A, B, C, \ldots$ (auch **aussagenlogische Formeln** genannt) nach folgenden Regeln

1. $\underline{0}, \underline{1}$ und alle Variablen sind Ausdrücke. Diese Ausdrücke heißen **atomar**.
2. Sind A und B Ausdrücke, so auch $(\neg A)$, $(A \wedge B)$ und $(A \vee B)$.

Genau die mit den Regeln 1 und 2 bildbaren Zeichenketten sind Ausdrücke. Sie bilden die Menge $\mathcal{A}$.

Beispiele:

1. $(x \vee y)$, $(x \wedge y)$, $(x \wedge \underline{0})$, $(x \wedge \underline{1})$.
2. $)x \wedge y$, $x \vee \wedge$ und $\neg)x$ sind keine Ausdrücke.
3. $(x \vee y) \wedge (\neg(x \wedge y))$. Man kürzt dies ab als $(x \oplus y)$.
4. $((\neg x) \vee y)$. Man kürzt dies ab als $(x \Rightarrow y)$.
5. $(((\neg y) \vee x) \wedge ((\neg x) \vee y))$. Man schreibt kürzer $(x \Leftrightarrow y)$.
6. Sind A und B schon Ausdrücke, so auch $((\neg A) \vee B)$, abgekürzt als $(A \Rightarrow B)$.
7. Sind A und B schon Ausdrücke, so auch $(((\neg A) \vee B) \wedge ((\neg B) \vee A))$, abgekürzt als $(A \Leftrightarrow B)$.
8. Sind A und B schon Ausdrücke, so auch $((A \vee B) \wedge (\neg(A \wedge B)))$, abgekürzt als $(A \oplus B)$.

Was wir hier vorgenommen haben, ist eine sogenannte *induktive* Definition der Menge $\mathcal{A}$ aller aus V bildbaren Ausdrücke. Wie schon oben erwähnt, sind dies auf der syntaktischen Ebene lediglich formale Zeichenketten ohne inhaltliche Bedeutung.

Das Induktionsprinzip über den Aufbau der Ausdrücke Die Definition von Kunstsprachen per induktiver Definition ist ganz typisch für die Informatik und wird dort im Gebiet der Formalen Sprachen untersucht. Aus unserer Syntax ergibt sich leicht das folgende

Induktionsprinzip über den Aufbau der Ausdrücke (Terme):
(i) Es habe jeder atomare Ausdruck die Eigenschaft E.
(ii) Haben A und B die Eigenschaft E, so auch $(\neg A)$, $(A \vee B)$ und $(A \wedge B)$.
Dann haben alle Ausdrücke die Eigenschaft E.

Dieses Prinzip lässt sich auf das Induktionsprinzip der natürlichen Zahlen zurückführen. Dazu führen wir den **Rang** $\operatorname{rg}(A)$ eines Ausdrucks A ein. Die atomaren Ausdrücke haben den Rang 0. Ferner ist $\operatorname{rg}((\neg B)) = \operatorname{rg}(B) + 1$, $\operatorname{rg}((A \vee B)) = \operatorname{rg}((A \wedge B)) = \operatorname{rg}(A) + \operatorname{rg}(B) + 1$.

Nun können wir das Induktionsprinzip für Terme so begründen: Nach Voraussetzung haben alle Ausdrücke vom Rang 0 die Eigenschaft E. Es mögen alle Ausdrücke vom Rang n die Eigenschaft E haben. Dann haben wegen (ii) auch alle Ausdrücke vom Rang $n + 1$ die Eigenschaft E. Nach dem Induktionsprinzip für natürliche Zahlen folgt die Behauptung.

Damit kann man nun auch Funktionen durch Induktion über den Aufbau der Ausdrücke definieren, wie wir dies bei der Interpretation im nächsten Abschnitt tun werden.

2.5.2 Semantik von Ausdrücken

Die Semantik (eigentlich "Bedeutung") eines Ausdrucks erhält man durch Zuweisung eines Wertes 1 (wahr) bzw. 0 (falsch) nach den folgenden Regeln.

Schritt 1:
Man wählt eine Abbildung $I : V \to \{0, 1\}$. Sie heißt **Belegung**. Mit ihr legt man fest, welche der atomaren (einfachsten) Ausdrücke "wahr" sein sollen und welche "falsch" sein sollen. Wie schon in Abschnitt 2.1 setzen wir hierbei 0 mit "false" beziehungsweise "falsch" gleich und 1 mit "true" beziehungsweise "wahr".

Schritt 2:
Man setzt I durch Induktion über den Aufbau der Ausdrücke auf ganz $\mathcal{A}$ zu einer **Interpretation** I^* fort. I^* hängt also von I ab. Wir treffen dazu folgende Vereinbarungen für das Rechnen mit 0 und 1:

min	0	1
0	0	0
1	0	1

max	0	1
0	0	1
1	1	1

$\min(a, b)$ bedeutet das Minimum, $\max(a, b)$ das Maximum der beiden Zahlen a, b (siehe Seite 13).

Die Regeln für die Fortsetzung sind

1. $I^*(\underline{0}) = 0, I^*(\underline{1}) = 1$
2. Ist $x \in V$, so ist $I^*(x) = I(x)$
3. Ist $B = (\neg A)$, so ist $I^*(B) = 1 - I^*(A)$
4. Ist $B = (A_1 \vee A_2)$, so ist $I^*(B) = \max(I^*(A_1), I^*(A_2))$
5. Ist $B = (A_1 \wedge A_2)$, so ist $I^*(B) = \min(I^*(A_1), I^*(A_2))$.

Dass I^* damit auf $\mathcal{A}$ wohldefiniert ist, folgt aus dem Induktionsprinzip über den Aufbau der Ausdrücke.

Bemerkung: Sei A ein Ausdruck mit genau den Variablen $x_1, \ldots, x_n$. Wir setzen $V(A) = \{x_1, \ldots, x_n\}$. Dann haben die Werte von I auf $V \setminus V(A)$ keinerlei Einfluss auf die Interpretation $I^*(A)$, anders ausgedrückt: $I^*(A)$ hängt nur von der Einschränkung $I\mid_{V(A)}$ von I auf $V(A)$ ab. Nach Satz 2.24 gibt es 2^n verschiedene Abbildungen von $V(A)$ in $\{0,1\}$, also gibt es maximal 2^n verschiedene Interpretationen von A. Um alle möglichen Werte für $I^*(A)$ zu erhalten, genügt es also, alle Abbildungen $I_1, \ldots, I_{2^n}$ von $\{x_1, \ldots, x_n\}$ in $\{0,1\}$ zu betrachten. Man kann sie in der folgenden Tabelle notieren:

x_1	x_2	x_3	$\ldots$	x_n	A
$I_1(x_1)$	$I_1(x_2)$	$I_1(x_3)$	$\ldots$	$I_1(x_n)$	$I_1^*(A)$
$\vdots$	$\vdots$	$\vdots$	$\vdots$	$\vdots$	$\vdots$
$I_{2^n}(x_1)$	$I_{2^n}(x_2)$	$I_{2^n}(x_3)$	$\ldots$	$I_{2^n}(x_n)$	$I_{2^n}^*(A)$

Beispiel: $A = ((x \lor y) \land (\neg(x \land y)))$

x	y	$(x \lor y)$	$(\neg(x \land y))$	A
1	1	1	0	0
1	0	1	1	1
0	1	1	1	1
0	0	0	1	0

Wir legen nun wichtige Eigenschaften von Ausdrücken fest.

Definition 2.50. *a) Der Ausdruck A heißt* **erfüllbar**, *wenn es eine Belegung I gibt mit $I^*(A) = 1$.*
b) A heißt **Tautologie**, *wenn für jede Belegung I stets $I^*(A) = 1$ gilt.*
c) A heißt **Kontradiktion**, *wenn für jede Belegung I stets $I^*(A) = 0$ gilt.*
d) Die endliche Menge $\mathcal{F} \subseteq \mathcal{A}$ heißt **erfüllbar** *oder* **konsistent**, *wenn es eine Belegung $I_{\mathcal{F}}$ gibt mit $I_{\mathcal{F}}^*(A) = 1$ für alle $A \in \mathcal{F}$. $I_{\mathcal{F}}$ heißt dann* **Modell für $\mathcal{F}$**. *Gibt es keine solche Belegung, so heißt $\mathcal{F}$* **unerfüllbar** *oder* **kontradiktorisch**.

Beispiele:

1. $(x \lor y)$ und $(x \land y)$ sind erfüllbar, aber keine Tautologien.
2. $((\neg A) \lor A)$ ist eine Tautologie, $((\neg A) \land A)$ eine Kontradiktion.
3. $\mathcal{F} = \{x, y, ((x \land y) \lor ((\neg y) \lor z))\}$ ist erfüllbar: $I_{\mathcal{F}}(x) = I_{\mathcal{F}}(y) = 1, I_{\mathcal{F}}(z) = 0$.
4. $\mathcal{F} = \{(\neg x), y, ((\neg y) \lor x)\}$ ist nicht erfüllbar.

Im Abschnitt über den Resolutionskalkül benötigen wir das folgende einfache Lemma:

Lemma 2.51. *Die Menge $\mathcal{F} = \{A_1, \ldots, A_n\}$ ist genau dann erfüllbar, wenn die Aussage $(\cdots (A_1 \land A_2) \land \cdots A_n)$ erfüllbar ist.*

Aufgabe: Beweisen Sie bitte dieses Lemma. *Tipp:* Wählen Sie zunächst $n = 2$ und beweisen Sie die Aussage, und benutzen Sie danach Induktion nach n.

2.5.3 Aussagenlogische Äquivalenz

Wir hatten schon in Abschnitt 2.1 die Äquivalenz von Ausdrücken angesprochen. Wir präzisieren dies:

> **Definition 2.52.** *Zwei Ausdrücke A und B heißen* (**logisch**) **äquivalent**, *falls für jede Belegung I stets $I^*(A) = I^*(B)$ gilt. Man schreibt dann $A \equiv B$.*

Beachten Sie, dass "$\equiv$" *kein* Zeichen der Aussagenlogik ist. Es gehört zur 'Meta–Sprache', mit der wir über die Sprache der Aussagenlogik reden.

Aufgaben: Beweisen Sie bitte:

1. $A \equiv B$ gilt genau dann, wenn $(A \Leftrightarrow B)$ eine Tautologie ist.
2. $\equiv$ ist eine Äquivalenzrelation auf $\mathcal{A}$.

Beispiele:

1. $(\neg(\neg A)) \equiv A$,   **Doppelte Negation**
2. $(A \vee A) \equiv A, (A \wedge A) \equiv A$ **Idempotenz**
3. $(A \vee B) \equiv (B \vee A), (A \wedge B) \equiv (B \wedge A)$,   **Kommutativität**
4. $(A \vee (B \vee C)) \equiv ((A \vee B) \vee C), (A \wedge (B \wedge C)) \equiv ((A \wedge B) \wedge C)$,   **Assoziativität**
5. $(A \vee (B \wedge C)) \equiv ((A \vee B) \wedge (A \vee C)), (A \wedge (B \vee C)) \equiv ((A \wedge B) \vee (A \wedge C))$,   **Distributivität**
6. $(A \vee (A \wedge B)) \equiv A, (A \wedge (A \vee B)) \equiv A$,   **Absorption**
7. $(\neg(A \vee B)) \equiv ((\neg A) \wedge (\neg B))$,
   $(\neg(A \wedge B)) \equiv ((\neg A) \vee (\neg B))$,   **De Morgansche Regeln**
8. $(\underline{1} \vee A) \equiv \underline{1}, (\underline{1} \wedge A) \equiv A, ((\neg A) \vee A) \equiv \underline{1}$,
9. $(\underline{0} \vee A) \equiv A, (\underline{0} \wedge A) \equiv \underline{0}, ((\neg A) \wedge A) \equiv \underline{0}$.

Diese Beispiele erlauben es, Ausdrücke in logisch äquivalente Ausdrücke einer bestimmten Form zu überführen und zwar ohne weitere Zuhilfenahme von Belegungen. Dazu vereinfachen wir jetzt unsere Schreibweise, indem wir "unnötige" Klammern weglassen. Wir kommen damit in Bezug auf die Äquivalenz zu keinen Schwierigkeiten. Zum Beispiel ist ja $(A \vee (B \vee C)) \equiv ((A \vee B) \vee C)$, im Hinblick auf die Äquivalenz können wir einfach $A \vee B \vee C$ schreiben. Allgemeiner seien $A_1, \ldots$ Ausdrücke. Dann definieren wir rekursiv:

$$\bigwedge_{k=1}^{n+1} A_k = \bigwedge_{k=1}^{n} A_k \wedge A_{n+1}, \quad \bigvee_{k=1}^{n+1} A_k = \bigvee_{k=1}^{n} A_k \vee A_{n+1}.$$

Analog zum Gebrauch von $\sum$ sind auch $\bigvee_{A \in \mathcal{M}} A$ und $\bigwedge_{A \in M} A$ üblich.

Wir benötigen für solche allgemeinen Ausdrücke die De Morganschen Regeln und Distributivgesetze.

Aufgaben:

1. Bitte beweisen Sie die beiden folgenden verallgemeinerten De Morganschen Regeln:
   a) $\neg \bigwedge_{k=1}^{n} A_k \equiv \bigvee_{k=1}^{n} \neg A_k$.
   b) $\neg \bigvee_{k=1}^{n} A_k \equiv \bigwedge_{k=1}^{n} \neg A_k$.
   Tipp: Benutzen Sie Induktion.
2. Beweisen Sie bitte die verallgemeinerten Distributivgesetze:

$$\bigwedge_{i=1}^{m} (\bigvee_{j=1}^{k_i} A_{i,j}) \equiv \bigvee_{(i_1,\ldots,i_m) \in \prod_{s=1}^{m} \{1,\ldots,k_s\}} \bigwedge_{k=1}^{m} A_{k,i_k}$$

und

$$\bigvee_{i=1}^{m} (\bigwedge_{j=1}^{k_i} A_{i,j}) \equiv \bigwedge_{(i_1,\ldots,i_m) \in \prod_{s=1}^{m} \{1,\ldots,k_s\}} \bigvee_{k=1}^{m} A_{k,i_k}.$$

Mit Hilfe des Äquivalenzbegriffs können wir Ausdrücke unter Umständen stark vereinfachen.

Satz 2.53. *Sei A ein Ausdruck und A_0 ein Teilausdruck, das heißt eine zusammenhängende Zeichenfolge von A, die selbst ein Ausdruck ist. Sei $A_0 \equiv B$ und es sei A' der Ausdruck, den man aus A erhält indem man A_0 durch B ersetzt. Dann gilt $A \equiv A'$.*

Beweis: Für eine Belegung I steht bei der Berechnung von $I^*(A')$ an der Stelle, an der $I^*(B)$ auftritt, der gleiche Wert wie der von $I^*(A_0)$. Alle anderen Teile bleiben gleich, man erhält also damit $I^*(A') = I^*(A)$. □

Beispiel: $((\neg(\neg(A_0))) \vee C) \equiv (A_0 \vee C)$. Hier ist $B = (\neg(\neg(A_0))) \equiv A_0$.

Mit diesem Satz kann man leicht zeigen, dass jeder Ausdruck äquivalent zu einem Ausdruck einer bestimmten Form ist. Diese speziellen Formen definieren wir zunächst.

Definition 2.54. *a) Die Ausdrücke $x \in V$, sowie $\neg x$ (für $x \in V$) heißen* **Literale**. *Die Menge der Literale bezeichnen wir mit $\mathcal{L}$.*
b) Im Folgenden seien p_{ij} ($1 \leq i \leq n, 1 \leq j \leq k_i$) Literale.
(i) Ein Ausdruck A ist eine **konjunktive Normalform**, *wenn er die folgende Gestalt hat: $A = A_1 \wedge A_2 \wedge \cdots \wedge A_n$ mit $A_i = p_{i1} \vee \cdots \vee p_{ik_i}$.*
(ii) Ein Ausdruck A ist eine **disjunktive Normalform**, *wenn er die folgende Gestalt hat: $A = A_1 \vee A_2 \vee \cdots \vee A_n$ mit $A_i = p_{i1} \wedge \cdots \wedge p_{ik_i}$.*

Theorem 2.55. *Zu jedem Ausdruck A gibt es eine zu ihm äquivalente konjunktive Normalform A' und eine zu ihm äquivalente disjunktive Normalform A''.*

Der Beweis des Theorems liefert einen Algorithmus zur Bestimmung der konjunktiven beziehungsweise disjunktiven Normalform.

Beweis: Wir beweisen die Existenz einer äquivalenten konjunktiven Normalform induktiv nach dem Aufbau von A.

(I) Sei $A = x$ für $x \in V$. Dann ist A bereits in konjunktiver Normalform.

Sei $A = \neg(D)$ und D äquivalent zu D', wo D' ein Ausdruck in konjunktiver Normalform ist. Nach Satz 2.53 ist $A \equiv \neg(D')$. Sei $D' = \bigwedge_{i=1}^{m}(\bigvee_{j=1}^{k_i} p_{ij})$. Dann ist A nach dem verallgemeinerten Distributivgesetz und den verallgemeinerten De Morganschen Regeln (siehe die Aufgabe auf Seite 66) äquivalent zu

$$\neg(\bigwedge_{i=1}^{m}(\bigvee_{j=1}^{k_i} p_{ij}) \equiv \bigvee_{i=1}^{m}(\bigwedge_{j=1}^{k_i} \neg p_{ij}) \equiv \bigwedge_{(j_1,\ldots,j_m)\in\prod_{s=1}^{m}\{1,\ldots,k_s\}} (\bigvee_{i=1}^{m} \neg p_{ij_i}).$$

Ist $p_{ij_i} = x \in V$, so ist $\neg p_{ij_i}$ ein Literal. Ist $p_{ij_i} = \neg x_{ij_i}$, so ist $\neg p_{ij_i} \equiv x_{ij_i}$ und man kann $\neg p_{ij_i}$ nach dem Satz 2.53 durch x_{ij_i} ersetzen und erhält einen äquivalenten Ausdruck.

(II) Sei $A = (D_1 \wedge D_2)$ und $D_1 \equiv D_1', D_2 \equiv D_2'$, wo D_i konjunktive Normalform haben. Dann ist $A \equiv (D_1' \wedge D_2')$ und dies ist eine konjunktive Normalform.

(III) Sei $A = (D_1 \vee D_2)$ und D_j' wie unter (II). Dann ist $A \equiv (D_1' \vee D_2')$. Sei $D_1' = \bigwedge_{i=1}^{m_1}(\bigvee_{j=1}^{k_i} p_{ij}^{(1)})$ und $D_2' = \bigwedge_{i=1}^{m_2}(\bigvee_{j=1}^{l_i} p_{ij}^{(2)})$. Aufgrund des verallgemeinerten Distributivgesetzes ist

$$A \equiv \bigwedge_{(r,s)\in N_1 \times N_2} \left(\bigvee_{j=1}^{k_r} p_{rj}^{(1)} \vee \bigvee_{j=1}^{l_s} p_{sj}^{(2)}\right), \text{ mit } N_k = \{1, 2, \ldots m_k\} \text{ für } k = 1, 2,$$

und rechts steht eine konjunktive Normalform.

Mit dem Prinzip der Induktion über den Aufbau der Ausdrücke ist die erste Behauptung des Satzes bewiesen. Die Existenz eines äquivalenten Ausdrucks in disjunktiver Normalform beweist man analog. □

2.5.4 Logische Folgerung

Wir beantworten die Frage, wann ein Ausdruck C aus einer Menge $\mathcal{F}$ von Ausdrücken folgt:

Definition 2.56. *a) Sei $\emptyset \neq \mathcal{F} \subseteq \mathcal{A}$ eine endliche Menge von Ausdrücken und $A \in \mathcal{A}$ ein Ausdruck. A heißt* **logische Folgerung aus** *$\mathcal{F}$, wenn für jedes Modell $I_{\mathcal{F}}$ von $\mathcal{F}$ stets $I_{\mathcal{F}}^*(A) = 1$ gilt. Man schreibt hierfür $\mathcal{F} \models A$.*
Wir sagen $\emptyset \models A$, wenn A eine Tautologie ist.
b) Sind $\mathcal{F}$ und $\mathcal{G}$ zwei endliche Mengen von Ausdrücken, so bedeutet $\mathcal{F} \models \mathcal{G}$, dass $\mathcal{F} \models A$ für alle $A \in \mathcal{G}$ gilt.

Beispiele:

1. $\mathcal{F} = \{x, y\}$, $A = (x \wedge y)$. A ist logische Folgerung von $\mathcal{F}$.
2. $\mathcal{F} = \{B, B \Rightarrow A\}$, A. A ist logische Folgerung aus $\mathcal{F}$.

3. $\mathcal{F} = \{A_1, \ldots, A_n, B\}$, $C \in \mathcal{A}$ beliebig. Dann gilt $\mathcal{F} \models C$ genau dann, wenn
$\mathcal{F} \setminus \{B\} \models (B \Rightarrow C)$ ist.   **Deduktionstheorem**

Im nächsten Satz listen wir die wichtigsten Eigenschaften des Begriffs "logische Folgerung" auf.

Satz 2.57. *a)* $\{A\} \models \underline{0}$ *gilt genau dann, wenn* A *kontradiktorisch ist.*
b) $\mathcal{F}$ *ist genau dann unerfüllbar, wenn jeder Ausdruck* A *aus* $\mathcal{F}$ *gefolgert werden kann, d.h. wenn* $\mathcal{F} \models A$ *für jeden Ausdruck* A *gilt.*
c) Sei $\mathcal{F} \subseteq \mathcal{A}$ *endlich und* $B \in \mathcal{A}$ *beliebig. Dann gilt* $\mathcal{F} \models B$ *genau dann, wenn* $\mathcal{F} \cup \{\neg B\}$ *kontradiktorisch ist.*

Beweis: a) und b) sind klar.
c) (I) Es gelte $\mathcal{F} \models B$. Ist $I_{\mathcal{F}}$ ein Modell von $\mathcal{F}$, so ist $I_{\mathcal{F}}^*(B) = 1$, es gibt also keine Belegung I, so dass $I^*(\mathcal{F} \cup \{\neg B\}) = 1$.
(II) Sei umgekehrt $\mathcal{F} \cup \{\neg B\}$ kontradiktorisch. Dann ist für ein Modell $I_{\mathcal{F}}$ von $\mathcal{F}$ notwendig $I_{\mathcal{F}}^*(\neg B) = 0$, also $I_{\mathcal{F}}^*(B) = 1$; da dies für jedes Modell $I_{\mathcal{F}}$ gilt, folgt $\mathcal{F} \models B$.   □

2.5.5 Der Resolutionskalkül

Ob ein Ausdruck A erfüllbar ist oder nicht, lässt sich algorithmisch feststellen, indem man die möglichen Belegungen der in A auftretenden Variablen testet. Dies ist also ein semantisches Entscheidungsverfahren. Es gibt aber auch die Möglichkeit, die Frage nach der Erfüllbarkeit von A auf der syntaktischen Ebene zu entscheiden. Dazu dienen sog. Logikkalküle, von denen wir hier den Resolutionskalkül behandeln. Er ist Grundlage für die Logikprogrammierung, wie sie z.B. in der Programmiersprache PROLOG realisiert ist.
Der Resolutionskalkül erfordert, dass eine Aussage A, deren Erfüllbarkeit gestetet werden soll, in konjunktiver Normalform vorliegt. Falls dies nicht der Fall ist, berechnet man (z.B. nach dem Verfahren aus dem Beweis von Theorem 2.55) eine konjunktive Normalform A', die äquivalent zu A ist, und wendet den Resolutionskalkül auf A' an.

Beim Resolutionskalkül arbeitet man mit endlichen Mengen von Literalen, den sog. **Klauseln**. Dabei kann eine Klausel auch leer sein. Ist $A = \bigwedge_{i=1}^{m} \left(\bigvee_{j=1}^{n_i} p_{ij} \right)$ eine konjunktive Normalform, wobei die p_{ij} Literale sind, so heißen die Mengen $\{p_{ij} : j = 1, \ldots, n_i\}, i = 1, \ldots, m$, die Klauseln von A, und die Menge aller Klauseln von A heißt **Klauselmenge** $\mathcal{K}(A)$. Durch die Mengenschreibweise sind die Reihenfolge und etwaige Wiederholungen in den Disjunktionen (und Konjunktionen) von A nicht mehr sichtbar. Für die Frage nach der Erfüllbarkeit von A ist dies nicht problematisch sondern eher vorteilhaft, denn wegen Kommutativität, Assoziativität und Idempotenz von $\wedge$ und $\vee$ (siehe Seite 65) ist A durch $\mathcal{K}(A)$ bis auf logische Äquivalenz eindeutig bestimmt.

Zur Vereinfachung der Sprechweise übertragen wir die Begriffe "Erfüllbarkeit" und "(logische) Äquivalenz" auf Klauselmengen.

Definition 2.58. *a) Sei K eine Klausel. Ist $K \neq \emptyset$, so sei $A(K) := \bigvee_{q \in K} q$; ist $K = \emptyset$, so sei $A(K) := \underline{0}$.*
b) Ist $\mathcal{M}$ eine nicht-leere endliche Menge von Klauseln, so sei $A(\mathcal{M}) := \{A(K) \mid K \in \mathcal{M}\}$.
c) Sei $\mathcal{M}$ eine nicht-leere endliche Menge von Klauseln. $\mathcal{M}$ heißt **erfüllbar**, *falls $A(\mathcal{M})$ erfüllbar ist (im Sinne von Definition 2.50 d). Andernfalls heißt $\mathcal{M}$* **unerfüllbar** *oder* **kontradiktorisch**.
d) Zwei endliche nicht-leere Mengen $\mathcal{M}$ und $\mathcal{N}$ von Klauseln heißen **(logisch) äquivalent**, *falls $A(\mathcal{M}) \models A(\mathcal{N})$ und $A(\mathcal{N}) \models A(\mathcal{M})$ (im Sinne von Definition 2.56 b).*

In Teil a) dieser Definiton waren wir insofern nicht präzise, als die Definiton des Ausdrucks $A(K)$ von der Reihenfolge und der Klammerung der Literale in K abhängt. Hinsichtlich Erfüllbarkeit und logischer Äquivalenz spielt dies aber keine Rolle.

Man beachte, dass eine Klauselmenge, die die leere Klausel als Element enthält, als nicht erfüllbar erklärt wird.

Mit der Sprechweise aus Definition 2.58 folgt nun:
Sind A und B Ausdrücke in konjunktiver Normalform, so gilt (siehe Lemma 2.51): A ist genau dann erfüllbar, wenn $\mathcal{K}(A)$ erfüllbar ist. $A \equiv B$ genau dann, wenn $K(A)$ und $K(B)$ äquivalent sind.

Der Resolutionskalkül startet mit der Klauselmenge $\mathcal{K}(A)$ eines Ausdrucks A in konjunktiver Normalform und erzeugt neue Klauseln mittels einer einzigen Regel, die in nachstehender Definition angegeben ist. Dazu führen wir folgende Bezeichnung ein:
Ist $p \in \mathcal{L}$ ein Literal, so sei $\overline{p} = \begin{cases} \neg p, & \text{falls} \quad p \in V \\ x, & \text{falls} \quad p = \neg x, x \in V \end{cases}$

Definition 2.59. *Seien K, L Klauseln. Existiert ein Literal p mit $p \in K$ und $\overline{p} \in L$, so heißt die Klausel $R := (K \setminus \{p\}) \cup (L \setminus \{\overline{p}\})$* **Resolvente** *von K und L.*

Beispiele:

1. Sowohl $\{x, \neg x, z\}$ als auch $\{y, \neg y, z\}$ sind Resolventen von $\{x, \neg y, z\}$ und $\{\neg x, y\}$.
2. $\emptyset$ ist Resolvente von $\{x\}$ und $\{\neg x\}$.

Der Schlüssel für den Resolutionskalkül ist das folgende Lemma:

Lemma 2.60. *Sei $\mathcal{K}$ eine endliche Menge von Klauseln, $K, L \in \mathcal{K}$. Ist R eine Resolvente von K und L, so sind $\mathcal{K}$ und $\mathcal{K} \cup \{R\}$ äquivalent. Ist insbesondere $R = \emptyset$, so ist $\mathcal{K}$ unerfüllbar.*

Beweis: (i) Dass $A(\mathcal{K} \cup \{R\}) \models A(\mathcal{K})$ gilt, ist klar.

(ii) Wir haben $A(\mathcal{K}) \models A(\mathcal{K} \cup \{R\})$ zu zeigen. Wir schreiben im folgenden zur Abkürzung $I^*(M)$ statt $I^*(A(M))$ für eine Klausel M. Sei I ein Modell von $A(\mathcal{K})$ (falls eines existiert). Dann ist $I^*(K) = 1$ und $I^*(L) = 1$. Sei $R = (K \setminus \{p\}) \cup (L \setminus \{\overline{p}\})$, wobei $p \in K$ und $\overline{p} \in L$. Es genügt zu zeigen, dass $I^*(R) = 1$. Ist $I^*(p) = 1$, so ist $I^*(\overline{p}) = 0$. Wegen $I^*(L) = I^*(\vee_{q \in L}\, q) = 1$ folgt dann $I^*(L \setminus \{\overline{p}\}) = 1$ und damit auch $I^*(R) = I^*((L \setminus \{\overline{p}\}) \cup (K \setminus \{p\})) = 1$.

Ist $I^*(p) = 0$, so folgt analog $I^*(K \setminus \{p\}) = 1$ und damit $I^*(R) = 1$. Ist schließlich $R = \emptyset$, so ist $\mathcal{K} \cup \{R\}$ nach Definition unerfüllbar, also auch $\mathcal{K}$ nach dem ersten Teil.   □

Wir bemerken, dass das eben angegebene Argument von der Setzung $A(\emptyset) := \underline{0}$ nicht abhängt. Tatsächlich ist diese Setzung zwar sinnvoll, aber an dieser Stelle irrelevant: Die leere Klausel kann nur als Resolvente von zwei Klauseln $\{x\}$ und $\{\neg x\}$ entstehen. Sind diese in $\mathcal{K}$ enthalten, so ist $\mathcal{K}$ unerfüllbar.

Wir setzen nun für eine Klauselmenge $\mathcal{K}$:
$Res(\mathcal{K}) = \mathcal{K} \cup \{R \mid R \text{ ist Resolvente zweier Klauseln in } \mathcal{K}\}$. Außerdem definieren wir $Res^0(\mathcal{K}) = \mathcal{K}$ und $Res^{n+1}(\mathcal{K}) = Res(Res^n(\mathcal{K}))$ für $n \geq 0$. Klar ist, dass $Res^n(\mathcal{K}) \subseteq Res^{n+1}(\mathcal{K})$ für alle n.

Nach Lemma 2.60 ist für eine endliche nicht-leere Klauselmenge $\mathcal{K}$ jedes $Res^n(\mathcal{K})$ äquivalent zu $\mathcal{K}$.

Beispiel: Sei $\mathcal{K} = \{\{x, \neg y, z\}, \{y, z\}, \{\neg x, z\}, \{\neg x, \neg y\}\}$. Dann ist
$Res(\mathcal{K}) = \mathcal{K} \cup \{\{x, z\}, \{\neg y, z\}\}$
$Res^2(\mathcal{K}) = Res(\mathcal{K}) \cup \{\{z\}\}$
$Res^3(\mathcal{K}) = Res^2(\mathcal{K})$ und damit $Res^n(\mathcal{K}) = Res^2(\mathcal{K})$ für alle $n \geq 2$.

Der folgende Satz besagt, dass das Beispiel insofern typisch ist, als der iterierte Resolutionsprozess immer abbricht.

Satz 2.61. *Sei $\mathcal{K}$ eine endliche Klauselmenge, in deren Klauseln insgesamt k verschiedene Literale vorkommen. Dann ist $|Res^n(\mathcal{K})| \leq 2^k$ für alle $n \in \mathbb{N}_0$. Insbesondere existiert ein kleinstes $r \in \mathbb{N}_0$ mit $Res^{r+\ell}(\mathcal{K}) = Res^r(\mathcal{K})$ für alle $\ell \in \mathbb{N}$.*

Beweis: Durch Resolventenbildung entstehen keine neuen Literale in den Klauseln. Sind also $p_1, \ldots, p_k$ die Literale, die in mindestens einer der Klauseln von $\mathcal{K}$ vorkommen, so ist jedes Element in $Res^n(\mathcal{K})$, $n \in \mathbb{N}_0$ beliebig, eine Teilmenge von $\{p_1, \ldots, p_k\}$. Nach Korollar 2.29 ist also $|Res^n(\mathcal{K})| \leq 2^k$. Wegen $Res^n(\mathcal{K}) \subseteq Res^{n+1}(\mathcal{K})$ existiert folglich ein kleinstes $r \in \mathbb{N}_0$ mit $Res^r(\mathcal{K}) = Res^{r+1}(\mathcal{K})$. Dann gilt auch $Res^r(\mathcal{K}) = Res^{r+\ell}(\mathcal{K})$ für alle $\ell \in \mathbb{N}$.   □

Wir bezeichnen diese Menge $Res^r(\mathcal{K})$ mit $Res^*(\mathcal{K})$. Das Verfahren, iterativ die Mengen $Res^n(\mathcal{K})$ zu bilden, heißt **Resolutionskalkül**. Es gilt das folgende Theorem. Wir beweisen es explizit durch einen Algorithmus.

> **Theorem 2.62.** *Sei $\mathcal{K}$ eine endliche nicht-leere Klauselmenge. Dann gilt: $\mathcal{K}$ ist genau dann unerfüllbar, wenn $\emptyset \in Res^*(\mathcal{K})$.*
> *Insbesondere gilt: Ist A ein Ausdruck (in konjunktiver Normalform), so ist A genau dann kontradiktorisch, wenn $\emptyset \in Res^*(\mathcal{K}(A))$.*

> **Korollar 2.63.** *Für jeden Ausdruck ist durch die Berechnung eines äquivalenten Ausdrucks in konjunktiver Normalform und anschließende Durchführung des Resolutionskalküls in endlich vielen Schritten entscheidbar, ob er kontradiktorisch oder erfüllbar ist.*

Wir verdeutlichen dieses Theorem durch zwei Beispiele.

Beispiele:

1. $A = (x \vee \neg y \vee z) \wedge (y \vee z) \wedge (\neg x \vee z) \wedge (\neg x \vee \neg y)$
   A ist in konjunktiver Normalform,
   $\mathcal{K}(A) = \{\{x, \neg y, z\}, \{y, z\}, \{\neg x, z\}, \{\neg x, \neg y\}\}$.
   Diese Klauselmenge haben wir im Beispiel vor Satz 2.61 behandelt: $\emptyset \notin Res^*(\mathcal{K}(A))$.
   Also ist A erfüllbar. Tatsächlich gilt $I^*(A) = 1$ z.B. für die Belegung I mit $I(x) = 1, I(y) = 0, I(z) = 1$.
2. $A = (\neg y) \wedge (y \vee x) \wedge (y \vee \neg x)$
   A ist in konjunktiver Normalform, $\mathcal{K}(A) = \{\{\neg y\}, \{x, y\}, \{\neg x, y\}\}$.
   $\{x, y\}$ und $\{y, \neg x\}$ haben die Resolvente $\{y\}$, also $\{y\} \in Res(\mathcal{K}(A))$. $\{\neg y\}$ und $\{y\}$ haben die Resolvente $\emptyset$, also $\emptyset \in Res^*(\mathcal{K}(A))$. A ist daher kontradiktorisch. Wir mussten dabei $Res^*(\mathcal{K}(A))$ nicht komplett berechnen, um dies festzustellen.

Wir beweisen nun das Theorem.

Beweis: Es genügt den ersten Teil der Behauptung zu beweisen. Der zweite ist nur eine Umformulierung.
Ist $\emptyset \in Res^*(\mathcal{K})$, so folgt aus Lemma 2.60, dass $\mathcal{K}$ unerfüllbar ist. Wir nehmen jetzt an, dass $\emptyset \notin Res^*(\mathcal{K})$.
Ist K eine Klausel, so setzen wir $V(K) = \{x \in V : x \in K \text{ oder } \neg x \in K\}$. Wir geben eine Belegung I von $V(\mathcal{K}) := \cup_{K \in \mathcal{K}} V(K) = \cup_{L \in Res^*(\mathcal{K})} V(L)$ an, so dass I ein Modell von $A(Res^*(\mathcal{K}))$, also insbesondere von $A(\mathcal{K})$ ist. $\mathcal{K}$ ist dann also erfüllbar.
Sei $V(\mathcal{K}) = \{x_1, \ldots, x_t\}$, $\mathcal{R} = Res^*(\mathcal{K})$, $\mathcal{R}_n$ die Menge derjenigen Klauseln K in $\mathcal{R}$ mit $V(K) \subseteq \{x_1, \ldots, x_n\}$ und $x_n \in K$ oder $\neg x_n \in K$, $n = 1, \ldots, t$.
Es ist $t \geq 1$ und $\mathcal{R} = \cup_{n=1}^t \mathcal{R}_n$, da $\mathcal{K} \neq \emptyset$ und $\emptyset \notin \mathcal{R}$.
Wir definieren induktiv Belegungen I_n von $\{x_1, \ldots, x_n\}$, $n = 1, \ldots, t$, so dass I_n ein Modell für $A(\mathcal{R}_n)$ ist; dabei gilt $I_{n+1}(x_i) = I_n(x_i)$ für $i = 1, \ldots, n$. Es ist dann $I = I_t$.
Wie schon im Beweis von Lemma 2.60 schreiben wir zur Vereinfachung $I_n^*(K)$ anstelle $I_n^*(A(K))$, falls K eine Klausel ist, $K \subseteq \{x_1, \ldots, x_n, \neg x_1, \ldots \neg x_n\}$.
Sei $n = 1$. Es ist $\mathcal{R}_1 \subseteq \{\{x_1\}, \{\neg x_1\}, \{x_1, \neg x_1\}\}$. Da $\emptyset \notin \mathcal{R}$, folgt $\{\{x_1\}, \{\neg x_1\}\} \not\subseteq \mathcal{R}_1$.
Daher können wir I_1 definieren durch $I_1(x_1) = 1$, falls $\{x_1\} \in \mathcal{R}_1$ und $I_1(x_1) = 0$ sonst.
Sei $n \geq 1$ und I_n seien schon definiert.
Wir definieren jetzt $I_{n+1}(x_{n+1})$. Für $i = 1, \ldots, n$ wird $I_{n+1}(x_i) = I_n(x_i)$ gesetzt.
In jedem der folgenden Fälle kann man $I_{n+1}(x_{n+1})$ beliebig wählen:

1. $\mathcal{R}_{n+1} = \emptyset$.
2. $\mathcal{R}_{n+1} \neq \emptyset$ und für alle $K \in \mathcal{R}_{n+1}$ ist $\{x_{n+1}, \neg x_{n+1}\} \subseteq K$.

3. $\mathcal{R}_{n+1} \neq \emptyset$ und für alle $K \in \mathcal{R}_{n+1}$ existiert ein Literal $q \in \{x_1, \ldots, x_n, \neg x_1, \ldots, \neg x_n\}$ mit $q \in K$ und $I_n^*(q) = 1$.

Wir haben also nur noch den Fall zu betrachten, dass eine Klausel $L \in \mathcal{R}_{n+1}$ existiert mit $I_n^*(q) = 0$ für alle $q \in \{x_1, \ldots, x_n, \neg x_1, \ldots, \neg x_n\} \cap L$ und $\{x_{n+1}, \neg x_{n+1}\} \not\subseteq L$.

Nach Definition von $\mathcal{R}_{n+1}$ ist daher $x_{n+1} \in L$, $\neg x_{n+1} \notin L$ oder $x_{n+1} \notin L$, $\neg x_{n+1} \in L$.

Wir setzen im ersten Fall $I_{n+1}(x_{n+1}) = 1$, im zweiten $I_{n+1}(x_{n+1}) = 0$. Dann ist $I_{n+1}^*(L) = 1$.

Wir haben jetzt zu zeigen, dass auch $I_{n+1}^*(K) = 1$ gilt für jede weitere Klausel K in $\mathcal{R}_{n+1}$. Wir nehmen dazu an, dass oben $I_{n+1}(x_{n+1}) = 1$ gesetzt wurde (also $x_{n+1} \in L$). Die Argumentation für den anderen Fall verläuft analog.

Es ist $x_{n+1} \in K$ oder $\neg x_{n+1} \in K$, da $K \in \mathcal{R}_{n+1}$. Ist $x_{n+1} \in K$, so ist $I_{n+1}^*(K) = 1$. Sei also $\neg x_{n+1} \in K$, $x_{n+1} \notin K$. Dann ist $R = (L \setminus \{x_{n+1}\}) \cup (K \setminus \{\neg x_{n+1}\})$ ein Resolvent von L und K und R enthält keines der Literale $x_{n+1}, \neg x_{n+1}$. R ist also in $\mathcal{R}_i$ enthalten für ein $i \leq n$, d.h. $I_n^*(R) = 1$ per Induktion. Also existiert ein Literal q in R mit $I_n^*(q) = 1$. Nach Voraussetzung über L ist folglich q nicht in L enthalten. Also ist $q \in K \setminus \{\neg x_{n+1}\}$. Es folgt $I_n^*(K \setminus \{\neg x_{n+1}\}) = 1$ und damit $I_{n+1}^*(K) = 1$.

Dies schließt die Konstruktion des Modells I für $A(\mathcal{K})$ ab.   □

Der angegebene Beweis des Resolutionstheorems zeigt auch, wie man aus Kenntnis von $Res^*(\mathcal{K}(A))$ im Falle der Erfüllbarkeit von A eine entsprechende Belegung findet.

Für das Problem, ob ein Ausdruck erfüllbar ist oder nicht, haben wir jetzt zwei Lösungsmöglichkeiten vorgestellt: entweder alle möglichen Belegungen zu testen oder den Resolutionskalkül anzuwenden. Beide Verfahren benötigen allerdings eine Anzahl von Rechenschritten, die exponentiell mit der Anzahl der auftretenden Variablen anwächst. Es ist ein offenes Problem, ob es prinzipiell schnellere Verfahren gibt. Genauer gesagt: existiert ein Algorithmus zum Test auf Erfüllbarkeit, bei dem die Anzahl der erforderlichen Rechenschritte für jeden beliebigen Ausdruck A durch $P(\ell(A))$ beschränkt ist, wo P ein Polynom und $\ell(A)$ die Anzahl der Zeichen von A ist? Für bestimmte Klassen von Ausdrücken existieren solche schnellen Algorithmen. Darauf können wir hier nicht weiter eingehen.

Neben der Frage der Erfüllbarkeit ist für Anwendungen vor allem die Frage interessant, ob ein Ausdruck B eine logische Folgerung einer endlichen Menge $\mathcal{F}$ von Ausdrücken ist. Dies lässt sich auch mit dem Resolutionskalkül entscheiden. Nach Satz 2.57 d) ist dies nämlich genau dann der Fall, wenn $\mathcal{F} \cup \{\neg B\}$, d.h. $A_1 \wedge \cdots \wedge A_n \wedge \neg B$ kontradiktorisch ist.

Wiederholung

Begriffe: Alphabet der Aussagenlogik, Syntax, Ausdruck, Semantik, Interpretation, erfüllbar, Tautologie, Kontradiktion, logische Äquivalenz, Literale, disjunktive bzw. konjunktive Normalform, logische Folgerung, Resolutionskalkül.

Sätze: Existenz zu einem Ausdruck äquivalenter konjunktiver bzw. disjunktiver Normalformen, Endlickeit des Resolutionskalküls, Resolutionstheorem.

3. Einführung in die elementare Zahlentheorie

Motivation und Überblick

Auf einem Computer stehen nur endlich viele Zahlen zur Verfügung. Also muss man die "Feinstruktur" der natürlichen bzw. ganzen Zahlen studieren, um problemorientiert eine optimale Darstellung auf dem Computer zu erhalten. Die Basis dafür bilden die Teilbarkeitslehre, insbesondere das Modulo-Rechnen, sowie die Primzahlzerlegung ganzer Zahlen. Als wichtiges Hilfsmittel hierfür, aber auch für viele weitere Anwendungen, erweist sich der größte gemeinsame Teiler zweier natürlicher Zahlen a und b, für dessen Berechnung der klassische Algorithmus von Euklid und dessen Erweiterung von Bachet de Méziriac angegeben werden.

3.1 Teilbarkeit und Kongruenzen

Motivation und Überblick

Der Begriff der Teilbarkeit ganzer Zahlen ist Ausgangspunkt einer der ältesten und tiefsten Theorien der Mathematik, der *Zahlentheorie*. Sie hat darüber hinaus gerade in der Informatik viele Anwendungen. Wir werden später auf zwei solcher Anwendungen etwas näher eingehen, nämlich im Zusammenhang mit schnellem Maschinenrechnen und mit asymmetrischen Verschlüsselungsverfahren.

Wir führen im einzelnen den Begriff des größten gemeinsamen Teilers $\mathrm{ggT}(a, b)$ zweier natürlicher Zahlen ein, der ebenso grundlegend wie das Modulo-Rechnen ist. Der größte gemeinsame Teiler wird in der Regel mit dem Euklidischen Algorithmus berechnet. Wichtig ist, dass sich $\mathrm{ggT}(a, b)$ als Summe von ganzzahligen Vielfachen von a und b darstellen lässt. Eine solche Darstellung liefert der erweiterte Euklidische Algorithmus. Schließlich spielt noch die "eindeutige Primfaktorzerlegung" eine wichtige Rolle in Theorie und Anwendungen.

Absolutbetrag, Maximum und Minimum. Bevor wir mit der Teilbarkeit ganzer Zahlen beginnen können, müssen wir drei Funktionen für die ganzen Zahlen einführen, den Absolutbetrag, das Maximum und das Minimum. Wir setzen die elementaren Rechenregeln mit ganzen Zahlen einschließlich dem Rechnen mit Ungleichungen als bekannt voraus.

Der **Absolutbetrag**, auch Betragsfunktion genannt, ist gegeben durch

$$|x| = \left\{ \begin{array}{ll} x & \text{falls } 0 \leq x \\ -x & \text{falls } x < 0 \end{array} \right.$$

(siehe Seite 24, Beispiel 2). Darüber hinaus benötigen wir die folgenden beiden Funktionen max (lies **Maximum**) und min (lies **Minimum**): Es ist

$$\max(a,b) = \begin{cases} a & a \geq b \\ b & a < b \end{cases} \quad \text{und analog} \quad \min(a,b) = \begin{cases} a & a \leq b \\ b & a > b \end{cases}.$$

Für eine endliche nicht-leere Menge $A = \{a_1, \ldots, a_n\}$ definieren wir rekursiv $\max(A) = \max(\max(\{a_1, \ldots, a_{n-1}\}), a_n)$ und $\min(A) = \min(\min(\{a_1, \ldots, a_{n-1}\}), a_n)$. $\max(A)$ *ist also das größte und* $\min(A)$ *das kleinste Element der Menge* A.

Sei A eine unendliche Teilmenge von $\mathbb{Z}$. Gibt es ein $t \in \mathbb{Z}$ mit $x \leq t$ für alle x in A und ist x_0 eine beliebiges Element in A, so ist $B = \{x \in A : x_0 \leq x \leq t\}$ endlich. Wir setzen $\max(A) = \max(B)$. Diese Definition ist unabhängig davon, wie wir x_0 gewählt haben. Analog erklären wir $\min(A)$ für unendliche Mengen A, für die es ein s mit $s \leq x$ für alle $x \in A$ gibt.
Es ist stets $\min(A) = -\max\{-x : x \in A\}$ und $\max(A) = -\min\{-y : y \in A\}$.

Teilbarkeit. Dass eine ganze Zahl b ein Vielfaches einer anderen ganzen Zahl a sein kann, ist der Anfang einer Theorie, deren Anwendung unter anderem zum schnellen Maschinenrechnen und zur Realisierung von sogenannten asymmetrischen Verschlüsselungen führt.

Definition 3.1. *Seien* $a, b \in \mathbb{Z}$ *und* $a \neq 0$. b *heißt* **Vielfaches** *von* a *und* a **Teiler** *von* b, *in Zeichen* $a \mid b$, *wenn es ein* $q \in \mathbb{Z}$ *mit* $b = qa$ *gibt. Man sagt dann auch,* a **teilt** b. *Teilt* a *die Zahl* b *nicht, so sagt man,* a *ist* **kein Teiler** *von* b.

Jede ganze Zahl $a \neq 0$ teilt die Zahl 0. Die geraden Zahlen sind die Vielfachen von 2; 1024 hat $1, 2, 4, 8, 16, 32, 64, 128, 256, 512, 1024$ und die entsprechenden negativen Zahlen als Teiler.

Aufgaben: Beweisen sie bitte die folgenden Aussagen:

1. Gilt $a|b$ und $a|c$, so gilt $a|(kb + lc)$ für alle $k, l \in \mathbb{Z}$.
2. Gilt $a|b$ und $b|a$ so ist $a = b$ oder $a = -b$.
3. Gilt $a|b$ und ist $b \neq 0$, so ist $|a| \leq |b|$.

Die einzigen ganzen Zahlen, die jede ganze Zahl teilen, sind 1 und -1. Dies folgt aus Aufgabe 3 oben. Sie heißen **Einheiten** in $\mathbb{Z}$.

Wenn man die Division durch alle von Null verschiedenen ganzen Zahlen ermöglichen will, muss man $\mathbb{Z}$ erweitern zur Menge $\mathbb{Q}$ der rationalen Zahlen. Innerhalb von $\mathbb{Z}$ spielt dagegen die *Division mit Rest* eine besondere Rolle. Wir präzisieren, was darunter zu verstehen ist, und führen zwei wichtige Funktionen ein.

Sei $b \neq 0$. Wir bezeichnen mit $\lfloor \frac{a}{b} \rfloor$ die größte ganze Zahl, die kleiner oder gleich als der Bruch $\frac{a}{b}$ ist,

$$\lfloor \frac{a}{b} \rfloor = \max\{k \in \mathbb{Z} : k \leq \frac{a}{b}\}.$$

Mit $\lceil \frac{a}{b} \rceil$ bezeichnen wir die kleinste ganze Zahl, die größer oder gleich $\frac{a}{b}$ ist,

$$\lceil \frac{a}{b} \rceil = \min\{k \in \mathbb{Z} : k \geq \frac{a}{b}\}.$$

Wir definieren die Funktion div von $\mathbb{Z} \times (\mathbb{Z} \setminus \{0\})$ nach $\mathbb{Z}$ durch

$$(a,b) \mapsto a \text{ div } b = \begin{cases} \lfloor \frac{a}{b} \rfloor & b > 0 \\ \lceil \frac{a}{b} \rceil & b < 0 \end{cases}.$$

Mit dieser Funktion erhalten wir eine weitere Funktion mod von $\mathbb{Z} \times (\mathbb{Z} \setminus \{0\})$ nach $\mathbb{Z}$ durch

$$(a,b) \mapsto a \text{ mod } b = a - b \cdot (a \text{ div } b),$$

gelesen a **modulo** b. Für festes $b \neq 0$ ist also $(a \text{ mod } b) \in \mathbb{Z}_{|b|} = \{0, 1, \ldots, |b|-1\}$.

Bemerkung: Wir machen darauf aufmerksam, dass in der Programmiersprache Java statt der obigen Funktion div die Funktion $/ : \mathbb{Z} \times (\mathbb{Z} \setminus \{0\}) \to \mathbb{Z}$,

$$(a,b) \mapsto a/b = \begin{cases} \lfloor \frac{a}{b} \rfloor & a \cdot b \geq 0 \\ \lceil \frac{a}{b} \rceil & a \cdot b < 0 \end{cases},$$

definiert ist. Außerdem wird in Java statt der Funktion mod die Funktion $\% : \mathbb{Z} \times (\mathbb{Z} \setminus \{0\}) \to \{-|b|, \ldots, |b|-1\}$, $(a,b) \mapsto a\%b = a - b \cdot (a/b)$ benutzt. Da $/ \neq$ div, ist auch $\% \neq$ mod. Zum Beispiel ist $-7 \text{ mod } 2 = 1$, aber $-7\%(2) = -1$.

Satz 3.2. *Zu je zwei ganzen Zahlen a, b mit $b \neq 0$ gibt es zwei eindeutig bestimmte Zahlen q und r mit $a = qb + r$ und $0 \leq r \leq |b| - 1$. Es ist $q = a \text{ div } b$ und $r = a \text{ mod } b$.*

Beweis: Mit der oben stehenden Aufgabe folgt sofort, dass $q = a \text{ div } b$ und $r = a \text{ mod } b$ die Gleichung erfüllen. Es bleibt die Eindeutigkeit zu zeigen: Sei $a = q_j b + r_j$ mit $0 \leq r_j \leq |b| - 1$ für $j = 1, 2$. Sei ohne Beschränkung der Allgemeinheit $r_1 \geq r_2$. Dann ist $(q_2 - q_1)b = r_1 - r_2 \geq 0$. Damit ist b, also auch $|b|$ ein Teiler von $r_1 - r_2$ und $0 \leq r_1 - r_2 < |b|$. Also ist $r_1 = r_2$ und damit auch $q_1 = q_2$. □

Stellenwertsysteme. Mit dem vorangegangenen Satz können wir zu jeder natürlichen Zahl $b > 1$ ein **Stellenwertsystem** zur Basis b einführen. Üblich sind das **Binärsystem** $(b = 2)$, das **Oktalsystem** $(b = 8)$, das bekannte **Dezimalsystem** $(b = 10)$ und das **Hexadezimalsystem** $(b = 16)$.

Satz 3.3. *Sei $b > 1$ eine beliebige natürliche Zahl. Dann lässt sich jede ganze Zahl $n \geq 0$ darstellen als $n = \sum_{i=0}^{k} x_i b^i$. Dabei erfüllt k die Bedingung $b^k \leq n < b^{k+1}$ für $n > 0$ und $k = 0$ für $n = 0$. Ferner liegen alle Zahlen x_i in $\{0, 1, \ldots, b-1\}$. Diese Darstellung ist eindeutig.*

Die a_i heißen die **Ziffern** von n bezüglich b. Die Darstellung $n = x_k x_{k-1} \dots x_0$ heißt die Darstellung im Stellenwertsystem zu b oder die Zifferndarstellung. Sie ist eine verkürzte Form der Summendarstellung $n = \sum_{i=0}^{k} x_i b^i$. Damit man mit einstelligen Ziffern auskommt, schreibt man im Hexadezimalsystem A für 10, B für 11, C für 12, D für 13, E für 14 und F für 15.

Beweis: (I) Wir beweisen die *Existenz der Darstellung* durch Induktion nach n. Der Fall $n = 0$ ist trivial. Ist $n > 0$, so sei $x_0 = n \bmod b$. Dann ist $n - x_0 = bn'$, $0 \le n' < n$. Induktion, angewandt auf n', liefert die gewünschte Darstellung für n.
(II) *Die Darstellung ist eindeutig.* Ist $n = \sum_{i=0}^{k} x_i b^i = \sum_{j=0}^{l} y_j b^j$, so folgt $x_0 = n \bmod b = y_0$. Induktion, angewandt auf $\frac{n-x_0}{b} = \frac{n-y_0}{b}$, liefert $k = l$ und $x_i = y_i$ für alle $i \ge k$. □

Schnelles Potenzieren. Neben unzähligen anderen Anwendungen des Binärsystems in der Informatik ist die folgende wichtig: Sei $a \ne 0, 1$ eine beliebige reelle Zahl. Die naheliegende Berechnung von a^m durch m Multiplikationen mit a ist für große m zu aufwändig. Eine schnellere Methode beruht darauf, dass a^m für $m = 2^l$ durch wiederholtes Quadrieren $a^2, (a^2)^2, \dots, (a^{2^{l-1}})^2$ mit l anstelle von 2^l Multiplikationen berechnet werden kann. Diese Idee lässt sich auf beliebiges m ausdehnen, indem man m in Binärdarstellung schreibt: $m = \sum_{j=0}^{k} x_j 2^j$, $x_j \in \{0,1\}$, $x_k = 1$. Dann ist $a^m = \prod_{j=0}^{k} a^{x_j 2^j} = (\cdots((a^2 a^{x_{k-1}})^2 a^{x_{k-2}})^2 \cdots a^{x_1})^2 a^{x_0}$. Das liefert folgenden Algorithmus zur Berechnung von a^m:

```
b := a;
FOR j := k − 1 STEP −1 DOWN TO 0 DO
        b := b²;
        IF x_j = 1 THEN b := b · a;

END; /*FOR*/
AUSGABE: b.
```

Dieser Algorithmus erfordert also zur Berechnung von a^m maximal $2k$ Multiplikationen. Dabei muss man beachten, dass die Binärdarstellung von m im Rechner bereits vorhanden ist. Für $m = 10^6$ benötigt man also zur Berechnung von a^{10^6} nur 26 Multiplikationen. Für einen rekursiven Algorithmus siehe [21, Seite 309].

Dieses Verfahren funktioniert nicht nur für reelle Zahlen, sondern für die Potenzierung in einer beliebigen Halbgruppe (siehe Kapitel 4).

Kongruenzrelation modulo m. Wir wählen eine natürliche Zahl m. Die Teilbarkeit durch m liefert auf folgende Weise eine Äquivalenzrelation (siehe auch die Beispiele auf Seite 37).

Satz 3.4. *Sei m eine natürliche Zahl. Für ganze Zahlen x, y sei $x \equiv_m y$ genau dann, wenn $x - y$ durch m teilbar ist. Hierdurch wird eine Äquivalenzrelation erklärt, die* **Kongruenzrelation modulo m** $\equiv_m$, *die wir jetzt immer im Einklang mit der Literatur als $x \equiv y \,(\bmod\, m)$ schreiben*

Für $x \equiv y \,(\text{mod } m)$ sagt man 'x ist kongruent y modulo m'.

Aufgabe: Beweisen Sie bitte diesen Satz.

Bemerkung: *Wir müssen zwischen der Funktion a mod m und der Kongruenzrelation $x \equiv y \,(\text{mod } m)$ streng unterscheiden.* Es ist a mod m der Rest der Ganzzahldivision. Also ist für $m = 12$ zum Beispiel $5 = 17 \text{ mod } m$, wohingegen neben $17 \equiv 5 \,(\text{mod } 12)$ ebenso auch $17 \equiv 29 \,(\text{mod } 12)$ gilt.

Es gilt $a \equiv b \,(\text{ mod } m)$, falls a mod $m = b$ mod m ist. Dies führt uns zum Begriff des Repräsentantensystems (vergleiche das Beispiel auf Seite 38).

Satz 3.5. $\mathbb{Z}_m = \{0, 1, \ldots, m-1\}$ *ist ein Repräsentantensystem für die Kongruenzrelation $\equiv \,(\text{mod } m)$. Die Äquivalenzklassen sind $r + m\mathbb{Z} = \{r + m \cdot k : k \in \mathbb{Z}\}$ für $r \in \mathbb{Z}_m$.*

Beweis: Ist $0 \leq x \neq y \leq m-1$, so ist offensichtlich x nicht kongruent zu y. Also ist $\mathbb{Z}_m$ Teilmenge eines Repräsententantensystems.
Ist $x \in \mathbb{Z}$ beliebig und $t = x$ mod m, so ist $x - t = m \cdot \lfloor \frac{x}{m} \rfloor$ durch m teilbar, also ist $x \equiv t \,(\text{mod } m)$. Damit ist $\mathbb{Z}_m$ das ganze Repräsentantensystem. □

Die Äquivalenzrelation $\equiv (\text{mod } m)$ ist verträglich mit der Addition und der Multiplikation. Genauer gilt der folgende Satz.

Satz 3.6. *Seien $a_1 \equiv b_1 \,(\text{mod } m)$ und $a_2 \equiv b_2 \,(\text{mod } m)$. Dann gilt*

$$a_1 + a_2 \equiv b_1 + b_2 \,(\text{mod } m) \quad \text{und} \quad a_1 a_2 \equiv b_1 b_2 \,(\text{mod } m).$$

Beweis: Wir zeigen nur die Formel für die Multiplikation: Es ist $a_1 - b_1 = q_1 m$, $a_2 - b_2 = q_2 m$. Also ist $a_1 a_2 = (b_1 + q_1 m)(b_2 + q_2 m) = b_1 b_2 + m(q_1 b_2 + b_1 q_2 + q_1 q_2 m)$ und damit ist $a_1 a_2 - b_1 b_2$ durch m teilbar. □

Hieraus folgen die oft benutzten Formeln:

Korollar 3.7. *Es gilt*

$$(a + b) \text{ mod } m = ((a \text{ mod } m) + (b \text{ mod } m)) \text{ mod } m \text{ und}$$
$$(a \cdot b) \text{ mod } m = ((a \text{ mod } m) \cdot (b \text{ mod } m)) \text{ mod } m.$$

Beweis: Wir zeigen nur die Formel für das Produkt und schreiben der Übersichtlichkeit wegen $\equiv_m$ an Stelle von $\equiv (\text{ mod } m)$.
Es ist a mod $m \equiv_m a$ und b mod $m \equiv_m b$, also a mod $m \cdot b$ mod $m \equiv_m ab \equiv_m ab$ mod m. Damit sind $((a \text{ mod } m) \cdot (b \text{ mod } m))$ mod m und ab mod m Elemente derselben Äquivalenzklasse im Repräsentantensystem $\mathbb{Z}_m$, also gleich. □

Ein Computer kann wie jede Rechenmaschine oder jeder Taschenrechner nur endlich viele Zahlen darstellen. Bei einem 32-bit Computer sind das die positiven Zahlen $0, \ldots, 2^{32} - 1$ oder alternativ die Zahlen $-2^{-31}, \ldots, 0, \ldots, 2^{31} - 1$. Der Computer rechnet dann im Zahlbereich $\mathbb{Z}_{2^{32}}$, und es ist zum Beispiel $(2^{32} - 1) + 1 \equiv 0(\bmod\, 2^{32})$. Im Zahltyp **int** repräsentiert $2^{32} - 1$ daher die Zahl -1 (für Details siehe [21, Kap. 2.5]).

Nehmen wir an, wir berechnen in Java mit int-Zahlen einen großen arithmetischen Ausdruck A. Das Ergebnis a wird als 32-bit Zahl dargestellt, also modulo 2^{32}. Durch Korollar 3.7 ist gerechtfertigt, dass dann auch die Eingabe und alle Zwischenergebnisse nur modulo 2^{32}, also als 32-bit Zahlen repräsentiert werden. Falls wir wissen, dass das wahre Resultat mit 32 Bits darstellbar ist, dann ist das Ergebnis von Java das tatsächliche Ergebnis a. Andernfalls weiß man nur, dass das Java-Ergebnis und das tatsächliche Ergebnis in derselben Restklasse modulo 2^{32} liegen.

Es ist eine wichtige Tatsache, dass zwei ganze Zahlen, die nicht beide gleich 0 sind, einen größten gemeinsamen Teiler haben. Wir definieren genauer:

Definition 3.8. *Seien $a_1, \ldots, a_r$ ganze Zahlen.*
a) Ist mindestens ein a_i ungleich 0, so ist der **größte gemeinsame Teiler** *$\mathrm{ggT}(a_1, \ldots, a_r)$ gegeben als die größte natürliche Zahl k, die Teiler von $a_1, a_2, \ldots, a_r$ ist.*
b) Ist $\mathrm{ggT}(a_1, \ldots, a_r) = 1$, so heißen $a_1, \ldots, a_r$ **teilerfremd***.*
c) Sind alle a_i ungleich 0, so heißt die kleinste natürliche Zahl $k \neq 1$, die von allen Zahlen $a_1, \ldots, a_r$ geteilt wird, **kleinstes gemeinsames Vielfaches** *$\mathrm{kgV}(a_1, \ldots, a_r)$ von $a_1, \ldots, a_r$.*

Seien $a_1, \ldots, a_r$ ganze Zahlen, wovon mindestens eine ungleich 0 ist. Dann enthält die Menge A der Teiler von $a_1, \ldots, a_r$ die Zahl 1 und für alle $t \in A$ ist $t \leq \min\{|a_i| : 1 \leq i \leq r, a_i \neq 0\}$. Also ist $\mathrm{ggT}(a_1, \ldots, a_r) = \max\{t : t \in A\}$.

Die Menge B der natürlichen Zahlen, die Vielfache von $a_1, \ldots, a_r$ (die alle ungleich 0 sein sollen) sind, enthält $|a_1 \cdots a_r|$, also ist $\mathrm{kgV}(a_1, \ldots, a_r) = \min(B)$.

Es ist $2 = \mathrm{ggT}(12, 14)$ und $84 = \mathrm{kgV}(12, 14)$, wie man elementar nachrechnet.

Zur Berechnung des $\mathrm{ggT}(a, b)$ dient der folgende **Euklidische**[1] **Algorithmus.** Er beruht im Wesentlichen nur auf der Division mit Rest.

Wir benutzen im folgenden Prozeduren MOD und DIV, die die entsprechenden Größen $x \bmod y$ bzw. $x \operatorname{div} y$ liefern.

Satz 3.9. *Seien a, b zwei ganze Zahlen ungleich Null. Die folgende Prozedur liefert den größten gemeinsamen Teiler $\mathrm{ggT}(a, b)$:*

---

[1] Euklid von Alexandrien, um 365–300 v.Chr., bekanntester Mathematiker des Altertums, wegen seiner Klarheit und mathematischen Strenge in seinem Hauptwerk „Elemente der Geometrie" Vorbild für die gesamte folgende Mathematik.

FUNCTION GGT
VAR a, b : integer, x, y, r : positive integer
EINGABE a, b

IF $\lvert a \rvert > \lvert b \rvert$	**THEN**	$x := \lvert a \rvert; y := \lvert b \rvert;$
	ELSE	$x := \lvert b \rvert; y := \lvert a \rvert;$
END; /* IF */		
WHILE $(x \bmod y \neq 0)$ **DO**	$r := x \bmod y;$	$x := y; y := r;$
END; /*WHILE*/		
AUSGABE	y	/*ggT(a, b)*/

Vor dem Beweis geben wir ein Beispiel:

Beispiel: $a = 30$, $b = 48$.

$x = 48$, $y = 30$.

$$
\begin{array}{rcccrclcrcl}
r &=& x \bmod y &=& 18, & x &=& 30, & y &=& 18 \\
r &=& x \bmod y &=& 12, & x &=& 18, & y &=& 12 \\
r &=& x \bmod y &=& 6, & x &=& 12, & y &=& 6 \\
r &=& x \bmod y &=& 0 & & & & & &
\end{array}
$$

Ausgabe: $6 = \text{ggT}(30, 48)$.

Beweis: Der erste Teil der Prozedur dient vor allem dazu, zu garantieren, dass $x \geq y$ ist, denn dann wird die Schleife einmal weniger durchlaufen. Außerdem sorgt er wegen $\text{ggT}(a, b) = \text{ggT}(\lvert a \rvert, \lvert b \rvert)$ dafür, dass nur mit nicht-negativen Zahlen gerechnet wird. Mit jedem Schritt der Schleife, der nicht zum Abbruch führt, wird der Rest (also das neue y) um mindestens 1 kleiner, also bricht die Schleife nach endlich vielen (etwa n) Schritten ab.
(I) Es ist $\text{ggT}(u, v) = \text{ggT}(v, w)$ für $u = qv + w$. Denn aus Aufgabe 1, Seite 74, folgt: Teilt t die Zahlen u und v, so auch $w = u - qv$.
(II) Sei $a = a_0$, $b = a_1$. Wir erhalten durch die Schleife eine Kette von n Gleichungen:

$$a_0 = q_1 a_1 + a_2, \quad \ldots, \quad a_{n-2} = q_{n-1} a_{n-1} + a_n, \quad a_{n-1} = q_n a_n + 0.$$

Wegen (I) gilt $\text{ggT}(a_0, a_1) = \text{ggT}(a_1, a_2) = \cdots = \text{ggT}(a_{n-1}, a_n) = a_n$. □

Für eine rekursive Berechnung des ggT siehe [21, S. 80].

Für viele Anwendungen, so zum Beispiel für die Kürzungsregel für das Modulo-Rechnen (s.u.) ist nun der folgende Satz von Bachet de Méziriac[2] beziehungsweise seine algorithmische Umsetzung wichtig. Er besagt, wie sich der größte gemeinsame Teiler durch die Zahlen a und b ausdrücken lässt. In der Literatur wird dieser Satz häufig als Lemma von Bézout[3] bezeichnet. Bézout hat die entsprechende Aussage für Polynome bewiesen, siehe Theorem 4.73.

Theorem 3.10. (Satz von Bachet de Méziriac) *Seien $a, b \in \mathbb{Z}$, nicht beide gleich 0. Dann gibt es ganze Zahlen s, t mit $\text{ggT}(a, b) = sa + tb$.*

---

[2] Claude G. Bachet de Méziriac, 1581–1638, französischer Mathematiker, Herausgeber einer kommentierten Ausgabe der Arithmetik von Diophant, Verfasser eines Buches über unterhaltsame Mathematik ("Problèmes plaisants").
[3] Étienne Bézout, 1730–1783, französischer Mathematiker, Arbeiten über algebraische Gleichungen und Kurven.

Beweis: Ist $\gcd(a,b) = sa + tb$, so ist $\gcd(-a,b) = (-s)(-a) + tb$ und $\gcd(a, -b) = sa + (-t)(-b)$. Daher können wir zum Beweis des Satzes $a, b \geq 0$ annehmen. Wegen $\gcd(a,b) = \gcd(b,a)$ und $\gcd(a,0) = 1 \cdot a + 0 \cdot 0$ können wir außerdem $a \geq b > 0$ annehmen. Wir setzen $a_0 = a$, $a_1 = b$ und benutzen die Gleichungskette

$$a_0 = q_1 a_1 + a_2, \quad \ldots, \quad a_{n-2} = q_{n-1} a_{n-1} + a_n, \quad a_{n-1} = q_n a_n + 0.$$

Aus dem Beweis des Euklidischen Algorithmus wissen wir, dass $a_n = \gcd(a_0, a_1)$.
Wir zeigen nun durch Induktion die Existenz von u_j, $v_j \in \mathbb{Z}$ mit $a_j = u_j a_0 + v_j a_1$ für $j = 0, \ldots, n$.
Sei $u_0 = 1, v_0 = 0$ und sei $u_1 = 0, v_1 = 1$. Dann gilt die Behauptung für $j = 0, 1$.
Sei nun $j \geq 2$ und es gelte $a_{j-2} = u_{j-2} a_0 + v_{j-2} a_1$ sowie $a_{j-1} = u_{j-1} a_0 + v_{j-1} a_1$. Dann ist

$$a_j = a_{j-2} - q_{j-1} a_{j-1} = (u_{j-2} - q_{j-1} u_{j-1}) a_0 + (v_{j-2} - q_{j-1} v_{j-1}) a_1,$$

also der Induktionsschluss für j. Wegen $a_n = \gcd(a_0, a_1)$ folgt nun die Behauptung mit $s = u_n, t = v_n$. □

Aus dem Beweis des Theorems von Bachet de Méziriac ergibt sich unmittelbar ein Algorithmus, der von den von Null verschiedenen ganzen Zahlen a, b den $\gcd(a,b)$ und ganze Zahlen s, t bestimmt, so dass $\gcd(a,b) = sa + tb$ gilt. Dieser **erweiterte Euklidische Algorithmus** ist in der folgenden Prozedur dargestellt. Als Unterprozeduren verwenden wir hier wieder $x \text{ MOD } y$ und $x \text{ DIV } y$.

```
FUNCTION EGGT
VAR: a, b, d, s, t, s₁, t₁, g, r, x, y, z: integer
Eingabe: (a ≠ 0 , b ≠ 0)
    IF |a| ≥ |b|    THEN    x := |a|;   y := |b|;
                    ELSE    x := |b|;   y := |a|;
    END /*IF*/
    s₁ := 1;    s₂ := 0;    s := 0;
    t₁ := 0;    t₂ := 1;    t := 1;
    WHILE x MOD y ≠ 0 DO        g   :=   x DIV y; r := x MOD y;
                               s   :=   s₁ - gs₂; t := t₁ - gt₂;
                               s₁  :=   s₂;  s₂ := s; t₁ := t₂;   t₂ := t;
                               x   :=   y;   y := r;
    END, /*WHILE*/
        IF |a| < |b|    THEN    z := s; s := t; t := z;
        END, /*IF*/
        IF a < 0        THEN    s := -s;
        END; /*IF*/
        IF b < 0        THEN    t := -t;
        END; /*IF*/
        AUSGABE     y       /* y = ggT(a,b) */
                    s, t        /*y = sa + tb */
```

Beispiel $a = 48$, $b = 30$.

$x = 48$, $y = 30$.
$s_1 = 1$, $s_2 = 0$, $s = 0$
$t_1 = 0$, $t_2 = 1$, $t = 1$
$x \bmod y = 18 \neq 0$, $g = 1$, $r = 18$
                $s = 1$, $t = -1$
                $s_1 = 0$, $s_2 = 1$
                $t_1 = 1$, $t_2 = -1$
                $x = 30$, $y = 18$
$x \bmod y = 12 \neq 0$, $g = 1$, $r = 12$
                $s = -1$, $t = 2$
                $s_1 = 1$, $s_2 = -1$
                $t_1 = -1$, $t_2 = 2$
                $x = 18$, $y = 12$
$x \bmod 12 = 6 \neq 0$, $g = 1$, $r = 6$
                $s = 2$, $t = -3$
                $s_1 = -1$, $s_2 = 2$
                $t_1 = 2$, $t_2 = -3$
                $x = 12$, $y = 6$
$x \bmod y = 0$ {Abbruch der While-Schleife}

Ausgabe 6 $= \mathrm{ggT}(48\,,\,30)$
            $s = 2$, $t = -3$: $6 = 2 \cdot 48 - 3 \cdot 30$

Der Satz von Bachet de Méziriac hat eine Reihe von Konsequenzen, mit denen wir uns jetzt befassen.

Korollar 3.11. *a) Seien $a, b \in \mathbb{Z} \setminus \{0\}$. Dann gilt:*
a und b sind genau dann teilerfremd, wenn $s, t \in \mathbb{Z}$ existieren mit $sa + tb = 1$.
b) Seien $a_1, \ldots, a_k, b_1, \ldots, b_l \in \mathbb{Z} \setminus \{0\}, a = a_1 \cdots a_n, b = b_1 \cdots b_l$. Ist $\mathrm{ggT}(a_i, b_j) = 1$ für alle $i = 1, \ldots, k$ und $j = 1, \ldots, l$, so sind auch a und b teilerfremd.

Beweis: a) Sei $sa + tb = 1$. Ist e ein positiver gemeinsamer Teiler von a und b, so teilt e nach Aufgabe 1, Seite 74 auch $sa + tb = 1$, also $e = 1$. Daher sind a und b teilerfremd. Die Umkehrung folgt aus Theorem 3.10.

b) Wir beweisen die Behauptung durch Induktion nach $k + l$. Für den Induktionsanfang $k + l = 2$ ist nichts zu zeigen. Sei $k + l = m + 1, m \geq 2$, und die Behauptung gelte für alle Summen $k' + l' \leq m$. Dann ist ohne Beschränkung der Allgemeinheit $k \geq 2$. Wir setzen $a' = a_1 \cdots a_{k-1}$. Nach Induktionsvoraussetzung ist $\mathrm{ggT}(a_k, b) = \mathrm{ggT}(a', b) = 1$. Nach a) existieren also $s, s', t, t' \in \mathbb{Z}$ mit $sa_k + tb = 1$ und $s'a' + t'b = 1$. Multiplikation dieser beiden Gleichungen liefert $ss'a'a_k + (st'a_k + ts'a + tt'b)b = 1$. Nach a) sind daher $a = a'a_k$ und b teilerfremd. □

Wir ziehen die folgende Konsequenz aus Theorem 3.10 bzw. Korollar 3.11, die an vielen Stellen gebraucht wird.

Korollar 3.12. *a) Seien* $a, b \in \mathbb{Z}$ *und sei* $\mathrm{ggT}(a, b) = 1$. *Teilt* a *das Produkt* bc *für ein* $c \in \mathbb{Z}$, *so teilt* a *bereits* c.
b) Seien $a_1, a_2, \ldots, a_k$ *paarweise teilerfremde ganze Zahlen, das heißt, es gelte* $\mathrm{ggT}(a_i, a_j) = 1$ *für* $i \neq j$. *Teilt jedes* a_j *die ganze Zahl* c, *so teilt auch das Produkt* $a = a_1 \cdots a_k$ *die Zahl* c.

Beweis: a) Nach Theorem 3.10 gibt es s, t mit $1 = sa + tb$. Multiplikation mit c liefert $c = sac + tbc$. Wegen $a \mid bc$ folgt hieraus sofort $a \mid c$.
b) Wir beweisen die Behauptung durch Induktion nach k, wobei der Fall $k = 1$ trivial ist. Für den Induktionsschluss von k auf $k + 1$ können wir also annehmen, dass $a' = a_1 \cdots a_k$ und a_{k+1} Teiler von c sind. Daher existieren $u, v \in \mathbb{Z}$ mit $c = ua' = va_{k+1}$. Nach Korollar 3.11 b) sind a' und a_{k+1} teilerfremd. Also existieren $s, t \in \mathbb{Z}$ mit $sa' + ta_{k+1} = 1$. Multiplikation dieser Gleichung mit c liefert $c = csa' + cta_{k+1} = va_{k+1}sa' + ua'ta_{k+1} = a'a_{k+1}(vs + ut)$, d. h. $a = a'a_{k+1}$ ist ein Teiler von c. □

Eine weitere wichtige Folgerung aus Theorem 3.10 ist das folgende Korollar, das unter anderem eine Kürzungsregel für die Kongruenzrelation mod m enthält.

Korollar 3.13. *Sei* $m \in \mathbb{N}$ *und* $c \in \mathbb{Z}$. *Die folgenden Aussagen sind äquivalent:*
a) $\mathrm{ggT}(c, m) = 1$.
b) Es existiert ein $d \in \mathbb{Z}$ *mit* $cd \equiv 1 \,(\bmod\ m)$.
c) Für alle $x, y \in \mathbb{Z}$ *folgt aus* $cx \equiv cy \,(\bmod\ m)$ *stets* $x \equiv y \,(\bmod\ m)$.

Beweis: a) $\Rightarrow$ b): Nach Theorem 3.10 gibt es d, t in $\mathbb{Z}$ mit $1 = \mathrm{ggT}(c, m) = dc + tm$, also $dc \equiv 1 \,(\bmod\ m)$.
b) $\Rightarrow$ c): Aus $cx \equiv cy \,(\bmod\ m)$ folgt nach Satz 3.6 $cdx \equiv cdy \,(\bmod\ m)$ und aus $cd \equiv 1 \,(\bmod\ m)$ folgt wieder mit Satz 3.6 $cdx \equiv x \,(\bmod\ m)$ und $cdy \equiv y \,(\bmod\ m)$. Damit ergibt sich schließlich $x \equiv y \,(\bmod\ m)$.
c) $\Rightarrow$ a): Sei $\mathrm{ggT}(c, m) = g$. Dann ist $c = q_1 g$ und $m = q_2 g$. Es folgt $cq_2 = q_1 g q_2 = q_1 m$, also $cq_2 \equiv 0 \,(\bmod\ m)$. Nach Voraussetzung ist dann $q_2 \equiv 0 \,(\bmod\ m)$. Wegen $0 \leq q_2 \leq m$ und $q_2 g = m \neq 0$ folgt $q_2 = m$. Damit ist $g = 1$. □

Bemerkung: Wie der Beweisteil a) $\Rightarrow$ b) des Korollars gezeigt hat, ist im Fall von $\mathrm{ggT}(c, m) = 1$ die Berechnung von d mit $cd \equiv 1 \,(\bmod\ m)$ mit dem erweiterten Euklidischen Algorithmus möglich. Dies spielt in den Anwendungen eine Rolle, unter anderem auch bei den asymmetrischen Verschlüsselungssystemen, die wir später behandeln werden.

Wir zeigen jetzt, dass $\mathrm{ggT}(a, b)$ von jedem gemeinsamen Teiler von a und b geteilt wird. Wir beweisen diese Eigenschaft gleich für den größten gemeinsamen Teiler beliebig vieler Zahlen und erhalten dabei auch eine rekursive Beschreibung des größten gemeinsamen Teilers.

Satz 3.14. *Seien $a_1, \ldots, a_k \in \mathbb{Z} \setminus \{0\}, k \geq 2$.*
a) Ist e ein Teiler von $a_1, \ldots, a_k$, so ist e ein Teiler von $\mathrm{ggT}(a_1, \ldots, a_k)$.
b) $\mathrm{ggT}(a_1, \ldots, a_k) = \mathrm{ggT}(\mathrm{ggT}(a_1, \ldots, a_{k-1}), a_k)$
(Für $k = 2$ ist dabei $\mathrm{ggT}(a_1) = |a_1|$ zu setzen.)

Beweis: Wir beweisen a) und b) gemeinsam durch Induktion nach k.
Sei $k = 2$. Nach Theorem 3.10 ist $\mathrm{ggT}(a_1, a_2) = sa_1 + ta_2$ für geeignete $s, t \in \mathbb{Z}$. Die Behauptung unter a) folgt dann aus Aufgabe 1, Seite 74. Die Behauptung unter b) ist für $k = 2$ trivial.
Beim Induktionsschluss von k auf $k + 1$ beweisen wir zunächst b).
Setze $e = \mathrm{ggT}(\mathrm{ggT}(a_1, \ldots, a_k), a_{k+1})$ und $d = \mathrm{ggT}(a_1, \ldots, a_{k+1})$. Dann ist e ein gemeinsamer Teiler von $a_1, \ldots, a_{k+1}$, also $e \leq d$. Umgekehrt ist d ein Teiler von $a_1, \ldots, a_k$, also nach Induktionsvoraussetzung (Teil a)) auch ein Teiler von $\mathrm{ggT}(a_1, \ldots, a_k)$. Mit $d \mid a_{k+1}$ folgt dann $d \leq \mathrm{ggT}(\mathrm{ggT}(a_1, \ldots, a_k), a_{k+1}) = e$; folglich ist $d = e$.
Es bleibt noch der Nachweis von a) für $k + 1$. Sei e ein Teiler von $a_1, \ldots, a_{k+1}$. Nach Induktionsvoraussetzung ist e ein Teiler von $\mathrm{ggT}(a_1, \ldots, a_k)$. Der Fall $k = 2$, angewandt auf $\mathrm{ggT}(a_1, \ldots, a_k)$ und a_{k+1}, liefert, dass e ein Teiler von $\mathrm{ggT}(\mathrm{ggT}(a_1, \ldots, a_k), a_{k+1})$ ist. Da wir schon $\mathrm{ggT}(\mathrm{ggT}(a_1, \ldots, a_k), a_{k+1}) = \mathrm{ggT}(a_1, \ldots, a_{k+1})$ nachgewiesen haben, ist damit der Induktionsschluss vollständig. $\square$

Korollar 3.15. *Seien $a_1, \ldots, a_k \in \mathbb{Z} \setminus \{0\}, k \geq 2$. Dann existieren $s_1, \ldots, s_k \in \mathbb{Z}$ mit $\mathrm{ggT}(a_1, \ldots, a_k) = s_1 a_1 + \cdots + s_k a_k$.*

Beweis: Dies folgt per Induktion aus Theorem 3.10 und Satz 3.14 b). $\square$

Aufgaben:

1. Führen Sie bitte den Beweis von Korollar 3.15 durch.
2. Zeigen Sie bitte: Sind $a_1, \ldots, a_k, c \in \mathbb{Z} \setminus \{0\}$, so ist $\mathrm{ggT}(ca_1, \ldots, ca_k) = |c| \cdot \mathrm{ggT}(a_1, \ldots, a_k)$.
3. Zeigen Sie bitte: Sind $a_1, \ldots, a_k \in \mathbb{Z} \setminus \{0\}, d = \mathrm{ggT}(a_1, \ldots, a_k)$, so ist $\mathrm{ggT}(\frac{a_1}{d}, \ldots, \frac{a_k}{d}) = 1$.

Wir betrachten jetzt noch das kleinste gemeinsame Vielfache und geben zunächst einen einfachen Zusammenhang zwischen $\mathrm{ggT}(a, b)$ und $\mathrm{kgV}(a, b)$ an.

Satz 3.16. *Seien $a, b \in \mathbb{N}$. Dann ist $ab = \mathrm{ggT}(a, b) \cdot \mathrm{kgV}(a, b)$.*

Beweis: Wir setzen $d = \mathrm{ggT}(a, b)$. Dann ist $a = q_1 d$, $b = q_2 d$, also $ab = d^2 q_1 q_2$.
Behauptung: $u = dq_1 q_2 = \mathrm{kgV}(a, b)$.
Beweis: Offensichtlich gilt $a = q_1 d \mid u$ und $b = q_2 d \mid u$. Sei nun $c \in \mathbb{N}$ mit $a \mid c$ und $b \mid c$. Wir zeigen, dass u ein Teiler von c ist.
Es gibt $x, y \in \mathbb{N}$ mit $c = ax = by$. Ferner gibt es nach Theorem 3.10 $s, t \in \mathbb{Z}$ mit $d = sa + tb$. Also ist $dc = (sa + tb)c = sac + tbc = saby + tbax = ab(sy + tx) = du(sy + tx)$.

Kürzen mit d liefert $c = u(sy + tx)$, also $u \mid c$. Daraus folgt $u = \text{kgV}(a, b)$ und damit die Behauptung.   □

Korollar 3.17. *Seien* $a, b \in \mathbb{Z} \setminus \{0\}$ *und* $f \in \mathbb{Z}$ *mit* $a \mid f$ *und* $b \mid f$. *Dann ist* $\text{kgV}(a, b)$ *ein Teiler von* f.

Beweis: Sei $d = \text{ggT}(a, b)$. Dann ist $\frac{a}{d} \mid \frac{f}{d}$ und $\frac{b}{d} \mid \frac{f}{d}$. Nach der obigen Aufgabe 3 ist $\text{ggT}(\frac{a}{d}, \frac{b}{d}) = 1$. Also folgt aus Korollar 3.11 b), dass $\frac{ab}{d^2}$ ein Teiler von $\frac{f}{d}$, d. h. $\frac{ab}{d}$ ein Teiler von f ist. Nach Satz 3.16 ist $\frac{ab}{d} = \text{kgV}(a, b)$, woraus die Behauptung folgt.   □

Ähnlich wie Satz 3.14 lässt sich nun zeigen:

Satz 3.18. *Seien* $a_1, \ldots, a_k \in \mathbb{Z} \setminus \{0\}, k \geq 2$.
a) Ist f *ein Vielfaches von* $a_1, \ldots, a_k$, *so ist* f *ein Vielfaches von* $\text{kgV}(a_1, \ldots, a_k)$.
b) $\text{kgV}(a_1, \ldots, a_k) = \text{kgV}(\text{kgV}(a_1, \ldots, a_{k-1}), a_k)$
(Für $k = 2$ *ist dabei* $\text{kgV}(a_1) = |a_1|$ *zu setzen.)*

Aufgaben:

1. Führen Sie bitte den Beweis von Satz 3.14 durch.
2. Zeigen Sie bitte, dass im Allgemeinen $abc \neq \text{ggT}(a, b, c) \cdot \text{kgV}(a, b, c)$.
3. Seien $a_1, \ldots, a_k \in \mathbb{Z} \setminus \{0\}$. Sei $A_i = \prod_{j \neq i} a_j$ für $j = 1, \ldots, k$. Dann gilt: $a_1 \cdots a_k = \text{ggT}(A_1, \ldots, A_k) \cdot \text{kgV}(a_1, \ldots, a_k)$.

3.2 Primfaktorzerlegung

Motivation und Überblick

Einer der zentralen Sätze der Zahlentheorie ist der Satz über die Zerlegung von ganzen Zahlen in Primzahlen. Er ist das Thema dieses Abschnitts.

Jede Zahl $a > 1$ lässt sich (bis auf die Reihenfolge der Faktoren) eindeutig als Produkt von Primzahlen schreiben. Dabei ist eine Primzahl so definiert:

Definition 3.19. *Eine Zahl* $p \geq 2$ *heißt* **Primzahl**, *wenn* 1 *und* p *die einzigen natürlichen Zahlen sind, die* p *teilen.*

Offensichtlich ist eine Zahl $a \geq 2$ genau dann eine Primzahl, wenn $\text{ggT}(k, a) = 1$ für alle $k \in \{1, \ldots, a - 1\}$ gilt. Wir können Primzahlen auch so charakterisieren:

Satz 3.20. *Sei* $a \geq 2$ *eine natürliche Zahl. Dann sind die folgenden Aussagen äquivalent:*
a) a *ist eine Primzahl.*
b) Sind $x_1, \ldots, x_n \in \mathbb{Z}$ *und ist* a *ein Teiler des Produkts* $x_1 \cdots x_n$, *so teilt* a *schon einen der Faktoren* x_j.

Beweis: a) $\Rightarrow$ b) Es gelte $a \mid x_1 \cdots x_n$. Angenommen, a teilt $x_n = b$ nicht. Dann ist $\mathrm{ggT}(a, b) = 1$, weil a ja eine Primzahl ist. Nach Korollar 3.12 a) teilt a dann das Produkt $x_1 \cdots x_{n-1}$. Induktion liefert die Behauptung.

b) $\Rightarrow$ a) Wäre a keine Primzahl, so gäbe es $2 \le x, y \le a - 1$ mit $a = xy$, also $a \mid xy$. Aber a kann weder ein Teiler von x noch von y sein, ein Widerspruch. $\qquad\square$

Theorem 3.21. (Fundamentalsatz der elementaren Zahlentheorie) *Zu jeder natürlichen Zahl $a \ge 2$ gibt es genau eine endliche Menge $P(a) = \{p_1, \dots, p_n\}$ von Primzahlen und genau eine Abbildung $n_a : P(a) \to \mathbb{N}$, so dass*

$$a = \prod_{j=1}^n p_j^{n_a(p_j)} = \prod_{p \in P(a)} p^{n_a(p)}$$

gilt.

Bemerkungen: 1. Man nennt die Primzahlen p_k die **Primfaktoren von** a. Setzen wir noch $l_j = n_a(p_j)$, so erhalten wir

$$a = \prod_{j=1}^r p_j^{l_j},$$

und diese Darstellung ist bis auf die Reihenfolge der Faktoren eindeutig bestimmt.
2. Immer, wenn wir eine solche Darstellung hinschreiben, nehmen wir $p_i \ne p_j$ für $i \ne j$ an.
3. Der Wunsch nach der Eindeutigkeit der Darstellung (bis auf die Reihenfolge der Faktoren) ist der Grund, warum man 1 nicht als Primzahl erklärt hat. Denn offensichtlich wäre sonst die Darstellung nicht eindeutig, weil man beliebig oft mit 1 multiplizieren kann, ohne den Wert einer Zahl zu verändern.

Beweis: (Durch Induktion) (I) Der Satz ist richtig für $a = 2$.
(II) Sei der Satz richtig für $2 \le a \le k$.
Behauptung: Er ist richtig für $a = k + 1$.
Beweis: Ist $k + 1$ eine Primzahl, so ist $P(k + 1) = \{k + 1\}$ und $n_{k+1}(k + 1) = 1$. Ist aber $k + 1$ keine Primzahl, so ist $k + 1 = xy$ mit $2 \le x, y \le k$. Nach Induktionsvoraussetzung ist $x = \prod_{p \in P(x)} p^{n_x(p)}$ und $y = \prod_{p \in P(y)} p^{n_y(p)}$. Wir setzen $P(k + 1) = P(x) \cup P(y)$

und $n_{k+1}(p) = \begin{cases} n_x(p) & p \in P(x) \setminus P(y) \\ n_y(p) & p \in P(y) \setminus P(x) \\ n_x(p) + n_y(p) & p \in P(x) \cap P(y) \end{cases}$. Dann ist

$$k + 1 = xy = \prod_{p \in P(x)} p^{n_x(p)} \cdot \prod_{p \in P(y)} p^{n_y(p)} = \prod_{p \in P(x) \cup P(y)} p^{n_{k+1}(p)} = \prod_{p \in P(k+1)} p^{n_{k+1}(p)}.$$

(III) Angenommen, es gäbe zwei Darstellungen $a = \prod_{i=1}^m p_i^{n(p_i)} = \prod_{j=1}^n q_j^{n'(q_j)}$. Nach Satz 3.20 teilt jedes p_i einen der Faktoren q_j, ist also gleich diesem q_j, weil q_j eine Primzahl ist. Das Umgekehrte gilt ebenso, also ist

$$P = \{p_i : i = 1, \dots, m\} = Q = \{q_j : j = 1, \dots, n\}.$$

Gibt es ein i mit $n(p_i) \neq n'(p_i)$, so sei ohne Beschränkung der Allgemeinheit $n(p_i) < n'(p_i)$. Wir setzen $t = n'(p_i) - n(p_i)$. Sei $b = a \cdot p_i^{-n(p_i)}$. Dann ist $b = \prod_{j \neq i} p_j^{n(p_j)} = \prod_{j \neq i} p_j^{n'(p_j)} \cdot p_i^t$. Wiederum nach Satz 3.20 muss p_i als Teiler von b eine der Primzahlen p_j ($j \neq i$) teilen, also mit ihr übereinstimmen, ein Widerspruch dazu, dass die p_j alle verschieden sind.   □

Wir erhalten hiermit eine einfache Formel für den größten gemeinsamen Teiler und das kleinste gemeinsame Vielfache.

Korollar 3.22. *Seien a, b ganze Zahlen, a, $b \geq 2$. Dann ist*

$$\mathrm{ggT}(a,b) = \prod_{p \in P(a) \setminus P(b)} p^{n_a(p)} \cdot \prod_{p \in P(b) \setminus P(a)} p^{n_b(p)} \cdot \prod_{p \in P(a) \cap P(b)} p^{\min(n_a(p), n_b(p))}$$

und

$$\mathrm{kgV}(a,b) = \prod_{p \in P(a) \setminus P(b)} p^{n_a(p)} \cdot \prod_{p \in P(b) \setminus P(a)} p^{n_b(p)} \cdot \prod_{p \in P(a) \cap P(b)} p^{\max(n_a(p), n_b(p))}.$$

Zum Beispiel ist $8 = 2^3$ und $12 = 2^2 \cdot 3$, also $\mathrm{ggT}(8,12) = 2^2 \cdot 3^0 = 4$ und $\mathrm{kgV}(8,12) = 2^3 \cdot 3 = 24$.

Aufgabe: Beweisen Sie bitte das Korollar.

Kennt man also die Primfaktorzerlegung von a und b so ist die Bestimmung von $\mathrm{ggT}(a,b)$ und $\mathrm{kgV}(a,b)$ sehr einfach, viel einfacher als mit dem Euklidischen Algorithmus. Allerdings ist die Bestimmung der Primfaktorzerlegung einer (großen) natürlichen Zahl ein schwieriges Problem. Darauf beruht zum Beispiel die Sicherheit von gewissen kryptographischen Verschlüsselungsverfahren (siehe Kap. 4.4).

Wir haben noch nicht bewiesen, dass es unendlich viele Primzahlen gibt. Das können Sie selbst durch einen Widerspruchsbeweis tun, der auf Euklid zurückgeht:

Aufgabe: Beweisen Sie, dass es unendlich viele Primzahlen gibt.
Tipp: Sind $p_1, \ldots, p_n$ Primzahlen, so ist $a = 1 + p_1 \cdots p_n$ durch keine dieser Primzahlen teilbar (vergl. die Erläuterung eines Widerspruchsbeweises Seite 17).

Zwei ungerade Zahlen m und $m + 2$ heißen **Primzahlzwillinge**, wenn beide Primzahlen sind. Beispiele sind: 3 und 5 , 5 und 7 , 11 und 13. *Es ist ein offenes Problem, ob es unendlich viele Primzahlzwillinge gibt.*

4. Einführung in die Algebra

Motivation und Überblick

In Kapitel 3 haben wir uns mit den Grundbegriffen der Zahlentheorie beschäftigt. Um tiefere Einblicke in die Struktur von $\mathbb{Z}$ zu erhalten und die Kongruenzrelationen besser zu verstehen sowie um die dahinter stehenden Ideen zu abstrahieren, geben wir in diesem Kapitel eine kurze Einführung in die Algebra. Es handelt sich dabei um die Theorie von Mengen, auf denen eine oder mehrere Verknüpfungen gegeben sind. Die Menge $\mathbb{Z}$ mit Addition und Multiplikation ist dann ein spezielles Beispiel. Die in der Algebra betrachteten Strukturen sind für die gesamte Mathematik von Bedeutung, sie haben aber auch Anwendungen unter anderem in der Codierungstheorie, der Kryptographie, der Programmierung bzw. Implementierung logischer Ausdrücke und ihrer Regeln, der diskreten Fourier-Transformation und der graphischen Datenverarbeitung.

Wir erklären die für die Informatik wichtigsten Begriffe Halbgruppe, Monoid, Gruppe, Ring und Körper sowie Homomorphismen und Isomorphismen. Wir zeigen, wie man aus solchen algebraischen Objekten neue konstruiert. Insbesondere führen wir Faktorstrukturen ein. Wir wenden die gewonnenen Erkenntnisse auf den Ring der Polynome über einem Körper an und behandeln in einem eigenen Abschnitt Anwendungen in der Codierungstheorie und Kryptologie.

Wir schließen das Kapitel mit einem eigenen Abschnitt über Boolesche Algebren. Das sind Ringe, die es ermöglichen, mit Ausdrücken der Aussagenlogik zu rechnen. Der Spezialfall der Schaltalgebra beschreibt die digitalen Schaltfunktionen der Computer.

Einführung

Auf $\mathbb{Z}$ sind die Addition und die Multiplikation erklärt. Beide haben gemeinsame Eigenschaften, nämlich assoziativ und kommutativ zu sein, das heißt, es gilt stets $(x + y) + z = x + (y + z)$ und $x + y = y + x$, sowie $(xy)z = x(yz)$ und $xy = yx$. Aber während man die Gleichungen $x + y = z$ eindeutig nach y auflösen kann, ist dies bei der Multiplikation nicht mehr der Fall: $2y = 5$ ist (in $\mathbb{Z}$) nicht nach y auflösbar.

In der Algebra werden allgemein Mengen untersucht, auf denen gewisse Operationen definiert sind, z. B. Verknüpfungen zwischen je zwei Elementen (analog zur Addition oder Multiplikation ganzer Zahlen). Welche Eigenschaften diese Verknüpfungen haben, wird durch Axiome festgelegt. Dies führt, abhängig von der Anzahl der Verknüpfungen und der Art der Axiome, zu verschiedenen Typen algebraischer Strukturen. Aussagen, die man über solche algebraischen Strukturen beweisen kann (die also alleine aus den Axiomen hergeleitet werden können), gelten dann für jedes Beispiel, in dem die entsprechenden Axiome gelten. Daher werden vor allem solche algebraischen Strukturen untersucht, deren Axiome von vielen interessanten Beispielen erfüllt werden.

Wir werden zunächst Mengen untersuchen, auf denen nur eine Verknüpfung erklärt ist. Dies führt zu den Begriffen *Halbgruppe, Monoid* und *Gruppe*. Schon diese mathematischen Strukturen haben viele Anwendungen.

In einem zweiten Schritt untersuchen wir Mengen mit zwei Verknüpfungen (Addition und Multiplikation) in Anlehnung an $\mathbb{Z}$. Dies führt auf die Begriffe *Ring* und (als Spezialfall) *Körper*.

Entscheidend für die Untersuchung solcher Objekte ist der Homomorphiebegriff und damit bei Ringen der des Ideals. Wir erhalten Sätze, die nicht nur für $\mathbb{Z}$ sondern z. B. auch für den Ring der Polynome über $\mathbb{R}$ (oder über einem beliebigen Körper) gelten. Zentral ist der Begriff des Faktorringes. Er erlaubt auf einfache Weise u. a. die Einführung der komplexen Zahlen. Darüber hinaus spielt er zum Beispiel eine wichtige Rolle bei so genannten zyklischen Codes, die unter anderem die Grundlage für die Rekonstruktion größerer beschädigter oder verfälschter Datenmengen (in Echtzeit) auf CDs oder bei der Übertragung im Netz bilden.

Auch auf diesen abstrakten Strukturen existiert eine Vielzahl von Algorithmen. Das Gebiet "Symbolisches Rechnen" und speziell die Computer–Algebra befassen sich mit der Implementierung algebraischer Strukturen und Algorithmen auf dem Computer (siehe [15]).

4.1 Halbgruppen, Monoide und Gruppen

Motivation und Überblick

Halbgruppen sind algebraische Objekte mit einer Verknüpfung, für die lediglich das Assoziativgesetz gelten muss. Durch zusätzliche Axiome gelangt man zu Monoiden und Gruppen. Halbgruppen und Monoide treten in der Informatik bei der Untersuchung formaler Sprachen sowie als multiplikative Teilstrukturen von Ringen auf. Gruppen gehören zu den wichtigsten algebraischen Strukturen. Mit dem Gruppenbegriff werden sowohl Eigenschaften beschrieben, die in vielen Zahlbereichen gelten, als auch Symmetrieeigenschaften, z. B. von Molekülen. Vor allem gelten diese Eigenschaften in natürlicher Weise bei der Hintereinanderausführung bijektiver Abbildungen auf Mengen, was dazu führt, dass Gruppen in verschiedensten Gebieten der Mathematik und ihrer Anwendungen auftreten. Wie bei allen algebraischen Strukturen sind auch für die Untersuchung von Halbgruppen, Monoiden und Gruppen Unterstrukturen, Faktorstrukturen und homomorphe Bilder fundamental. Damit lässt sich dann schon mit geringem Aufwand eine wichtige Klasse von Gruppen, die zyklischen Gruppen, vollständig beschreiben. Zyklische Gruppen haben vielfältige Bedeutung, z. B. für Primzahltests, die in der Kryptologie relevant sind.

4.1.1 Halbgruppen

Die natürlichen Zahlen kann man addieren und multiplizieren. Beide Rechenarten erfüllen das Assoziativ- und das Kommutativgesetz. Wir definieren nun zunächst die sog. Halbgruppen; dies sind algebraische Strukturen mit einer Verknüpfung, in der nur die Gültigkeit des Assoziativgesetzes (als Axiom) gefordert wird. Ein spezieller Typ von Halbgruppen sind dann diejenigen, in denen auch das Kommutativgesetz gilt. Mit algebraischen Strukturen, in denen das Assoziativgesetz nicht zu gelten braucht, werden wir uns hier nicht befassen, da sie für die Informatik kaum eine Bedeutung haben.

Definition 4.1. *Sei* $H \neq \emptyset$ *eine Menge und* $\cdot : H \times H \to H, (x, y) \mapsto \cdot(x, y) =:$ $x \cdot y$ *eine Abbildung, die dem* **Assoziativgesetz** *gehorcht:* $(x \cdot y) \cdot z = x \cdot (y \cdot z)$ *für alle* $x, y, z \in H$. *Dann heißt* $(H, \cdot)$ **Halbgruppe**. *Die Abbildung selbst nennt man (abstrakte)* **Multiplikation** *oder* **Verknüpfung**.

Das Zeichen $\cdot$ für die Verknüpfung hat nichts mit der Multiplikation bei Zahlen zu tun (obwohl z. B. die natürlichen Zahlen mit der üblichen Multiplikation eine Halbgruppe bilden). In Beispielen von Halbgruppen (siehe unten) kann es durch andere Verknüpfungssymbole ersetzt werden. Wenn die Verknüpfung aus dem Zusammenhang klar ist, bezeichnet man die Halbgruppe nur mit dem Namen der zugrunde liegenden Menge und lässt das Verknüpfungssymbol weg.

Aus dem Assoziativgesetz folgt, dass es bei einem Produkt aus endlich vielen Elementen nicht auf die Art der Klammerung ankommt (aber i. Allg. sehr wohl auf die Reihenfolge der Elemente). Z. B. ist $(w \cdot x) \cdot (y \cdot z) = ((w \cdot x) \cdot y) \cdot z = (w \cdot (x \cdot y)) \cdot z =$ $w \cdot ((x \cdot y) \cdot z) = w \cdot (x \cdot (y \cdot z))$ und das sind alle Möglichkeiten, ein Produkt von vier Elementen sinnvoll zu klammern; jede der einzelnen Gleichungen folgt durch einmalige Anwendung des Assoziativgesetzes. Wir werden daher im Folgenden bei Produkten in Halbgruppen Klammerungen häufig weglassen.

Beispiele:

1. $(\mathbb{N}, +), (\mathbb{Z}, +)$.
2. $(\mathbb{N}, \cdot), (\mathbb{Z}, \cdot)$. Hier bezeichnet $\cdot$ die übliche Multiplikation von Zahlen.
3. Sei M eine Menge und $\mathcal{P}(M) =: H$ ihre Potenzmenge. Dann sind $(H, \cup)$ und $(H, \cap)$ Halbgruppen.
4. Sei $M \neq \emptyset$ und M^M die Menge aller Abbildungen ρ von M in M. Dann ist $(M^M, \circ)$ eine Halbgruppe, wobei $\circ$ die Hintereinanderausführung bezeichnet.
5. Sei $A \neq \emptyset$ eine endliche Menge, die wir Alphabet nennen. Sei $W(A) := \bigcup_{n=1}^{\infty} A^n$ die Menge aller (endlichen) Worte, die man mit A schreiben kann. Sind $w = (a_1, \ldots, a_m)$ und $w' = (a'_1, \ldots, a'_n)$ zwei Worte, so setzen wir $w \cdot w' = (a_1, \ldots, a_m, a'_1, \ldots, a'_n)$. Damit erhält man die Halbgruppe aller Worte. Offensichtlich gilt im Allgemeinen $w \cdot w' \neq w' \cdot w$, wenn A mehr als einen Buchstaben hat. In der Informatik schreibt man die Worte nicht so umständlich, sondern einfach $a_1 a_2 \cdots a_m$. Dann ist die Verknüpfung nichts anderes als das Hintereinanderschreiben. Die Halbgruppe $W(A)$ wird in der Informatik auch häufig mit A^+ bezeichnet. Der Spezialfall, dass A aus nur einem Buchstaben besteht, etwa $A = \{x\}$, führt auf

die sogenannten **Monome**, zum Beispiel $xxxxx$, die man dann auch einfach $x^n = \underbrace{xxxxx \ldots x}_{n \text{ mal}}$ schreibt, und die bei der Behandlung von Polynomen (s. Abschn. 4.2.2) wichtig werden.

6. Endliche Halbgruppen H lassen sich vollständig durch ihre Multiplikationstafeln beschreiben: Ist $H = \{a_1, \ldots, a_n\}$, so ist die Multiplikationstafel von H ein Quadrat mit n^2 Feldern, wobei die Zeilen und Spalten jeweils mit den Elementen $a_1, \ldots, a_n$ bezeichnet sind. Im Feld in der i-ten Zeile und j-ten Spalte steht das Produkt $a_i \cdot a_j$. Zum Beispiel ist

	a_1	a_2
a_1	a_1	a_1
a_2	a_2	a_2

die Multiplikationstafel einer Halbgruppe, während

	a_1	a_2
a_1	a_2	a_2
a_2	a_1	a_1

keine Halbgruppe beschreibt.

Aufgaben:

1. Verifizieren Sie bitte die Aussagen aus Beispiel 6.
2. Sei M eine Menge mit zwei Elementen. Bestimmen Sie bitte die Multiplikationstafeln für $(\mathcal{P}(M), \cap)$, $(\mathcal{P}(M), \cup)$ und $(M^M, \circ)$.
3. Auf $\mathbb{R} \setminus \{0\}$ sei eine Verknüpfung durch $(x, y) \mapsto \frac{x}{y}$ definiert. Ist $\mathbb{R} \setminus \{0\}$ mit dieser Verknüpfung eine Halbgruppe?

Sei $M = \{1, 2, 3\}$. In $(M^M, \circ)$ betrachten wir die Elemente $\rho = \begin{pmatrix} 1 & 2 & 3 \\ 2 & 3 & 1 \end{pmatrix}$, $\psi = \begin{pmatrix} 1 & 2 & 3 \\ 2 & 1 & 3 \end{pmatrix}$. Dann gilt $\rho \circ \psi = \begin{pmatrix} 1 & 2 & 3 \\ 3 & 2 & 1 \end{pmatrix}$, aber $\psi \circ \rho = \begin{pmatrix} 1 & 2 & 3 \\ 1 & 3 & 2 \end{pmatrix}$, es ist also $\rho \circ \psi \neq \psi \circ \rho$. Dies Phänomen hatten wir auch schon bei der Worthalbgruppe $W(A)$ über einem mindestens zweielementigen Alphabet beobachtet.

Andererseits gilt in $\mathbb{N}$ stets $x + y = y + x$ und $xy = yx$. Wir definieren daher:

Definition 4.2. *Eine Halbgruppe* $(H, \cdot)$ *heißt* **kommutativ**, *wenn für alle* x, y *stets* $x \cdot y = y \cdot x$ *gilt.*

Aufgaben: 1. Sei $M = \{1, 2, 3\}$. Erstellen Sie bitte eine Multiplikationstafel für $(M^M, \circ)$, also für die Hintereinanderausführung der Abbildungen auf M. Wieviel Zeilen und Spalten hat M^M (s. Satz 2.21)?

2. $(M^M, \circ)$ ist genau dann kommutativ, wenn $|M| \leq 2$.

Unterhalbgruppen und Faktorhalbgruppen. Die Menge $G = \{n \in \mathbb{N} : 2|n\}$ aller geraden Zahlen ist mit der Addition auf $\mathbb{N}$, eingeschränkt auf G, eine Halbgruppe, ebenso bezüglich der Multiplikation. Dies führt uns auf die folgende Definition.

Definition 4.3. *Sei* $(H, \cdot)$ *eine Halbgruppe und* $\emptyset \neq U \subseteq H$ *erfülle* $\{x \cdot y : x, y \in U\} \subseteq U$. *Dann ist* $(U, \cdot)$ *offensichtlich eine Halbgruppe. Sie heißt* **Unterhalbgruppe** *von* $(H, \cdot)$.

Neben der Bildung von Unterhalbgruppen gibt es eine zweite wichtige Konstruktion, aus einer Halbgruppe weitere Halbgruppen zu gewinnen. Dazu "vergröbert" man eine gegebene Halbgruppe $(H, \cdot)$: man wählt eine Äquivalenzrelation $\sim$ auf H und bildet die Menge der Äquivalenzklassen von $\sim$. Diese Menge wird im Folgenden mit $H/\sim$ bezeichnet. Ziel ist es jetzt, auf $H/\sim$ eine Verknüpfung $\odot$ zu definieren, die von der Verknüpfung $\cdot$ auf H "abstammt". Der naheliegende Ansatz ist

$$[a] \odot [b] := [a \cdot b] \text{ für } [a], [b] \in H/\sim \, .$$

Die Frage, die sich hierbei stellt, ist die, ob diese Multiplikation $\odot$ wirklich eindeutig definiert ist. Das bedeutet, dass das Ergebnis nicht davon abhängen darf, welche Vertreter wir für die Äquivalenzklassen gewählt haben. Es muss also gelten:

Ist $[a] = [a']$ und $[b] = [b']$, so ist $[a \cdot b] = [a' \cdot b']$.

Dies lässt sich durch die Äquivalenzrelation $\sim$ folgendermaßen ausdrücken:

Für alle $a, a', b, b' \in H$ mit $a \sim a', b \sim b'$ gilt $a \cdot b \sim a' \cdot b'$.

Nicht jede Äquivalenzrelation besitzt diese Eigenschaft. Diejenigen, die diese Verträglichkeitsbedingung erfüllen, heißen **Kongruenzrelationen**.

Beispiel: Sei $(H, \cdot) = (\mathbb{Z}, +)$ und $m \sim n$ falls $m - n$ gerade, also durch 2 teilbar ist. Es gibt zwei Äquivalenzklassen, nämlich $[0] = \{2k : k \in \mathbb{Z}\}$ und $[1] = \{2k + 1 : k \in \mathbb{Z}\}$. Tatsächlich ist $\sim$ eine Kongruenzrelation. Denn ist $m \sim n$ und $m' \sim n'$, so ist $m + m' \sim n + n'$, weil $m + m' - (n + n') = (m - n) + (m' - n')$ als Summe zweier gerader Zahlen gerade ist. Wir erhalten $[0] \oplus [0] = [0] = [1] \oplus [1]$ sowie $[0] \oplus [1] = [1] = [1] \oplus [0] = [1]$. Allgemeiner besagt Satz 3.6, dass die Kongruenzrelationen mod (m) sowohl auf $(\mathbb{Z}, +)$ als auch auf $(\mathbb{Z}, \cdot)$ Kongruenzrelationen im hier erklärten abstrakteren Sinn sind.

Satz 4.4. *Sei $(H, \cdot)$ eine Halbgruppe und $\sim$ eine Kongruenzrelation auf H, $H/\sim$ die Menge der Äquivalenzklassen von $\sim$ auf H. Dann ist $H/\sim$ mit der durch*

$$[a] \odot [b] := [a \cdot b]$$

definierten Verknüpfung eine Halbgruppe.
*$(H/\sim, \odot)$ heißt die **Faktorhalbgruppe** (oder auch **Quotientenhalbgruppe**) von H bezüglich der Kongruenzrelation $\sim$.*

Beweis: Wie oben begründet, folgt die eindeutige Definiertheit von $\odot$ daraus, dass $\sim$ eine Kongruenzrelation ist. Die Assoziativität von $\odot$ ist eine unmittelbare Konsequenz der Assoziativität von $\cdot$. □

Im Allgemeinen wird die Verknüpfung auf $H/\sim$ mit demselben Symbol bezeichnet wie die in H.

Der Begriff der Faktorhalbgruppe ist erfahrungsgemäß gewöhnungbedürftig. Durch Wiederholung dieser Konstruktion bei Gruppen und Ringen wird er aber vertrauter werden. Wir betonen noch einmal: Die Äquivalenzklassen zu $\sim$, die ja Teilmengen der Halbgruppen H sind, werden als *neue Objekte* betrachtet und in der Menge $H/\sim$ zusammengefasst. Diese neuen Objekte werden entsprechend der Definition in Satz 4.4 multipliziert, so dass man damit wieder eine Halbgruppe erhält.

Beispiel: Sei $W(A)$ wie in Beispiel 5, S. 89. Für $w = a_1 \cdots a_m, a_i \in A$, sei $l(w) = m$ die Länge des Wortes w. Wir definieren eine Relation $\sim$ auf $W(A)$: $v \sim w$ genau dann, wenn $(-1)^{l(v)} = (-1)^{l(w)}$. Offensichtlich ist $\sim$ eine Kongruenzrelation. Es gibt nur zwei Äquivalenzklassen, nämlich die der Worte gerader Länge und die der Worte ungerader Länge. Ist $a \in A$, so ist also $W(A)/\sim = \{[a], [aa]\}$ und die Multiplikationstafel von $(W(A)/\sim, \cdot)$ hat folgendes Aussehen:

	$[a]$	$[aa]$
$[a]$	$[aa]$	$[a]$
$[aa]$	$[a]$	$[aa]$

Aufgabe: Sei $m \in \mathbb{N}$. Definiere auf $W(A)$ folgende Relation $\sim$: $v \sim w$ genau dann, wenn $l(v) \equiv l(w) \,(\bmod\, m)$. Zeigen Sie bitte, dass $\sim$ eine Kongruenzrelation auf $W(A)$ ist, und bestimmen Sie $W(A)/\sim$. *Tipp:* Satz 2.5.

Homomorphismen. Sei $r > 0$ eine feste reelle Zahl und $M = \{r^n : n \in \mathbb{N}\}$. Mit der gewöhnlichen Multiplikation ist M eine Halbgruppe und für die Abbildung $\varphi : (\mathbb{N}, +) \to (M, \cdot), n \mapsto r^n$ gilt $\varphi(n + m) = \varphi(n) \cdot \varphi(m)$. φ **respektiert die Verknüpfungen**. Dies werden wir verallgemeinern.

Definition 4.5. *Seien $(H, \cdot_H)$ und $(K, \cdot_K)$ Halbgruppen. Eine Abbildung $\varphi : H \to K$ heißt* **Homomorphismus***, wenn $\varphi(x \cdot_H y) = \varphi(x) \cdot_K \varphi(y)$ für alle $x, y \in H$ gilt. Ein bijektiver Homomorphismus heißt* **Isomorphismus***.*

Im Folgenden bezeichnen wir die abstrakten Multiplikationen auf verschiedenen Halbgruppen mit dem gleichen Symbol '$\cdot$'. Ferner schreiben wir oft xy statt $x \cdot y$. In konkreten Fällen muss man dann jeweils entsprechende Unterschiede machen, wie im vorangegangenen Absatz, wo die Verknüpfung einmal die Addition $+$, einmal die Multiplikation $\cdot$ war.

Aufgaben:

1. Zeigen Sie bitte: Sind $(H, \cdot) \xrightarrow{\varphi} (K, \cdot) \xrightarrow{\psi} (L, \cdot)$ Homomorphismen (Isomorphismen), so auch $\psi \circ \varphi : (H, \cdot) \to (L, \cdot)$.
2. Ist $\varphi : (H, \cdot) \to (K, \cdot)$ ein Homomorphismus, so ist $(\varphi(H), \cdot)$ eine Unterhalbgruppe von $(K, \cdot)$.
3. Sei $\varphi : (H, \cdot) \to (K, \cdot)$ ein Isomorphismus. Beweisen Sie bitte, dass dann auch die Umkehrabbildung $\rho^{-1} : (K, \cdot) \to (H, \cdot)$ ein Isomorphismus ist.
4. Seien A und B Alphabete und $\rho : A \to B$ eine Abbildung. Das Wort $w = a_1 \cdots a_m \in W(A)$ bilden wir ab auf das Wort $\varphi(w) = \rho(w_1) \cdots \rho(w_m)$. Zeigen Sie bitte, dass φ ein Homomorphismus ist. φ ist genau dann ein Isomorphismus, wenn ρ bijektiv ist.

Definition 4.6. *Seien $(H, \cdot)$ und $(K, \cdot)$ Halbgruppen. K heißt* **homomorphes Bild** *von H, wenn es einen surjektiven Homomorphismus von H auf K gibt. H und K heißen* **isomorph***, wenn es einen Isomorphismus von H auf K gibt. Man schreibt dann: $H \cong K$.*

Bemerkung: "Homomorph" bedeutet ähnlich gestaltet, "isomorph" bedeutet gleich gestaltet, oder von gleicher Gestalt. Isomorphe Halbgruppen sind algebraisch nicht zu unterschieden. Sie können sich in der Bezeichnung der Elemente unterscheiden, bei geeigneter Zuordnung der Elemente (nämlich durch einen Isomorphismus) ist die Verknüpfung aber die gleiche.

Beispiele:

1. Sei $r \in \mathbb{R}, r > 0$. $\varphi : \mathbb{N} \to \mathbb{R}, n \mapsto r^n$ ist ein injektiver Homomorphismus.
2. Sei $H = \{x \in \mathbb{R} : x > 0\}$, versehen mit der Multiplikation, und $K = \mathbb{R}$, versehen mit der Addition. Dann ist $\ln : H \to K, x \mapsto \ln(x)$ (Logarithmus von x) ein Isomorphismus. Der Umkehrisomorphismus ist die Exponentialfunktion $y \mapsto \exp(y)$.
3. Sei $\varphi : (\mathbb{N}, +) \to (\mathbb{N}, +), k \mapsto nk$, wo $n \in \mathbb{N}$ fest ist. φ ist ein injektiver Homomorphismus. Damit ist $(\mathbb{N}, +)$ isomorph zu $(\{nk : k \in \mathbb{N}\}, +)$.
4. $H = (\{1, 0, -1\}, \cdot)$ ist eine Unterhalbgruppe von $(\mathbb{Z}, \cdot)$. Dann ist $\varphi : (\mathbb{Z}, \cdot) \to H$, definiert durch
$$\varphi(x) = \begin{cases} 1 & , \quad \text{falls } x > 0 \\ 0 & , \quad \text{falls } x = 0, \\ -1 & , \quad \text{falls } x < 0 \end{cases}$$
ein surjektiver Homomorphismus.

Aufgabe: Beweisen Sie bitte die Aussagen in den obigen Beispielen.

Zwischen den homomorphen Bildern und den Faktorhalbgruppen einer Halbgruppe $(H, \cdot)$ besteht ein enger Zusammenhang.

Satz 4.7. *Sei $(H, \cdot)$ eine Halbgruppe.*
a) **(Homomorphiesatz)** *Sei $(K, \cdot)$ eine Halbgruppe und $\varphi : H \to K$ ein surjektiver Homomorphismus. Für $x, y \in H$ sei $x \sim_\varphi y$ genau dann, wenn $\varphi(x) = \varphi(y)$. Dann ist $\sim_\varphi$ eine Kongruenzrelation auf H und $H/\sim_\varphi \cong K$. Die Isomorphie wird gegeben durch $\tilde{\varphi} : H/\sim_\varphi \to K, [x] \mapsto \varphi(x)$.*
b) Ist $\sim$ eine Kongruenzrelation auf H, so ist die Abbildung $\psi : H \to H/\sim, x \mapsto [x]$ ein surjektiver Homomorphismus (der sog. **kanonische Homomorphismus** *von H auf $H/\sim$) und $\sim\ =\ \sim_\psi$ (definiert wie in a)).*

Beweis: a) Offensichtlich ist $\sim_\varphi$ eine Äquivalenzrelation. Ist $x \sim_\varphi y$ und $x' \sim_\varphi y'$, so ist $\varphi(xx') = \varphi(x)\varphi(x') = \varphi(y)\varphi(y') = \varphi(yy')$ aufgrund der Homomorphie-Eigenschaft von φ, also $xx' \sim_\varphi yy'$. Daher ist $\sim_\varphi$ eine Kongruenzrelation. Wir zeigen, dass $\tilde{\varphi}$ wohldefiniert ist: Ist $[x] = [x']$, so ist $x \sim_\varphi x'$, also $\varphi(x) = \varphi(x')$. Kehrt man die Argumentation um, so folgt die Injektivität von $\tilde{\varphi}$. Die Surjektivität von $\tilde{\varphi}$ ergibt sich aus der von φ. Schließlich ist $\tilde{\varphi}([x] \cdot [y]) = \tilde{\varphi}([x \cdot y]) = \varphi(x \cdot y) = \varphi(x) \cdot \varphi(y) = \tilde{\varphi}([x]) \cdot \tilde{\varphi}([y])$. Also ist $\tilde{\varphi}$ ein Isomorphismus.

b) Der erste Teil der Behauptung folgt direkt aus der Definition der Multiplikation in $H/\sim$. Ferner ist $x \sim y$ gleichbedeutend mit $[x] = [y]$, d. h. $\psi(x) = \psi(y)$, also $x \sim_\psi y$. □

Nach Satz 4.7 ist also jedes homomorphe Bild von H isomorph zu einer Faktorhalbgruppe von H und umgekehrt ist jede Faktorhalbgruppe ein homomorphes Bild von H.

Beispiel: Sei $W(A)$ wie in Beispiel 5, S. 89. Definiere $\varphi : (W(A), \cdot) \to (\mathbb{N}, +), w \mapsto l(w)$. Dann ist φ ein surjektiver Homomorphismus. Es ist $w \sim_\varphi v$ genau dann, wenn $l(w) = l(v)$. Ist $x \in A$, so ist daher $W(A)/\sim_\varphi = \{[x^n] : n \in \mathbb{N}\}$, wobei $x^1 = x$ und $x^{n+1} = x^n \cdot x$. Nach 4.7 a) ist $\bar{\varphi} : W(A)/\sim_\varphi \to (\mathbb{N}, +), [a^n] \mapsto n$ ein Isomorphismus (was man natürlich auch direkt sofort sieht).

4.1.2 Monoide

In $(\mathbb{N}, \cdot)$ hat die Zahl 1 die Eigenschaft $1 \cdot n = n \cdot 1 = n$ für alle $n \in \mathbb{N}$. In $(\mathbb{Z}, +)$ hat 0 die Eigenschaft $0 + z = z + 0 = z$.

Um dieses Phänomen allgemein zu fassen, brauchen wir das folgende Lemma.

Lemma 4.8. *Seien e_1, e_2 Elemente der Halbgruppe $(H, \cdot)$ mit den Eigenschaften $e_1 \cdot x = x \cdot e_1 = x$ und $e_2 \cdot x = x \cdot e_2 = x$ für alle x. Dann ist $e_1 = e_2$.*

Beweis: Es ist $e_1 = e_1 e_2 = e_2$.   □

Definition 4.9. *Es gebe in der Halbgruppe $(H, \cdot)$ ein Element e mit $ex = xe = x$ für alle $x \in H$. Dann heißt e **neutrales Element** oder **Einselement** oder **Eins** von H, und $(H, \cdot, e)$ heißt **Monoid**.*

Das neutrale Element ist nach dem vorangegangenen Lemma eindeutig bestimmt. Es gibt also keine zwei verschiedenen neutralen Elemente.

Wird die Verknüpfung additiv geschrieben, so wird das neutrale Element auch **Nullelement** genannt und mit 0 bezeichnet. Ebenso wird bei multiplikativer Schreibweise der Verknüpfung das neutrale Element oft mit 1 bezeichnet. Dies ist auch dann üblich, wenn das jeweilige Monoid nichts mit Zahlen zu tun hat.

Wir schreiben häufig einfach $(H, \cdot)$ oder H statt $(H, \cdot, e)$, falls das neutrale Element oder die Verknüpfung aus dem Kontext klar sind.

Beispiel: Sei $A \neq \emptyset$ ein endliches Alphabet, $W(A)$ wie in Beispiel 5 auf S. 89. Wir fügen zu $W(A)$ das leere Wort, bezeichnet mit ε, hinzu. Dann ist $A^* := W(A) \cup \{\varepsilon\}$ bezüglich Hintereinanderschreiben als Verknüpfung ein Monoid mit neutralem Element ε. A^* wird oft als Wortmonoid über A bezeichnet.

Ähnlich wie im vorangegangenen Beispiel lässt sich aus jeder Halbgruppe $(H, \cdot)$ ein Monoid auf folgende Weise konstruieren: Man erweitert H um ein neues Element $e, e \notin H$, und bildet $\tilde{H} = H \cup \{e\}$. Auf $\tilde{H}$ definiert man dann eine Verknüpfung $\odot$, die auf H mit der dort gegebenen Verknüpfung $\cdot$ übereinstimmt, und erweitert durch $e \odot e = e$ und $h \odot e = e \odot h = h$ für alle $h \in H$. Dann ist $(\tilde{H}, \odot)$ ein Monoid mit neutralem Element e. Statt $\odot$ verwendet man üblicherweise das gleiche Verknüpfungssymbol $\cdot$ wie in H.

Aufgabe: Welche der Beispiele auf Seite 89 sind Monoide?

Ein **Untermonoid** $(U, \cdot, e)$ von $(H, \cdot, e)$ ist eine Unterhalbgruppe, die die Eins enthält.

Bemerkung: In einem Monoid $(H, \cdot, e)$ kann es Unterhalbgruppen geben, die selbst Monoide sind, aber mit einer anderen Eins als e. Dies sind dann keine Untermonoide.

Aufgabe: Finden Sie ein Beispiel für die Aussage in der vorangehenden Bemerkung. *Tipp:* Es gibt eines mit zwei Elementen.

Ist $\sim$ eine Kongruenzrelation auf $(H, \cdot, e)$, so ist $(H/\sim, \cdot, [e])$ ein Monoid mit neutralem Element $[e]$, das **Faktormonoid** von H bezüglich $\sim$.

Beispiel: Sei $A \neq \emptyset$ ein endliches Alphabet und $L \subseteq A^*$. (In der Informatik nennt man dann L eine Sprache über A.) Wir definieren eine Relation $\equiv_L$ auf A^* : $v \equiv_L w$ genau dann, wenn $\{(x, y) \in A^* \times A^* : xvy \in L\} = \{(x, y) \in A^* \times A^* : xwy \in L\}$. Man sieht sofort, dass $\equiv_L$ eine Äquivalenzrelation auf A^* ist. Tatsächlich ist $\equiv_L$ auch eine Kongruenzrelation: Sei $v \equiv_L w$ und $v' \equiv_L w'$. Es ist $xvv'y \in L$ genau dann, wenn $xwv'y \in L$, da $v \equiv_L w$ und dies ist gleichbedeutend mit $xww'y \in L$, da $v' \equiv_L w'$. Also ist $vv' \equiv_L ww'$. Das Faktormonoid $A^*/\equiv_L$ heißt syntaktisches Monoid bezüglich L. Es spielt in der Theoretischen Informatik bei der Untersuchung formaler Sprachen eine Rolle. So ist z. B. die wichtige Familie der regulären Sprachen über A dadurch charakterisiert, dass ihre zugehörigen syntaktischen Monoide endlich sind.

4.1.3 Gruppen

Im Monoid $(\mathbb{Z}, +, 0)$ gibt es zu jedem z ein Element v mit $z + v = 0$. Das ist im Monoid $(\mathbb{N}_0, +, 0)$ nicht der Fall. Wir wollen im Folgenden allgemein diejenigen Monoide $(H, \cdot, e)$ untersuchen, für die es zu jedem x ein y mit $xy = yx = e$ gibt. Wir beginnen mit einem Lemma.

Lemma 4.10. *Sei $(H, \cdot, e)$ ein Monoid. Es gebe zu einem $x \in H$ Elemente y und z mit $xy = e = zx$. Dann ist $y = z$.*

Beweis: $z = ze = z(xy) = (zx)y = ey = y$.   □

Ist $xy = yx = e$ so heißt y das **Inverse** x^{-1} **von** x. Es ist dann auch $(x^{-1})^{-1} = x$. In einem Monoid gibt es nach dem Lemma zu jedem Element höchstens ein Inverses. Wird die Verknüpfung als Addition geschrieben, so wird das Inverse zu x (falls es existiert) mit $-x$ bezeichnet.

Definition 4.11. *a) Ein Monoid* $(H, \cdot, e)$, *in dem zu jedem* $x \in H$ *das Inverse* x^{-1} *existiert, heißt* **Gruppe***.*
b) Eine Gruppe, in der die Verknüpfung kommutativ ist, heißt **kommutative** *oder* **abelsche**[1] **Gruppe***.*

Beispiele:

1. $H = \{0, 1\}$ mit $0 + 0 = 1 + 1 = 0$ und $0 + 1 = 1 + 0 = 1$. $(H, +, 0)$ ist eine Gruppe.
2. $(\mathbb{Z}, +, 0)$ ist eine Gruppe.
3. Sei $n \in \mathbb{N}$ und $\mathbb{Z}_n = \{0, \cdots, n-1\}$. Auf $\mathbb{Z}_n$ definieren wir $x \oplus y = (x + y) \bmod n$. $(\mathbb{Z}_n, \oplus, 0)$ ist eine Gruppe. Um dies zu zeigen, braucht man Korollar 3.7. Das Inverse zu x ist $(-x) \bmod n$, d. h. 0 für $x = 0$ und $n - x$ für $x \neq 0$. Für $n = 12$ ist $\mathbb{Z}_{12}$ auf dem Ziffernblatt einer Uhr repräsentiert. $\mathbb{Z}_2$ ist Beispiel 1 oben. Für $n = 2^{32}$ erhalten wir ein Modell für das Rechnen mit ganzen Zahlen im Computer (vergleiche Seite 77).
4. $(\mathbb{Q} \setminus \{0\}, \cdot, 1)$ und $(\mathbb{R} \setminus \{0\}, \cdot, 1)$ sind Gruppen.
5. Die Menge $Bij(M)$ aller Bijektionen auf der Menge M bildet mit der Hintereinanderausführung als Multiplikation und mit der identischen Abbildung id_M als neutralem Element eine Gruppe. Das Inverse zu ρ ist die Umkehrabbildung ρ^{-1}. Für $M = \{1, \cdots, n\}$ heißt $Bij(M)$ **symmetrische Gruppe** $\mathcal{S}_n$.

Aufgaben:

1. Führen Sie bitte den Beweis für Beispiel 3 durch.
2. Sei $(G, \cdot, e)$ eine Gruppe, $x, y \in G$. Dann ist $(xy)^{-1} = y^{-1}x^{-1}$.

Ist $(G, \cdot, e)$ eine Gruppe, so heißt eine Teilmenge U von G, die bezüglich $\cdot$ selbst eine Gruppe ist, **Untergruppe** von G. Das neutrale Element von U stimmt dann mit dem neutralen Element e von G überein (U ist also auch ein Untermonoid von G): Ist f das neutrale Element von $(U, \cdot)$ und f^{-1} das Inverse von f in G (d. h. $f^{-1}f = ff^{-1} = e$), so folgt wegen $f \cdot f = f$, dass $f = ef = (f^{-1}f)f = f^{-1}(ff) = f^{-1}f = e$. Daher sind auch die Inversen in U die gleichen wie in G.

Beispiele:

1. $(\mathbb{Z}, +, 0)$ ist eine Untergruppe von $(\mathbb{Q}, +, 0)$.
2. $(\mathbb{N}_0, +, 0)$ ist ein Untermonoid von $(\mathbb{Z}, +, 0)$, aber keine Untergruppe.

Aufgabe: Sei $(G, \cdot, e)$ eine Gruppe, U eine nicht-leere Teilmenge von G. Zeigen Sie bitte, dass U genau dann eine Untergruppe von G ist, wenn $x^{-1}y \in U$ für alle $x, y \in U$.

Wir beschreiben die von einer Teilmenge einer Gruppe erzeugte Untergruppe. Dazu führen wir folgende Bezeichnungen ein. Ist a ein Element der Gruppe $(G, \cdot, e)$, so

---

[1] Niels Henrik Abel (1802–1829), norwegischer Mathematiker, grundlegende Arbeiten über algebraische Gleichungen und zur Analysis.

sei $a^0 = e$ und rekursiv $a^{n+1} = a^n \cdot a$ für $n \in \mathbb{N}_0$; insbesondere $a^1 = a$. Ist $n \in \mathbb{Z}, n < 0$, so sei $a^n = (a^{-n})^{-1}$.

Wird die Verknüpfung der Gruppe als Addition geschrieben, so verwendet man statt der Potenzschreibweise die Bezeichnung $na, n \in \mathbb{Z}$; diese 'Vielfachen' werden analog definiert (mit $+$ statt $\cdot$ und $-a$ statt a^{-1}).

Aufgabe: Sei $(G, \cdot, e)$ eine Gruppe und $a \in G$. Zeigen Sie bitte, dass $a^z = (a^{-1})^{-z} = (a^{-z})^{-1}$ und $a^z \cdot a^{z'} = a^{z+z'}$ für alle $z, z' \in \mathbb{Z}$ gilt.

Satz 4.12. *Sei $(G, \cdot, e)$ eine Gruppe und A eine nicht-leere Teilmenge von G. Dann ist $\langle A \rangle = \{a_1^{k_1} a_2^{k_2} \ldots a_n^{k_n} : a_j \in A, n \in \mathbb{N}, k_j \in \mathbb{Z}\}$ eine Untergruppe, die* **von A erzeugte Untergruppe.**

Bemerkung: Ist $A = \{a_1, \ldots, a_n\}$ so schreibt man häufig $\langle a_1, \ldots, a_n \rangle$ statt $\langle A \rangle$ und sagt auch, dass A von $a_1, \ldots, a_n$ erzeugt wird. Für jede nicht-leere Teilmenge von G ist $\langle A \rangle$ die kleinste Untergruppe von G, die A enthält. Das bedeutet genauer: liegt A in einer Untergruppe U, so liegt auch $\langle A \rangle$ in U.

Die Konstruktion des Erzeugnisses kann man auch für Halbgruppen und Monoide durchführen. Die von einer nicht-leeren Teilmenge A einer Halbgruppe erzeugte Unterhalbgruppe erhält man wie in Satz 4.12, wobei die k_j nur natürliche Zahlen sind. Das gleiche gilt für Monoide, wobei hier noch das neutrale Element hinzugefügt werden muss.

Beweis: Ist $a \in A$, so ist $e = a \cdot a^{-1} \in \langle A \rangle$. Sind $a_1^{k_1} \cdots a_n^{k_n}, \tilde{a}_1^{l_1} \cdots \tilde{a}_m^{l_m} \in \langle A \rangle$, so ist auch $a_1^{k_1} \cdots a_n^{k_n} \cdot \tilde{a}_1^{l_1} \cdots \tilde{a}_m^{l_m} \in \langle A \rangle$ und $(a_1^{k_1} \cdots a_n^{k_n})^{-1} = a_n^{-k_n} \cdots a_1^{-k_1} \in \langle A \rangle$ (vgl. obige Aufgabe und Aufgabe 2, S. 96). Das Assoziativgesetz gilt in G, also auch in $\langle A \rangle$. Damit folgt die Behauptung.   □

Aufgaben:

1. Beweisen Sie bitte die Aussage in obiger Bemerkung, dass $\langle A \rangle$ die kleinste Untergruppe ist, die A enthält.
2. Zeigen Sie bitte, dass $S_3 = \left\langle \left(\begin{smallmatrix} 1 & 2 & 3 \\ 2 & 1 & 3 \end{smallmatrix} \right), \left(\begin{smallmatrix} 1 & 2 & 3 \\ 3 & 2 & 1 \end{smallmatrix} \right) \right\rangle$.

4.1.4 Die Gruppenordnung und der Satz von Lagrange

Die Gruppenordnung einer endlichen Gruppe G ist einfach die Anzahl der Elemente von G. Das Hauptergebnis dieses Abschnitts besagt: Ist die Gruppe G endlich, so ist die Ordnung jeder Untergruppe ein Teiler der Ordnung der Gruppe.

Definition 4.13. *Sei G eine Gruppe.*
*a) Ist G eine unendliche Menge, so sagt man, die **Ordnung von G ist unendlich**. Ist G endlich, so heißt die Anzahl der Elemente $|G|$ von G die **Ordnung von G**.*
*b) Die **Ordnung** $o(a)$ eines Elementes $a \in G$ ist die Ordnung der von a erzeugten Gruppe $\langle a \rangle$.*

Zum Beweis unseres Hauptergebnisses benötigen wir das folgende Lemma.

Lemma 4.14. *Sei G eine Gruppe und U eine Untergruppe von G.*
a) $R = \{(x, y) \in G \times G : y^{-1}x \in U\}$ ist eine Äquivalenzrelation. Wir schreiben $x \sim_U y$ für $(x, y) \in R$.
b) Sei $x \in G$. Dann ist die Äquivalenzklasse $\{y : y \sim_U x\} = xU = \{xz : z \in U\}$.

Die Äquivalenzklassen xU werden auch **Linksnebenklassen von** U in G genannt.

Beweis: a) (i) $x \sim_U x$ weil $x^{-1}x = e \in U$.
(ii) Ist $y^{-1}x = z \in U$, so auch $z^{-1} = x^{-1}y$, weil U eine Gruppe ist. Also ist $\sim_U$ symmetrisch.
(iii) Mit $y^{-1}x$ und $z^{-1}y$ ist auch $z^{-1}x = z^{-1}yy^{-1}x$ in U, also ist $\sim_U$ transitiv.
b) Es ist $(y, x) \in R$ genau dann, wenn $x^{-1}y \in U$, das heißt $y \in xU$ gilt. $\qquad\square$

Das eingangs beschriebene Ergebnis lautet nun präzise.

Satz 4.15. (Satz von Lagrange[2]) *Sei G eine endliche Gruppe und U eine Untergruppe. Dann ist die Ordnung $|U|$ von U ein Teiler der Ordnung $|G|$ von G. Die Anzahl der Linksnebenklassen von U in G ist gerade $q = \dfrac{|G|}{|U|}$.*

Beweis: Sei $x \in G$. Die Abbildung $L_x : y \mapsto xy$ von G nach G ist injektiv (ist $xy_1 = xy_2$, so $y_1 = x^{-1}(xy_1) = x^{-1}(xy_2) = y_2$) und surjektiv (ist $z \in G$, so $L_x(x^{-1}z) = z$), also bijektiv. Sie bildet U auf xU ab. Also gilt $|xU| = |U|$. Da G endlich ist, gibt es nur endlich viele verschiedene Äquivalenzklassen $x_1U, \ldots, x_qU$. Damit ist $G = \biguplus_{k=1}^{q} x_kU$, also $|G| = \sum_{k=1}^{q} |x_kU| = q|U|$. $\qquad\square$

Aufgabe: S_3, die Gruppe aller Permutationen von $\{1, 2, 3\}$, hat die Ordnung 6. Bestimmen Sie bitte alle Untergruppen von S_3. *Tipp:* Es sind insgesamt sechs. Der Satz von Lagrange hilft, die Suche zu reduzieren.

4.1.5 Faktorgruppen und Homomorphismen

Ist $(G, \cdot, e)$ eine Gruppe und $\sim$ eine Kongruenzrelation auf G, so ist das Faktormonoid $G/\sim$ eine Gruppe. Für $x \in G$ ist nämlich $[x^{-1}][x] = [e] = [x][x^{-1}]$, d. h. $[x]^{-1} = [x^{-1}]$.

In Gruppen lassen sich sämtliche Kongruenzrelationen in einfacher Weise beschreiben. Wir werden dies im Folgenden nur für kommutative Gruppen durchführen. Hier sind die Verhältnisse besonders einfach; außerdem werden wir es in späteren

---

[2] Joseph-Louis Lagrange, 1736–1813, Professor für Mathematik in Turin und Paris, Direktor der Berliner Akademie.

Anwendungen auch stets nur mit Faktorgruppen von kommutativen Gruppen zu tun haben.

Satz 4.16. *Sei $(G, \cdot, e)$ eine kommutative Gruppe.*
a) Ist U eine Untergruppe von G, so ist die in 4.14 eingeführte Relation $\sim_U$ ($x \sim_U y$ genau dann, wenn $y^{-1}x \in U$) eine Kongruenzrelation auf G.
b) Ist $\sim$ eine Kongruenzrelation auf G, so ist $U = \{y^{-1}x : x, y \in G, x \sim y\}$ eine Untergruppe von G und $\sim = \sim_U$.

Beweis: a) Nach Lemma 4.14 ist $\sim_U$ eine Äquivalenzrelation. Ist $x \sim_U y$ und $x' \sim_U y'$, d. h. $y^{-1}x \in U$ und $y'^{-1}x' \in U$, so ist $(yy')^{-1}(xx') = y'^{-1}y^{-1}xx' = (y'^{-1}x')(y^{-1}x) \in U$, da G kommutativ und U eine Untergruppe ist. Also ist $xx' \sim_U yy'$.

b) Ist $x \in G$, so ist $x \sim x$, also $e = x^{-1}x \in U$. Ist $u \in U, u = y^{-1}x$ mit $x \sim y$, so ist $y \sim x$, also $u^{-1} = (y^{-1}x)^{-1} = x^{-1}y \in U$. Ist u' ein weiteres Element aus U, $u' = y'^{-1}x'$ mit $x' \sim y'$, so ist $uu' = (y^{-1}x)(y'^{-1}x') = (yy')^{-1}(xx') \in U$, denn $xx' \sim yy'$, da $\sim$ eine Kongruenzrelation ist. Also ist U eine Untergruppe von G.
Ist $x \sim y$, so ist $x \sim_U y$ nach Definition von U. Sei umgekehrt $x \sim_U y$, d. h. $y^{-1}x \in U$. Dann existieren $v, w \in G$ mit $v \sim w$ und $y^{-1}x = w^{-1}v$. Da $\sim$ eine Kongruenzrelation ist, folgt aus $v \sim w$ und $w \sim w^{-1}$, dass $y^{-1}x = w^{-1}v \sim w^{-1}w = 1$, also $x = y(y^{-1}x) \sim y \cdot 1 = y$. Damit ist $\sim = \sim_U$ gezeigt. $\qquad\square$

Aufgrund von Satz 4.16 sind in einer kommutativen Gruppe die Kongruenzrelationen genau die $\sim_U$ für die Untergruppen U von G. Anstelle von $G/\sim_U$ schreibt man G/U und nennt dies die **Faktorgruppe von G nach U**. Ihre Elemente sind Linksnebenklassen xU, wobei diese wegen der Kommutativität von G mit den Rechtsnebenklassen $Ux = \{ux : u \in U\}$ übereinstimmen. Die Multiplikation in G/U ist gegeben durch $(xU) \cdot (yU) = xyU$. Im trivialen Fall $U = \{e\}$ ist $G/U \cong G$. Wird die Verknüpfung in G als Addition geschrieben, so werden die Nebenklassen mit $x + U (= U + x)$ bezeichnet und man schreibt auch die Verknüpfung in G/U additiv.

Bemerkung: In nicht-kommutativen Gruppen gilt Satz 4.16 im Allgemeinen nicht. Man kann zeigen, dass in jeder beliebigen Gruppe G die Kongruenzrelationen genau die $\sim_U$ sind, wenn U ein sog. Normalteiler von G ist. Normalteiler sind spezielle Typen von Untergruppen, die dadurch definiert sind, dass für jedes $x \in G$ die Linksnebenklasse xU mit der Rechtsnebenklasse Ux übereinstimmt. In kommutativen Gruppen ist jede Untergruppe Normalteiler (daher die Gültigkeit von 4.16), in nicht-kommutativen Gruppen ist dies aber in der Regel nicht der Fall.

Beispiel: Sei n eine natürliche Zahl. In der Gruppe $(\mathbb{Z}, +, 0)$ betrachten wir die Kongruenzrelation modulo n aus Satz 3.4, d. h. $x \equiv y \pmod{n}$ genau dann, wenn $x - y$ durch n teilbar ist. Nach Satz 3.4 und Satz 3.6 ist dies tatsächlich eine Kongruenzrelation auf $\mathbb{Z}$. Die zugehörige Untergruppe ist nach Satz 4.16 $\{x - y : x, y \in \mathbb{Z}, x \equiv y \pmod{n}\} = \{nk : k \in \mathbb{Z}\} = n\mathbb{Z}$ (man beachte die additive Schreibweise!). Also ist die zugehörige Faktorgruppe $\mathbb{Z}/n\mathbb{Z}$. Ihre Elemente sind die Nebenklassen $x + n\mathbb{Z}$; die Addition auf $\mathbb{Z}/n\mathbb{Z}$ ist gegeben durch $(x + n\mathbb{Z}) + (y + n\mathbb{Z}) = (x + y) + n\mathbb{Z}$.

Der Zusammenhang zwischen Faktorhalbgruppen und homomorphen Bildern von Halbgruppen aus Satz 4.7 gilt auch bei der Einschränkung auf (kommutative) Gruppen. Wir vermerken zunächst:

Lemma 4.17. *Seien $(H, \cdot, e)$ und $(K, \cdot, e')$ Gruppen, $\varphi : H \to K$ ein Homomorphismus.*

a) $\varphi(e) = e'$

b) $\varphi(x^{-1}) = (\varphi(x))^{-1}$

c) $\varphi(H)$ ist Untergruppe von K.

*d) Sei der **Kern** von φ definiert durch $\ker(\varphi) = \{x \in H : \varphi(x) = e'\}$. Dann ist $\ker(\varphi)$ eine Untergruppe von H.*

e) $\varphi(x) = \varphi(y)$ genau dann, wenn $y^{-1}x \in \ker(\varphi)$. Insbesondere: φ ist injektiv genau dann, wenn $\ker(\varphi) = \{e\}$.

Beweis: a) $\varphi(e) = \varphi(ee) = \varphi(e)\varphi(e)$. Multipliziert man diese Gleichung mit $\varphi(e)^{-1}$, so erhält man $\varphi(e) = e'$.

b) $e' = \varphi(e) = \varphi(xx^{-1}) = \varphi(x)\varphi(x^{-1})$ und analog $e' = \varphi(x^{-1})\varphi(x)$. Also ist $\varphi(x^{-1})$ das eindeutig bestimmte Inverse zu $\varphi(x)$.

c) bzw. d) Die Behauptungen folgen mit a) und b) und der Homomorphie-Eigenschaft von φ.

e) $\varphi(x) = \varphi(y)$, genau dann, wenn $\varphi(y^{-1}x) = \varphi(y^{-1})\varphi(x) = \varphi(y)^{-1}\varphi(x) = e'$, d. h. $y^{-1}x \in \ker(\varphi)$.   □

Aufgabe: Beweisen Sie bitte 4.17 c), d) und die letzte Aussage in e).

Satz 4.18. *Sei $(H, \cdot, e)$ eine kommutative Gruppe.*

*a) (**Homomorphiesatz**) Sei $(K, \cdot, e')$ eine kommutative Gruppe und $\varphi : H \to K$ ein surjektiver Homomorphismus. Dann ist $H/\ker(\varphi) \cong K$ und die Isomorphie wird gegeben durch $\tilde{\varphi} : H/\ker(\varphi) \to K, x\ker(\varphi) \mapsto \varphi(x)$.*

*b) Ist U eine Untergruppe von H, so ist $\psi : H \to H/U$, $x \mapsto xU$ ein surjektiver Homomorphismus mit $\ker(\psi) = U$. Er heißt der **kanonische Homomorphismus** von H auf H/U.*

Beweis: a) Nach 4.7a) ist $H/\sim_\varphi \cong K$, wobei $x \sim_\varphi y$ genau dann, wenn $\varphi(x) = \varphi(y)$. Die Isomorphie wird gegeben durch $\tilde{\varphi} : H/\sim_\varphi \to K, [x] \mapsto \varphi(x)$.

Wir haben also zu zeigen, dass $\sim_\varphi = \sim_{\ker(\varphi)}$ (vgl. 4.16). Die folgt aber direkt aus Lemma 4.17 e).

b) Dass ψ ein Homomorphismus ist, folgt aus der Definition der Multiplikation auf H/U. Es ist $x \in \ker(\psi)$ genau dann, wenn $xU = eU = U$, d. h. $x \in U$. Also ist $\ker(\psi) = U$.   □

Bemerkung: Anknüpfend an die Bemerkung im Anschluss an Satz 4.16 vermerken wir, dass Satz 4.18 in beliebigen Gruppen gilt, wenn man in Teil b) voraussetzt, dass U ein Normalteiler von H ist. Der Kern eines Homomorphismus ist stets ein Normalteiler; daher gilt Teil a).

Beispiel: Sei $n \in \mathbb{N}$ und $(\mathbb{Z}_n, \oplus, 0)$ die Gruppe aus Beispiel 3, Seite 96. Wir definieren $\varphi : (\mathbb{Z}, +, 0) \rightarrow (\mathbb{Z}_n, \oplus, 0)$ durch $\varphi(x) = x \bmod n$. Nach Korollar 3.7 ist φ ein Homomorphismus. Offensichtlich ist φ surjektiv. Es ist $\varphi(x) = x \bmod n = 0$ genau dann, wenn $x \in n\mathbb{Z} = \{nk : k \in \mathbb{Z}\}$. Also ist $\ker(\varphi) = n\mathbb{Z}$. Nach Satz 4.18 a) ist dann $\mathbb{Z}/n\mathbb{Z} \cong \mathbb{Z}_n$ und der Isomorphismus wird gegeben durch $x + n\mathbb{Z} \mapsto x \bmod n$. Jeder Nebenklasse wird also ihr Repräsentant aus $\mathbb{Z}_n$ zugeordnet.

Aufgabe: Zeigen Sie bitte, dass $U = \{\frac{x}{y} | x \neq y, x, y \in \mathbb{Z}, x, y \text{ ungerade}\}$ eine Untergruppe von $(\mathbb{Q}^* = \mathbb{Q} \setminus \{0\}, \cdot, 1)$ ist. Zeigen Sie ferner, dass $\mathbb{Q}^*/U = \{2^k U : k \in \mathbb{Z}\}$ und $\mathbb{Q}^*/U \cong (\mathbb{Z}, +, 0)$.

4.1.6 Zyklische Gruppen

Die einfachsten Gruppen sind die, die von einem Element erzeugt werden.

Definition 4.19. *Eine Gruppe G heißt* **zyklisch**, *wenn es ein $a \in G$ mit $\langle a \rangle = G$ gibt. Das Element heißt dann* **erzeugendes Element** *von G.*

Sei G eine Gruppe und $a \in G$. Die von a erzeugte zyklische Untergruppe ist nach Satz 4.12 $\langle a \rangle = \{a^k : k \in \mathbb{Z}\}$. Man beachte, dass nicht alle a^k verschieden sein müssen (siehe das folgende Beispiel 3). Aus $\langle a \rangle = \{a^k : k \in \mathbb{Z}\}$ folgt, dass zyklische Gruppen kommutativ sind. Wird die Gruppe additiv geschrieben, so ist $\langle a \rangle = \{ka : k \in \mathbb{Z}\}$.

Beispiele:

1. $(\mathbb{Z}, +)$ ist eine zyklische Gruppe. Sie wird sowohl von 1 als auch von -1 erzeugt.
2. Sei $n \in \mathbb{Z}$. Dann ist $n\mathbb{Z} = \{nk : k \in \mathbb{Z}\}$ die von n erzeugte zyklische Untergruppe von $(\mathbb{Z}, +)$. Für $n \neq 0$ ist $(\mathbb{Z}, +) \cong (n\mathbb{Z}, +)$ vermöge $k \mapsto nk$ $(k \in \mathbb{Z})$.
3. Sei $n \in \mathbb{Z}, n \neq 0$. Die Faktorgruppen $(\mathbb{Z}/n\mathbb{Z}, +)$ sind zyklisch von der Ordnung n; sie werden z. B. erzeugt von $\langle 1 + n\mathbb{Z} \rangle$. Es ist $k(1 + n\mathbb{Z}) = (n + k)(1 + n\mathbb{Z})$ für alle $k \in \mathbb{Z}$. Wegen $(\mathbb{Z}/n\mathbb{Z}, +) \cong (\mathbb{Z}_n, \oplus)$ sind alle $\mathbb{Z}_n = \{0, \ldots, n-1\}$ zyklisch. Für $n \geq 2$ werden sie von 1 erzeugt (und für $n = 1$ von $1 \bmod 1 = 0$).

Satz 4.20. *Faktorgruppen (also auch homomorphe Bilder) und Untergruppen zyklischer Gruppen sind zyklisch.*

Beweis: Ist $G = \langle a \rangle, U$ eine Untergruppe von G, so ist $G/U = \langle aU \rangle$ zyklisch. Die Behauptung über homomorphe Bilder von G folgt aus Satz 4.18 a). Wir haben noch zu zeigen, dass U zyklisch ist und können dazu o.B.d.A. $U \neq \{e\}$ annehmen. Dann enthält U ein Element $a^i \neq e$. Wegen $a^{-i} = (a^i)^{-1} \in U$ ist folglich die Menge $\{m \in \mathbb{N} : a^m \neq e, a^m \in U\}$ nicht leer. Nach dem Induktionsaxiom (Seite 39) existiert daher ein kleinstes n in dieser Menge. Dann ist $\langle a^n \rangle \subseteq U$. Sei $x \in U$. Es ist $x = a^k$ für ein $k \in \mathbb{Z}$. Division mit Rest liefert $k = q \cdot n + r, \ 0 \leq r < n$. Es folgt $a^r = a^{k-qn} = a^k \cdot (a^n)^{-q} \in U$. Nach Wahl von n ist daher $r = 0$, d. h. $x = a^k = (a^n)^q \in \langle a^n \rangle$. Folglich ist $U = \langle a^n \rangle$ zyklisch. $\square$

Mit Hilfe des vorstehenden Satzes können wir alle Untergruppen der zyklischen Gruppe $(\mathbb{Z}, +)$ bestimmen.

Korollar 4.21. *Die verschiedenen Untergruppen von $(\mathbb{Z}, +)$ sind genau die $(n\mathbb{Z}, +)$ mit $n \in \mathbb{N}_0$.*

Beweis: $(\mathbb{Z}, +) = \langle 1 \rangle$ ist zyklisch. Sei U eine Untergruppe von $(\mathbb{Z}, +)$. Nach Satz 4.20 ist $U = \langle n \rangle = n\mathbb{Z}$ für ein $n \in \mathbb{Z}$. Wegen $\langle n \rangle = \langle -n \rangle$ folgt die Behauptung. □

Wir werden in Kürze sehen, dass $\mathbb{Z}$ bis auf Isomorphie die einzige unendliche zyklische Gruppe ist. Um einen Überblick über alle zyklischen Gruppen zu erhalten, benötigen wir den folgenden Satz, dessen Beweis – wie schon der von Satz 4.20 – im Wesentlichen auf der Division mit Rest in $\mathbb{Z}$ beruht. Wir erinnern daran, dass die Ordnung $o(a)$ eines Gruppenelementes a gleich der Ordnung der zyklischen Gruppe $\langle a \rangle$ ist.

Satz 4.22. *Sei $(G, \cdot, e)$ eine Gruppe, $a \in G$.*
a) Ist $o(a)$ unendlich, so ist $\langle a \rangle = \{a^k : k \in \mathbb{Z}\}$, wobei $a^i \neq a^j$ für $i \neq j$.
b) Ist $o(a)$ endlich, so ist $o(a)$ die kleinste natürliche Zahl n mit $a^n = e$. Dann ist $\langle a \rangle = \{e = a^0, \ldots, a^{n-1}\}$ und es ist $a^l = e$ genau dann, wenn n ein Teiler von l ist.
c) Ist G endlich, so ist $a^{|G|} = e$.

Beweis: a) und b) Es ist $\langle a \rangle = \{a^k : k \in \mathbb{Z}\}$. Angenommen es existieren $i < j$ mit $a^i = a^j$ (dies ist sicher dann der Fall, wenn $o(a)$ endlich ist). Dann ist $a^{j-i} = e$. Folglich ist die Menge $\{m \in \mathbb{N} : a^m = e\}$ nicht leer und enthält damit nach dem Induktionsaxiom (Seite 39) ein kleinstes Element n. Die Elemente a^i, $i = 0, \ldots, n-1$, sind dann paarweise verschieden. Sei $k \in \mathbb{Z}$, $k = q \cdot n + r$, $0 \leq r < n$ (Division mit Rest). Dann ist $a^k = (a^n)^q \cdot a^r = a^r$. Also ist $\langle a \rangle = \{a^0, \ldots, a^{n-1}\}$. Es bleibt noch die letzte Behauptung in b) zu zeigen. Sei $a^l = e$. Wir führen wieder Division mit Rest durch: $l = q' \cdot n + r'$, $0 \leq r' < n$. Es folgt $a^{r'} = a^{l-q'n} = a^l \cdot (a^n)^{-q'} = e$. Wegen $r' < n$ folgt aus der Wahl von n, dass $r' = 0$; also ist n ein Teiler von l. Dass $a^m = e$ für alle Vielfachen m von n gilt, ist klar. Damit sind a) und b) bewiesen.
c) folgt direkt aus b) und dem Satz von Lagrange (Satz 4.15). □

Satz 4.23. *Sei $G = \langle a \rangle$ eine zyklische Gruppe. Ist G unendlich, so ist G isomorph zu $(\mathbb{Z}, +)$. Ist G endlich, $|G| = n$, so ist G isomorph zu $(\mathbb{Z}/n\mathbb{Z}, +)$, also auch zu $(\mathbb{Z}_n, \oplus)$. Ein Isomorphismus von $\mathbb{Z}$ bzw. $\mathbb{Z}_n$ auf G wird gegeben durch $k \mapsto a^k$.*

Beweis: Die Abbildung $\varphi : (\mathbb{Z}, +) \to G, k \mapsto a^k$ ist ein surjektiver Homomorphismus. Ist G unendlich, so ist φ nach Satz 4.22 a) injektiv, also ein Isomorphismus. Ist $|G| = n \in \mathbb{N}$, so ist $\ker(\varphi) = \{nk : k \in \mathbb{Z}\} = n\mathbb{Z}$ nach der letzten Aussage von Satz 4.22 b). Mit Satz 4.18 a) folgt dann $\mathbb{Z}/n\mathbb{Z} \cong G$. Die abschließenden Aussagen des Satzes folgen aus dem Beispiel auf Seite 101. □

Korollar 4.24. *Sei $G = \langle a \rangle$ eine endliche zyklische Gruppe, $|G| > 1$. Dann sind die erzeugenden Elemente von G genau diejenigen a^k mit $1 \leq k \leq o(a) - 1$ und $\mathrm{ggT}(k, o(a)) = 1$.*

Beweis: Sei $o(a) = n$. Nach Satz 4.23 ist $(\mathbb{Z}_n, +)$ isomorph zu G, wobei der Isomorphismus durch $k \mapsto a^k$ gegeben ist. Wir brauchen also nur die erzeugenden Elemente von $(\mathbb{Z}_n, +)$ zu bestimmen. Ein solches ist 1. Sei $s \in \mathbb{Z}_n$ ein erzeugendes Element. Dann liegt 1 in $\langle s \rangle$. Es gibt also ein $l \in \mathbb{Z}$ mit $sl \equiv 1 \pmod n$. Nach Korollar 3.13 folgt $\mathrm{ggT}(s, n) = 1$. Sei umgekehrt $\mathrm{ggT}(s, n) = 1$ und $1 \leq s \leq n$. Nach dem zitierten Korollar gibt es dann ein $l \in \mathbb{Z}$ mit $sl \equiv 1 \pmod n$. Nach Korollar 3.7 ist $sl \bmod n = 1$, also ist $1 \in \langle s \rangle$ und damit $\mathbb{Z}_n = \langle 1 \rangle \leq \langle s \rangle \leq \mathbb{Z}_n$. $\qquad\square$

Aufgabe: Zeigen Sie bitte: Sei p eine Primzahl. Ist G eine Gruppe der Ordnung p, so ist G isomorph zu $\mathbb{Z}_p$. *Tipp:* Sei $a \neq e$ in G beliebig. Was ist $o(a)$? (Siehe Satz von Lagrange).

4.1.7 Direktes Produkt von Monoiden und Gruppen

Satz 4.25. *Seien $H_1, \cdots, H_n$ Monoide bzw. Gruppen. Dann ist $H_1 \times \cdots \times H_n$ mit der Verknüpfung komponentenweise, also $(x_1, \cdots, x_n)(y_1, \cdots, y_n) = (x_1 y_1, \cdots, x_n y_n)$, ein Monoid bzw. eine Gruppe, das **direkte Produkt**.*

Beispiel: Speziell ist $\{0, 1\} \times \{0, 1\}$ mit der üblichen Addition modulo 2 in jeder Komponente eine solche Gruppe. Es ist die kleinste Gruppe, die nicht zyklisch ist.

Aufgabe: Beweisen sie bitte, dass das direkte Produkt kommutativer Gruppen wieder kommutativ ist.

Bemerkung: Man kann zeigen, dass jede endliche kommutative Gruppe ein direktes Produkt von zyklischen Gruppen ist. Da endliche zyklische Gruppen durch Satz 4.23 vollständig beschrieben sind, versteht man damit alle endlichen kommutativen Gruppen sehr gut.

Wir werden diesen sog. Hauptsatz über endliche kommutative Gruppen hier nicht beweisen. Das folgende Resultat zeigt, dass man sich beim Beweis dieses Satzes auf kommutative Gruppen beschränken kann, deren Ordnung eine Primzahlpotenz ist.

Satz 4.26. *Sei G eine endliche kommutative Gruppe, $|G| = mn$ mit $\mathrm{ggT}(m, n) = 1$. Dann ist $G \cong H \times K$, wobei $|H| = m$ und $|K| = n$.*

Beweis: Sei $H = \{g \in G : g^m = e\}$ und $K = \{g \in G : g^n = e\}$. Da G kommutativ ist, sind H und K Gruppen. Es ist $H \cap K = \{e\}$. Denn ist $g \in H \cap K$, so teilt die Ordnung $o(g)$ nach Satz 4.22 sowohl m als auch n, also auch $\mathrm{ggT}(m, n) = 1$. Sei $\varphi : H \times K \to G$, $(u, v) \to \varphi(u, v) = uv$. Da G kommutativ ist, ist φ ein Homomorphismus.

Behauptung: φ ist injektiv. *Beweis:* Ist $(u, v) \in \ker(\varphi)$, also $u \in H$, $v \in K$ und $uv = e$, so ist $u = v^{-1}$ in $H \cap K$, also $e = u = v$ und die Injektivität folgt aus Lemma 4.17 e) .

Behauptung: φ ist surjektiv. *Beweis:* Sei $g \in G$ beliebig. Nach Theorem 3.10 gibt es s, $t \in \mathbb{Z}$ mit $1 = \mathrm{ggT}(m, n) = sm + tn$, also $g = (g^n)^t \cdot (g^m)^s$. Wegen $e = (g^n)^m = (g^m)^n$ ist $g^n \in H$, $g^m \in K$ und $g = \varphi((g^n)^t, (g^m)^s)$. $\square$

Korollar 4.27. *Sei G eine endliche kommutative Gruppe und p eine Primzahl, die $|G|$ teilt. Dann existiert in G ein Element der Ordnung p.*

Beweis: Sei p^k die höchste Potenz von p, die $|G|$ teilt. Nach Voraussetzung ist $k \geq 1$. Nach Satz 4.26 besitzt G eine Untergruppe H der Ordnung p^k. Sei $1 \neq h \in H$. Aus dem Satz von Lagrange (Satz 4.15) folgt $o(h) = p^l$, $l \leq k$. Dann ist $g = h^{p^{l-1}} \neq 1$ nach Satz 4.22(b) und $g^p = 1$. Wiederum nach Satz 4.22(b) ist $o(g) = p$. $\square$

Satz 4.28. *Sei $(M, \cdot, e)$ ein Monoid oder eine Gruppe und $X \neq \emptyset$ eine Menge. Sei M^X die Menge aller Abbildungen von X nach M und für $\rho, \psi \in M^X$ sei*

$$\rho \cdot \psi : x \mapsto (\rho \cdot \psi)(x) := \rho(x)\psi(x)$$

die durch "punktweise Multiplikation" definierte Abbildung. Sei $\gamma_e : x \mapsto \gamma_e(x) = e$ die konstante Funktion, die jedem x die Eins e zuordnet. Dann ist $\left(M^X, \cdot, \gamma_e\right)$ ein Monoid bzw. eine Gruppe (wenn $(M, \cdot, e)$ eine Gruppe ist).

Aufgabe: Beweisen Sie bitte diesen Satz. Ist M eine Gruppe, so ist das Inverse zu $\psi \in M^X$ die Funktion $\psi^{(-1)} : x \mapsto \psi^{(-1)}(x) = (\psi(x))^{-1}$ (das Inverse in M).

Korollar 4.29. *Für $\xi \in M$ sei γ_ξ die konstante Abbildung $\gamma_\xi(y) = \xi$ für alle $y \in H$. Die Abbildung γ, die jedem $\xi \in M$ die konstante Abbildung γ_ξ von X in M zuordnet, ist ein injektiver Homomorphismus von M in M^X. Man kann M also mit einem Untermonoid (bzw. einer Untergruppe) von M^X identifizieren.*

Aufgabe: Beweisen Sie bitte das Korollar.

Beispiele:

1. Die Gruppe sei $(\mathbb{R}, +, 0)$ und $X = \{1, \cdots, n\}$. Dann ist $(\mathbb{R}^X, +, \gamma_0)$ isomorph zu $\underbrace{\mathbb{R} \times \cdots \times \mathbb{R}}_{n\text{ mal}}$. Die Addition geschieht komponentenweise. Der Isomorphismus ordnet jedem $\psi \in \mathbb{R}^X$ das n-Tupel $(\psi(1), \cdots, \psi(n)) \in \mathbb{R}^n$ zu. Dies Beispiel lässt sich mühelos auf beliebige Monoide verallgemeinern. Es ist $M^X \cong M^n$.

2. Sei die Gruppe wieder $(\mathbb{R}, +, 0)$ und $X = \mathbb{N}$. Dann erhält man die Gruppe aller reell-wertigen Folgen (siehe Kapitel 5.3).

3. Die Gruppe sei $\mathbb{Z}_2$ und $X = \{1, \ldots, n\}$. Für $n = 8$ erhält man die Gruppe $(\mathbb{Z}_2)^8$ der Bytes.

4. Sei $(M, \cdot, e)$ ein beliebiges Monoid mit mehr als einem Element und X eine unendliche Menge. Für $\psi \in M^X$ sei $\mathrm{supp}(\psi) = \{x \in X : \psi(x) \neq e\}$ der **Träger** von ψ. Ist diese Menge endlich, so sagt man, ψ hat endlichen Träger. Sei $M^{(X)}$ die Menge aller Funktionen mit endlichem Träger. $(M^{(X)}, \cdot, \psi_e)$ ist ein Untermonoid von M^X und im Fall, dass M eine Gruppe ist, ist $M^{(X)}$ eine Untergruppe von M^X.

Wiederholung

Begriffe: Halbgruppe, Monoid, Gruppe, kommutative Gruppe, Homomorphismus, Isomorphismus, symmetrische Gruppe, Unterhalbgruppe, Faktorhalbgruppe, Untergruppe, Faktorgruppe, von einer Menge erzeugte Unter(Halb-)Gruppe, Ordnung einer Gruppe, Ordnung eines Elementes einer Gruppe, zyklische Gruppe, direktes Produkt.

Sätze: Satz von Lagrange, Homomorphiesatz, Charakterisierung von Faktorgruppen kommutativer Gruppen, Charakterisierung zyklischer Gruppen, Zerlegung endlicher kommutativer Gruppen in direkte Produkte, Monoide und Gruppen von Abbildungen in ein Monoid bzw. eine Gruppe.

4.2 Ringe und Körper

Motivation und Überblick

Ringe und Körper sind die fundamentalen Strukturen mit zwei Verknüpfungen. Neben $\mathbb{Z}$ sind vor allem Polynomringe wichtige Beispiele. Von besonderer Bedeutung ist die Bildung von Faktorringen. Zum einen kann man damit – wie schon bei Halbgruppen und Gruppen – die homomorphen Bilder eines Ringes (bis auf Isomorphie) vollständig beschreiben. Zum anderen kann man mit ihnen wichtige Körper konstruieren, das sind Ringe, in denen man im Wesentlichen rechnen kann wie mit rationalen Zahlen. Das Modulo-Rechnen aus Kapitel 3.1 führt über den Begriff des Faktorringes zu den klassischen Ringen $\mathbb{Z}_n$, zu denen auch der Körper $\mathbb{K}_2 (= \mathbb{Z}_2)$ der Bits gehört. Faktorringe von Polynomringen erleichtern z. B. die Beschreibung und Untersuchung sogenannter zyklischer Codes.

4.2.1 Grundbegriffe

In $\mathbb{Z}, \mathbb{Q}$ und $\mathbb{R}$ kann man nicht nur addieren, sondern auch multiplizieren. Das Gleiche gilt nach dem vorigen Abschnitt dann auch für $\mathbb{Z}^M$, $\mathbb{Q}^M$ und $\mathbb{R}^M$, wo M eine beliebige Menge ($\neq \emptyset$) ist. Wir erklären nun allgemein solche Strukturen:

Definition 4.30. *Sei R eine Menge, auf der zwei Verknüpfungen $+$ (Addition) und $\cdot$ (Multiplikation) definiert sind, so dass gilt:*
(i) $(R, +, 0)$ ist eine kommmutative Gruppe.
(ii) $(R, \cdot)$ ist eine Halbgruppe.
(iii) Es gilt für alle $x, y, z \in R$

$$x(y+z) = xy + xz \quad und \quad (x+y)z = xz + yz \qquad \textbf{(Distributivgesetze)}.$$

Dann heißt $(R, +, \cdot)$ ein **Ring**.

Bezeichnungen:

- Statt $(R, +, \cdot)$ schreiben wir häufig einfach R.
- Das neutrale Element der Addition wird stets mit 0 bezeichnet und ist durch $x + 0 = x$ (für alle x) charakterisiert.
- Das zu x bezüglich der Addition inverse Element wird mit $-x$ bezeichnet. Statt $x + (-y)$ schreibt man wie üblich $x - y$.

Wir notieren die in allen Ringen gültigen Formeln:

Satz 4.31. *Sei R ein Ring. Dann gilt stets $0x = x0 = 0$ und $(-x)y = -(xy) = x(-y)$.*

Beweis: Es ist $0x = (0+0)x = 0x + 0x$. Addition des additiven Inversen von $0x$ auf beiden Seiten der Gleichung liefert $0 = 0x$. Analog beweist man $0 = x0$.
Es ist $0 = (x + (-x))y = xy + (-x)y$. Daher ist $(-x)y$ das additive Inverse zu xy, also folgt die erste der Gleichungen mit dem Vorzeichen. Die zweite zeigt man ganz ähnlich. $\square$

Wir spezialisieren unsere Definition ein wenig:

Definition 4.32. *a) Der Ring R heißt* **Ring mit Eins**, *wenn $(R, \cdot)$ ein Monoid ist, dessen Einselement ungleich dem Nullelement 0 ist. Das Einselement heißt dann die Eins des Ringes und wird mit 1 bezeichnet.*
Besitzt x bezüglich der Multiplikation ein Inverses x^{-1}, so heißt x **Einheit**. *Die Menge der Einheiten wird mit R^* bezeichnet.*
b) Der Ring $(R, +, \cdot)$ heißt **kommutativ**, *wenn die Multiplikation (auch) kommutativ ist.*

Bemerkungen:

1. Die Bedingung $1 \neq 0$ in Teil a) der Definition schließt nur den trivialen Ring $\{0\}$ als Ring mit Eins aus. Dies ist für die Formulierung späterer Sätze zweckmäßig. In einem Ring R mit Eins ist dann auch 0 nie eine Einheit, denn $0y = 0 \neq 1$ für alle $y \in R$.

2. In jedem Ring R mit Eins sind 1 und -1 Einheiten (wobei $1 = -1$ gelten kann; siehe Beispiel 2 unten).
3. $(\mathbb{Z}, +, \cdot)$ ist ein kommutativer Ring mit Eins, ebenso wie $(\mathbb{R}, +, \cdot)$. In $\mathbb{Z}$ sind die Einheiten gerade 1 und -1. In $\mathbb{R}$ ist $\mathbb{R}^* = \mathbb{R} \setminus \{0\}$.

Satz 4.33. *Sei R ein Ring mit Eins. Die Menge R^* der Einheiten ist eine Gruppe bezüglich der Multiplikation in R.*

Aufgabe: Beweisen Sie bitte diesen Satz.

Im Folgenden werden wir uns hauptsächlich mit kommutativen Ringen beschäftigen. In Kapitel 10 studieren wir den wichtigsten nichtkommutativen Ring, den Ring der $n \times n$–Matrizen über einem Körper K.

Einen wichtigen Spezialfall kommutativer Ringe bilden die Körper.

Definition 4.34. *Ein kommutativer Ring mit Eins $(K, +, \cdot)$, in dem jedes Element $x \neq 0$ ein multiplikatives Inverses hat, heißt **Körper**.*

Die Bedingung bezüglich der Existenz des Inversen besagt, dass die Einheitengruppe gerade gleich $K \setminus \{0\}$, also maximal ist.

Beispiele:

1. $\mathbb{Q}$ und $\mathbb{R}$ sind Körper.
2. Auf $\{0, 1\}$ haben wir schon die Addition definiert (nämlich Addition modulo 2). Wir setzen $xy = \begin{cases} 1 & x = y = 1 \\ 0 & \text{sonst} \end{cases}$. Damit wird $(\{0, 1\}, +, \cdot)$ zum **Körper $\mathbb{K}_2$ der Bits**.
3. Sind $R_1, \ldots, R_n$ Ringe, so ist das direkte Produkt $R_1 \times R_2 \times \cdots \times R_n$ mit der Addition und Multiplikation komponentenweise (siehe Satz 4.25) wieder ein Ring. Er heißt **direktes Produkt** oder auch **direkte Summe** der Ringe $R_1, \ldots, R_n$ und wird auch mit $R_1 \oplus \cdots \oplus R_n$ bezeichnet. Sind alle R_i Ringe mit Eins, so ist auch $R_1 \times \cdots \times R_n$ ein Ring mit Eins, nämlich $(1, \ldots, 1)$. Spezialfälle sind $\mathbb{R}^n$ und $\mathbb{K}_2^n$.
4. Ist $(R, +, \cdot)$ ein Ring und $M \neq \emptyset$ eine Menge, so ist $(R^M, +, \cdot)$ ebenfalls ein Ring. Er ist ein Ring mit Eins, falls R dies ist. Spezialfälle sind $\mathbb{R}^M$ und $\mathbb{K}_2^M$.
5. Sei $n \in \mathbb{N}$, $n \geq 2$. Auf $\mathbb{Z}_n = \{0, 1, \ldots, n-1\}$ erklären wir die Addition durch $x \oplus y = (x + y) \bmod n$ und die Multiplikation durch $x \odot y = xy \bmod n$. Dass damit $\mathbb{Z}_n$ ein kommutativer Ring mit Eins wird, folgt mit Hilfe von Korollar 3.7. Für $n = 2$ erhält man $\mathbb{K}_2$.

Aufgaben:

1. Beweisen Sie bitte, dass $\mathbb{Z}_n$ (siehe Beispiel 5 oben) ein kommutativer Ring mit Eins ist.
2. Ist das direkte Produkt von Körpern wieder ein Körper?

In Ringen gelten bestimmte Rechenregeln, die ganz natürlich sind und sich aus den definierenden Eigenschaften (Axiomen) ableiten lassen.

Satz 4.35. *Sei R ein kommutativer Ring.*
a) Es gilt der Binominallehrsatz:

$$(a + b)^n = \sum_{k=0}^{n} \binom{n}{k} a^k b^{n-k},$$

wobei $x^0 y = y x^0 = y$ gesetzt ist.
b) Ist R ein Körper und ist $xy = 0$, so ist mindestens einer der Faktoren x oder y
gleich 0.

Beweis: a) Kopieren Sie den Beweis von Satz 2.28.
b) Sei $xy = 0$ und $x \neq 0$. Dann existiert das Inverse x^{-1} und die Multiplikation der Gleichung mit x^{-1} liefert $y = x^{-1} 0 = 0$. □

4.2.2 Polynomringe

In der Schule wurde schon das Rechnen mit Polynomen behandelt. Dort war ein Polynom eine **Funktion** der Gestalt $f(x) = a_0 + a_1 x + \cdots + a_n x^n$, wo $a_k \in \mathbb{R}$ fest gegebene Zahlen waren. Zum Beispiel war das Polynom $f(x) = x + x^2$ diejenige Funktion, die jeder reellen Zahl u die Zahl $f(u) = u + u^2$ zuordnete, so war etwa $f(5) = 30$.

Wir betrachten nun einmal das Polynom $f(x) = x + x^2$ nicht als Funktion auf $\mathbb{R}$, sondern als Funktion auf $\mathbb{K}_2$. Dann gilt $f(1) = 1 + 1^2 = 0 = f(0)$. Es handelt sich also um die konstante Funktion 0, etwas, das wir mit dem Ausdruck $x + x^2$ nicht ohne weiteres verbinden. Das gleiche gilt für das Polynom $g(x) = x + x^3$. Als Funktionen auf $\mathbb{K}_2$ sind f und g gleich, obwohl sie auf verschiedene Weisen beschrieben werden.

Wir werden Polynome daher nicht als Funktionen definieren, sondern als formale Ausdrücke $a_0 + a_1 x + \cdots + a_n x^n$, die durch ihre Koeffizienten a_i bestimmt sind. Für die Informatik ist dieser Zugang zu den Polynomen ohnehin natürlich, denn wir können auch Funktionen der Art $x \mapsto x + x^2$ im Computer nur als *Ausdrücke* (Datenstrukturen) repräsentieren, wenn wir sie als Gegenstände manipulieren wollen.

Es ist offensichtlich ausreichend, Polynome durch die Folge ihrer Koeffizienten zu beschreiben. Dies entspricht auch einer möglichen Darstellung von Polynomen im Computer als Arrays. Sie wird unter anderem in der Codierungstheorie und für die schnelle Multiplikation nach Schönhage–Strassen [25] benutzt.

Für unseren Zugang ist es nützlich, zunächst mit unendlich langen Arrays zu arbeiten, damit wir Polynome unabhängig von der Anzahl ihrer (von Null verschiedenen) Koeffizienten gleich behandeln können. Dabei lassen wir als Koeffizientenbereiche beliebige kommutative Ringe mit Eins zu.

Sei also R ein kommutativer Ring mit Eins. (Denken Sie im Folgenden an die Bei-spiele $R = \mathbb{R}$, $R = \mathbb{K}_2$ und $R = \mathbb{Z}$, und machen Sie sich die Konstruktionen jeweils hierfür klar.)

Wir schreiben Funktionen $a : \mathbb{N}_0 \to R$ als unendliche Folgen $a = (a_0, a_1, a_2, \ldots)$. Dabei ist also a_k der Funktionswert von a an der Stelle k. Für eine Funktion a sei $\mathrm{supp}(a) = \{k \in \mathbb{N}_0 : a_k \neq 0\}$ der **Träger**[3] **von** a (vergleiche Beispiel 4 auf S. 105). Mit $R^{(\mathbb{N}_0)}$ bezeichnen wir die Menge aller Funktionen $a \in R^{\mathbb{N}_0}$, deren Träger eine endliche Menge ist. Die Addition ist "koordinatenweise" definiert, also $(a+b)_k = a_k + b_k$. Sei $a \in R^{(\mathbb{N}_0)}$ beliebig. Ist $a = 0$ die Nullfunktion, so sagen wir, a hat den **Grad** $\mathrm{grad}(0) = -\infty$. Ist $a \neq 0$, so heißt das Maximum $\max(\mathrm{supp}(a))$ des Trägers von a der **Grad** $\mathrm{grad}(a)$ von a.

Damit ist $(R^{(\mathbb{N}_0)}, +, 0)$ eine kommutative Gruppe (siehe Beispiel 4, S. 105). Ist $n \in \mathbb{N}_0$ eine fest gewählte Zahl, so ist die Menge $U_n = \{a \in R^{(\mathbb{N}_0)} : \mathrm{grad}(a) \leq n\}$ eine Untergruppe bezüglich $+$.

Definition 4.36. *Sei* $a = (a_0, a_1, a_2, \ldots) \in R^{(\mathbb{N}_0)}$ *mit* $\mathrm{grad}(a) = n \neq 0$. *Der Ausdruck* $a_0 + a_1 x + a_2 x^2 + \cdots + a_n x^n =: p$, *der* a *zugewiesen wird, heißt* **Polynom vom Grad** $\mathrm{grad}(p) = n$ *über* R. *Dem Element* $a = 0$ *ordnen wir den Ausdruck* 0, *das* **Null-Polynom**, *zu. Wir setzen* $\mathrm{grad}(0) = -\infty$. *Die Menge aller Polynome über* R *bezeichnen wir mit* $R[x]$.

Statt p schreiben wir auch $p(x)$ oder p_a, wenn wir die Abhängigkeit von a beto-nen möchten. Dabei sollen Polynome dann als verschieden gelten, wenn sie durch verschiedene Elemente aus $R^{(\mathbb{N}_0)}$ definiert werden; ist $a \neq b$, so ist $p_a \neq p_b$.

Für $0 \neq a_n \in R$ wird der Folge $(0, 0, \ldots, 0, \underbrace{a_n,}_{n\text{--te Stelle}} 0, 0, \ldots)$ also das Poly-nom $a_n x^n$ zugeordnet; solche Polynome nennt man **Monome**. Wir vereinbaren, dass man bei Polynomen $a_0 + a_1 x + \cdots + a_n x^n$ Terme $0 x^k$ weglassen oder auch hinzufügen kann und damit immer noch das gleiche Polynom beschreibt. Zum Bei-spiel sind $0 + 2x + 0x^2 + 5x^3$, $0 + 2x + 0x^2 + 5x^3 + 0x^6$ und $2x + 5x^3$ Schreibweisen für das selbe Polynom, das der Folge $(0, 2, 0, 5, 0, 0, \ldots)$ entspricht.

Übertragen wir die Addition von $R^{(\mathbb{N}_0)}$ auf die Menge $R[x]$ aller Polynome, so ist auch diese eine kommutative Gruppe. Die explizite Formel für die Addition ist also wie gewohnt

$$(a_0 + a_1 x + \cdots + a_n x^n) \quad + \quad (b_0 + b_1 x + \cdots + b_n x^n)$$
$$= \quad a_0 + b_0 + (a_1 + b_1)x + \cdots + (a_n + b_n)x^n.$$

Ist $\mathrm{grad}(p) = m < \mathrm{grad}(q) = n$, so schreibt man $a_k = 0$ für $m + 1 \leq k \leq n$, was das Ergebnis der Addition nicht ändert. Aus der Definition der Addition folgt,

---

[3] Die Bezeichnung "supp" rührt vom englischen Wort *support* (Träger) her.

dass das $+$ in der Darstellung der Polynome (Def. 4.36) gerade die Addition von Monomen beschreibt.

Für die Multiplikation lassen wir uns von unserer Erfahrung aus der Schule leiten. Seien $f(x) = a_0 + a_1 x + \cdots + a_m x^m$ und $g(x) = b_0 + b_1 x + \cdots + b_n x^n$ zwei Polynomfunktionen mit Koeffizienten aus $\mathbb{R}$. Dann ist ihr Produkt gerade

$$
\begin{aligned}
f(x)g(x) &= a_0 b_0 + (a_0 b_1 + a_1 b_0)x + (a_0 b_2 + a_1 b_1 + a_2 b_0)x^2 + \cdots \\
&= \sum_{k=0}^{m+n} \left(\sum_{l=0}^{k} a_l b_{k-l} \right) x^k.
\end{aligned}
$$

Also erklären wir die Multiplikation für zwei Elemente a und b aus $R^{(\mathbb{N}_0)}$ durch

$$
\begin{aligned}
(a \star b)_0 &= a_0 b_0; \\
(a \star b)_1 &= a_0 b_1 + a_1 b_0; \\
(a \star b)_2 &= a_0 b_2 + a_1 b_1 + a_2 b_0; \\
&\;\;\vdots \\
(a \star b)_n &= \sum_{k=0}^{n} a_k b_{n-k}.
\end{aligned}
$$

Diese Multiplikation nennt man auch **Faltung** auf $R^{(\mathbb{N}_0)}$.

Wir müssen zeigen, dass das so definierte Produkt $a \star b$ wieder endlichen Träger hat. Sei $m = \mathrm{grad}(a)$ und $n = \mathrm{grad}(b)$. Ist $k > m + n$, so erhalten wir tatsächlich $(a \star b)_k = 0$, denn in der Summe $\sum_{l=0}^{k} a_l b_{k-l}$ ist $l > m$ oder $k - l > n$ (denn sonst wäre $k = l + (k - l) \leq m + n$), also $a_l = 0$ oder $b_{k-l} = 0$. Mit anderen Worten ist der Träger von $\varphi \star b$ in $\{0, 1, \ldots, m+n\}$ enthalten, insbesondere endlich. Damit ist $\varphi \star b$ wieder in $R^{(\mathbb{N}_0)}$. Die Funktion $a_{(1)} = (0, 1, 0, 0, \ldots)$ ist Einselement für diese Multiplikation.

Wir erhalten den folgenden Satz.

Satz 4.37. $(R^{(\mathbb{N}_0)}, +, \star)$ *ist ein kommutativer Ring mit Eins.*

Aufgaben: 1. Zeigen Sie bitte: $a_{(m)} \star a_{(n)} = a_{(m+n)}$.

2. Beweisen Sie bitte den vorangegangenen Satz. Dass das so definierte Produkt wieder endlichen Träger hat, haben wir bereits oben gezeigt. *Tipp:* Lassen Sie sich vom "normalen" Rechnen mit Polynomen über $\mathbb{R}$ leiten.

Für Polynome $p = \sum_{k=0}^{m} a_k x^k$ und $q = \sum_{k=0}^{n} b_k x^k$ setzen wir

$$
\begin{aligned}
p \cdot q &:= a_0 b_0 + (a_0 b_1 + a_1 b_0)x + (a_0 b_2 + a_1 b_1 + a_2 b_0)x^2 + \cdots \\
&= \sum_{k=0}^{m+n} (\sum_{l=0}^{k} a_l b_{k-l}) x^k. \tag{4.1}
\end{aligned}
$$

Insbesondere ist dann das Monom $a_n x^n$ nichts anderes als das Produkt des konstanten Polynoms a_n mit x^n; speziell ist $0 \cdot x^n$ das Null-Polynom.

Damit wird $(R[x], +, \cdot)$ ein zu $(R^{(\mathbb{N}_0)}, +, \star)$ isomorpher Ring (vgl. Def. 4.38), der **Polynomring** über R. Identifiziert man R mit den konstanten Polynomen, so ist R ein Unterring von $R[x]$.

Bemerkung: Ein Polynom $p = \sum_{k=0}^{n} a_k x^k$, bei dem die meisten Koeffizienten ungleich Null sind, wird im Computer in *dichter Darstellung* als Array der Koeffizienten gespeichert, und danach wird im Wesentlichen wie in $(R^{(\mathbb{N}_0)}, +, \star)$ gerechnet. Falls viele Koeffizienten verschwinden (wie z. B. in $x^{1000} + 1$), wählt man in der Regel eine sparsame (engl. *sparse*) Darstellung als Liste von Termen.

Beispiel: Wir bereiten mit diesem Beispiel die Behandlung von Problemen in der Codierungstheorie vor (siehe Abschnitt 4.4.1). Der Polynomring $\mathbb{K}_2[x]$ ist nach Konstruktion isomorph zum Ring $(\mathbb{K}_2^{(\mathbb{N}_0)}, +, \star)$ aller Folgen von 0 und 1, die an höchstens endlich vielen Stellen eine 1 haben. Wir wählen eine solche Folge, etwa $a = (1, 0, 1, 1, 0, \dots)$ aus, wobei "$\dots$" hier für "es folgen nur noch Nullen" steht. Wir multiplizieren das zugehörige Polynom $p_a = 1 + x^2 + x^3$ mit x (siehe oben) und erhalten das Polynom $x + x^3 + x^4$, das gleich p_b für $b = (0, 1, 0, 1, 1, 0, \dots) = (0, 1, 0, 0, \dots) \star (1, 0, 1, 1, 0, \dots)$ ist. Das bedeutet eine Verschiebung der Folge a um eine Stelle nach rechts und Auffüllen der entstandenen Leerstelle mit 0. Allgemeiner entspricht der Multiplikation mit x^n die Verschiebung einer Folge um n Stellen nach rechts und anschließendes Auffüllen der entstandenen Leerstellen mit 0. Beispielhaft berechnen wir $x^3 \cdot (1 + x^2 + x^3) = x^3 + x^5 + x^6$, was der Multiplikation $(0, 0, 0, 1, 0, \dots) \star (1, 0, 1, 1, 0, \dots) = (0, 0, 0, 1, 0, 1, 1, 0, \dots)$ entspricht. Die durch die Multiplikation mit x bewirkte Abbildung $L_x : p \mapsto xp$ auf $R[x]$ induziert auf $R^{(\mathbb{N}_0)}$ den **Shift** oder **Rechtsshift**.

4.2.3 Homomorphismen und Unterringe

Homomorphismen und Isomorphismen. Wie für Halbgruppen etc. definieren wir Homomorphismen für Ringe:

Definition 4.38. *Seien R und R' Ringe.*
a) Eine Abbildung $\varphi : R \to R'$ heißt (Ring-) **Homomorphismus**, *wenn $\varphi(x + y) = \varphi(x) + \varphi(y)$ und $\varphi(xy) = \varphi(x)\varphi(y)$ für alle $x, y \in R$ gilt.*
b) Ein bijektiver Homomorphismus heißt **Isomorphismus**.
c) Der Ring R' heißt **homomorphes** *Bild des Ringes R, wenn es einen surjektiven Homomorphismus von R auf R' gibt. Gibt es einen Isomorphismus von R auf R', so heißen R und R'* **isomorph**, *$R \cong R'$.*

Beispiele: 1. Sei $\varphi : \mathbb{Z} \to \mathbb{K}_2$ definiert durch $\varphi(x) = \begin{cases} 0 & x \text{ gerade} \\ 1 & x \text{ ungerade} \end{cases}$. Dann ist φ ein surjektiver Ringhomomorphismus.
2. Sei R ein kommutativer Ring mit Eins und $\xi \in R$ ein fest gewähltes Element. Dann ist

$\hat{\xi} : R[x] \to R$, $(a_0 + a_1 x + \cdots + a_n x^n) \mapsto (a_0 + a_1 \xi + \cdots + a_n \xi^n)$ ein Homomorphismus, der **Auswertungshomomorphismus** an der Stelle ξ. Statt $\hat{\xi}(p)$ schreibt man wie üblich $p(\xi)$ für $p \in R[x]$.

Auswertung von Polynomen mit dem Horner[4]–Schema

Sei $p(x) = a_0 + a_1 x + a_2 x^2 + a_3 x^3$ mit $a_3 \neq 0$. Um es an der Stelle ξ mit möglichst wenig Multiplikationen auszuwerten, also $p(\xi)$ zu berechnen, geht man so vor: $p(\xi) = a_0 + \xi(a_1 + \xi(a_2 + \xi a_3))$. Man kommt dadurch mit drei Multiplikationen aus. Das allgemeine Vorgehen für Polynome n–ten Grades ist nun offensichtlich. Das folgende Programm liefert diese Art der Auswertung:

```
FUNCTION Horner; EINGABE: a_0, ..., a_n; ξ;
END; /*Eingabe*/
y := a_n; i := n;
WHILE (i ≠ 0) DO
  i := i - 1; y = ξ · y + a_i;
END; /*WHILE*/
AUSGABE: y;
END.
```

Aufgabe: Beweisen Sie bitte, dass tatsächlich $y = p(\xi)$ ausgegeben wird.

Wir kehren zur allgemeinen Situation von Ringen und Homomorphismen zurück. Der folgende Satz ist fast selbstverständlich:

> **Satz 4.39.** *a) Die Hintereinanderausführung zweier Homomorphismen (Isomorphismen) ist ein Homomorphismus (Isomorphismus).*
> *b) Ist $\varphi : R \to R'$ ein Isomorphismus, so ist die Umkehrabbildung φ^{-1} ebenfalls ein Isomorphismus.*

Aufgabe: Beweisen Sie bitte diesen Satz.

Bemerkung: Da ein Ringhomomorphismus $\varphi : R \to R'$ insbesondere auch ein Gruppenhomomorphismus von $(R, +)$ nach $(R', +)$ ist, lässt sich nach Lemma 4.17 e) die Injektivität von φ an $\ker \varphi = \{x \in R : \varphi(x) = 0\}$, dem **Kern von** φ, ablesen: φ ist genau dann injektiv, wenn $\ker \varphi = \{0\}$.

Unterringe. Entsprechend dem Vorgehen bei Halbgruppen und Gruppen betrachten wir auch bei Ringen Unterstrukturen:

---

[4] William G. Horner, 1786–1837. Er wurde mit 18 Jahren "Headmaster" an der Kingswood School in Bristol und gründete vier Jahre später eine eigene Schule in Bath. Das Schema zur Auswertung von Polynomen wurde unabhängig von ihm von dem Italiener Ruffini (Zeitgenosse von Horner) und etwa fünfhundert Jahre früher von dem chinesischen Mathematiker Chu Shih-Chieh gefunden.

Definition 4.40. *Sei R ein Ring. Eine Teilmenge $U \subseteq R$ heißt* **Unterring**, *wenn U versehen mit der Addition und Multiplikation von R ein Ring ist.*

Beispiele:

1. Sei $R = \mathbb{Z}$ mit der üblichen Addition und Multiplikation und sei $n \in \mathbb{N}$. Dann ist $n\mathbb{Z} = \{nk : k \in \mathbb{Z}\}$, also die Menge aller durch n teilbaren ganzen Zahlen, ein Unterring. Ist $n \neq 1$, so ist $n\mathbb{Z}$ ein Ring ohne Eins. Das Beispiel lässt sich auf jeden Ring R verallgemeinern: Ist $a \in R$, so ist $aR = \{ax : x \in R\}$ ein Unterring von R.
2. Sei $n \geq 2$. $\mathbb{Z}_n = \{0, 1, \ldots, n-1\}$ ist eine Teilmenge von $\mathbb{Z}$ und mit den Verknüpfungen $\oplus$ und $\odot$ zwar ein Ring (siehe Beispiel 5, Seite 107), aber *kein* Unterring von $\mathbb{Z}$.
3. In $\mathbb{R}$ sind $\mathbb{Z}$ und $\mathbb{Q}$ Unterringe, letzterer sogar ein Körper.
4. Sei R ein kommutativer Ring mit Eins. Dann kann man R in $R[x]$ **einbetten**. Das heißt, es gibt einen Isomorphismus von R auf einen Unterring U von $R[x]$ ($= (R^{(\mathbb{N}_0)}, +, \star)$).

   Dieser Isomorphismus ist einfach durch $a \mapsto \rho_a$ mit $\rho_a(k) = \begin{cases} a & k = 0 \\ 0 & \text{sonst} \end{cases}$ gegeben.

   Benutzt man die übliche Schreibweise für Polynome, so entspricht ρ_a dem Polynom $a = a + 0 \cdot x + 0 \cdot x^2 + \cdots$. In diesem Sinne kann man die Elemente von R selbst als (besonders einfache) Polynome auffassen.
5. Sei $R = R_1 \times \cdots \times R_n$ das direkte Produkt der Ringe $R_1, \ldots, R_n$ (siehe Beispiel 3 auf Seite 107). Sei $J_k = \{(0, \ldots, 0, \underbrace{x_k}_{k\text{-te Stelle}}, 0, \ldots, 0) : x_k \in \mathcal{R}_k\}$. Dann ist J_k ein Unterring von R, der zu R_k isomorph ist. Besitzen sämtliche $R_1, \ldots, R_n$ eine Eins, so ist R ein Ring mit Eins, nämlich $(1, \ldots, 1)$. J_k besitzt auch eine Eins, nämlich $(0, \ldots, 0, 1, 0, \ldots, 0)$. Diese ist aber von der Eins in R verschieden. $(0, \ldots, 0, 1, 0, \ldots, 0)$ verhält sich nur in J_k wie ein Einselement, nicht aber bezüglich Elementen aus $R \setminus J_k$.

Aufgabe: Beweisen Sie bitte die Aussagen im letzten Beispiel.

Satz 4.41. *Sei R ein Ring. $\emptyset \neq U \subseteq R$ ist genau dann ein Unterring von R, wenn für alle $x, y \in U$ gilt: $x - y \in U$ und $x \cdot y \in U$*

Beweis: Die erste Bedingung ist äquivalent dazu, dass U bezüglich $+$ eine Untergruppe von R ist (vgl. Aufgabe auf S. 96). Da die Distributivgesetze und das Assoziativgesetz bezüglich $\cdot$ in ganz R gelten, ist eine additive Untergruppe genau dann ein Unterring, wenn sie abgeschlossen ist bezüglich Multiplikation. $\qquad \square$

Satz 4.42. *Seien R und R' Ringe und $\varphi : R \to R'$ ein Homomorphismus. Dann ist das Bild $\varphi(U)$ eines Unterringes U von R ein Unterring von R', und das Urbild $\varphi^{-1}(U')$ eines Unterringes U' von R' ist ein Unterring von R.*

Beweis: Sind $x, y \in U$, so ist $\varphi(x) - \varphi(y) = \varphi(x - y) \in \varphi(U)$ und $\varphi(x) \cdot \varphi(y) = \varphi(x \cdot y) \in \varphi(U)$, da U ein Unterring von R ist. Nach Satz 4.41 ist daher $\varphi(U)$ ein Unterring von R'. Die zweite Behauptung beweist man analog. $\qquad \square$

Aufgaben:

1. Beweisen Sie bitte den zweiten Teil des Satzes.
2. Sei $k \in \mathbb{N}$. Zeigen Sie bitte, dass $\{a + b\sqrt{k} : a, b \in \mathbb{Z}\}$ ein Unterring von $(\mathbb{R}, +, \cdot)$ ist.
3. Geben Sie in $\mathbb{R}[x]$ eine Teilmenge an, die Untergruppe bzgl. $+$, aber kein Unterring ist.
4. Sei K ein Körper und L ein Unterring von K, der bzgl. der Verknüpfungen $+$ und $\cdot$ ebenfalls ein Körper ist. Zeigen Sie bitte, dass die Eins in L mit der Eins in K übereinstimmt. L heißt **Teilkörper** von K (die assoziationsreiche Bezeichnung "Unterkörper" ist auch üblich).

4.2.4 Faktorringe und Ideale

Faktorringe. Analog zu Faktorhalbgruppen und Faktorgruppen wollen wir jetzt auch Faktorringe definieren. Unsere Aufgabe besteht also darin, diejenigen Äquivalenzrelationen auf einem Ring R zu bestimmen, für die die Addition und Multiplikation von Vertretern der Äquivalenzklassen eine wohldefinierte Addition bzw. Multiplikation auf der Menge der Äquivalenzklassen liefert.

Beschränken wir uns zunächst auf die Addition, so können wir Satz 4.16 anwenden, da $(R, +)$ eine kommutative Gruppe ist. Wir haben demnach nur die Kongruenzrelationen $\sim_J$ für Untergruppen J von $(R, +)$ zu betrachten, wobei $x \sim_J y$ genau dann, wenn $x - y \in J$. Die Äquivalenzklassen sind die Nebenklassen $x + J = \{x + a : a \in J\}, x \in R$. Auf der Menge R/J der Nebenklassen ist dann $(x + J) + (y + J) := (x + y) + J$ eine wohldefinierte Addition, mit der R/J eine kommutative Gruppe ist.

Es stellt sich jetzt die Frage, für welche Untergruppen J von $(R, +)$ durch

$$(x + J) \cdot (y + J) := xy + J$$

eine wohldefinierte Multiplikation erklärt wird. Dies ist genau dann der Fall, wenn gilt:

Ist $x + J = x' + J$ und $y + J = y' + J$, so ist $xy + J = x'y' + J$.

Welche J diese Eigenschaft haben, wird im folgenden Lemma geklärt.

Lemma 4.43. *Sei $(R, +, \cdot)$ ein Ring, J eine Untergruppe von $(R, +)$. Dann sind die folgenden beiden Aussagen äquivalent:*
a) Für alle $x, x', y, y' \in R$ gilt: Ist $x + J = x' + J$ und $y + J = y' + J$, so ist $xy + J = x'y' + J$.
b) Für alle $a \in J$ und alle $x \in R$ gilt $xa \in J$ und $ax \in J$.

Beweis: Es gelte zunächst a). Sei $a \in J$ und $x \in R$. Dann ist $a + J = 0 + J$ und daher $xa + J = x0 + J = J$ nach a), also $xa \in J$. Analog folgt $ax \in J$.
Sei umgekehrt b) erfüllt und seien $x, x', y, y' \in R$ mit $x + J = x' + J$, $y + J = y' + J$.

Dann ist $x - x' \in J$ und $y - y' \in J$. Folglich ist nach b) auch $xy - x'y = (x - x')y \in J$ und $x'y - x'y' = x'(y - y') \in J$. Da J eine Gruppe bezüglich $+$ ist, folgt dann $xy - x'y' = (xy - x'y) + (x'y - x'y') \in J$, also $xy + J = x'y' + J$.   □

Lemma 4.43 besagt, dass diejenigen Untergruppen J von $(R, +)$, für die die oben angegebene Multiplikation auf R/J wohldefiniert ist, insbesondere Unterringe von R sind (man wähle $x \in J$ in 4.43 b) und beachte Satz 4.41). Die Bedingung b) ist aber noch stärker, denn sie besagt, dass nicht nur die Produkte von Elementen aus J, sondern alle Produkte von Elementen aus J und Elementen aus R wieder in J liegen müssen. Unterringe mit dieser speziellen Eigenschaft werden Ideale genannt:

Definition 4.44. *Sei $(R, +, \cdot)$ ein Ring.*
a) Ein Unterring J von R heißt **Ideal**, *wenn für alle $x \in R$ und $a \in J$ stets xa und ax aus J sind.*
b) $\{0\}$ und R sind Ideale. Sie heißen **triviale Ideale**. *Jedes andere Ideal heißt* **nicht trivial**. *Ein Ideal $J \neq R$ heißt* **echtes Ideal**.

Theorem 4.45. *Sei $(R, +, \cdot)$ ein Ring und J ein Ideal in R. Sei R/J die Menge der Nebenklassen $\{x + J : x \in R\}$. Durch*

$$(x + J) + (y + J) = (x + y) + J$$

und

$$(x + J) \cdot (y + J) = xy + J$$

werden auf R/J eine Addition und Multiplikation erklärt, so dass $(R/J, +, \cdot)$ ein Ring ist. Ist R ein kommutativer Ring, so auch R/J. Ist R ein Ring mit Eins, so auch R/J (das Einselement ist $1 + J$).

Beweis: Nach Satz 4.16 und Lemma 4.43 sind die angegebene Addition und Multiplikation wohldefiniert. Die Ringeigenschaften von R/J ergeben sich dann unmittelbar aus denen von R.   □

Definition 4.46. *Ist $(R, +, \cdot)$ ein Ring, J ein Ideal in R, so heißt $(R/J, +, \cdot)$* **Faktorring**, *oder auch* **Quotientenring**, *R nach J (oder R modulo J).*

Zum Rechnen in einem Faktorring R/J, zum Beispiel mit dem Computer, benutzt man am besten ein Repräsentantensystem (siehe Def. 2.20) der Äquivalenzklassen, d. h. der Nebenklassen von J in R. Ist $R_J \subseteq R$ ein solches Repräsentantensystem (d. h. R_J enthält aus jeder Nebenklasse von J in R genau einen Vertreter) und $\varphi : R/J \to R_J$ die Bijektion, die jeder Nebenklasse $x + J$ den Vertreter $\varphi(x + J) \in R_J$ zuordnet, so lassen sich die Ringoperationen vermöge φ von R/J auf R_J übertragen.

Satz 4.47. *Definiert man, mit den obigen Bezeichnungen, auf R_J Verknüpfungen durch*

$$s \oplus t = \varphi((s+t)+J) \text{ und } s \odot t = \varphi(s \cdot t + J) \text{ für } s, t \in R_J,$$

so wird R_J ein zu R/J isomorpher Ring.
Die Abbildung $\varphi : R/J \to R_J$ ist ein Isomorphismus.

Aufgabe: Beweisen Sie bitte den Satz.

Als wichtige Beispiele werden wir die Faktorringe von $\mathbb{Z}$ in Abschnitt 4.2.5 und die Faktorringe von Polynomringen über Körpern in Abschnitt 4.3.3 behandeln.

Ideale. Aufgrund von Theorem 4.45 spielen die Ideale unter den Unterringen eines Ringes eine besonders wichtige Rolle. Bevor wir uns einige Beispiele ansehen, notieren wir ein Kriterium, wann nichtleere Teilmengen eines Ringes Ideale sind.

Satz 4.48. *Sei R ein Ring, $\emptyset \neq J \subseteq R$. Dann ist J genau dann ein Ideal in R, wenn $a - b \in J, xa \in J$ und $ax \in J$ für alle $a, b \in J, x \in R$.*

Beweis: Dies folgt unmittelbar aus Satz 4.41 und der Ideal-Definition. □

Beispiele:

1. Ist $n \in \mathbb{Z}$, so ist $n\mathbb{Z} = \{nk : k \in \mathbb{Z}\}$ ein Ideal in $(\mathbb{Z}, +, \cdot)$.
2. Sei K ein Körper. Dann sind $\{0\}$ und K die einzigen Ideale. Denn ist $J \neq \{0\}$ ein Ideal in K und $0 \neq a \in J$, so ist auch $1 = a^{-1}a \in J$. Dann ist jedes $x = x \cdot 1 \in J$, also $J = K$. Es gilt sogar der umgekehrte Sachverhalt, siehe Satz 4.51 b).
3. Sei $R[x]$ der Polynomring über einem kommutativen Ring R mit Eins. Sei $f \in R[x]$. Dann ist $fR[x] = \{f \cdot g \mid g \in R[x]\}$ ein Ideal in $R[x]$. Die Menge $U = \{\sum_{k=0}^{n} a_k x^k : n \in \mathbb{N}_0, a_k \in R, a_k = 0, \text{ falls } k \text{ ungerade}\}$ ist ein Unterring von $R[x]$, aber kein Ideal.
4. Sei $R = R_1 \times \cdots \times R_n$ und $J_k = \{(0, \ldots, 0, x_k, 0, \ldots, 0) : x_k \in R_k\}$ wie in Beispiel 5, Seite 113. Dann ist J_k ein Ideal in R.

Wir beschreiben das von einer Teilmenge A eines Ringes erzeugte Ideal. Wir beschränken uns dabei auf Ringe mit Eins.

Satz 4.49. *Sei R ein Ring mit Eins, $\emptyset \neq A \subseteq R$. Dann ist*

$$\langle A \rangle_I = \{\sum_{k=1}^{n} x_k a_k y_k : x_k, y_k \in R, a_k \in A, n \in \mathbb{N}\}$$

ein Ideal, **das von A erzeugte Ideal.**

Wie bei Gruppen schreiben wir bei einer endlichen Teilmenge $A = \{a_1, \ldots, a_r\}$ häufig $\langle a_1, \ldots, a_r \rangle_I$ statt $\langle A \rangle_I$ und sprechen von dem von $a_1, \ldots, a_r$ erzeugten Ideal.

Aufgaben:

1. Beweisen Sie bitte diesen Satz.
2. Zeigen Sie bitte: $A \subseteq \langle A \rangle_I$ (hier benötigt man, dass R eine Eins besitzt!) und ist A in einem Ideal J von R enthalten, so ist auch $\langle A \rangle_I$ in J enthalten. In diesem Sinn ist $\langle A \rangle_I$ *das kleinste Ideal, das A enthält.*
3. Sei $A = \{x^2\} \subseteq \mathbb{R}[x]$. Wie sieht das von A erzeugte Ideal aus?

In kommutativen Ringen mit Eins vereinfacht sich die Beschreibung des von einer Teilmenge A erzeugten Ideals. Wir vermerken den besonders wichtigen Fall, dass A nur aus einem Element besteht.

Korollar 4.50. *Sei R ein kommutativer Ring mit Eins, $a \in R$. Dann ist $aR = Ra$ das von a erzeugte Ideal, wobei $aR = \{ax : x \in R\}$ (und analog Ra). Ein von einem Element erzeugtes Ideal aR heißt* **Hauptideal** *von R.*

Wir verwenden Korollar 4.50 zur Charakterisierung von Körpern.

Satz 4.51. *Sei R ein kommutativer Ring mit Eins.*
a) $a \in R$ ist genau dann eine Einheit, wenn $aR = R$.
b) Genau dann ist R ein Körper, wenn R nur die beiden trivialen Ideale $\{0\}$ und R enthält.

Beweis: a) Ist a eine Einheit, so existiert $a^{-1} \in R$ mit $1 = aa^{-1} \in aR$. Ist $b \in R$, so ist $b = 1 \cdot b \in aR$, da aR nach Korollar 4.50 ein Ideal ist. Also ist $aR = R$. Umgekehrt folgt aus $aR = R$ sofort, dass ein $x \in R$ existiert mit $1 = ax = xa$ (R ist kommutativ). Damit ist $x = a^{-1}$.

b) Ist R ein Körper, so besitzt R nur triviale Ideale (siehe Beispiel 2, Seite 116).
Besitze umgekehrt R nur die trivialen Ideale. Sei $0 \neq a \in R$. Dann ist aR nach Korollar 4.50 ein Ideal und $0 \neq a = a \cdot 1 \in aR$. Also ist $aR = R$. Nach Teil a) ist a also eine Einheit. Da $a \neq 0$ beliebig war, folgt die Behauptung. $\square$

Wir beschreiben nun noch Vererbungseigenschaften von Idealen bei Homomorphismen.

Satz 4.52. *Seien R, R' Ringe, $\varphi : R \to R'$ ein Homomorphismus.*
a) Ist φ surjektiv und J ein Ideal in R, so ist $\varphi(J)$ ein Ideal in R'.
b) Ist J' ein Ideal in R', so ist das Urbild $\varphi^{-1}(J')$ ein Ideal in R.

Beweis: Wir beweisen nur a); der Beweis von b) verläuft ähnlich. Nach Satz 4.42 ist $\varphi(J)$ ein Unterring von R'. Sei $x' \in R', a \in J$. Da φ surjektiv ist, existiert $x \in R$ mit $x' = \varphi(x)$. Dann $\varphi(a) \cdot x' = \varphi(a) \cdot \varphi(x) = \varphi(ax) \in \varphi(J)$, da J Ideal. Analog $x' \cdot \varphi(a) \in \varphi(J)$. Also ist $\varphi(J)$ Ideal in R'. $\square$

Aufgaben:

1. Beweisen Sie bitte Teil b) von Satz 1.50.
2. Sei R ein Ring und J ein nichttriviales Ideal in R. Zeigen Sie bitte:
   a) Es gebe ein echtes Ideal J' mit $J \subseteq J'$, aber $J \neq J'$. Dann besitzt R/J ein nichttriviales Ideal.
   Tipp: Wenden Sie Satz 4.52 auf den kanonischen Homomorphismus von R auf R/J an.
   b) Es enthalte $\mathcal{R}/J$ ein nichttriviales Ideal. Dann gibt es in R ein echtes Ideal J' mit $J \subseteq J'$, aber $J \neq J'$.
   Tipp: Satz 4.52.
3. Sei R ein kommutativer Ring mit Eins. Ein echtes Ideal J heißt **maximal**, wenn es kein echtes Ideal $J' \neq J$ mit $J \subseteq J'$ gibt. Zeigen Sie bitte: J ist genau dann maximal, wenn R/J ein Körper ist.
   Tipp: Verwenden Sie Satz 4.51 b) und die vorige Aufgabe.

Faktorringe und Homomorphismen. Wie bei Halbgruppen, Monoiden und Gruppen lassen sich auch bei Ringen sämtliche homomorphe Bilder bis auf Isomorphie durch die Faktorringe beschreiben. Dies ist der Inhalt des Homomorphiesatzes. Zur Vorbereitung vermerken wir zunächst:

Lemma 4.53. *Seien R, R' Ringe, $\varphi : R \to R'$ ein Homomorphismus. Dann ist $\ker(\varphi)$ ein Ideal in R.*

Beweis: Nach Lemma 4.17 d) ist $\ker(\varphi)$ eine Untergruppe von $(R, +)$. Sei $a \in \ker(\varphi), x \in R$. Dann ist $\varphi(ax) = \varphi(a)\varphi(x) = 0 \cdot \varphi(x) = 0$, d. h. $ax \in \ker(\varphi)$. Analog folgt $xa \in \ker(\varphi)$. Also ist $\ker(\varphi)$ ein Ideal. $\qquad\square$

Theorem 4.54. *Sei R ein Ring.*
*a) (**Homomorphiesatz**) Ist R' ein Ring, $\varphi : R \to R'$ ein surjektiver Homomorphismus, so ist $R/\ker(\varphi) \cong R'$ und die Isomorphie wird gegeben durch $\bar{\varphi} : R/\ker(\varphi) \to R', x + \ker(\varphi) \mapsto \varphi(x)$.*
*b) Ist J ein Ideal von R, so ist $\psi : R \to R/J$ ein surjektiver Homomorphismus mit $\ker(\psi) = J$. ψ heißt der **kanonische Homomorphismus** von R auf R/J.*

Beweis: a) Nach Lemma 4.53 ist $\ker(\varphi)$ ein Ideal, so dass $R/\ker(\varphi)$ ein Ring ist (mit Addition und Multiplikation entsprechend Satz 4.47). Nach Satz 4.18 ist die angegebene Abbildung $\bar{\varphi}$ ein Isomorphismus der kommutativen Gruppen $(R/\ker(\varphi), +)$ und $(R', +)$. Nach Definition der Multiplikation auf $R/\ker(\varphi)$ und der Homomorphieeigenschaft von φ ist $\bar{\varphi}$ auch ein Ringhomomorphismus. Damit folgt die Behauptung.
b) Dies ergibt sich durch einfaches Nachrechnen. $\qquad\square$

Bemerkung: Aus Theorem 4.54 folgt zum einen, dass die Ideale eines Rings R genau die Kerne von Homomorphismen sind. Zum anderen sagt es aus, dass es außer Faktorringen von R bis auf Isomorphie keine anderen Ringe gibt, die homomorphe Bilder von R sind. Man braucht also "nur" alle Ideale von R zu bestimmen, um alle homomorphen Bilder von R zu kennen. Das haben wir im Prinzip für $\mathbb{Z}$ schon getan (und werden es im nächsten Abschnitt noch einmal darstellen) und werden es für $K[x]$ mit Satz 4.71 erledigen. Die homomorphen Bilder eines Körpers sind einfach zu bestimmen, wie der folgende Satz zeigt.

Satz 4.55. *Ist ein Ring $R \neq \{0\}$ homomorphes Bild eines Körpers K, so ist R isomorph zu K.*

Beweis: Sei $\varphi : K \to R$ ein surjektiver Homomorphismus. Da R mehr als ein Element hat, ist $\ker(\varphi) \neq K$. Da K als Körper aber nur $\{0\}$ und K als Ideale hat (siehe Satz 4.51 b)), ist $\ker(\varphi) = 0$, φ also ein Isomorphismus. $\qquad\square$

4.2.5 Die Ringe $\mathbb{Z}$ und $\mathbb{Z}_n$

Unsere bisherigen Ergebnisse reichen aus, um eine vollständige Übersicht über alle Ideale und homomorphen Bilder von $\mathbb{Z}$ zu erhalten. Dies ist der Inhalt des folgenden Satzes. Wir erinnern in diesem Zusammenhang daran, dass $\mathbb{Z}_n = \{0, 1, \dots, n-1\}$ bezüglich der Operationen $\oplus$ und $\odot$ aus Beispiel 5, Seite 107 ein kommutativer Ring mit Eins ist ($n \geq 2$).

Satz 4.56. *a) Die sämtlichen Ideale von $(\mathbb{Z}, +, \cdot)$ sind die $n\mathbb{Z}, n \in \mathbb{N}_0$. Insbesondere ist jedes Ideal von $\mathbb{Z}$ ein Hauptideal.*
b) Jedes homomorphe Bild von $(\mathbb{Z}, +, \cdot)$ ist isomorph zu $(\mathbb{Z}/n\mathbb{Z}, +, \cdot), n \in \mathbb{N}_0$.
c) Ist $n \geq 2$, so ist $(\mathbb{Z}/n\mathbb{Z}, +, \cdot) \cong (\mathbb{Z}_n, \oplus, \odot)$. Ein Isomorphismus ist gegeben durch $\varphi : \mathbb{Z}/n\mathbb{Z} \to \mathbb{Z}_n, \ x + n\mathbb{Z} \mapsto x \bmod n$.

Beweis: a) Nach Korollar 4.21 sind die $n\mathbb{Z}, n \in \mathbb{N}_0$, die sämtlichen Untergruppen von $(\mathbb{Z}, +)$. Dies sind sogar Ideale, nämlich die von $n \in \mathbb{N}_0$ erzeugten Hauptideale.
b) Dies folgt aus Theorem 4.54.
c) $\mathbb{Z}_n = \{0, 1, \dots, n-1\}$ ist ein Repräsentantensystem der Nebenklassen von $n\mathbb{Z}$ in $\mathbb{Z}$. Die Behauptung folgt nun aus Satz 4.47. $\qquad\square$

Bemerkung: Die Abbildung $\bmod\, n : \mathbb{Z} \to \mathbb{Z}_n$ ist nichts anderes als die zusammengesetzte Abbildung $x \mapsto x + n\mathbb{Z} \mapsto \varphi(x + n\mathbb{Z}) = x \bmod n$ (φ aus Satz 4.56 c)) und damit ein Homomorphismus von $\mathbb{Z}$ auf $(\mathbb{Z}, \oplus, \odot)$. Mit dieser Sichtweise erhält man ein neues Verständnis für Korollar 3.7.

Wir bestimmen die Einheitengruppe $\mathbb{Z}_n^*$ von $\mathbb{Z}_n$.

Satz 4.57. *Sei $c \in \mathbb{Z}_n, n \geq 2$. Die folgenden Aussagen sind äquivalent:*
a) $\mathrm{ggT}(c, n) = 1$.
b) $c \in \mathbb{Z}_n^*$.

Beweis: Es gelte a). Dann impliziert Korollar 3.13, dass es ein d gibt mit $dc \equiv 1$ (mod n). Also gilt nach Korollar 3.7 (d mod n) $\odot\, c = 1$. Ist umgekehrt $c \in \mathbb{Z}_n^*$, so besitzt c in $\mathbb{Z}_n$ ein Inverses d, das heißt, es gilt $c \odot d = 1$ in $\mathbb{Z}_n$, also $cd \equiv 1$ (mod n). Damit folgt die Behauptung aus Korollar 3.13. $\qquad\square$

Korollar 4.58. $\mathbb{Z}_n \cong \mathbb{Z}/n\mathbb{Z}$ *ist genau dann ein Körper, wenn n eine Primzahl ist.*

Beweis: $\mathbb{Z}_n$ ist genau dann ein Körper, wenn $n \geq 2$ und $\mathbb{Z}_n^* = \{1, \dots, n-1\}$. Die Behauptung folgt sofort aus Satz 4.57. $\qquad\square$

Ist p eine Primzahl, so ist für den Körper $\mathbb{Z}_p$ auch die Bezeichnung $\mathbb{K}_p$ üblich.

Der chinesische Restsatz. Der chinesische Restsatz ist einer der anwendungsreichsten Sätze der elementaren Zahlentheorie. Man benutzt ihn z. B. zum schnellen Rechnen im Ring $\mathbb{Z}_n$. Wir geben zunächst eine algebraische Formulierung dieses Satzes an.

Satz 4.59. (Chinesischer Restsatz) *Sei $n = n_1 n_2 \cdots n_r$ das Produkt paarweise teilerfremder natürlicher Zahlen $n_1, \dots, n_r$, alle $n_i \geq 2$. Dann ist $\mathbb{Z}_n$ isomorph zum direkten Produkt $\mathbb{Z}_{n_1} \times \cdots \times \mathbb{Z}_{n_r}$. Ein Isomorphismus wird durch $\varphi : x \bmod n \mapsto (x \bmod n_1, \dots, x \bmod n_r)$ gegeben.*

Beweis: Wegen $n_j | n$ ist $n\mathbb{Z} \subseteq n_j \mathbb{Z}$ für alle j. Also ist $x + n\mathbb{Z} \subseteq x + n_j \mathbb{Z}$. Damit erhalten wir einen wohldefinierten Homomorphismus von $\mathbb{Z}/n\mathbb{Z}$ in $\mathbb{Z}/n_1 \mathbb{Z} \times \cdots \times \mathbb{Z}/n_r \mathbb{Z}$ gegeben durch $x + n\mathbb{Z} \mapsto (x + n_1 \mathbb{Z}, \dots, x + n_r \mathbb{Z})$. Satz 4.56 c) ergibt, dass dann auch die Zuordnung φ wohldefiniert und ein Homomorphismus ist. Ist $x \bmod n \in \ker(\varphi)$, so folgt $n_j | x$ für $j = 1, \dots, r$ und daher wegen der paarweisen Teilerfremdheit der n_j auch $m | x$ nach Korollar 3.12 b), d. h. $x \bmod n = 0$. Also ist φ injektiv. Wegen $|\mathbb{Z}_n| = |\mathbb{Z}_{n_1} \times \cdots \times \mathbb{Z}_{n_r}|$ ist φ auch surjektiv (Satz 2.14), also ein Isomorphismus. $\qquad\square$

Worin liegt die Bedeutung des chinesischen Restsatzes für das Rechnen mit dem Computer? Ist n sehr groß, so dass eigens eine Langzahlarithmetik benutzt werden müsste, so ist das Rechnen im Produktring $\mathbb{Z}_{n_1} \times \cdots \times \mathbb{Z}_{n_r}$ wesentlich schneller, wenn die n_j schon Maschinenzahlen sind.

In der Sprache der Zahlentheorie lautet Satz 4.59 folgendermaßen:

Korollar 4.60. *Seien $n_1, \dots, n_r$ paarweise teilerfremde natürliche Zahlen und $a_1, \dots, a_r$ beliebige ganze Zahlen. Dann gibt es genau eine natürliche Zahl x mit $0 \leq x \leq n_1 \cdots n_r - 1$, die das folgende Kongruenzsystem löst:*

$$x \equiv a_1 \pmod{n_1}$$
$$\vdots$$
$$x \equiv a_r \pmod{n_r}$$

Beweis: Wir können ohne Beschränkung der Allgemeinheit $n_i \geq 2$ für $i = 1, \ldots, r$ annehmen. Die Existenz von x entspricht der Surjektivität der Abbildung φ aus Satz 4.59, die Eindeutigkeit im Bereich $0 \leq x \leq n_1 \ldots n_r - 1$ der Injektivität.   □

Konstruktive Lösung des Gleichungssystems in Korollar 4.60. Der Beweis von Satz 4.59 gibt keinen Hinweis darauf, wie man die Lösung x in 4.60 tatsächlich berechnen kann. Wir wollen dies nachholen. Die Idee ist, zunächst für jedes i eine Lösung für den Fall $a_i = 1$ und $a_j = 0$ für $j \neq i$ zu bestimmen. (In der Formulierung von Satz 4.59 bedeutet dies, Urbilder der Elemente $(0, \ldots, 0, \underbrace{1}_{i\text{-te Stelle}}, 0, \ldots, 0)$ zu bestimmen.) Aus diesen speziellen Lösungen lassen sich dann leicht die Lösungen für beliebige $a_1, \ldots, a_r$ zusammenbauen.

Sei also $i \in \{1, \ldots, r\}$ und $N_i = \prod_{j \neq i} n_j$. Dann sind N_i und n_i teilerfremd. Damit gibt es nach Korollar 3.13 ein t_i mit $t_i N_i \equiv 1 \pmod{n_i}$. Es ist klar, dass $t_i N_i \equiv 0 \pmod{n_j}$ für alle $j \neq i$. Sind nun $a_1, \ldots, a_r$ beliebige ganze Zahlen, so setzt man $y = \sum_{i=1}^{r} a_i t_i N_i$ und es folgt sofort, dass $y \equiv a_i \pmod{n_i}$ für $i = 1, \ldots, r$. $x = y \bmod n$ ist dann die gesuchte Lösung.

Die Eulersche φ–Funktion und ihre Anwendungen. Wir befassen uns nun genauer mit der Ordnung der Einheitengruppe $\mathbb{Z}_n^*$ von $\mathbb{Z}_n$ und beweisen den Satz von Fermat-Euler, der z. B. bei einem Verfahren der asymmetrischen Verschlüsselung eine wichtige Rolle spielt (Abschnitt 4.4).

Definition 4.61. *Für $n \in \mathbb{N}$, $n \geq 2$, sei $\mathbb{Z}_n^*$ die Einheitengruppe in $\mathbb{Z}_n$. Dann heißt die Funktion $\varphi : \mathbb{N} \to \mathbb{N}$ mit $\varphi(1) = 1$ und $\varphi(n) = |\mathbb{Z}_n^*|$ für $n \geq 2$* **Eulersche φ-Funktion**.

Damit können wir sofort schließen:

Korollar 4.62. *a) $\varphi(n) = |\{x \in \mathbb{Z}_n : \mathrm{ggT}(x, n) = 1\}|$ für $n \geq 2$.*
b) $\varphi(p) = p - 1$, falls p eine Primzahl ist.
c) Sei $n = p_1^{r_1} \cdots p_l^{r_l}$ die Primfaktorzerlegung von n. Dann ist

$$\varphi(n) = \prod_{k=1}^{l} p_k^{r_k - 1}(p_k - 1) = n \prod_{p \mid n,\, p\, prim} \left(1 - \frac{1}{p}\right).$$

Beweis: a) und b) folgen sofort aus Satz 4.57.

c) Sei zunächst $n = p^r$. Dann ist $\mathrm{ggT}(k, n) \neq 1$ genau dann, wenn $k = jp$ für ein j mit $1 \leq j \leq p^{r-1}$. Also ist $\varphi(n) = p^r - p^{r-1} = p^{r-1}(p - 1)$. Sei jetzt n beliebig und $n = \prod_{k=1}^{l} p_k^{r_k}$ die Primfaktorzerlegung gemäß Theorem 3.21. Setzt man $n_k = p_k^{r_k}$, so ist $n = \prod_{k=1}^{l} n_k$ und $\mathrm{ggT}(n_j, n_k) = 1$ für $j \neq k$. Nach Satz 4.59 ist $\mathbb{Z}_n \cong \mathbb{Z}_{n_1} \times \cdots \times \mathbb{Z}_{n_l}$ und daher $\mathbb{Z}_n^* \cong \mathbb{Z}_{n_1}^* \times \cdots \times \mathbb{Z}_{n_l}^*$ (dies ist natürlich eine Isomorphie von (multiplikativen) Gruppen). Daraus folgt die Behauptung.   □

Aufgabe: Beweisen Sie bitte $\mathbb{Z}_n^* \cong \mathbb{Z}_{n_1}^* \times \cdots \times \mathbb{Z}_{n_l}^*$. *Tipp:* Benutzen Sie Satz 4.59.

Satz 4.63. (Satz von Fermat[5]-Euler) *Sei* $1 \leq k \leq n$ *und* $\mathrm{ggT}(k, n) = 1$. *Dann ist* $k^{\varphi(n)} \equiv 1(\bmod\ n)$. *Insbesondere ist für eine Primzahl* p *und* $1 \leq k \leq p - 1$ *stets* $k^{p-1} \equiv 1(\bmod\ p)$.

Beweis: Die Behauptung ist trivial für $n = 1$. Sei $n > 1$. Ist $\mathrm{ggT}(k, n) = 1$, so ist $k \in \mathbb{Z}_n^*$. Da $|\mathbb{Z}_n^*| = \varphi(n)$, so folgt $k^{\varphi(n)} = 1$ (in $\mathbb{Z}_n$) nach Satz 4.22 c). □

Die erste Aussage im vorangegangenen Satz ist ein Ergebnis von Euler, die Spezialisierung auf den Fall einer Primzahl wurde schon von Fermat gezeigt. Wir wollen das Resultat von Fermat noch so verschärfen, wie er für einen wichtigen Primzahltest benötigt wird (s. Seite 458). Für den Beweis der Verschärfung machen wir von einem Resultat über Nullstellen von Polynomen Gebrauch, das wir erst im Abschnitt über Teilbarkeitslehre von Polynomen beweisen werden (Korollar 4.76), dabei natürlich ohne Verwendung des folgenden Satzes.

Satz 4.64. *Sei* p *eine Primzahl und* $p - 1 = 2^s \cdot d$, *wobei* d *ungerade ist. Sei ferner* $k \in \mathbb{Z}$ *mit* $\mathrm{ggT}(k, p) = 1$. *Dann gilt: Entweder ist* $k^d \equiv 1(\bmod\ p)$ *oder es existiert ein* $r \in \mathbb{N}_0$ *mit* $0 \leq r \leq s - 1$ *und* $k^{2^r d} \equiv -1(\bmod\ p)$.

Beweis: Die Äquivalenzklasse $[k] = k + p\mathbb{Z}$ hat einen Vertreter $\bar{k}$ in $\mathbb{Z}_p$, der wegen $\mathrm{ggT}(k, p) = 1$ nach Satz 4.57 in $\mathbb{Z}_p^*$ liegt. Sei $w = \bar{k}^d$. Dann gilt $w^{2^s} = \bar{k}^{2^s \cdot d} = \bar{k}^{p-1} = 1$ nach Satz 4.63. Mit Satz 4.22 b) folgt, dass $m := o(w)$ ein Teiler von 2^s ist. Ist $m = 1$, so ist $\bar{k}^d = 1$, also $k^d \equiv 1(\bmod\ p)$. Sei $m > 1$, also $m = 2^l$ mit $1 \leq l \leq s$. Dann hat $w^{2^{l-1}} =: u$ die Ordnung 2 in $\mathbb{Z}_p^*$, ist also eine Nullstelle des Polynoms $(x - 1)(x + 1) = x^2 - 1 \in \mathbb{Z}_p[x]$. Nach Korollar 4.76 ist $u \in \{-1, 1\}$. Da u die Ordnung 2 hat, also von 1 verschieden ist, folgt $u = -1$. Das heißt aber $\bar{k}^{d \cdot 2^{l-1}} = -1$, und das bedeutet $k^{d \cdot 2^{l-1}} \equiv -1(\bmod\ p)$. □

---

[5] Pierre de Fermat, 1601–1665, von Beruf Jurist (Vorstand des Gerichtshofs in Toulouse), Mathematiker aus Leidenschaft. Er lieferte wichtige Beiträge zur Geometrie der Kurven, zur Wahrscheinlichkeitstheorie und zur Zahlentheorie. Seine Randnotiz in einem Mathematikbuch, er habe einen Beweis dafür, dass die Gleichung $x^n + y^n = z^n$ für $n \geq 3$ keine nicht-trivialen ganzzahligen Lösungen hat, gab diesem Problem seinen Namen. Fermat hat diesen Beweis nie veröffentlicht und es ist fraglich, ob er ihn überhaupt hatte. Das Problem wurde erst 1994 von A. Wiles gelöst.

4.3 Teilbarkeitslehre in Polynomringen

Motivation und Überblick

Wir zeigen, dass in einem Polynomring über dem Körper K eine zur Teilbarkeitslehre der ganzen Zahlen vollkommen analoge Theorie existiert. Zunächst führen wir die Teilbarkeit für beliebige kommutative Ringe ein. Danach behandeln wir speziell die Polynomringe: Es gibt einen größten gemeinsamen Teiler und ein kleinstes gemeinsames Vielfaches. Das Analogon zum Satz von Bachet de Méziriac (der Satz von Bézout) gilt und auch Polynome lassen sich in ein Produkt von irreduziblen Polynomen (sie sind die Analoga zu Primzahlen) zerlegen. Als Anwendung erhalten wir die Konstruktion der komplexen Zahlen und (in 4.4) die Beschreibung zyklischer Codes.

4.3.1 Teilbarkeit in kommutativen Ringen

Definition 4.65. *a) Sei R ein kommutativer Ring. Seien $a, b \in R$.*
*a) Man sagt, **a teilt b**, oder b **ist durch** a **teilbar** in Zeichen $a \mid b$, wenn ein $x \in R$ mit $b = xa$ existiert.*
*b) $a \neq 0$ heißt **Nullteiler**, wenn ein $b \neq 0$ mit $ab = 0$ existiert. Ein Ring ohne Nullteiler heißt **nullteilerfrei**.*

Die Bedingung, dass R kommutativ ist, haben wir vorausgesetzt, um nicht zwischen Rechtsteilern ($b = xa$) und Linksteilern ($b = ax$) unterscheiden zu müssen.

Beispiele:

1. Sei R ein kommutativer Ring, $0 \neq a \in R$. Dann bilden die durch a teilbaren Elemente gerade das von a erzeugte Hauptideal $aR = \{ax : x \in R\}$.
2. Sei $J = 12\mathbb{Z}$ das von 12 erzeugte Hauptideal in $\mathbb{Z}$ und $\mathbb{Z}_{12} = \{0, 1, 2, 3, \ldots, 11\} \cong \mathbb{Z}/J$ (siehe Satz 4.56 c)). In $\mathbb{Z}_{12}$ ist $2 \odot 6 = 4 \odot 3 = 0$. $\mathbb{Z}_{12}$ hat also Nullteiler.
3. Sei $1 \neq n \in \mathbb{N}$. Dann hat $\mathbb{Z}_n = \{0, 1, \ldots, n-1\} \cong \mathbb{Z}/n\mathbb{Z}$ (siehe Satz 4.56 c)) genau dann keine Nullteiler, wenn n eine Primzahl ist.
   (I) Sei n eine Primzahl. Dann ist $\mathbb{Z}_n$ nach Korollar 4.58 ein Körper. Nach Satz 4.35 b) besitzt $\mathbb{Z}_n$ daher keine Nullteiler.
   (II) Ist n keine Primzahl, also $n = pq$ mit $2 \leq p, q < n$, so ist $p \odot q = 0$.

Satz 4.66. *Sei R ein kommutativer Ring mit Eins, $a, b \in R$.*
a) $a \mid b$ genau dann, wenn $bR \subseteq aR$.
b) Sei R nullteilerfrei. Dann gilt $aR = bR$ genau dann, wenn $a = be$ für eine Einheit $e \in R^*$.

Beweis: a) Dies folgt direkt aus der Definition der Teilbarkeit.
b) Ist $aR = bR$, so existieren $e, f \in R$ mit $a = be$ und $b = af$. Dann ist $b = bef$, also $b(1 - ef) = 0$. Ist $b = 0$, so ist $a = be = 0 = 0 \cdot 1$. Ist $b \neq 0$, so folgt aus der Nullteilerfreiheit von R, dass $1 - ef = 0$, das heißt $e \in R^*$.

Ist umgekehrt $a = be$, so ist $aR \subseteq bR$. Ist $e \in R^*$, so ist $ae^{-1} = b$, und es folgt $bR \subseteq aR$.
$\square$

Aufgabe: Sei R ein endlicher, nullteilerfreier, kommutativer Ring mit Eins. Zeigen Sie bitte: R ist ein Körper. *Tipp:* Zeigen Sie: Für $0 \neq x$ ist $L_x : R \to R$, $y \mapsto xy$ injektiv. Da R endlich ist, ist dann L_x surjektiv. Folgern Sie daraus, dass x ein Inverses für die Multiplikation besitzt.

4.3.2 Teilbarkeit in Polynomringen

Polynomringe über einem Körper teilen mit $\mathbb{Z}$ die Eigenschaft, eine *Division mit Rest* zu besitzen (siehe Satz 3.2). Wo im Ring $\mathbb{Z}$ der Absolutbetrag benutzt wird, benutzt man hier den Grad des Polynoms. Wir notieren in Satz 4.67 eine wichtige Rechenregel für den Grad, die es uns erlaubt, den Euklidischen Algorithmus und den Satz von Bachet de Méziriac in $\mathbb{Z}$ (siehe Theorem 3.10) auf den Polynomring $K[x]$ über einem beliebigen Körper K zu übertragen. Den Grad $\mathrm{grad}(p)$ eines Polynoms $p = \sum_{k=0}^{n} a_k x^k$ hatten wir durch $\mathrm{grad}(p) = \max\{k \in \mathbb{N}_0 : a_k \neq 0\}$, wobei $\max(\emptyset) := -\infty$ gesetzt wird, erklärt (siehe Definition 4.36).

> **Satz 4.67.** *Sei K ein Körper und p, $q \in K[x]$. Dann gilt* $\mathrm{grad}(pq) = \mathrm{grad}(p) + \mathrm{grad}(q)$.

Aufgaben:

1. Zeigen Sie bitte: Sei R ein kommutativer Ring mit Eins. Sind $p(x) = a_0 + a_1 x + \cdots + a_m x^m$ und $q(x) = b_0 + b_1 + \cdots + b_n x^n$ aus $R[x]$, so ist der Koeffizient c_{m+n} der Potenz x^{m+n} des Produkts $p(x)q(x)$ gleich $a_m b_n$. Ist ferner $k > m + n$, so ist der Koeffizient der Potenz x^k des Produkts gleich 0. *Tipp:* Benutzen Sie die Multiplikationsformel (4.1) aus 4.2.2.
2. Beweisen Sie bitte den vorangegangenen Satz.
3. Zeigen Sie bitte: Dieser Satz gilt allgemeiner für kommutative nullteilerfreie Ringe R mit Eins anstelle von K. Er gilt also auch für den Ring $\mathbb{Z}[x]$ aller Polynome mit ganzzahligen Koeffizienten.
4. Zeigen Sie bitte, dass der Satz in $\mathbb{Z}_4[x]$ nicht gilt. *Tipp:* Wählen Sie $f(x) = g(x) = 2x$.

> **Korollar 4.68.** *Sei K ein Körper.*
> *a) Ein Polynom p ist genau dann eine Einheit in $K[x]$, wenn $\mathrm{grad}(p) = 0$ gilt.*
> *b) $K[x]$ ist nullteilerfrei.*

Beweis: a) Wir erinnern an die Identifikation der Elemente aus K mit den Polynomen der Gestalt $p(x) = a_0$, $a_0 \in K$ (siehe Beispiel 4, Seite 113). Insbesondere ist das Einselement in $K[x]$ das Polynom nullten Grades $x^0 = 1$. Ist $p(x) = a_0 \neq 0$, so ist $\mathrm{grad}(p) = 0$ und $1 = p(x)q(x)$ mit $q(x) = a_0^{-1}$. Ist umgekehrt $p(x)q(x) = 1$, so ist $\mathrm{grad}(p) + \mathrm{grad}(q) =$

$\text{grad}(pq) = 0$, also $\text{grad}(p) = \text{grad}(q) = 0$.

b) Sind $p, q \in K[x] \setminus \{0\}$, so ist $\text{grad}(pq) = \text{grad}(p) + \text{grad}(q) \geq 0$, also $pq \neq 0$.   □

Satz 4.69. *Sei K ein Körper und $0 \neq f \in K[x]$. Dann gibt es zu jedem $g \in K[x]$ eindeutig bestimmte Polynome q und r in $K[x]$ mit $g = qf + r$ und $\text{grad}(r) < \text{grad}(f)$. Diese Zerlegung heißt* **Division mit Rest.**

Beweis: *Existenz der Zerlegung:* (I) Es sei $\text{grad}(g) < \text{grad}(f)$. Dann setzen wir $q = 0$ und $r = g$.

(II) Sei $\text{grad}(g) \geq \text{grad}(f)$. Wir beweisen die Existenz von q und r durch Induktion nach dem Grad von g.

Sei $\text{grad}(g) = 0$. Nach Voraussetzung ist $\text{grad}(f) \leq \text{grad}(g)$. Wegen $f \neq 0$ ist $\text{grad}(f) = 0$. Also sind beide Polynome aus der Einheitengruppe von $K[x]$, die isomorph zu $(K \setminus \{0\}, \cdot)$ ist. Wir wählen also $q = gf^{-1}$ und $r = 0$.

(III) Sei die Zerlegbarkeit schon für alle Polynome g mit $\text{grad}(g) \leq m - 1$ bewiesen.

Sei $g(x) = \sum_{k=0}^{m} a_k x^k$, $f(x) = \sum_{k=0}^{n} b_k x^k$ mit $b_n \neq 0$.

Es gilt für $g(x) - a_m b_n^{-1} x^{m-n} f(x) =: g_1(x)$, dass $\text{grad } g_1 \leq \text{grad } g - 1$. Denn es ist

$$
\begin{aligned}
g(x) - a_m b_n^{-1} x^{m-n}(x) &= a_m x^m + a_{m-1} x^{m-1} + \cdots + a_0 \\
&\quad - a_m b_n^{-1} x^{m-n}(b_n x^n + \cdots + b_0) \\
&= (a_{m-1} - a_m b_n^{-1} b_{n-1}) x^{m-1} + \cdots \\
&\quad + (a_{m-n} - a_m b_n^{-1} b_0) x^{m-n} \\
&\quad + a_{m-n-1} x^{m-n-1} + \cdots + a_0.
\end{aligned}
$$

Nach Induktionsvoraussetzung ist $g_1 = q_1 f + r_1$ mit $\text{grad}(r_1) < \text{grad}(f)$. Dann ist $g = (a_m b_n^{-1} x^{m-n} + q_1) f + r_1$ die gewünschte Zerlegung.

Eindeutigkeit: (Vergleiche den Beweis zu Satz 3.2). Sei $g = q_1 f + r_1 = q_2 f + r_2$. Dann ist $(q_2 - q_1) f = r_1 - r_2$. Aus $\text{grad}(r_j) < \text{grad}(f)$ folgt leicht $\text{grad}(r_1 - r_2) < \text{grad}(f)$. Ist $q_1 \neq q_2$, so ist $\text{grad}(q_2 - q_1) \geq 0$. Nach Satz 4.67 ist dann $\text{grad}((q_2 - q_1)f) \geq \text{grad}(f)$, ein Widerspruch zu $\text{grad}(r_1 - r_2) < \text{grad}(f)$. Damit ist $q_1 = q_2$ und $r_1 = r_2$.   □

Wir können nun auch in Analogie zu $\mathbb{Z}$ die Abbildungen div und mod definieren. Für Polynome $0 \neq f \in K[x]$ und $g \in K[x]$ sei $g = qf + r$ die eindeutige Zerlegung durch die Division mit Rest. Dann setzen wir $q = g$ div f und $r = g$ mod f.

Korollar 4.70. *Sei K ein Körper. Im Polynomring $K[x]$ ist das Polynom $f(x)$ genau dann durch $(x - a)$ teilbar $(a \in K)$, wenn $f(a) = 0$, also a eine Nullstelle von $f(x)$ in K ist.*

Beweis: Ist $f(x) = (x - a)g(x)$, so ist $f(a) = 0$. Sei umgekehrt $f(a) = 0$. Nach der Division mit Rest ist $f(x) = (x - a)g(x) + r(x)$ mit $\text{grad}(r) < \text{grad}(x - a) = 1$. Aus $r \neq 0$ folgte $\text{grad}(r) = 0$, d. h. $r \in K \setminus \{0\}$. Aber dann wäre $f(a) \neq 0$.   □

In $\mathbb{Z}$ ist jedes Ideal Hauptideal (Satz 4.56 a)). Dies beruht im Wesentlichen auf der Division mit Rest in $\mathbb{Z}$ (vgl. Beweis von Satz 4.20) und dieses Argument funktioniert auch in $K[x]$.

Satz 4.71. *In $K[x]$ (K ein Körper) ist jedes Ideal J ein Hauptideal. Ist $J \neq \{0\}$, so wird J erzeugt von einem Element $0 \neq f \in J$ von kleinstem Grad.*

Beweis: Sei J ein Ideal in $K[x]$. Ist $J = \{0\}$, so sind wir fertig. Andernfalls existiert ein $h \in J$, $h \neq 0$. Dann ist $A = \{m \in \mathbb{N}_0 : \text{es existiert } h \in J \text{ mit } m = \text{grad}(h)\} \neq \emptyset$, also besitzt A ein kleinstes Element n. Sei $f \in J$ mit $\text{grad}(f) = n$ fest gewählt. Es ist $f \neq 0$. Sei $g \in J$. Dann ist $g = qf + r$ mit $\text{grad}(r) < \text{grad}(f)$. Wäre $r \neq 0$, so wäre $r = g - qf \in J$ mit $\text{grad}(r) < n$, ein Widerspruch zur Definition von n. $\qquad\square$

Satz 4.71 gilt eigentlich noch allgemeiner in allen kommutativen Ringen mit einer zur Gradabbildung in $K[x]$ oder dem Absolutbetrag in $\mathbb{Z}$ analogen Abbildung und einer entsprechenden Division mit Rest. Solche Ringe nennt man *Euklidische Ringe.* Aber in der Informatik benötigt man fast ausschließlich die beiden Euklidischen Ringe $\mathbb{Z}$ und $K[x]$, so dass wir uns hierauf beschränken.

4.3.3 Ein Repräsentantensystem für $K[x]/fK[x]$

Sei K ein Körper, $f = a_0 + \cdots + a_{n-1}x^{n-1} + a_n x^n \in K[x]$. Es ist $fK[x] = \{fg : g \in K[x]\}$ das von f erzeugte Ideal. Ist $f = 0$, so ist $fK[x] = \{0\}$ und $K[x]/fK[x] \cong K[x]$. Ist $\text{grad}(f) = 0$, so ist $fK[x] = K[x]$ nach Korollar 4.68 und Satz 4.51 a); also ist $K[x]/fK[x] \cong \{0\}$.
Der interessante Fall ist also der, dass $f \neq 0$ keine Einheit ist. Sei also jetzt $a_n \neq 0$ und $\text{grad}(f) = n \geq 1$. Dann ist die Menge

$$K_{n-1}[x] = \{b_0 + b_1 x + \cdots + b_{n-1}x^{n-1} : b_k \in K\}$$

aller Polynome vom Grad höchstens $n - 1$ ein Repräsentantensystem für $K[x]/fK[x]$, d. h. für die Nebenklassen von $fK[x]$ in $K[x]$. Ist nämlich $g + fK[x]$ eine Nebenklasse, so sei $r = g \bmod f$. Dann ist $r \in K_{n-1}[x]$ und $g + fK[x] = r + fK[x]$. Seien $g_1, g_2 \in K_{n-1}[x]$ mit $g_1 + fK[x] = g_2 + fK[x]$. Dann ist $g_1 - g_2 \in fK[x]$, d. h. $f|g_1 - g_2$. Ist $g_1 - g_2 \neq 0$, so folgt mit Satz 4.67, dass $n = \text{grad}(f) \leq \text{grad}(g_1 - g_2)$. Aber $\text{grad}(g_1 - g_2) \leq \text{grad}(g_1) \leq n-1$, ein Widerspruch. Also ist $g_1 = g_2$. Je zwei verschiedene Polynome in $K_{n-1}[x]$ liegen also in verschiedenen Nebenklassen.
Wir nennen $K_{n-1}[x]$ das **Standard-Repräsentantensystem** für $K[x]/fK[x]$. Man beachte, dass für zwei Polynome f_1, f_2 gleichen Grades ≥ 1 die Faktorringe $K[x]/f_1 K[x]$ und $K[x]/f_2 K[x]$ das gleiche Standard-Repräsentantensystem besitzen.

Beispiel: Sei $\mathbb{R}[x]$ der Polynomring über $\mathbb{R}$ und $f(x) = x^2 + 1$. Ein Repräsentantensystem für $\mathbb{R}[x]/f\mathbb{R}[x]$ ist nach dem vorigen Beispiel also $\{a + bx : a, b \in \mathbb{R}\}$.

Rechnen in $K_{n-1}[x]$. Sei K ein Körper und $f = \sum_{k=0}^{n} a_k x^k$ ein Polynom vom Grad n und $K_{n-1}[x]$ das Standard-Repräsentantensystem. Sei φ die Abbildung, die jedem $h + fK[x] \in K[x]/fK[x]$ das eindeutig bestimmte Polynom aus

$(h+fK[x])\cap K_{n-1}[x]$ zuordnet. Dann gilt offensichtlich $\varphi(h+fK[x]) = h \bmod f$. Nach Satz 4.47 kann man durch $g_1 \oplus g_2 = (g_1+g_2) \bmod f$ eine Addition und durch $g_1 \odot g_2 = g_1 g_2 \bmod f$ eine Multiplikation so einführen, dass $(K_{n-1}, \oplus, \odot)$ ein zu $K[x]/fK[x]$ isomorpher Ring ist. *Durch diese Konstruktion wird die Abbildung* mod f, *die jedem Polynom h das Polynom h mod f zuordnet, ein Ringhomomorphismus von $K[x]$ auf $K_{n-1}[x]$* (vergleiche die entsprechende Aussage in $\mathbb{Z}$; Bemerkung nach Satz 4.56).

Weil nun für $g_1, g_2 \in K_{n-1}[x]$ stets $g_1 + g_2 \in K_{n-1}[x]$ ist, ist $\oplus$ auf $K_{n-1}[x]$ die ganz gewöhnliche Addition von Polynomen. Dagegen ist die Multiplikation $\odot$ durch $g_1 \odot g_2 = g_1 g_2 \bmod f$ gegeben. *Zu zwei verschiedenen Polynomen f, f' vom Grad n gehören also unterschiedliche Multiplikationen auf $K_{n-1}[x]$!*

Beispiel: Sei K ein beliebiger Körper und $f(x) = x^2 + 1$. Im Standard-Repräsentantensystem von $K[x]/fK[x]$ erhält man also $(a+bx) \oplus (a'+b'x) = (a+a') + (b+b')x$. Es ist $(x^2+1) \bmod f = 0$, also $x^2 \bmod f = -1$. Weil die Abbildung mod ein Homomorphismus ist, ergibt sich

$$(a+bx) \odot (a'+b'x) = (aa' + (ab'+a'b)x + bb'x^2) \bmod f = (aa' - bb') + (ab' + a'b)x.$$

Für $K = \mathbb{R}$ erhält man auf diese Weise den Körper $\mathbb{C}$ der komplexen Zahlen (siehe das Beispiel 2 auf Seite 130). Für $K = \mathbb{K}_2$ ergibt sich ein Ring mit Nullteilern. Wir stellen hierfür beispielhaft die Multiplikationstabelle auf, weil das Rechnen in $\mathbb{K}_2/f\mathbb{K}_2$ (auch für andere Polynome f) eine große Rolle bei zyklischen Codes spielt (siehe Abschnitt 4.4.3). Das Standard-Repräsentantensystem besteht aus $\{0, 1, x, 1+x\}$. Man erhält die Tabelle

	0	1	x	$1+x$
0	0	0	0	0
1	0	1	x	$1+x$
x	0	x	1	$1+x$
$1+x$	0	$1+x$	$1+x$	0

4.3.4 Größter gemeinsamer Teiler in Polynomringen

Wie in $\mathbb{Z}$ führen wir auch in $K[x]$ größte gemeinsame Teiler und kleinste gemeinsame Vielfache ein. Dazu eine Vorbemerkung. Sind $f, g \in K[x]$, $f = \sum_{i=0}^{n} a_i x^i$ ein Teiler von g, so ist für jedes $a \in K[x]^* = K \setminus \{0\}$ auch $af = \sum_{i=0}^{n}(aa_i)x^i$ ein Teiler von g: Aus $fq = g$ folgt $(af)(a^{-1}q) = g$; aus $(af)q' = g$ folgt $f(aq') = g$. Ähnlich ergibt sich, dass f auch ein Teiler von ag ist. Wir werden sehen, dass eine eindeutige Definition eines größten gemeinsamen Teilers (und eines kleinsten gemeinsamen Vielfachen) möglich ist, wenn wir von diesem fordern, dass er normiert ist:
Ein Polynom $0 \neq f = \sum_{i=0}^{n} a_i x^i \in K[x]$ vom Grad n heißt **normiert**, falls $a_n = 1$.
Durch Multiplikation mit einer Einheit, nämlich dem Inversen des höchsten von Null verschiedenen Koeffizienten, lässt sich also aus jedem Polynom $\neq 0$ ein normiertes gewinnen.

Der Einfachheit halber beschränken wir uns im Folgenden auf den größten gemeinsamen Teiler und das kleinste gemeinsame Vielfache zweier Polynome.

Definition 4.72. *Sei K ein Körper.*

a) Seien $g, h \in K[x]$, nicht beide gleich 0. Ein Polynom $f \in K[x]$ heißt **größter gemeinsamer Teiler** $\text{ggT}(g, h)$ *von g und h, falls f ein normiertes Polynom von maximalem Grad ist, das g und h teilt. Die Polynome heißen* **teilerfremd**, *falls* $\text{ggT}(g, h) = 1$.

b) Seien $g, h \in K[x] \setminus \{0\}$. Ein Polynom $f \in K[x]$ heißt **kleinstes gemeinsames Vielfaches** $\text{kgV}(g, h)$ *von g und h, falls f ein normiertes Polynom von minimalem Grad ist, das von g und h geteilt wird.*

Bemerkungen:

1. Da der Grad eines Teilers von g und h nach Satz 4.67 höchstens so groß ist wie $\text{grad}(g)$ (falls $g \neq 0$) bzw. $\text{grad}(h)$ (falls $h \neq 0$) und da 1 jedenfalls ein Teiler von g und h ist, existiert also ein gemeinsamer Teiler von g und h maximalen Grades, den wir nach obiger Vorbemerkung normiert wählen können. Aus dem Satz von Bézout (Theorem 4.73) wird dann folgen, dass der größte gemeinsame Teiler von g und h eindeutig bestimmt ist.

2. Da $g \cdot h \neq 0$ ein Vielfaches von g und h ist, gibt es nach obiger Vorbemerkung ein normiertes Vielfaches von g und h und daher auch ein solches minimalen Grades. Dass dieses $\text{kgV}(g, h)$ eindeutig bestimmt ist, ist leicht zu sehen. Sind nämlich f und f' normierte Polynome von minimalem Grad, die beide von g und h geteilt werden, so wird auch $f - f'$ von g und h geteilt. Da f und f' normiert sind, ist $\text{grad}(f - f') < \text{grad}(f) = \text{grad}(f')$. Ist $f - f' \neq 0$, so kann man durch Multiplikation mit einer Einheit ein normiertes Vielfaches von g und h vom $\text{grad}(f - f')$ erhalten. Dies widerspricht der Wahl von f und f'. Also ist $f - f' = 0$, $f = f'$.

Theorem 4.73. *(Satz von Bézout) Sei K ein Körper, $g, h \in K[x]$, wobei g oder h ungleich 0 sei. Dann ist $\text{ggT}(g, h)$ eindeutig bestimmt und es existieren Polynome $s, t \in K[x]$ mit*

$$\text{ggT}(g, h) = g \cdot s + h \cdot t.$$

Beweis: Wir bilden $J = gK[x] + hK[x] = \{gv + hw : v, w \in K[x]\}$. Es ist leicht zu sehen, dass J ein Ideal $\neq 0$ ist. Nach Satz 4.71 existiert ein $0 \neq f \in K[x]$ mit $J = fK[x]$. Nach Satz 4.51 a) gilt für eine Einheit a, dass $aK[x] = K[x]$, also auch $afK[x] = fK[x]$. Daher können wir annehmen, dass f normiert ist. Wegen $f = f \cdot 1 \in fK[x] = gK[x] + hK[x]$ existieren $s, t \in K[x]$ mit $f = gs + ht$.
Wir zeigen, dass f der eindeutig bestimmte größte gemeinsame Teiler von g und h ist. Es ist $g = g \cdot 1 + h \cdot 0 \in J = fK[x]$, d. h. $g = fu$ für ein $u \in K[x]$; f teilt g. Analog zeigt

man, dass f auch h teilt. Sei f' ein weiterer gemeinsamer Teiler von g und h. Dann teilt f' auch $gs + ht = f$. Nach Satz 4.67 ist also $\operatorname{grad}(f') \leq \operatorname{grad}(f)$. Folglich ist f ein größter gemeinsamer Teiler von g und h.

Angenommen, f' ist normiert und $\operatorname{grad}(f') = \operatorname{grad}(f)$. Da f' ein Teiler von f ist, $f = qf'$, folgt aus Satz 4.67, dass $\operatorname{grad}(q) = 0$. Also ist $q \in K \setminus \{0\}$. Da f und f' normiert sind, ist $q = 1$ und folglich $f' = f$. Daher ist $f = \operatorname{ggT}(g, h)$ eindeutig bestimmt. $\qquad\square$

Korollar 4.74. *Sei K ein Körper, $g, h \in K[x]$, nicht beide gleich 0.*
a) Ist $f \in K[x]$ ein Teiler von g und h, so ist f ein Teiler von $\operatorname{ggT}(g, h)$.
b) Sind $g, h \in K[x]$ normiert, so ist $gh = \operatorname{kgV}(g, h) \cdot \operatorname{ggT}(g, h)$.
c) Sind $g, h \neq 0$ und ist $f \in K[x]$ ein Vielfaches von g und h, so ist $\operatorname{kgV}(g, h)$ ein Teiler von f.

Aufgabe: Beweisen Sie bitte Korollar 4.74.

Tipp: Bei den Teilen b) und c) können Sie sich am Beweis der entsprechenden Aussagen für $\mathbb{Z}$ orientieren (Satz 3.16 und Korollar 3.17).

Bemerkungen:

1. Der größte gemeinsame Teiler zweier Polynome $g, h \in K[x] \setminus \{0\}$ lässt sich in $K[x]$ analog zum Euklidischen Algorithmus in $\mathbb{Z}$ (Satz 3.9) bestimmen. Beginnend mit g und h führt man iterativ Divisionen mit Rest durch. Da der Grad des Restes in jedem Schritt kleiner wird, terminiert das Verfahren nach endlich vielen Schritten. Der letzte von Null verschiedene Rest ist dann, nach Normierung, der größte gemeinsame Teiler von g und h.

2. Der angegebene Beweis des (ersten Teils des) Satzes von Bézout verwendet lediglich die Tatsache, dass in $K[x]$ jedes Ideal ein Hauptideal ist und zeigt damit die Stärke der algebraischen Methode. (Analog kann man auch in $\mathbb{Z}$ den Satz von Bachet de Méziriac (Satz 3.10) beweisen, da auch in $\mathbb{Z}$ jedes Ideal ein Hauptideal ist (Satz 4.56 a)).) Allerdings sagt der Beweis nichts darüber aus, wie man Elemente $s, t \in K[x]$ mit $\operatorname{ggT}(g, h) = g \cdot s + h \cdot t$ findet. Hierzu kann man (ähnlich wie in a)) den erweiterten Euklidischen Algorithmus von $\mathbb{Z}$ auf $K[x]$ übertragen.

4.3.5 Primelemente in Ringen

In $\mathbb{Z}$ gilt der Satz über die Primfaktorzerlegung (Theorem 3.21). Wir können beweisen, dass ein analoger Satz auch im Polynomring $K[x]$ über einem Körper K gilt. Zunächst führen wir abstrakt in bestimmten Ringen den Begriff des Primelements ein. Obwohl wir im Folgenden Primelemente und ihre Charakterisierung in Satz 4.75 nur für den Fall $K[x]$ benötigen (für $\mathbb{Z}$ haben wir die entsprechenden Aussagen schon in Kapitel 3 bewiesen), wählen wir diesen allgemeinen Zugang. Er macht zum einen die Gemeinsamkeiten zwischen $\mathbb{Z}$ und $K[x]$ deutlich, zum anderen würde ein spezieller Beweis für $K[x]$ auch nicht anders verlaufen.

Wir erinnern zunächst daran, dass ein echtes Ideal J in R **maximal** heißt, wenn es kein weiteres echtes Ideal J' gibt mit $J \subseteq J'$, aber $J \neq J'$. Vergleichen Sie den folgenden Satz mit Satz 3.20.

Satz 4.75. *Sei R ein kommutativer nullteilerfreier Ring mit Eins, in dem jedes Ideal ein Hauptideal ist. Sei R^* die Einheitengruppe und $0 \neq p \in R \setminus R^*$. Dann sind die folgenden Aussagen äquivalent:*

a) Für alle $u, v \in R$ folgt aus $p \mid uv$ stets $p \mid u$ oder $p \mid v$.

b) Ist $p = xy$, so ist x oder y eine Einheit.

c) Das von p erzeugte Ideal pR ist maximal, das heißt R/pR ist ein Körper.

*Gilt eine dieser Aussagen (und damit alle drei) für p, so heißt p **Primelement** oder **irreduzibel**.*

Beweis: a) $\Rightarrow$ b) Sei $p = xy$. Wegen $p \mid p$ folgt aus der Voraussetzung $p \mid x$ oder $p \mid y$; also $x = pt$ oder $y = ps$. Daraus folgt im ersten Fall $p = pty$, d. h. $p(1 - ty) = 0$. Wegen der Nullteilerfreiheit von R ist $1 - ty = 0$, also $y \in R^*$. Im zweiten Fall erhält man $x \in R^*$.

b) $\Rightarrow$ c) Sei pR das von p erzeugte Ideal und J ein beliebiges echtes Ideal mit $pR \subseteq J$. Da in R jedes Ideal Hauptideal ist, ist $J = qR$, also $p = qx$ für ein $x \in R$. Wegen $J \neq R$ ist $q \notin R^*$ (Satz 4.51 a)). Nach Voraussetzung muss x eine Einheit sein, also $q = px^{-1} \in pR$. Daher ist $J = qR \subseteq pR$, also $J = pR$; pR ist also maximal.

c) $\Rightarrow$ a) Sei $J = pR$. Nach Aufgabe 2, Seite 118 ist $K = R/J$ ein Körper. Gilt $p \mid uv$, so ist $uv \in J$, also $0 + J = uv + J = (u + J) \cdot (v + J)$. Da K als Körper nullteilerfrei ist (Satz 4.35 b)), gilt $u \in J$ oder $v \in J$. Wegen $J = pR$ bedeutet das $p \mid u$ oder $p \mid v$.   □

Beispiele:

1. $\mathbb{Z}$ erfüllt die Voraussetzung von Satz 4.75 (beachte Satz 4.56 a)). Die positiven Primelemente in $\mathbb{Z}$ sind genau die Primzahlen. Die übrigen Primelemente sind die Negativen der Primzahlen. Teil b) entspricht der Primzahldefinition, Teil a) ist die Aussage von Satz 3.20 und Teil c) steht in Korollar 4.58.

2. Sei K ein Körper. Jedes Polynom $p = ax + b$ $(a \neq 0)$ vom Grad 1 ist ein Primelement. Dies folgt sofort aus Aussage b) des vorangegangenen Satzes.

3. *Konstruktion der komplexen Zahlen*
   In $\mathbb{R}[x]$ sei $f(x) = x^2 + 1$. Wir zeigen, dass f irreduzibel ist. Sei $f = gh$. Dann ist $\mathrm{grad}(f) = \mathrm{grad}(g) + \mathrm{grad}(h)$. Wäre $\mathrm{grad}(g) = 1$, so wäre $g(x) = bx - a'$ mit $b, a' \in \mathbb{R}$, $b \neq 0$. Dann ist auch $f = \tilde{g}\tilde{h}$ mit $\tilde{g}(x) = (x - a)$ und $\tilde{h} = bh$, wobei $a = b^{-1}a'$. Nach Korollar 4.70 ist dann a eine Nullstelle von f, aber f hat in $\mathbb{R}$ keine Nullstellen, weil Quadrate reeller Zahlen positiv sind. Damit ist $\mathrm{grad}(\tilde{g}) = 0$ oder 2. Also ist einer der beiden Teiler von f eine Einheit. Nach Satz 4.75 ist $f\mathbb{R}[x] =: J$ maximal und der Quotient $\mathbb{R}[x]/J =: \mathbb{C}$ ist ein Körper. Wir hatten auch schon eine einfache Darstellung der Äquivalenzklassen gefunden, siehe das entsprechende Beispiel auf Seite 127. In Kapitel 5, Abschnitt 5.2, werden wir die übliche Beschreibung von $\mathbb{C}$ mit der hier angegebenen in Verbindung setzen.

4. *Konstruktion endlicher Körper*
   Ist p eine Primzahl, so ist $\mathbb{K}_p \cong \mathbb{Z}/p\mathbb{Z}$ nach Korollar 4.58 ein Körper mit p Elementen. Ist f ein irreduzibles Polynom vom Grad n in $\mathbb{K}_p[x]$, so ist $\mathbb{K}_p[x]/f\mathbb{K}_p[x]$ aufgrund von Satz 4.75 ein Körper. Dieser hat die Ordnung p^n, da es genau p^n Polynome vom Grad $\leq n - 1$ (einschließlich des Nullpolynoms) in $\mathbb{K}_p[x]$ gibt (vgl. Abschnitt 4.3.3). Sei zum Beispiel $p = 2$ und $f = x^3 + x^2 + 1$. f ist irreduzibel, weil es sonst wegen

der Gradzahl 3 nach Korollar 4.70 eine Nullstelle in $\mathbb{K}_2$ haben müsste. $\mathbb{K}_2[x]/f\mathbb{K}_2[x]$ ist also ein Körper mit acht Elementen.

Aufgabe: Stellen Sie bitte die Multiplikationstafel für den im vorigen Beispiel konstruierten Körper der Ordnung 8 auf.

Beispiel 2 oben ermöglicht uns, das folgende Korollar einfach zu beweisen.

Korollar 4.76. *Sei K ein Körper und p ein Polynom vom Grad $n \geq 1$. Dann hat p höchstens n Nullstellen.*

Beweis: (vollständige Induktion) Die Behauptung ist richtig für Polynome vom Grad 1. Sei sie schon für Polynome vom Grad n bewiesen und sei p ein Polynom vom Grad $n + 1$. Hat p keine Nullstellen, so ist nichts zu beweisen. Es habe also p eine Nullstelle a. Dann ist $x - a =: r$ nach Korollar 4.70 ein Teiler von p. Das Polynom $q = p/r$ hat einen Grad $\leq n$, also höchstens n Nullstellen. Sei b eine Nullstelle von $p = qr$. Dann ist $x - b$ ein Teiler von p. Da $x - b$ prim ist, teilt es q oder r, also ist b Nullstelle von q oder $b = a$. Damit hat p höchstens $n + 1$ Nullstellen. Die Behauptung folgt aus dem Prinzip der vollständigen Induktion.
□

4.3.6 Primfaktorzerlegung in Polynomringen

In $\mathbb{Z}$ hatten wir mit den Primzahlen eine bestimmte Auswahl der Primelemente betrachtet, nämlich die positiven. In $K[x]$ bietet sich die folgende Auswahl an: Sei $\mathcal{P} = \{f : f \text{ ist irreduzibles normiertes Polynom}\}$. Damit wird unter denjenigen irreduziblen Polynomen, die sich nur durch Multiplikation mit einer Einheit unterscheiden, jeweils genau eines ausgewählt.

Wie in $\mathbb{Z}$ gilt nun der folgende Satz:

Theorem 4.77. (Primfaktorzerlegung in $K[x]$) *Sei K ein Körper, $\mathcal{P}$ die Menge der irreduziblen normierten Polynome in $K[x]$. Dann gibt es zu jedem $h = \sum_{k=0}^{m} b_k x^k \in K[x]$ mit $b_m \neq 0$ und $m \geq 1$ genau eine endliche Menge $\mathcal{P}(h) = \{f_1, \ldots, f_n\} \subseteq \mathcal{P}$ und genau eine Abbildung $n_h : \mathcal{P}(h) \to \mathbb{N}$ mit*

$$h = b_m \prod_{k=1}^{n} f_k^{n_h(f_k)} = b_m \prod_{f \in \mathcal{P}(h)} f^{n_h(f)}.$$

Bemerkung: Wenn wir $\mathcal{P}(h) = \{f_1, \ldots, f_n\}$ schreiben, so ist damit gemeint, dass $f_i \neq f_j$ für $i \neq j$.

Beweis: Sei zunächst $b_m = 1$.
Existenz: Wir führen den Beweis durch Induktion nach dem Grad von h.
(I) Der Satz ist richtig für irreduzible Polynome h. Hier ist $\mathcal{P}(h) = \{h\}, n_h(h) = 1$. Damit

ist auch der Induktionsanfang bewiesen.

(II) Sei der Satz richtig für alle Polynome vom Grad $m-1$ und h ein Polynom vom Grad m. Nach (I) können wir annehmen, dass h nicht irreduzibel ist. Dann ist h Produkt zweier Polynome r und s vom Grad ≥ 1, wobei wir (ohne Beschränkung der Allgemeinheit) annehmen können, dass r und s normiert sind. (Denn ist der höchste Koeffizient von r gleich c_u, der von s gleich d_v, so ist $c_u d_v = b_m = 1$, also ist $h = (c_u^{-1}r) \cdot (d_v^{-1}s)$). Nach Induktionsvoraussetzung ist $r = \prod_{f \in \mathcal{P}(r)} f^{n_r(f)}$, $s = \prod_{f \in \mathcal{P}(s)} f^{n_s(f)}$. Wir setzen $\mathcal{P}(h) = \mathcal{P}(r) \cup \mathcal{P}(s)$ und $n_h(f) = \begin{cases} n_r(f), & f \in \mathcal{P}(r) \setminus \mathcal{P}(s) \\ n_s(f), & f \in \mathcal{P}(s) \setminus \mathcal{P}(r) \\ n_r(f) + n_s(f), & f \in \mathcal{P}(r) \cap \mathcal{P}(s) \end{cases}$. Dann ist $h = \prod_{f \in \mathcal{P}(h)} f^{n_h(f)}$.

Eindeutigkeit: Sei $h = \prod_{i=1}^{m} f_i^{n(f_i)} = \prod_{j=1}^{l} g_j^{n'(g_j)}, f_i, g_j \in \mathcal{P}$.
Nach Satz 4.75 teilt jedes f_i ein g_j, ist also gleich g_j, da f_i keine Einheit ist, g_j ein irreduzibles Polynom ist und f_i, g_j normiert sind. Das Umgekehrte gilt ebenso, also ist $l = m$ und $\{f_1, \ldots, f_m\} = \{g_1, \ldots, g_l\}$. Gibt es ein i mit $n(f_i) \neq n'(f_i)$, so sei ohne Beschränkung der Allgemeinheit $n(f_i) < n'(f_i)$. Sei $t = n'(f_i) - n(f_i)$. Dann ist $f_i^{n(f_i)}(\prod_{j \neq i} f_j^{n(f_j)} - f_i^t \prod_{j \neq i} f_j^{n'(f_j)}) = 0$. Aus der Nullteilerfreiheit von $K[x]$ (Satz 4.35 b)) folgt $f_i^t \prod_{j \neq i} f_j^{n'(f_j)} = \prod_{j \neq i} f_j^{n(f_j)}$. Wegen $t > 0$ teilt f_i das Polynom $\prod_{j \neq i} f_j^{n(f_j)}$. Nach Satz 4.75 teilt f_i dann ein f_j, $j \neq i$. Dies ist ein Widerspruch dazu, dass alle f_j verschieden sind.

Sei jetzt $b_m \neq 0$. Dann kann man den Satz auf $b_m^{-1}h$ anwenden und erhält die Behauptung.
$\square$

4.4 Erste Anwendungen

4.4.1 Codes

Bei der Übertragung oder Speicherung von digitalisierten Daten treten häufig zufällige Störungen auf, die zu Veränderungen der Daten führen. Die Codierung dient der Erkennung und gegebenenfalls der Korrektur solcher Fehler. Ein typisches Beispiel ist der klassische ASCII-Zeichensatz, mit dem 128 viele Zeichen jeweils durch einen 8-Bit-Block, also ein Element aus $\mathbb{K}_2^8$, codiert werden. Dass nicht alle $2^8 = 256$ möglichen Elemente des $\mathbb{K}_2^8$ als Codewörter genutzt werden, liegt daran, dass nur 7 Bits zur Verschlüsselung verwendet werden und das achte Bit als "Kontrollbit" dient. Es wird in der Regel so gewählt, dass die Anzahl der Einsen in einem Codewort immer gerade ist. Wird also bei der Übertragung eines ASCII-Codewortes genau ein Bit verändert, so erkennt man beim Empfang, dass ein Fehler aufgetreten ist.

Im Folgenden werden wir nur **binäre Codes**, also solche über dem Grundkörper $\mathbb{K}_2$ betrachten. Allgemeiner benutzt man beliebige endliche Körper K. Das erfordert aber lineare Algebra, die uns hier noch nicht zur Verfügung steht. (Im Fall des Körpers $K = \mathbb{K}_2$ fallen in K^n die Begriffe "Untervektorraum" und "Untergruppe" (bezüglich der Addition) zusammen; siehe Kapitel 9.)

Ein binärer Code (genauer: binärer Block-Code der Länge n) ist eine nichtleere Teilmenge C von $\mathbb{K}_2^n$. Ein Code C heißt **linear**, wenn er eine *Untergruppe* von $(\mathbb{K}_2^n, +)$ ist.

Ein linearer Code C der Länge n enthält also nach dem Satz von Lagrange (Satz 4.15) 2^k viele Codewörter, wobei $k \leq n$. Mit ihm lassen sich also 2^k viele Zeichen codieren. Hierzu benötigt man eigentlich nur k viele Bits. Die sog. Redundanz, die durch die zusätzlichen $n - k$ vielen Bits erzeugt wird, soll der Erkennung von Fehlern bei der Übertragung dienen. Empfängt man ein Element des $\mathbb{K}_2^n$, das nicht in C liegt, so weiß man, dass ein Fehler aufgetreten ist.

Beispiele:

1. $C = \{(0,0,0,0),(1,1,1,1)\}$ ist ein linearer Code zur Codierung von zwei verschiedenen Zeichen, etwa 0 und 1.
2. $C = \{(0,0,0),(0,1,1),(1,0,1),(1,1,0)\}$ ist ebenfalls ein linearer Code. Mit ihm werden vier Zeichen verschlüsselt.
3. $C = \{(0,0,0,0,0),(0,1,1,0,1),(1,0,1,1,1),(1,1,0,1,0)\}$ ist ebenfalls ein linearer Code. Werden bei einem dieser Codewörter maximal zwei der fünf Einträge verändert, so entsteht ein Element des $\mathbb{K}_2^5$, das nicht in C liegt.

4.4.2 Codierung mit Polynomen

Die zu codierenden Daten seien als Bitstrings der Länge k gegeben, also als Elemente des $\mathbb{K}_2^k$. Wir ordnen jedem Element des $\mathbb{K}_2^k$ ein Codewort der Länge n über $\mathbb{K}_2$ zu, wobei $n > k$. Um diese Codierung zu beschreiben, sehen wir einen Bitstring $m = m_1 \cdots m_k$ mit $m_i \in \mathbb{K}_2$ als ein Element von $\mathbb{K}_2^{(\mathbb{N}_0)}$, also als eine Folge von 0 und 1 mit nur endlich vielen Einsen an, indem wir m mit der Folge $(m_1, m_2, \ldots, m_k, 0, 0, \ldots)$ identifizieren (vergleiche Seite 111). Damit ist der Bitstring m der Länge k nichts anderes als ein Polynom $m(x)$ vom Grad $\leq k - 1$ aus $\mathbb{K}_2[x]$. Bei der Polynomcodierung müssen sich Sender und Empfänger auf ein sogenanntes **Generatorpolynom** $g(x)$ vom Grad $n - k$ einigen, dessen konstanter Term 1 ist. Das zu sendende Wort $m(x)$ wird mit x^{n-k} multipliziert. Das bedeutet, dass man $m_1 \cdots m_k$ um $n - k$ Stellen nach rechts verschiebt und die entstandenen Leerstellen mit 0 auffüllt (siehe Seite 111). Nun wird $c(x) = g(x) \cdot (x^{n-k}m(x) \text{ div } g(x)) = x^{n-k}m(x) - (x^{n-k}m(x) \bmod g(x))$ gesendet. Wird $d(x)$ empfangen, so bildet der Empfänger $d(x) \bmod g(x)$. Ist dieses Polynom ungleich 0, so liegt ein Sendefehler vor. Ist dieses Polynom aber gleich 0, so kann an den Stellen $n - k + 1 \ldots, n$ das ursprüngliche Wort $m_1 \cdots m_k$ direkt ablesen (beachten Sie, dass $\text{grad}(-x^{n-k}m(x) \bmod g(x)) < n - k$ gilt).

Die Nutzdaten eines jeden Pakets im Ethernet LAN werden mit dieser Art der Codierung gegen Übertragungsfehler geschützt. Der Teil $-x^{n-k}m(x) \bmod g(x)$ wird als sog. Ethernet-Trailer an die Nutzdaten angehängt. Damit erreicht man eine sichere und korrekte Übertragung von Daten, auf der die höheren Protokolle IP und TCP aufbauen.

Die Generatorpolynome sind zum Teil standardisiert: $g(x) = x^{16} + x^{12} + x^5 + 1$ ist das **CRC-CCITT–Polynom**, $g(x) = x^{16} + x^{15} + x^2 + 1$ ist das **CRC-16–Polynom** (siehe [27, S. 188 ff]). CCITT (Comité Consultativ International de Téléphonique et Télégraphique) ist die Vorläuferorganisation der ITU, einem internationalen Gremium zur Vereinheitlichung und Normung von Telekommunikationsstandards. CRC steht für "Cyclic Redundancy Code". Diese Bezeichnung bezieht sich auf Codierungen der oben beschriebenen Art mit speziellen Generatorpolynomen.

Aufgaben: (Wir wählen die Bezeichnungen etc. aus dem vorangegangenen Beispiel, vergl. auch [27, S. 190 f]).

1. Sei $k = 10$ und $n = 14$. Das zu codierende Wort sei 1101101011, identifiziert mit $x^9 + x^8 + x^6 + x^4 + x^3 + x + 1$. Das Generatorpolynom sei $g(x) = x^4 + x + 1$. Berechnen Sie bitte das zu sendende Polynom.

2. Zeigen Sie bitte: Ist im allgemeinen Verfahren der Rest $d(x) \bmod g(x) = x^j$, so ist das j-te Bit fehlerhaft.

3. Zeigen Sie bitte: Sei f ein Polynom in $\mathbb{K}_2[x]$ mit einer ungeraden Anzahl von Koeffizienten $= 1$. Dann ist $x + 1$ kein Teiler von f. *Tipp:* Verwenden Sie Korollar 4.70

4. Zeigen Sie bitte mit Hilfe von Aufgabe 3: Sei $x + 1$ ein Teiler von $g(x)$. Wenn eine ungerade Zahl von Bits fehlerhaft gesendet wurde, so ist $d(x) \bmod g(x)$ ein Polynom mit einer ungeraden Anzahl von Koeffizienten $= 1$.

4.4.3 Zyklische Codes

Alle in den Beispielen auf S. 133 angegebenen Codes sind linear. Aber die ersten beiden besitzen eine zusätzliche Regelmäßigkeit: Ist $c = (c_0, c_1, \ldots, c_{n-1})$ aus C, so ist auch das umgeordnete Codewort $S(c) = (c_{n-1}, c_0, c_1, \ldots, c_{n-2})$ in C. Lineare Codes mit dieser Eigenschaft heißen **zyklisch**. Die dahinter steckende Abbildung

$$S : \mathbb{K}_2^n \to \mathbb{K}_2^n, \ (c_0, \ldots, c_{n-1}) \mapsto (c_{n-1}, c_0, \ldots, c_{n-2})$$

von $\mathbb{K}_2^n$ auf sich ist bezüglich der Addition ein Gruppenisomorphismus, was wir gleich benutzen werden. *Ein linearer Code C ist also genau dann zyklisch, wenn $S(C) = C$ gilt.*

Um zyklische Codes besser zu verstehen, bilden wir den Isomorphismus ρ von $\mathbb{K}_2^n$ auf die additive Gruppe der Polynome vom Grad $n - 1$ über $\mathbb{K}_2$, der durch $\rho(a_0, \ldots a_{n-1}) = a_0 + a_1 x + a_2 x^2 + \cdots + a_{n-1} x^{n-1}$ gegeben ist (vergleiche die Codierung mit Polynomen im vorigen Abschnitt). Diese additive Gruppe ist aber gleichzeitig ein Repräsentantensystem des Faktorrings $\mathbb{K}_2[x]/J = \mathcal{R}$ nach dem von $x^n - 1$ erzeugten Hauptideal $J = (x^n - 1)\mathbb{K}_2[x]$, wobei die Addition auf dem Repräsentantensystem mit der üblichen übereinstimmt. Nun ist

$$\rho(S((c_0, \ldots c_n))) = \rho(c_{n-1}, c_0, \ldots, c_{n-2}) = c_{n-1} + c_0 x + c_1 x^2 + \cdots + c_{n-2} x^{n-1}$$

und $x\rho(c) = c_0 x + c_1 x^2 + \ldots c_{n-1} x^n$. Daraus folgt $\rho(S(c)) = x\rho(c) \bmod (x^n - 1)$, denn es ist $1 = x^n \bmod (x^n - 1)$.

Um also mit zyklischen Codes zu rechnen, gehen wir einfach in den Faktorring $\mathbb{K}_2[x]/J = \mathcal{R}$ und ersetzen dort die Abbildung S durch die Multiplikation mit x (in $\mathcal{R}$, nicht in $\mathbb{K}_2[x]$, genauer gesagt, wir multiplizieren mit $x + J$). Wir schreiben ab jetzt $\overline{f}$ für $f + J \in \mathcal{R}$, falls $f \in \mathbb{K}_2[x]$ und $\overline{T}$ für $\{\overline{f} : f \in T\}$, falls $T \subseteq \mathbb{K}_2[x]$.

Mit diesen Vereinbarungen erhalten wir den folgenden Satz. Wir setzen dabei $\overline{\rho(C)} = C'$.

Satz 4.78. *Sei $C \neq \{0\}$ ein zyklischer Code in $\mathbb{K}_2^n$, $|C| = 2^k$. Dann gibt es genau ein Polynom g minimalen Grades in $\mathbb{K}_2[x]$, das $x^n - 1$ teilt, so dass $C' = \{\overline{g}\overline{f} : \overline{f} \in \mathcal{R}\} = \overline{g} \cdot \mathcal{R}$ gilt. Es ist $\mathrm{grad}(g) = n - k$.*
Sei $x^n - 1 = gh$ mit $\mathrm{grad}(h) = k$. Dann ist $\overline{f}$ genau dann in C', wenn $\overline{f}\overline{h} = \overline{0}$ gilt.

Das Polynom g heißt **Generatorpolynom** des Codes C und das Polynom h sein **Kontrollpolynom**. *Zyklische Codes können also mit Hauptidealen in $\mathcal{R}$ identifiziert werden.* Die Bezeichnung "Generatorpolynom" stimmt mit der im vorigen Abschnitt überein, denn in beiden Fällen entsprechen die Code-Wörter den Vielfachen von $g(x)$ vom Grad kleiner oder gleich $n - 1$. Die im vorigen Abschnitt behandelten Codes sind zyklisch, falls dort $g(x)$ ein Teiler von $x^n - 1$ ist. h heißt Kontrollpolynom, weil es mit seiner Hilfe zu entscheiden gelingt, welche Wörter zum gegebenen Code gehören. Empfängt man ein Wort $c \in \mathbb{K}_2^n$, für das $\overline{\rho(c)h} \neq \overline{0}$ gilt, so weiß man, dass es einen Fehler enthält. Die Fehlererkennung ist auch mit dem Generatorpolynom g möglich, analog wie im vorigen Abschnitt dargestellt.

Aus dem Satz folgt: Wir haben genau so viele verschiedene zyklische Codes in $\mathbb{K}_2^n$, wie es Teiler von $x^n - 1$ gibt.

Beweis: Wegen $\overline{x}\overline{f} \in C'$ für alle $\overline{f} \in C'$ (das ist ja die Zyklizität) ist $\overline{f}\overline{s} \in C'$ für alle $\overline{f} \in C'$ und $\overline{s} \in \mathcal{R}$, weil C' eine additive Untergruppe von $\mathcal{R}$ ist. Also ist C' ein Ideal in $\mathcal{R}$. Das Urbild von C' in $\mathbb{K}_2[x]$ (bezüglich des kanonischen Homomorphismus von $\mathbb{K}_2[x]$ nach $\mathcal{R}$) ist nach Satz 4.52 b) ein Ideal in $\mathbb{K}_2[x]$, das $J = (x^n - 1)\mathbb{K}_2[x]$ enthält. Es ist also nach Satz 4.71 von der Form $g\mathbb{K}_2[x]$, $g \in \mathbb{K}_2[x]$, und folglich $C' = \overline{g}\mathcal{R}$. Nach Satz 4.66 a) ist g ein Teiler von $x^n - 1$. Da $\mathbb{K}_2[x]^* = \{1\}$ (Korollar 4.68 a)) und da $\mathbb{K}_2[x]$ nullteilerfrei ist (Korollar 4.68 b)), ist g nach Satz 4.66 b) eindeutig bestimmt. Aus $|C'| = 2^k$ folgt $C' = \{\overline{gs} : s \in \mathbb{K}_2[x], \mathrm{grad}(s) \leq k - 1\}$ und $\mathrm{grad}(g) = n - k$.
Es ist $x^n - 1 = gh$ für ein Polynom h, d. h. $\overline{g}\overline{h} = \overline{0}$. Es ist $\mathrm{grad}(h) = k$. Wegen $C' = \{\overline{gs} : \overline{s} \in \mathcal{R}\}$ gilt dann auch $\overline{s}\overline{h} = \overline{0}$ für $\overline{s} \in C'$.
Schließlich sei umgekehrt $\overline{s}\overline{h} = \overline{0}$. Dann gilt $sh \in J$, also $sh = q \cdot (x^n - 1) = q \cdot gh$. Da $\mathbb{K}_2[x]$ nach Korollar 4.68 nullteilerfrei ist, folgt $s = qg$ aus $h(s - qg) = 0$. Also ist $\overline{s} = \overline{q}\,\overline{g}$.
$\square$

Beispiel: Wir wählen $n = 4$. Ein Teiler von $x^4 - 1 = (x + 1)^4$ ist $(x + 1)^3 = x^3 + x^2 + x + 1 =: g(x)$. Das Kontrollpolynom ist $x + 1$. Die beiden einzigen Polynome vom Grad kleiner oder gleich $3 = n - 1$, deren Produkt mit $(x + 1)$ gerade ein Vielfaches von $x^4 - 1$ ergeben, sind 0 und $1 + x + x^2 + x^3$, also ist der Code $C = \{(0, 0, 0, 0), (1, 1, 1, 1)\}$.

Ein weiterer Teiler von $x^4 - 1$ ist $x + 1 =: g(x)$. Hier erhalten wir $\rho(C) = \{0, x + 1, x^2 + 1, x + x^2, 1 + x^3, x + x^3, x^2 + x^3, 1 + x + x^2 + x^3\}$, also
$$C = \{(0,0,0,0), (1,1,0,0), (1,0,1,0), (0,1,1,0), (1,0,0,1), (0,1,0,1), (0,0,1,1), (1,1,1,1)\}.$$
Im Ganzen gibt es fünf Teiler von $x^4 - 1$ (nämlich alle $(x + 1)^i$, $i = 0, \ldots, 4$), also auch fünf zyklische Codes in $\mathbb{K}_2^4$.

In Kapitel 9.4 werden wir noch einmal auf lineare Codes eingehen.

4.4.4 Ein öffentliches Verschlüsselungsverfahren

Wir stellen uns eine Nachricht aus einer Folge natürlicher Zahlen bestehend vor. In einem Register (einer Art Telefonbuch) gibt jeder Beteiligte öffentlich bekannt, wie ein anderer ihm eine Nachricht verschlüsseln und dann über öffentliche Wege zusenden soll. Obwohl das Verschlüsselungsverfahren öffentlich bekannt ist, soll es einem anderen als dem Empfänger praktisch, das heißt in nützlicher Zeit, unmöglich sein, die Nachricht zu entschlüsseln.

Das sieht auf den ersten Blick sehr merkwürdig aus. Warum sollte jemand, der eine Nachricht verschlüsseln kann, diese auch nicht wieder entschlüsseln können? Und warum kann es dann der Empfänger? Dass dies tatsächlich möglich ist, beruht auf einer Idee von W. Diffie und M. Hellman[6] (1976). Zum Verschlüsseln wird eine Funktion verwendet, die leicht zu berechnen ist, deren Umkehrfunktion, die man zum Entschlüsseln benötigt, aber schwer zu berechnen ist. Solche Funktionen werden in der Theoretischen Informatik und Kryptographie Einwegfunktionen genannt. Der zur Entschlüsselung berechtigte Empfänger besitzt darüber hinaus eine nur ihm bekannte Zusatzinformation, mit Hilfe derer die Entschlüsselung, das heißt die Berechnung der Umkehrfunktion, leicht wird. Die wichtigste Realisierung dieser Idee der so genannten **Public-Key-Systeme** stammt von Rivest, Shamir und Adleman[7]; ihr Verfahren (s. [24]), das ihnen zu Ehren RSA-Verfahren genannt wird, werden wir im Folgenden vorstellen. Die zugrunde liegende Einwegfunktion, und damit die Sicherheit des Systems, beruht darauf, dass es zwar leicht ist große Zahlen zu multiplizieren, dass man aber keine Algorithmen kennt, die beliebige Zahlen schnell in ihre Primfaktoren zerlegen. Für eine ausführliche Einführung in die Kryptographie mit einem eigenen Kapitel über Public-Key Verschlüsselung verweisen wir auf [9].

Wir nehmen im Folgenden an, die Botschaft, die der Sender schicken möchte, bestehe aus einer einzigen Zahl $m < n$, wobei n sehr groß sein soll. Der Empfänger gibt zwei Zahlen bekannt, nämlich n und eine Zahl e. Diese sind sein öffentlicher

---

[6] Whitfield Diffie, Sun Microsystems, Palo Alto. Martin E. Hellman, emeritierter Professor der Stanford University.

[7] Ronald L. Rivest, Professor für Informatik am Massachusetts Institute of Technology (MIT). Adi Shamir, Professor an der Fakultät für Informatik und angewandte Mathematik des Weizmann-Instituts in Israel. Leonard M. Adleman, Professor für Informatik an der University of Southern California. Rivest, Shamir und Adleman haben den RSA-Algorithmus 1977 zusammen am MIT entwickelt. Sie wurden dafür 2002 mit dem Turing Award der ACM ausgezeichnet.

Schlüssel. Der Sender benutzt nun diese beiden Zahlen, um m nach der Formel $s = m^e \bmod n$ zu verschlüsseln und s an den Empfänger zu schicken. Dieser entschlüsselt die Nachricht, indem er $s^d \bmod n$ berechnet. Dabei kennt nur der Empfänger die Zahl d. Sie ist sein geheimer Schlüssel. Wie muss man n, e und d wählen, damit

- $m = m^{ed} \bmod n$ für alle $m < n$ gilt   und
- m nur sehr schwer aus $s = m^e \bmod n$ berechnet werden kann, wenn man d nicht kennt?

Die RSA-Verschlüsselung geht im Prinzip so vor: Der Empfänger wählt zwei (sehr) große Primzahlen p und q und bildet daraus $n = pq$. Ferner werden e und d bestimmt, damit der erste Punkt erfüllt wird. Die Sicherheit hängt im Prinzip davon ab, ob man n in vernünftiger Zeit in Primfaktoren zerlegen kann. Jedenfalls kennt man bisher kein Verfahren, eine beliebige Nachricht m aus der verschlüsselten Nachricht s ohne Kenntnis von d zu berechnen, das schneller ist als die Faktorisierung von n zu bestimmen (bei genügend großem n und geeigneter Wahl von e).

Wir erinnern an den Abschnitt 4.2.5 über die Eulersche φ-Funktion.

Damit können wir nun konkret die Schlüsselkonstruktion der RSA-Verschlüsselung angeben:

- Wähle zwei Primzahlen p und q und setze $n = pq$. Dann ist $\varphi(n) = (p-1)(q-1)$.
- Wähle $e > 1$ mit $\mathrm{ggT}(e, \varphi(n)) = 1$ und d mit $ed \equiv 1 \ (\bmod \ \varphi(n))$. Das ist nach Korollar 3.13 möglich.

Behauptung: Für so gewählte Zahlen e und d gilt $m^{ed} \equiv m(\bmod n)$.
Beweis: Es ist $ed = 1 + k\varphi(n)$ für ein $k \in \mathbb{Z}$ und $\varphi(n) = (p-1)(q-1)$. Ist $\mathrm{ggT}(m, n) = 1$, so ist nach dem Satz von Euler-Fermat 4.63 $m^{ed} \equiv m^{1+k\varphi(n)} \equiv m \cdot (m^{\varphi(n)})^k \equiv m(\bmod n)$. Ist $\mathrm{ggT}(m, n) \neq 1$, so folgt aus $n = p \cdot q$, dass $p|m$ oder $q|m$. Sei $p|m$. Dann gilt auch $p|m^{ed}$, also $m^{ed} \equiv m \equiv 0 (\bmod p)$. Wegen $m < n$ ist nun $q \nmid m$. Mit Korollar 4.63 folgt $m^{ed} \equiv m^{1+k(p-1)(q-1)} \equiv m \cdot (m^{q-1})^{k(p-1)} \equiv m(\bmod q)$. Dann ist auch $m^{ed} \equiv m(\bmod n)$. $\square$

In der Praxis werden p und q als etwa 100- bis 200-stellige Primzahlen gewählt. Man bestimmt sie durch ggf. mehrfach zu wiederholende Zufallswahlen und führt dann Primzahltests durch. Hierfür gibt es deutlich schnellere Algorithmen als für das Faktorisierungsproblem. Einen wichtigen Primzahltest, den Miller-Rabin-Test, werden wir in Kapitel 16 kennen lernen.

Wie erhält man e und d? In der Regel wird zunächst e bestimmt. Oft wird e als kleine Zahl gewählt, damit die Verschlüsselung $s = m^e \bmod n$ schnell zu berechnen ist. (An sich ist das Potenzieren mit dem auf Seite 76 beschriebenen Verfahren so schnell, dass man durchaus auch "große" Zahlen als Exponenten e wählen kann.) Oder man wählt zufällig eine (ungerade) Zahl und testet mit dem Euklidischen Algorithmus, ob sie teilerfremd zu $\varphi(n)$ ist. Der Erfolg dieses Vorgehens hängt von der Größe der Primteiler von $\varphi(n)$ ab (dies ergibt sich aus Korollar 4.62), aber in der Regel findet man auf diese Weise sehr schnell ein geeignetes e. Ist e bestimmt, so lässt sich d mit Hilfe des erweiterten Euklidischen Algorithmus berechnen (vgl. Bemerkung S. 82).

Die Sicherheit des Verfahrens beruht nun wesentlich darauf, dass es sehr schwierig ist, alleine aus der Kenntnis von n und e auf d zu schließen. Dies ist dann (wie oben beschrieben) möglich, wenn man $\varphi(n)$ kennt. Man kann zeigen (was wir hier nicht durchführen werden), dass die Berechnung von $\varphi(n)$ im Prinzip genauso schwer ist wie die Faktorisierung von n. Daher müssen die Primzahlen p und q, aus denen n gebildet wird, geheim bleiben, außer natürlich für den Besitzer des geheimen Schlüssels. Aus Sicherheitsgründen löscht er am besten die beiden Primzahlen, nachdem er d bestimmt hat. Sie werden für die Durchführung des Verfahrens nicht mehr benötigt.

Aufgabe: Ist $n = p \cdot q$ mit Primzahlen p, q, so kann man aus der Kenntnis von n und $\varphi(n)$ die Primzahlen p und q einfach bestimmen.

Bei der Wahl von p, q sowie e und d sind aus Sicherheitsgründen eine Reihe von Vorsichtsmaßnahmen nötig. Wir beschreiben eine davon, die notwendig ist, um in gewissen Fällen unerlaubte Entschlüsselungen mit Hilfe des chinesischen Restsatzes zu verhindern. Wir hatten vorne erwähnt, dass in der Praxis oft kleine Zahlen für e gewählt werden, damit die Verschlüsselung von Nachrichten schnell durchgeführt werden kann. Das kleinstmögliche e ist 3 (wenn 3 kein Teiler von $p - 1$ und $q - 1$ ist). Eine solche Wahl birgt aber unter Umständen Gefahren in sich. Wird nämlich von vielen Teilnehmern $e = 3$ als Teil ihres jeweiligen öffentlichen Schlüssels gewählt und sendet jemand die gleiche Nachricht m an drei verschiedene Empfänger mit den öffentlichen Schlüsseln $(n_j, 3)$, so verschlüsselt er m in $c_j = m^3 \bmod n_j, j = 1, 2, 3$. Ist m nicht zu groß, nämlich $m < min(n_1, n_2, n_3)$, so kann ein "Lauscher", der die verschlüsselten Nachrichten c_1, c_2, c_3 abfängt, die unverschlüsselte Nachricht m leicht berechnen:
Er testet zunächst, ob $\ggT(n_i, n_j) = 1$ für alle $i, j = 1, 2, 3, i \neq j$ gilt. Ist dies nicht der Fall, so erhält er aufgrund der Konstruktion der n_j die Primfaktorzerlegung von zwei der n_j und dann kann er – wie oben erwähnt – einfach den geheimen Schlüssel d_j bestimmen.
Sind n_1, n_2, n_3 aber paarweise teilerfremd, so berechnet er mit Hilfe des chinesischen Restsatzes 4.60 eine eindeutig bestimmte Zahl a mit $a < n_1 n_2 n_3$ und $a \equiv c_j (\bmod\, n_j)$, also $a \equiv m^3 (\bmod\, n_j)$, $j = 1, 2, 3$. Wegen $m^3 < n_1 n_2 n_3$ ist dann $a = m^3$ und m lässt sich leicht als dritte Wurzel aus a berechnen.
Wer sich näher mit der Wissenschaft von Datenverschlüsselungen, der Kryptologie, befassen will, sei zum Beispiel auf [6] oder [9] verwiesen.

Wiederholung

Begriffe: Ring, Ring mit Eins, Körper, Polynomring, Unterring, Ideal, Faktorring, Repräsentantensysteme als Ringe, Modulo-Rechnung in $\mathbb{K}[x]$, Eulersche

φ—Funktion, größter gemeinsamer Teiler und kleinstes gemeinsames Vielfaches in Polynomringen, Primelementen, irreduzible Polynome, Codes, Public-Key-Systeme. **Sätze:** Verfahren zur Konstruktion von neuen Ringen, Satz über den Faktorring, der Homomorphiesatz für Ringe, chinesicher Restsatz, Satz über die Eulersche φ—Funktion, Charakterisierung von Primelementen, Existenz des größten gemeinsamen Teilers und des kleinsten gemeinsamen Vielfachen, Satz von Bézout, Zerlegung von Polynomen in irreduzible Polynome, Anwendungen.

4.5 Boolesche Algebren

Motivation und Überblick

Wir hatten in der Aussagenlogik (Abschnitt 2.5) auf der Menge $\mathcal{A}$ der Ausdrücke die logischen Junktoren $\vee, \wedge$ und $\neg$ erklärt. Darüberhinaus hatten wir eine Äquivalenzrelation $\equiv$ definiert durch $A \equiv B$ genau dann, wenn für alle Interpretationen I^* stets $I^*(A) = I^*(B)$ gilt. Für technische Zwecke (Konstruktion logischer Schaltungen) kommt es darauf an, aus jeder Äquivalenzklasse einen Ausdruck auszuwählen, der sich schaltungstechnisch besonders einfach realisieren lässt. Es stellt sich die Frage, ob die logischen Junktoren "verträglich" mit dieser Auswahl aus den Äquivalenzklassen sind und wenn ja, welche Rechenregeln für die logischen Junktoren auf den Äquivalenzklassen gelten. Die Problemstellung ist also völlig analog zu der, die zur Bildung eines Faktorringes führte. Tatsächlich kann man auf der Menge $\hat{\mathcal{A}} = \{[A] : A \in \mathcal{A}\}$ der Äquivalenzklassen Verknüpfungen $\vee, \wedge$ und $'$ einführen, die gewissermaßen "Bilder" der logischen Junktoren $\vee, \wedge$ und $\neg$ sind, so dass $\hat{\mathcal{A}}$ mit diesen Verknüpfungen eine *Boolesche Algebra* wird. Nach der Definition der Booleschen Algebra kennzeichnen wir Boolesche Algebren als kommutative Ringe mit Eins, in denen jedes Element x die Bedingung der Idempotenz $x^2 = x$ erfüllt. Wir führen dann das Programm durch, $\hat{\mathcal{A}}$ zu konstruieren. Wir erhalten eine Boolesche Algebra. Endliche Boolesche Algebren sind isomorph zur Booleschen Algebra der Potenzmenge $\mathcal{P}(M)$ einer endlichen Menge M. Schließlich zeigen wir, dass man alle sogenannten Booleschen Funktionen von n Variablen, das heißt alle Abbildungen von $\mathbb{K}_2^n$ in $\mathbb{K}_2$ durch Boolesche Polynomfunktionen darstellen kann und kennzeichnen diejenigen Algebren $\hat{\mathcal{A}}_n$ der Aussagenlogik, die man erhält, wenn die Variablenmenge V der Aussagenlogik n Elemente enthält.

4.5.1 Definition und einfache Eigenschaften Boolescher Algebren

Wir erinnern an den Begriff der Verknüpfung (Definition 4.1) auf einer Menge H. Eine Verknüpfung ist nichts anderes als eine Abbildung von $H \times H$ nach H.

Definition 4.79. *Sei B eine Menge und $\vee$, $\wedge$ seien zwei Verknüpfungen auf B und 0, $1 \in B$ zwei feste Elemente mit den folgenden Eigenschaften:*

1. *$\vee$ und $\wedge$ sind assoziativ und kommutativ.*
2. *Es gelten die Distributivgesetze $x \vee (y \wedge z) = (x \vee y) \wedge (x \vee z)$ und $x \wedge (y \vee z) = (x \wedge y) \vee (x \wedge z)$.*
3. *$x \wedge 0 = 0$, $x \wedge 1 = x$ für alle x.*
4. *$x \vee 0 = x$, $x \vee 1 = 1$ für alle x.*
5. *Zu jedem x gibt es genau ein x' mit $x \wedge x' = 0$ und $x \vee x' = 1$. x' heißt* **Komplement** *von x.*

Dann heißt $(B, \vee, \wedge, ', 0, 1)$ (kürzer: B) eine **Boolesche Algebra**.

Bemerkung: Wie in der formalen Aussagenlogik führt man auch hier die Zeichen $\bigvee$ bzw. $\bigwedge$ ein. Für $A = \{a_1, \ldots, a_n\}$ bedeutet $\bigvee_{a \in A} a$ einfach $\bigvee_{k=1}^{n} a_k$ und dieser Ausdruck wird induktiv definiert. Analoges gilt für $\bigwedge_{a \in A} a$.

Beispiele:

1. Sei M eine Menge. Dann ist ihre Potenzmenge $(\mathcal{P}(M), \cup, \cap, {}^c, \emptyset, M)$ eine Boolesche Algebra, wobei $A^c = M \setminus A$ ist.
2. $\mathbb{K}_2$ mit $x \vee y = \max(x, y)$, $x \wedge y = \min(x, y) = xy$ und $x' = 1 + x \bmod (2)$.
3. $\mathbb{K}_2^n$, versehen mit den Verknüpfungen koordinatenweise. Das heißt genauer: $(x_1, x_2, \ldots, x_n) \vee (y_1, y_2, \ldots, y_n) = (x_1 \vee y_1, x_2 \vee y_2, \ldots, x_n \vee y_n)$ usw.; es handelt sich um die Boolesche Algebra von n Schaltern (Eingängen mit Zuständen Ein und Aus).
4. Sei $B = \{(0000), (1111)\} \subseteq \mathbb{K}_2^4$. B ist, versehen mit den Verknüpfungen koordinatenweise, selbst eine Boolesche Algebra, eine **Boolesche Unteralgebra** von $\mathbb{K}_2^n$.

Aufgaben:

1. Beweisen Sie bitte, dass alle Beispiele oben wirklich Boolesche Algebren sind, das heißt: Weisen Sie in jedem Fall die laut Definition geforderten Eigenschaften nach.
2. Eine Teilmenge A der unendlichen Menge M heißt **ko–endlich**, wenn ihr Komplement $M \setminus A = A^c$ endlich ist. Sei $B = \{A \in \mathcal{P}(M) : |A| < \infty$ oder A ko–endlich$\}$. Zeigen Sie bitte: B ist eine Boolesche Unteralgebra von $\mathcal{P}(M)$.

Bemerkung: Sei B eine Boolesche Algebra. Für a, b aus B setzen wir $a \leq b$, falls $a \wedge b = a$. Dann ist $\leq$ eine *Ordnung auf B*, die außer im Fall $B = \{0, 1\}$ nicht linear, also partiell ist. Ist $B = \mathcal{P}(M)$, so handelt es sich um die Enthaltenseinsrelation $\subseteq$. Wir müssen im allgemeinen Fall für unsere definierte Relation "$\leq$" die Eigenschaften einer Ordnung nachweisen (siehe Definition 2.17). Die Reflexivität und Antisymmetrie sind klar. Wir weisen die Transitivität nach: Sei $a \leq b$ und $b \leq c$. Dann gilt $a \wedge b = a$ und $b \wedge c = b$. Daraus folgt mit Hilfe der Assoziativität

$$a \wedge c = (a \wedge b) \wedge c = a \wedge (b \wedge c) = a \wedge b = a,$$

also $a \leq c$.

Wir stellen die Verbindung zur Ringtheorie her:

Satz 4.80. *Sei* $(B, \vee, \wedge, ', 0, 1)$ *eine Boolesche Algebra.*
Sei $x + y := (x \vee y) \wedge (x \wedge y)'$ *und* $xy := x \wedge y$. *Dann ist* $(B, +, \cdot)$ *ein kommutativer Ring mit 1 als Einselement, in dem* $x^2 = x$ *für alle* x *gilt. Ferner gilt* $x \vee y = x + y + xy$ *und* $x' = 1 + x$.

Beweis: (Skizze) Man rechnet zunächst elementar nach: $(x \vee y) \wedge (x' \wedge y') = 0$ und $(x \vee y) \vee (x' \wedge y') = 1$, also folgt aus der Eindeutigkeit des Komplements die abstrakte De Morgansche Regel $(x \vee y)' = x' \wedge y'$ und analog $(x \wedge y)' = x' \vee y'$. Außerdem folgt sofort $x = x \wedge (x \vee x') = (x \wedge x) \vee (x \wedge x') = x \wedge x$, also $x^2 = x$. Weiter ist aufgrund der Eindeutigkeit von x' auch $(x')' = x$. Damit ist $x \vee x = (x \vee x)'' = (x' \wedge x')' = (x')' = x$.

Die Kommutativität von $+$ ist sofort klar wegen der Kommutativität von $\vee$ und $\wedge$.

Es ist

$$
\begin{aligned}
(x + y) + z &= [((x \vee y) \wedge (x \wedge y)') \vee z] \wedge [((x \vee y) \wedge (x \wedge y)') \wedge z]' \\
&= (x \vee y \vee z) \wedge (x' \vee y' \vee z) \wedge (x \vee y' \vee z') \wedge (x' \vee y \vee z'),
\end{aligned}
$$

wie man mit Hilfe der De Morganschen Regeln erhält. Nun ist $x + (y + z) = (y + z) + x$. Ersetzt man in der letzten Zeile der oben stehenden Gleichungskette x durch y, y durch z und z durch x, so erhält man bis auf Umordnung denselben Ausdruck, der damit gleich $(x + y) + z$ ist. Das beweist die Assoziativität. Das Distributivgesetz $(x + y)z = xz + yz$ ist ebenfalls elementar mit Hilfe der De Morganschen Regeln beweisbar. Damit ist $(B, +, \cdot)$ tatsächlich ein kommutativer Ring mit Einselement. Es ist $x \wedge y = xy$ nach der Definition der Multiplikation. Ferner ist $x' = 1 + x$, wie man sofort nachrechnet. Damit erhält man

$$
(x \vee y)' = x' \wedge y' = (1 + x)(1 + y) = 1 + (x + y + xy) = (x + y + xy)',
$$

und damit $x \vee y = x + y + xy$. Also sind $\vee$, $'$ und $\wedge$ durch $+$ und $\cdot$ wie oben bestimmt. $\square$

Ist $B = \{0, 1\}^n$, so stimmen die Addition und die Multiplikation mit der entsprechenden Verknüpfung des n-fachen direkten Produktes von $\mathbb{K}_2$, also mit der Addition bzw. Multiplikation koordinatenweise überein. Ist $B = \mathcal{P}(M)$ die Boolesche Algebra der Potenzmenge einer Menge M, so ist die Addition die **symmetrische Differenz** $A \triangle B = (A \cup B) \setminus (A \cap B)$.

Aufgabe: Beweisen Sie bitte die Distributivität von $+$ und $\cdot$.

Die Umkehrung des obigen Satzes gilt ebenfalls:

Satz 4.81. *Sei* $(B, +, \cdot)$ *ein kommutativer Ring mit Eins, in dem* $x^2 = x$ *für jedes* x *gilt. Sei* $x \vee y = x + y + xy$ *und* $x \wedge y = xy$, *ferner* $x' = 1 + x$. *Dann ist* $(B, \vee, \wedge, ', 0, 1)$ *eine Boolesche Algebra. In ihr gilt* $x + y = (x \vee y) \wedge (x \wedge y)'$.

Beweis: Die Kommutativität von $\vee$ und $\wedge$ sind klar, ebenso die Assoziativität von $\wedge$. Die Assoziativität von $\vee$ rechnet man leicht nach.
Es ist $x + x = (x + x)^2 = x^2 + x^2 + x^2 + x^2 = x + x + x + x$, also ist $x + x = 0$. Benutzt man dies, so erhält man nach leichter Rechnung die beiden Distributivgesetze für $\vee$ und $\wedge$. Die Eigenschaften 3 und 4 aus Definition 4.79 ergeben sich ebenfalls unmittelbar. Schließlich ist $x \wedge (1 + x) = x + x^2 = 0$ und $x \vee (1 + x) = x + 1 + x + x^2 = 1$. Sei y ein weiteres

Element mit $x \wedge y = 0$ und $x \vee y = 1$. Das bedeutet $xy = 0$ und $x + y + xy = 1$. Dann ist aber $x + y = 1$, also $y = 1 - x$. Wegen $x + x = 0$ ist $x = -x$, also $y = 1 + x$. Die letzte Formel ist leicht nachzurechnen.   □

Wir erhalten aus den beiden letzten Sätzen das folgende Korollar über Homomorphismen Boolescher Algebren:

Korollar 4.82. *Seien B_1, B_2 Boolesche Algebren und $\rho : B_1 \to B_2$ eine Abbildung. Genau dann ist ρ ein Ringhomomorphismus (also ein Homomorphismus von $(B_1, +, \cdot) \to (B_2, +, \cdot)$) mit $\rho(1) = 1$, wenn $\rho(x \vee y) = \rho(x) \vee \rho(y)$, $\rho(x') = (\rho(x))'$ und $\rho(x \wedge y) = \rho(x) \wedge \rho(y)$ gilt.*

Unsere ringtheoretische Beschreibung Boolescher Algebren ermöglicht uns, die Idealtheorie für Ringe anzuwenden.

Satz 4.83. *Eine Boolesche Algebra ohne nichttriviale Ideale ist isomorph zu $\mathbb{K}_2$.*

Beweis: Sei B eine Boolesche Algebra ohne nichttriviale Ideale. Dann ist $(B, +, \cdot)$ nach Satz 4.51 ein Körper. Hätte B ein $x \neq 0, 1$, so wäre x wegen $x(1 + x) = 0$ ein Nullteiler, B also kein Körper.   □

Aufgabe: Sei B eine Boolesche Algebra und $\emptyset \neq J \subseteq B$ eine Teilmenge. Zeigen Sie bitte, dass J genau dann ein Ideal im Ring $(B, +, \cdot)$ ist, wenn $x \vee y \in J$ für alle $x, y \in J$ und $x \wedge z \in J$ für alle $x \in J, z \in B$ gilt.

Wir können nun auf einfache Art weitere Beispiele konstruieren.

Beispiele:

1. Seien $B_1, B_2, \ldots, B_n$ Boolesche Algebren. Dann ist $B = B_1 \times B_2 \cdots \times B_n$, versehen mit den Verknüpfungen koordinatenweise, eine Boolesche Algebra. Denn nach dem Beispiel 4, Seite 107, ist $(B, +, \cdot)$ ein kommutativer Ring mit Eins mit $x^2 = x$ für alle x (es gilt ja koordinatenweise). Wegen $x \vee y = x + y + xy$ werden auch die Verknüpfung $\vee$ sowie $'$ koordinatenweise gebildet.
2. Sei B eine Boolesche Algebra und $\emptyset \neq M$ eine beliebige Menge. Dann ist auch die Menge B^M aller Abbildungen von M in B mit den punktweise gebildeten Verknüpfungen eine Boolesche Algebra. Denn auch hier ist $(B^M, +, \cdot)$ ein kommutativer Ring mit Eins, mit $f^2 = f$ für alle $f \in B^M$. Also ist $f \vee g = f + g + fg$ usw.
3. Sei B eine Boolesche Algebra und J ein echtes Ideal in dem Ring $(B, +, \cdot)$. Dann hat der Faktorring B/J ein Einselement, ist kommutativ und es gilt $[x]^2 = [x^2] = [x]$. Also ist B/J eine Boolesche Algebra. Man rechnet sofort $[x] \vee [y] = [x \vee y]$ nach.

4.5.2 Die Boolesche Algebra der Aussagenlogik

Sei $\mathcal{A}(V)$ die Menge der Ausdrücke der Aussagenlogik über einer festgelegten endlichen oder abzählbaren Menge V von Variablen. Sei $\equiv$ die in 1.5.3 eingeführte Äquivalenzrelation. Dann gilt das folgende Lemma, das eine Konsequenz aus Satz 2.53 ist.

Lemma 4.84. *Seien* A_1, A_2, B_1 *und* $B_2 \in \mathcal{A}(V)$ *und* $A_1 \equiv A_2$ *sowie* $B_1 \equiv B_2$. *Dann gilt*

a) $(\neg A_1) \equiv (\neg A_2)$.
b) $(A_1 \vee B_1) \equiv (A_2 \vee B_2)$.
c) $(A_1 \wedge B_1) \equiv (A_2 \wedge B_2)$.

Damit erhalten wir das folgende Lemma (vergleiche Satz 4.4), das die Basis für den Hauptsatz dieses Abschnitts bildet:

Lemma 4.85. *Sei* $\mathcal{A}(V) = \mathcal{A}$ *und* $\hat{\mathcal{A}}$ *die Menge der Äquivalenzklassen* $[A]$ *bezüglich* $\equiv$. *Dann sind die drei folgenden Abbildungen eindeutig erklärt:*

a) $' : \hat{\mathcal{A}} \to \hat{\mathcal{A}}$, $[A] \mapsto [A]' := [(\neg A)]$
b) $\vee : \hat{\mathcal{A}} \times \hat{\mathcal{A}} \to \hat{\mathcal{A}}$, $([A], [B]) \mapsto [(A \vee B)]$
c) $\wedge : \hat{\mathcal{A}} \times \hat{\mathcal{A}} \to \hat{\mathcal{A}}$, $([A], [B]) \mapsto [(A \wedge B)]$.

Damit ergibt sich das folgende Theorem:

Theorem 4.86. $(\widehat{\mathcal{A}}(V), \vee, \wedge, ', [\underline{0}], [\underline{1}])$ *ist eine Boolesche Algebra, die* **Boolesche Algebra der Aussagenlogik** *über* V.

Beweis: Aus dem vorangegangenen Lemma und Beispiel 3, Seite 65 folgt
$[A] \vee [B] = [B] \vee [A]$ und $[A] \wedge [B] = [B] \wedge [A]$.
Aus den Beispielen 8 und 9, Seite 65 folgt $[A] \wedge [\underline{0}] = [\underline{0}]$, $[A] \wedge [\underline{1}] = [A]$, $[A] \vee [\underline{0}] = [A]$, $[A] \vee [\underline{1}] = [\underline{1}]$, sowie $[A]' \vee [A] = [\underline{1}]$ und $[A]' \wedge [A] = [\underline{0}]$.
Aus Beispiel 4, Seite 65 folgt die Assoziativität von $\vee$ und $\wedge$ und aus Beispiel 5 die Distributivität. Das Einzige, was noch zu zeigen ist, ist die Eindeutigkeit von $[A]'$ mit den beiden angegebenen Eigenschaften. Sei also $[A] \in \hat{\mathcal{A}}$ und sei $[B] \in \hat{\mathcal{A}}$ mit $[A] \wedge [B] = [\underline{0}]$, $[A] \vee [B] = [\underline{1}]$. Wir müssen $B \equiv (\neg A)$ zeigen.
Es ist $A \wedge B \equiv \underline{0}$, $A \vee B \equiv \underline{1}$. Sei I^* eine beliebige Interpretation. Dann ist $0 = I^*(A \vee B) = \min(I^*(A), I^*(B))$. Ist also $I^*(A) = 1$, so ist $I^*(B) = 0$. Ist $I^*(A) = 0$, so ist wegen $1 = I^*(A \vee B) = \max(I^*(A), I^*(B))$ dann $I^*(B) = 1$. Damit ist $I^*(B) = I^*(\neg A)$, also $[B] = [(\neg A)]'$. $\qquad \square$

Wir hatten bereits im vorigen Unterabschnitt gezeigt, dass durch $x + y = (x \vee y) \wedge (x \wedge y)'$ eine Addition erklärt ist, so dass $(\widehat{\mathcal{A}}(V), +, \wedge, [\underline{1}])$ ein kommutativer Ring mit Eins ist, in dem stets $[A]^2 = [A]$ für alle $[A]$ gilt. Die Addition entspricht dem $XOR : A \, XOR \, B = (A \vee B) \wedge \neg(A \wedge B)$. Es ist $[A] + [B] = [A \, XOR \, B]$.

4.5.3 Darstellung endlicher Boolescher Algebren

Nachdem wir die Boolesche Algebra der Aussagenlogik gewonnen haben, stellt sich die Frage, wie diese aussieht, wenn die Zahl der Variablen endlich ist, das heißt, wenn $|V| < \infty$ gilt. Ziel dieses und des folgenden Abschnitts ist es, diese Frage vollständig zu beantworten. Die Vermutung liegt nahe, dass $\widehat{\mathcal{A}}(V)$ endlich ist, wenn V endlich ist. Endliche Boolesche Algebren lassen sich aber einfach charakterisieren, wie wir in diesem Abschnitt zeigen werden.

Beispiel: Sei $B = \mathbb{K}_2^n$ die Boolesche Algebra aus Beipiel 3, Seite 140. B ist isomorph zur Booleschen Algebra $\mathcal{P}(\{1, \ldots, n\})$ (vergl. Beispiel 1, Seite 140). Denn es ist $\mathbb{K}_2^n$ isomorph zu $\mathbb{K}_2^{\{1,\ldots,n\}}$ (vergleiche Seite 26). Wir setzen $M = \{1, \ldots, n\}$ und definieren einen Isomorphismus ρ von $\mathcal{P}(M)$ auf $\mathbb{K}_2^M$ durch $\rho(A) = 1_A$ (1_A: die Indikatorfunktion von A, siehe Seite 24). Wie man leicht nachrechnet, ist ρ tatsächlich ein Isomorphismus. ρ^{-1} ist dann der gewünschte Isomorphismus.

Aufgabe: Zeigen Sie bitte, dass die Abbildung ρ im Beispiel oben wirklich ein Isomorphismus ist.

Wir wollen zeigen, dass *jede endliche* Boolesche Algebra isomorph ist zur Algebra $\mathcal{P}(M)$ für eine geeignete Menge M.

Im Folgenden sei B eine Boolesche Algebra.

Definition 4.87. *Ein nicht triviales Ideal J heißt* **minimal***, wenn es keine weiteren nicht trivialen Ideale $J' \neq J$ enthält.*

Lemma 4.88. *Ist J ein beliebiges Ideal $\neq \{0\}$ in einer endlichen Booleschen Algebra, so enthält es ein minimales Ideal.*

Beweis: Entweder ist J schon minimal, oder es gibt ein Ideal $J_1 \subseteq J$ mit $\{0\} \neq J_1 \neq J$. Dann ist aber $|J_1| < |J|$. Ist J_1 nicht minimal, so wählen wir ein weiteres echt in J_1 liegendes nicht triviales Ideal J_2. Es ist dann $|J_2| < |J_1| < |J|$. Wir erhalten so durch Induktion eine echt absteigende Kette von Idealen, die endlich ist, weil B endlich ist. Ihr letztes Glied ist ein minimales Ideal. $\square$

Definition 4.89. *Ein Element $y \neq 0$ der Booleschen Algebra B heißt* **Atom***, wenn aus $y \wedge x \neq 0$ stets $y \wedge x = y$ folgt.*

Die Bezeichnung rührt von der folgenden Tatsache her: *Sei y ein Atom. Dann gibt es im Sinne der Ordnung $\leq$ (siehe die Bemerkung auf Seite 140) kein Element z mit $0 < z < y$. Denn für solch ein z würde $z = y \wedge z = y$ gelten.*

Aufgaben:

1. Zeigen Sie bitte: die Atome in $\mathbb{K}_2^n$ sind gerade die Elemente $(1, 0, \ldots, 0)$, $(0, 1, 0, \ldots, 0)$, ..., $(0, \ldots, 0, 1)$.
2. Sei $F_n(\mathbb{K}_2)$ die Menge aller Funktionen auf $\mathbb{K}_2^n$ mit Werten in $\mathbb{K}_2$. Nach Beispiel 2, Seite 142, ist $F_n(\mathbb{K}_2)$ eine Boolesche Algebra. Zeigen Sie bitte: Die Atome von $F_n(\mathbb{K}_2)$ sind gerade die Funktionen $f_a : b \mapsto f_a(b) = \begin{cases} 1 & b = a \\ 0 & b \neq a \end{cases}$ (für $a \in \mathbb{K}_2^n$). Gilt die Charakterisierung auch, wenn man $\mathbb{K}_2^n$ durch eine beliebige Menge $X \neq \emptyset$ ersetzt?

Im Folgenden benutzen wir ausschließlich die Ringstruktur der Booleschen Algebra B, das heißt, wir betrachten den Ring $(B, +, \cdot)$. Es ist $xy = x \wedge y$.

Lemma 4.90. *Sei J ein minimales Ideal der Booleschen Algebra B. Dann ist $J = \{0, a\}$ und a ist ein Atom.*

Beweis: Seien $0 \neq a$, $b \in J$. Dann sind die Hauptideale aB und bB enthalten in J. Wegen $a = a \cdot 1 \in aB$ (und analog für b) sind aB und bB nichttrivial, also gleich J. Es gibt damit u, $v \in B$ mit $a = ub$ und $b = va$. Also ist $a = ub = ub^2 = ab = ava = a^2v = av = b$. Sei $x \in B$ beliebig. Weil J ein Ideal ist, ist $xa \in J$, also gleich 0 oder gleich a. □

Lemma 4.91. *a) Seien a und b verschiedene Atome. Dann ist $ab = 0$.*
b) Sei B endlich und $x \neq 0$ ein beliebiges Element aus B. Dann gibt es ein Atom y mit $xy = y$.
c) Sei $M = \{a_1, \ldots a_n\}$ die Menge aller Atome. Dann ist $1 = \sum_{k=1}^n a_k$.

Beweis: a) Da a und b Atome sind, folgt aus $ab \neq 0$ sofort $a = ab = b$.
b) Das Hauptideal xB enthält x und ein minimales Ideal $\{0, y\}$. Wegen $y \in xB$ gibt es ein $c \in B$ mit $y = xc$, woraus $xy = x^2c = xc = y$ folgt.
c) Sei $c = \sum_{k=1}^n a_k$. Dann ist $ca_j = a_j^2 + \sum_{k \neq j} a_j a_k = a_j$. Angenommen es gilt $c \neq 1$. Dann gibt es ein Atom a_{j_0} mit $(1 - c)a_{j_0} = a_{j_0}$. Also ist $a_{j_0} = a_{j_0}^2 = ca_{j_0}(1 - c)a_{j_0} = c(1 - c)a_{j_0} = 0$, ein Widerspruch. □

Theorem 4.92. *Sei B eine endliche Boolesche Algebra und A die Menge aller ihrer Atome. Dann ist B isomorph zur Booleschen Algebra $\mathcal{P}(A)$ aller Teilmengen von A.*

Beweis: (I) Mit B ist auch A endlich, also $A = \{a_1, \ldots a_n\}$. Für $x \in B$ sei $A(x) = \{a_j : xa_j = a_j\}$. Dann folgt $x = \sum_{a_j \in A(x)} a_j$ aus $x = x \cdot 1 = x \sum_{k=1}^n a_k = \sum_{k=1}^n xa_k$.
(II) Wir setzen $\rho(x) = A(x)$. ρ ist injektiv. Denn ist $A(x) = A(y)$, so ist nach (I) $x = y$. ρ ist surjektiv. Denn ist C eine beliebige Teilmenge von Atomen, so ist $C = A(x)$ für $x = \sum_{b \in C} b$.
(III) Wir müssen nun zeigen, dass ρ ein Homomorphismus ist.
(i) *Behauptung:* $\rho(xy) = \rho(x) \cap \rho(y)$.
Beweis: Es ist $x = \sum_{a \in A(x)} a$, $y = \sum_{b \in A(y)} b$. Also ist $xy = \sum_{a \in A(x), b \in A(y)} ab = \sum_{c \in A(x) \cap A(y)} c$ wegen $ab = 0$ für $a \neq b$, und hiermit folgt die Behauptung aus (I).
(ii) *Behauptung:* $\rho(x + y) = \rho(x) \oplus \rho(y) = (\rho(x) \cup \rho(y)) \setminus (\rho(x) \cap \rho(y))$.
Beweis: Es ist $x + y = \sum_{a \in A(x)} a + \sum_{a \in A(y)} a$. Wegen $u + u = 0$ für alle u entfallen die Summanden in $A(x) \cap A(y)$ und die Behauptung folgt. □

Korollar 4.93. *Sei B eine endliche Boolesche Algebra.*
a) Es ist $|B| = 2^m$ für ein $m \in \mathbb{N}$.
b) Sei A die Menge der Atome von B. Dan ist $|A| = m$ und für jedes x ist
$x = \sum_{\{a:xa=a\}} a = \bigvee_{\{a:xa=a\}} a.$

Beweis: B ist isomorph zu $\mathcal{P}(A)$ und nach Korollar 2.29 gilt $|\mathcal{P}(A)| = 2^{|A|}$. Schließlich wurde im Beweis des Theorems die erste Gleichung gezeigt. Wegen $ab = 0$ für $a \neq b$ ist $a + b = a \vee b$. Durch Induktion folgt die zweite Gleichung. $\square$

4.5.4 n-stellige Boolesche Funktionen und Polynomfunktionen

Im folgenden sei $F_n(\mathbb{K}_2^n)$ die Menge aller $\mathbb{K}_2$–wertigen Funktionen auf $\mathbb{K}_2^n$. Eine solche Funktion heißt auch n–stellige **Boolesche Funktion**. Versehen mit den Verknüpfungen koordinatenweise ist $F_n(\mathbb{K}_2^n) =: B$ eine Boolesche Algebra. Wir betrachten zunächst B als Ring. Mit x_j bezeichnen wir die j. **Koordinatenfunktion** $x_j(a_1, \ldots, a_n) = a_j$.

Definition 4.94. *Ein **Boolesches Monom** ist ein Produkt von Koordinatenfunktionen. Eine **Boolesche Polynomfunktion** ist eine Summe von Monomen.*

Beispiele:
1. Für $n \geq 4$ sind x_1, $x_1 x_3$ und $x_1 x_2 x_3 x_4$ Koordinatenfunktionen.

2. $x_1 + x_1 x_2$ ist eine Boolesche Polynomfunktion auf $\mathbb{K}_2^3$ zum Beispiel.

3. Summe und Produkt von Booleschen Polynomfunktionen sind wieder Boolesche Polynomfunktionen. Sei n beliebig. Dann ist insbesondere $\prod_{j=1}^n (1 + x_j)$ eine Boolesche Polynomfunktion.

Nach Aufgabe 2, Seite 144, ist die Funktion $f_a : \mathbb{K}_2^n \to \mathbb{K}_2, b \mapsto f_a(b) = \begin{cases} 1 & b = a \\ 0 & b \neq a \end{cases}$ ein Atom in B. Es ist $|B| = |\mathbb{K}_2^{\mathbb{K}_2^n}| = 2^{(2^n)}$. Nach Korollar 4.93 hat B daher genau 2^n Atome, also ist die Menge der Atome von B gleich $A = \{f_a : a \in \mathbb{K}_2^n\}$. Ebenfalls erhält man nach diesem Korollar für eine beliebige Funktion $F \in B$ die Darstellung $F = \sum_{\{a:F(a)=1\}} f_a = \bigvee_{\{a:F(a)=1\}} f_a$.

Wir zeigen, dass jedes f_a eine Boolesche Polynomfunktion ist und erhalten damit den folgenden Satz, der zentral in der Theorie der Schaltfunktionen ist.

Satz 4.95. *Sei $n \in \mathbb{N}$ beliebig. Dann ist jede Funktion F von $\mathbb{K}_2^n$ mit Werten in $\mathbb{K}_2$ eine Boolesche Polynomfunktion.*

Beweis: Sei $a = (a_1, \ldots, a_n)$ fest gewählt und $g = \prod_{\{k:a_k=1\}} x_k \cdot \prod_{\{m:a_m=0\}} (1+x_m)$. Dann ist $g(a) = \prod_{\{k:a_k=1\}} a_k \cdot \prod_{\{m:a_m=0\}} (1 + a_m) = 1$. Sei $b \neq a$. Dann gibt es ein r

mit $b_r \neq a_r$. Ist $a_r = 1$, so ist $b_r = 0$, also $\prod_{\{k:a_k=1\}} b_k = 0 = g(b)$. Ist $a_r = 0$, so ist $b_r = 1$, also $\prod_{\{m:a_m=0\}}(1 + b_m) = 0 = g(b)$. Damit ist $f_a = g$.

f_a ist nach Beispiel 3 oben eine Boolesche Polynomfunktion. Wir hatten bereits gesehen, dass $F = \sum_{\{a:F(a)=1\}} f_a$ gilt.   □

Die Funktion f_a stellt sich mit Hilfe von $\wedge$ und $'$ dar als $f_a = \bigwedge_{\{j:a_j=1\}} x_j \wedge \bigwedge_{\{k:a_k=0\}} x_k'$. Damit erhalten wir die folgende Darstellung einer beliebigen Funktion:

Korollar 4.96. *Sei F eine beliebige $\mathbb{K}_2$-wertige Funktion auf $\mathbb{K}_2^n$. Dann ist*

$$F = \bigvee_{\{a \in \mathbb{K}_2^n : F(a)=1\}} \left(\bigwedge_{\{j:a_j=1\}} x_j \wedge \bigwedge_{\{k:a_k=0\}} x_k' \right).$$

Um alle $\mathbb{K}_2$-wertigen Funktionen auf $\mathbb{K}_2^n$ in einer Schaltung zu realisieren, braucht man als nur $'-,\vee-$ und $\wedge$-Schaltungen.

Betrachtet man in der Aussagenlogik nur Ausdrücke aus einer endlichen Menge $V = \{v_1, v_2, \ldots, v_n\}$ von Variablen, so bezeichnen wir die Menge der Ausdrücke der Aussagenlogik über V mit $\mathcal{A}_n$ und die entsprechend Theorem 4.86 konstruierte Boolesche Algebra mit $\widehat{\mathcal{A}}_n$. Diese können wir nun mit Hilfe des vorangegangenen Satzes beschreiben.

Wir erhalten das folgende Theorem.

Theorem 4.97. $\widehat{\mathcal{A}}_n$ *ist isomorph zu $F_n(\mathbb{K}_2)$.*

Beweis: Sei I eine Belegung von V. Wir schreiben $I = (a_1, \ldots, a_n)$, wo $a_j = I(v_j)$ ist. Damit ist die Menge der Belegungen gleich $\mathbb{K}_2^n$. Wir erklären nun eine Abbildung ρ von $\mathcal{A}_n$ in $F_n(\mathbb{K}_2)$ durch

$$\rho(A) : I \in \mathbb{K}_2^n \mapsto \rho(A)(I) = I^*(A).$$

Nach Definition der Äquivalenzrelation "$\equiv$" ist $\rho(A) = \rho(B)$ genau dann, wenn $A \equiv B$ gilt. Wir erhalten damit eine injektive Abbildung $\hat{\rho} : \widehat{\mathcal{A}}_n \to F_n(\mathbb{K}_2)$ durch $\hat{\rho}([A]) = \rho(A)$. $\hat{\rho}$ ist ein Homomorhismus von $\widehat{\mathcal{A}}_n$ in $F_n(\mathbb{K}_2)$. Denn es ist $\hat{\rho}([A] \vee [B]) = \hat{\rho}([A \vee B])$ und für alle I gilt $\hat{\rho}([A \vee B])(I) = I^*(A \vee B) = \max(I^*(A), I^*(B)) = \max(\rho(A)(I), \rho(B)(I)) = \max(\hat{\rho}([A])(I), \hat{\rho}([B])(I))$. Das bedeutet $\hat{\rho}([A \vee B]) = \hat{\rho}([A]) \vee \hat{\rho}([B])$ in $F_n(\mathbb{K}_2)$. Insgesamt folgt $\hat{\rho}([A] \vee [B]) = \hat{\rho}([A]) \vee \hat{\rho}([B])$. Für die übrigen Verknüpfungen geht man genauso vor.

Damit ist das Bild von $\widehat{\mathcal{A}}_n$ eine zu $\widehat{\mathcal{A}}_n$ isomorphe Boolesche Unteralgebra von $F_n(\mathbb{K}_2)$. Wir zeigen, dass sie die Koordinatenfunktionen enthält. Nach dem vorangegangenen Satz ist sie dann die ganze Boolesche Algebra $F_n(\mathbb{K}_2)$. Es ist $\rho(v_j)(I) = I(v_j) = a_j$ (siehe oben), also $\hat{\rho}([v_j]) = x_j$, das ist die j. Koordinatenfunktion.   □

Es gibt als genau 2^{2^n} verschieden Äquivalenzklassen von Ausdrücken in der Aussagenlogik mit n Variablen. Die Atome in $\widehat{\mathcal{A}}_n$ sind gerade die Elemente $[A]_a =$

$\bigwedge_{\{j:a_j=1\}}[v_j] \wedge \bigwedge_{\{k:a_k=0\}}[v_k]'$, wobei a ganz $\mathbb{K}_2^n$ durchläuft, das heißt die Äquivalenzklassen der Aussagen $A_a = \bigwedge_{\{j:a_j=1\}} v_j \wedge \bigwedge_{\{k:a_k=0\}}(\neg v_k)$ liefern alle Atome in $\widehat{\mathcal{A}}_n$.

Wiederholung

Begriffe: Boolesche Algebra, Atom, Boolesche Algebra der Aussagenlogik, n-stellige Boolesche Funktionen und Boolesche Polynomfunktionen.

Sätze: Kennzeichnung Boolescher Algebren als spezielle Ringe, Konstruktion der Booleschen Algebra der Ausagenlogik, Darstellung endlicher Boolescher Algebren, Darstellung der n-stelligen Booleschen Funktionen, Konstruktion der Algebra $\widehat{\mathcal{A}}_n$ für die Aussagenlogik mit n Variablen.

5. Elementare Grundlagen der Analysis

Motivation und Überblick

Die reellen Zahlen sind die Grundlage allen Messens. Mit Messergebnissen kann man rechnen. Das spiegelt sich darin wider, dass die reellen Zahlen einen Körper bilden. Des Weiteren muss man Messergebnisse miteinander vergleichen können. Das führt zu der mit den Rechenoperationen verträglichen linearen Ordnung der reellen Zahlen. Schließlich denkt man sich im Idealfall das Ergebnis eines beliebigen Messprozesses als eine Folge von einzelnen Messergebnissen, die sich dem "wahren" Messwert beliebig genau nähern. Mathematisch korrespondiert damit das sogenannte Vollständigkeitsaxiom des Körpers der reellen Zahlen.

Wir werden im ersten Abschnitt diese Konzepte ausführlich darstellen und erste Konsequenzen behandeln. Für viele Zwecke der Analysis – angefangen beim Umgang mit den Winkelfunktionen, über die Darstellung periodischer Funktionen bis zum Berechnen komplizierter Integrale, die in der Fourieranalysis auftreten, benötigt man die Erweiterung des reellen Zahlkörpers zum Körper der komplexen Zahlen, die wir anschließend kurz behandeln.

Folgen und Reihen repräsentieren in einfachster Form das Konzept eines Näherungs- oder Grenzwertprozesses zur Berechnung eines Wertes. Dieses Konzept ist sowohl für die Mathematik als auch für die Informatik von grundlegender Bedeutung.

5.1 Der Körper der reellen Zahlen

Aus der Schule wissen wir, dass die reellen Zahlen genau die Rechengesetze erfüllen, die die Körperaxiome darstellen. Also ist $(\mathbb{R}, +, \cdot)$ ein Körper. Er ist durch zwei weitere Eigenschaften ausgezeichnet:

– er ist geordnet.
– er ist in dieser Ordnung vollständig.

Wir werden im Folgenden genau erläutern, was wir darunter verstehen.

5.1.1 Die Ordnung auf $\mathbb{R}$

Zwei reelle Zahlen können wir der Größe nach vergleichen. $x < y$ bedeutet "x ist *kleiner als y*", $x > y$ bedeutet "*x ist größer als y*" und $x \leq y$ bedeutet $(x < y)$

oder $(x = y)$, also "x kleiner gleich y". Hierfür gelten die folgenden **Grundregeln der Ordnung:**

1. $\mathbb{R}$ ist durch $\leq$ linear geordnet (siehe Definition 2.17).
2. $x \leq y$ impliziert stets $a + x \leq a + y$ **Translationsinvarianz**
3. $x \leq y$ und $0 \leq a$ impliziert stets $ax \leq ay$ **Dehnungsinvarianz**
4. Ist $0 < x < y$, so gibt es eine natürliche Zahl $n \in \mathbb{N}$ mit
$$nx > y \quad (nx = \underbrace{x + x + \cdots + x}_{n \text{ mal}}) \qquad \textbf{Archimedes' Axiom}[1]$$

Aus diesen Grundregeln lassen sich alle weiteren **Ungleichungen** der reellen Analysis ableiten. Wir geben hier die vorläufig wichtigsten an. Sie sind Ihnen wahrscheinlich eigentlich ganz selbstverständlich. Es gilt wieder, dass Sie den Beweis einfach zu Übungszwecken nachvollziehen sollten.

Satz 5.1.
a) $x \leq y$ gilt genau dann, wenn $0 \leq y - x$ gilt, und dies gilt genau dann, wenn $-y \leq -x$ gilt.
b) Ist $x \leq y$ und $a \leq 0$, so ist $ay \leq ax$.
c) Ist $0 < x \leq y$, so ist $0 < \frac{1}{y} \leq \frac{1}{x}$.
d) Zu jedem $x > 0$ gibt es ein $n \in \mathbb{N}$ mit $\frac{1}{n} < x$.
e) Für alle y ist $y^2 \geq 0$.
f) Seien $x, y \geq 0$. Für beliebiges $n \in \mathbb{N}$ gilt $x^n < y^n$ genau dann, wenn $x < y$.

Beweis:
a) Sei $x \leq y$. Addition von $a = -x$ liefert $0 \leq y - x$ nach 2). Addition von $a = -y$ hierauf liefert $-y \leq -x$. Wie erhält man hieraus $x \leq y$?
b) $x \leq y$ und $a \leq 0$ impliziert $0 \leq -a$ nach a), also $-ax \leq -ay$ nach 3) und hiermit $ay \leq ax$ nach a).
c) (i) Es ist $0 \leq 1$. Denn aus $1 \leq 0$ würde nach b) für $a = 1$ folgen $0 \leq 1 \cdot 1 = 1$, also $0 = 1$ nach 1), ein Widerspruch.
(ii) $0 < x$ impliziert $0 < \frac{1}{x}$. Denn aus $\frac{1}{x} \leq 0$ folgt nach 3) für $a = x$ einfach $1 = \frac{1}{x} \cdot x \leq 0$, ein Widerspruch zu (i).
(iii) $0 < x \leq y$ impliziert nun $0 < \frac{x}{y} \leq 1$ nach 3) ($a = \frac{1}{y} > 0$), und nochmalige Anwendung von 3) ($a = \frac{1}{x}$) liefert $0 < \frac{1}{y} \leq \frac{1}{x}$.
d) Ist $x \geq 1$, so wähle $n = 2$ und verwende c).
Ist $0 < x < 1$, so gibt es nach 4) ein $n \in \mathbb{N}$ mit $nx > 1$ also $x > \frac{1}{n}$ nach c).
e) Ist $y \geq 0$, so folgt die Behauptung aus 3) (mit $a = y$).
Ist $y < 0$, so ist $(-y) > 0$ nach a), also $y^2 = (-y)^2 > 0$ nach dem eben Bewiesenen.
f)(I) Sei $0 < x < y$. Die Aussage $A(n) : 0 < x^n < y^n$ ist richtig für $n = 1$. Sie sei für n wahr. Dann ist ($a = x$) $\quad 0 < x^{n+1} < y^n x$ nach 3) und ebenso ($a = y^n$) $\quad 0 < y^n x <$

---

[1] Archimedes von Syrakus, 287–212 v.Chr., antiker griechischer Mathematiker, Physiker und Ingenieur. Neben dem hier aufgeführten Axiom hat er das nach ihm benannte Prinzip in der Physik entdeckt und wichtige Beiträge zur Geometrie geliefert.

y^{n+1}. Also folgt $A(n+1)$. Das Prinzip der vollständigen Induktion liefert die Behauptung.

(II) Es sei $0 < x^n < y^n$, also $0 < y^n - x^n$.

Es ist $y^n - x^n = (y-x)\sum_{k=0}^{n-1} y^k x^{n-1-k}$. Nach Voraussetzung ist dieser Ausdruck größer als 0, also ist weder x noch y gleich 0. Dann ist $0 < \sum_{k=0}^{n-1} y^k x^{n-1-k} =: z$, also $0 < y - x$ (nach 3) mit $a = \frac{1}{z}$. □

Zwei etwas anspruchsvollere Ungleichungen werden häufig gebraucht. Lernen Sie sie am besten auswendig.

Satz 5.2.

a) Für $n \in \mathbb{N}$ und $x > -1$ ist $(1+x)^n \geq 1 + nx$. **Bernoullische Ungleichung**[2]

b) Sei $0 < q < 1$ und $x \in \mathbb{R}$. Für alle natürlichen Zahlen n gelte $x \leq q^n$. Dann ist $x \leq 0$.

Beweis:

a) *(Vollständige Induktion)*. $n = 1$. Die Formel ist richtig.

Induktionsschritt: Annahme, die Formel gilt für n.

$$
\begin{aligned}
(1+x)^{n+1} &= (1+x)^n \cdot (1+x) \geq (1+nx)(1+x) \\
&= 1 + nx + x + \underbrace{nx^2}_{\geq 0} \\
&\geq 1 + (n+1)x
\end{aligned}
$$

Also gilt dann die Aussage für $n+1$.

b) Es ist $1 = q + \tau$ mit $\tau = 1 - q > 0$. Sei $n \in \mathbb{N}$ beliebig. Dann ist $1 = (q+\tau)^{n+1} = q^{n+1} + (n+1)\tau q^n + \cdots + \tau^{n+1} > (n+1)\tau q^n$. Also ist $x \leq q^n < \frac{1}{(n+1)\tau}$. Dies liefert $\tau x < \frac{1}{n+1}$ für alle n und damit $\tau x \leq 0$ nach Satz 5.1 d). Wegen $\tau > 0$ folgt hieraus $x \leq 0$. □

Wir erinnern noch einmal an die Definition des Maximums und des Minimums zweier natürlicher Zahlen (siehe Seite 74).

Definition 5.3.

*a) Das **Maximum** zweier reeller Zahlen ist* $\max(a, b) = \begin{cases} a & a > b \\ b & a \leq b \end{cases}$.

*b) Das **Minimum** zweier reeller Zahlen ist* $\min(a, b) = \begin{cases} a & a < b \\ b & a \geq b \end{cases}$.

*c) Schließlich wird der **Absolutbetrag** $|a|$ durch $|a| = \max(a, -a)$ erklärt.*

Induktiv erklären wir wie in Kapitel 3, Seite 74, Maximum und Minimum für endliche Mengen durch $\max(\{a_1, \ldots, a_n\}) = \max(\max(\{a_1, \ldots, a_{n-1}\}), a_n)$ und entsprechend das Minimum $\min(\{a_1, \ldots, a_n\})$.

---

[2] Jakob Bernoulli, 1654–1705, schweizer Mathematiker, Professor an der Universität Basel, Beiträge zur Theorie der unendlichen Reihen, zur Wahrscheinlichkeitstheorie und zur Differentialgeometrie.

Aus den Regeln (Axiomen) für die Ordnung ergeben sich die folgenden wichtigen Beziehungen.

Satz 5.4. *Es gilt:*
a) $\frac{1}{2}(a + b + |a - b|) = \max(a, b) = -\min(-a, -b)$.
b) $\frac{1}{2}(a + b - |a - b|) = \min(a, b) = -\max(-a, -b)$.
c) $a^+ := \max(a, 0) = \frac{1}{2}(|a| + a)$, $a^- := -\min(a, 0) = \frac{1}{2}(|a| - a)$.
d) $-|a| \leq a \leq |a|$.
e) *Für alle a ist $|a|^2 = a^2$.*

Aufgabe: Beweisen Sie bitte diesen Satz.

Der Absolutbetrag misst gewissermaßen den Abstand der Zahl a vom Nullpunkt. Allgemeiner erhalten wir den Abstand $d(a, b)$ der beiden Zahlen voneinander als $d(a, b) = |a - b|$. Es gelten die folgenden zentralen Formeln:

Satz 5.5. (Eigenschaften des Abstandes)

a) $\|a\| = 0 \Leftrightarrow a = 0$	**Definitheit**
b) $\|ab\| = \|a\|\|b\|$	**absolute Homogenität**
c) $\|a + b\| \leq \|a\| + \|b\|$	**Dreiecksungleichung**
d) $\|a - b\| \leq \|a - c\| + \|c - b\|$	**allgemeine Dreiecksungleichung**
e) $\|\|a\| - \|b\|\| \leq \|a - b\| \leq \|a\| + \|b\|$	**verallgemeinerte Dreiecksungleichung**

Beweis: Wir zeigen nur c), d) und e)
c)

$$|a + b|^2 \underbrace{=}_{\text{nach Satz 5.1 e)}} (a + b)^2 = a^2 + b^2 + 2ab \underbrace{\leq}_{\text{nach Satz 5.1 d)}} a^2 + b^2 + 2|a||b|$$

$$\underbrace{=}_{\text{nach Satz 5.1e)}} |a|^2 + |b|^2 + 2|a||b| = (|a| + |b|)^2.$$

Die Behauptung folgt nun aus Satz 5.1 f).

d) $|a - b| = |(a - c) + (c - b)| \leq |a - c| + |c - b|$ nach c).

e) Nach c) ist $|a| = |(a - b) + b| \underbrace{\leq}_{\text{nach c)}} |a - b| + |b|$

also $|a| - |b| \leq |a - b|$. Analog erhält man $|b| - |a| \leq |b - a|$.
Nach b) ist $|b - a| = |(-1)(a - b)| = |a - b| \cdot |-1| = |a - b|$.
Also erhält man $||a| - |b|| = \max(|a| - |b|, |b| - |a|) \leq |a - b|$, d. h. die erste Ungleichung.

Nach c) ist $|a - b| \leq |a| + |-b| = |a| + |b|$ wegen $|-b| = |(-1)b| = |-1||b| = |b|$. □

5.1.2 Das Vollständigkeitsaxiom für $\mathbb{R}$

In der Schule lernen Sie, dass $\sqrt{2}$ keine rationale Zahl ist, also $\sqrt{2} \neq \frac{p}{q}$ für alle $p, q \in \mathbb{N}$. Dies hat zur Folge, dass $\sqrt{2}$ nicht durch eine endliche oder periodische

Ziffernfolge dargestellt werden kann. Zum Rechnen mit $\sqrt{2}$ bleibt daher nur der Ausweg, eine implizite Repräsentation zu wählen, die aus einem definierenden Polynom P mit rationalen Koeffizienten zusammen mit einem Intervall I besteht, so dass $< P, I >$ die eindeutige Nullstelle von P in I darstellt. Zahlen, die man auf diese Weise repräsentieren kann, heißen **algebraische Zahlen** über $\mathbb{Q}$. Mit ihnen kann man rechnen, indem man die repräsentierenden Polynome entsprechend ausrechnet. Wir gehen aus Platzgründen auf die exakte Arithmetik algebraischer Zahlen nicht ein. Zu den algebraischen Zahlen über dem Körper $\mathbb{Q}$ der rationalen Zahlen kommen noch die transzendenten Zahlen, die die Komplementärmenge in $\mathbb{R}$ zur Menge der algebraischen Zahlen bilden. Wichtigste Beispiele sind die **Eulersche** Zahl e (siehe Seite 166) und die Kreiszahl π. Sowohl die nicht rationalen algebraischen Zahlen als auch transzendente Zahlen lassen sich numerisch nur durch Approximationsverfahren darstellen. Eines von ihnen ist das Bisektionsverfahren, das wir jetzt anhand von $\sqrt{2}$ mit einem intuitiv verständlichen Pseudocode erläutern, der die Zahl bis auf einem maximalen Fehler von 2^{-100} bestimmt.

```
a := 0;  b := 2;
WHILE ((b − a) < 2^−100) DO
        c := (a + b)/2;
            IF c^2 < 2     THEN    a := c;
                           ELSE    b := c;
        END; /*IF*/
END; /*WHILE*/
AUSGABE: Wurzel aus 2 := a.
```

Ersetzt man die Schleifenbedingung nach dem WHILE durch "TRUE", so bricht die Schleife nie ab (**"WHILE (TRUE)"** bedeutet: "Wiederhole, ohne abzubrechen"). Werden alle Werte mit hinreichend vielen Stellen gespeichert und steht beliebig viel Speicher zur Verfügung, wie etwa auf einer Turing[3]-Maschine, so berechnet das Verfahren beliebige Näherungen a, b an $\sqrt{2}$ (siehe auch S. 155).

Wir formulieren das allgemeine dahinter stehende Prinzip, mit dem wir sowohl algebraische als auch transzendente Zahlen erfassen können. Es enthält eine von zwei Eingangsgrößen y_1, y_2 abhängige Bedingung $B(y_1, y_2)$ mit Ausgang *true* oder *false* (1 oder 0) (vergl. [21, S. 94]).

---

[3] Alan M. Turing, 1912–1954, britischer Mathematiker und einer der Urväter der Informatik.

Definition 5.6. *Sei $a_0 < b_0$ aus $\mathbb{R}$ und $B(\cdot, \cdot)$ eine Bedingung. Dann heißt der (unendliche) Algorithmus*

$a := a_0;\ b := b_0;$
WHILE (TRUE) DO
$\qquad c := (a+b)/2;$
$\qquad$**IF** $B(a,c)$ $\qquad$**THEN** $\quad a = c;$
$\qquad\qquad\qquad\qquad$**ELSE** $\quad b = c;$
$\qquad$**END**; /*IF*/
END. /*WHILE*/
Bisektionsverfahren *oder* **Intervallhalbierungsverfahren.**

Machen Sie sich an einer Zeichnung klar, dass $c = \dfrac{a+b}{2}$ gerade der Mittelpunkt des Intervalls $[a, b]$ ist. Insbesondere gilt $a < c < b$ und $0 < c - a < (b-a)/2$. Beim ersten Durchgang durch die Schleife erhält man also Zahlen a_1, b_1 mit

$$a_1 = \begin{cases} (a+b)/2 > a_0 & B(a,(a+b)/2) \text{ ist wahr} \\ a_0 & B(a,(a+b)/2) \text{ ist falsch} \end{cases}$$

Entsprechend gilt

$$b_1 = \begin{cases} (a+b)/2 < b_0 & B(a,(a+b)/2) \text{ ist falsch} \\ b_0 & B(a,(a+b)/2) \text{ ist wahr} \end{cases}$$

In jedem Fall ist also $a_0 \leq a_1 < b_1 \leq b_0$ und $b_1 - a_1 < (b_0 - a_0)/2$. Durch Induktion erhält man also nach n Schritten Zahlen a_n und b_n, für die die **Bisektionsungleichungen**

$$a_0 \leq a_1 \leq a_2 \leq \cdots \leq a_n \quad < \quad b_n \leq b_{n-1} \leq \cdots \leq b_1 \leq b_0,$$

$$b_n - a_n \quad < \quad \frac{b_0 - a_0}{2^n}. \tag{5.1}$$

gelten. Lässt man das Bisektionsverfahren also beliebig lange laufen, so "fängt" man eine ganz bestimmte Zahl x beliebig genau ein. Dass man dabei tatsächlich immer eine Zahl erhält und nicht etwa auf eine Lücke stößt, wird durch das Vollständigkeitsaxiom ausgedrückt:

Vollständigkeitsaxiom:
Durch jedes Bisektionsverfahren wird eindeutig eine reelle Zahl x bestimmt.

Das besagt ausführlicher:
Sei $\mathcal{B}$ ein Bisektionsverfahren mit Startwerten $a_0 < b_0$. Dann gibt es genau eine reelle Zahl x mit der Eigenschaft: Für jedes $n \in \mathbb{N}$ gilt: bricht man das Bisektionsverfahren nach n Schritten ab, so ist

$$a_n \leq x \leq b_n \text{ und } 0 < (b_n - a_n) < (b_0 - a_0) \cdot 2^{-n}. \tag{5.2}$$

Dabei sind a_n und b_n die im n. Schritt berechneten Größen (siehe oben).

Wir fassen nun das Axiomensystem für $\mathbb{R}$ zusammen.

5.1.3 Axiomatische Beschreibung von $\mathbb{R}$

$\mathbb{R}$ *ist ein angeordneter Körper, in dem das Vollständigkeitsaxiom gilt.*

Um das Vollständigkeitsaxiom zu erläutern, geben wir ein Beispiel:

Beispiel: Durch das Vollständigkeitsaxiom erhalten wir mit dem folgenden (unendlichen) Bisektionsverfahren die Wurzel aus 2:

```
a := 0;  b := 2;
WHILE (TRUE) DO
        c := (a + b)/2;
            IF c² < 2     THEN   a := c;
                          ELSE   b := c;
        END; /*IF*/
END. /*WHILE*/
```

Nach dem Vollständigkeitsaxiom liefert dieses Verfahren nämlich genau eine Zahl x. Wir zeigen nun, dass $x^2 = 2$ gilt, das heißt, *wir verifizieren unseren Algorithmus.* Mathematisch gesprochen: Wir beweisen $x^2 = 2$.

Beweis: Wir schreiben a_n, b_n für die Zahlen, die wir nach n–maligem Durchlaufen der Schleife erhalten haben. Nach dem Vollständigkeitsaxiom gilt $a_n \le x \le b_n$ und $0 < b_n - a_n \le 2 \cdot 2^{-n}$ (siehe Formel (5.2)).
Nach Konstruktion des Algorithmus ist $a_n^2 \le 2 \le b_n^2$ und damit erhält man

$$
\begin{aligned}
x^2 - 2 \;&\le\; x^2 - a_n^2 \le b_n^2 - a_n^2 = (b_n + a_n)(b_n - a_n) < 2b_0(b_n - a_n) \\
&<\; 4 \cdot 2^{-n+1} = 8 \cdot 2^{-n}.
\end{aligned}
$$

für alle n. Nach Satz 5.2 b) folgt $x^2 - 2 \le 0$. Analog gilt $2 - x^2 \le b_n^2 - a_n^2 \le 8 \cdot 2^{-n}$, also $2 - x^2 \le 0$ und damit $x^2 - 2 = 0$. $\qquad\square$

Bemerkung: Für einen Algorithmus, der die größte Zahl $z \le \sqrt{x}$, $x > 0$, bestimmt, siehe das Beispiel in [21, S. 306].

Mit einem abbrechenden Bisektionsverfahren kann man auch zeigen, dass man jede reelle Zahl wenigstens approximativ im Computer darstellen kann. Wir leiten dieses Ergebnis aus einem konkreteren Resultat ab:

Satz 5.7. *Zu jedem $x \in [0,1]$ gibt es eine Abbildung $f : \mathbb{N} \to \{0,1\}$ mit $\left| x - \sum_{k=1}^{n} f(k) \cdot 2^{-k} \right| < 2^{-n}$.*

Die Ziffernfolge $(f(1), f(2), \dots)$ heißt die **Binär–Entwicklung** von x. Sie ist im Fall, dass $2^m x$ für ein $m \in \mathbb{N}$ ganzzahlig ist, nicht eindeutig, wie wir im Abschnitt über unendliche Reihen zeigen werden.

Beweis: Wir wenden das folgende Bisektionsverfahren an, um f zu bestimmen.

```
a := 0; b := 1; k = 0;
WHILE (TRUE) DO
        c := (a + b)/2;
        IF x < c       THEN    b := c; f := 0;
                       ELSE    a = c; f = 1;
        END; /*IF*/
        k := k + 1;
        AUSGABE: f_k = f;
END; /*WHILE*/
```

Es liefert uns Zahlen a_n, b_n und f_n ($n \in \mathbb{N}$) mit den folgenden Eigenschaften: (i) $f_n \in \{0, 1\}$ und (ii) $a_n = \sum_{k=1}^n f_k 2^{-k} \leq x \leq b_n = a_n + 2^{-n}$, wie wir durch Induktion beweisen: *Sei $n = 1$.* Es ist $c_1 = (a_0 + b_0)/2 = 1/2$. Ist $x < c_1$, so ist $a_1 = 0 = f_1$ und $b_1 = 1/2$, also gilt die Behauptung. Ist aber $x \geq c_1$, so ist $a_1 = 1/2$, $f_1 = 1$ und $b_1 = 1$, also stimmt auch in diesem Fall die Behauptung. *Es gelte die Behauptung für $n \geq 1$.* Es ist $c_{n+1} = (a_n + b_n)/2 = a_n + 2^{-(n+1)}$ wegen $b_n = a_n + 2^{-n}$. Ist $x < c_{n+1}$, so ist $f_{n+1} = 0$ und $a_{n+1} = a_n = \sum_{k=1}^n a_k 2^{n-k} + f_n \cdot 2^{-(n+1)} \leq x$ sowie $b_{n+1} = c_{n+1} = a_n + 2^{-(n+1)} \geq x$. Ist aber $x \geq c_{n+1}$, so ist $f_{n+1} = 1$ und

$$a_{n+1} = c_{n+1} = a_n + 2^{-(n+1)} = \sum_{k=1}^{n+1} f_k 2^{-k} \leq x \leq b_{n+1} = b_n = a_{n+1} + 2^{-(n+1)}.$$

Damit ist der Satz bewiesen.   □

Korollar 5.8. *Zu jedem $x \in \mathbb{R}$ und zu jedem $n \in \mathbb{N}$ gibt es eine rationale Zahl r mit $|x - r| < 2^{-n}$.*

Beweis: I) Sei zunächst $0 < x$. Sei $m = \max\{k \in \mathbb{N}_0 : 2^k \leq x\}$. Sei $y = x2^{-(m+1)}$ und $f : \mathbb{N} \to \{0, 1\}$ die Binär–Entwicklung von y. Dann ist $|y - \sum_{k=1}^{n+m+1} f_k 2^{-k}| < 2^{-(n+m+1)}$, also $|x - \sum_{k=1}^{n+m+1} f_k 2^{m+1-k}| < 2^{-n}$.
(II) Ist $x < 0$, so ist $-x > 0$. Es gibt also nach (I) zu $n \in \mathbb{N}$ ein $r \in \mathbb{Q}$ mit $|-x - r| < 2^{-n}$, also (wegen $|-a| = |a|$): $|x - (-r)| < 2^{-n}$. $(-r)$ ist also die gewünschte Zahl aus $\mathbb{Q}$.   □

Aber natürlich liegt auch zwischen je zwei rationalen Zahlen eine irrationale Zahl. Genaueres finden Sie in der folgenden Aufgabe:

Aufgabe: Seien $p, q \in \mathbb{Q}$ mit $p < q$. Dann gibt es eine Zahl $x \in \mathbb{R} \setminus \mathbb{Q}$ mit $p < x < q$. *Tipp:* Es gibt ein $n \in \mathbb{N}$ mit $0 < \sqrt{2}/n < q - p$.

5.1.4 Obere und untere Grenze von Mengen

Für jede endliche Menge $M = \{a_1, \ldots, a_n\}$ existiert ihr Maximum $\max(M)$ und Minimum $\min(M)$ (siehe Seite 151). Für beschränkte beliebige Mengen in $\mathbb{R}$ gibt es zwei entsprechende Größen.

Definition 5.9. *Sei M eine nicht leere Teilmenge von $\mathbb{R}$.*
a) Es gebe eine Zahl d mit $x \leq d$ für alle x aus M. Dann heißt M **nach oben**
beschränkt *und d heißt* **obere Schranke** *von M. d heißt* **obere Grenze** *oder*
Supremum $\sup(M)$ *von M, wenn $d' \geq d$ für jede andere obere Schranke d' gilt.*
b) Es gebe eine Zahl e mit $x \geq e$ für alle x aus M. Dann heißt M **nach unten**
beschränkt *und e heißt* **untere Schranke** *von M. e heißt* **untere Grenze** *oder*
Infimum $\inf(M)$ *von M, wenn $e' \leq e$ für jede andere untere Schranke e' gilt.*
c) M heißt **beschränkt,** *wenn M nach unten und nach oben beschränkt ist.*

Bemerkungen:

1. Sei M nach oben beschränkt. $c = \sup(M)$ gilt genau dann, wenn einerseits
   $x \leq c$ für alle $x \in M$ gilt und andererseits für jedes $\varepsilon > 0$ ein $x \in M$ existiert
   mit $c - \varepsilon < x \leq c$. Eine analoge Charakterisierung gilt für das Infimum einer
   nach unten beschränkten Menge.
2. Die obere beziehungsweise untere Grenze können Elemente von M sein, müssen es aber nicht, wie das Beispiel $]0, 1[$ zeigt.
3. Da die Multiplikation mit (-1) die Ordnungsrelation "umkehrt" (siehe Satz 5.1
   b)) gilt: $\inf(M) = -\sup(\{-x : x \in M\})$ und $\sup(M) = -\inf(\{-x : x \in M\})$.

Beispiele:

1. Für $M = \{a_1, \ldots, a_n\}$ ist $\max(M) = \sup(M)$ und $\min(M) = \inf(M)$.
2. $\sup(]0, 1[) = \sup([0, 1]) = 1$, $\inf(]0, 1[) = \inf([0, 1]) = 0$.
3. $\inf(\{1/n : n \in \mathbb{N}\}) = 0 = \inf(\{q^n : n \in \mathbb{N}\})$ für $0 \leq q < 1$, siehe Satz 5.2.

Satz 5.10. *Für jede nach* $\left\{\begin{array}{c} oben \\ unten \end{array}\right\}$ *beschränkte Menge existiert die*
$\left\{\begin{array}{c} obere \\ untere \end{array}\right\}$ *Grenze.*

Beweis: Sei M nach unten beschränkt und e eine untere Schranke, sowie $y \in M$ fest
gewählt. Das Bisektionsverfahren zur Bestimmung des Infimums lautet

```
a := e; b := y;
WHILE (TRUE) DO
        c := (a + b)/2;
        IF M∩] − ∞, c[= ∅   THEN   a := c;
                            ELSE   b := c;
        END; /*IF*/
END. /*WHILE*/
```

(Die Bedingung $M \cap] - \infty, c[= \emptyset$ impliziert $M \subseteq [c, \infty[$.) Die dadurch bestimmte Zahl x
ist untere Grenze von M. Seien a_n, x und b_n wie in Ungleichung (5.2). Nach Konstruktion

ist $M \cap \bigcup_{n=0}^{\infty}] - \infty, a_n[= \emptyset$. Wäre x keine untere Schranke, so gäbe es ein $z \in M$ mit $z < x$, aber damit wäre $z < a_n$ für ein n mit $b_n - a_n \le x - z$, ein Widerspruch. Also ist x eine untere Schranke. Angenommen es gibt eine untere Schranke $z > x$. Dann gilt aber $z - x > b_n - x$ für ein n mit $(b_0 - a_0)/2^n < z - x$. Nach Konstruktion ist $M \cap [a_n, b_n] \ne \emptyset$, also z keine untere Schranke von M, ein Widerspruch. Damit ist $x = \sup(M)$.   □

Aufgabe: Konstruieren Sie ein Bisektionsverfahren zur Bestimmung des Supremums.

Hieraus folgt z. B. die Existenz der n–ten Wurzel aus jeder reellen Zahl $a > 0$.

Satz 5.11. *Sei* $0 < a \in \mathbb{R}$. *Dann ist* $\sqrt[n]{a} = \sup(\{x : 0 \le x, \, x^n \le a\})$.

Beweis: Die Menge $M = \{x \ge 0 : x^n \le a\}$ ist durch $1 + a$ beschränkt, also existiert das Supremum $c = \sup(M)$.

(I) *Behauptung:* $c^n \le a$. Denn angenommen es ist $c^n > a$. Dann ist $0 < \delta := c^n - a \le c^n - x^n$ für alle $x \in M$. Wegen $c^n - x^n = (c - x) \sum_{k=0}^{n-1} c^k x^{n-1-k} \le (c - x) \cdot n \cdot c^n$ folgt $c - \delta/(nc^n) \ge x$ für alle x, also ist c nicht das Supremum von M.

(II) *Behauptung:* $c^n = a$. *Beweis:* Für $0 \le y < 1$ ist wegen $\binom{n}{k}/n^k < 1$ für $k \ge 1$ zunächst $(1 + y/n)^n = \sum_{k=0}^{n} \frac{\binom{n}{k}}{n^k} y^k < 1/(1 - y)$. Angenommen es ist $c^n < a$. Dann setzen wir $z = a/c^n - 1, y = z/(1 + z)$, und erhalten $x = c(1 + y/n) > c$ und $x^n = c^n(1 + y/n)^n < c^n(1 + z) \le a$. Also ist $x \in M$ im Widerspruch dazu, dass c obere Schranke von M ist.

Aus (I) und (II) folgt die Behauptung.   □

Wir werden die Existenz der n–ten Wurzel auf sehr viel elegantere Weise als Spezialfall (Korollar 6.26) des Satzes über die Umkehrfunktion (Theorem 6.25) erhalten.

Wiederholung

Begriffe: Axiome der Ordnung in einem Körper, Minimum, Maximum, Absolutbetrag, Abstand, Bisektionsverfahren, Vollständigkeitsaxiom, Supremum, Infimum einer Menge.

Sätze: Bernoullische Ungleichung, Eigenschaften des Abstandes reeller Zahlen, Existenz der n–ten Wurzel aus einer positiven Zahl.

5.2 Der Körper der komplexen Zahlen

Motivation und Überblick

Der Körper $\mathbb{C}$ der komplexen Zahlen spielt in der technischen Informatik an allen Stellen eine Rolle, wo die Elektrotechnik eingeht. Außerdem lassen sich mit seiner Hilfe periodische Vorgänge der Natur besonders einfach beschreiben (s. Fourierreihen und Fourierintegrale). Schließlich kann man mit seiner Hilfe die diskrete Fouriertransformation, die grundlegend für die Bildverarbeitung (etwa bei JPEG) ist, besonders einfach behandeln. Wir stellen die wichtigsten Rechenregeln einschließlich der Regeln für den Absolutbetrag komplexer Zahlen zusammen.

Wir hatten in den Beispielen auf Seite 127 bereits den Körper $\mathbb{R}[x]/(x^2 + 1) =: \mathbb{C}$ behandelt. Die Bedeutung von $\mathbb{C}$ liegt darin, dass dort die Gleichung $z^2 + 1 = 0$ eine Lösung hat und dass $\mathbb{R}$ nach Identifizierung in $\mathbb{C}$ liegt.

Die Äquivalenzklasse $[x]$ im Faktorring $\mathbb{R}[x]/(x^2 + 1)$ bzw. der Repräsentant x im entsprechenden Repräsentantensystem wird üblicherweise mit i bezeichnet und heißt **imaginäre Einheit**. Es ist also $i^2 = -1$.

Wir halten das Ergebnis von Seite 127 wegen seiner Bedeutung im Folgenden noch einmal fest.

Theorem 5.12.
$(\mathbb{C}, +, \cdot)$ *ist ein Körper, der* **Körper der komplexen Zahlen**. $\mathbb{R}$ *ist ein Teilkörper von* $\mathbb{C}$.

Definition 5.13. *Für* $z = a + ib$ *heißt* a **Realteil** $\Re(z)$ *und* b **Imaginärteil** $\Im(z)$. *Die Zahl* $\overline{z} = a - ib$ *heißt die zu* z **konjugiert komplexe** *Zahl.*

Um den Körper $\mathbb{C}$ geometrisch zu veranschaulichen, bilden wir ihn durch $a + bi \mapsto (a, b)$ auf $\mathbb{R}^2 = \{(a, b) : a, b \in \mathbb{R}\}$ ab und übertragen die Rechenregeln mit dieser Abbildung. Es ergibt sich für die Addition:

$$(a, b) + (c, d) := (a + c, b + d).$$

Die Multiplikation überträgt sich so:

$$(a, b)(c, d) = (ac - bd, ad + bc).$$

Wir wählen $\{(x, 0) : x \in \mathbb{R}\}$ als waagrechte, $\{(0, y) : y \in \mathbb{R}\}$ als senkrechte Achse. Dann ist $\overline{z}$ der Punkt, den man aus z durch Spiegelung an der waagrechten Achse erhält. Es gelten die folgenden Formeln für die Konjugation $z \mapsto \overline{z}$:

Satz 5.14.
a) $\overline{z}_1 + \overline{z}_2 = \overline{(z_1 + z_2)}$.
b) $\overline{z}_1 \cdot \overline{z}_2 = \overline{z_1 z_2}$.
c) $\overline{z} \cdot z = \Re(z)^2 + \Im(z)^2$.

Benutzen Sie nun bitte das Applet "Komplexe Zahlen". Schauen Sie sich die Addition und Multiplikation für verschiedene Paare von komplexen Zahlen an. Sie werden feststellen, dass die Multiplikation einer Drehstreckung entspricht. Dieser Sachverhalt wird sich später sehr einfach ergeben, wenn Sie noch eine andere geometrische Veranschaulichung komplexer Zahlen kennen gelernt haben.

Aufgabe: Berechnen Sie bitte
a) $(5 + 7i)(6 - 3i)$, b) $|5 + 8i|$, c) $\dfrac{5 - 2i}{2 - 3i}$.

Abstandsmessung in $\mathbb{C}$ Sei $z = x + iy$ mit $x = \Re(z)$, $y = \Im(z)$. Zeichnen wir z in die Ebene mit rechtwinkligen Koordinatenachsen ein, so ergibt sich nach dem Satz des Pythagoras[4] anschaulich die Entfernung zum Nullpunkt als $d(0, z)^2 = x^2 + y^2 = \bar{z}z$. Nach Satz 5.11 wissen wir, dass zu jeder reellen Zahl $a \geq 0$ genau eine reelle Zahl $b \geq 0$ mit $b^2 = a$ existiert. b heißt positive Wurzel $_{+}\sqrt{a}$ aus a. Wir definieren den Absolutbetrag $|z|$ der komplexen Zahl z also einfach als

$$|z| = {}_{+}\sqrt{\bar{z}z} = {}_{+}\sqrt{\Re(z)^2 + \Im(z)^2}.$$

Dann gilt insbesondere

$$|\Re(z)|, \; |\Im(z)| \leq |z|. \tag{5.3}$$

Wir setzen $d(z_1, z_2) = |z_1 - z_2|$ und erhalten einen zum Satz 5.5 völlig entsprechenden Satz:

Satz 5.15. Eigenschaften des Abstandes komplexer Zahlen

a) $|z| = 0 \Leftrightarrow z = 0$. **Definitheit**

b) $|z_1 z_2| = |z_1||z_2|$. **absolute Homogenität**

c) $|z_1 + z_2| \leq |z_1| + |z_2|$. **Dreiecksungleichung**

d) $|z_1 - z_2| \leq |z_1 - u| + |u - z_2|$. **allgemeine Dreiecksungleichung**

e) $\big||z_1| - |z_2|\big| \leq |z_1 - z_2| \leq |z_1| + |z_2|$ **verallgemeinerte Dreiecksungleichung**

Aufgabe: Beweisen Sie diesen Satz.

Tipp: Gehen Sie analog zum Beweis des Satzes 5.5 vor. Beim Beweis von c) benutzen Sie die Formel

$$|z_1 + z_2|^2 = \overline{(z_1 + z_2)}(z_1 + z_2) = (\bar{z}_1 + \bar{z}_2)(z_1 + z_2)$$

sowie die Formel $\bar{u} + u = 2\Re(u) \leq 2|u|$, die Sie natürlich beweisen müssen.

Wiederholung

Begriffe: komplexe Zahlen, Realteil, Imaginärteil, Absolutbetrag einer komplexen Zahl, konjugiert komplexe Zahl.

Sätze: Rechenregeln für komplexe Zahlen, Abstand zwischen zwei komplexen Zahlen.

---

[4] Pythagoras von Samos, ca. 580–520 v. Chr., griechischer Philosoph. Der mit dem Satz von Pythagoras beschriebene Zusammenhang war auch schon den Babyloniern 1000 Jahre früher bekannt.

5.3 Folgen und Konvergenz

Motivation und Überblick

Aus Sicht der Informatik gibt es grundsätzlich immer zwei Alternativen zur Repräsentation eines Gegenstands: entweder die explizite Repräsentation des Gegenstands als Datenstruktur im Speicher des Computers, oder aber die implizite Repräsentation als Berechnungsvorschrift, durch deren mechanische Ausführung durch den Prozessor des Computers der Gegenstand bei Bedarf erzeugt wird. Im einfachsten Fall kann es sich bei dem Gegenstand etwa um eine Zahl handeln. Wenn der Gegenstand eine moderate Größe hat, wird man ihn eher komplett speichern, wenn er dagegen im Extremfall unendlich viel Speicherplatz benötigt, bleibt einem nichts anderes übrig, als seine Berechnungsvorschrift zu speichern und bei Bedarf jeweils eine beliebig genaue endliche Approximation des Gegenstands auszurechnen.

Das Thema Folgen und Reihen beschäftigt sich innerhalb der Analysis mit der Untersuchung von Berechnungsvorschriften für (i. Allg. reelle) Zahlen und mit dem Verhalten der von den Vorschriften erzeugten Approximationsfolgen. Zunächst interessiert eine einzelne Zahl, die im Allgemeinen in Dezimalschreibweise unendlich viele Stellen haben kann. Danach wird das Prinzip verallgemeinert und angewendet auf ganze Funktionen, die unendlich viele Werte haben können (von denen i. Allg. jeder unendlich viele Stellen hat). Nur dadurch, dass die Analysis einen Weg gefunden hat, wie man durch relativ einfache Berechnungsvorschriften beliebige Werte wichtiger Funktionen in beliebig genauer Näherung berechnen kann, sind diese Funktionen überhaupt im wirklichen Sinne des Wortes dingfest gemacht worden. Die Grundkonzepte, die hier in mathematischer Reinkultur behandelt sind, werden in der Informatik andauernd in verschiedenster Form angewendet.

Nehmen wir zum Beispiel eine reelle Zahl wie $\sqrt{2}$. Wie man unschwer beweisen kann, ist diese Zahl nicht rational, hat also in keinem Zahlsystem eine endliche Darstellung als Ziffernfolge. Die Zahl lässt sich aber als Grenzwert eines Prozesses darstellen, in dessen Ablauf immer mehr und mehr Stellen der Zahl ausgerechnet werden können – und zwar beliebig viele Stellen, wenn man den Prozess nur lange genug ablaufen lässt. Wie wir im Abschnitt 5.1.2, Seite 153 gesehen haben, lässt sich der Prozess sehr oft in ein ganz einfaches Programm mit einer Schleife gießen, die für jedes $i \in \mathbb{N}$ ausgewertet werden muss. Wenn nun die Folge "konvergiert", d. h. wenn die Glieder einem definierten endlichen Wert zustreben, dann ist dieser Wert mit dem Programm mathematisch präzise bezeichnet. Für den Computer ist es dann kein Problem, bei Bedarf durch Auswertung der Rechenvorschrift beliebig viele Ziffern des gesuchten Wertes zu produzieren. So sind in einem Taschenrechner natürlich nicht alle Wurzel-Werte tabellenartig abgespeichert, sondern diese Werte werden bei Bedarf durch Auswertung der passenden Formel dynamisch erzeugt. Dieses Prinzip ist so wichtig, dass in allen Programmiersprachen spezielle Anweisungen, sogenannte Schleifenanweisungen wie WHILE oder FOR existieren, mit denen solche Berechnungsvorschriften sofort umgesetzt werden können (siehe das Bisektionsverfahren 5.6). Damit das alles funktionieren kann, muss aus mathematischer Sicht natürlich zuerst Vielerlei untersucht werden, z. B. unter welchen Bedingungen die betrachteten Folgen überhaupt zu genau definierten Werten führen, welche Verfahren vielleicht schneller zu einem gesuchten Wert hinstreben als andere usf. Lassen Sie sich auch nicht verwirren, wenn man anfangs auch erst einmal Folgen und Reihen untersucht, die zu Zahlen führen, die eine endliche Repräsentation als Ziffernfolge haben. Das Grundprinzip, eine praktisch nicht realisierbare unendliche explizite Repräsentation durch eine Datenstruktur einzutauschen gegen eine endliche implizite Repräsentation als Berechnungsvorschrift ist der eigentliche Clou der Sache.

Wir geben zunächst einige Beispielfolgen an. Nach der Definition einer Folge und der Definition der Konvergenz zeigen wir Rechenregeln für konvergente Folgen und Grenzwerte sowie mit einem Bisektionsverfahren das allgemeinste Konvergenzkriterium.

5.3.1 Typen von Folgen, Konvergenz

Reelle Zahlenfolgen begegnen uns unter anderem in den folgenden Zusammenhängen.

Algorithmen zur Berechnung von Zahlen
Der folgende Algorithmus dient zur Berechnung der Eulerschen Zahl e (siehe das Beispiel auf Seite 178): $u_0 = 1$, $u_{n+1} = u_n + 1/(n+1)!$. Die Annäherung ist sehr schnell, weil $n!$ sehr schnell wächst, also das, was man im $(n+1)$. Schritt hinzufügt, bald sehr klein ist.

Bisektionsverfahren
Jedes Bisektionsverfahren liefert zwei Zahlenfolgen $(a_0, a_1, a_2, \ldots)$ und $(b_0, b_1, b_2, \ldots)$, siehe Formel (5.2).

Entwicklung diskreter biologischer Systeme
Sei S ein biologisches System, von dem wir im Takt einer Zeiteinheit eine charakteristische Größe beobachten. Ist S zum Beispiel eine Nährlösung, die Bakterien einer bestimmten Art enthält, so können wir nach jeder Sekunde die Zahl z der Bakterien bestimmen. Ist T die Tragekapazität der Nährlösung, d.h. die maximal mögliche Bakterienzahl in ihr, so ist der Quotient $x = z/T$ der Bruchteil der Tragekapazität, der gerade vorhanden ist. Der Mathematiker P. Verhulst[5] hat für die zeitliche Entwicklung solch eines Systems das folgende Modell vorgeschlagen:

$$x_{n+1} = qx_n(1 - x_n).$$

Hier ist q eine die Güte der Nährlösung beschreibende Konstante mit $0 < q < 4$. Bei festem Anfangswert x_0 erhält man nacheinander die Zahlen $x_1, x_2, x_3, \ldots$, die zur Voraussage des Systems benutzt werden können. Das heißt: stimmt das Modell mit der Wirklichkeit überein und kennt man q und x_0, so lässt sich die Zahl $x_n = z_n/T$ nach n Zeiteinheiten vorausberechnen und damit lassen sich Voraussagen treffen.

Benutzen Sie nun bitte das Applet "Folgen und Reihen". Wir können uns die zeitliche Entwicklung des Verhulstschen Modells für verschiedene q anschauen. Damit wir besser vergleichen können, wählen wir immer denselben Anfangswert $x_0 = 0.3$. Schauen Sie sich die ersten 100 Schritte der Entwicklung an für die Werte $q = 2.5$, $q = 3.2$, $q = 3.5$, $q = 3.6$, $q = 4.0$. Vergleichen Sie die Entwicklungen. Wodurch unterscheiden sie sich?

---

[5] Pierre Verhulst, 1804–1849, Dozent für Mathematik an der Brüsseler École Militaire.

Mathematisch gesehen sind die bisher betrachteten Folgen offenbar nichts anderes als Abbildungen von $\mathbb{N}_0$ nach $\mathbb{R}$.

Definition 5.16. *Sei $k \in \mathbb{Z}$ und $A_k = \{n \in \mathbb{Z} : n \geq k\}$.*
Eine Abbildung $u : A_k \to \mathbb{R}$, $n \mapsto u_n$ heißt bei k beginnende **Folge reeller Zahlen**, *in Zeichen: $(u_n)_{n \geq k}$. u_n selbst heißt* **Glied der Folge**, *der Index n heißt* **Index**.

Benutzen Sie nun bitte das Applet "Folgen und Reihen". Schauen Sie sich nacheinander die ersten hundert Glieder einer jeden Folge an (bei 10. bitte nur die ersten 10 Glieder). Sie beobachten verschiedenes Verhalten. Unten steht eine Liste möglicher Verhaltensweisen (siehe auch [30], S. 43).

Beispiele In den Beispielen ist $A_k = \mathbb{N}$ oder $A_k = \mathbb{N}_0$.

1. $\mathbb{N} \ni n \mapsto \frac{1}{n}$.   (andere Schreibweise: $u_n = \frac{1}{n}$.)
2. $\mathbb{N} \ni n \mapsto 2^{-n}$. $(u_n = 2^{-n}.)$
3. $\mathbb{N} \ni n \mapsto (n+1)^2 \cdot 2^{-n}$. $(u_n = (n+1)^2 2^{-n}.)$
4. $u_0 = a$, $u_{n+1} = \frac{1}{2}(u_n + \frac{a}{u_n})$ für fest gewähltes $a > 0$.
5. $u_n = (1 + (-1)^n)$.
6. $u_n = \sum_1^n 1/k$.
7. $u_n = \sum_0^n 2^{-k} = 2(1 - 2^{-(n+1)})$.
8. $u_n = \sum_0^n (-2)^{-k}$.
9. $u_n = \sum_1^n (-1)^k/k$.
10. $u_n = \sum_{k=0}^n 2^k = 2^{n+1} - 1$.
11. $u_0 = 0.3$, $u_{n+1} = qu_n(1 - u_n)$. Wählen Sie $q = 2.5, 3.2, 3.5, 3.6, 4.0$.

Beispiele: Verhaltensweisen von Folgen

1. Die Folge häuft sich an genau einem Punkt.
2. Die Folge häuft sich an mehreren Punkten.
3. Ein Teil der Folge läuft nach ∞, d.h. aus dem oberen Bildrand hinaus (das kann man am Computer nicht besser zeigen. Präzisieren Sie, was gemeint ist). Sie müssen evtl. dazu noch viel mehr Glieder betrachten, um das festzustellen. Beweisen können Sie so etwas nicht durch Bilder.
4. Ein Teil der Folge läuft nach $-\infty$ (Präzisieren Sie das!).
5. Die Folge liegt ganz zwischen zwei festen Zahlen $c < d$.
6. Die Folge ist **periodisch**, das heißt, es gibt ein $p \geq 2$ mit $u_{n+p} = u_n$ für alle n.
7. Die Folge kommt jedem Punkt eines Intervalls $[c, d] = \{x : c \leq x \leq d\}$ beliebig nahe. Sie füllt das Intervall scheinbar aus.
8. Die Folge steigt an: $u_n \leq u_{n+1}$ für alle n.
9. Die Folge fällt: $u_n \geq u_{n+1}$ für alle n.

Prüfen Sie bei jeder der oben stehenden Folgen, welche der genannten Eigenschaften sie hat. Wenn Sie durchweg annehmen, dass die Folgen die zeitliche Entwicklung von Systemen beschreiben, spüren Sie, wie wichtig diese Eigenschaften und deren Beweis sind.

Zwei der Erscheinungsformen von Folgen präzisieren wir in den nächsten beiden Definitionen.

Definition 5.17. (Beschränkte Folgen) *Die Folge* $u = (u_n)_{n\geq 1}$ *heißt be-schränkt, wenn es eine Zahl* $d \geq 0$ *gibt mit* $|u_n| \leq d$ *für alle* n.

Die Ungleichung bedeutet nichts anderes als $-d \leq u_n \leq d$.

Definition 5.18. (Konvergente Folge, Grenzwert) *Die Folge* u **konvergiert gegen die Zahl** c, *wenn es zu jedem* $\varepsilon > 0$ *ein* $n(\varepsilon) \in \mathbb{N}$ *gibt mit* $|c - u_n| < \varepsilon$ *für alle* $n \geq n(\varepsilon)$. *Dann schreibt man* $c = \lim_{n\to\infty} u_n$ *und liest dies:* c *gleich Limes (für)* n *gegen unendlich* u_n. c *selbst heißt* **Grenzwert** *oder* **Limes** *der Folge* u.

Bemerkung: *Der Grenzwert eine konvergenten Folge ist eindeutig bestimmt.* Das heißt genauer: Konvergiert u gegen c und d, so ist $c = d$. Denn es ist $|c - d| \leq |c - u_n| + |u_n - d|$. Ist $\varepsilon > 0$ beliebig, so gibt es ein $n_1(\varepsilon/2)$ mit $|c - u_n| < \varepsilon/2$ für alle $n \geq n_1(\varepsilon/2)$ und ein $n_2(\varepsilon/2)$ mit $|d - u_n| < \varepsilon/2$ für alle $n \geq n_2(\varepsilon/2)$. Für $n \geq \max(n_1(\varepsilon/2), n_2(\varepsilon/2))$ gilt dann also $|c - d| \leq \varepsilon/2 + \varepsilon/2 = \varepsilon$. Da $\varepsilon > 0$ beliebig war, folgt $|c - d| = 0$.

Benutzen Sie nun bitte das Applet "Folgen und Reihen".
Konvergenztest am Bildschirm
Im Folgenden können Sie sich ganz leicht davon überzeugen, ob eine Folge konvergiert oder nicht. Bestimmen Sie gegebenenfalls den Grenzwert c, wählen Sie zu $\varepsilon > 0$ das Intervall $]-\varepsilon, \varepsilon[$ auf der y–Achse und lesen Sie am Bildschirm ein zugehöriges $n(\varepsilon)$ ab. Prüfen Sie es gegebenenfalls mit dem von Ihnen rechnerisch bestimmten.

Beispiele:

1. $u_n = 1/n^2$,
2. $u_n = 2^{-n}$,
3. $u_0 = 4$, $\quad u_n = \frac{1}{2}(u_n + \frac{4}{u_n})$,
4. $u_0 = 2$, $\quad u_n = \frac{1}{2}u_n + \frac{1}{u_n}$,
5. $u_n = 1 - \frac{1}{2} + \frac{1}{3} - \frac{1}{4} \pm \cdots + (-1)^{n+1}/n$,
6. $u_n = \sum_1^n \frac{1}{k}$,
7. $u_n = \sum_0^n 2^{-k}$,
8. $u_n = \sqrt[n]{n}$.
9. mehrere eigene Folgen.

Aufgabe: Beweisen Sie bitte, dass die Folgen 1), 2), 7) und 8) konvergieren.
Tipp zu Folge 7: geometrische Reihe, aus der Schule bekannt.
Tipp zu Folge 8: Setzen Sie $\sqrt[n]{n} - 1 = b_n$, also $\sqrt[n]{n} = 1 + b_n$. Nehmen Sie die n–te Potenz dieser Gleichung und lassen Sie beim Ausdruck $(1 + b_n)^n$, den Sie nach der binomischen

Formel Satz 2.28 entwickeln, die Potenzen von b_n^k mit $k \geq 3$ weg. Dadurch verkleinern Sie die rechte Seite, erhalten also eine Ungleichung vom Typ $n > 1 + nb_n + \binom{n}{2}b_n^2 > \binom{n}{2}b_n^2$. Schließen Sie hieraus durch Umformung der Ungleichung, dass $(b_n)_n$ gegen 0 konvergiert.

Beschränkte Folgen haben Eigenschaften, die man bei der Berechnung der Komplexität von Algorithmen benötigt (vergl. den Abschnitt über $O(u)$ und $o(u)$, Seite 168, sowie [21, S. 314 ff]).

Satz 5.19. *a) Jede konvergente Folge ist beschränkt.*
b) Mit $u = (u_n)_{n \geq 1}$ und $v = (v_n)_{n \geq 1}$ sind auch die Summe $u + v = (u_n + v_n)_{n \geq 1}$, sowie das Produkt $uv = (u_n v_n)_{n \geq 1}$ und der Absolutbetrag $|u| = (|u_n|)_{n \geq 1}$ beschränkt.

Beweis: a) Sei $c = \lim_{n \to \infty} u_n$. Wir wählen $\varepsilon = 1$. Dann gibt es ein $n(1)$ mit $|c - u_n| < 1$ für alle $n \geq n(1)$. Aber dann ist $|u_n| \leq |u_n - c| + |c| < 1 + |c|$ für alle $n \geq n(1)$. Um die endlich vielen Zahlen $u_1, \ldots, u_{n(1)-1}$ auch noch einzuschließen, setzen wir $M = 1 + |c| + \sum_{k=1}^{n(1)-1} |u_k|$ und erhalten $|u_n| < M$ für alle n.
b) Wir zeigen nur die Aussage für das Produkt. Den Rest des Beweises stellen wir als Übungsaufgabe.
Nach Voraussetzung gibt es $c, d > 0$ mit $|u_n| \leq c$ und $|v_n| \leq d$ für alle n. Aber dann ist $|u_n v_n| = |u_n| \, |v_n| \leq cd$ für alle n. $\square$

Aufgabe: Führen Sie den Beweis von Teil b) des vorangegangenen Satzes im Detail aus.

5.3.2 Monotone Folgen

Definition 5.20. *Sei $u = (u_n)_{n \geq k}$ eine reelle Zahlenfolge.*
a) u heißt **monoton wachsend***, wenn $u_n \leq u_{n+1}$ für alle Indizis n, also $u_k \leq u_{k+1} \leq u_{k+2} \leq \cdots$ gilt. Sie heißt* **streng monoton wachsend***, wenn $u_n < u_{n+1}$ für alle Indizes n gilt.*
b) u heißt **monoton fallend***, wenn $u_n \geq u_{n+1}$ für alle Indizes n gilt und* **streng monoton fallend***, wenn stets $u_n > u_{n+1}$ gilt.*
c) u heißt **monoton***, wenn sie entweder monoton wachsend oder monoton fallend ist.*

Benutzen Sie nun bitte das Applet "Folgen und Reihen". Schauen Sie sich die folgenden Beispiele an. Welche Folge ist monoton wachsend, welche monoton fallend, welche nichts von beiden? Beweisen Sie Ihre Vermutungen! Welche der monotonen Folgen konvergieren?

Beispiele:

1. $u_n = \frac{1}{n}$.

2. $u_n = (-1)^n/n$.
3. $u_n = (1 + \frac{1}{n})^n$.
4. $u_n = \frac{(1-q^{n+1})}{1-q}$ für $q = \frac{1}{2}$ bzw. für $q = -\frac{1}{2}$.
5. $u_0 = 5$, $u_{n+1} = \frac{u_n}{2} + \frac{2}{u_n}$.
6. $u_n = \sum_{k=0}^{n} 1/k!$.
7. $u_n = n^2$.

Monotone Folgen sind besonders einfach auf Konvergenz hin zu untersuchen.

Satz 5.21. *Eine monotone Folge $u = (u_n)_{n \geq k}$ ist entweder unbeschränkt oder konvergent. Ist u konvergent, so gilt $u_m \leq \lim_{n \to \infty} u_n$ für alle m, wenn die Folge monoton wachsend ist, beziehungsweise $u_m \geq \lim_{n \to \infty} u_n$, wenn die Folge monoton fallend ist.*

Beweis: (I) Sei $u = (u_n)_{n \geq 1}$ monoton wachsend und beschränkt, es gelte also $u_n \leq d$ für alle n und ein $d \in \mathbb{R}$. Sei $c = \sup(\{u_n : n \geq 1\})$ und sei $\varepsilon > 0$ beliebig. Dann gibt es ein $n(\varepsilon)$ mit $c - \varepsilon < u_{n(\varepsilon)} \leq c$ (siehe Bemerkung 1, Seite 157). Da u monoton wachsend ist, gilt für alle $n \geq n(\varepsilon)$ stets $|c - u_n| = c - u_n \leq c - u_{n(\varepsilon)} < \varepsilon$, und damit ist $\lim_{n \to \infty} u_n = c$.
(II) Sei u monoton fallend und beschränkt. Dann zeigt man analog zu (I) $\lim_{n \to \infty} u_n = \inf(\{u_n : n \geq 1\})$.
(III) Ist u konvergent, so nach Satz 5.19 auch beschränkt. $\qquad \square$

Beispiel: Sei $S_n = \sum_{k=1}^{n} 1/k$. Offensichtlich ist $(S_n)_n$ monoton wachsend. Ist $2^r \leq k < 2^{r+1}$, so ist $2^{-r} \geq 1/k > 2^{-(r+1)}$. Daraus folgt

$$S_{2^n - 1} = \sum_{p=0}^{n-1} \left(\sum_{k=2^p}^{2^{p+1}-1} 1/k \right) \geq \sum_{p=0}^{n-1} (2^{p+1} - 2^p) \cdot 2^{-(p+1)} = \sum_{p=0}^{n-1} 2^p \cdot 2^{-(p+1)} = n/2,$$

also ist die Folge unbeschränkt. Es handelt sich bei dieser Folge um die so genannte **harmonische Reihe** (siehe Abschnitt 5.4 über unendliche Reihen).

Wir bringen nun als Beispiel eine Folge, die uns die Eulersche Zahl e definiert:
Beispiel: $u_n = (1 + 1/n)^n$.
Behauptung: $u_n < 4$. *Beweis:* Für $n \geq 1$ und $0 \leq k \leq n$ ist $k! \geq 2^{k-1}$ und

$$\binom{n}{k} \cdot \frac{1}{n^k} = \frac{(1 - 1/n)(1 - 2/n) \cdots (1 - (k-1)/n)}{k!}. \tag{5.4}$$

Wegen $(1 - j/n) < 1$ folgt hieraus $\binom{n}{k} \frac{1}{n^k} \leq 1/k! \leq 2^{-(k-1)}$, also $(1 + 1/n)^n = \sum_{k=0}^{n} \binom{n}{k} \frac{1}{n^k} \leq \sum_{k=0}^{n} 2^{-(k-1)} = 4(1 - 2^{-(n+1)}) < 4$.
Benutzt man die Gleichung (5.4) außer für n auch für $n+1$, so folgt aus $(1 - j/n) < (1 - j/(n+1))$ sofort $\binom{n}{k} \frac{1}{n^k} \leq \binom{n+1}{k} \frac{1}{(n+1)^k}$. Daraus wiederum ergibt sich

$$
\begin{aligned}
(1 + 1/n)^n &= \sum_{k=0}^{n} \binom{n}{k} \frac{1}{n^k} \leq \sum_{k=0}^{n} \binom{n+1}{k} \frac{1}{(n+1)^k} \\
&\leq \sum_{k=0}^{n+1} \binom{n+1}{k} \frac{1}{(n+1)^k} = (1 + 1/(n+1))^{n+1}.
\end{aligned}
$$

Die Folge ist also monoton und konvergiert damit gegen einen Grenzwert ≤ 4. Dieser Grenzwert heißt **Eulersche Zahl** e. Wir werden zeigen (siehe Seite 178), dass $e = \lim_{n\to\infty} \sum_{k=0}^{n} 1/k!$ gilt. Es ist $e \approx 2,718$.

5.3.3 Rechenregeln für konvergente Folgen

Ein einfacher Trick zur Konvergenzuntersuchung ist die Benutzung von Folgen, die gegen 0 konvergieren. Eine gegen 0 konvergente Folge heißt **Nullfolge**.

Beispiele:

1. $(1/n)_{n\geq 1}$ ist eine Nullfolge. Denn zu $\varepsilon > 0$ gibt es nach Satz 5.1 ein $n(\varepsilon)$ mit $\frac{1}{n(\varepsilon)} < \varepsilon$.
   Dann ist für $n \geq n(\varepsilon)$ stets $0 < \frac{1}{n} \leq \frac{1}{n(\varepsilon)} < \varepsilon$.
2. $u_n = \frac{1}{n^3}$. Es ist $\frac{1}{n^3} < \frac{1}{n^2} < \frac{1}{n}$.
3. $u_n = q^n$ mit $0 \leq |q| < 1$, vergleiche Satz 5.2 b).

Der Trick fußt auf der folgenden Beobachtung:

Satz 5.22. (**Nullfolgen-Lemma**)

a) Eine Folge $(u_n)_{n\geq k}$ konvergiert genau dann gegen c, wenn die Folge $n \mapsto |c - u_n|$ eine Nullfolge ist.

b) Seien $(u_n)_{n\geq k}$ und $(v_n)_{n\geq k}$ Nullfolgen und $c, d \geq 0$. Ist $(x_n)_{n\geq k}$ eine Folge mit $|x_n| \leq c|u_n| + d|v_n|$, für alle n, so ist $(x_n)_{n\geq k}$ eine Nullfolge.

Beweis:
a) gilt wegen $|0 - |c - u_n|\,| = |c - u_n|$.
b) Sei $\varepsilon > 0$ beliebig und $\eta = \frac{\varepsilon}{c+d+1}$. Zu diesem η gibt es $n_1(\eta)$ mit $|u_n| = |0 - u_n| < \eta$ für alle $n \geq n_1(\eta)$ und ein $n_2(\eta)$ mit $|v_n| = |0 - v_n| < \eta$ für alle $n \geq n_2(\eta)$. Für $n \geq n(\varepsilon) := \max(n_1(\eta), n_2(\eta))$ gilt dann

$$|0 - x_n| = |x_n| \leq c|u_n| + d|v_n| \leq (c+d)\eta = \frac{(c+d)\varepsilon}{c+d+1} < \varepsilon,$$

also gilt $0 = \lim x_n$.   □

Aufgabe: Sei $0 < q < 1$ und $u_n = nq^n$. Zeigen Sie bitte, dass $(u_n)_{n\geq 1}$ eine Nullfolge ist.
Tipp: Schreiben Sie $q = 1/r$ mit $r = 1/q > 1$. Setzen Sie $r = 1 + t$ mit $t = r - 1 > 0$.
Dann ist $q^n = \frac{1}{\sum_{k=0}^{n} \binom{n}{k} t^k} \leq \frac{2}{n(n-1)t}$.

Zusammenhang von Konvergenz und Bisektionsverfahren Das Nullfolgen-Lemma erlaubt uns, einen Zusammenhang zwischen Bisektionsverfahren und konvergenten Folgen herzustellen. Wir betrachten ein beliebiges Bisektionsverfahren, das die Zahl x bestimmt. Es liefert die Folgen (siehe Formel (5.2)) $(a_n)_{n\geq 0}$ und $(b_n)_{n\geq 0}$ mit $a_0 \leq \cdots a_n \leq a_{n+1} \leq \cdots \leq x \leq \cdots \leq b_{n+1} \leq b_n \cdots \leq b_0$ und $b_n - a_n = (b_0 - a_0)2^{-n}$. Dann gilt $x = \lim_{n\to\infty} a_n = \lim_{n\to\infty} b_n$. Denn es ist $|x - a_n| = x - a_n \leq b_n - a_n \leq (b_0 - a_0)/2^n$ und rechts steht das n-te Glied einer Nullfolge. Genau so hat man $|x - b_n| = b_n - x \leq b_n - a_n \leq (b_0 - a_0)/2^n$.

Rechenregeln Typisch algorithmisch gedacht ist es, die Konvergenz einfacher Folgen nachzuweisen und dann zu prüfen, wie sich konvergente Folgen unter den üblichen Rechenregeln verhalten. Dann kann man die Konvergenz komplizierter Folgen über den Aufbau der Folgenglieder (vergl. [21, S. 317]) auf die Konvergenz einfacher gebauter Folgen zurückführen. Dazu benötigen wir die folgenden Rechenregeln für konvergente Folgen, die wir aus dem Nullfolgen–Lemma 5.22 erhalten.

Satz 5.23. (Rechenregeln für konvergente Folgen)
a) Ist $c = \lim u_n$, so ist $|c| = \lim |u_n|$.
b) Ist $c = \lim u_n$ und $d = \lim v_n$, so ist $c + d = \lim(u_n + v_n)$.
c) Ist $c = \lim u_n$ und $d = \lim v_n$, so ist $cd = \lim(u_n v_n)$. Insbesondere ist für beliebiges $x \in \mathbb{R}$ $\lim x v_n = x \lim v_n$.
d) Ist $c = \lim u_n$, $d = \lim v_n \neq 0$ und sind alle $v_n \neq 0$, so ist $\frac{c}{d} = \lim \frac{u_n}{v_n}$.
e) Ist $c = \lim u_n$, $d = \lim v_n$ und $u_n \leq v_n$ für alle n, so ist $c \leq d$.

Beweis: Wir beweisen nur a), c) und e). Der Rest geht analog.
a) Es ist $\big|\,|c| - |u_n|\,\big| \leq |c - u_n| =: v_n$. (v_n) ist Nullfolge, also folgt a).
c) Es ist $|\,cd - u_n v_n\,| = |\,(cd - u_n d) + (u_n d - u_n v_n)\,| \leq |c - u_n| \cdot |d| + |u_n||d - v_n|$. Als konvergente Folge ist (u_n) beschränkt, es gibt also a mit $|\,u_n\,| \leq a$ für alle n. Dann ist

$$| \, cd - u_n v_n \, | \leq |d| \, | \, c - u_n | + a \, | \, d - v_n |$$

und der Satz folgt aus dem Nullfolgen-Lemma 5.22.
e) Nach b) und c) ist $d - c = \lim(v_n - u_n)$. Wegen $v_n - u_n \geq 0$ ist

$$0 \leq |d - c| = \lim_{n \to \infty} |v_n - u_n| = \lim_{n \to \infty} (v_n - u_n) = d - c.$$

□

Aufgaben: Bestimmen Sie die Grenzwerte der folgenden Beispiele durch geschicktes Zerlegen in einfachere Folgen:

1. $u_n = (4n^3 - (-1)^n n^2)/(5n + 2n^3)$,
2. $u_n = \frac{(n^3 - 5n)^4 - n^{12}}{n^{11}}$,
3. $u_n = \binom{n}{5} 2^{-n}$. *Tipp:* Setzen Sie $q = \sqrt[5]{1/2}$ und verwenden Sie die Aufgabe auf Seite 167.

5.3.4 Groß O und klein o von Folgen

Eine Folge $u = (u_n)_{n \geq 1}$ heißt **strikt positiv**, wenn für alle Indizes n stets $u_n > 0$ gilt. Die beiden folgenden Begriffe dienen dazu, Folgen hinsichtlich ihres Wachstums (für große n oder wie man auch sagt, asymptotisch) zu vergleichen.

Definition 5.24. *Sei u eine strikt positive Folge.*
a) Die Menge $O(u) = \{v = (v_n)_{n \geq 1} : v/u := (v_n/u_n)_{n \geq 1} \text{ ist beschränkt}\}$ heißt **Groß O von u.**
b) Die Menge $o(u) = \{v = (v_n)_{n \geq 1} : \lim_{n \to \infty} |v_n|/u_n = 0\}$ heißt **Klein o von u.**

Anders ausgedrückt: $v \in O(u)$ gilt genau dann, wenn es eine Konstante $c > 0$ mit $|v_n| \leq cu_n$ für alle n gibt. Offensichtlich gilt stets $o(u) \subseteq O(u)$, weil jede konvergente Folge, also erst recht jede Nullfolge nach Satz 5.19 beschränkt ist.

Beispiele:

1. Die Folge $(n)_{n \geq 1}$ liegt in $o((n^k)_{n \geq 1})$ für jedes $k \geq 2$. Denn es ist $0 \leq n/n^k = \frac{1}{n^{k-1}} \leq 1/n$ und es gilt $\lim_{n \to \infty} 1/n = 0$.

2. Allgemeiner seien P und Q Polynome über $\mathbb{R}$ mit $\mathrm{grad}(P) = k$ und $\mathrm{grad}(Q) = l$. Es sei $Q(n)_{n \geq 1}$ strikt positiv. Ist $k = l$ so ist $(P(n)_{n \geq 1}) \in O((Q(n)_{n \geq 1})$. Ist dagegen $k < l$, so ist $(P(n)_{n \geq 1}) \in o(Q(n)_{n \geq 1})$. Um das einzusehen, kürzt man den Bruch $\frac{P(n)}{Q(n)}$ mit n^l. Aus den Rechenregeln für beschränkte bzw. konvergente Folgen erhält man die Behauptung.

3. Sei $r > 1$. Dann ist für jedes fest gewählte $k \in \mathbb{N}$ stets $(n^k)_{n \geq 1}$ in $o((r^n)_{n \geq 1})$. Denn setzt man $q = \sqrt[k]{1/r}$, so erhält man $\frac{n^k}{r^n} = (nq^n)^k$, also $\lim_{n \to \infty} \frac{n^k}{r^n} = 0$ nach der Aufgabe auf Seite 167.

Eine Folge u **wächst höchstens polynomial**, wenn es ein k gibt mit $u \in O((n^k)_n)$. Eine strikt positive Folge u wächst **mindestens exponentiell**, wenn es ein $q > 1$ mit $(q^n)_n \in O(u)$ gibt. *Das dritte Beispiel verdeutlicht, in welchem Umfang polynomiales Wachstum langsamer ist als exponentielles Wachstum.*

Wir stellen die wichtigsten Rechenregeln für Groß O zusammen (vergleiche [21, S. 316 ff]).

Satz 5.25. *a) Für beliebige strikt positive Folgen u und v gilt $O(u + v) = O(\max(u, v))$ mit $\max(u, v) = (\max(u_n, v_n)_{n \geq 1})$.*
b) $O(u) \subseteq O(v)$ gilt genau dann, wenn $u \in O(v)$.
c) Ist $u \in O(v)$ und $v \in O(w)$ (für eine strikt positive Folge w), so ist $u \in O(w)$.

Beweis: Wir skizzieren den Beweis und stellen die Details als Übungsaufgabe.

a) Es ist für beliebige positive reelle Zahlen x und y stets $x + y \geq \max(x, y) \geq \frac{1}{2}(x + y)$. Damit ist für eine beliebige Folge $(b_n)_{n \geq 1}$ stets

$$\frac{2b_n}{u_n + v_n} \geq \frac{b_n}{\max(u_n, v_n)} \geq \frac{b_n}{u_n + v_n}.$$

Daraus folgt a).

b) Wegen $u \in O(u)$ ist nur zu zeigen: Ist $u \in O(v)$, so ist $O(u) \subseteq O(v)$. Aber das folgt aus $\frac{b_n}{v_n} = \frac{b_n}{u_n} \frac{u_n}{v_n}$.

c) folgt aus b). □

Aufgabe: Führen Sie bitte die Details des obigen Beweises aus.

5.3.5 Teilfolgen einer Folge

Ein Experiment liefert in der Regel eine Datenflut von Messwerten. Nehmen Sie zum Beispiel an, der Blutdruck eines Versuchstiers wird 4 Stunden lang jede Sekunde gemessen. Als Auswerter des Experiments werden Sie vielleicht nur jeden 60. Wert berücksichtigen. Sie wählen also eine **Teilfolge** der Folge der Messwerte.

Wir definieren genauer:

Definition 5.26. (Teilfolge)
Sei $(u_n)_{n \geq k}$ *eine Folge und* $g : \{n : n \geq k\} \longrightarrow \{n : n \geq k\}$ *eine streng monoton wachsende Folge, d.h. es gelte* $g(n) < g(n+1)$ *für alle* n*. Dann heißt die Folge* $(u_{g(n)})_{n \geq k}$ **Teilfolge** *von* $(u_n)_{n \geq k}$*.*

Es handelt sich genau genommen um die Hintereinanderausführung der beiden Abbildungen u und g. Die Teilfolge ist die Abbildung $u \circ g : \{n : n \geq k\} \to \mathbb{R}$, $\quad n \mapsto u_{g(n)}$. Statt $(u_{g(n)})_n$ schreibt man oft $(u_{n_k})_k$, also $g(k) = n_k$.

Benutzen Sie nun bitte das Applet "Folgen und Reihen". Schauen Sie sich einmal die Folge $((-1)^n(1 + \frac{1}{n}))_{n \geq 1}$ an. Sie hat zwei konvergente Teilfolgen. Sehen Sie sich im Bild die Glieder mit *geradem* Index an, also die Folge $(1 + \frac{1}{2n})_{n \geq 1}$ und dann die Glieder mit *ungeradem* Index, also die Folge $(-(1 + \frac{1}{2n-1}))_{n \geq 1}$. Eine nicht konvergente Folge kann also Teilfolgen haben, die konvergieren.

Aufgaben: Bestimmen Sie alle möglichen Grenzwerte konvergenter Teilfolgen der angegebenen Folgen:

1. $u_n = 1 + (-1)^n$.
2. $u_n = (1 + \frac{(-1)^n}{n})^n$.
3. $u_n = n \bmod 3$.
4. $u_n = (1 + \frac{n \bmod 3}{n})^n$.
5. $u_n = n \bmod 4$.

Bemerkung: Die bisherigen Überlegungen zeigen, dass Sie, wenn Sie Teilfolgen aus Messdatenfolgen auswählen (siehe oben), garantieren müssen, dass Sie hierdurch nicht einen systematischen Fehler einbauen (zum Beispiel eine konvergente Teilfolge einer periodischen Folge auswählen). Deshalb benutzt man Auswahlalgorithmen, die "vom Zufall" gesteuert werden.

Wenn Sie noch einmal zurückblicken, werden Sie bei allen Bildern zu der Ansicht kommen, dass jede beschränkte Folge $(u_n)_{n \geq k}$ mindestens eine konvergente Teilfolge hat. Dass dies kein Computer-Artefakt ist, werden wir nun beweisen. Dabei erinnern wir daran, dass nach dem Induktionsaxiom jede nichtleere Teilmenge $A \subseteq \mathbb{N}$ ein kleinstes Element $\min(A)$ enthält.

Theorem 5.27. (Satz von Bolzano[6]-Weierstraß[7])
Jede beschränkte Folge $(u_n)_{n \geq k}$ besitzt mindestens eine konvergente Teilfolge.

Beweis: Wir geben ein Bisektionsverfahren zur Konstruktion einer konvergenten Teilfolge an.
Da die Folge u beschränkt ist, gibt es eine positive Zahl d mit $|u_n| \leq d$ für alle n. Wir betrachten das folgende Bisektionsverfahren:

$a := -d;\ b := d;$
WHILE (TRUE) DO
    $c := (a+b)/2;$
    IF $|\{n : u_n \in [a, c[\}| = \infty$ **THEN** $b := c;$
                                           ELSE $a := c;$
    END; /*IF*/
END. /*WHILE*/

Sei x die hierdurch bestimmte reelle Zahl und seien $(a_n)_{n \geq 0}$ und $(b_n)_{n \geq 0}$ die Folgen, die das Bisektionsverfahren liefert (siehe Formel (5.2) und Seite 167). Nach Konstruktion ist die Menge $A_k := \{n \in \mathbb{N} : u_n \in [a_k, b_k]\}$ für jedes $k \in \mathbb{N}$ unendlich. Wir setzen $n_1 := \min(A_1)$ und $n_{k+1} = \min(A_{k+1} \setminus \{n_1, \dots, n_k\})$. Dann gilt $n_k < n_{k+1}$ und $a_k \leq u_{n_k} \leq b_k$ für alle k, woraus $\lim_{k \to \infty} u_{n_k} = x$ wegen $|x - u_{n_k}| \leq b_k - a_k \leq (b_0 - a_0) \cdot 2^{-k}$ folgt.
$\square$

5.3.6 Cauchys Konvergenzkriterium

Wir haben bisher verschiedene spezielle Verfahren kennen gelernt, um die Konvergenz einer Folge und gegebenenfalls auch ihren Grenzwert zu bestimmen. Meist kennt man den Grenzwert aber nicht, selbst wenn die Folge konvergiert (vergleiche das Beispiel auf Seite 166). Wenn die Folge nicht monoton ist und man sie auch nicht in einfachere konvergente Folgen zerlegen kann, muss man nach einem ganz allgemeinen Konvergenztest suchen. Ausschlaggebend ist die am Bildschirm offensichtliche Tasache, dass die Glieder einer konvergenten Folge immer dichter zusammen rücken, je höher die Indizes werden. Dies ist tatsächlich auch schon das allgemeine Konvergenzkriterium von Cauchy[8].

---

[6] Bernard Bolzano, 1781–1848, Priester, Dekan der Philosophischen Fakultät in Prag, später Entzug der Lehrerlaubnis durch Kirche und Staat.

[7] Karl Weierstraß, 1815–1897, Professor für Mathematik in Berlin, einer der Begründer der modernen Funktionentheorie. Er führte die präzise Fassung der Begriffe "Konvergenz" und "Grenzwert" ein.

[8] Augustin Louis Cauchy, 1789–1857, Professor für Mathematik an der Sorbonne in Paris, einer der bedeutendsten Mathematiker des 19. Jahrhunderts.

Theorem 5.28. (Cauchys Konvergenzkriterium) *Sei* $u = (u_n)_{n \geq 1}$ *eine Folge reeller Zahlen. Die beiden folgenden Aussagen sind äquivalent:*

a) Die Folge u konvergiert.

b) Zu jedem $\varepsilon > 0$ gibt es ein $n(\varepsilon) \in \mathbb{N}$, so dass für alle $m, n \geq n(\varepsilon)$ stets $|u_m - u_n| < \varepsilon$ ist.

Beweis: a) $\Rightarrow$ b): Sei $c = \lim_{n \to \infty} u_n$. Dann gibt es zu $\eta = \varepsilon/2$ ein $n(\eta)$ mit $|c - u_n| < \eta$ für alle $n \geq n(\eta)$. Wir setzen $n(\varepsilon) = n(\eta)$ und erhalten für $m, n \geq n(\varepsilon)$

$$|u_m - u_n| \leq |u_m - c| + |c - u_n| < \eta + \eta = \varepsilon.$$

b) $\Rightarrow$ a): (I) Erfüllt die Folge die Bedingung b), so ist sie beschränkt. Denn zu $\varepsilon = 1$ gibt es ein $n(1)$ mit $|u_m - u_n| < 1$ für $m, n \geq n(1)$. Für alle $n \geq n(1)$ ist also $|u_n| \leq |u_n - u_{n(1)}| + |u_{n(1)}| < 1 + |u_{n(1)}|$ und damit $|u_n| \leq 1 + |u_{n(1)}| + \sum_{k=1}^{n(1)-1} |u_k|$ für alle $n \geq 1$.

(II) Da die Folge u beschränkt ist, gibt es nach Theorem 5.27 eine konvergente Teilfolge $(u_{n_k})_k$. Sei $x = \lim_{k \to \infty} u_{n_k}$ und $\varepsilon > 0$ beliebig vorgegeben. Dann existiert ein k_0 mit $|x - u_{n_k}| < \varepsilon/2$ für alle $k \geq k_0$. Außerdem existiert ein $n(\varepsilon)$ mit $|u_m - u_n| < \varepsilon/2$ für alle $m, n \geq n(\varepsilon)$. Da $(n_k)_k$ streng monoton wachsend ist, gibt es ein $k > k_0$ mit $m = n_k > n(\varepsilon)$. Dann ist für alle $n \geq n(\varepsilon)$

$$|x - u_n| \leq |x - u_{n_k}| + |u_{n_k} - u_n| < \varepsilon/2 + \varepsilon/2 = \varepsilon.$$

Also ist $x = \lim_{n \to \infty} u_n$. $\square$

Eine Anwendung dieses Theorems finden Sie zum Beispiel im Beweis über die Konvergenz von Reihen (Satz 5.30).

Wiederholung

Begriffe: Konvergenz, Grenzwert, $\lim_{n \to \infty} u_n$, Nullfolge, monotone Folgen, Eulersche Zahl e, Groß O, klein o, Teilfolge.

Sätze: Nullfolgen-Lemma, Rechenregeln für Grenzwerte, Konvergenz monotoner beschränkter Folgen, Rechenregeln für Groß O und klein o, Theorem von Bolzano-Weierstraß, Cauchy-Kriterium für Konvergenz.

5.4 Unendliche Reihen

Motivation und Überblick

Eine unendliche Reihe $\sum_{k=0}^{\infty} a_k$ ist nichts anderes als eine Folge $(s_n)_{n \geq 0}$ mit $s_n = \sum_{k=0}^{n} a_k$. Da aber viele Funktionen durch Reihen gegeben sind, entwickeln wir hier spezielle Konvergenzkriterien und stellen den besonderen Umgang mit solchen Reihen dar. Insbesondere führen wir einige klassische Funktionen durch Potenzreihen ein.

Unendliche Reihen sind nichts anderes als eine bestimmte Sorte von Folgen. Sie haben aber eigene einfache Rechenregeln. Viele klassische Funktionen sind durch unendliche Potenzreihen oder Fourierreihen gegeben.

5.4.1 Allgemeine unendliche Reihen

In der Schule haben Sie die geometrische Reihe kennen gelernt (vielleicht im Zusammenhang mit dem Problem "Achilles und die Schildkröte"). Sie haben die Gleichung $\sum_{k=0}^{\infty} 1/2^k = 2$ oder sogar die Gleichung $\sum_{k=0}^{\infty} x^k = \dfrac{1}{1-x}$ für $|x| < 1$ kennen gelernt. Es ist $\sum_{k=0}^{n} x^k = \dfrac{1 - x^{n+1}}{1 - x}$, was Sie sofort durch Multiplizieren mit $1 - x$ erhalten. Ist $|x| < 1$ und wird n immer größer, so erhält man als Grenzwert

$$\lim_{n \to \infty} \sum_{k=0}^{n} x^k = \lim_{n \to \infty} \frac{1 - x^{n+1}}{1 - x} = \frac{1}{1 - x},$$

und das nennt man *unendliche Reihe*. Wir präzisieren:

Definition 5.29. (Unendliche Reihen)
a) Sei $(a_n)_{n \geq k}$ eine reelle Zahlenfolge. Dann heißt die durch $s_n = \sum_{l=k}^{n} a_l$ gegebene Folge $(s_n)_{n \geq k}$ **unendliche Reihe**. *Statt $(s_n)_{n \geq k}$ schreibt man $\sum_{l=k}^{\infty} a_l$. Die Folge $(a_n)_{n \geq k}$ heißt die Folge der Glieder der unendlichen Reihe.*
b) Ist die Folge (s_n) konvergent mit $\lim_{n \to \infty} s_n = c$, so schreibt man $\sum_{l=k}^{\infty} a_l = c$.
c) Eine unendliche Reihe heißt **divergent**, *wenn sie nicht konvergent ist.*

Man verwendet also leider dasselbe Symbol $\sum_{n=k}^{\infty} a_n$ in *zwei verschiedenen Bedeutungen*, nämlich einmal als Symbol für die Folge der Teilsummen und einmal als Grenzwert dieser Folge.

Bei unendlichen Reihen eignet sich das Cauchy-Kriterium (siehe Theorem 5.28) besonders zum Nachweis der Konvergenz. Dazu berechnen wir die Differenz $|s_m - s_n|$, wobei wir ohne Beschränkung der Allgemeinheit $m > n$, also $m = n + p$ annehmen. Dann ist

$$|s_m - s_n| = \left| \sum_{l=l}^{n+p} a_l - \sum_{l=k}^{n} a_l \right| = \left| \sum_{l=n+1}^{n+p} a_l \right|.$$

Damit erhalten wir den Satz:

Satz 5.30.
a) Die unendliche Reihe $\sum_{l=k}^{\infty} a_l$ ist genau dann konvergent, wenn zu jedem $\varepsilon > 0$ ein $n(\varepsilon)$ existiert mit $\left| \sum_{l=n+1}^{n+p} a_l \right| < \varepsilon$ für alle $n \geq n(\varepsilon)$ und alle $p \geq 1$.
b) Ist die Reihe $\sum_{l=k}^{\infty} a_l$ konvergent, so ist die Folge $(a_n)_{n \geq k}$ eine Nullfolge.

Aufgabe: Führen Sie den Beweis aus. Beachten Sie, dass b) aus a) folgt, indem man $p = 1$ wählt.

Benutzen Sie nun bitte das Applet "Folgen und Reihen". Schauen Sie sich die folgenden Reihen an. Welche konvergieren, welche nicht?

Beispiele:

1. $\sum_{k=0}^{\infty} 1/2^k$.
2. $\sum_{k=1}^{\infty} (-1)^k/k$.
3. $\sum_{k=1}^{\infty} 1/k^2$.
4. $\sum_{k=2}^{\infty} \dfrac{1}{k(k-1)}$.
5. $\sum_{k=1}^{\infty} 1/k$.
6. $\sum_{k=0}^{\infty} \dfrac{x^k}{k!}$ für $x = 1, -1$ und 2.

Beispiel: geometrische Reihe (*Siehe die Einleitung zu diesem Abschnitt*)

Die Reihe $\sum_{k=0}^{\infty} x^k$ konvergiert für $|x| < 1$ und divergiert für $|x| \geq 1$.

Denn für $x \neq 1$ ist $s_n = \sum_{k=0}^{n} x^k = \dfrac{1 - x^{n+1}}{1 - x}$ und $(x^n)_{n \geq 0}$ ist genau dann eine Nullfolge, wenn $|x| < 1$ gilt.

5.4.2 Absolut konvergente Reihen

Die in der Praxis wichtigsten Reihen sind absolut konvergent. Genauer gilt:

Satz 5.31. *Sei $(a_n)_{n \geq k}$ eine beliebige Folge reeller Zahlen, und $(b_n)_{n \geq k}$ eine Folge nichtnegativer Zahlen, so dass die Reihe $\sum_{l=k}^{\infty} b_l$ konvergiert. Es gebe ein n_0 mit $b_n \geq |a_n|$ für alle $n \geq n_0$. Dann konvergieren auch die Reihen $\sum_{l=k}^{\infty} a_k$ und $\sum_{l=k}^{\infty} |a_k|$ und es gilt $\left| \sum_{l=k}^{\infty} a_l \right| \leq \sum_{l=k}^{\infty} |a_k| \leq \sum_{n=k}^{n_0-1} |a_n| + \sum_{n=n_0}^{\infty} b_n$.*

Beweis: Sei $\varepsilon > 0$. Nach Voraussetzung konvergiert $\sum_{l=k}^{\infty} b_l$, also gibt es nach dem Cauchy-Kriterium Satz 5.30 ein $n(\varepsilon)$ mit $\sum_{l=n+1}^{n+p} b_l < \varepsilon$ für alle $n \geq n(\varepsilon)$ und $p \geq 1$. Ohne Beschränkung der Allgemeinheit sei $n(\varepsilon) \geq n_0$. Aus der Dreiecksungleichung erhalten wir dann für dieselben n und p

$$\left| \sum_{l=n+1}^{n+p} a_l \right| \leq \sum_{l=n+1}^{n+p} |a_l| \leq \sum_{l=n+1}^{n+p} b_l < \varepsilon,$$

also wiederum nach dem Cauchy-Kriterium sowohl die Konvergenz der Reihe $\sum_{l=k}^{\infty} a_l$ als auch die von $\sum_{l=k}^{\infty} |a_l|$. Für alle n gilt $\left| \sum_{l=k}^{n} a_l \right| \leq \sum_{l=k}^{n} |a_l| \leq \sum_{l=k}^{\infty} |a_l|$, also erhält man nach Satz 5.23 a) $\left| \sum_{l=k}^{\infty} a_l \right| = \left| \lim_{n \to \infty} \sum_{l=k}^{n} a_l \right| = \lim_{n \to \infty} \left| \sum_{l=k}^{n} a_l \right| \leq \sum_{l=k}^{\infty} |a_l|$. Der Rest ist klar. $\qquad \square$

Definition 5.32. *Ist $\sum_{l=k}^{\infty} |a_k|$ konvergent, so heißt die Reihe $\sum_{l=k}^{\infty} a_k$ **absolut konvergent**.*

Bemerkung: Ist die Reihe $\sum_{k=0}^{\infty} a_k$ absolut konvergent, so ist sie auch selbst konvergent, wie aus dem vorangegangenen Satz für $b_n = |a_n|$ folgt.

Die Reihe $\sum_{n=1}^{\infty} |a_n|$ ist eine Reihe mit positiven Gliedern. Für die Konvergenz solcher Reihen gilt der folgende Satz, der unter anderem in der Stochastik benötigt wird:

Satz 5.33. *Sei* $B = \{b_n : n \in \mathbb{N}\}$ *eine abzählbare Menge nichtnegativer Zahlen.
Dann konvergiert die Reihe* $\sum_{n=1}^{\infty} b_n$ *genau dann, wenn die Menge*

$$S_B = \{\sum_{b_j \in A} b_j : A \subseteq B, |A| < \infty\}$$

aller möglichen endlichen Teilsummen beschränkt ist. Ist dies der Fall, so ist

$$\sum_{n=1}^{\infty} b_n = \sup(S_B).$$

Beweis: (I) Sei die Reihe konvergent gegen s. Sei $A = \{b_{i_1}, \ldots, b_{i_q}\} \subseteq B$ beliebig. Sei $n = \max\{i_1, \ldots i_q\}$. Dann ist $\sum_{b_j \in A} b_j \leq \sum_{k=1}^{n} b_k \leq s$, also ist S_B beschränkt durch s.
(II) Sei umgekehrt S_B beschränkt durch die Zahl t. Dann ist die Folge $(\sum_{k=1}^{n} b_k)_n$ beschränkt durch t und monoton wachsend, also konvergent.
(III) Wir zeigen $s := \sum_{n=1}^{\infty} b_n = \sup(S_B) =: t$. Offensichtlich ist $s = \lim_{n\to\infty} \sum_{k=1}^{n} b_k \leq t$. Andererseits ist S_B nach (I) beschränkt durch s, also ist $t \leq s$. Daraus folgt die Behauptung. □

Benutzen Sie nun bitte das Applet "Folgen und Reihen". Schauen Sie sich die Reihen $\sum_{n=k}^{\infty} a_n$ und $\sum_{n=k}^{\infty} |a_n|$ bei jeder Aufgabe am Bildschirm an.

Aufgaben: Welche der folgenden Reihen sind absolut konvergent?

1. $\sum_{n=1}^{\infty} (-1)^n / n^2$.
2. $\sum_{n=0}^{\infty} (-1)^n / n!$.
3. $\sum_{n=1}^{\infty} (-1)^n / n$.
4. $\sum_{n=0}^{\infty} (-q)^n, 0 < q < 1$.

Aus der geometrischen Reihe erhalten wir sofort die folgenden Konvergenzkriterien für absolut konvergente Reihen:

Satz 5.34. *Sei* $\sum_{k=0}^{\infty} c_k$ *eine beliebige Reihe.*
a) **(Wurzelkriterium)** *Gilt für die Glieder von einem n_0 an stets* $\sqrt[n]{|c_n|} \leq q < 1$
für ein festes q, so konvergiert die Reihe $\sum_0^{\infty} c_k$ *absolut. Gilt dagegen* $\sqrt[n]{|c_{n_\ell}|} \geq 1$ *für unendlich viele n_ℓ, so konvergiert die Reihe auch selbst nicht.*
b) **(Quotientenkriterium)** *Gilt für die Glieder von einem n_0 an stets* $|\frac{c_{n+1}}{c_n}| \leq q < 1$ *für ein festes q, so konvergiert die Reihe* $\sum_0^{\infty} c_k$ *absolut.*

Beweis:

a) Es sei für $n \geq n_0$ stets $\sqrt[n]{|a_n|} \leq q < 1$. Wir setzen in Satz 5.31 $b_n = q^n$ und erhalten die absolute Konvergenz der gegebenen Reihe.

Gibt es unendlich viele Glieder $(c_{n_\ell})_{\ell \geq 1}$ mit $1 \leq \sqrt[n]{|c_{n_\ell}|}$ also $1 = 1^{n_\ell} < |c_{n_\ell}|$, so ist (c_n) keine Nullfolge, die Reihe $\sum_0^\infty c_k$ also nach Satz 5.30 nicht konvergent.

b) Für $n \geq n_0 + 1$ ist

$$| \frac{c_n}{c_{n_0}} | = | \frac{c_n}{c_{n-1}} \cdot \frac{c_{n-1}}{c_{n-2}} \cdots \frac{c_{n_0+1}}{c_{n_0}} | \leq q^{n-n_0}$$

und damit folgt $|c_n| \leq |c_{n_0}| \cdot q^{-n_0} q^n$ für alle $n \geq n_0$. Wir setzen in Satz 5.31 $b_n = |c_{n_0}| q^{-n_0} \cdot q^n$ und erhalten wiederum die absolute Konvergenz der gegebenen Reihe.   □

Bitte lösen Sie unbedingt die folgenden Aufgaben, um die Konvergenzkriterien zu trainieren:

Aufgaben: Zeigen Sie, dass die folgenden Reihen absolut konvergieren.

1. $\sum_{k=0}^\infty \frac{x^k}{k!}$ (x beliebig). *Tipp:* Quotientenkriterium.

2. Sei $(c_n)_{n \geq 0}$ eine beschränkte Zahlenfolge und $|x| < 1$. $\sum_{k=0}^\infty c_k x^k$. *Tipp:* Es ist $|c_n| \leq d$ für alle n und passendes d. Setzen Sie in Satz 5.31 $b_n = d|x|^n$.

3. Es gelte $\lim \sqrt[n]{|a_n|} = 0$.
   Dann konvergiert die Reihe $\sum_{k=0}^\infty a_k x^k$ für alle x aus $\mathbb{R}$ absolut. *Tipp:* Wurzelkriterium

4. Es sei die Folge $(\sqrt[n]{|a_n|})_{n \geq 0}$ konvergent.
   Dann konvergiert $\sum_{k=0}^\infty a_k x^k$ für alle x mit $|x| < \dfrac{1}{\lim\limits_n \sqrt[n]{|a_n|}}$ absolut

   ($\lim_{n \to \infty} \sqrt[n]{|a_n|} > 0$ wird vorausgesetzt). *Tipp:* Wurzelkriterium

Bevor wir die wichtige Klasse der Potenzreihen behandeln, wollen wir sehen, wie man Reihen miteinander multipliziert.

Theorem 5.35. (Cauchy-Produkt)

Seien $\sum_{k=0}^\infty a_k$ und $\sum_{k=0}^\infty b_k$ absolut konvergente Reihen. Für jedes $n \in \mathbb{N}$ sei $c_n := \sum_{k=0}^n a_k b_{n-k}$.
Dann konvergiert die Reihe $\sum_{n=0}^\infty c_n$ absolut und es gilt

$$\sum_{n=0}^\infty (\sum_{k=0}^n a_k b_{n-k}) = \sum_{n=0}^\infty c_n = \sum_{k=0}^\infty a_k \cdot \sum_{l=0}^\infty b_l.$$

Beweis: siehe [30, S. 67–68].   □

5.4.3 Potenzreihen

Die meisten klassischen Funktionen lassen sich durch Potenzreihen erklären.

Definition 5.36. *Sei $(a_n)_{n \geq 0}$ eine beliebige reelle Zahlenfolge. Dann heißt die Reihe $\sum_{n=0}^{\infty} a_n x^n$* **Potenzreihe***.*

Der folgende Satz gibt darüber Auskunft, für welche x eine Potenzreihe konvergiert und für welche nicht.

Theorem 5.37. *Sei $(a_n)_{n \geq 0}$ eine beliebige reelle Zahlenfolge und $\sum_{n=0}^{\infty} a_n x^n$ die damit gegebene Potenzreihe. Sei $R = \infty$, falls die Potenzreihe für alle x konvergiert. Sonst sei $R = \sup\{|x| : \sum_{k=0}^{\infty} |a_n||x|^n$ konvergiert$\}$. Dann gilt:*
a) Für alle $x \in \mathbb{R}$ mit $|x| < R$ konvergiert die Reihe $\sum_{n=0}^{\infty} a_n x^n$ absolut.
b) Für kein $x \in \mathbb{R}$ mit $|x| > R$ konvergiert die Reihe.
R heißt **Konvergenzradius** *der Reihe.*

Für den Fall $|x| = R$ lassen sich allgemein keine Aussagen machen.

Beweis: Dass für $|x| < R$ die Potenzreihe absolut konvergiert, folgt aus der Definition von R. Sei $|x| > R$. Angenommen die Reihe $\sum_{k=0}^{\infty} a_n x^n$ würde konvergieren. Dann ist die Folge $(a_n x^n)_n =: (c_n)_n$ nach Satz 5.30 eine Nullfolge, also beschränkt, etwa durch d, das heißt, es gilt $|c_n| \leq d$ für alle n. Sei $R < |y| < |x|$ und $t = |y/x|$, also insbesondere $0 < t < 1$. Nach Aufgabe 2, Seite 176, konvergiert $\sum_{n=0}^{\infty} c_n t^n$ absolut. Aber es ist $|c_n| t^n = |a_n x^n||y/x|^n = |a_n||y|^n$, also ist die Reihe $\sum_{n=0}^{\infty} a_n y^n$ absolut konvergent und damit $|y| \leq R$ nach Definition von R, ein Widerspruch. $\qquad \square$

Aufgaben:

1. Zeigen Sie bitte: Konvergiert die Folge $(\sqrt[n]{|a_n|})_n$, so ist $\frac{1}{R} = \lim_{n \to \infty} \sqrt[n]{|a_n|}$. (Wir setzen $1/\infty = 0$.) *Tipp:* Verwenden Sie das Wurzelkriterium.
2. Zeigen Sie bitte: Die Reihe $\sum_{k=0}^{\infty} a_k x^k$ hat denselben Konvergenzradius wie die Reihe $\sum_{k=1}^{\infty} k a_k x^k$.
   Tipp: Beachten Sie $\lim_{n \to \infty} \sqrt[n]{n} = 1$, siehe die Aufgabe 8 auf Seite 164. Zu x mit $|x| < R$ wählen Sie t mit $|x| < t < R$. Dann gibt es k_0 mit $\sqrt[k]{k}|x| < t$ für alle $k > k_0$, also $k|a_k||x|^k = |a_k|(\sqrt[k]{k}|x|)^k \leq |a_k|t^k$, für $k > k_0$.

Korollar 5.38. *Seien $\sum_0^{\infty} a_n x^n$ und $\sum_0^{\infty} b_n x^n$ Potenzreihen mit Konvergenzradien R bzw. S. Dann gilt für $|x| < \min(R, S)$ stets*

$$\sum_0^{\infty} a_n x^n \cdot \sum_0^{\infty} b_n x^n = \sum_{n=0}^{\infty} \left(\sum_{k=0}^{n} a_k b_{n-k} \right) x^n.$$

Der Konvergenzradius der rechts stehenden **Produktreihe** *ist also größer oder gleich $\min(R, S)$.*

Beweis: Für $|x| < \min(R, S)$ konvergieren beide Reihen absolut. Wir können also beide nach dem Cauchyprodukt miteinander multiplizieren. Rechts steht nichts anderes als das Cauchyprodukt, siehe Theorem 5.35. □

Die wichtigsten Potenzreihen

1. Geometrische Reihe: $\sum_{n=0}^{\infty} x^n$. Wir führen diese Reihe hier nur noch einmal auf, obwohl wir sie ja schon oft benutzt haben. Der Konvergenzradius ist $R = 1$ und für $|x| < 1$ gilt $\sum_{n=0}^{\infty} x^n = \dfrac{1}{1-x}$.

2. Exponentialreihe: $\sum_{n=0}^{\infty} x^n/n! =: \exp(x)$.
Nach dem Quotientenkriterium konvergiert diese Reihe für alle $x \in \mathbb{R}$, also ist der Konvergenzradius $R = \infty$. Aus der Cauchy-Produktformel Theorem 5.35 erhält man die fundamentale Formel

$$\exp(x + y) = \exp(x)\exp(y),$$

also insbesondere $\exp(-x) = \dfrac{1}{\exp(x)}$. Für $x = 1$ erhalten wir $\exp(1) = e$, die auf Seite 166 behandelt wurde. Denn es ist $(1 + 1/n)^n = \sum_{k=0}^{n} \binom{n}{k}/n^k = \sum_{k=0}^{n} \frac{1}{k!} \prod_{j=1}^{k-1}(1 - j/n)$. Hieraus kann man die Behauptung herleiten. Wegen dieser Beziehung und der oben gezeigten fundamentalen Formel schreibt man auch e^x statt $\exp(x)$.

3. Sinus-Reihe: $\sin(x) := \sum_{k=0}^{\infty}(-1)^k \dfrac{x^{2k+1}}{(2k+1)!} = \sum_{k=0}^{\infty} c_k x^k$.

Der Konvergenzradius ist $R = \infty$. Denn es ist $|c_k| \leq 1/k!$ und daher folgt die Aussage aus der für die Exponentialreihe und Satz 5.31.

4. Cosinus-Reihe: $\cos(x) = \sum_{k=0}^{\infty}(-1)^k \dfrac{x^{2k}}{(2k)!}$.
Auch hier ist der Konvergenzradius $R = \infty$.

Bemerkung: Im Vorgriff auf spätere Sätze beziehungsweise mit unserem Schulwissen wollen wir kurz zeigen, dass der oben eingeführte Sinus und Cosinus die aus der Schule bekannten Funktionen sind. Wir bezeichnen die aus der Schule bekannten Funktionen mit $ssin$ und $scos$ und wissen, dass die Ableitung $ssin' = scos$, sowie $scos' = -ssin$ ist. Wir benutzen nun, dass durch Potenzreihen erklärte Funktionen differenzierbar sind und man ihre Ableitung durch gliedweise Differentiation erhält (siehe Korollar 7.32). Damit hat man

$$\cos(x)' = \left(\sum_{k=0}^{\infty}(-1)^k \frac{x^{2k}}{(2k)!} \right)' = \sum_{k=0}^{\infty}(-1)^k \frac{(x^{2k})'}{(2k)!}$$

$$= \sum_{k=1}^{\infty}(-1)^k \frac{2k \cdot x^{2k-1}}{(2k)!} = -\sum_{k=0}^{\infty}(-1)^k \frac{x^{2k+1}}{(2k+1)!} = -\sin(x)$$

und analog erhält man $\sin(x)' = \cos(x)$. Setzt man $h(x) = \sin(x) - ssin(x)$, so ergibt sich $h'(x) = \cos(x) - scos(x)$ und daher $h''(x) = -\sin(x) + ssin(x) = -h(x)$, das heißt

$$h'' + h = 0, \qquad h(0) = h'(0) = 0.$$

Multipliziert man diese Gleichung mit $2h'$, so erhält man $2h'h'' + 2h'h = 0$. Aber nach der Kettenregel ist $2h'h'' = (h'^2)'$ und $2h'h = (h^2)'$. Damit erhält man $(h'^2 + h^2)' = (h'^2)' + (h^2)' = 0$. Also ist $h'^2 + h^2$ konstant. Für alle x gilt damit $h'^2(x) + h^2(x) = h'^2(0) + h^2(0) = 0$, wie man durch Einsetzen erhält. Da aber $h^2(x)$ und $h'^2(x)$ reelle Zahlen, also wegen des Quadrats sogar nicht negative Zahlen sind, ist $h^2(x) = 0$, also auch $h(x) = 0$ für alle x. Damit ist $\sin(x) = ssin(x)$ für alle x. Aus $h'(x) = 0$ für alle x folgt auch $\cos(x) = scos(x)$ für alle x.

Weitere wichtige Potenzreihen lernen wir in den späteren Kapiteln kennen.

Wiederholung

Begriffe: Reihen, absolut konvergente Reihen, Potenzreihen, Konvergenzradius.
Sätze: Konvergenzkriterien, einfache Rechenregeln, Wurzel- und Quotientenkriterium, Cauchy-Produkt, Produkt von Potenzreihen, Exponentialreihe, Sinus-Reihe, Cosinus-Reihe.

5.5 Komplexe Zahlenfolgen und Reihen

Motivation und Überblick

Wir übertragen alle Begriffe und Sätze über Folgen, die wir bisher für reelle Folgen formuliert haben, auf komplexe Zahlenfolgen und speziell komplexe Reihen. Wir geben die wichtigsten Anwendungen an, nämlich die komplexe Exponentialfunktion und ihr Zusammenhang mit den reellen Winkelfunktionen.

Die komplexen Zahlen haben sich nicht nur deshalb als nützlich erwiesen, weil man $x^2 + 1 = 0$ lösen kann, sondern sie offenbaren tiefe Zusammenhänge zwischen reellen Reihen und Funktionen, die sonst nicht verständlich werden.
Wir hatten in Abschnitt 5.2 auf S. 160 den Abstand zweier komplexer Zahlen z_1 und z_2 erklärt als

$$| z_1 - z_2 | = \sqrt{(\Re(z_1 - z_2))^2 + (\Im(z_1 - z_2))^2}.$$

Definition 5.39. *Eine* **komplexe Zahlenfolge** $(a_n)_{n \geq k}$ *ist eine Abbildung* $a : \{n : n \geq k\} \to \mathbb{C}$, *die jedem* n *das Element* $a_n \in \mathbb{C}$ *zuordnet. Eine* **komplexe Reihe** $\sum_{l=k}^{\infty} a_l$ *ist die Folge* $(s_n)_{n \geq k}$ *mit* $s_n = \sum_{l=k}^{n} a_l$.

Definition 5.40.
a) Eine komplexe Zahlenfolge $(a_n)_{n \geq k}$ **konvergiert gegen die komplexe Zahl** c, *wenn es zu jedem* $\varepsilon > 0$ *ein* $n(\varepsilon)$ *gibt mit* $| a_n - c | < \varepsilon$ *für alle* $n \geq n(\varepsilon)$. *Wir schreiben dann* $c = \lim_{n \geq \infty} a_k$. c *heißt Grenzwert der Folge.*
b) Die unendliche Reihe $\sum_{l=k}^{\infty} a_l$ *konvergiert gegen* c, *in Zeichen:* $c = \sum_{l=k}^{\infty} a_l$, *wenn die Folge* $(s_n)_{n \geq k}$ *ihrer Teilsummen gegen* c *konvergiert.*

Benutzen Sie nun bitte das Applet "Komplexe Folgen". Wir zeigen in Bildern, wie die Konvergenz in $\mathbb{C}$ aussieht. Da wir die waagrechte Achse für den Realteil, die senkrechte für den Imaginärteil brauchen, können wir den Index n nicht mehr abtragen. Benutzen Sie deshalb die Animation. Schauen Sie sich Realteil und Imaginärteil der Folgen an.

Beispiele:

1. $a_n = (1 + 1/n) + i \cdot (1 - 1/n)$,
2. $a_n = (\cos(\pi/4) + i \cdot \sin(\pi/4))^n \cdot 2^{-n}$,
3. $a_n = \cos(1/n) + i \cdot \sin(\pi/2 - 1/n)$,
4. $s_n = \sum_{k=0}^{n} (\dfrac{\cos(\pi/4) + i\sin(\pi/4)}{2})^k$.

Die Bilder legen den folgenden Satz nahe:

Satz 5.41. *Sei $(a_n)_{n \geq k}$ eine komplexe Zahlenfolge. Die folgenden Aussagen sind äquivalent:*

a) $(a_n)_{n \geq k}$ konvergiert.

b) Es gibt eine Zahl c, so dass die reelle Zahlenfolge $(\mid c - a_n \mid)_{n \geq k}$ eine Nullfolge ist.

c) Die beiden reellen Zahlenfolgen $(\Re(a_n))_{n \geq k}$ und $(\Im(a_n))_{n \geq k}$ sind konvergent.

d) Es gilt das Cauchy-Kriterium: Zu jedem $\varepsilon > 0$ gibt es ein $n(\varepsilon)$ so dass für alle $m, n \geq n(\varepsilon)$ stets $\mid a_m - a_n \mid < \varepsilon$ gilt.

Ist eine (und damit alle) dieser äquivalenten Bedingungen erfüllt, so gilt

$$\lim_{n \to \infty} a_n = \lim_{n \to \infty} \Re(a_n) + i \cdot \lim_{n \to \infty} \Im(a_n).$$

Beweis:

$a) \Rightarrow b)$: Sei $c = \lim_{n \to \infty} a_n$. Vergleiche nun mit dem Beweis des Nullfolgen–Lemmas 5.22.

$b) \Rightarrow c)$: Sei $c \in \mathbb{C}$ so gewählt, dass $(\mid c - a_n \mid)_{n \geq k}$ eine Nullfolge in $\mathbb{R}$ ist. Damit sind $(\mid \Re(c - a_n) \mid)_{n \geq k}$ und $(\mid \Im(c - a_n) \mid)_{n \geq k}$ nach Ungleichung (5.3) und dem Nullfolgen–Lemma Nullfolgen und hiernach folgt dann auch c).

$c) \Rightarrow d)$: Es ist zunächst für jede komplexe Zahl z stets $|z| \leq \mid \Re(z) \mid + \mid \Im(z) \mid$, wie man sofort durch Quadrieren der Ungleichung und Satz 5.1 erhält. Nach c) sind die reellen Folgen $(\Re(a_n))_{n \geq k}$ und $(\Im(a_n))_{n \geq k}$ konvergent, erfüllen also nach Satz 5.22 das Cauchy-Kriterium. Wegen $\mid a_m - a_n \mid \leq \mid \Re(a_m) - \Re(a_n) \mid + \mid \Im(a_m) - \Im(a_n) \mid$ folgt die Behauptung.

$d) \Rightarrow a)$: Wegen Ungleichung (5.3) erfüllen $(\Re(a_n))_{n \geq k}$ und $(\Im(a_n))_{n \geq k}$ als reelle Folgen das Cauchy-Kriterium, sind also nach Theorem 5.28 konvergent gegen u bzw. $v \in \mathbb{R}$.

Sei $c = u + iv$. Dann ist $\mid c - a_n \mid \leq \mid u - \Re(a_n) \mid + \mid v - \Im(a_n) \mid$, woraus mit dem Nullfolgenlemma $c = \lim(a_n)$ folgt. Der Rest ist klar. $\square$

Mit diesem Satz können wir sofort die Rechenregeln für die Grenzwerte konvergenter komplexer Folgen genau so beweisen, wie die reeller Zahlenfolgen. Es gilt also (vergleiche Satz 5.23):

Satz 5.42. *Für komplexe Zahlenfolgen* (a_n), (b_n) *gilt:*

$$\begin{aligned}
|\lim a_n| &= \lim |a_n|, \\
\lim a_n + \lim b_n &= \lim(a_n + b_n), \\
\lim a_n \cdot \lim b_n &= \lim(a_n \cdot b_n), \\
\frac{\lim a_n}{\lim b_n} &= \lim \frac{a_n}{b_n}, \text{ falls } b_n \neq 0 \text{ für alle } n \text{ und } \lim b_n \neq 0,
\end{aligned}$$

analog den entsprechenden Regeln reeller Folgen. Zusätzlich gilt:

$$\lim \overline{a_n} = \overline{\lim a_n}.$$

Vor allem gilt das Theorem 5.37 über die Konvergenz von Potenzreihen auch für komplexe Potenzreihen. So können wir die Exponentialreihe $\exp(z)$ auch für komplexe Zahlen z erklären. Hieraus ergeben sich die folgenden für die Elektrotechnik und die Signaltheorie wichtigen Formeln:

Satz 5.43. (Die komplexe Exponentialfunktion)
Für die komplexe Exponentialfunktion $\exp(z) = \sum_{k=0}^{\infty} \frac{z^k}{k!}$ *gilt:*
a) $\exp(z_1 + z_2) = \exp(z_1)\exp(z_2)$.
b) $\exp(it) = \cos(t) + i\sin(t)$ **(Eulersche Formel)**, *und damit*

$$\begin{aligned}
|\exp(it)| &= 1 \text{ für alle } t \in \mathbb{R}, \text{ also} \\
|\exp(z)| &= \exp(\Re(z)).
\end{aligned}$$

c) $\exp(z) = \exp(\Re(z)) \cdot (\cos(\Im(z)) + i\sin(\Im(z)))$.

Beweis: Zum besseren Verständnis wiederholen Sie bitte die Reihen für Sinus und Cosinus (siehe S. 178). Die Funktionalgleichung a) folgt wie im Reellen aus dem Multiplikationssatz für Potenzreihen Korollar 5.38.
Es ist

$$\exp(it) = \sum_{k=0}^{\infty} \frac{(it)^k}{k!} = \lim_{n \to \infty} \sum_{k=0}^{2n} \frac{(it)^k}{k!}.$$

Wegen $i^2 = -1, i^4 = 1$ ist

$$\sum_{k=0}^{2n} \frac{(it)^k}{k!} = \sum_{k=0}^{n} (-1)^k \frac{t^{2k}}{(2k)!} + i\sum_{k=1}^{n} (-1)^k \frac{t^{2k-1}}{(2k-1)!}.$$

Nach den Rechenregeln für Grenzwerte von Folgen ergibt sich die erste Behauptung. Die zweite folgt so:

Es ist

$$\exp(-it) = \sum_{k=0}^{\infty} (-i)^k \cdot \frac{t^k}{k!} = \sum_{k=0}^{\infty} \overline{\frac{(it)^k}{k!}} = \overline{\sum_{k=0}^{\infty} \frac{(it)^k}{k!}} = \overline{\exp(it)},$$

also

$$\mid \exp(it) \mid^2 = \mid \overline{\exp(it)} \cdot \exp(it) \mid = \mid \exp(-it)\exp(it) \mid = \mid 1 \mid = 1.$$

Der Rest folgt aus der Multiplikationsformel für die Exponentialreihe.   □

Wiederholung

Begriffe: Komplexe Folgen und Reihen.
Sätze: Konvergenzkriterien, Rechenregeln für Grenzwerte, Exponentialfunktion, Eulersche Formel.

6. Reelle Funktionen einer Veränderlichen

Motivation und Überblick

Reelle Funktionen einer Veränderlichen bringen die Abhängigkeit einer Größe von *einer einzigen* anderen zum Ausdruck. In der Realität hängt eine Größe (das ist im Moment etwas, das man experimentell messen kann) von *mehreren* anderen Größen ab. Aber in der Praxis nimmt man oft nur eine von ihnen als wesentlich an, die anderen hält man für konstant.

Beispiele bilden die folgenden Funktionen:

- Blutdruck als Funktion der Tageszeit,
- Zahl der Zellen als Funktion der Zeit (in Zellkulturen),
- Dichte einer Population als Funktion der Zeit,
- Dichte einer Wahrscheinlichkeitsverteilung als Funktion des anzunehmenden Wertes,
- Strom bzw. Spannung als Funktion der Zeit (in Schaltkreisen).

In diesem Kapitel behandeln wir zunächst die Erzeugung von reellen Funktionen einer Veränderlichen, sodann Grenzwerte von Funktionswerten bei Annäherung der Argumente an einen bestimmten Punkt bzw. an $\pm\infty$. Darüber hinaus erörtern wir den Begriff der Stetigkeit und stellen die wichtigsten Eigenschaften stetiger Funktionen zusammen.

6.1 Reelle Funktionen und ihre Erzeugung

6.1.1 Einfache Regeln zur Bildung von Funktionen

Mathematisch sind reelle Funktionen einer Veränderlichen ein Spezialfall von Abbildungen (siehe Definition 2.2).

Definition 6.1. *Eine* **reelle Funktion** f **einer Veränderlichen** *ist eine Abbildung einer Teilmenge D von $\mathbb{R}$ nach $\mathbb{R}$.*

Hiernach sind zunächst auch reelle Folgen reelle Funktionen. Man nimmt $D = \mathbb{N}$.

Wir betrachten im Folgenden als Definitionsgebiete D nur ganze Intervalle (siehe S. 20) oder Intervalle, aus denen man endlich viele Punkte entfernt hat, also zum Beispiel $D = [0, 1] \setminus \{1/4, 1/2, 3/4\}$.

Wir erweitern den Begriff des Intervalls ein wenig, um später nicht dauernd Fallunterscheidungen treffen zu müssen. Sei a eine reelle Zahl. Dann ist

$$\begin{aligned}]-\infty, a[&= \{x \in \mathbb{R} : x < a\}, \\ ]a, \infty[&= \{x \in \mathbb{R} : a < x\}, \\ ]-\infty, \infty[&= \mathbb{R}. \end{aligned}$$

Legen wir uns nicht fest, ob die Intervallenden dazugehören sollen oder nicht, schreiben wir $< a, b >$.

In Analogie zum Aufbau der Sprache der formalen Logik aus einem Alphabet (siehe Seite 62) geben wir "elementare" Funktionen an und fügen Regeln hinzu, um aus gegebenen Funktionen neue zu erzeugen. Aussagen über Funktionen (zum Beispiel die Berechnung von Grenzwerten wie der Ableitung) erhält man dann, indem man zeigt, dass die Aussagen für elementare Funktionen gelten und dann nachweist, dass sich die Aussagen bei Anwendung der Regeln auf die nach diesen Regeln gebildeten Funktionen übertragen. Ein Computeralgebrasystem arbeitet genau in dieser Weise. Es zerlegt eine gegebene Funktion entsprechend den zulässigen Regeln in elementare Funktionen, prüft deren Eigenschaften und berechnet dann die Eigenschaft der eingegebenen Funktion aufgrund der für deren Bildung angewandten Regeln.

Benutzen Sie nun bitte das Applet "Funktionen einer Veränderlichen". Damit Sie sich ein Bild von der Erzeugung von Funktionen machen können, zeichnen Sie zu jeder Erzeugungsregel Beispiele.

Die elementarsten Funktionen.

1. **konstante Funktion:** Sei $c \in \mathbb{R}$. Dann ist $f(x) = c$ für alle $x \in D$ die Funktion, die konstant den Wert c annimmt.

2. **Identische Abbildung :** $f(x) = x$.

3. **Indikatorfunktion:** Für eine beliebige Menge A haben wir auf Seite 24 bereits die **Indikatorfunktion** 1_A erklärt. Als reelle Funktionen spielen die Indikatorfunktionen von Intervallen eine Rolle bei der Einführung des Integrals.

Elementare Algebraische Operationen. Wir betrachten den kommutativen Ring $\mathbb{R}^D$ (siehe Seite 107), der die konstanten Funktionen als zu $\mathbb{R}$ isomorphen Unterring enthält. **Summe** und **Produkt von Funktionen** sind also **punktweise** erklärt. Der aus 1 und der identischen Abbildung $x \mapsto x$ erzeugte Unterring von $\mathbb{R}^D$ ist nichts anderes als der Ring der **reellen Polynomfunktionen** $x \mapsto \sum_{k=0}^{n} a_k x^k$, der isomorph zu $\mathbb{R}[x]$ ist. *Deshalb nennen wir im Folgenden Polynomfunktionen auch einfach Polynome.*

Aufgabe: Beweisen Sie bitte die oben genannte Isomorphie! *Tipp:* Wieviel verschiedene Nullstellen kann eine Polynomfunktion nach Korollar 4.70 höchstens haben?

Weitere Operationen, die sich aus entsprechenden Verknüpfungen in $\mathbb{R}$ durch "punktweise Definition" auf $\mathbb{R}^D$ übertragen, sind:

Der **Absolutbetrag** einer Funktion: $|f| : x \mapsto |f|(x) := |f(x)|$.
Das **Maximum** $\max(f, g)$ zweier Funktionen: $\max(f, g)(x) := \max(f(x), g(x))$
$= \frac{1}{2}(f(x) + g(x) + |f(x) - g(x)|)$.
Das **Minimum** $\min(f, g)$ zweier Funktionen: $\min(f, g)(x) := \min(f(x), g(x)) = \frac{1}{2}(f(x) + g(x) - |f(x) - g(x)|)$.
Der **Positivteil einer Funktion** $f^+ = \max(f, 0)$ und der **Negativteil einer Funktion** $f^- = \min(f, 0)$ erfüllen die Gleichungen $f^+ - f^- = f$ und $f^+ + f^- = |f|$, sowie $f^+ f^- = 0$.
Quotienten: Seien $f, g \in \mathbb{R}^D$ und $D_1 = \{x \in D : g(x) \neq 0\}$. Dann ist der Quotient $\frac{f}{g}$ die Funktion $\frac{f}{g} : D_1 \to \mathbb{R}, \ x \mapsto \dfrac{f(x)}{g(x)}$.
Eine **rationale Funktion** ist der Quotient zweier Polynome.

Beispiele:

1. $f(x) = \dfrac{1}{1 + x^2}$.
2. $f(x) = \dfrac{1}{1 - x}$. Wo ist f **nicht** erklärt?
3. $f(x) = \dfrac{x^2 - 1}{x + 1}$. Wo ist f **nicht** erklärt?

Sei J ein Intervall. Der von den Indikatorfunktionen 1_A (A ein Teilintervall von J) in $\mathbb{R}^J$ erzeugte Unterring $\mathcal{T}(J)$ ist der Ring der **Treppenfunktionen** auf J. Viele Funktionen kann man durch solche Funktionen annähern, ein wichtiger Aspekt in der Integrationstheorie und der graphischen Datenverarbeitung.

Benutzen Sie nun bitte das Applet "Funktionen einer Veränderlichen". Treppenfunktionen kennen Sie als Histogramme. Sehen Sie sich folgende Beispiele an.

Beispiele: Wählen Sie den Ausschnitt der x–Achse so groß, dass Sie alle Sprünge sehen!

1. $f = 1_{[0,1]}$.
2. $f = 2 \cdot 1_{[0,1]} + 3 \cdot 1_{[2,4]}$.
3. $f = 2 \cdot 1_{[0,1]} - \dfrac{3}{2} \cdot 1_{[0.5,2]}$.
4. $f = \sum_{k=1}^{4} (\frac{k}{5})^2 1_{[\frac{k}{5}, \frac{k+1}{5}[}$. Das ist eine erste Annäherung an $f(x) = x^2$.

Aufgaben:

1. Seien f, g Treppenfunktionen. Zeigen Sie bitte, dass auch $\max(f, g)$, $\min(f, g)$, und f^+, f^- Treppenfunktionen sind.
2. Zeigen Sie bitte: eine Treppenfunktion f kann immer in der folgenden *regulären* Form geschrieben werden: $f = \sum_{k=0}^{n} c_k 1_{A_k}$, wo A_k Mengen sind mit $A_k \cap A_l = \emptyset$ für $k \neq l$.

Hintereinanderausführung zweier Funktionen. Seien $f : D_1 \to \mathbb{R}$ und $g : D_2 \to \mathbb{R}$ zwei reelle Funktionen. Das Bild $f(D_1)$ liege ganz in D_2. Dann erhält man durch $g \circ f : D_1 \ni x \mapsto g(f(x))$ wieder eine reelle Funktion (siehe Satz 2.5).

Wir haben in Kapitel 5.4 bereits die Exponentialfunktion, den Sinus und Cosinus erklärt. Hierdurch ergeben sich eine Reihe wichtiger Beispiele.

 Benutzen Sie nun bitte das Applet "Funktionen einer Veränderlichen". Schauen Sie sich einige Funktionen an:

Beispiele:

1. $f(x) = x^2, \quad D = [-1, 1]$,
2. $f(x) = \sin(x), \quad D = [-\pi, \pi]$,
3. $f(x) = \exp(x), \quad D = [-2, 2]$.
4. $\exp(-x^2/2)$ als Hintereinanderausführung von $-x^2/2$ und $\exp(x)$.
5. $\sin(5x + 2)$ als Hintereinanderausführung von $5x + 2$ und $\sin(x)$.
6. $f(x) = \exp(-\dfrac{1}{1 - x^2})$, D $=]-1, 1[$. Zerlegen Sie diese Funktion in einfachere, wie es ein Parser machen würde.

Damit haben Sie die wichtigsten *elementaren* Regeln zur Bildung komplizierter Funktionen aus einfacheren kennen gelernt. Ein **Parser** ist ein Programm, das zu einem gegebenen Ausdruck herausfindet, wie er aus einfacheren Teilausdrücken nach den angegebenen Regeln aufgebaut wurde (vergl. [21, S. 102]).

Generierung weiterer Funktionen. Grenzwertbildungen oder Approximationen, die zur Lösung von Problemen oft notwendig sind, liefern Funktionen, die mit den bisherigen Methoden aus elementaren Funktionen noch nicht gewonnen werden konnten. Wichtig sind neben den Potenzreihen die Fourierreihen. Außerdem führt das Aufsuchen von Stammfunktionen zu neuen Funktionen. Diese Generierung neuer Funktionen werden wir im folgenden Abschnitt und den weiteren Kapiteln erarbeiten.

6.1.2 Punktweise Konvergenz und gleichmäßige Konvergenz

Ein wichtiges Verfahren zur Erzeugung von Funktionen aus elementaren Funktionen ist die **Approximation** einer Funktion durch eine Folge von Funktionen. Insbesondere erhält man auf diese Weise die durch Potenzreihen gegebenen Funktionen, die wir schon im vorigen Kapitel behandelt haben und die wir hier unter einem allgemeinen Prinzip abhandeln.

Beispiele:

1. $f(x) = \exp(x) = \sum_{k=0}^{\infty} x^k/k!$,
2. $f(x) = \sin(x) = \sum_{k=0}^{\infty} (-1)^k \dfrac{x^{2k+1}}{(2k + 1)!}$,
3. $f(x) = \cos(x) = \sum_{k=0}^{\infty} (-1)^k \dfrac{x^{2k}}{(2k)!}$,
4. $f(x) = \sum_{k=0}^{\infty} (-1)^k x^{2k} = \dfrac{1}{1 + x^2}, \quad |x| < 1$.

Eine Folge $(f_n)_{n\in\mathbb{N}}$ von Funktionen ist nichts anderes als eine Abbildung f von $\mathbb{N}$ in $\mathbb{R}^D$, die jedem n die Funktion $f_n \in \mathbb{R}^D$ zuordnet. Da wir später nicht nur Teilmengen D aus $\mathbb{R}$, sondern beliebige Mengen X als Definitionsbereiche reeller Funktionen betrachten müssen, formulieren wir die folgenden Begriffe gleich für diese allgemeinere Situation. Im Folgenden sei also X eine beliebige nichtleere Menge.

Definition 6.2. *Gibt es eine Zuordnungsvorschrift, die jeder natürlichen Zahl n eine Funktion $f_n : X \to \mathbb{R}$ zuordnet, so heißt $(f_n)_{n\in\mathbb{N}}$ eine Folge von Funktionen oder* **Funktionenfolge** *auf X.*

So entspricht der Reihe $\sum_{n=0}^{\infty} \frac{x^n}{n!}$ die Folge (S_n) mit $S_n(x) = \sum_{k=0}^{n} \frac{x^k}{k!}$. Wir wissen, dass diese Folge $(S_n(x))_n$ für festes x konvergiert. Wir wollen uns nun der Frage zuwenden: kann man eine "allgemeine" Konvergenzabschätzung angeben, die unabhängig von x ist? Ist das der Fall, so spricht man von gleichmäßiger Konvergenz der Folge $(S_n)_{n\in\mathbb{N}}$ von Funktionen. Das Problem der gleichmäßigen Konvergenz stellt sich nicht nur bei Potenzreihen sondern auch bei der Einführung des Integrals sowie der Analyse periodischer Vorgänge, die durch periodische Funktionen beschrieben werden. Auch dort ist es wichtig, ob und wann man eine solche Funktion durch eine Folge einfacher periodischer Funktionen gleichmäßig approximieren kann (Fourieranalyse, siehe Theorem 8.5).

Beispiele:

1. $D = \mathbb{R}$, $f_n(x) = x^n$.
2. $D = \mathbb{R}$, $f_n(x) = \sum_{k=0}^{n} \frac{x^k}{k!}$.
3. $D =]-1, 1[$, $f_n(x) = \frac{1 - x^{n+1}}{1 - x}$.
4. $D = [-\frac{1}{2}, \frac{1}{2}]$, $f_n(x) = x^n$.
5. $D = \mathbb{R}$, $f_n(x) = \sum_{k=1}^{n} \frac{\sin(nx)}{2^n}$.

Im zweiten bis fünftem Beispiel konvergiert die Folge $(f_n(x))$ für jedes feste x. Den Grenzwert bezeichnen wir mit $f(x)$. Es gibt also zu jedem $\varepsilon > 0$ ein $n(\varepsilon, x)$ mit $|f(x) - f_n(x)| < \varepsilon$ für alle $n \geq n(\varepsilon, x)$. Die Frage ist, ob es ein *von x unabhängiges* $n(\varepsilon)$ gibt.

Benutzen Sie nun bitte das Applet "Funktionen einer Veränderlichen". Schauen Sie sich ein paar der Funktionen der Aufgaben an, d.h. lassen Sie sich die Differenzen $f(x) - f_n(x)$ für $n = 1, 10, 20, 30$ zeichnen. Wie sehen die Differenzen aus, wenn das $n(\varepsilon)$ unabhängig von x existiert, wie, wenn dies nicht der Fall ist? Eine andere Art, sich die Konvergenz zu veranschaulichen, ist die folgende: Zeichnen Sie die drei Funktionen f, $f - \varepsilon$ und $f + \varepsilon$. Wählen Sie nun ein großes n und zeichnen Sie auch noch f_n ein. Wenn die Konvergenz unabhängig von x ist, sollte f_n ganz in dem Streifen liegen. Warum?

Aufgaben: Testen Sie in den folgenden Beispielen, ob es zu jedem $\varepsilon > 0$ ein *von* $x \in D$ *unabhängiges* $n(\varepsilon)$ mit $|f(x) - f_n(x)| < \varepsilon$ für alle $n \geq n(\varepsilon)$ und für alle x ("gleichzeitig") gibt:

1. $D = [-\frac{1}{2}, \frac{1}{2}]$, $\quad f_n(x) = x^n$.
2. $D =]-1, 1[$, $\quad f_n(x) = x^n$
3. $D = [-\frac{1}{2}, \frac{1}{2}]$, $\quad f_n(x) = \sum_{k=0}^{n} x^k$.
4. $D =]-1, 1[$, $f_n(x) = \sum_{k=0}^{n} x^k$.
5. $D = \mathbb{R}$, $f_n(x) = \sum_{k=1}^{n} \frac{\sin(nx)}{2^n}$.

Um die Fragestellung zu präzisieren, definieren wir für eine beliebige nicht leere Menge X verschiedene Konvergenzbegriffe.

Definition 6.3. (punktweise Konvergenz, gleichmäßige Konvergenz)
Sei $(f_n)_n$ *eine Folge reeller Funktionen auf der Menge* X.
a) $(f_n)_n$ **konvergiert punktweise** *gegen* $f : X \to \mathbb{R}$, *wenn für jedes* $x \in X$ *stets* $f(x) = \lim_{n \to \infty} f_n(x)$ *gilt.*
b) $(f_n)_n$ **konvergiert gleichmäßig** *gegen* $f : X \to \mathbb{R}$, *wenn es zu jedem* $\varepsilon > 0$ *ein (von* x *unabhängiges)* $n(\varepsilon) \in \mathbb{N}$ *gibt mit* $|f(x) - f_n(x)| < \varepsilon$ *für alle* $n \geq n(\varepsilon)$ *und alle* x.

Bemerkungen:

1. Sowohl durch Konvergenz punktweise als auch durch gleichmäßige Konvergenz erhält man also weitere Funktionen aus Folgen von schon erklärten Funktionen.

2. Die **Konvergenz von Reihen von Funktionen** wird wie diejenige von Reihen reeller oder komplexer Zahlen auf die Konvergenz von Folgen zurückgeführt: Eine Reihe $\sum_{n=0}^{\infty} f_n$ konvergiert punktweise, respektive gleichmäßig, wenn die Folge $(S_n)_{n \in \mathbb{N}}$ mit $S_n(x) = \sum_{k=0}^{n} f_k(x)$ punktweise, respektive gleichmäßig konvergiert.

Aufgaben:

1. Sei $(a_n)_{n \geq 0}$ eine Folge, für die die Reihe $\sum_{n=0}^{\infty} |a_n|$ konvergiert. Zeigen Sie bitte: Die Reihen $\sum_{n=1}^{\infty} a_n \sin(nt)$ und $\sum_{n=0}^{\infty} a_n \cos(nt)$ konvergieren gleichmäßig auf ganz $\mathbb{R}$. Die Grenzfunktionen f und g sind 2π–periodisch, d.h. $f(t + 2\pi) = f(t)$, ebenso g.
Tipp: $|\cos(t)| \leq 1$ und $|\sin(t)| \leq 1$. Wie immer: probieren Sie, sich den Satz zunächst an einem Beispiel zu verdeutlichen, etwa $a_n = 1/2^n$.

2. Sei $(a_n)_{n \in \mathbb{Z}}$ eine komplexwertige Folge mit Indizes aus $\mathbb{Z}$, also eine Abbildung von $\mathbb{Z}$ in $\mathbb{C}$. Wir setzen jetzt $S_n(t) = \sum_{k=-n}^{n} a_k e^{-ikt}$ und schreiben

$$f(t) = \sum_{-\infty}^{\infty} a_k e^{-ikt} = \lim_{n \to \infty} S_n(t),$$

falls der Grenzwert existiert. Formulieren Sie, was es bedeuten soll, dass die Summe gleichmäßig auf $\mathbb{R}$ gegen f konvergiert.

Solche Reihen heißen **(komplexe) Fourierreihen**. Sie spielen in der Physik und Informatik eine wichtige Rolle, siehe den Abschnitt Seite 249 ff.

3. Die Folge $(f_n)_{n \in \mathbb{N}}$ mit $f_n(x) = x + 1/n$ konvergiert auf ganz $\mathbb{R}$ gleichmäßig gegen die Funktion $x \mapsto x$. *Achtung!* Die Folge $(f_n^2)_n$ konvergiert zwar noch punktweise, aber *nicht gleichmäßig.*

4. Die Folge $(h_n)_{n \in \mathbb{N}}$ mit $h_n(x) = (\sqrt{|x|} + 1/n)^2$ konvergiert gleichmäßig gegen $x \mapsto |x|$.

5. Die Reihe $\sum_{n=1}^{\infty} \frac{x^n}{n^2}$ hat den Konvergenzradius 1 und konvergiert gleichmäßig auf ganz $[-1, 1]$, weil die Reihe $\sum_{n=1}^{\infty} \frac{1}{n^2}$ konvergiert. Die Reihe $\sum_{n=1}^{\infty} x^n$ hingegen konvergiert nur gleichmäßig auf jedem abgeschlossenen Teilintervall von $]-1, 1[$. Man muss also von Fall zu Fall gesondert untersuchen, ob Potenzreihen auf $[-R, R]$ gleichmäßig konvergieren.

Beschränkte Funktionen und gleichmäßige Konvergenz. Eine wichtige Rolle spielen beschränkte Funktionen. Für sie kann man die gleichmäßige Konvergenz noch etwas anders bestimmen, indem man eine Entfernungsmessung einführt, die ganz ähnliche Eigenschaften hat wie der Absolutbetrag auf $\mathbb{R}$ bzw. auf $\mathbb{C}$. Diese Entfernungsmessung ist zentral für die Numerik. Deshalb wählen wir im Folgenden wie oben für den Definitionsbereich von Funktionen nicht nur Teilmengen D aus $\mathbb{R}$ sondern eine beliebige Menge X. Wichtige Anwendungen gibt es zum Beispiel auch für $X = \{1, 2, \ldots, p\}$. (Die im Folgenden eingeführte Supremumsnorm ist nur eine von mehreren wichtigen Normen auf $\mathbb{R}^{\{1, \ldots, p\}}$, siehe Kap. 9.3 und 13.1).

Definition 6.4. *Sei $\emptyset \neq X$ eine beliebige Menge.*
a) Die Funktion $f \in \mathbb{R}^X$ heißt **beschränkt**, *wenn ihr Bild $f(X)$ eine in $\mathbb{R}$ beschränkte Menge ist, wenn es also ein $M \geq 0$ mit $|f(x)| \leq M$ für alle $x \in X$ gibt.*
b) Sei $f \in \mathbb{R}^X$ eine beschränkte Funktion. Dann heißt das Supremum

$$\sup\{|f(x)| : x \in X\} = \|f\|_\infty$$

die **Supremumsnorm von** f.

Bemerkung: $\|f\|_\infty$ ist also die kleinste aller Zahlen $M \geq 0$, für die $|f(x)| \leq M$ für alle $x \in X$ gilt. Die Menge $\mathbb{B}(X, \mathbb{R})$ aller beschränkten Funktionen auf der Menge X ist ein Unterring von $\mathbb{R}^X$, der die konstanten Funktionen enthält.

Beispiele:

1. Sei $X = [0, 1]$ und $f(x) = x^2$. Dann ist $\|f\|_\infty = 1$.
2. Aus der Schule wissen Sie (jetzt neu formuliert): Sei $f(x) = \sin(x)$ auf $X = \mathbb{R}$. Dann ist $\|f\|_\infty = 1$.
3. Wir werden lernen, dass jede stetige Funktion f auf einem kompakten Intervall $[a, b]$ beschränkt ist (siehe Theorem 6.24).

Die Supremumsnorm hat Eigenschaften, die ähnlich zu denen des Absolutbetrages reeller oder komplexer Zahlen sind. Mit ihr gelingt es, die gleichmäßige Konvergenz einer Folge beschränkter Funktionen neu und sehr einfach zu formulieren.

Satz 6.5.
Die Supremumsnorm $\| \cdot \|_\infty : \mathbb{B}(X, \mathbb{R}) \to \mathbb{R}$, $f \mapsto \|f\|_\infty$ *hat die folgenden Eigenschaften.*

1. $\|f\|_\infty = 0$ *gilt genau dann, wenn* $f(x) = 0$ *für alle* x *ist, kurz: wenn* $f = 0$.
Definitheit

2. Sei $u \in \mathbb{R}$ *beliebig. Dann ist* $\|uf\|_\infty = |u| \, \|f\|_\infty$ *für alle* $f \in \mathbb{B}(X, \mathbb{R})$.
absolute Homogenität

3. Für alle $f, g \in \mathbb{B}(X, \mathbb{R})$ *gilt* $\|f + g\|_\infty \leq \|f\|_\infty + \|g\|_\infty$.
Dreiecksungleichung

4. Für alle f, g *und* $h \in \mathbb{B}(X, \mathbb{R})$ *gilt* $\|f - g\|_\infty \leq \|f - h\|_\infty + \|h - g\|_\infty$.
allgemeine Dreiecksungleichung

5. Für alle $f, g \in \mathbb{B}(X, \mathbb{R})$ *gilt* $\|fg\|_\infty \leq \|f\|_\infty \|g\|_\infty$.   **Submultiplikativität**

6. Für alle $f, g \in \mathbb{B}(X, \mathbb{R})$ *gilt* $\big| \, \|f\|_\infty - \|g\|_\infty \, \big| \leq \|f - g\|_\infty \leq \|f\|_\infty + \|g\|_\infty$.

Aufgabe: Beweisen Sie bitte diesen Satz (vergleiche Satz 5.5).

Mit dieser Supremumsnorm können wir nun die Distanz (Entfernung, Abstand) zweier beschränkter Funktionen voneinander einführen als $d(f, g) = \|f - g\|_\infty$. Wir behandeln zunächst den Zusammenhang zwischen gleichmäßiger Konvergenz und der Supremumsnorm. Der folgende Satz sagt insbesondere, dass im beschränkten Fall gleichmäßige Konvergenz zur Konvergenz der Abstände gegen 0 äquivalent ist.

Satz 6.6. *Sei* $(f_n)_{n \in \mathbb{N}}$ *eine Folge aus* $\mathbb{B}(X, \mathbb{R})$ *und* $f : X \to \mathbb{R}$ *eine Funktion. Die beiden folgenden Aussagen sind äquivalent:*
a) $(f_n)_{n \in \mathbb{N}}$ *konvergiert gleichmäßig gegen* f.
b) f *ist beschränkt und es gilt* $\lim_{n \to \infty} \|f - f_n\|_\infty = 0$.

Beweis: a) $\Rightarrow$ b): Zu $\varepsilon = 1$ gibt es ein n_1 mit $|f(x) - f_n(x)| < 1$ für alle $n \geq n_1$ und alle $x \in X$. Also ist $|f(x)| \leq |f(x) - f_{n_1}(x)| + |f_{n_1}(x)| < 1 + \|f_{n_1}\|_\infty$ für alle x und damit ist f beschränkt. Zu beliebigem $\varepsilon > 0$ gibt es ein $n_0 = n(\varepsilon)$, so dass $|f(x) - f_n(x)| < \varepsilon$ für alle $n \geq n_0$ und alle $x \in X$ gilt. Also ist $\|f - f_n\|_\infty = \sup\{|f(x) - f_n(x)| : x \in X\} \leq \varepsilon$ für alle $n \geq n_0$. Daraus folgt b).

b) $\Rightarrow$ a): Sei $\varepsilon > 0$ beliebig vorgegeben. Dann gibt es nach Voraussetzung ein n_0 mit $\|f - f_n\|_\infty < \varepsilon$ für alle $n \geq n_0$. Wegen $|f(x) - f_n(x)| \leq \|f - f_n\|_\infty$ für alle $x \in X$ folgt hieraus die Behauptung a). □

Statt gleichmäßiger Konvergenz spricht man aufgrund dieses Satzes auch von **Normkonvergenz auf** $\mathbb{B}(X, \mathbb{R})$ beziehungsweise **Konvergenz bezüglich der (Supremums-) Norm** und schreibt auch $f = \lim_{n \to \infty} f_n$, wenn klar ist, dass es sich um die Konvergenz bezüglich der Supremumsnorm handelt. Gelegentlich schreibt man zur Verdeutlichung auch $f = \| \cdot \|_\infty - \lim_{n \to \infty} f_n$.

Mit dem vorangegangenen Satz können wir den zum Nullfolgenlemma Satz 5.22 entsprechenden Satz für die gleichmäßige Konvergenz in $\mathbb{B}(X, \mathbb{R})$ beweisen und erhalten mit ihm dann die folgenden Rechenregeln.

Satz 6.7. (Rechenregeln für gleichmäßige Konvergenz in $\mathbb{B}(X, \mathbb{R})$)
Seien $(f_n)_{n \in \mathbb{N}}$ und $(g_n)_{n \in \mathbb{N}}$ gegen f bzw. g gleichmäßig konvergente Folgen aus $\mathbb{B}(X, \mathbb{R})$. Dann gilt:
a) $\lim_{n \to \infty}(f_n + g_n) = f + g$.
b) $\lim_{n \to \infty} f_n g_n = fg$.
c) $\lim_{n \to \infty} |f_n| = |f|$.
d) $\lim_{n \to \infty} \max(f_n, g_n) = \max(f, g)$ *und* $\lim_{n \to \infty} \min(f_n, g_n) = \min(f, g)$.
Ist insbesondere $f_n(x) \le g_n(x)$ für alle $x \in X$ und alle n, so ist $f \le g$.

Aufgabe: Beweisen Sie bitte diesen Satz mit Hilfe des Nullfolgenlemmas Satz 5.22 analog zum Beweis des Satzes 5.23. *Tipp:* Für b) zeigen Sie, dass konvergente Folgen beschränkt sind (vergleiche Satz 5.19). Für d) benutzen Sie bitte die üblichen Regeln $\max(f, g) = \frac{1}{2}(|f - g| + f + g)$ etc. und die Aussagen a) bis c).

Wiederholung

Begriffe: Summe, Produkt, Maximum und Minimum zweier Funktionen, Positivteil und Negativteil einer Funktion, Hintereinanderausführung von Funktionen, Polynome, rationale Funktionen, Treppenfunktionen, Konvergenz punktweise, gleichmäßige Konvergenz, beschränkte Funktionen, Supremumsnorm, Konvergenz bezüglich der Supremumsnorm
Sätze: Äquivalenz von gleichmäßiger Konvergenz und der Konvergenz bezüglich der Supremumsnorm, Rechenregeln für gleichmäßig konvergente Folgen beschränkter Funktionen.

6.2 Grenzwert von Funktionswerten

Motivation und Überblick

Ziel ist es, das Verhalten einer Funktion $f : D \to \mathbb{R}$ zu untersuchen, wenn sich die Argumente einer bestimmten Zahl c nähern oder beliebig groß bzw. negativ beliebig groß werden. Wir führen dazu den Begriff des Adhärenzpunktes c einer Menge D ein und präzisieren dann, was es heißt, dass sich der Funktionswert $f(x)$ einem Grenzwert nähert, falls x gegen c strebt. Schließlich stellen wir elementare Regeln für das Rechnen mit solchen Grenzwerten auf.

Wenn die Funktion $f : \mathbb{R}_+ = [0, \infty[\to \mathbb{R}$ ein naturwissenschaftliches Phänomen beschreibt, möchte man wissen, wie verhält sich f für große Argumente, "für große Zeiten". Strebt es da einer festen Zahl zu, die man dann als Prognose nutzen kann?

Ganz ähnlich will man untersuchen, was passiert, wenn man sich mit den Argumenten einem endlichen Wert nähert. Das kennen Sie aus der Schule: Sei $f :]a, b[\to \mathbb{R}$ und $a < c < b$. Um zu untersuchen, ob f eine "Tangente in c besitzt", untersucht man die Funktion $S(x) = \dfrac{f(x) - f(c)}{x - c}$ auf $]a, b[\backslash \{c\}$. $S(x)$ ist die Steigung der Sekante an die Kurve $\{(x, f(x)) : x \in]a, b[\}$ durch die Punkte $(c, f(c))$ und $(x, f(x))$. Man will wissen, ob sich $S(x)$ einem festen Wert nähert, wenn x gegen c geht.

Um unsere Überlegungen zu präzisieren, müssen wir erst einmal klären, *welchen* Punkten man sich von einer Menge aus nähern kann.

Definition 6.8.
a) Sei D eine Teilmenge von $\mathbb{R}$. Ein Punkt c (der nicht notwendig in D liegt) heißt **Adhärenzpunkt von** *D, wenn es mindestens eine Folge $(a_n)_{n \geq 1}$ aus D gibt, die gegen c konvergiert.*
b) Wir bezeichnen die Menge der Adhärenzpunkte einer Menge D mit $\overline{D}$. Diese Menge heißt **abgeschlossene Hülle von** *D.*
c) Eine Teilmenge D von $\mathbb{R}$ heißt **abgeschlossen**, *wenn sie alle ihre Adhärenzpunkte enthält, das heißt, wenn $D = \overline{D}$ gilt.*

Beispiele:

1. Jeder Punkt der Menge D ist Adhärenzpunkt von D. Denn sei $x \in D$. Wir setzen dann $a_n = x$. Die konstante Folge $(a_n)_{n \geq 1}$ konvergiert gegen x.
2. Seien $a, b \in \mathbb{R}$, $a < b$. Dann sind beide Endpunkte a und b des Intervalls $D = < a, b >$ Adhärenzpunkte von D, egal ob die Endpunkte dazugehören oder nicht. Es gilt also $[a, b] = \overline{< a, b >}$. Insbesondere ist ein abgeschlossenes Intervall im Sinne von Seite 20 abgeschlossen in diesem neuen Sinn.
3. Sei J ein Intervall und $x_1, x_2, \ldots, x_p$ seien Punkte aus J. Sei $D = J \setminus \{x_1, \ldots, x_p\}$. Dann ist $\overline{D} = J$.
4. Die abgeschlossene Hülle $\overline{D}$ einer Menge D ist wirklich abgeschlossen, das heißt, es gilt $\overline{\overline{D}} = \overline{D}$. Der Beweis ist nicht schwer.

Aufgabe: Jede reelle Zahl x ist Adhärenzpunkt von $\mathbb{Q}$. *Tipp:* Benutzen Sie Satz 5.8.

Wir können nun den Grenzwert von Funktionswerten erklären:

Definition 6.9. *Sei c ein Adhärenzpunkt der Menge $D \subseteq \mathbb{R}$ und $f : D \to \mathbb{R}$ eine reelle Funktion. Die Zahl $d \in \mathbb{R}$ heißt* **Grenzwert von** *$f(x)$* **für** *x* **gegen** *c, in Zeichen $d = \lim_{x \to c} f(x)$, wenn für jede gegen c konvergente Folge $(a_n)_{n \geq k}$ aus D stets die Bildfolge $(f(a_n))_{n \geq k}$ gegen d konvergiert.*

Die Formel $d = \lim_{x \to c} f(x)$ wird *Limes x gegen c von $f(x)$ gleich d* gelesen.

Bemerkung: Der linksseitige und der rechtsseitige Grenzwert, den Sie aus der Schule kennen, ist in unserem Grenzwertbegriff enthalten: Sei $f : \mathbb{R} \to \mathbb{R}$ eine

Funktion und $c \in \mathbb{R}$ beliebig. Setzen wir $D =\,] - \infty, c[$ und schränken wir die Funktion f auf D ein, so ist $\lim_{x \to c} f_{|D}(x)$ der linksseitige Grenzwert von $f(x)$. Entsprechend erhält man den rechtsseitigen und den beidseitigen Grenzwert. Für den linksseitigen schreibt man auch $\lim_{x \nearrow c} f(x)$, für den rechtsseitigen $\lim_{x \searrow c} f(x)$.

Am Computer können Sie sich anschauen, was dieser Begriff bedeutet.

> Benutzen Sie nun bitte das Applet "Funktionen einer Veränderlichen". Wählen Sie einen Adhärenzpunkt c und für diesen dann verschiedene gegen c konvergente Folgen $(a_n)_{n \geq 1}$ aus D (durch Formeln). Sie können dann am Bild sehen, ob die Folge $(f(a_n))_{n \geq 1}$ jeweils gegen ein und denselben Wert konvergiert.

Beispiele:

1. $f(x) = x^3$, $D = [0,1]$, $c = 1/2$, zum Beispiel $a_n = 1/2 + (-1)^n/2^n$.
2. $f(x) = \dfrac{x^2 - 1}{x - 1}$, $D = [0,2] \setminus \{1\}$, $c = 1$, $a_n = (-1)^n/n + 1$.
3. $f(x) = \dfrac{x^2 - 1}{(x - 1)^2}$, $D = [0,2] \setminus \{1\}$, $c = 1$, $a_n = (-1)^n/n + 1$.
4. $f(x) = \sin(1/x)$, $D =\,]0,1]$, $c = 0$, $a_n = 1/n$ oder $a_n = \dfrac{1}{n\pi}$ oder $a_n = \dfrac{1}{2n}$.
   Notieren Sie genau, wie die Bildfolge $(f(a_n))_{n \geq 1}$ sich jeweils verhält. Gibt es einen Grenzwert d für $x \to 0$?

Aus den Rechenregeln für Grenzwerte konvergenter Folgen (siehe Satz 5.23) erhalten Sie nun sofort die Rechenregeln für Grenzwerte von Funktionswerten. Auch hier kann man das Ergebnis kurz zusammenfassen:

$$\lim_{x \to c} \text{"vertauscht mit"} +, -, \cdot, /, |\cdot|, \max, \min.$$

Satz 6.10. *Sei c ein Adhärenzpunkt der Menge $D \subseteq \mathbb{R}$, alle auftretenden Funktionen seien auf D definiert und die Grenzwerte auf der linke Seite der Gleichungen mögen jeweils existieren. Dann existieren auch die Grenzwerte auf der rechten Seite der Gleichungen und es gilt jeweils Gleichheit:*

a) $\lim_{x \to c} f(x) \pm \lim_{x \to c} g(x) = \lim_{x \to c}(f(x) \pm g(x))$.

b) $\lim_{x \to c} f(x) \cdot \lim_{x \to c} g(x) = \lim_{x \to c}(f(x)g(x))$.

c) Ist $g(x) \neq 0$ für alle x und $\lim_{x \to c} g(x) \neq 0$, so gilt
$$\dfrac{\lim\limits_{x \to c} f(x)}{\lim\limits_{x \to c} g(x)} = \lim_{x \to c} \dfrac{f(x)}{g(x)}.$$

d) $\left| \lim_{x \to c} f(x) \right| = \lim_{x \to c} | f(x) |$.

e) $\max(\lim_{x \to c} f(x), \lim_{x \to c} g(x)) = \lim_{x \to c}(\max(f(x), g(x)))$.

f) $\min(\lim_{x \to c} f(x), \lim_{x \to c} g(x)) = \lim_{x \to c}(\min(f(x), g(x)))$.

Beweis: Wir führen nur den Beweis für a), e) und f). Der Rest geht völlig analog.

a): Sei $(a_n)_{n \geq k}$ eine beliebige, gegen c konvergente Folge aus D. Nach Voraussetzung konvergieren dann die Bildfolgen $(f(a_n))_{n\geq k}$ gegen $\lim_{x\to c} f(x)$ und $(g(a_n))_{n\geq k}$ gegen $\lim_{x\to c} g(x)$. Nach Satz 5.23 a) konvergiert dann die Folge

$$((f+g)(a_n))_{n\geq k} = (f(a_n) + g(a_n))_{n\geq k}$$

gegen $d := \lim_{x\to c} f(x) + \lim_{x\to c} g(x)$. Da $(a_n)_{n\geq k}$ beliebig war, folgt die Behauptung. (Zum besseren Verständnis können Sie die Funktion $f + g$ einfach h nennen.)

e): Es ist nach Satz 5.4 $\max(u,v) = \frac{1}{2}(|u-v| + (u+v))$ Damit folgt e) aus a), b) und d).

f): Es ist $\min(u,v) = -\max(-u, -v)$. Damit folgt f) aus b) und e).   □

Aufgaben: Berechnen Sie mit den Rechenregeln für Grenzwerte die folgenden Grenzwerte

1. $\lim_{x\to 1} \dfrac{x^2 - 1}{(x+1)^2}$

2. $\lim_{x\to 0} \left| \dfrac{x^3 + 3x - 1}{x^2 + 1} \right|$

Unsere Definition der Konvergenz von Funktionswerten benutzte diejenige der Konvergenz von Folgen. Um Konvergenz nachzuweisen, muss man also theoretisch alle Folgen $(a_n)_{n\geq k}$ betrachten, die gegen die kritische Stelle c konvergieren und testen, ob die jeweilige Bildfolge $(f(a_n))_{n\geq k}$ gegen ein und denselben Grenzwert konvergiert. Das ist gerade bei Beispiel 4 oben lästig, weil wir dort unsere Rechenregeln nicht zur Verfügung haben.

Benutzen Sie nun bitte das Applet "Funktionen einer Veränderlichen". Schauen wir uns $f(x) = \dfrac{\sin(x)}{x}$ für $x \neq 0$ an. f liegt offensichtlich dicht bei 1 für sehr kleine Werte von x. Das bedeutet genauer: Legen wir waagrecht einen Streifen der Breite 2ε um die waagrechte Gerade $y = 1$, wo $\varepsilon > 0$ beliebig gewählt war, so finden wir ein kleines $\delta > 0$, so dass für $0 < |x| < \delta$ stets $f(x)$ im gewählten ε–Streifen liegt.

Lesen Sie aus der Zeichnung solch ein δ für $\varepsilon = 0.1$ und dann für $\varepsilon = 0.01$ ab. Behandeln Sie die anderen Beispiele aus der vorangegangenen Aufgabe entsprechend.

Intuitiv ist allgemein d der Grenzwert von $f(x)$ für $x \to c$, wenn $f(x)$ sehr nahe ist bei d, sobald x sehr nahe ist bei c. Wie Sie oben im Beispiel gesehen haben, ist die Präzisierung dieser intuitiven Vorstellung auch im allgemeinen Fall das folgende $\varepsilon - \delta$–Kriterium für Konvergenz.

Theorem 6.11. *Sei $f : D \to \mathbb{R}$ eine reelle Funktion und c ein Adhärenzpunkt von D. Die folgenden Aussagen sind äquivalent:*
a) $f(x)$ konvergiert gegen d für x gegen c, also $\lim_{x\to c} f(x) = d$.
b) Zu jedem $\varepsilon > 0$ gibt es ein $\delta > 0$, so dass für alle $x \in D$ mit $|x - c| < \delta$ stets $|f(x) - d| < \varepsilon$ gilt.

Beweis:

$a) \Rightarrow b)$ (indirekt): Gilt b) nicht, so gibt es ein $\varepsilon > 0$ und zu jedem δ, also insbesondere zu $\delta = 1/n$ ein Ausnahme–Element $a_n \in]c - 1/n, c + 1/n[\cap D$ mit $|f(a_n) - d| \geq \varepsilon$. Die Folge $(a_n)_{n\geq 1}$ konvergiert gegen c, die Folge $(f(a_n))_{n\geq 1}$ aber offensichtlich nicht gegen d, also gilt a) nicht.

$b) \Rightarrow a)$: Sei $(a_n)_{n\geq k}$ eine beliebige gegen c konvergente Folge aus D. *Behauptung:* $\lim_{n\to\infty} f(a_n) = d$. *Beweis:* Sei $\varepsilon > 0$ beliebig vorgegeben. Nach Voraussetzung existiert ein $\delta > 0$ mit $|f(x) - d| < \varepsilon$ für alle $x \in D$ mit $|c - x| < \delta$. Zu diesem δ existiert ein $n(\delta)$ mit $|c - a_n| < \delta$ für alle $n \geq n(\delta)$, also $a_n \in]c - \delta, c + \delta[$ für all diese n. Dann gilt aber $|f(a_n) - d| < \varepsilon$ für alle diese $n \geq n(\delta)$, also folgt die Behauptung.   □

Bemerkung: Das Theorem macht deutlich, dass die Existenz des Grenzwertes eine **lokale Eigenschaft** ist. Das bedeutet genauer: Sei $0 < \delta_0$ beliebig klein (stellen Sie sich zum Beispiel $\delta_0 = 10^{-20}$ vor). Ob der Grenzwert $\lim_{x\to c} f(x)$ existiert, hängt nur von den Werten von $f(x)$ für die $x \in D$ mit $|c - x| < \delta_0$ ab. Die Funktionswerte $f(x)$ für andere $x \in D$ spielen überhaupt keine Rolle. Denn hat man ein δ zu ε gefunden, so kann man auch $\delta' = \min(\delta, \delta_0)$ wählen und benutzt nur noch Werte aus dem Intervall $]c - \delta', c + \delta'[\subseteq]c - \delta_0, c + \delta_0[$.

Neben der Konvergenz von $f(x)$ für $x \to c$ interessiert uns auch, ob $f(x)$ gegen ∞ oder gegen $-\infty$ geht für $x \mapsto c$. Zum Beispiel gibt es ein Modell für die Entwicklung der Weltbevölkerung, nach dem $f(t) = \dfrac{1}{a - bt}$ für gewisse Konstanten $a, b > 0$ und $0 \leq t < \frac{a}{b}$ gilt (der Nullpunkt $t = 0$ ist die Gegenwart, vergleiche Kap. 8.3). Was passiert für $t \to \frac{a}{b}$?

Definition 6.12. $f(x)$ **divergiert bestimmt gegen** ∞ *für $x \to c$, wenn zu jedem $L > 0$ ein $\delta > 0$ existiert, mit $f(x) > L$ für alle $x \in D$ mit $|x - c| < \delta$. Wir schreiben dann $\lim_{x\to c} f(x) = \infty$.*
*Entsprechend sagen wir $f(x)$ **divergiert bestimmt gegen** $-\infty$ wenn zu jedem $L > 0$ ein $\delta > 0$ existiert mit $f(x) < -L$ für alle $x \in D$ mit $|x - c| < \delta$. Entsprechend schreiben wir dann $\lim_{x\to c} f(x) = -\infty$.*

Benutzen Sie nun bitte das Applet "Funktionen einer Veränderlichen". Schauen Sie sich die Funktionen aus den folgenden Aufgaben an.

Aufgaben: Untersuchen Sie die folgenden Funktionen auf Konvergenz bzw. bestimmte Divergenz:

1. $f(x) = \dfrac{1}{a - bx}$, $a, b > 0$, $D = [0, \frac{a}{b}[$, $c = \frac{a}{b}$.

2. $f(x) = \dfrac{x^2 - 1}{x - 1}$, $D = \mathbb{R} \setminus \{1\}$, $c = 1$.

3. $f(x) = \dfrac{x^2 - 1}{(x - 1)^2}$, $D =]1, \infty[$, $c = 1$.

4. $f(x) = \dfrac{x^2 - 1}{(x - 1)^2}$, $D =]-\infty, 1[$, $c = 1$.

Genau so wichtig wie die Frage, was mit den Funktionswerten $f(x)$ passiert, wenn x sich einem Punkt c nähert, ist die Frage, wie verhält sich $f(x)$ für beliebig große Argumente x? Am liebsten hätte man, dass sich eine Systemvariable f (zum Beispiel die Wahrscheinlichkeitsverteilung eines Merkmals in einer Population) für große Zeiten stabilisiert, das heißt: sich einem festen prognostizierbaren Wert nähert. Wir präzisieren diese Vorstellung.

Definition 6.13. *Sei $D = \langle b, \infty[$ ein rechts unbeschränktes Intervall und $f : D \to \mathbb{R}$ eine reelle Funktion.*

*a) $f(x)$ **konvergiert gegen** d **für** x **gegen** ∞, in Zeichen: $\lim_{x \to \infty} f(x) = d$, wenn zu jedem $\varepsilon > 0$ ein $L = L(\varepsilon) \in D$ existiert mit $|f(x) - d| < \varepsilon$ für alle $x \geq L$. Man sagt dann auch, der Grenzwert $\lim_{x \to \infty} f(x)$ existiert.*

*b) $f(x)$ **divergiert bestimmt gegen** ∞ **(bzw.** $-\infty$**) für** x **gegen** ∞, wenn zu jedem $M > 0$ ein $L(M) \in D$ existiert mit $f(x) > M$ (bzw. $f(x) < -M$) für alle $x \geq L(M)$.*

Wir schreiben dann $\lim_{x \to \infty} f(x) = \infty$ (bzw. $\lim_{x \to \infty} f(x) = -\infty$).

Benutzen Sie nun bitte das Applet "Funktionen einer Veränderlichen". Schauen Sie sich an, wie $\lim_{x \to \infty} f(x) = d$ aussieht, wenn $d \in \mathbb{R}$ ist. Der Intuition nach sollte f für große x fast konstant sein.

Beispiele:

1. $f(x) = \dfrac{1}{1+x}, \quad D = [0, \infty[$.
2. $f(x) = \dfrac{\sin(x)}{1+x}, \quad D = [0, \infty[$.
3. $f(x) = x \cdot \exp(-x), \quad D = \mathbb{R}, \quad x \to \infty$.

Besonders einfach sind Grenzwerte von Funktionswerten zu berechnen, wenn die Funktionen nur anwachsen oder nur abnehmen. Wir erklären genauer:

Definition 6.14. *a) Eine Funktion $f : D \subseteq \mathbb{R} \to \mathbb{R}$ heißt **monoton wachsend**, wenn $f(x) \leq f(y)$ für alle x, y mit $x < y$ gilt. Sie heißt **monoton fallend**, wenn $f(x) \geq f(y)$ für alle x, y mit $x < y$ gilt. Liegt einer der beiden Fälle vor, so nennt man f **monoton**.*

*b) f heißt **streng monoton wachsend** (bzw. **fallend**), wenn $f(x) < f(y)$ (beziehungsweise $f(x) > f(y)$) für alle x, y mit $x < y$ gilt. Liegt einer der beiden Fälle vor, so heißt f **streng monoton**.*

Streng monotone Funktionen sind injektiv. Aus der Schule kennen Sie das Kriterium: Ist f differenzierbar und $f'(x) > 0$ für alle x, so ist f streng monoton wachsend (siehe auch Satz 7.7).

Der folgende Satz ist nun ganz einfach. Er wird unter anderem im Zusammenhang mit uneigentlichen Integralen gebraucht. Vergleichen Sie ihn mit dem Satz 5.21 über die Konvergenz monotoner Folgen.

Satz 6.15. *Sei f eine auf dem Intervall $[a, b[$ beschränkte Funktion. Ist f monoton wachsend, so ist $\lim_{x \to b} f(x) = \sup\{f(x) : x \in [a, b[\}$. Ist dagegen f monoton fallend, so ist $\lim_{x \to b} f(x) = \inf\{f(x) : x \in [a, b[\}$.*

Beweis: Sei f monoton wachsend. Nach Voraussetzung ist $f([a, b[) = M$ eine beschränkte Menge, also existiert $\sup(M) = d$. Zu jedem $\varepsilon > 0$ gibt es dann aber ein t in $[a, b[$ mit $d - \varepsilon < f(t) \leq d$. Da f monoton wachsend ist, gilt für alle x mit $t \leq x < b$ stets $d - \varepsilon < f(t) \leq f(x) \leq d$.
(i) Sei b endlich. Setze dann $\delta(\varepsilon) = b - t$. (ii) Sei $b = \infty$. Setze dann $L(\varepsilon) = t$. Ist f monoton fallend, so betrachte $-f$ und die Rechenregeln für Grenzwerte. □

Aufgaben:

1. Beweisen Sie die folgenden Formeln, vorausgesetzt, die Grenzwerte auf der linken Seite existieren:
   a) $\lim_{x \to \infty} f(x) \pm \lim_{x \to \infty} g(x) = \lim_{x \to \infty} (f(x) + g(x))$.
   b) $\lim_{x \to \infty} f(x) \cdot \lim_{x \to \infty} g(x) = \lim_{x \to \infty} f(x) g(x)$.
   c) $|\lim_{x \to \infty} f(x)| = \lim_{x \to \infty} |f(x)|$.
   d) Ist $f(x) \neq 0$ für alle $x \in D$ und $\lim_{x \to \infty} f(x) \neq 0$, so ist $\dfrac{1}{\lim\limits_{x \to \infty} f(x)} = \lim_{x \to \infty} \dfrac{1}{f(x)}$.

2. $\lim_{x \to \infty} \dfrac{x^n}{\sum\limits_{k=0}^{n+p} a_k x^k} = 0$ für $n \in \mathbb{N}$, $p \geq 1$, $a_k \geq 0$ und $a_{n+p} \neq 0$.

3. $\lim_{x \to \infty} x^n \cdot e^{-ax} = 0$ für $n \in \mathbb{N}$, $a > 0$. *Tip:* $0 < e^{-ax} = \dfrac{1}{e^{ax}} \leq \dfrac{1}{\sum_{k=0}^{n+1} a^k x^k / k!}$.

Wiederholung

Begriffe: Adhärenzpunkt einer Menge, abgeschlossene Hülle einer Menge, Konvergenz gegen einen Grenzwert, Grenzwert von Funktionswerten, Divergenz von Funktionswerten.
Sätze: Rechenregeln für Grenzwerte, äquivalente Definition für Konvergenz gegen einen Grenzwert, Vertauschbarkeit von $\lim_{n \to \infty}$ mit $\lim_{x \to c}$.

6.3 Stetigkeit

Motivation und Überblick

"natura non facit saltus" (die Natur macht keine Sprünge) ist ein altes Prinzip der Beschreibung von Naturgesetzen. Mathematisch wird es durch "Stetigkeit" modelliert. Wir führen die Stetigkeit einer Funktion ein. Zum Prüfen auf Stetigkeit geben wir Rechenregeln an.

Eine stetige Funktion hat die folgenden wichtigen Eigenschaften: Sie bildet Intervalle auf Intervalle ab, sie hat auf einem Intervall $[a, b]$ ein globales Maximum und ein globales Minimum. ist sie bijektiv, so ist die Umkehrfunktion auch stetig.

Eine Funktion kann mit einem Apparat verglichen werden, der Eingangsgrößen in Ausgangsgrößen transformiert. Nun sind die Eingaben nie völlig exakt zu machen. Der Vorteil stetiger "Apparate" liegt darin, dass man zu einer gewünschten Ausgabegenauigkeit ε eines Ausgabewertes $f(x_0)$ eine Mindest-Eingabegenauigkeit δ der Eingangsgröße x finden kann, innerhalb derer die Eingabe beliebig schwanken kann, ohne die Ausgabetoleranz zu überschreiten.

Eine andere Begründung für die Wichtigkeit der Stetigkeit liegt im numerischen Bereich. Wenn Sie ein realistisches Programm zur Berechnung einer Funktion haben, so muss die Funktion stetig sein, damit Sie überhaupt eine Chance haben, sie richtig zu berechnen, da Sie ja intern immer nur mit Rundungen arbeiten.

Ähnliches gilt für die Computergraphik: Da es nur endlich viele Bildpunkte (Pixel) gibt, kann die Funktion nur an endlich vielen Punkten gezeichnet werden. Ist sie nicht stetig, so kann sie zwischen den Punkten beliebige Sprünge zur Seite machen.

6.3.1 Der Begriff Stetigkeit und Nachweis der Stetigkeit

Mit dem Hilfsmittel des Grenzwertes ist es einfach, den Begriff der Stetigkeit zu präzisieren.

Definition 6.16. (Stetigkeit)
*a) Eine reelle Funktion $f : D \subseteq \mathbb{R} \to \mathbb{R}$ ist **an der Stelle** $x_0 \in D$ **stetig**, wenn* $\lim_{x \to x_0} f(x) = f(x_0)$ *gilt.*
*b)f ist **(überall) stetig**, wenn f in jedem Punkt $x_0 \in D$ stetig ist.*

Bemerkung: Nach der Bemerkung auf Seite 195 ist die Stetigkeit im Punkt x_0 eine lokale Eigenschaft. Es kommt nur auf all die Punkte x an, die in einer fest wählbaren, beliebig kleinen "Umgebung" $]x_0 - \delta_0, x_0 + \delta_0[\cap D$ liegen.

Aus den verschiedenen äquivalenten Bedingungen für die Existenz von Grenzwerten, Theorem 6.11, erhalten wir die folgenden Bedingungen für die Stetigkeit. Der Beweis ist klar.

Theorem 6.17. *Sei* $f : D \to \mathbb{R}$ *eine Funktion und* $x_0 \in D$. *Die folgenden Aussagen sind äquivalent.*
a) f *ist in* x_0 *stetig.*
b) *Für jede gegen* x_0 *konvergente Folge* $(a_n)_{n \geq k}$ *aus* D *konvergiert* $(f(a_n))_{n \geq k}$ *gegen* $f(x_0)$.
c) *Zu jedem* $\varepsilon > 0$ *gibt es ein* $\delta > 0$ *so dass* $|f(x) - f(x_0)| < \varepsilon$ *ist für alle* $x \in D$ *mit* $|x - x_0| < \delta$.

Benutzen Sie nun bitte das Applet "Funktionen einer Veränderlichen". Schauen Sie sich insbesondere das $\varepsilon - \delta$–Kriterium (Bedingung c) bzw. d) im vorangegangenen Theorem) an den folgenden Beispielen an. Bestimmen Sie aus dem Bild ein geeignetes δ.

Beispiele:

1. $f(x) = 2x^3 - x$, $D = [-1, 1]$, $x_0 = 0$; $\varepsilon = 0.1$.
2. $f(x) = \sqrt{|x|}$, $D = [-1, 1]$, $x_0 = 0$; $\varepsilon = 0.1$.
3. $f(x) = 1_{[0,1]}(x) - 1_{]2,3]}(x)$, $x_0 = 1$; $\varepsilon = 0.1$. Was läuft hier schief und warum?

Aufgabe: Sei $f : D \to \mathbb{R}$ stetig und $f(x_0) \neq 0$. Zeigen Sie bitte: es gibt ein $\delta > 0$, so dass f auf $D \cap]x_0 - \delta$, $x_0 + \delta[$ keine Nullstelle hat. *Tipp:* Wählen Sie das Kriterium Theorem 6.17 c) für die Funktion $g = |f|$ und $\varepsilon = \dfrac{|f(x_0)|}{3}$.

Natürlich sind die bisher genannten Stetigkeitskriterien unhandlich. Daher weisen wir die Stetigkeit schneller nach, wenn wir die Funktion daraufhin untersuchen, wie sie aus einfacheren aufgebaut ist, und dabei die folgenden Regeln benutzen, die sofort aus dem entsprechenden Satz 6.10 für Grenzwerte folgen.

Satz 6.18. (Rechenregeln für Stetigkeit)
Seien $f, g : D \to \mathbb{R}$ *in* $x_0 \in D$ *stetig. Dann sind* $f + g$, $f - g$, fg, $|f|$, $\max(f, g)$ *und* $\min(f, g)$ *in* x_0 *stetig. Ist* $g(x) \neq 0$ *für alle* x, *so ist auch* $\dfrac{f}{g}$ *in* x_0 *stetig.*

Aufgabe: Zeigen Sie bitte: $f(x) = \dfrac{|x^3 - 1|}{1 + x^2}$ ist auf $\mathbb{R}$ stetig.

Eine weitere leichte Möglichkeit, die Stetigkeit nachzuweisen, ergibt sich durch die folgende "Kettenregel" für stetige Funktionen.

Satz 6.19. *Seien* D *und* D' *Teilmengen von* $\mathbb{R}$. *Seien* $f : D \to D'$ *und* $g : D' \to \mathbb{R}$ *stetige Funktionen. Dann ist auch die Hintereinanderausführung* $g \circ f : D \to \mathbb{R}$, $x \to g \circ f(x) = g(f(x))$ *stetig.*

Beweis: Sei $x_0 \in D$ beliebig. Sei $(a_n)_{n \in \mathbb{N}}$ eine beliebige gegen x_0 konvergente Folge. Da f stetig in x_0 ist, konvergiert die Folge $(f(a_n))_{n \in \mathbb{N}}$ in D' gegen $f(x_0)$. Da auch g stetig ist, konvergiert die Folge $(g(f(a_n)))_{n \in \mathbb{N}} = (g \circ f(a_n))_{n \in \mathbb{N}}$ gegen $g(f(x_0)) = g \circ f(x_0)$. Da $(a_n)_{n \in \mathbb{N}}$ beliebig war, ist $g \circ f$ stetig in x_0.   □

Aufgabe: Zeigen Sie bitte die Stetigkeit der folgenden Funktionen (die Mengen D und D' ergeben sich aus dem Zusammenhang). Damit es interessante Beispiele gibt, benutzen Sie die Tatsache, dass durch Potenzreihen erklärte Funktionen stetig sind (Korollar 6.21).
a) $x \to \exp(x^2 + 1)$. b) $x \to \sin(\exp(x))$. c) $x \to \cos(\dfrac{1}{1 + x^2})$.

Wir erhalten die Stetigkeit von durch Potenzreihen dargestellten Funktionen, die wir benötigen, um deren Differenzierbarkeit zu beweisen, aus dem folgenden, allgemeinen Konvergenzsatz, der viele weitere Anwendungen hat, als Korollar.

Theorem 6.20. (Gleichmäßige Konvergenz und Stetigkeit)
Sei D eine beliebige nicht leere Teilmenge von $\mathbb{R}$. Sei $(f_n)_n$ eine Folge von stetigen Funktionen $f_n : D \to \mathbb{R}$, die gleichmäßig gegen die Funktion $f : D \to \mathbb{R}$ konvergiert. Dann ist f stetig.

Beweis: Sei $x_0 \in D$ beliebig. Nach Voraussetzung konvergiert die Folge (f_n) auf D gleichmäßig gegen f. Sei $\varepsilon > 0$ beliebig vorgegeben. Dann existiert ein $n(\varepsilon) = n_0$ mit $|f(x) - f_n(x)| < \varepsilon/3$ für alle $n \geq n_0$ und alle $x \in D$. Da f_{n_0} stetig in x_0 ist, gibt es zu dem gewählten ε ein $\delta > 0$ mit $|f_{n_0}(x) - f_{n_0}(x_0)| < \varepsilon/3$ für alle $x \in D$ mit $|x - x_0| < \delta$. Damit folgt für alle diese x

$$|f(x) - f(x_0)| \leq |f(x) - f_{n_0}(x)| + |f_{n_0}(x) - f_{n_0}(x_0)| + |f_{n_0}(x_0) - f(x_0)|$$
$$< \varepsilon/3 + \varepsilon/3 + \varepsilon/3 = \varepsilon.$$

Daraus folgt, dass f stetig in x_0 ist.   □

Aufgabe: Sei $f_n(x) = 1/2 + \sum_{k=1}^{n}(1/k^2 \cdot \cos(kt) + 2^{-k} \sin(kt))$. Zeigen Sie, dass die Folge gleichmäßig gegen die Funktion $f(x) = 1/2 + \sum_{k=1}^{\infty} 1/k^2 \cdot \cos(kt) + 2^{-k} \sin(kt)$ konvergiert. f ist damit auf ganz $\mathbb{R}$ stetig. Die Stetigkeit dieser Funktion lässt sich praktisch nicht einfacher beweisen. Durch solche Reihen dargestellte Funktionen sind in der Nachrichtenübertragung und Bildverarbeitung wichtig (siehe auch Kap. 8.1).

Korollar 6.21. *Sei $\sum_{n=0}^{\infty} a_n x^n$ eine Potenzreihe mit Konvergenzradius $R > 0$. Dann konvergiert die Potenzreihe auf jedem Intervall $[-t, t] \subseteq\,]-R, R[$ gleichmäßig und die Funktion $f : x \to \sum_{n=0}^{\infty} a_n x^n$ ist stetig auf $]-R, R[$.*

Beweis: Wir benutzen, dass Stetigkeit eine lokale Eigenschaft ist. Sei $x_0 \in\,]-R, R[$. Dann gibt es ein $t > 0$ mit $|x_0| < t < R$. Also ist für $y = (t - |x_0|)/2$ das Intervall $]x_0 - y, x_0 + y] \subseteq [-t, t]$. Auf $[-t, t]$ konvergiert die Potenzreihe aber gleichmäßig. Denn nach Satz 5.31 ist für $|x| \leq t$

$$|f(x) - \sum_{k=0}^{n} a_k x^k| = |\sum_{k=n+1}^{\infty} a_k x^k| \leq \sum_{k=n}^{\infty} |a_k| t^k, \qquad (6.1)$$

wobei die rechts stehende Reihe nach Definition des Konvergenzradius konvergiert. Zu $\varepsilon > 0$ gibt es ein n_0 mit $\sum_{n=n_0}^{\infty} |a_k| t^k < \varepsilon$ und die gleichmäßige Konvergenz auf $[-t, t]$ folgt aus Ungleichung 6.1. Also ist f in x_0 nach Theorem 6.20 stetig.   □

6.3.2 Eigenschaften stetiger Funktionen

Stetige Funktionen haben drei Eigenschaften, die in den Anwendungen sehr wichtig sind: die *Zwischenwerteigenschaft*, die *Existenz von Maxima und Minima auf abgeschlossenen beschränkten Intervallen* und die *Stetigkeit der inversen Funktion*. Diesen Eigenschaften ist der folgende Abschnitt gewidmet.

Benutzen Sie nun bitte das Applet "Funktionen einer Veränderlichen". Im folgenden sehen Sie Beispiele stetiger Funktionen $f :< a, b > \to \mathbb{R}$, die auf $< a, b >$ ihr Vorzeichen wechseln, also zum Beispiel $f(u) < 0$ und $f(v) > 0$ erfüllen $(u < v)$. Können sie dazwischen die Null überspringen oder müssen sie irgendwo eine Nullstelle haben?

Beispiele:

1. $f(x) = x^2 - 1/2$, $D = [0, 1]$, $u = 0$, $v = 1$.
2. $f(x) = \sin(x) - \frac{1}{2}$, $D = [0, \pi/2]$, $u = 0$, $v = \pi/2$.
3. $f(x) = 1_{[0,1[} - 1_{[1,2]}$, $D = [0, 2]$, $u = 0$, $v = 2$. Gibt es hier eine Nullstelle? Was ist anders als bei den anderen Beispielen?

Tatsächlich gilt der folgende Nullstellensatz. Wir beweisen ihn, indem wir ein Bisektionsverfahren zur Bestimmung einer Nullstelle angeben. Es wird immer dann angewandt, wenn man keine weiteren Informationen über die Funktion hat. Im Fall, dass f differenzierbar ist, ist das Newtonsche Verfahren zur Bestimmung einer Nullstelle im Allgemeinen wesentlich schneller (siehe Seite 422), es kann aber auch versagen, wenn man nicht "dicht genug" an der Nullstelle startet, oder wenn die Ableitung an der Nullstelle ebenfalls 0 ist.

> **Theorem 6.22. (Nullstellensatz für stetige Funktionen)**
> *Sei $f : D = < a, b > \to \mathbb{R}$ stetig, u und v seien aus D und $f(u)f(v) < 0$. Dann gibt es ein w mit $u < w < v$ und $f(w) = 0$.*

Beweis: $f(x)f(y) < 0$ liegt genau dann vor, wenn $f(x)$ und $f(y)$ verschiedene Vorzeichen haben. Das nutzen wir aus. Dabei können wir ohne Beschränkung der Allgemeinheit $f(u) < 0 < f(v)$ annehmen (sonst betrachten Sie einfach $-f$ statt f).

```
a := u;  b := v;
WHILE (TRUE) DO
        c := (a + b)/2;
            IF f(a) < 0   THEN   a = c;
                          ELSE   b = c;
            END; /*IF*/
END. /*WHILE*/
```

Sei w die durch dieses Bisektionsverfahren bestimmte Zahl. Man erhält zwei Folgen $(a_n)_n$ und $(b_n)_n$ mit $a_n \leq a_{n+1} \leq w \leq b_{n+1} \leq b_n$, sowie $0 < b_n - a_n < (v - u) \cdot 2^{-n}$ und

$f(a_n) < 0 \leq f(b_n)$ für alle n. Es gilt $\lim_n a_n = w = \lim_n b_n$ also wegen der Stetigkeit auch $f(w) = \lim_n f(a_n) \leq 0$ und $f(w) = \lim_n f(b_n) \geq 0$, also $f(w) = 0$. $\qquad\square$

Aufgabe: Schreiben Sie ein Programm für diesen Algorithmus und testen Sie es an den obigen Beispielen. (Statt "TRUE" müssen Sie ein vernünftiges Schleifenkriterium angeben).

Dieser einfache Satz hat weitreichende Folgen.

Korollar 6.23. (Zwischenwertsatz)
a) Sei $f : J = <a,b> \to \mathbb{R}$ stetig, $u, v \in J$ und $u < v$. Dann nimmt f auf $[u,v]$ jeden zwischen $f(u)$ und $f(v)$ liegenden Wert an.
b) Das Bild eines Intervalls unter einer stetigen Funktion ist ein Intervall.

Beweis: a) Sei $f(u) < c < f(v)$ (bzw. $f(u) > c > f(v)$). Wende dann den Nullstellensatz auf $g(x) = f(x) - c$ an.
b) Dies folgt aus a) weil die Bildmenge $f(J)$ des Intervalls J mit je zwei Punkten auch alle dazwischen liegenden enthält. $\qquad\square$

Die Existenz von Maxima und Minima stetiger Funktionen auf abgeschlossenen beschränkten Intervallen ist neben seinen praktischen Anwendungen für den Beweis des Mittelwertsatzes der Differentialrechnung wichtig.

Theorem 6.24. (Minimax-Theorem)
Sei $K = [a,b]$ ein kompaktes Intervall und $f : K \to \mathbb{R}$ sei stetig. Dann hat f ein Maximum und ein Minimum. Das bedeutet ausführlicher: Es gibt Punkte $x_{\min}, x_{\max} \in K$ mit $f(x_{\min}) \leq f(x) \leq f(x_{\max})$ für alle $x \in K$.

Bemerkung: Hier handelt es sich um *globale* Minima und Maxima im Gegensatz zum üblichen Schulunterricht, wo Sie *lokale* Minima und Maxima bestimmt haben. Das folgende Beispiel klärt den Sachverhalt.

Aufgabe: Sei $K = [-10, 10]$ und $f(x) = x^3 - x$. Benutzen Sie Ihr Schulwissen, um die lokalen Extremwerte zu bestimmen, d.h. bestimmen Sie die Nullstellen von f', etwa x_1 und x_2 und berechnen Sie $f(x_1)$, $f(x_2)$. Vergleichen Sie diese Werte mit $f(-10)$ bzw. $f(10)$. Was ist hier $x_{\min}$ und $x_{\max}$? Stimmen Sie mit x_1 oder x_2 überein?

Beweis: (des Theorems)
Wir geben einen Algorithmus zur Bestimmung des Maximums an:
Sei $a_{k,n} = a + \dfrac{k(b-a)}{2^n}$ und $Z_n = \{a_{k,n} : 0 \leq k \leq 2^n\}$. Dann ist $Z_n \subseteq Z_{n+1}$ und daher gilt $y_n := \max f(Z_n) \leq y_{n+1} = \max f(Z_{n+1})$. Zu jedem n gibt es ein $a_{k,n} =: x_n$ mit $y_n = f(x_n)$.
Die Folge $(x_n)_{n \in \mathbb{N}}$ besitzt nach dem Theorem 5.27 von Bolzano-Weierstraß ein konvergente Teilfolge $(x_{k_n})_{n \in \mathbb{N}}$. Deren Grenzwert x liegt zwischen a und b, also im Intervall $[a,b]$. Da f stetig ist, konvergiert die Folge $(y_{k_n})_{n \in \mathbb{N}}$ wegen $y_{k_n} = f(x_{k_n})$ gegen $f(x) =: y_\infty$. Da die Folge $(y_n)_{n \in \mathbb{N}}$ monoton wachsend ist, konvergiert auch sie gegen denselben Grenzwert y_∞

wie ihre Teilfolge $(y_{k_n})_{n \in \mathbb{N}}$.

Behauptung: Für alle $z \in [a, b]$ gilt $f(z) \leq f(x) = y_\infty$.

Beweis: Ist $z = a = a_{0,n}$ (für alle n), so ist $f(z) \leq y_n$ für alle n, also auch $f(z) \leq y_\infty$. Ist $z \neq a$, so gibt es zu jedem n ein $k(n)$ mit $a_{k(n),n} < z \leq a_{k(n)+1,n}$. Wegen $0 \leq z - a_{k(n),n} \leq a_{k(n)+1,n} - a_{k(n),n} \leq \dfrac{b-a}{2^n}$ ist $f(z) = \lim_{n \to \infty} f(a_{k(n),n})$, aber wegen $f(a_{k(n),n}) \leq y_n \leq y_\infty$ folgt $f(z) \leq y_\infty = f(x)$. x ist also eine Stelle, an der f sein Maximum annimmt.

Für den Beweis der Existenz des Minimums ersetzt man nur max durch min und argumentiert analog. Oder man benutzt $\min\{f(x) : x \in [a,b]\} = -\max\{-f(x) : x \in [a,b]\}$, die Stetigkeit von $-f$ und das bisher Bewiesene. $\qquad \square$

Aufgabe: Schreiben Sie ein Programm für die Ermittelung des Maximums. Beachten Sie dabei, dass Sie beim Übergang zu 2^{n+1} Einteilungspunkten nur das "alte" Maximum mit 2^n neu hinzugekommenen Werten vergleichen müssen. Die Stelle, an der das Maximum angenommen wird, muss mitgeführt werden. Wird das Maximum an mehreren Stellen angenommen, wird man z. B. immer die kleinste wählen. Hat die Funktion selbst nur eine Stelle, an der das Maximum angenommen wird, so konvergieren die x-Werte, die man durch das Programm gewinnt, gegen $x_{\max}$.

Umkehrfunktionen

Wir hatten schon auf Seite 155 gezeigt, dass es zu jeder Zahl $x \geq 0$ genau eine Zahl $y \geq 0$ mit $y^2 = x$ gibt. Wir erhalten also eine neue Funktion $g : [0, \infty[\to [0, \infty[$, $x \to +\sqrt{x} =: g(x)$. Für $f(x) = x^2$ gilt $g \circ f = f \circ g = id_{[0,\infty[}$, d.h. g ist die Umkehrfunktion zu f (siehe den Satz 2.6 über die Umkehrabbildung). Das allgemeine Problem lautet: Wann existiert zu einer stetigen Funktion eine Umkehrfunktion und wenn ja, ist diese dann ebenfalls stetig ?

Theorem 6.25. *Sei $J \subseteq \mathbb{R}$ ein beliebiges Intervall. Sei $f : J \to J'$ eine stetige und streng monotone Funktion und $J' = f(J)$. Dann ist die Umkehrfunktion $g = f^{-1} : J' \to J$ stetig.*

Beweis: Sei f ohne Beschränkung der Allgemeinheit streng monoton wachsend (sonst betrachte $-f = \tilde{f}$. Ist $\tilde{f}^{-1}$ stetig, so auch f^{-1}). Zum Nachweis der Stetigkeit von $g = f^{-1}$ benutzen wir das $\varepsilon - \delta$-Kriterium (Theorem 6.17). Nach dem Zwischenwertsatz (Korollar 6.23) ist das Bild $f(J) = J'$ ein Intervall. Sei $y_0 \in J'$ beliebig und $x_0 = g(y_0)$. Wir nehmen zunächst an, x_0 ist weder Anfangs- noch Endpunkt von J. Dann gibt es ein ε_0 mit $]x_0 - \varepsilon_0, x_0 + \varepsilon_0[\subseteq J$. Sei nun $\varepsilon > 0$ beliebig und $\eta = \min(\varepsilon, \varepsilon_0)$. Weil f streng monoton wachsend und stetig ist, ist $f(]x_0 - \eta, x_0 + \eta[) =]f(x_0 - \eta), f(x_0 + \eta)[$. Sei $\delta = \min(f(x_0) - f(x_0 - \eta), f(x_0 + \eta) - f(x_0))$. Dann ist

$$]y_0 - \delta, y_0 + \delta[\subseteq]f(x_0 - \eta), f(x_0 + \eta)[= f(]x_0 - \eta, x_0 + \eta[).$$

Für $|y - y_0| < \delta$ ergibt sich $g(y) \in]x_0 - \eta, x_0 + \eta[$, das heisst $|g(y) - g(y_0)| < \eta \leq \varepsilon$. Da $\varepsilon > 0$ beliebig war, ist g in y_0 stetig.

Ist x_0 Anfangs- oder Endpunkt von J und gehört x_0 zu J, so muss man das Argument etwas modifizieren. Wie?   □

Korollar 6.26.
a) Für jedes gerade $n \in \mathbb{N}$ ist die Potenzfunktion $f(x) = x^n$ stetig und bijektiv von $\mathbb{R}_+ = \{x \in \mathbb{R} : x \geq 0\}$ auf $\mathbb{R}_+$. Also ist die Wurzelfunktion $\sqrt[n]{x}$ stetig von $\mathbb{R}_+$ auf $\mathbb{R}_+$.
b) Für jedes ungerade $n \in \mathbb{N}$ ist die Potenzfunktion $f(x) = x^n$ stetig und bijektiv von $\mathbb{R}$ auf $\mathbb{R}$. Also ist die Wurzelfunktion $\sqrt[n]{x}$ stetig von $\mathbb{R}$ auf $\mathbb{R}$.

Aufgabe: Beweisen Sie bitte das Korollar. *Tipp:* Benutzen Sie Korollar 6.23 für die Surjektivität und Satz 5.1 f) für die strenge Monotonie.

6.3.3 Exponentialfunktion und Logarithmus

Die Exponentialfunktion wurde auf Seite 178 eingeführt. Nach Korollar 6.21 ist $x \to \exp(x)$ stetig. Für $x > 0$ ist $\exp(x) = 1 + x + x^2/2 + \ldots > 1$. Für $x < 0$ ist $\exp(x) = \exp(-|x|) = 1/\exp(|x|) > 0$ (siehe Seite 178). Sei $h > 0$. Dann ist nach dem Vorangegangenen $\exp(x+h) - \exp(x) = \exp(x)(\exp(h) - 1) > 0$, also ist $\exp(x)$ streng monoton wachsend.

Es ist $\exp(n) = e^n > 2^n$ und daher $\lim_{x \to \infty} \exp(x) = \infty$ und damit $\lim_{x \to -\infty} \exp(x) = \lim_{x \to -\infty} \frac{1}{\exp(-|x|)} = 0$. Aus dem Zwischenwertsatz 6.23 folgt, dass die Exponentialfunktion $\mathbb{R}$ auf $\mathbb{R}_+ \setminus \{0\} =]0, \infty[$ abbildet. Die Umkehrfunktion ist also auf $]0, \infty[$ definiert und hat als Bild ganz $\mathbb{R}$. Sie ist stetig und heißt **Logarithmus naturalis** $\ln(x)$. Es gilt

$$\ln(xy) = \ln(x) + \ln(y)$$

wegen $\exp(u + v) = \exp(u)\exp(v)$ (siehe Seite 178).

Sei $a > 0$ beliebig. Man setzt $a^x = \exp(x\ln(a))$. Damit ist für $a \neq 1$ die Funktion $x \in \mathbb{R} \mapsto a^x \in]0, \infty[$ streng monoton und stetig (als Hintereinanderausführung stetiger Funktionen, $x \to x\ln(a)$ und $y \to \exp(y)$). Die Umkehrfunktion heißt $\log_a(x)$, gelesen: **Logarithmus x zur Basis a.** Auch hier gilt

$$\log_a(xy) = \log_a(x) + \log_a(y).$$

Besonders wichtig für die Informatik ist $a = 2$.

Wiederholung

Begriffe: Stetigkeit.
Sätze: $\varepsilon - \delta$-Kriterium für Stetigkeit, Rechenregeln für stetige Funktionen, gleichmäßige Konvergenz und Stetigkeit, Stetigkeit von durch Potenzreihen gegebene Funktionen, Nullstellensatz, Zwischenwertsatz, Minimum-Maximum-Satz, Umkehrfunktion einer stetigen Funktion, $\sqrt[n]{x}$, $\ln(x)$, a^x, $\log_a(x)$.

7. Differential- und Integralrechnung

Motivation und Überblick

Dieses Kapitel ist dem Kern der Analysis von Funktionen einer Variablen gewidmet. Es handelt sich um klassische Mathematik für naturwissenschaftliche Anwendungen. Sie wurde zu Ende des 17. Jahrhunderts von Newton und Leibniz unabhängig voneinander entwickelt. Newton gelang es damit, fundamentale Phänomene der Natur zu modellieren und Naturgesetze mathematisch zu formulieren. So erhielt er die Geschwindigkeit eines physikalischen Körpers als Ableitung seiner Bewegung (Bahn) nach der Zeit und die Beschleunigung als Ableitung der Geschwindigkeit nach der Zeit. Noch heute wird die Ableitung nach der Zeit mit dem Newtonschen Punkt–Operator (zum Beispiel $\dot{x}$) bezeichnet, während sich im Allgemeinen der Leibnizsche Strich (zum Beispiel f') durchgesetzt hat.

Wir behandeln die Grundlagen der Differential- und Integralrechnung: den Ableitungsbegriff, höhere Ableitungen, das Integral, den Zusammenhang von Ableitung und Integral und damit zusammenhängend einige der wichtigsten Funktionen der Analysis, die Mittelwertsätze, die Entwickelbarkeit von Funktionen in eine Potenzreihe (Satz von Taylor) und Integrale über halboffene und offene Intervalle. Die Entwicklung von Funktionen in Potenzreihen gibt uns wieder Algorithmen an die Hand, mit denen wir konkrete Funktionswerte beliebig genau berechnen können.

7.1 Die Ableitung (Differentiation) einer Funktion

Motivation und Überblick

Die Ableitung einer Funktion f in einem Punkt c ist der Grenzwert der Steigungen der Sekanten an den Graphen $G(f)$, die durch die Punkte $(c, f(c))$ und $(x, f(x))$, $x \neq c$ laufen. Äquivalente Charakterisierungen der Ableitung erlauben die Begründung der elementaren Rechenregeln der Differentialrechnung. Wir führen als Vorbereitung für viele Anwendungen auch die höheren Ableitungen ein.

7.1.1 Die grundlegende Idee der Ableitung

Zunächst wiederholen wir aus der Schule die "Geradengleichung": eine Gerade durch den Punkt (c, d) der Ebene $\mathbb{R}^2$ mit Steigung m ist durch die Funktion $g(x) = d + m(x - c)$ gegeben, das heißt die Gerade ist der Graph $G_g = \{(x, g(x)) : x \in \mathbb{R}\}$

der Funktion g. Eine Gerade, die durch die beiden Punkte (x_0, y_0) und (x_1, y_1) mit $x_1 \neq x_0$ geht, ist durch $g(x) = y_0 + \frac{y_1 - y_0}{x_1 - x_0}(x - x_0)$ gegeben. Ihre Steigung ist $m = \frac{y_1 - y_0}{x_1 - x_0}$.

Sei nun $J \subseteq \mathbb{R}$ ein Intervall und $f : J \to \mathbb{R}$ eine Funktion, ferner $c \in J$. Eine **Sekante** (Schneidende) der Kurve G_f durch die Punkte $(c, f(c))$ und $(x_1, f(x_1))$, $x_1 \neq c$, ist dann die Gerade durch die Punkte $(c, f(c))$ und $(x_1, f(x_1))$, gegeben durch die Funktion $s(x) = f(c) + \frac{f(x_1) - f(c)}{x_1 - c}(x - c)$. Ihre Steigung ist also $m = \frac{f(x_1) - f(c)}{x_1 - c}$.

Als Steigung der **Tangente** an die Kurve G_f im Punkt $(c, f(c))$ wird man nun intuitiv die Steigung einer Sekante ansehen, deren zweiter Punkt $(x_1, f(x_1))$ "unendlich dicht" bei $(c, f(c))$ liegt. Um dies zu präzisieren, erklären wir:

Definition 7.1. *Sei J ein Intervall und $f : J \to \mathbb{R}$ eine Funktion. f heißt im Punkt $c \in J$ **differenzierbar** oder **ableitbar**, wenn der Grenzwert*

$$\lim_{c \neq x \to c} \frac{f(x) - f(c)}{x - c}$$

*existiert. Dieser Grenzwert heißt dann **Ableitung** oder **Differentialquotient** von f an der Stelle c und wird mit $f'(c)$ bezeichnet.*

Andere Bezeichnungsweisen für die Ableitung sind $\frac{df}{dx}(c)$ oder $\dot{f}(c)$.

Benutzen Sie nun bitte das Applet "Animierte Differentiation". Schauen Sie sich das "Anschmiegen" der Sekante an eine differenzierbare Funktion in "animierter Form" an.

Beispiele:

1. $f(x) = 3x^2 = 3c^2 + 3(x+c)(x-c)$, also $S(x) = 3(x+c)$ und damit $f'(c) = S(c) = 6c$. Allgemeiner: $f(x) = ax^2 \Rightarrow f'(c) = 2ac$ für alle $c \in \mathbb{R}$.
2. Noch allgemeiner: Sei $f(x) = ax^n$ und $c \in \mathbb{R}$ beliebig. Dann ist

$$f(x) = ac^n + a(x^{n-1} + x^{n-2}c + \cdots + c^{n-1})(x - c),$$

   also $S(x) = a \sum_{k=0}^{n-1} x^{n-1-k} c^k$ und daher $f'(c) = S(c) = anc^{n-1}$.
3. $f(x) = 1/x$ auf $\mathbb{R} \setminus \{0\}$. Sei $c \neq 0$ beliebig. Dann ist $\frac{1}{x} = \frac{1}{c} - \frac{1}{xc}(x - c)$. Also ist $S(x) = -1/xc$ und damit $f'(c) = S(c) = -1/c^2$.

Definition 7.2. *a) f heißt **differenzierbar**, wenn f in jedem Punkt $c \in J$ differenzierbar ist. Die Funktion $x \mapsto f'(x)$ heißt dann auch **Ableitung**.*
*b) f heißt **stetig differenzierbar**, wenn f in jedem Punkt differenzierbar ist und die Ableitung selbst eine stetige Funktion ist.*

Benutzen Sie nun bitte das Applet "Funktionen einer Veränderlichen". a) Schauen Sie sich selbst den Übergang von Sekanten zur Tangente in den folgenden Beispielen an. Geben Sie dazu neben der Funktion einfach die Sekantengleichungen ein (zwei bis drei). Wählen Sie dann einen zweiten Punkt sehr dicht beim ersten Punkt. Sie "sehen" dann tatsächlich eine Tangente, sofern die Funktion differenzierbar ist. b) Zeichnen Sie die Funktionen in sehr kleiner Umgebung $[c - 1/100, c + 1/100]$ um c. Lassen Sie die Sekante mit $x_1 = c + 1/100$ zeichnen. Können Sie einen Unterschied zwischen der Funktion und der Sekante erkennen?

Beispiele:

1. $f(x) = 2x$, $c = 0$, $x_1 = 1$, $1/2$, $1/100$. Warum sieht man hier immer wieder dasselbe?
2. $f(x) = x^2$, $c = 0$, $x_1 = 1$, $-1/2$, $1/10$, $-1/100$.
3. $f(x) = \sin(x)$, c, x_1 wie unter 2.
4. $f(x) = \cos(x)$, c, x_1 wie unter 2.

Die Zeichnungen der Beispiele legen nahe, dass in sehr kleinen Intervallen um c die Funktion durch ihre Tangente angenähert wird. Das ist tatsächlich im Folgenden präzisen Sinn der Fall:

Satz 7.3. (Äquivalente Charakterisierung der Differenzierbarkeit)
Sei J ein Intervall, $f : J \to \mathbb{R}$ eine Funktion und $c \in J$ ein Punkt. Die folgenden Aussagen sind äquivalent:
a) f ist in c differenzierbar.
b) Es gibt eine in c stetige Funktion R auf J mit $R(c) = 0$, sowie eine Konstante d, so dass für alle $x \in J$

$$f(x) = \underbrace{f(c) + d(x - c)}_{\text{Gerade durch } (c, f(c)) \text{ mit Steigung } d} + R(x)(x - c)$$

gilt.
c) Es gibt eine in c stetige Funktion S auf J mit

$$f(x) = f(c) + S(x)(x - c) \text{ für alle } x \in J.$$

Gilt c) (und damit auch b) und a)), so ist $S(c) = f'(c)$. Die Funktion S ist durch f eindeutig bestimmt. Gilt b) (und damit auch a) und c)), so ist $d = f'(c)$.

Erläuterung:
b) besagt gerade, wie groß der Fehler ist, wenn man statt der Funktion f die Tangente an G_f durch den Punkt $(c, f(c))$ betrachtet. Beachten Sie $R(c) = 0$. Das bedeutet, der Fehler $R(x)(x - c)$ ist eine "Größenordnung" kleiner als $x - c$.
c) klingt vielleicht etwas theoretisch und im Vergleich zum Schulwissen ungewohnt, ist aber die bequemste Form, um später die Rechenregeln zu begründen.

Beweis:

a) $\Rightarrow$ b): Wir setzen

$$R(x) = \begin{cases} 0 & x = c \\ \dfrac{f(x) - f(c)}{x - c} - f'(c) & x \neq c \end{cases}.$$

Es gilt dann nach Voraussetzung $\lim_{x \to c} R(x) = R(c) = 0$, das heißt R ist stetig in c. Weiter gilt offensichtlich die Formel b).

b) $\Rightarrow$ c): Setze einfach $S(x) = R(x) + d$.

c) $\Rightarrow$ a): Für $x \neq c$ ist

$$S(x) = \frac{f(x) - f(c)}{x - c}.$$

Da S in c stetig ist, muss auch der Grenzwert der rechten Seite existieren und gleich $S(c)$ sein. Der Rest ist klar. $\qquad\square$

Korollar 7.4. ("differenzierbar $\Rightarrow$ stetig")

Sei $f : J \to \mathbb{R}$ in c differenzierbar. Dann ist f in c stetig.

Beweis: Nach Satz 7.3, c) ist $f(x) = f(c) + S(x)(x - c)$. Nach den Rechenregeln für stetige Funktionen folgt die Behauptung. $\qquad\square$

Beispiele: In den folgenden Beispielen sind alle Funktionen nicht nur überall differenzierbar, sondern sogar *stetig differenzierbar*.

1. $f(x) = 5$ für alle x. $f'(x) = 0$ für alle x. Allgemeiner: Ist f konstant, so ist $f' = 0$.
2. $f(x) = 2.7x + 10$. Dann ist $f'(x) = 2.7$ für alle x, das heißt, die Ableitung ist konstant. Allgemeiner: $f(x) = m(x - x_0) + d \Rightarrow f'(x) = m$ für alle x.
3. $f(x) = 3x^2 = 3c^2 + 3(x + c)(x - c)$, also $S(x) = 3(x + c)$ und damit $f'(c) = S(c) = 6c$. Allgemeiner: $f(x) = ax^2 \Rightarrow f'(c) = 2ac$ für alle $c \in \mathbb{R}$.
4. Noch allgemeiner: Sei $f(x) = ax^n$ und $c \in \mathbb{R}$ beliebig. Dann ist c eine Nullstelle von $g(x) = f(x) - ac^n$, also (vergl. Korollar 4.70) $f(x) - ac^n = a(x^{n-1} + x^{n-2}c + \cdots + c^{n-1})(x - c)$, und damit $S(x) = a \sum_{k=0}^{n-1} x^{n-1-k} c^k$, also $f'(c) = S(c) = anc^{n-1}$.
5. $f(x) = 1/x$ auf $\mathbb{R} \setminus \{0\}$. Sei $c \neq 0$ beliebig. Dann ist $\frac{1}{x} = \frac{1}{c} - \frac{1}{xc}(x - c)$. Also ist $S(x) = -1/xc$ und damit $f'(c) = S(c) = -1/c^2$.
6. $f(x) = \exp(x)$. Es ist $\exp(x) - \exp(c) = \exp(c)(\exp(x - c) - 1)$. Durch Potenzreihen definierte Funktionen sind nach Satz 6.21 stetig. Also ist $S(x) = \exp(c) \dfrac{\exp(x - c) - 1}{x - c} = \exp(c) \sum_{k=1}^{\infty} \dfrac{(x - c)^{k-1}}{k!}$ stetig mit $S(c) = \exp(c)$. Daraus folgt $f'(c) = \exp(c)$.

7.1.2 Einfache Ableitungsregeln

Die in den Beispielen erhaltenen Formeln für die Ableitung erhält man auch durch wiederholte Anwendung der folgenden Rechenregeln, die sich ihrerseits einfach aus den Rechenregeln für Grenzwerte ergeben. Jedes Computeralgebrasystem benutzt diese Regeln.

Satz 7.5. (Einfache Ableitungsregeln) *Sei J ein Intervall.*
a) Sei $f : J \to \mathbb{R}$ konstant. Dann ist $f'(c) = 0$ für alle $c \in J$.
b) Seien $f, g : J \to \mathbb{R}$ in c differenzierbar und seien $\alpha, \beta \in \mathbb{R}$. Dann ist die Funktion $h = \alpha f + \beta g$ in c differenzierbar und es gilt die

Linearität der Ableitung: $(\alpha f + \beta g)'(c) = \alpha f'(c) + \beta g'(c).$

c) Seien wieder $f, g : J \to \mathbb{R}$ differenzierbar in c. Dann ist auch das Produkt $h = fg : x \mapsto f(x)g(x)$ in c differenzierbar und es gilt

Leibnizsche Produktregel: $(fg)'(c) = f(c)g'(c) + f'(c)g(c).$

d) Sei J_1 ein weiteres Intervall, $f : J \to J_1$ sei in $c \in J$ differenzierbar, $g : J_1 \to \mathbb{R}$ sei in $d = f(c)$ differenzierbar. Dann ist die Hintereinanderausführung $g \circ f : J \to \mathbb{R}, x \mapsto g(f(x))$ in c differenzierbar und es gilt die

Kettenregel: $h'(x) := (g \circ f)'(c) = g'(f(c))f'(c).$

Beweis: Wir beweisen nur die beiden interessanten Formeln c) und d). Dazu wenden wir Satz 7.3 c) an und suchen eine in c stetige Funktion $S_h(x)$ mit $h(x) = h(c) + S_h(x)(x - c)$. Dann berechnen wir $S_h(c)$.
c) Nach Voraussetzung gibt es in c stetige Funktionen S_f und S_g mit

$$f(x) = f(c) + S_f(x)(x - c), \quad g(x) = g(c) + S_g(x)(x - c).$$

Daraus ergibt sich

$$h(x) = f(x)g(x) = f(c)g(c) + ((f(c)S_g(x) + g(c)S_f(x))\,(x - c).$$

Nach den Rechenregeln für stetige Funktionen ist $S_h(x) := f(c)S_g(x) + g(c)S_f(x)$ stetig in c mit $S_h(c) = f(c)g'(c) + g(c)f'(c)$.
d) Nach Voraussetzung gibt es Funktionen $S_f : J \to \mathbb{R}$ und $S_g : J_1 \to \mathbb{R}$, die in c bzw. d stetig sind, so dass gilt:

$$f(x) = f(c) + S_f(x)(x - c), \quad g(y) = g(d) + S_g(y)(y - d).$$

Dann ist $S_f(c) = f'(c)$ und $S_g(d) = g'(d)$. Setzt man in die zweite Gleichung für y speziell $f(x)$ ein, so erhält man wegen $d = f(c)$

$$h(x) = (g \circ f)(x) = g \circ f(c) + S_g(f(x))(f(x) - f(c)) = g \circ f(c) + S_g(f(x))S_f(x)(x - c).$$

Da f in c differenzierbar ist, ist f nach Korollar 7.4 in c stetig. Damit ist auch die Hintereinanderausführung $S_g \circ f$ in c stetig. Nach den Rechenregeln für stetige Funktionen ist dann auch $x \mapsto S_g(f(x))S_f(x) =: S_h(x)$ in c stetig und es ist $S_h(c) = S_g(f(c))S_f(c) = g'(f(c))f'(c)$. Mit Satz 7.3 c) folgt die Behauptung.   □

Korollar 7.6. (Quotientenregel)
Seien $f, g : J \to \mathbb{R}$ in c differenzierbar, ferner sei $g(x) \neq 0$. Dann ist f/g in c differenzierbar und es gilt

$$\left(\frac{f}{g}\right)'(c) = \frac{g(c)f'(c) - f(c)g'(c)}{g(c)^2}.$$

Aufgaben:

1. Beweisen Sie dieses Korollar. *Tipp:* Es ist $f/g = f \cdot 1/g$. Zeigen Sie also zuerst, dass $1/g$ in c differenzierbar ist (verwenden Sie dazu, dass $(1/x)' = -1/x^2$ (siehe die Beispiele Seite 208) und die Kettenregel).
2. Sei $f(x) = \sum_{k=0}^{n} a_k x^k$. Zeigen Sie mit Begründung der einzelnen Schritte $f(x)' = \sum_{k=1}^{n} k a_k x^{k-1}$ (siehe auch die erwähnten Beispiele).

Ableitung der Umkehrfunktion. Zur Vervollständigung des Formelarsenals für die Differentiation fehlt uns noch die Differenzierbarkeit der Umkehrfunktion und der Potenzreihen. Die Ableitung von Potenzreihen ist ohne die Integralrechnung schwer zu beweisen. Deshalb beschließen wir diesen Abschnitt mit dem Satz über die Ableitung der Umkehrfunktion und führen danach das Integral ein.

Satz 7.7. (Ableitung der Umkehrfunktion)
Sei f eine stetige streng monotone Funktion auf dem Intervall J und $J_1 = f(J)$. Sei f in c differenzierbar und $f'(c) \neq 0$. Dann ist die Umkehrfunktion $g = f^{-1}$: $J_1 \to J$ in $d = f(c)$ differenzierbar und es gilt

$$g'(d) = (f^{-1})'(d) = \frac{1}{f'(c)} = \frac{1}{f'(f^{-1}(d))}.$$

Beweis: g ist nach dem Satz über die Stetigkeit der Umkehrfunktion stetig. Nach Voraussetzung ist die Funktion $S_f(x) = \begin{cases} f'(c) & x = c \\ \dfrac{f(x) - f(c)}{x - c} & x \neq c \end{cases}$ stetig auf J und stets ungleich 0, weil f streng monoton und $f'(c) \neq 0$ ist. Es ist $f(x) = f(c) + S_f(x)(x - c)$, woraus $x - c = \dfrac{f(x) - f c)}{S_f(x)}$ folgt. Setzt man hier speziell $x = g(y)$, $c = g(d)$ ein, so erhält man $g(y) - g(d) = \dfrac{1}{S_f(g(y))}(y - d)$. Die Funktion $S_g(y) := \dfrac{1}{S_f(g(y))}$ ist stetig in d und es ist

$$S_g(d) = \frac{1}{S_f(g(d))} = \frac{1}{S_f(c)} = \frac{1}{f'(c)} = \frac{1}{f'(g(d))}.$$

Die Behauptung folgt aus Satz 7.3 c).   □

7.1.3 Höhere Ableitungen

Wie Satz 7.3 zeigte, ist die Funktion $f :< a,b >= J \to \mathbb{R}$ im Punkt x genau dann differenzierbar, wenn sie im folgenden Sinn durch eine Gerade approximierbar ist:

$$f(x + h) = f(x) + ah + hR(h) \quad \text{mit} \lim_{h \to 0} R(h) = 0.$$

Mit höheren Ableitungen gelingt es, Funktionen durch Polynome höheren Grades zu approximieren, das heißt, die Gerade durch ein Polynom zu ersetzen. Dies liefert der Satz von Taylor (Theorem 7.44). In der Praxis ist dies unter anderem deshalb von

Bedeutung, weil Polynome sehr leicht implementiert und mit dem Horner–Schema (Seite 112) relativ effizient berechnet werden können. Da wir ohnehin meistens näherungsweise rechnen (mit den beschränkten float und double Werten), machen wir keine wesentlichen Fehler.

Definition 7.8. *Sei $J \subseteq \mathbb{R}$ ein Intervall und $f : J \to \mathbb{R}$ eine Funktion.*
a) Sei f in jedem Punkt $x \in J$ differenzierbar; dann heißt die neue Funktion $f' : J \to \mathbb{R}$, $x \mapsto f'(x)$ **erste Ableitung** *von f.*
b) Sei für $n \geq 1$ die n-te Ableitung $f^{(n)}$ als Funktion schon definiert. Ist die Funktion $f^{(n)}$ in jedem Punkt $x \in J$ differenzierbar, so heißt die Funktion

$$(f^{(n)})' : x \mapsto (f^{(n)})'(x)$$

$(n+1)$*-te* **Ableitung** $f^{(n+1)}$ *von f.*
c) Existiert die n-te Ableitung für jedes n, so heißt f **unendlich oft** *oder* **beliebig oft differenzierbar.**

Statt $f^{(2)}$ schreibt man oft f'' oder auch $\ddot{f}$. Für $f^{(3)}$ ist auch f''' üblich. Statt $f^{(n)}$ schreibt man auch $\frac{d^n f}{dx^n}$.

Aufgabe: Beweisen Sie bitte: Seien f und g n mal differenzierbar. Dann gilt die verallgemeinerte Leibnizsche Regel: $(fg)^{(n)} = \sum_{k=0}^{n} \binom{n}{k} f^{(k)} g^{(n-k)}$. *Tipp:* Benutzen Sie Induktion.

Wir bringen zunächst einfache Beispiele von Funktionen, die mehrfach ableitbar sind. Die wichtigsten Beispiele sind Potenzreihen (siehe Satz 7.33).

Benutzen Sie nun bitte das Applet "Funktionen einer Veränderlichen (mit Tangente)". Schauen Sie sich die 1. und 2. Ableitung bei den folgenden Aufgaben an, und diskutieren Sie deren Verlauf anhand Ihres Schulwissens.

Aufgaben:

1. Jedes Polynom ist beliebig oft differenzierbar. Berechnen Sie alle Ableitungen von $\sum_{k=0}^{n} a_k x^k$. Beispiele: sind $x^2 - 1$, $x^3 - x^2 + x - 1$, $x^4 - 10x + 2$.
2. Die Wurzelfunktion ist auf $]0, \infty[$ beliebig oft differenzierbar. Beweisen Sie bitte diese Aussage.
3. Sei $f(x) = x/(x^2 + 1)$. Zeigen Sie, dass diese Funktion beliebig oft differenzierbar ist.

Wiederholung

Begriffe: Ableitung, Differenzierbarkeit, höhere Ableitung.
Sätze: Äquivalente Formulierungen der Differenzierbarkeit, Rechenregeln für das Differenzieren, Ableitung der Umkehrfunktion.

7.2 Das bestimmte Integral

Motivation und Überblick

Im ersten Abschnitt führen wir das Integral von Treppenfunktionen und die Rechenregeln für das Integral ein. Im zweiten Abschnitt setzen wir das Integral auf die Regelfunktionen fort. Stetige Funktionen sind Regelfunktionen und damit integrierbar. Wir stellen die wichtigsten Eigenschaften des Integrals zusammen.

7.2.1 Das Integral von Treppenfunktionen

Säulendiagramme werden mathematisch als Treppenfunktionen dargestellt. Der Flächeninhalt eines solchen Säulendiagramms ist dann nichts anderes als das Integral der zugehörigen Treppenfunktion. Wiederholte Messungen einer veränderlichen Größe liefern ebenfalls ein Säulendiagramm. Hierzu gehört auch das Abtasten einer elektromagnetischen Welle mit dem Ziel der Digitalisierung (Puls–Code Modulation PCM), vergl. [21, S. 5].

Zur Veranschaulichung von diskreten Daten wie zum Beispiel zur Entwicklung einer Bevölkerung in den letzten 10 Jahren benutzt man häufig Säulendiagramme (Histogramme). Die durch die Säulen repräsentierte Fläche veranschaulicht dann die Entwicklung. Haben die Säulen die Höhe $c_1, c_2, \ldots, c_n$ und die Breite $b_1, \ldots, b_n$ (die Breiten sind fast immer gleich einer festen Zahl), so ist die Gesamtfläche $c_1 b_1 + \cdots + c_n b_n$. Eine Treppenfunktion ist nun nichts anderes als solch ein Säulendiagramm. Genauer:

Definition 7.9.
a) Eine Teilmenge $Z = \{a_0, \ldots, a_n\}$ des Intervalls $J = [a, b]$ heißt **Zerlegung**
von J, wenn die Endpunkte a und b in Z liegen.
b) Eine Funktion $f : J \to \mathbb{R}$ heißt **Treppenfunktion**, *wenn es eine Zerlegung*
$Z = \{a_0, \ldots, a_n\}$ gibt mit o.B.d.A. $a = a_0 < a_1 < \cdots < a_n = b$, so dass die
Einschränkung von f auf jedes offene Intervall $]a_k, a_{k+1}[$ konstant ist. Die Menge
aller Treppenfunktionen bezeichnen wir mit $\mathcal{T}([a, b])$ bzw. mit $\mathcal{T}(J)$, wenn J das
Intervall bezeichnet.

Wir erinnern an die Definition von Indikatorfunktionen: Sei A eine beliebige Menge. Dann ist $1_A(x) = \begin{cases} 1 & x \in A \\ 0 & x \notin A \end{cases}$. Damit schreibt sich eine Treppenfunktion f zur Zerlegung $Z = \{a_0, a_1, \ldots, a_n\}$ mit $a = a_0 < a_1 < \cdots < a_n = b$ als

$$f = \sum_{k=0}^{n-1} c_k 1_{]a_k, a_{k+1}[} + \sum_{k=0}^{n} f(a_k) 1_{\{a_k\}}.$$

Ganz klar ist der Flächeninhalt des durch f gegebenen Säulendiagramms gleich $c_0(a_1 - a_0) + c_1(a_2 - a_1) + \cdots + c_{n-1}(a_n - a_{n-1})$, unabhängig davon, welche Werte f in den einzelnen Randpunkten a_k der Intervalle annimmt. Wir erklären das Integral als diesen Flächeninhalt:

Definition 7.10. *Sei* $f : J \to \mathbb{R}$ *eine Treppenfunktion,* $f = \sum_{k=0}^{n-1} c_k 1_{]a_k, a_{k+1}[} + \sum_{k=0}^{n} f(a_k) 1_{\{a_k\}}$.
Dann heißt

$$\sum_{j=0}^{n-1} c_j (a_{j+1} - a_j) = \int_a^b f dx$$

das **Integral** *von* f *über* $[a, b]$.

Mathematiker und Informatiker müssen sich nun erst überzeugen, dass diese Definition wirklich eindeutig ist. Zum Beispiel ist $f = 1_{[a,b]} = 1_{[a,a_1]} + 1_{]a_1,b]}$ ($a < a_1 < b$ beliebig). Hängt die Definition also von der gewählten Zerlegung ab? Nein, denn $(b - a) = (b - a_1) + (a_1 - a)$. Dass das auch allgemein richtig ist, ist anschaulich klar, und wird z. B. in [30, S. 145 ff] ausführlich behandelt. Für uns sind die beiden folgenden Sätze offensichtlich. Der erste klärt, wie man mit Treppenfunktionen rechnet, der zweite, wie man mit dem Integral rechnet. Sie können sich selbst von der Gültigkeit sofort überzeugen: wenn in einer Formel nur eine Funktion f vorkommt, schreiben Sie sie als $f = \sum_{k=0}^{n-1} c_k 1_{]a_k, a_{k+1}[} + \sum_{k=0}^{n} f(a_k) 1_{\{a_k\}}$. Ist dann $x \in [a, b]$, so ist $x = a_k$ für ein k oder x liegt in genau einem der Intervalle $J_0 =]a_0, a_1[, \ldots, J_{n-1} =]a_{n-1}, a_n[$, es gibt also genau einen Index $j(x)$ mit $f(x) = h_{j(x)}$. Damit beweisen Sie im folgenden Satz die Formeln a) und c). Für b) wählen Sie zu f und g eine gemeinsame Zerlegung, die sowohl die Zerlegungspunkte von f als auch die von g enthält. Dann haben Sie $f = \sum_{k=0}^{n-1} c_k 1_{]a_k, a_{k+1}[} + \sum_{k=0}^{n} f(a_k) 1_{\{a_k\}}$ und $g = \sum_{k=0}^{n-1} d_k 1_{]a_k, a_{k+1}[} + \sum_{k=0}^{n} g(a_k) 1_{\{a_k\}}$. Diese Formeln benutzen Sie auch für den Beweis von Satz 7.12.

Satz 7.11. *Sei* $J = [a, b]$. *Dann gilt:*

a) Jede Treppenfunktion ist beschränkt.

b) $\mathcal{T}(J)$ *ist ein Unterring von* $\mathbb{B}([a, b], \mathbb{R})$.

c) $f \in \mathcal{T}(J) \Rightarrow |f| : x \mapsto |f(x)| \in \mathcal{T}(J)$.

d) $f, g \in \mathcal{T}(J) \Rightarrow \max(f, g)$ *und* $\min(f, g) \in \mathcal{T}(J)$.

Insbesondere ist $f^+ = \max(f, 0)$ *und* $f^- = -\min(f, 0) \in \mathcal{T}(J)$.

Satz 7.12. *Es gilt:*

a) Seien $\alpha, \beta \in \mathbb{R}$, $f, g \in \mathcal{T}(J)$. *Dann ist*

$\int_a^b (\alpha f + \beta g)(x) dx = \alpha \int_a^b f(x) dx + \beta \int_a^b g(x) dx$.   **Linearität des Integrals**

b) $f \leq g \Rightarrow \int_a^b f(x) dx \leq \int_a^b g(x) dx$ **Positivität des Integrals**

c) $| \int_a^b f(x) dx | \leq \int_a^b | f(x) | dx$ **Betragsungleichung für das Integral**

Man kann das Integral einer Treppenfunktion einfach abschätzen:

Satz 7.13. *Sei* $f \in \mathcal{T}([a, b])$.

Sei $m = \min\{f(x) : x \in [a, b]\}$, $M = \max\{f(x) : x \in [a, b]\}$. *Dann gilt*

$$m(b - a) \leq \int_a^b f(x) dx \leq M(b - a).$$

Insbesondere ist $| \int_a^b f(x) dx | \leq \|f\|_\infty (b - a)$.

Beweis:

a) Es ist $m 1_{[a,b]} \leq f \leq M 1_{[a,b]}$. Also folgt die Behauptung a) aus Satz 7.12.

b) Es ist $|f| \leq \|f\|_\infty 1_{[a,b]}$. Verwende das Argument von a). $\square$

Schließlich benötigen wir noch die **Intervall-Additivität**.

Satz 7.14. *Sei* $a < c < b$ *und* $f \in \mathcal{T}([a, b])$. *Dann ist* $f \mid_{[a,c]} \in \mathcal{T}([a, c])$, $f \mid_{[c,b]} \in \mathcal{T}([c, b])$ *und es gilt* $\int_a^b f(x) dx = \int_a^c f(x) dx + \int_c^b f(x) dx$.

Beweis: Sei $f = \sum_{j=0}^{n-1} f_j 1_{J_j} + \sum_{j=0}^n f(a_j) 1_{\{a_j\}}$ mit $J_j =]a_j, a_{j+1}[$, wo $Z = \{a_0, \ldots, a_n\}$ eine Zerlegung des Intervalls $[a, b]$ ist. Ist c schon in Z, so ist nichts zu beweisen. Andernfalls gibt es genau ein k mit $a_k < c < a_{k+1}$. Dann ist $f = \sum_{j=0}^{k-1} f_j 1_{J_j} + \sum_{j=0}^k f(a_j) 1_{\{a_j\}} + f_k 1_{]a_k, c]} + f_k 1_{]c, a_{k+1}[} + \sum_{j=k+1}^{n-1} f_j 1_{J_j} + \sum_{j=k+1}^n f(a_j) 1_{\{a_j\}}$ und die Behauptung folgt sofort. $\square$

7.2.2 Das Integral von Regelfunktionen

Motivation und Überblick

Hat man den Flächeninhalt von Säulendiagrammen, also das Integral von Treppenfunktionen, so wird man versuchen, eine von einer beliebigen Funktion (über der x-Achse) begrenzte Fläche durch Säulendiagramme auszuschöpfen. Dies funktioniert am einfachsten bei solchen Funktionen, die sich gleichmäßig durch Treppenfunktionen approximieren lassen, das sind die Regelfunktionen. Stetige Funktionen sind Regelfunktionen.

Regelfunktionen

Definition 7.15. *Sei $J = [a, b]$ ein kompaktes Intervall. Eine Funktion $f : J \to \mathbb{R}$ heißt **Regelfunktion**, wenn es eine Folge $(f_n)_{n \in \mathbb{N}}$ von Treppenfunktionen gibt, die gleichmäßig gegen f konvergiert.*

Satz 7.16. *Eine Funktion $f : [a, b] \to \mathbb{R}$ ist genau dann eine Regelfunktion, wenn zu jedem $\varepsilon > 0$ eine Treppenfunktion g mit $\|f - g\|_\infty < \varepsilon$ existiert.*

Beweis: Sei f eine Regelfunktion und $(f_n)_{n \in \mathbb{N}}$ eine gleichmäßig gegen f konvergente Folge von Treppenfunktionen. Zu $\varepsilon > 0$ gibt es ein n_0 mit $\|f - f_n\|_\infty < \varepsilon$ für alle $n \geq n_0$. Wähle $g = f_{n_0}$.

Es gebe umgekehrt zu jedem $\varepsilon > 0$ eine Treppenfunktion g mit der angegebenen Eigenschaft. Wähle zu $\varepsilon = 1/n$ eine Treppenfunktion g_n wie angegeben. Die Folge $(g_n)_{n \in \mathbb{N}}$ konvergiert gleichmäßig gegen f. $\qquad \square$

Sei $\mathcal{R}([a, b])$ die Menge aller Regelfunktionen. Sie enthält natürlich die Menge der Treppenfunktionen. Die Regelfunktionen haben Eigenschaften, die wir im folgenden Satz auflisten.

Satz 7.17.
a) $\mathcal{R}([a, b])$ ist ein Unterring von $\mathbb{B}([a, b], \mathbb{R})$.
b) Mit f ist auch $|f|$ eine Regelfunktion.
c) Mit f und g sind auch $\max(f, g)$ und $\min(f, g)$ Regelfunktionen.

Beweis: Weil die Aussagen für Treppenfunktionen gelten, folgt der Beweis ganz einfach aus Satz 7.16 und Satz 6.7. $\qquad \square$

Um zu zeigen, dass jede stetige Funktion eine Regelfunktion ist, benötigen wir das folgende Lemma.

Lemma 7.18. *Sei f eine auf dem abgeschlossenen beschränkten Intervall $[a, b]$ stetige reellwertige Funktion. Dann gibt es zu jedem $\varepsilon > 0$ ein $\delta(\varepsilon) > 0$ mit $|f(x) - f(y)| < \varepsilon$ für alle $x, y \in [a, b]$ mit $|x - y| < \delta(\varepsilon)$.*

Bemerkung: Man nennt f **gleichmäßig stetig** auf der Menge D, wenn die obige Aussage für alle $\varepsilon > 0$ gilt. Das Lemma besagt also, dass jede stetige Funktion auf einem abgeschlossenen beschränkten Intervall gleichmäßig stetig ist. Wir benötigen diesen Begriff nicht weiter und wollen ihn deshalb hier nur erwähnen.

Beweis: Angenommen, die Aussage ist falsch. Dann gibt es ein $\varepsilon_0 > 0$ und zu jedem $\delta > 0$, insbesondere zu jedem $1/n$ ($n \in \mathbb{N}$) ein Paar x_n, y_n in $[a,b]$ mit $|x_n - y_n| < 1/n$ und $|f(x_n) - f(y_n)| \geq \varepsilon_0$. Nach dem Theorem 5.27 von Bolzano–Weierstraß besitzt $(x_n)_{n\in\mathbb{N}}$ eine konvergente Teilfolge $(x_{n_k})_{k\in\mathbb{N}}$, deren Grenzwert x in der abgeschlossenen Menge $[a,b]$ liegt. Wegen $|x_n - y_n| < 1/n$ ist auch $\lim_{k\to\infty} y_{n_k} = x$ und wir erhalten aus der Stetigkeit von f die Beziehung $0 = |f(x) - f(x)| = \lim_{k\to\infty} \underbrace{|f(y_{n_k}) - f(x_{n_k})|}_{\geq \varepsilon_0} \geq \varepsilon_0$,

ein Widerspruch! □

Satz 7.19. *Jede stetige reelle Funktion f auf dem abgeschlossenen beschränkten Intervall $[a,b]$ ist eine Regelfunktion.*

Beweis: Sei $n \in \mathbb{N}$ und $a_{k,n} = \dfrac{k(b-a)}{2^n}$ für $0 \leq k \leq 2^n$. Nach Theorem 6.24 existiert $\min\{f(x) : x \in [a_{k,n}, a_{k+1,n}]\} =: \underline{f}_{k,n}$. Für $n \in \mathbb{N}$ sei $f_n = \underline{f}_{0,n} 1_{[a_{0,n},a_{1,n}]} + \sum_{k=1}^{2^n-1} \underline{f}_{k,n} 1_{]a_{k,n},a_{k+1,n}]}$. Wir zeigen, dass die Folge $(f_n)_{n\in\mathbb{N}}$ von Treppenfunktionen gleichmäßig gegen f konvergiert.

Sei $\varepsilon > 0$ beliebig. Nach Lemma 7.18 gibt es ein $\delta > 0$ mit $|f(x) - f(y)| < \varepsilon$ für alle x, y mit $|x - y| < \delta$. Wähle n_0 so, dass $2^{-n_0} < \delta$. Für $x \in [a_{k,n}, a_{k+1,n}]$ und $n \geq n_0$ ist dann $|f(x) - \underline{f}_{k,n}| < \varepsilon$, weil es ja ein $y \in [a_{k,n}, a_{k+1,n}]$ gibt mit $f(y) = \underline{f}_{k,n}$.

Sei $x \in [a,b]$ beliebig. Dann gibt es genau ein $k \geq 1$ mit $x \in]a_{k,n}, a_{k+1,n}]$, falls $x > a_{1,n}$ oder es gilt $x \in [a_{0,n}, a_{1,n}]$, falls $x \leq a_{1,n}$. Damit ist in jedem Fall $|f(x) - f_n(x)| = |f(x) - \underline{f}_{k,n}| < \varepsilon$ für alle $n \geq n_0$, also, da x beliebig war, $\|f - f_n\|_\infty \leq \varepsilon$ und das liefert die Behauptung. □

Multipliziert man eine stetige Funktion mit einer Treppenfunktion, so erhält man eine stückweise stetige Funktion. Auch solche Funktionen sind Regelfunktionen. Man kann zeigen, dass eine Funktion f genau dann eine Regelfunktion ist, wenn für alle x die Grenzwerte $\lim_{t\nearrow x} f(t)$ und $\lim_{u\searrow x} f(u)$ existieren (siehe [19, Satz 18.10]).

Das Integral. Die Idee ist ganz einfach: Aufgrund unserer Anschauung muss der Flächeninhalt einer von einer positiven Regelfunktion berandeten Fläche (über der x-Achse) der Grenzwert der Flächeninhalte der f approximierenden Treppenfunktionen sein. Genauer: Ist f Grenzwert einer gleichmäßig konvergenten Folge $(f_n)_{n\in\mathbb{N}}$ von Treppenfunktionen, so muss $\int_a^b f(x)dx = \lim_{n\to\infty} \int_a^b f_n(x)dx$ sein. Aber hängt diese Berechnung vielleicht von der approximierenden Folge ab? Kommt eventuell ein anderer Grenzwert heraus, wenn man eine andere, gleichmäßig gegen f konvergierende Folge $(g_n)_{n\in\mathbb{N}}$ von Treppenfunktionen hat? Wir zeigen in einem Lemma, dass das nicht vorkommen kann.

Lemma 7.20. *a) Sei* f *eine Regelfunktion und* $(f_n)_{n \in \mathbb{N}}$ *eine Folge von Treppenfunktionen, die gleichmäßig gegen* f *konvergiert. Dann konvergiert die Folge* $(\int_a^b f_n(x)dx)_{n \in \mathbb{N}}$ *in* $\mathbb{R}$.

b) Seien $(f_n)_{n \in \mathbb{N}}$ *und* $(g_n)_{n \in \mathbb{N}}$ *zwei Folgen von Treppenfunktionen, die gleichmäßig gegen die Regelfunktion* f *konvergieren. Dann gilt* $\lim_{n \to \infty} \int_a^b f_n(x)dx = \lim_{n \to \infty} \int_a^b g_n(x)dx$.

Beweis: a) Wir zeigen, dass $(\int_a^b f_n(x)dx)_{n \in \mathbb{N}}$ das Cauchy-Kriterium (Theorem 5.28) für Konvergenz erfüllt.

Sei $\varepsilon > 0$ beliebig. Zu $\eta = \dfrac{\varepsilon}{2(b-a)}$ gibt es also n_0 mit $\|f - f_n\|_\infty < \eta$ für alle $n \geq n_0$. Damit erhält man aber nach Satz 7.13 b) für alle $m, n \geq n_0$

$$
\begin{aligned}
|\int_a^b f_m(x)dx - \int_a^b f_n(x)dx| &= |\int_a^b (f_m(x) - f_n(x))dx| \leq \int_a^b |f_m(x) - f_n(x)|dx \\
&\leq (b-a)\|f_m - f_n\|_\infty \\
&\leq (b-a)(\|f_m - f\|_\infty + \|f - f_n\|_\infty) \\
&\leq (b-a) \cdot 2\eta = \varepsilon,
\end{aligned}
$$

und das ist das Cauchy-Kriterium für Konvergenz.

b) Aus der Dreiecksungleichung $\|f_n - g_n\|_\infty \leq \|f_n - f\|_\infty + \|f - g_n\|_\infty$ folgt, dass die Folge $(f_n - g_n)_{n \in \mathbb{N}}$ der Differenzen gleichmäßig gegen 0 konvergiert. Zu $\varepsilon > 0$ gibt es also ein n_0 mit $\|f_n - g_n\|_\infty < \varepsilon/(b-a)$ für alle $n \geq n_0$. Aber dann ist nach Satz 7.13 b)

$$
\begin{aligned}
|\int_a^b f_n(x)dx - \int_a^b g_n(x)dx| &= |\int_a^b (f_n(x) - g_n(x))dx| \\
&\leq \int_a^b |f_n(x) - g_n(x)|dx < (b-a)\varepsilon/(b-a) = \varepsilon
\end{aligned}
$$

für alle $n \geq n_0$. Daraus folgt die Behauptung. $\qquad \square$

Damit ist die folgende Definition eindeutig.

Definition 7.21. *Sei* f *eine Regelfunktion auf dem Intervall* $[a, b]$ *und* $(f_n)_{n \in \mathbb{N}}$ *eine gegen* f *gleichmäßig konvergente Folge von Treppenfunktionen. Dann heißt der Grenzwert* $\lim_{n \to \infty} \int_a^b f_n(x)dx$ **Integral** *von* f *über* $[a, b]$, *in Zeichen* $\int_a^b f(x)dx$ *oder* $\int_a^b f dx$.

Benutzen Sie nun bitte das Applet "Integration". Sie können eine beliebige Funktion eingeben, und dazu Treppenfunktionen beliebiger Feinheit zeichnen lassen. Wählen Sie zum Beispiel $f(x) = x$, $f(x) = x^2$, $f(x) = \sin(x)$, etc. Sie sehen, wie mit wachsender Verfeinerung der Flächeninhalt der Treppenfunktion mit dem der gegebenen Funktion "verschmilzt", das heißt, ihn annähert.

Bemerkung: Die Menge der Regelfunktionen ist für mathematische Zwecke noch zu klein. Zum Beispiel ist die Funktion $1_{\mathbb{Q}\cap[0,1]}$ keine Regelfunktion. In der Mathematik ist daher eine weitgehende Verallgemeinerung des Integralbegriffs eingeführt worden, s. [20].

Nehmen wir nun die Rechenregeln für konvergente Folgen (Satz 5.23) mit den Rechenregeln für konvergente Folgen in $\mathbb{B}([a,b],\mathbb{R})$ (Satz 6.7) zusammen, so erhalten wir sofort die Rechenregeln für das Integral:

Satz 7.22. (Rechenregeln für das Integral) *Im Folgenden seien f, g Regelfunktionen und $\alpha, \beta \in \mathbb{R}$. Dann gelten die folgenden Formeln:*

a) $\int_a^b (\alpha f + \beta g)dx = \alpha \int_a^b f dx + \beta \int_a^b g dx.$ **Linearität des Integrals**

b) $|\int_a^b f dx| \leq \int_a^b |f| dx.$ Ferner gilt:

Ist $f \leq g$, so ist $\int_a^b f dx \leq \int_a^b g dx$ **Positivität des Integrals**

c) Sei $a < c < b$. $f_{|[a,c]}$ und $f_{|[c,b]}$ sind Regelfunktionen und es ist

$\int_a^b f dx = \int_a^c f dx + \int_c^b f dx.$ **Intervall-Additivität**

d) Sei $m \leq f(x) \leq M$. Dann ist $m(b-a) \leq \int_a^b f dx \leq M(b-a)$.

Für viele Anwendungen (zum Beispiel Potenzreihen und Fourierreihen) benötigen wir den folgenden Konvergenzsatz:

Satz 7.23. (Vertauschbarkeit von Integration und Konvergenz)
Sei $(f_n)_{n\in\mathbb{N}}$ eine Folge von Regelfunktionen, die gleichmäßig gegen die Funktion f konvergiert. Dann ist f eine Regelfunktion und es gilt

$$\lim_{n\to\infty} \int_a^b f_n(x)dx = \int_a^b f(x)dx.$$

Grob gesagt: man kann lim und $\int$ vertauschen.

Beweis: f ist nach Satz 6.6 beschränkt und es gilt $\lim_{n\to\infty} \|f - f_n\|_\infty = 0$. Nach Satz 7.16 gibt es zu f_n eine Treppenfunktion g_n mit $\|f_n - g_n\|_\infty < 2^{-n}$. Dann ist

$$\lim_{n\to\infty} \|f - g_n\|_\infty \leq \lim_{n\to\infty} \|f - f_n\|_\infty + \lim_{n\to\infty} \|f_n - g_n\|_\infty = 0,$$

f also eine Regelfunktion. Es ist ferner

$$\begin{aligned}
|\int_a^b f(x)dx - \int_a^b f_n(x)dx| &= |\int_a^b (f(x) - f_n(x)dx| \\
&\leq \int_a^b |f(x) - f_n(x)|dx \leq (b-a)\|f - f_n\|_\infty,
\end{aligned}$$

also $\lim_{n\to\infty} \int_a^b f_n(x)dx = \int_a^b f(x)dx$. $\square$

Das folgende Resultat bedeutet geometrisch, dass der unterhalb des Graphen einer stetigen Funktion f liegende Flächeninhalt gleich dem eines Rechtecks ist, dessen

Höhe gleich einem Funktionswert ist. Speziell für $f(x) = \sqrt{1-x^2}$ $(-1 \le x \le 1)$ bedeutet das die "Quadratur des Kreises", das heißt die Verwandlung eines Halbkreises in ein Rechteck gleichen Flächeninhalts, die mit Zirkel und Lineal nicht möglich ist.

Satz 7.24. (Mittelwertsatz der Integralrechnung)
Sei $f : [a,b] \to \mathbb{R}$ stetig. Dann gibt es ein $u \in [a,b]$ mit
$\int_a^b f(x)dx = f(u)(b-a)$.

Beweis: Sei $m = \min\{f(x) : a \le x \le b\}$ und $M = \max\{f(x) : a \le x \le b\}$ (Minimum und Maximum existieren nach Theorem 6.24). Dann ist nach Satz 7.22 $m(b-a) \le \int_a^b f(x)dx \le M(b-a)$, insbesondere liegt der Wert $\frac{1}{b-a}\int_a^b f(x)dx$ zwischen m und M. Nach dem Zwischenwertsatz Korollar 6.23 gibt es ein u mit $f(u) = \frac{1}{b-a}\int_a^b f(x)dx$. $\qquad\square$

Das Integral über die Treppenfunktion $f = 1_{\{0\}}$ auf dem Intervall $[0,1]$ ist offensichtlich 0, obwohl der Integrand größer als 0 ist. Für stetige Funktionen kann dieses Phänomen nicht auftreten.

Satz 7.25. *Sei $f : [a,b] \to [0,\infty[$ eine stetige Funktion ungleich 0. Dann ist $\int_a^b f(x)dx > 0$.*

Beweis: Es gibt ein x_0 mit $f(x_0) > 0$. Dann existiert aber aufgrund der Stetigkeit zu $\varepsilon = f(x_0)/2$ ein δ mit $f(x_0)/2 = f(x_0) - \varepsilon < f(x) < f(x_0) + \varepsilon$ für alle $x \in]x_0 - \delta, x_0 + \delta[\cap [a,b] =: J$. Die Länge von J sei h. Offensichtlich ist $h > 0$. Es ist $\varepsilon \cdot 1_J \le f$ auf $[a,b]$, also $\int_a^b f(x)dx \ge \int_a^b \varepsilon \cdot 1_J dx = \varepsilon \cdot h > 0$. $\qquad\square$

Wiederholung

Begriffe: Treppenfunktion, Integral einer Treppenfunktion, Regelfunktion, Integral einer Regelfunktion.
Sätze: Stetige Funktionen sind Regelfunktionen, Rechenregeln für Integrale, Abschätzungen des Integrals nach unten und nach oben, Vertauschbarkeit von Integral und Konvergenz (in der Supremumsnorm), Mittelwertsatz der Integralrechnung.

7.3 Der Hauptsatz der Differential- und Integralrechnung

Motivation und Überblick

Der wichtigste Satz der elementaren Integralrechnung ist der Hauptsatz der Differential- und Integralrechnung. Er besagt: Für jede stetige Funktion $f :$ $[a, b] \to \mathbb{R}$ ist $F : [a, b] \mapsto \mathbb{R}$, gegeben durch $F(x) = \int_a^x f(t)dt$, differenzierbar mit $F'(x) = f(x)$ für alle x. Aus ihm ergeben sich die wichtigsten Methoden, Integrale zu berechnen. Als Anwendung behandeln wir die Frage, unter welchen Voraussetzungen man Grenzwert und Differentiation vertauschen darf, genauer, wann die Formel

$$\sum_n^\infty g_n' = \left(\sum_n^\infty g_n \right)'$$

gilt.

7.3.1 Stammfunktion und Ableitung

An einem einführenden Beispiel wollen wir den Zusammenhang zwischen der Differential- und Integralrechnung zeigen.

Beispiel: Sei $t > 0$ beliebig. Wir wollen den Inhalt der Fläche zwischen der x–Achse und der durch die Funktion $f(x) = x^2$ gegebenen Kurve zwischen 0 und t berechnen. Dazu teilen wir das Intervall $[0, t]$ in n gleiche Teile $a_k = \frac{tk}{n}$ $(k = 0, \ldots, n)$. Dann ist $g_n = 0 \cdot 1_{[a_0, a_1]} + \sum_{k=1}^{n-1} \frac{k^2 t^2}{n^2} 1_{]a_k, a_{k+1}]}$ eine Treppenfunktion auf $[0, t]$ und die Folge $(g_n)_{n \in \mathbb{N}}$ konvergiert gleichmäßig auf $[0, t]$ gegen f. Nun ist (vergleiche Aufgabe 2 auf Seite 41):

$$\int_0^t g_n(x)dx = \frac{t \cdot t^2}{n^3} \sum_{k=1}^{n-1} k^2 = \frac{t^3}{6n^3}(n-1)n \cdot (2n-1),$$

also ist

$$\int_0^t x^2 dx = \lim_{n \to \infty} \int_0^t g_n(x)dx = \frac{t^3}{3}.$$

Damit erhält man, dass der Flächeninhalt zwischen der Kurve (x, x^2) und der x–Achse in Abhängigkeit von der Länge t des Intervalls $[0, t]$, also die Funktion $t \mapsto \int_0^t x^2 dx = F(t) = \frac{t^3}{3}$ ist. Sie ist nach t differenzierbar ist und die Ableitung ergibt gerade den Integranden $t \mapsto t^2$.

Aufgabe: Zeigen Sie bitte auf die gleiche Weise $\int_0^t x dx = \frac{1}{2}t^2$.

Dies ist kein Zufall. Vielmehr gilt der folgende Hauptsatz der Differential- und Integralrechnung. Er erlaubt uns, eine Vielzahl von Integralen wirklich exakt zu berechnen. Um ihn in voller Allgemeinheit formulieren zu können, vereinbaren wir:

$$\text{Ist } b < a, \text{ so sei } \int_a^b f(x)dx = - \int_b^a f(x)dx. \qquad (7.1)$$

Definition 7.26. *Sei $J = <a, b>$ $(a < b)$ ein beliebiges Intervall, dessen Endpunkte dazu gehören können, aber nicht müssen und $f : J \mapsto \mathbb{R}$ eine Funktion, deren Einschränkung auf jedes abgeschlossene beschränkte Teilintervall $[u, v] \subseteq J$ $(u < v)$ eine Regelfunktion ist. Dann heißt f **lokal integrierbar**. Eine Funktion $F : J \to \mathbb{R}$ heißt **Stammfunktion** der lokal integrierbaren Funktion f, wenn für alle $u, v \in J$ stets $\int_u^v f(x)dx = F(v) - F(u)$ gilt.*

Bemerkungen:

1. Diese Definition ist ein klein wenig allgemeiner als in den üblichen Lehrbüchern, aber gleich das erste der folgenden Beispiele zeigt die Nützlichkeit etwa bei Einschaltvorgängen.
2. Eine Stammfunktion heißt auch **unbestimmtes Integral** und wird oft mit $\int f dx$ oder $\int f(x)dx$ bezeichnet.

Beispiele:

1. Sei $J = \mathbb{R}$, $f = 1_{[0,\infty[}$ die Indikatorfunktion von $[0, \infty[$. f heißt **Heavisidefunktion** und repräsentiert Einschaltvorgänge. Dann ist $F(x) = x 1_{[0,\infty[}$ eine Stammfunktion von f. Beachten Sie bitte, dass F im Punkt 0 *nicht* differenzierbar ist.
2. Sei $J = [0, \infty[$ und $f(x) = x$. Dann ist $F(x) = \dfrac{x^2}{2}$ eine Stammfunktion von f.
3. Sei $f(x) = 1_{[0,\infty[} - 1_{]-\infty,0[}$. Dann ist $F(x) = |x|$ eine Stammfunktion von f. Auch sie ist im Nullpunkt *nicht* differenzierbar.

Satz 7.27. (Satz über die Stammfunktion)
Sei $J \neq \emptyset$ ein beliebiges Intervall und die Funktion $f : J \to \mathbb{R}$ sei lokal integrierbar.
a) Sei $x_0 \in J$ beliebig. Dann ist $F(x) = \int_{x_0}^x f(t)dt$ eine Stammfunktion zu f.
b) Je zwei Stammfunktionen F und G von f unterscheiden sich nur um eine Konstante, das heißt es gilt $F(x) - G(x) = c$ für eine Konstante c und alle $x \in J$.

Beweis: a) Seien $x_0 \leq x < y$. Dann ist aufgrund der Intervalladditivität (siehe Satz 7.22 c)) $F(y) - F(x) = \int_{x_0}^y f(t)dt - \int_{x_0}^x f(t)dt = \int_x^y f(t)dt$. Die Fälle $x < x_0 \leq y$ und $x < y < x_0$ erhält man genauso unter Berücksichtigung der Vereinbarung Gleichung (7.1).
b) Sei $x_0 \in J$ fest gewählt. Dann ist $G(x) - G(x_0) = \int_{x_0}^x f(t)dt = F(x) - F(x_0)$, also $F(x) - G(x) = F(x_0) - G(x_0) =: c$. $\qquad\square$

Nach Satz 7.19 ist jede stetige Funktion f lokal integrierbar und besitzt daher eine Stammfunktion.

Theorem 7.28. (Hauptsatz der Differential- und Integralrechnung)
Sei J ein beliebiges Intervall in $\mathbb{R}$ und $f : J \to \mathbb{R}$ sei eine stetige Funktion. Dann ist jede Stammfunktion G zu f differenzierbar und ihre Ableitung ist $G' = f$.

Beweis: Sei G eine Stammfunktion von f. Nach dem Mittelwertsatz der Integralrechnung Satz 7.24 gibt es zu jedem $c \in J$ und $x \neq c$ einen Zwischenwert $\theta(x)$ zwischen x und c, so dass $\frac{G(x) - G(c)}{x - c} = \frac{1}{x - c} \int_c^x f(s)ds = f(\theta(x))$ gilt. Zu $\varepsilon > 0$ existiert ein $\delta > 0$ mit $|f(y) - f(c)| < \varepsilon$ für alle y mit $|y - c| < \delta$. Also ist für $|x - c| < \delta$ wegen $|\theta(x) - c| \leq |x - c|$

$$\left| \frac{G(x) - G(c)}{x - c} - f(c) \right| = | f(\theta(x)) - f(c) | < \varepsilon.$$

Damit folgt $G'(c) = f(c)$. □

Anwendung: Monotonie einer Funktion

> **Satz 7.29.** *Sei J ein Intervall und $f : J \to \mathbb{R}$ eine stetig differenzierbare Funktion. Die Ableitung f' habe höchstens endlich viele Nullstellen.*
> *Ist $f'(x) \geq 0$ für alle x, so ist f streng monoton wachsend. Ist $f'(x) \leq 0$ für alle x, so ist f streng monoton fallend.*

Beweis: Nach Satz 7.25 ist $f(x + h) - f(x) = \int_x^{x+h} f'(x)dx > 0$ für jedes $h > 0$, für das $[x, x + h] \subseteq J$ ist, weil auf diesem Intervall f' nicht gleich 0 ist. □

7.3.2 Vertauschung von Differentiation und Konvergenz

Wir sind nun in der Lage, den Satz über die Vertauschbarkeit von Differentiation und Konvergenz einer Funktionenfolge zu beweisen, mit dem es dann unter anderem möglich wird, Potenzreihen zu differenzieren. In der Nachrichtentechnik und Signalverarbeitung spielen Reihen der Form $\sum_0^\infty a_k \cos(kt)$ und $\sum_1^\infty b_k \sin(kt)$ eine herausragende Rolle (s. Kap. 8.1 über periodische Funktionen). Für all diese Anwendungen ist der folgende Satz von entscheidender Bedeutung, den wir ganz einfach aus dem Hauptsatz der Differential- und Integralrechnung gewinnen. Wir formulieren ihn für Folgen statt für Reihen, weil der Beweis übersichtlicher wird. Die Umformulierung für Reihen geben wir als Korollar an. Wir geben ihn auch nicht in der allgemeinsten Form an, weil er so für unsere Zwecke ausreicht.

> **Theorem 7.30.** *Sei $(g_n)_{n \geq 0}$ eine Folge stetig differenzierbarer Funktionen auf dem abgeschlossenen Intervall $[a, b]$, die gleichmäßig gegen die Funktion g konvergiert. Es konvergiere die Folge $(g_n'(x))_{n \in \mathbb{N}}$ der Ableitungen gleichmäßig auf $[a, b]$ gegen die Funktion h. Dann ist g differenzierbar und es ist $g' = h = \lim_{n \to \infty} g_n'$.*

Kurz zusammengefasst: Man darf Grenzwert und Differentiation vertauschen.

Beweis: Sei $c \in [a, b]$ beliebig. Nach dem Hauptsatz der Differential- und Integralrechnung ist $g_n(x) = g_n(c) + \int_c^x g_n'(s)ds$. Nach dem Satz über die gleichmäßige Konvergenz einer Folge stetiger Funktionen (Theorem 6.20) ist $h = \lim_{n \to \infty} g_n'$ stetig, also nach Satz 7.19 integrierbar, und nach dem Satz 7.23 über die Vertauschbarkeit von Konvergenz und Integration erhält man

$$H(x) := \int_c^x h(s)ds = \lim_{n \to \infty} \int_c^x g_n'(s)ds = \lim_{n \to \infty} (g_n(x) - g_n(c)) = g(x) - g(c).$$

Damit ist $g = H + g(c)$, also ist g differenzierbar mit $g' = H' = h$. $\square$

Korollar 7.31. *Sei* $(g_n)_{n \in \mathbb{N}}$ *eine Folge stetig differenzierbarer Funktionen. Es mögen die Reihen* $\sum_{n=0}^{\infty} g_n$ *und* $\sum_{n=0}^{\infty} g_n'$ *gleichmäßig auf* $[a, b]$ *konvergieren. Dann gilt* $\left(\sum_{n=0}^{\infty} g_n(x)\right)' = \sum_{n=0}^{\infty} g_n'$.

Beispiele:

1. $\sum_{n=0}^{\infty} \frac{n \cos(nx)}{2^n}$ ist gleichmäßig konvergent wegen $|\cos(nx)| \leq 1$. Der Grenzwert ist einfach zu berechnen: $g_n(x) = \frac{\sin(nx)}{2^n}$ erfüllt $g_n'(x) = \frac{n \cos(nx)}{2^n}$. Nun ist $\sin(nx) = \Im(e^{inx})$, also wegen $g_0(x) = 0$

$$\sum_{n=1}^{\infty} g_n(x) = \Im \sum_{n=1}^{\infty} \frac{e^{inx}}{2^n}$$

$$= \Im \left(\frac{e^{ix}}{2 \cdot (1 - \frac{e^{ix}}{2})} \right) = \Im \left(\frac{1}{2e^{-ix} - 1} \right) = \frac{2 \sin(x)}{5 - 4 \cos(x)}.$$

Also ist

$$\sum_{n=0}^{\infty} \frac{n \cos(nx)}{2^n} = = \left(\frac{2 \sin(x)}{5 - 4 \cos(x)} \right)' = \frac{10 \cos(x) - 8}{(5 - 4 \cos(x))^2}.$$

2. Hier ist eine Reihe, für die das Theorem nicht gilt:
$g_n(x) = \frac{1}{(n+1)n}((n+1) \cos(n^3 x) - n \cos((n+1)^3 x))$, $(n \geq 1)$ d.h.

$\sum_{k=1}^{n} g_k(x) = -\frac{\cos((n+1)^3 x)}{(n+1)} + \cos(x)$. Die Reihe konvergiert gleichmäßig gegen $\cos(x)$, die Grenzfunktion ist also differenzierbar, aber die gliedweise abgeleitete Reihe konvergiert nur in den Punkten $\frac{\pi}{2} + k\pi, k \in \mathbb{Z}$.

3. Hier ist ein Beispiel einer gleichmäßig konvergenten Reihe stetig differenzierbarer Funktionen, deren Grenzfunktion in 0 nicht differenzierbar ist:

$$g_n(x) = \sqrt{\frac{1}{n+1} + x^2} - \sqrt{\frac{1}{n} + x^2} \quad \text{auf} \quad [-1, 1],$$

$$\sum_{n=0}^{\infty} g_n(x) = |x| - \sqrt{1 + x^2}.$$

Überlegen Sie, welche Voraussetzung des Theorems nicht erfüllt ist.

Potenzreihen dürfen gliedweise differenziert werden.

Korollar 7.32. *Sei* $f(x) = \sum_{n=0}^{\infty} a_n x^n$ *eine Potenzreihe mit Konvergenzradius* $R > 0$.

a) f ist im Intervall $]-R, R[$ differenzierbar und die Ableitung erhält man durch gliedweise Differentiation: $f'(x) = \sum_{n=1}^{\infty} n a_n x^{n-1}$.

b) Es ist $\int f(x)dx = d + \sum_{n=0}^{\infty} \dfrac{a_n}{n+1} x^{n+1}$, wobei d eine beliebige Konstante ist.

Beweis: a) Die Potenzreihe $\sum_{1}^{\infty} n a_n x^{n-1}$ hat nach der Aufgabe auf Seite 177 den gleichen Konvergenzradius R wie die gegebene. Sei $x_0 \in \,]-R, R[$ beliebig und $\delta = \frac{1}{2}\min(R - x_0, x_0 + R)$ Dann ist $J = [x_0 - \delta, x_0 + \delta] \subseteq \,]-R, R[$ und auf J konvergiert die Potenzreihe $\sum_{1}^{\infty} n a_n x^{n-1}$ nach Korollar 6.21 gleichmäßig. Nach Theorem 7.30 ist die gegebene Potenzreihe auf J differenzierbar und die Ableitung ist $\sum_{1}^{\infty} n a_n x^{n-1}$. Da $x_0 \in \,]-R, R[$ beliebig war, folgt a).

b) Es sei $d + \sum_{n=0}^{\infty} \dfrac{a_n}{n+1} x^{n+1} =: F(x)$. Diese Reihe hat offensichtlich denselben Konvergenzradius wie die gegebene. Also darf man sie nach a) gliedweise differenzieren und erhält $F' = f$. Aus dem Hauptsatz folgt die Behauptung.   □

Eine Anwendung des letzten Korollars liefert wichtige Beispiele unendlich oft differenzierbarer Funktionen.

Satz 7.33. *Sei* $f(x) = \sum_{k=0}^{\infty} a_k x^k$ *eine Potenzreihe mit Konvergenzradius* $R > 0$. *Dann ist f unendlich oft differenzierbar und es gilt*

$$f^{(n)}(x) = \sum_{k=n}^{\infty} k(k-1)\cdots(k-n+1) a_k x^{k-n}.$$

Der Beweis dieses Satzes ergibt sich durch Induktion aus Korollar 7.32.

Aufgaben:

1. $\sin(x)'' = -\sin(x)$, $\cos(x)'' = -\cos(x)$.
2. $\exp(-x^2/2)'' = (x^2 - 1)\exp(-x^2/2)$.

Wiederholung

Begriffe: Stammfunktion, unbestimmtes Integral.

Sätze: Satz über die Stammfunktion, Hauptsatz der Differential- und Integralrechnung, Vertauschbarkeit von Ableitung und Konvergenz.

7.4 Ableitungs- und Integrationsformeln

Motivation und Überblick

In diesem Abschnitt leiten wir die wichtigsten Formeln für die Berechnung von Ableitungen und Integralen her und stellen sie in einer Tabelle zusammen.

7.4.1 Einige elementare Ableitungsformeln

Wir haben zusätzlich zu den elementaren Ableitungsregeln aus Abschnitt 7.1.2 die Möglichkeit, Potenzreihen zu differenzieren.

Benutzen Sie nun bitte das Applet "Funktionen einer Veränderlichen (mit Tangente)". Zeichnen Sie die Funktion und ihre erste Ableitung. Verfolgen Sie das Bild der Tangente über den ganzen Kurvenverlauf. Wählen Sie als Beispiele diejenigen der folgenden Aufgaben (einschließlich der darauf folgenden).

Aufgaben:

1. $\exp(x)' = \exp(x)$ (gliedweise Differentiation der Exponentialreihe).
2. $\exp(ax)' = a\exp(ax)$ (Kettenregel und die vorige Aufgabe).
3. Sei $a > 0$. Dann ist $(a^x)' = \ln(a)a^x$ (wegen $a^x = \exp(x\ln(a))$) nach Definition, siehe auch die unten stehenden Aufgaben über die Potenzen).
4. $\sin(x)' = \cos(x)$, $\cos(x)' = -\sin(x)$ (Differentiation von Potenzreihen).
5. $(\ln(x))' = 1/x$ (siehe den Satz 7.7 über die Umkehrfunktion und Aufgabe 1).
6. $(\log_a(x))' = \dfrac{1}{x\ln(a)}$. (Beachte $\log_a(x) = \ln(x)/\ln(a)$).

Es folgen einige Aufgaben, die die Ableitungsroutine steigern.

Aufgaben:

1. Berechnen Sie bitte die Ableitungen der folgenden Funktionen:
   a) $f(x) = \sum_{k=0}^{n} a_k(x-c)^k$.
   b) $f(x) = \exp(\sin(x-c))$.
   c) $f(x) = \exp(\ln(x))$.
   d) $f(x) = \ln(\cos(x))$.
   e) $f(x) = \begin{cases} x^2 & x \geq 0 \\ -x^2 & x < 0 \end{cases}$.
2. Beispiel einer überall differenzierbaren Funktion mit unstetiger Ableitung: Sei

$$h(x) = \begin{cases} \sqrt{|x|^3}\sin(1/|x|) & x \neq 0 \\ 0 & x = 0 \end{cases} .$$

Zeigen Sie bitte: h ist überall differenzierbar, aber die Ableitung ist im Nullpunkt nicht stetig. *Tipp:* Für $x > 0$ können Sie die Ableitung nach der Produkt- und Kettenregel bilden. Für $x < 0$ ist $h(x) = h(-x)$, also hilft wieder die Kettenregel. $h'(0) = 0$ muss man "zu Fuß" ausrechnen.

3. Die folgenden Aufgabenteile dienen zum Verständnis der Potenzfunktion und der Exponentialfunktion. Wir setzen die Formel $a^m\,a^n = a^{m+n}$ voraus.

   a) Seien $p,\,q \in \mathbb{N}$ und $a \in \mathbb{R}$. Zeigen Sie bitte: $(a^p)^q = (a^q)^p = a^{pq}$.

   b) Für alle weiteren Aufgaben benutzen Sie bitte die folgende Eigenschaft bijektiver Abbildungen (vergl. Satz 2.6). Sei $f : M \mapsto N$ bijektiv. Für jedes $y \in N$ ist dann $f^{-1}(y)$ die *eindeutig bestimmte Lösung* der Gleichung $f(x) = y$.
   Zeigen Sie bitte: Für $p,\,q \in \mathbb{N}$ und $x \geq 0$ gilt $\sqrt[q]{x^p} = (\sqrt[q]{x})^p$.
   Tipp: Benutzen Sie die vorhergehende Aufgabe.

   c) Aufgrund von b) können wir für $p,\,q \in \mathbb{N}$ und $x > 0$ eindeutig erklären: $x^{p/q} = \sqrt[q]{x^p} = (\sqrt[q]{x})^p$. Ist $p \in \mathbb{Z}, p < 0$, so setzen wir $x^{p/q} = \dfrac{1}{x^{|p/q|}}$. Zeigen Sie bitte:
   Für $x > 0$ und $r,\,s \in \mathbb{Q}$ ist $x^r x^s = x^{r+s}$.

   d) Zeigen Sie bitte: sei $0 \neq p \in \mathbb{Z}\ \ q \in \mathbb{N}$. Dann ist die Funktion $x \mapsto x^{p/q}$ stetig und bijektiv von $[0, \infty[$ auf sich. Die Umkehrfunktion ist $y \mapsto y^{q/p}$.

4. Für die folgenden Aufgaben wiederholen wir die Funktionalgleichung der Exponentialfunktion: $\exp(x + y) = \exp(x)\exp(y)$ (siehe Seite 178). Wir wollen den Zusammenhang zwischen der Exponentialfunktion und der vorigen Aufgabe herstellen. Sei $0 \neq p \in \mathbb{Z}$ und $q \in \mathbb{N}$.

   a) Sei $a = \exp(u)$ für ein festes $u \neq 0$. Zeigen Sie bitte:

   $$a^p = \exp(pu) = \sum_{n=0}^{\infty} \frac{(pu)^n}{n!}.$$

   b) Zeigen Sie bitte $a^{1/q} = \exp(u/q)$.

   c) Zeigen Sie bitte $a^{p/q} = \exp(pu/q)$.

5. Zeigen Sie bitte: für $x > 0$ und $r \in \mathbb{Q}$ ist die Funktion $f(x) = x^r$ stetig differenzierbar und es gilt

   $$(x^r)' = rx^{r-1}.$$

   Tipp: Am einfachsten ist es, die Formel $x^r = \exp(r\ln(x))$ zu benutzen.

Wegen der 4. Aufgabe kann man die Exponentialfunktion als *stetige Fortsetzung* der Funktion $r \in \mathbb{Q} \mapsto e^r$ ($e = \exp(1)$) von $\mathbb{Q}$ auf ganz $\mathbb{R}$ ansehen.

7.4.2 Die Winkelfunktionen

Wir haben Sinus und Cosinus *durch Potenzreihen* erklärt. In der Schule haben Sie Funktionen gleichen Namens *geometrisch* eingeführt. In der Bemerkung auf S. 178 haben wir gezeigt, dass die von uns durch Potenzreihen eingeführten Funktionen Sinus und Cosinus mit den in der Schule behandelten übereinstimmen. Damit können wir einige Eigenschaften der Winkelfunktionen direkt aus ihrer geometrischen Bedeutung ablesen. Zum Beispiel ist $\pi/2$ die erste Nullstelle > 0 des Cosinus und ferner gilt

$$\cos(x + 2k\pi) = \cos(x), \ \sin(x + 2k\pi) = \sin(x).$$

Die Winkelfunktionen Cosinus und Sinus sind also **periodisch** *mit kleinster Periode* 2π.

Die **Tangensfunktion** $\tan(x) = \dfrac{\sin(x)}{\cos(x)}$ ist auf $\,]-\pi/2, \pi/2[\,$ erklärt und wegen

$\tan(x)' = 1 + \tan(x)^2$ und nach Satz 7.29 streng monoton wachsend mit Bild $\mathbb{R}$. Die Umkehrfunktion **Arcustangens** $\arctan(x)$ bildet $\mathbb{R}$ auf $]-\pi/2, \pi/2[$ ab und erfüllt

$$\arctan x' = \frac{1}{1+x^2}.$$

Es ist $\cos(x) > 0$ auf $]-\pi/2, \pi/2[$, also ist dort $\sin(x)$ nach Satz 7.29 streng monoton wachsend. Er bildet das abgeschlossene Intervall $[-\pi/2, \pi/2]$ also bijektiv auf $[-1, 1]$ ab. Die Umkehrfunktion **Arcussinus** $\arcsin(x)$ bildet daher $[-1, 1]$ stetig auf $[-\pi/2, \pi/2]$ ab und ist auf $]-1, 1[$ stetig differenzierbar mit

$$\arcsin(x)' = \frac{1}{\sqrt{1-x^2}}.$$

Ähnlich ist der Cosinus streng monoton fallend von $[0, \pi]$ auf $[-1, 1]$. Die Umkehrfunktion **Arcuscosinus** $\arccos(x)$ bildet $[-1, 1]$ streng monoton fallend auf $[0, \pi]$ ab und ist auf dem offenen Intervall $]-1, 1[$ stetig differenzierbar mit

$$\arccos(x)' = -\frac{1}{\sqrt{1-x^2}}.$$

Aus diesen Formeln erhalten wir die folgenden Integrale:

1. $\int \dfrac{1}{1+x^2} = \arctan(x) + c.$

2. $\int \dfrac{1}{\sqrt{1-x^2}} = -\arccos(x) + c$ auf dem Intervall $]-1, 1[$.

3. $\int \dfrac{1}{\sqrt{1-x^2}} = \arcsin(x) + c$ auf dem Intervall $]-1, 1[$.

7.4.3 Die Hyperbelfunktionen

Wir führen schließlich die folgenden **Hyperbelfunktionen** ein:

$$\textbf{Cosinus Hyperbolicus } \cosh(t) = \frac{1}{2}(e^t + e^{-t}),$$

$$\textbf{Sinus Hyperbolicus } \sinh(t) = \frac{1}{2}(e^t - e^{-t}).$$

Ihre Umkehrfunktionen spielen in der Integralrechnung eine wichtige Rolle.

Wegen $\cosh(x) > 0$ und $\sinh(x)' = \cosh(x)$ folgt aus Satz 7.29, dass der Sinus Hyperbolicus $\sinh$ streng monoton wachsend ist. Er bildet $\mathbb{R}$ auf sich ab. Die Umkehrfunktion **Area Sinus Hyperbolicus** $\operatorname{arsinh}(x)$ hat als Ableitung

$$\operatorname{arsinh}(x)' = \frac{1}{\sqrt{1+x^2}}.$$

Entsprechend erhält man, dass cosh das Intervall $[0, \infty[$ streng monoton auf $[1, \infty[$ abbildet. Die Umkehrfunktion **Area Cosinus Hyperbolicus** $\operatorname{arcosh}(x)$ erfüllt

$$\operatorname{arcosh}(x)' = \frac{1}{\sqrt{x^2 - 1}} \text{ für } x > 1.$$

Schließlich führt man noch den **Tangens Hyperbolicus** $\tanh(x)$ durch

$$\tanh(x) = \frac{\sinh(x)}{\cosh(x)}$$

ein. Es ist

$$\tanh(x)' = 1 - \tanh(x)^2.$$

Wegen $|\sinh(x)| \le \cosh(x)$ bildet $\tanh$ ganz $\mathbb{R}$ streng monoton auf $]-1, 1[$ ab. Die Umkehrfunktion **Area Tangens Hyperbolicus** $\operatorname{artanh}(x)$ erfüllt

$$\operatorname{artanh}(x)' = \frac{1}{1 - x^2} \ (|x| < 1).$$

Wir erhalten hieraus die folgenden Integrationsformeln:

1. $\int \dfrac{1}{\sqrt{x^2 + 1}} dx = \operatorname{arsinh}(x) + c.$
2. $\int \dfrac{1}{\sqrt{x^2 - 1}} dx = \operatorname{arcosh}(x) + c$ für $x^2 > 1.$
3. $\int \dfrac{1}{1 - x^2} dx = \operatorname{artanh}(x) + c$ für $x^2 < 1.$

7.4.4 Tabelle der Ableitungs- und Integrationsformeln

Wir stellen die wichtigsten Ableitungsformeln geschlossen in einer Tabelle zusammen. In der letzten Spalte steht die Begründung (wenn nötig). Wenn man innerhalb einer Zeile von der dritten Spalte zur zweiten geht, erhält man automatisch die zugehörigen Integrationsformeln. *Man muss nur bei der dann erhaltenen Funktion noch eine Konstante addieren, um alle Stammfunktionen zur betrachteten Funktion (der dritten Spalte) zu bekommen.*

Benutzen Sie nun bitte das Applet "Symbolische Integration und Differentiation". Ihnen steht ein Applet zur Verfügung mit dem Sie mittels eines Computer-Algebra-Programms die Ableitungen beliebiger (differenzierbarer) Funktionen bestimmen können.

Ableitungsformeln der elementaren Funktionen

Nr.	$f(x)$	$f'(x)$	Begründung
1	$f(x) = c$ (Konstante)	$f'(x) = 0$	
2	$f(x) = x$	$f'(x) = 1$	
3	$f(x) = x^n$	$f'(x) = nx^{n-1}$	Produktregel u. Induktion
4	$f(x) = \sum_{k=0}^{n} a_k x^k$	$f'(x) = \sum_{k=1}^{n} k a_k x^{k-1}$	Formeln 1-3 und Linearität der Ableitung
5	$f(x) = \sum_{n=0}^{\infty} a_n x^n$	$f'(x) = \sum_{n=1}^{\infty} n a_n x^{n-1}$	Korollar 7.28
6	$f(x) = \exp(x)$	$f'(x) = \exp(x)$	Formel 5
7	$f(x) = \exp(ax)$	$f'(x) = a \exp(ax)$	Formel 6 und Kettenregel
8	$f(x) = \ln(x)$	$f'(x) = \frac{1}{x}$	Umkehrfunktion zu $\exp(x)$ und Formel 6
9	$f(x) = x^a$ $(x > 0,\ a \neq 0)$	$f'(x) = ax^{a-1}$	$f(x) = \exp(a\ln(x))$, Kettenregel u. Formel 7 u. 8
10	$f(x) = a^x (a > 0)$	$f'(x) = \ln a \cdot a^x$	$f(x) = \exp(x\ln a)$, Kettenregel u. Formel 7
11	$f(x) = \sin(x)$	$f'(x) = \cos(x)$	Formel 5
12	$f(x) = \cos(x)$	$f'(x) = -\sin(x)$	Formel 5
13	$f(x) = \tan(x)$	$f'(x) = 1 + \tan(x)^2$	$\tan(x) = \frac{\sin(x)}{\cos(x)}$, Quotientenregel und Formeln 11 u. 12
14	$f(x) = \sinh(x)$	$f'(x) = \cosh(x)$	$\sinh(x) = \frac{e^x - e^{-x}}{2}$ $\cosh(x) = \frac{e^x + e^{-x}}{2}$
15	$f(x) = \cosh(x)$	$f'(x) = \sinh(x)$	s. o.
16	$f(x) = \tanh(x)$	$f'(x) = 1 - \tanh(x)^2$	$f(x) = \frac{\sinh(x)}{\cosh(x)}$, Quotientenregel und Formeln 13 u. 14
17	$f(x) = \arctan(x)$	$f'(x) = \frac{1}{1 + x^2}$	Formel 13 und Ableitung der Umkehrfunktion
18	$f(x) = \arcsin(x)$	$f'(x) = \frac{1}{\sqrt{1 - x^2}}$	Formel 11 und Ableitung der Umkehrfunktion
19	$f(x) = \arccos(x)$	$f'(x) = -\frac{1}{\sqrt{1 - x^2}}$	Formel 12 und Ableitung der Umkehrfunktion
20	$f(x) = \operatorname{artanh}(x)$	$f'(x) = \frac{1}{x^2 - 1}$	Formel 16 und Ableitung der Umkehrfunktion
21	$f(x) = \operatorname{arsinh}(x)$	$f'(x) = \frac{1}{\sqrt{x^2 + 1}}$	Formel 14 und Ableitung der Umkehrfunktion
22	$f(x) = \operatorname{arcosh}(x)$	$f'(x) = \frac{1}{\sqrt{x^2 - 1}}$	Formel 15 und Ableitung der Umkehrfunktion

7.4.5 Integrationstechniken

Nach dem Hauptsatz muss man nur eine passende Stammfunktion kennen, um Inhalte von Flächen zwischen der x-Achse und dem Graphen einer stetigen Funktion f berechnen zu können. Um zu zeigen, dass F eine Stammfunktion zu f ist, muss man nur $F' = f$ beweisen. Wir schreiben statt F auch $\int f(x)dx$ oder $\int f dx$. *Integrale ohne Integrationsgrenzen bezeichnen also unbestimmte Integrale oder Stammfunktionen.*

Auch mit dem Computer kann man Stammfunktionen formelmäßig berechnen, sofern dies überhaupt möglich ist, das heißt genauer, sofern man überhaupt eine Stammfunktion als Ausdruck in elementaren Funktionen erhalten kann. Ausgehend von Untersuchungen von Liouville[1] über die allgemeine Unlösbarkeit dieses Problems hat R. Risch 1968 eine vollständige Entscheidungsprozedur dafür angegeben, welche Fälle lösbar sind und welche nicht. Darauf aufbauend wurden in der Folgezeit konkrete, heute in Computeralgebra–Systemen implementierte Algorithmen zur Berechnung von Stammfunktionen entwickelt. Allerdings sind diese Algorithmen extrem aufwändig. Deshalb spielen bei der Berechnung von Integralen numerische Verfahren weiterhin eine bedeutende Rolle.

Die Bestimmung von Stammfunktionen läuft auf die "Umkehrung" der Formeln für die Differentiation hinaus (siehe die obige Tabelle). Bitte beachten Sie, dass Stammfunktionen nur bis auf eine Konstante *const* eindeutig bestimmt sind! Denken Sie immer auch an die Konstante!

Benutzen Sie nun bitte das Applet "Symbolische Integration und Differentiation". Mit demselben Applet können Sie analog zu Ableitungen differenzierbarer Funktionen Stammfunktionen integrierbarer Funktionen bestimmen.

Aufgaben: Berechnen Sie die folgenden Integrale:

1. $\int(x^2 - 3x)dx$.
2. $\int(1/x - 1/x^2)dx$.
3. $\int(49x^{48} - 7\exp(x))dx$.
4. $\int(2x + \dfrac{25}{(1 + x^2)})dx$.

Partielle Integration. Die partielle Integration ist die "Umkehrung" der Leibnizschen Produktregel.

Für stetig differenzierbare Funktionen f und g gilt:

$$\int f(x)g'(x)dx = fg - \int f'(x)g(x)dx.$$

---

[1] Joseph Liouville, 1809–1882, Professor für Analysis und Mechanik an der École Polytechnique in Paris, Mitglied der Académie des Sciences in Paris, 1851 Professor am Collège de France in Paris, einer der produktivsten französischen Mathematiker mit über 400 Artikeln.

Für das bestimmte Integral $\int_a^b f(x)g'(x)dx$ bedeutet dies:

$$\int_a^b f(x)g'(x)dx = f(b)g(b) - f(a)g(a) - \int_a^b f'(x)g(x)dx$$

$$= \left[f(x)g(x) \right]_a^b - \int_a^b f'(x)g(x)dx.$$

Somit bekommen wir für $f(x) = x$ und $g(x) = \sin(x)$:

$$\int x\cos(x)dx = x\sin(x) - \int \sin(x)dx = x\sin(x) + \cos(x) + \text{const.}$$

Das Problem besteht im Wesentlichen darin, einen Integranden geschickt in zwei Faktoren zu zerlegen.

Aufgaben:

1. $\int x^2 \sin(x)dx$. *Tipp:* Mehrfache Anwendung der partiellen Integration.
2. $\int x\ln(x)dx$.
3. $\int x^2 \exp(x)dx$.
4. $\int \cos(x)^2 dx$. *Tipp:* $g'(x) = \cos(x)$.
5. $\int \sin(x)^3 dx$.

Integration durch Substitution. Die Umkehrung der Kettenregel ergibt die folgende Integrationsformel, die Sie durch Ableiten der rechten Seite nachprüfen: Sei $f : [a,b] \to [c,d]$ stetig differenzierbar, und $g : [c,d] \to \mathbb{R}$ sei stetig mit Stammfunktion G. Dann ist

$$\int g(f(x))f'(x)dx = G(f(x)) + \text{const.}$$

Für das bestimmte Integral bedeutet dies:

$$\int_a^b g(f(x))f'(x)dx = G(f(b)) - G(f(a)) = \int_{f(a)}^{f(b)} g(u)du.$$

Die Integrationsgrenzen müssen also mittransformiert werden.

Beispiel: In $\int \dfrac{f'(x)}{f(x)}dx = \ln(|f(x)|) + \text{const}$ ist $g(x) = 1/x$.

Aufgaben:

1. Zeigen Sie bitte: Das Integral ist *translationsinvariant*, das heißt
   $\int_a^b f(x + c)dx = \int_{a+c}^{b+c} f(x)dx$.
2. Zeigen Sie bitte: Das Integral berücksichtigt *Umskalierungen*:
   $\int_a^b f(vx)dx = 1/v \int_{av}^{bv} f(x)dx$.
3. Berechnen Sie bitte $\int \dfrac{dx}{x^2 + a^2}$. *Tipp:* $g(u) = 1/(u^2 + 1)$.
4. Berechnen Sie bitte $\int \ln(x)/x dx$ für $x > 0$. *Tipp:* Substitution $t = \ln(x)$.
5. Berechnen Sie bitte $\int \cos(\ln(x))dx$ für $x > 0$. *Tipp:* Substitution $t = \ln(x)$ mit anschließender zweimaliger partieller Integration.
6. Berechnen Sie bitte noch einmal das Integral $\int \sqrt{1 - x^2}dx$, jetzt mit der Substitution $x = \sin(t)$.

Integration rationaler Funktionen. Im Folgenden bringen wir die wichtigsten Beispiele. Weitere Formeln finden Sie in jedem Nachschlagewerk oder mit Computeralgebrasystemen.

Seien Polynome $P(x) = \sum_{k=0}^{m} a_k x^k$ und $Q(x) = \sum_{k=0}^{n} b_k x^k$ gegeben. Wir wollen $\int \dfrac{P(x)}{Q(x)} dx$ berechnen.

Beispiele:

1. $\int \dfrac{dx}{x^2 - 1}$: Es ist $\dfrac{1}{x^2 - 1} = \dfrac{1}{(x+1)(x-1)} = (\dfrac{1}{x-1} - \dfrac{1}{x+1})/2$. Mit Integration durch Substitution ergibt sich aus der Grundformel $\int \frac{1}{u} du = \ln(|u|) + \text{const}$:

$$\int \frac{dx}{x^2 - 1} = \frac{1}{2}(\ln|x-1| - \ln|x+1|) + \text{const} = \ln\sqrt{\frac{|x-1|}{|x+1|}} + \text{const}.$$

2. Allgemeiner: Ist $Q(x) = (x - x_1)\ldots(x - x_n)$ mit $x_i \neq x_j$ für $i \neq j$, so ist

$$\frac{1}{Q(x)} = \sum_{k=1}^{n} \frac{A_k}{x - x_k} \tag{7.2}$$

mit $A_k = \dfrac{1}{\prod\limits_{j \neq k}(x_k - x_j)}$. Das beweisen Sie, indem Sie die Gleichung (7.2) mit Q multiplizieren. Das ergibt $1 = \sum_{k=1}^{n} \prod_{j \neq k} \dfrac{x - x_j}{x_k - x_j} =: P(x)$. Dann hat das Polynom $P(x) - 1$ vom Grade $n - 1$ die n verschiedenen Nullstellen $x_1, x_2, \ldots, x_n$, ist also identisch gleich 0. Daraus folgt (7.2). Dann ist $\int \dfrac{dx}{Q(x)} = \sum_{k=1}^{n} A_k \ln|x - x_k| + \text{const}$.

3. $\int \dfrac{x dx}{x^2 + 1} = \dfrac{1}{2}\int \dfrac{2x dx}{x^2 + 1} = \ln\sqrt{x^2 + 1} + \text{const}$ (Integration durch Substitution).

4. $\int \dfrac{dx}{x^2 + a^2} = \dfrac{1}{a}\arctan(x/a) + \text{const}$ (Integration durch Substitution $u = x/a$).

Integration von Potenzreihen. Sei $f(x) = \sum_{k=0}^{\infty} a_k x^k$ mit Konvergenzradius $R > 0$. Dann ist nach Korollar 7.32

$$\int \sum_{k=0}^{\infty} a_k x^k dx = \sum_{k=0}^{\infty} \frac{a_k}{k+1} x^{k+1} + \text{const}.$$

Unmöglichkeit der formelmäßigen Integration aller stetigen Funktionen Es gibt eine Reihe wichtiger Funktionen, deren Stammfunktion sich nicht durch Formeln mit den bisher bekannten Funktionen ausdrücken lassen. Ein solches Beispiel ist die Stammfunktion zur "Dichte" $\dfrac{1}{\sqrt{2\pi}} \int \exp(-x^2) dx$, die sog. *Normalverteilung* in der Wahrscheinlichkeitstheorie.

7.4.6 Differentiation und Integration komplexwertiger Funktionen

Für eine Reihe von Problemen, wie zum Beispiel die Behandlung periodischer Funktionen, benötigen wir die Differentiation und Integration komplexwertiger Funktionen einer reellen Variablen.

Sei $f : [a, b] \to \mathbb{C}$ eine komplexwertige Funktion, also $f(t) = \Re(f(t)) + i \, \Im(f(t))$ für alle t. Die folgenden Definitionen stehen im Einklang mit den entsprechenden Definitionen in den Kapiteln 6 und 7:

Definition 7.34. f ist **stetig**, *wenn die Funktionen* $t \to \Re(f(t))$ *und* $t \to \Im(f(t))$ *stetig sind.* f *ist* **differenzierbar**, *wenn die Funktionen* $t \mapsto \Re(f(t))$ *und* $t \mapsto \Im(f(t))$ *differenzierbar sind. Dann setzen wir* $f'(t) = (\Re f)'(t) + i(\Im f)'(t)$. f *ist* **integrierbar** *über* $[a, b]$, *wenn* $t \mapsto \Re f(t)$ *und* $t \mapsto \Im f(t)$ *Regelfunktionen sind. Dann setzen wir* $\int_a^b f(t)dt = \int_a^b \Re f(t)dt + i \int_a^b \Im f(t)dt$.

Bemerkung: Sind $\Re(f)$ und $\Im(f)$ Regelfunktionen, so ist f selbst gleichmäßiger Grenzwert von komplexwertigen Treppenfunktionen, also in diesem Sinne eine **komplexe Regelfunktion**.

Beispiele:

1. $f(t) = \exp(it) = \cos(t) + i\sin(t)$. f ist stetig differenzierbar und es ist $f'(t) = -\sin(t) + i\cos(t) = i\exp(it)$.
2. Genauso zeigt man $f'(\exp(int)) = in\exp(int)$.
3. $\int_0^{2\pi} \exp(int)dt = \int_0^{2\pi} \cos(nt)dt + i \int_0^{2\pi} \sin(nt)dt = 0, n \neq 0$
4. $\frac{1}{2\pi} \int_0^{2\pi} \exp(-int)\exp(imt)dt = \begin{cases} 1 & n = m \\ 0 & \text{sonst} \end{cases}$

Wiederholung

Integrationstechniken: Grundformeln, partielle Integration, Integration durch Substitution, Integration rationaler Funktionen, Integration von Potenzreihen. Differentiation und Integration von komplexen Funktionen.

7.5 Die Mittelwertsätze der Differentialrechnung

Motivation und Überblick

Die Mittelwertsätze der Differentialrechnung sind die Grundlage für zahlreiche Anwendungen wie zum Beispiel Berechnung von Grenzwerten, Kurvendiskussion und für den Satz von Taylor. Der Schlüsselsatz (Satz von Rolle[2]) besagt, dass eine stetige Funktion $f : [a, b] \mapsto \mathbb{R}$ mit $f(a) = f(b) = 0$, die in $]a, b[$ differenzierbar ist, eine waagrechte Tangente besitzt. Aus diesem Satz leiten sich die beiden Mittelwertsätze durch eine einfache Rechnung ab. Der erste von ihnen besagt, dass es zu jeder Sekante an die Kurve $G(f)$ eine parallele Tangente gibt, falls f differenzierbar ist. Der zweite Mittelwertsatz erlaubt komplizierte Grenzwertberechnungen und ist der Schlüssel für den Taylorschen Entwicklungssatz für genügend oft differenzierbare Funktionen.

7.5.1 Der Satz von Rolle

Anschaulich klar und aus der Schule bekannt ist der folgende Sachverhalt:

Lemma 7.35. *Sei $J =]a, b[$ ein offenes Intervall und $f : J \to \mathbb{R}$ sei eine differenzierbare Funktion. Hat f in c ein Maximum oder ein Minimum, so ist $f'(c) = 0$.*

Die Voraussetzung bedeutet genauer: es gilt $f(c) \geq f(x)$ für alle x oder $f(c) \leq f(x)$ für alle x.

Beweis: Sei ohne Beschränkung der Allgemeinheit $f(c)$ ein Maximum, also $f(c) \geq f(x)$ für alle x (sonst betrachte $g = -f$). Nach Voraussetzung existiert

$$f'(c) = \lim_{c \neq x \to c} \frac{f(x) - f(c)}{x - c} = \lim_{c > x \to c} \frac{f(x) - f(c)}{x - c} = \lim_{c < x \to c} \frac{f(x) - f(c)}{x - c}.$$

Für $x < c$ ist $f(x) - f(c) \leq 0$ und $x - c < 0$, die Steigung $\frac{f(x) - f(c)}{x - c}$ also ≥ 0 und damit $f'(c) = \lim_{c > x \to c} \frac{f(x) - f(c)}{x - c} \geq 0$. Für $x > c$ ist auch $f(x) - f(c) \leq 0$, aber $x - c > 0$, die Steigung $\frac{f(x) - f(c)}{x - c}$ also ≤ 0 und damit $f'(c) = \lim_{c < x \to c} \frac{f(x) - f(c)}{x - c} \leq 0$. Zusammengenommen ergibt dies $f'(c) = 0$. $\square$

Geometrisch besagt der folgende Satz, dass eine differenzierbare Funktion, die in 0 startet und endet, irgendwo dazwischen eine waagrechte Tangente haben muss.

Benutzen Sie nun bitte das Applet "Funktionen einer Veränderlichen (mit Tangente)". Geben Sie bitte eine Reihe von differenzierbaren Funktionen f mit $f(0) = f(1)$ ein und verfolgen Sie den Tangentenvektor. Dadurch erhalten Sie eine gute Veranschaulichung des Satzes von Rolle.

---

[2] Michel Rolle, 1652–1719, Mitglied der Académie Royale des Sciences, Erfinder der Schreibweise $\sqrt[n]{x}$ für die n. Wurzel aus x, am besten bekannt durch den genannten Satz.

Beispiele: 1. $f(x) = (x - 1/2)^2$.

2. $f(x) = \sin(\pi x)$.

3. $f(x) = |x - 1/2|$. Was läuft hier schief und warum? Bilden Sie selbst weitere Beispiele.

Satz 7.36. (Satz von Rolle)
Sei $J = [a, b]$ und $f : J \to \mathbb{R}$ sei stetig und im offenen Intervall $]a, b[$ differenzierbar. Sei ferner $f(a) = f(b)$. Dann gibt es ein $c \in]a, b[$ (also $a < c < b$) mit $f'(c) = 0$.

Beweis: Ist f konstant gleich 0, so ist $f'(x) = 0$ für alle x, also kann man als c jedes $x \in]a, b[$ wählen.

Sei f nicht konstant. Dann hat f in $[a, b]$ nach dem Theorem 6.24 ein Minimum an einer Stelle x_{min} und ein Maximum an einer Stelle x_{max}. Da f nicht konstant ist, ist $f(x_{min}) < f(x_{max})$. Wegen $f(a) = f(b)$ liegt einer der beiden Werte x_{min} oder x_{max} echt zwischen a und b und der Satz folgt aus dem vorangegangenen Lemma, angewandt auf das offene Intervall $]a, b[$.   □

7.5.2 Die Mittelwertsätze

Die Bedeutung des folgenden ersten Mittelwertsatzes kann man so beschreiben: Aufgrund der Differenzierbarkeit einer Funktion f gilt für sehr kleine Werte Δx immer

$$f(x + \Delta x) = f(x) + f'(x)\,\Delta x + \Delta x R(x + \Delta x) \approx f(x) + f'(x)\Delta x.$$

Dank dem Mittelwertsatz gilt nun immer für beliebige Δx statt "$\approx$" die *Gleichheit*

$$f(x + \Delta x) = f(x) + f'(x + \Theta \Delta x)\Delta x,$$

wobei hier allerdings die Ableitung f' nicht im Punkt x sondern in einem Punkt $x + \Theta \Delta x$ mit $0 < \Theta < 1$ ausgewertet werden muss, also an einer Stelle, die *echt* zwischen x und $x + \Delta x$ liegt.

Sei $f : [a, b] \to \mathbb{R}$ eine stetig differenzierbare Funktion. Dann ist f eine Stammfunktion von f'. Damit gilt nach dem Mittelwertsatz der Integralrechnung (Satz 7.24)

$$f(b) - f(a) = \int_a^b f'(t)dt = f'(c)(b - a)$$

für einen Punkt $c \in [a, b]$. Der folgende Mittelwertsatz ist zum einen allgemeiner, denn es wird nur verlangt, dass f stetig und nur im *offenen* Intervall $]a, b[$ differenzierbar ist. Zum anderen gibt er präziser an, wo ein mögliches c liegt, nämlich ebenfalls im offenen Intervall, das heißt es gilt $a < c < b$. Zum Beispiel ist die Funktion $f : [-1, 1] \to \mathbb{R}, x \mapsto \sqrt{1 - x^2}$ nicht im abgeschlossenen Intervall $[-1, 1]$ differenzierbar. Nach dem folgenden Mittelwertsatz gilt trotzdem $f(b) - f(a) = f'(c)(b - a)$.

Theorem 7.37. (Erster Mittelwertsatz)
Sei $f : [a, b] \to \mathbb{R}$ *stetig und im offenen Intervall* $]a, b[$ *differenzierbar. Dann gibt es ein* $c \in]a, b[$ *mit*
$$\frac{f(b) - f(a)}{b - a} = f'(c).$$

Meist wird dieser Satz in einer geometrisch noch anschaulicheren Version benutzt:
Sei $f : J \to \mathbb{R}$ *differenzierbar und* $u, v \in J$ *mit* $u < v$ *beliebig. Dann gibt es zur Sekante durch die Punkte* $(u, f(u))$ *und* $(v, f(v))$ *eine parallele Tangente an den Graphen* G_f *an einer zwischen* u *und* v *liegenden Stelle* $c = u + \Theta(v - u)$ *mit* $0 < \Theta < 1$. Noch anders ausgedrückt:

Korollar 7.38. *Sei* J *ein beliebiges Intervall und* $f : J \to \mathbb{R}$ *sei differenzierbar auf* J. *Seien* $u < v$ *zwei beliebige Punkte aus* J. *Dann gibt es ein* c *mit* $u < c < v$ *und*
$$\frac{f(v) - f(u)}{v - u} = f'(c).$$

Beweis: (von Theorem 7.37)
Wir ziehen die Sekante $s(x) = f(a) + \dfrac{f(b) - f(a)}{b - a}(x - a)$ von f ab und wenden den Satz von Rolle auf die Differenz $h(x) = f(x) - s(x)$ an. Es gibt danach ein $c \in]a, b[$ mit
$$0 = h'(c) = f'(c) - \frac{f(b) - f(a)}{b - a}.$$
Das Korollar erhält man durch Anwendung des Theorems auf das Intervall $[u, v]$.   □

Benutzen Sie nun bitte das Applet "Funktionen einer Veränderlichen". Verfolgen Sie das geometrisch so anschauliche Vorgehen im Beweis anhand der beiden folgenden Beispiele:

1. $f(x) = x^2$, $a = -1$, $b = 0.5$. Zeichnen Sie f, die Sekante s und die Differenz h und lesen Sie den Punkt c aus der Zeichnung ab. Berechnen Sie c!

2. $f(x) = \sin(x)$, $a = -\pi/4$, $b = \pi/2$ ($\pi = 3.14159$). Es ist $f(a) = -1/\sqrt{2}$, $f(b) = 1$. Zeichnen Sie wieder f, s, und die Differenz h. Hier können Sie die Stelle c nur aus der Zeichnung ablesen.

Eine erste unmittelbare Anwendung des Korollars ist die folgende Charakterisierung der strengen Monotonie einer differenzierbaren Funktion. Im Unterschied zu Satz 7.25 setzen wir im folgenden Korollar nur die Existenz der Ableitung im *offenen* Intervall $]a, b[$ voraus, aber weder die Ableitbarkeit im abgeschlossenen Intervall noch die die Stetigkeit der Ableitung, allerdings darf im Gegensatz zum zitierten Satz jetzt die Ableitung *keine* Nullstellen haben. Tatsächlich benötigen wir für die Berechnung von Grenzwerten (siehe Kap. 7.6) diese allgemeinen Voraussetzungen.

Korollar 7.39. (Monotoniekriterium)
Sei $a < b$ und $f : [a, b] \to \mathbb{R}$ sei stetig und auf $]a, b[$ differenzierbar. Ist $f'(x) > 0$ für alle x, so ist f streng monoton wachsend, ist $f'(x) < 0$ für alle x, so ist f streng monoton fallend.

Beweis: Sei $f'(x) > 0$ für alle x. Dann ist für beliebige u, v mit $u < v$ nach dem vorangegangenen Korollar ein c zwischen u und v mit $f(v) - f(u) = f'(c)(v - u) > 0$. Den Rest beweist man analog. □

Daraus erhalten wir den zweiten Mittelwertsatz. Seine Bedeutung steckt darin, dass jetzt die x–Achse umskaliert werden kann, indem man x durch $g(x)$ ersetzt, ohne die Aussage zu ändern.

Theorem 7.40. (zweiter Mittelwertsatz)
Seien $f, g : [a, b] \mapsto \mathbb{R}$ stetig und auf dem offenen Intervall $]a, b[$ differenzierbar. Es gelte entweder $g'(x) > 0$ oder $g'(x) < 0$ für alle x. Dann ist $g(a) \neq g(b)$ und es gibt eine Zwischenstelle c mit $a < c < b$ und

$$\frac{f(b) - f(a)}{g(b) - g(a)} = \frac{f'(c)}{g'(c)}.$$

Beweis: Da g nach dem vorangegangenen Satz streng monoton ist, ist $g(a) \neq g(b)$. Wir wenden nun den Satz 7.36 von Rolle auf die Differenz $h(x) = f(x) - \dfrac{f(b) - f(a)}{g(b) - g(a)}(g(x) - g(a))$ an. Wir erhalten eine Zwischenstelle c mit $0 = h'(c) = f'(c) - \dfrac{f(b) - f(a)}{g(b) - g(a)}g'(c)$. □

Aufgaben:

1. Sei $f : [a, b] \mapsto \mathbb{R}$ stetig und in $]a, b[$ differenzierbar. Ist $f'(x) = 0$ für alle x, so ist f konstant. *Tipp:* $\dfrac{f(x) - f(a)}{x - a} = ?$
2. Sei f stetig differenzierbar. Zeigen Sie bitte: f ist genau dann monoton wachsend, wenn $f'(x) \geq 0$ ist für alle x.
3. Formulieren und beweisen Sie zu Aufg. 2 analoge Aussagen für "monoton fallend".
4. Diskutieren Sie bei den folgenden Funktionen, in welchen Teilintervallen sie streng monoton wachsend bzw. streng monoton fallend sind, indem Sie f' berechnen und diskutieren, in welchen Intervallen $f'(x) > 0$ ist, in welchen $f'(x) < 0$ ist.
   a) $f(x) = x^2$.
   b) $f(x) = \sqrt{x}$ $(x > 0)$.
   c) $f(x) = \exp(x)$. Verwenden Sie Aufgabe 1 auf Seite 225, um f' zu berechnen. Benutzen Sie nun, dass $\exp(x) > 0$ für $x \geq 0$ (schauen Sie sich die Potenzreihe an) und berücksichtigen Sie $\exp(-x) = \dfrac{1}{\exp(x)}$ (s. Seite 178).
5. Sei $a > 0$. Wir setzen $a^x = \exp(x \ln(a))$. Untersuchen Sie bitte, für welche a diese Funktion monoton wachsend, für welche monoton fallend ist.
6. Zeigen Sie, dass die Umkehrfunktion $\log_a : y \mapsto \log_a(y)$ von $]0, \infty[$ nach $\mathbb{R}$ existiert und $(\log_a(y))' = \dfrac{1}{y \ln(a)}$ erfüllt.

7. Zeigen Sie bitte: Die Funktion $f : x \mapsto a^x$ ist eine Fortsetzung der Funktion $g : \mathbb{Q}_+ \to \mathbb{R}$, $p/q \mapsto \sqrt[q]{a^p}$. Es ist die einzige *stetige* Fortsetzung von $\mathbb{Q}_+$ in $\mathbb{R}_+$.
Tipp: Zeigen Sie zunächst, dass $(\exp(p\ln(a)/q))^q = a^p$ gilt, und benutzen Sie die Eindeutigkeit der Umkehrfunktion $y \mapsto \sqrt[q]{y}$. Damit ist $f|_{\mathbb{Q}_+} = g$. f ist stetig differenzierbar. Sei $h : \mathbb{R}_+ \to \mathbb{R}$ stetig mit $h|_{\mathbb{Q}_+} = f$. Dann gilt für die Differenz $u = f - h$: $u|_{\mathbb{Q}_+} = 0$, und u ist stetig. Verwenden Sie nun Satz 5.8, um $u = 0$ auf ganz $\mathbb{R}_+$ zu zeigen.

Wiederholung

Sätze: Satz von Rolle, erster und zweiter Mittelwertsatz, Kriterium für strenge Monotonie.

7.6 Grenzwertbestimmungen

Motivation und Überblick

Mit Hilfe des zweiten Mittelwertsatzes können wir Grenzwerte für $x \to c$ bzw. $x \to \infty$ von Quotienten von Funktionen bestimmen, bei denen Zähler und Nenner für $x \to c$ (bzw. ∞) gleichzeitig gegen 0 oder gleichzeitig gegen $\pm\infty$ gehen. Eine Reihe von Abschätzungen in der Komplexitätstheorie führen auf solche Probleme, denn hier möchte man wissen, "wie stark" eine als abstraktes Programm oder durch eine Rekursionsgleichung gegebene Funktion wächst. Hierzu vergleicht man ihr Wachstum mit dem von anderen Funktionen [21, S. 309 ff.].

Wir hatten schon früher gesehen, dass $\lim_{0\neq x\to 0} \dfrac{\sin(x)}{x} = 1$ gilt (der Grenzwert ist die Ableitung von $\sin(x)$ an der Stelle 0). Der Grenzwert existiert also, obwohl Zähler und Nenner für sich betrachtet gegen 0 konvergieren. Für die Abschätzung der Laufzeit von Algorithmen benötigt man den Grenzwert $\lim_{x\to\infty} \dfrac{\ln(x)}{x^\alpha}$ ($\alpha > 0$). Hier gehen Zähler und Nenner für sich genommen gegen ∞.

Mit Hilfe des zweiten Mittelwertsatzes können wir die allgemeine Situation behandeln.

Satz 7.41. (1. Regel von de l'Hôpital[3]: "0/0")
Sei J ein Intervall, $c \in J$ und $f, g : J \setminus \{c\} \to \mathbb{R}$ seien differenzierbar mit $g'(x) \neq 0$ für alle x. Es gelte $\lim_{x\to c} f(x) = \lim_{x\to c} g(x) = 0$ und es existiere $\lim_{x\to c} \dfrac{f'(x)}{g'(x)} =: L$. Dann existiert auch $\lim_{x\to c} \dfrac{f(x)}{g(x)}$ und ist gleich L. Kurz:

$$\lim_{x\to c} \frac{f'(x)}{g'(x)} = \lim_{x\to c} \frac{f(x)}{g(x)}.$$

---

[3] Guillaume F. A. Marquis de l'Hôpital, 1661–1704, Verfasser des ersten Textbuchs über die Differentialrechnung.

Beweis:

(I) Wir setzen f und g auf ganz J durch $f(c) = g(c) = 0$ fort. Die neuen, so fortgesetzten Funktionen sind auf ganz J nach Voraussetzung über die Existenz der Grenzwerte stetig und (nach wie vor) in $J \setminus \{c\}$ differenzierbar. Ist also $x \in J$ und $x < c$ bzw. $x > c$, so kann man den 2. Mittelwertsatz auf das Intervall $[x, c]$ bzw. $[c, x]$ anwenden.

(II) Sei $\varepsilon > 0$ vorgegeben. Nach Voraussetzung gibt es ein $\delta > 0$ mit $|L - \frac{f'(y)}{g'(y)}| < \varepsilon$ für alle y mit $0 < |y - c| < \delta$. Sei $x \in J$ mit $0 < |x - c| < \delta$. Dann ist nach dem 2. Mittelwertsatz $\frac{f(x)}{g(x)} = \frac{f(x) - 0}{g(x) - 0} = \frac{f(x) - f(c)}{g(x) - g(c)} = \frac{f'(y)}{g'(y)}$ für ein y echt zwischen x und c. Dies y erfüllt also insbesondere $0 < |y - c| < \delta$. Also ist $|L - \frac{f(x)}{g(x)}| = |L - \frac{f'(y)}{g'(y)}| < \varepsilon$ für $0 < |x - c| < \delta$. $\qquad\square$

Ganz ähnlich beweist man die folgende Regel:

Satz 7.42. (2. Regel von de l'Hôpital: "∞ / ∞")
Sei J ein Intervall, $c \in J$ und $f, g : J \setminus \{c\} \to \mathbb{R}$ seien differenzierbar mit $g'(x) \neq 0$ für alle x. Es möge $g(x)$ für $x \to c$ bestimmt gegen ∞ divergieren. Es existiere $\lim_{x \to c} \frac{f'(x)}{g'(x)} =: L$. Dann existiert auch $\lim_{x \to c} \frac{f(x)}{g(x)}$ und ist gleich L. Kurz:

$$\lim_{x \to c} \frac{f'(x)}{g'(x)} = \lim_{x \to c} \frac{f(x)}{g(x)}.$$

Beispiele:

1. $\lim_{x \to 0} \frac{\ln(1 + ax)}{x} = \lim_{x \to 0} \frac{a}{(1 + ax) \cdot 1} = a.$

2. $\lim_{x \to 2} \frac{\sqrt{x} - \sqrt{2}}{\sqrt{|x - 2|}} = \pm \lim_{x \to 2} \frac{1 \cdot 2 \cdot \sqrt{|x - 2|}}{2\sqrt{x}} = 0$ ("+" für $x > 2$, "−" für $x < 2$).

3. $\lim_{x \to 0} \frac{\sin(x)^2}{\cos(x) - 1)} = \lim_{x \to 0} \frac{2 \sin x \cos x}{- \sin(x)} = -2.$

4. $\lim_{x \to 0} (x \ln(x)) = \lim_{x \to 0} \frac{\ln(x)}{\frac{1}{x}} = \lim_{x \to 0} \frac{-1 \cdot x^2}{x} = 0.$

5. $\lim_{x \to \infty} (1 + a/x)^x = \lim_{y \to 0} (1 + ay)^{1/y} = \lim_{y \to 0} \exp(\frac{\ln(1 + ay)}{y}) = \exp(a)$ nach Aufgabe 1 und wegen der Stetigkeit der Exponentialfunktion.

6. (Siehe die Einleitung zu diesem Abschnitt) $\lim_{x \to \infty} \frac{\ln(x)}{x^\alpha} = 0$ für $\alpha > 0$. Es ist für eine beliebige Funktion $g :]0, \infty[\to \mathbb{R}$ $\lim_{x \to \infty} g(x) = \lim_{y \searrow 0} g(1/y)$. Wegen $\ln(1/y) = -\ln(y)$ erhält man hieraus $\lim_{x \to \infty} \frac{\ln(x)}{x^\alpha} = -\lim_{y \searrow 0} y^\alpha \ln(y) = -\lim_{y \searrow 0} \frac{\ln(y)}{1/y^\alpha}$. Für diese Grenzwertberechnung wendet man die 2. Regel von de l'Hôpital an und erhält $\lim_{y \searrow 0} \frac{\ln(y)}{1/y^\alpha} = \lim_{y \searrow 0} \frac{y^{\alpha+1}}{-\alpha y} = 0.$

Auch die folgende dritte Variante der Regel von de l'Hôpital beweist man mit dem zweiten Mittelwertsatz:

Satz 7.43. (**3. Regel von de l'Hôpital:** "$x \to \infty$") *Seien f und g auf dem Intervall $[a, \infty[$ differenzierbar und es gelte* $\lim_{x \to \infty} f(x) = \lim_{x \to \infty} g(x) = 0$ *(bzw. $= \infty$). Es existiere* $\lim_{x \to \infty} \dfrac{f'(x)}{g'(x)} =: L$. *Dann existiert auch* $\lim_{x \to \infty} \dfrac{f(x)}{g(x)}$ *und ist gleich L. Kurz:*

$$\lim_{x \to \infty} \frac{f'(x)}{g'(x)} = \lim_{x \to \infty} \frac{f(x)}{g(x)}.$$

Aufgabe: Zeigen Sie bitte mit diesem Satz $\lim_{x \to \infty} \dfrac{x}{\exp(x)} = 0$.

Wiederholung

Sätze: Grenzwertbestimmungen nach de l'Hôpital.

7.7 Der Entwicklungssatz von Taylor

Motivation und Überblick

Durch die erste Ableitung konnten wir eine Funktion f schreiben als

$$f(x + h) = \underbrace{f(x) + f'(x)h}_{\text{Geradengleichung}} + hR(x + h)$$

mit $\lim_{h \to 0} R(x + h) = 0$. In vielen Fällen reicht diese "lokale" Annäherung durch eine Gerade nicht aus, wir benötigen Annäherungen durch Parabeln, kubische Parabeln, ..., kurz: durch Polynome. Als Konsequenz des 2. Mittelwertsatzes ergibt sich: Eine $(n + 1)$ mal differenzierbare Funktion f kann um einen Punkt c durch das Polynom $P_n(x) = \sum_{k=0}^{n} \frac{f^{(k)}(c)}{k!}(x - c)^k$ sehr gut angenähert werden. Damit können wir auch herleiten, wann man eine Funktion f durch eine Potenzreihe darstellen kann.

7.7.1 Der allgemeine Entwicklungssatz

Im ersten Abschnitt (siehe Satz 7.3) haben wir gesehen, dass und wie genau eine im Punkt c differenzierbare Funktion f durch die Tangente im Punkt $(c, f(c))$ an den Graphen G_f angenähert werden kann. Ist die Funktion nun n mal differenzierbar, so bietet sich die Annäherung durch ein "Schmiegpolynom" n-ten Grades an. Die Tangente ist ja durch ein Polynom vom Grad 1 gegeben.

Benutzen Sie nun bitte das Applet "Funktionen einer Veränderlichen". Schauen Sie sich die Annäherung durch Polynome einmal an.

1. $f(x) = \sin(x)$ auf $[-2, 2]$. Der "Schmiegpunkt" ist $c = 0$. Wählen Sie $P_1(x) = x$, $P_2(x) = x - x^3/6$, $P_3(x) = x - x^3/6 + x^5/120 - x^7/5040$.
2. Dasselbe Beispiel, aber jetzt auf dem Intervall $[-6, 6]$.
3. $f(x) = \sqrt{x}$ auf $[0.5, 2]$. Der "Schmiegpunkt" ist $c = 1$. Wählen Sie $P_1(x) = 1 + (x - 1)/2$, $P_2(x) = 1 + (x - 1)/2 - (x - 1)^2/8$, $P_3(x) = P_2(x) + \dfrac{(x - 1)^3}{16} - \dfrac{5(x - 1)^4}{128} + \dfrac{7(x - 1)^5}{256}$.

Der Hauptsatz lautet:

Theorem 7.44. (Entwicklungssatz von Taylor[4])
Sei J ein Intervall und $f : J \to \mathbb{R}$ sei eine $(n + 1)$ mal differenzierbare Funktion auf J. Sei $c \in J$ beliebig. Dann gibt es zu jedem $x \in J$ eine Zwischenstelle y zwischen x und c mit

$$
\begin{aligned}
f(x) &= f(c) + \frac{f'(c)}{1!}(x - c) + \frac{f''(c)}{2!}(x - c)^2 + \cdots \\
&\quad + \frac{f^{(n)}(c)}{n!}(x - c)^n + \frac{f^{(n+1)}(y)}{(n + 1)!}(x - c)^{n+1} \\
&= \sum_{k=0}^{n} \frac{f^{(k)}(c)}{k!}(x - c)^k + \frac{f^{(n+1)}(y)}{(n + 1)!}(x - c)^{n+1}.
\end{aligned}
$$

Definition 7.45. *Das Polynom $\sum_{k=0}^{n} \dfrac{f^{(k)}(c)}{k!}(x - c)^k$ heißt* **Taylorpolynom n-ten Grades um den Entwicklungspunkt c**, *der Term* $\dfrac{f^{(n+1)}(y)}{(n + 1)!}(x - c)^{n+1}$ **Restglied**.

Beweis: Sei $T_n(x) = \sum_{k=0}^{n} \dfrac{f^{(k)}(c)}{k!}(x - c)^k$ das Taylorpolynom, sei $h(x) = f(x) - T_n(x)$ die Differenz zwischen f und dem Taylorpolynom und $g(x) = (x - c)^{n+1}$. Wir wenden den 2. Mittelwertsatz nacheinander auf die Funktionen $f^{(k)}$ und $g^{(k)}$ an und erhalten unter Beachtung von $h^{(k)}(c) = g^{(k)}(c) = 0$ für $0 \le k \le n$ (bitte nachrechnen!)

---

[4] Brook Taylor, 1685–1731, englischer Mathematiker, neben den nach ihm benannten Polynomen, Reihen und Entwicklungen stammt von ihm auch die Integration mittels Partialbruchzerlegung.

$$\frac{h(x)}{g(x)} = \frac{h(x) - h(c)}{g(x) - g(c)} = \frac{h'(x_1)}{g'(x_1)} = \frac{h'(x_1) - h'(c)}{g'(x_1) - g'(c)} = \frac{h''(x_2)}{g''(x_2)} = \cdots$$

$$= \frac{h^{(n)}(x_n) - h^{(n)}(c)}{g^{(n)}(x_n) - g^{(n)}(c)} = \frac{h^{(n+1)}(x_{n+1})}{(n+1)!},$$

wobei x_1 zwischen x und c, x_2 zwischen x_1 und c, ..., $x_{n+1} =: y$ zwischen x_n und c liegt. Multiplikation mit $g(x)$ liefert die Behauptung. $\qquad\square$

Korollar 7.46. *Die Funktion* $f : J \to \mathbb{R}$ *ist genau dann ein Polynom n-ten Grades, wenn* f $(n + 1)$ *mal differenzierbar ist,* $f^{(n)} \neq 0$ *und* $f^{(n+1)} = 0$ *ist.*

7.7.2 Lokale Extremwerte

Die Taylor–Entwicklung einer Funktion bis zum 2. Glied

$$f(x) = f(c) + f'(c)(x - c) + f''(y)/2 \cdot (x - c)^2$$

spielt bei der Bestimmung lokaler Extremwerte eine Rolle.

Definition 7.47. *Sei J ein Intervall und $f : J \to \mathbb{R}$ eine reelle Funktion. Sei $c \in J$, so dass noch ein ganzes Intervall $]c - \delta_0, c + \delta_0[$ in J enthalten ist ($\delta_0 > 0$). $f(c)$ heißt* **lokales Maximum**, *wenn es ein $\delta > 0$ gibt mit $f(c) \geq f(x)$ für alle $x \in J$ mit $|x - c| < \delta$. $f(c)$ heißt* **lokales Minimum**, *wenn es ein $\delta > 0$ gibt mit $f(c) \leq f(x)$ für alle $x \in J$ mit $|x - c| < \delta$. Liegt einer der beiden Fälle vor, so heißt $f(c)$* **lokaler Extremwert** *und c eine* **(lokale) Extremalstelle**.

Wie Sie sich aus der Schule vielleicht noch erinnern, gilt der folgende Satz:

Satz 7.48. (Lokale Extrema)
Sei J ein Intervall und $c \in J$, so dass noch ein ganzes Intervall $]c - \delta_0, c + \delta_0[$ in J enthalten ist. Sei $f : J \to \mathbb{R}$ differenzierbar.
a) Ist c eine Extremalstelle, so ist $f'(c) = 0$.
b) Sei f zweimal stetig differenzierbar. Ist $f'(c) = 0$ und $f''(c) < 0$, so ist $f(c)$ ein lokales Maximum. Ist $f'(c) = 0$ und $f''(c) > 0$, so ist $f(c)$ ein lokales Minimum.

Beweis:
a) ist schon in Lemma 7.35 bewiesen worden.
b) Sei $f''(c) > 0$. Zu $\varepsilon = f''(c)/2$ gibt es ein $\delta > 0$ mit $-f''(c)/2 < f''(x) - f''(c) < f''(c)/2$, also $0 < f''(c)/2 < f''(x)$ für alle x mit $|x - c| < \delta$. Für solche x gibt es ein y zwischen x und c (also insbesondere $|y - c| < \delta$) mit

$$f(x) = f(c) + f'(c)(x - c) + f''(y)(x - c)^2/2 = f(c) + \underbrace{f''(y)(x - c)^2/2}_{>0} > f(c).$$

$f(c)$ ist also ein lokales Minimum. Ist $f''(c) < 0$ so betrachte $g = -f$. $\qquad\square$

Benutzen Sie nun bitte das Applet "Funktionen einer Veränderlichen". Machen Sie sich bei den folgenden Aufgaben auch entsprechende Skizzen des Verlaufs der Funktionen und ihrer Ableitungen.

Aufgaben: Bestimmen Sie die lokalen Maxima und Minima der folgenden Funktionen:

1. $f(x) = x^3 - 3x$.
2. $f(x) = 1 - \exp(-x^2)$.
3. Bestimmen Sie Radius und Höhe eines Zylinders, der $10^3 \, m^3$ Inhalt haben soll, so dass seine Oberfläche minimal wird.
   Lösungsansatz: Die Oberfläche ist $O(r, h) = 2\pi r^2 + 2r\pi h$. Es ist das Volumen $V = \pi r^2 h \quad (= 10^3 \, m^3)$ fest vorgegeben, also $h = \dfrac{V}{\pi r^2}$ und damit ist das Minimum der Funktion $f(r) = 2\pi r^2 + 2\dfrac{V}{r}$ zu bestimmen.
4. Bestimmen Sie analog zur vorigen Aufgabe das Rechteck größtmöglichen Inhalts bei vorgegebenem Umfang.
5. Bestimmen Sie bitte das Maximum der Funktion $f(x) = -x \ln(x) - y \ln(y)$ unter der Bedingung $0 < x < 1$, $x + y = 1$. f heißt **Entropiefunktion**.

7.7.3 Die Taylorreihe

Wie die Exponentialfunktion, Sinus und Cosinus lassen sich viele weitere Funktionen durch eine Potenzreihe darstellen. Im Folgenden sei $f : [a, b] \to \mathbb{R}$ beliebig oft differenzierbar. Dann ist die n–te Ableitung $f^{(n)}$ als differenzierbare Funktion stetig, also beschränkt. Dies brauchen wir im folgenden Satz.

Satz 7.49. (Entwickelbarkeit in eine Taylorreihe)
*Sei $f : [a, b] \mapsto \mathbb{R}$ beliebig oft differenzierbar. Es gelte $\lim_{n \to \infty} \dfrac{(b - a)^n}{n!} \|f^{(n)}\|_\infty = 0$. Sei $c \in [a, b]$ beliebig. Dann konvergiert die **Taylorreihe** $\sum_{k=0}^\infty \dfrac{f^{(k)}(c)}{k!}(x - c)^k$ gleichmäßig auf $[a, b]$ gegen f.*

Beweis: Sei $T_n = \sum_{k=0}^n \dfrac{f^{(k)}(c)}{k!}(x - c)^k$ das n-te Taylorpolynom. Dann ist für ein y zwischen x und c

$$
\begin{aligned}
|f(x) - T_n(x)| &= |\frac{f^{(n+1)}(y)(x - c)^{n+1}}{(n + 1)!}| \\
&\leq \frac{|f^{(n+1)}(y)|}{(n + 1)!}(b - a)^{n+1} \leq \frac{\|f^{(n+1)}\|_\infty}{(n + 1)!}(b - a)^{n+1}.
\end{aligned}
$$

Die rechte Seite hängt nicht mehr von x ab und die Folge $(\frac{\|f^{(n+1)}\|_\infty}{(n+1)!}(b-a)^{n+1})_n$ konvergiert gegen 0. Daraus folgt, dass die Folge $(T_n)_n$ gleichmäßig gegen f konvergiert.   □

Korollar 7.50. *Es gelte* $\lim_{n\to\infty} \sqrt[n]{\frac{\|f^{(n)}\|_\infty}{n!}} < \frac{1}{b-a}$. *Dann konvergiert die Taylorreihe gleichmäßig auf* $[a,b]$ *gegen* f.

Beweis: Die Voraussetzung impliziert, dass $\lim_{n\to\infty}(b-a)\sqrt[n]{\frac{|f^{(n)}(x)|}{n!}} \le$
$\lim_{n\to\infty}(b-a)\sqrt[n]{\frac{\|f^{(n)}\|_\infty}{n!}} = q < 1$. Daraus folgt $\lim_{n\to\infty}\frac{(b-a)^n}{n!}\|f^{(n)}\|_\infty = 0$.   □

Wie hängt die Potenzreihe der Exponentialfunktion, des Sinus, des Cosinus, etc. nun mit der Taylorreihe zusammen?

Korollar 7.51. *Sei* $\sum_{k=0}^\infty a_k x^k$ *eine Potenzreihe mit Konvergenzradius* $R > 0$ *und* $f(x) = \sum_{k=0}^\infty a_k x^k$ *auf* $]-R, R[$. *Dann ist die Potenzreihe die Taylorreihe von* f, *das heißt es gilt* $f^{(n)}(0) = n!a_n$ *für alle* n.

Beweis: Rechnen Sie einfach $f^{(n)}(0)$ aus. Sie dürfen ja gliedweise differenzieren.   □

Beispiele:

1. Die Taylorreihen von $\exp(x)$, $\sin(x)$ und $\cos(x)$ sind also einfach die bekannten entsprechenden Potenzreihen, mit denen diese Funktionen definiert wurden.
2. $f(x) = \ln(1+x)$ auf $]-1, 1[$. Der Entwicklungspunkt sei 0. Es ergibt sich $f(x) = \sum_{n=0}^\infty (-1)^n \frac{x^{n+1}}{n+1}$ und diese Taylorreihe konvergiert gegen f.
3. Entsprechend erhält man $\ln(1-x) = -\sum_{n=0}^\infty \frac{x^{n+1}}{n+1}$. Subtrahiert man diese Reihe von der für $\ln(1+x)$, so erhält man

$$\ln(\frac{1+x}{1-x}) = \ln(1+x) - \ln(1-x) = 2\sum_{n=0}^\infty \frac{x^{2n+1}}{2n+1}.$$

4. Sei $\alpha \ne 0, -1$ und für $|x| < 1$ sei $f(x) = (1+x)^\alpha$. Wir setzen

$$\binom{\alpha}{k} = \frac{\alpha(\alpha-1)\cdots(\alpha-(k-1))}{k!}$$

und erhalten für die Taylorreihe um $c = 0$

$$(1+x)^\alpha = \sum_{n=0}^\infty \binom{\alpha}{k} x^k.$$

Auf $]-1, 1[$ konvergiert die Reihe gegen die Funktion.

5. Sei $h(x) = \begin{cases} \exp(-1/x^2) & x \neq 0 \\ 0 & x = 0 \end{cases}$. Diese Funktion ist beliebig oft differen-

zierbar, ihre Taylorreihe um den Entwicklungspunkt ist wegen $h^{(n)}(0) = 0$ gleich 0. *Diese Reihe konvergiert also trivialerweise überall, aber nur im Nullpunkt gegen die Funktion.*

Wiederholung

Begriffe: Taylorpolynom, Taylorreihe, lokale Minima und Maxima, lokale Extrema.

Sätze: Taylorpolynom einer Funktion und Taylorsche Formel, Lokale Maxima und Minima einer Funktion, Konvergenz von Taylorreihen, Zusammenhang zwischen Potenzreihen und Taylorreihen.

7.8 Integrale über offene und halboffene Intervalle

Motivation und Überblick

Wir dehnen den Integralbegriff auf die Integration beschränkter und unbeschränkter Funktionen über halboffene und offene Intervalle aus. Anwendungen findet man bei der Fouriertransformation (Abschnitt 8.2) und im Kapitel über Stochastik (unter dem Thema "Verteilungen mit stetiger Dichte").

Bisher haben wir nur Integrale von *beschränkten* Funktionen über *abgeschlossene, beschränkte* Intervalle behandelt. So wissen wir bisher noch nicht, ob zum Beispiel die Fläche unter dem Bild der Funktionen $f(x) = e^{-x}$ $(0 \leq x < \infty)$ bzw. $f(x) = \dfrac{1}{1 + x^2}$ $(-\infty < x < \infty)$ endlich oder unendlich ist. Das Problem ist aber einfach mit Hilfe des Grenzwertes von Funktionswerten (Abschnitt 6.2) zu lösen.

Beispiele:

1. $\int_0^1 \dfrac{dx}{\sqrt{x}}$: Wir betrachten die Funktion $F(t) = \int_t^1 \dfrac{dx}{\sqrt{x}}$ für $0 < t < 1$ und untersuchen, ob sie für $t \to 0$ konvergiert. Es ist $F(t)$ Stammfunktion zu $\dfrac{1}{\sqrt{x}}$, also $F(t) = 2 - 2\sqrt{t}$.

   Damit ist $\lim_{t \to 0} F(t) = 2$ und wir können $\int_0^1 \dfrac{dx}{\sqrt{x}} = \lim_{t \to 0} \int_t^1 \dfrac{dx}{\sqrt{x}} = 2$ setzen.

2. $\int_0^\infty e^{-x} dx$: Wir betrachten wieder die Stammfunktion $F(t) = \int_0^t e^{-x} dx = 1 - e^{-t}$ und setzen
$$\int_0^\infty e^{-x} dx = \lim_{t \to \infty} \int_0^t e^{-x} dx = 1.$$

3. $\int_{-\infty}^\infty \dfrac{dx}{1 + x^2}$: Wir betrachten hier die Stammfunktionen $F(t) = \int_0^t \dfrac{dx}{1 + x^2}$ für $t > 0$, $G(t) = \int_t^0 \dfrac{dx}{1 + x^2}$ für $t < 0$ und setzen $\int_{-\infty}^\infty \dfrac{dx}{1 + x^2} = \lim_{t \to -\infty} G(t) + \lim_{t' \to \infty} F(t')$.

Es ist $F(t) = \arctan t$, $G(t) = -\arctan t$,
also

$$\int_{-\infty}^{\infty} \frac{dx}{1 + x^2} = \lim_{t' \to \infty} \arctan t' - \lim_{t \to -\infty} \arctan t = \pi/2 - (-\pi/2) = \pi.$$

Motiviert durch die Beispiele erklären wir:

Definition 7.52.
a) Sei $J = [a, b[$ ein halboffenes Intervall ($b = \infty$ ist zugelassen).
$f : J \to \mathbb{R}$ sei lokal integrierbar mit Stammfunktion F. Dann setzt man
$\int_a^b f(x)dx = \lim_{t \to b}(F(t) - F(a))$, falls der Grenzwert existiert.
b) Sei $J =]a, b]$ ein halboffenes Intervall ($a = -\infty$ ist zugelassen). $f : J \to \mathbb{R}$
sei lokal integrierbar mit Stammfunktion F. Dann setzt man $\int_a^b f(x)dx =$
$\lim_{t \to a}(F(b) - F(t))$, falls der Grenzwert existiert.
c) Sei $J =]a, b[$ ein offenes Intervall ($a = -\infty$, $b = \infty$ ist zugelassen).
$f : J \to \mathbb{R}$ sei lokal integrierbar mit Stammfunktion F. Dann wählt man $x_0 \in J$
und setzt $\int_a^b f(x)dx = \lim_{t \to b}(F(t) - F(x_0)) + \lim_{t' \to a}(F(x_0) - F(t'))$, falls
die beiden Grenzwerte existieren.

Da Stammfunktionen nach Satz 7.27 bis auf eine additive Konstante eindeutig bestimmt sind, ist die Definition unabhängig von der gewählten Stammfunktion und Teil c) ist unabhängig von der speziellen Wahl von x_0.

Um auf einfache Art weitere Beispiele zu konstruieren beweisen wir den folgenden Satz:

Satz 7.53. **(Vergleichskriterium)** *Sei J ein halboffenes oder offenes Intervall,*
und $f, g : J \to \mathbb{R}$ zwei Funktionen mit den Eigenschaften
(i) Für alle x ist $|f(x)| \leq g(x)$,
(ii) g ist über J integrierbar und f ist lokal integrierbar.
Dann ist auch f über J integrierbar und es gilt

$$\left| \int_a^b f(x)dx \right| \leq \int_a^b g(x)dx,$$

wenn $a < b$ die Endpunkte von J sind.

Bemerkung: Erfüllt f die Voraussetzungen des Satzes, so ist insbesondere auch $|f|$ über J integrierbar. Ist umgekehrt $|f|$ über J integrierbar und ist f lokal integrierbar, so ist f über J integrierbar (setze im Satz $g = |f|$). Solche Funktionen heißen **absolut integrierbar**. Im Wesentlichen sind für uns nur absolut integrierbare Funktionen wichtig.

Beweis: Sei zunächst $J = [a, b[$ und $f \geq 0$. Aus der Intervalladditivität folgt dann, dass $F(t) = \int_a^t f(x)dx$ monoton wachsend ist. Nach Voraussetzung ist aber auch $F(t) \leq$

$\int_a^t g(x)dx \leq \int_a^b g(x)dx$, also ist F beschränkt und die Behauptung folgt aus Satz 6.15. Für beliebiges f betrachten wir f^+ und f^- und wenden die Rechenregeln für Grenzwerte an. Die anderen Intervallformen behandelt man entsprechend. $\qquad\square$

Den Beweis des folgenden Satzes lassen wir als Übungsaufgabe. Sie müssen einfach Satz 6.10, bzw. die Aufgaben auf Seite 197 mit Satz 7.22 kombinieren.

Satz 7.54. *Sei J ein halboffenes oder offenes Intervall mit den Endpunkten $a < b$.*
a) Sind die Funktionen $f, g : J \to \mathbb{R}$ über J integrierbar und sind $\alpha, \beta \in \mathbb{R}$, so ist auch $\alpha f + \beta g$ über J integrierbar und es gilt

$$\int_a^b (\alpha f + \beta g)dx = \alpha \int_a^b f dx + \beta \int_a^b g dx.$$

b) Sei die Funktion $f : J \to \mathbb{R}$ über J absolut integrierbar und sei die Funktion $g : J \to \mathbb{R}$ beschränkt und lokal integrierbar. Dann sind die Produkte fg und $|f|\,|g|$ über J integrierbar.

Wir geben Beispiele für die Bedeutung dieser beiden Sätze:

Beispiele:

1. Wir hatten oben gesehen, dass $f(x) = \dfrac{1}{1+x^2}$ über $\mathbb{R}$ integrierbar ist; nach dem vorangegangenen Satz sind dann auch für $g(x) = \cos(ux)$ bzw. $g(x) = \sin(-ux)$ die Funktionen $fg : x \mapsto \dfrac{\cos(ux)}{1+x^2}$ und $x \mapsto \dfrac{\sin(-ux)}{1+x^2}$ integrierbar. Es handelt sich um die **Cosinus-Transformierte** bzw. **Sinus-Transformierte von** f.
$\hat{f}_c(u) = \int_{-\infty}^\infty \dfrac{\cos(ux)}{1+x^2}\,dx$ bzw. $\hat{f}_s(u) = \int_{-\infty}^\infty \dfrac{\sin(-ux)}{1+x^2}\,dx$.
Für die allgemeine Fouriertransformation siehe Kap. 8.2. Der Wert dieser Integrale lässt sich nur mit Methoden der sogenannten Funktionentheorie berechnen.

2. Die Funktion $f(x) = \exp(-\frac{x^2}{2})$ ist über $\mathbb{R}$ lokal integrierbar. Denn sie ist stetig, besitzt also nach dem Hauptsatz der Differential- und Integralrechnung (Theorem 7.28) eine Stammfunktion.
Es ist $\exp(-\dfrac{x^2}{2}) = \dfrac{1}{\exp(\frac{x^2}{2})} = \dfrac{1}{1 + \frac{x^2}{2} + \frac{x^4}{2^2 \cdot 2!} + \cdots} \leq \dfrac{1}{1 + \frac{x^2}{2}} \leq 2 \cdot \dfrac{1}{1+x^2}$.
Nach dem Vergleichssatz 7.53 folgt, dass f über $\mathbb{R}$ integrierbar ist. Es ist $\int_{-\infty}^\infty \exp(-\frac{x^2}{2})dx = \sqrt{2\pi}$; dies erhält man aus Beispiel 2, Seite 454.

3. Sei $\mu \in \mathbb{R}$ beliebig und $\sigma > 0$. Die Funktion $f(x) = \dfrac{1}{\sqrt{2\pi}\sigma} \exp(\dfrac{-(x-\mu)^2}{2\sigma^2})$ ist ebenfalls integrierbar und die Integration durch Substitution liefert mit dem vorigen Beispiel $\int_{-\infty}^\infty f(x)dx = 1$. f **ist die Dichte der Normalverteilung mit Mittelwert** μ **und Streuung** σ.

In der folgenden Aufgabe behandeln wir Integrale, die in der Stochastik auftreten.

Aufgabe: Berechnen Sie die folgenden Integrale: $\int_0^1 x^{-\alpha}dx$ $(0 < \alpha < 1)$; $\int_1^\infty x^\beta dx$ $(\beta < -1))$; $\int_0^\infty t\exp(-\lambda t)dt$ $(\lambda > 0)$.

Wiederholung

Begriffe: Integral über $[a, b[$ mit $b \leq \infty$, über $]a, b]$ mit $a \geq -\infty$, sowie über $]a, b[$ mit $-\infty \leq a < b \leq \infty$.

Sätze: Rechenregeln für diese Integrale, Vergleichskriterium.

8. Anwendungen

Motivation und Überblick

In diesem Kapitel wenden wir die Differential- und Integralrechnung auf periodische Funktionen, auf die Fouriertransformation und schließlich auf skalare kontinuierliche dynamische Systeme an. Durch die Fouriertransformation kann ein beliebiges Signal in sein Frequenzspektrum zerlegt oder aus diesem rekonstruiert werden. Seit der Entdeckung der "Fast Fourier Transformation" (FFT) (siehe Kapitel 10.3) haben sich noch mehr Anwendungen der Fouriertransformation in der Informatik ergeben, unter anderem bei der Datenkompression und beim Abtasten von Signalen (siehe auch das Abtasttheorem von Shannon, Theorem 8.18).

8.1 Periodische Funktionen und Fourierreihen

Motivation und Überblick

Wir erklären, was periodische Funktionen sind und untersuchen dann, wann sich eine 2π–periodische Funktion durch eine Reihe der Form $\sum_{k=-\infty}^{\infty} a_k \exp(ikt)$ darstellen lässt.

In der Natur und in der Technik sind sehr viele Funktionen periodisch. Denken Sie an die Bewegung eines Pendels, an Töne, circadiane Rhythmen bei Lebewesen, oder elektrische Schwingkreise.

Außerdem lässt sich jede in einem kompakten Intervall $[a, b]$ erklärte Funktion f mit $f(a) = f(b)$ periodisch fortsetzen, und dadurch lässt sich die Theorie der Fourierreihen auf sie anwenden.

Im folgenden wollen wir untersuchen, wann sich eine periodische Funktion als Reihe $\sum_{k=-\infty}^{\infty} a_k \exp(ikt)$ darstellen lässt. Wir wählen dabei statt der reellen Funktionen $\cos(kt)$ und $\sin(kt)$ die komplexe Funktion $\exp(ikt) = \cos(kt) + i\sin(kt)$ (siehe Satz 5.43), die dieselbe Information enthält wie die beiden reellen Funktionen. Dadurch wird die Theorie kompakter und einfacher.

8.1.1 Periodische Funktionen und Fourierreihen

Definition 8.1. *Eine Funktion $f : \mathbb{R} \to \mathbb{C}$ heißt* **periodisch** *mit Periode $\omega \neq 0$, wenn stets $f(t + \omega) = f(t)$ gilt.*

Bemerkungen:

1. Hat die Funktion f die Periode ω, so auch die Perioden $2\omega, \dots, n\omega, \dots$.
2. Die Funktionen $\exp(int)$ sind $\frac{2\pi}{n}$–periodisch.
3. Ist f periodisch mit Periode ω, so ist die Funktion $\tilde{f}(t) = f(\frac{\omega t}{2\pi})$ 2π–periodisch. Es genügt also 2π–periodische Funktionen zu betrachten.

Es stellt sich heraus, dass alle "vernünftigen" 2π–periodischen Funktionen sich als Reihe $\sum_{k=-\infty}^{\infty} a_k \exp(ikt)$ darstellen lassen, das heißt durch Überlagerung (Superposition) von einfachen periodischen Funktionen entstehen.

Definition 8.2. *a) Eine Funktion f der Form $f(t) = \sum_{k=m}^{n} a_k \exp(ikt)$ heißt* **trigonometrisches Polynom** $(m, n \in \mathbb{Z}, a_k \in \mathbb{C})$.
b) Eine Reihe der Form $\sum_{k=-\infty}^{\infty} a_k \exp(ikt)$ heißt **Fourierreihe**[1] *oder auch* **trigonometrische Reihe***. Sie heißt konvergent, wenn die beiden Teilreihen $\sum_{k=0}^{\infty} a_k \exp(ikt)$ und $\sum_{\ell=1}^{\infty} a_{-\ell} \exp(-i\ell t)$ konvergieren. Der Grenzwert ist dann*

$$\sum_{k=-\infty}^{\infty} a_k \exp(ikt) := \sum_{k=0}^{\infty} a_k \exp(ikt) + \sum_{\ell=1}^{\infty} a_{-\ell} \exp(-i\ell t).$$

c) Die Reihe **konvergiert gleichmäßig***, wenn die beiden Teilreihen gleichmäßig konvergieren.*

Bemerkung: Offensichtlich konvergiert die Fourierreihe genau dann gleichmäßig, wenn Real- und Imaginärteil gleichmäßig konvergieren. Dann darf man also gliedweise integrieren (nach Korollar 7.31).

Die Koeffizienten a_k lassen sich theoretisch leicht berechnen. In der Praxis dauert dies jedoch trotzdem sehr lange, wenn man numerische Integrationsverfahren verwendet. Deshalb benutzt man die schnelle Fouriertransformation (FFT, *Fast Fourier Transformation*), siehe Kapitel 10.3.

Satz 8.3. *Sei $f(t) = \sum_{-\infty}^{\infty} a_k \exp(ikt)$, und die Reihe konvergiere gleichmäßig. Dann ist für alle $n \in \mathbb{Z}$*

$$\frac{1}{2\pi} \int_0^{2\pi} f(t) \exp(-int) = a_n.$$

---

a_n ist die Amplitude, mit der die n–te Schwingung zu f beiträgt.

Beweis: Da die Reihe gleichmäßig konvergiert, ist f stetig nach Theorem 6.20. Damit ist sie über $[0, 2\pi]$ integrierbar, also ist auch $f(t) \exp(-int)$ integrierbar (Satz 7.22). Wir multiplizieren die Reihe aus und integrieren gliedweise:

---

[1] Jean Baptiste Joseph Fourier, 1768–1830, französischer Mathematiker und Physiker.

$$\frac{1}{2\pi} \int_0^{2\pi} f(t) \exp(-int) dt = \sum_{k=-\infty}^{\infty} a_k \frac{1}{2\pi} \int_0^{2\pi} \exp(ikt) \exp(-int) dt = a_n$$

nach Beispiel 4, S. 233.   □

Die Integrale in Satz 8.3 kann man natürlich in viel allgemeineren Fällen berechnen. Mit einer Regelfunktion f auf $[0, 2\pi]$ ist auch das Produkt $t \mapsto f(t) \exp(-int)$ mit der stetigen Funktion $\exp(-int)$ eine (komplexe) Regelfunktion.

Definition 8.4. *Sei f eine beliebige Regelfunktion auf $[0, 2\pi]$. Dann heißt $\frac{1}{2\pi} \int_0^{2\pi} f(t) \exp(-int) dt =: a_n(f)$ der **n-te Fourierkoeffizient von** f. Wir ordnen jeder Regelfunktion f auf $[0, 2\pi]$ ihre **Fourierreihe***

$$\sum_{k=-\infty}^{\infty} a_k(f) \exp(ikt)$$

zu, gleichgültig ob diese konvergiert oder nicht. Man schreibt dafür

$$f \sim \sum_{k=-\infty}^{\infty} a_k(f) \exp(ikt).$$

Fourierreihen reeller Funktionen. Sei $f : \mathbb{R} \to \mathbb{R}$ eine 2π–periodische über $[0, 2\pi]$ integrierbare Funktion. Dann gilt für die Fourierkoeffizienten $a_n :=$ $a_n(f) = \frac{1}{2\pi} \int_0^{2\pi} f(t)(\cos(nt) - i \sin(nt)) dt$, also wegen $\cos(nt) = \cos(-nt)$

$$c_n := \Re(a_n) = \frac{1}{2\pi} \int_0^{2\pi} f(t) \cos(nt) dt = \Re(a_{-n}),$$

und entsprechend wegen $\sin(nt) = -\sin(-nt)$

$$d_n := \Im(a_n) = \frac{1}{2\pi} \int_0^{2\pi} f(t) \sin(nt) dt = -\Im(a_{-n}).$$

Damit ist die Fourierreihe

$$f(t) \quad \sim \quad \sum_{n=-\infty}^{\infty} a_n \exp(int) = \sum_{n=-\infty}^{\infty} (c_n + i d_n)(\cos(nt) + i \sin(nt))$$

$$= \sum_{n=-\infty}^{\infty} \left((c_n \cos(nt) - d_n \sin(nt)) + i (c_n \sin(nt) + d_n \cos(nt)) \right).$$

Wenn diese Reihe absolut konvergiert, kann man sie umordnen; dies folgt z. B. aus Satz 5.33. Formal kann man dies immer machen. Wir fassen die Glieder mit n und $-n$ zusammen, setzen also

$$\sum_{n=-\infty}^{\infty} \left((c_n \cos(nt) - d_n \sin(nt)) + i\,(c_n \sin(nt) + d_n \cos(nt)) \right) \;=\;$$

$$c_0 + \sum_{n=1}^{\infty} \left((c_n + c_{-n}) \cos(nt) - (d_n - d_{-n}) \sin(nt) \right)$$

$$+ i \sum_{n=1}^{\infty} \left((c_n - c_{-n}) \sin(nt) + (d_n + d_{-n}) \cos(nt) \right).$$

Aus $c_n = c_{-n}$ und $d_n = -d_{-n}$ folgt, dass der Imaginärteil der Reihe 0 ergibt. Setzen wir also $\alpha_n = 2c_n$ und $\beta_n = -2d_n$, so erhalten wir

$$f(t) \sim \alpha_0/2 + \sum_{n=1}^{\infty} \alpha_n \cos(nt) + \sum_{n=1}^{\infty} \beta_n \sin(nt)$$

mit $\alpha_n = \frac{1}{\pi} \int_0^{2\pi} f(t) \cos(nt)dt$ und $\beta_n = \frac{1}{\pi} \int_0^{2\pi} f(t) \sin(nt)dt$. Man hat also eine **Cosinus-Reihe** und eine **Sinus-Reihe**.

Ist nun f gerade, das heißt: gilt $f(t) = f(-t)$, so folgt aus der Periodizität

$$\beta_n = \frac{1}{\pi} \int_0^{2\pi} f(t) \sin(nt)dt = \frac{1}{\pi} \int_{-\pi}^{\pi} f(t) \sin(nt)dt = 0,$$

es ergibt sich eine reine Cosinus-Reihe. Ist dagegen f ungerade, gilt also $f(t) = -f(-t)$, so erhält man aus dem gleichen Grund eine reine Sinus-Reihe.

Benutzen Sie nun bitte das Applet "Periodische Fouriertransformation". Sie können sich die Fourierkoeffizienten zu einer einzugebenden reellen 2π–periodischen Funktion anzeigen lassen. Sie können bestimmen, wieviele Koeffizienten berechnet werden sollen und Sie können die Annäherung durch die Reihe zeichnen lassen. So können Sie sich die Wirkung der Fouriertransformation veranschaulichen. Die Beispiele 3–5 sind nur zum Veranschaulichen gedacht. Die formelmäßige Berechnung der Koeffizienten ist schwierig.

Beispiele:

1. (Rechteckimpuls) Sei $a > 0$ und $f(t) = \begin{cases} -a & -\pi \le t < 0 \\ a & 0 \le t < \pi \end{cases}$ und periodisch fortge-

   setzt. Weil die Integration im Komplexen leichter ist, rechnen wir in $\mathbb{C}$. Offensichtlich ist $a_0 = 0$. Für $n \ne 0$ ist $2\pi a_n = a(-\int_{-\pi}^0 \exp(-int)dt + \int_0^\pi \exp(-int)dt)$.

2. $f(t) = \begin{cases} t & 0 < t \le \pi \\ t - \pi & \pi \le t < 2\pi \end{cases}$ werde periodisch auf ganz $\mathbb{R}$ fortgesetzt. Dann ist

   $f(t) = t$ auf $[-\pi, \pi[$ und die Entwicklung ergibt $\beta_n = 2(-1)^{n-1}/n$, also $f(t) \sim 2\sum_{n=1}^{\infty} (-1)^{n-1} \frac{\sin(nt)}{n}$.

3. $f(t) = \begin{cases} t & 0 \le t \le \pi, \\ 2\pi - t & \pi < t \le 2\pi \end{cases}$ und periodisch fortgesetzt.

4. $f(t) = \exp(\sin(t))$.
5. $f(t) = \sin(\cos(t))$.

Der Bequemlichkeit wegen fahren wir mit der Theorie der komplexen Fourierreihen fort, die ja für reelle Funktionen gleichbedeutend ist mit der oben dargestellten Form der Sinus- und Cosinus-Reihe.

Für unser Ziel, stetige 2π–periodische Funktionen in Fourierreihen zu entwickeln, benötigen wir den folgenden Satz, den wir ohne Beweis angeben (siehe z. B. [19, Theorem 40.12]).

Theorem 8.5. (Satz von Weierstraß-Fejér[2])
Sei $f : \mathbb{R} \to \mathbb{C}$ stetig und 2π–periodisch. Sei $S_n(x) = \sum_{k=-n}^{n} a_k(f) \exp(ikx)$ und $\sigma_n(x) = \frac{1}{n} \sum_{k=0}^{n-1} S_k(x)$ das arithmetische Mittel der Teilsummen S_k der Fourierreihe von f. Dann konvergiert die Folge $(\sigma_n)_n$ gleichmäßig gegen f.

Beachten Sie bitte: die Approximation durch trigonometrische Polynome ist viel allgemeiner als die Approximation durch Fourierreihen. Denn bei dieser Approximation sind alle Koeffizienten (eben die Fourierkoeffizienten) festgelegt, bei der allgemeinen Approximation dürfen sie sich je nach Approximationsgenauigkeit ändern. Es gibt tatsächlich stetige, 2π–periodische Funktionen, deren Fourierreihe in keiner rationalen Zahl zwischen 0 und 2π konvergiert.

Gleichgültig, ob die Fourierreihe einer stetigen Funktion konvergiert oder nicht: Ihre Fourierkoeffizienten sind im folgenden Sinne eindeutig bestimmt:

Satz 8.6. *Seien f, g stetig und 2π–periodisch. Gilt für die Fourierkoeffizienten*

$$a_k(f) := \frac{1}{2\pi} \int_0^{2\pi} f(t) \exp(-ikt)dt = a_k(g) := \frac{1}{2\pi} \int_0^{2\pi} g(t) \exp(-ikt)dt$$

für alle $k \in \mathbb{Z}$, so ist $f = g$.

Der Satz besagt also, dass eine Messung der Fourierkoeffizienten die Funktion schon **eindeutig** bestimmt.

Beweis: Sei $h = f - g$. Wir zeigen $h(t) = 0$ für alle t. Nach Voraussetzung ist $a_k(h) = 0$ für alle k. Damit ist aber $\int_0^{2\pi} h(t) \sum_{k=m}^{n} b_k \exp(ikt)dt = 0$ für beliebige Zahlen b_k. Mit h ist auch die konjugiert komplexe Funktion $\overline{h}$ stetig und 2π–periodisch. Also gibt es nach dem Theorem von Weierstraß-Fejér eine Folge $(T_n)_n$ trigonometrischer Polynome, die

---

[2] Lipót Fejér, 1880–1959, (eigentlich Leopold Weiss, wechselte seinen Namen um 1900, um Solidarität mit der ungarischen Kultur zu zeigen), Professor für Mathematik in Budapest, bedeutende Beiträge zur Theorie der Fourierreihen und zur Funktionentheorie. Die Möglichkeit der Annäherung stetiger periodischer Funktionen durch trigon. Polynome wurde von Weierstraß bewiesen, Fejér fand den verhältnismäßig einfachen Beweis mit Hilfe der arithmetischen Mittel der Fourierreihe (siehe [19, S. 319]).

gleichmäßig gegen $\overline{h}$ konvergiert. Also konvergiert hT_n gleichmäßig gegen $h\overline{h} = |h|^2$. Mit Satz 7.23 folgt

$$0 = \lim \int_0^{2\pi} h(t)T_n(t)dt = \int_0^{2\pi} |h(t)|^2 dt.$$

Aus Satz 7.25 folgt $|h|^2 = 0 = h$.   □

Korollar 8.7. *Sei f stetig und 2π–periodisch. Konvergiert die zugeordnete Fourierreihe gleichmäßig, so ist $f(t) = \sum_{k=-\infty}^{\infty} a_k(f)\exp(ikt)$.*

Beweis: Sei g der Grenzwert der gleichmäßig konvergenten Fourierreihe. Nach Satz 8.3 haben f und g die gleichen Fourierkoeffizienten. Also ist $f = g$ nach dem gerade bewiesenen Satz.   □

Es gibt eine Abschätzung für die Fourierkoeffizienten, die von dem Astronomen F. W. Bessel[3] stammt, und die wir für das nächste Ergebnis brauchen:

Satz 8.8. (Besselsche Ungleichung) *Sei $f : \mathbb{R} \mapsto \mathbb{C}$ $2 - \pi$–periodisch und stetig. Dann gilt für die Fourierkoeffizienten $a_k(f) = \frac{1}{2\pi} \int_0^{2\pi} f(t)\exp(-ikt)dt$:*

$$\sum_{k=-\infty}^{\infty} |a_k(f)|^2 \leq \frac{1}{2\pi} \int_0^{2\pi} |f(t)|^2 dt.$$

Beweis: Sei $S_n(t) = \sum_{k=-n}^{n} a_k(f)\exp(-ikt)$.
Dann ist

$$\begin{aligned}
|f(t) - S_n(t)|^2 &= (\overline{f(t)} - \overline{S_n(t)})(f(t) - S_n(t)) \\
&= |f(t)|^2 + \overline{S_n(t)}S_n(t) - \overline{f(t)}S_n(t) - \overline{S_n(t)}f(t).
\end{aligned}$$

Nun ist $\overline{S_n(t)}S_n(t) = \sum_{\ell,k=-n}^{n} \overline{a_k(f)}a_\ell(f)\exp(-ikt)\exp(i\ell t)$. Also ergibt sich aus dem 4. Beispiel auf Seite 233

$$\frac{1}{2\pi} \int_0^{2\pi} \overline{S_n(t)}S_n(t)dt = \sum_{k=-n}^{n} |a_k(f)|^2,$$

weil das Integral über gemischte Terme 0 ist. Es ist

$$\frac{1}{2\pi} \int_0^{2\pi} \overline{S_n(t)}f(t)dt = \sum_{k=-n}^{n} |a_k(f)|^2 = \frac{1}{2\pi} \int_0^{2\pi} S_n(t)\overline{f(t)}dt,$$

wie Sie einfach durch Einsetzen von S_n und Ausrechnen erhalten. Insgesamt ergibt sich

$$\begin{aligned}
0 &\leq \frac{1}{2\pi} \int_0^{2\pi} |f(t) - S_n(t)|^2 dt \\
&= \frac{1}{2\pi} \int_0^{2\pi} (\overline{f(t)}) - \overline{S_n(t)})(f(t) - S_n(t))dt \\
&= \frac{1}{2\pi} \int_0^{2\pi} |f(t)|^2 dt - 2\sum_{k=-n}^{n} |a_k(f)|^2 + \sum_{k=-n}^{n} |a_k(f)|^2
\end{aligned}$$

---

[3] Friedrich Wilhelm Bessel, 1784–1846, deutscher Astronom und Mathematiker, bestimmte als erster mit Hilfe der Parallaxe die Entfernung zu einem Stern.

und hieraus folgt für $n \to \infty$ die Behauptung. $\square$

Hieraus erhalten wir die gleichmäßige Konvergenz der Fourierreihe für stetig differenzierbare Funktionen:

Satz 8.9. *Sei* $f : \mathbb{R} \to \mathbb{C}$ *stetig differenzierbar und* 2π–*periodisch. Dann konvergiert die Fourierreihe* $\sum_{k=-\infty}^{\infty} a_k(f)e^{ikt}$ *gleichmäßig und absolut gegen* $f(t)$.

Beweis: Natürlich ist auch f' 2π–periodisch und außerdem stetig nach Voraussetzung. Wir erhalten durch partielle Integration

$$
\begin{aligned}
a_k(f') &= \frac{1}{2\pi} \int_0^{2\pi} f'(t)e^{-ikt}dt \\
&= \frac{1}{2\pi}[f(t)e^{-ikt}]_0^{2\pi} + \frac{ik}{2\pi}\int_0^{2\pi} f(t)e^{-ikt}\,dt = ika_k(f).
\end{aligned}
$$

Für $k \neq 0$ folgt daraus $|a_k(f)| = \frac{1}{k} \cdot |a_k(f')| \leq \frac{1}{k^2} + |a_k(f')|^2$ (es ist immer $|uv| \leq |u|^2 + |v|^2$ wegen $(|u|^2 + |v|^2 - 2|uv|) = (|u| - |v|)^2 \geq 0$). Hiermit ergibt sich nach der Besselschen Ungleichung

$$
\begin{aligned}
|\sum_{k=-n}^{n} a_k(f)e^{ikt}| &\leq \sum_{k=-n}^{n} |a_k(f)| \cdot 1 \leq \sum_{k=-n}^{n} |a_k(f')|^2 + \sum_{k \neq 0} \frac{1}{k^2} \\
&\leq \int_0^{2\pi} |f'(t)|^2 dt + \sum_{k \neq 0} \frac{1}{k^2} \leq M < \infty,
\end{aligned}
$$

weil die Reihe $\sum_{k \neq 0} \frac{1}{k^2}$ konvergiert. Da n ganz links beliebig ist, folgt die gleichmäßige Konvergenz der Reihe und damit die Behauptung nach Korollar 8.7 $\square$

Beispiele:

1. $f(t) = 1$ für alle $t \Rightarrow a_k(f) = \begin{cases} 1 & k = 0 \\ 0 & \text{sonst} \end{cases}$

2. $f(t) = \begin{cases} t & 0 \leq t \leq \pi \\ 2\pi - t & \pi \leq t \leq 2\pi \end{cases}$
   und periodisch fortgesetzt durch $f(t + 2k\pi) = f(t)$. Es entsteht eine Sägezahnkurve. Eine Stammfunktion zu te^{-ikt} erhält man durch partielle Integration

$$
\int te^{-ikt} = [-\frac{te^{-ikt}}{ik}] + \frac{1}{ik}\int e^{-ikt}\,dt.
$$

Einsetzen liefert dann die Koeffizienten.

Aufgaben:

1. Berechnen Sie bitte die Fourierkoeffizienten für das 2. Beispiel.
2. Sei f eine stetige Funktion mit der Periode ω. Berechnen Sie die Fourierreihe von f, indem Sie die Umrechnung auf die Periode 2π durchführen, die neue Funktion entwickeln und dann zurücktransformieren. Das Ergebnis ist $f \sim \sum_{k=-\infty}^{\infty} a_k(f) \exp\left(\frac{2\pi i k t}{\omega}\right)$ mit $a_k(f) = \frac{1}{\omega} \int_0^{\omega} f(t) \exp(-\frac{2\pi i k t}{\omega})dt$.

Wie oben schon betont, gibt es stetige Funktionen, deren Fourierreihe nicht überall konvergiert, erst recht nicht gegen die jeweilige Funktion. Man kann jedoch den folgenden Abstand zwischen 2π–periodischen, über $[0, 2\pi]$ integrierbaren Funktionen f und g einführen: $\|f - g\|_2 = \left(\frac{1}{2\pi} \int_0^{2\pi} |f(t) - g(t)|^2 \, dt\right)^{1/2}$. Das bedeutet die "mittlere quadratische Abweichung der Funktionswerte". Dafür gilt

---

Theorem 8.10. *Sei* $f : \mathbb{R} \to \mathbb{C}$ 2π*–periodisch und integrierbar über* $[0, 2\pi]$ *und* $S_n(t) = \sum_{-n}^n a_k(f)e^{ikt}$. *Dann gilt:*

$$\lim_{n \to \infty} \|(f - S_n)\|_2 = 0$$

Bezüglich der mittleren quadratischen Abweichung kann man also eine sehr große Klasse von 2π–periodischen Funktionen durch ihre Fourierreihe approximieren. Dieser tiefer liegende Satz kann im Rahmen dieses Buches nicht bewiesen werden.

Wiederholung

Begriffe: periodische Funktion, Periode, Fourierkoeffizient, Fourierreihe, mittlere quadratische Abweichung.

Sätze: Theorem von Weierstraß, Eindeutigkeit der Fourierkoeffizienten, gleichmäßige Konvergenz der Fourierreihe, Entwicklungssatz für stetig differenzierbare periodische Funktionen, Entwicklungssatz bezüglich der mittleren quadratischen Abweichung.

8.2 Fouriertransformation

Motivation und Überblick

In der Theorie der Fourierreihen stellt man eine ω–periodische Funktion f als Reihe dar: $f(t) \sim \sum_{-\infty}^{\infty} a_n \exp(\frac{2\pi i}{\omega} nt)$. Man berücksichtigt also nur die Frequenzen $\frac{\omega}{n}$. Hat man eine nicht periodische Funktion, so wird man zur Darstellung alle möglichen Frequenzen benutzen müssen. Dann sind die Amplituden a_n aber nicht mehr diskrete Zahlen, sondern müssen durch $g(s)ds$, also unendlich kleine Beiträge ersetzt werden. Man erwartet also (im Übergang $\omega \to \infty$ oben)

$$f(t) = \int g(s) \exp(ist) \, ds$$

mit einer geeigneten Frequenzfunktion g. Insbesondere interessiert es, wie f aussieht, wenn die Frequenzfunktion g außerhalb des beschränkten Intervalls $[-a, a]$ verschwindet oder abgeschnitten wird (Breitbandfilter).
Das Shannonsche Abtasttheorem sagt dann, in welchen Zeitabständen das "Signal" f gemessen werden muss, damit man es vollständig rekonstruieren kann.

Im Folgenden betrachten wir Integrale *komplexwertiger* Funktionen über ganz $\mathbb{R}$. Eine komplexwertige Funktion $f : \mathbb{R} \to \mathbb{C}$ heißt **absolut integrierbar**, wenn die Funktionen $\Re(f)$, $\Im(f)$ und $|f|$ über $\mathbb{R}$ integrierbar sind. Wir setzen dann

$$\int_{-\infty}^{\infty} f(x)dx = \int_{-\infty}^{\infty} \Re(f)(x)dx + i \cdot \int_{-\infty}^{\infty} \Im(f)(x)dx.$$

Lemma 8.11. *Sei $f : \mathbb{R} \to \mathbb{C}$ absolut integrierbar. Dann ist für jedes $u \in \mathbb{R}$ die Funktion $x \mapsto f(x)\exp(iux)$ absolut integrierbar und es gilt $|\int_{-\infty}^{\infty} f(x)\exp(iux)dx| \le \int_{-\infty}^{\infty} |f(x)|dx$.*

Beweis: Es ist $f(x)\exp(iux) = \Re(f)(x)\cos(ux) - \Im(f)(x)\sin(ux) + i(\Re(f)(x)\sin(ux) + \Im(f)(x)\cos(ux))$. Dabei sind $\Re(f)$ und $\Im(f)$ wegen $|\Re(f)| \le |f|$ und $|\Im(f)| \le |f|$ nach Satz 8.20 integrierbar über $\mathbb{R}$. Da $x \mapsto \cos(ux)$ und $x \mapsto \sin(ux)$ stetig sind, ist die Einschränkung von $x \mapsto \Re(f)(x)\cos(ux)$ (usw.) auf ein beliebiges abgeschlossenes Intervall als Produkt von Regelfunktionen eine Regelfunktion, also ist $x \mapsto \Re(f)(x)\cos(ux)$ genau wie die anderen auftretenden Funktionen lokal integrierbar. Wegen $|\Re(f)(x)\cos(ux)| \le |\Re(f)(x)| \le |f(x)|$ ist $x \mapsto \Re(f)(x)\cos(ux)$ (wie die anderen auftretenden Funktionen) nach Satz 7.54 absolut integrierbar und die Ungleichung folgt aus Satz 7.53. □

Damit ist die folgende Definition sinnvoll.

Definition 8.12. *Sei $f : \mathbb{R} \to \mathbb{C}$ absolut integrierbar. Dann heißt die Funktion*

$$\hat{f} : u \mapsto \hat{f}(u) = \int_{-\infty}^{\infty} f(x)\exp(-iux)dx$$

*die **Fouriertransformierte** von f.*

Beispiele

1. $f(x) = 1_{[a,b]}(x)$, dies ist ein Signal, das bei a mit der Stärke 1 auftritt und bei b wieder erlischt. Es ist $\hat{f}(0) = b - a$. Sei $u \ne 0$. Dann ist $\hat{f}(u) = \int_a^b \exp(-iux)dx = \frac{-1}{iu}\exp(-iux) \mid_a^b = \frac{1}{iu}(\exp(-iua) - \exp(-iub))$. Speziell für $a = -b, b > 0$, erhalten wir $\hat{f}(u) = \frac{2}{u}\sin(ub)$.

2. $f(x) = \exp(-\frac{x^2}{2})$. Hier ist $\hat{f}(u) = \sqrt{2\pi}\exp(-\frac{u^2}{2})$. Wir bringen den Beweis erst später (siehe Seite 258), weil wir weitere Hilfsmittel dazu benötigen.

In beiden Beispielen ist $\hat{f}$ stetig mit $\lim_{|u|\to\infty} \hat{f}(u) = 0$. Dies gilt allgemein; physikalisch ist auch kaum etwas anderes zu erwarten.

Theorem 8.13. (Satz von Riemann[4]-Lebesgue[5]) *Sei f eine über $\mathbb{R}$ absolut integrierbare Funktion. Dann ist ihre Fouriertransformierte $\hat{f}$ stetig und es gilt $\lim_{|u|\to\infty} \hat{f}(u) = 0$.*

Beweis: (*Andeutung*) Man beweist den Satz zunächst für Indikatorfunktionen $1_{[a,b]}$ (siehe Beispiel 1, Seite 257). Daraus folgt der Satz für Treppenfunktionen. Nun approximiert man f durch Treppenfunktionen. Der Satz folgt dann durch subtile Abschätzungen.   □

Aufgrund der Eigenschaften des Integrals ist die folgende Rechenregel unmittelbar klar:

$$(\alpha f + \beta g)^\wedge = \alpha\hat{f} + \beta\hat{g}. \tag{8.1}$$

Wichtig ist die folgende Eigenschaft der Fouriertransformierten:

Satz 8.14. *Sei $f : \mathbb{R} \to \mathbb{R}$ absolut integrierbar. Ist darüber hinaus auch die Funktion $g : x \mapsto g(x) = xf(x)$ absolut integrierbar, so ist $\hat{f}$ differenzierbar und es gilt*

$$\hat{f}'(u) = -i\int_{-\infty}^{\infty} xf(x)e^{-iux}dx$$

Der Beweis hierfür übersteigt den Rahmen des Buchs.

Eine gewisse Umkehrung des vorangegangenen Satzes ist der folgende Satz.

Satz 8.15. *Sei $f : \mathbb{R} \to \mathbb{R}$ absolut integrierbar und differenzierbar. Es gelte $\lim_{|x|\to\infty} f(x) = 0$. Ist auch die Ableitung f' absolut integrierbar, so gilt $\widehat{(f')}(u) = iu\hat{f}(u)$.*

Beweis: Es ist nach der Leibnizschen Produktregel

$$\hat{f}'(u) = \int_{-\infty}^{\infty} f'(x)e^{-iux}dx = \underbrace{[f(x)e^{-iux}]_{-\infty}^{\infty}}_{=0} + iu\int_{-\infty}^{\infty} f(x)e^{-iux}fx = iu\hat{f}(u).$$

□

Beispiel: Das folgende Beispiel ist zentral in der Stochastik (Normalverteilung). $f : x \mapsto \exp(-\frac{x^2}{2})$ erfüllt die Voraussetzungen der beiden vorangegangenen Sätze. Außerdem gilt $f'(x) + xf(x) = 0$. Wendet man hierauf unter Berücksichtigung der Gleichung 8.1 die Fouriertransformation an, so ergibt sich $iu\hat{f}(u) + i\hat{f}'(u) = 0$, also nach Division durch

---

[4] Bernhard Riemann, 1826–1866, Professor für Mathematik in Göttingen, einer der Begründer der modernen Funktionentheorie. Er hat vor allem auch die nach ihm benannte Geometrie von Mannigfaltigkeiten geschaffen.

[5] Henri Leon Lebesgue, 1875–1941, französischer Mathematiker; seine 1905 abgeschlossene Dissertation enthielt die fundamentale, heute nach ihm benannte Integrationstheorie.

i, $\hat{f}'(u) + u\hat{f}(u) = 0$. Die Funktion und ihre Fouriertransformierte erfüllen also beide dieselbe "Differentialgleichung". Es ist $\hat{f}(0) = \sqrt{2\pi}$ und $f(0) = 1$.

Sei $h(x) = \frac{1}{\sqrt{2\pi}} \frac{\hat{f}(x)}{f(x)}$. Dann gilt $h(0) = 1$ und $h'(x) = \frac{1}{\sqrt{2\pi} f(x)^2} (\hat{f}'(x)f(x) - \hat{f}(x)f'(x)) = 0$, und damit ist $\hat{f}(x) = \sqrt{2\pi} f(x)$.

Definition 8.16. *Sei f absolut integrierbar. Dann heißt die durch $\check{f}(u) = \frac{1}{2\pi} \int_{-\infty}^{\infty} f(x)e^{iux}dx = \frac{1}{2\pi} \hat{f}(-u)$ erklärte Funktion die* **inverse Fouriertransformierte** *von f.*

Der Name erklärt sich aus folgendem Satz, der gleichzeitig teilweise die Frage beantwortet, wann sich eine Funktion f aus ihren Frequenzen $\hat{f}(u)$ rekonstruieren lässt.

Theorem 8.17. *Sei f stetig, absolut integrierbar und es gelte $\lim_{|x| \to \infty} f(x) = 0$. Sei ferner $\hat{f}$ absolut integrierbar. Dann ist $f(x) = \frac{1}{2\pi} \int_{-\infty}^{\infty} \hat{f}(u) \exp(iux)du$. Anders ausgedrückt: es ist $f = (\check{\hat{f}})$.*

Bemerkung: Für das Beispiel $f(x) = \exp(-\frac{x^2}{2})$ haben wir dieses Theorem im vorangegangenen Beispiel bereits gezeigt. Einer der verschiedenen Beweise dieses Theorems benutzt das Beispiel.

Das Abtasttheorem von Shannon

Als Anwendung der Fouriertransformation behandeln wir das Abtasttheorem von Shannon[6]. Dazu interpretieren wir die absolut integrierbare Funktion f als Signal, zusammengesetzt aus verschiedenen Frequenzen t mit Amplituden $(2\pi)^{-1} \hat{f}(t)dt$. "Zusammengesetzt" bedeutet dabei einfach, dass für f die Gleichung aus Theorem 8.17 gilt. Deshalb nennt man $\hat{f}(\mathbb{R})$ auch das **Spektrum von f**. In der Praxis stellt sich die Frage: An welchen Stellen muss man das Signal f abtasten, um es vollständig rekonstruieren zu können? Hierauf gibt der folgende Satz von Shannon für den Fall, dass das Spektrum beschränkt ist, eine Auskunft. Seine Bedeutung für die Informatik kann nicht überschätzt werden. Denn da in der Praxis die Frequenz immer beschränkt ist, können wir das Signal nach dem Satz exakt durch eine abzählbare (also fast verlustfrei durch eine endliche) Menge von Abtastwerten repräsentieren. Da auch jeder Signalwert nur bis zu einer gewissen endlichen Genauigkeit gebraucht wird, können wir die Werte in einem Computer speichern, bearbeiten und versenden. CD-Technik arbeitet zum Beispiel mit einer Abtastrate von 44,1 kHz und

---

[6] Claude Shannon, 1916–2001, amerikanischer Mathematiker, arbeitete u.a. als Professor am Massachusetts Institute of Technology (MIT) und gilt als einer der Begründer der Informationstheorie.

benutzt 16 Bits zum Speichern einzelner Werte. Dadurch lassen sich Audio–Signale zwischen 0 und 22, 05kHz mit einem Fehler ("Quantisierungsrauschen"), der an der Grenze des Hörbaren liegt, rekonstruieren (vergl. [21, S. 4]).

Theorem 8.18. (Abtasttheorem) *Sei* $f : \mathbb{R} \rightarrow \mathbb{C}$ *stetig, absolut integrierbar und erfülle* $\lim_{|x| \to \infty} f(x) = 0$. *Es sei darüberhinaus* $x \mapsto x f(x)$ *absolut integrierbar. Das Spektrum* $\hat{f}(\mathbb{R})$ *von* f *liege ganz im Intervall* $] - a, a[$ *für ein* $a > 0$. *Dann ist*

$$f(x) = \sum_{k=-\infty}^{\infty} f\left(\frac{k\pi}{a}\right) \frac{\sin(ax - k\pi)}{ax - k\pi}.$$

Die rechts stehende Reihe konvergiert gleichmäßig gegen f.

Für $t = 0$ soll in der rechten Summe einfach 1 stehen. Es ist ja

$$1 = \lim_{\frac{k\pi}{a} \neq x \to \frac{k\pi}{a}} \frac{\sin(ax - k\pi)}{ax - k\pi}.$$

Der Satz besagt, dass der Abstand zwischen zwei Abtastwerten π/a sein muss, damit man f rekonstruieren kann. Dabei ist $2a$ die sogenannte Bandbreite von f. Die Abtastrate (Zahl der Abtastungen pro Zeiteinheit) ist a/π. Nennt man $1/2a$ die *Grenzfrequenz*, so ergibt sich die"Faustregel", dass man mit der doppelten Grenzfrequenz abtasten muss.

Beweis: *Idee:* Man setzt $\hat{f}$ zu einer periodischen Funktion g mit Periode $2a$ fort und entwickelt diese Funktion in eine Fourierreihe. *Ausführung:* Es ist nach Voraussetzung auch $x \mapsto x f(x) =: h(x)$ absolut integrierbar. Damit ist nach Satz 8.14 $\hat{f}$ stetig differenzierbar. Sei g die $2a$–periodische Fortsetzung von $\hat{f}$. Da g ebenfalls stetig differenzierbar ist, konvergiert ihre Fourierreihe nach Satz 8.9 absolut. Wir schreiben die Fourierreihe komplex um. Es ist dann $g(t) = \sum c_k \exp(i\pi kt/a)$ mit $c_k = 1/2a \int_{-a}^{a} g(t) \exp(-i\pi kt/a) dt$. Für $t \in [-a, a]$ ist nun $g(t) = \hat{f}(t)$, nach Theorem 8.17 gilt also $c_k = \pi f(-\frac{k\pi}{a})/a$. Da $\hat{f}$ als stetige Funktion, die außerhalb von $[-a, a]$ verschwindet, absolut integrierbar ist, ergibt sich

$$
\begin{aligned}
f(x) &= 1/2\pi \int_{-a}^{a} g(t) \exp(ixt) dt \\
&= 1/2a \int_{-a}^{a} \sum_{k=-\infty}^{\infty} f(\frac{k\pi}{a}) \exp(-\frac{i\pi kt}{a}) \exp(ixt) dt \\
&= 1/2a \sum_{k=-\infty}^{\infty} f(\frac{k\pi}{a}) \int_{-a}^{a} \exp(it\frac{ax - \pi k}{a}) dt = \sum_{k=-\infty}^{\infty} f(\frac{k\pi}{a}) \frac{\sin(ax - \pi k)}{ax - \pi k}.
\end{aligned}
$$

Dabei gilt die vorletzte Gleichung, weil die Summe absolut konvergent ist, also wegen $| \exp(-i\pi kt/a) \exp(ixt) | = 1$ gleichmäßig auf $[-a, a]$ konvergiert. Sie können demnach das Integral und die Summe nach Satz 7.23 vertauschen. $\qquad\square$

8.3 Skalare gewöhnliche Differentialgleichungen

Motivation und Überblick

Differentialgleichungen stellen eines der mächtigsten Modellierungshilfsmittel für Phänomene der Natur dar, wenn Systeme beschrieben werden sollen, deren Zustände sich dynamisch ändern und deren Änderung von der Ableitung der Funktion abhängt, die die Zustände beschreibt.
Wir erklären, was ein skalares kontinuierliches dynamisches System ist, wie es mit skalaren gewöhnlichen Differentialgleichungen zusammenhängt und behandeln beispielhaft wichtige elementare Differentialgleichungen.

Wir betrachten irgendein System in der Natur oder Technik, dessen Zustand durch eine einzige Größe y, der **Zustandsgröße** des Systems, beschrieben werden kann, die sich mit der Zeit stetig differenzierbar ändert. Ein solches System ist ein **skalares, kontinuierliches dynamisches System**. Das System kann z. B. eine Spezies und die Größe y deren Populationsdichte sein. Sie ist eine Funktion der Zeit.

Im Allgemeinen kann man die zeitliche Entwicklung der Zustandsgröße eines solchen Systems zunächst nicht direkt angeben. Aber man hat ein Prinzip oder Modell, das es erlaubt, eine Beziehung zwischen der Funktion y selbst (Populationsdichte) und ihrer Ableitung anzugeben. Diese Beziehung kann man häufig als **Differentialgleichung** schreiben ($\dot{y}$: Ableitung nach der Zeit):

$$\dot{y}(t) = f(t, y(t)),$$

wo f eine Funktion von zwei Variablen, also eine Abbildung von $D \subseteq \mathbb{R}^2 \to \mathbb{R}$ ist[7]. Das bedeutet: wir kennen zu jedem Zeitpunkt die *Änderung* der Zustandsgröße pro Zeiteinheit für jeden möglichen Wert der Zustandsgröße y. Anders ausgedrückt: wir kennen in jedem Punkt (t_1, y_1) die *Tangentensteigung* einer durch diesen Punkt laufenden Funktion. Die Aufgabe besteht darin, die *Funktion* $y : t \mapsto y(t)$ zu finden.

Allgemeiner kommt sowohl bei biologischen Systemen als auch bei schwingenden Systemen eine Beziehung zwischen der Funktion, ihrer ersten und zusätzlich ihrer zweiten Ableitung als Modellbeschreibung vor. Zum Beispiel wird die Bewegung eines Pendels (seine Ablenkung aus der Ruhelage) durch die Gleichung $\ddot{y} + \alpha\dot{y} + \omega^2 \sin(y) = 0$ beschrieben.

Wir behandeln hier die wichtigsten Typen von Differentialgleichungen mit elementaren Methoden: die Evolutionsgleichung und die Schwingungsgleichung.

8.3.1 Evolutionsgleichungen

Wir betrachten ein sich zeitlich entwickelndes System, das durch eine Funktion $y(t)$ der Zeit t beschrieben wird, wobei die Funktion $y(t)$ je nach System die zur Zeit

---

[7] Den Buchstaben y für eine Funktion zu wählen ist gewöhnungsbedürftig, aber üblich. In der Tradition von Newton bevorzugen wir die Punktnotation $\dot{y}$ statt y', wenn die Ableitung nach der Zeit erfolgt.

t vorhandene Masse, oder Menge oder Populationsdichte oder radioaktive Masse beschreibt. Wir wollen im Folgenden verschiedene Wachstumsphänomene modellieren.

Die lineare homogene Gleichung. Die Gleichung

$$\dot{y}(t) = ay(t) \quad (0 \neq a)$$

beschreibt die sogenannte **lineare Evolution** eines solchen Systems. Die Gleichung bedeutet: *Die relative Änderung $\dfrac{\dot{y}(t)}{y(t)}$ pro Zeiteinheit und vorhandener Masse (Menge, Substanz, etc.) ist konstant.* Ist $a > 0$, so sprechen wir von einem **Wachstumsprozess**, ist dagegen $a < 0$, von einem **Zerfallsprozess**. Das System entwickelt sich *ohne Steuerung von außen*. Ist y eine Lösung, so auch by, wo b eine Konstante ist. Deshalb heißt die Gleichung auch **homogen**. Da der Faktor a konstant ist, nennt man diese Differentialgleichung bzw. das System, das man mit ihr beschreibt, **autonom**.

Gleichungen zwischen Funktionen, die für jedes Argument gelten sollen und neben der Funktion ihre Ableitung enthalten, heißen **gewöhnliche Differentialgleichungen erster Ordnung**. Jede Funktion, die eine solche Gleichung erfüllt, heißt deren **Lösung**.

Satz 8.19. (**Lösung der linearen Evolutionsgleichung**)
Zu jedem Paar $(t_0, y_0) \in \mathbb{R}^2$ gibt es genau eine Funktion $y : \mathbb{R} \to \mathbb{R}$, die die Differentialgleichung

$$\dot{y}(t) = ay(t)$$

löst und den Anfangswert $y(t_0) = y_0$ hat, nämlich $y(t) = \exp(a(t - t_0))y_0$.

Beweis: Die angegebene Funktion erfüllt beide Gleichungen, wie man durch Nachrechnen bestätigt. Sei g eine weitere Funktion, die beide Gleichungen erfüllt. Die Funktion $h(t) = \exp(-a(t-t_0))g(t)$ erfüllt dann $\dot{h}(t) = 0$ für alle t, also ist $h(t)$ konstant gleich $h(t_0) = y_0$. Damit ist $g(t) = \exp(a(t - t_0))h(t) = y(t)$. $\qquad\square$

Die inhomogene lineare Evolutionsgleichung. Wird das System zusätzlich zur Eigenentwicklung von außen gesteuert, so lautet die Differentialgleichung

$$\dot{y}(t) = ay(t) + g(t),$$

wo g eine stetige Funktion auf dem Intervall J ist. Sie heißt **lineare inhomogene Differentialgleichung**. Eine spezielle Lösung ist $y(t) = \exp(a(t - t_0)) \int_{t_0}^{t} \exp(-a(s - t_0))g(s)ds$, wie man durch Differenzieren bestätigt.

Satz 8.20. *Zu jedem Paar $(t_0, y_0) \in J \times \mathbb{R}$ gibt es genau eine Funktion $y : J \to \mathbb{R}$, die die Differentialgleichung $\dot{y}(t) = ay(t) + g(t)$ löst und den Anfangswert $y(t_0) = y_0$ hat, nämlich*

$$y(t) = \exp(a(t - t_0))y_0 + \exp(a(t - t_0)) \int_{t_0}^t \exp(-a(s - t_0))g(s)ds.$$

Beweis: Dass die angegebene Funktion y die Differentialgleichung löst und den angegebenen Anfangswert hat, erhält man durch Nachrechnen.

y ist die einzige Lösung. Denn wäre y_1 eine weitere Lösung, so wäre $h = y - y_1$ Lösung der homogenen Gleichung zum Anfangswert $(t_0, 0)$ (bitte rechnen Sie das nach!), und das ist nach Satz 8.19 die Null-Lösung.   □

Die einfachsten nichtlinearen Wachstumsmodelle. Die einfachste Beschreibung eines nichtlinearen Wachstumsmodells ist

$$\dot{y} = ay^2 - by, \quad a, b \neq 0.$$

Je nach Art der Parameter ergeben sich Sättigungsphänomene oder auch explosives Wachstum. Durch die Transformation $u = 1/y$ erhält man nach der Kettenregel $\dot{u} = -\dfrac{\dot{y}}{y^2} = bu - a$, also eine besonders einfache inhomogene lineare Differentialgleichung. Wir wählen $t_0 = 0$. Dann ist die Lösung $u(t) = \exp(tb)u_0 + \dfrac{a}{b}(1 - \exp(tb))$. Daraus ergibt sich

$$y(t) = \frac{by_0}{(b - ay_0)\exp(tb) + ay_0}.$$

Benutzen Sie nun bitte das Applet "Funktionen einer Veränderlichen". Schauen Sie sich die Lösungen für einzelne Anfangswerte und verschiedene $a, b \neq 0$ an. Wählen Sie auch Anfangswerte $y_0 > b/a$.

Sättigungsphänomene: Ist $b > 0$ und $a < 0$, so lautet die Differentialgleichung mit neuen, positiven Konstanten $\dot{y} = y(c - dy)$. In diesem Fall erfüllt jede Lösung zu einem beliebigen positive Startwert $\lim_{t \to \infty} y(t) = c/d$, das System stabilisiert sich im Laufe der Zeit.

Explosives Wachstum oder Aussterben: Wir nehmen jetzt a und b als positiv an. Ist $b > ay_0$, so gilt $\lim_{t \to \infty} y(t) = 0$. Der "Sterbeterm" by ist zu groß. Ist $b = ay_0$, so bleibt die Lösung konstant gleich b/a. Ist schließlich $b < ay_0$, so explodiert das Wachstum in endlicher Zeit. Genauer gilt dann $\lim_{t \to t_\infty} y(t) = \infty$, für $t_\infty = \dfrac{1}{b} \ln(\dfrac{ay_0}{ay_0 - b})$. Man befürchtet, dass die Erdbevölkerung einem solchen Gesetz gehorcht.

8.3.2 Die lineare Schwingungsgleichung

Eine weitere wichtige Differentialgleichung ist die lineare Schwingungsgleichung, mit der ganz allgemein Abweichungen von einer Ruhelage des Systems beschrieben werden. Für die Informatik ist vor allem die Schwingungsgleichung eines elektrischen Stromkreises von Bedeutung. Hat dieser einen vernachlässigbaren Widerstand, so findet man folgende Differentialgleichung. Dabei bezeichnet man üblicherweise die gesuchte Funktion nicht mit f [8], sondern mit $x : J \to \mathbb{R}$

$$\ddot{x}(t) = -\omega^2 x(t) + g(t), \ \omega \neq 0.$$

Dabei ist g eine reelle Funktion, die eine Einwirkung von außen auf das System beschreibt. Das System heißt **frei** und die Gleichung heißt **homogen** wenn $g = 0$ ist. Ist $\dot{g} \neq 0$, so spricht man von **erzwungenen Schwingungen** bzw. nennt die Gleichung **inhomogen**. Weil ein eventueller Widerstand unberücksichtigt ist, spricht man von einem **ungedämpften** System.

Um die Eindeutigkeit der Lösung der homogenen Gleichung zu erhalten, müssen wir – wie es physikalisch sinnvoll ist – noch die Startauslenkung $x(t_0) = x_0$ und die Startgeschwindigkeit $\dot{x}(t_0) = v_0$ vorgeben.

Satz 8.21. (Freie ungedämpfte Schwingungen)
Zu jedem Tripel $(t_0, x_0, v_0) \in \mathbb{R}^3$ *gibt es genau eine Lösung der Schwingungsgleichung*

$$\ddot{x}(t) = -\omega^2 x(t),$$

mit den Anfangswerten $x(t_0) = x_0$, $\dot{x}(t_0) = v_0$, *nämlich*

$$x(t) = x_0 \cos(\omega(t - t_0)) + \frac{v_0}{\omega} \sin(\omega(t - t_0)).$$

Beweis: Die angegebene Funktion erfüllt die Differentialgleichung und die beiden "Anfangswerte", wie Sie durch Nachrechnen bestätigen.
Eindeutigkeit: Sei g eine weitere Lösung mit den gleichen Anfangswerten und $h = x - g$. Dann ist $\ddot{h} + \omega^2 h = 0$. Multipliziert man diese Gleichung mit $2\dot{h}$ und benutzt die Kettenregel, so erhält man $((\dot{h})^2)' + \omega^2 (h^2)' = 0$, also ist $(\dot{h})^2(t) + \omega^2 h^2(t)$ konstant, also gleich $(\dot{h})^2(t_0) + \omega^2 h^2(t_0) = 0$, woraus $h^2 = 0$, also $x = g$ folgt. □

Schlussbemerkung. Wir haben bei allen behandelten Differentialgleichungen einen dem jeweiligen Typ angepassten Trick benutzt, um die Eindeutigkeit der Lösungen zu zeigen. *Es gibt einen ganz allgemeinen Satz über die Lösungen von Differentialgleichungen, aus dem die Eindeutigkeit sofort in jedem unserer Fälle folgen würde. Dessen Darstellung übersteigt jedoch den Rahmen dieses Buches.* Für eine ausführliche Darstellung des Gebiets siehe z. B. [28].

---

[8] Die folgende Notation ist gewöhnungsbedürftig.

Wiederholung

Begriffe: Evolutionsgleichung, homogene und inhomogene Evolutionsgleichung, nichtlineare Wachstumsgleichung, homogene Schwingungsgleichung, Anfangswertprobleme, Lösung einer Differentialgleichung.

Sätze: Existenz und Eindeutigkeit des Anfangswertproblems bei diesen Typen von Differentialgleichungen.

9. Vektorräume

Motivation und Überblick

Ausgehend von Vektoren in der Ebene und im Raum führen wir den zentralen Begriff innerhalb der linearen Algebra ein, nämlich den des (abstrakten) Vektorraums über einem Körper. Die wichtigsten Grundbegriffe sind die der linearen Unabhängigkeit, Basis und Dimension.

In Vektorräumen über den reellen oder komplexen Zahlen lassen sich durch Skalarprodukte auch Winkel, Rechwinkligkeit (Orthogonalität), Länge eines Vektors und damit der Abstand zwischen Vektoren erklären. In Vektorräumen über endlichen Körpern führen wir den Hamming-Abstand ein und wenden ihn auf fehlerkorrigierende Codes an.

Einführung

Ein großer Fortschritt in der Mathematik war die Einführung von Koordinaten in der Geometrie durch Descartes (und unabhängig von ihm auch durch Fermat). Damit konnte man geometrische Figuren durch algebraische Gleichungen beschreiben. Schnitte solcher Figuren mussten nicht mehr konstruiert, sondern konnten berechnet werden. Die "Algebraisierung" geometrischer Sachverhalte ermöglichte die Lösung vieler geometrischer Probleme und auf ihr fußt heute auch die Verwendung des Computers in der Geometrie.

Der modernen Behandlung von Koordinaten liegt der Begriff des Vektorraums zugrunde, der erst im 19. Jahrhundert in seiner inhaltlichen Bedeutung von Graßmann[1] eingeführt wurde. Vektorräume besitzen spezielle Erzeugendensysteme, die Basen, bezüglich derer sich jedes Element eindeutig darstellen lässt – und diese eindeutige Darstellung wird durch die Koordinaten beschrieben.

Neben ihrer geometrischen Bedeutung, die in der Informatik besonders in der graphischen Datenverarbeitung und in der Robotik deutlich wird, ist die Theorie der Vektorräume ein unverzichtbares Hilfsmittel in der gesamten Mathematik; sie ist auch in den Anwendungen der Mathematik, von den Wirtschaftswissenschaften bis

---

[1] Hermann Günther Graßmann, 1809–1877, Lehrer in Stettin, verfasste wichtige sprachwissenschaftliche und mathematische Arbeiten.

zur Physik, allgegenwärtig. Dies gilt auch für die Informatik. Wir werden dies exemplarisch an der Codierung von Daten zur Fehlererkennung sowie im nächsten Kapitel am Vektorraum-basierten Information Retrieval verdeutlichen.

9.1 Vektorräume

Motivation und Überblick

Motiviert durch den anschaulich geometrischen Begriff des Vektors definieren wir axiomatisch die algebraische Struktur "Vektorraum". Beispiele von Vektorräumen treten nicht nur in der Geometrie, sondern in zahlreichen anderen Zusammenhängen auf. Wir beschreiben einige dieser Beispiele und führen den Begriff des Unterraums ein.

In Kapitel 4 hatten wir uns schon mit einigen wichtigen algebraischen Strukturen wie (Halb-)Gruppen, Ringen und Körpern befasst. Wir widmen uns jetzt einem weiteren Teilgebiet der Algebra, nämlich der **linearen Algebra**. Zentral für die lineare Algebra ist der Begriff des **Vektorraums**, der – wie der Gruppen-, Ring- oder Körperbegriff auch – durch Axiome definiert wird. Zur Vorbereitung dieser abstrakten Definition gehen wir zunächst kurz auf den geometrisch anschaulichen Begriff des **Vektors** in der Ebene oder im Raum ein.

Vektoren sind Ihnen wahrscheinlich aus der Schule bekannt als Objekte, die durch Richtung und Länge beschrieben werden, bildlich veranschaulicht durch Pfeile. Begegnet sind Ihnen Vektoren außer in der Geometrie vor allem in der Physik, wo z. B. Kraft, elektrische Feldstärke, Geschwindigkeit und Beschleunigung durch Vektoren beschrieben werden.

Man kann zwei Sichtweisen dieses anschaulichen Vektorbegriffs unterscheiden: Wenn Vektoren nur durch ihre Richtung und Länge bestimmt sind, haben sie keine festgelegte Position in der Ebene oder im Raum, sondern können an jedem Punkt angesetzt werden. Damit beschreibt ein solcher "freier" Vektor eine Verschiebung jedes Punktes, nämlich gerade um die Länge und in die Richtung des Vektors. Andererseits ist in der Geometrie häufig auch von "Ortsvektoren" die Rede, die an einen festen Ursprungspunkt "angeheftet" sind. Damit wird jeder Punkt in der Ebene bzw. im Raum genau durch einen Ortsvektor beschrieben, nämlich denjenigen, dessen Pfeil in diesem Punkt endet. Eine Verbindung und begriffliche Präzisierung dieser beiden Vorstellungen von Vektoren geschieht in der affinen Geometrie, die wir in Kapitel 12 behandeln werden.

Betrachten wir im Folgenden zunächst die Ortsvektoren in der Ebene, die wir jetzt einfach Vektoren nennen. Diese lassen sich addieren nach der bekannten Parallelogrammregel.

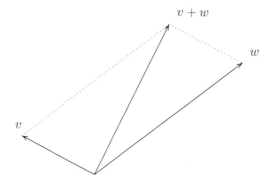

Durch einfache geometrische Überlegungen macht man sich klar, dass die Menge der Vektoren mit dieser Addition eine kommutative Gruppe ist. Das neutrale Element ist der sog. Nullvektor (der Länge 0), der den Ursprungspunkt bestimmt. Der inverse Vektor $-v$ zu v hat dieselbe Länge, aber entgegengesetzte Richtung wie v.

Außerdem kann man Vektoren mit reellen Zahlen, den **Skalaren**, multiplizieren. Ist $a \in \mathbb{R}$ und v ein Vektor, so bezeichnet av denjenigen Vektor, der aus v durch Streckung bzw. Stauchung ("Skalierung") um den Faktor a entsteht, wobei die Richtungen von v und av im Fall $a > 0$ übereinstimmen und im Fall $a < 0$ entgegengesetzt sind. Man prüft leicht die folgenden Eigenschaften dieser Multiplikation mit Skalaren nach:

$$\begin{aligned}
(a + b)v &= av + bv \\
a(v + w) &= av + aw \\
(ab)v &= a(bv) \\
1v &= v.
\end{aligned}$$

Wenn wir in der Ebene ein (rechtwinkliges) Koordinatensystem festlegen, dessen Nullpunkt mit dem Ursprungspunkt der von uns betrachteten Ortsvektoren übereinstimmt, so lässt sich jeder Punkt durch sein Koordinatenpaar $\binom{x}{y}$ beschreiben. Bestimmt der Vektor v den Punkt mit den Koordinaten $\binom{x}{y}$ und w den Punkt mit den Koordinaten $\binom{x'}{y'}$, so bestimmt $v + w$ den Punkt mit den Koordinaten $\binom{x}{y} + \binom{x'}{y'} := \binom{x+x'}{y+y'}$ und av den Punkt mit den Koordinaten $a\binom{x}{y} := \binom{ax}{ay}$. Jedem Ortsvektor ist also eindeutig ein Koordinatenpaar zugeordnet, und diese Zuordnung ist mit Addition und Multiplikation mit Skalaren verträglich.

Benutzen Sie nun bitte das Applet "Vektoren in der Ebene". Schauen Sie sich die Vektoraddition und Multiplikation mit Skalaren an. Wählen Sie zum Beispiel $v = \binom{1}{2}$, $w = \binom{14}{3}$. Wählen Sie v und den Skalar $a = 2.5$.

Die hier dargestellten Eigenschaften der Addition von Vektoren der Anschauungsebene (oder des Raums) und der Multiplikation mit Skalaren werden nun als Axiome zur Definition des Vektorraumbegriffs verwendet. Dabei ist die ursprüngliche
geometrische Sichtweise eine wichtige Motivation für diese Definition (und sie wird
später zur Veranschaulichung von Aussagen in Vektorräumen auch immer wieder
herangezogen werden), der abstrakte Begriff des Vektorraums ist aber völlig unabhängig von geometrischen Interpretationen. Tatsächlich gibt es viele Beispiele
von Vektorräumen, die keinen Bezug zur Geometrie haben. Es ist hier genauso wie
bei den schon eingeführten algebraischen Begriffen aus Kapitel 4: Auch wenn wir
uns z. B. bei der Einführung der Ringaxiome von Eigenschaften der ganzen Zahlen
leiten ließen, gibt es viele weitere Beispiele von Ringen, z. B. Polynomringe oder
Boolesche Ringe, die nichts mit $\mathbb{Z}$ zu tun haben.

Bei der Definition des Vektorraums lösen wir uns auch davon, dass Skalare reelle
Zahlen sind, sondern lassen beliebige Körper als Skalarbereiche zu. Neben $\mathbb{R}$ und $\mathbb{C}$
spielen gerade in der Informatik Vektorräume über endlichen Körpern, insbesondere
über dem Körper $\mathbb{K}_2$, eine wichtige Rolle. Bei dieser allgemeinen Vektorraumdefinition ist es dann nicht mehr möglich, von der Länge oder Richtung eines Vektors
zu sprechen. Für Vektorräume über $\mathbb{R}$ oder $\mathbb{C}$ werden wir in Abschnitt 9.3 einen
Längen- und Winkelbegriff einführen.

Definition 9.1. (Vektorraum über K)   *Sei V eine Menge, K ein Körper.*
Auf V sei eine Addition $V \times V \to V, (v, w) \mapsto v + w$ und eine Multiplikation
mit Körperelementen (Skalare) $K \times V \to V, \ (a, v) \mapsto av$ gegeben mit folgenden
Eigenschaften:

(1) $(V, +)$ ist eine kommutative Gruppe.
(2) Für alle $v, w \in V$, $a, b \in K$ gilt
    (2a) $(a + b)v = av + bv$
    (2b) $a(v + w) = av + aw$
    (2c) $(ab)v = a(bv)$
    (2d) $1v = v$.

*Dann heißt V ein **Vektorraum über** K (oder kurz **K-Vektorraum**).*

Die Elemente eines Vektorraums werden Vektoren genannt, auch wenn sie nicht die
zu Beginn des Kapitels beschriebene geometrische Bedeutung haben. Das Nullelement von $(V, +)$ wird **Nullvektor** genannt und mit o bezeichnet. Oft spricht man
auch nur von "Vektorraum", wenn es unerheblich ist, welcher Körper als Skalarbe-
reich fungiert oder wenn der Körper aus dem Zusammenhang klar ist.

Die Vektorraumdefinition weist einen wesentlichen Unterschied zu den in Kapitel 4
betrachteten Definitionen algebraischer Strukturen auf. Bei (Halb-)Gruppen oder
Ringen kommen nur Verknüpfungen von Elementen der zu Grunde liegenden Mengen vor. Bei Vektorräumen ist dies für die Addition auch der Fall, die Multiplikation
mit Skalaren stellt aber eine Verknüpfung von "externen" Objekten, nämlich den

Körperelementen, mit "internen" Objekten, den Vektoren, dar, wobei als Ergebnis wieder Vektoren entstehen. Man sagt auch, dass der Körper auf dem Vektorraum "operiert". Diese Multiplikation von Körperelementen mit Vektoren ist streng zu unterscheiden von der Multiplikation im Körper, ebenso wie die Addition von Vektoren von der Addition im Körper zu unterscheiden ist (obwohl wir die gleichen Verknüpfungssymbole verwenden)[2]. So steht in (2a) von Definition 9.1 das "+" auf der linken Seite für die Addition in K, während es auf der rechten Seite die Addition in V bezeichnet. In (2c) ist auf der linken Seite in der Klammer die Multiplikation in K gemeint; alle übrigen Multiplikationen in dieser Gleichung sind Multiplikationen von Skalaren mit Vektoren.

Vereinbarung: Wir bezeichnen sowohl Skalare als auch Vektoren mit kleinen lateinischen Buchstaben. Aus dem Kontext wird immer klar sein, was gemeint ist, zumal wir in der Regel für Skalare Buchstaben aus der ersten Hälfte und für Vektoren Buchstaben aus der zweiten Hälfte des Alphabets verwenden.

Beispiele:

1. Das einfachste (und uninteressanteste) Beispiel eines Vektorraums ist der **Nullraum**. Er besteht nur aus dem Nullvektor.
2. Die Menge der Ortsvektoren zu einem festgelegten Ursprungspunkt in der Anschauungsebene (oder im Raum) bildet einen Vektorraum über $\mathbb{R}$. Dies war gerade das Beispiel, mit dem wir auf die Vektorraumdefinition zugesteuert sind.
3. Sei $V = K^n = \left\{ x : x = \begin{pmatrix} x_1 \\ \vdots \\ x_n \end{pmatrix}, x_i \in K \right\}$. Die Addition ist komponentenweise

   erklärt: Ist $x = \begin{pmatrix} x_1 \\ \vdots \\ x_n \end{pmatrix}$, $y = \begin{pmatrix} y_1 \\ \vdots \\ y_n \end{pmatrix}$, so ist $x + y = \begin{pmatrix} x_1 + y_1 \\ \vdots \\ x_n + y_n \end{pmatrix}$. Ebenso

   ist ax durch $\begin{pmatrix} ax_1 \\ \vdots \\ ax_n \end{pmatrix}$ für $a \in K$ definiert. Dann ist V ein Vektorraum über K, der

   Vektorraum der Spaltenvektoren über K.

   K^n hatten wir schon in Satz 4.25 mit der oben angegebenen Addition als Beispiel einer kommutativen Gruppe betrachtet, wobei die Elemente dort nicht als Spalten, sondern als Zeilen (n-Tupel) geschrieben wurden. Für die lineare Algebra ist die Spaltenschreibweise adäquater, wie wir in den folgenden Kapiteln über lineare Abbildungen und lineare Gleichungssysteme sehen werden. Aus drucktechnischen Gründen schreiben wir später

   auch $(x_1, \dots, x_n)^t$ für $\begin{pmatrix} x_1 \\ \vdots \\ x_n \end{pmatrix}$, wobei "$t$" für "transponiert" steht.

   Ist $K = \mathbb{R}$ und $n = 2$, so erhalten wir den zu Beginn des Kapitels beschriebenen Vektorraum der Punkte in der Ebene in Koordinatendarstellung. Die dortige Überlegung zeigt, dass $\mathbb{R}^2$ im Wesentlichen der gleiche Vektorraum wie der Vektorraum der Ortsvektoren der Ebene (mit Ursprungspunkt im Nullpunkt des Koordinatensystems) aus Beispiel 1 ist; die beiden Vektorräume sind "isomorph".

---

[2] In der Informatik nennen wir ein solches Operationssymbol "überladen", da je nach dem Typ der Argumente verschiedene Operationen daran gebunden sind.

Ist $K = \mathbb{K}_2, n = 8$, so erhalten wir mit $\mathbb{K}_2^8$ den **Vektorraum der Bytes**.

4. Sei $X \neq \emptyset$ eine beliebige Menge und V ein K-Vektorraum. Dann ist V^X, die Menge aller Funktionen von X nach V, mit der punktweise definierten Addition $(f + g)(x) :=$ $f(x) + g(x)$ nach Satz 4.28 eine kommutative Gruppe. Wir setzen $(af)(x) = a \cdot f(x)$ für $a \in K$ und $f \in V^X$ und erhalten hierdurch wiederum einen K-Vektorraum, den **Funktionenvektorraum** V^X.

5. Sei J ein Intervall in $\mathbb{R}$. Mit denselben Operationen wie in Beispiel 4 wird die Menge $C(J)$ aller stetigen Funktionen von J nach $\mathbb{R}$ oder die Menge aller n-mal differenzierbaren Funktionen von J nach $\mathbb{R}$ zu einem Vektorraum über $\mathbb{R}$.

6. Der Polynomring $K[x]$ über einem Körper K lässt sich auch als Vektorraum über K auffassen. Die Addition ist in $K[x]$ schon definiert; die Multiplikation mit Skalaren $a \in K$ ist definiert durch $a \cdot \sum_{i=0}^{n} a_i x^i = \sum_{i=0}^{n} (aa_i) x^i$. Das entspricht gerade der Multiplikation eines Polynoms vom Grad 0 (bzw. $-\infty$, falls $a = 0$) mit $\sum_{i=0}^{n} a_i x^i$ in $K[x]$. Die Vektorraumaxiome sind dann Konsequenzen aus den Ringaxiomen.

7. Sei K ein Teilkörper des Körpers L (vgl. Aufgabe 4, Seite 114). Dann kann man L als Vektorraum über K auffassen. Die Addition ist in L schon definiert, die Multiplikation von Elementen aus K (den Skalaren) mit Elementen aus L (den Vektoren) ist die Multiplikation im Körper L. Insbesondere ist K ein K-Vektorraum; dies entspricht gerade Beispiel 3 mit $n = 1$.

8. Seien $V_1, \ldots, V_n$ Vektorräume über demselben Körper K. Dann ist das kartesische Produkt $V_1 \times \cdots \times V_n$ mit komponentenweiser Addition eine kommutative Gruppe (siehe Satz 4.25). Setzt man noch $a(v_1, \ldots, v_n) := (av_1, \ldots, av_n)$ für $a \in K$ und $v_i \in V_i$, so erhält man einen K-Vektorraum, das **direkte Produkt** oder **die (äußere) direkte Summe** der V_i. Sind alle $V_i = K$, so ist dies gerade – abgesehen von der Zeilen- statt Spaltenschreibweise – der Raum K^n aus Beispiel 3.

Bemerkung: Eine objektorientierte Implementierung des Datentyps "Vektor" finden Sie in [21, Kap. 7, Bsp. 7.5.8]. Als Operationen sind dort die Vektor-Addition und das Skalarprodukt (siehe Definition 9.26) ausgeführt.

Aufgabe: Implementieren Sie bitte weitere Operationen wie z. B. die Muldiplikation eines Vektors mit einem Skalar und den Vergleich zweier Vektoren (für $K = \mathbb{R}$).

Wir vermerken einige einfache Folgerungen aus den Vektorraumaxiomen, die im Folgenden häufig verwendet werden.

Lemma 9.2. *Sei V ein Vektorraum über K, $v \in V$, $a \in K$.*

a) $0 \cdot v = o$.

b) $a \cdot o = o$.

c) $(-1) \cdot v = -v$.

Beweis: Wir beweisen nur Teil a). Es ist $0 \cdot v = (0 + 0) \cdot v = 0 \cdot v + 0 \cdot v$, und damit $o = 0 \cdot v - 0 \cdot v = (0 \cdot v + 0 \cdot v) - 0 \cdot v = 0 \cdot v$. $\qquad \square$

Aufgabe: Beweisen Sie bitte die Teile b) und c) des Lemmas.

Bemerkung: Ein Vektorraum V über $\mathbb{K}_p$, p Primzahl, ist nichts anderes als eine additiv geschriebene kommutative Gruppe, in der $pv = \underbrace{v + \cdots + v}_{p \, \text{mal}} = o$ für alle

$v \in V$ gilt. Dies liegt daran, dass $\mathbb{K}_p \cong \mathbb{Z}/p\mathbb{Z}$ nur aus dem Vielfachen der 1 besteht und $p \cdot 1 = 0$ gilt. Folglich ist $(i \cdot 1)v = \underbrace{(1 + \cdots + 1)}_{i\,\mathrm{mal}}v = 1 \cdot v + \cdots + 1 \cdot v = v + \cdots + v$;

hier haben wir (2a) und (2d) aus Definition 9.1 verwendet. Die Skalarmultiplikation lässt sich also durch die Addition ausdrücken und es ist $pv = (p \cdot 1)v = 0 \cdot v = o$ nach Lemma 9.2.

Beispiele:

a) Sei $V = \mathbb{R}^n, o \neq v \in V, G = \{rv : r \in \mathbb{R}\}$. Dann ist G bezüglich der aus V geerbten Addition und Multiplikation mit Skalaren selbst ein Vektorraum: Für $x, y \in G$, also $x = rv, y = sv$, ist $x + y = rv + sv = (r + s)v \in G$ und für $a \in \mathbb{R}$ ist $ax = a(rv) = (ar)v \in G$. Alle übrigen Vektorraumaxiome gelten in G, weil sie in V gelten. G ist ein sog. Untervektorraum von V. Geometrisch beschreibt G alle Punkte auf einer Geraden durch den Nullpunkt. Zum Beispiel ist $D = \{r\binom{1}{1} : r \in \mathbb{R}\}$ die Hauptdiagonale in der Ebene $\mathbb{R}^2$.

b) Sei wieder $V = \mathbb{R}^n, n \geq 2, o \neq v \in V, G = \{rv : r \in \mathbb{R}\}$. Sei $w \in V \setminus G$. Dann liegen v und w auf verschiedenen Geraden durch den Nullpunkt. Es ist leicht zu sehen, dass $E = \{rv + sw : r, s \in \mathbb{R}\}$ ein $\mathbb{R}$-Vektorraum ist. Geometrisch beschreibt E eine Ebene durch den Nullpunkt, aufgespannt von v und w. Für $n = 3$ und $v = \begin{pmatrix} 1 \\ 1 \\ 0 \end{pmatrix}, w = \begin{pmatrix} 0 \\ 0 \\ 1 \end{pmatrix}$, ist E die Ebene senkrecht zur (x_1, x_2)-Ebene, die diese in der Hauptdiagonalen schneidet.

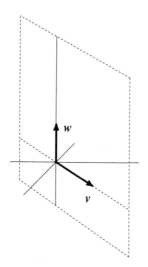

Aufgabe: Zeigen Sie bitte, dass in Beispiel b) oben die von $v = \begin{pmatrix} 1 \\ 1 \\ 0 \end{pmatrix}$, $w = \begin{pmatrix} 0 \\ 0 \\ 1 \end{pmatrix}$

in $\mathbb{R}^3$ aufgespannte Ebene $E = \{rv + sw : r, s \in \mathbb{R}\}$ auch von $v' = \begin{pmatrix} 2 \\ 2 \\ 2 \end{pmatrix}$ und $w' =$

$\begin{pmatrix} -1 \\ -1 \\ 1 \end{pmatrix}$ aufgespannt wird.

Geraden und Ebenen durch den Nullpunkt wie im obigen Beispiel geben zu folgender Verallgemeinerung Anlass.

Definition 9.3. *Sei V ein Vektorraum über dem Körper K.*

a) Seien $v_1, \ldots, v_m \in V$ und $a_1, \ldots, a_m \in K$. Dann nennt man die Summe $a_1 v_1 + a_2 v_2 + \cdots a_m v_m = \sum_{j=1}^{m} a_j v_j$ der skalaren Vielfachen $a_j v_j$ der Vektoren v_j eine **Linearkombination** *von $v_1, \ldots, v_m$.*

b) Eine nicht-leere Teilmenge U des Vektorraums V heißt **Untervektorraum** *oder* **linearer Teilraum** *von V, wenn mit $v, w \in U$ auch jede Linearkombination $av + bw \, (a, b \in K)$ in U liegt.*

Bemerkungen: a) Statt Untervektorraum sagt man häufig einfach **Unterraum**.
b) Die Bedingung in Definition 9.3 b) ist äquivalent dazu, dass U bezüglich der Addition und Skalarmultiplikation auf V selbst ein K-Vektorraum ist.

Aufgabe: Beweisen Sie bitte diese Aussage.

Beispiele:

1. Sei $V = \mathbb{K}_2^n$. Dann kann man die Unterräume von V gerade als lineare Codes (der Länge n) auffassen (vgl. Abschnitt 4.4.1 und Bemerkung Seite 272). Zum Beispiel ist

$U = \left\{ \begin{pmatrix} 0 \\ 0 \\ 0 \end{pmatrix}, \begin{pmatrix} 1 \\ 1 \\ 1 \end{pmatrix} \right\}$ ein linearer Code als Unterraum von $\mathbb{K}_2^3$.

2. In Beispiel 5, Seite 272 ist $C(J)$ ein Unterraum von $\mathbb{R}^J$ und der Vektorraum der differenzierbaren Funktion auf J ist ein Unterraum von $C(J)$.

Aufgaben:

1. Welche der folgenden Teilmengen des Vektorraums $\mathbb{R}^3$ sind Unterräume?

   a) $\left\{ \begin{pmatrix} x \\ y \\ z \end{pmatrix} : x, y, z \in \mathbb{R}, \, x + 2y + 3z = 0 \right\}$

   b) $\left\{ \begin{pmatrix} x \\ y \\ z \end{pmatrix} : x, y, z \in \mathbb{R}, \, x + 2y + 3z = 1 \right\}$

   c) $\left\{ \begin{pmatrix} x \\ y \\ z \end{pmatrix} : x, y, z \in \mathbb{R}, \, x = z^2 \right\}$

d) $\left\{ \begin{pmatrix} x \\ y \\ z \end{pmatrix} : x, y, z \in \mathbb{R}, \, x \geq y \geq z \right\}.$

2. Sei $U_1 = \{(a_1, \ldots, a_n)^t : a_i \in \mathbb{K}_2, |\{i : a_i = 1\}| \equiv 3 \pmod 5\}$,
$U_2 = \{(a_1, \ldots, a_n)^t : a_i \in \mathbb{K}_2, |\{i : a_i = 1\}| \equiv 0 \pmod 2\}$.
Für welche n ist U_1 ein Unterraum von $\mathbb{K}_2^n$, für welche n ist U_2 ein Unterraum von $\mathbb{K}_2^n$?

Satz 9.4. *Sei V ein K-Vektorraum, U_1, U_2 Unterräume von V.*

a) $U_1 \cap U_2$ ist ein Unterraum von V.

b) $U_1 + U_2 := \{u_1 + u_2 : u_1 \in U_1, u_2 \in U_2\}$ ist ein Unterraum von V. $U_1 + U_2$ heißt die **Summe** *von U_1 und U_2.*

Beweis: Teil a) folgt unmittelbar aus der Definition. Wir zeigen b). Sind $a, b \in K$ und $u_1, u_1' \in U_1, u_2, u_2' \in U_2$, so ist $a(u_1 + u_2) + b(u_1' + u_2') = au_1 + au_2 + bu_1' + bu_2' = (au_1 + bu_1') + (au_2 + bu_2') \in U_1 + U_2$, da U_1, U_2 Unterräume sind. Also ist $U_1 + U_2$ ein Unterraum von V. $\qquad\square$

Definition 9.5. *Sind U_1, U_2 Unterräume von V, so dass $V = U_1 + U_2$ und $U_1 \cap U_2 = \{o\}$ gilt, so sagt man, dass V die* **direkte Summe** *von U_1 und U_2 ist, und schreibt $V = U_1 \oplus U_2$. U_2 nennt man dann auch ein* **Komplement** *zu U_1 (und umgekehrt).*

Satz 9.6. *Sei V ein K-Vektorraum, U_1, U_2 Unterräume von V. Dann sind äquivalent:*

a) $V = U_1 \oplus U_2$.

b) Jeder Vektor $v \in V$ hat eine eindeutige Darstellung $v = u_1 + u_2$ mit $u_1 \in U_1, u_2 \in U_2$.

Beweis: a) $\Rightarrow$ b): Wegen $V = U_1 + U_2$ lässt sich jedes $v \in V$ als Summe eines Vektors in U_1 und eines Vektors in U_2 schreiben. Angenommen, $v = u_1 + u_2 = u_1' + u_2', u_i, u_i' \in U_i, i = 1, 2$. Dann ist $u_1 - u_1' = u_2' - u_2 \in U_1 \cap U_2 = \{o\}$, also $u_1 = u_1', u_2 = u_2'$. Damit ist die Eindeutigkeit der Darstellung bewiesen.

b) $\Rightarrow$ a) : Klar ist, dass $V = U_1 + U_2$. Sei $u \in U_1 \cap U_2$. Dann ist $u = o + u = u + o$. Aus der Eindeutigkeit folgt $u = o$, also $U_1 \cap U_2 = \{o\}$. $\qquad\square$

Beispiel: Sei $V = \mathbb{R}^3$ und $G = \left\{ r \begin{pmatrix} 1 \\ 1 \\ 0 \end{pmatrix} : r \in \mathbb{R} \right\}$, $E = \left\{ r \begin{pmatrix} 1 \\ 0 \\ 0 \end{pmatrix} + s \begin{pmatrix} 0 \\ 0 \\ 1 \end{pmatrix} : \right.$

$r, s \in \mathbb{R}\}$. Dann sind G und E Unterräume von V (G ist eine Gerade und E eine Ebene

durch den Nullpunkt). Ist $\begin{pmatrix} r \\ r \\ 0 \end{pmatrix} = r \begin{pmatrix} 1 \\ 1 \\ 0 \end{pmatrix} = s \begin{pmatrix} 1 \\ 0 \\ 0 \end{pmatrix} + t \begin{pmatrix} 0 \\ 0 \\ 1 \end{pmatrix} = \begin{pmatrix} s \\ 0 \\ t \end{pmatrix}$, so

folgt $t = r = s = 0$. Also ist $G \cap E = \{o\}$.

Ist $v = \begin{pmatrix} a \\ b \\ c \end{pmatrix} \in \mathbb{R}^3$, so ist $v = b \begin{pmatrix} 1 \\ 1 \\ 0 \end{pmatrix} + ((a-b) \begin{pmatrix} 1 \\ 0 \\ 0 \end{pmatrix} + c \begin{pmatrix} 0 \\ 0 \\ 1 \end{pmatrix}) \in G + E$,

d. h. $V = G + E$. Also ist $V = G \oplus E$.

Bemerkungen:

1. Die Summe von $n \geq 2$ Unterräumen wird induktiv durch $U_1 + \cdots + U_n = (U_1 + \cdots + U_{n-1}) + U_n$ definiert. Man schreibt dann auch $\sum_{i=1}^{n} U_i$. V ist die direkte Summe $U_1 \oplus \cdots \oplus U_n$, falls $V = U_1 + \cdots + U_n$ und $U_i \cap \sum_{j \neq i} U_j = \{o\}$ für alle $i = 1, \ldots, n$. Satz 9.6 gilt dann entsprechend.

2. Wir haben jetzt zwei Typen von direkten Summen definiert: Die hier betrachtete, die auch **innere direkte Summe** genannt wird, und die **äußere direkte Summe** von Vektorräumen aus Beispiel 8, Seite 272. Der Unterschied ist, dass die äußere direkte Summe ein Konstruktionsprinzip darstellt, aus gegebenen Vektorräumen einen neuen zu bilden. Die Definition der inneren direkten Summe setzt schon einen Vektorraum voraus und stellt gewisse Bedingungen an die Unterräume, die die direkte Summe bilden. Wir werden in Beispiel 8, Seite 308 sehen, dass beide Begriffe in einem engen Zusammenhang stehen.

Aufgabe: In $V = \mathbb{R}^3$ sei $U_1 = \{ \begin{pmatrix} a \\ a+b \\ b \end{pmatrix} : a, b \in \mathbb{R}\}$ und $U_2 = \{ \begin{pmatrix} a+b \\ a-b \\ a \end{pmatrix} : a, b \in \mathbb{R}\}$.

a) Zeigen Sie bitte, dass U_1 und U_2 Unterräume von V sind und dass $V = U_1 + U_2$.

b) Bestimmen Sie $U_1 \cap U_2$ und zeigen Sie, dass V nicht die direkte Summe von U_1 und U_2 ist.

c) Bestimmen Sie einen Unterraum W_2 von U_2, so dass $V = U_1 \oplus W_2$.

Wie bei (Halb-)Gruppen und Ringen werden wir jetzt auch für Vektorräume das Erzeugnis von Teilmengen definieren:

Definition 9.7. *Sei V ein Vektorraum über K, $M \subseteq V$.*

*a) Der **von M erzeugte** oder **aufgespannte Unterraum** ist die Menge $\langle M \rangle_K$ aller Linearkombinationen, die man mit Elementen aus M bilden kann:*
$$\langle M \rangle_K = \{\textstyle\sum_{i=1}^{n} a_i v_i : a_i \in K, v_i \in M, n \in \mathbb{N}\}.$$
Die leere Menge erzeugt den Nullraum: $\langle \emptyset \rangle = \{o\}$.

*b) Ist $V = \langle M \rangle_K$, so heißt M **Erzeugendensystem** von V. Gibt es ein endliches Erzeugendensystem von V, so heißt V **endlich erzeugbar** (oder **endlich erzeugt**).*

Bemerkungen: a) Ist $M = \{v_1, \ldots, v_m\}$ endlich, so schreibt man auch $\langle v_1, \ldots, v_m \rangle_K$ für $\langle M \rangle_K$.

b) Der Index "K" an der Erzeugnisklammer soll ausdrücken, dass wir nicht nur die von M erzeugte kommutative Gruppe betrachten (vgl. Satz 4.12), sondern den von M erzeugten K-Vektorraum. Wenn keine Verwechslungen zu befürchten sind, schreibt man auch $\langle M \rangle$ statt $\langle M \rangle_K$.

c) Analog zu den entsprechenden Aussagen für Gruppen und Ringe gilt auch hier, dass $\langle M \rangle_K$ ein Unterraum von V ist, und zwar der eindeutig bestimmte kleinste Unterraum von V, der M enthält.

d) Sind U_1, U_2 Unterräume von V, so ist $\langle U_1 \cup U_2 \rangle = U_1 + U_2$.

Aufgaben:

1. Beweisen Sie bitte die obigen Aussagen c) und d).

2. Zeigen Sie bitte, dass $\mathbb{R}^3 = \left\langle \begin{pmatrix} 1 \\ 0 \\ 2 \end{pmatrix}, \begin{pmatrix} 2 \\ 0 \\ 1 \end{pmatrix}, \begin{pmatrix} 0 \\ 1 \\ 2 \end{pmatrix}, \begin{pmatrix} 0 \\ 2 \\ 1 \end{pmatrix} \right\rangle$. Kann man von den angegebenen Vektoren welche weglassen, so dass die übrigen immer noch $\mathbb{R}^3$ aufspannen?

Beispiele:

1. Sei $K[x]$ der K-Vektorraum der Polynome über K (vgl. Beispiel 6, Seite 272), $M = \{x^k : k \in \mathbb{N}_0\}$. Dann ist $K[x] = \langle M \rangle_K$.

2. Sei $V = \mathbb{C}^{\mathbb{R}}$ der $\mathbb{C}$-Vektorraum aller komplexwertigen Funktionen auf $\mathbb{R}$ (vgl. Beispiel 4, Seite 272). Ist M die Menge aller Funktionen $t \mapsto t^k, k \in \mathbb{N}_0$, so ist $\langle M \rangle_{\mathbb{C}}$ der Unterraum aller Polynomfunktionen (mit komplexen Koeffizienten) von $\mathbb{R}$ nach $\mathbb{C}$.

3. Sei V wie in Beispiel 2. Ist M die Menge aller Funktionen $t \mapsto \exp(ikt), k \in \mathbb{Z}$, so ist $\langle M \rangle_{\mathbb{C}}$ der Unterraum aller trigonometrischen Polynome (vgl. Definition 8.2 a)).

Bemerkung: In Kapitel 4 hatten wir bei (Halb-)Gruppen und Ringen neben den Unterstrukturen auch Faktorstrukturen betrachtet. Entsprechend kann man auch bei Vektorräumen Faktorräume definieren. Der **Faktorraum** zu einem Unterraum U von V besteht dann gerade aus den Nebenklassen $v + U, v \in V$; die Addition ist wie bei kommutativen Gruppen definiert durch $(v_1 + U) + (v_2 + U) := (v_1 + v_2) + U$, die skalare Multiplikation durch $a(v + U) := av + U$. Diese beiden Operationen sind wohldefiniert und damit wird die Menge V/U der Nebenklassen von U in V zu einem Vektorraum.

Für die Theorie der Vektorräume, soweit wir sie hier behandeln, spielen Faktorräume aber keine wichtige Rolle. Der Grund hierfür ist, dass es in Vektorräumen, wie wir im nächsten Abschnitt beweisen werden (Korollar 9.16), zu jedem Unterraum U ein Komplement W gibt (d. h. $V = U \oplus W$) und W ist vermöge $w \mapsto w + U$ isomorph zu V/U. (Den Isomorphiebegriff von Vektorräumen werden wir zwar erst später einführen, seine Bedeutung ist aber wie bei den algebraischen Strukturen aus Kapitel 4 die, dass sich isomorphe Vektorräume algebraisch nicht unterscheiden.) Man kann daher in der Regel Rechnungen in Faktorräumen durch Rechnungen in Unterräumen ersetzen.

Beispiel: Obwohl wir Faktorräume nicht näher behandeln werden, lohnt es sich, die Bedeutung der Nebenklassen eines Unterraums geometrisch zu interpretieren. Wir wählen dazu der Einfachheit halber den Vektorraum der Ortsvektoren mit festgelegtem Ursprungspunkt in der Ebene und einen Vektor $u \neq o$. Der von U aufgespannte Unterraum $G = \{ru : r \in \mathbb{R}\}$ beschreibt eine Gerade durch den Ursprungspunkt. Ist $v \notin G$, so besteht die Nebenklasse $v + G$ aus allen Vektoren $v + ru, r \in \mathbb{R}$. Sie beschreiben eine zu G parallele Gerade, die durch den von v bestimmten Punkt verläuft.

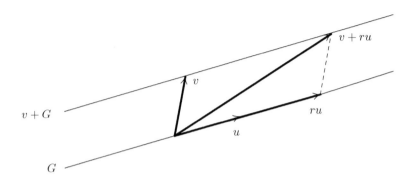

Beachten Sie: $v + G$ ist zwar auch eine Gerade, aber kein Unterraum von V. Unter allen Geraden sind nur diejenigen durch den Ursprungspunkt Unterräume. Erst im Rahmen der affinen Geometrie (vgl. Kapitel 12) werden alle Geraden zu "gleichwertigen" Objekten.

Wiederholung

Begriffe: Vektor, Vektorraum, K^n, Untervektorraum, Summe von Unterräumen, direkte Summe, Komplement, Linearkombination, erzeugter Unterraum.
Satz: Charakterisierung direkter Summen.

9.2 Lineare Unabhängigkeit, Basis, Dimension

Motivation und Überblick

Ist ein Vektor ein skalares Vielfaches eines anderen, so ist dies die einfachste Situation einer linearen Abhängigkeit einer Menge von Vektoren. Lineare Abhängigkeit bzw. lineare Unabhängigkeit sind zentrale Begriffe der linearen Algebra, mit deren Hilfe wir erklären, was eine Basis und die Dimension eines Vektorraums ist. Wir geben mehrere äquivalente Beschreibungen des Basisbegriffs und zeigen, wie Vektoren durch Koordinaten bezüglich einer Basis beschrieben werden.

9.2.1 Lineare Abhängigkeit, lineare Unabhängigkeit

Sind v und w zwei vom Nullvektor verschiedene Ortsvektoren der Ebene, so liegen sie auf derselben Gerade durch den Ursprungspunkt, wenn $v = rw$ (und dann auch $r^{-1}v = w$) für ein $0 \neq r \in \mathbb{R}$ gilt. Wenn wir auch den Fall, dass v oder w der Nullvektor ist, mit erfassen wollen, so können wir sagen: v und w liegen auf derselben

Gerade durch den Ursprungspunkt, wenn es Zahlen $a, b \in \mathbb{R}$ gibt, die nicht beide gleich 0 sind, mit $av + bw = o$. Ist nämlich z. B. $a \neq 0$, so ist $v = (-a^{-1}b)w$.

Definition 9.8. *Sei V ein Vektorraum über dem Körper K.*
Die Vektoren $v_1, \ldots, v_n \in V$ heißen **linear abhängig,** *wenn es Skalare $a_1, \ldots, a_n \in K$ gibt, die* **nicht alle gleich 0** *sind, so dass $a_1 v_1 + \cdots + a_n v_n = o$ gilt. Gibt es solche Skalare nicht, so heißen $v_1, \ldots, v_n$* **linear unabhängig.** *Sind $v_1, \ldots, v_n$ linear abhängig bzw. linear unabhängig, so sagt man auch, dass die Menge $\{v_1, \ldots, v_n\}$ linear abhängig bzw. linear unabhängig ist. Die leere Menge wird als linear unabhängig bezeichnet.*

Die Vektoren $v_1, \ldots, v_n$ sind also genau dann linear unabhängig, wenn man den Nullvektor nur auf triviale Art als Linearkombination der $v_1, \ldots, v_n$ darstellen kann, d. h. wenn die Gleichung $a_1 v_1 + \cdots + a_n v_n = o$ nur für $a_1 = \cdots = a_n = 0$ gilt.

Bemerkung: Man kann auch für unendliche Mengen M von Vektoren den Begriff der linearen Abhängigkeit einführen. Dies bedeutet, dass es eine endliche Teilmenge von M gibt, die linear abhängig ist. Ist dies nicht der Fall, so heißt M linear unabhängig. Wir werden aber im Folgenden fast ausschließlich endliche linear abhängige bzw. linear unabhängige Mengen betrachten.

Beispiele:

1. In $\mathbb{R}^2$ sind $\begin{pmatrix} 1 \\ 2 \end{pmatrix}, \begin{pmatrix} -3 \\ 1 \end{pmatrix}, \begin{pmatrix} 6 \\ 2 \end{pmatrix}, \begin{pmatrix} -4 \\ -3 \end{pmatrix}$ linear abhängig. Es ist z. B.

$$(-5) \cdot \begin{pmatrix} 1 \\ 2 \end{pmatrix} + 5 \cdot \begin{pmatrix} -3 \\ 1 \end{pmatrix} + 4 \cdot \begin{pmatrix} 6 \\ 2 \end{pmatrix} + 1 \cdot \begin{pmatrix} -4 \\ -3 \end{pmatrix} = \begin{pmatrix} 0 \\ 0 \end{pmatrix}$$

und auch

$$2 \cdot \begin{pmatrix} 1 \\ 2 \end{pmatrix} + 0 \cdot \begin{pmatrix} -3 \\ 1 \end{pmatrix} + 1 \cdot \begin{pmatrix} 6 \\ 2 \end{pmatrix} + 2 \cdot \begin{pmatrix} -4 \\ -3 \end{pmatrix} = \begin{pmatrix} 0 \\ 0 \end{pmatrix}.$$

Es gibt im Allgemeinen viele Möglichkeiten den Nullvektor als Linearkombination linear abhängiger Vektoren darzustellen. An obigem Beispiel sieht man, dass alle Lösungen des linearen Gleichungssystems $x_1 - 3x_2 + 6x_3 - 4x_4 = 0, 2x_1 + x_2 + 2x_3 - 3x_4 = 0$ solche Linearkombinationen liefern. In Kapitel 11 werden wir lineare Gleichungssysteme ausführlich behandeln.

2. In $\mathbb{R}^3$ sind $\begin{pmatrix} 1 \\ 1 \\ 0 \end{pmatrix}, \begin{pmatrix} 1 \\ 0 \\ 1 \end{pmatrix}$ und $\begin{pmatrix} 0 \\ 1 \\ -1 \end{pmatrix}$ linear abhängig, denn $(-1) \cdot \begin{pmatrix} 1 \\ 1 \\ 0 \end{pmatrix} +$

$1 \cdot \begin{pmatrix} 1 \\ 0 \\ 1 \end{pmatrix} + 1 \cdot \begin{pmatrix} 0 \\ 1 \\ -1 \end{pmatrix} = \begin{pmatrix} 0 \\ 0 \\ 0 \end{pmatrix}$. Hingegen sind $\begin{pmatrix} 1 \\ 0 \\ 0 \end{pmatrix}, \begin{pmatrix} 0 \\ 1 \\ 0 \end{pmatrix}$ und $\begin{pmatrix} 0 \\ 0 \\ 1 \end{pmatrix}$

linear unabhängig. Wie sieht dies im Fall eines beliebigen Körpers statt $\mathbb{R}$ aus?

3. In $\mathbb{R}^2$ sind $\begin{pmatrix} 1 \\ 0 \end{pmatrix}$ und $\begin{pmatrix} 0 \\ 1 \end{pmatrix}$ linear unabhängig, aber je drei Vektoren sind linear abhängig (siehe auch Korollar 9.21 a)). Wie sieht dies im Fall eines beliebigen Körpers statt $\mathbb{R}$ aus?

4. In $\mathbb{R}^n$ gibt es n linear unabhängige Vektoren. Geben Sie analog zum vorigen Beispiel solche an. Gilt dies auch in K^n für jeden Körper K? Je $(n + 1)$ Vektoren sind linear abhängig (siehe auch Korollar 9.21 a)).

5. In $C([0,1])$ sind die Funktionen $t \mapsto t^i, i = 0, \ldots, 20$ linear unabhängig. Gilt das auch für beliebiges m statt 20?

Aufgabe: Begründen Sie bitte die Aussagen in den obigen Beispielen und versuchen Sie, die dort gestellten Fragen zu beantworten.

Lemma 9.9. *Sei V ein Vektorraum über dem Körper K, M eine endliche Teilmenge von V.*

a) Ist $o \in M$, so ist M linear abhängig.

b) Ist $M = \{v_1, \ldots, v_n\}$ linear abhängig, $\sum_{j=1}^{n} a_j v_j = o$ und $a_i \neq 0$ für ein $i \in \{1, \ldots, n\}$, so ist $\langle M \rangle_K = \langle M \setminus \{v_i\} \rangle_K$.

c) Ist M linear abhängig und N eine (endliche) Teilmenge von V mit $M \subseteq N$, so ist N linear abhängig.

d) Ist M linear unabhängig und ist $L \subseteq M$, so ist L linear unabhängig.

Beweis: a) Es ist $o = \sum_{v \in M \setminus \{o\}} 0 \cdot v + 1 \cdot o$.

b) Es ist $v_i = \sum_{j \neq i} (-a_i^{-1} a_j) v_j$. Ist $w \in \langle M \rangle_K$, so existieren $b_j \in K$ mit $w = \sum_{j=1}^{n} b_j v_j = \sum_{j \neq i} b_j v_j + b_i (\sum_{j \neq i} (-a_i^{-1} a_j) v_j) = \sum_{j \neq i} (b_j - b_i a_i^{-1} a_j) v_j \in \langle M \setminus \{v_i\} \rangle_K$.

c) und d) folgen direkt aus der Definition.   □

Satz 9.10. *Sei V ein Vektorraum über dem Körper K, $M = \{v_1, \ldots, v_n\} \subseteq V$.*

a) M ist genau dann linear abhängig, wenn es (mindestens) ein $v_i \in M$ gibt mit $v_i \in \langle M \setminus \{v_i\} \rangle_K$. Es ist dann $\langle M \rangle_K = \langle M \setminus \{v_i\} \rangle_K$.

b) M ist genau dann linear unabhängig, wenn es zu jedem $v \in \langle M \rangle_K$ eindeutig bestimmte $c_1, \ldots c_n \in K$ gibt mit $v = \sum_{i=1}^{n} c_i v_i$.

Beweis: a) Ist M linear abhängig, so folgt die Behauptung aus Lemma 9.9 b). Ist umgekehrt $v_i \in \langle M \setminus \{v_i\} \rangle_K$, also $v_i = \sum_{j \neq i} b_j v_j, b_j \in K$, so ist $\sum_{j=1}^{n} a_j v_j = o$ mit $a_i = -1$ und $a_j = b_j$ für $j \neq i$. Daher sind $v_1, \ldots, v_n$ linear abhängig.

b) Sei $v \in \langle M \rangle_K$. Dann existieren $c_1, \ldots, c_n \in K$ mit $v = \sum_{i=1}^{n} c_i v_i$. Angenommen, es existieren weitere $d_1, \ldots, d_n \in K$ mit $v = \sum_{i=1}^{n} d_i v_i$.

Dann ist $o = \sum_{i=1}^{n} (c_i - d_i) v_i$. Aus der linearen Unabhängigkeit der v_i folgt $c_i - d_i = 0$, d. h. $c_i = d_i$ für $i = 1, \ldots, n$. Die Darstellung von v als Linearkombination der v_i ist also eindeutig.

Es gelte nun umgekehrt die Eindeutigkeitsbedingung. Ist M linear abhängig, so existiert nach Teil a) ein $i \in \{1, \ldots, n\}$ mit $v_i = \sum_{j \neq i} b_j v_j$. Dann sind $v_i = \sum_{j=1}^{n} a_j v_j$ mit $a_j = 0$ für $j \neq i$ und $a_i = 1$ sowie $v_i = \sum_{j=1}^{n} b_j v_j, b_j$ wie oben für $j \neq i$ und $b_i = 0$ zwei verschiedene Darstellungen von $v = v_i$ als Linearkombination der v_j, ein Widerspruch.   □

Beispiel: In $V = \mathbb{R}^3$ bilden die Vektoren $\begin{pmatrix} 1 \\ 0 \\ 0 \end{pmatrix}, \begin{pmatrix} 0 \\ 1 \\ 0 \end{pmatrix}, \begin{pmatrix} 0 \\ 0 \\ 1 \end{pmatrix}$ ein linear unabhän-

giges Erzeugendensystem von V. Die Eindeutigkeit der Darstellung eines Vektors $v \in V$

gemäß Satz 9.10 b) ist klar: Ist $v = \begin{pmatrix} a \\ b \\ c \end{pmatrix}$, so ist $v = a \begin{pmatrix} 1 \\ 0 \\ 0 \end{pmatrix} + b \begin{pmatrix} 0 \\ 1 \\ 0 \end{pmatrix} + c \begin{pmatrix} 0 \\ 0 \\ 1 \end{pmatrix}$.

Dies gilt natürlich auch für jeden anderen Körper K anstelle $\mathbb{R}$. Außerdem lässt sich dieses Beispiel leicht auf jeden Vektorraum K^n, $n \geq 1$, verallgemeinern.

9.2.2 Basis und Dimension

Unter den Erzeugendensystemen eines (endlich erzeugbaren) Vektorraums spielen diejenigen, die aus linear unabhängigen Vektoren bestehen, eine besonders wichtige Rolle. Ihre Bedeutung wird vor allem im nächsten Kapitel über lineare Abbildungen deutlich werden. Dass es solche Erzeugendensysteme tatsächlich gibt, werden wir in Satz 9.12 zeigen. Zunächst geben wir ihnen aber einen Namen.

Definition 9.11. *Sei V ein endlich erzeugbarer Vektorraum über K. Eine endliche Teilmenge B von V heißt* **Basis** *von V, falls $V = \langle B \rangle_K$ und B linear unabhängig ist. (Ist $V = \{o\}$, so ist die leere Menge eine Basis von V.)*

Aufgaben:

1. Zeigen Sie bitte, dass $\{ \begin{pmatrix} 1 \\ 1 \\ 0 \end{pmatrix}, \begin{pmatrix} 0 \\ 1 \\ 1 \end{pmatrix}, \begin{pmatrix} 1 \\ 1 \\ 1 \end{pmatrix} \}$ eine Basis von $V = \mathbb{R}^3$ ist.

2. Sei $U = \{f \in K[x] : \mathrm{grad}(f) \leq 3\}$. Zeigen Sie bitte, dass U ein Unterraum von $K[x]$ ist. Bilden die Polynome $x + 1, x^3 + x, x^2 - x, x^2$ eine Basis von U?

Satz 9.12. *Jeder endlich erzeugbare K-Vektorraum V besitzt eine Basis. Genauer: Jedes endliche Erzeugendensystem von V enthält eine Basis.*

Beweis: Sei M ein endliches Erzeugendensystem von V. Ist M linear unabhängig, so ist M eine Basis. Sei also M linear abhängig. Nach Satz 9.10 a) existiert ein $u \in M$ mit $\langle M \rangle = \langle M \setminus \{u\} \rangle$. Ist $M \setminus \{u\}$ nicht linear unabhängig, so setzt man diesen Prozess fort. Wegen der Endlichkeit von M erhält man schließlich ein linear unabhängiges Erzeugendensystem von V, also eine Basis. □

Aufgabe: Sei $V \neq \{o\}$ ein Vektorraum über einem unendlichen Körper K. Zeigen Sie bitte, dass V unendlich viele Basen besitzt.

Tipp: Wählen Sie eine Basis und multiplizieren Sie einen Basisvektor mit von Null verschiedenen Skalaren.

Wir haben jetzt bewiesen, dass endlich erzeugbare Vektorräume eine Basis besitzen. Tatsächlich gibt es im Allgemeinen sehr viele Basen (vgl. die vorstehende Aufgabe). Daher ist es zunächst überraschend, dass je zwei Basen gleich viele Vektoren enthalten. Dies nachzuweisen wird unser nächstes Ziel sein. Wir benötigen dazu das folgende Lemma.

Lemma 9.13. *Sei V ein endlich erzeugbarer K-Vektorraum, B eine Basis von V. Ist $0 \neq w \in V, w = \sum_{v \in B} a_v v$ und ist $a_u \neq 0$ für ein $u \in B$, so ist $(B \setminus \{u\}) \cup \{w\}$ eine Basis von V.*

Beweis: Nach Voraussetzung ist $u = a_u^{-1} w + \sum_{v \in B \setminus \{u\}} (-a_u^{-1} a_v) v$. Wir setzen $B' = (B \setminus \{u\}) \cup \{w\}$ und zeigen zunächst, dass $\langle B' \rangle_K = V$ gilt.
Ist $y \in V$, so ist $y = \sum_{v \in B} b_v v$ für geeignete $b_v \in K$. Dann folgt
$y = \sum_{v \in B \setminus \{u\}} b_v v + b_u (a_u^{-1} w + \sum_{v \in B \setminus \{u\}} (-a_u^{-1} a_v) v) = \sum_{v \in B \setminus \{u\}} (b_v - b_u a_u^{-1} a_v) v + b_u a_u^{-1} w \in \langle B' \rangle_K$. Es bleibt zu zeigen, dass B' linear unabhängig ist.
Sei $\sum_{v \in B \setminus \{u\}} c_v v + c_w w = o$. Angenommen, $c_w \neq 0$. Dann ist $w = \sum_{v \in B \setminus \{u\}} (-c_w^{-1} c_v) v + 0 \cdot u$. Andererseits ist nach Voraussetzung $w = \sum_{v \in B} a_v v$ mit $a_u \neq 0$. Nach Satz 9.10 b) widerspricht dies der linearen Unabhängigkeit von B. Also ist $c_w = 0$ und aus der linearen Unabhängigkeit von $B \setminus \{u\} \subseteq B$ folgt dann $c_v = 0$ für alle $v \in B \setminus \{u\}$. Damit ist nachgewiesen, dass B' linear unabhängig ist. $\square$

Lemma 9.13 enthält das wesentliche Argument für den sog. Austauschsatz von Steinitz[3], den wir jetzt beweisen werden und mit dem dann folgen wird, dass je zwei Basen eines endlich erzeugten Vektorraums gleich groß sind.

Satz 9.14. (Steinitzscher Austauschsatz) *Sei V ein endlich erzeugbarer K-Vektorraum, B eine Basis von V.*
Ist M eine endliche linear unabhängige Teilmenge von V, so gibt es eine Teilmenge C von B, so dass die Menge B', die man dadurch erhält, dass man C gegen M austauscht, also $B' = (B \setminus C) \cup M$, wieder eine Basis ist.
Dabei ist $|C| = |M|$, also insbesondere $|M| \leq |B|$.

Beweis: Sei $|M| = n$. Wir beweisen die Behauptung durch Induktion nach n. Ist $n = 0$, so ist nichts zu beweisen. Für den Induktionsschluss sei $n > 0, M = \widetilde{M} \cup \{w\}, |\widetilde{M}| = n - 1$. Nach Induktionsvoraussetzung existiert $\widetilde{C} \subseteq B, |\widetilde{C}| = n - 1$, so dass $\widetilde{B} = (B \setminus \widetilde{C}) \cup \widetilde{M}$ eine Basis von V ist. Dann lässt sich w als Linearkombination der Vektoren aus $\widetilde{B}$ schreiben: $w = \sum_{u \in B \setminus \widetilde{C}} a_u u + \sum_{v \in \widetilde{M}} a_v v$. Wären alle $a_u, u \in B \setminus \widetilde{C}$, gleich 0, so folgte $1 \cdot w + \sum_{v \in \widetilde{M}} (-a_v) v = o$ im Widerspruch zur linearen Unabhängigkeit von M. Also existiert ein $u \in B \setminus \widetilde{C}$ mit $a_u \neq 0$. Nach Lemma 9.13 ist dann $(\widetilde{B} \setminus \{u\}) \cup \{w\} = (B \setminus C) \cup M, C = \widetilde{C} \cup \{u\}$, eine Basis von V. $\square$

Korollar 9.15. *Sei V ein endlich erzeugbarer K-Vektorraum.*
a) Je zwei Basen von V enthalten gleich viele Elemente.
b) (Basisergänzungssatz) Ist M eine linear unabhängige Menge, so gibt es eine linear unabhängige Menge N, so dass $M \cup N$ eine Basis von V ist.

Beweis: a) Sind B und $\widetilde{B}$ Basen von V, so folgt aus Satz 9.14, dass $|\widetilde{B}| \leq |B|$ und, indem man die Rollen von B und $\widetilde{B}$ umkehrt, $|B| \leq |\widetilde{B}|$.

---

[3] Ernst Steinitz, 1871 – 1928, Professor für Mathematik an der Universität Kiel, verfasste grundlegende Arbeiten zur Algebra, vor allem zur Körpertheorie.

b) Nach Satz 9.12 gibt es eine Basis B von V. Nach Satz 9.14 existiert dann $N \subseteq B$, so dass $M \cup N$ eine Basis von V ist (in der Bezeichnung von Satz 9.14 ist $N = B \setminus C$). $\qquad\Box$

Wir ziehen sofort eine Folgerung aus dem Basisergänzungssatz, die wir in der Bemerkung auf Seite 277 schon angesprochen hatten.

Korollar 9.16. *Sei V ein endlich erzeugbarer K-Vektorraum, U ein Unterraum von V. Dann existiert ein Unterraum W von V mit $V = U \oplus W$.*

Beweis: Sei M eine Basis von U. Ergänze M nach Korollar 9.15 b) durch eine linear unabhängige Menge N zu einer Basis $B = M \cup N$ von V. Sei $W = \langle N \rangle_K$. Ist $v \in V$, so ist $v = \sum_{u \in M} a_u u + \sum_{w \in N} a_w w, a_u, a_w \in K$, da $\langle B \rangle_K = V$. Es ist $\sum_{u \in M} a_u u \in U, \sum_{w \in N} a_w w \in W$, also $v \in U + W$. Damit ist $V = U + W$.

Ist $y = \sum_{u \in M} b_u u = \sum_{w \in N} c_w w \in U \cap W$, so ist $\sum_{u \in M} b_u u + \sum_{w \in N} (-c_w) w = o$ und die lineare Unabhängigkeit von $B = M \cup N$ liefert $b_u = 0$ für alle $u \in M$, $c_w = 0$ für alle $w \in N$. Also ist $y = o$ und daher $U \cap W = \{o\}$. $\qquad\Box$

Definition 9.17. *Sei V ein K-Vektorraum.*
a) Sei V endlich erzeugbar. Ist B eine Basis von V, $|B| = n$, so hat V die **Dimension** *n, $\dim(V) = n$.*
b) Ist V nicht endlich erzeugbar, so wird V **unendlich-dimensional** *genannt.*

Bemerkungen:

1. Nach Korollar 9.15 a) haben alle Basen eines endlich erzeugbaren Vektorraums die gleiche Anzahl von Elementen; daher ist Definition 9.17 unabhängig davon, welche Basis B zur Festlegung der Dimension verwendet wird.
2. Man kann die Existenz von Basen auch für nicht endlich erzeugbare Vektorräume V beweisen. Basen sind dann (unendliche) linear unabhängige Teilmengen von V (vgl. Bemerkung Seite 279), die V erzeugen. Dazu benötigt man die folgende allgemeine Version des Austauschsatzes von Steinitz:
   Ist V ein Vektorraum, E eine Teilmenge von V, die V erzeugt, $\langle E \rangle_K = V$, M eine linear unabhängige Teilmenge in V, so existiert eine Teilmenge F von E mit $F \cap M = \emptyset$, so dass $F \cup M$ eine Basis von V ist. Einen Beweis findet man z. B. in [16, Theorem I, S. 12].

Beispiele:

1. In K^n bilden die Vektoren $(1, 0, 0, \ldots, 0)^t, (0, 1, 0, \ldots, 0)^t \ldots (0, 0, \ldots, 0, 1)^t$ eine Basis, die sog. **kanonische Basis** des K^n. Also ist $\dim(K^n) = n$.
2. Der Vektorraum $K[x]$ der Polynome über K ist nicht endlich erzeugbar, besitzt also keine endliche Basis. Sind nämlich $f_1, \ldots, f_m \in K[x]$, l das Maximum der Grade der f_i, so enthält $\langle f_1, \ldots, f_m \rangle_K$ nur Polynome vom Grad $\leq l$. Daher ist $\langle f_1, \ldots, f_m \rangle_K \neq K[x]$. $K[x]$ ist also ein unendlich-dimensionaler K-Vektorraum.

Aufgaben:

1. Zeigen Sie bitte, dass die Teilmenge $\left\{ \begin{pmatrix} 1 \\ 1 \\ 1 \end{pmatrix}, \begin{pmatrix} 1 \\ 1 \\ 2 \end{pmatrix} \right\}$ des $\mathbb{R}^3$ linear unabhängig ist.

   Durch welche Vektoren der kanonischen Basis des $\mathbb{R}^3$ kann sie zu einer Basis von $\mathbb{R}^3$ ergänzt werden?

2. Sei V der K-Vektorraum aller Polynome vom Grad ≤ 3 in $K[x]$.
   Zeigen Sie bitte, dass $B_1 = \{1, x, x^2, x^3\}$ und $B_2 = \{2x + 1, 3x + 1, x^3 + x^2 + x + 1, x^3 + x - 2\}$ Basen von V bilden. Zeigen Sie ferner, dass $x^3 + x^2 + 3, x^3 + x^2 + 3x + 4$ linear unabhängig sind und ergänzen Sie sie durch Vektoren aus B_1 bzw. aus B_2 jeweils zu einer Basis von V.

3. Sei V ein endlich-dimensionaler Vektorraum, $V = U \oplus W$.
   Zeigen Sie bitte: Ist B eine Basis von U und C eine Basis von W, so ist $B \cup C$ eine Basis von V.

4. Zeigen Sie bitte: Ein Komplement zu einem Unterraum U von V (und damit auch die Ergänzung einer Basis von U zu einer Basis von V) ist nicht eindeutig, falls U ein nichttrivialer Unterraum ist. *Tipp:* Addieren Sie zu einem Basisvektor eines Komplements von U ein $o \neq u \in U$.

Basen lassen sich auf verschiedene Weisen charakterisieren. Bevor wir den entsprechenden Satz angeben, beweisen wir zunächst einen Hilfssatz, der auch für sich genommen nützlich ist; er zeigt nämlich, wie man (etwa ausgehend von der leeren Menge) eine Basis konstruieren kann.

Lemma 9.18. *Sei V ein K-Vektorraum, M eine (endliche) linear unabhängige Teilmenge von V. Ist $\langle M \rangle_K \neq V$, $w \in V \setminus \langle M \rangle_K$, so ist $M \cup \{w\}$ linear unabhängig.*

Beweis: Angenommen $M \cup \{w\}$ ist linear abhängig. Dann existiert eine Linearkombination $o = \sum_{v \in M} a_v v + a_w w$, in der nicht alle Koeffizienten gleich 0 sind. Wegen der linearen Unabhängigkeit von M ist $a_w \neq 0$. Es folgt $w = \sum_{v \in M} (-a_w^{-1} a_v) v \in \langle M \rangle_K$ im Widerspruch zur Wahl von w. Also ist $M \cup \{w\}$ linear unabhängig. □

Der folgende Satz ergibt sich jetzt als Anwendung so gut wie aller bisher bewiesenen Resultate dieses Abschnitts.

Satz 9.19. *Sei V ein endlich erzeugbarer K-Vektorraum, $B \subseteq V$. Dann sind die folgenden Aussagen äquivalent:*

a) B ist eine Basis von V.

b) B ist endlich und jeder Vektor $w \in V$ lässt sich auf genau eine Weise als Linearkombination $\sum_{v \in B} c_v v, c_v \in K$, darstellen.

c) B ist eine maximal linear unabhängige Menge in V, d. h. B ist linear unabhängig und für jedes $w \in V \setminus B$ ist $B \cup \{w\}$ linear abhängig.

d) B ist ein minimales Erzeugendensystem von V, d. h. $V = \langle B \rangle_K$ und für jedes $u \in B$ ist $\langle B \setminus \{u\} \rangle_K \neq V$.

Beweis: a) $\Rightarrow$ b): Da $\langle B \rangle_K = V$, folgt dies direkt aus Satz 9.10 b).

b) $\Rightarrow$ c): Mit Hilfe von Satz 9.10 b) ergibt sich sofort die lineare Unabhängigkeit von B. Nach Voraussetzung ist $V = \langle B \rangle_K$. Ist $w \in V \setminus B$, so ist natürlich auch $\langle B \cup \{w\} \rangle_K = V$. Aus $\langle B \cup \{w\} \rangle_K = \langle B \rangle_K$ folgt dann mit Satz 9.10 a) die lineare Abhängigkeit von $B \cup \{w\}$. Also ist B eine maximal linear unabhängige Menge.

c) $\Rightarrow$ d): Nach Lemma 9.18 ist $\langle B \rangle_K = V$. Existiert ein $u \in B$ mit $\langle B \setminus \{u\} \rangle_K = V = \langle B \rangle_K$, so ist B nach Satz 9.10 a) linear abhängig, ein Widerspruch.

d) $\Rightarrow$ a): Sei $\dim(V) = n$. Wir zeigen zunächst, dass B endlich ist, genauer: $|B| \leq n$. Gibt es nämlich $n + 1$ Vektoren $v_1, \ldots, v_{n+1}$ in B, so sind diese nach Satz 9.14 linear abhängig. Nach Satz 9.10 a) ist daher (bei geeigneter Nummerierung) $v_{n+1} \in \langle v_1, \ldots, v_n \rangle_K \subseteq \langle B \setminus \{v_{n+1}\} \rangle_K$. Aus $\langle B \rangle_K = V$ folgt daraus $\langle B \setminus \{v_{n+1}\} \rangle_K = V$, ein Widerspruch zur Voraussetzung.

Also ist $|B| \leq n$. Als Erzeugendensystem von V enthält B nach Satz 9.12 eine Basis. Wegen $\dim(V) = n$ ist dann $|B| = n$ und B ist eine Basis. $\qquad\square$

Definition 9.20. *Sei V ein n-dimensionaler K-Vektorraum und $B = \{v_1, \ldots, v_n\}$ eine Basis von V. Nach Satz 9.19 gibt es dann zu jedem $v \in V$ eindeutig bestimmte $c_1, \ldots, c_n \in K$ mit $v = \sum_{i=1}^{n} c_i v_i$. Die Skalare $c_1, \ldots, c_n$ nennt man die* **Koordinaten** *von v bezüglich der Basis B.*

Beispiel: Ist $x = (x_1, \ldots, x_n)^t \in K^n$, so sind $x_1, \ldots, x_n$ gerade die Koordinaten von x bezüglich der kanonischen Basis $e_1 = (1, 0, \ldots, 0)^t, \ldots, e_n = (0, \ldots, 0, 1)^t$. Sie werden zu Ehren Descartes', vor allem für $K = \mathbb{R}$, auch **kartesische Koordinaten** genannt.

Benutzen Sie nun bitte das Applet "Koordinatentransformation". Setzen Sie $u = \begin{pmatrix} 0 \\ 0 \end{pmatrix}$ und wählen Sie beliebige Basisvektoren a und b. Der schwarze Punkt hat dann dieselben Koordinaten bezüglich der kanonischen Basis wie der rote Punkt bezüglich der Basis $\{a, b\}$. Variieren Sie die Lage des schwarzen Punktes und beobachten Sie, wie sich dabei der rote Punkt ändert.

Wir geben noch eine nützliche Folgerung aus Satz 9.19 an:

Korollar 9.21. *Sei V ein K-Vektorraum, $\dim(V) = n$.*

a) Je $n + 1$ Vektoren aus V sind linear abhängig.
b) Keine $n - 1$ Vektoren aus V erzeugen V.
c) Jede Menge von n linear unabhängigen Vektoren ist eine Basis von V.
d) Jedes Erzeugendensystem von V aus n Vektoren ist eine Basis von V.

Aufgaben:

1. Bitte beweisen Sie das Korollar.

2. Zeigen Sie bitte: Genau dann ist $\{v_1, \dots, v_n\}$ eine Basis von V, wenn $V = \langle v_1 \rangle \oplus \cdots \oplus \langle v_n \rangle$.

Bemerkung: Die Bedeutung von Basen in (endlich-dimensionalen) Vektorräumen kann nicht hoch genug eingeschätzt werden,denn sie erlauben eine ökonomische Darstellung der Elemente. In Gruppen oder Ringen hat man im Allgemeinen keine solchen ausgezeichneten Erzeugendensysteme. Dass man in der linearen Algebra bequem mit Koordinaten rechnen kann (dies wird besonders in Kapitel 10 deutlich werden), liegt an der Eindeutigkeit der Darstellung eines Vektors als Linearkombination einer Basis.

9.2.3 Dimension von Unterräumen

Satz 9.22. *Sei V ein K-Vektorraum, $\dim(V) = n$.*

a) Ist U ein Unterraum von V, so ist $\dim(U) \leq n$.

b) Sind U und W Unterräume von V, $U \subseteq W$ und $\dim(U) = \dim(W)$, so ist $U = W$.

Beweis: a) Eine Basis von U lässt sich als linear unabhängige Menge nach Korollar 9.15 b) zu einer Basis von V ergänzen. Daraus folgt die Behauptung.

b) Ist B eine Basis von U, so ist B wegen $U \subseteq W$ und $\dim(U) = \dim(W)$ auch eine Basis von W. Es folgt $U = \langle B \rangle_K = W$.   □

Wir werden jetzt noch die Dimension der Summe zweier Unterräume bestimmen.

Satz 9.23. (Dimensionsformel für Summen von Unterräumen) *Sei V ein endlich-dimensionaler Vektorraum, U_1, U_2 Unterräume von V. Dann ist*
$$\dim(U_1 + U_2) = \dim(U_1) + \dim(U_2) - \dim(U_1 \cap U_2).$$

Beweis: Wir setzen $k = \dim(U_1 \cap U_2), s = \dim(U_1), t = \dim(U_2)$.

Sei $\{u_1, \dots, u_k\}$ eine Basis von $U_1 \cap U_2$. Nach dem Basisergänzungssatz (Korollar 9.15 b)) kann man $\{u_1, \dots, u_k\}$ zu einer Basis $\{u_1, \dots, u_k, v_{k+1}, \dots, v_s\}$ von U_1 und zu einer Basis $\{u_1, \dots, u_k, w_{k+1}, \dots, w_t\}$ von U_2 ergänzen.

Wir behaupten: $\{u_1, \dots, u_k, v_{k+1}, \dots, v_s, w_{k+1}, \dots, w_t\}$ ist eine Basis von $U_1 + U_2$.

Dass sich jedes Element aus $U_1 + U_2$ als Linearkombination von $u_1, \dots, u_k, v_{k+1}, \dots, v_s, w_{k+1}, \dots, w_t$ schreiben lässt, ist einfach zu sehen: Sei $\tilde{u}_1 + \tilde{u}_2 \in U_1 + U_2, \tilde{u}_1 \in U_1, \tilde{u}_2 \in U_2$. Dann ist $\tilde{u}_1 = \sum_{i=1}^{k} a_i u_i + \sum_{i=k+1}^{s} b_i v_i$, $\tilde{u}_2 = \sum_{i=1}^{k} c_i u_i + \sum_{i=k+1}^{t} d_i w_i$ für geeignete $a_i, b_i, c_i, d_i \in K$ und folglich $\tilde{u}_1 + \tilde{u}_2 = \sum_{i=1}^{k} (a_i + c_i) u_i + \sum_{i=k+1}^{s} b_i v_i + \sum_{i=k+1}^{t} d_i w_i$.

Es bleibt die lineare Unabhängigkeit von $u_1, \dots, u_k, v_{k+1}, \dots, v_s, w_{k+1}, \dots, w_t$ zu zeigen. Sei also $(*)$ $\sum_{i=1}^{k} a_i u_i + \sum_{i=k+1}^{s} b_i v_i + \sum_{i=k+1}^{t} c_i w_i = o, a_i, b_i, c_i \in K$. Wir haben zu zeigen, dass alle a_i, b_i, c_i gleich 0 sind. Es ist $\sum_{i=k+1}^{t} c_i w_i = -\sum_{i=1}^{k} a_i u_i - \sum_{i=k+1}^{s} b_i v_i \in U_1 \cap U_2$, d. h. $\sum_{i=k+1}^{t} c_i w_i = \sum_{i=1}^{k} d_i u_i$ für geeignete $d_i \in K$.

Da $\{u_1, \ldots, u_k, w_{k+1}, \ldots, w_t\}$ eine Basis von U_2 ist, ist $c_{k+1} = \cdots = c_t = 0$ (und $d_1 = \cdots = d_k = 0$). Aus $(*)$ folgt dann: $\sum_{i=1}^{k} a_i u_i + \sum_{i=k+1}^{s} b_i v_i = o$. Da $\{u_1, \ldots, u_k, v_{k+1}, \ldots, v_s\}$ Basis von U_1 ist, ist dann auch $a_1 = \cdots = a_k = b_{k+1} = \cdots = b_s = 0$.   □

Aufgaben:

1. Gilt Satz 9.22 b) auch ohne die Voraussetzung $U \subseteq W$?

2. Sei $V = \mathbb{K}^3$, $U_1 = \{ \begin{pmatrix} x \\ y \\ z \end{pmatrix} : x, y, z \in \mathbb{K},\ x + y + z = 0\}$, $U_2 = \{ \begin{pmatrix} x \\ x \\ x \end{pmatrix} : x \in \mathbb{K}\}$. Bestimmen Sie bitte $\dim(U_1 + U_2)$ und $\dim(U_1 \cap U_2)$ für $K = \mathbb{R}$ und $K = \mathbb{K}_3$.

3. Sei V ein endlich-dimensionaler K-Vektorraum, $V = U_1 \oplus \cdots \oplus U_n$. Zeigen Sie bitte: $\dim(V) = \sum_{i=1}^{n} \dim(U_i)$.

9.2.4 Endliche Körper

Endliche Körper spielen in der Kryptologie und Codierungstheorie eine wichtige Rolle, und zwar auch andere als $\mathbb{K}_p \cong \mathbb{Z}/p\mathbb{Z}$. Wir wollen daher an dieser Stelle als Anwendung der Resultate über Basen in endlich-dimensionalen Vektorräumen einen wichtigen Satz über die Ordnungen endlicher Körper beweisen. Zur Vorbereitung benötigen wir:

Satz 9.24. *Sei K ein endlicher Körper. Dann ist die Ordnung des Elements 1 in $(K, +)$, also die kleinste natürliche Zahl p mit $p \cdot 1 = 0$, eine Primzahl. $K_0 := \{i \cdot 1 : 0 \leq i \leq p - 1\}$ ist ein Teilkörper von K, der isomorph zu $\mathbb{K}_p$ ist.*

Die Primzahl p heißt **Charakteristik** von K. K_0 heißt **Primkörper** von K. Er ist der eindeutig bestimmte kleinste Teilkörper von K.

Beweis: Nach Satz 4.22 b) ist die Ordnung von 1 in $(K, +)$ die kleinste natürliche Zahl n mit $n \cdot 1 = \underbrace{1 + \cdots + 1}_{n \text{ mal}} = 0$. Angenommen, $n = m \cdot l$. Dann ist $0 = n \cdot 1 = (m \cdot 1) \cdot (l \cdot 1)$.
Also ist $m \cdot 1 = 0$ oder $l \cdot 1 = 0$. Wegen der Minimalität von n ist n daher eine Primzahl, $n = p$.
Dass K_0 ein Teilkörper von K mit $K_0 \cong \mathbb{K}_p$ ist, überlassen wir als Übungsaufgabe.   □

Aufgabe: Beweisen Sie bitte den letzten Teil von Satz 9.24.

Satz 9.25. *Sei K ein endlicher Körper der Charakteristik p. Dann ist $|K| = p^n$ für ein $n \in \mathbb{N}$.*

Beweis: Sei entsprechend Satz 9.24 K_0 der Primkörper von K, also $K_0 \subseteq K, |K_0| = p$. Nach Beispiel 7, Seite 272 kann man K als K_0-Vektorraum auffassen. Da K endlich ist, ist K ein endlich-dimensionaler K_0-Vektorraum. Sei $\{k_1, \ldots, k_n\}$ eine Basis. Dann lässt sich jedes Element nach Satz 9.19 b) auf genau eine Weise als Linearkombination $\sum_{i=1}^{n} a_i k_i$ mit $a_i \in K_0$ schreiben. Es gibt also genau $|K_0|^n = p^n$ viele Elemente in K.   □

Bemerkung: Aus Beispiel 4, Seite 130 folgt, dass $\mathbb{K}_p[x]/f\mathbb{K}_p[x]$ ein Körper der Ordnung p^n ist, falls f ein irreduzibles Polynom in $\mathbb{K}_p[x]$ vom Grad n ist. Man kann zeigen, dass es solche irreduziblen Polynome von jedem Grad gibt, d. h. es gibt Körper zu jeder Primzahlpotenzordnung. Andere Ordnungen sind nach obigem Satz 9.25 nicht möglich.

Wir erwähnen an dieser Stelle, dass verschiedene irreduzible Polynome vom Grad n in $\mathbb{K}_p[x]$ immer zu isomorphen Körpern führen. Es gilt nämlich: Zwei endliche Körper gleicher Ordnung sind isomorph.

Wiederholung

Begriffe: Lineare Abhängigkeit, lineare Unabhängigkeit, Basis, Dimension, Koordinaten, Primkörper, Charakteristik eines endlichen Körpers.

Sätze: Charakterisierung von linearer Abhängigkeit und linearer Unabhängigkeit, Existenz von Basen, Steinitzscher Austauschsatz, Eindeutigkeit der Dimension, Basisergänzungssatz, Charakterisierung einer Basis, Dimensionsformel für Summe von Unterräumen, Ordnung endlicher Körper.

9.3 Vektorräume mit Skalarprodukt

Motivation und Überblick

In allgemeinen Vektorräumen über einem Körper K kann man nicht von der Länge eines Vektors reden. Dieser Begriff ist nicht definiert. Will man einen Längenbegriff einführen (wobei die Länge eines Vektors eine reelle Zahl sein soll) und soll dieser Längenbegriff die anschauliche Vorstellung von "Stauchung" oder "Streckung" bei Multiplikation von Vektoren mit Skalaren widerspiegeln, so liegt es nahe, sich auf Vektorräume über $\mathbb{R}$ zu beschränken. Ausgehend von der Anschauungsebene definieren wir ein (Standard-)Skalarprodukt im $\mathbb{R}^n$, das je zwei Vektoren eine reelle Zahl zuordnet. Mit diesem Skalarprodukt lassen sich die Länge von Vektoren und auch Winkel zwischen Vektoren im $\mathbb{R}^n$ berechnen. Dieses Standard-Skalarprodukt hat einige wesentliche Eigenschaften, die wir zur axiomatischen Definition eines Skalarprodukts auf beliebigen Vektorräumen über $\mathbb{R}$ verwenden werden.

Vektorräume über $\mathbb{R}$, auf denen ein Skalarprodukt definiert ist, heißen Euklidische Vektorräume. Sie bilden die Grundlage für die algebraische Beschreibung geometrischer Sachverhalte, in denen von Abstand, Länge und Winkel die Rede ist (wie z. B. in der graphischen Datenverarbeitung oder Robotik). Eine wichtige Eigenschaft endlich-dimensionaler Euklidischer Vektorräume ist die Existenz von Basen, in denen je zwei verschiedene Basisvektoren aufeinander senkrecht stehen. Rechnungen mit Koordinaten von Vektoren bezüglicher solcher Basen sind besonders einfach. Abschließend betrachten wir eine Übertragung des Skalarproduktbegriffs auf Vektorräume über $\mathbb{C}$. Dieser spielt in der Technischen Informatik und der Nachrichtentechnik eine wichtige Rolle.

9.3.1 Euklidische Vektorräume

Wir betrachten die Anschauungsebene mit einem festgelegten Ursprungspunkt, aufgespannt von zwei aufeinander senkrecht stehenden Ortsvektoren e_1, e_2. Jeder Punkt P entspricht einem Ortsvektor $v = x_1 e_1 + x_2 e_2$; wir können P also auch durch das Koordinatenpaar $\begin{pmatrix} x_1 \\ x_2 \end{pmatrix}$ beschreiben.

Nach dem Satz von Pythagoras ist die Länge von v, die wir mit $\|v\|$ bezeichnen, $\|v\| = \sqrt{x_1^2 + x_2^2}$.

Der Abstand zweier Punkte P und Q mit Koordinaten $\begin{pmatrix} x_1 \\ x_2 \end{pmatrix}, \begin{pmatrix} y_1 \\ y_2 \end{pmatrix}$ und zugehörigen Ortsvektoren v und w ist $d(P,Q) = \|w-v\| = \sqrt{(y_1 - x_1)^2 + (y_2 - x_2)^2}$ ("d" steht für "Distanz" oder "distance").

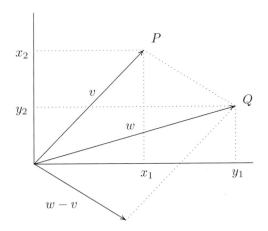

Zeichnet man das von den Vektoren v und w gebildete Parallelogramm und projiziert $v + w$ auf die senkrecht zu v verlaufende Gerade, so erhält man nach dem Satz des Pythagoras:

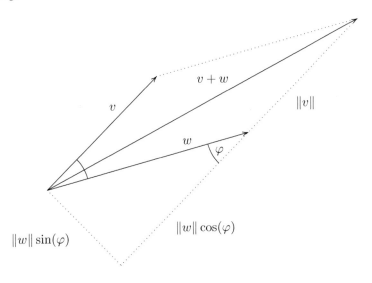

$$\|v + w\|^2 = (\|v\| + \|w\|\cos(\varphi))^2 + (\|w\|\sin(\varphi))^2 = \|v\|^2 + \|w\|^2 + 2\|v\|\,\|w\|\cos(\varphi)$$ (φ ist hier der Winkel zwischen v und w).

Rechnet man andererseits $\|v + w\|^2$ einfach aus, so ergibt sich

$$\|v + w\|^2 = (x_1 + y_1)^2 + (x_2 + y_2)^2 = x_1^2 + x_2^2 + y_1^2 + y_2^2 + 2x_1y_1 + 2x_2y_2.$$

Hieraus erhält man durch Vergleich mit der vorigen Gleichung

$$x_1y_1 + x_2y_2 = \|v\|\,\|w\|\cos(\varphi). \tag{9.1}$$

Für $v = w$ liefert diese Gleichung wieder $\|v\|^2 = x_1^2 + x_2^2$.

Man nennt den Ausdruck $x_1y_1 + x_2y_2$ das **Skalarprodukt** der Punkte bzw. der Ortsvektoren mit den Koordinaten $\begin{pmatrix} x_1 \\ x_2 \end{pmatrix}$, $\begin{pmatrix} y_1 \\ y_2 \end{pmatrix}$ bezüglich der kanonischen Basis e_1, e_2. Durch das Skalarprodukt lassen sich also sowohl die Länge von Vektoren als auch die Winkel zwischen Vektoren bestimmen.

Beachten Sie, dass wir bei diesem Vorgehen angenommen hatten, dass Längen und Winkel in der Anschauungsebene schon definiert sind. Die Länge beliebiger Vektoren lässt sich mit dem Satz von Pythagoras ermitteln, wenn e_1 und e_2 als aufeinander senkrecht stehende Vektoren der Länge 1 vorausgesetzt sind. Die allgemeine Winkeldefinition ist über die Bogenlänge eines Kreislinienausschnitts möglich.

Wir werden jetzt das obige Skalarprodukt für den $\mathbb{R}^n$ verallgemeinern. Mit einer analogen Gleichung wie 9.1 lassen sich dann Längen und Winkel im $\mathbb{R}^n$ auf rein algebraischem Wege erklären.

Definition 9.26. *Seien* $x = \begin{pmatrix} x_1 \\ \vdots \\ x_n \end{pmatrix}$, $y = \begin{pmatrix} y_1 \\ \vdots \\ y_n \end{pmatrix} \in \mathbb{R}^n$. *Wir definieren das* **(Standard-)Skalarprodukt** *durch* $(x|y) := x_1y_1 + \cdots + x_ny_n = \sum_{i=1}^n x_iy_i \in \mathbb{R}$.

Direkt aus der Definition ergeben sich durch Ausrechnen folgende Eigenschaften dieses Skalarprodukts auf dem $\mathbb{R}^n$:

Satz 9.27. *Für* $x, y, z \in \mathbb{R}^n, a \in \mathbb{R}$ *gilt:*

a) *Es ist* $(x|x) \geq 0$. *Ist* $x \neq 0$, *so ist* $(x|x) > 0$ **Definitheit**
b) $(x|y) = (y|x)$ **Symmetrie**
c) $(x|y + z) = (x|y) + (x|z)$
   $(x|ay) = a(x|y)$ **Linearität im 2. Argument**

Aufgabe: Beweisen Sie bitte diesen Satz.

Wegen b) ist das Skalarprodukt auch linear im ersten Argument, es gilt also $(x + y|z) = (x|z) + (y|z)$ und $(ax|y) = a(x|y)$. Aber **beachten Sie!** Das Skalarprodukt ist **kein Produkt im üblichen Sinn**, weil es seinen zwei Argumenten, die Vektoren sind, eine **reelle Zahl** und keinen Vektor zuordnet. Es ist natürlich auch, trotz der Ähnlichkeit in der Namensgebung, von der Multiplikation von Skalaren mit Vektoren völlig verschieden.

Wir werden jetzt zunächst nicht den $\mathbb{R}^n$ mit dem in 9.26 definierten Skalarprodukt weiter behandeln, sondern gehen erst einmal der Frage nach, ob sich auf jedem (endlich-dimensionalen) $\mathbb{R}$-Vektorraum ein Skalarprodukt definieren lässt. Die Definition auf dem $\mathbb{R}^n$ benutzt die spezielle Gestalt der Elemente als Spaltenvektoren. Oder anders ausgedrückt: Im $\mathbb{R}^n$ gibt es mit der kanonischen Basis $\{e_1, \ldots, e_n\}$ eine besonders ausgezeichnete Basis und das (Standard-)Skalarprodukt ist über die Koordinaten von Vektoren zu dieser Basis definiert.

In einem beliebigen endlich-dimensionalen $\mathbb{R}$-Vektorraum gibt es aber in der Regel keine besonders ausgezeichnete Basis. Man könnte nun zu jeder Basis ein Skalarprodukt entsprechend 9.26 definieren, indem man die Koordinaten der Vektoren bezüglich dieser Basis verwendet. Ein anderer und, wie Sie inzwischen wissen, für die Algebra typischerer Weg ist, den Begriff des Skalarprodukts axiomatisch durch gewisse Eigenschaften einzuführen und dann zu untersuchen, welche Beispiele von Skalarprodukten es gibt. Wir werden diesen Zugang wählen und verwenden als Axiome gerade die Eigenschaften aus Satz 9.27.

Es wird sich herausstellen, dass für endlich-dimensionale $\mathbb{R}$-Vektorräume beide Wege äquivalent sind. Der zweite Weg hat aber unter anderem den Vorteil, dass wir uns zunächst nicht auf endlich-dimensionale Vektorräume über $\mathbb{R}$ beschränken müssen, und gerade für unendlich-dimensionale Vektorräume von Funktionen spielt in der Analysis der Skalarproduktbegriff eine wichtige Rolle (z. B. im Zusammenhang mit periodischen Funktionen und Fourierreihen; vgl. Abschnitt 8.1.1 bzw. Seite 293).

Definition 9.28. *Sei V ein beliebiger Vektorraum über $\mathbb{R}$. Eine Funktion $(\cdot \mid \cdot):$ $V \times V \to \mathbb{R}, (v, w) \mapsto (v \mid w)$, mit den Eigenschaften $a), b), c)$ aus Satz 9.27 heißt* **Skalarprodukt** *auf V und V selbst heißt* **Euklidischer Vektorraum** *oder* **Skalarproduktraum**.

Beispiele:

1. Ist $(\cdot \mid \cdot)$ ein Skalarprodukt auf V, $a \in \mathbb{R}$, $a > 0$, so ist auch $[\cdot \mid \cdot]$, definiert durch $[v \mid w] := a(v \mid w)$ ein Skalarprodukt auf V.
2. Ist V ein endlich-dimensionaler $\mathbb{R}$-Vektorraum, $B = \{v_1, \ldots, v_n\}$ eine Basis von V, $v = \sum_{i=1}^{n} a_i v_i$, $w = \sum_{i=1}^{n} b_i v_i \in V$, so setze $(v \mid w) := \sum_{i=1}^{n} a_i b_i$.
   Dann ist $(\cdot \mid \cdot)$ ein Skalarprodukt auf V und $(v_i \mid v_i) = 1$, $(v_i \mid v_j) = 0$ für alle $i, j = 1, \ldots, n, i \neq j$.
3. Sei $V = C[a, b]$ der Vektorraum aller stetigen, reellwertigen Funktionen auf dem Intervall $[a, b]$, $a, b \in \mathbb{R}$. Durch $(f \mid g) := \int_a^b f(t)g(t)dt$ wird auf V ein Skalarprodukt erklärt.

Jedes Skalarprodukt erfüllt eine wichtige Ungleichung, die im Fall des Standard-Skalarproduktes in der Anschauungsebene wegen $|\cos(\varphi)| \leq 1$ klar ist (siehe Gleichung 9.1).

Satz 9.29. (Cauchy-Schwarzsche[4] Ungleichung) *Sei V ein Euklidischer Vektorraum. Dann gilt*

$$(v \mid w)^2 \leq (v \mid v)(w \mid w) \text{ für alle } v, w \in V.$$

Das Gleichheitszeichen gilt genau dann, wenn v und w linear abhängig sind.

Beweis: Ist $w = o$, so steht links und rechts 0. (Dann sind v und w auch linear abhängig). Sei $w \neq o$ und $a = \dfrac{(v \mid w)}{(w \mid w)}$. Mit den definierenden Eigenschaften des Skalarprodukts gilt

$$\begin{aligned}
0 \leq (v - aw \mid v - aw) &= (v \mid v) - 2a(v \mid w) + a^2(w \mid w) \\
&= (v \mid v) - \frac{2(v|w)^2}{(v|w)} + \frac{(v|w)^2}{(w|w)} \\
&= (v \mid v) - \frac{(v|w)^2}{(w|w)}.
\end{aligned}$$

Multipliziert man diese Ungleichung mit $(w|w)$, erhält man die erste Aussage. Nach der Definitheitseigenschaft gilt $0 = (v - aw \mid v - aw)$ genau dann, wenn $v - aw = o$, v und w also linear abhängig sind. □

9.3.2 Norm und Abstand

In Analogie zum $\mathbb{R}^n$ mit dem Standard-Skalarprodukt, wo die Länge eines Vektors x durch $\|x\| = \sqrt{(x \mid x)}$ gegeben ist, definieren wir jetzt für einen beliebigen Skalarproduktraum die sog. Norm eines Vektors:

Definition 9.30. *Sei V ein Euklidischer Vektorraum.*

a) Für $v \in V$ ist die durch das Skalarprodukt gegebene **(Euklidische) Norm** *erklärt durch $\|v\| := \sqrt{(v|v)}$. (Dabei ist die nicht-negative Wurzel gemeint.)*
b) Für $v, w \in V$ ist der **(Euklidische) Abstand** *definiert durch $d(v, w) := \|v - w\|$.*

Beispiele:

1. Für das Standard-Skalarprodukt auf dem $\mathbb{R}^n$ ist die Norm von $x = (x_1, \ldots, x_n)^t$ gegeben durch $\|x\| = \sqrt{\sum_{i=1}^{n} x_i^2}$. Insbesondere haben die kanonischen Basisvektoren e_i Norm 1.
2. Sei V die Menge der stetigen, reellen 2π–periodischen Funktionen. V ist ein Unterraum von $C(\mathbb{R})$. Durch $(f|g) := \frac{1}{2\pi} \int_0^{2\pi} f(t)g(t)dt$ wird V ein Euklidischer Vektoraum. Der Euklidische Abstand zweier Funktionen $f, g \in V$ ist dann

---

[4] Hermann Amandus Schwarz, 1843–1921, Mathematikprofessor in Zürich, Göttingen und Berlin, verfasste vor allem wichtige Arbeiten zur Analysis.

$$d(f,g) = \left(\frac{1}{2\pi} \int_0^{2\pi} (f(t) - g(t))^2 \, dt \right)^{\frac{1}{2}},$$

der schon in Theorem 8.10 betrachtet wurde.

Theorem 9.31. *Sei V ein Euklidischer Vektorraum mit der Euklidischen Norm*
$\|.\|$. *Dann gilt für alle $v, w \in V, a \in \mathbb{R}$* :

a) $\|v\| = 0$ *genau dann, wenn $v = 0$*.   **Definitheit**

b) $\|av\| = |a| \, \|v\|$ **absolute Homogenität**

c) $\|v + w\| \le \|v\| + \|w\|$ **Dreiecksungleichung**

Aus b) und c) folgt

d) $|\, \|v\| - \|w\| \,| \le \|v - w\| \le \|v\| + \|w\|$

                         verallgemeinerte Dreiecksungleichung

---

Beweis: a) und b) sind unmittelbar klar.

c) Es ist

$$\|v + w\|^2 = (v + w|v + w) = (v|v) + (w|w) + 2(v|w)$$
$$\underset{\text{Satz 9.29}}{\le} (v|v) + (w|w) + 2\sqrt{(v|v)(w|w)} = (\|v\| + \|w\|)^2,$$

woraus c) durch Wurzelziehen folgt.

d) Es ist nach c) $\|v\| = \|(v - w) + w\| \le \|v - w\| + \|w\|$. Vertauscht man v und w, so erhält man $\|w\| - \|v\| \le \|w - v\|$. Wegen $\|w - v\| = \|v - w\|$ (nach b)) folgt die Behauptung. $\square$

Bemerkungen: a) Ist V ein $\mathbb{R}$-Vektorraum, so nennt man jede Funktion $\|.\| : V \to \mathbb{R}$, die die Bedingungen $a), b), c)$ aus Theorem 9.31 erfüllt, eine **Norm** auf V. Normen haben also die wesentlichen Eigenschaften, die dem elementar-geometrischen Längenbegriff zukommen. Insofern kann man Normen als verallgemeinerte Längen auffassen.

Auf einem $\mathbb{R}$-Vektorraum lassen sich im Allgemeinen viele verschiedene Normen definieren und nicht alle stammen wie die Euklidischen Normen aus Definition 9.30 von Skalarprodukten ab. Zum Beispiel wird auf dem $\mathbb{R}^n$ durch $\|x\|_1 = \sum_{i=1}^n |x_i|$ für $x = (x_1, \ldots, x_n)^t$ eine Norm erklärt, die sich nicht über ein Skalarprodukt definieren lässt (vgl. Bemerkung nach Satz 9.32). Sie wird übrigens auch Manhattan-Norm genannt, da sie der Entfernungsmessung in Städten mit Straßen wie auf dem Schachbrett entspricht. Wir werden ab Kapitel 13 auch nicht-Euklidische Normen verwenden. In diesem Kapitel steht jedoch $\|.\|$ immer für die von einem Skalarprodukt stammende Euklidische Norm.

b) Der in Definition 9.30 b) eingeführte Abstandsbegriff hat folgende Eigenschaften, die sich leicht aus Theorem 9.31 ableiten lassen:

$d(v, w) = 0$ genau dann, wenn $v = w$;

$d(v, w) = d(w, v)$ für alle v, w;

$d(u, w) \le d(u, v) + d(v, w)$ für alle u, v, w.

In diesen Eigenschaften kommt die Addition und Multiplikation mit Skalaren auf

Vektorräumen gar nicht mehr vor. Man nennt eine Funktion $d : M \times M \to \mathbb{R}$ eine **Metrik** auf einer beliebigen Menge M, falls sie die obigen Bedingungen erfüllt. Mit einer Metrik ist also ein Abstandsbegriff auf der Menge M gegeben. Z. B. erfüllt die Länge eines kürzesten Weges zwischen zwei Knoten in einem zusammenhängenden Graph G die Eigenschaften einer Metrik auf der Knotenmenge von G.

Der Begriff einer Metrik ist sehr allgemein. Selbst auf $\mathbb{R}$-Vektorräumen ($\neq \{o\}$) gibt es stets Metriken, die sich nicht durch eine Norm entsprechend 9.30 b) definieren lassen (z. B. $d(v, w) = \frac{|v - w|}{1 + |v - w|}$ auf $\mathbb{R}$ selbst. Sie hat die Eigenschaft, dass der Abstand zwischen zwei Punkten kleiner als 1 ist, was bei einer Norm nie der Fall sein kann).

Satz 9.32. *Sei V ein Euklidischer Vektorraum. Dann gilt für alle $v, w \in V$:*

a) $\|v + w\|^2 = \|v\|^2 + \|w\|^2 + 2(v|w)$

b) **(Parallelogrammgleichung)** $\|v + w\|^2 + \|v - w\|^2 = 2(\|v\|^2 + \|w\|^2)$.

Beweis: Beide Aussagen folgen direkt durch Ausrechnen von $\|z\|^2 = (z|z)$ unter der Benutzung der Eigenschaften eines Skalarprodukts.   □

Aufgabe: Führen Sie bitte den Beweis von Satz 9.32 durch. Machen Sie sich bitte die geometrische Bedeutung von Teil b) im $\mathbb{R}^2$ klar.

Bemerkung: Im Zusammenhang mit Teil a) der Bemerkung auf Seite 294 vermerken wir, dass eine Norm auf einem $\mathbb{R}$-Vektorraum genau dann von einem Skalarprodukt abstammt, wenn sie die Parallelogrammgleichung aus Satz 9.32 b) erfüllt. Einen Beweis hierfür findet man zum Beispiel in [18, Satz 4.7].

9.3.3 Winkel und Orthogonalität

Auf Euklidischen Vektorräumen haben wir durch die Norm einen Längenbegriff und damit auch einen Abstandsbegriff eingeführt. Wir wenden uns jetzt Winkeln zwischen Vektoren zu, wobei von besonderer Bedeutung ist, wann zwei Vektoren aufeinander senkrecht stehen.

Nach der Cauchy-Schwarzschen Ungleichung (Satz 9.29) ist $-1 \leq \frac{(v|w)}{\|v\| \, \|w\|} \leq 1$ für alle von o verschiedenen $v, w \in V$. Daher gibt es ein φ mit $\cos(\varphi) = \frac{(v|w)}{\|v\| \, \|w\|}$. Motiviert durch den Fall der Ebene definieren wir:

Definition 9.33. *Sei V ein Euklidischer Vektorraum.*

a) *Sind $v, w \in V, v \neq o \neq w$, so ist der* **Winkel** *zwischen v und w definiert durch*
$\varphi = \arccos\left(\frac{(v|w)}{\|v\| \, \|w\|}\right) \in [0, \pi]$.

b) *Zwei Vektoren $v, w \in V$ sind* **orthogonal** *(stehen* **senkrecht** *aufeinander), falls* $(v|w) = 0$. *Insbesondere ist der Nullvektor orthogonal zu allen Vektoren.*

c) *Ist $M \subseteq V$, so ist $M^\perp = \{w \in V : (v|w) = 0 \text{ für alle } v \in M\}$.*
$M^\perp$ *heißt* **Orthogonalraum** *zu M.*

Bemerkungen:

1. Sind $v, w \neq o$, so sind v und w genau dann orthogonal, wenn der Winkel zwischen v und w gerade $\frac{\pi}{2}$ ist.
2. Sind v, w orthogonal, so gilt nach Satz 9.32 a): $\|v + w\|^2 = \|v\|^2 + \|w\|^2$. Dies ist die allgemeine Version des **Satzes von Pythagoras**.
3. Die Bezeichnung Orthogonal*raum* für $M^\perp$ in Definition 9.33 c) ist berechtigt. Aus den definierenden Eigenschaften des Skalarprodukts folgt unmittelbar, dass $M^\perp$ für jede Teilmenge M von V ein Unterraum von V ist.
4. Es ist $\{o\}^\perp = V$. "Dual" dazu ist $V^\perp = \{o\}$; dies folgt aus der Definitheit des Skalarprodukts.

Beispiele:

1. Im $\mathbb{R}^3$ ist bezüglich des Standard-Skalarprodukts der Winkel zwischen $x = \begin{pmatrix} -1 \\ 2 \\ 1 \end{pmatrix}$

   und $y = \begin{pmatrix} 2 \\ 2 \\ 4 \end{pmatrix}$ gerade $\frac{\pi}{3}$, denn $\frac{(x|y)}{\|x\| \, \|y\|} = \frac{6}{\sqrt{6} \cdot \sqrt{24}} = \frac{1}{2}$.

2. Sei $x = \begin{pmatrix} x_1 \\ x_2 \end{pmatrix} \in \mathbb{R}^2$. Dann ist $\{x\}^\perp = \{ r \begin{pmatrix} x_2 \\ -x_1 \end{pmatrix} : r \in \mathbb{R} \}$ die senkrecht zu x durch den Nullpunkt gehende Gerade.

Aufgaben:

1. Beweisen Sie bitte die Aussage der 3. Bemerkung oben.
2. Bestimmen Sie bitte $\left\{ \begin{pmatrix} 1 \\ 2 \\ 3 \end{pmatrix} \right\}^\perp$ im $\mathbb{R}^3$.

Unser nächstes Ziel ist der Nachweis, dass es für jedes Skalarprodukt auf einem endlich-dimensionalen $\mathbb{R}$-Vektorraum eine Basis aus Vektoren der Norm 1 gibt, die alle senkrecht aufeinander stehen. Wir führen dazu zur Vereinfachung der Sprechweise folgende Bezeichnungen ein:

Definition 9.34. *Sei V ein Euklidischer Vektorraum mit Skalarprodukt $(.|.)$, $M \subseteq V$.*

*a) M heißt **Orthonormalsystem**, falls $\|v\| = 1$ für alle $v \in M$ und $(v|w) = 0$ für alle $v, w \in M, v \neq w$, gilt.*

*b) Ist V endlich-dimensional, so heißt M **Orthonormalbasis** von V, falls M ein Orthonormalsystem und gleichzeitig eine Basis von V ist.*

Beispiel: Bezüglich des Standard-Skalarprodukts im $\mathbb{R}^2$ ist die kanonische Basis $\{e_1, e_2\}$ eine Orthonormalbasis, ebenso auch $\{-e_1, e_2\}$ oder $\{\frac{1}{\sqrt{2}}(e_1 + e_2), \frac{1}{\sqrt{2}}(e_1 - e_2)\}$.

Bevor wir zeigen, dass es zu jedem Skalarprodukt auf einem endlich-dimensionalen $\mathbb{R}$-Vektorraum Orthonormalbasen gibt, wollen wir einige wichtige Eigenschaften von Orthonormalsystemen bzw. -basen zusammenstellen.

Satz 9.35. *Sei V ein Euklidischer Vektorraum mit Skalarprodukt $(.|.)$, $M = \{v_1, \ldots, v_n\} \subseteq V$.*

a) Ist M ein Orthonormalsystem, so ist M linear unabhängig. Insbesondere: Ist V endlich-dimensional, so ist M genau dann eine Orthonormalbasis, falls M ein Orthonormalsystem ist und $n = \dim(V)$.

b) Ist M ein Orthonormalsystem, $v \in V$, so ist $v - \sum_{i=1}^n (v|v_i)v_i \in M^\perp$.

c) Sei M eine Basis von V. M ist Orthonormalbasis genau dann, wenn für alle $v = \sum_{i=1}^n a_i v_i$, $w = \sum_{i=1}^n b_i v_i \in V$ gilt: $(v|w) = \sum_{i=1}^n a_i b_i$.

d) Ist M eine Orthonormalbasis von V, $v = \sum_{i=1}^n a_i v_i \in V$, so gilt: $a_i = (v|v_i)$, d. h. $v = \sum_{i=1}^n (v|v_i)v_i$, und $\|v\|^2 = \sum_{i=1}^n a_i^2 = \sum_{i=1}^n (v|v_i)^2$.

Beweis: a) Ist $\sum_{i=1}^n c_i v_i = o$, so ist wegen der Linearität des Skalarproduktes im zweiten Argument $0 = (v_j | \sum_{i=1}^n c_i v_i) = \sum_{i=1}^n c_i(v_j|v_i) = c_j$ für $j = 1, \ldots, n$. Also ist M linear unabhängig. Der zweite Teil der Behauptung folgt dann aus Korollar 9.21 c).

b) Es ist $(v_j | v - \sum_{i=1}^n (v|v_i)v_i) = (v_j|v) - \sum_{i=1}^n (v|v_i)(v_j|v_i) = (v_j|v) - (v_j|v)(v_j|v_j) = 0$ für alle $j = 1, \ldots, n$. (Machen Sie sich diese Aussage für den Fall $n = 1$ im $\mathbb{R}^2$ anschaulich klar.)

c) Ist M eine Orthonormalbasis, so ist $(v|w) = (\sum_{i=1}^n a_i v_i | \sum_{j=1}^n b_j v_j) = \sum_{i,j=1}^n a_i b_j (v_i|v_j) = \sum_{i=1}^n a_i b_i$.
Die umgekehrte Richtung hatten wir schon im Absatz vor Definition 9.34 gezeigt.

d) $v - \sum(v|v_i)v_i$ ist nach b) orthogonal zu $v_1, \ldots, v_n$, also auch zu $\langle v_1, \ldots, v_n \rangle = V$. Da $V^\perp = \{o\}$ (vgl. Bemerkung e), Seite 296), folgt $v = \sum(v|v_i)v_i$, d. h. $a_i = (v|v_i)$. (Man kann das natürlich auch wieder direkt zeigen durch Ausrechnen von $(v|v_i)$.)
$\|v\|^2 = (v|v) = \sum_{i=1}^n a_i^2 = \sum_{i=1}^n (v|v_i)^2$ nach c) und der eben bewiesenen Aussage. $\square$

Theorem 9.36. (Gram[5]-Schmidtsches[6] Orthonormalisierungsverfahren)
Sei $M = \{w_1, \ldots, w_n\}$ eine linear unabhängige Teilmenge des Euklidischen Vektorraums V. Dann gibt es ein Orthonormalsystem $\{v_1, \ldots, v_n\}$ mit $\langle v_1, \ldots, v_i \rangle = \langle w_1, \ldots, w_i \rangle$ für $i = 1, \ldots, n$.

---

[5] Jorgen P. Gram, 1850–1916, Manager einer Versicherungsanstalt, später Gründer einer eigenen Versicherungsanstalt, "Amateurmathematiker", leistete als solcher wichtige Beiträge zur Zahlentheorie, zur Theorie der Integralgleichungen, der Numerik und Stochastik. Das Orthonormalisierungsverfahren war schon Laplace bekannt und wurde bereits von Cauchy 1836 intensiv genutzt.

[6] Erhard Schmidt, 1876–1959, Professor der Mathematik an der Berliner Universität, Beiträge zur Theorie der Integralgleichungen, Mitbegründer der Zeitschrift "Mathematische Nachrichten".

Beweis: Der Beweis enthält einen Algorithmus zur Bestimmung der v_i, der im Wesentlichen auf Satz 9.35 b) beruht.

Setze $v_1 = \frac{1}{\|w_1\|} w_1$ (beachte $w_1 \neq o$). Dann ist $\|v_1\| = 1$, $\langle v_1 \rangle = \langle w_1 \rangle$.

Sei schon ein Orthonormalsystem $v_1, \ldots, v_i$ bestimmt mit $\langle v_1, \ldots, v_i \rangle = \langle w_1, \ldots, w_i \rangle$.

Setze $v'_{i+1} = w_{i+1} - \sum_{j=1}^{i} (v_j | w_{i+1}) v_j$. Nach Satz 9.35 b) ist $(v'_{i+1} | v_j) = 0$ für $j = 1, \ldots, i$. Da $w_{i+1} \notin \langle w_1, \ldots, w_i \rangle = \langle v_1, \ldots, v_i \rangle$ (Satz 9.10 a)), ist $v'_{i+1} \neq o$. Mit $v_{i+1} := \frac{1}{\|v'_{i+1}\|} v'_{i+1}$ gilt dann $\|v_{i+1}\| = 1$, $(v_{i+1} | v_j) = 0$ für $j = 1, \ldots, i$ und $\langle v_1, \ldots, v_{i+1} \rangle = \langle w_1, \ldots, w_{i+1} \rangle$.   □

Das Gram-Schmidtsche Orthonormalisierungsverfahren werden wir u. a. in Abschnitt 10.6.2 in der Theorie der Vektorraum-basierten Informationssuche (information retrieval) benutzen.

Korollar 9.37. *Jeder endlichdimensionale Euklidische Vektorraum besitzt eine Orthonormalbasis.*

Beweis: Sei $M = \{w_1, \ldots, w_n\}$ eine Basis von V. Wende nun die angegebene Konstruktion an.   □

Bemerkungen: a) Sei V ein n-dimensionaler $\mathbb{R}$-Vektorraum. Aus Theorem 9.36 und Satz 9.35 c) folgt, dass man alle Skalarprodukte auf V auf die in Beispiel 2, Seite 292 beschriebene Weise erhält: Man wählt eine Basis $B = \{v_1, \ldots, v_n\}$ und setzt $(v|w) = \sum_{i=1}^{n} a_i b_i$ für $v = \sum_{i=1}^{n} a_i v_i$, $w = \sum_{i=1}^{n} b_i v_i \in V$. Was man dabei eigentlich tut, ist festzulegen, dass die ausgewählte Basis B eine Orthonormalbasis sein soll. Die Formel für $(v|w)$ ergibt sich daraus. Durch diese Festlegung einer Basis als Orthonormalbasis sind dann alle Normen und Winkel auf V bestimmt. Es kann natürlich passieren, dass die Festlegung einer anderen Basis als Orthonormalbasis zum gleichen Skalarprodukt führt (siehe Aufgabe 1 unten).

b) Wir haben gesehen, dass es auf einem $\mathbb{R}$-Vektorraum $\neq \{o\}$ viele (sogar unendlich viele – siehe Beispiel 1, Seite 292) verschiedene Skalarprodukte gibt und damit auch verschiedene Längen- und Winkelfestlegungen. Dies gilt selbstverständlich auch für den $\mathbb{R}^n$. Dass wir dort ein ausgezeichnetes Skalarprodukt haben, nämlich das Standard-Skalarprodukt mit der kanonischen Basis $\{e_1, \ldots, e_n\}$ als Orthonormalbasis, liegt daran, dass die Elemente des $\mathbb{R}^n$ von vornherein schon in Koordinatenschreibweise bezüglich $e_1, \ldots, e_n$ angegeben werden.

Beispiel: Sei $[.|.] : \mathbb{R}^2 \times \mathbb{R}^2 \to \mathbb{R}$ definiert durch $[x|y] = 5x_1 y_1 - x_1 y_2 - x_2 y_1 + 2x_2 y_2$ für $x = \begin{pmatrix} x_1 \\ x_2 \end{pmatrix}$, $y = \begin{pmatrix} y_1 \\ y_2 \end{pmatrix} \in \mathbb{R}^2$.

Wegen $[x|x] = 4x_1^2 + x_2^2 + (x_1 - x_2)^2$ ist $[.|.]$ definit und die übrigen Eigenschaften eines Skalarprodukts sind klar. Also ist $[.|.]$ ein Skalarprodukt auf $\mathbb{R}^2$.

Es ist $[e_1|e_1] = 5$, $[e_2|e_2] = 2$, $[e_1|e_2] = -1$; $\{e_1, e_2\}$ ist also keine Orthonormalbasis bezüglich $[.|.]$.

Wir bestimmen eine Orthonormalbasis für $[.|.]$ mit Hilfe des Gram-Schmidtschen Orthonormalisierungsverfahrens, wobei wir $w_1 = e_1$, $w_2 = e_2$ wählen. Mit $\|.\|$ sei jetzt die

Norm bezüglich $[.|.]$ bezeichnet. Es ist $\|e_1\| = \frac{1}{\sqrt{5}}$, also $v_1 = \frac{1}{\sqrt{5}}e_1 = \begin{pmatrix} \frac{1}{\sqrt{5}} \\ 0 \end{pmatrix}$. Wir berechnen, dem Verfahren im Beweis von Theorem 9.36 folgend, $v_2' = e_2 - [e_2|v_1]v_1 = e_2 - \frac{1}{5}[e_2|e_1]e_1 = e_2 + \frac{1}{5}e_1 = \begin{pmatrix} \frac{1}{5} \\ 1 \end{pmatrix}$. Da $\|v_2'\|^2 = [\begin{pmatrix} \frac{1}{5} \\ 1 \end{pmatrix}, \begin{pmatrix} \frac{1}{5} \\ 1 \end{pmatrix}] = \frac{45}{25}$, setzen

wir $v_2 = \frac{1}{\|v_2'\|}v_2' = \frac{\sqrt{5}}{3}(e_2 + \frac{1}{5}e_1) = \begin{pmatrix} \frac{\sqrt{5}}{15} \\ \frac{\sqrt{5}}{3} \end{pmatrix}$. Dann ist $\{v_1, v_2\}$ eine Orthonormalbasis bezüglich $[.|.]$.

Aufgaben:

1. Sei V ein endlich-dimensionaler $\mathbb{R}$-Vektorraum. Ist $B = \{v_1, \ldots, v_n\}$ eine Basis, so sei $(.|.)_B$ wie in Beispiel 2, Seite 292 definiert: Für $v = \sum_{i=1}^{n} a_iv_i$ und $w = \sum_{i=1}^{n} b_iv_1$ ist $(v|w)_B = \sum_{i=1}^{n} a_ib_i$.
   Zeigen Sie bitte: Ist B' eine weitere Basis von V, so ist $(.|.)_B = (.|.)_{B'}$ genau dann, wenn B eine Orthonormalbasis für $(.|.)_{B'}$ ist.

2. Sei $[.|.] : \mathbb{R}^2 \times \mathbb{R}^2 \to \mathbb{R}$ definiert durch $[x|y] = 2x_1y_1 + x_1y_2 + x_2y_1 + x_2y_2$ für $x = \begin{pmatrix} x_1 \\ x_2 \end{pmatrix}, y = \begin{pmatrix} y_1 \\ y_2 \end{pmatrix} \in \mathbb{R}^2$.
   Zeigen Sie bitte, dass $[.|.]$ ein Skalarprodukt auf $\mathbb{R}^2$ ist und bestimmen Sie eine Orthonormalbasis zu $[.|.]$.

3. Sei $V = \{f : [-1, 1] \to \mathbb{R} : f(t) = at^2 + bt + c, a, b, c \in \mathbb{R}\}$ der Vektorraum der Polynomfunktionen vom Grad ≤ 2 auf $[-1, 1]$. Auf V ist durch $(f|g) = \int_{-1}^{1} f(t)g(t)dt$ ein Skalarprodukt definiert. Bestimmen sie bitte mit Hilfe des Gram-Schmidtschen Orthonormalisierungsverfahrens eine Orthonormalbasis aus $\{1, t, t^2\}$.

Wir ziehen noch eine wichtige Folgerung aus der Existenz von Orthonormalbasen.

Satz 9.38. *Sei V ein endlich-dimensionaler Euklidischer Vektorraum, U ein Unterraum von V. Dann gelten die folgenden Aussagen:*
a) $V = U \oplus U^\perp$; insbesondere ist $\dim(U) + \dim(U^\perp) = \dim(V)$.
b) $(U^\perp)^\perp = U$.

Beweis: a) Sei $\{w_1, \ldots, w_k\}$ eine Basis von U. Nach dem Basisergänzungssatz 9.15 b) lässt sich diese zu einer Basis $\{w_1, \ldots, w_k, w_{k+1}, \ldots, w_n\}$ von V ergänzen. Anwendung des Gram-Schmidtschen Orthonormalisierungsverfahrens auf diese Basis liefert eine Orthonormalbasis $\{v_1, \ldots, v_n\}$ von V mit $\langle v_1, \ldots, v_k \rangle = \langle w_1, \ldots, w_k \rangle = U$. Es ist dann $\langle v_{k+1}, \ldots, v_n \rangle \subseteq U^\perp$, also $V = U + U^\perp$. Ist $u \in U \cap U^\perp$, so ist $(u|u) = 0$, also $u = o$. Daher ist $V = U \oplus U^\perp$. Die Dimensionsaussage folgt hieraus mit Satz 9.23.
b) Jeder Vektor aus U ist orthogonal zu jedem Vektor aus $U^\perp$, also ist $U \subseteq (U^\perp)^\perp$. Nach a) ist $\dim((U^\perp)^\perp) = \dim(V) - \dim(U^\perp) = \dim(V) - (\dim(V) - \dim(U)) = \dim(U)$. Satz 9.22 b) liefert dann $U = (U^\perp)^\perp$. □

9.3.4 Das Vektorprodukt in $\mathbb{R}^3$

Unter allen Euklidischen Vektorräumen spielen die 3-dimensionalen eine besondere Rolle, da in ihnen ein Produkt von Vektoren (dessen Ergebnis wieder ein Vektor ist) definiert werden kann, das eine spezielle geometrische Bedeutung hat. Wir beschreiben dieses Vektorprodukt für den $\mathbb{R}^3$ (mit dem Standard-Skalarprodukt).

Definition 9.39. *Seien* $x = \begin{pmatrix} x_1 \\ x_2 \\ x_3 \end{pmatrix}$, $y = \begin{pmatrix} y_1 \\ y_2 \\ y_3 \end{pmatrix} \in \mathbb{R}^3$. *Dann ist das* **Vektorprodukt** $x \times y$ *definiert durch*

$$x \times y = \begin{pmatrix} x_2 y_3 - x_3 y_2 \\ x_3 y_1 - x_1 y_3 \\ x_1 y_2 - x_2 y_1 \end{pmatrix} \in \mathbb{R}^3.$$

Dass diese zunächst etwas willkürlich wirkende Definition nützlich ist, zeigt der folgende Satz.

Satz 9.40. *Für* $x, y, z \in \mathbb{R}^3, a \in \mathbb{R}$ *gilt:*

a) $x \times y$ *steht senkrecht auf* x *und* y, *d. h.* $(x \times y | x) = (x \times y | y) = 0$.

b) $x \times y = -(y \times x)$

c) $x \times (y + z) = (x \times y) + (x \times z)$
$\quad x \times (ay) = a(x \times y)$

d) x *und* y *sind genau dann linear abhängig, wenn* $x \times y = 0$.

e) Sind $x, y \neq o$ *und ist* φ *der Winkel zwischen* x *und* y, *so ist* $\|x \times y\| = \|x\| \cdot \|y\| \cdot \sin(\varphi)$. *Also ist* $\|x \times y\|$ *der Flächeninhalt des von* x *und* y *aufgespannten Parallelogrammms* $\{ax + by : 0 \leq a, b \leq 1\}$.

Beweis: a) - c) ergeben sich direkt aus der Definition durch leichte Rechnung.
Wir beweisen nun zunächst e). Berechnung von $\|x \times y\|^2$ liefert nach einigen Umformungen

$$
\begin{aligned}
\|x \times y\|^2 &= (x_1^2 + x_2^2 + x_3^2)(y_1^2 + y_2^2 + y_3^2) - (x_1 y_1 + x_2 y_2 + x_3 y_3)^2 \\
&= \|x\|^2 \|y\|^2 - (x|y)^2 \\
&= \|x\|^2 \|y\|^2 - \|x\|^2 \|y\|^2 \cos^2(\varphi) \\
&= \|x\|^2 \|y\|^2 \sin^2(\varphi).
\end{aligned}
$$

Da $0 \leq \varphi \leq \pi$, ist $\sin(\varphi) \geq 0$. Also folgt $\|x \times y\| = \|x\| \|y\| \sin(\varphi)$ und e) gilt.
Ist $x = o$ oder $y = o$, so ist $x \times y = o$. Sind $x, y \neq o$, so ist $\|x \times y\|$ nach e) genau dann 0, wenn $\sin(\varphi) = 0$. Das bedeutet, dass x und y auf einer Geraden durch o liegen, also linear abhängig sind. Damit ist d) gezeigt. $\qquad\square$

Sind x und y linear unabhängig, so ist nach Satz 9.40 a) und c) das Vektorprodukt $x \times y$ ein Vektor, der senkrecht auf der von x und y aufgespannten Ebene steht und dessen Länge durch die Fläche des durch x und y aufgespannten Parallelogramms gegeben ist. Durch diese beiden Eigenschaften ist $x \times y$ also schon bis auf einen Faktor ± 1 eindeutig bestimmt.
Man kann zeigen, dass die Richtung von $x \times y$ dadurch festgelegt ist, dass $x, y, x \times y$

in dieser Reihenfolge ein sogenanntes **Rechtssystem** bilden. Anschaulich gesprochen heißt das: Steht ein Mensch mit dem rechten Fuß auf x und mit dem linken Fuß auf y (Fersen zum Nullpunkt), so zeigt der Kopf in Richtung $x \times y$. Oder: Halte die rechte Faust mit der durch den kleinen Finger gebildeten Kante und ausgestrecktem Daumen auf die von x und y aufgespannte Ebene, so dass die Fingerspitzen der Faust von x nach y zeigen. Dann zeigt der Daumen in Richtung $x \times y$.

Diese Beobachtung ist exakt mathematisch betrachtet problematisch, da sie sich auf den realen Raum bezieht und nicht auf das mathematische Objekt des Euklidischen Vektorraums $\mathbb{R}^3$. In einer präzisen Definition würde die geordnete kanonische Basis (e_1, e_2, e_3) als Rechtssystem definiert werden und dann ein Orientierungsbegriff so eingeführt werden, dass die Menge aller geordneten Basen in $\mathbb{R}^3$ in zwei Klassen eingeteilt wird. Diejenigen, die in derselben Klasse wie (e_1, e_2, e_3) liegen, bilden dann ein Rechtssystem, die anderen ein Linkssystem. Die Definition dieser Klasseneinteilung erfordert aber Hilfsmittel, die uns hier noch nicht zur Verfügung stehen.

Geometrische Anwendungen des Vektorprodukts werden wir in Kapitel 12 behandeln.

Aufgaben: 1. Bestimmen Sie den Flächeninhalt des durch die Vektoren $x = \begin{pmatrix} 1 \\ 2 \\ 1 \end{pmatrix}$ und

$y = \begin{pmatrix} 5 \\ -1 \\ 3 \end{pmatrix}$ aufgespannten Parallelogramms.

2. Zeigen Sie an einem Beispiel, dass für das Vektorprodukt das Assoziativgesetz nicht gilt.

3. Zeigen Sie bitte, dass $x \times (y \times z) = (x|z)y - (x|y)z$ gilt.

9.3.5 Skalarprodukte auf Vektorräumen über $\mathbb{C}$

In der Nachrichtentechnik benutzt man häufig die komplexe Form der Fourierreihen. Ebenso benutzt die diskrete Fouriertransformation den Vektorraum $\mathbb{C}^n$. Schon aus diesem Grund lohnt es sich, auch für Vektorräume über $\mathbb{C}$ ein Skalarprodukt einzuführen.

Definition 9.41. *Sei V ein Vektorraum über $\mathbb{C}$. Eine Abbildung $(.|.) : V \times V \to \mathbb{C}$, $(v, w) \mapsto (v|w)$ heißt Skalarprodukt auf V, wenn sie die folgenden Eigenschaften hat:*

a) $(v \mid v) > 0$ *für alle* $v \neq 0$	**Definitheit**
b) $\overline{(v \mid w)} = (w \mid v)$	**konjugierte Symmetrie**
c) $(u \mid v + w) = (u \mid v) + (u \mid w)$	**Linearität im**
$\quad (u \mid av) = a(u \mid v)$	**2. Argument**

*Ein Vektorraum über $\mathbb{C}$ mit Skalarprodukt wird auch **unitärer Vektorraum** genannt.*

Aus b) und c) folgt $(u + v \mid w) = (u|w) + (v|w)$ und $(au|w) = \bar{a}(u|w)$. Diese letztere Eigenschaft nennt man **Antilinearität** im ersten Argument.

Beispiel: Auf $\mathbb{C}^n$ ist $(w, z) \mapsto (w|z) = \sum_{k=1}^{n} \bar{w}_k z_k$ ein Skalarprodukt, das **Standard-Skalarprodukt** auf $\mathbb{C}^n$.

Die Cauchy-Schwarzsche Ungleichung (Satz 9.29) lautet im Komplexen $|(v|w)|^2 \leq (v|v)(w|w)$ und wird ganz analog bewiesen wie der zitierte Satz (man muss $a = \frac{(w|v)}{(w|w)}$ wählen und die obige Formel verwenden). Dass die Funktion $\|.\| : V \to \mathbb{R}$, $v \mapsto \|v\| := \sqrt{(v|v)}$ auch in diesem Fall alle Eigenschaften einer Norm (siehe Theorem 9.31) erfüllt, beweist man wie für den Euklidischen Vektorraum. Man hat also auch in unitären Vektorräumen durch $d(v, w) = \|v - w\|$ eine Abstandsmessung.

Die Sätze 9.35, 9.36 (Gram-Schmidtsches Orthonormalisierungsverfahren) und 9.38 gelten ebenfalls in unitären Räumen mit den gleichen Beweisen.

Beispiele: 1. Sei $N \in \mathbb{N}$ beliebig. Sei $\omega = \exp(2\pi i/N)$. Dann gilt $\omega^k \neq 1$ für $1 \leq k \leq N - 1$ und $\omega^N = 1$. Ferner gilt $\omega^{-k} = \bar{\omega}^k$ für $k \geq 0$ und $\omega^k \omega^l = \omega^{k+l}$ für alle $k, l \in \mathbb{Z}$. Für $1 \leq k \leq N - 1$ ist schließlich $1 + \omega^k + \omega^{2k} + \cdots + \omega^{(N-1)k} = \frac{1 - \omega^{Nk}}{1 - \omega^k} = 0$. Wir betrachten auf $V = \mathbb{C}^N$ das Skalarprodukt $(u|v) = \frac{1}{N}\sum_{j=1}^{N} \bar{u}_j v_j$. Sei $b_k = (1, \omega^k, \omega^{2k}, \ldots, \omega^{(N-1)k})^t$. Aus dem Vorangegangenen folgt, dass $B = \{b_0, b_1, b_{N-1}\}$ eine Orthonormalbasis bezüglich diesem Skalarprodukt ist. Diese Basis wird für die diskrete Fouriertransformation benutzt (siehe Abschnitt 11.3).

2. Sei V der $\mathbb{C}$-Vektorraum aller auf $[0, 2\pi]$ stetigen komplexen Funktionen. Durch

$$(f|g) := \frac{1}{2\pi} \int_0^{2\pi} \overline{f(t)} g(t) dt$$

erhält man ein Skalarprodukt. Die zugehörige Norm ist $\|f\| = \sqrt{\frac{1}{2\pi} \int_0^{2\pi} |f(t)|^2 dt}$. Die Funktionen $\{\exp(ikt) : k \in \mathbb{Z}\}$ bilden nach Beispiel 4, Seite 233 ein Orthonormalsystem. Es gilt also $(\exp(ikt) \mid \exp(ilt)) = \begin{cases} 1 & l = k \\ 0 & l \neq k \end{cases}$.

Satz 8.3 über die Darstellung der Fourierkoeffizienten ist das Analogon zu Satz 9.35 d), wobei dort auch unendliche Fourierreihen anstelle endlicher Linearkombinationen betrachtet werden.

Wiederholung

Begriffe: Skalarprodukt, Euklidischer Vektorraum, Norm, Abstand, Winkel, Orthogonalität, Orthogonalraum, Orthonormalsystem, Orthonormalbasis, Vektorprodukt, unitärer Vektorraum.
Sätze: Cauchy-Schwarzsche Ungleichung, Eigenschaften der Norm, Darstellung von Vektoren bezüglich Orthonormalbasis, Gram-Schmidtsches Orthonormalisierungsverfahren, Satz über das orthogonale Komplement, Eigenschaften des Vektorprodukts.

9.4 Lineare Codes

Motivation und Überblick

Ein linearer Code ist ein Unterraum eines K^n, wobei K ein endlicher Körper ist. Die Elemente dieses Unterraums werden zur Codierung von zu übertragenden oder zu speichernden Zeichen verwendet. Für die Erkennung und Korrektur zufälliger Fehler spielt ein Abstandsbegriff auf K^n eine wichtige Rolle, der von einer Norm-ähnlichen Funktion, dem sog. Hamming-Gewicht auf K^n, abgeleitet ist.

Wir wenden uns in diesem Abschnitt noch einmal der Codierungstheorie zu, mit der wir uns in Kapitel 4.4 schon kurz befasst hatten. Wir erinnern daran, dass die Codierung der Erkennung und gegebenenfalls der Korrektur von zufällig auftretenden Veränderungen bei der Speicherung oder Übertragung von Daten dient.

Wir betrachten hier den Fall, dass die Codierung von Zeichen, z. B. Buchstaben oder Zahlen, durch gewisse Elemente eines K^n, den Codewörtern, erfolgt, wobei K ein endlicher Körper ist. In den Anwendungen ist häufig $K = \mathbb{K}_2$. In der Regel ist die Menge der Codewörter, also der Code, ein Unterraum des K^n. Solche Codes nennt man **lineare** Codes (der Länge n). In Kapitel 4.4 hatten wir den Fall $K = \mathbb{K}_2$ betrachtet und einen linearen Code als Untergruppe von $(\mathbb{K}_2^n, +)$ definiert. Nach der Bemerkung auf Seite 272 ist dies aber dasselbe wie ein Untervektorraum von $\mathbb{K}_2^n$. Dies gilt auch, wenn man $\mathbb{K}_2$ durch einen Körper $\mathbb{K}_p \cong \mathbb{Z}/p\mathbb{Z}$ ersetzt, p irgendeine Primzahl, aber nicht mehr für beliebige endliche Körper.

Wenn bei der Übertragung von Codewörtern eines Codes der Länge n ein Wort (= Element des K^n) empfangen wird, das kein Codewort ist, so weiß man, dass ein Fehler aufgetreten ist. Kann man diesen Fehler auch korrigieren? Natürlich nicht mit 100-prozentiger Sicherheit. Wenn man aber davon ausgehen kann, dass Fehler relativ selten auftreten und daher das ursprünglich gesendete Codewort nur an relativ wenigen Stellen verändert wurde, so ist eine Korrektur des empfangenen Wortes in ein möglichst ähnliches Codewort sinnvoll. Diese Ähnlichkeit lässt sich durch einen geeigneten Abstandsbegriff präzisieren, der von einer Norm-ähnlichen Funktion auf dem K^n abgeleitet ist.

Definition 9.42. *Sei K ein endlicher Körper, $n \in \mathbb{N}$.*

a) Ist $x = (x_1, \ldots, x_n)^t \in K^n$, so ist $w(x) = |\{i : x_i \neq 0\}|$. Die Funktion $w : K^n \to \{0, 1, \ldots, n\} \subseteq \mathbb{N}_0$ heißt **Hamming**[7]**-Gewicht** *auf K^n. ("w" steht für "weight".)*

b) Für $x, y \in K^n$ sei $d(x, y) := w(x - y)$. Die Funktion $d : K^n \times K^n \to \{0, 1, \ldots, n\} \subseteq \mathbb{N}_0$ heißt **Hamming-Abstand**.

---

[7] Richard W. Hamming, 1915–1998, war an den Bell Laboratories tätig und später als Professor für Computer Science an der Naval Postgraduate School Monterey in USA. Mit einer Arbeit aus dem Jahre 1950 begründete er die Theorie der fehlererkennenden Codes.

Der Hamming-Abstand zweier Elemente $x, y \in K^n$ gibt also die Anzahl der Positionen an, an denen x und y nicht übereinstimmen. Es ist klar, dass $w(x) = d(x, o)$. Hamming-Gewicht und Hamming-Abstand bestimmen sich also gegenseitig.

Satz 9.43. *a) Für alle $x, y \in K^n$ gilt:*

(i) $w(x) = 0$ genau dann, wenn $x = o$.

(ii) Für alle $0 \neq a \in K$ ist $w(x) = w(ax)$.

(iii) $w(x + y) \leq w(x) + w(y)$.

b) Für alle $x, y, z \in K^n$ gilt:

(i) $d(x, y) = 0$ genau dann, wenn $x = y$.

(ii) $d(x, y) = d(y, x)$

(iii) $d(x, y) \leq d(x, z) + d(z, y)$

(iv) $d(x, y) = d(x + z, y + z)$.

Beweis: Alle Aussagen folgen direkt aus der Definition. □

Aufgabe: Beweisen Sie bitte Satz 9.43.

Satz 9.43 a) besagt, dass das Hamming-Gewicht ähnliche Eigenschaften wie eine Norm auf $\mathbb{R}$- oder $\mathbb{C}$-Vektorräumen hat (vgl. Theorem 9.31 bzw. Bemerkung a), Seite 294). Insbesondere gilt die Definitheit und die Dreiecksungleichung, während die Homogenität durch (ii) ersetzt wird. Der Hamming-Abstand erfüllt ferner nach (i)-(iii), Satz 9.43 b) alle Eigenschaften einer Metrik (vgl. Bemerkung b), Seite 294). Teil (iv) sagt aus, dass diese Metrik sogar translationsinvariant ist.

Zu einem linearen Code, also einem Untervektorraum C von K^n, gehört dessen "Fehlertoleranz". Man erhält ein Maß für sie durch den kleinsten Abstand zwischen zwei verschiedenen Codewörtern aus C. Da C ein Unterraum ist, folgt mit Satz 9.43 b),(iv), dass der Minimalabstand mit dem **Minimalgewicht** $w(C) = \min \{w(c) : c \in C, c \neq o\}$ von C übereinstimmt.

Definition 9.44. *Sei C ein linearer Code der Länge n über K. C heißt k-**fehlererkennend**, falls $w(C) \geq k + 1$. Er heißt k-**fehlerkorrigierend**, falls $w(C) \geq 2k + 1$.*

Die Begründung für diese Bezeichnungen wird durch folgenden einfachen Satz gegeben:

Satz 9.45.

a) Sei C ein k-fehlererkennender Code. Ist $c \in C$, so gibt es kein $c' \in C, c' \neq c$ mit $d(c, c') \leq k$.

(Wird also ein Codewort bei der Übertragung an mindestens einer und maximal k Stellen geändert, so wird ein Wort aus $K^n \setminus C$ empfangen und man erkennt, dass Fehler aufgetreten sind.)

b) Sei C ein k-fehlerkorrigierender Code. Dann gibt es zu jedem $x \in K^n$ höchstens ein $c \in C$ mit $d(x, c) \leq k$.

Beweis: a) Dies ist nur eine Umformulierung der Definition.

b) Angenommen es gibt $c, c' \in C, c \neq c'$ mit $d(x, c) \leq k$ und $d(x, c') \leq k$. Nach Satz 9.43 b) ist dann $d(c, c') \leq d(c, x) + d(x, c') = d(x, c) + d(x, c') \leq 2k$. Damit folgt $w(c - c') \leq 2k$, was wegen $o \neq c - c' \in C$ ein Widerspruch zu $w(C) \geq 2k + 1$ ist. $\square$

Teil b) des voranstehenden Satzes macht klar, wie die Strategie der Fehlerkorrektur bei einem k-fehlerkorrigierenden Code aussieht. Wird ein Element $x \in K^n \setminus C$ empfangen, so sucht man ein Codewort c mit $d(x, c) \leq k$. Falls dies existiert, so decodiert man x zu c. Wenn bei der Übertragung des ursprünglichen Codewortes maximal k Fehler aufgetreten sind, so wird auf diese Weise korrekt decodiert (denn es gibt kein weiteres Codewort, das sich von x an höchstens k Stellen unterscheidet).

Für einen k-fehlerkorrigierenden linearen Code wird man wegen $w(C) \geq 2k+1$ nur Vektorräume von relativ kleiner Dimension in K^n wählen können. Die Fehlerkorrekturmöglichkeit erkauft man sich also mit einer größeren Redundanz des Codes. Am günstigsten ist die Situation, wenn man einen k-fehlerkorrigierenden Code C hat, so dass für jedes $x \in K^n$ ein Codewort c existiert mit $d(x, c) \leq k$. Solche Codes heißen **perfekt**.

Mit obiger Strategie wird dann jedem empfangenen Wort eindeutig ein Codewort zugeordnet. Sind bei der Übertragung eines Codewortes mehr als k Fehler aufgetreten, so ist die Decodierung dann natürlich nicht korrekt.

Wir geben zum Abschluss ein Beispiel eines 1-fehlerkorrigierenden perfekten Codes der Länge 7 über $\mathbb{K}_2$ an.

Beispiel: In $\mathbb{K}_2^7$ sei $C = \langle (1000110)^t, (0100011)^t, (0010111)^t, (0001101)^t \rangle$. Betrachtung der ersten vier Komponenten der erzeugenden Codewörter zeigt, dass diese linear unabhängig sind, d. h. $\dim C = 4$. Damit folgt $|C| = 2^4 = 16$. Jedes Codewort $(a_1, \ldots, a_7)^t$ aus der angegebenen Basis von C erfüllt die drei Gleichungen:

$$\begin{aligned} a_5 &= a_1 + a_3 + a_4 \\ a_6 &= a_1 + a_2 + a_3 \\ a_7 &= a_2 + a_3 + a_4 \end{aligned}$$

Diese Gleichungen bleiben auch bei Linearkombinationen erhalten, so dass jedes Codewort diese Gleichungen erfüllt. Umgekehrt überlegt man sich leicht, dass diese Gleichungen einen 4-dimensionalen Unterraum definieren (jede einzelne definiert einen 6-dimensionalen Unterraum, der Schnitt ist 4-dimensional). Also ist

$$C = \langle (a_1, \ldots, a_7)^t : a_i \in \mathbb{K}_2, \ a_5 = a_1 + a_3 + a_4, a_6 = a_1 + a_2 + a_3, a_7 = a_2 + a_3 + a_4 \}.$$

An dieser Beschreibung sieht man sofort, dass für jedes $o \neq c \in C$ gilt: $w(c) \geq 3$. (Das kann man natürlich auch ohne diese Beschreibung von C feststellen, indem man alle 16 Codewörter auflistet.) Es ist also $w(C) = 3$ und C ist ein 1-fehlerkorrigierender Code.

Sind $c_1, \ldots, c_{16}$ die Elemente von C, so enthält jede der Mengen $B_i = \{x \in \mathbb{K}_2^7 : d(x, c_i) \leq 1\}$ neben c_i genau sieben Elemente, nämlich diejenigen Worte, die sich von c_i an genau einer Position unterscheiden; also $|B_i| = 8$. Wegen $w(C) = 3$ ist $B_i \cap B_j = \emptyset$ für $i \neq j$. Daher ist $|\bigcup_{i=1}^{16} B_i| = 16 \cdot 8 = 128 = |\mathbb{K}_2^7|$. Also liegt jedes Element des $\mathbb{K}_2^7$ in genau einem B_i und C ist perfekt. C heißt **Hamming-Code** der Länge 7 über $\mathbb{K}_2$.

Aufgaben: In den folgenden Aufgaben sei C der Hamming-Code der Länge 7 über $\mathbb{K}_2$.

1. Beweisen Sie bitte die Aussagen in diesem Beispiel vollständig.

2. Wenn $x = (1100000)^t$ empfangen wird, wie wird x decodiert?

3. Zeigen Sie bitte, dass C zyklisch ist (vgl. Abschnitt 4.4.3).

Wiederholung

Begriffe: Linearer Code, Hamming-Gewicht, Hamming-Abstand, k-fehlererken-nender Code, k-fehlerkorrigierender Code, perfekter Code.

Sätze: Eigenschaften von Hamming-Gewicht und Hamming-Abstand, Eigenschaften k-fehlererkennender und k-fehlerkorrigierender Codes.

10. Lineare Abbildungen und Matrizen

Motivation und Überblick

Im letzten Kapitel haben wir die grundlegenden Objekte der linearen Algebra, nämlich Vektorräume, behandelt. Wir befassen uns nun mit den strukturerhaltenden Abbildungen zwischen Vektorräumen, die lineare Abbildungen genannt werden. Sie bilden Unterräume wieder auf Unterräume ab, wobei die Dimension nicht vergrößert wird. Wichtige Spezialfälle sind lineare Abbildungen Euklidischer Vektorräume, die die Länge von Vektoren erhalten. Hierunter fallen Drehungen und Spiegelungen, die den Nullvektor fest lassen. Lineare Abbildungen sind nicht nur von besonderer Bedeutung für die Geometrie (darauf werden wir in Kapitel 12 näher eingehen) und damit auch für die graphische Datenverarbeitung und Robotik; mit ihrer Hilfe lassen sich z. B. auch lineare Gleichungssysteme besonders einfach behandeln (vgl. Kapitel 11).

Lineare Abbildungen sind durch die Angabe des Bildes einer Basis vollständig bestimmt und können deshalb durch Tafeln mit Einträgen aus dem Körper der Skalare (Matrizen) beschrieben werden. Diese Beschreibung erleichtert vor allem den rechnerischen Umgang mit linearen Abbildungen und Basiswechseln. Wir verdeutlichen dies am Beispiel der für Anwendungen äußerst wichtigen diskreten Fouriertransformation. Zentral ist daneben der Begriff der Determinante einer linearen Abbildung eines n-dimensionalen Vektorraums in sich. Sie gibt den "Verzerrungsfaktor" für das Bild des n-dimensionalen Einheitsvolumens an und man kann an ihr ablesen, ob eine lineare Abbildung invertierbar ist.

10.1 Lineare Abbildungen

Motivation und Überblick

Lineare Abbildungen spielen für Vektorräume dieselbe Rolle wie Homomorphismen bei Gruppen oder Ringen: sie "respektieren" die Addition und die Multiplikation mit Skalaren. Wir definieren, was dies genau bedeutet, und verdeutlichen den Begriff der linearen Abbildung an typischen Beispielen. Wir führen den Rang einer linearen Abbildung ein und zeigen die wichtige Dimensionsformel.

Homomorphismen bei Gruppen oder Ringen sind diejenigen Abbildungen, die mit den Gruppen- bzw. Ringoperationen verträglich sind. Entsprechend definiert man Homomorphismen zwischen Vektorräumen, die traditionsgemäß lineare Abbildungen genannt werden.

Definition 10.1. *Seien V und W Vektorräume über demselben Körper K.*

a) Eine Abbildung $\alpha : V \to W$ heißt **lineare Abbildung** *(oder* **Homomorphismus***), wenn sie die folgenden beiden Bedingungen erfüllt:*

(1) $\alpha(u + v) = \alpha(u) + \alpha(v)$ für alle $u, v \in V$ **Additivität**

(2) $\alpha(kv) = k\alpha(v)$ für alle $v \in V, k \in K$.   **Homogenität**

b) Ist die lineare Abbildung $\alpha : V \to W$ bijektiv, so heißt α **Isomorphismus***.*

c) Gibt es einen Isomorphismus von V auf W, so heißen V und W **isomorph***.*

Will man den Körper K besonders betonen, spricht man auch von K-linearen Abbildungen.

Da jede lineare Abbildung $\alpha : V \to W$ auch ein Homomorphismus der kommutativen Gruppen $(V, +) \to (W, +)$ ist, ist $\alpha(o) = o$.

Beispiele:

1. Die Abbildung, die jeden Vektor $v \in V$ auf den Nullvektor aus W abbildet, ist trivialerweise linear. Sie heißt **Nullabbildung** von V nach W.
2. Die lineare Abbildung id_V auf V ist ein Isomorphismus von V auf V.
3. Wir betrachten in der Ebene, beschrieben durch $\mathbb{R}^2$, eine Drehung ρ um den Nullpunkt. Für $u, v \in \mathbb{R}^2$ wird das von $o, u, v, u + v$ beschriebene Parallelogramm wieder auf ein Parallelogramm $o, \rho(u), \rho(v), \rho(u + v)$ abgebildet. Also ist $\rho(u) + \rho(v) = \rho(u + v)$. Dass $\rho(kv) = k\rho(v)$ gilt, ist klar. ρ ist also eine lineare Abbildung des $\mathbb{R}^2$ auf sich.
4. Sei $\sigma : \mathbb{R}^3 \to \mathbb{R}^3$ definiert durch $\sigma\left(\begin{pmatrix} x_1 \\ x_2 \\ x_3 \end{pmatrix}\right) = \begin{pmatrix} x_1 \\ x_2 \\ -x_3 \end{pmatrix}$. Man sieht sofort, dass
   σ eine lineare Abbildung ist. Geometrisch beschreibt sie die Spiegelung an der von e_1 und e_2 aufgespannten Ebene.
5. Wir betrachten die Abbildung $\pi : \mathbb{R}^2 \to \mathbb{R}^2, \begin{pmatrix} x_1 \\ x_2 \end{pmatrix} \mapsto \begin{pmatrix} x_1 \\ 0 \end{pmatrix}$. Auch hier ist offensichtlich, dass π eine lineare Abbildung ist. Geometrisch beschreibt sie die orthogonale Projektion auf die Gerade durch e_1.
6. Wir verallgemeinern das vorige Beispiel. Sei dazu V ein K-Vektorraum, der die direkte Summe zweier Vektorräume U und W ist: $V = U \oplus W$. Ist $v \in V$, so hat v nach Satz 9.6 eine eindeutige Darstellung $v = u + w$ mit $u \in U, w \in W$. Daher ist die Abbildung $\pi_{U,W} : V \to W \subseteq V$, erklärt durch $\pi_{U,W}(v) := w$, eindeutig definiert. $\pi_{U,W}$ ist linear. Sie heißt die **Projektion** von V auf W entlang U. Die Abbildung π aus dem vorigen Beispiel ist dann gerade die Projektion von $\mathbb{R}^2$ auf $\langle e_1 \rangle$ entlang $\langle e_2 \rangle$.
7. Sei $v \in \mathbb{R}^n$ gegeben. Dann ist die Abbildung $\lambda_v : \mathbb{R}^n \to \mathbb{R}, x \mapsto (v|x)$ eine lineare Abbildung. Dies folgt direkt aus der Definition des Skalarprodukts.
8. Sei $V = W = K^n$ für einen Körper K. Ein **lineares Schieberegister** ist eine Abbildung α, die jedem Vektor $x = (x_1, \ldots, x_n)^t$ den Vektor $\alpha(x) = (x_2, x_3, \ldots, x_n, \sum_{i=1}^{n} c_i x_i)^t$ zuordnet. Dabei sind $c_1, \ldots, c_n$ feste, das Schieberegister charakterisierende Skalare. α ist offensichtlich linear. Grob gesprochen bedeutet die Anwendung von α: die erste Koordinate verschwindet, die zweite wird zur ersten, die dritte zur zweiten, $\ldots$, die letzte zur vorletzten. Die neue letzte Koordinate ist die durch $c_1, \ldots, c_n$ bestimmte Kombination aus allen Koordinaten.
9. Sei $V = U \oplus W$ die direkte Summe von U und W. Bildet man die äußere direkte Summe (also das direkte Produkt, vgl. Seite 272) $\widetilde{V} = U \times W$, so sind V und $\overline{V}$ isomorphe Vektorräume vermöge des Isomorphismus $\alpha : V \to \widetilde{V}, u + w \mapsto (u, w)$.

Aufgaben:

1. Sei $\alpha : \mathbb{R}^3 \to \mathbb{R}^4$ definiert durch $(x, y, z)^t \mapsto (3x-y, x+y+2z, y-z, 2x+z)^t$. Zeigen Sie bitte, dass α eine lineare Abbildung ist. Lässt sich dieses Beispiel verallgemeinern?

2. Welche der folgenden Abbildungen sind linear, welche nicht?

   a) $\alpha : \mathbb{R}^2 \to \mathbb{R}^2$, $\begin{pmatrix} x \\ y \end{pmatrix} \mapsto \begin{pmatrix} x + y + 1 \\ x \end{pmatrix}$

   b) $\beta : \mathbb{R}^2 \to \mathbb{R}$, $\begin{pmatrix} x \\ y \end{pmatrix} \mapsto xy$

   c) $\gamma : \mathbb{R}^3 \to \mathbb{R}^3$, $\begin{pmatrix} x \\ y \\ z \end{pmatrix} \mapsto \begin{pmatrix} x \\ y \\ z \end{pmatrix} \times \begin{pmatrix} 1 \\ 1 \\ 1 \end{pmatrix}$

3. Sei V der Vektorraum der reellen differenzierbaren Funktionen auf dem Intervall $J = [a, b] \subseteq \mathbb{R}$. Welche der folgenden Abbildungen sind linear?

   a) $\alpha : V \to \mathbb{R}^J$, $\alpha(f) = f'$

   b) $\beta : V \to \mathbb{R}^J$, $(\beta(f))(x) = \int_a^x f(t)dt$

   c) $\gamma : V \to \mathbb{R}^J$, $(\gamma(f))(x) = |f(x)|$

4. Sei V ein 1-dimensionaler K-Vektorraum. Zeigen Sie bitte, dass für jedes $k \in K$ die Abbildung $\alpha_k : V \to V, v \mapsto kv$ eine lineare Abbildung ist und dass jede lineare Abbildung von V nach V von dieser Form ist.

Satz 10.2. *Sei $\alpha : V \to W$ eine lineare Abbildung. Ist U ein Unterraum von V, so ist $\alpha(U) = \{\alpha(u) : u \in U\}$ ein Unterraum von W. Insbesondere ist das Bild von V, $\alpha(V)$, ein Unterraum von W.*

Ist U endlich-dimensional, so ist $\dim(\alpha(U)) \leq \dim(U)$.

Beweis: Die erste Behauptung folgt sofort aus der Definition einer linearen Abbildung. Ist $\{u_1, \ldots, u_m\}$ eine Basis von U, so folgt aus der Linearität von α, dass $\{\alpha(u_1), \ldots, \alpha(u_m)\}$ ein Erzeugendensystem von $\alpha(U)$ ist. Nach Satz 9.12 ist daher $\dim(\alpha(U)) \leq m = \dim(U)$. $\square$

Wie bei Gruppen und Ringen definieren wir den **Kern** einer linearen Abbildung $\alpha : V \to W$ durch $\ker(\alpha) := \{v \in V : \alpha(v) = o\}$.

Der folgende Satz ist Ihnen schon von Gruppen und Ringen her bekannt:

Satz 10.3. *Sei $\alpha : V \to W$ eine lineare Abbildung.*

a) $\ker(\alpha)$ ist ein Unterraum von V.

b) α ist genau dann injektiv, wenn $\ker(\alpha) = \{o\}$, d. h. wenn der Kern nur aus dem Nullvektor besteht.

c) Ist α bijektiv, so ist die Umkehrabbildung $\alpha^{-1} : W \to V$ eine lineare Abbildung.

Aufgabe: Beweisen Sie bitte diesen Satz.

Die folgende Eigenschaft linearer Abbildungen auf endlich-dimensionalen Vektorräumen ist zwar einfach zu zeigen, aber sehr wichtig. Sie bildet die Grundlage dafür,

Rechnungen mit linearen Abbildungen durch einen Matrizenkalkül zu ersetzen, auf den wir im nächsten Abschnitt eingehen werden.

Satz 10.4. *Seien V, W K-Vektorräume, V sei endlich-dimensional, $\dim(V) = n$. Sei $\{v_1, \ldots, v_n\}$ eine Basis von V und seien $w_1, \ldots, w_n$ (nicht notwendig verschiedene) Vektoren in W. Dann existiert genau eine lineare Abbildung $\alpha : V \to W$ mit $\alpha(v_i) = w_i$ für $i = 1, \ldots, n$.*

Bemerkung: Dieser Satz besagt: Kennt man die Bilder einer Basis, so kennt man die lineare Abbildung vollständig. Und außerdem: Die Bilder einer Basis lassen sich beliebig vorgeben, es gibt dann immer eine (eindeutige) Fortsetzung zu einer linearen Abbildung auf dem gesamten Vektorraum. Es ist daher nicht verwunderlich, dass sich Eigenschaften wie Injektivität, Surjektivität und Bijektivität einer linearen Abbildung eines (endlich-dimensionalen) Vektorraums an den Bildern einer beliebigen Basis ablesen lassen.

Beweis: (von Satz 10.4)
Sei $v = \sum_{i=1}^{n} c_i v_i \in V$. Ist α eine lineare Abbildung mit $\alpha(v_i) = w_i$, so ist $\alpha(v)$ eindeutig bestimmt: $\alpha(v) = \alpha(\sum_{i=1}^{n} c_i v_i) = \sum_{i=1}^{n} c_i \alpha(v_i) = \sum_{i=1}^{n} c_i w_i$. Es gibt also höchstens eine solche lineare Abbildung.
Ist nun $x \in V$ beliebig und $x = c_1 v_1 + c_2 v_2 + \cdots + c_n v_n$ die eindeutige Darstellung bezüglich der Basis, so wird durch

$$\alpha(x) = \alpha(c_1 v_1 + c_2 v_2 + \cdots + c_n v_n) = c_1 w_1 + c_2 w_2 + \cdots + c_n w_n$$

auch tatsächlich eine lineare Abbildung definiert. Sie ist eindeutig erklärt wegen der Eindeutigkeit der Darstellung von jedem x als Linearkombination der Basisvektoren und die Linearität ergibt sich durch einfache Rechnung. Schließlich ist klar, dass $\alpha(v_i) = w_i$. □

Beispiel: Wir betrachten im $\mathbb{R}^2$ mit dem Standard-Skalarprodukt eine Drehung ρ um den Nullpunkt als Drehzentrum, und zwar um den Winkel φ mit Drehrichtung von e_1 nach e_2. Dann ist $\rho(e_1) = \cos(\varphi)e_1 + \sin(\varphi)e_2$, $\rho(e_2) = -\sin(\varphi)e_1 + \cos(\varphi)e_2$. Für $x = c_1 e_1 + c_2 e_2 \in \mathbb{R}^2$ lässt sich hieraus $\rho(x) = c_1 \rho(e_1) + c_2 \rho(e_2)$ berechnen.

Satz 10.5. *Seien V, W K-Vektorräume, V sei endlich-dimensional und $\{v_1, \ldots, v_n\}$ eine Basis von V. Sei $\alpha : V \to W$ eine lineare Abbildung. Dann gilt:*
a) α ist genau dann injektiv, wenn $\alpha(v_1), \ldots, \alpha(v_n)$ linear unabhängig sind.
b) α ist genau dann surjektiv, wenn $W = \langle \alpha(v_1), \ldots, \alpha(v_n) \rangle$.
c) α ist genau dann bijektiv, wenn $\{\alpha(v_1), \ldots, \alpha(v_n)\}$ eine Basis von W ist.

Beweis: a) Sei α injektiv. Ist $o = \sum_{i=1}^{n} c_i \alpha(v_i) = \alpha(\sum_{i=1}^{n} c_i v_i)$, so ist $\sum_{i=1}^{n} c_i v_i \in \ker(\alpha) = \{o\}$ (nach Satz 10.3 b)). Aus der linearen Unabhängigkeit von $v_1, \ldots, v_n$ folgt $c_1 = \ldots = c_n = 0$. Also sind $\alpha(v_1), \ldots, \alpha(v_n)$ linear unabhängig.
Für die Umkehrung sei $v = \sum_{i=1}^{n} b_i v_i \in \ker(\alpha)$. Dann ist $o = \alpha(v) = \sum_{i=1}^{n} b_i \alpha(v_i)$. Aus der linearen Unabhängigkeit der $\alpha(v_i)$ folgt $b_i = \ldots = b_n = 0$, also $v = o$. Damit ist $\ker(\alpha) = \{o\}$ und α ist injektiv.

b) $\alpha(V)$ wird wegen der Linearität von α von $\alpha(v_1), \ldots, \alpha(v_n)$ erzeugt. Damit folgt die Behauptung.

c) Dies ist eine unmittelbare Konsequenz aus a) und b).   □

Aufgabe: Sei $\alpha : K^n \to K^n$ das lineare Schieberegister aus Beispiel 8, Seite 308. Zeigen Sie bitte, dass α genau dann bijektiv ist, wenn $c_1 \neq 0$. *Tipp:* Betrachten Sie die Bilder der kanonischen Basis.

Als Konsequenz aus den Sätzen 10.4 und 10.5 ergibt sich, dass K-Vektorräume gleicher Dimension isomorph sind:

Korollar 10.6. *Seien V und W K-Vektorräume, $\dim(V) = \dim(W) = n$. Dann sind V und W isomorph.*

Beweis: Ist $B = \{v_1, \ldots, v_n\}$ eine Basis von V und $B' = \{w_1, \ldots, w_n\}$ eine Basis von W, so existiert nach Satz 10.4 eine lineare Abbildung $\alpha : V \to W$ mit $\alpha(v_i) = w_i$, $i = 1, \ldots, n$. Nach Satz 10.5 c) ist α bijektiv, also ein Isomorphismus.   □

Wir notieren einen wichtigen Spezialfall:

Korollar 10.7. *Sei V ein n-dimensionaler K-Vektorraum, $B = \{v_1, \ldots, v_n\}$ eine Basis von V. Dann ist die Abbildung κ_B, die jedem Vektor seinen Koordinatenvektor bezüglich B zuordnet, also*

$$\kappa_B : V \to K^n, \ v = \sum_{i=1}^n c_i v_i \mapsto \kappa_B(v) = (c_1, \ldots, c_n)^t$$

ein Isomorphismus.

Beweis: κ_B ist die nach Satz 10.4 eindeutig bestimmte lineare Abbildung, die v_i gerade den kanonischen Basisvektor e_i in K^n zuordnet. Die Behauptung folgt aus Satz 10.5 c).   □

Mit linearen Abbildungen kann man rechnen. Dazu sei $L(V, W)$ die Menge der linearen Abbildungen vom Vektorraum V in den Vektorraum W.

Satz 10.8.
a) Seien V, W Vektorräume über K. Dann ist $L(V, W)$ ein Unterraum von W^V.
Im Einzelnen heißt das:
Seien $\alpha, \beta : V \to W$ lineare Abbildungen. Dann ist auch

$$\alpha + \beta : v \mapsto (\alpha + \beta)(v) := \alpha(v) + \beta(v)$$

eine lineare Abbildung. Ebenso ist für $k \in K$

$$k\alpha : v \mapsto (k\alpha)(v) := k\alpha(v)$$

eine lineare Abbildung.
b) Sei U ein weiterer K-Vektorraum und $\alpha : U \to V$, $\beta : U \to W$ seien lineare
Abbildungen. Dann ist auch die Hintereinanderausführung $\beta \circ \alpha : U \to W$ eine
lineare Abbildung.

Statt $\beta \circ \alpha$ schreibt man einfach $\beta\alpha$.

Satz 10.9. *Seien V und W K-Vektorräume.*

a) Ist $\dim(V) = n$ und $\dim(W) = m$, so ist $\dim(L(V, W)) = nm$.
b) Ist $V = W$, so ist $(L(V, V), +, \circ)$ ein Ring mit Eins. Dieser ist genau dann
  kommutativ, wenn $\dim(V) \leq 1$.

Beweis: a) $L(V, W)$ ist ein Unterraum des Vektorraums W^V. Sind $\{v_1, \dots, v_n\}$ und
$\{w_1, \dots, w_n\}$ Basen von V bzw. W, so definieren wir für $i = 1, \dots, n$ und $j = 1, \dots, n$
die nach Satz 10.4 eindeutig bestimmten linearen Abbildungen $\alpha_{ij} : V \to W$ durch
$\alpha_{ij}(v_k) = o$ für $k \neq i$ und $\alpha_{ij}(v_i) = w_j$. Die α_{ij} bilden dann eine Basis von $L(V, W)$,
woraus die Behauptung folgt.

b) Ist $V = W$, so ist $\circ : L(V, V) \times L(V, V) \to L(V, V)$, $(\alpha, \beta) \mapsto \alpha\beta$ eine assoziative
Multiplikation, die distributiv ist, wie man leicht nachrechnet, indem man die Auswertung in
einem Punkt (Vektor) betrachtet. Die Eins in $L(V, V)$ ist die identische Abbildung auf V.
Ist $\dim(V) \leq 1$, so ist $L(V, V)$ kommutativ (vgl. Aufgabe 4, Seite 309). Wir zeigen die Umkehrung nur für endlich-dimensionale V. Sei $\dim(V) \geq 2$, $\{v_1, \dots, v_n\}$ eine Basis von V,
also $n \geq 2$. Nach Satz 10.4 existieren $\alpha, \beta \in L(V, V)$ mit $\alpha(v_1) = o, \alpha(v_2) = v_1, \alpha(v_i) =$
o für $i \geq 3$ und $\beta(v_1) = v_2, \beta(v_i) = o$ für $i \geq 3$. Dann ist $\alpha(\beta(v_1)) = \alpha(v_2) = v_1$ und
$\beta(\alpha(v_1)) = \beta(o) = o$. Also ist $\alpha\beta \neq \beta\alpha$. $\square$

Aufgaben:

1. Beweisen Sie bitte den vorausgegangenen Satz 10.8.
2. Beweisen Sie, dass die im Beweis von Satz 10.9 a) angegebenen Abbildungen α_{ij} eine
   Basis von $L(V, W)$ bilden.
3. Sei σ die Abbildung aus Beispiel 4, Seite 308. Berechnen Sie bitte $\sigma^2 = \sigma \circ \sigma$.
4. Berechnen Sie bitte π^2 für $\pi = \pi_{U,W}$ aus Beispiel 6, Seite 308.

Ist V ein K-Vektorraum, so folgt aus Satz 10.9 und Satz 10.3 c), dass die Menge
der bijektiven linearen Abbildungen von V auf sich bezüglich der Hintereinander-

ausführung eine Gruppe bildet, die mit $GL(V)$ bezeichnet wird und **allgemeine lineare Gruppe** auf V ("general linear group") genannt wird. $GL(V)$ ist also die Einheitengruppe in $L(V, V)$ (vgl. Satz 4.33).

Definition 10.10. *Sei V ein endlich-dimensionaler Vektorraum. Die Dimension des Bildes $\alpha(V)$ einer linearen Abbildung $\alpha : V \to W$ heißt* **Rang** *von α, kurz* $\text{rg}(\alpha)$.

Bemerkung: Sei $B = \{v_1, \ldots, v_n\}$ eine Basis aus V. Dann ist der Rang von α gleich der Maximalzahl linear unabhängiger Vektoren in $\{\alpha(v_1), \ldots, \alpha(v_n)\}$. Denn es ist $\alpha(V) = \langle \alpha(v_1), \ldots, \alpha(v_n) \rangle$ (vgl. Satz 9.12).

Beispiele:

1. Der Rang einer Drehung des $\mathbb{R}^2$ ist 2.
2. Ist $V = U \oplus W$ endlich-dimensional, $\pi_{U,W}$ die Projektion von V auf W entlang U (vgl. Beispiel 6, Seite 308), so ist $\text{rg}\,(\pi_{U,W}) = \dim(W)$.
3. Der Rang der Abbildung $\lambda_v : \mathbb{R}^n \to \mathbb{R}$, $x \mapsto (v|x)$ ist 1, falls $v \neq o$ und 0 sonst.

Satz 10.11. *Seien U, V, W Vektorräume, U, V endlich-dimensional, $\alpha : U \to V$, $\beta : V \to W$ lineare Abbildungen.*
a) $\text{rg}(\beta\alpha) \leq \text{rg}(\beta)$; ist α surjektiv, so ist $\text{rg}(\beta\alpha) = \text{rg}(\beta)$.
b) $\text{rg}(\beta\alpha) \leq \text{rg}(\alpha)$; ist β injektiv, so ist $\text{rg}(\beta\alpha) = \text{rg}(\alpha)$.

Beweis: a) $\text{rg}\,(\beta\alpha) = \dim(\beta(\alpha(U))) \leq \dim(\beta(V)) = \text{rg}\,(\beta)$, da $\alpha(U)$ ein Unterraum von V ist. Gleichheit gilt, falls $\alpha(U) = V$, d. h. falls α surjektiv ist.

b) $\text{rg}\,(\beta\alpha) = \dim(\beta(\alpha(U))) \leq \dim(\alpha(U)) = \text{rg}\,(\alpha)$ nach Satz 10.2. Ist β injektiv, so ist β ein Isomorphismus von $\alpha(U)$ auf $\beta(\alpha(U))$ und nach Satz 10.5 c) ist $\dim(\alpha(U)) = \dim(\beta(\alpha(U)))$. Also gilt oben Gleichheit. $\qquad\square$

Für endlich-dimensionale Vektorräume erhalten wir die folgende Dimensionsbeziehung, die weitreichende Anwendungen hat (zum Beispiel auf lineare Gleichungssysteme; siehe Kapitel 11).

Satz 10.12. (Dimensionsformel für lineare Abbildungen)
Seien V und W Vektorräume, V sei endlich-dimensional. Sei $\alpha : V \to W$ eine lineare Abbildung. Dann gilt die Dimensionsformel

$$\dim(V) = \dim(\ker(\alpha)) + \text{rg}(\alpha) = \dim(\ker(\alpha)) + \dim(\alpha(V)).$$

Beweis: Nach Korollar 9.16 existiert ein Unterraum U von V mit $V = \ker(\alpha) \oplus U$. Da $\ker(\alpha) \cap U = \{o\}$, ist die Einschränkung von α auf U nach Satz 10.3 b) injektiv, d. h. $\alpha|_U$ ist ein Isomorphismus von U auf $\alpha(U)$. Ist $v \in V$, $v = t + u, t \in \ker(\alpha), u \in U$, so ist $\alpha(v) = \alpha(t) + \alpha(u) = \alpha(u)$. Folglich ist $\alpha(V) = \alpha(U)$. Damit erhalten wir $\text{rg}\,(\alpha) = \dim(\alpha(V)) = \dim(\alpha(U)) = \dim(U) = \dim(V) - \dim(\ker(\alpha))$ nach Satz 9.23. $\qquad\square$

Korollar 10.13. *Seien* V, W *endlich-dimensionale* K*-Vektorräume,* $\dim(V) = \dim(W)$*. Ist* $\alpha \in L(V, V)$*, so sind folgende Aussagen gleichwertig:*

a) α *ist injektiv.*
b) α *ist surjektiv.*
c) α *ist bijektiv.*

Beweis: Sei $\dim(V) = \dim(W) = n$. Nach Satz 10.12 ist $\mathrm{rg}\,(\alpha) = n$ genau dann, wenn $\dim(\ker(\alpha)) = 0$. Damit folgt die Behauptung. □

Wiederholung

Begriffe: Lineare Abbildung, Projektion, Kern und Bild, Rang einer linearen Abbildung.
Sätze: Lineare Abbildungen und Basen, Isomorphie gleichdimensionaler K-Vektorräume, Rechnen mit linearen Abbildungen, Dimensionsformel.

10.2 Matrizen

Motivation und Überblick

Eine Matrix ist ein rechteckiges Schema mit Einträgen aus einem Körper K. Matrizen dienen in der linearen Algebra dazu, Vektoren und lineare Abbildungen bezüglich gegebener Basen eindeutig zu beschreiben. Damit lassen sich Basiswechsel und lineare Gleichungssysteme besonders einfach erfassen. Zur Beschreibung von Summen und Produkten linearer Abbildungen werden wir entsprechende Operationen mit Matrizen erklären.

In diesem Abschnitt seien alle Vektorräume endlich-dimensional.

10.2.1 Die Darstellungsmatrix einer linearen Abbildung

Seien V und W Vektorräume über dem Körper K. Wir zeichnen sowohl in V als auch in W eine Basis aus: $\mathcal{B} = (v_1, \ldots, v_n)$ sei eine Basis in V, $\mathcal{C} = (w_1, \ldots, w_m)$ sei eine Basis in W.

Wie schon die Schreibweise der Basen als n- bzw. m-Tupel von Vektoren anzeigt, wird jetzt die Reihenfolge der Basisvektoren wichtig sein. Wir betrachten also **geordnete** Basen, was wir auch durch die Bezeichnung $\mathcal{B}$ und $\mathcal{C}$ (statt B und C für ungeordnete Basen, also Mengen) zum Ausdruck bringen.

Alles, was folgt, hängt von diesen beiden Basen ab !

Sei α eine lineare Abbildung von V nach W. Nach Satz 10.4 kennen wir α, wenn wir die Bilder $\alpha(v_1), \ldots, \alpha(v_n)$ der Basis $\mathcal{B}$ von V kennen. Wir stellen $\alpha(v_1)$ als Linearkombination bezüglich der Basis $\mathcal{C}$ dar:

$$\alpha(v_1) = a_{11} w_1 + a_{21} w_2 + \ldots + a_{m1} w_m.$$

Die $a_{11}, \ldots, a_{m1} \in K$ sind eindeutig bestimmt, weil $\mathcal{C} = \{w_1, \ldots, w_m\}$ eine Basis in W ist. *Die Wahl der Indizes in dieser Form ist eine international übliche Festlegung.*
Entsprechend ist

$$\alpha(v_2) = a_{12} w_1 + a_{22} w_2 + \ldots + a_{m2} w_m$$
$$\vdots$$
$$\alpha(v_n) = a_{1n} w_1 + a_{2n} w_2 + \ldots + a_{mn} w_m.$$

Wir fassen die Koeffizienten in einem rechteckigen Schema – Matrix genannt – zusammen:

$$A_\alpha^{\mathcal{B},\mathcal{C}} = \begin{pmatrix} a_{11} & a_{12} & a_{13} & \cdots & a_{1n} \\ a_{21} & a_{22} & a_{23} & \cdots & a_{2n} \\ \vdots & \vdots & \vdots & \ddots & \vdots \\ a_{m1} & a_{m2} & a_{m3} & \cdots & a_{mn} \end{pmatrix}.$$

Die k–te Spalte enthält gerade die *Koordinaten des Bildes* $\alpha(v_k)$ *des k–ten Basisvektors* aus der Basis $\mathcal{B}$ von V bezüglich der Basis $\mathcal{C}$ in W.

Da Matrizen auch unabhängig von dem eben beschriebenen Zusammenhang mit linearen Abbildungen wichtig sind, definieren wir allgemein:

Definition 10.14.

*a) Eine $m \times n$–**Matrix** A über dem Körper K ist ein rechteckiges Schema*

$$A = \begin{pmatrix} a_{11} & a_{12} & a_{13} & \cdots & a_{1n} \\ a_{21} & a_{22} & a_{23} & \cdots & a_{2n} \\ \vdots & \vdots & \vdots & \ddots & \vdots \\ a_{m1} & a_{m2} & a_{m3} & \cdots & a_{mn} \end{pmatrix}$$

mit m Zeilen und n Spalten, wobei $a_{ij} \in K$ für $i = 1, \ldots, m$, $j = 1, \ldots, n$.
Für A schreiben wir abkürzend auch $(a_{ij})_{\substack{i=1,\ldots,m \\ j=1,\ldots,n}}$ oder sogar nur (a_{ij}), falls m und n aus dem Kontext klar sind.
b) Die Menge aller $m \times n$-Matrizen über dem Körper K wird mit $\mathcal{M}_{m,n}(K)$ bezeichnet. Ist $m = n$, so schreiben wir einfach $\mathcal{M}_n(K)$.

Eine $1 \times n$-Matrix ist ein Zeilenvektor der Länge n, eine $m \times 1$-Matrix ist ein Spaltenvektor der Länge m.
Eine Matrix, deren sämtliche Einträge Nullen sind, heißt **Nullmatrix**.

Definition 10.15. *Seien V und W endlich-dimensionale Vektorräume über dem Körper K, $\mathcal{B}$ und $\mathcal{C}$ geordnete Basen von V bzw. W. Sei α eine lineare Abbildung von V nach W. Dann heißt die Matrix $A_\alpha^{\mathcal{B},\mathcal{C}}$ die* **Matrix** *(oder* **Darstellungsmatrix***) der linearen Abbildung α* **bezüglich der geordneten Basen** $\mathcal{B}$ *und* $\mathcal{C}$. *Wenn die Basen $\mathcal{B}$ und $\mathcal{C}$ aus dem Kontext klar sind, schreiben wir auch A_α für $A_\alpha^{\mathcal{B},\mathcal{C}}$. Ist $V = W$ und $\mathcal{B} = \mathcal{C}$, so schreiben wir $A_\alpha^{\mathcal{B}}$ statt $A_\alpha^{\mathcal{B},\mathcal{B}}$.*

Bemerkung: Ist $\dim(V) = n$, $\dim(W) = m$, so ist die Zuordnung $\alpha \mapsto A_\alpha^{\mathcal{B},\mathcal{C}}$ eine bijektive Abbildung von $L(V,W)$ auf $\mathcal{M}_{m,n}(K)$: Durch die Darstellungsmatrix bezüglich $\mathcal{B}$ und $\mathcal{C}$ ist α eindeutig bestimmt; dies ist die Injektivität. Ist $A = (a_{ij}) \in \mathcal{M}_{m,n}(K)$, so setze $\alpha(v_j) = \sum_{i=1}^m a_{ij} w_i$ für $j = 1, \dots, m$. Nach Satz 10.4 ist damit $\alpha \in L(V,W)$ eindeutig bestimmt und $A_\alpha^{\mathcal{B},\mathcal{C}} = A$. Dies ist die Surjektivität der obigen Abbildung.

Beispiele:

1. Sei V ein n-dimensionaler K-Vektorraum, $\mathcal{B}$ eine Basis von V, $\alpha = id_V$. Dann ist

$$A_\alpha^{\mathcal{B}} = E_n = \begin{pmatrix} 1 & 0 & \cdots & 0 & 0 \\ 0 & 1 & & & 0 \\ \vdots & & \ddots & & \vdots \\ 0 & & & 1 & 0 \\ 0 & 0 & \cdots & 0 & 1 \end{pmatrix} \in \mathcal{M}_n(K), \text{ also } E_n = (\delta_{ik})_{\substack{i=1,\dots,n \\ k=1,\dots,n}}, \text{ wobei}$$

$$\delta_{ik} = \begin{cases} 1 & i = k \\ 0 & i \neq k \end{cases} \text{ das sog. } \textbf{Kronecker}^1\textbf{-Symbol ist. } E_n \text{ heißt } n \times n\textbf{-Einheitsmatrix.}$$

2. $V = W = \mathbb{R}^2$, $\mathcal{B} = \left(\begin{pmatrix} 1 \\ 0 \end{pmatrix}, \begin{pmatrix} 0 \\ 1 \end{pmatrix} \right) = (e_1, e_2)$.
   α sei eine Drehung um den Winkel φ (Drehrichtung von e_1 nach e_2).
   Dann ist $\alpha(e_1) = \cos(\varphi)e_1 + \sin(\varphi)e_2$, $\alpha(e_2) = -\sin(\varphi)e_1 + \cos(\varphi)e_2$, also

$$A_\alpha^{\mathcal{B}} = \begin{pmatrix} \cos(\varphi) & -\sin(\varphi) \\ \sin(\varphi) & \cos(\varphi) \end{pmatrix}.$$

   Für $\mathcal{B}' = (e_2, e_1)$ ist

$$A_\alpha^{\mathcal{B}'} = \begin{pmatrix} \cos(\varphi) & \sin(\varphi) \\ -\sin(\varphi) & \cos(\varphi) \end{pmatrix}.$$

   Man sieht an diesem Beispiel, warum für die Darstellungsmatrix einer linearen Abbildung die Reihenfolge der Basisvektoren wichtig ist.

3. Sei $V = W = \mathbb{R}^2$, $\mathcal{B} = (e_1, e_2)$. Sei $U_1 = \langle e_1 + e_2 \rangle$, $U_2 = \langle e_1 - e_2 \rangle$. Dann ist $V = U_1 \oplus U_2$. Sei $\pi = \pi_{U_1, U_2}$ wie in Beispiel 6, Seite 308 die Projektion von V auf U_2 entlang U_1. Dann ist

$$\pi(e_1) = \pi(\frac{1}{2}(e_1 + e_2) + \frac{1}{2}(e_1 - e_2)) = \frac{1}{2}(e_1 - e_2)$$

   und

---

^{1} Leopold Kronecker, 1823–1891, Mathematiker in Berlin, bedeutende Arbeiten in der Algebra, Zahlentheorie und Funktionentheorie.

$$\pi(e_2) = \pi(\frac{1}{2}(e_1 + e_2) - \frac{1}{2}(e_1 - e_2)) = -\frac{1}{2}(e_1 - e_2),$$

also $A_\pi^{\mathcal{B}} = \begin{pmatrix} \frac{1}{2} & -\frac{1}{2} \\ -\frac{1}{2} & \frac{1}{2} \end{pmatrix}$.

Wählt man als geordnete Basis $\mathcal{B}' = (e_1 + e_2, e_1 - e_2)$, so ist $A_\pi^{\mathcal{B}'} = \begin{pmatrix} 0 & 0 \\ 0 & 1 \end{pmatrix}$ und

$A_\pi^{\mathcal{B},\mathcal{B}'} = \begin{pmatrix} 0 & 0 \\ \frac{1}{2} & -\frac{1}{2} \end{pmatrix}$.

Die Darstellungsmatrix von π ist also abhängig von der Wahl der Basen.

4. Nimmt man in K^n die kanonische Basis $\mathcal{B} = (e_1, \ldots, e_n)$, so erhält man für die Matrix $A_\alpha = A_\alpha^{\mathcal{B}}$ des Schieberegisters α (siehe Beispiel 8, Seite 308)

$$A_\alpha = \begin{pmatrix} 0 & 1 & 0 & \cdots & 0 \\ 0 & 0 & 1 & \cdots & 0 \\ \vdots & \vdots & \vdots & \ddots & \vdots \\ 0 & 0 & 0 & \cdots & 1 \\ c_1 & c_2 & c_3 & \cdots & c_n \end{pmatrix}.$$

Benutzen Sie nun bitte das Applet "Lineare Transformation". Veranschaulichen Sie sich verschiedene lineare Abbildungen durch Angabe ihrer Darstellungsmatrix bezüglich der kanonischen Basis in $\mathbb{R}^2$ oder $\mathbb{R}^3$.

Aufgaben:

1. Sei $v \in \mathbb{R}^n$ und $\lambda_v : \mathbb{R}^n \to \mathbb{R}$ die lineare Abbildung $x \mapsto (v|x)$; vgl. Beispiel 7, Seite 308. Bestimmen Sie bitte bezüglich der kanonischen Basen von $\mathbb{R}^n$ und $\mathbb{R}$ die Darstellungsmatrix von λ_v.

2. Bestimmen Sie bitte $A_\sigma^{\mathcal{B}}$ und $A_\sigma^{\mathcal{B}'}$ für die Spiegelung σ aus Beispiel 4, Seite 308, wobei $\mathcal{B} = (e_1, e_2, e_3)$ und $\mathcal{B}' = (e_1 + e_3, e_1 - e_2, e_2 - e_3)$.

Wir hatten in den obigen Beispielen gesehen, dass die Darstellungsmatrix einer linearen Abbildung von der Auswahl der Basen abhängt. Tatsächlich gibt es immer Basen, so dass die Darstellungsmatrix eine besonders einfache Form hat.

Satz 10.16. *Seien V und W Vektorräume, $\dim(V) = n$, $\dim(W) = m$, $\alpha : V \to W$ eine lineare Abbildung, $l = \mathrm{rg}(\alpha)$. Dann existieren Basen $\mathcal{B}$ und $\mathcal{C}$ in V bzw. W, so dass für $A_\alpha^{\mathcal{B},\mathcal{C}} = (a_{ij})_{\substack{i=1,\ldots,m \\ j=1,\ldots,n}}$ gilt: $a_{ii} = 1$ für $i = 1, \ldots, l$, $a_{ij} = 0$ für alle übrigen i, j.*

Beweis: Sei nach Korollar 9.16 U ein Komplement zu $\ker(\alpha)$ in V, $V = U \oplus \ker(\alpha)$. Es ist $\dim(U) = \dim(V) - \dim(\ker(\alpha)) = \mathrm{rg}\,(\alpha) = l$ nach den Dimensionsformeln 9.23 und 10.12. Ist $(v_1, \ldots, v_l)$ eine Basis von U und $(v_{l+1}, \ldots, v_n)$ eine Basis von $\ker(\alpha)$, so ist $\mathcal{B} = (v_1, \ldots, v_l, v_{l+1}, \ldots, v_n)$ eine Basis von V. Sei $\alpha(v_i) = w_i, i = 1, \ldots, l$. Da $\ker(\alpha) \cap U = \{o\}$, ist $\alpha|_U$ injektiv und folglich sind $w_1, \ldots, w_l$ nach Satz 10.5 a) linear unabhängig. Ergänzt man sie nach Korollar 9.15 b) zu einer Basis $\mathcal{C} = (w_1, \ldots, w_l, w_{l+1}, \ldots, w_m)$ von W, so prüft man leicht nach, dass $A_\alpha^{\mathcal{B},\mathcal{C}}$ die angegebene Gestalt hat. $\square$

Aufgabe: Bestimmen Sie bitte für die linearen Abbildungen aus den Beispielen 2 – 4, Seite 316, Basen $\mathcal{B}, \mathcal{C}$, so dass die Darstellungsmatrix die Gestalt aus Satz 10.16 hat.
Tipp: In Beispiel 4 muss man die Fälle $c_1 = 0$ und $c_1 \neq 0$ unterscheiden.

Die Darstellungsmatrix aus Satz 10.16 besticht zwar durch ihre Einfachheit und sie wird später auch nützlich sein; abzulesen ist aber aus ihr nichts anderes als der Rang von α. Dagegen sieht man z. B. an der in Beispiel 2, Seite 316, angegebenen Darstellungsmatrix einer Drehung sofort den Drehwinkel $\varphi \in [0, 2\pi[$. Welche Darstellungsmatrix einer linearen Abbildung besonders günstig ist, hängt von den Umständen ab.

10.2.2 Summen und skalare Vielfache von Matrizen

Wie lassen sich für lineare Abbildungen α und β die Darstellungsmatrizen von $\alpha + \beta$ und $k\alpha$ aus denen von α, β (bezüglich der gleichen Basenpaare) berechnen? Wir geben dazu allgemein für Matrizen eine Definition von Addition und Multiplikation mit Skalaren an, die, angewandt auf Darstellungsmatrizen, eine Antwort auf diese Frage liefert.

Definition 10.17.

$$\text{Seien } A = \begin{pmatrix} a_{11} & \cdots & a_{1n} \\ \vdots & & \vdots \\ a_{m1} & \cdots & a_{mn} \end{pmatrix} \text{ und } B = \begin{pmatrix} b_{11} & \cdots & b_{1n} \\ \vdots & & \vdots \\ b_{m1} & \cdots & b_{mn} \end{pmatrix}$$

$m \times n$-*Matrizen über* K.

a) *Die Summe* $A + B$ *ist definiert durch*

$$A + B = \begin{pmatrix} a_{11} + b_{11} & \cdots & a_{1n} + b_{1n} \\ \vdots & & \vdots \\ a_{m1} + b_{m1} & \cdots & a_{mn} + b_{mn} \end{pmatrix},$$

das heißt, man addiert komponentenweise.

b) *Ist* $k \in K$, *so ist* kA *definiert durch*

$$kA = \begin{pmatrix} ka_{11} & \cdots & ka_{1n} \\ \vdots & & \vdots \\ ka_{m1} & \cdots & ka_{mn} \end{pmatrix},$$

das heißt, man multipliziert jeden Eintrag mit k.

Es gilt nun:

Satz 10.18. *Seien V und W K-Vektorräume mit Basen $\mathcal{B}$ bzw. $\mathcal{C}$. Seien α und β lineare Abbildungen von V nach W. Dann gilt $A_{\alpha+\beta} = A_\alpha + A_\beta$ und $A_{k\alpha} = k A_\alpha$ für $k \in K$. Dabei sind alle Darstellungsmatrizen bezüglich der Basen $\mathcal{B}$ und $\mathcal{C}$ gebildet.*

Aufgabe: Beweisen Sie bitte diesen Satz. *Tipp:* Überlegen Sie einfach, was die Spalten der Matrizen sind.

Bemerkung: $\mathcal{M}_{m,n}(K)$ ist bezüglich der Operationen aus Definition 10.17 ein K-Vektorraum; er ist nichts anderes als K^{mn} in veränderter Schreibweise. Sind V, W K-Vektorräume, $\dim(V) = n, \dim(W) = m$, so sind $\mathcal{M}_{m,n}(K)$ und $L(V, W)$ isomorph. Dies ist klar, da beide die gleiche Dimension $m \cdot n$ haben (vgl. Satz 10.9 a)). Konkrete Isomorphismen erhält man bei Wahl von Basen $\mathcal{B}$ und $\mathcal{C}$ in V bzw. W durch die Zuordnung $\alpha \mapsto A_\alpha^{\mathcal{B},\mathcal{C}}$ (vgl. die Bemerkung auf Seite 316).

10.2.3 Hintereinanderausführung linearer Abbildungen und Produkt von Matrizen

Wie drückt sich die Hintereinanderausführung zweier linearer Abbildungen durch die entsprechenden Matrizen aus?

Wir haben folgende Situation:
U, V, W sind K-Vektorräume, $\dim(U) = l$, $\dim(V) = m$, $\dim(W) = n$, $\mathcal{B} = (u_1, \ldots, u_l)$, $\mathcal{C} = (v_1, \ldots, v_m)$, $\mathcal{D} = (w_1, \ldots, w_n)$ geordnete Basen von U, V, W.
Seien $\alpha : U \to V$ und $\beta : V \to W$ lineare Abbildungen. Für $\beta \circ \alpha : U \to W$ wollen wir die Matrix $A_{\beta \circ \alpha}^{\mathcal{B},\mathcal{D}}$ bestimmen.

Dies ist möglich, wie wir sehen werden, wenn man die Matrizen $A_\alpha^{\mathcal{B},\mathcal{C}} = (a_{ji})_{\substack{j=1,\ldots,m \\ i=1,\ldots,l}}$ und $A_\beta^{\mathcal{C},\mathcal{D}} = (b_{kj})_{\substack{k=1,\ldots,n \\ j=1,\ldots,m}}$ kennt.

Beachten Sie, dass wir die gleiche Basis $\mathcal{C}$ von V sowohl in der Darstellungsmatrix von α als auch in der von β (jeweils an verschiedenen Stellen) benötigen. Für die Darstellungsmatrix $A_{\beta \circ \alpha}^{\mathcal{B},\mathcal{D}}$ haben wir die Koeffizienten c_{kj} in der Darstellung von $(\beta \circ \alpha)(u_i)$ als Linearkombination der $w_1, \ldots, w_n$ zu bestimmen.

Sei $i \in \{1, \ldots, l\}$. Dann ist $\alpha(u_i) = \sum_{j=1}^m a_{ji} v_j$. Hierauf wenden wir β an und nutzen die Linearität von β sowie $\beta(v_j) = \sum_{k=1}^n b_{kj} w_k$ aus:

$$
\begin{aligned}
(\beta \circ \alpha)(u_i) &= \beta(\alpha(u_i)) = \beta\Big(\sum_{j=1}^m a_{ji} v_j\Big) \\
&= \sum_{j=1}^m a_{ji} \beta(v_j) = \sum_{j=1}^m a_{ji}\Big(\sum_{k=1}^n b_{kj} w_k\Big) \\
&= \sum_{j=1}^m \Big(\sum_{k=1}^n a_{ji} b_{kj} w_k\Big) = \sum_{k=1}^n \Big(\sum_{j=1}^m b_{kj} a_{ji}\Big) w_k.
\end{aligned}
$$

Für die letzte Gleichung haben wir nur die Reihenfolge der Summation verändert, um die Terme mit jeweils gleichem Vektor w_k zusammenfassen zu können. Sollte Ihnen dies nicht ganz geheuer sein, machen Sie sich diese Umformung am besten ausgeschrieben mit kleinen Werten von m und n klar.

Für die Koeffizienten $c_{1i}, \ldots, c_{ni}$ der Darstellung von $(\beta \circ \alpha)(u_i)$ als Linearkombination der $w_1, \ldots, w_n$ gilt also:

$$c_{ki} = \sum_{j=1}^{m} b_{kj} a_{ji} = b_{k1} a_{1i} + \cdots + b_{km} a_{mi} \text{ für } k = 1, \ldots, n. \tag{10.1}$$

Dies gilt für jedes $i \in \{1, \ldots, l\}$. Die Darstellungsmatrix $A_{\beta \circ \alpha}^{\mathcal{B}, \mathcal{D}} = (c_{ki})_{\substack{k=1,\ldots,n \\ i=1,\ldots,l}}$ lässt sich daher mit Hilfe von (10.1) berechnen.

Wir halten dies gleich als Satz fest, den wir aber einfacher formulieren können, wenn wir eine Multiplikation beliebiger $n \times m$-Matrizen mit $m \times l$-Matrizen entsprechend (10.1) definieren.

Definition 10.19. *Sei B eine $n \times m$-Matrix und A eine $m \times l$-Matrix über K,*
$B = (b_{kj})_{\substack{k=1,\ldots,n \\ j=1,\ldots,m}}$, $A = (a_{ji})_{\substack{j=1,\ldots,m \\ i=1,\ldots,l}}$.
Dann ist das **Matrizenprodukt** $B \cdot A$ *eine $n \times l$-Matrix*

$$B \cdot A =$$
$$\begin{pmatrix} b_{11}a_{11} + b_{12}a_{21} + \cdots + b_{1m}a_{m1} & \cdots & b_{11}a_{1l} + \cdots + b_{1m}a_{ml} \\ \vdots & & \vdots \\ b_{n1}a_{11} + b_{n2}a_{21} + \cdots + b_{nm}a_{m1} & \cdots & b_{n1}a_{1l} + \cdots + b_{nm}a_{ml} \end{pmatrix}$$

oder kürzer $B \cdot A = (c_{ki})_{\substack{k=1,\ldots,n \\ i=1,\ldots,l}}$ mit $c_{ki} = \sum_{j=1}^{m} b_{kj} a_{ji}$.

Wir schreiben in der Regel BA statt $B \cdot A$.

Es gilt also: *Das Produkt einer $n \times m$-Matrix B mit einer $m \times l$-Matrix A ist eine $n \times l$-Matrix; m hebt sich weg.*

Benutzen Sie nun bitte das Applet "Matrizenrechner". Führen Sie die Addition und Multiplikation verschiedener Matrizen von Hand durch und kontrollieren Sie Ihre Rechnung mit dem Applet.

Bemerkung: Sei B eine $n \times m$-Matrix und A eine $m \times l$-Matrix über K. Wir bezeichnen den k-ten Zeilenvektor von B mit $\boldsymbol{b}_k$, also $\boldsymbol{b}_k = (b_{k1}, \ldots, b_{km})$. Den i-ten Spaltenvektor von A bezeichnen wir mit $a_i^{\downarrow}$, also $a_i^{\downarrow} = \begin{pmatrix} a_{1i} \\ \vdots \\ a_{mi} \end{pmatrix}$.

Dann kann man $\boldsymbol{b}_k$ als $1 \times m$-Matrix und $a_i^{\downarrow}$ als $m \times 1$-Matrix auffassen; daher ist das Produkt $\boldsymbol{b}_k \cdot a_i^{\downarrow}$ definiert. Es ergibt sich eine 1×1-Matrix, die wir einfach als Körperelement schreiben: $\boldsymbol{b}_k \cdot a_i^{\downarrow} = b_{k1}a_{1i} + \cdots + b_{km}a_{mi}$.

Dies ist genau der Eintrag an der Stelle (k, i) von BA. Daher lässt sich das Produkt von B und A auch schreiben als

$$
BA \;=\; \begin{pmatrix} \boldsymbol{b}_1 a_1^{\downarrow} & \cdots & \boldsymbol{b}_1 a_l^{\downarrow} \\ \vdots & & \vdots \\ \boldsymbol{b}_n a_1^{\downarrow} & \cdots & \boldsymbol{b}_n a_l^{\downarrow} \end{pmatrix}.
$$

In [21, Kap. 7.5.4] finden Sie eine Implementierung des Datentyps "quadratische Matrix", in dem eine Operation "quadriere" ausprogrammiert ist (Achtung: Der Begriff "Dimension" wird dort in einem anderen Sinn verwendet als hier).

Aufgaben:

1. Implementieren Sie bitte weitere Matrix-Operationen wie Addition, Multiplikation, Multiplikation mit einem Skalar, etc.
2. Verallgemeinern Sie die Implementierung für rechteckige Matrizen.
3. Implementieren Sie einen Datentyp "Lineare Abbildung", der die Matrix einer linearen Abbildung zusammen mit den Basisvektoren speichert.

Mit Definition 10.19 der Multiplikation von Matrizen lässt sich unsere obige Überlegung folgendermaßen beschreiben:

Satz 10.20. *Seien U, V, W K-Vektorräume, $\dim(U) = l$, $\dim(V) = m$, $\dim(W) = n$, $\mathcal{B}, \mathcal{C}, \mathcal{D}$ geordnete Basen von U, V und W. Seien $\alpha : U \to V$ und $\beta : V \to W$ lineare Abbildungen. Dann ist $A_{\beta \circ \alpha}^{\mathcal{B}, \mathcal{D}} = A_{\beta}^{\mathcal{C}, \mathcal{D}} \cdot A_{\alpha}^{\mathcal{B}, \mathcal{C}}$.*

Beispiele:

1. Sei E_n die $n \times n$–Einheitsmatrix (siehe Beispiel 1, Seite 316). Dann ist $AE_n = E_n A = A$ für alle $A \in \mathcal{M}_n(K)$.
2. Sei $U = V = W = \mathbb{R}^2$, $\mathcal{B} = \mathcal{C} = \mathcal{D} = (e_1, e_2)$, α die Drehung um den Winkel φ, β die um den Winkel ψ (jeweils natürlich mit dem Nullpunkt als Drehzentrum). Wir schreiben A_α für $A_\alpha^{\mathcal{B}}$ und analog A_β.

   Dann ist $A_\alpha = \begin{pmatrix} \cos(\varphi) & -\sin(\varphi) \\ \sin(\varphi) & \cos(\varphi) \end{pmatrix}$, $A_\beta = \begin{pmatrix} \cos(\psi) & -\sin(\psi) \\ \sin(\psi) & \cos(\psi) \end{pmatrix}$ nach Beispiel 2, Seite 316. Es ist

$$
A_\beta A_\alpha = \begin{pmatrix} \cos(\psi)\cos(\varphi) - \sin(\psi)\sin(\varphi) & -\cos(\psi)\sin(\varphi) - \sin(\psi)\cos(\varphi) \\ \sin(\psi)\cos(\varphi) + \cos(\psi)\sin(\varphi) & -\sin(\psi)\sin(\varphi) + \cos(\psi)\cos(\varphi) \end{pmatrix}
$$

$$
= \begin{pmatrix} \cos(\varphi + \psi) & -\sin(\varphi + \psi) \\ \sin(\varphi + \psi) & \cos(\varphi + \psi) \end{pmatrix},
$$

und das ist tatsächlich die Matrix der Drehung um $\varphi + \psi$, also der Drehung $\beta \circ \alpha$.

Aufgaben: Trainieren Sie das Rechnen mit Matrizen.

1. $(1, 2, 3) \begin{pmatrix} 4 \\ 5 \\ 7 \end{pmatrix}$, also Produkt einer 1×3–Matrix mit einer 3×1–Matrix.

2. $\begin{pmatrix} 4 \\ 5 \\ 7 \end{pmatrix} (1, 2, 3)$, Produkt einer 3×1–Matrix mit einer 1×3–Matrix.

3. $\begin{pmatrix} \cos(\varphi) & -\sin(\varphi) \\ \sin(\varphi) & \cos(\varphi) \end{pmatrix} \begin{pmatrix} 5 \\ 3 \end{pmatrix}$, Produkt einer 2×2–Matrix mit einer 2×1–Matrix.

4. $\begin{pmatrix} \cos(\varphi) & -\sin(\varphi) \\ \sin(\varphi) & \cos(\varphi) \end{pmatrix} \begin{pmatrix} \cos(\varphi) & \sin(\varphi) \\ -\sin(\varphi) & \cos(\varphi) \end{pmatrix}$, Produkt zweier 2×2–Matrizen.

5. $\begin{pmatrix} 1 & 2 & 3 \\ 4 & 5 & 6 \end{pmatrix} \begin{pmatrix} 7 & 10 & 13 \\ 8 & 11 & 14 \\ 9 & 12 & 15 \end{pmatrix}$, Produkt einer 2×3–Matrix mit einer 3×3–Matrix.

6. $\begin{pmatrix} 1 & 2 & 5 \\ 3 & 4 & 1 \end{pmatrix} \begin{pmatrix} 7 & 9 \\ 8 & 10 \end{pmatrix}$, geht das?

7. Sei $V = \mathbb{R}^2$. Sei ρ eine Drehung um den Winkel φ (mit dem Nullpunkt als Drehzentrum) und σ die Spiegelung an der Gerade durch e_1, also $\sigma \begin{pmatrix} x_1 \\ x_2 \end{pmatrix} = \begin{pmatrix} x_1 \\ -x_2 \end{pmatrix}$. Bestimmen Sie bitte A_ρ und A_σ sowie $A_{\rho \circ \sigma}$ und $A_{\sigma \circ \rho}$ (jeweils bezüglich $\mathcal{B} = \mathcal{C} = (e_1, e_2)$).

Für das Produkt von Matrizen haben wir folgende Rechenregeln:

Satz 10.21. *Seien B_1, B_2 $n \times m$–Matrizen, A_1, A_2 $m \times l$–Matrizen und $k \in K$. Dann gilt*

$$\begin{aligned} (B_1 + B_2)A_1 &= B_1 A_1 + B_2 A_2, \\ B_1(A_1 + A_2) &= B_1 A_1 + B_2 A_2, \\ (kB_1)A_1 &= B_1(kA_1) = k(B_1 A_1). \end{aligned}$$

Wir merken noch die folgenden weiteren Regeln an:

Satz 10.22. *a) Sei C eine $r \times n$–Matrix, B eine $n \times m$–Matrix und A eine $m \times l$–Matrix über K. Dann ist $(CB)A = C(BA)$.*
b) Seien B, A $n \times n$–Matrizen (also quadratisch). Dann gilt im Allgemeinen $BA \neq AB$, falls $n > 1$.

Aufgabe: Beweisen Sie bitte die beiden Sätze. *Tipp:* Das geht für Satz 10.21 und Satz 10.22 a) durch reines Ausrechnen der beiden Seiten der Gleichungen.

Satz 10.23. *a) Die Menge $\mathcal{M}_n(K)$ der $n \times n$–Matrizen über K bildet einen Ring mit Eins, wobei die Einheitsmatrix E_n das Einselement der Multiplikation ist.*
b) Ist V ein Vektorraum über K, $\dim(V) = n$, so sind die Ringe $L(V, V)$ und $\mathcal{M}_n(K)$ isomorph. Genauer: Ist $\mathcal{B}$ eine geordnete Basis von V, so ist die Zuordnung $\alpha \mapsto A_\alpha^{\mathcal{B}}$ ein Ringisomorphismus.

Beweis: a) Dies folgt direkt aus Satz 10.21 und Satz 10.22.

b) Nach Satz 10.20 ist $A^\mathcal{B}_{\beta\circ\alpha} = A^\mathcal{B}_\beta \cdot A^\mathcal{B}_\alpha$. Damit und mit der Bemerkung, Seite 319 folgt die Behauptung. □

Bemerkung: Wie allgemein in der Ringtheorie nennen wir eine $m \times n$–Matrix A **invertierbar**, falls eine $n \times n$–Matrix B existiert mit $BA = AB = E_n$. B heißt dann die **inverse Matrix** oder **Inverse** zu A und wird mit A^{-1} bezeichnet. Die invertierbaren $n \times n$–Matrizen über K bilden also bezüglich Multiplikation eine Gruppe, die Einheitengruppe von $\mathcal{M}_n(K)$. Sie wird mit $GL(n, K)$ bezeichnet. Ist V ein n–dimensionaler K-Vektorraum, so folgt aus der Isomorphie der Ringe $L(V, V)$ und $\mathcal{M}_n(K)$ auch die Isomorphie ihrer Einheitengruppen, d. h. $GL(V) \cong GL(n, K)$ (siehe Seite 313). Eine Konsequenz hieraus erhalten wir explizit fest:

Korollar 10.24. *Sei V n-dimensionaler K-Vektorraum, $\mathcal{B}$ eine Basis von V, $\alpha \in L(V, V), A = A^\mathcal{B}_\alpha$. Dann gilt:*
Genau dann ist α bijektiv (also ein Isomorphismus), wenn A invertierbar ist. In diesem Fall ist $A^{-1} = A^\mathcal{B}_{\alpha^{-1}}$.

Wir werden später Kriterien angeben, wie man an einer Matrix erkennt, ob sie invertierbar ist.

Aufgaben:

1. Warum bilden die $n \times m$–Matrizen über K für $n \neq m$ keinen Ring?
2. Warum liefert die Zuordnung $\alpha \mapsto A^{\mathcal{B},\mathcal{C}}_\alpha$ keinen Ringisomorphismus von $L(V, V)$ auf $\mathcal{M}_n(K)$, falls $\mathcal{B}$ und $\mathcal{C}$ verschiedene geordnete Basen sind?
3. Zeigen Sie bitte, dass trotz der Aussage in Aufgabe 2 folgende Verallgemeinerung von Korollar 10.24 gilt: Sei V ein n-dimensionaler K-Vektorraum, $\mathcal{B}, \mathcal{C}$ Basen von V, $\alpha \in L(V, V)$. Dann ist α genau dann bijektiv, wenn $A^{\mathcal{B},\mathcal{C}}_\alpha$ invertierbar ist. In diesem Fall ist $\left(A^{\mathcal{B},\mathcal{C}}_\alpha\right)^{-1} = A^{\mathcal{C},\mathcal{B}}_{\alpha^{-1}}$.

10.2.4 Lineare Abbildungen und Koordinatenvektoren

Mit Hilfe der Matrizenmultiplikation lässt sich aus der Darstellungsmatrix einer linearen Abbildung α und dem Koordinatenvektor von v der Koordinatenvektor von $\alpha(v)$ berechnen.

Satz 10.25. *Sei $\alpha : V \to W$ eine lineare Abbildung, $\dim(V) = n$, $\dim(W) = m$, $\mathcal{B}$ und $\mathcal{C}$ Basen von V bzw. W, $A_\alpha = A^{\mathcal{B},\mathcal{C}}_\alpha$.*
Ist $v \in V$ und $x \in K^n$ der Koordinatenvektor von v (also $x = \kappa_\mathcal{B}(v)$ in der Bezeichnung von Korollar 10.7), so ist $A_\alpha \cdot x \in K^m$ der Koordinatenvektor von $\alpha(v)$ bezüglich $\mathcal{C}$.

Beweis: Sei $\mathcal{B} = (v_1, \ldots, v_n)$, $\mathcal{C} = (w_1, \ldots, w_m)$, $A_\alpha = (a_{ij})_{\substack{i=1,\ldots,m \\ j=1,\ldots,n}}$. Ist $v = \sum_{j=1}^n c_j v_j$, also $x = (c_1, \ldots, c_n)^t$, so ist

$$\alpha(v) = \sum_{j=1}^{n} c_j \alpha(v_j) = \sum_{j=1}^{n} c_j \Big(\sum_{i=1}^{m} a_{ij} w_i\Big) = \sum_{i=1}^{m} \Big(\sum_{j=1}^{n} a_{ij} c_j\Big) w_i.$$

Daraus folgt die Behauptung. □

Bemerkung: Sind a_i die Zeilenvektoren der Matrix A_α und x der Koordinatenvektor, der nach unserer Vereinbarung ein Spaltenvektor ist und den wir daher jetzt vorübergehend als $x^\downarrow$ schreiben,

so ist nach der Bemerkung auf S. 320 $A_\alpha \cdot x^\downarrow = \begin{pmatrix} a_1 x^\downarrow \\ a_2 x^\downarrow \\ \vdots \\ a_m x^\downarrow \end{pmatrix}$.

Korollar 10.26. *a) Ist $A \in \mathcal{M}_{m,n}(K)$, so ist die Abbildung $\alpha_A : K^n \to K^m$ definiert durch $x \mapsto A \cdot x$ für $x \in K^n$ eine lineare Abbildung.*
b) Jede lineare Abbildung $K^n \to K^m$ ist von der in a) beschriebenen Form. Verschiedene Matrizen bewirken verschiedene lineare Abbildungen.

Beweis: a) folgt unmittelbar aus Satz 10.21.
b) Ist $\mathcal{B}$ die kanonische Basis von K^n und $\mathcal{C}$ die von K^m, so sind die Elemente aus K^n bzw. K^m schon selbst die Koordinatenvektoren bezüglich $\mathcal{B}$ bzw. $\mathcal{C}$. Satz 10.25 liefert dann die erste Behauptung. Die zweite Behauptung folgt aus der Bemerkung auf Seite 316. Explizit: Sind A, B Matrizen, die z. B. in der i–ten Spalte verschieden sind, $a_i^\downarrow \neq b_i^\downarrow$, so ist $Ae_i = a_i^\downarrow \neq b_i^\downarrow = Be_i$. □

Nach Korollar 10.26 sind also lineare Abbildungen von K^n nach K^m nichts anderes als Matrizenmultiplikationen. Lineare Abbildungen zwischen beliebigen Vektorräumen können – nach Auswahl von Basen – aufgrund von Satz 10.25 auch durch Matrizenmultiplikationen mit den Koordinatenvektoren beschrieben werden. Dies ist ein wichtiges Hilfsmittel für das Rechnen mit linearen Abbildungen.

Aufgabe: Berechnen Sie bitte die Koordinaten eines Bildvektors $\beta(v)$, wo β für die Abbildungen aus den Beispielen 2 – 4 auf Seite 316 steht (jeweils bezüglich der dort angegebenen Basen).

10.2.5 Matrizen und Basiswechsel

Statt zur Beschreibung von linearen Abbildungen kann man Matrizen auch zur Beschreibung eines Basiswechsels benutzen.
Seien $\mathcal{B} = (v_1, \ldots, v_n)$ und $\mathcal{B}' = (v'_1, \ldots, v'_n)$ zwei Basen des Vektorraums V. Sei $v \in V$. Dann ist $v = \sum_{j=1}^{n} c_j v_j = \sum_{j=1}^{n} c'_j v'_j$. Wie berechnen sich die Koordinaten $c'_1, \ldots, c'_n$ bezüglich $\mathcal{B}'$ aus denen bezüglich $\mathcal{B}$?

Wir drücken zunächst die Elemente von $\mathcal{B}'$ als Linearkombinationen bezüglich der Basis $\mathcal{B}$ aus:

$$v'_j = \sum_{i=1}^{n} s_{ij} v_i.$$

Die auftretenden Koeffizienten fassen wir in der Matrix

$$S_{\mathcal{B},\mathcal{B}'} = (s_{ij})_{\substack{i=1,\ldots,n \\ j=1,\ldots,n}}$$

zusammen.

Der j-te Spaltenvektor $s_j^{\downarrow} = \begin{pmatrix} s_{1j} \\ \vdots \\ s_{nj} \end{pmatrix}$ von $S_{\mathcal{B},\mathcal{B}'}$ ist also der Koordinatenvektor von v'_j bezüglich der Basis $\mathcal{B}$.

Genauso drücken wir v_k als Linearkombination bezüglich der Basis $\mathcal{B}'$ aus:

$$v_k = \sum_{l=1}^{n} t_{lk} v'_l,$$

und definieren analog $S_{\mathcal{B}',\mathcal{B}} = (t_{lk})_{\substack{l=1,\ldots,n \\ k=1,\ldots,n}}$. Dann erhalten wir für alle $k = 1,\ldots,n$:

$$v_k = \sum_{j=1}^{n} t_{jk} v'_j = \sum_{j=1}^{n} t_{jk} (\sum_{i=1}^{n} s_{ij} v_i) = \sum_{i=1}^{n} (\sum_{j=1}^{n} s_{ij} t_{jk}) v_i.$$

Aus dieser Gleichung folgt $\sum_{j=1}^{n} s_{ij} t_{jk} = \delta_{ik}$ für alle $i = 1,\ldots,n$ (wobei δ_{ik} das Kronecker-Symbol bezeichnet; vgl. Beispiel 1, Seite 316), denn die Koordinatendarstellung von v_k bezüglich der Basis $\mathcal{B} = (v_1,\ldots,v_n)$ ist nun einmal

$$v_k = 0 \cdot v_1 + 0 \cdot v_2 + \cdots + 0 \cdot v_{k-1} + 1 \cdot v_k + 0 \cdot v_{k+1} + \cdots + 0 \cdot v_n.$$

Das bedeutet aber $S_{\mathcal{B},\mathcal{B}'} \cdot S_{\mathcal{B}',\mathcal{B}} = E_n$ und analog gilt $S_{\mathcal{B}',\mathcal{B}} \cdot S_{\mathcal{B},\mathcal{B}'} = E_n$. $S_{\mathcal{B},\mathcal{B}'}$ ist also eine invertierbare Matrix und $S_{\mathcal{B}',\mathcal{B}} = S_{\mathcal{B},\mathcal{B}'}^{-1}$. Damit haben wir gezeigt:

Satz 10.27. *Sind $\mathcal{B}$ und $\mathcal{B}'$ Basen des Vektorraums V, so ist die Matrix $S_{\mathcal{B},\mathcal{B}'}$, die als Spalten die Koordinatenvektoren der Basiselemente aus $\mathcal{B}'$ bezüglich der Basis $\mathcal{B}$ besitzt, invertierbar und es gilt $S_{\mathcal{B},\mathcal{B}'}^{-1} = S_{\mathcal{B}',\mathcal{B}}$. $S_{\mathcal{B},\mathcal{B}'}$ heißt* **Basiswechselmatrix.**

Wir können nun die eingangs gestellte Frage beantworten. Es ist $v = \sum_{j=1}^{n} c_j v_j = \sum_{j=1}^{n} c_j \sum_{l=1}^{n} t_{lj} v'_l = \sum_{l=1}^{n} (\sum_{j=1}^{n} t_{lj} c_j) v'_l$.

Ist also $x = (c_1,\ldots,c_n)^t$ der Koordinatenvektor von v bezüglich $\mathcal{B}$, so ist $x' = S_{\mathcal{B}',\mathcal{B}} x$ der Koordinatenvektor von v bezüglich $\mathcal{B}'$. Daher gilt auch $x = S_{\mathcal{B}',\mathcal{B}}^{-1} x' = S_{\mathcal{B},\mathcal{B}'} x'$.

Satz 10.28. (Basiswechsel) *Um die Koordinaten von v bezüglich $\mathcal{B}'$ aus denen bezüglich $\mathcal{B}$ zu berechnen, multipliziert man den Koordinatenvektor bezüglich $\mathcal{B}$ von links mit derjenigen Matrix, die als Spalten die Koordinaten der Basisvektoren aus $\mathcal{B}$ bezüglich $\mathcal{B}'$ hat:*

$$x' = S_{\mathcal{B}',\mathcal{B}} x .$$

Beispiel: Sei $V = \mathbb{R}^2$, $\mathcal{B} = (e_1, e_2)$, $\mathcal{B}' = (\frac{1}{\sqrt{2}}(e_1 + e_2), \frac{1}{\sqrt{2}}(-e_1 + e_2)$. $\mathcal{B}'$ entsteht aus $\mathcal{B}$ durch Drehung um 45 Grad.

Dann ist also $S_{\mathcal{B},\mathcal{B}'} = \frac{1}{\sqrt{2}} \begin{pmatrix} 1 & -1 \\ 1 & 1 \end{pmatrix}$, $S_{\mathcal{B}',\mathcal{B}} = S_{\mathcal{B},\mathcal{B}'}^{-1} = \frac{1}{\sqrt{2}} \begin{pmatrix} 1 & 1 \\ -1 & 1 \end{pmatrix}$. Machen Sie bitte die Probe!

Sei $v = \begin{pmatrix} 1 \\ 2 \end{pmatrix}$. Dies ist dann auch der Koordinatenvektor bezüglich $\mathcal{B}$. Dann hat v bezüglich der Basis $\mathcal{B}'$ den Koordinatenvektor $x' = \frac{1}{\sqrt{2}} \begin{pmatrix} 1 & 1 \\ -1 & 1 \end{pmatrix} \begin{pmatrix} 1 \\ 2 \end{pmatrix} = \frac{1}{\sqrt{2}} \begin{pmatrix} 3 \\ 1 \end{pmatrix}$, das heißt

$$v = \frac{1}{\sqrt{2}} \cdot 3 \cdot (\frac{1}{\sqrt{2}}(e_1 + e_2)) + \frac{1}{\sqrt{2}} \cdot 1 \cdot (\frac{1}{\sqrt{2}}(-e_1 + e_2)).$$

Aufgabe: Berechnen Sie bitte die Matrizen der folgenden Basiswechsel im $\mathbb{R}^3$. Dabei ist

$$\mathcal{B} = (e_1, e_2, e_3), \mathcal{B}' = (\begin{pmatrix} \cos(\varphi) \\ \sin(\varphi) \\ 0 \end{pmatrix}, \begin{pmatrix} -\sin(\varphi) \\ \cos(\varphi) \\ 0 \end{pmatrix}, \begin{pmatrix} 0 \\ 0 \\ 1 \end{pmatrix}), \mathcal{B}'' = (e_1, e_3, e_2).$$

Nun können wir leicht berechnen, wie sich die Darstellungsmatrizen einer linearen Abbildung bei Basiswechsel verhalten: Sei $\alpha : V \to W$ eine lineare Abbildung, $\mathcal{B}, \mathcal{B}'$ seien Basen in V mit den Basiswechselmatrizen $S_{\mathcal{B},\mathcal{B}'}$, $S_{\mathcal{B}',\mathcal{B}}$ wie oben. $\mathcal{C}, \mathcal{C}'$ seien Basen in W. $S_{\mathcal{C},\mathcal{C}'}$ und $S_{\mathcal{C}',\mathcal{C}}$ seien entsprechend gebildet.

Aufgabe: Beantworten Sie bitte die Frage: Was enthalten $S_{\mathcal{B},\mathcal{B}'}$ bzw. $S_{\mathcal{B}',\mathcal{B}}$ als Spalten? Was enthalten $S_{\mathcal{C},\mathcal{C}'}$ und $S_{\mathcal{C}',\mathcal{C}}$ als Spalten? Sei $A_\alpha^{\mathcal{B},\mathcal{C}}$ die Darstellungsmatrix von α bezüglich der Basen $\mathcal{B}$ und $\mathcal{C}$. Was sind die Spalten von $A_\alpha^{\mathcal{B},\mathcal{C}}$?

Satz 10.29. *Die Darstellungsmatrix $A_\alpha^{\mathcal{B}',\mathcal{C}'}$ von α berechnet sich aus $A_\alpha^{\mathcal{B},\mathcal{C}}$ durch*

$$A_\alpha^{\mathcal{B}',\mathcal{C}'} = S_{\mathcal{C},\mathcal{C}'}^{-1} A_\alpha^{\mathcal{B},\mathcal{C}} S_{\mathcal{B},\mathcal{B}'} = S_{\mathcal{C}',\mathcal{C}} A_\alpha^{\mathcal{B},\mathcal{C}} S_{\mathcal{B},\mathcal{B}'}.$$

Beweis: Sei $v \in V$ beliebig. Sei x bzw. x' der Koordinatenvektor von v bezüglich $\mathcal{B}$ bzw. $\mathcal{B}'$. Analog sei y bzw. y' der Koordinatenvektor von $\alpha(v)$ bezüglich $\mathcal{C}$ bzw. $\mathcal{C}'$. Nach Satz 10.25 ist also $y = A_\alpha^{\mathcal{B},\mathcal{C}} x$ und $y' = A_\alpha^{\mathcal{B}',\mathcal{C}'} x'$ und nach Satz 10.28 ist $x = S_{\mathcal{B},\mathcal{B}'} x'$ und $y' = S_{\mathcal{C}',\mathcal{C}} y$. Daraus folgt: $y' = S_{\mathcal{C}',\mathcal{C}} y = S_{\mathcal{C}',\mathcal{C}} (A_\alpha^{\mathcal{B},\mathcal{C}} x) = S_{\mathcal{C}',\mathcal{C}} A_\alpha^{\mathcal{B},\mathcal{C}} S_{\mathcal{B},\mathcal{B}'} x'$, d. h. $A_\alpha^{\mathcal{B}',\mathcal{C}'} x' = S_{\mathcal{C}',\mathcal{C}} A_\alpha^{\mathcal{B},\mathcal{C}} S_{\mathcal{B},\mathcal{B}'} x'$.
Durchläuft v ganz V, so durchläuft x' ganz K^n. Nach Korollar 10.26 b) ist daher $A_\alpha^{\mathcal{B}',\mathcal{C}'} = S_{\mathcal{C}',\mathcal{C}} A_\alpha^{\mathcal{B},\mathcal{C}} S_{\mathcal{B},\mathcal{B}'}$. Es ist $S_{\mathcal{C}',\mathcal{C}} = S_{\mathcal{C},\mathcal{C}'}^{-1}$ nach Satz 10.27. $\square$

Beispiel: Sei $V = W = \mathbb{R}^2$, $\mathcal{B} = \mathcal{C} = (e_1, e_2)$, $\mathcal{B}' = \mathcal{C}' = (\frac{1}{\sqrt{2}}(e_1 + e_2), \frac{1}{\sqrt{2}}(-e_1 + e_2))$. Sei $\alpha : \mathbb{R}^2 \to \mathbb{R}^2$ definiert durch $\alpha(e_1) = e_2$ und $\alpha(e_2) = e_1$. Geometrisch gesprochen ist α die Spiegelung an der Hauptdiagonalen.

Es ist $A_\alpha^{\mathcal{B}}\,(=A_\alpha^{\mathcal{B},\mathcal{B}}) = \begin{pmatrix} 0 & 1 \\ 1 & 0 \end{pmatrix}$. Wir berechnen $A_\alpha^{\mathcal{B}'}\,(=A_\alpha^{\mathcal{B}',\mathcal{B}'})$ mit Hilfe von Satz

10.29. Es ist $S_{\mathcal{B},\mathcal{B}'} = \frac{1}{\sqrt{2}}\begin{pmatrix} 1 & -1 \\ 1 & 1 \end{pmatrix}$ und $S_{\mathcal{B}',\mathcal{B}} = S_{\mathcal{B},\mathcal{B}'}^{-1} = \frac{1}{\sqrt{2}}\begin{pmatrix} 1 & 1 \\ -1 & 1 \end{pmatrix}$. Also ist

$A_\alpha^{\mathcal{B}'} = S_{\mathcal{B}',\mathcal{B}}A_\alpha^{\mathcal{B}}S_{\mathcal{B},\mathcal{B}'} = \frac{1}{2}\begin{pmatrix} 1 & 1 \\ -1 & 1 \end{pmatrix}\begin{pmatrix} 0 & 1 \\ 1 & 0 \end{pmatrix}\begin{pmatrix} 1 & -1 \\ 1 & 1 \end{pmatrix} = \begin{pmatrix} 1 & 0 \\ 0 & -1 \end{pmatrix}$. An

dieser Darstellungsmatrix wird sofort klar, dass α eine Spiegelung ist.

10.2.6 Rang einer Matrix

Ist $\alpha : V \to W$ eine lineare Abbildung und $\mathcal{B} = (v_1, \ldots, v_n)$ eine Basis von V, so ist $\mathrm{rg}(\alpha) = \dim(\alpha(V)) = \dim(\langle \alpha(v_1), \ldots, \alpha(v_n)\rangle)$. Ist A_α die Darstellungsmatrix zu α bezüglich $\mathcal{B}$ und einer Basis $\mathcal{C}$ von W, so sind die Spalten $a_1^\downarrow, \ldots, a_n^\downarrow$ von A_α gerade die Koordinatenvektoren von $\alpha(v_1), \ldots, \alpha(v_n)$ bezüglich $\mathcal{C}$. Daher stimmt der Rang von α mit der Dimension des Unterraums $\langle a_1^\downarrow, \ldots, a_n^\downarrow \rangle$ von K^n überein, also der Maximalanzahl linear unabhängiger Spalten von A_α.

Wir nehmen dies zum Anlass für folgende Definition:

Definition 10.30. *Sei A eine $m \times n$–Matrix. Der* **Spaltenrang** *von A, $\mathrm{srg}(A)$, ist die Maximalzahl linear unabhängiger Spaltenvektoren von A. Analog ist der* **Zeilenrang** *von A, $\mathrm{zrg}(A)$, die Maximalzahl linear unabhängiger Zeilenvektoren von A.*

Nach der obigen Überlegung gilt:

Satz 10.31. *Sei $\alpha : V \to W$ eine lineare Abbildung, $\mathcal{B}$ und $\mathcal{C}$ Basen von V bzw. W. Dann ist $\mathrm{rg}(\alpha) = \mathrm{srg}(A_\alpha^{\mathcal{B},\mathcal{C}})$.*

Unser Ziel ist nun zu zeigen, dass Spalten- und Zeilenrang einer Matrix übereinstimmen. Dies ist ein wichtiges und auf den ersten Blick überraschendes Resultat. Es ist lohnend, sich seine Gültigkeit einmal direkt für kleine m oder n klar zu machen. Für unseren Beweis führen wir den Begriff der transponierten Matrix ein:

Definition 10.32. *Ist $A = (a_{ij})_{\substack{i=1,\ldots,m \\ j=1,\ldots,n}}$ eine $m \times n$–Matrix, so ist die zu A **transponierte Matrix** $A^t = (b_{ij})_{\substack{i=1,\ldots,n \\ j=1,\ldots,m}}$ die $n \times m$–Matrix mit $b_{ij} = a_{ji}$, $i = 1, \ldots, n, j = 1, \ldots, m$.*

Die Bezeichnung steht im Einklang mit unserem bisherigen Gebrauch von "t" bei

Zeilenvektoren: $(c_1, \ldots, c_n)^t = \begin{pmatrix} c_1 \\ \vdots \\ c_n \end{pmatrix}$. Ist a_i der i-te Zeilenvektor von A, so ist

a_i^t der i-te Spaltenvektor von A^t.

Beispiel: $\begin{pmatrix} 1 & 2 \\ 3 & 4 \\ 5 & 6 \end{pmatrix}^t = \begin{pmatrix} 1 & 3 & 5 \\ 2 & 4 & 6 \end{pmatrix}$.

Satz 10.33. *Seien A, B $m \times n$-Matrizen über K, C eine $l \times m$-Matrix über K, $b \in K$. Dann gilt:*
a) $\mathrm{srg}(A) = \mathrm{zrg}(A^t)$, $\mathrm{zrg}(A) = \mathrm{srg}(A^t)$.
b) $(A^t)^t = A$.
c) $(A + B)^t = A^t + B^t$.
d) $(bA)^t = bA^t$.
e) $(CA)^t = A^t C^t$.

Beweis: a) – d) sind unmittelbar klar nach Definition.
e) Sei $A = (a_{ij})$, $A^t = (a'_{ij})$, $C = (c_{ij})$, $C' = (c'_{ij})$ also $a_{ij} = a'_{ji}$, $c_{ij} = c'_{ji}$. Ist $CA = (d_{ij})$, so ist $d_{ij} = \sum_{k=1}^{m} c_{ik} a_{kj}$. Setzen wir $A^t C^t = (e_{ij})$, so folgt $e_{ij} = \sum_{k=1}^{m} a'_{ik} c'_{kj} = \sum_{k=1}^{m} a_{ki} c_{jk} = d_{ji}$, d. h. $A^t C^t = (CA)^t$. □

Korollar 10.34. *Ist A eine invertierbare $n \times n$-Matrix, so ist A^t invertierbar und $(A^t)^{-1} = (A^{-1})^t$.*

Beweis: Aus $A \cdot A^{-1} = A^{-1} \cdot A = E_n$ folgt mit Satz 10.33 e), dass $(A^{-1})^t A^t = A^t \cdot (A^{-1})^t = E_n^t = E_n$. □

Wir benötigen nun folgendes Lemma, das wir für spätere Zwecke gleich etwas allgemeiner formulieren, als wir es im Moment benötigen.

Lemma 10.35. *Sei B eine $n \times m$-Matrix und A eine $m \times l$-Matrix über K.*
a) $\mathrm{srg}(BA) \leq \min\{\mathrm{srg}(A), \mathrm{srg}(B)\}$.
b) *Ist $n = m$ und ist B invertierbar, so ist $\mathrm{srg}(BA) = \mathrm{srg}(A)$.*
c) *Ist $m = l$ und ist A invertierbar, so ist $\mathrm{srg}(BA) = \mathrm{srg}(B)$.*

Beweis: Sei die durch Multiplikation mit A definierte lineare Abbildung $K^l \to K^m$ mit α_A bezeichnet. Ist B die kanonische Basis von K^l und $\mathcal{B}'$ die kanonische Basis von K^m, so ist $A = A_{\alpha_A}^{\mathcal{B}, \mathcal{B}'}$. Daher ist $\mathrm{rg}(\alpha_A) = \mathrm{srg}(A)$ nach Satz 10.31. Entsprechendes gilt für die Abbildungen $\alpha_B : K^m \to K^n$, $\alpha_{BA} : K^l \to K^n$. Es ist $\alpha_{BA} = \alpha_B \circ \alpha_A$. Die Behauptung folgt dann unmittelbar aus Satz 10.11, in Verbindung mit Korollar 10.24 für die Teile b) und c). □

Theorem 10.36. (**Spaltenrang = Zeilenrang**) *Sei A eine $m \times n$-Matrix. Dann ist* $\mathrm{zrg}(A) = \mathrm{srg}(A)$.

Beweis: Wie immer bezeichne α_A die durch Multiplikation mit A definierte lineare Abbildung $K^n \to K^m$. Ist $\mathcal{B}$ die kanonische Basis von K^n, $\mathcal{C}$ die kanonische Basis von K^m, so ist also $A = A_{\alpha_A}^{\mathcal{B},\mathcal{C}}$. Nach Satz 10.16 existieren Basen $\mathcal{B}'$ von K^n und $\mathcal{C}'$ von K^m,

so dass $B = A_{\alpha_A}^{\mathcal{B}',\mathcal{C}'} = \begin{pmatrix} 1 & 0 & \cdots & \cdots & \cdots & \cdots & \cdots & 0 \\ 0 & 1 & & & & & & 0 \\ \vdots & & \ddots & & & & & \vdots \\ 0 & 0 & \cdots & 1 & 0 & \cdots & \cdots & 0 \\ 0 & 0 & \cdots & 0 & 0 & \cdots & \cdots & 0 \\ \vdots & \vdots & & \vdots & \vdots & & & \vdots \\ 0 & 0 & \cdots & 0 & 0 & \cdots & \cdots & 0 \end{pmatrix}$; dabei können die

Nullspalten rechts oder die Nullzeilen unten auch fehlen. Wichtig für das Weitere ist, dass $\mathrm{srg}(B) = \mathrm{zrg}(B) =$ Anzahl der Einsen.

Setzen wir $S = S_{\mathcal{C}',\mathcal{C}}$ und $T = S_{\mathcal{B},\mathcal{B}'}$, so ist $SAT = B$ nach Satz 10.29, wobei S und T invertierbar sind (Satz 10.27). Anwendung von Lemma 10.35 liefert $\mathrm{srg}\,(A) = \mathrm{srg}\,(B)$. Es ist $B^t = T^t A^t S^t$ nach Satz 10.33 e). Wegen Korollar 10.34 sind T^t und S^t invertierbar. Mit Lemma 10.35 und Satz 10.33 a) folgt dann $\mathrm{srg}\,(B) = \mathrm{zrg}\,(B) = \mathrm{srg}\,(B^t) = \mathrm{srg}\,(A^t) = \mathrm{zrg}\,(A)$. Da wir schon $\mathrm{srg}\,(A) = \mathrm{srg}\,(B)$ gezeigt haben, ist damit $\mathrm{srg}\,(A) = \mathrm{zrg}\,(A)$ bewiesen. □

Definition 10.37. *Sei A eine $m \times n$–Matrix. Dann ist der **Rang** von A, $\mathrm{rg}(A)$, der gemeinsame Wert* $\mathrm{zrg}(A) = \mathrm{srg}(A)$.

Korollar 10.38. *Sei A eine $m \times n$-Matrix.*
a) $\mathrm{rg}(A) \leq \min\{m, n\}$.
b) $\mathrm{rg}(A) = \mathrm{rg}(A^t)$.
c) Sei $\mathrm{rg}(A) = l$. Es existiert eine invertierbare $m \times m$-Matrix S und eine invertierbare $n \times n$-Matrix T mit $SAT = (b_{ij})_{\substack{i=1,\ldots,m \\ j=1,\ldots,n}}$, wobei $b_{ii} = 1$ für $i = 1,\ldots,l$ und $b_{ij} = 0$ für die übrigen i, j.

Beweis: a) Wegen $\dim(K^m) \leq m$ ist $\mathrm{srg}(A) \leq m$ und wegen $\dim(K^n) = n$ ist $\mathrm{zrg}(A) \leq n$.
b) ist klar.
c) folgt aus dem Beweis von Theorem 10.36. □

Benutzen Sie nun bitte das Applet "Matrizenrechner". Bestimmen Sie damit den Rang einiger Matrizen.

Wir wollen jetzt noch ein Verfahren zur Rangbestimmung von Matrizen angeben, das auf sog. elementaren Umformungen beruht. Diese werden uns auch bei der Determinantenberechnung im nächsten Abschnitt und bei der Lösung linearer Gleichungssysteme in Kapitel 11 wieder begegnen.

Unter **elementaren Zeilenumformungen** einer Matrix versteht man jede der folgenden Operationen:

- Addition des skalaren Vielfachen einer Zeile zu einer anderen;
- Vertauschen zweier Zeilen;
- Multiplikation einer Zeile mit einem skalaren Vielfachen $\neq 0$.

Entsprechend sind **elementare Spaltenumformungen** definiert.

Es ist unmittelbar klar, dass durch elementare Zeilen- bzw. Spaltenumformungen der Rang einer Matrix nicht verändert wird. Ziel ist es nun, eine $m \times n$-Matrix durch solche Umformungen auf folgende Gestalt zu bringen:

$$
\begin{pmatrix}
b_{11} & & & & & \\
& \ddots & & & \text{\Large$*$} & \\
& & b_{ll} & \rule[0.3em]{2em}{0.4pt} & \\
& \text{\Large$0$} & & & & \\
\end{pmatrix}
$$

Dabei sind alle b_{ii} von Null verschieden, in den ersten Zeilen können rechts von den b_{ii} beliebige Elemente stehen, links von ihnen nur Nullen; die unteren $m - l$ Zeilen bestehen nur aus Nullen. Es ist dann leicht zu sehen, dass die ersten l Zeilen linear unabhängig sind, und folglich ist der Rang der Matrix l.

Um eine solche Gestalt zu erreichen, benötigt man nur die ersten beiden Typen elementarer Zeilenumformungen und gegebenenfalls die Vertauschung von Spalten. Wie geht man dazu vor? Sei $A = (a_{ij})$ eine $m \times n$-Matrix.

Erster Schritt:
Ist die Matrix A die Nullmatrix, so ist $l = 0$. Wir können also annehmen, dass A nicht die Nullmatrix ist. Wir können dann ferner annehmen (ggf. nach einer Spaltenvertauschung), dass die erste Spalte nicht nur aus Nullen besteht. Ist $a_{11} = 0$, so vertauscht man die erste Zeile mit einer Zeile i, für die $a_{i1} \neq 0$. Wir können also auch $a_{11} \neq 0$ annehmen. Man addiert nun das $-a_{j1}a_{11}^{-1}$-fache der ersten Zeile zur j-ten Zeile für $j = 2, \ldots, m$. Auf diese Weise erhält man eine Matrix, die in der ersten Spalte außer an der Stelle $(1, 1)$ überall Nullen hat.

i-ter Schritt:
Wir gehen davon aus, dass nach Schritt $i - 1$ eine Matrix vorliegt (deren Elemente wir jetzt der Einfachheit halber wieder mit a_{jk} bezeichnen), so dass $a_{11}, \ldots, a_{i-1,i-1}$ von Null verschieden sind und in den ersten $i - 1$ Spalten unterhalb der $a_{jj}, j = 1, \ldots, i - 1$, nur Nullen stehen. Enthalten die unteren $m - (i - 1)$

Zeilen nur Nullen, so sind wir fertig. Ansonsten können wir ggf. nach einer Zeilen-vertauschung der i-ten Zeile mit einer j-ten Zeile, $j > i$, annehmen, dass die i-te Zeile ein von Null verschiedenes Element a_{ik} enthält. Dabei ist $k \geq i$. Ist $a_{ii} = 0$, so vertauscht man die i-te mit dieser k-ten Spalte. Wir können dann $a_{ii} \neq 0$ an-nehmen. Nun werden wie im ersten Schritt durch Addition des $-a_{ji}a_{ii}^{-1}$-fachen der i-ten Zeile zur j-ten Zeile für $j = i + 1, \ldots, m$ in der Spalte unterhalb a_{ii} Nullen erzeugt. Beachten Sie, dass in den ersten $i - 1$ Spalten schon erzeugte Nullen dabei nicht verändert werden.

Damit ist das Verfahren beschrieben, das wir an einem Beispiel verdeutlichen.

Beispiel: $A = \begin{pmatrix} 0 & 1 & 3 & 4 \\ 1 & -1 & 2 & 1 \\ -1 & 2 & -1 & -3 \\ 1 & 1 & 6 & 3 \end{pmatrix}$

1. Schritt:

$$A \longrightarrow \begin{pmatrix} 1 & -1 & 2 & 1 \\ 0 & 1 & 3 & 4 \\ -1 & 2 & -1 & -3 \\ 1 & 1 & 6 & 3 \end{pmatrix} \longrightarrow \begin{pmatrix} 1 & -1 & 2 & 1 \\ 0 & 1 & 3 & 4 \\ 0 & 1 & 1 & -2 \\ 0 & 2 & 4 & 2 \end{pmatrix}$$

(Zuerst Vertauschung von 1. und 2. Zeile, dann Addition von 1. Zeile zu 3. Zeile und (-1)-fachem der 1. Zeile zur 4. Zeile)

2. Schritt:

$$\begin{pmatrix} 1 & -1 & 2 & 1 \\ 0 & 1 & 3 & 4 \\ 0 & 1 & 1 & -2 \\ 0 & 2 & 4 & 2 \end{pmatrix} \longrightarrow \begin{pmatrix} 1 & -1 & 2 & 1 \\ 0 & 1 & 3 & 4 \\ 0 & 0 & -2 & -6 \\ 0 & 0 & -2 & -6 \end{pmatrix}$$

(Addition des (-1)-fachen der 2. Zeile zur 3. Zeile und des (-2)-fachen der 2. Zeile zur 4. Zeile)

3. Schritt:

$$\begin{pmatrix} 1 & -1 & 2 & 1 \\ 0 & 1 & 3 & 4 \\ 0 & 0 & -2 & -6 \\ 0 & 0 & -2 & -6 \end{pmatrix} \longrightarrow \begin{pmatrix} 1 & -1 & 2 & 1 \\ 0 & 1 & 3 & 4 \\ 0 & 0 & -2 & -6 \\ 0 & 0 & 0 & 0 \end{pmatrix}$$

(Addition des (-1)-fachen der 3. Zeile zur 4. Zeile)
Damit ist das Verfahren beendet. Es ist $\mathrm{rg}(A) = 3$.

Aufgaben:

1. Bestimmen Sie bitte den Rang der Matrix $\begin{pmatrix} 1 & 2 & 3 & 4 \\ 5 & 6 & 7 & 8 \\ 9 & 10 & 11 & 12 \\ 13 & 14 & 15 & 16 \end{pmatrix}$.

2. Implementieren Sie das eben dargestellte Verfahren.

Bemerkung: Das Verfahren zur Rangbestimmung von Matrizen kann vorteilhaft angewendet werden, wenn man von einer endlichen Menge von Vektoren, die als Linearkombinationen bezüglich einer Basis gegeben sind, feststellen will, wie groß die Dimension des von ihnen aufgespannten Unterraums ist. Dazu bildet man mit ihren Koordinatenvektoren als Spalten (oder Zeilen) eine Matrix und bestimmt deren Rang.

Wiederholung

Begriffe: Matrix, Darstellungsmatrix, Summe und Produkt von Matrizen, inverse Matrix, Basiswechselmatrix, Spaltenrang und Zeilenrang, Rang einer Matrix, transponierte Matrix, elementare Umformungen.

Sätze: Satz über spezielle Form einer Darstellungsmatrix, Darstellungsmatrizen für Summen, skalare Vielfache und Hintereinanderausführungen linearer Abbildungen, Rechenregeln für Matrizen, Invertierbarkeit von Basiswechselmatrizen, Basiswechsel-Satz, Berechnung von Darstellungsmatrizen bei Basiswechsel, Rang einer linearen Abbildung = Spaltenrang jeder Darstellungsmatrix, Rechenregeln für transponierte Matrizen, Zeilenrang = Spaltenrang.

10.3 Eine Anwendung: Diskrete Fouriertransformation

Motivation und Überblick

Wir wissen aus Kapitel 8.1, dass die Entwicklung einer 2π–periodischen Funktion f in ihre Fourierreihe auf die Auswertung der Integrale

$$\frac{1}{2\pi} \int_0^{2\pi} f(t) \exp(-ikt) dt$$

führt. Approximiert man ein solches Integral durch eine Summe, erhält man

$$\frac{1}{2\pi} \int_0^{2\pi} f(t) \exp(-ikt) dt \approx \frac{1}{N} \sum_{\ell=0}^{N-1} f(\frac{2\pi\ell}{N}) \exp(-\frac{2\pi ik\ell}{N}).$$

Ein zweites Problem, das auf die Berechnung von Summen des gleichen Typs führt, ist die optimale Interpolation von diskreten periodischen Daten durch trigonometrische Probleme. Auch im Bereich der Datenkompression tritt eine ähnliche Situation auf: Beim Breitband-Filter werden extreme (hohe) Frequenzen eines Signals abgeschnitten und man muss zu endlich vielen Daten $(f_0, \ldots, f_{N-1})$ die Summen $\hat{f}_k := \sum_{\ell=0}^{N-1} f_k \exp(-\frac{2\pi ik\ell}{N})$ berechnen (vgl. Satz von Shannon, 8.18). Analog möchte man aus den Frequenzdaten $(\hat{f}_0, \ldots, \hat{f}_{N-1})$ die Signaldaten $(f_0, \ldots, f_{N-1})$ zurück gewinnen.

Alle genannten Probleme werden unter dem Thema "Diskrete Fouriertransformation" zusammengefasst. Es handelt sich dabei um nichts anderes als einen Basiswechsel in $\mathbb{C}^N$. Er erfordert in der Regel N^2 Multiplikationen. Da N sehr groß sein kann, ist es von größtem Interesse, den Rechenaufwand zu verringern. Dies gelingt mit der **schnellen Fouriertransformation** (englisch: Fast Fourier Transformation, FFT), die mit $O(N \log(N))$ Multiplikationen auskommt.

Wie oben schon dargestellt, führt die angenäherte Berechnung der Fourierkoeffizienten einer 2π-periodischen Funktion oder die Interpolation diskreter periodischer Daten auf Summen der Form

$$\hat{f}_k := \sum_{\ell=0}^{N-1} f_\ell \exp\left(-\frac{2\pi i k \ell}{N}\right).$$

Wir fassen die Daten $(\hat{f}_k)_{k=0,\ldots,N-1}$ und $(f_\ell)_{\ell=0,\ldots,n-1}$ als Vektoren des $\mathbb{C}^N$ auf. Die Zuordnung $(f_n) \to (\hat{f}_k)$ wird **diskrete Fouriertransformation** genannt. Wir werden diese im folgenden Satz als Basiswechsel im $\mathbb{C}^N$ interpretieren und dabei gleichzeitig die Inverse $(\hat{f}_k) \to (f_k)$ der diskreten Fouriertransformation beschreiben.

Ist $v = (v_0, \ldots, v_{N-1})^t$ ein (Spalten-) Vektor in $\mathbb{C}^N$, so bezeichnen wir mit $\overline{v} = (\overline{v}_0, \ldots, \overline{v}_{N-1})^t$ den konjugiert komplexen Vektor.

Satz 10.39. *Sei $N \in \mathbb{N}$ und $\omega = \exp(\frac{2\pi i}{N})$. Sei $v_k = (1, \overline{\omega}^k, \overline{\omega}^{2k}, \ldots, \overline{\omega}^{(N-1)k})^t$. Dann ist $\{v_0, \ldots, v_{N-1}\}$ eine Basis von $\mathbb{C}^N$.*
Ist F_N die mit $v_0, \ldots, v_{N-1}$ als Spaltenvektoren gebildete Matrix, $F_N = (v_0, \ldots, v_{N-1})$, so ist $F_N^{-1} = \frac{1}{N}(\overline{v}_0, \ldots, \overline{v}_{N-1})$.

Beweis: Dass $\{v_0, \ldots, v_{N-1}\}$ eine Orthonromalbasis bezüglich des Skalarprodukts $[u|v] := (u|v)/N$ (($u|v$): das kanonische Skalarprodukt) ist, wurde in Beispiel 1, S. 302, gezeigt. Dann ist aber $F_N^{-1} = \frac{1}{N}\overline{F}_N = \frac{1}{N}(\overline{v}_0, \ldots, \overline{v}_{N-1})$, wie man direkt nachrechnet. $\square$

Bezeichnet man, abweichend von unserer bisherigen Schreibweise, mit $\{e_0, \ldots, e_{N-1}\}$ die kanonische Orthonormalbasis, also $e_k = (0, 0, \ldots, 0, \underbrace{1}_{k+1.\text{Stelle}}, 0, \ldots, 0)^t$ und $f = \sum_{j=0}^{N-1} f_j e_j$, dann erhält man die Koordinaten von f bezüglich der neuen Basis $B = \{v_0, \ldots, v_{N-1}\}$ gerade als $\hat{f} = F_N f$. Umgekehrt berechnen sich die Koordinaten von f bezüglich der Basis $\{e_0, \ldots, e_{N-1}\}$ aus denen bezüglich B gerade durch $f = F_N^{-1}\hat{f} = \frac{1}{N}\overline{F}_N \hat{f}$. Also: $f_k = \frac{1}{N}\sum_{\ell=0}^{N-1} \hat{f}_k \exp(\frac{2\pi i k \ell}{N})$.

Schnelle Fouriertransformation (FFT). Um die diskrete Fouriertransformation durchzuführen, genügt es, den Vektor f mit der $N \times N$–Matrix F_N zu multiplizieren. Dies erfordert (neben den Additionen) N^2 Multiplikationen, für große N ein zu hoher Aufwand.

Die schnelle Fouriertransformation beruht darauf, dass man im Fall $N = 2^d$ für ein $d \in \mathbb{N}$ nur $d \cdot N = N \cdot \log_2(N)$ Multiplikationen benötigt, wenn man gewisse Symmetrien ausnutzt. Dies machen wir uns am Beispiel $d = 2$ klar. Dann ist

$$\omega = \exp\left(\frac{2\pi i}{4}\right) = \exp\left(\frac{\pi}{2}i\right) = i.$$

Es ergibt sich für $k = 0, \ldots, 3$

$$\begin{aligned}\hat{f}_k &= f_0 + f_1 i^k + f_2 i^{2k} + f_3 i^{3k}\\ &= f_0 + f_2 (i^2)^k + i^k(f_1 + f_3(i^2)^k).\end{aligned}$$

Wir setzen $g = (f_0, f_2)^t$ und $u = (f_1, f_3)^t$. Dann lässt sich die Gleichung für $\hat{f}_k$ umformen. Für $k \le 1 = N/2 - 1$ gilt

$$\hat{f}_{k,N} = \hat{g}_{k,N/2} + i^k \hat{u}_{k,N/2}.$$

(Wir haben dabei durch den zusätzlichen Index N bzw. $N/2$ angedeutet, dass es sich um eine diskrete Fouriertransformation im $\mathbb{C}^N$ bzw. $\mathbb{C}^{N/2}$ handelt.)
Für $k = 2$ bzw. 3 sei $k' = k \bmod N/2$. Dann ist $\hat{f}_{k,N} = \hat{g}_{k',N/2} + i^k \hat{u}_{k',N/2}$.
Wir haben also Fouriertransformationen in $\mathbb{C}^{N/2}$ und eine anschließende "Zusammensetzung" erhalten. Allgemein ergibt sich das folgende rekursive Schema:

$$\begin{aligned}g(f) &= (f_0, f_2, f_4, \ldots, f_{N-2}),\, u(f) = (f_1, f_3, \ldots, f_{N-1})\\ \hat{f}_{k,N} &= \widehat{g(f)}_{k \bmod N/2, N/2} + \overline{\omega}^k \widehat{u(f)}_{k \bmod N/2, N/2} \qquad k = 0, \ldots, N-1.\end{aligned}$$

Die Rekursion kann man $d = \log_2(N)$ mal aufrufen. Wir geben hierfür ein Programm in einem Pseudocode an.

FUNCTION FFT(f, d, ω)
/* $f \in \mathbb{C}^{2^d}$, $d \in \mathbb{N}_0$, $\omega = \exp(-2\pi i/2^d)$ */
$N := 2^d$;

IF (N=1)	**THEN**	$\hat{f}$	$=$	f;
	ELSE	M	$:=$	N/2;
		g	$:=$	$(f_{2k})_{0 \le k \le M-1}$;
		u	$:=$	$(f_{2k+1})_{0 \le k \le M-1}$;
		h_1	$:=$	FFT$(g, d-1, \omega^2)$;
		h_2	$:=$	FFT$(u, d-1, \omega^2)$;

$$\begin{aligned}&\textbf{FOR} \quad j = 0 \quad \textbf{TO } M-1\, \textbf{DO}\\ &\quad \hat{f}_j := h_{1,j} + \omega^j h_{2,j};\\ &\quad \hat{f}_{j+M} := h_1{,}j + \omega^{M+j} h_{2,j};\\ &\textbf{END;} \qquad\qquad \text{/* FOR */}\\ &\textbf{END;} \qquad\qquad\quad \text{/* ELSE */}\\ &\textbf{END;} \qquad\qquad\qquad \text{/* IF */}\\ &\textbf{AUSGABE} \quad \hat{f}.\end{aligned}$$

Bemerkung: Die diskrete Fouriertransformation und ihre Berechnung durch die schnelle Fouriertransformation ist nicht auf den Körper $\mathbb{C}$ beschränkt. Auch über endlichen Körpern oder in den Ringen $\mathbb{Z}/n\mathbb{Z}$ wird sie angewendet, wobei die N–te Einheitswurzel $\exp(\frac{2\pi i}{N})$ ersetzt wird durch Elemente der Ordnung N in der multiplikativen Einheitengruppe des endlichen Körpers oder Rings.
Anwendungen der schnellen Fouriertransformation sind zahlreich. Eines der bekanntesten Beispiele ist der Algorithmus von Schönhage und Strassen zur Multiplikation großer Zahlen, siehe [25]. Für eine Darstellung dieses Algorithmus in einem Lehrbuch, sowie für weitere Anwendungen (Datenkompression etc.) siehe [15].

10.4 Determinanten

Motivation und Überblick

Die Determinante ordnet jeder $n \times n$–Matrix A über einem Körper K auf recht subtile Weise ein Element $\det(A)$ in K zu. Geometrisch gedeutet gibt die Determinante einer reellen 2×2–Matrix den "orientierten" Flächeninhalt des von den Spaltenvektoren der Matrix im $\mathbb{R}^2$ aufgespannten Parallelogramms an. Entsprechend lässt sich auch die Determinante einer reellen $n \times n$–Matrix als Volumen des von den Spaltenvektoren der Matrix aufgespannten Parallelepipeds in $\mathbb{R}^n$ auffassen. Die Bedeutung von Determinanten ist aber nicht auf reelle Matrizen und die Einführung eines Volumenbegriffs beschränkt. Für unsere Zwecke ist wichtiger, dass zum Beispiel über jedem Körper die Invertierbarkeit einer quadratischen Matrix A durch $\det(A) \neq 0$ charakterisiert ist. Auch im Zusammenhang mit der eindeutigen Lösbarkeit linearer Gleichungssysteme (Kapitel 11) und Eigenwerten von Matrizen bzw. linearen Abbildungen (Abschnitt 10.5) spielen Determinanten eine wichtige Rolle.

Für zwei Vektoren v und w der Anschauungsebene, repräsentiert durch $\mathbb{R}^2$, ist der orientierte Flächeninhalt $F(v, w)$ des von v und w aufgespannten Parallelogramms gegeben durch $F(v, w) = \|v\| \cdot \|w\| \cdot \sin(\varphi)$, wobei φ der von v nach w entgegen dem Uhrzeigersinn durchlaufene Winkel ist. Diese Orientierung des Winkels φ beruht auf der Festlegung, dass für die kanonischen Basisvektoren e_1 und e_2 der Winkel von e_1 nach e_2 entgegen dem Uhrzeigersinn gerade $\frac{\pi}{2}$ ist. (φ kann hier also auch größer als π sein, anders als in Definition 9.33 a); dort hatten wir nur nicht-orientierte Winkel definiert und dabei für die zwei möglichen Winkel zwischen v und w denjenigen gewählt, der nicht größer als π ist.) Es gilt also $F(v, w) = -F(w, v)$. Führen wir Koordinaten bezüglich e_1 und e_2 ein, so folgt für $v = c_1 e_1 + c_2 e_2$ und $w = d_1 e_1 + d_2 e_2$, dass $F(v, w) = c_1 d_2 - c_2 d_1$.

Man kann F auch als Funktion von $\mathcal{M}_2(\mathbb{R})$ nach $\mathbb{R}$ auffassen, wenn man als Argumente die Spalten der jeweiligen Matrix $A = (a_1^{\downarrow}, a_2^{\downarrow})$ nimmt. Betrachtet man die lineare Abbildung $\alpha_A : \mathbb{R}^2 \to \mathbb{R}^2$, die durch Multiplikation mit A definiert ist, so sind $a_1^{\downarrow}$ und $a_2^{\downarrow}$ gerade die Bilder von e_1 und e_2 unter α_A. Da $F(e_1, e_2) = 1$, beschreibt $F(a_1^{\downarrow}, a_2^{\downarrow})$ gerade die durch α_A bewirkte "Verzerrung" des Flächeninhalts des Einheitsquadrates.

Wir stellen nun drei wesentliche Eigenschaften der Flächeninhaltsfunktion $F : \mathbb{R}^2 \times \mathbb{R}^2 \to \mathbb{R}$ zusammen, die sich unmittelbar aus den obigen Überlegungen ergeben:

1. $F(av_1 + bv_2, w) = aF(v_1, w) + bF(v_2, w)$
   (Linearität im ersten Argument bei festgehaltenem zweiten Argument)
   und analog $F(v, aw_1 + bw_2) = aF(v, w_1) + bF(v, w_2)$
2. $F(v, v) = 0$
3. $F(e_1, e_2) = 1$.

Wir nehmen diese drei Eigenschaften als Motivation zur allgemeinen Definition einer Determinantenfunktion $\det : \underbrace{K^n \times \cdots \times K^n}_{n \, \text{mal}} \to K$.

Theorem 10.40. *Sei K ein Körper, $n \in \mathbb{N}$.*
Es gibt genau eine Funktion det $: K^n \times \cdots \times K^n \to K$, **Determinante** *genannt,*
mit den folgenden Eigenschaften:

1. *Für jedes $j \in \{1, \ldots, n\}$ und fest gewählte $a_1, \ldots, a_{j-1}, a_{j+1}, \ldots, a_n \in K^n$ ist die Abbildung*

$$x \mapsto \det(a_1, \ldots, a_{j-1}, x, a_{j+1}, \ldots, a_n)$$

von K^n in K linear.
2. $\det(a_1, \ldots, a_n) = 0$, *falls $i \neq j$ existieren mit $a_i = a_j$.*
3. *Sind $e_1, \ldots, e_n$ die kanonischen Basisvektoren von K^n, so ist $\det(e_1, \ldots, e_n) = 1$.*

Für A eine $n \times n$-Matrix mit Spaltenvektoren $a_1, \ldots, a_n$ schreiben wir $A = (a_1, \ldots, a_n)$. Man kann $\underbrace{K^n \times \cdots \times K^n}_{n \text{ mal}}$ mit $\mathcal{M}_n(K)$ identifizieren. Wir schreiben $\det(A)$ für $\det(a_1, \ldots, a_n)$ und nennen dies die **Determinante der Matrix A**.

Wir werden den Beweis des Theorems dadurch führen, dass wir aus den Eigenschaften 1) bis 3) eine konkrete Gestalt der Determinantenfunktion herleiten und dann zeigen, dass damit auch die Eigenschaften 1) bis 3) erfüllt sind.

Wir verdeutlichen dies zunächst an den einfachsten beiden Fällen:

Beispiele:

1. Wir betrachten den Fall $n = 1$ und schreiben einfach a für $(a) \in K^1$.
   Dann ist $\det(1) = 1$ nach Eigenschaft 3) und aus Eigenschaft 1) folgt dann $\det(a) = a$.
   Es ist klar, dass mit dieser Definition auch die Eigenschaften 1) und 3) gelten. (Eigenschaft 2) spielt für $n = 1$ noch keine Rolle.)
2. Nun schauen wir uns den ersten nicht-trivialen Fall $n = 2$ an.
   Seien $a_1 = \begin{pmatrix} a_{11} \\ a_{21} \end{pmatrix}, a_2 = \begin{pmatrix} a_{12} \\ a_{22} \end{pmatrix} \in K^2$, also $a_1 = a_{11}e_1 + a_{21}e_2, a_2 = a_{12}e_1 + a_{22}e_2$. Wenn es eine Determinantenfunktion det gibt, so gilt aufgrund der Eigenschaft 1):
   $\det(a_1, a_2) = a_{11} \det(e_1, a_2) + a_{21} \det(e_2, a_2)$
   $= a_{11}(a_{12} \det(e_1, e_1) + a_{22} \det(e_1, e_2)) + a_{21}(a_{12} \det(e_2, e_1) + a_{22} \det(e_2, e_2))$.
   Wegen Eigenschaft 2) ist $\det(e_1, e_1) = \det(e_2, e_2) = 0$. Außerdem folgt aus Eigenschaft 1) und 2) (siehe den nächsten Satz) $\det(e_2, e_1) = -\det(e_1, e_2)$. Mit 3) erhält man

$$\det(a_1, a_2) = \det \begin{pmatrix} a_{11} & a_{12} \\ a_{21} & a_{22} \end{pmatrix} = a_{11}a_{22} - a_{12}a_{21}.$$

(Vergleichen Sie mit dem Flächeninhaltsbeispiel zu Beginn des Abschnitts.) Dass diese Funktion tatsächlich die Eigenschaften 1) – 3) erfüllt, ist leicht nachzurechnen.

Aufgabe: Für die folgende Aufgabe gehen Sie bitte analog zum vorangegangenen Beispiel vor. Zeigen Sie bitte:

$$\det(\begin{pmatrix} a_{11} \\ a_{21} \\ a_{31} \end{pmatrix}, \begin{pmatrix} a_{12} \\ a_{22} \\ a_{32} \end{pmatrix}, \begin{pmatrix} a_{13} \\ a_{23} \\ a_{33} \end{pmatrix}) = a_{11}a_{22}a_{33} + a_{12}a_{23}a_{31} + a_{13}a_{21}a_{32}$$

$$-a_{31}a_{22}a_{13} - a_{32}a_{23}a_{11} - a_{33}a_{21}a_{12}.$$

Wir leiten aus den Eigenschaften 1) - 3) zunächst zwei weitere her, die folglich von einer Determinantenfunktion erfüllt werden (falls eine solche existiert, was wir im Moment noch nicht wissen).

Satz 10.41. *Sei $A = (a_1, \ldots, a_n) \in \mathcal{M}_n(K)$, wobei $a_1, \ldots, a_n$ die Spalten von A seien.*

a) Addiert man zu einer Spalte a_i ein skalares Vielfaches sa_j einer anderen Spalte a_j, so ändert sich der Wert der Determinante nicht:
$$\det(a_1, \ldots, a_n) = \det(a_1, \ldots, \underbrace{a_i + sa_j}_{Stelle\ i}, \ldots, a_n).$$

b) Vertauscht man zwei benachbarte Spalten, so ändert die Determinante ihr Vorzeichen: $\det(a_1, \ldots, a_i, a_{i+1}, \ldots, a_n) = -\det(a_1, \ldots, a_{i+1}, a_i, \ldots, a_n).$

Beweis: a) Wegen der Linearität in jedem Argument (Eigenschaft 1)) gilt:

$$\det(\ldots, a_j + sa_j, \ldots) = \det(\ldots, a_i, \ldots) + s \det(\ldots, \underbrace{a_j}_{Stelle\ i}, \ldots)$$

Der zweite Summand ist 0, weil er sowohl an der Stelle i als auch an der Stelle j das Argument a_j enthält (Eigenschaft 2).

b) Das Wesentliche des Beweises wird klar, wenn wir die Aussage für die Vertauschung der ersten mit der zweiten Spalte zeigen. Sei $A' = (a_2, a_1, a_3, \ldots, a_n)$. Nach a) ist $\det(A) = \det(a_1 + a_2, a_2, \ldots, a_n)$ und $\det(A') = \det(a_2 + a_1, a_1, a_3, \ldots, a_n)$. Also erhält man wegen der Linearität im zweiten Argument $\det(A) + \det(A') = \det(a_1 + a_2, a_1 + a_2, a_3, \ldots, a_n) = 0$, weil zwei Spalten gleich sind.   □

Wir werden nun in Verallgemeinerung von Satz 10.41 b) überlegen, wie sich der Wert einer Determinantenfunktion bei beliebiger Permutation der Spalten verändert.

Wir benötigen dazu den Begriff des Vorzeichens einer Permutation, also einer Bijektion π von $\{1, \ldots, n\}$ auf sich. Wir erinnern daran, dass die Menge aller Permutationen auf $\{0, 1, \ldots, n\}$ mit S_n bezeichnet ist. S_n ist bezüglich Hintereinanderausführung eine Gruppe, die symmetrische Gruppe vom Grad n. Ist $\pi \in S_n$, so definieren wir $\mathcal{F}(\pi) = \{(i,j) : i,j \in \{1, \ldots, n\}, i < j, \pi(i) > \pi(j)\}$, die Menge der sog. **Fehlstände** der Permutation π.

Das **Vorzeichen (Signum) einer Permutation** ist dann definiert durch

$$\text{Sign}(\pi) = (-1)^{|F(\pi)|}.$$

$\text{Sign}(\pi)$ ist also 1 oder -1, je nachdem ob π eine gerade oder ungerade Anzahl von Fehlständen besitzt.

Beispiele:

1. $n = 2$:
   $\pi(1) = 2, \pi(2) = 1,\ \mathcal{F}(\pi) = \{(1,2)\}, \text{Sign}(\pi) = 1.$
2. $n = 3$:
   $$\pi_1 = \begin{pmatrix} 1 & 2 & 3 \\ 2 & 3 & 1 \end{pmatrix},\ \mathcal{F}(\pi_1) = \{(1,3),(2,3)\}, \text{Sign}(\pi_1) = 1$$
   $$\pi_2 = \begin{pmatrix} 1 & 2 & 3 \\ 2 & 1 & 3 \end{pmatrix},\ \mathcal{F}(\pi_2) = \{(1,2)\}, \text{Sign}(\pi_2) = -1.$$

Aufgaben:

1. Berechnen Sie bitte das Vorzeichen der restlichen Permutationen der Menge $\{1, 2, 3\}$.
2. Zeigen Sie $\text{Sign}(\pi_1)\text{Sign}(\pi_2) = \text{Sign}(\pi_1\pi_2)$ für die Permutationen der Menge $\{1, 2, 3\}$. ($\pi_1\pi_2$ steht für die Hintereinanderausführung $\pi_1 \circ \pi_2$. Die Aussage gilt übrigens nicht nur für $n = 3$, sondern für beliebiges n.)

Satz 10.42. *Ist $\pi \in S_n$, ist $\det(a_{\pi(1)}, \dots, a_{\pi(n)}) = \text{Sign}(\pi) \cdot \det(a_1, \dots, a_n)$.*

Beweis: Die durch die Permutation π bewirkte Umordnung der Spalten lässt sich als Folge von Vertauschungen von je zwei Spalten an benachbarten Positionen erreichen. Dies entspricht einer Darstellung $\pi = \tau_k \circ \cdots \circ \tau_1$, wobei die τ_i Permutationen sind, die nur zwei Elemente vertauschen. Sei $\pi_0 = id, \pi_i = \tau_i \circ \dots \circ \tau_1$ für $i = 1, \dots, k$. Wir zeigen $\det(a_{\pi_i(1)}, \dots, a_{\pi_i(n)}) = \text{Sign}(\pi_i) \cdot \det(a_1, \dots, a_n)$. Dies ist wegen $\text{Sign}(id) = 1$ richtig für $i = 0$. Die Behauptung gelte für $i - 1$. Durch τ_i werden dann zwei Spalten an benachbarten Positionen vertauscht. Dies ändert die Determinante um den Faktor -1 nach Satz 10.41 b). Bei einer solchen Vertauschung von Elementen an zwei benachbarten Positionen wird die Anzahl der Fehlstände von π_{i-1} entweder um 1 vergrößert oder um 1 verkleinert. Also ist $\text{Sign}(\pi_i) = -\text{Sign}(\pi_{i-1})$. Damit ist der Induktionsschluss geführt. Die Behauptung folgt mit $i = k$. $\square$

Der Beweis von Theorem 10.40 wird nun mit folgendem Satz geliefert:

Satz 10.43. (Leibnizsche Determinantenformel) *Es gibt genau eine Determinante mit den Eigenschaften 1) bis 3) aus Theorem 10.40. Sie ist gegeben durch*

$$\det(a_1, \dots, a_n) = \sum_{\pi \in S_n} \text{Sign}(\pi) a_{\pi(1)1} a_{\pi(2)2} \cdots a_{\pi(n)n},$$

wobei $a_j = \begin{pmatrix} a_{1j} \\ \vdots \\ a_{nj} \end{pmatrix},\ j = 1, \dots, n.$

Beweis: Die durch die rechts stehende Summe erklärte Funktion hat die drei Eigenschaften aus dem Theorem, wie man durch Nachrechnen überprüft.
Sei nun det eine Funktion, die 1) bis 3) aus dem Theorem erfüllt. Wir zeigen, dass sie die im Satz angegebene Gestalt hat.

Sei $a_j = \begin{pmatrix} a_{1j} \\ \vdots \\ a_{nj} \end{pmatrix}$, also $a_j = \sum_{k=1}^n a_{kj} e_k$. Dann ist

$$\det(a_1, \ldots, a_n) = \sum_{j_1=1}^n \sum_{j_2=1}^n \cdots \sum_{j_n=1}^n a_{j_1 1} \cdots a_{j_n n} \det(e_{j_1}, \ldots, e_{j_n}),$$

was sich durch Anwendung von Eigenschaft 1) auf alle Spalten ergibt.
Da Determinanten mit zwei gleichen Spalten gleich 0 sind, folgt

$$\det(a_1, \ldots, a_n) = \sum_{\pi \in S_n} a_{\pi(1)1} \cdots a_{\pi(n)n} \det(e_{\pi(1)}, \ldots, e_{\pi(n)}).$$

Wegen Satz 10.42 b) ist $\det(e_{\pi(1)}, \ldots, e_{\pi(n)}) = \mathrm{Sign}(\pi) \det(e_1, \ldots, e_n)$ und die Behauptung folgt mit Eigenschaft 3). $\qquad \square$

Korollar 10.44. *Ist A eine $m \times n$-Matrix über K, so ist $\det(A) = \det(A^t)$.*

Beweis: Ist $A = (a_{ij})$, so ist $\det(A) = \sum_{\pi \in S_n} \mathrm{Sign}(\pi) a_{\pi(1)1} a_{\pi(2)2} \cdots a_{\pi(n)n}$ und $\det(A^t) = \sum_{\pi \in S_n} \mathrm{Sign}(\pi) a_{1\pi(1)} a_{2\pi(2)} \cdots a_{n\pi(n)}$ nach Satz 10.43.
Da $a_{1\pi(1)} \cdots a_{n\pi(n)} = a_{\pi^{-1}(1)1} \cdots a_{\pi^{-1}(n)n}$, hat man nur $\mathrm{Sign}(\pi) = \mathrm{Sign}(\pi^{-1})$ für jedes $\pi \in S_n$ zu zeigen. Da $i < j$ und $k = \pi(i) > \pi(j) = l$ genau dann gilt, wenn $l < k$ und $(j =) \pi^{-1}(l) > \pi^{-1}(k) (= i)$ gilt, folgt $|\mathcal{F}(\pi)| = |\mathcal{F}(\pi^{-1})|$ und damit $\mathrm{Sign}(\pi) = \mathrm{Sign}(\pi^{-1})$. $\qquad \square$

Bemerkung: Als Konsequenz aus Korollar 10.44 ergibt sich für die Determinante einer Matrix A, dass die Eigenschaften 1) – 3) aus Theorem 10.40 und die Sätze 10.41, 10.42 nicht nur für die Spalten, sondern auch für die Zeilen von A gelten.

Zur tatsächlichen Berechnung einer Determinante wird die Leibnizsche Formel in der Regel nicht verwendet. Wir geben eine andere Berechnungsmöglichkeit an, die in manchen Fällen günstiger ist. Sie beruht auf einer Induktion nach der Dimension.

Dazu definieren wir für $A \in \mathcal{M}_n(K)$ die Untermatrizen $A_{ij} \in \mathcal{M}_{n-1}(K)$ für $1 \leq i, j \leq n$, indem wir aus A die i-te Zeile und j-te Spalte streichen.

Für $A = \begin{pmatrix} a_{11} & a_{12} & a_{13} \\ a_{21} & a_{22} & a_{23} \\ a_{31} & a_{32} & a_{33} \end{pmatrix}$ ist zum Beispiel $A_{23} = \begin{pmatrix} a_{11} & a_{12} \\ a_{31} & a_{32} \end{pmatrix}$ und $A_{12} = \begin{pmatrix} a_{21} & a_{23} \\ a_{31} & a_{33} \end{pmatrix}$.

Es gilt der Satz:

Satz 10.45. (Laplacescher[2] Entwicklungssatz)
Für jedes $i \in \{1, \ldots, n\}$ *gilt:* $\det(A) = \sum_{j=1}^{n}(-1)^{i+j}a_{ij}\det(A_{ij})$.
(Entwicklung nach der i-ten Zeile)
Ebenso gilt für jedes $j \in \{1, \ldots, n\}$: $\det(A) = \sum_{i=1}^{n}(-1)^{i+j}a_{ij}\det(A_{ij})$.
(Entwicklung nach der j-ten Spalte)

Wir werden diesen Satz hier nicht beweisen. Da sich die zweite Behauptung mit Hilfe von Korollar 10.44 aus der ersten ergibt, muss man ohnedies nur diese zeigen. Dazu prüft man nach (per Induktion), dass der angegebene Ausdruck für die Determinante die Eigenschaften 1) bis 3) aus Theorem 10.40 erfüllt (siehe z. B. [13, S. 203]).

Wir verdeutlichen die Entwicklungsformel an einem Beispiel.

Beispiel: Wir berechnen die Determinante von $\begin{pmatrix} 1 & 2 & -2 & 3 \\ 1 & 0 & 2 & 0 \\ 0 & 1 & 4 & 1 \\ 1 & -1 & 0 & 3 \end{pmatrix}$ durch Entwicklung

nach der 2. Zeile (da diese zwei Nullen enthält).

$$\det\begin{pmatrix} 1 & 2 & -2 & 3 \\ 1 & 0 & 2 & 0 \\ 0 & 1 & 4 & 1 \\ 1 & -1 & 0 & 3 \end{pmatrix} = (-1)\det\begin{pmatrix} 2 & -2 & 3 \\ 1 & 4 & 1 \\ -1 & 0 & 3 \end{pmatrix} - 2\cdot\det\begin{pmatrix} 1 & 2 & 3 \\ 0 & 1 & 1 \\ 1 & -1 & 3 \end{pmatrix}$$

$$= (-1)((-1)\det\begin{pmatrix} -2 & 3 \\ 4 & 1 \end{pmatrix} + 3\det\begin{pmatrix} 2 & -2 \\ 1 & 4 \end{pmatrix}) - 2(\det\begin{pmatrix} 1 & 1 \\ -1 & 3 \end{pmatrix} +$$

$$\det\begin{pmatrix} 2 & 3 \\ 1 & 1 \end{pmatrix}) = -14 - 3\cdot 10 - 2\cdot 4 + (-2)(-1) = -50.$$

Dabei haben wir die Determinante der ersten 3×3-Matrix durch Entwicklung nach der 3. Zeile und die der zweiten durch Entwicklung nach der 1. Spalte berechnet. Die Determinanten der 2×2-Matrizen sind dann nach der Formel in Beispiel 2, Seite 336 berechnet worden.

Benutzen Sie nun bitte das Applet "Matrizenrechner". Berechnen Sie damit für einige quadratische Matrizen deren Determinante.

Die Berechnung von Determinanten mit der Leibniz-Formel oder dem Laplaceschen Entwicklungssatz ist in der Regel mit erheblichem Aufwand verbunden. Wenn man Determinantenberechnungen nicht vermeiden kann, so wird man durch Anwendung von Satz 10.41 a) zunächst versuchen möglichst viele Nullen in der Matrix zu erzeugen. Ein systematisches Vorgehen dieser Art besteht darin, mit dem auf Seite 330 beschriebenen Verfahren zur Rangbestimmung mittels elementarer Zeilenumformungen der ersten beiden Typen aus einer $n \times n$-Matrix A eine obere Drei-

---

[2] Pierre Simon Laplace, 1749–1827, Professor für Mathematik an der Ecole Polytechnique in Paris, Autor bedeutender Arbeiten vor allem zur Analysis, Wahrscheinlichkeitstheorie und Astronomie. Er war unter Napoleon Bonaparte kurze Zeit Minister des Inneren und dann Mitglied des Senats, in der Zeit Ludwigs XVIII Marquis und Pair von Frankreich.

ecksmatrix gewinnen (die dort auch verwendeten Spaltenvertauschungen sind dafür nicht notwendig, wie man sich leicht überlegt).

Dabei heißt eine $n \times n$-Matrix $D = (d_{ij})$ **obere** (bzw. **untere) Dreiecksmatrix**, falls unterhalb (bzw. oberhalb) der **Diagonalen** $d_{11}, \ldots, d_{nn}$ nur Nullen stehen, d. h. $d_{ij} = 0$ für alle $i > j$ (bzw. $d_{ij} = 0$ für alle $i < j$).

Da sich nach Satz 10.41 in Verbindung mit der Bemerkung auf Seite 339 bei elementaren Zeilenumformungen der verwendeten Art der Wert der Determinante nur bei Zeilenvertauschungen, und dann nur um den Faktor (-1) ändert, kennt man den Wert von $\det(A)$, wenn man $\det(D)$ für die entstandene Dreiecksmatrix D kennt. Man muss dabei nur über die Anzahl der Zeilenvertauschungen Buch führen. Die Berechnung der Determinante einer Dreiecksmatrix ist einfach:

Satz 10.46. *Ist* $D = (d_{ij})$ *eine (obere oder untere) Dreiecksmatrix, so ist* $\det(D) = \Pi_{i=1}^{n} d_{ii}$, *das Produkt der Diagonalelemente.*

Beweis: Der Satz folgt per Induktion durch Entwicklung nach der ersten Spalte (bzw. der ersten Zeile). □

Beispiel: Sei $A = \begin{pmatrix} 0 & 2 & 1 \\ 1 & 3 & -2 \\ 2 & 4 & 2 \end{pmatrix}$. Wir bringen A durch elementare Zeilenumformungen auf obere Dreiecksgestalt:

$$\begin{pmatrix} 0 & 2 & 1 \\ 1 & 3 & -2 \\ 2 & 4 & 2 \end{pmatrix} \longrightarrow \begin{pmatrix} 1 & 3 & -2 \\ 0 & 2 & 1 \\ 2 & 4 & 2 \end{pmatrix} \longrightarrow \begin{pmatrix} 1 & 3 & -2 \\ 0 & 2 & 1 \\ 0 & -2 & 6 \end{pmatrix} \longrightarrow$$
$$\begin{pmatrix} 1 & 3 & -2 \\ 0 & 2 & 1 \\ 0 & 0 & 7 \end{pmatrix}.$$

Dabei wurde im ersten Schritt eine Zeilenvertauschung vorgenommen, im zweiten das (-2)-fache der ersten Zeile zur dritten addiert und schließlich die zweite Zeile zur dritten addiert. Die Determinante der gewonnenen Dreiecksmatrix ist 14 nach Satz 10.46. Da wir eine Zeilenvertauschung durchgeführt haben, folgt $\det(A) = -14$.

Aufgaben:

1. Berechnen Sie bitte die Determinante der Matrix $\begin{pmatrix} 0 & 1 & 1 & 1 \\ 1 & 0 & 1 & 1 \\ 1 & 1 & 0 & 1 \\ 1 & 1 & 1 & 0 \end{pmatrix}$.

2. Berechnen Sie bitte die Determinante der Matrix $\begin{pmatrix} a & b & c & d \\ e & f & g & h \\ 0 & 0 & i & j \\ 0 & 0 & k & l \end{pmatrix}$, $a, \ldots, l \in K$. Was fällt Ihnen auf? Lässt sich Ihre Beobachtung verallgemeinern?

Wir werden jetzt noch einige wichtige Eigenschaften der Determinante herleiten. Wir werden dabei vor allem sehen, dass man mit Hilfe der Determinante feststellen kann, ob eine quadratische Matrix invertierbar ist und man in diesem Falle auch die Inverse berechnen kann. Basis für das Folgende ist:

Satz 10.47. *Die Determinante* $\det(a_1, \ldots, a_n)$ *ist genau dann gleich 0, wenn die Vektoren* $a_1, \ldots, a_n$ *linear abhängig sind.*

Beweis: (I) Sei ohne Beschränkung der Allgemeinheit $a_n = \sum_{k=1}^{n-1} c_k a_k$. Da die Determinante linear in jedem Argument bei festgehaltenen anderen ist, folgt $\det(a_1, \ldots, a_n) = \sum_{k=1}^{n-1} c_k \det(a_1, \ldots, a_{n-1}, a_k) = 0$, weil jede der auftretenden Determinanten zwei gleiche Spalten hat.

(II) Sei umgekehrt $\det(a_1, \ldots, a_n) = 0$. Angenommen, die Vektoren sind linear unabhängig. Dann bilden sie eine Basis des K^n. Es gibt also Skalare, so dass die kanonischen Basisvektoren e_k sich schreiben lassen als $e_k = \sum_{j=1}^{n} b_{jk} a_j$. Benutzt man nun die Linearität der Determinante in jedem Argument, so erhält man

$$1 = \det(e_1, \ldots, e_n) = \sum_{j_1=1}^{n} \sum_{j_2=1}^{n} \cdots \sum_{j_n=1}^{n} b_{j_1,1} b_{j_2,2} \cdots b_{j_n,n} \det(a_{j_1}, \ldots, a_{j_n}).$$

Sind bei den Summanden der rechts stehenden Summen in der entsprechenden Determinante zwei Spalten gleich, so ist dieser Summand gleich 0. Sind aber alle Indizes verschieden, so ist $l \mapsto j_l$ eine Permutation π und man erhält $\det(a_{j_1}, \ldots, a_{j_n}) = \text{Sign}(\pi) \det(a_1, \ldots, a_n)$ nach Satz 10.42, also $1 = \left(\sum_{\pi \in \mathcal{S}_n} \text{Sign}(\pi) b_{\pi(1),1} \cdots b_{\pi(p),n}\right) \det(a_1, \ldots, a_n)) = 0$. Dieser Widerspruch beweist den Satz. □

Korollar 10.48. *Sei* $A \in \mathcal{M}_n(K)$. *Dann sind äquivalent:*

a) A ist invertierbar.
b) $\text{rg}(A) = n$.
c) $\det(A) \neq 0$.

Beweis: a) ⟺ b): Sei $\alpha_A : K^n \to K^n$ die lineare Abbildung, die durch Multiplikation mit A gegeben ist. Ist $\mathcal{B}$ die kanonische Basis von K^n, so ist also $A = A_{\alpha_A}^{\mathcal{B}}$. Nach Korollar 10.24 ist A genau dann invertierbar, wenn α_A bijektiv ist und dies ist nach Satz 10.5 c) genau dann der Fall, wenn $\{\alpha_A(e_1), \ldots, \alpha_A(e_n)\}$ eine Basis von K^n ist. Da die $\alpha_A(e_i)$ gerade die Spalten von A sind, ist die letzte Aussage äquivalent zu $\text{rg}(A) = n$.

b) ⟺ c) : Dies folgt direkt aus Satz 10.47. □

Wir werden nun der Frage nachgehen, wie im Fall $\det(A) \neq 0$ die Determinante von A^{-1} aussieht und wie man A^{-1} berechnen kann. Dazu benötigen wir eine Eigenschaft der Determinante, die auch in anderen Zusammenhängen sehr wichtig ist: Die Determinante verhält sich gutartig bezüglich Produkten von Matrizen.

Satz 10.49. (Multiplikationssatz)
Für zwei $n \times n$–*Matrizen* A *und* B *gilt* $\det(AB) = \det(A) \det(B)$.

Dass dies ein wirklich nicht-trivialer Satz ist, wird schon für $n = 2$ klar, wenn man ihn mit Hilfe der Determinantenformel für 2×2-Matrizen einmal explizit ausschreibt.

Beweis: (I) Sei $\det(A) = 0$. Dann sind die Spalten von A nach Satz 10.47 linear abhängig. Da $\mathrm{rg}(AB) \leq \mathrm{rg}(A)$ nach Lemma 10.35, trifft dies dann auch auf die Spalten von AB zu. Damit ist nach dem vorangegangenen Satz $\det(AB) = 0 = \det(A)\det(B)$.

(II) Sei nun $\det(A) \neq 0$. Die Funktion $h : B \mapsto \dfrac{1}{\det(A)}\det(AB)$ erfüllt die Eigenschaften der Determinante (vergleiche Theorem 10.40), ist also wegen der Eindeutigkeit der Determinante gleich $\det(B)$. Multiplikation mit $\det(A)$ liefert die Behauptung. $\qquad\square$

Aufgaben:

1. Zeigen Sie bitte an einem Beispiel, dass im Allgemeinen $\det(A + B) \neq \det(A) + \det(B)$.
2. Zeigen Sie bitte, dass $\det : GL(n, K) \to K^* = K \setminus \{0\}$ ein surjektiver Gruppenhomomorphismus ist.

Korollar 10.50. *Ist $A \in \mathcal{M}_n(K)$ invertierbar (also $\det(A) \neq 0$ nach Korollar 10.48), so ist $\det(A^{-1}) = \det(A)^{-1}$.*

Beweis: Es ist $A \cdot A^{-1} = E_n$. Also folgt mit Satz 10.49, dass $1 = \det(E_n) = \det(A \cdot A^{-1}) = \det(A) \cdot \det(A^{-1})$. $\qquad\square$

Wir beschreiben abschließend, wie man die Inverse einer invertierbaren Matrix berechnen kann (jedenfalls im Prinzip). Dazu wenden wir den Laplaceschen Entwicklungssatz (Satz 10.45) zur Definition der **Adjunkten** einer $n \times n$-Matrix A an.

Wir setzen $A^{ad} = (b_{ij})_{i,j=1,\ldots,n}$, wobei $b_{ij} = (-1)^{i+j}\det(A_{ji})$. (Achten Sie dabei auf die Stellung der Indizes!) Für festes i erhalten wir für jedes $k \neq i$

$$\sum_{j=1}^{n} a_{ij}b_{jk} = \sum_{j=1}^{n}(-1)^{j+k}a_{ij}\det(A_{kj}) = 0,$$

denn die mittlere Summe ist nach Satz 10.45 die Determinante derjenigen Matrix A', die man aus A erhält, indem man die k-te Zeile mit der i-ten Zeile gleichsetzt (man beachte die Bemerkung Seite 339). Für $k = i$ ergibt sich

$$\sum_{j=i}^{n} a_{ij}b_{ji} = \sum_{j=1}^{n}(-1)^{j+1}a_{ij}\det(A_{ij}) = \det(A)$$

ebenfalls nach dem Laplaceschen Entwicklungssatz. Daher ist $AA^{ad} = \det(A)\cdot E_n$. Analog zeigt man $A^{ad}A = \det(A) \cdot E_n$. Wir haben damit folgenden Satz erhalten:

Satz 10.51. *Sei $A \in \mathcal{M}_n(K)$.*

a) $A^{ad}A = AA^{ad} = \det(A) \cdot E_n$.

b) Ist $\det(A) \neq 0$, so ist $A^{-1} = \dfrac{1}{\det(A)} \cdot A^{ad}$.

Bemerkung: Satz 10.51 b) eröffnet eine Möglichkeit zur Bestimmung der Inversen einer invertierbaren Matrix. Aufgrund der vielen Determinantenberechnungen, die dazu notwendig sind, wird man diese Methode im Allgemeinen nicht anwenden. Wir werden in Kapitel 11 ein geeigneteres Verfahren zur Inversenbestimmung vorstellen.

Aufgaben:

1. Bestimmen Sie bitte A^{-1} für die Matrix A aus dem Beispiel auf Seite 340.
2. Sei A eine $n \times n$-Matrix, deren Einträge ganze Zahlen sind. Zeigen Sie bitte: Ist $\det(A) = \pm 1$, so sind auch alle Einträge von A^{-1} ganze Zahlen.

Bemerkung: Mit Hilfe der Determinante kann man auch den Begriff der 'Orientierung' einer Basis eines $\mathbb{R}$-Vektorraums präzisieren, der in Abschnitt 9.3.4 im Zusammenhang mit Vektorprodukten aufgetreten ist.

Betrachten wir zunächst als einfaches Beispiel den $\mathbb{R}^2$. Unser anschaulicher Orientierungsbegriff beruht hier darauf, dass wir die reale Vorstellung von "entgegen dem Uhrzeigersinn" und "im Uhrzeigersinn" auf den $\mathbb{R}^2$ übertragen. Wir sagen dann, dass eine geordnete Basis $\mathcal{B}' = (v_1, v_2)$ positiv orientiert ist, falls der von v_1 und v_2 eingeschlossene Winkel (darunter verstehen wir entsprechend Definition 9.33 denjenigen, der kleiner als π ist) entgegen dem Uhrzeigersinn durchlaufen werden muss, um von v_1 nach v_2 zu gelangen. Oder anders ausgedrückt: Dreht man v_1 entgegen dem Uhrzeigersinn, bis er in die gleiche Richtung wie v_2 zeigt, und ist der Drehwinkel φ kleiner als π, so sind v_1 und v_2 positiv orientiert, ansonsten negativ orientiert. Ist $\mathcal{B} = (e_1, e_2)$ die geordnete kanonische Basis, die im obigen Sinne also positiv orientiert ist, und betrachtet man die Basiswechselmatrix $S_{\mathcal{B},\mathcal{B}'}$, so rechnet man leicht nach, dass $\det(S_{\mathcal{B},\mathcal{B}'}) = \sin(\varphi)$. Daher ist $\det(S_{\mathcal{B},\mathcal{B}'})$ genau dann positiv, wenn $\mathcal{B}'$ entsprechend unserer anschaulichen Vorstellung positiv orientiert ist.

Diese Betrachtung nimmt man zur Grundlage für die Einführung eines Orientierungsbegriffes auf einem beliebigen endlich-dimensionalen $\mathbb{R}$-Vektorraum V: Eine feste Basis $\mathcal{B}$ von V wird als positiv orientiert festgelegt (im $\mathbb{R}^n$ ist dies z. B. die kanonische Basis $(e_1, \dots, e_n)$). Sei $\mathcal{B}'$ eine weitere Basis von V. Die Basiswechselmatrix $S_{\mathcal{B},\mathcal{B}'}$ ist nach Satz 10.27 invertierbar; also ist $\det(S_{\mathcal{B},\mathcal{B}'}) \neq 0$ nach Korollar 10.48. Ist $\det(S_{\mathcal{B},\mathcal{B}'}) > 0$ (man beachte: $\det(S_{\mathcal{B},\mathcal{B}'}) \in \mathbb{R}$!), so heißt $\mathcal{B}$ **positiv orientiert**, ansonsten **negativ orientiert**.

Im $\mathbb{R}^3$ ist dann $(v, w, v \times w)$ für linear unabhängige v, w positiv orientiert (oder ein Rechtssystem – wegen der Rechte-Hand-Regel aus Kapitel 9.3.4), falls die kanonische Basis (e_1, e_2, e_3) wie üblich als positiv orientiert definiert ist.

Bemerkung: Sei V ein n-dimensionaler K-Vektorraum, $\alpha \in L(V, V)$. Sind $\mathcal{B}$ und $\mathcal{B}'$ Basen von V, $A = A_\alpha^{\mathcal{B}}$ und $A' = A_\alpha^{\mathcal{B}'}$, so ist $A' = S^{-1}AS$ mit $S = S_{\mathcal{B},\mathcal{B}'}$ nach Satz 10.29. Aus dem Multiplikationssatz 10.49 in Verbindung mit Korollar 10.50 folgt $\det(A') = \det(S^{-1}AS) = \det(S^{-1})\det(A)\det(S) = \det(A) \cdot \det(S^{-1})\det(S) = \det(A)$. Die Determinante der Darstellungsmatrix $A_\alpha^{\mathcal{B}}$ hängt also nicht von der Wahl der Basis $\mathcal{B}$ ab. Aus diesem Grunde kann man die **Determinante der linearen Abbildung** $\alpha \in L(V, V)$ definieren durch $\det(\alpha) := \det(A_\alpha^{\mathcal{B}})$,

$\mathcal{B}$ Basis von V.

Beachten Sie: Die Wohldefiniertheit von $\det(\alpha)$ ergibt sich daraus, dass wir nur die Darstellungsmatrizen $A_\alpha^\mathcal{B} = A_\alpha^{\mathcal{B},\mathcal{B}'}$ verwenden. Sind $\mathcal{B}, \mathcal{B}', \mathcal{C}, \mathcal{C}'$ Basen von V, so ist im Allgemeinen $\det(A_\alpha^{\mathcal{B},\mathcal{C}}) \neq \det(A_\alpha^{\mathcal{B}',\mathcal{C}'})$.

Aufgabe: Geben Sie bitte ein Beispiel für die letzte Aussage in obiger Bemerkung.

10.5 Eigenwerte linearer Abbildungen

Motivation und Überblick

Sei V ein endlich-dimensionaler Vektorraum und $\alpha : V \to V$ eine lineare Abbildung. Wir bestimmen alle $c \in K$, für die es Vektoren $v \neq o$ gibt mit $\alpha(v) = c \cdot v$. Solch ein c heißt Eigenwert von α und ein $v \neq o$, dass diese Gleichung erfüllt, heißt (zugehöriger) Eigenvektor. Die Bestimmung von Eigenvektoren bedeutet also geometrisch die Bestimmung aller Geraden durch den Nullpunkt (d. h. aller 1-dimensionalen Unterräume), die von α als Ganzes festgelassen werden.

Die Theorie der Eigenwerte hat vielfältige Anwendungen, u. a. bei diskreten und kontinuierlichen dynamischen Systemen. Im nächsten Kapitel wird dies bei der Behandlung linearer Rekursionen deutlich werden, die sich durch besonders einfach diskrete dynamische Systeme, nämlich lineare Schieberegister, beschreiben lassen.

Unter den Darstellungsmatrizen einer linearen Abbildung $\alpha : V \to V$ spielen diejenigen von der Form $A_\alpha^\mathcal{B} = A_\alpha^{\mathcal{B},\mathcal{B}}$ eine besondere Rolle. Bei festgelegter Basis entspricht der Hintereinanderausführung von linearen Abbildungen von V in sich das Produkt der zugehörigen Darstellungsmatrizen (Satz 10.20). Auch die Determinante solcher linearen Abbildungen wird über diesen Typ von Darstellungsmatrizen definiert (siehe Bemerkung Seite 344).

Daher stellt sich die Frage, ob man zu gegebenem α eine Basis finden kann, so dass $A_\alpha^\mathcal{B}$ eine besonders einfache Gestalt hat. Wir verstehen hierunter im Folgenden, dass

$A_\alpha^\mathcal{B}$ eine **Diagonalmatrix**, also von der Form $\begin{pmatrix} b_1 & 0 & \dots & 0 \\ 0 & b_2 & \dots & 0 \\ \vdots & & & \vdots \\ 0 & 0 & \dots & b_n \end{pmatrix}$ ist.

Ist σ zum Beispiel eine Spiegelung im $\mathbb{R}^2$ an der Geraden $\langle e_1 \rangle$, also $\sigma : \begin{pmatrix} x_1 \\ x_2 \end{pmatrix} \mapsto \begin{pmatrix} x_1 \\ -x_2 \end{pmatrix}$, so ist $\sigma(e_1) = e_1$ und $\sigma(e_2) = -e_2$, und die Darstellungsmatrix bezüglich der kanonischen Basis ist die Diagonalmatrix $\begin{pmatrix} 1 & 0 \\ 0 & -1 \end{pmatrix}$.

Ist π die Projektion von $V = U \oplus W$ auf W entlang U, so ist $\pi(w) = 1 \cdot w$ für alle $w \in W$ und $\pi(u) = 0 \cdot u$ für alle $u \in U$. Wählen wir also eine Basis, die sich der

Zerlegung $V = U \oplus W$ anpasst, so erhalten wir als Darstellungsmatrix wieder eine Diagonalmatrix mit Nullen und Einsen auf der Diagonale.

Ist hingegen ρ einen Drehung um den Nullpunkt im $\mathbb{R}^2$ mit einem Winkel, der kein Vielfaches von π ist, so gibt es keinen Basis $\mathcal{B}$, so dass $A_\rho^{\mathcal{B}}$ Diagonalgestalt hat. Es gibt nämlich überhaupt keinen von o verschiedenen Vektor, der von ρ auf ein skalares Vielfaches von sich abgebildet wird.

Wir werden uns jetzt mit der Frage nach der Existenz solcher Vektoren befassen und führen dazu die folgenden Bezeichnungen ein.

Definition 10.52. *Sei V ein Vektorraum über $K, \alpha : V \to V$ eine lineare Abbildung. Ein $c \in K$ heißt* **Eigenwert** *zu α, falls ein $v \neq o$ in V existiert mit $\alpha(v) = cv$. v heißt dann ein zu c gehöriger* **Eigenvektor**.

Die Bedingung $v \neq o$ in Definition 10.52 ist natürlich wesentlich, da $\alpha(o) = c \cdot o$ für alle $c \in K$. Offensichtlich gilt: Ist v ein Eigenvektor von c, so auch av für jedes $0 \neq a \in K$.

Beispiele:

1. 0 ist genau dann der Eigenwert von α, falls $\ker(\alpha) \neq \{o\}$.
2. Die identische Abbildung auf V hat 1 als einzigen Eigenwert. Jeder Vektor $\neq o$ ist Eigenvektor zum Eigenwert 1.
3. Sei $\sigma : \mathbb{R}^2 \to \mathbb{R}^2$ definiert durch $\sigma(e_1) = e_2$, $\sigma(e_2) = e_1$. (σ ist die Spiegelung an der Hauptdiagonalen.) Eigenwerte von σ sind 1 und -1. Ein Eigenvektor zu 1 ist $e_1 + e_2$, ein Eigenvektor zu -1 ist $e_1 - e_2$.

Wir vermerken für spätere Zwecke folgende Invarianz-Eigenschaft der Eigenwerte:

Lemma 10.53. *Seien V, W n-dimensionale Vektorräume über K, $\alpha \in L(V,V)$ und $\beta : W \to W$ ein Isomorphismus. Dann haben α und $\beta^{-1}\alpha\beta$ die gleichen Eigenwerte.*

Beweis: Ist c ein Eigenwert von $\alpha, o \neq v \in V$ ein Eigenvektor zu α, so folgt unmittelbar, dass $\beta^{-1}(v) \neq o$ ein Eigenvektor zum Eigenwert c für $\beta^{-1}\alpha\beta$ ist. Die Umkehrung geht analog. □

Wir erklären jetzt auch Eigenwerte für quadratische Matrizen. Da eine $n \times n$–Matrix A durch Multiplikation eine lineare Abbildung $\alpha_A : K^n \to K^n$, $x \mapsto Ax$, bestimmt, liegt folgende Definition nahe:

Definition 10.54. *Sei A eine $n \times n$–Matrix über K. Ein Eigenwert von α_A heißt dann Eigenwert von A.*

Der Zusammenhang zwischen den beiden Definitionen wird erhellt durch folgenden Satz.

Satz 10.55. *Sei V n-dimensionaler K-Vektorraum, $\alpha : V \to V$ eine lineare Abbildung. Dann gilt für jede Basis $\mathcal{B}$ von V, dass α und $A_\alpha^\mathcal{B}$ die gleichen Eigenwerte besitzen.*

Beweis: Sei $\kappa = \kappa_\mathcal{B} : V \to K^n$ die durch $\kappa(\sum_{i=1}^n a_i v_i) = (a_1, \ldots, a_n)^t$ definierte Koordinatenabbildung bezüglich der Basis $\mathcal{B} = (v_1, \ldots, v_n)$. Setzen wir $A = A_\alpha^\mathcal{B}$, so ist $\alpha = \kappa^{-1} \alpha_A \kappa$. Die Behauptung folgt dann mit Lemma 10.53. $\square$

Der folgende Satz ist im Grunde nur eine Umformulierung der Definition:

Satz 10.56. *Sei V ein n-dimensionaler K-Vektorraum, $\mathcal{B}$ eine Basis von V. Sei $\alpha : V \to V$ eine lineare Abbildung, $A = A_\alpha^\mathcal{B}$.*

a) Sei $c \in K$. Dann sind die folgenden Aussagen gleichwertig:
  (1) c ist Eigenwert von α
  (2) $\ker(c \cdot id_V - \alpha) \neq \{o\}$
  (3) $\det(c \cdot E_n - A) = 0$
b) $\ker(c \cdot id_V - \alpha) \setminus \{o\}$ ist die Menge aller zum Eigenwert c gehörenden Eigenvektoren.

Beweis: a) Die Äquivalenz von (1) und (2) ist klar. Da $cE_n - A$ die Darstellungsmatrix von $c \cdot id_V - \alpha$ ist, ist $\det(cE_n - A) = 0$ genau dann, wenn $c \cdot id_V - \alpha$ nicht bijektiv ist (Korollar 10.48 und Korollar 10.24). Nach Korollar 10.13 ist dies gleichwertig damit, dass $c \cdot id_V - \alpha$ nicht injektiv ist, also $\ker(c \cdot id_V - \alpha) \neq \{o\}$.
b) Das folgt unmittelbar aus der Definition der Eigenvektoren. $\square$

Ist c ein Eigenwert von α, so nennt man $\ker(c \cdot id_V - \alpha)$ den zugehörigen **Eigenraum**. Mit Satz 10.56 a) kommt für die Eigenwertbestimmung die Determinante von $cE_n - A$ ins Spiel. Man kann diese Determinante "simultan" für alle $c \in K$ (Eigenwert oder nicht) berechnen aufgrund des folgenden wichtigen Satzes.

Satz 10.57. *Sei A eine $n \times n$-Matrix über K. Dann gibt es ein Polynom $f_A \in \mathbb{K}[t]$ vom Grad n, $f_A = t^n + a_{n-1} t^{n-1} + \cdots + a_1 t + a_0$, so dass $f_A(b) = \det(bE_n - A)$ für alle $b \in K$.*

Beweis: Ist $b \in K$, so ist aufgrund der Leibniz-Formel (Satz 10.43)

$$\det(bE_n - A) = (b - a_{11})(b - a_{22}) \cdots (b - a_{nn}) + \sum_{\pi \neq id} \text{Sign}(\pi) \Pi_k b_{\pi(k)k},$$

wobei b_{ij} das (i,j)-Element der Matrix $bE_n - A$ ist. Also ist $b_{ij} = \begin{cases} b - a_{ij} & \text{für } i = j \\ -a_{ij} & \text{für } i \neq j \end{cases}$.
Ist $id \neq \pi \in S_n$, so kommt im Produkt $\Pi_k b_{\pi(k)k}$ ein Faktor der Form $(b - a_{ii})$ höchstens $n - 2$ mal vor. $\Pi_k b_{\pi(k)k}$ ist also ein "Polynom in b" vom Grad $\leq n - 2$, dessen Koeffizienten Produkte gewisser a_{ij} sind (mit Vorzeichen ± 1) und von b nicht abhängen.
Rechnet man $\Pi_{i=1}^n (b - a_{ii})$ aus, so erhält man $\Pi_{i=1}^n (b - a_{ii}) = b^n - (\sum_{i=1}^n a_{ii})b^{n-1} \pm$

$\cdots + (-1)^n a_{11} \cdots a_{nn}$, also ein "Polynom in b" vom Grad n, dessen Koeffizienten ebenfalls nur von den a_{ij}, aber nicht von b abhängen. Damit folgt die Behauptung des Satzes.   □

Man nennt das Polynom $f_A(t)$ aus Satz 10.57 das **charakteristische Polynom von** A und schreibt üblicherweise $\det(tE_n - A)$ für $f_A(t)$. Es wird berechnet, indem man die Determinante von $tE_n - A$ mit der "Unbestimmten" t ausrechnet und das Ergebnis nach Potenzen von t zusammenfasst.

Bemerkung: Das Rechnen mit der Unbestimmten t ist nichts anderes als Rechnen im Ring $K[t]$. Da in der Leibniz-Formel nur Additionen und Multiplikationen auftreten, ist dies kein Problem.

Wir definieren nun für eine lineare Abbildung α eines n-dimensionalen Vektorraums V in sich das **charakteristische Polynom von** α durch $\det(t \cdot id_V - \alpha) :=$ $\det(tE_n - A)$, wobei $A = A_\alpha^\mathcal{B}$ die Darstellungsmatrix von α bezüglich irgendeiner Basis $\mathcal{B}$ von V ist. Das Polynom hängt nicht von der Wahl von $\mathcal{B}$ ab.

Bemerkung: Die zuletzt gemachte Aussage über die Unabhängigkeit des Polynoms $\det(tE_n - A_\alpha^\mathcal{B})$ von der Basis $\mathcal{B}$ ist nicht ohne Weiteres klar. Ist $\mathcal{B}'$ eine weitere Basis von V, so gilt wegen $bE_n - A_\alpha^\mathcal{B} = A_{b \cdot id_V - \alpha}^\mathcal{B}$, dass $\det(bE_n - A_\alpha^\mathcal{B}) = \det(bE_n - A_\alpha^{\mathcal{B}'})$ nach der Bemerkung auf Seite 344. Bezeichnet man das Polynom $\det(tE_n - A_\alpha^\mathcal{B})$ mit $g_\mathcal{B}$, so ist also $g_\mathcal{B}(b) = g_{\mathcal{B}'}(b)$ für alle $b \in K$. Dies ist für unsere Zwecke völlig ausreichend, denn wir benötigen ja nur die Gleichheit der *Polynomfunktionen* $b \to g_\mathcal{B}(b)$ und $b \to g_{\mathcal{B}'}(b)$. Obwohl man im Allgemeinen daraus nicht auf die Gleichheit der Polynome schließen kann (vgl. Abschnitt 4.2.2), ist dies hier aber der Fall, d. h. $g_\mathcal{B} = g_{\mathcal{B}'}$ in $K[t]$. Um zu zeigen, dass dabei tatsächlich dasselbe Polynom entsteht, benötigt man etwas weiter gehende Hilfsmittel.

Korollar 10.58. *Genau dann ist c ein Eigenwert von $\alpha : V \to V$, wenn c Nullstelle des charakteristischen Polynoms $\det(t \cdot id_V - \alpha) = \det(tE_n - A)$ von α ist, wobei $A = A_\alpha^\mathcal{B}$ für eine beliebig wählbare Basis $\mathcal{B}$ von V ist.*

Beweis: Dies folgt aus Satz 10.56 a) und Satz 10.57.   □

Korollar 10.59. *Eine lineare Abbildung α eines n-dimensionalen K-Vektorraums V in sich hat höchstens n Eigenwerte.*

Beweis: Jeder Eigenwert ist Nullstelle des charakteristischen Polynoms von α, das Grad n hat. Dieses hat nach 4.76 höchstens n Nullstellen in K.   □

Beispiele:

1. Sei ρ die Drehung um $\pi/2$ in der Ebene. ρ hat keinen Eigenvektor, alle Vektoren werden ja gedreht. Hier überzeugen wir uns auch rein formal davon: Wir legen die kanonische Basis (e_1, e_2) des $\mathbb{R}^2$ zugrunde. Dann ist $A_\rho = \begin{pmatrix} 0 & 1 \\ -1 & 0 \end{pmatrix}$, $tE_2 - A_\rho = \begin{pmatrix} t & -1 \\ 1 & t \end{pmatrix}$ und damit $\det(tE_2 - A_\rho) = t^2 + 1$.

2. Wir können die Abbildung ρ aus Beispiel 1 auch als Abbildung von $\widetilde{\rho} : \mathbb{C}^2 \to \mathbb{C}^2$ betrachten: $\begin{pmatrix} x \\ y \end{pmatrix} \mapsto \begin{pmatrix} 0 & 1 \\ -1 & 0 \end{pmatrix} \begin{pmatrix} x \\ y \end{pmatrix}$ für $\begin{pmatrix} x \\ y \end{pmatrix} \in \mathbb{C}^2$. Das charakteristische Polynom $t^2 + 1$ hat dann die beiden Nullstellen $i, -i$ in $\mathbb{C}$, d. h. i und $-i$ sind Eigenwerte von $\widetilde{\rho}$.

Wir wollen die Eigenvektoren zu i und $-i$ in $\mathbb{C}^2$ bestimmen. $\begin{pmatrix} x \\ y \end{pmatrix} \in \mathbb{C}^2$ ist Eigenvektor zu i, falls $\begin{pmatrix} ix \\ iy \end{pmatrix} = \begin{pmatrix} 0 & 1 \\ -1 & 0 \end{pmatrix} \begin{pmatrix} x \\ y \end{pmatrix} = \begin{pmatrix} y \\ -x \end{pmatrix}$, d. h. $ix = y, iy = -x$. Die Gleichungen sind gleichwertig und man erhält als Eigenvektoren zu i sämtliche $\begin{pmatrix} z \\ iz \end{pmatrix}, z \in \mathbb{C}$. Der Eigenraum zu i in $\mathbb{C}^2$ ist also $\left\langle \begin{pmatrix} 1 \\ i \end{pmatrix} \right\rangle$.

Ebenso ergibt sich, dass der Eigenraum zu $-i$ gerade $\left\langle \begin{pmatrix} 1 \\ -i \end{pmatrix} \right\rangle$ ist. Bezüglich der Basis $\left(\begin{pmatrix} 1 \\ i \end{pmatrix}, \begin{pmatrix} 1 \\ -i \end{pmatrix} \right)$ von $\mathbb{C}^2$ hat $\widetilde{\rho}$ die Darstellungsmatrix $\begin{pmatrix} i & 0 \\ 0 & -i \end{pmatrix}$.

Aufgaben: Berechnen Sie die charakteristischen Polynome der folgenden Matrizen über $\mathbb{R}$ und versuchen Sie, die Eigenwerte zu bestimmen!

1. $A = \begin{pmatrix} 0 & 1 \\ 1 & 0 \end{pmatrix}$.

2. $A = \begin{pmatrix} 0 & 1 \\ -1 & 2 \end{pmatrix}$.

3. $A = \begin{pmatrix} 0 & 1 \\ -1 & a \end{pmatrix}$. Bestimmen Sie die Eigenwerte als Funktion von a und diskutieren Sie die Funktion.

4. $A = \begin{pmatrix} 0 & 1 \\ 0 & 0 \end{pmatrix}$. Bestimmen Sie auch die Eigenräume der Abbildung $\alpha_A : \mathbb{R}^2 \to \mathbb{R}^2$. Wie viele sind es? Welche Dimension haben sie?

5. $A = \begin{pmatrix} a & b \\ b & c \end{pmatrix}$. Zeigen Sie, dass es zwei verschiedene Nullstellen oder eine doppelte reelle Nullstelle des charakteristischen Polynoms gibt.

6. $A = \begin{pmatrix} 1 & -2 & 2 \\ 0 & 2 & -3 \\ -1 & 2 & -3 \end{pmatrix}$.

Wir wollen nun der Frage nachgehen, wann zu einer linearen Abbildung $\alpha : V \to V$ eine Darstellungsmatrix existiert, die Diagonalgestalt hat. Dies bedeutet, dass es eine Basis von V gibt, die aus Eigenvektoren zu α besteht.

In diesem Zusammenhang ist der folgende Satz wichtig:

Satz 10.60. *Sind $c_1, \ldots, c_r$ paarweise verschiedene Eigenwerte der linearen Abbildung $\alpha : V \to V$ mit Eigenvektoren v_j (also $\alpha(v_j) = c_j v_j$), so sind $v_1, \ldots, v_r$ linear unabhängig.*

Beweis: Für $r = 1$ ist nichts zu beweisen. Sei schon gezeigt, dass $v_1, \ldots, v_{r-1}$ linear unabhängig sind. Angenommen, $v_1, \ldots, v_r$ sind linear abhängig. Dann folgt mit Lemma 9.18, dass $v_r \in \langle v_1, \ldots, v_{r-1} \rangle$, also $v_r = \sum_{i=1}^{r-1} a_i v_i$. Anwendung von α liefert

$c_r v_r = \alpha(v_r) = \sum_{i=1}^{r-1} a_i \alpha(v_i) = \sum_{i=1}^{r-1} a_i c_i v_i$. Andererseits ist $c_r v_r = c_r \sum_{i=1}^{r-1} a_i v_i = \sum_{i=1}^{r-1} c_r a_i v_i$. Es folgt $o = c_r v_r - c_r v_r = \sum_{i=1}^{r-1} a_i (c_r - c_i) v_i$. Nach Voraussetzung ist $c_r - c_i \neq 0$ für $i = 1, \ldots, r-1$. Aus der linearen Unabhängigkeit der $v_1, \ldots, v_{r-1}$ folgt daher $a_1 = \ldots = a_{r-1} = 0$, d. h. $v_r = o$, ein Widerspruch. □

Korollar 10.61. *Sei* $\dim(V) = n$ *und* $\alpha : V \to V$ *eine lineare Abbildung.* α *besitze* n *verschiedene Eigenwerte. Dann existiert eine Basis* $\mathcal{B}$ *von* V, *so dass* $A_\alpha^\mathcal{B}$ *eine Diagonalmatrix ist. Man nennt* α *dann* **diagonalisierbar**.

Beweis: Nach Satz 10.60 besitzt V eine Basis $\mathcal{B}$ aus Eigenvektoren von α; $A_\alpha^\mathcal{B}$ ist dann eine Diagonalmatrix. □

Die Bedingung in Korollar 10.61 ist nicht notwendig: Die identische Abbildung auf V ist trivialerweise diagonalisierbar, ihr einziger Eigenwert ist aber 1.

Wir übertragen die Definition von Diagonalisierbarkeit auf Matrizen: $A \in \mathcal{M}_n(K)$ heißt **diagonalisierbar**, falls die zugehörige lineare Abbildung $\alpha_A : K^n \to K^n$, $x \mapsto Ax$, diagonalisierbar ist.

Korollar 10.62. *Sei* $A \in \mathcal{M}_n(K)$.

a) c *ist genau dann ein Eigenwert von* A, *wenn* c *ein Eigenwert von* A^t *ist.*

b) A *ist genau dann diagonalisierbar, wenn es eine invertierbare Matrix* $S \in \mathcal{M}_n(K)$ *gibt, so dass* $S^{-1}AS$ *eine Diagonalmatrix ist.*

c) Hat A n *verschiedene Eigenwerte, so ist* A *diagonalisierbar.*

Beweis: a) Nach Korollar 10.44 ist $f_A = f_{A^t}$.

b) Sei $\mathcal{B}$ die kanonische Basis von K^n, also $A = A_{\alpha_A}^\mathcal{B}$. Ist A, also α_A, diagonalisierbar bezüglich der Basis $\mathcal{B}'$, so ist $A_{\alpha_A}^{\mathcal{B}'} = S^{-1}AS$ mit $S = S_{\mathcal{B},\mathcal{B}'}$ nach Satz 10.29. Da jede invertierbare Matrix einen Wechsel von $\mathcal{B}$ zu einer anderen Basis beschreibt, gilt auch die Umkehrung.

c) Dies folgt aus Korollar 10.61. □

Ein Grund, dass eine lineare Abbildung bzw. Matrix nicht diagonalisierbar ist, kann sein, dass im Körper K zu wenige Nullstellen des charakteristischen Polynoms (also Eigenwerte) existieren. Dies war in Beispiel 1, Seite 348 für die Drehung $\rho : \mathbb{R}^2 \to \mathbb{R}^2$ der Fall mit dem charakteristischen Polynom $t^2 + 1$. Bei Erweiterung des Körpers von $\mathbb{R}$ zu $\mathbb{C}$ (Beispiel 2, Seite 349) ist $t^2 + 1 = (t - i)(t + i)$ und die Abbildung ist diagonalisierbar. Dass das betreffende Polynom über $\mathbb{C}$ als Produkt von Linearfaktoren (Polynome vom Grad 1) darstellbar ist, ist kein Zufall. Es gilt nämlich der folgende, zuerst von Gauß[3] bewiesene Fundamentalsatz der Algebra.

---

[3] Carl Friedrich Gauß, 1777–1855, Professor für Astronomie und Direktor der Sternwarte an der Universität Göttingen. Er war einer der bedeutendsten Mathematiker aller Zeiten mit grundlegenden Arbeiten zu fast allen Bereichen der Mathematik. Darüber hinaus leistete er wichtige Beiträge zur Geodäsie, Physik und Astronomie.

Theorem 10.63. (Fundamentalsatz der Algebra)
Ist $f = t^n + a_{n-1}t^{n-1} + \cdots + a_1 t + a_0$ ein Polynom in $\mathbb{C}[t]$, so existieren (nicht notwendig verschiedene) $z_1, \ldots, z_n \in \mathbb{C}$, so dass $f = (t - z_1) \cdots (t - z_n)$.

Es gibt mehrere Beweise dieses Satzes, die aber alle nicht ganz einfach sind und hier nicht dargestellt werden können. Wir verweisen auf [7, Abschnitt 6.2].

Aber trotz Theorem 10.63 gibt es auch über $\mathbb{C}$ lineare Abbildungen, die nicht diagonalisierbar sind:

Beispiel: Sei K ein beliebiger Körper, $\alpha : K^2 \to K^2$, $\begin{pmatrix} x \\ y \end{pmatrix} \mapsto \begin{pmatrix} 1 & 1 \\ 0 & 1 \end{pmatrix} \begin{pmatrix} x \\ y \end{pmatrix} = \begin{pmatrix} x + y \\ y \end{pmatrix}$. Man stellt leicht fest, dass $(t - 1)^2$ das charakteristische Polynom von α ist. 1 ist also der einzige Eigenwert von α. Wäre α diagonalisierbar, so existierte einen Basis $\mathcal{B}$ von K^2 mit $A_\alpha^\mathcal{B} = \begin{pmatrix} 1 & 0 \\ 0 & 1 \end{pmatrix}$. Das hieße aber, dass α die Identität auf K^2 ist, ein Widerspruch. Also ist α nicht diagonalisierbar.

Bemerkung: Auch wenn über $\mathbb{C}$ nicht alle linearen Abbildungen diagonalisierbar sind, so gilt eine etwas schwächere, aber in vielen Fällen nützliche Aussage, für die man Theorem 10.63 benötigt:
Zu jeder linearen Abbildung α eines n-dimensionalen $\mathbb{C}$-Vektorraums V in sich existiert eine Basis $\mathcal{B}$ von V, so dass $A_\alpha^\mathcal{B}$ eine Dreiecksmatrix ist. (Man sieht leicht, dass dann die Diagonalelemente gerade die Eigenwerte von α sind.) Wir werden dieses Ergebnis hier nicht beweisen und verweisen auf [13, Abschnitt 4.6.7].

Wiederholung

Begriffe: Eigenwert, Eigenvektor, charakteristisches Polynom, Diagonalisierbarkeit.
Sätze: Eigenwerte als Nullstellen des charakteristischen Polynoms, hinreichendes Kriterium für Diagonalisierbarkeit.

10.6 Abbildungen auf Euklidischen Vektorräumen

Motivation und Überblick

Wir werden in diesem Abschnitt lineare Abbildungen auf Euklidischen Vektorräumen betrachten, die in enger Beziehung zum Skalarprodukt stehen. Dies sind zum einen die sog. orthogonalen Abbildungen, die das Skalarprodukt und damit Längen und Winkel unverändert lassen. Sie spielen unter geometrischen Gesichtspunkten eine besonders wichtige Rolle. Wir geben daher eine Übersicht über alle orthogonalen Abbildungen 2- und 3-dimensionaler Euklidischer Vektorräume. Zum anderen betrachten wir die sog. symmetrischen Abbildungen, die ihren Namen deshalb tragen, weil ihre Darstellungsmatrix bezüglich einer Orthonormalbasis symmetrisch bezüglich der Diagonalen ist. Symmetrische Abbildungen bzw. Matrizen spielen eine wichtige Rolle bei der Beschreibung von Quadriken (z. B. Kegelschnitten) und zeichnen sich dadurch aus, dass sie diagonalisierbar sind.

Auf Euklidischen Vektorräumen spielen naturgemäß diejenigen linearen Abbildungen eine besondere Rolle, die in einer Beziehung zum Skalarprodukt stehen.

Ist zum Beispiel W ein Unterraum von V, so gibt es zu jeder Zerlegung $V = U \oplus W$ eine Projektion $\pi_{U,W} : V \to W$ mit $\ker(\pi_{U,W}) = U$ (vgl. Beispiel 6, Seite 308). In einem Euklidischen Vektorraum gibt es zu W ein unter allen Komplementen ausgezeichnetes, nämlich $W^\perp$ (siehe Satz 9.38). Die Projektion $\pi_{W^\perp,W} : V \to W$ wird **orthogonale Projektion** von V auf W genannt und sie nimmt unter allen Projektionen eine Sonderrolle ein.

Ist eine Orthonormalbasis $(w_1, \ldots, w_r)$ von W gegeben, so lässt sich $\pi_{W^\perp,W}$ aufgrund von Satz 9.35 d) einfach auf die folgende Weise beschreiben:

$$\pi_{W^\perp,W}(v) = \sum_{i=1}^{r}(v|w_i)w_i \text{ für alle } v \in V.$$

Ist $(u_1, \ldots, u_s)$ eine Orthonormalbasis von $W^\perp$, so gilt entsprechend

$$\pi_{W^\perp,W}(v) = v - \sum_{i=1}^{s}(v|u_i)u_i \text{ für alle } v \in V.$$

10.6.1 Orthogonale Abbildungen

Wir werden uns jetzt mit denjenigen linearen Abbildungen eines Euklidischen Vektorraumes in sich befassen, die das Skalarprodukt invariant lassen:

Definition 10.64. *Sei V ein Euklidischer Vektorraum, $\alpha : V \to V$ eine lineare Abbildung. α heißt **orthogonale Abbildung**, falls $(\alpha(v)|\alpha(w)) = (v|w)$ für alle $v, w \in V$.*

Beachten Sie bitte: Trotz der Namensgebung sind die oben betrachteten orthogonalen Projektionen für $W \neq V$ keine orthogonalen Abbildungen.

Offensichtlich lassen orthogonale Abbildungen die Länge von Vektoren fest, denn es gilt $\|\alpha(v)\| = \sqrt{(\alpha(v)|\alpha(v))} = \sqrt{(v,v)} = \|v\|$. Sie ändern daher auch die Winkel zwischen Vektoren nicht (vgl. Definition 9.33 a)). Aufgrund der Längenerhaltung wird ein von o verschiedener Vektor nicht auf o abgebildet. Orthogonale Abbildungen sind also injektiv, und daher auf endlich-dimensionalen Euklidischen Vektorräumen auch bijektiv (Korollar 10.13).

Beispiele:

1. Sei $V = \mathbb{R}^2$ mit der kanonischen Orthonormalbasis $\mathcal{B} = (e_1, e_2)$. Sei $\rho : \mathbb{R}^2 \to \mathbb{R}^2$ die Drehung um den Winkel φ, also $A_\rho^{\mathcal{B}} = \begin{pmatrix} \cos(\varphi) & -\sin(\varphi) \\ \sin(\varphi) & \cos(\varphi) \end{pmatrix}$ (vgl. Beispiel 2, Seite 316).

   Es ist anschaulich klar, dass ρ Längen und Winkel nicht verändert, und daher das Standard-Skalarprodukt im $\mathbb{R}^2$ invariant lässt. Wir rechnen das auch formal nach: Ist $v = a_1 e_1 + a_2 e_2$, $w = b_1 e_1 + b_2 e_2$, so ist
   $$\begin{aligned} (\rho(v)|\rho(w)) &= ((a_1 \cos(\varphi) - a_2 \sin(\varphi))e_1 + (a_1 \sin(\varphi) + a_2 \cos(\varphi))e_2 \,| \\ &\quad (b_1 \cos(\varphi) - b_2 \sin(\varphi))e_2 + (b_1 \sin(\varphi) + b_2 \cos(\varphi))e_2) \\ &= a_1 b_1 (\cos^2(\varphi) + \sin^2(\varphi)) + a_2 b_2 (\cos^2(\varphi) + \sin^2(\varphi)) \\ &= a_1 b_1 + a_2 b_2 \\ &= (v|w). \end{aligned}$$
   ρ ist also eine orthogonale Abbildung. Es ist $\det(\rho) = \det(A_\rho^{\mathcal{B}}) = 1$.

2. Sei $w_1 = a_1 e_1 + a_2 e_2 \in \mathbb{R}^2$, $\|w_1\| = 1$. Setzt man $w_2 = -a_2 e_1 + a_1 e_2$, so ist $\|w_2\| = 1$ und $\langle w_2 \rangle = \langle w_1 \rangle^\perp$. Also bilden (w_1, w_2) eine Orthonormalbasis $\mathcal{B}'$ im $\mathbb{R}^2$.

   Wir definieren $\sigma : \mathbb{R}^2 \to \mathbb{R}^2$ durch $A_\sigma^{\mathcal{B}'} = \begin{pmatrix} 1 & 0 \\ 0 & -1 \end{pmatrix}$. Dann ist σ die Spiegelung an $\langle w_1 \rangle$. σ ist eine orthogonale Abbildung und $\det(\sigma) = \det(A_\sigma^{\mathcal{B}'}) = -1$.

Aufgabe: Zeigen Sie bitte, dass σ aus Beispiel 2 oben tatsächlich eine orthogonale Abbildung ist und bestimmen Sie $A_\sigma^{\mathcal{B}}$ für die kanonische Basis $\mathcal{B}$ des $\mathbb{R}^2$.

Orthogonale Abbildungen lassen sich auf verschiedene Weisen charakterisieren. Wir fassen dies im folgenden Satz zusammen:

Satz 10.65. (Charakterisierung orthogonaler Abbildungen) *Sei V ein n-dimensionaler Euklidischer Vektorraum, $\mathcal{B} = (v_1, \ldots, v_n)$ eine Orthonormalbasis von V. Für $\alpha \in L(V, V)$ sind folgende Aussagen äquivalent:*

a) α ist eine orthogonale Abbildung.
b) Ist $A = A_\alpha^{\mathcal{B}}$, so ist $AA^t = A^t A = E_n$.
c) $(\alpha(v_1), \ldots, \alpha(v_n))$ ist eine Orthonormalbasis von V.
d) Für alle $v \in V$ ist $\|\alpha(v)\| = \|v\|$.

Beweis: a) $\Rightarrow$ b) : Sei $A = (a_{ij})$. Mit dem Kronecker-Symbol δ_{ij} gilt $\delta_{ij} = (v_i|v_j) = (\alpha(v_i)|\alpha(v_j)) = (\sum_{k=1}^n a_{ki} v_k | \sum_{l=1}^n a_{lj} v_l) = \sum_{k,l=1}^n a_{ki} a_{lj} (v_k|v_l) = \sum_{k=1}^n a_{ki} a_{kj}$.

Dies heißt aber gerade, dass $A^t A = E_n$. Dann ist $1 = \det(E_n) = \det(A^t A) = \det(A^t)\det(A)$ und daher $\det(A) \neq 0$. A ist also invertierbar und es folgt $A^t = A^t(AA^{-1}) = (A^t A)A^{-1} = A^{-1}$. Folglich ist auch $AA^t = E_n$.

b) $\Rightarrow$ c) : Wie im obigen Beweisteil zeigt man $(\alpha(v_i)|\alpha(v_j)) = \sum_{k=1}^n a_{ki}a_{kj}$. Der Ausdruck auf der rechten Seite ist der (i,j)-Eintrag von $A^t A$. Wegen $A^t A = E_n$ folgt dann $(\alpha(v_i)|\alpha(v_j)) = \delta_{ij}$.

c) $\Rightarrow$ d) : Ist $v = \sum_{i=1}^n c_i v_i$, so ist $\alpha(v) = \sum_{i=1}^n c_i \alpha(v_i)$. Nach Satz 9.35 d) ist $\|v\|^2 = \sum_{i=1}^n c_i^2 = \|\alpha(v)\|^2$, da $(v_1, \ldots, v_n)$ und $(\alpha(v_1), \ldots, \alpha(v_n))$ Orthonormalbasen von V sind.

d) $\Rightarrow$ a) Nach Satz 9.32 a) ist $(v|w) = \frac{1}{2}(\|v + w\|^2 - \|v\|^2 - \|w\|^2)$. Damit folgt a). $\square$

Aufgrund von Satz 10.65 wird eine $n \times n$–Matrix A (über einem beliebigen Körper) **orthogonal** genannt, falls $AA^t = A^t A = E_n$.

Korollar 10.66. *Sei α eine orthogonale Abbildung auf dem Euklidischen Vektorraum V, $\mathcal{B}$ eine Orthonormalbasis von V, $A = A_\alpha^\mathcal{B}$.*

a) $\det(\alpha) = \det(A) = \pm 1$.
b) α *hat höchstens 1 oder -1 als Eigenwerte.*
c) Ist U ein Unterraum von V mit $\alpha(U) = U$, so ist $\alpha(U^\perp) = U^\perp$.

Beweis: a) Nach Definition ist $\det(\alpha) = \det(A)$. Nach Teil b) von Satz 10.65 ist $A^t A = E_n$, so dass $1 = \det(E_n) = \det(A^t A) = \det(A^t)\det(A) = \det(A)^2$ aufgrund des Multiplikationssatzes 10.49 und Korollar 10.44. Daher ist $\det(A) = \pm 1$.

b) Ist c ein Eigenwert von α, v ein Eigenvektor zu c, so folgt mit Teil c) von Satz 10.65, dass $\|v\| = \|\alpha(v)\| = \|cv\| = |c|\|v\|$. Wegen $v \neq o$ folgt $|c| = 1$.

c) Dies folgt direkt aus der Definition orthogonaler Abbildungen. $\square$

Aufgaben:

1. Führen Sie bitte den Beweis von Korollar 10.66 c) aus.
2. Zeigen Sie bitte, dass die orthogonalen Abbildungen eines Euklidischen Vektorraums V bezüglich Hintereinanderausführung eine Gruppe, also eine Untergruppe von $GL(V)$ bilden.

Für die Anwendungen, z. B. in der Computergraphik oder in der Robotik, sind vor allem die orthogonalen Abbildungen in Dimension ≤ 3 von Bedeutung. Diese werden wir uns jetzt genauer ansehen.

Ist α eine orthogonale Abbildung auf einem 1-dimensionalen Euklidischen Raum V, so folgt sofort (z. B. mit Korollar 10.66 b)), dass $\alpha = id_V$ oder $\alpha = -id_V$ (Spiegelung der 'Geraden' V am Nullpunkt).

In den Beispielen auf Seite 353 hatten wir Drehungen und Spiegelungen als orthogonale Abbildungen auf dem $\mathbb{R}^2$ erkannt. Wir zeigen jetzt, dass es auch keine weiteren gibt.

Satz 10.67. *Sei V ein 2–dimensionaler Euklidischer Vektorraum, $\mathcal{B} = (v_1, v_2)$ eine Orthonormalbasis von V, α eine orthogonale Abbildung auf V, $A = A_\alpha^\mathcal{B}$.*

a) Ist $\det(A) = 1$, so ist $A = \begin{pmatrix} \cos(\varphi) & -\sin(\varphi) \\ \sin(\varphi) & \cos(\varphi) \end{pmatrix}$ für ein $\varphi \in [0, 2\pi[$;

α ist eine Drehung (mit Zentrum o) um den Winkel φ.

b) Ist $\det(A) = -1$, so ist $A = \begin{pmatrix} \cos(\varphi) & \sin(\varphi) \\ \sin(\varphi) & -\cos(\varphi) \end{pmatrix}$ für ein $\varphi \in [0, 2\pi[$.

Dann gibt es eine Orthonormalbasis $\mathcal{C} = (w_1, w_2)$ von V, so dass $A_\alpha^\mathcal{C}$ die Gestalt $\begin{pmatrix} 1 & 0 \\ 0 & -1 \end{pmatrix}$ hat. α ist eine Spiegelung an der "Achse" $\langle w_1 \rangle$.

Beweis: Sei $A = \begin{pmatrix} a & b \\ c & d \end{pmatrix}$. Nach Satz 10.65 ist $A^t A = E_2$, d. h.

$\begin{pmatrix} 1 & 0 \\ 0 & 1 \end{pmatrix} = \begin{pmatrix} a & c \\ b & d \end{pmatrix} \begin{pmatrix} a & b \\ c & d \end{pmatrix} = \begin{pmatrix} a^2 + c^2 & ab + cd \\ ab + cd & b^2 + d^2 \end{pmatrix}$. Wegen $a^2 + c^2 = b^2 + d^2 = 1$ gibt es eindeutig bestimmte $\varphi, \varphi' \in [0, 2\pi[$ mit $a = \cos(\varphi), c = \sin(\varphi), b = \sin(\varphi'), d = \cos(\varphi')$. Aus $ab + cd = 0$ folgt $0 = \cos(\varphi)\sin(\varphi') + \sin(\varphi)\cos(\varphi') = \sin(\varphi + \varphi')$. Also ist $\varphi + \varphi'$ ein ganzzahliges Vielfaches von π. Ist $\varphi + \varphi' \in \{0, 2\pi\}$, so ist $b = \sin(\varphi') = -\sin(\varphi) = -c$ und $d = \cos(\varphi') = \cos(\varphi) = a$. In diesem Fall ist $\det(A) = 1$ und A von der in a) angegebenen Form. Ist $\varphi + \varphi' \in \{\pi, 3\pi\}$, so ist $b = \sin(\varphi') = \sin(\varphi) = c$ und $d = \cos(\varphi') = -\cos(\varphi) = -a$. Dann ist $\det(A) = -1$ und A ist von der in b) angegebenen Form. Wir berechnen für diesen Fall das charakteristische Polynom von A:

$$\det \begin{pmatrix} t - \cos(\varphi) & -\sin(\varphi) \\ -\sin(\varphi) & t + \cos(\varphi) \end{pmatrix} = t^2 - \cos^2(\varphi) - \sin^2(\varphi) = t^2 - 1.$$

Also hat α nach Korollar 10.58 die Eigenwerte $1, -1$. Seien w_1, w_2 zugehörige Eigenvektoren. Indem wir sie mit $\frac{1}{\|w_1\|}$ bzw. $\frac{1}{\|w_2\|}$ multiplizieren, können wir $\|w_1\| = \|w_2\| = 1$ annehmen. Es ist $(w_1|w_2) = (\alpha(w_1)|\alpha(w_2)) = (w_1|-w_2) = -(w_1|w_2)$, also $(w_1|w_2) = 0$. $\mathcal{C} = (w_1, w_2)$ ist also eine Orthonormalbasis. Es ist $A_\alpha^\mathcal{C} = \begin{pmatrix} 1 & 0 \\ 0 & -1 \end{pmatrix}$. □

Bemerkung: Ist (v_1, v_2) positiv orientiert, so ist die Drehung α in Teil a) eine Drehung um φ entgegen dem Uhrzeigersinn, ansonsten im Uhrzeigersinn (vgl. Bemerkung auf Seite 344).

Aufgaben:

1. Die Bezeichnungen seien wie in Satz 10.67 b). Zeigen Sie bitte, dass der Basisvektor v_1 und der Eigenvektor w_1 der Spiegelung α (der also die Spiegelachse bestimmt) den Winkel $\varphi/2$ einschließen.
2. Sei ρ eine Drehung und σ, σ' Spiegelungen wie in Satz 10.67. Zeigen Sie bitte: $\sigma \circ \sigma'$ ist eine Drehung. Um welchen Winkel? $\sigma \circ \rho$ und $\rho \circ \sigma$ sind Spiegelungen. Sind sie gleich?

Wir wollen jetzt noch die Klassifikation der orthogonalen Abbildungen in einem 3-dimensionalen Euklidischen Vektorraum angeben.

Satz 10.68. *Sei V ein 3–dimensionaler Euklidischer Raum, α eine orthogonale Abbildung auf V.*
Dann tritt einer der folgenden Fälle ein:

a) Es gibt eine Orthonormalbasis $\mathcal{B} = (v_1, v_2, v_3)$ von V, so dass $A = A_\alpha^\mathcal{B}$ die
folgende Gestalt hat : $A = \begin{pmatrix} \cos(\varphi) & -\sin(\varphi) & 0 \\ \sin(\varphi) & \cos(\varphi) & 0 \\ 0 & 0 & 1 \end{pmatrix}$ *für ein $\varphi \in [0, 2\pi[$.*

Es ist $\det(A) = 1$.

b) Es gibt eine Orthonormalbasis $\mathcal{B} = (v_1, v_2, v_3)$ von V, so dass $A = A_\alpha^\mathcal{B}$ die
folgende Gestalt hat : $A = \begin{pmatrix} \cos(\varphi) & -\sin(\varphi) & 0 \\ \sin(\varphi) & \cos(\varphi) & 0 \\ 0 & 0 & -1 \end{pmatrix}$ *für ein $\varphi \in [0, 2\pi[$.*

Es ist $\det(A) = -1$.

Im Fall a) ist α eine Drehung um den Winkel φ parallel zur $\langle v_1, v_2 \rangle$-Ebene mit Drehachse $\langle v_3 \rangle$.
Im Fall b) ist α eine Drehspiegelung, d. h. eine Drehung um Achse $\langle v_3 \rangle$ und Spiegelung an der Ebene $\langle v_1, v_2 \rangle$.

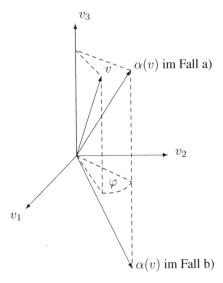

Ist im Fall a) $\varphi = 0$, so ist $\alpha = id$.

Ist $\varphi = \pi$, so ist $A = \begin{pmatrix} -1 & 0 & 0 \\ 0 & -1 & 0 \\ 0 & 0 & 1 \end{pmatrix}$: α ist Spiegelung an $\langle v_3 \rangle$.

Ist im Fall b) $\varphi = 0$, so ist $A = \begin{pmatrix} 1 & 0 & 0 \\ 0 & 1 & 0 \\ 0 & 0 & -1 \end{pmatrix}$: α ist Spiegelung an $\langle v_1, v_2 \rangle$.

Ist $\varphi = \pi$, so ist $\alpha = -id$, Punktspiegelung an o.

Wir werden den Beweis von Satz 10.68 hier nicht durchführen. Im Vergleich zum Beweis von Satz 10.67 tritt als wesentlicher Punkt hinzu, einen 2-dimensionalen Unterraum U von V zu bestimmen, der von α als Ganzes festgelassen wird. Dann wird auch das 1-dimensionale orthogonale Komplement $U^\perp$ von α festgelassen (siehe Korollar 10.66 c)) und α bewirkt auf U und $U^\perp$ orthogonale Abbildungen, die wir schon kennen.

Mit derselben Methode lassen sich auch orthogonale Abbildungen auf n-dimensionalen Euklidischen Vektorräumen für beliebiges n klassifizieren. Es gibt dann eine Orthonormalbasis, bezüglich derer die Darstellungsmatrix folgende Gestalt hat: Entlang der Diagonale treten einige (evtl. 0) 2×2-Drehmatrizen auf und ansonsten stehen auf der Diagonale nur Einträge 1 oder -1. Die übrigen Elemente der Matrix sind 0. Für einen Beweis dieses Satzes verweisen wir auf [13, Abschnitt 5.5.6].

10.6.2 Vektorraum-basierte Informationssuche

Als eine vielleicht unerwartete Anwendung orthogonaler Matrizen skizzieren wir die Vektorraum-basierte Informationssuche (englisch: *Vector-based Information Retrieval*). Sie beruht darauf, Dokumente als Vektoren $d_m \in \mathbb{R}^k$, die Datenbank aller relevanten Dokumente also als $k \times n$–Matrix darzustellen. Eine Anfrage mit bestimmten Schlüsselwörtern (key-words, terms) wird ebenfalls als Vektor q aus $\mathbb{R}^k$ dargestellt, und dann werden die Dokumente $d_k \in \mathbb{R}^k$ als Antwort auf die Anfrage, abfallend nach der Größe des Cosinus zwischen d_m und q, ausgegeben.

Wir gehen von dem einfachen Beispiel aus, ein für unsere Zwecke günstiges Lehrbuch der Mathematik unter allen im Handel verfügbaren Büchern zu finden. Jedes Buch wird in einem Dokument indirekt durch Schlüsselwörter beschrieben. Die Schlüsselwörter – die erfasste Zahl sei k – werden geordnet und durch ihren Ordnungsindex dargestellt.

Wir beschränken uns im folgenden Beispiel auf Mathematikbücher des Grundstudiums und die acht Schlüsselwörter "Aussagenlogik", "Mengenlehre", "Gruppen", "Ringe", "Körper", "lineare Algebra", "Ableitung", "Integral", die wir in dieser Reihenfolge durchnummerieren. "Körper" wird also durch die Zahl 5 repräsentiert. Jedes Buch B_ℓ wird durch einen Vektor $d_\ell \in \mathbb{R}^8$ dargestellt, dessen m–te Koordinate $d_{m,\ell} \geq 0$ ein Maß dafür ist, wie relevant das m–te Schlüsselwort für dieses Buch B_ℓ ist. Als Beispiel wählen wir die folgenden vier Dokumentvektoren:

$$
\begin{aligned}
d_1 &= (2, 2, 3, 2, 1, 4, 0, 0)^t \\
d_2 &= (2, 2, 0, 0, 1, 0, 5, 5)^t \\
d_3 &= (1, 1, 4, 4, 0, 0, 0, 0)^t \\
d_4 &= (2, 2, 1.5, 1.5, 1, 2.5, 2.5, 2.5)^t
\end{aligned}
$$

d_1 repräsentiert zum Beispiel eine Einführung in die Lineare Algebra für Mathematiker, während d_4 eher dem vorliegenden Buch entspricht. Allgemein hat man bei Vorliegen von k Schlüsselwörtern und n Dokumenten eine $k \times n$–Matrix $D = (d_1, \ldots, d_n)$ mit den Spalten $d_j = (d_{1j}, \ldots, d_{kj})^t$. Die j–te Koordinate q_j eines Anfragevektors (query vector) $q = (q_1, \cdots, q_k)^t$ repräsentiert ein Maß für die Wichtigkeit des j–ten Schlüsselwortes für das gesuchte Dokument. Im allgemeinen ist $q_j = 1$, falls das j–te Schlüsselwort in der Anfrage vorkommt, sonst ist $q_j = 0$. Im eingeführten Beispiel sei etwa $q = (1, 1, 1, 1, 0, 0, 0)^t$. Diese Anfrage zielt auf Bücher über Algebra.

Bei dieser Vektorraum-basierten Informationssuche berechnet man nun den Cosinus

$$\cos(d_j, q) = \frac{(d_j \mid q)}{\|d_j\| \cdot \|q\|} =: c_j.$$

Das Dokument j mit $c_j = \max(c_1, \ldots, c_n)$ wird dann als passendstes ausgegeben. Von den verschiedenen Verfahren, die Berechnung der Kenngrößen c_j bei großen Datenmengen effizient durchzuführen, skizzieren wir nur das QR–Verfahren. Für weitere Möglichkeiten siehe [5] und die dort angegebene Literatur.

Sei $s = \mathrm{rg}(D)$ der Rang der $k \times n$–Dokumentenmatrix. (Man muß sich k klein im Verhältnis zu n vorstellen. k ist begrenzt durch die (geschätzte) Zahl von Wörtern der betrachteten Sprache (z. B. $k \leq 5 \cdot 10^5$ für Englisch), während $n \sim 2 \cdot 10^9$ etwa die Zahl der Web-Seiten darstellt). Ohne Beschränkung der Allgemeinheit seien die ersten r Spalten von D linear unabhängig (sonst müssen wir die Dokumentenliste umordnen). Wir konstruieren nun eine orthogonale $k \times k$–Matrix $Q = (b_1, \ldots, b_k)$ mit $b_j = (b_{1j}, \ldots, b_{kj})^t$ und eine $k \times n$–Matrix $R = (r_{ij})$ mit den Eigenschaften:

(i) $r_{ij} = 0$ für $i > j$ und $r_{ij} = 0$ für $j > s, s < i \leq k$
(ii) $D = QR$.

R ist eine obere Dreiecksmatrix. (ii) bedeutet ausführlicher (wir erinnern an $D = (d_1, \ldots, d_n)$) $d_j = \sum_{m=1}^{\min(j,k)} r_{mj} b_m$ für $j = 1, \ldots, n$. In Wirklichkeit gilt sogar

$$d_j = \sum_{m=1}^{\min(j,s)} r_{mj} b_m, \tag{10.2}$$

wie wir jetzt zeigen werden. Dazu orthonormalisieren wir die Spaltenvektoren $d_1, \ldots, d_s$ mit dem Gram-Schmidt-Verfahren (Theorem 9.36) und erhalten wegen $\langle d_1, \ldots, d_m \rangle = \langle b_1, \ldots, b_m \rangle$ für $1 \leq m \leq s$ die oben angegebene Darstellung für $j = 1, \ldots, s$ und geeignete Zahlen $r_{11}, r_{12}, \ldots, r_{1s}, r_{22}, \ldots, r_{2s}, \ldots, r_{ss}$. Für $n \geq j > s$ ist $d_j \in \langle d_1, \ldots, d_s \rangle = \langle b_1, \ldots, b_s \rangle$. Also gibt es Zahlen $r_{1j}, \ldots, r_{sj}$ mit $d_j = \sum_{m=1}^{s} r_{mj} b_j$. Sei $r_{ij} = 0$ für $n \geq j > s, s < i \leq k$ und $R = (r_{ij})_{\substack{i=1 \ldots k \\ j=1 \ldots n}}$.

Wir ergänzen nun $\{b_1, \ldots, b_s\}$ zu einer Orthonormalbasis $\{b_1, \ldots, b_s, b_{s+1}, \ldots, b_k\}$ (falls $k > s$) und setzen $Q = (b_1, \ldots, b_k)$. Mit der schon oben definierten Matrix R erhält man dann die Gleichung (ii). Wir betonen, dass das Gram-Schmidt-Verfahren nur die Existenz von Q und R zeigt. Es ist numerisch sehr instabil, weshalb man andere Verfahren entwickelt hat ([22, S. 131 ff.]).

Wir benutzen nun die Darstellung (ii) zur Berechnung von $c_j = \dfrac{(d_j \mid q)}{\|d_j\| \|q\|}$ für einen Anfrage-Vektor q. Aus $d_j = Qr_j$ (mit $r_j = (r_{1j}, \ldots, r_{kj})^t$) und $\|d_j\| = \|Qr_j\| = \|r_j\|$, weil Q eine orthogonale Matrix ist, folgt $(d_j|q) = (Qr_j|q) = (r_j|Q^t q)$, also

$$c_j = \frac{(r_j|Q^t q)}{\|r_j\| \cdot \|q\|}.$$

Damit hat man die exakte Berechnung aller c_j. Für D muss man einmalig die Matrix Q und R, sowie die Normen der Spaltenvektoren von R berechnen. Bei jeder Anfrage q müssen dann nur noch $Q^t q$ und $\|q\|$ bestimmt werden.

Da die Erstellung der Dokumenten-Matrix D aber auf oft willkürlich gewählten Maßen für die Relevanz der Schlüsselwörter für die einzelnen Dokumente beruht, kann man diejenigen Dokumente d_j mit sehr kleiner Norm einfach fortlassen. Dadurch erhält man eine sogenannte **low-rank-Approximation**. Für die Details verweisen wir auf [5].

Aufgabe: Berechnen Sie bitte die Matrizen zu Q und R für das einführende Beispiel und behandeln Sie die dort angegebene Anfrage.

10.6.3 Symmetrische Abbildungen und Matrizen

Wir werden jetzt eine weitere wichtige Klasse linearer Abbildungen auf Euklidischen Vektorräumen, die sog. symmetrischen Abbildungen, untersuchen. Deren Einführung werden wir einige Bemerkungen voranstellen, die einen Hinweis darauf geben sollen, warum man sich für diese Abbildungen interessiert.

Skalarprodukte auf $\mathbb{R}$-Vektorräumen sind gekennzeichnet durch die Linearität in beiden Argumenten, die Symmetrie und die Definitheit. Verzichtet man auf die letztgenannte Forderung, so erhält man die Definition so genannter **symmetrischer Bilinearformen**. Sie lassen sich auf Vektorräumen über beliebigen Körpern definieren und eröffnen dadurch die Möglichkeit, gewisse geometrische Begriffsbildungen und Argumente von Euklidischen Vektorräumen auch auf allgemeine Vektorräume zu übertragen. Aber auch auf Euklidischen Vektorräumen spielen beliebige symmetrische Bilinearformen eine wichtige Rolle. Wir verdeutlichen dies am Beispiel des $\mathbb{R}^2$:

Definiert man z. B. für $x = \begin{pmatrix} x_1 \\ x_2 \end{pmatrix}$, $y = \begin{pmatrix} y_1 \\ y_2 \end{pmatrix}$ die Abbildung $\beta : \mathbb{R}^2 \times \mathbb{R}^2 \to \mathbb{R}$ durch $\beta(x, y) = x_1 y_1 - x_2 y_2$, so ist dies eine symmetrische Bilinearform, die nicht definit, also kein Skalarprodukt ist.

So wie das Skalarprodukt durch die Gleichung $(x|x) = 1$, d. h. $x_1^2 + x_2^2 = 1$, die Punkte einer Kreislinie vom Radius 1 mit dem Nullpunkt als Zentrum beschreibt,

beschreibt die Gleichung $\beta(x, x) = 1$, d. h. $x_1^2 - x_2^2 = 1$, eine Hyperbel. Allgemein dienen symmetrische Bilinearformen auf Euklidischen Vektorräumen dazu, sog. Quadriken (im $\mathbb{R}^2$ sind dies gerade die Kegelschnitte) zu definieren. Wir werden uns mit Quadriken nicht näher beschäftigen, aber angeben, wie man alle symmetrischen Bilinearformen auf einem Euklidischen Vektorraum V erhält.

Ist $\beta : V \times V \to \mathbb{R}$ eine symmetrische Bilinearform, $\mathcal{B} = (v_1, \ldots, v_n)$ eine Orthonormalbasis auf V, so sei $a_{ij} = \beta(v_i, v_j)$, $A = (a_{ij})$. Wegen der Symmetrie von β ist $A = A^t$. Bezeichnen wir mit α die lineare Abbildung auf V, deren Darstellungsmatrix bzgl. $\mathcal{B}$ gerade A ist, so gilt $\beta(v, w) = (\alpha(v)|w) = (v|\alpha(w))$. Wir werden in Kürze sehen, dass die Bedingungen $(\alpha(v)|w) = (v|\alpha(w))$ und $A_\alpha^{\mathcal{B}} = (A_\alpha^{\mathcal{B}})^t$ äquivalent sind. Sie definieren die symmetrischen Abbildungen und Matrizen. Es ist nicht schwer zu sehen, dass umgekehrt für jede symmetrische Abbildung α durch $\beta(v, w) := (\alpha(v)|w)$ eine symmetrische Bilinearform auf V erklärt wird. Auf diese Weise erhält man eine bijektive Zuordnung zwischen symmetrischen Bilinearformen und symmetrischen Abbildungen.

Für uns werden nun symmetrische Abbildungen und Matrizen im Zentrum des Interesses stehen, deren Definition wir noch einmal festhalten.

Definition 10.69. *Sei V ein Euklidischer Vektorraum mit Skalarprodukt $(.\,|\,.)$. Eine lineare Abbildung $\alpha : V \to V$ heißt* **symmetrisch** *(oder* **selbstadjungiert**)*, falls $(\alpha(v)|w) = (v|\alpha(w))$ für alle $v, w \in V$.*

Beispiel: Sei $V = C([0, 2\pi])$ der Raum der stetigen reellen Funktionen auf $[0, 2\pi]$, versehen mit dem Skalarprodukt $(f|g) = \frac{1}{2\pi} \int_0^{2\pi} f(x)g(x)dx$. Die Abbildung α, die jeder Funktion f die Funktion $x \mapsto xf(x)$ zuordnet, die also f mit der Funktion $\mathrm{id} : x \mapsto x$ multipliziert, ist symmetrisch.

Definition 10.70. *Eine $n \times n$-Matrix A (über einem beliebigen Körper) heißt* **symmetrisch***, falls $A = A^t$.*

Beispiel: Ist B irgendeine $n \times n$-Matrix, so ist $B^t B$ eine symmetrische Matrix (siehe Satz 10.33 b) und c)).

Der Zusammenhang zwischen diesen beiden Begriffen wird durch den folgenden Satz hergestellt:

Satz 10.71. *Sei V ein endlich-dimensionaler Euklidischer Vektorraum, $\mathcal{B} = (v_1, \ldots, v_n)$ eine Orthonormalbasis von V, $\alpha : V \to V$ eine lineare Abbildung. Dann ist α genau dann eine symmetrische Abbildung, wenn $A_\alpha^{\mathcal{B}}$ eine symmetrische Matrix ist.*

Beweis: Sei $A = A_\alpha^{\mathcal{B}} = (a_{ij})$. Es ist $(\alpha(v_i)|v_j) = (\sum_{k=1}^n a_{ki}v_k|v_j) = a_{ji}$ und $(v_i|\alpha(v_j)) = (v_i| \sum_{k=1}^n a_{kj}v_k) = a_{ij}$.

Also ist $A = A^t$ genau dann, wenn $(\alpha(v_i)|v_j) = (v_i|\alpha(v_j))$ für alle i, j. Die letztgenannte Bedingung ist wegen der Linearität von α und der Linearität des Skalarprodukts in beiden Komponenten äquivalent zur Symmetrie von α.   □

Korollar 10.72. *Sei A eine $n \times n$-Matrix über $\mathbb{R}$, $(.\,|\,.)$ das Standard-Skalarprodukt auf $\mathbb{R}^n$. Dann ist A genau dann eine symmetrische Matrix, falls $(Ax|y) = (x|Ay)$ für alle $x, y \in \mathbb{R}^n$.*

Beweis: Wende Satz 10.71 auf die Abbildung $\alpha_A : \mathbb{R}^n \to \mathbb{R}^n$, $x \mapsto Ax$ an.   □

Aufgabe: Zeigen Sie bitte, dass für jede $n \times n$-Matrix A über $\mathbb{R}$ bezüglich des Standard-Skalarproduktes $(.\,|\,.)$ auf $\mathbb{R}$ gilt: $(A^t x|y) = (x|Ay)$.

Wir benötigen für spätere Zwecke das folgende Lemma, das eine Eigenschaft symmetrischer Abbildungen beschreibt, die wir auch schon bei orthogonalen Abbildungen nachgewiesen haben.

Lemma 10.73. *Sei V ein Euklidischer Vektorraum, $\alpha : V \to V$ eine symmetrische Abbildung, U ein Unterraum von V mit $\alpha(U) \subseteq U$. Dann ist $\alpha(U^\perp) \subseteq U^\perp$.*

Beweis: Sei $v \in U^\perp$. Dann gilt für jedes $u \in U$: $(u|\alpha(v)) = (\alpha(u)|v) = 0$, da $\alpha(u) \in U$. Also ist $\alpha(v) \in U^\perp$.   □

Wir werden uns jetzt mit den Eigenwerten symmetrischer Abbildungen befassen. Unser Ziel ist zu zeigen, dass symmetrische Abbildungen diagonalisierbar sind.

Lemma 10.74. *Sei A eine symmetrische Matrix über $\mathbb{R}$ und $f_A = \det(tE_n - A)$ das charakteristische Polynom von A. Dann ist $f_A = \Pi_{i=1}^n (t - c_i)$, wobei alle c_i in $\mathbb{R}$ liegen.*

Beweis: f_A zerfällt über $\mathbb{C}$ in Linearfaktoren (nach Theorem 10.63).
Sei $c = a + ib \in \mathbb{C}$, $a, b \in \mathbb{R}$, eine Nullstelle von f_A. Dann ist c nach Satz 10.55 ein Eigenwert der Abbildung $x \mapsto Ax$ von $\mathbb{C}^n$ nach $\mathbb{C}^n$. Sei $z = \begin{pmatrix} u_1 + iv_1 \\ \vdots \\ u_n + iv_n \end{pmatrix} \in \mathbb{C}^n$ ein Eigenvektor zu c. Wir setzen $u = \begin{pmatrix} u_1 \\ \vdots \\ u_n \end{pmatrix}$, $v = \begin{pmatrix} v_1 \\ \vdots \\ v_n \end{pmatrix} \in \mathbb{R}^n$, also $z = u + iv$. Da A reell ist, gilt $Az = Au + iAv$ und hieraus folgt wegen der Symmetrie von A durch einfache Rechnung $(Az|z) = (z|Az)$, wo jetzt $(\cdot|\cdot)$ das Standard-Skalarprodukt auf $\mathbb{C}^n$ ist (vergl. Abschnitt 9.3.5). Nun gilt wegen der Antilinearität des Skalarprodukts im ersten Argument

$$c(z|z) = (z|cz) = (z|Az) = (Az|z) = (cz|z) = \bar{c}\,(z|z).$$

Aus $(z|z) \neq 0$ folgt $c = \bar{c}$, also ist c reell.   □

Theorem 10.75. *Sei V ein endlich-dimensionaler Euklidischer Vektorraum und $\alpha : V \to V$ eine symmetrische Abbildung. Dann gibt es eine Orthonormalbasis $(v_1, \ldots, v_n)$ von V aus Eigenvektoren zu α, d. h. $\alpha(v_i) = c_i v_i$, $c_i \in \mathbb{R}$. Insbesondere ist α diagonalisierbar.*

Beweis: Sein $\mathcal{B}$ irgendeine Orthonormalbasis von V, $A = A_\alpha^{\mathcal{B}}$. Nach Satz 10.71 ist A symmetrisch. Nach Lemma 10.74 besitzt A, und daher auch α (Satz 10.55) einen Eigenwert $c_1 \in \mathbb{R}$. Sei v_1 ein zugehöriger Eigenvektor. Dann ist $\alpha(\langle v_1 \rangle) \subseteq \langle v_1 \rangle$. Nach Lemma 10.73 ist daher auch $\alpha(\langle v_1 \rangle^\perp) \subseteq \langle v_1 \rangle^\perp$. Trivialerweise ist $\alpha|_{\langle v_1 \rangle^\perp}$ symmetrisch bezüglich des auf $\langle v_1 \rangle^\perp$ eingeschränkten Skalarprodukts von V. Wegen $V = \langle v_1 \rangle \oplus \langle v_1 \rangle^\perp$ (Satz 9.38) ist $\dim(\langle v_1 \rangle^\perp) = \dim(V) - 1$. Wir können also per Induktion annehmen, dass $\langle v_1 \rangle^\perp$ eine Orthonormalbasis $(v_2, \ldots, v_n)$ aus Eigenvektoren zu α besitzt. $(v_1, \ldots, v_n)$ ist dann eine entsprechende Orthonormalbasis von V. □

Aufgabe: Geben Sie bitte für die Matrix $A = \begin{pmatrix} 2 & 3 \\ 3 & 2 \end{pmatrix}$ eine invertierbare Matrix $S \in \mathcal{M}_2(\mathbb{R})$ und eine Diagonalmatrix D an, so dass $S^{-1}AS = D$.

Korollar 10.76. *Sei $A \in \mathcal{M}_n(\mathbb{R})$ eine symmetrische Matrix und $\sigma(A)$ die Menge aller Eigenwerte von A. Dann gilt $\sup\{(Ax|x) : \|x\| = 1\} = \max(\sigma(A))$ und $\inf\{(Ax|x) : \|x\| = 1\} = \min(\sigma(A))$.*

Beweis: Nach Theorem 10.75 gibt es zu A eine Orthonormalbasis $\mathcal{B} = (b_1, \ldots, b_n)$ aus Eigenvektoren von A, mit den zugehörigen Eigenwerten $c_1, \ldots, c_n$, die wir ohne Beschränkung der Allgemeinheit als aufsteigend angeordnet annehmen können, das heißt, es gilt $c_1 \leq c_2 \leq \cdots \leq c_n$. Sei $x = \sum_{i=1}^n x_i b_i$ ein Vektor der Norm 1. Da $\mathcal{B}$ eine Orthonormalbasis ist, gilt $1 = \|x\|^2 = \sum_{i=1}^n x_i^2$. Also erhält man

$$
\begin{aligned}
(Ab_1|b_1) &= c_1 = c_1 \sum_{i=1}^n x_i^2 \\
&\leq c_1 x_1^2 + c_2 x_2^2 + \cdots + c_n x_n^2 = (Ax|x) \\
&\leq c_n \sum_{i=1}^n x_i^2 = c_n = (Ab_n|b_n),
\end{aligned}
$$

woraus die Behauptung folgt. □

Bemerkungen:

1. Wir gehen noch einmal auf den eingangs erwähnten Zusammenhang zwischen symmetrischen Bilinearformen und symmetrischen Abbildungen ein. Jede symmetrische Bilinearform auf einem Euklidischen Vektorraum V mit Skalarprodukt $(. \mid .)$ wird definiert durch $\beta(v, w) := (v|\alpha(w))$, wobei α eine symmetrische Abbildung ist, die also bezüglich der kanonischen Basis durch eine symmetrische Matrix A dargestellt wird. Aus Korollar 10.76 folgt: Genau dann ist $\beta(., .)$ ein Skalarprodukt auf V (d. h. $\beta(v, v) = (v|\alpha(v)) \geq 0$ für alle

$o \neq v \in V$), wenn alle Eigenwerte von α positiv sind. Eine symmetrische Abbildung α mit dieser Eigenschaft heißt auch **positiv definit**. Entsprechend nennt man eine symmetrische Matrix $A \in \mathcal{M}_n(\mathbb{R})$ **positiv definit**, falls alle Eigenwerte von A positiv sind oder äquivalent, dass $(x|Ax) > 0$ für alle $o \neq x \in \mathbb{R}^n$ (wobei $(.\,|\,.)$ das Standard-Skalarprodukt auf $\mathbb{R}^n$ ist).

2. Wir hatten in der Einleitung zu diesem Abschnitt erwähnt, dass symmetrische Bilinearformen zur Beschreibung von Quadriken benötigt werden. Ist A eine symmetrische $n \times n$ - Matrix, so wird z. B. durch $(x|Ax) = 1$ eine Quadrik auf dem $\mathbb{R}^n$ definiert. (Wir wollen hier nicht auf die allgemeine Definition von Quadriken eingehen.) Eine Orthonormalbasis $(e'_1, \ldots, e'_n)$ des $\mathbb{R}^n$ zu den Eigenwerten $c_1, \ldots, c_n$ von A erlaubt dann einen Basiswechsel, so dass mit den Koordinatenvektoren $x' = (x'_1, \ldots, x'_n)^t$ bezüglich der neuen Basis die Gleichung für die Quadrik die einfache Gestalt

$$(x'|Ax') = c_1 x_1'^{\,2} + \ldots + c_n x_n'^{\,2} = 1$$

hat (siehe a)). Die Basisvektoren $e'_1, \ldots e'_n$ nennt man dann die **Hauptachsen der Quadrik**. (Aus diesem Grund wird Theorem 10.75 auch Satz von der **Hauptachsentransformation** genannt.) Für $n = 3$ und $c_1 = c_2 = c_3 = 1$ erhält man die **Kugeloberfläche**, für $c_1, c_2, c_3 \geq 0$ ein **Ellipsoid**.

Wir wollen die Hauptachsentransformation an einem einfachen Beispiel im $\mathbb{R}^2$ verdeutlichen. Sei $A = \frac{\sqrt{2}}{2} \begin{pmatrix} 1 & 1 \\ 1 & -1 \end{pmatrix}$. In Koordinaten bezüglich der Standard-Basis von $\mathbb{R}^2$ ist die durch $(x|Ax) = 1$ gegebene Quadrik beschrieben durch die Gleichung $\frac{\sqrt{2}}{2}(x_1^2 - x_2^2) + \sqrt{2}x_1 x_2 = 1$. A hat die Eigenwerte $1, -1$ und die Hauptachsentransformation führt zur Gleichung $x_1'^{\,2} - x_2'^{\,2} = 1$. Dies ist eine Hyperbel und die neuen Basisvektoren bestimmen diejenigen Geraden, die man elementargeometrisch die Hauptachsen der Hyperbel nennt.

Wiederholung

Begriffe: Orthogonale Projektion, orthogonale Abbildung (Matrix), symmetrische Abbildung (Matrix), symmetrische Bilinearform, Hauptachsentransformation, positiv definite Matrix.

Sätze: Charakterisierung orthogonaler Abbildungen, Klassifizierung orthogonaler Abbildungen im $\mathbb{R}^2$ und $\mathbb{R}^3$, Eigenwerte und Eigenvektoren symmetrischer Abbildungen.

11. Lineare Gleichungssysteme und lineare Rekursionen

Motivation und Überblick

Probleme mit Hilfe der Mathematik zu lösen heißt oft, die Probleme mit Hilfe von Gleichungen zu modellieren und dann die Gleichungen zu lösen. Wir werden uns hier mit dem einfachsten Typ von Gleichungen befassen, nämlich den linearen, und werden sehen, wie die in den letzten Kapiteln entwickelte Theorie der Vektorräume und linearen Abbildungen zu einer eleganten und durchsichtigen Behandlung linearer Gleichungssysteme führt. Als eine zweite Anwendung dieser Theorie untersuchen wir lineare Rekursionen. Rekursiv definierte Zahlenfolgen treten in der Informatik an vielen Stellen auf, z. B. bei der Analyse der Komplexität rekursiver Algorithmen. Auch wenn viele interessante Rekursionen nicht-linear sind, ist der lineare Fall wichtig. Er bietet einen ersten Einblick in die algebraische Behandlung von Rekursionsproblemen.

11.1 Lineare Gleichungssysteme

Motivation und Überblick

Wir führen die Theorie linearer Gleichungssysteme auf diejenige linearer Abbildungen zurück. Für lineare Gleichungssysteme mit gleich vielen Unbekannten wie Gleichungen erhalten wir ein Kriterium für die eindeutige Lösbarkeit mit Hilfe der Determinante der Koeffizientenmatrix. Wir behandeln das Verfahren von Gauß zur Lösung beliebiger linearer Gleichungssysteme und zeigen, wie mit einer verwandten Methode die Inverse einer invertierbaren Matrix berechnet werden kann.

11.1.1 Allgemeine Theorie

Die ersten Gleichungssysteme kennen wir aus der Schule. Sie sind von der Form

$$
\begin{aligned}
a_{11}x_1 + a_{12}x_2 &= b_1 \\
a_{21}x_1 + a_{22}x_2 &= b_2.
\end{aligned}
$$

Dabei sind die a_{ij} und b_k *bekannte Zahlen* und die x_1 und x_2 sind *gesucht*. Jedes Zahlenpaar (x_1, x_2), das beide Gleichungen gleichzeitig erfüllt, heißt *Lösung des Gleichungssystems*.

Lineare Gleichungen haben wir auch bei der Beschreibung von Vektorunterräumen kennengelernt.

Ist zum Beispiel $w = \begin{pmatrix} a_1 \\ a_2 \end{pmatrix} \in \mathbb{R}^2$, $w \neq o$, so ist $G = \{w\}^\perp$ eine Gerade durch

den Nullpunkt im $\mathbb{R}^2$, die alle Punkte $x = \begin{pmatrix} x_1 \\ x_2 \end{pmatrix}$ enthält, welche die Gleichung

$(w|x) = 0$ erfüllen. Hier haben wir *eine Gleichung* für *zwei Unbekannte*

$$a_1 x_1 + a_2 x_2 = 0.$$

Betrachten wir eine zu G parallele Gerade G', so wird G' beschrieben durch $v + G$

für ein $v \in G'$ (siehe Seite 277). Setzt man $b = (w|v)$, so gilt: $x = \begin{pmatrix} x_1 \\ x_2 \end{pmatrix} \in$

$G' \Longleftrightarrow x - v \in G \Longleftrightarrow (w|x - v) = 0 \Longleftrightarrow (w|x) = b$, d. h.

$$a_1 x_1 + a_2 x_2 = b.$$

Ebenen im Raum werden ebenfalls durch eine Gleichung $(w|x) = b$ beschrieben. Hier jedoch sind $w, x \in \mathbb{R}^3$, die Gleichung lautet also

$$a_1 x_1 + a_2 x_2 + a_3 x_3 = b.$$

Die Punkte der Schnittmenge zweier solcher Ebenen $(w_1|x) = b_1$, $(w_2|x_2) = b_2$, wobei $w_j = (a_{j1}, a_{j2}, a_{j3})^t$, $j = 1, 2$, erfüllen also die *beiden* Gleichungen

$$\begin{aligned} a_{11} x_1 + a_{12} x_2 + a_{13} x_3 &= b_1 \\ a_{21} x_1 + a_{22} x_2 + a_{23} x_3 &= b_2. \end{aligned}$$

Mit Geraden, Ebenen etc., die keine Vektorunterräume sind, also nicht durch o gehen, werden wir uns noch ausführlicher in Kapitel 12 befassen.

Wir betrachten nun lineare Gleichungssysteme nicht nur über $\mathbb{R}$, sondern über beliebigen Körpern K und halten fest:

Die **allgemeine Form eines linearen Gleichungssystems (kurz: LGS) über einem Körper** K ist

$$\begin{aligned} a_{11} x_1 \quad + \quad a_{12} x_2 \quad + \cdots + \quad a_{1n} x_n \quad &= \quad b_1 \\ &\vdots \\ a_{m1} x_1 \quad + \quad a_{m2} x_2 \quad + \cdots + \quad a_{mn} x_n \quad &= \quad b_m. \end{aligned}$$

Hier sind die a_{ij} und b_k *bekannte* Elemente aus K. *Gesucht* werden alle n–Tupel $x = (x_1, \ldots, x_n)^t \in K^n$, die alle m Gleichungen gleichzeitig erfüllen. Jedes solche x heißt **Lösung des Gleichungssystems**.

Das LGS heißt **homogen**, falls alle $b_1, \ldots, b_m$ gleich 0 sind, ansonsten **inhomogen**.

Die entscheidenden Fragen sind:

1. Existiert eine Lösung?
2. Ist die Lösung eindeutig bestimmt, d.h. existiert genau eine Lösung?
3. Wenn es Lösungen gibt, wie kann man sie alle beschreiben?

Wir setzen $a_k^{\downarrow} = \begin{pmatrix} a_{1k} \\ \vdots \\ a_{mk} \end{pmatrix}$ und $A = (a_1^{\downarrow}, \ldots, a_n^{\downarrow})$ die mit den Spaltenvektoren

$a_1^{\downarrow}, \ldots, a_n^{\downarrow}$ gebildete Matrix, ferner $b = \begin{pmatrix} b_1 \\ \vdots \\ b_m \end{pmatrix}$. Dann lautet das Gleichungssy-

stem $Ax = b$ (**Matrixform**), oder $x_1 a_1^{\downarrow} + \cdots + x_n a_n^{\downarrow} = b$ (**Spaltenform**).

Aus der Spaltenform ergibt sich sofort der folgende Satz, der eine Antwort auf die eingangs gestellte erste Frage enthält.

Satz 11.1. (**Existenz einer Lösung eines LGS**)
Das gegebene Gleichungssystem hat genau dann mindestens eine Lösung, wenn der Rang von A gleich dem Rang der erweiterten Matrix $(A, b) = (a_1^{\downarrow}, \ldots, a_n^{\downarrow}, b)$
ist.

Beweis: Ist $(x_1, \ldots, x_m)^t$ eine Lösung, so ist b linear abhängig von $a_1^{\downarrow}, \ldots, a_n^{\downarrow}$, der Rang erhöht sich also nicht bei Hinzufügung von b. Erhöht sich umgekehrt der Rang nicht, so ist b linear abhängig von $a_1^{\downarrow}, \ldots, a_n^{\downarrow}$. $\square$

Der Satz enthält auch die triviale Aussage, dass ein homogenes LGS (also $b = o = (0, \ldots, 0)^t$) immer mindestens eine Lösung hat: Natürlich ist $x = o$ eine Lösung, die sog. Nulllösung.

Die Matrixform des Gleichungssystems lässt eine andere Interpretation zu. Dazu betrachten wir die durch die Matrix A gegebene lineare Abbildung $\alpha_A : K^n \to K^m$, $x \mapsto Ax$. Die Grundtatsachen aus der Theorie der linearen Abbildungen liefern dann folgendes Ergebnis:

Theorem 11.2.
a) Die Menge der Lösungen des homogenen Systems

$$Ax = o$$

bildet einen Unterraum der Dimension $n - \text{rg}(A)$ *von* K^n.
b) Ist das inhomogene System $Ax = b$ *lösbar, und ist* x_0 *irgendeine spezielle Lösung, so erhält man alle Lösungen von* $Ax = b$ *durch Addition von* x_0 *zu allen Lösungen des zugehörigen homogenen Systems, kurz:*

$$\{x : Ax = b\} = \{x_0 + y : Ay = o\}.$$

Die Lösungen von $Ax = b$ bilden also eine Nebenklasse des Unterraums der Lösungen von $Ax = o$ im K^n (vgl. Seite 277).

Beweis: a) Die Menge der Lösungen von $Ax = o$ ist nichts anderes als der Kern $\ker(\alpha_A)$. Damit folgt a) aus der Dimensionsformel 10.12, da $\mathrm{rg}(A) = \mathrm{rg}(\alpha_A)$ nach Satz 10.31.

b) Es ist $Ax_0 = b$. Ist $Ay = o$, so ist $A(x_0 + y) = Ax_0 + Ay = b$.
Ist umgekehrt $Ax = b$, so ist $o = b - b = Ax - Ax_0 = A(x - x_0)$, d. h. $x - x_0$ ist eine Lösung des zugehörigen homogenen Systems und $x = x_0 + (x - x_0)$.   □

Theorem 11.2 enthält eine strukturelle Beschreibung der Lösungsmengen linearer Gleichungssysteme und damit eine Antwort auf die dritte der oben gestellten Fragen. Man erhält aber auch unmittelbar die Antwort auf die noch ausstehende zweite Frage:

Satz 11.3. (Eindeutigkeit der Lösung eines LGS)
Das LGS $Ax = b$ ist genau dann eindeutig lösbar, wenn $\mathrm{rg}(A, b) = \mathrm{rg}(A) = n$, die Anzahl der Unbekannten.

Beweis: Die Lösbarkeit von $Ax = b$ ist nach Satz 11.1 äquivalent zu $\mathrm{rg}(A, b) = \mathrm{rg}(A)$. Dass $Ax = b$ genau eine Lösung hat, ist dann nach Theorem 11.2 b) äquivalent damit, dass der Lösungsraum des zugehörigen homogenen Systems nur aus der Nulllösung besteht und dies wiederum ist nach Theorem 11.2 a) äquivalent zu $n = \mathrm{rg}(A)$.   □

Schließlich lässt sich auch die Frage beantworten, wann bei vorgegebener Matrix A das LGS $Ax = b$ *für alle rechten Seiten b* mindestens, höchstens, bzw. genau eine Lösung hat.

Korollar 11.4.

a) *Die beiden folgenden Aussagen sind äquivalent:*
   i) *Für jede rechte Seite $b \in K^m$ hat das Gleichungssystem $Ax = b$ mindestens eine Lösung.*
   ii) *Der Rang $\mathrm{rg}(A)$ von A ist gleich der Anzahl m der Gleichungen.*
b) *Die folgenden Aussagen sind äquivalent:*
   i) *Für jede rechte Seite $b \in K^m$ hat das Gleichungssystem höchstens eine Lösung.*
   ii) *Die homogene Gleichung $Ax = o$ hat nur die Nulllösung.*
   iii) *Der Rang $\mathrm{rg}(A)$ von A ist gleich der Anzahl n der Unbekannten.*
c) *Die beiden folgenden Aussagen sind äquivalent:*
   i) *Für jede rechte Seite $b \in K^m$ hat das Gleichungssystem $Ax = b$ genau eine Lösung.*
   ii) *Es ist $m = n$ und es ist $\det(A) \neq 0$.*

Beweis:
a) i) gilt genau dann, wenn α_A surjektiv, also $\mathrm{rg}(A) = \mathrm{rg}(\alpha_A) = \dim(\alpha_a(K^n)) =$

$\dim(K^m) = m$ ist.

b) folgt unmittelbar aus der Aussage von Theorem 11.2.

c) i) gilt genau dann, wenn a) i) und b) i) gilt. Das ist aber genau dann der Fall, wenn $\mathrm{rg}(A) = m = n$, also $\det(A) \neq 0$ ist (nach Korollar 10.48). $\qquad\square$

Wir haben jetzt Aussagen über die Existenz und Eindeutigkeit von Lösungen linearer Gleichungssysteme gewonnen, aber in den Anwendungen benötigt man auch Verfahren zur Bestimmung der Lösungen. Solche Anwendungen treten schon innerhalb der linearen Algebra häufig auf. Sie hängen damit zusammen, dass sich Unterräume von Vektorräumen durch homogene lineare Gleichungssysteme beschreiben lassen; wir hatten eingangs schon einige Beispiele über $\mathbb{R}$ gesehen. Wir zeigen jetzt allgemein:

Satz 11.5. *Sei V ein n-dimensionaler K-Vektorraum mit einer Basis $\mathcal{B} = (v_1, \ldots, v_n)$ und sei U ein Unterraum von V. Für $v = x_1 v_1 + \cdots + x_n v_n$ bezeichne $x = (x_1, \ldots, x_n)^t$ den Koordinatenvektor von v bezüglich $\mathcal{B}$. Dann existiert eine $m \times n$–Matrix A, $m = n - \dim(U)$, so dass gilt:*

$$v \in U \ \text{genau dann, wenn } Ax = o.$$

Ferner existiert für jedes $w \in V$ ein $b \in K^m$, so dass gilt:

$$v \in w + U \ \text{genau dann, wenn } Ax = b.$$

Beweis: Sei U' ein Komplement zu U in V mit Basis $\mathcal{C}$ und $\pi = \pi_{U,U'}$ die Projektion von V auf U' entlang U. Dann ist $U = \ker(\pi)$. Mit $A = A_\pi^{\mathcal{B},\mathcal{C}} \in \mathcal{M}_{m,n}(K)$ gilt: $v \in U$ genau dann, wenn $Ax = o$.

Ist $w \in V$ und y der Koordinatenvektor von w bezüglich $\mathcal{B}$, so sei $Ay = b$. Da $v \in w + U$ genau dann, wenn $v - w \in U$, ist dies nach dem ersten Teil äquivalent zu $Ax - b = Ax - Ay = A(x - y) = o$, d. h. $Ax = b$. $\qquad\square$

Natürlich ist die Matrix A in diesem Satz nicht eindeutig bestimmt; die Wahl eines anderen Komplements zu U im Beweis von Satz 11.5 liefert eine andere Matrix. Außerdem kann man durch Hinzufügen weiterer Gleichungen, die Linearkombinationen der schon gegebenen sind, ein größeres LGS erzeugen, das denselben Unterraum bzw. dieselbe Nebenklasse eines Unterraums beschreibt.

Aufgabe: Zeigen Sie bitte, dass in Satz 11.5 die Anzahl $m = n - \dim(U)$ der linearen Gleichungen zur Beschreibung von U die kleinstmögliche ist.
Tipp: Theorem 11.2 a).

Nebenklassen von Unterräumen U, wie sie in Satz 11.5 auftreten, nennt man auch affine Unterräume von V (Näheres dazu in Kapitel 12); geometrisch gesprochen entstehen sie aus U durch Parallelverschiebung um einen Vektor w. Sind zwei solcher (affiner) Unterräume durch lineare Gleichungssysteme $A_1 x = b_1$, $A_2 x = b_2$ gegeben, so wird ihr Schnitt durch das LGS $Ax = b$ mit

$A = \begin{pmatrix} A_1 \\ A_2 \end{pmatrix}, b = \begin{pmatrix} b_1 \\ b_2 \end{pmatrix}$ beschrieben; das enspricht gerade dem Untereinanderschreiben der beiden Gleichungssysteme.

Wir werden im folgenden Abschnitt mit dem Gauß-Verfahren eine grundlegende Methode zur Lösung linearer Gleichungssysteme vorstellen.

11.1.2 Der Gauß-Algorithmus zur Lösung linearer Gleichungssysteme

Sei $A = (a_{ik})_{\substack{i=1,\dots,m \\ j=1,\dots,n}}$ eine $m \times n$-Matrix über K, $b = (b_1, \dots, b_m)^t \in K^m$ und

$$Ax = b$$

das durch A und b bestimmte lineare Gleichungssystem.

Wir erinnern an die elementaren Zeilenumformungen einer Matrix, die wir in Kapitel 10, Seite 330 eingeführt hatten:

- Addition des skalaren Vielfachen einer Zeile zu einer anderen;
- Vertauschung zweier Zeilen;
- Multiplikation einer Zeile mit einem Skalar $\neq 0$.

Wenn man diese Operationen auf die um die Spalte b erweiterte Matrix (A, b) anwendet, ist klar, dass sich dabei die Lösungsmenge des LGS $Ax = b$ nicht ändert. Wir halten dies in etwas allgemeinerer Form, die wir später noch benötigen werden, fest:

Lemma 11.6. *Sei* $A \in \mathcal{M}_{m,n}(K)$, $X \in \mathcal{M}_{n,l}(K)$ *und* $C = AX$, *also* $C \in \mathcal{M}_{m,l}(K)$.
Wendet man die gleichen elementaren Zeilenumformungen auf die m-zeiligen Matrizen A und C an, so gilt für die daraus entstehenden Matrizen A' und C', dass $C' = A'X$.

Aufgabe: Beweisen Sie bitte das Lemma.

Der Gauß-Algorithmus zur Bestimmung der Lösungsmenge eines LGS ist im Wesentlichen das gleiche Verfahren, das wir in Kapitel 10, Seite 330 zur Rangbestimmung einer Matrix beschrieben haben.

Wir erinnern daran, dass der i–te Schritt dieses Verfahrens aus zwei Teilen besteht:

- Wenn an der Stelle (i, i) eine Null steht, wird, wenn möglich, durch Vertauschung der i–ten Zeile mit einer darunter liegenden Zeile bzw. Vertauschung der i–ten Spalte mit einer rechts davon stehenden Spalte ein Element $\neq 0$ an die Stelle (i, i) der Matrix transportiert.

- Ist dies der Fall, so werden durch Addition geeigneter Vielfacher der i–ten Zeile zu allen darunter liegenden Zeilen in der i–ten Spalte unterhalb der Position (i, i) Nullen erzeugt.

Es werden also nur elementare Zeilenumformungen der ersten beiden Typen und gegebenfalls Spaltenvertauschungen vorgenommen.

Beim Gauß-Algorithmus wird dieses Verfahren auf die zum obigen LGS gehörende Matrix (A, b) angewendet mit zwei Unterschieden, die die letzte Spalte betreffen:

- Spaltenvertauschungen werden nur an den ersten n Spalten durchgeführt.
- Die Erzeugung von Nullen unterhalb der Diagonale wird nicht auf die letzte Spalte angewendet.

Wie oben erwähnt, wird durch die Zeilenumformungen die Lösungsmenge des LGS nicht verändert. Spaltenvertauschungen, etwa der Spalte i mit der Spalte k, entsprechen jedoch einer Vertauschung der Unbekannten x_i und x_k. Darüber muss man Buch führen.

Mit diesem Verfahren erhält man aus der Matrix (A, b) eine Matrix (A', b') von folgender Form:

$$
\begin{pmatrix}
a'_{11} & & & & & b'_1 \\
& \ddots & & * & & \vdots \\
& & a'_{rr} & \rule{1.2cm}{0.4pt} & & \vdots \\
& 0 & & & & b'_m
\end{pmatrix}
$$

Dabei sind $a'_{11}, \ldots, a'_{rr} \neq 0$, d. h. $r = \mathrm{rg}(A') = \mathrm{rg}(A) \leq \min\{m, n\}$.

Das neue LGS hat also die Form $A'x' = b'$, wobei $x' = (x'_1, \ldots, x'_n)^t$ durch Permutation der Positionen entsprechend der Spaltenvertauschungen aus x entsteht. Ausgeschrieben heißt das:

$$
\begin{array}{ccccccccc}
a'_{11}x'_1 & + & \cdots & & \cdots & & + & a'_{1n}x'_n & = & b'_1 \\
& & a'_{22}x'_2 & + & \cdots & & \cdots & + & a'_{2n}x'_n & = & b'_2 \\
& & & \ddots & \vdots & & \vdots & & \vdots & & \vdots \\
& & & & a'_{rr}x'_r & + & \cdots & + & a'_{rn}x'_n & = & b'_r \\
0 \cdot x'_1 & + & \cdots & & \cdots & & \cdots & + & 0 \cdot x'_n & = & b'_{r+1} \\
\vdots & & & & & & & & \vdots & & \vdots \\
0 \cdot x'_n & + & \cdots & & \cdots & & \cdots & + & 0 \cdot x'_n & = & b'_m
\end{array}
$$

Die Lösungsmenge dieses LGS ist jetzt leicht zu ermitteln:

(1) Ist im Fall $r < m$ eines der Elemente $b'_{r+1}, \ldots, b'_m$ ungleich 0, etwa b'_s, so ist das LGS nicht lösbar, da die s–te Gleichung nicht erfüllbar ist.
(Hier ist $\mathrm{rg}(A', b') > \mathrm{rg}(A')$, vgl. Satz 11.1).

(2) Ist $r = m$ oder ist $r < m$ und $b'_{r+1} = \cdots = b'_m = 0$, so ist $\mathrm{rg}(A', b') = \mathrm{rg}(A')$.
Es existiert also mindestens eine Lösung.

Im Fall $r < m, b'_{r+1} = \cdots = b'_m = 0$ liefern die letzten $m - r$ Gleichungen keine Einschränkungen für die $x'_1, \ldots, x'_n$. Man muss also nur die ersten r Gleichungen betrachten.

(2a) Ist $r < n$, so kann man $x'_{r+1}, \ldots, x'_n$ frei wählen. $x'_r, \ldots, x'_1$ ergeben sich dann aus

$$x'_r = \tfrac{1}{a'_{rr}}(b'_r - \textstyle\sum_{k=r+1}^n a'_{rk} x'_k)$$
$$\vdots$$
$$x'_1 = \tfrac{1}{a'_{11}}(b'_1 - \textstyle\sum_{k=2}^n a'_{1k} x'_k).$$

(2b) Ist $r = n$, so sind $x'_1, \ldots, x'_n$ eindeutig bestimmt und lassen sich in umgekehrter Reihenfolge berechnen:

$$x'_n = \frac{b'_n}{a'_{nn}}$$
$$x'_{n-1} = \frac{1}{a'_{n-1,n-1}}(b'_{n-1} - a'_{n-1,n} x'_n)$$
$$\vdots$$
$$x'_1 = \tfrac{1}{a'_{11}}(b'_1 - \textstyle\sum_{k=2}^n a'_{1k} x'_k).$$

Beispiele:
Im Folgenden sei $K = \mathbb{R}$. Wir bezeichnen die nach dem i-ten Schritt des Gauß-Algorithmus erhaltenen Matrizen mit $A^{(i)}, b^{(i)}$.

1.

$$2x_1 + x_2 = 1$$
$$x_1 - x_2 = 4$$

Hier ist $A = \begin{pmatrix} 2 & 1 \\ 1 & -1 \end{pmatrix}$ und $b = \begin{pmatrix} 1 \\ 4 \end{pmatrix}$. Da $a_{11} = 2 \neq 0$ ist, zieht man das $\tfrac{1}{2}$-fache der ersten Zeile von der zweiten ab und erhält:

$$A^{(1)} = \begin{pmatrix} 2 & 1 \\ 0 & -\tfrac{3}{2} \end{pmatrix}, \quad b^{(1)} = \begin{pmatrix} 1 \\ 7/2 \end{pmatrix}$$

Hieraus ergibt sich $x_2 = -\tfrac{7}{3}$, $x_1 = \tfrac{1}{2}(1 + \tfrac{7}{3}) = \tfrac{5}{3}$.

2.

$$x_1 + 2x_2 + 3x_3 + 4x_4 + x_5 = 0$$
$$-3x_1 - 6x_2 - 8x_3 - 9x_4 - x_5 = 0$$
$$2x_1 + x_3 + 4x_4 = 0$$

Da sich bei einem homogenen System die rechte Seite $b = o$ während des Gauß-Algorithmus nicht ändert, müssen wir nur A betrachten:

$$A = \begin{pmatrix} 1 & 2 & 3 & 4 & 1 \\ -3 & -6 & -8 & -9 & -1 \\ 2 & 0 & 1 & 4 & 0 \end{pmatrix}$$

Da $a_{11} \neq 0$, wird im ersten Schritt das 3-fache der ersten Zeile zur zweiten addiert und das (-2)-fache der ersten Zeile zur dritten.

$$A^{(1)} = \begin{pmatrix} 1 & 2 & 3 & 4 & 1 \\ 0 & 0 & 1 & 3 & 2 \\ 0 & -4 & -5 & -4 & -2 \end{pmatrix}$$

Da $a_{22}^{(1)} = 0$, muss im zweiten Schritt die zweite mit der dritten Zeile vertauscht werden.

$$A^{(2)} = \begin{pmatrix} 1 & 2 & 3 & 4 & 1 \\ 0 & -4 & -5 & -4 & -2 \\ 0 & 0 & 1 & 3 & 2 \end{pmatrix}$$

Damit ist die Umformung beendet.
x_5, x_4 sind frei wählbar, $x_3 = -3x_4 - 2x_5$, $x_2 = -\frac{5}{4}x_3 - x_4 - \frac{1}{2}x_5$, $x_1 = -2x_2 - 3x_3 - 4x_4 - x_5$. Setzt man einmal $x_5 = 1, x_4 = 0$ und dann $x_5 = 0, x_4 = 1$, so erhält man folgende Basis des Lösungsraums: $(1, 2, -2, 0, 1)^t, (-\frac{1}{2}, \frac{11}{4}, -3, 1, 0)^t$.

3.
$$\begin{aligned} 2x_1 &+ x_2 &= 1 \\ x_1 &- x_2 &= 2 \\ x_1 &+ 2x_2 &= 3 \end{aligned}$$

$$A = \begin{pmatrix} 2 & 1 \\ 1 & -1 \\ 1 & 2 \end{pmatrix}, \quad b = \begin{pmatrix} 1 \\ 2 \\ 3 \end{pmatrix} \text{ und } a_{11} = 2. \text{ Im ersten Schritt erhalten wir somit}$$

$$A^{(1)} = \begin{pmatrix} 2 & 1 \\ 0 & -3/2 \\ 0 & 3/2 \end{pmatrix}, \quad b^{(1)} = \begin{pmatrix} 1 \\ 3/2 \\ 5/2 \end{pmatrix}. \text{ Der zweite Schritt liefert}$$

$$A^{(2)} = \begin{pmatrix} 2 & 1 \\ 0 & -3/2 \\ 0 & 0 \end{pmatrix}, \quad b^{(2)} = \begin{pmatrix} 1 \\ 3/2 \\ 4 \end{pmatrix}. \text{ Dieses Gleichungssystem ist also nicht}$$

lösbar.

4.
$$\begin{aligned} x_1 &- x_2 &+ 3x_3 &= -1 \\ x_1 &- 2x_2 &+ 4x_3 &= 3 \\ -2x_1 &+ 4x_2 &- 4x_3 &= 10 \end{aligned}$$

$$A = \begin{pmatrix} 1 & -2 & 3 \\ 1 & -2 & 4 \\ -2 & 4 & -4 \end{pmatrix}, \quad b = \begin{pmatrix} -1 \\ 3 \\ 10 \end{pmatrix}. \text{ Im ersten Schritt erhalten wir}$$

$$A^{(1)} = \begin{pmatrix} 1 & -2 & 3 \\ 0 & 0 & 1 \\ 0 & 0 & 2 \end{pmatrix}, \quad b^{(1)} = \begin{pmatrix} -1 \\ 4 \\ 8 \end{pmatrix}$$

Da $a_{22}^{(1)} = a_{32}^{(1)} = 0$, muss man im zweiten Schritt zunächst die zweite und dritte Spalte vertauschen. Dies bedeutet eine Umnummerierung der Unbekannten: $x_1' = x_1$, $x_2' = x_3$, $x_3' = x_2$. Danach wird das 2-fache der zweiten Zeile von der dritten abgezogen:

$$A' = A^{(2)} = \begin{pmatrix} 1 & 3 & -2 \\ 0 & 1 & 0 \\ 0 & 0 & 0 \end{pmatrix} \quad b' = b^{(2)} = \begin{pmatrix} -1 \\ 4 \\ 0 \end{pmatrix}.$$

Die letzte Gleichung ist überflüssig. $x_2 = x_3'$ ist frei wählbar. $x_3 = x_2' = 4$, $x_1' = -1 - 3x_2' + 2x_3'$, also $x_1 = -13 + 2x_2$.

Aufgaben: Lösen Sie bitte die folgenden Gleichungssysteme über $\mathbb{R}$:

1.

$$
\begin{array}{rcrcrcr}
5x_1 & - & 2x_2 & + & x_3 & = & 7 \\
x_1 & + & x_2 & - & x_3 & = & 6
\end{array}
$$

Interpretieren Sie dieses Gleichungssystem geometrisch!

2.

$$
\begin{array}{rcrcr}
cx_1 & - & x_2 & = & 0 \\
-x_1 & + & cx_2 & = & 0
\end{array}
$$

Achtung: Für welche c gibt es außer der Nulllösung weitere Lösungen? Wieso ist dies ein Eigenwertproblem?

3. In einem 4-dimensionalen $\mathbb{R}$-Vektorraum V mit Basis $\{v_1, v_2, v_3, v_4\}$ sei $U_1 = \langle v_1 + v_2, v_1 - v_2 + v_3 + v_4, v_3 - 3v_4 \rangle$ und $U_2 = \langle v_1 + v_2 + v_3, v_2 + v_3 + v_4, v_1 - v_4 \rangle$. Bestimmen Sie bitte eine Basis von $U_1 \cap U_2$.

4. Schreiben Sie ein Programm für das Gauß-Verfahren für $m = n = 3$.

11.1.3 Berechnung der Inversen einer invertierbaren Matrix

Sei $A = (a_{jk})$ eine invertierbare $n \times n$–Matrix. Wir geben ein einfaches Verfahren zur Berechnung von A^{-1} an. Dies beruht auf folgender Idee:

Es ist $A \cdot A^{-1} = E_n$. Gelingt es durch elementare Zeilenumformungen die Matrix A auf die Form $A' = E_n$ zu bringen und führt man dieselben Umformungen an E_n aus, so folgt mit Lemma 11.6 $A' \cdot A^{-1} = (E_n)'$, d. h. $E_n' = A^{-1}$.

Die Transformation von A auf E_n erreicht man mit zwei Modifikationen des Gauß-Verfahrens. Wir beschreiben den i-ten Schritt und nehmen an, dass A nach dem $(i-1)$-ten Schritt durch elementare Zeilenumformungen auf folgende Form gebracht wurde (wobei wir der Einfachheit halber die Einträge weiterhin mit a_{jk} bezeichnen):

$$
\begin{pmatrix}
1 & 0 & \cdots & 0 & a_{1i} & \cdots & a_{1n} \\
\vdots & \vdots & \ddots & \vdots & \vdots & \cdots & \vdots \\
0 & 0 & \cdots & 1 & \vdots & \cdots & \vdots \\
0 & 0 & \cdots & 0 & a_{ii} & \cdots & a_{in} \\
\vdots & \vdots & & \vdots & \vdots & & \vdots \\
0 & 0 & \cdots & 0 & a_{ni} & \cdots & a_{nn}
\end{pmatrix}
$$

Diese Matrix hat wie die Ausgangsmatrix Rang n. Wären $a_{ii}, a_{i+1,i}, \ldots, a_{ni}$ alle gleich 0, so wäre die i-te Spalte eine Linearkombination der ersten $i-1$ Spalten, im Widerspruch zu $\mathrm{rg}(A) = n$.

Also existiert ein $a_{ki} \neq 0, k \geq i$, und wir können nach Zeilenvertauschung der i-ten und k-ten Zeile annehmen, dass $a_{ii} \neq 0$. Wir addieren jetzt das $-a_{ji}a_{ii}^{-1}$-fache der i-ten Zeile zur j-ten Zeile, und zwar für **alle** $j = 1, \ldots, n, j \neq i$.

Wir erzeugen also, anders als beim Gauß-Verfahren, wo das nicht notwendig war, in der i-ten Spalte an allen Stellen $\neq (i, i)$ Nullen.

Nun verwenden wir den bisher noch nicht benötigten dritten Typ elementarer Zeilenumformungen und multiplizieren die i-te Zeile mit a_{ii}^{-1}.

Damit ist die Beschreibung des i-ten Schrittes vollständig.

Zur rechnerischen Durchführung schreibt man zu Beginn die $n \times 2n$–Matrix (A, E_n) auf, an der man die beschriebenen Zeilenumformungen, die A nach E_n transformieren, durchführt. Dann steht am Ende (E_n, A^{-1}) da.

Man kann dieses Verfahren auch durchführen, ohne sich vorher von der Invertierbarkeit der Matrix (z. B. durch Berechnung der Determinante) überzeugt zu haben. Wenn A nicht invertierbar ist, werden in einem der Schritte, etwa dem i-ten, die Einträge $a_{ii}, a_{i+1,i}, \ldots, a_{ni}$ gleich 0 sein und man kann das Verfahren nicht fortsetzen.

Aufgaben:

1. Berechnen Sie bitte mit der dargestellten Methode die Inverse von
$$A = \begin{pmatrix} 1 & 2 & 3 \\ -1 & -2 & -2 \\ 1 & 1 & 1 \end{pmatrix}.$$
2. Implementieren Sie das Verfahren mit dem Datentyp Matrix.

Wiederholung

Begriffe: Lineare Gleichungssysteme, homogene lineare Systeme, inhomogene lineare Systeme.

Sätze: Rang-Kriterium für die Lösbarkeit linearer Gleichungssysteme, Lösungsraum des homogenen Systems, Lösungen des inhomogenen Systems, Gauß-Algorithmus zur Lösung linearer Gleichungssysteme, Verfahren zur Inversenbestimmung.

11.2 Lineare Rekursionen

Motivation und Überblick

Rekursionsgleichungen treten in der Informatik häufig auf, z. B. bei Aufwands-abschätzungen für rekursive Algorithmen. Wir werden den einfachsten, aber dennoch wichtigen Typ von Rekursionen behandeln, nämlich die linearen Rekursionen endlicher Ordnung. Hierbei werden die uns zur Verfügung stehenden Methoden der linearen Algebra von großem Nutzen sein.

Wir beginnen mit zwei bekannten Beispielen von Rekursionen:

Beispiele:

1. *Türme von Hanoi*
   Ausgangssituation: Gegeben sind 3 Stäbe. Auf einem der Stäbe liegen, der Größe nach geordnet, n gelochte Scheiben. Die größte Scheibe liegt dabei unten.
   Die Aufgabe besteht darin, die n Scheiben von einem Stab auf einen anderen umzulegen. Dabei darf man in jedem Zug eine (nämlich die oberste) Scheibe eines Stabes auf einen der anderen Stäbe umlegen, aber nie eine größere Scheibe auf eine kleinere.
   Sei die Minimalanzahl von erforderlichen Umlegungen bei n Scheiben mit a_n bezeichnet.
   Offensichtlich ist $a_1 = 1$.
   Wie sich a_n für $n \geq 2$ aus a_{n-1} berechnet, wird aus der folgenden Darstellung deutlich:

$$a_n = \underbrace{a_{n-1}}_{\substack{\text{obere } n-1 \\ \text{Scheiben} \\ \text{umlegen,} \\ \text{um an große} \\ \text{Scheibe zu} \\ \text{gelangen}}} + \underbrace{1}_{\substack{\text{größte} \\ \text{Scheibe} \\ \text{umlegen}}} + \underbrace{a_{n-1}}_{\substack{n-1 \\ \text{kleinere} \\ \text{Scheiben} \\ \text{auf} \\ \text{größte} \\ \text{umlegen}}} = 2a_{n-1} + 1$$

   Dies ist ein Beispiel für eine Rekursionsgleichung. Alle a_n lassen sich (bei Kenntnis von a_1) berechnen.

2. *Bitstrings*
   Wir wollen bestimmen, wieviele Bitstrings der Länge n (also Elemente des $\mathbb{K}_2^n$) es gibt, in denen keine zwei aufeinanderfolgende Nullen vorkommen. Sei deren Anzahl b_n. Dann ist $b_1 = 2, b_2 = 3$. Sei $n \geq 2$. Ein 00-freier Bitstring der Länge n endet entweder mit 1 und an den ersten $n-1$ Stellen stehen keine zwei aufeinanderfolgenden Nullen, oder er endet mit 10 und an den ersten $n-2$ Stellen stehen keine zwei aufeinanderfolgenden Nullen. Daraus folgt sofort: $b_n = b_{n-1} + b_{n-2}$.
   Dies ist wieder ein Beispiel für eine Rekursionsgleichung; zur Berechnung von b_n sind die beiden vorangehenden Rekursionsglieder notwendig. Daher benötigt man $b_1 = 2$ und $b_2 = 3$ als Anfangsbedingungen.
   Die Zahlen b_n hängen eng mit den sog. **Fibonacci**[1]**-Zahlen** F_n zusammen. Diese sind definiert durch die gleiche Rekursionsgleichung $F_n = F_{n-1} + F_{n-2}$, aber den Anfangswerten $F_1 = 1$, $F_2 = 1$. Man sieht sofort, dass $b_n = F_{n+2}$ für alle $n \in \mathbb{N}$ gilt.

---

[1] Leonardo di Pisa (Fibonacci), $\sim$1170 – $\sim$1250, bedeutendster europäischer Mathematiker dieser Zeit. Mit seinem Rechenbuch 'liber abaci' (1202) vermittelte er die arabische Mathematik und führte die indisch-arabischen Ziffern und das Dezimalsystem in Europa ein.

Die Fibonacci-Zahlen treten in vielen Zusammenhängen auf. Im ursprünglichen Beispiel von Fibonacci beschreiben sie das Wachstum einer sich (nach gewissen Regeln) vermehrenden Kaninchenpopulation.

Für beide Beispiele stellt sich die Frage, ob es eine geschlossene Formel für die a_n bzw. b_n (oder F_n) gibt, die nur von n abhängt?

Wir werden diese Frage als Ergebnis unserer allgemeinen Behandlung von linearen Rekursionen später beantworten. Zunächst erklären wir den Begriff der linearen Rekursion.

Definition 11.7. *Sei K ein Körper, $k \in \mathbb{N}$.*
Eine **lineare Rekursion** *(oder* **Rekurrenz***)* **k-ter Ordnung** *(über dem Körper K) ist gegeben durch die* **Rekursionsgleichung(en)**

$$(R) \quad x_n = c_k x_{n-1} + \ldots + c_1 x_{n-k} + g(n) \quad \text{für alle } n \in \mathbb{N}, n \geq k + 1,$$

wobei $c_1, \ldots, c_k \in K$ und $g : \mathbb{N} \to K$ eine Funktion ist.
Die Rekursion heißt **homogen***, falls $g(n) = 0$ für alle $n \geq k + 1$, ansonsten* **inhomogen***.*

(R) beschreibt unendlich viele Gleichungen, die alle vom selben Typ sind; die Koeffizienten $c_1, \ldots, c_k$ sind unabhängig von n. Deswegen nennt man diese einheitliche Form auch oft *die* Rekursionsgleichung.

Unser Ziel wird sein, eine Übersicht und, wenn möglich, explizite Darstellung aller Lösungen von (R) zu gewinnen. Dabei ist eine **Lösung** eine unendliche Folge $(x_1, x_2, \ldots) \in K^{\mathbb{N}}$, deren Elemente die Rekursionsgleichungen erfüllen. Beachten Sie, dass $K^{\mathbb{N}}$ ein (unendlich-dimensionaler) K-Vektoraum bezüglich komponentenweiser Addition und skalarer Multiplikation ist (vgl. Beispiel 4, Seite 272).

Ist $x_n = c_k x_{n-1} + \cdots + c_1 x_{n-k} + g(n)$ eine lineare Rekursion, so gibt es zu gegebenen Anfangswerten $a_1, \ldots, a_k$ genau eine Lösung $R(a_1, \ldots, a_k) := (x_1, x_2, \ldots)$ mit $x_i = a_i$ für $i = 1, \ldots, k$. Denn durch die Rekursionsgleichungen ist mit $x_1, \ldots, x_k$ auch x_{k+1} eindeutig festgelegt und dann auch x_{k+2} etc. Fassen wir die Anfangsbedingungen als Vektor $a = (a_1, \ldots, a_k)^t \in K^k$ auf, so erhalten wir also eine eindeutig definierte Abbildung $R : K^k \to K^{\mathbb{N}}$, $a \mapsto R(a) = R(a_1, \ldots, a_k)$. Ist die Rekursion homogen, so ist R linear.

Damit können wir die Lösungsmenge einer linearen Rekursion auf die gleiche Art beschreiben wie die eines linearen Gleichungssystems:

Theorem 11.8. *a) Gegeben sei eine homogene lineare Rekursion k-ter Ordnung*

$$(R_h) \qquad x_n = c_k x_{n-1} + \cdots + c_1 x_{n-k} \quad \text{für alle } n \geq k+1.$$

Die Lösungen von (R_h) bilden einen Unterraum L von $K^{\mathbb{N}}$ der Dimension k und die Abbildung $R : K^k \to K^{\mathbb{N}}$, $a \mapsto R(a)$ ist ein Isomorphismus auf L.

b) Gegeben sei eine inhomogene lineare Rekursion k-ter Ordnung

$$(R) \qquad x_n = c_k x_{n-1} + \cdots + c_1 x_{n-k} + g(n) \quad \text{für alle } n \geq k+1 \quad \text{und}$$

$$(R_h) \qquad x_n = c_k x_{n-1} + \cdots + c_1 x_{n-k}$$

die zugehörige homogene Rekursion.
Ist $w = (x_1, x_2, \ldots)$ irgendeine spezielle Lösung von (R), so ist die Menge aller Lösungen von (R) gegeben durch

$$w + L = \{(x_1 + y_1, x_2 + y_2, \ldots) : (y_1, y_2, \ldots) \in L\},$$

wobei L der Raum der Lösungen von (R_h) ist.

Beweis: a) Dass die Lösungen von (R_h) einen Unterraum L von $K^{\mathbb{N}}$ bilden, ist klar, ebenso, dass R den Raum K^k linear und bijektiv auf L abbildet. Insbesondere ist $L \cong K^k$.
b) Dies beweist man wie die analoge Aussage in Theorem 11.2 b) für inhomogene lineare Gleichungssysteme. $\qquad\square$

Wir widmen uns jetzt zunächst homogenen Rekursionen. Da die Bilder der kanonischen Basis $\{e_1, \ldots, e_k\}$ von K^k unter der im Beweis von Theorem 11.8 a) angegebenen Abbildung R eine Basis des Lösungsraums bilden, lässt sich aus diesen durch Linearkombination jede Lösung gewinnen. Aber: Die Einträge in den $R(e_j)$ sind (bis auf die ersten k Stellen) komplizierte Ausdrücke in den Koeffizienten $c_1, \ldots, c_k$ der Rekursion.

Aufgabe: Bestimmen Sie bitte die Einträge an den Stellen $k+1$, $k+2$, $k+3$ des Vektors $R(e_1)$ aus dem Beweis von Theorem 11.8 a).

Unser Ziel wird jetzt sein, eine "schönere" Basis des Lösungsraums einer homogenen linearen Rekursion zu finden; mit deren Hilfe werden wir dann auch geschlossene Formeln für die Glieder einer Rekursion bei gegebenen k Anfangswerten gewinnen. Was zu diesem Ziel führen wird, ist die Interpretation einer homogenen linearen Rekursion

$$x_n = c_k x_{n-1} + \cdots + c_1 x_{n-k} \text{ für } n \geq k+1$$

als lineares Schieberegister:

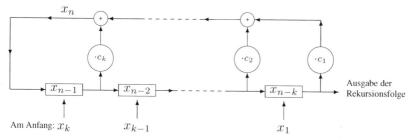

Bemerkung: Diese Sichtweise zeigt, dass homogene lineare Rekursionen die Veränderung eines Parameters eines speziellen diskreten dynamischen Systems (Schieberegister) darstellen. "Diskret" bedeutet, dass das System entsprechend einer Taktung nur zu festen Zeitpunkten beschrieben wird. Die Rekursion liefert mit x_n den Wert des Parameters nach n Takten des Schieberegisters. Demgegenüber werden kontinuierliche dynamische Systeme durch Differentialgleichungen beschrieben (vgl. Abschnitt 8.3).

Ein Schieberegister lässt sich durch eine lineare Abbildung $\alpha : K^k \longrightarrow K^k$ beschreiben (vgl. Beispiel 8, Seite 308):

$$\alpha \begin{pmatrix} x_1 \\ \vdots \\ \vdots \\ x_k \end{pmatrix} = \begin{pmatrix} x_2 \\ \vdots \\ x_k \\ c_k x_k + \cdots + c_1 x_1 \end{pmatrix} = \begin{pmatrix} x_2 \\ \vdots \\ x_k \\ x_{k+1} \end{pmatrix}.$$ Die n-fache Anwendung

von α liefert $\alpha^n \begin{pmatrix} x_1 \\ \vdots \\ x_k \end{pmatrix} = \begin{pmatrix} x_{n+1} \\ \vdots \\ x_{n+k} \end{pmatrix}.$ Bei vorgegebenen Anfangswerten erzeugen die Potenzen von α also die zugehörige Lösung der homogenen linearen Rekursion.

Um formelmäßige Lösungen für vorgegebene Anfangswerte $a_1, \ldots, a_k$ zu finden, berechnen wir die Eigenwerte und Eigenvektoren von α, indem wir zur Matrixdarstellung bezüglich der kanonischen Basis in K^k übergehen. Sei $\mathcal{B} = (e_1, \ldots, e_n)$ die kanonische Basis des K^k, $A = A_\alpha^{\mathcal{B}}$.

Es ist $A_\alpha^{\mathcal{B}} = A = \begin{pmatrix} 0 & 1 & 0 & \cdots & 0 \\ 0 & 0 & 1 & \cdots & \vdots \\ \vdots & \vdots & \vdots & \ddots & 0 \\ 0 & 0 & \cdots & 0 & 1 \\ c_1 & c_2 & \cdots & \cdots & c_k \end{pmatrix}.$

Nach Korollar 10.58 sind die Eigenwerte von α die Nullstellen des charakteristischen Polynoms $\det(tE_n - A)$.

$$\text{Es ist } \det(tE_k - A) \;=\; \det \begin{pmatrix} t & -1 & 0 & \cdots & & 0 \\ 0 & t & -1 & \cdots & & \vdots \\ \vdots & \ddots & \ddots & \ddots & & 0 \\ 0 & 0 & \cdots & t & & -1 \\ -c_1 & -c_2 & \cdots & -c_{k-1} & & t-c_k \end{pmatrix}$$

$$= \; t^k - c_k t^{k-1} - \cdots - c_2 t - c_1,$$

wie man zum Beispiel durch Entwicklung nach der ersten Zeile und Induktion nach k beweist.

Aufgabe: Zeigen Sie bitte, dass $t^k - c_k t^{k-1} - \cdots - c_2 t - c_1$ das charakteristische Polynom von A ist.

Sei d ein Eigenwert und $v(d) \neq 0$ ein zugehöriger Eigenvektor. Aus $Av(d) = dv(d)$ erhält man durch Einsetzen $v(d)_j = d^{j-1}v(d)_1$. Insbesondere ist der zugehörige Eigenraum eindimensional und man kann $v(d)_1 = 1$ annehmen. Mit der Abbildung R aus Theorem 11.8 a) erhält man dann wegen $R(v(d))_{k+n} = (A^n(v(d)))_k$

$$R(v(d)) = (1, d, d^2, \ldots) =: w(d).$$

Es besitze nun A (und damit α) k verschiedene Eigenwerte $d_1, \ldots, d_k$ mit den zugehörigen Eigenvektoren $v(d_1), \ldots, v(d_k)$. Diese bilden eine Basis von K^k. Also ist die Matrix $T = (v(d_1), \ldots v(d_k))$ mit den Spaltenvektoren $v(d_j)$ invertierbar.

Sei $a = (a_1, \ldots a_k)^t$ ein beliebiger Vektor. Wir wollen eine Formel für die rekursive Folge $R(a)$ angeben. Dazu lösen wir das Gleichungssystem $a = Ts = \sum_{j=1}^k s_j v(d_j)$. (Es ist $s = T^{-1}a$.) Damit lässt sich die Lösung der Rekursion zu den Anfangswerten $a_1 \ldots a_k$ angeben als

$$R(a) = \sum_{j=1}^k s_j R(v(d_j)) = \sum_{j=1}^k s_j w(d_j).$$

Wir fassen zusammen:

Satz 11.9. *Gegeben sei die homogene lineare Rekursion*

$$(R_h) \qquad x_n = c_k x_{n-1} + \cdots + c_1 x_{n-k}, \ n \geq k+1,$$

über K.

a) Ist $d \in K$ eine Nullstelle des Polynoms $f(t) = t^k - c_k t^{k-1} - \cdots - c_2 t - c_1$, so ist $w(d) := (1, d, d^2, \ldots)$ eine Lösung von (R_h).

b) Besitzt f sogar k verschiedene Nullstellen $d_1, \ldots, d_k$, so bilden die Folgen $w(d_j) = (1, d_j, d_j^2, \ldots)$, $i = 1, \ldots, k$, eine Basis des Lösungsraums von (R_h).

c) Sei $a = (a_1, \ldots, a_k)^t \in K^k$ ein beliebiger Vektor von Anfangswerten und $s = (s_1, \ldots, s_k)^t$ die eindeutig bestimmte Lösung des Gleichungssystems $\sum_{j=1}^k s_j v(d_j) = a$. Dann ist die Lösung $R(a)$ von (R_h) zu den Anfangswerten $a_1, \ldots, a_k$ gegeben durch $R(a) = \sum_{j=1}^k s_j w(d_j)$.

Man sieht hieran zweierlei:

- Die Berechnung der x_n, also von $R(a)$, nach dieser Formel ist häufig aufwändiger als die rekursive Berechnung.
- Die Bedeutung dieser Darstellung liegt für Rekursionen über $\mathbb{C}$ darin, dass man das Wachstum der a_n abschätzen kann. Wählt man die Bezeichnung so, dass d_1 die betragsmäßig größte der Zahlen $d_1, \ldots, d_k$ ist, so sieht man leicht, dass eine Konstante $C \in \mathbb{R}$ existiert mit

$$|a_n| \leq C \cdot |d_1|^{n-1} \qquad \text{für alle } n \in \mathbb{N}.$$

Aufgabe: Zeigen Sie bitte diese Abschätzung.

Wir verdeutlichen nun das beschriebene Vorgehen am zweiten Eingangsbeispiel der Zahlen b_n bzw. der Fibonacci-Zahlen F_n.

Beispiel:

$$F_n = F_{n-1} + F_{n-2}, \quad n \geq 3, \qquad F_1 = 1, \ F_2 = 1.$$

Die Nullstellen des Polynoms $t^2 - t - 1$ sind $d_1 = \frac{1+\sqrt{5}}{2}$ $d_2 = \frac{1-\sqrt{5}}{2}$. Sie sind verschieden, also sind die Voraussetzungen des letzten Teils von Satz 11.9 erfüllt:

$$(F_1, F_2, F_3, \ldots) = s_1 \cdot (1, d_1, d_1^2, \ldots) + s_2 \cdot (1, d_2, d_2^2, \ldots)$$

Ein Vergleich der ersten beiden Komponenten liefert:

$$1 = s_1 + s_2$$
$$1 = s_1 \cdot \frac{1+\sqrt{5}}{2} + s_2 \cdot \frac{1-\sqrt{5}}{2}$$

Löst man dieses Gleichungssystem nach s_1 und s_2, so ergibt sich $s_1 = \frac{1}{\sqrt{5}} \left(\frac{1+\sqrt{5}}{2} \right)$, $s_2 = -\frac{1}{\sqrt{5}} \left(\frac{1-\sqrt{5}}{2} \right)$. Damit folgt:

$$F_n = \frac{1}{\sqrt{5}} \left(\frac{1+\sqrt{5}}{2} \right)^n - \frac{1}{\sqrt{5}} \left(\frac{1-\sqrt{5}}{2} \right)^n \qquad \text{für alle } n \in \mathbb{N}.$$

Dies ist die geschlossene Form der Fibonacci-Zahlen, eine schöne und auch überraschende Identität. Hätten Sie bei der obigen Einführung der Fibonacci-Zahlen durch die einfache Rekursion bzw. ein einfaches kombinatorisches Problem (F_{n+2} = Anzahl der Bitstrings der Länge n ohne zwei aufeinander folgende Nullen) erwartet, dass sie sich in dieser Art als Differenz zweier irrationaler Ausdrücke darstellen lassen?

Zur Berechnung der F_n wird man eher die Rekursion als diesen Ausdruck verwenden. Allerdings sieht man, dass sich wegen $-1 < \frac{1-\sqrt{5}}{2} < 1$, der zweite Term der Gleichung mit wachsendem n der Null annähert. F_n ist tatsächlich die nächste ganze Zahl zu $\frac{1}{\sqrt{5}} \left(\frac{1+\sqrt{5}}{2} \right)^n$. Das zeigt auch deutlich das exponentielle Wachstum der Fibonacci-Zahlen.

Der Term $\frac{1+\sqrt{5}}{2}$ hat übrigens eine wichtige geometrische Bedeutung. Er ist die Zahl des *goldenen Schnittes*: Teilt man eine Strecke in zwei Teilstrecken der Längen $M > m$ so, dass $\frac{M+m}{M} = \frac{M}{m}$, dann erhält man

$$\frac{M}{m} = \frac{1 + \sqrt{5}}{2}.$$

Aufgaben:

1. Sei A das Alphabet $\{o, 1, *\}$. Sei a_n die Anzahl aller Strings (also Folgen) der Länge n über A, die keine zwei aufeinander folgenden $*$-Symbole enthalten.
   Zeigen Sie bitte, dass $a_1 = 3, a_2 = 8$ und $a_n = 2a_{n-1} + 2a_{n-2}$ für $n \geq 3$. Geben Sie eine explizite Formel für a_n an, die nur von n abhängt.
2. Bestimmen Sie bitte alle Lösungen der Rekursion $x_n = x_{n-1} + x_{n-2}$ über dem Körper $\mathbb{K}_2$ und zeigen Sie, dass für jede Lösung gilt: $x_n = x_{n+3}$ für alle $n \in \mathbb{N}$.
3. Implementieren Sie eine rekursive Funktion *fib(n)*, die die n–te Fibonacci-Zahl berechnet.

Bemerkung: Betrachtet man Rekursionen über $\mathbb{C}$, so zerfällt das im Satz 11.9 angegebene Polynom nach dem Fundamentalsatz der Algebra (Theorem 10.63) immer in Linearfaktoren. Die Nullstellen müssen aber nicht alle verschieden sein, so dass Satz 11.9 nicht anwendbar ist. Aber auch in diesem Fall kann man eine Basis des Lösungsraums der betreffenden homogenen Rekursion der Ordnung k angeben, die zu geschlossenen Formeln führt, wenn die ersten k Anfangsglieder der Rekursion vorgegeben sind. Eine ringtheoretische Behandlung der linearen Rekursionen findet man in [15, Kapitel 12.3].

Wir wollen uns jetzt noch kurz inhomogenen linearen Rekursionen zuwenden. Nach Theorem 11.8 benötigen wie eine spezielle Lösung, um dann mit dem Lösungsraum der zugehörigen homogenen Rekursion alle Lösungen zu erhalten. Wie man eine solche spezielle Lösung erhalten kann, hängt natürlich von der Art der Funktion $g(n)$, die die Inhomogenität beschreibt, ab.

Wir betrachten im Folgenden einen wichtigen Typ, nämlich den, bei dem $g(n)$ von der Form $g(n) = a \cdot r^n, a, r \neq 0$, ist. Also:

$(R) \qquad x_n = c_k x_{n-1} + \cdots + c_1 x_{n-k} + ar^n \qquad$ für $n \geq k + 1$.

Motiviert durch den Fall $c_1 = \cdots = c_k = 0$ überlegen wir, wann $(er, er^2, er^3, \dots)$ für ein $e \in K$ eine spezielle Lösung von (R) ist.

Dies ist genau dann der Fall, wenn $er^n = c_k er^{n-1} + \cdots + c_1 er^{n-k} +$

ar^n für alle $n \geq k + 1$. Dividiert man durch r^{n-k}, so zeigt sich, dass diese unendlich vielen Gleichungen äquivalent dazu sind, dass

$$e(r^k - c_k r^{k-1} - \cdots - c_1) = ar^k.$$

Folglich existiert ein solches e, wenn $r^k - c_k r^{k-1} - \cdots - c_1 \neq 0$, d. h. wenn r keine Nullstelle des zur zugehörigen homogenen Rekursion gehörenden Polynoms $f(t)$ aus Satz 11.9 ist. In diesem Fall setzt man $e = \frac{a}{c} r^k$, wobei $c = r^k - c_k r^{k-1} - \cdots - c_1$. Wir haben also gezeigt:

Satz 11.10. *Gegeben sei die lineare Rekursion*
   (R) $\qquad x_n = c_k x_{n-1} + \cdots + c_1 x_{n-k} + ar^n, \ n \geq k + 1,$
wobei $c_1, \ldots, c_k, a, r \in K$, *und* $a, r \neq 0$.
Ist $c := r^k - c_k r^{k-1} - \cdots - c_1 \neq 0$, *so ist* $w = (er, er^2, er^3, \ldots)$ *eine Lösung von* (R), *wobei* $e = \frac{a}{c} r^k$.
Die sämtlichen Lösungen von (R) *werden also durch die Menge* $w + L$ *beschrieben, wobei* L *der Lösungsraum der zu* (R) *gehörenden homogenen Rekursion ist.*

Beispiel: Wir behandeln die Rekursion aus dem ersten Eingangsbeispiel (Türme von Hanoi):
$$a_n = 2a_{n-1} + 1 \qquad \text{für} \quad n \geq 2, \quad a_1 = 1.$$
Dazu bestimmen wir zunächst alle Lösungen der Rekursion
   (R) $\qquad x_n = 2x_{n-1} + 1, \qquad n \geq 2$
ohne Anfangsbedingung.

Nach Theorem 11.8 müssen wir zunächst den (1-dimensionalen) Lösungsraum L der zugehörigen homogenen Rekursion
   (R_h) $\qquad x_n = 2x_{n-1}$
bestimmen. Man sieht direkt (oder mit Satz 11.9), dass $L = \{s \cdot (1, 2, 2^2, 2^3, \ldots) : s \in K\}$. Nun benötigen wir eine spezielle Lösung von (R). Dies geschieht mit Satz 11.10: $a = r = 1$. Da 1 keine Nullstelle von $t - 2$ ist, folgt wegen $c = 1 - 2 = -1$, $e = -1$, dass $(-1, -1, -1, \ldots)$ eine Lösung von (R) ist. Jede Lösung von (R) ist also von der Form $(s - 1, 2s - 1, 2^2 s - 1, \ldots)$ mit $s \in K$.
Die spezielle Lösung bei den Türmen von Hanoi hat die Anfangsbedingung $a_1 = 1$. Dann muss $s - 1 = 1$ gelten, also $s = 2$. Damit ist $(a_1, a_2, \ldots) = (2^1 - 1, 2^2 - 1, 2^3 - 1, \ldots)$, d. h. $a_n = 2^n - 1$ für alle $n \in \mathbb{N}$.

Aufgabe: Bestimmen Sie alle Lösungen der Rekursion $x_n = x_{n-1} + 2x_{n-2} + 1, n \geq 3$.

Wiederholung

Begriffe: Lineare Rekursion der Ordnung k, homogene Rekursion, inhomogene Rekursion.
Sätze: Satz über die Lösungmengen linearer Rekursionen, Basis des Lösungsraums einer homogenen linearen Rekursion, Satz über die Lösungen spezieller inhomogener Rekursionen.

12. Affine Geometrie

Motivation und Überblick

Betreibt man Geometrie und verwendet dafür Vektorräume und Koordinaten, so tritt eine Unannehmlichkeit auf. Koordinaten werden bezüglich einer Basis festgelegt, und die durch die Basisvektoren bestimmten Geraden ('Koordinatenachsen') gehen alle durch den Nullpunkt. Die Theorie der Vektorräume sieht nicht vor, einen anderen Punkt als Ursprung eines Koordinatensystems festzulegen, was aus geometrischen Gründen oft sinnvoll wäre und die Beschreibung geometrischer Objekte vereinfachen könnte. Mit dem Begriff des affinen[1] Raums wird dieser Mangel beseitigt. Wir führen zunächst den abstrakten Begriff des affinen Raums ein, bei dem präzise zwischen Punkten und Vektoren unterschieden wird. Wir werden dann sehen, wie man jeden Vektorraum zu einem affinen Raum machen kann, wobei Vektorunterräume und deren Nebenklassen zu gleichwertigen affinen Unterräumen werden. In Verallgemeinerung der linearen Abbildungen untersuchen wir affine Abbildungen, insbesondere die Kongruenzabbildungen Euklidischer affiner Räume, die z. B. für die Computergraphik und Robotik unverzichtbar sind.

12.1 Affine Räume

Motivation und Überblick

Wir führen den Begriff des affinen Raums ein und zeigen, wie man jeden Vektorraum als affinen Raum auffassen kann. Wir erläutern, was man unter affinen Unterräumen, affinen Basen und affiner Dimension versteht und beweisen das Analogon der Dimensionsformel für Summen von Untervektorräumen für Verbindungsräume affiner Unterräume.

12.1.1 Allgemeine affine Räume

Die anschaulich geometrische Bedeutung von Vektoren, die durch Länge und Richtung bestimmt sind und die man an jedem Punkt der Ebene oder des Raumes 'anheften' kann, lässt sich mit dem Begriff des (Euklidischen) Vektorraums nicht vollständig fassen. Hierzu benötigt man affine Räume.

---

[1] *affinis* (Lat.): benachbart, verwandt; der Name wird in der Bemerkung auf S. 399 erläutert.

Definition 12.1. *Sei V ein Vektorraum über dem Körper K. Eine Menge A heißt* **affiner Raum** *mit zugehörigem Vektorraum V, falls eine Abbildung $A \times V \to A$, $(p, v) \mapsto p + v$, existiert mit folgenden Eigenschaften:*

(1) $p + o = p$ für alle $p \in A$.

(2) Zu je zwei $p, q \in A$ existiert **genau** *ein $v \in V$ mit $p + v = q$. Der Vektor v wird mit $\overrightarrow{pq}$ bezeichnet ("Verbindungsvektor" von p und q).*

(3) $p + (v + w) = (p + v) + w$ für alle $p \in A$, $v, w \in V$.

Zu beachten ist die doppelte Bedeutung des Symbols '+' sowohl für die Addition in V als auch für das 'Operation' von V auf A. Im Sinne der Informatik ist das Operator-Symbol also überladen, da es je nach dem Typ der Argumente verschiedene Operationen bezeichnet.

$(p, v) \mapsto p + v$ bescheibt anschaulich gesprochen das 'Antragen' eines Vektors v an einen Punkt p.

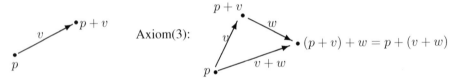

Eine (affine) Gerade durch einen Punkt $p \in A$ in Richtung $v \in V$ besteht aus allen Punkten $p + kv$, $k \in K$, kurz $p + \langle v \rangle$. Eine Gerade durch zwei Punkte p und q in A wird dementsprechend durch $p + \langle \overrightarrow{pq} \rangle$ beschrieben.

Wir verallgemeinern:

Definition 12.2. *Sei A ein affiner Raum mit zugehörigem Vektorraum V. Ein* **affiner Unterraum** *von A ist von der Form $p + U := \{p + u : u \in U\}$, wobei $p \in A$ und U ein Unterraum von V ist.*

Aufgabe: Zeigen Sie bitte: Eine Teilmenge B des affinen Raums A mit zugehörigem Vektorraum V ist genau dann ein affiner Unterraum von A, wenn B selbst ein affiner Raum bezüglich eines Unterraums von V ist.

Wir werden später zwar durchweg mit dem Standardbeispiel affiner Räume arbeiten (siehe Abschnitt 12.1.2); zur Demonstration, wie man mit Definition 12.1 umgeht, wollen wir folgenden Satz über die Gleichheit affiner Unterräume beweisen:

Satz 12.3. *Seien $B_1 = p_1 + U_1$, $B_2 = p_2 + U_2$ affine Unterräume von A. Dann ist $B_1 = B_2$ genau dann, wenn $U_1 = U_2$ und $\overrightarrow{p_1 p_2} \in U_1$.*

Beweis: Sei $B_1 = B_2$. Dann ist $p_2 \in B_1$, also $p_2 = p_1 + \tilde{u}_1$ für ein $\tilde{u}_1 \in U_1$, d. h. $\overrightarrow{p_1 p_2} = \tilde{u}_1 \in U_1$.

Sei nun $u_2 \in U_2$. Dann ist $p_2 + u_2 = p_1 + u_1$ für ein $u_1 \in U_1$. Mit Eigenschaft (3) aus Definition 12.1 folgt $p_1 + (\tilde{u}_1 + u_2) = (p_1 + \tilde{u}_1) + u_2 = p_2 + u_2 = p_1 + u_1$. Nach Eigenschaft (2) ist daher $\tilde{u}_1 + u_2 = u_1$, also $u_2 = u_1 - \tilde{u}_1 \in U_1$. Damit ist $U_2 \subseteq U_1$ gezeigt. Die umgekehrte Inklusion zeigt man genauso.

Sei nun $U_1 = U_2 =: U$ und $\overrightarrow{p_1 p_2} = \tilde{u} \in U$. Dann gilt für jedes $u \in U$: $p_1 + u = p_1 + (\tilde{u} + u - \tilde{u}) = (p_1 + \tilde{u}) + (u - \tilde{u}) = p_2 + (u - \tilde{u}) \in p_2 + U$, d. h. $B_1 \subseteq B_2$. Die umgekehrte Inklusion folgt analog. □

Wir zeigen nun, wie man in affinen Räumen Koordinaten einführen kann, wobei der Ursprungspunkt beliebig wählbar ist.

Wählt man irgendeinen Punkt $p_0 \in A$, so lässt sich jeder Punkt $p \in A$ eindeutig darstellen in der Form $p_0 + v$. Ist $(v_1, \ldots, v_n)$ eine Basis von V, so ist $p = p_0 + \sum_{i=1}^{n} a_i v_i$ mit eindeutig bestimmten $a_i \in K$. Setzt man $p_i = p_0 + v_i$, so sind die a_i durch p_0 und $p_1, \ldots, p_n$ bestimmt, denn $v_i = \overrightarrow{p_0 p_i}$. Dies führt zu folgender Definition.

Definition 12.4. *Sei A ein affiner Raum mit zugehörigem Vektorraum V über K.*

a) $p_0, \ldots, p_r \in A$ heißen **affin unabhängig** *(oder* **in allgemeiner Lage**)*, falls $\overrightarrow{p_0 p_1}, \ldots, \overrightarrow{p_0 p_r}$ linear unabhängig in V sind.*

b) $(p_0; p_1, \ldots, p_n) \in A$ bilden eine **affine Basis**, *falls $\overrightarrow{p_0 p_1}, \ldots, \overrightarrow{p_0 p_n}$ eine Basis von V bilden.*

c) Ist $(p_0; p_1, \ldots, p_n)$ eine affine Basis von V, so lässt sich jedes $p \in A$ eindeutig darstellen als

$$p = p_0 + \sum_{i=1}^{n} a_i \overrightarrow{p_0 p_1}, \; a_i \in K.$$

$(a_1, \ldots, a_n)$ heißen die **affinen Koordinaten** *von p bezüglich der affinen Basis $(p_0; p_1, \ldots, p_n)$ mit Ursprung p_0.*

Beachten Sie, dass p_0 die Koordinaten $(0, \ldots, 0)$ besitzt und p_i die Koordinaten $(0, \ldots, 0, \underset{\uparrow i}{1}, 0, \ldots, 0)$. Man kann also jeden beliebigen Punkt von A zum Nullpunkt eines affinen Koordinatensystems machen und rechnet dann mit Koordinaten wie im K^n.

Aufgabe: Zeigen Sie bitte: Sind $p_0, \ldots, p_r \in A$ und $\overrightarrow{p_0 p_1}, \ldots, \overrightarrow{p_0 p_r}$ linear unabhängig, so gilt auch für jedes $i \in \{1, \ldots, r\}$, dass $\{\overrightarrow{p_i p_j} : j = 0, \ldots, r, \; j \neq i\}$ linear unabhängig ist.

Wir wenden uns nun gleich dem Standard-Beispiel affiner Räume zu.

12.1.2 Der affine Raum $A(V)$

Sei V ein K-Vektorraum. Wir bilden einen affinen Raum $A(V)$, für den die Menge der Punkte A mit dem Vektorraum V übereinstimmt: $A = V$.

Die Operation $A \times V \to V$ ist dann die normale Addition in V. Die Eigenschaften
(1)–(3) aus Definition 12.1 folgen einfach daraus, dass $(V, +)$ eine Gruppe ist: (1)
ist die Eigenschaft des neutralen Elements, (2) wird mit $\vec{pq} = q - p$ aufgrund der
Existenz der Inversen erfüllt und (3) ist das Assoziativgesetz.

$A(V)$ ist das **Standard-Beispiel** eines affinen Raums mit Vektorraum V.

$A(V)$ ist tatsächlich nicht so speziell, wie es auf den ersten Blick erscheinen mag.
Aufgrund von Eigenschaft (2) in Definition 12.1 kann man auf jeden affinen Raum
A nach Auswahl eines Punktes p_0 die Vektorraumstruktur des zugehörigen Vektor-
raums V übertragen durch $p + q := \vec{p_0 p} + \vec{p_0 q}$, $kp := k\vec{p_0 p}$ für $p, q \in A$, $k \in K$.
Der Punkt p_0 wird dann zum Nullvektor.

Dementsprechend hätten wir auch gleich $A(V)$ zur Definition eines affinen Raums
verwenden können. Wir haben den allgemeinen Zugang in Abschnitt 12.1.1 deswegen gewählt, weil an ihm die unterschiedliche Rolle von Punkten und Vektoren
deutlich wird.

Wenn wir die Überlegungen und Definitionen aus Abschnitt 12.1.1 auf $A(V)$ anwenden, ergibt sich:

- Betrachten wir die Elemente von $A(V)$ als Punkte, so ist keiner ausgezeichnet; o
  spielt dieselbe Rolle wie jedes andere $v \in V$.
- Betrachten wir die Elemente von $A(V)$ als Vektoren des zugehörigen Vektorraums, so bewirkt jedes $v \in V$ eine bijekte Abbildung $t_v : V \to V$, $p \mapsto p + v$
  (auf der Menge der Punkte). Wir nennen t_v die **Translation** (oder Verschiebung)
  mit dem Vektor v. Die anschauliche Vorstellung des Anheftens eines "freien Vektors" an jeden Punkt ist also nichts anderes als die Anwendung der Translation t_v
  auf jeden Punkt.

Obwohl in $A(V)$ Punkte und Vektoren die gleichen Objekte sind, werden wir im
Folgenden in der Regel durch die Wahl der Bezeichnung $(p, q; u, v, w)$ ihre unterschiedliche Rolle verdeutlichen.

Die **affinen Unterräume von** $A(V)$ sind entsprechend Definition 12.2 gerade die
Nebenklassen $p + U$ der Vektorunterräume U von V. Letztere sind also jetzt spezielle affine Unterräume.

Nach Satz 12.3 sind zwei affine Unterräume $p_1 + U_1$ und $p_2 + U_2$ genau dann
gleich, wenn $U_1 = U_2$ und $p_1 - p_2 \in U_1$. Insbesondere gilt: Ist $p \in p_1 + U_1$, so ist
$p + U_1 = p_1 + U_1$.

Ist $B = p + U$ ein affiner Unterraum von $A(V)$ und $(u_1, \ldots, u_r)$ eine Basis des
Vektorraums U, so ist $B = \{p + a_1 u_1 + \cdots + a_r u_r : a_1, \ldots, a_r \in K\}$. Man nennt
eine solche Beschreibung auch **Parameterdarstellung** von B.

Benutzen Sie nun bitte das Applet "Funktionengraph im Raum". Schauen Sie sich Geraden und Ebenen im $A(\mathbb{R}^3)$ an. Lassen Sie sich drei Vektoren (ausgehend vom Nullpunkt) zeichnen, so dass die durch sie bestimmten Punkte in allgemeiner Lage sind. (Was heißt das in $A(\mathbb{R}^3)$?) Berechnen Sie die Ebene durch diese Punkte und lassen Sie sich diese Ebene zeichnen.

$(p_0; p_1, \ldots, p_n)$ bilden eine **affine Basis** von $A(V)$, wenn $(p_1 - p_0, \ldots, p_n - p_0)$ eine Basis des Vektorraums V bilden.

Die **affinen Koordinaten** $(a_1, \ldots, a_n)$ eines Punktes $q \in A(V)$ bezüglich der affinen Basis $(p_0; p_1, \ldots, p_n)$ ergeben sich dann aus $q = p_0 + \sum_{i=1}^{n} a_i(p_i - p_0)$. Der Ursprungspunkt p_0 hat dann die Koordinaten $(0, \ldots, 0)$.

Dies ist genau die geometrisch wünschenswerte Eigenschaft der freien Wählbarkeit des Koordinatenursprungs.

Beispiel: Wir betrachten $A(\mathbb{R}^3)$. Die Punkte sind hier von vornherein mit ihren Koordinaten bezüglich der affinen Basis (o, e_1, e_2, e_3) angegeben. Wählen wir z. B. $p_0 = \begin{pmatrix} 1 \\ -2 \\ -3 \end{pmatrix}$,

$p_1 = \begin{pmatrix} 1 \\ 1 \\ 1 \end{pmatrix}$, $p_2 = \begin{pmatrix} 1 \\ -1 \\ -2 \end{pmatrix}$, $p_3 = \begin{pmatrix} 0 \\ 1 \\ 2 \end{pmatrix}$, so sind $p_1 - p_0 = \begin{pmatrix} 0 \\ 3 \\ 4 \end{pmatrix}$, $p_2 - p_0 =$

$\begin{pmatrix} 0 \\ 1 \\ 1 \end{pmatrix}$, $p_3 - p_0 = \begin{pmatrix} -1 \\ 3 \\ 5 \end{pmatrix}$ linear unabhängig und $(p_0; p_1, p_2, p_3)$ ist daher eine affine

Basis mit Ursprung p_0 in $A(\mathbb{R}^3)$. Bezüglich dieser affinen Basis hat etwa $q = \begin{pmatrix} 3 \\ -1 \\ 0 \end{pmatrix}$

wegen $q - p_0 = \begin{pmatrix} 2 \\ 1 \\ 3 \end{pmatrix} = 6(p_1 - p_0) - 11(p_2 - p_0) - 2(p_3 - p_0)$ die affinen Koordinaten

$(6, -11, -2)$.

Aufgabe: Bestimmen Sie bitte die affinen Koordinaten von e_1, e_2, e_3 bezüglich der im obigen Beispiel angegebenen affinen Basis von $A(\mathbb{R}^3)$.

Benutzen Sie nun bitte das Applet "Koordinatentransformation". Die dort frei wählbaren Vektoren a und b definieren zusammen mit dem (frei wählbaren) Ursprung u das Koordinatensystem. Durch den schwarzen Punkt werden die Streckfaktoren x, y festgelegt. Der rote Punkt ist dann der entsprechende Punkt im gewählten Koordinatensystem. Sie können die Koordinaten der Vektoren direkt eingeben oder ihre Endpunkte mit der Maus bewegen.

Wir wenden uns jetzt den affinen Unterräumen von $A(V)$ zu.

Ist V endlich-dimensional und $B = p + U$ ein affiner Unterraum von $A(V)$, so wird die **affine Dimension** von B, $\dim(B)$, als $\dim(U)$ definiert. Dies ist wohldefiniert nach Satz 12.3. Die 0-dimensionalen Unterräume entsprechen also gerade den Punkten in $A(V)$.

In affinen Räumen kann man den Begriff der "Parallelität" einführen.

Definition 12.5. *Seien* $B_1 = p_1 + U_1$, $B_2 = p_2 + U_2$ *affine Unterräume von* $A(V)$. B_1 *und* B_2 *heißen* **parallel** $(B_1 \| B_2)$, *falls* $U_1 \subseteq U_2$ *oder* $U_2 \subseteq U_1$.

Diese Definition entspricht für affine Geraden oder Ebenen genau der anschaulichen Vorstellung von Parallelität. Da wir aber auch Parallelität zwischen Unterräumen unterschiedlicher Dimension definiert haben, ist 'Parallelität' keine Äquivalenzrelation auf der Menge der affinen Unterräume.

Aufgabe: Geben Sie drei affine Unterräume B_1, B_2, B_3 im $A(\mathbb{R}^3)$ an, so dass $B_1 \| B_2$, $B_2 \| B_3$ gilt, aber B_1 nicht parallel zu B_3 ist.

Wir betrachten nun Schnitte affiner Unterräume.

Satz 12.6. *Seien* B_i, $i \in I$, *affine Unterräume von* $A(V)$, $B_i = p_i + U_i$.
Ist $\bigcap_{i \in I} B_i \neq \emptyset$, *so ist* $\bigcap_{i \in I} B_i$ *ein affiner Unterraum von* $A(V)$.
Genauer: Ist $p \in \bigcap_{i \in I} B_i$, *so ist* $\bigcap_{i \in I} B_i = p + \bigcap_{i \in I} U_i$.

Beweis: Wie zeigen den Satz für zwei Unterräume. Der allgemeine Fall wird analog bewiesen. Sei $p \in B_1 \cap B_2$. Dann ist $B_1 = p + U_1$, $B_2 = p + U_2$ und $p + (U_1 \cap U_2) \subseteq B_1 \cap B_2$. Ist umgekehrt $q = p + u_1 = p + u_2 \in B_1 \cap B_2$, so folgt $u_1 = u_2 \in U_1 \cap U_2$, $q \in p + (U_1 \cap U_2)$.
□

Aufgabe:

$$\text{Seien } B_1 = \begin{pmatrix} 0 \\ 0 \\ 1 \end{pmatrix} + \left\langle \begin{pmatrix} 0 \\ 1 \\ 0 \end{pmatrix}, \begin{pmatrix} 2 \\ 0 \\ -1 \end{pmatrix} \right\rangle, \ B_2 = \begin{pmatrix} 2 \\ 0 \\ 0 \end{pmatrix} + \left\langle \begin{pmatrix} -2 \\ 4 \\ 1 \end{pmatrix}, \begin{pmatrix} -2 \\ 0 \\ 2 \end{pmatrix} \right\rangle,$$

$$B_3 = \begin{pmatrix} 2 \\ 0 \\ 0 \end{pmatrix} + \left\langle \begin{pmatrix} -2 \\ 4 \\ 1 \end{pmatrix}, \begin{pmatrix} -6 \\ 2 \\ 3 \end{pmatrix} \right\rangle.$$

Bestimmen Sie bitte $B_1 \cap B_2$ und $B_1 \cap B_3$ in $A(\mathbb{R}^3)$.

Definition 12.7. *Seien* B_i, $i \in I$, *affine Unterräume des affinen Raums* $A(V)$. *Dann existiert nach Satz 12.6 ein eindeutig bestimmter kleinster affiner Unterraum* B *von* $A(V)$ *mit* $B_i \subseteq B$ *für alle* $i \in I$, *nämlich* $B = \cap \{C :$ C *affiner Unterraum von* $A(V)$, $B_i \subseteq C$ *für alle* $i \in I\}$.
B *heißt* **Verbindungsraum** *der* B_i, $B = \bigvee_{i \in I} B_i$.
Den Verbindungsraum endlich vieler Räume bezeichnet man auch mit $B_1 \vee B_2 \vee \cdots \vee B_n$.
Sind alle B_i *0-dimensional, d. h.* $B_i = \{p_i\}$, $p_i \in A(V)$, *so schreibt man* $B = \bigvee_{i \in I} p_i$.

Aufgabe: Zeigen Sie bitte, dass $p_1 \vee \cdots \vee p_n = p_1 + \langle p_2 - p_1, \ldots, p_n - p_1 \rangle$.

Theorem 12.8. (Dimension des Verbindungsraumes) *Seien B_1, B_2 affine Unterräume von $A(V)$, $B_1 = p_1 + U_1$, $B_2 = p_2 + U_2$.*

a) Ist $B_1 \cap B_2 \neq \emptyset$, so ist $B_1 \vee B_2 = p_1 + (U_1 + U_2)$.
Ist $A(V)$ endlich-dimensional, so gilt in diesem Fall
$\dim(B_1 \vee B_2) = \dim(B_1) + \dim(B_2) - \dim(B_1 \cap B_2)$.
b) Ist $B_1 \cap B_2 = \emptyset$, so ist $B_1 \vee B_2 = p_1 + ((U_1 + U_2) \oplus \langle p_2 - p_1 \rangle)$.
Ist $A(V)$ endlich-dimensional, so gilt in diesem Fall $\dim(B_1 \vee B_2) = \dim(B_1) + \dim(B_2) - \dim(U_1 \cap U_2) + 1$.

Wir verdeutlichen die beiden Teile des Theorems am Beispiel zweier Geraden $B_i = g_i$:

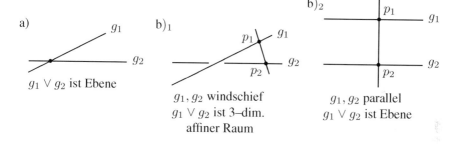

a)

$g_1 \vee g_2$ ist Ebene

b)$_1$

g_1, g_2 windschief
$g_1 \vee g_2$ ist 3–dim.
affiner Raum

b)$_2$

g_1, g_2 parallel
$g_1 \vee g_2$ ist Ebene

Beweis: a) Sei $p \in B_1 \cap B_2$. Dann ist $B_i = p + U_i$, $i = 1, 2$, und $B_1, B_2 \subseteq p + (U_1 + U_2)$. Also $B_1 \vee B_2 \subseteq p + (U_1 + U_2) = p_1 + (U_1 + U_2)$. Sei $C = q + U \supseteq B_1, B_2$. Dann ist auch $C = p_1 + U = p_2 + U$ und es folgt $U \supseteq U_1, U_2$. Daher ist $C \supseteq p_1 + (U_1 + U_2)$ und damit $B_1 \vee B_2 = p_1 + (U_1 + U_2)$.

b) Es ist $B_1 \vee B_2 = p_1 + U$ für einen Unterraum U von V. Da $p_1, p_2 \in B_1 \vee B_2$, ist $p_2 - p_1 \in U$. Daher folgt $B_0 := p_1 + \langle p_2 - p_1 \rangle \subseteq B_1 \vee B_2 = B_1 \vee B_0 \vee B_2$.
Nach Teil a) ist $B_2 \vee B_0 = p_2 + (U_2 + \langle p_2 - p_1 \rangle)$, denn $p_2 \in B_2 \cap B_0$. Da $p_1 \in B_1 \cap (B_2 \vee B_0)$, liefert nochmalige Anwendung von a), dass $B_1 \vee B_2 = B_1 \vee (B_0 \vee B_2) = p_1 + (U_1 + U_2 + \langle p_2 - p_1 \rangle)$.
Es bleibt zu zeigen, dass $(U_1 + U_2) \cap \langle p_2 - p_1 \rangle = \{o\}$. Ist dies nicht der Fall, so ist $p_2 - p_1 = u_1 + u_2 \in U_1 + U_2$. Sei $q = p_2 - u_2 = p_1 + u_1$. Dann folgt $q + U_1 = (p_1 + u_1) + U_1 = p_1 + U_1 = B_1$ und $q + U_2 = (p_2 - u_2) + U_2 = p_2 + U_2 = B_2$, d. h. $q \in B_1 \cap B_2$, ein Widerspruch. $\square$

Beispiel: Es sei $p_1 = (1, 0, 0, 0, 0)^t$, $u_1 = (1, 2, 0, 0, 0)^t$, $u_1' = (0, 1, 1, 1, 1)^t$ und $p_2 = (1, 1, 1, 2, 1)^t$, $u_2 = (1, 0, -2, -2, -2)^t$, $u_2' = (0, 0, 0, 0, 1)^t$, $U_1 = \langle u_1, u_1' \rangle$, $U_2 = \langle u_2, u_2' \rangle$. Dann sind $B_1 = p_1 + U_1$, $B_2 = p_2 + U_2$ affine Unterräume von $A(\mathbb{R}^5)$. Wir bestimmen $B_1 \cap B_2$.
$v_1 + x_1 u_1 + x_2 u_2 = v_2 + x_3 u_1' + x_4 u_2'$ führt auf das LGS

$$\begin{pmatrix} 1 & 0 & -1 & 0 \\ 2 & 1 & 0 & 0 \\ 0 & 1 & 2 & 0 \\ 0 & 1 & 2 & 0 \\ 0 & 1 & 2 & -1 \end{pmatrix} \begin{pmatrix} x_1 \\ x_2 \\ x_3 \\ x_4 \end{pmatrix} = \begin{pmatrix} 0 \\ 1 \\ 1 \\ 2 \\ 1 \end{pmatrix}.$$

Anwendung des Gauß-Algorithmus zeigt, dass dieses LGS nicht lösbar ist. Also ist $B_1 \cap B_2 = \emptyset$.

Die Bestimmung von $U_1 \cap U_2$ führt auf das zu obigem LGS gehörende homogene Gleichungssystem. Mit dem Gauß-Algorithmus bestimmt man dessen Lösung $\langle (1, 0, -2, -2, -2)^t \rangle$. Also ist $\dim(U_1 \cap U_2) = 1$ und mit Theorem 12.8 b) folgt $\dim(B_1 \vee B_2) = 2 + 2 - 1 + 1 = 4$. $B_1 \vee B_2$ lässt sich dann leicht wie in Theorem 12.8 b) angegeben bestimmen.

Aufgabe: Führen Sie bitte das obige Beispiel vollständig aus und geben Sie $B_1 \vee B_2$ explizit an.

Beispiel: Wir zeigen zum Abschluss dieses Abschnitts als einfaches Beispiel für das vorteilhafte Rechnen mit Koordinaten den (ersten) Strahlensatz:
Sei $(p_0; p_1, p_2)$ affine Basis eines 2-dimensionalen affinen Raums über K, $q_1 \in p_0 \vee p_1$, $q_2 \in p_0 \vee p_2$, $q_1 \neq q_2$; $p_1 \vee p_2$ und $q_1 \vee q_2$ seien parallel.
Dann gilt: Ist $\overrightarrow{p_0 q_1} = t \overrightarrow{p_0 p_1}$, so ist $\overrightarrow{p_0 q_2} = t \overrightarrow{p_0 p_2}$.

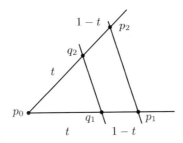

Wir rechnen mit Koordinaten bezüglich $(p_0; p_1, p_2)$. Also $p_0 = \begin{pmatrix} 0 \\ 0 \end{pmatrix}$, $p_1 = \begin{pmatrix} 1 \\ 0 \end{pmatrix}$,

$p_2 = \begin{pmatrix} 0 \\ 1 \end{pmatrix}$, wenn wir die Punkte und ihre Koordinatenvektoren identifizieren. Dann ist

$q_1 = \begin{pmatrix} t \\ 0 \end{pmatrix}$ und $q_2 = \begin{pmatrix} 0 \\ s \end{pmatrix}$ für ein $s \in K$. Da $q_1 \vee q_2 \| p_1 \vee p_2$, ist $q_1 \vee q_2 = q_1 + \langle \overrightarrow{p_1 p_2} \rangle$. $q_2 = q_1 + r \cdot \overrightarrow{p_1 p_2}$ für ein $r \in K$ drückt sich in Koordinaten aus durch $\begin{pmatrix} 0 \\ s \end{pmatrix} = \begin{pmatrix} t \\ 0 \end{pmatrix} + \begin{pmatrix} -r \\ r \end{pmatrix}$, also $s = r = t$.

12.1.3 Euklidische affine Räume

In diesem Abschnitt sei $K = \mathbb{R}$. Wir nennen $A(V)$ einen **Euklidischen affinen Raum**, falls V ein Euklidischer Vektorraum mit Skalarprodukt $(.|.)$ ist.

Der **Abstand** zweier Punkte $p, q \in A(V)$ ist dann $\| q - p \|$. Für drei Punkte $p, q, q' \in A(V)$ mit $q \neq p \neq q'$ ist der von diesen Punkten gebildete **Winkel** mit Scheitel p definiert als der Winkel zwischen den Vektoren $q - p$ und $q' - p$, also $\arccos \frac{(q-p \mid q'-p)}{\|q-p\| \, \|q'-p\|} \in [0, \pi]$.

Zwei affine Unterräume $B_1 = p_1 + U_1$, $B_2 = p_2 + U_2$ sind **orthogonal** (sind **senkrecht** zueinander), falls die Vektorräume U_1, U_2 orthogonal sind, d. h. $U_1 \subseteq U_2^\perp$ (oder äquivalent $U_2 \subseteq U_1^\perp$).

In jedem affinen Raum (nicht nur im Euklidischen) lässt sich ein affiner Unterraum $B = p + U$ durch eine Parameterdarstellung beschreiben (unter Verwendung von p und einer Basis von U) oder als Lösungsmenge eines linearen Gleichungssystems (vgl. Satz 11.5). In Euklidischen affinen Räumen gibt es unter den möglichen Darstellungsformen der letztgenannten Art eine besonders ausgezeichnete, indem man U als Kern der Projektion $\pi_{U, U^\perp}$ von V auf $U^\perp$ beschreibt. Ist $u'_1, \dots u'_r$ eine Basis von $U^\perp$, so ist $U = \{u : (u \mid u'_i) = 0 \text{ für } i = 1, \dots, r\}$. Es ist $q \in B = p + U$ genau dann, wenn $q - p \in U$, also $(q - p \mid u'_i) = 0$ für $i = 1, \dots, r$. Damit ergibt sich für B die Darstellung $B = \{q : (q \mid u'_i) = (p \mid u'_i) \text{ für } i = 1, \dots, r\}$.

Wir wollen uns diese Darstellungen und weitere geometrische Anwendungen des Skalarprodukts in den 2- und 3-dimensionalen Euklidischen affinen Räumen genauer ansehen.

12.1.4 Geometrische Anwendungen in $A(\mathbb{R}^2)$ und $A(\mathbb{R}^3)$

Geraden in der Ebene $A(\mathbb{R}^2)$. Ist $p = \begin{pmatrix} p_1 \\ p_2 \end{pmatrix}$ ein Punkt in $A(\mathbb{R}^2)$ und $u = \begin{pmatrix} u_1 \\ u_2 \end{pmatrix} \neq \begin{pmatrix} 0 \\ 0 \end{pmatrix}$ eine vorgebene Richtung, so ist

$$g = \{p + ku : k \in \mathbb{R}\}$$

die **Parameterdarstellung** der Geraden durch p in Richtung u. Setzt man $u' = \begin{pmatrix} -u_2 \\ u_1 \end{pmatrix}$, so ist $\langle u \rangle^\perp = \langle u' \rangle$. Daher lässt sich g auch beschreiben durch $g = \{x \in \mathbb{R}^2 : (x \mid u') = (p \mid u')\}$. Die Gleichung $(x \mid u') = (p \mid u')$, ausführlicher

$$-u_2 x_1 + u_1 x_2 = -u_2 p_1 + u_1 p_2,$$

heißt **Hessesche Normalform der Geraden**[2].

Geraden, die nicht parallel zur Richtung $e_2 = \begin{pmatrix} 0 \\ 1 \end{pmatrix}$ laufen, lassen sich wie in der Schule durch die **Geradengleichung** $x_2 = b + m(x_1 - a)$ beschreiben, also $g = \left\{ \begin{pmatrix} x_1 \\ b + m(x_1 - a) \end{pmatrix} : x_1 \in \mathbb{R} \right\}$. Eine mögliche Parameterdarstellung ist $g = \left\{ \begin{pmatrix} a \\ b \end{pmatrix} + k \begin{pmatrix} 1 \\ m \end{pmatrix} : k \in \mathbb{R} \right\}$, die Hessesche Normalform $-mx_1 + x_2 = -ma + b$. Nach Umformungen erhält man hieraus wieder die Geradengleichung.

---

[2] Ludwig O. Hesse, 1811–1874, Professor für Mathematik in Königsberg, Heidelberg und München.

Ebenen im affinen Raum $A(\mathbb{R}^3)$. Eine Ebene E durch drei Punkte p_1, p_2, p_3 in allgemeiner Lage wird in **Parameterdarstellung** beschrieben durch

$$E = \{p_1 + k(p_2 - p_1) + l(p_3 - p_1) : k, l \in \mathbb{R}\}.$$

Ist $U = \langle p_2 - p_1, p_3 - p_1 \rangle$, so ist also $E = p_1 + U$. Zur Beschreibung von E durch eine lineare Gleichung benötigt man $U^{\perp}$. $U^{\perp}$ wird erzeugt vom Vektorprodukt $(p_2 - p_1) \times (p_3 - p_1)$; siehe Abschnitt 9.3.4. Normiert man noch auf Länge 1, so nennt man $e = \frac{(p_2 - p_1) \times (p_3 - p_1)}{\|(p_2 - p_1) \times (p_3 - p_1)\|}$ den **Normalenvektor** der Ebene.

Die Ebene E lässt sich dann beschreiben in der Form

$$E = \{x \in \mathbb{R}^3 : (x|e) = (p_1|e)\}.$$

Diese Darstellung nennt man **Hessesche Normalform der Ebene.**

Aufgabe: Eine Ebene, deren Normalenvektor nicht in der von $e_1 = \begin{pmatrix} 1 \\ 0 \\ 0 \end{pmatrix}$, $e_2 = \begin{pmatrix} 0 \\ 1 \\ 0 \end{pmatrix}$ aufgespannten Ebene liegt, lässt sich durch die Ebenengleichung $x_3 = c + m(x_1 - a) + l(x_2 - b)$ beschreiben. Zeigen Sie dies und bestimmen Sie daraus Parameterdarstellung und Hessesche Normalform der Ebene.

Der **Abstand** eines beliebigen Punktes q von der Ebene $E = \{x : (x|e) = (p|e)\} = p + U$ mit Normalenvektor e ist $d(q, E) = (q - p \mid e)$. Zerlegt man nämlich den Vektor $q - p$ in $q - p = u + ke$, $u \in U$, $k \in \mathbb{R}$, so ist klar, dass $d(q, E) = k$. Wegen $(e, e) = 1$ ist $k = (q - p \mid e)$.

Schnittpunkt zwischen Gerade und Ebene. Ist die Ebene E wie oben durch $(x - p \mid e) = 0$ gegeben (p also ein Punkt auf E), und die Gerade g in Parameterdarstellung $g = \{q + ku : k \in \mathbb{R}\}$, so gilt für den Schnittpunkt $q + k_s u$, dass

$$0 = (q + k_s u - p \mid e) = (q - p \mid e) - k_s(u|e).$$

Ist $(u|e) = 0$, so ist g parallel zu E (liegt also in E oder schneidet E nicht). Ist $(u|e) \neq 0$, so berechnet sich k_s als $\frac{(q - p \mid e)}{(u|e)}$.

Benutzen Sie nun bitte das Applet "Geraden und Ebenen im Raum". Wählen Sie $p = (1, 1, 0)^t$, e wie oben und wählen Sie eine bestimmte Gerade. Schauen Sie sich den Schnittpunkt mit der Ebene an.

Winkel zwischen Ebenen. Seien E_1 und E_2 Ebenen, f_1, f_2 die zugehörigen Normalenvektoren. Dann ist der Winkel zwischen E_1 und E_2 derjenige zwischen f_1 und f_2. Wegen $\|f_j\| = 1$ erhält man $\cos(\varphi) = (f_1|f_2)$, $|\sin(\varphi)| = \|f_1 \times f_2\|$ (Satz 9.40).

Sphären (Kugeln im klassischen Sinn). Eine Sphäre S ist der geometrische Ort aller Punkte im $A(\mathbb{R}^3)$, die von einem festen Punkt z, dem **Mittelpunkt** oder **Zentrum**, einen festen Abstand $r \geq 0$ haben, den wir **Radius** nennen. Also ist $S = \{x \in \mathbb{R}^3 : (x - z \mid x - z) = r^2\}$. Die Gleichung $(x - z \mid x - z) = r^2$ heißt **Kugelgleichung**.

Wir schneiden S mit einer Ebene E in Parameterform $E = p + U = \{p + ku + lv : k, l \in \mathbb{R}\}$, wobei u, v eine Orthonormalbasis von U bilden, d. h. $\|u\| = \|v\| = 1$, $(u \mid v) = 0$. Wir erhalten für die Schnittmenge die Gleichung

$$\|p + ku + lv - z\|^2 = r^2.$$

Es ergibt sich $\|p - z\|^2 + k^2 + l^2 + 2k(u \mid p - z) + 2l(v \mid p - z) = r^2$ oder $k^2 + l^2 + 2k(u \mid p - z) + 2l(v \mid p - z) = r^2 - \|p - z\|^2$.

Quadratische Ergänzung liefert
$$(k + (u \mid p - z))^2 + (l + (v \mid p - z))^2 = r^2 + (u \mid p - z)^2 + (v \mid p - z)^2 - \|p - z\|^2.$$
Die Schnittpunktmenge ist also ein Kreis, ein Punkt oder leer, je nachdem ob die rechte Seite größer, gleich oder kleiner als Null ist.

Wiederholung

Begriffe: Affiner Raum, Standard-Beispiel eines affinen Raums, Translation, affiner Unterraum, Parameterdarstellung, affine Unabhängigkeit, affine Basis, affine Koordinaten, Verbindungsraum, Euklidischer affiner Raum, Abstand, Winkel, Hessesche Normalform, Normalenvektor, Sphäre.

Sätze: Gleichheit affiner Unterräume, Durchschnitt affiner Unterräume, Dimensionsformel für den Verbindungsraum, Schnittpunkte zwischen Ebenen und Geraden, Schnittmengen von Ebenen und Sphären.

12.2 Affine Abbildungen

Motivation und Überblick

Affine Abbildungen sind die strukturerhaltenden Abbildungen zwischen affinen Räumen. Sie setzen sich zusammen aus linearen Abbildungen und Translationen. Besondere Aufmerksamkeit widmen wir den Kongruenzabbildungen Euklidischer affiner Räume und geben eine vollständige Übersicht im 2- und 3-dimensionalen Fall.

12.2.1 Eigenschaften affiner Abbildungen

Seien zunächst A und B allgemeine affine Räume. Eine strukturerhaltende Abbildung f zwischen A und B ist eine solche, für die die Verbindungsvektoren zwischen

Punkten durch eine f zugeordnete lineare Abbildung auf die Verbindungsvektoren der Bildpunkte von f abgebildet werden:

Definition 12.9. *Seien A, B affine Räume mit zugeordneten Vektorräumen V, W. Eine Abbildung $f : A \to B$ heißt* **affine Abbildung**, *falls eine lineare Abbildung $\alpha_f : V \to W$ existiert, so dass $\overrightarrow{f(p)f(q)} = \alpha_f(\overrightarrow{pq})$ für alle $p, q \in A$ gilt. Eine bijektive affine Abbildung heißt* **Affinität**.

Wir übersetzen diese Definition gleich auf den Fall der Standard-Beispiele affiner Räume, mit denen wir uns dann befassen werden:

Für $A = A(V)$ und $B = A(W)$ ist eine Abbildung $f : A(= V) \to B(= W)$ genau dann affin, falls eine lineare Abbildung $\alpha_f : V \to W$ existiert mit $f(p) - f(q) = \alpha_f(p - q)$ für alle $p, q \in V$.

Satz 12.10. *Sei $f : A(V) \to A(W)$ eine affine Abbildung.*

a) α_f ist durch f eindeutig bestimmt.
b) Es existiert ein eindeutig bestimmtes $w \in W$, so dass $f(v) = w + \alpha_f(v)$ für alle $v \in V$.
c) Ist $\alpha : V \to W$ eine lineare Abbildung, $v' \in V$, $w' \in W$, so existiert genau eine affine Abbildung $f : A(V) \to A(W)$ mit $f(v') = w'$ und $\alpha_f = \alpha$, nämlich $f(v) = (w' - \alpha(v')) + \alpha(v)$ für alle $v \in V$.

Beweis: a) $\alpha_f(v) = \alpha_f(v) - \alpha_f(o) = f(v) - f(o)$ für alle $u \in V$.
b) Sei $f(o) = w$. Dann ist $f(v) - w = f(v) - f(o) = \alpha_f(v - o) = \alpha_f(v)$, $f(v) = w + \alpha_f(v)$. w ist eindeutig bestimmt als $f(o)$.
c) Das ist klar. $\square$

Lineare Abbildungen sind durch die Bilder einer Basis eindeutig bestimmt. Die analoge Aussage gilt für affine Abbildungen und affine Basen:

Korollar 12.11. *Seien $A = A(V), B = A(W)$ affine Räume, $A(V)$ endlich-dimensional, $p_0, p_1, \ldots, p_n$ eine affine Basis von $A(V)$, $q_0, \ldots, q_n$ beliebige Punkte in $A(W)$.*
Dann gibt es genau eine affine Abbildung $f : A \to B$ mit $f(p_i) = q_i$ für $i = 0, \ldots, n$.

Beweis: Es existiert genau eine lineare Abbildung α mit $\alpha(p_i - p_0) = q_i - q_0$, also nach Satz 12.10 c) genau eine affine Abbildung f mit $f(p_0) = q_0$ und $\alpha_f = \alpha$. Dann ist $f(p_i) = q_i$, $i = 0, \ldots, n$, und f ist eindeutig bestimmt. $\square$

Bemerkung: Sei $A(V)$ ein endlich-dimensionaler affiner Raum, $\mathcal{B} = (v_1, \ldots, v_n)$ eine Basis des Vektorraums V, f eine affine Abbildung auf $A(V)$, $f(v) = w + \alpha_f(v)$.

Seien $(x_1, \ldots, x_n)^t$, $(w_1, \ldots, w_n)^t$ die Koordinatenvektoren von v bzw. w bezüglich der affinen Basis $(o; v_1, \ldots, v_n)$, $A = A^{\mathcal{B}}_{\alpha_f}$. Dann wird f in Koordinaten bezüglich $(o; v_1, \ldots, v_n)$ beschrieben durch:

$$
\begin{pmatrix} x_1 \\ \vdots \\ x_n \end{pmatrix} \mapsto \begin{pmatrix} w_1 \\ \vdots \\ w_n \end{pmatrix} + A \begin{pmatrix} x_1 \\ \vdots \\ x_n \end{pmatrix}.
$$

Ändert man die Basis $\mathcal{B}$ und ensprechend die affine Basis, wobei o als Ursprung beibehalten wird, so folgt die Beschreibung von f in Koordinaten bezüglich der neuen Basis aus Satz 10.20, wobei man natürlich auch die Koordinaten von w bezüglich der neuen Basis wählen muss.

Wir wollen jetzt beschreiben, was bei Änderung des Ursprungs geschieht, wenn wir also von $(o; v_1, \ldots, v_n)$ zu einer affinen Basis $(p; p + v_1, \ldots, p + v_n)$ übergehen. Hat p bezüglich $(o; v_1, \ldots, v_n)$ den Koordinatenvektor $(b_1, \ldots, b_n)^t$, so hat v bezüglich der neuen affinen Basis die Koordinaten $(y_1, \ldots, y_n)^t = (x_1 - b_1, \ldots, x_n - b_n)^t$ und man rechnet nach, dass f in Koordinaten bezüglich $(p; p + v_1, \ldots, p + v_n)$ beschrieben wird durch:

$$
\begin{pmatrix} y_1 \\ \vdots \\ y_n \end{pmatrix} \mapsto \begin{pmatrix} w_1 \\ \vdots \\ w_n \end{pmatrix} + (A - E_n) \begin{pmatrix} b_1 \\ \vdots \\ b_n \end{pmatrix} + A \begin{pmatrix} y_1 \\ \vdots \\ y_n \end{pmatrix}.
$$

Satz 12.12. *Seien $f : A(U) \to A(V)$, $g : A(V) \to A(W)$ affine Abbildungen.*

a) $g \circ f : A(U) \to A(W)$ ist eine affine Abbildung mit $\alpha_{g \circ f} = \alpha_g \circ \alpha_f$. Ist $f(u) = v' + \alpha_f(u)$, $g(v) = w' + \alpha_g(v)$, so ist $(g \circ f)(u) = w' + \alpha_g(v') + (\alpha_g \circ \alpha_f)(u)$.

b) f ist surjektiv (injektiv, bijektiv) genau dann, wenn α_f surjektiv (injektiv, bijektiv) ist.

c) Ist f bijektiv, so ist $\alpha_{f^{-1}} = (\alpha_f)^{-1}$. Ist $f(u) = v' + \alpha_f(u)$, so ist $f^{-1}(v) = u' + \alpha_{f^{-1}}(v)$ mit $u' = -\alpha_{f^{-1}}(v')$.

Beweis: Dies folgt durch direktes Nachrechnen. $\square$

Aufgabe: Beweisen Sie bitte Satz 12.12.

Beispiele:

1. Ist $w \in V$, so ist die Translation $t_w : A(V) \to A(V)$, $v \mapsto v + w$ eine Affinität auf V. Es ist $t_o = id$, $t_w^{-1} = t_{-w}$ und $t_w \circ t_{w'} = t_{w+w'}$. Die Translationen bilden also bezüglich der Hintereinanderausführung eine Gruppe $T(V)$, die isomorph zur additiven Gruppe $(V, +)$ ist. Eine Translation t_w ist nur für $w = o$ eine lineare Abbildung.
2. Jede lineare Abbildung ist eine affine Abbildung.
3. Jede affine Abbildung $f : A(V) \to A(W)$ lässt sich nach Satz 12.10 b) schreiben in der Form $f = t_w \circ \alpha_f$ für ein $w \in W$.

4. Ist $w \in V$ und $\alpha : V \to V$ eine lineare Abbildung, so ist $(t_w \circ \alpha)(v) = w + \alpha(v)$ und $(\alpha \circ t_w)(v) = \alpha(w) + \alpha(v)$. Also ist i. Allg. $t_w \circ \alpha \neq \alpha \circ t_w$.

Bemerkung: Die linearen Abbildungen $\alpha : V \to V$ sind genau diejenigen affinen Abbildungen auf $A(V)$, die o festlassen. Ist $p \in V$, so sind die affinen Abbildungen, die p festlassen, genau die $t_p \circ \alpha \circ t_{-p} = t_{p-\alpha(p)} \circ \alpha$, wobei α eine lineare Abbildung ist. Beschreibt man diese Abbildung in Koordinaten bezüglich der affinen Basis $(p; p + v_1, \ldots, p + v_n)$, wobei $\mathcal{B} = (v_1, \ldots, v_n)$ eine Basis des Vektorraums V ist, so folgt aus Bemerkung Seite 396, dass sie einfach dargestellt wird durch Multiplikation der Koordinatenvektoren mit der Matrix $A_\alpha^{\mathcal{B}}$.

Aufgabe: Beweisen Sie bitte die Aussagen in der obigen Bemerkung.

Welche Eigenschaften bleiben unter affinen Abbildungen erhalten? Um die Frage zu beantworten definieren wir:

Definition 12.13. *Punkte $p, q, r \in A(V)$ heißen **kollinear**, falls p, q, r auf einer Geraden liegen. Ist $p \neq q$, so ist dies äquivalent damit, dass $r - p = t(q - p)$ für ein $t \in K$. Man nennt dann t das **Teilverhältnis** $\mathrm{TV}(p, q; r)$.*

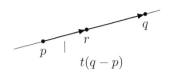

Satz 12.14. *Sei $f : A(V) \to A(W)$ eine affine Abbildung, $f = t_w \circ \alpha_f$.*

a) Ist $B = p + U$ ein affiner Unterraum von $A(V)$, so ist $f(B) = w + \alpha_f(p) + \alpha_f(U)$ ein affiner Unterraum von $A(W)$.

b) Sind B und B' parallele Unterräume von $A(V)$, so sind $f(B)$ und $f(B')$ parallele Unterräume von $A(W)$.

c) Sind $p, q, r \in A(V)$ kollinear, so sind auch $f(p), f(q), f(r)$ kollinear. Ist zudem $p \neq q$ und $f(p) \neq f(q)$, so ist $\mathrm{TV}(p, q; r) = \mathrm{TV}(f(p), f(q); f(r))$.

Beweis: Wir zeigen nur c) und überlassen den Beweis von a) und b) als Übung. Sei ohne Beschränkung der Allgemeinheit $p \neq q$. Dann $r = p + t(q - p)$, $t = TV(p, q; r)$. Es folgt $f(r) - f(p) = \alpha_f(r - p) = \alpha_f(t(q - p)) = t(f(q) - f(p))$.   □

Aufgabe: Bitte beweisen Sie die Teile a) und b) des obigen Satzes.

Bemerkung:

Das Erhalten von Teilverhältnissen bei affinen Abbildungen bedeutet, dass eine "Verwandtschaft" der Punkte p, q, r ; $f(p), f(q), f(r)$ besteht. Dies ist der Grund für die Namensgebung "affine" Geometrie.

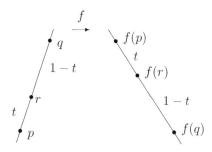

12.2.2 Kongruenzabbildungen auf Euklidischen affinen Räumen

Wir wollen uns mit einer wichtigen Klasse von Affinitäten auf Euklidischen affinen Räumen befassen, den Kongruenzabbildungen:

Definition 12.15. *Sei* $A = A(V)$ *ein Euklidischer affiner Raum. Eine affine Abbildung* $f : A \to A$ *heißt* **Kongruenzabbildung** *(oder* **Isometrie***), falls* $\|f(p) - f(q)\| = \|p - q\|$ *für alle* $p, q \in A$.

Es folgt direkt aus der Definition, dass Kongruenzabbildungen injektiv sind, im endlich-dimensionalen Fall also Affinitäten.

Beispiele:

1. Jede Translation t_w ist eine Kongruenzabbildung.
2. Jede orthogonale Abbildung auf V ist eine Kongruenzabbildung.

Wir zeigen jetzt, dass die in den Beispielen angegebenen Kongruenzabbildungen die Bausteine für sämtliche Kongruenzabbildungen sind.

Satz 12.16. *Sei* $A(V)$ *ein Euklidischer affiner Raum,* $f : A(V) \to A(V)$ *eine Affinität. Dann ist* f *genau dann eine Kongruenzabbildung, wenn* α_f *eine orthogonale Abbildung auf* V *ist.*

Beweis: Sei α_f eine orthogonale Abbildung. Dann ist $\|f(p) - f(q)\| = \|\alpha_f(p - q)\| = \|p - q\|$.
Sei umgekehrt f eine Kongruenzabbildung. Dann gilt $\|\alpha_f(v)\| = \|\alpha_f(v - o)\| = \|f(v) - f(o)\| = \|v - o\| = \|v\|$ für alle $v \in V$. Aus Satz 10.65 folgt, dass α_f orthogonal ist. □

Mit Satz 12.16 folgt auch sofort, dass Kongruenzabbildungen winkelerhaltend sind.

Wir wollen jetzt die für die Anwendungen besonders wichtigen Kongruenzabbildungen in 2- bzw. 3-dimensionalen Euklidischen affinen Räumen bestimmen.

Wir werden zunächst ohne Einschränkung der Dimension zeigen, dass sich jede Kongruenzabbildung $f = t_w \circ \alpha_f$, wobei α_f eine orthogonale Abbildung ist, auch schreiben lässt in der Form $f = t_{w_0} \circ g$, wobei t_{w_0} und g vertauschbar sind, d. h. $t_{w_0} \circ g = g \circ t_{w_0}$ und g eine Kongruenzabbildung ist, die einen Punkt festlässt.

Satz 12.17. *Sei $A(V)$ ein endlich-dimensionaler Euklidischer affiner Raum und $f : A(V) \to A(V)$ eine Kongruenzabbildung.*

a) Es existieren w_0, $p_0 \in V$ mit $f = t_{w_0} \circ g = g \circ t_{w_0}$, wobei $g = t_{p_0} \circ \alpha_f \circ t_{-p_0}$. Es ist $\alpha_g = \alpha_f$ und $g(p_0 + v) = p_0 + \alpha_f(v)$ für alle $v \in V$, also insbesondere $g(p_0) = p_0$.

b) Ist $U = \ker(\alpha_f - id)$, so ist $w_0 \in U$. Setzt man $B = p_0 + U$, dann ist $f(B) = B$ und $f|_B$ ist eine Translation mit dem Vektor w_0.

c) Es ist $V = U \oplus U^\perp$, $\alpha_f(U) = U$, $\alpha_f(U^\perp) = U^\perp$, $\alpha_f|_U = id_U$ und $\alpha_f|_{U^\perp}$ ist eine orthogonale Abbildung auf $U^\perp$, die keinen Fixpunkt $\neq o$ hat.

Beweis: Wir halten im Beweis die einzelnen Schritte fest, die man durchzuführen hat, um w_0, p_0 (und damit g) zu bestimmen. Sei $f = t_w \circ \alpha_f$.

1. Schritt: Bestimme $U = \ker(\alpha_f - id)$ und $U^\perp$ (jeweils durch eine Orthonormalbasis).
Es ist $\alpha_f(u) = u$ für alle $u \in U$. Nach Korollar 10.66 c) ist $\alpha_f(U^\perp) = U^\perp$.
Es ist $V = U \oplus U^\perp$ und α_f hat nach Definition von U keinen Fixpunkt $\neq o$ in $U^\perp$.

2. Schritt: Zerlege $w = w_0 + \widetilde{w}_0$, $w_0 \in U$, $\widetilde{w}_0 \in U^\perp$.
Nach Definition von U ist $\alpha_f - id$ eine bijektive Abbildung auf $U^\perp$.

3. Schritt: Bestimme $p_0 \in U^\perp$ mit $(\alpha_f - id)(p_0) = -\widetilde{w}_0$, d. h. $\alpha_f(p_0) = p_0 - \widetilde{w}_0$.
Nach der Bemerkung auf S. 398 ist $g = t_{p_0 - \alpha_f(p_0)} \circ \alpha_f$, also $\alpha_g = \alpha_f$ und $g(p_0 + v) = p_0 + \alpha_f(v)$ für alle $v \in V$. Wir berechnen $f(v) = w + \alpha_f(v) = w_0 + \widetilde{w}_0 + \alpha_f(p_0 + (v - p_0)) = w_0 + \widetilde{w}_0 + \alpha_f(p_0) + \alpha_f(v - p_0) = w_0 + \widetilde{w}_0 + p_0 - \widetilde{w}_0 + \alpha_f(v - p_0) = w_0 + g(v) = (t_{w_0} \circ g)(v)$.
Außerdem ist $(g \circ t_{w_0})(v) = g(w_0 + v) = p_0 + \alpha_f(w_0 + v - p_0) = p_0 + \alpha_f(w_0) + \alpha_f(v) - \alpha_f(p_0) = p_0 + w_0 + \alpha_f(v) - p_0 + \widetilde{w}_0 = w + \alpha_f(v) = f(v)$.
Ist $u \in U$, so ist $f(p_0 + u) = w + \alpha_f(p_0 + u) = w + \alpha_f(p_0) + \alpha_f(u) = w + p_0 - \widetilde{w}_0 + u = t_{w_0}(p_0 + u)$.
Damit ist alles bewiesen. $\square$

Satz 12.18. *Sei $A = A(V)$ ein 2-dimensionaler Euklidischer affiner Raum. Sei $f : A \to A$ eine Kongruenzabbildung. Dann gilt (in den Bezeichnungen von Satz 12.17):*

*a) Ist $U = V$, d. h. $B = A$, so ist f eine **Translation**.*

*b) Ist $\dim(U) = 1$, d. h. $B = p_0 + U$ ist eine Gerade, so ist $\alpha_f(U^\perp) = -id_{U^\perp}$ und f ist eine **Spiegelung** an B, falls $w_0 = o$, bzw. eine **Gleitspiegelung** an B, falls $w_0 \neq o$ (Spiegelung an B und Translation um w_0 in Richtung B).*

*c) Ist $U = \{o\}$, d. h. $B = \{p_0\}$ und $w_0 = o$, so ist f eine **Drehung** um p_0.*

Beweis: Dies folgt direkt aus Satz 12.17 und Satz 10.67.   □

Aufgaben:

1. Bezüglich der affinen Basis $(o; e_1, e_2)$ von $A = A(\mathbb{R}^2)$ sei $f : A \to A$ gegeben durch

$$f \begin{pmatrix} x \\ y \end{pmatrix} = \begin{pmatrix} -\frac{6}{5} \\ -\frac{2}{5} \end{pmatrix} + \begin{pmatrix} -\frac{3}{5} & \frac{4}{5} \\ \frac{4}{5} & \frac{3}{5} \end{pmatrix} \begin{pmatrix} x \\ y \end{pmatrix}.$$

Zeigen Sie bitte unter Verwendung von Satz 12.17, dass f eine Gleitspiegelung an der Geraden $\begin{pmatrix} -\frac{2}{5} \\ \frac{1}{5} \end{pmatrix} + \langle \begin{pmatrix} 1 \\ 2 \end{pmatrix} \rangle$ mit Translationsvektor $w_0 = \begin{pmatrix} -\frac{2}{5} \\ -\frac{4}{5} \end{pmatrix}$ ist.

Wählen sie eine affine Basis $(p_0; p_0 + e'_1, p_0 + e'_2)$, wobei $p_0 = \begin{pmatrix} -\frac{2}{5} \\ \frac{1}{5} \end{pmatrix}$, $e'_1 \in U = \ker(\alpha_f - id)$, $e'_2 \in U^\perp$, $\|e'_i\| = 1$ und stellen Sie f in Koordinatenschreibweise bezüglich $(p_0; p_0 + e'_1, p_0 + e'_2)$ dar.

2. Zeigen Sie bitte, dass die Hintereinanderausführung einer Drehung und einer Spiegelung eine Spiegelung oder eine Gleitspiegelung ergibt. Zeigen Sie, dass beide Fälle auftreten können. Untersuchen Sie auch die anderen möglichen Verknüpfungen von Kongruenzabbildungen im 2-dimensionalen Euklidischen affinen Raum.

Wir sehen uns noch den 3-dimensionalen Fall an:

Satz 12.19. *Sei $A = A(V)$ ein 3–dimensionaler Euklidischer Raum. Sei $f : A \to A$ eine Kongruenzabbildung. Dann gilt (in den Bezeichnungen von Satz 12.17):*

(i) Ist $U = V$, d.h. $B = A$, so ist f eine **Translation.**

(ii) Ist $\dim U = 2$, d. h. $B = p_0 + U$ eine Ebene, so ist $\alpha_{f|U^\perp} = -id_{U^\perp}$ und f ist eine **Spiegelung** *an der Ebene B, falls $w_0 = o$ oder eine* **Gleitspiegelung** *an der Ebene B, falls $w_0 \neq o$ (Spiegelung an B und Translation um w_0 parallel zu B).*

(iii) Ist $\dim U = 1$, d. h. $B = p_0 + U$ eine Gerade, so ist $\alpha_{f|U^\perp}$ eine (nicht-triviale) Drehung und f ist eine **Drehung** *um die Gerade B, falls $w_0 = o$, oder eine* **Schraubung** *um die Gerade B, falls $w_0 \neq o$ (Drehung um B und Translation um w_0 in Richtung B).*

(iv) Ist $\dim U = 0$, d. h. $B = \{p_0\}$, so ist f eine **Drehspiegelung**, *d.h. Drehung um eine Gerade und Spiegelung an einer dazu orthogonalen Ebene, wobei sich die Gerade und die Ebene in p_0 schneiden.*

Beweis: Dies folgt aus Satz 12.17 und Satz 10.68.   □

Wiederholung

Begriffe: affine Abbildung, Affinität, Kollinearität, Teilverhältnis, Kongruenzabbildung.

Sätze: Darstellung affiner Abbildungen, Erhaltungseigenschaften affiner Abbildungen, affine Abbildungen und affine Basen, Darstellung von Kongruenzabbildungen, Klassifikation der Kongruenzabbildungen im 2- und 3-dimensionalen Fall.

13. Funktionen mehrerer Veränderlicher

Motivation und Überblick

Phänomene der realen Welt hängen im Allgemeinen nicht nur von einem einzigen Parameter ab. Je mehr Parameter unsere mathematischen Modelle berücksichtigen können, desto mehr Phänomene können wir modellieren. Als Vorbereitung für die Analysis von solchen Funktionen übertragen wir in diesem Kapitel die Begriffe "Konvergenz von Folgen", "Grenzwert" und "Stetigkeit" auf Folgen von Vektoren in $\mathbb{R}^p$ und von Matrizen, sowie auf Funktionen mehrerer Veränderlicher.

Vereinbarung: Für eine $q \times p$-Matrix $A = (a_{ik})_{\substack{i=1\dots q \\ k=1\dots p}}$ ist $A^t = (a_{ki})_{\substack{k=1\dots p \\ i=1\dots q}}$ die transponierte Matrix (s. Definition 10.32). $\mathcal{M}_{q,p}(\mathbb{R})$ bezeichnet die Menge der $q \times p$-Matrizen über $\mathbb{R}$. Der Kürze halber schreiben wir hierfür oft auch $\mathcal{M}_{q,p}$. In diesem wie in allen folgenden Kapiteln werden wir aus drucktechnischen Gründen Spaltenvektoren $x = \begin{pmatrix} x_1 \\ \vdots \\ x_p \end{pmatrix}$ sehr oft als transponierte Zeilenvektoren $x = (x_1, \dots, x_n)^t$ schreiben.

13.1 Folgen in $\mathbb{R}^p$ und Folgen von Matrizen

Motivation und Überblick

Wie im eindimensionalen Fall studieren wir zunächst die Konvergenz von Folgen in $\mathbb{R}^p$ und darüber hinaus Folgen von Matrizen und bestimmte Klassen von Mengen. Um von Konvergenz sprechen zu können, benötigen wir einen Abstand zwischen Vektoren. Dazu wiederholen wir den Begriff der Euklidischen Norm auf $\mathbb{R}^p$, führen weitere wichtige Normen für Vektoren ein und leiten daraus Matrixnormen ab. Wir führen darüber hinaus noch wichtige Klassen von Teilmengen von $\mathbb{R}^p$ ein, die bezüglich aller Normen gleich sind. Schließlich zeigen wir, dass wir alle Fragen der Konvergenz auf die Konvergenz koordinatenweise zurückführen können, gleichgültig, welche Norm und damit welchen Abstand wir benutzen.

13.1.1 Vektor- und Matrixnormen

Wir hatten in Theorem 9.31 bereits die **Euklidische Norm** in $\mathbb{R}^p$ eingeführt. Sei $x = (x_1, \ldots, x_p)^t$. Die Euklidische Norm, auch **2-Norm** genannt, ist gegeben durch $\|x\|_2 = (x_1^2 + x_2^2 + \cdots + x_p^2)^{1/2}$. Sie ist die anschaulichste, denn wir verwenden die mit ihr verbundene Längenmessung (siehe unten) auch im Alltag.

Die folgende Norm, **1-Norm** genannt, spielt in der Stochastik eine zentrale Rolle:

$$\|x\|_1 = \sum_{k=1}^{p} |x_k|.$$

Schließlich benötigen wir in der Numerik die Norm des punktweise größten Abstands von 0, die ∞-**Norm** genannt, die wir eigentlich schon als Supremumsnorm kennen gelernt haben (siehe Definition 6.4).

$$\|x\|_\infty = \max(|x_1|, \ldots, |x_p|).$$

Um im Folgenden nicht stets alle Anwendungsfälle einzeln aufzählen zu müssen, wiederholen wir den Begriff des normierten Vektorraumes (s. Seite 294).

Definition 13.1. *Sei X ein Vektorraum über $\mathbb{R}$ und $\|\cdot\| : X \to \mathbb{R}$ eine Funktion mit den folgenden Eigenschaften:*
1. $\|x\| = 0 \Leftrightarrow x = 0$.   **Definitheit**
2. $\|\lambda x\| = |\lambda| \|x\|$.   **absolute Homogenität**
3. $\|x + y\| \leq \|x\| + \|y\|$.   **Dreiecksungleichung**
*Dann heißt diese Funktion $\|\cdot\|$ **Norm** auf X, und das Paar $(X, \|\cdot\|)$ heißt* **normierter Vektorraum** *über $\mathbb{R}$.*

Eine Norm hat die folgende wichtige Eigenschaft:

Satz 13.2. *Sei $(X, \|\cdot\|)$ ein normierter Vektorraum über $\mathbb{R}$. Dann gilt die* **verallgemeinerte Dreiecksungleichung**

$$\big| \|x\| - \|y\| \big| \leq \|x - y\| \leq \|x\| + \|y\|.$$

Der Beweis läuft völlig analog zum Beweis des entsprechenden Satzes 5.5 über den Absolutbetrag in $\mathbb{R}$ (vergleiche auch Satz 6.5).

Aufgabe: Beweisen Sie bitte, dass die 1-Norm und die ∞-Norm wirklich Normen (auf $\mathbb{R}^p$) sind. Für die 2-Norm wurde dies schon in Theorem 9.31 gezeigt.

Der **Abstand zwischen zwei Vektoren x und y** wird einfach durch die Länge der Differenz, also durch $\|x - y\|$ erklärt. Für den Abstand nimmt die Dreiecksungleichung nach Satz 13.2 die folgende Form an:

$$\|x - y\| \le \|x - z\| + \|z - y\|.$$

Wichtig ist die folgende Abschätzung der einzelnen Normen gegeneinander.

Satz 13.3. *Sei $x = (x_1, \ldots, x_p)^t \in \mathbb{R}^p$. Es gelten die folgenden Ungleichungen:*

$$\frac{1}{p}|x_j| \le \frac{1}{p}\|x\|_1 \le \|x\|_\infty \le \|x\|_2 \le \sqrt{p}\|x\|_\infty \le \sqrt{p}\|x\|_1. \tag{13.1}$$

Beweis: Es ist $|x_j| \le \sqrt{\sum_{k=1}^{p} x_k^2} = \|x\|_2$ für jedes $j \le p$, also auch $\max(|x_1|, \ldots, |x_p|) \le \|x\|_2$. Ferner ist offensichtlich

$$\|x\|_2^2 = \sum_{k=1}^{p} |x_k|^2 \le p \max(|x_1|^2, \ldots, |x_p|^2),$$

woraus die vierte Ungleichung folgt. Der Rest ist klar.   □

Sei $A = (a_{ik})_{\substack{i=1\ldots q \\ k=1\ldots p}}$ eine $q \times p$–Matrix. Sie vermittelt durch $x \in \mathbb{R}^p \mapsto Ax \in \mathbb{R}^q$ eine lineare Abbildung. Wir versehen $\mathbb{R}^p$ und $\mathbb{R}^q$ mit Normen derselben Klasse, also beide Räume mit $\|\cdot\|_1$ oder mit $\|\cdot\|_2$ oder mit $\|\cdot\|_\infty$. Wir setzen $\|A\|_{11} = \max\{\sum_{j=1}^{q} |a_{jk}| : 1 \le k \le p\}$, $\|A\|_{\infty\infty} = \max\{\sum_{k=1}^{p} |a_{jk}| : 1 \le j \le q\}$ und $\|A\|_{22} = \sqrt{\max\{(Ax|Ax) : \|x\|_2 = 1\}}$. Es ist $0 \le \|Ax\|^2 = (Ax|Ax) = (A^tAx|x)$ und A^tA ist eine symmetrische Matrix. Also existiert $\max\{(A^tAx|x) : \|x\|_2 = 1\}$ und ist nach Korollar 10.76 der größte Eigenwert von A^tA.

Satz 13.4.
Es gelten die folgenden Formeln:
(i) $\|A\|_{11} = \max\{\|Ax\|_1 : \|x\|_1 = 1\}$.
(ii) $\|A\|_{\infty\infty} = \max\{\|Ax\|_\infty : \|x\|_\infty = 1\}$.
(iii) $\|A\|_{22} = \max\{\|Ax\|_2 : \|x\|_2 = 1\}$.

Beweis: (i) Zunächst ist für ein x mit $\|x\|_1 = 1$

$$\|Ax\|_1 = \sum_{j=1}^{q}\left|\sum_{k=1}^{p} a_{jk}x_k\right| \le \sum_{j=1}^{q}\sum_{k=1}^{p} |a_{jk}||x_k| = \sum_{k=1}^{p} |x_k|\left(\sum_{j=1}^{q} |a_{jk}|\right)$$

$$\le \max\left\{\sum_{j=1}^{q} |a_{jk}| : 1 \le k \le p\right\}\underbrace{\sum_{l=1}^{p} |x_l|}_{=1}.$$

Andererseits folgt für die speziellen Vektoren $x = e_k = (0, 0, \ldots, \underbrace{1}_{k\text{–te Stelle}}, 0, \ldots, 0)^t$ $Ax = (a_{1k} \ldots a_{qk})^t$, also $\|Ax\|_1 = \sum_{j=1}^{q} |a_{jk}|$. Da dies für alle k gilt, ist $\|A\|_{11} \le \sup\{\|Ax\|_1 : \|x\|_1 = 1\}$, woraus die Behauptung folgt.

b) wird ähnlich bewiesen und c) folgt aus $\|Ax\|_2^2 = (Ax|Ax) = (A^tAx|x)$ und dem Absatz vor diesem Korollar. □

Korollar 13.5. *Für $i \in \{1, 2, \infty\}$ gilt*

$$\|Ax\|_i \leq \|A\|_{ii} \|x\|_i.$$

Beweis: Sei ohne Beschränkung der Allgemeinheit $x \neq 0$. Sei $\|x\|_i = \alpha$. Dann ist $\|\frac{1}{\alpha}x\|_i = 1$, also $\|Ax\|_i = \alpha \|A(\frac{1}{\alpha}x)\|_i \leq \alpha \|A\|_{ii} = \|A\|_{ii} \|x\|_i$. □

Damit erhalten wir den für die Numerik, die Stochastik und für viele weitere Gebiete wichtigen Satz über die eingeführten Größen:

Satz 13.6. *Sei $\| \cdot \|_{ii} : A \to \|A\|_{ii}$ eine der drei eingeführten Funktionen auf dem Raum der $q \times p$–Matrizen. Dann gilt:*
a) $\| \cdot \|_{ii}$ ist eine Norm.
b) Seien A eine $q \times p$–Matrix, B eine $p \times r$–Matrix.
Dann ist $\|BA\|_{ii} \leq \|B\|_{ii} \cdot \|A\|_{ii}$.   **Submultiplikativität**

Beweis: Der Satz folgt im Wesentlichen aus der Beziehung $\|A\|_{ii} = \sup\{\|Ax\|_i : \|x\|_i = 1\}$. Wir lassen im folgenden Beweis die Indizes bei den Normen fort.
a) Die beiden ersten Eigenschaften einer Norm sind klar. Die Dreiecksungleichung folgt so:
Für x mit $\|x\| = 1$ ist $\|(A+B)x\| = \|Ax + Bx\| \leq \|Ax\| + \|Bx\| \leq \|A\| + \|B\|$, also $\|A+B\| = \max\{\|(A+B)x\| : \|x\| = 1\} \leq \|A\| + \|B\|$.
b) Sei x beliebig mit $\|x\| = 1$ und $Ax \neq 0$. Dann ist nach Korollar 13.5 $\|BAx\| \leq \|B\| \|Ax\| \leq \|B\| \|A\|$ wegen $\|x\| = 1$. Daraus folgt $\|BA\| = \max\{\|BAx\| : \|x\| = 1\} \leq \|B\| \|A\|$. □

Definition 13.7. *Jede der Normen $\| \cdot \|_{ii}$ heißt* **Matrixnorm**.

Wir benötigen des Weiteren die folgenden Ungleichungen für die Matrix $A = \left(a_{ik}\right)_{\substack{i=1\ldots q \\ k=1\ldots p}}$.

Satz 13.8. *Es gilt für $i \in \{1, 2, \infty\}$*

$$|a_{jk}| \leq \|A\|_{ii} \leq pq \max\{|a_{jk}| : j \leq q, \, k \leq p\}. \tag{13.2}$$

Beweis: Der Beweis ist klar für $i = 1, \infty$. Sei $i = 2$. Mit e_i bezeichnen wir den i–ten kanonischen Einheitsvektor. Es ist $|a_{ik}| = |(Ae_i|e_k)| \leq \|Ae_i\|$ wegen $\|e_k\| = 1$. Also ist $|a_{ik}| \leq \|A\|_{22}$. Sei $v = \max\{|a_{ik}| : i \leq q, k \leq p\}$. Ist $\|x\|_2 = 1$, so ist $|x_j| \leq 1$. Damit erhalten wir

$$\|Ax\|_2^2 = (Ax|Ax) = \sum_{j=1}^q \left(\sum_{k=1}^p \sum_{l=1}^p a_{jk}a_{jl}x_k x_l \right) \leq qp^2 v^2,$$

woraus mit Satz 13.4 die Behauptung folgt. □

13.1.2 Folgen von Vektoren und Matrizen

Im Folgenden sei X der Raum $\mathbb{R}^p$ (für ein beliebiges $p \geq 1$) oder der Raum $\mathcal{M}_{q,p}(\mathbb{R})$ aller $q \times p$–Matrizen, versehen mit einer der eingeführten Normen, die wir generell mit $\| \cdot \|$ bezeichnen.

> **Definition 13.9.** *Sei $k \in \mathbb{Z}$ beliebig und $\mathbb{N}_k = \{n \in \mathbb{Z} : n \geq k\}$.*
> *a) Eine Abbildung $a : \mathbb{N}_k \to X$, $n \mapsto a_n$ heißt* **Folge** *(in X). a_n heißt das n–te* **Folgenglied**. *Folgen werden auch mit $(a_n)_{n \geq k}$ oder, wenn k klar ist, mit $(a_n)_n$ bezeichnet.*
> *b) Die Folge $a = (a_n)_n$ heißt* **beschränkt**, *wenn es ein $M > 0$ mit $\|a_n\| \leq M$ für alle n gibt.*
> *c) Die Folge $a = (a_n)_n$* **konvergiert gegen** *b, in Zeichen: $b = \lim_{n \to \infty} a_n$, wenn es zu jedem $\varepsilon > 0$ ein $n(\varepsilon)$ mit $\|b - a_n\| < \varepsilon$ für alle $n \geq n(\varepsilon)$ gibt. b heißt dann* **Grenzwert** *der Folge, in Zeichen $b = \lim_{n \to \infty} a_n$.*

Beispiele:

1. $a_n = (1 + 1/n, 1 - 1/n)^t \in \mathbb{R}^2$.
2. A^n für $A = \begin{pmatrix} 0 & 1 \\ 1 & 0 \end{pmatrix}$.
3. $A_n = \sum_{k=0}^{n} A^k / k!$, wo A eine beliebige $p \times p$–Matrix ist.

Benutzen Sie nun bitte das Applet "Folgen von Vektoren". Schauen Sie sich die unten stehenden Folgen an und untersuchen Sie sie auf Konvergenz! Was können Sie über den Zusammenhang zwischen Konvergenz und den Folgen der einzelnen Koordinaten sagen?

Beispiele:

1. $a_n = (\cos(n), \sin(n))^t$.
2. $a_n = (\cos(n)/n, (1 - 1/n)\sin(n))^t$.
3. $A = \begin{pmatrix} 0 & 1/2 \\ 1/2 & 0 \end{pmatrix}$ und $a_n = A^n x$ mit $x = e_1 = \begin{pmatrix} 1 \\ 0 \end{pmatrix}$ bzw. $x = \begin{pmatrix} 1 \\ 1 \end{pmatrix}$.
4. $a_1 = \begin{pmatrix} 1 \\ 2 \end{pmatrix}$ und $a_{n+1} = \begin{pmatrix} 1/5 & 0 \\ 0 & -1/4 \end{pmatrix} \left(\begin{pmatrix} 1 - a_{n,2} \\ 2 - a_{n,1} \end{pmatrix} \right)$.

Aus der Definition folgt sofort:

Lemma 13.10. *Genau dann konvergiert die Folge $(a_n)_n$ gegen b, wenn die Folge $(\|b - a_n\|)_n$ der Abstände eine Nullfolge in $\mathbb{R}$ ist.*

Aufgabe: Beweisen Sie bitte das Lemma! *Tipp:* Schauen Sie sich dazu noch einmal die Definition 13.9 c) an.

Wir erhalten die folgenden Sätze, die Sie vielleicht aus dem Anschauen der Bilder schon gewonnen haben:

Satz 13.11. *Sei $\|\cdot\|$ eine der auf $\mathbb{R}^p$ eingeführten Normen. Sei $a = (a_n)_n$ eine Folge in $\mathbb{R}^p$. Sei $a_n = \begin{pmatrix} a_{1,n} \\ \vdots \\ a_{p,n} \end{pmatrix}$ und $(a_{j,n})_n$ die j–te Koordinatenfolge. Dann gilt:*

$a = (a_n)_n$ konvergiert genau dann gegen $b = \begin{pmatrix} b_1 \\ \vdots \\ b_p \end{pmatrix}$, wenn jede Koordinatenfolge $(a_{j,n})_n$ in $\mathbb{R}$ gegen b_j konvergiert.

Beweis: Der Satz folgt aus der Ungleichung (13.1), der Definition der Norm $\|\cdot\|_\infty$ und Lemma 13.10. Denn es ist

$$|b_j - a_{j,n}| \leq \|b - a_n\| \leq p \max\{|b_j - a_{j,n}| : 1 \leq j \leq p\}.$$

$\square$

Satz 13.12. *Eine Folge $(A_n)_{n\geq 1} = \left(\left(a_{ik}^{(n)}\right)\right)_{n\geq 1}$ von Matrizen konvergiert genau dann gegen die Matrix $A = (a_{ik})$ bezüglich irgendeiner der eingeführten Matrixnormen, wenn für alle i, k die Folgen $(a_{ik}^{(n)})_{n\geq 1}$ gegen a_{ik} in $\mathbb{R}$ konvergieren.*

Beweis: Der Satz folgt analog zum Beweis des vorangegangenen Satzes mit Hilfe von Ungleichung (13.2). $\square$

Korollar 13.13. *Sei $\|\cdot\|$ eine der eingeführten Normen auf $\mathbb{R}^p$ beziehungsweise auf $\mathcal{M}_{q,p}$. Eine Folge $(a_n)_{n\in\mathbb{N}}$ konvergiert genau dann, wenn sie das folgende sogenannte* **Cauchy–Kriterium** *erfüllt: Zu jedem $\varepsilon > 0$ gibt es ein n_0, so dass $\|a_m - a_n\| < \varepsilon$ für alle $m, n \geq n_0$ gilt.*

Beweis: Aus Satz 13.3 (für $\mathbb{R}^p$) bzw. Satz 13.8 (für Matrizen) ergibt sich: $(a_n)_n$ erfüllt genau dann das Cauchy–Kriterium, wenn jede Koordinatenfolge in $\mathbb{R}$ dies tut. In $\mathbb{R}$ konvergiert aber jede solche Folge nach Theorem 5.28. Also konvergiert jede der Koordinatenfolgen und damit die Folge selbst. $\square$

Wir fassen die Ergebnisse schlagwortartig zusammen:

Zusammenfassung: *Eine Folge von Vektoren in $\mathbb{R}^p$ (bzw. von $q \times p$-Matrizen) konvergiert genau dann in einer der Normen, wenn sie koordinatenweise konvergiert. Grenzwertbetrachtungen etc. können also alle koordinatenweise erfolgen.*

Wir übertragen in natürlicher Weise den Begriff der Teilfolge (Definition 5.26) auf Folgen in $\mathbb{R}^p$ bzw. $\mathcal{M}_{q,p}$.

Theorem 13.14. (Bolzano-Weierstraß) *Jede beschränkte Folge in $X = \mathbb{R}^p$ bzw. $X = \mathcal{M}_{q,p}$ hat eine konvergente Teilfolge.*

Beweis: Der Übersichtlichkeit halber führen wir den Beweis für $p = 2$: Sei $(a_n)_n$ beschränkt. Nach Satz 13.3 ist dann jede Koordinatenfolge beschränkt in $\mathbb{R}$. Da der Satz nach Theorem 5.27 in $\mathbb{R}$ gilt, hat die erste Koordinatenfolge $(a_{1,n})_n$ eine konvergente Teilfolge $(a_{1,\varphi(n)})_n$. Dann ist $(a_{2,\varphi(n)})$ als Teilfolge der zweiten Koordinatenfolge $(a_{2,n})$ beschränkt, hat also eine konvergente Teilfolge $(a_{2,\psi(\varphi(n))})$. Da $(a_{1,\psi(\varphi(n))})$ Teilfolge der konvergenten Folge $(a_{1,\varphi(n)})$ ist, ist sie selbst konvergent, d. h. beide Koordinatenfolgen der Teilfolge $(a_{\psi(\varphi(n))})_n$ konvergieren. Also konvergiert die Teilfolge. □

Weil sowohl die Konvergenz als auch alle Rechenoperationen koordinatenweise erfolgen, erhalten wir leicht die folgenden Rechenregeln. Dabei schreiben wir der Bequemlichkeit halber $\lim a_n$ statt $\lim_{n\to\infty} a_n$. Teil d) des folgenden Satzes folgt aus der verallgemeinerten Dreiecksungleichung (Satz 13.2) und Lemma 13.10.

Satz 13.15 (Rechenregeln für konvergente Folgen in $\mathbb{R}^p$).
Bei den folgenden Gleichungen mögen die links stehenden Grenzwerte existieren (d. h. die Folgen konvergieren). Dann gilt für Folgen $(a_n)_n$, $(b_n)_n$ in $\mathbb{R}^p$ und $(\lambda_n)_n$ in $\mathbb{R}$:
a) $\lim a_n + \lim b_n = \lim(a_n + b_n)$,
b) $\lim \lambda_n \cdot \lim a_n = \lim(\lambda_n a_n)$,
c) $(\lim a_n \mid \lim b_n) = \lim(a_n \mid b_n)$,
d) $\| \lim a_n \| = \lim \| a_n \|$.

Satz 13.16 (Rechenregeln für konvergente Folgen in $\mathcal{M}_{q,p}$).
Bei den folgenden Gleichungen mögen die links stehenden Grenzwerte existieren (d. h. die Folgen konvergieren). Dann gilt für Folgen $(A_n)_n$, $(B_n)_n$ in $\mathcal{M}_{q,p}$ und $(\lambda_n)_n$ in $\mathbb{R}$:
a) $\lim A_n + \lim B_n = \lim(A_n + B_n)$,
b) $\lim \lambda_n \cdot \lim A_n = \lim(\lambda_n A_n)$,
c) Sei $(A_n)_n$ eine Folge in $\mathcal{M}_{q,p}$ und $(C_n)_n$ eine Folge in $\mathcal{M}_{p,r}$. Dann gilt
$\lim_{n\to\infty} C_n \lim_{n\to\infty} A_n = \lim_{n\to\infty} C_n A_n$.
d) $\| \lim A_n \| = \lim \| A_n \|$.

Mit Hilfe der Norm können wir absolute Konvergenz von Reihen definieren und den folgenden Satz beweisen.

Satz 13.17. *Sei $(y_n)_n$ eine Folge in $X = \mathbb{R}^p$ oder in $X = \mathcal{M}_{q,p}$ und $\| \cdot \|$ eine der eingeführten Normen auf X. Es gelte $\sum_{k=0}^{\infty} \| y_n \| < \infty$. Dann konvergiert die Reihe $\sum_{n=0}^{\infty} y_n$ in X und es gilt $\| \sum_{k=0}^{\infty} y_k \| \leq \sum_{k=0}^{\infty} \| y_k \|$.*

Erfüllt die Reihe die Voraussetzung des Satzes, so heißt sie **absolut konvergent**.

Beweis: Nach Satz 13.3 (für $X = \mathbb{R}^p$) bzw. Satz 13.8 (für $X = \mathcal{M}_{q,p}$) ist $\sum_{n=0}^{\infty} |y_{j,n}| < \infty$ für jede Koordinatenfolge $(y_{j,n})_n$. Nach Satz 5.31 konvergiert dann $\sum_{n=0}^{\infty} y_{j,n}$ und damit nach Satz 13.11 auch die Reihe $\sum_{n=0}^{\infty} y_n$ in der Norm, das heißt, die Folge $(\sum_{k=0}^{n} y_k)_n$ konvergiert. Schließlich ist $\|\sum_{k=0}^{n} y_k\| \leq \sum_{k=0}^{n} \|y_k\| \leq \sum_{k=0}^{\infty} \|y_k\|$. Damit folgt die letzte Ungleichung aus Satz 13.15 d) bzw. seinem Analogon für Matrizen. □

Bemerkung: Man hätte den Beweis wegen Satz 13.13 auch völlig analog zum Beweis des entsprechenden Satzes 5.31 (für den Fall $X = \mathbb{R}$) führen können, indem man dort den Absolutbetrag durch die Norm ersetzt.

Als Anwendung zeigen wir, wie man Potenzreihen von Matrizen definieren kann. Teil b) des folgenden Satzes ist zentral in der Theorie kontinuierlicher dynamischer Systeme.

Satz 13.18. *Sei E_p die $p \times p$–Einheitsmatrix und A eine $p \times p$–Matrix. Sei $\| \cdot \|$ eine der eingeführten Matrixnormen.*

a) Sei $\|A\| = q < 1$. Dann konvergiert die Reihe $\sum_{k=0}^{\infty} A^k$ gegen $(E_p - A)^{-1}$ und es gilt $\|(E_p - A)^{-1}\| \leq \dfrac{1}{1 - \|A\|}$.

b) Die Reihe $\sum_{k=0}^{\infty} \dfrac{A^k}{k!}$ konvergiert für jede $p \times p$–Matrix A. Der Grenzwert heißt **Exponentialfunktion** $\exp(A)$. *Es gilt $\| \exp(A)\| \leq \exp(\|A\|)$.*

Beweis: Wegen der Submultiplikativität der Matrixnorm ist $\|A^2\| \leq \|A\|^2$, also (Induktion) $\|A^n\| \leq \|A\|^n$.

a) Es ist $\sum_{k=0}^{n} \|A^k\| \leq \sum_{k=0}^{n} \|A\|^k \leq \sum_{k=0}^{\infty} \|A\|^k = \dfrac{1}{1 - \|A\|} < \infty$ wegen $\|A\| = q < 1$. Nach Satz 13.17 konvergiert die Reihe. Sei $S_n = \sum_{k=0}^{n} A^k$ und $S = \lim S_n$. Nach den Rechenregeln ist wegen $(E_p - A)S_n = E_p - A^{n+1} = S_n(E_p - A)$ und wegen $\lim_{n \to \infty} \|A^n\| \leq \lim_{n \to \infty} \|A\|^n = \lim_{n \to \infty} q^n = 0$

$$(E_p - A)S = E_p - \lim A^{n+1} = E_p = S(E_p - A).$$

Die Normabschätzung folgt aus Satz 13.17.

b) Es ist $\sum_{k=0}^{n} \dfrac{\|A^k\|}{k!} \leq \sum_{k=0}^{n} \dfrac{\|A\|^k}{k!} \leq \sum_{k=0}^{\infty} \dfrac{\|A\|^k}{k!} = \exp(\|A\|) < \infty$. Damit konvergiert die angegebene Reihe nach Satz 13.17 absolut. Er liefert auch wieder die Normabschätzung. □

Aufgaben:

1. Sei A invertierbar. Dann ist $\dfrac{1}{\|A^{-1}\|} \geq \|A\|$. *Tipp:* $E_p = AA^{-1}$, Submultiplikativität der Norm.

2. Sei A invertierbar und $\|L - A\| < \dfrac{1}{\|A^{-1}\|}$. Dann ist L invertierbar und

$$\|L^{-1} - A^{-1}\| \leq \frac{\|A^{-1}\|^2 \|A - L\|}{1 - \|A^{-1}(A - L)\|}.$$

Tipp: $L = A - (A - L) = A(E_p - A^{-1}(A - L))$ und $\|A^{-1}(A - L)\| < 1$, warum? Verwende nun den Teil a) des vorausgegangenen Satzes. Für den Rest benutze $L^{-1} - A^{-1} = \left((E_p - A^{-1}(A - L))^{-1} - E_p\right) A^{-1}$.

13.1.3 Spezielle Klassen von Mengen

Im folgenden sei $X = \mathbb{R}^p$ oder X sei der Raum $\mathcal{M}_{qp}(\mathbb{R})$ der $q \times p$–Matrizen mit reellen Einträgen, versehen mit einer der angegebenen Normen, die wir mit $\| \cdot \|$ bezeichnen.

Die Menge $B(x_0, r) = \{x \in X : \|x - x_0\| < r\}$ bezeichnen wir im Moment als *randlose Kugel* mit Mittelpunkt x_0 und Radius r. Ist $X = \mathbb{R}$ (also $p = 1$), so erhalten wir $B(x_0, r) =]x_0 - r, x_0 + r[$, also das offene Intervall mit x_0 als Mittelpunkt. Ist $X = \mathbb{R}^2$, so ist $B(x_0, r)$ die aus der Schule bekannte Kreisscheibe ohne den Kreisrand. Ganz ähnlich ist $B(x_0, r)$ in $\mathbb{R}^3$ die Vollkugel ohne deren "Haut", also ohne die **Sphäre** $S(x_0, r) = \{x \in \mathbb{R}^3 : \|x - x_0\| = r\}$.

Definition 13.19. *Sei $D \subseteq X$.*
a) Der Punkt $c \in \mathbb{R}^p$ heißt **Adhärenzpunkt** *von D, wenn es eine Folge $(d_n)_n$ in D mit $c = \lim d_n$ gibt.*
b) Die Menge D heißt **abgeschlossen,** *wenn D alle ihre Adhärenzpunkte enthält.*
c) Die Menge $\overline{D}$ aller Adhärenzpunkte der Menge D heißt **abgeschlossene Hülle** *von D.*

Aufgaben: Zeigen Sie bitte:

1. $\{x : \|x\| \le 1\}$ ist abgeschlossen.
2. c ist genau dann Adhärenzpunkt von D, wenn für jedes $\varepsilon > 0$ stets $B(c, \varepsilon) \cap D \ne \emptyset$ ist.
3. Sei $D \subseteq X$ und $\overline{D}$ die Menge der Adhärenzpunkte von D ist. $\overline{D}$ ist abgeschlossen.
4. $\overline{B}(x, r) = \{y : \|y - x\| \le r\}$.
5. Sei $D \subseteq X$. Ist A abgeschlossen und $D \subseteq A$, so ist auch $\overline{D} \subseteq A$.

Die folgenden weiteren Klassen von Mengen spielen in allen Anwendungen eine zentrale Rolle.

Definition 13.20. *Sei $A \subseteq \mathbb{R}^p$ eine Menge.*
a) A heißt **offen,** *wenn zu jedem $x \in A$ ein $r(x) > 0$ existiert, so dass die randlose Kugel $B(x, r(x))$ ganz in A liegt.*
b) A heißt **beschränkt,** *wenn es ein $M > 0$ mit $A \subseteq B(0, M)$ gibt.*
c) A heißt **kompakt,** *wenn A abgeschlossen und beschränkt ist.*

Bemerkungen:

1. Offene Mengen sind bei der Differentiation von Funktionen wichtig, denn bei der Differentiation müssen Sie von einem Punkt x_0 aus in alle Richtungen wenigstens ein Stück weit gehen können, ohne die Menge zu verlassen.
2. Die Begriffe sind unabhängig von der speziell gewählten Norm. Denn sei etwa $X = \mathbb{R}^p$ und $B_i(c, r) = \{x : \|c - x\|_i < r\}$ für $i \in \{1, 2, \infty\}$. Dann erhält man aus Satz 13.3 die Beziehung

$$B_1(c, r) \subseteq B_2(c, \sqrt{p}r) \subseteq B_\infty(c, \sqrt{p}r) \subseteq B_1(c, \sqrt{p^3}r).$$

Für $X = \mathcal{M}_{q,p}$ argumentiert man ähnlich.

3. Eine randlose Kugel $B(x, r))$ ist offen. Denn ist $y \in B(x, r)$, also $\|y - x\| < r(x)$, so liegt $B(y, \underbrace{r(x) - \|y - x\|}_{=r(y)})$ in $B(x, r)$. Machen Sie sich dazu eine Skizze. *Deshalb ersetzen wir ab jetzt den Begriff "randlose Kugel" durch* **offene Kugel.**.

4. *Die leere Menge ist offen.* Dies ist typisch für den formalen Umgang mit den Worten: "Wenn $x \in U$, so...". Bei der leeren Menge ist die Wenn-Bedingung nie erfüllt, also ist die Gesamtaussage wahr. Merken Sie sich einfach: **die leere Menge ist offen.**

5. Nach Definition ist X sowohl offen als auch abgeschlossen. Dasselbe gilt für die leere Menge (wegen $X \setminus \emptyset = X$).

6. Kompakte Mengen sind in bezug auf stetige reellwertige Funktionen sehr wichtig. Diese nehmen dort ihr Maximum und Minimum an.

Es gilt der folgende Satz:

Satz 13.21.
a) Die Menge U ist genau dann offen, wenn ihr Komplement $X \setminus U$ abgeschlossen ist.
b) Ist $\mathcal{U}$ eine Menge von offenen Mengen, so ist $\bigcup_{U \in \mathcal{U}} U$ offen.
c) Sind U, V offen, so ist $U \cap V$ offen.
d) Ist $\mathcal{A}$ eine Menge abgeschlossener Mengen, so ist $\bigcap_{A \in \mathcal{A}} A$ abgeschlossen.
e) Sind A, B abgeschlossen, so ist $A \cup B$ abgeschlossen.

Beweis: a) Sei U offen und $A = X \setminus U$. *Behauptung:* A ist abgeschlossen. *Beweis:* Sei c ein Adhärenzpunkt von A und $(c_n)_n$ eine Folge aus A, die gegen c konvergiert. Angenommen, $c \in U$. Dann gibt es ein $r > 0$ mit $B(c, r) \subseteq U$. Zu r gibt es ein n_0 mit $\|c - c_n\| < r$ für alle $n \geq n_0$. Also ist $c_{n_0} \in A \cap B(c, r) \subseteq A \cap U = (X \setminus U) \cap U = \emptyset$, ein Widerspruch. Damit enthält A alle Adhärenzpunkte von sich und ist damit abgeschlossen.

Sei $A = X \setminus U$ abgeschlossen. *Behauptung:* U ist offen. *Beweis:* Angenommen, U ist nicht offen. Dann gibt es ein $c \in U$, so dass für jedes $r > 0$ die Menge $B(c, r) \cap A$ nicht leer ist. Sei $c_n \in B(c, 1/n) \cap A$, also $c_n \in A$ und $\|c - c_n\| < 1/n$. Dann ist $\lim_{n \to \infty} c_n = c$. Also ist c ein Adhärenzpunkt von A. Da A abgeschlossen ist, ist $c \in A$, also ist $c \in A \cap U = A \cap (X \setminus A) = \emptyset$, ein Widerspruch.

Den Rest des Beweise, der nicht schwer ist und bei dem man vom bewiesenen Teil a) Gebrauch machen kann, stellen wir als Übungsaufgabe. □

Aufgaben:

1. Beweisen Sie bitte die restlichen Aussagen dieses Satzes.
2. Die ε-Kugel $B(E_p, \varepsilon)$ bezüglich der $\| \cdot \|_{11}$-Norm um die Einheitsmatrix $E_p = \left(e_1^\downarrow, \ldots, e_p^\downarrow \right)$ besteht aus allen $p \times p$-Matrizen $A = (a_{i,k})$ mit $\max\{|a_{kk} - 1| + \sum_{j \neq k} |a_{jk}| : k \leq p\} < \varepsilon$.

Wiederholung

Begriffe: Norm, Abstand, Folge, konvergente Folge, Cauchy–Kriterium, Potenzreihen von Matrizen, Adhärenzpunkt einer Menge, offene Kugel, offene Menge, abgeschlossene Menge, beschränkte Menge, kompakte Menge.

Sätze: Rechenregeln für konvergente Folgen, Konvergenz bezüglich einer Norm und Konvergenz der Koordinatenfolgen, Konvergenz spezieller Potenzreihen von Matrizen, Zusammenhang zwischen offenen und abgeschlossenen Mengen.

13.2 Grenzwerte von Funktionswerten, Stetigkeit

Motivation und Überblick

Völlig parallel zu Kapitel 6 entwickeln wir hier die Begriffe "Grenzwert von Funktionswerten" und "Stetigkeit", indem wir sie auf die Konvergenz von Bildfolgen zurückführen. Da alles ganz analog zum eindimensionalen Fall verläuft, können wir uns hier kurz fassen.

13.2.1 Typen von Funktionen

Motivation und Überblick

Wir haben jetzt die Möglichkeit, dass die betrachteten Funktionen von mehreren Veränderlichen abhängen, aber auch, dass ihre Werte Vektoren bzw. sogar Matrizen sind. Wir behandeln die wichtigsten Fälle und deuten sie anwendungsorientiert.

Skalare Funktionen Funktionen mit Werten in $\mathbb{R}$ heißen **skalare** Funktionen. Typische Beispiele sind die Temperatur als Funktion des Ortes, oder die Populationsdichte einer Spezies als Funktion des Ortes.

Benutzen Sie nun bitte das Applet "Funktionen zweier Veränderlicher im Raum". Schauen Sie sich skalare Funktionen auf $\mathbb{R}^2$ an. Ihre Graphen sind meist wunderschöne Flächen. Durch Klicken auf die Zeichnung können Sie sie beliebig im Raum drehen.

Bemerkung: Wir schreiben im Folgenden für $x = (x_1, \ldots, x_p)^t$ in der Regel $f(x_1, \ldots, x_p)$ an Stelle von $f(x)$.

Beispiele: 1. $f(x,y) = x^2 + y^2$.

2. $f(x,y) = x^2 - y^2$.

3. $f(x,y) = \dfrac{2xy}{\sqrt{x^2 + y^2}}$.

4. $f(x,y) = \dfrac{2xy}{x^2 + y^2}$.

5. $f(x,y) = \exp(-5(x^2 + y^2)(\cos(x^2 + y^2)))$.

Kurven in $\mathbb{R}^p$ Eine Funktion φ eines Intervalls J in den $\mathbb{R}^p$ erscheint als **Kurve**.

Benutzen Sie nun bitte das Applet "Parameterkurven in der Ebene" bzw. "Parameterkurven im Raum". Typische Kurven in $\mathbb{R}^2$ sind Kreise $\varphi(t) = R \begin{pmatrix} \cos t \\ \sin t \end{pmatrix}$. In $\mathbb{R}^3$ bekommt man Schraubenlinien, usw.

Beispiele:

1. $x(t) = 0.5\cos(t)$, $y(t) = 2\sin(t)$.
2. **Bézier–Kurven**[1] Wählen Sie Punkte b_0, b_1, b_2, b_3 in der Ebene. Setzen Sie dann $x(t) = \sum_{j=0}^{3} b_{j,1} \binom{3}{j} t^j (1-t)^{3-j}$, $y(t) = \sum_{j=0}^{3} b_{j,2} \binom{3}{j} t^j (1-t)^{3-j}$. Variieren Sie die Punkte b_j. Die Kurve verläuft nicht durch die Punkte b_1, b_2. Diese dienen nur als "Steuerelemente".
3. Die Schraubenlinie im Raum: $x(t) = 5\cos(t)$, $y(t) = 5\sin(t)$, $z(t) = 0.5t$.

Flächen in $\mathbb{R}^p$ Man erhält sie durch Parameterdarstellungen, also Funktionen φ einer offenen Menge $G \subseteq \mathbb{R}^2 \to \mathbb{R}^p$ $(p \geq 3)$.

Benutzen Sie nun bitte das Applet "Parameterflächen im Raum". Schauen Sie sich einige Parameterflächen im Raum an.

Beispiele:

1. $\varphi(u,v) = \begin{pmatrix} u \\ v \\ u^2 - v^2 \end{pmatrix}$ liefert eine Sattelfläche.

2. $\psi(u,v) = \begin{pmatrix} \cos u \cos v \\ \sin u \cos v \\ \sin v \end{pmatrix}$ liefert die Einheitssphäre.

Koordinatentransformationen Eine Funktion $f : D \subseteq \mathbb{R}^p \to \mathbb{R}^p$ kann man auch als Koordinatentransformation auffassen. Hier drei Beispiele:

Beispiele:

1. Sei A eine $p \times p$–Matrix mit Determinante $\det(A) \neq 0$. Sei $f(x) = Ax$. Dies haben wir als Basiswechsel interpretiert.

2. $f(r,\varphi) = \begin{pmatrix} r\cos\varphi \\ r\sin\varphi \end{pmatrix}$. Dies sind Polarkoordinaten.

   Genauer: Hat man einen Punkt P mit rechtwinkligen Koordinaten $x = \binom{x}{y}$ und setzt man $r = \|x\|$ und ist $x \neq 0$, so gibt es genau einen Winkel φ zwischen $-\pi$ und π $(-\pi \leq \varphi < \pi)$ mit $x = r\cos\varphi$ und $y = r\sin\varphi$. r und φ sind die **Polarkoordinaten** von P.

---

[1] Pierre Bézier, 1910–1999, Mathematiker, arbeitete als Ingenieur bei Renault. Die nach ihm benannten Kurven sind fundamental in der graphischen Datenverarbeitung.

3. Die **Kugelkoordinaten** in $\mathbb{R}^3$ ergeben sich als
$x = r\cos(\varphi)\cos(\vartheta)$, $y = r\sin(\varphi)\cos(\vartheta)$, $z = r\sin(\vartheta)$ mit $-\pi \leq \varphi < \pi$ und
$-\pi/2 \leq \vartheta \leq \pi/2$. r ist der Radius (Abstand vom Ursprung), φ die geographische
Länge, ϑ die geographische Breite.

Wiederholung

Begriffe: Skalare Funktionen, Kurven, Flächen, Koordinatentransformationen, Polarkoordinaten, Kugelkoordinaten.

13.2.2 Grenzwerte

Im Folgenden sei $X = \mathbb{R}^p$ oder $X = \mathcal{M}_{q,p}$ mit einer der im ersten Abschnitt
eingeführten Normen. Ganz analog zum eindimensionalen Fall erklären wir den
Grenzwert von Funktionswerten:

Definition 13.22. *Sei c ein Adhärenzpunkt von $D \subseteq X$ und $F : D \to \mathbb{R}^q$ eine
Abbildung. $F(x)$ **konvergiert gegen** v **für** x **gegen** c, in Zeichen: $\lim_{x \to c} F(x) = v$, wenn für jede gegen c konvergente Folge (d_n) aus D die Bildfolge $(F(d_n))_n$
gegen v konvergiert. v heißt dann **Grenzwert von** $F(x)$ **für** x **gegen** c.*

Wie im eindimensionalen Fall ergibt sich:

Satz 13.23.
*Sei c ein Adhärenzpunkt von $D \subseteq X$ und $F : D \to \mathbb{R}^q$ eine Abbildung. Die
folgenden Aussagen sind äquivalent:*
a) $\lim_{x \to c} F(x) = v$.
*b) Zu jedem $\varepsilon > 0$ gibt es ein $\delta > 0$, so dass für alle $x \in D$ mit $\|x - c\| < \delta$ stets
$\|F(x) - v\| < \varepsilon$ ist.*

Der Beweis verläuft analog zu Theorem 6.11.

Beispiele

1. Sei $p = 1$, $q = 2$, $D = \mathbb{R}$ und $F(t) = \begin{pmatrix} \cos(t) \\ \sin(t) \end{pmatrix}$.

   Dann gilt $\lim_{t \to c} F(t) = \begin{pmatrix} \cos(c) \\ \sin(c) \end{pmatrix}$.

2. Seien p, q und F wie oben, $c \in \mathbb{R}$ und $D = \mathbb{R} \setminus \{c\}$, ferner $G(t) = \dfrac{F(t) - F(c)}{t - c}$. Dann gilt $\lim_{t \to c} G(t) = \begin{pmatrix} -\sin(c) \\ \cos(c) \end{pmatrix}$.

3. Sei $D_0 = \mathbb{R}^2 \setminus \{0\}$ und $F(x,y) = \dfrac{2xy}{x^2 + y^2}$. Sei $c = \binom{0}{0}$. Dann existiert für $\binom{x}{y} \to c$ kein Grenzwert. Setzen wir aber $D_1 = \{\binom{t}{t}, t \neq 0\}$, so ist $\lim_{D_1 \ni u \to c} F(u) = 1$.

Aus den Rechenregeln für konvergente Folgen erhalten wir sofort den folgenden Satz. Dabei nennen wir die Einträge a_{ik} der Matrix $A = (a_{ik})_{\substack{i=1\ldots q \\ k=1\ldots p}}$ Koordinaten der Matrix. Ferner setzen wir $X = \mathbb{R}^p$ oder $X = \mathcal{M}_{q,p}$ und $Y = \mathbb{R}^q$ beziehungsweise $Y = \mathcal{M}_{r,s}$.

Satz 13.24.
Sei c ein Adhärenzpunkt von $D \subseteq X$ und $F : D \to Y$.
a) Es gilt: $F(x)$ konvergiert genau dann gegen v für $x \to c$, wenn jede Koordinatenfunktion $F_j : D \to \mathbb{R}$ für $x \to c$ gegen die entsprechende Koordinate von v konvergiert. Dann ist

$$\lim_{x \to c} F(x) = \left(\lim_{x \to c} F_1(x), \ldots, \lim_{x \to c} F_q(x) \right)^t,$$

falls $Y = \mathbb{R}^q$ ist und entsprechend für $Y = \mathcal{M}_{r,s}$.
b) Sei zusätzlich $G : D \to Y$. Existieren die Grenzwerte auf der linken Seite, so gelten die folgenden Gleichungen:

$$\lim_{x \to c} F(x) + \lim_{x \to c} G(x) = \lim_{x \to c} (F(x) + G(x)),$$

$$\| \lim_{x \to c} F(x) \| = \lim_{x \to c} \| F(x) \|.$$

c) Ist $\varphi : D \to \mathbb{R}$ und existieren $\lim_{x \to c} \varphi(x)$ und $\lim_{x \to c} F(x)$, so auch $\lim_{x \to c} \varphi(x) F(x)$ und es gilt

$$\lim_{x \to c} \varphi(x) \lim_{x \to c} F(x) = \lim_{x \to c} \varphi(x) F(x).$$

Wir vermerken noch folgende Ergebnisse, die besser getrennt für $\mathbb{R}^q$ und $\mathcal{M}_{q,p}$ notiert werden:

Satz 13.25. *Sei c ein Adhärenzpunkt der Menge $D \subseteq X$.*
a) Seien $F, g : D \subseteq X \to \mathbb{R}^q$. Dann gilt $(\lim_{x \to c} F(x) | \lim_{x \to c} G(x)) = \lim_{x \to c} (F(x) | G(x))$.
b) Sei $F : D \to \mathcal{M}_{q,p}$ und $G : D \to \mathcal{M}_{p,r}$. Dann gilt $\lim_{x \to c} G(x) \lim_{x \to c} F(x) = \lim_{x \to c} G(x) F(x)$.

Analog zu den bisherigen Begriffsbildungen erklären wir auch, was ein Grenzwert für $\|x\| \to \infty$ bedeutet. Dabei haben X und Y wieder die oben angegebene Bedeutung.

Definition 13.26. *Sei $D \subseteq X$ eine unbeschränkte Menge und $F : D \to Y$ eine beliebige Funktion. Wir sagen, F* **konvergiert für** *$\|x\| \to \infty$* **gegen das Element** *$d \in Y$, in Zeichen:*

$$\lim_{\|x\| \to \infty} F(x) = d,$$

wenn zu jedem $\varepsilon > 0$ ein $R(\varepsilon) > 0$ existiert mit

$$\|F(x) - d\| < \varepsilon \text{ für alle } x \in D \text{ mit } \|x\| > R(\varepsilon).$$

Offensichtlich gelten die zu Satz 13.24 vollkommen analogen Rechenregeln auch für $\lim_{\|x\| \to \infty}$.

Für den Spezialfall $\lim_{\|x\| \to \infty} F(x) = 0$ hat man auch die Redeweise F **verschwindet im Unendlichen**.

Aufgabe: Formulieren Sie einen zu Satz 13.24 analogen Satz für $\lim_{\|x\| \to \infty}$ und beweisen Sie ihn.

Wiederholung

Begriffe: Grenzwert von Funktionswerten.
Sätze: $\varepsilon - \delta$–Kriterium für Grenzwerte, Rechenregeln für Grenzwerte.

13.2.3 Stetigkeit

Wie im eindimensionalen Fall (siehe Definition 6.16) erklären wir die Stetigkeit. Dabei haben X und Y dieselbe Bedeutung wie in Satz 13.24.

Definition 13.27. *Sei $\emptyset \neq D \subseteq X$ und $f : D \to Y$. f heißt* **stetig in** *$c \in D$, wenn $\lim_{x \to c} f(x) = f(c)$ gilt. f heißt* **stetig***, wenn f in jedem Punkt von D stetig ist.*

Aus Satz 13.24 erhalten wir sofort:

Satz 13.28.
a) $f : D \to Y$ ist genau dann stetig (in $c \in D$), wenn dies für jede einzelne Koordinatenfunktion gilt.
b) Mit f und g sind auch $f + g$ und $x \mapsto (f(x) \mid g(x))$ stetig (in $c \in D$).
c) Ist $f : D \to \mathbb{R}^q$ und $\varphi : D \to \mathbb{R}$ stetig (in c), so auch $\varphi f : x \mapsto \varphi(x) f(x)$.

Aus der äquivalenten Form des Grenzwert-Kriteriums erhalten wir

---

Satz 13.29.
Sei $f : D \subseteq X \to Y$ eine Abbildung. Die folgenden Aussagen sind äquivalent:
a) f ist stetig in c.
b) Zu jedem $\varepsilon > 0$ gibt es ein $\delta > 0$, so dass für alle $x \in D$ gilt: Ist $\|x - c\| < \delta$, so ist $\|f(x) - f(c)\| < \varepsilon$.

Bevor wir weitere Beispiele bringen, brauchen wir noch den folgenden Satz, wo Z eine der Mengen $\mathbb{R}^r$ oder $\mathcal{M}_{u,v}$ sein kann.

Satz 13.30. (Hintereinanderausführung stetiger Funktionen)
Sei $f : D \subseteq X \to D' \subseteq Y$ stetig in c und $g : D' \to Z$ stetig in $d = f(c)$. Dann ist $g \circ f : D \to Z$ stetig in c.

Der Beweis läuft analog zum reellen Fall am schnellsten mit dem Folgenkriterium Satz 13.29 b).

Beispiele:

1. Sei A eine $q \times p$–Matrix. Man erhält für $\lim y_n = x$ einfach $\lim(A(y_n) - A(x)) = \lim A(y_n - x) = 0$. *Also ist jede lineare Abbildung stetig.*
2. *Jedes Polynom in p Variablen ist stetig.* Dazu sei $\alpha \in \mathbb{N}_0^p$, also $\alpha = (\alpha_1, \ldots, \alpha_p)$ mit $\alpha_j \in \mathbb{N}_0$. Für $x \in \mathbb{R}^p$ setzen wir $x^\alpha = x_1^{\alpha_1} \cdots x_p^{\alpha_p}$. Nach dem vorausgegangenen Beispiel ist die lineare Abbildung $x \mapsto x_j$ stetig von $\mathbb{R}^p \to \mathbb{R}$. Auf $\mathbb{R}$ ist die Potenzfunktion $t \mapsto t^{\alpha_j}$ stetig, also ist die Hintereinanderausführung $x \mapsto x_j^{\alpha_j}$ stetig. Nach Satz 13.28 b) ist dann auch $x \mapsto x_1^{\alpha_1} x_2^{\alpha_2}$ stetig. Durch Induktion nach p erhält man dass $x \mapsto x^\alpha$ stetig ist. Setzt man $|\alpha| = \alpha_1 + \cdots + \alpha_p$, so ist das Polynom $P(x) = \sum_{\ell=0}^n (\sum_{|\alpha|=\ell} a_\alpha x^\alpha)$ nach Satz 13.28 stetig.
3. $(x, y) \mapsto \sin(xy)$ ist stetig als Hintereinanderausführung von $(x, y) \mapsto xy \mapsto \sin(xy)$.
4. Sei $f : D \subseteq \mathbb{R}^p \to \mathbb{R}^q$ stetig in c. Dann ist auch die Funktion $x \mapsto \|f(x)\|$ stetig in c.
5. Seien $f : D \subseteq \mathbb{R}^p \to \mathbb{R}^q$ und $g : D \to \mathbb{R}^r$ stetig in x_0. Dann ist die Abbildung $h : D \to \mathbb{R}^{q+r}$, $x \mapsto \binom{f(x)}{g(x)}$ ebenfalls stetig in x_0. Denn nach Satz 13.28 a) sind ja alle Koordinatenfunktionen stetig. Sind beide Funktionen f und g reell, also $1 = q = r$, so erhält man, dass auch $x \mapsto \max(f(x), g(x))$ und $x \mapsto \min(f(x), g(x))$ stetig in x_0 sind. Denn $\varphi(s, t) = \max(s, t) = \frac{1}{2}(|s - t| + s + t)$ ist stetig von $\mathbb{R}^2$ nach $\mathbb{R}$.
   Allgemeiner: Ist $\varphi : \mathbb{R}^2 \to \mathbb{R}$ stetig, so ist $D \ni x \mapsto \varphi(f(x), g(x))$ stetig in x_0.

Benutzen Sie nun bitte das Applet "Parameterflächen im Raum". Schauen Sie sich das $\varepsilon - \delta$-Kriterium für die Funktionen aus den Aufgaben an. Gehen Sie dabei wie folgt vor: Wählen Sie einen Punkt $x^{(0)} = (x_0, y_0)^t$ und lassen Sie sich die Funktion f in einem Rechteck um $x^{(0)}$ zeichnen. (Sie können den Definitionsbereich in "Einstellung" angeben.) Bestimmen Sie $f(x^{(0)})$ rechnerisch oder mit dem Bild. Wählen Sie ein ε und schränken Sie die z-Achse auf $[-\varepsilon, \varepsilon]$ ein.
Lassen Sie sich mit diesen Einstellungen $f - f(x^{(0)})$ zeichnen.
Finden Sie, wenn nötig, ein kleineres Rechteck, sodass f vollständig dargestellt wird, d. h. der Graph wird im *Innern* des Definitionsbereichs durch den eingeschränkten z-Wert nicht "abgeschnitten".

Aufgaben:

1. Im Folgenden sei $x^{(0)} = (0,0)^t$. Überprüfen Sie, ob die folgenden Funktionen in diesem Punkt stetig sind:
   a) $f(x,y) = xy$.
   b) $f(x,y) = \sin(xy)$.
   c) $f(x,y) = \exp(-x^2 - y^2)$.
   d) $f(x,y) = \exp(-x^2 + y^2)$.
   e) $f(x,y) = \begin{cases} 0 & x = y = 0 \\ \dfrac{2xy}{x^2 + y^2} & \text{sonst} \end{cases}$

2. Beweisen Sie die Stetigkeit der folgenden Funktionen:
   a) $f(x,y) = x + y$.
   b) $f(x,y) = \sin(x + y)$.
   c) $f(x,y) = (\sin(x+y), \cos(xy))^t$.
   d) $f(x,y) = x(\cos(y), \sin(y))^t$.
   e) $f(r,\varphi,\vartheta) = r(\cos(\varphi)\cos(\vartheta), \sin(\varphi)\cos(\vartheta), \sin(\vartheta))^t$.
   f) $f(r,\varphi,z) = (r\cos(\varphi), r\sin(\varphi), z)^t$.

Wie im eindimensionalen Fall gilt das folgende **Minimax-Theorem** (vergl. Theorem 6.24): Es besagt zum Beispiel, dass es auf unserer Erde zu jedem Zeitpunkt einen Ort maximaler und einen Ort minimaler Temperatur gibt. Denn wir können annehmen, dass die Temperatur zu einem festen Zeitpunkt eine stetige Funktion des Ortes ist. Wieder steht X für $\mathbb{R}^p$ oder $\mathcal{M}_{q,p}$.

Theorem 13.31.
Sei $K \subseteq X$ kompakt und $f : K \to \mathbb{R}$ stetig. Dann hat f ein Maximum und ein Minimum. Das heißt genauer: es gibt Punkte x_{min} und x_{max} in K mit

$$f(x_{min}) \leq f(x) \leq f(x_{max}) \text{ für alle } x \in K.$$

Beweis: Der Beweis läuft wie im eindimensionalen Fall (siehe Theorem 6.24), nur muss man hier natürlich die mehrdimensionale Variante des Satzes von Bolzano-Weierstraß, Theorem 13.14, verwenden. Außerdem muss die Konstruktion des Algorithmus etwas verändert werden. Wir skizzieren dies für den Fall $X = \mathbb{R}^2$. Da die Beschränktheit einer Menge unabhängig von der speziell gewählten Norm ist, wählen wir die Norm $\| \cdot \|_\infty$. Da K kompakt ist, gibt es ein $M > 0$ mit $K \subseteq \overline{B}(0, M) = [-M, M] \times [-M, M]$. Sei $a^{k,l,n} = (-M + kM/2^n, -M + lM/2^n)^t$ und $Z_n = \{a^{k,l,n} : k, l = 0, 1, \ldots, 2^{n+1}, a^{k,l,n} \in K\}$. Nun kann man den Beweis von Theorem 6.24 übertragen. $\square$

Wir benötigen nun noch ein weiteres Mittel zur Konstruktion stetiger Funktionen. Wie im Fall $p = 1$ erklären wir die gleichmäßige Konvergenz. Man braucht sie zum Beispiel zum Nachweis der Integrierbarkeit stetiger Funktionen und bei der Theorie der Fouriertransformation von Funktionen mehrerer Veränderlicher. Wieder stehen X für $\mathbb{R}^p$ oder $\mathcal{M}_{q,p}$, Y für $\mathbb{R}^q$ oder $\mathcal{M}_{r,s}$.

Definition 13.32. *Sei* $(f_n)_n$ *eine Folge von Funktionen* $f_n : D \subseteq X \to Y$. *Die Folge* **konvergiert gleichmäßig** *gegen die Funktion* $g : D \to Y$, *wenn zu jedem* $\varepsilon > 0$ *ein* $n(\varepsilon) \in \mathbb{N}$ *existiert mit*

$$\| f_n(x) - g(x) \| < \varepsilon$$

für alle $n \geq n(\varepsilon)$ *und alle* $x \in D$.

Mit derselben Beweisidee wie im Fall $p = q = 1$ erhält man (vergleiche Theorem 6.20):

Theorem 13.33.
Sei $(f_n)_n$ *eine Folge stetiger Funktionen* $f_n : D \subseteq X \to Y$, *die gleichmäßig gegen die Funktion* g *konvergiert. Dann ist* g *stetig.*

Wiederholung

Begriffe: Stetigkeit, Polynome in mehreren Variablen, gleichmäßige Konvergenz.
Sätze: Äquivalente Kriterien für Stetigkeit, Stetigkeit linearer Abbildungen, Stetigkeit von Polynomen, Hintereinanderausführung stetiger Funktionen, ein Minimax-Theorem, Stetigkeit und gleichmäßige Konvergenz.

13.3 Anwendungen in der Numerik

Motivation und Überblick

Nachdem wir die verschiedenen Normen eingeführt haben, werden wir zwei Themenbereiche aus der Numerik behandeln. Der erste ist der Fixpunktsatz von Banach mit seinen Anwendungen. Der zweite, die Interpolation von endlichen Datenmengen, ist eigentlich der Analysis von Funktionen einer Variablen zuzuordnen. Ein Teilproblem dieses Themas, die Interpolation mit kubischen Splines, führt aber auf ein lineares Gleichungssystem.
Der Banachsche Fixpunktsatz ist die Grundlage für sehr effiziente Iterationsverfahren zur Lösung linearer und nichtlinearer Gleichungssysteme. Wir werden drei Anwendungen angeben: Newtons Verfahren zur Nullstellenberechnung, iterative Lösung linearer Gleichungssysteme und die Berechnung der Google-Ranking-Matrix.
Stetige Funktionen oder auch Bilder sind oft nur als endliche Datensätze D, also als endliche Teilmengen von Paaren reeller Zahlen gegeben, etwa $D = \{(x_0, y_0), \ldots, (x_n, y_n)\}$ mit $a := x_0 < x_1 < \cdots < x_n =: b$ und $y_k \in \mathbb{R}$. Dann besteht die Aufgabe darin, durch diese Punkte eine Kurve zu legen, die bestimmte Eigenschaften hat. Eine derartige Aufgabe heißt auch Interpolationsaufgabe. Für die numerische Integration zum Beispiel sucht man ein Polynom n–ten Grades. Ein solches hat jedoch vom Gesichtspunkt der graphischen Datenverarbeitung her Nachteile. Deshalb wurde die Theorie der Splines entwickelt. Wir werden neben der Polynominterpolation die Interpolation durch kubische Splines behandeln.

13.3.1 Der Fixpunktsatz von Banach

Sei $X = \mathbb{R}^p$ oder $X = \mathcal{M}_{q,p}$ versehen mit einer der von uns eingeführten Normen. Sei $\emptyset \neq A \subseteq X$ eine abgeschlossene Teilmenge.

Definition 13.34. *Eine Abbildung T von A nach X heißt* **Kontraktion***, wenn es eine Konstante $L < 1$ gibt, so dass $\|T(x) - T(y)\| \leq L\|x - y\|$ für alle $x, y \in A$ gilt.*

Offensichtlich ist eine Kontraktion stetig.

Beispiele:

1. Sei $X = \mathbb{R}$ und $A = [1, 3]$ und $T(x) = \frac{1}{2}(x + \frac{2}{x})$. Nach dem Mittelwertsatz ist $|T(x) - T(y)| = |T'(c)| |x - y|$, wobei c zwischen x und y liegt. Aus $T'(x) = \frac{1}{2} - \frac{1}{x^2}$ folgt $|T'(c)| \leq \frac{1}{2}$ für $1 \leq c \leq 3$, also ist T eine Kontraktion.

2. Sei $A = \mathbb{R}^2$ und $T = \begin{pmatrix} 0.1 & -0.4 \\ -0.4 & 0.8 \end{pmatrix}$. Dann ist $\|T\|_{\infty\infty} = 1.2 > 1$, aber $\|T\|_{2.2} = 0.9815$. Damit ist T auf $(\mathbb{R}^2, \|\cdot\|_2)$ eine Kontraktion, aber nicht auf $(\mathbb{R}^2, \|\cdot\|_\infty)$.

3. Sei $A = \{x \in \mathbb{R}^p : x = (x_1, \ldots, x_p), x_j \geq 0 \text{ für alle } j, \sum x_j = 1\}$. Sei $G = (g_{ij})$ eine $p \times p$-Matrix mit $g_{ij} \geq 0$ für alle i, j und $\sum_{i=1}^r g_{ij} = 1$. Insbesondere gilt $\|G\|_{11} = 1$. Sei $0 < d < 1$, $q = 1 - d$ und $T(x) = dG(x) + \frac{q}{p}(1, 1, \ldots, 1)^t$ für $x \in A$. Dann gilt $T(x) \in A$ und $\|Tx - Ty\| = d\|Gx - Gy\| \leq d\|G\|_{11}\|x - y\|$, also ist T eine Kontraktion.

Oft können wir Probleme, die auf die Lösung eines Gleichungssystems

$$F_1(x) = b_1, \ldots, F_p(x) = b_p$$

führen, auf folgende Weise zu einem **Fixpunktproblem** umwandeln: Wir finden eine Menge A und eine Abbildung T auf A, so dass das Gleichungssystem genau dann eine Lösung x hat, wenn $x \in A$ gilt und $T(x) = x$ ist. x heißt dann **Fixpunkt** von T.

Beispiele:

1. Die Gleichung $x^2 - 2 = 0$ ist äquivalent zur Gleichung $x = \frac{1}{2}(x + \frac{2}{x})$ aus Beispiel 1 oben. Für die Abbildung $T(x) = \frac{1}{2}(x + \frac{2}{x})$ suchen wir also einen Punkt x_F mit $T(x_F) = x_F$.

2. Sei $S = (s_{ij})$ eine $p \times p$-Matrix mit $s_{ii} \neq 0$ für alle i. Das Gleichungssystem $Sx = b$ lässt sich so umformulieren: Sei $D = (d_{ij})$ mit $d_{ij} = \begin{cases} 0 & i \neq j \\ s_{ii} & i = j \end{cases}$. Ferner sei $L = (\ell_{ij})$ mit $\ell_{ij} = \begin{cases} 0 & i \leq j \\ s_{ij} & i > j \end{cases}$ und $R = S - L - D$. Dann lässt sich das Gleichungssystem schreiben als $(D + L + R)x = b$, also $x = D^{-1}(b - Lx - Rx)$. Sei $T(x) = D^{-1}(b - Lx - Rx)$. Dann suchen wir also einen Punkt x_F mit $Tx_F = x_F$.

3. Im dritten Beispiel oben sei x_F ein Punkt mit $x_F = dGx_F + \frac{q}{p}(1, 1, \ldots, 1)^t$. Wir werden ihn in Zusammenhang mit der Google-Matrix deuten.

Wegen der verschiedenen Anwendungen wählen wir im Folgenden $X = \mathbb{R}^p$ oder $X = \mathcal{M}_{q,p}$, versehen mit einer der in Abschnitt 13.1 eingeführten Normen.

Theorem 13.35. (Fixpunktsatz von Banach[2]) *Sei A eine abgeschlossene Teilmenge von X und T eine Kontraktion, die A in sich abbildet. Dann gelten die folgenden Aussagen:*

a) T besitzt genau einen Fixpunkt x_F.

b) Sei $x \in A$ ein beliebiger Punkt. Dann ist $\|T^n x - x_F\| \leq \dfrac{L^n}{1-L}\|Tx - x\|$, insbesondere gilt $\lim_{n \to \infty} T^n x = x_F$.

Beweis: (I) Aus $\|T(x) - T(y)\| \leq L\|x - y\|$ folgt durch Induktion

$$
\begin{aligned}
\|T^{n+1}(x) - T^{n+1}(y)\| &= \|T(T^n(x)) - T(T^n(y))\| \\
&\leq L\|T^n(x) - T^n(y)\| \leq L \cdot L^n \|x - y\| \\
&\leq L^{n+1}\|x - y\|
\end{aligned}
$$

Insbesondere ist $\|T^{n+1}(x) - T^n(x)\| \leq L^n \|T(x) - x\|$.

(II) Sei $y_0 = x \in A$, $y_1 = Tx - x$, und allgemein $y_{n+1} = T^{n+1}x - T^n x$. Dann ist

$$
\sum_{n=0}^{\infty} \|y_n\| \leq \|x\| + \sum_{n=0}^{\infty} \|T^{n+1}x - T^n x\| \leq \|x\| + \frac{1}{1-L}\|T(x) - x\| < \infty.
$$

Nach Satz 13.17 ist $\sum_{k=0}^{\infty} y_k$ konvergent. Es ist aber $\sum_{n=0}^{n} y_n = T^n x$. Damit konvergiert $(T^n(x))_{n \geq 1}$. Sei $x_F = \lim_{n \to \infty} T^n(x)$. Da T als Kontraktion stetig ist, folgt $T(x_F) = T(\lim_{n \to \infty} T^n(x)) = \lim_{n \to \infty} T^{n+1}(x) = x_F$, weil $(T^{n+1}(x))_n$ eine Teilfolge von $(T^n(x))$ ist. x_F ist also ein Fixpunkt.

(III) Eindeutigkeit: Seien u und v Fixpunkte. Aus $\|u - v\| = \|T(u) - T(v)\| \leq L\|u - v\|$ folgt wegen $L > 1$ sofort $\|u - v\| = 0$, also $u = v$.

(IV) Sei $x \in A$ beliebig und x_F der eindeutig bestimmte Fixpunkt. Dann ist $\|x_F - T^m(x)\| = \lim_{p \to \infty} \|T^{m+p}(x) - T^m(x)\| = \|\sum_{k=m+1}^{\infty} y_k\| \leq \sum_{k=m+1}^{\infty} \|y_k\| \leq \dfrac{L^m}{1-L}\|T(x) - x\|$. $\qquad \square$

Anwendungen

Newton-Verfahren zur Nullstellenbestimmung Sei $f : [a, b] \to \mathbb{R}$ zweimal stetig differenzierbar. Es habe f eine Nullstelle x^* und es sei $f'(x^*) \neq 0$. Wir starten in einem beliebigen Punkt x_0 und berechnen den Schnittpunkt der Tangente $y(x) = f(x_0) + f'(x_0)(x - x_0)$ an die Kurve $(x, f(x))$ mit der x-Achse.

Aus $y(x) = 0$ folgt sofort $x_1 = x_0 - \dfrac{f(x_0)}{f'(x_0)} =: T(x_0)$. Wir setzen also $T(x) = x - \dfrac{f(x)}{f'(x)}$. Genau dann ist x^* Nullstelle von f, wenn x^* ein Fixpunkt von T ist,

---

[2] S. Banach, 1892–1945, Professor der Mathematik in Lvov (damals Polen, heute Ukraine), Begründer der Funktionalanalysis.

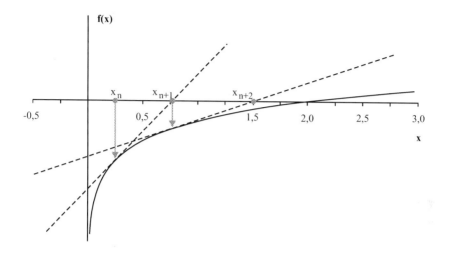

Abbildung 13.1. Newton-Verfahren: Drei Näherungsschritte sind eingezeichnet

d. h. $T(x^*) = x^*$ gilt. Um den Banachschen Fixpunktsatz anwenden zu können, müssen wir ein Intervall $[c, d]$ finden, das von T in sich abgebildet wird, so dass T dort kontraktiv ist.

Es ist $T'(x) = \dfrac{f(x)f''(x)}{f'(x)^2}$. Nach dem ersten Mittelwertsatz ist $T(x) - T(y) = T'(c)(x - y)$, wo c zwischen x und y liegt. Also ist T eine Kontraktion, wenn $\left| \dfrac{f(x)f''(x)}{f'(x)^2} \right| \leq L < 1$ für alle x eines geeigneten Intervalls ist. Wegen $T'(x^*) = 0$ existiert zu jedem $L < 1$ ein δ, so dass $|T'(x)| \leq L$ für alle x mit $|x - x^*| < \delta$ gilt. Das bedeutet allerdings, dass man schon ungefähr wissen muss, wo die Nullstelle liegt, um ein für das Iterationsverfahren geeignetes Intervall zu finden.

Ist x aus dem Intervall $[x^* - \delta, x^* + \delta] =: A$ so ist $|T(x) - x^*| \leq L|x - x^*| < \delta$, also bildet T das Intervall in sich ab. Wegen $|T(x) - T(y)| = |T'(c)|\,|x - y| \leq L|x - y|$ können wir den Banachschen Fixpunktsatz anwenden und erhalten $\lim_{n\to\infty} T^n(x) = x^*$, also die Nullstelle von f.

Der Banachsche Fixpunktsatz gibt im Teil b) an, wie schnell das Verfahren mindestens konvergiert. Das Newton–Verfahren konvergiert jedoch bedeutend besser – vorausgesetzt, es ist überhaupt anwendbar. Um dies zu zeigen, wählen wir $x \in [x^* - \delta, x^* + \delta]$ beliebig und setzen $x_1 = T(x)$. Dann entwickeln wir f um

x_1 nach Taylor und werten diese Entwicklung in x^* aus. Es ist

$$0 = f(x^*) = f(x_1) + f'(x_1)(x^* - x_1) + \frac{1}{2} f''(c)(x^* - x_1)^2$$

mit c zwischen x_1 und x^*. Umformen liefert $x^* - \underbrace{(x_1 - \frac{f(x_1)}{f'(x_1)})}_{=T(x_1)} =$

$-\frac{1}{2} \frac{f''(c)}{f'(x_1)} (x^* - x_1)^2$. Damit folgt $|x^* - T(x_1)| \leq L'|x^* - x_1|^2$ mit $L' =$

$\frac{1}{2} \sup\{ \frac{|f''(c)|}{|f'(d)|} : c, d \in [x_0 - \delta, x_0 + \delta]\}$. Ist also der Fehler $|x^* - x_1|$ klein,

etwa 10^{-5}, so ist der Fehler im nächsten Schritt (falls L' vernünftig ist) von der Ordnung 10^{-10}. Man spricht von **quadratischer Konvergenz**.

Aufgaben:

1. Bestimmen Sie mit dem Newton-Verfahren die Nullstelle des Sinus in $[a, b]$ mit $-\pi/2 < a < 0 < b < \pi/2$. Rechnen Sie die Fehlerabschätzungen, also auch die Konstanten L und L' näherungsweise aus. Wie müssen Sie δ wählen, damit die Iteration klappt? Was passiert für $a = -10^{-3}$, $b = \pi/2 - 10^{-7}$ und $x_0 = b$ (Startwert)?

2. Berechnen Sie mit dem Newton–Verfahren die Quadratwurzel aus 2. Das Verfahren ist (s. o.) $x_{n+1} = \frac{1}{2}(x_n + \frac{2}{x_n})$, also $T(x) = \frac{1}{2}(x + \frac{2}{x})$. Als Intervall wählen Sie bitte $[1, 2]$. Zeigen Sie dabei die quadratische Konvergenz, das heißt, bestimmen Sie das Supremum von $\{\frac{1}{2}|f''(c)/f'(d)| : c, d \in [1, 2]\}$. Die Funktion ist $f(x) = x^2 - 2$. Prüfen Sie die quadratische Konvergenz an einigen Näherungsschritten nach!

Iteratives Lösen linearer Gleichungssysteme Wie in Beispiel 2 oben für einen Spezialfall gezeigt, lässt sich jede $p \times p$–Matrix $A = (a_{ij})$ als Summe von drei Matrizen L, D und R schreiben. Dabei bedeutet L die untere (linke) Dreiecksmatrix $L = (\ell_{ij})$, D ist die Diagonalmatrix $D = (a_{ij}\delta_{ij})$, und R ist die obere (rechte) Dreiecksmatrix $R = (r_{ij})$, wobei

$$\ell_{ij} = \begin{cases} 0 & i \leq j \\ a_{ij} & i > j \end{cases}, \quad \delta_{ij} = \begin{cases} 1 & i = j \\ 0 & i \neq j \end{cases}, \quad r_{ij} = \begin{cases} a_{ij} & i < j \\ 0 & i \geq j \end{cases}.$$

Wir nehmen an, dass alle Diagonalelemente $a_{ii} \neq 0$ sind. Dann sind sowohl D als auch $D + L$ invertierbar. Das lineare Gleichungssystem $Ax = b$ lässt sich wegen $Ax = Lx + Dx + Rx$ auf zweierlei Weise zu einem Fixpunktproblem umformen.

Jacobi-Verfahren[3]: $x = D^{-1}b - D^{-1}((L + R)x)$

Gauß-Seidel[4] **-Verfahren:** $x = (D + L)^{-1}b - (D + L)^{-1}Rx$.

Wir behandeln nur das Jacobi-Verfahren. Das andere kann analog bearbeitet werden. Wir setzen $T(x) = D^{-1}b - D^{-1}((L + R)x)$. T ist auf ganz $\mathbb{R}^p$ erklärt. Hinreichend für die Anwendung des Banachschen Fixpunktsatzes ist, dass $\|D^{-1}(L + R)\| =: L < 1$ gilt. Dabei bezeichnet $\| \cdot \|$ eine geeignet gewählte Matrix-Norm.

---

[3] Karl G. Jacobi, 1804–1851, Professor in Königsberg. Er hat die Theorie der sog. elliptischen Funktionen begründet. Nach ihm ist auch die Funktionalmatrix (s. Def. 14.7) benannt, die aber zum ersten Mal in einer Arbeit von Cauchy erwähnt wird.

[4] Philipp von Seidel, 1821–1896, Professor der Mathematik in München, Mitglied verschiedener renommierter Akademien der Wissenschaften in Deutschland.

Besonders wichtig ist der Fall der diagonal–dominanten Matrizen: Die $p \times p$–Matrix $A = (a_{ij})$ heißt **diagonal-dominant**, wenn $\sum_{j \neq i} |a_{ij}| < |a_{ii}|$ für alle Zeilen i gilt. Nun erhält man das Produkt DB einer Diagonalmatrix D mit einer Matrix B, indem man die i–te Zeile von B mit dem Diagonalelement d_{ii} von D multipliziert. Ist also A diagonal-dominant, so ist $\|D^{-1}(L+R)\|_{\infty\infty} = \max\{\frac{1}{|a_{ii}|} \cdot \sum_{j \neq i} |a_{ij}| : 1 \leq i \leq p\} < 1$. Damit konvergiert das Jacobi–Verfahren für diagonal–dominante Matrizen.

Google-Matrix Die Suchmaschine Google im Internet benutzt eine so genannte page-rank-Matrix, bei der alle Webseiten einen bestimmten Rang erhalten. Sei $S = \{S_1, \ldots, S_N\}$ die Menge aller Web-Seiten. Sei S_j eine der Webseiten und N_j die Anzahl aller Links, die von S_j auf irgendeine Seite verweisen. Der Seitenrang R_i (page rank) der Seite S_i ist die relative Häufigkeit, mit der auf diese Seite verwiesen wird. Es ist also $R_i \geq 0$ und $\sum_{j=1}^{N} R_i = 1$. R_i kann man auf die folgende Weise gewinnen: Sei $L_{ij} = \begin{cases} 1 & S_j \text{ enthält einen Link zu } S_i \\ 0 & \text{sonst} \end{cases}$. Dann ist $L = (L_{ij})$ eine $N \times N$ Matrix, deren j–te Spaltensumme gerade N_j ist. Damit erhält man sinnvollerweise

$$R_i = \sum_{j=1}^{N} \frac{L_{ij}}{N_j} \cdot R_j \, , \, i = 1, \ldots, N.$$

Für $G = (g_{ij})$ mit $g_{ij} = \frac{L_{ij}}{N_j}$ gilt $g_{ij} \geq 0$ und $\sum_{i=1}^{N} g_{ij} = 1$ für alle j. Solche Matrizen heißen **stochastisch** (siehe Definition 16.43). Der Seitenrang-Vektor $R = (R_1, \ldots, R_N)^t$ erfüllt also die Fixpunktgleichung $R = GR$. Die Spaltensummen von G sind 1. Daher ist $\|G\|_{11} = 1$, der Banachsche Fixpunktsatz also nicht anwendbar. Tatsächlich konvergieren die Potenzen von G in der Praxis auch nicht. Die Erfinder von Google, S. Brin und L. Page, haben daher vorgeschlagen, eine Kombination aus G und einer allgemeinen Seitenverteilungsmatrix

$$Q = \frac{1}{N} \begin{pmatrix} 1 & \cdots & 1 \\ \vdots & & \vdots \\ 1 & \cdots & 1 \end{pmatrix}$$ zu wählen. Die Spaltensummen von Q sind alle gleich

1. Die Menge aller möglichen page-rank-Vektoren ist $W = \{x \in \mathbb{R}^N : x_i \geq 0 \text{ für alle } i, \sum_{i=1}^{n} x_i = 1\}$. Sie ist offensichtlich abgeschlossen. Ist $x \in W$, so sind auch Gx und Qx in W. Denn sind $x^{(1)}, \ldots, x^{(r)} \in W$ und $\alpha_j \geq 0$ mit $\sum_{j=1}^{r} \alpha_j = 1$, so ist $\sum_{j=1}^{r} \alpha_j x^{(j)} \in W$. Wegen $Gx = \sum_{j=1}^{N} x_j g_j$, wobei $g_j \in W$ die Spalten von G sind, ist für $x \in W$ auch $Gx \in W$.

Brin und Page wählen statt G die Matrix $\tilde{G} = dG + (1-d)Q$ (für $d = 0.85$). Es gilt $\tilde{G}(W) \subseteq W$. Außerdem ist $Qx = \frac{1}{N}(1, \ldots, 1)^t$ für $x \in W$. Also erhalten wir $\tilde{G}x - \tilde{G}y = dG(x - y)$ und damit $\|\tilde{G}x - \tilde{G}y\| \leq d\|G\|_{11}\|x - y\| = d\|x - y\|$. Nach dem Banachschen Fixpunktsatz gibt es genau einen Fixpunkt R_F in W, es gilt also

$$\tilde{G}R_F = dGR_F + \frac{(1-d)}{N}(1, \ldots, 1)^t = R_F.$$

Es ist $d \approx 5/6$. Das bedeutet: Zu $5/6$ wird für das page ranking tatsächlich die Häufigkeit der Links auf die jeweilige Seite berücksichtigt, zu $1/6$ die Tatsache, dass auf die Seite "zufällig" verwiesen ist. Dieser Anteil entspricht der diskreten Gleichverteilung auf der Menge der Seiten (siehe Seite 472). Durch den Trick der beiden Google-Erfinder wird aus G eine strikt positive stochastische Matrix $\tilde{G}$, deren Potenzen gegen die stochastische Projektion $\tilde{Q} : y \mapsto \tilde{Q}(y) = \sum_{j=1}^{N} y_j \cdot R_F$ konvergieren (siehe Theorem 16.51).

13.3.2 Interpolation

Polynominterpolation Es seien $n + 1$ Punktpaare $(x_0, y_0, \ldots, x_n, y_n)$ mit $a := x_0 < x_1 < \cdots < x_n =: b$ und $y_j \in \mathbb{R}$ gegeben. Die Aufgabe besteht darin, ein Polynom P vom Grad n mit $P(x_j) = y_j$ für $j = 0, \ldots, n$ zu finden. Wir lösen diese Aufgabe zunächst für spezielle Daten. Sei $0 \leq j \leq n$ beliebig gewählt und

$$y_k = \begin{cases} 1 & k = j \\ 0 & \text{sonst} \end{cases}. \text{ Sei } L_j(x) = \frac{\prod_{k \neq j}(x - x_k)}{\prod_{k \neq j}(x_j - x_k)}.$$

Dann hat L_j den Grad n und es ist $L_j(x_j) = 1$, $L_j(x_k) = 0$ für $k \neq j$. L_j heißt das j-te **Lagrange-Polynom**. Das allgemeine Interpolationsproblem ist nun ganz einfach zu lösen:

Satz 13.36. *Seien* $x_0, \ldots, x_n \in \mathbb{R}$, $x_0 < x_1 < \cdots < x_n$ *und* $y_0, \ldots, y_n \in \mathbb{R}$ *beliebig. Dann ist das Polynom* $P(x) = \sum_{k=0}^{n} y_k L_k(x)$ *das einzige Polynom vom Grade* $\leq n$ *mit der Eigenschaft* $P(x_j) = y_j$ *für* $j = 0, \ldots, n$.

Beweis: Nach dem Vorangegangenen ist $P(x_j) = \sum_{k=0}^{n} y_k L_k(x_j) = y_j L_j(x_j) = y_j$. Sei Q ein weiteres Polynom vom Grad $\leq n$, mit $Q(x_j) = y_j$ für $j = 0, \ldots, n$. Dann hat das Polynom $H(x) = P(x) - Q(x)$ einen Grad $\leq n$ und darüber hinaus die $n + 1$ Nullstellen $x_0, \ldots, x_n$. Nach Korollar 4.76 ist $H = 0$. $\square$

Kubische Splines

Benutzen Sie nun bitte das Applet "Interpolation von Funktionen". Schauen Sie sich an, wie das interpolierende Polynom aussieht und vergleichen Sie im Vorgriff auf das Folgende diese Interpolation mit der durch kubische Splines.

Sei $f(x) = \sin(x)$ und $x_0 = -10$, $x_n = 10$ ferner $x_k = x_0 + k$ für $k = 0, \ldots, 20$; $y_k = \sin(x_k)$.

Das Beispiel zeigt, dass die Polynominterpolation vom Standpunkt der graphischen Datenverarbeitung schlecht ist. Dies liegt im Wesentlichen daran, dass die Polynome zu sehr schwanken, ihre "Krümmung" ist zu groß. Unter der Krümmung vestehen wir ein Maß für die Abweichung von einer Geraden. Dem Satz von Taylor entnehmen wir wegen $f(x) = f(x_0) + (x - x_0)f'(x_0) + \frac{1}{2}(x - x_0)^2 f''(x_0 + h(x - x_0))$

für ein h zwischen 0 und 1, dass die zweite Ableitung ein mögliches Maß ist, denn $f'' = 0$ bedeutet, dass die Funktion geradlinig verläuft. Man nimmt aus physikalischen Gründen (Minimierung der "Biegeenergie") das Maß $\int_a^b f''(x)^2 dx$. Es ist ein Maß für die mittlere Krümmung. Unser Ziel ist es, interpolierende Funktionen für die Punktepaare (x_j, y_j) $(j = 0, \ldots, n)$ zu finden, die die kleinstmögliche mittlere Krümmung haben.

Der Ansatz für die Interpolation ist, auf jedem Teilintervall ein Polynom dritten Grades zu wählen, so dass die aus diesen Polynomen zusammengesetzte Funktion noch zweimal stetig differenzierbar ist. Solche Funktionen heißen Splinefunktionen oder Splines[5]. Da wir Polynome dritten Grades benutzen, heißen die Splinefunktionen **kubische Splines**.

Wir betrachten also auf $[x_i, x_{i+1}]$ die Funktion

$$S_i(x) = a_i(x - x_i)^3 + b_i(x - x_i)^2 + c_i(x - x_i) + d_i$$

mit noch zu bestimmenden Konstanten a_i, b_i, c_i, d_i. Sei $h_i = x_{i+1} - x_i$. Dann erhalten wir die folgenden Gleichungen:

$$
\begin{aligned}
S_i(x_i) &= d_i = y_i \\
S_i(x_{i+1}) &= a_i h_i^3 + b_i h_i^2 + c_i h_i + d_i = y_{i+1} \\
S_i'(x_i) &= c_i \\
S_i'(x_{i+1}) &= 3a_i h_i^2 + 2b_i h_i + c_i = c_{i+1} \\
S_i''(x_i) &= 2b_i =: y_i'' \\
S_i''(x_{i+1}) &= 6a_i h_i + 2b_i =: y_{i+1}''
\end{aligned}
$$

Wir drücken nun die Koeffizienten a_i, b_i, c_i, d_i durch die Werte y_i und y_i'' aus und erhalten

$$
\begin{aligned}
a_i &= \frac{1}{6h_i}(y_{i+1}'' - y_i'') \\
b_i &= \frac{1}{2}y_i'' \\
c_i &= \frac{1}{h_i}(y_{i+1} - y_i) - \frac{1}{6}h_i(y_{i+1}'' + 2y_i'') \\
d_i &= y_i.
\end{aligned}
$$

Wir müssen noch sicherstellen, dass die ersten Ableitungen in den Punkten $x_1, \ldots, x_{n-1}$ stetig sind. Dazu setzen wir die gerade berechneten a_i, b_i und c_i in die Gleichungen $S_i'(x_{i+1}) = S_{i+1}'(x_{i+1})$ ein und erhalten

$$\frac{1}{h_i}(y_{i+1} - y_i) + \frac{1}{6}h_i(2y_{i+1}'' + y_i'') = \frac{1}{h_{i+1}}(y_{i+2} - y_{i+1}) - \frac{1}{6}h_{i+1}(y_{i+2}'' + 2y_{i+1}'').$$

---

[5] englisch: dünne Holzlatte, Bootsplanke

Indem wir i durch $i - 1$ ersetzen und mit 6 multiplizieren, erhalten wir für $i = 1, \ldots, n - 1$

$$h_{i-1}y''_{i-1} + 2(h_{i-1} + h_i)y''_i + h_i y''_{i+1} = \frac{6}{h_i}(y_{i+1} - y_i) - \frac{6}{h_{i+1}}(y_i - y_{i-1})$$
$$= : g_i$$

Geben wir $y''_0 = 0 = y''_n$ vor, so erhalten wir ein Gleichungssystem mit $n - 1$ Gleichungen und $n - 1$ Unbekannten $y''_1, \ldots, y''_{n-1}$, das sich in der Form

$$A \cdot \begin{pmatrix} y''_1 \\ \vdots \\ y''_{n-1} \end{pmatrix} = \begin{pmatrix} g_1 \\ \vdots \\ g_{n-1} \end{pmatrix} \quad \text{schreiben lässt, wobei}$$

$$A = \begin{pmatrix} 2(h_0 + h_1) & h_1 & 0 & 0 & \cdots & 0 \\ h_1 & 2(h_1 + h_2) & h_2 & 0 & \cdots & 0 \\ 0 & h_2 & 2(h_2 + h_3) & h_3 & & 0 \\ 0 & & \vdots & \vdots & \vdots & 0 \\ & & & \vdots & & h_{n-2} \\ 0 & 0 & \cdots & h_{n-2} & & 2(h_{n-2} + h_{n-1}) \end{pmatrix}$$

ist. A ist diagonal dominant. Genauer ist die Norm $\|D^{-1}(L + R)\|_{\infty\infty} \leq 1/2$. Damit ist das Gleichungssystem eindeutig lösbar (etwa durch das Jacobi-Verfahren Seite 424). Ist die Einteilung äquidistant, also $h_1 = \cdots = h_{n-1} = h$, so vereinfacht sich das Gleichungssystem zu

$$4y''_1 + y''_2 = \frac{g_1}{h}$$
$$y''_1 + 4y''_2 + y''_3 = \frac{g_2}{h}$$
$$\vdots$$
$$y''_{n-2} + 4y_{n-1} = \frac{g_{n-1}}{h}.$$

Benutzen Sie nun bitte das Applet "Interpolation von Funktionen". Vergleichen Sie das interpolierende Polynom mit der interpolierenden Splinefunktion für die Funktion $(x) = |x|$ auf dem Intervall $[-10, 10]$ mit wachsender Verfeinerung der Einteilung. Bilden Sie eigene Beispiele!

Die Vorgabe $y''_0 = y''_n = 0$ liefert die so genannten **natürlichen Splines**. Sie sind weniger gut, wenn die zu interpolierende Funktion f gerade in den Punkten x_0 und x_n sehr große zweite Ableitungen hat. In diesem Fall gibt man $S'_0(x_0) = f'(x_0)$ und $S'_{n-1}(x_n) = f'(x_n)$ vor und kommt auf ein analoges Gleichungssystem, dessen Lösung auf die **vollständigen Splines** führt. Bezüglich der Minimierung der

Krümmung gilt der folgende Satz, den wir nicht beweisen (s. zum Beispiel [22, S.353]).

> **Satz 13.37.** *Sei f eine beliebige zweimal stetig differenzierbare Funktion mit den Eigenschaften*
> *(i) $f(x_j) = y_j$, (ii) $f''(x_0) = f''(x_n) = 0$.*
> *Sei S der kubische Spline mit $S''(x_0) = S''(x_n) = 0$. Dann ist*
>
> $$\int_a^b f''(x)^2 dx \geq \int_a^b S''(x)^2 dx.$$

Ein analoger Satz gilt für vollständige Splines. *Splines haben also die Eigenschaft, von allen zweimal stetig differenzierbaren interpolierenden Funktionen die kleinste mittlere Krümmung zu besitzen.*

Aufgabe: Sei $J = [-\pi, \pi]$ und $x_j = -\pi + j\pi/4$ für $j = 0, \ldots, 8$. Berechnen Sie bitte die natürliche Splinefunktion für $f(x) = \sin(x)$ und die angegebenen Daten. Weshalb ist hier die natürliche Splinefunktion angemessen? Berechnen Sie außerdem das Lagrange-Polynom für diese Funktion und vergleichen Sie beide (benutzen Sie die Visualisierung)!

Wiederholung

Begriffe: Kontraktion, Fixpunkt, Jacobi-Verfahren, Gauß-Seidel-Verfahren, diagonal-dominante Matrix, Interpolation, Lagrange-Polynom, kubische Splinefunktion.

Sätze: Banachscher Fixpunktsatz, Newtonsches Verfahren zur Nullstellenbestimmung, iterative Lösung linearer Gleichungssysteme, Existenz und Eindeutigkeit der Polynominterpolation, Existenz und Eindeutigkeit kubischer Spline-Interpolation.

14. Mehrdimensionale Differentialrechnung

Motivation und Überblick

Die Differentialrechnung von Funktionen mehrerer Veränderlicher ist ein Kernstück der Analysis mit den vielfältigsten Anwendungen. Im ersten Abschnitt behandeln wir Kurven im $\mathbb{R}^p$. Der zweite Abschnitt ist den verschiedenen Ableitungsbegriffen gewidmet. Zentral sind die partielle und die totale Ableitung. Der dritte Abschnitt befasst sich mit dem Satz von Taylor in mehreren Veränderlichen und den Extremwertaufgaben. Im vierten Abschnitt behandeln wir den Satz über die Umkehrabbildung, den Satz über implizite Funktionen und das Problem von Extremwerten unter Nebenbedingungen.

14.1 Kurven im $\mathbb{R}^p$

Motivation und Überblick

Eine Kurve in $\mathbb{R}^p$ ist das Bild eines Intervalls J unter einer stetig differenzierbaren Abbildung $x : J \to \mathbb{R}^p$; diese Abbildung heißt Parametrisierung der Kurve. Wir definieren die Tangente an die Kurve in einem Punkt.

Anschaulich ist klar, was eine Kurve in der Ebene oder im Raum ist. Sie brauchen nur an eine Autobahn oder einen Fahrradweg zu denken. Man kann jeden Punkt auf einer solchen Kurve finden, indem man entweder die Entfernung zu diesem Punkt von einem fest gewählten Anfangspunkt aus abträgt, oder die Zeit, die man braucht, um vom Anfangspunkt zu diesem Punkt zu kommen. Das sind zwei verschiedene Beschreibungsweisen oder Parametrisierungen der Kurve. Bevor wir dies allgemein formulieren, brauchen wir noch den Begriff der Differenzierbarkeit einer Funktion x (der späteren Parametrisierung) eines Intervalls J in den Raum oder die Ebene. Dass diese Funktion mit x bezeichnet wird, einem Symbol, das bisher nur Punkte bezeichnete, ist dadurch begründet, dass $x(t)$ einen Ort angibt, an dem man sich zur Zeit t befindet.

Definition 14.1. *Sei $J \subseteq \mathbb{R}^p$ ein Intervall und $x : J \to \mathbb{R}^p$, $t \mapsto x(t) = (x_1(t), \cdots, x_p(t))^t$ eine Funktion.*

a) x heißt differenzierbar in t_0, wenn der Grenzwert $\lim_{t_0 \neq t \to t_0} \dfrac{x(t) - x(t_0)}{t - t_0} =: \dot{x}(t_0)$ existiert.

b) x heißt differenzierbar, wenn x in jedem Punkt differenzierbar ist. Ist dann $t \mapsto \dot{x}(t)$ auch noch stetig, so heißt x stetig differenzierbar.

Weil man Grenzwerte koordinatenweise bilden kann, ist x genau dann stetig differenzierbar, wenn jede Koordinatenfunktion dies ist.

Definition 14.2. *Sei $x : J \to \mathbb{R}^p$ stetig differenzierbar. Die Ableitung $\dot{x}$ habe nur endlich viele Nullstellen. Dann nennt man das Bild $x(J)$ eine **Kurve** und $x : J \to x(J)$ heißt **Parametrisierung** dieser Kurve. Ist $\dot{x}(t_0) \neq 0$, so heißt $\dot{x}(t_0)$ Richtung der Tangente in $x(t_0)$.*

Eine Parameterdarstellung der Tangente an die Kurve im Punkt $x(t_0)$ ist $y(s) = x(t_0) + s\dot{x}(t_0)$, $s \in \mathbb{R}$.

 Benutzen Sie nun bitte das Applet "Parameterkurven in der Ebene" bzw. "Parameterkurven im Raum". Schauen Sie sich Kurven in der Ebene und im Raum an. Berechnen Sie die Tangente an einen Punkt und zeichnen Sie sie (die Tangente ist auch eine Kurve in der Ebene bzw. im Raum).

Beispiele:

1. $x(t) = r(\cos(t), \sin(t))^t$ $(r > 0)$. Das ist eine Kreislinie. $\dot{x}(t) = r(-\sin(t), \cos(t))^t$ steht senkrecht auf $x(t)$.

2. $x(t) = (r\cos(t), r\sin(t), \alpha t)^t$ $(\alpha \neq 0)$. Dies ist eine Schraubenlinie. $\dot{x}(t) = (-r\sin(t), r\cos(t), \alpha)^t$.

3. $x(t) = r \begin{pmatrix} \cos t \cos \vartheta \\ \sin t \cos \vartheta \\ \sin \vartheta \end{pmatrix}$. Dies ist der Breitengrad der Breite θ (im Bogenmaß) auf einer Kugel.

Wiederholung

Begriffe: Differenzierbarkeit von Funktionen einer Variablen mit Werten in $\mathbb{R}^p$, Kurve, Parametrisierung einer Kurve, Tangente an eine Kurve.

14.2 Differentiation von Funktionen in mehreren Variablen

Motivation und Überblick

Wir führen partielle Ableitungen und höhere partielle Ableitungen ein. Die totale Ableitung ermöglicht die Annäherung der gegebenen Funktion durch eine lineare Funktion.

14.2.1 Partielle Ableitungen

Die Frage ist: wie ändert sich eine Funktion $f : U \subseteq \mathbb{R}^p \to \mathbb{R}^q$ in der Nähe von x, wenn man ein Stück in Richtung des kanonischen Basisvektors e_j geht?

Definition 14.3. *Sei $U \subseteq \mathbb{R}^p$ offen, $f : U \to \mathbb{R}^q$ sei eine Abbildung und $x \in U$, sei fest gewählt. Sei $e_j = (0, 0, \ldots, 0, 1, 0, \ldots, 0)^t$, wo die 1 an der j–ten Stelle steht, der j–te kanonische Basisvektor. f heißt partiell nach der Koordinate x_j differenzierbar, wenn der Grenzwert*

$$f_{x_j}(x) = \lim_{0 \neq h \to 0} \frac{1}{h}(f(x + he_j) - f(x))$$

*existiert. $f_{x_j}(x)$ heißt **partielle Ableitung** nach x_j. Sie wird auch mit $\dfrac{\partial f(x)}{\partial x_j}$ bezeichnet.*

Bemerkung: Statt $f(x)$ schreibt man oft $f(x_1, \ldots, x_p)$. Mit dieser Schreibweise erhalten wir für die partielle Ableitung

$$
\begin{aligned}
f_{x_j}(x) = {} & \lim_{0 \neq h \to 0} \frac{1}{h}(f(x_1, \ldots, x_{j-1}, x_j + h, x_{j+1}, \ldots, x_p) \\
& - f(x_1, \ldots, x_{j-1}, x_j, x_{j+1}, \ldots, x_p)).
\end{aligned}
$$

Das bedeutet: man differenziert die Funktion *einer* Variablen $t \to f(x_1, \ldots, x_{j-1}, t, x_{j+1}, \ldots, x_p)$ an der Stelle $t = x_j$ nach t.

Benutzen Sie nun bitte das Applet "Funktionen zweier Veränderlicher im Raum". Schauen Sie sich skalare Funktionen in Richtung der x–Achse oder der y–Achse an. Drehen Sie dazu das Achsenkreuz durch Klicken auf das Bild und Bewegen des Kursors solange, bis die x-Achse senkrecht zum Bild steht. Sie sehen eine Ebene senkrecht zur (x, y)-Ebene in Richtung der anderen Koordinatenachse. Sie schneidet aus der durch die Funktion gegebene Fläche eine Kurve aus. Die Richtung der Tangente an diese Kurve im Punkt $x^{(0)}$ ist die partielle Ableitung nach y. Wie muss man sich die entsprechende Ableitung nach x zeigen lassen?

Beispiele:

1. $f(x,y) = \sin(xy)$. Es empfiehlt sich für den Anfänger, die Koordinate, nach der man nicht differenzieren möchte, durch einen Buchstaben zu bezeichnen, den man sonst für Konstanten benutzt. Wir wollen f nach y ableiten. Wir differenzieren die Funktion $\sin(ay)$ nach y. Das ergibt $a\cos(ay)$. Die gewünschte Stelle wird eingesetzt. Man erhält $\dfrac{\partial \sin(xy)}{\partial y} = x\cos(xy)$.

2. $f(x,y) = 2 - x^2 - y^2$. $f_x(x,y) = -2x$, $f_y(x,y) = -2y$.

3. $f(x,y) = \sqrt{1 - x^2 - y^2}$. $f_x(x,y) = \dfrac{-x}{\sqrt{1 - x^2 - y^2}}$, $f_y = \dfrac{-y}{\sqrt{1 - x^2 - y^2}}$.

Nach unseren Rechenregeln für Grenzwerte ist für $f = (f_1, \cdots, f_q)^t$ stets

$$\frac{\partial f}{\partial x_j} = \left(\frac{\partial f_1}{\partial x_j}, \cdots, \frac{\partial f_q}{\partial x_j} \right)^t.$$

Eine vektorwertige Funktion wird also einfach *koordinatenweise* partiell differenziert.

Beispiele:

1. $f(x,y) = xy$, $\dfrac{\partial f}{\partial x} = y$, $\dfrac{\partial f}{\partial y} = y$.

2. $f(x,y) = \sin(xy)$, $f_x = y\cos(xy)$, $f_y = x\cos(xy)$.

3. $f(x,y) = \begin{cases} \dfrac{2xy}{x^2 + y^2} & 0 \neq x,y \\ 0 & x = y = 0 \end{cases}$ $\quad f_x(0,0) = 0 = f_y(0,0)$. Für $(x,y)^t \neq (0,0)^t$

   ist $f_x(x,y) = \dfrac{2y^3 - 2yx^2}{(x^2 + y^2)^2}$ und f_y entsprechend. *Die partiellen Ableitungen existieren also überall. f ist aber in $(0,0)^t$ nicht stetig.*

4. $f(x,y) = \begin{cases} \dfrac{2xy}{\sqrt{x^2 + y^2}} & x,y \neq 0 \\ 0 & x = y = 0 \end{cases}$ $\quad f_x(0,0) = 0 = f_y(0,0)$. Ist $(x_0, y_0)^t \neq$

   $(0,0)^t$, so ist $f_x(x_0, y_0) = \dfrac{2y_0}{\sqrt{x_0^2 + y_0^2}} - \dfrac{2x_0^2 y_0}{\sqrt{(x_0^2 + y_0^2)^3}}$ und entsprechend $f_y(x_0, y_0)$.

   Die partiellen Ableitungen existieren also überall, aber sie sind in $(0,0)^t$ nicht stetig.

5. $f(x_1, \cdots, x_p) = x^\alpha = x_1^{\alpha_1} \cdots x_p^{\alpha_p}$. Ist $\alpha_j = 0$, so ist $f_{x_j} = 0$, andernfalls ist $f_{x_j} = \alpha_j x_1^{\alpha_1} \cdots x_{j-1}^{\alpha_{j-1}} \cdot x_j^{\alpha_j - 1} x_{j+1}^{\alpha_{j+1}} \cdots x_p^{\alpha_p}$.

6. $f(x) = \|x\| = \sqrt{x_1^2 + \cdots + x_p^2}$. Für $x \neq 0$ ist $f_{x_j}(x) = \dfrac{x_j}{\|x\|}$.

Wir führen höhere partielle Ableitungen ein:

Definition 14.4.

a) $f : U \to \mathbb{R}^q$ *heißt* **stetig differenzierbar**, *wenn* f *überall nach allen Variablen differenzierbar ist und die Ableitungen* $\frac{\partial f}{\partial x_j} : U \to \mathbb{R}^q$, $x \mapsto \frac{\partial f(x)}{\partial x_j}$ *stetig sind.*

b) f *heißt* **zweimal stetig differenzierbar**, *wenn* f *einmal stetig differenzierbar ist und die Ableitungen* $\frac{\partial f}{\partial x_j}$ *wiederum stetig differenzierbar sind; die partielle Ableitung nach* x_k *der partiellen Ableitung* $\frac{\partial f}{\partial x_j}$ *wird dann mit* $\frac{\partial^2 f}{\partial x_k \partial x_j}$ *bezeichnet.*

c) Seien $\frac{\partial^n f}{\partial x_{k_1} \cdots \partial x_{k_n}}$ *bereits erklärt und stetig differenzierbar. Dann heißt* f $(n + 1)$*-mal stetig differenzierbar und die partiellen Ableitungen* $(n + 1)$*-ter Ordnung sind*

$$\frac{\partial}{\partial x_l} \left(\frac{\partial^n f}{\partial x_{k_1} \cdots \partial x_{k_n}} \right) = \frac{\partial^{n+1} f}{\partial x_l \partial x_{k_1} \cdots \partial x_{k_n}}.$$

Aufgaben: Zeigen Sie bitte, dass die folgenden Funktionen zweimal stetig differenzierbar sind und berechnen Sie alle partiellen Ableitungen 1. und 2. Ordnung.

1. $f(x, y) = x^2 y^3$.
2. $f(x_1, \cdots, x_p) = x_1^{\alpha_1} \cdots x_p^{\alpha_p}$.
3. $f(x) = \|x\|^2$.
4. $f(x) = Ax$, A eine $q \times p$–Matrix.
5. $f(u, v) = r \begin{pmatrix} \cos u \cos v \\ \sin u \cos v \\ \sin v \end{pmatrix}$ (Kugelsphäre mit Radius r).
6. $f(u, v) = \begin{pmatrix} r \cos u \\ r \sin u \\ v \end{pmatrix}$ (Zylindermantel).
7. $f(r, \varphi) = r \begin{pmatrix} \cos \varphi \\ \sin \varphi \end{pmatrix}$ (Polarkoordinaten).

Bei n-mal stetig differenzierbaren Funktionen kommt es auf die Reihenfolge der Differentiation nicht an.

Satz 14.5 (H. A. Schwarz). *Sei* $f : U \to \mathbb{R}^q$ *zweimal stetig differenzierbar. Dann ist stets*

$$\frac{\partial^2 f}{\partial x_i \, \partial x_j} = \frac{\partial^2 f}{\partial x_j \, \partial x_i}.$$

Korollar 14.6. *Sei* $f : U \to \mathbb{R}^q$ n*-mal stetig differenzierbar. Dann kommt es bei der Berechnung der partiellen Ableitungen* k*-ter Ordnung* $(k \leq n)$ *nicht auf die Reihenfolge der Ableitungen an.*

Der Beweis des Satzes ist etwas technisch und wird hier ausgelassen.

14.2.2 Totale Ableitung

Benutzen Sie nun bitte das Applet "Funktionen zweier Veränderlicher im Raum". Schauen Sie sich die Funktion

$$f(x,y) = \left\{ \begin{array}{ll} 0 & (x,y) = (0,0) \\ \dfrac{2xy}{x^2 + y^2} & \text{sonst} \end{array} \right\} \text{ in der Nähe des Nullpunktes an.}$$

(Wählen Sie den x- und y-Achsenabschnitt betragsmäßig klein.) Sie sieht dort wie ein Gebirge aus und besitzt anschaulich keine Tangentialebene im Nullpunkt, obwohl die partiellen Ableitungen existieren. (Variieren Sie den vertikalen Betrachtungswinkel. Bei 45 Grad sieht man einen scharfen Grat am Nullpunkt.) f besitzt überall, also auch im Nullpunkt, partielle Ableitungen, ist aber im Nullpunkt nicht einmal stetig. Also reicht hier die partielle Differenzierbarkeit nicht aus, um eine Tangentialebene an die Fläche zu legen.

Möchten wir in einem Punkt $x^{(0)} \in U$ an den Graphen der Funktion $f : U \to \mathbb{R}$ eine Tangentialebene anlegen, so reicht die partielle Differenzierbarkeit dafür also im Allgemeinen nicht aus. Aber setzen wir voraus, dass f stetig differenzierbar ist, so ist dies möglich. Zur leichteren Handhabung der partiellen Ableitungen fassen wir sie in einer Matrix zusammen:

Definition 14.7. *Sei $U \subseteq \mathbb{R}^p$ offen und sei die Abbildung $f : U \to \mathbb{R}^q$ stetig differenzierbar. Dann heißt die $q \times p$–Matrix $\left(\dfrac{\partial f(x)}{\partial x_1}, \cdots, \dfrac{\partial f(x)}{\partial x_p} \right)$, die als Spalten gerade die partiellen Ableitungen hat,* **Jacobimatrix** *oder* **totale Ableitung** *$f'(x)$. Ausführlich:*

$$f'(x) = \begin{pmatrix} \dfrac{\partial f_1}{\partial x_1} & \cdots & \dfrac{\partial f_1}{\partial x_p} \\ \vdots & & \vdots \\ \dfrac{\partial f_q}{\partial x_1} & \cdots & \dfrac{\partial f_q}{\partial x_p} \end{pmatrix}.$$

Ist f stetig differenzierbar, so gelingt es, f zu "linearisieren". Im Fall einer skalaren Funktion f und $p = 2$ bedeutet dies, dass wir eine Tangentialebene anlegen können. Das heißt nach der Beschreibung von Ebenen im Raum durch eine Ebenengleichung (siehe Seite 394), dass wir die Funktion f ungefähr schreiben können als $f(y) \approx f(x) + f'(x)(y - x)$, jedenfalls solange y genügend dicht bei x liegt. Genauer gilt der folgende Satz. Seinen Teil b) benötigen wir für den Beweis der Kettenregel.

Satz 14.8. *Sei $U \subseteq \mathbb{R}^p$ offen und $f : U \to \mathbb{R}^q$ sei stetig differenzierbar.*
a) Es gilt für jedes fest gewählte $x \in U$ und alle $y \in U$:

$$f(y) = \underbrace{f(x) + f'(x)(y-x)}_{\text{Linearisierung}} + \|y-x\|R(y,x) \quad \textit{mit} \lim_{y \to x} R(y,x) = 0.$$

b) Für jedes $x \in U$ gibt es eine im Punkt x stetige Abbildung S von U in den Raum $\mathcal{M}_{q,p}$ der $q \times p$–Matrizen mit
   i) $S(x) = f'(x)$,
   ii) $f(y) = f(x) + S(y)(y-x)$.

Beweis:

a) Wir setzen $R(y,x) = \begin{cases} 0 & y = x \\ \dfrac{f(y) - f(x) - f'(x)(y-x)}{\|y-x\|} & y \neq x \end{cases}$

Statt y schreiben wir $x + h$ und müssen zeigen: $\lim_{h \to 0} R(x+h, x) = 0$. Da die Konvergenz äquivalent ist zur Konvergenz jeder einzelnen Koordinate, können wir $f : U \to \mathbb{R}$, also $f'(x) = \left(\dfrac{\partial f(x)}{\partial x_1}, \cdots, \dfrac{\partial f(x)}{\partial x_p} \right)$ als Zeilenvektor und damit auch R als reellwertig annehmen. Das Wesentliche sieht man schon im Fall $p = 2$: Sei $e_1 = \begin{pmatrix} 1 \\ 0 \end{pmatrix}$, $e_2 = \begin{pmatrix} 0 \\ 1 \end{pmatrix}$. Es ist $h = h_1 e_1 + h_2$ und $f(x+h) - f(x) = f(x+h) - f(x+h_1 e_1) + f(x+h_1 e_1) - f(x)$. Statt $\dfrac{\partial f}{\partial x_j}$ schreiben wir f_{x_j}. Wir betrachten die Funktionen $h_2 \mapsto f(x + h_1 e_1 + h_2 e_2)$ und $h_1 \mapsto f(x + h_1 e_1)$, wenden auf sie den ersten Mittelwertsatz an und erhalten

$$f(x + h_1 e_1 + h_2 e_2) - f(x + h_1 e_1) = f_{x_2}(x + h_1 e_1 + \vartheta_2 h_2 e_2) \cdot h_2$$
$$f(x + h_1 e_1) - f(x) = f_{x_1}(x + \vartheta_1 h_1 e_1) \cdot h_1$$

mit $0 < \vartheta_j < 1$. Also ergibt sich mit $f'(x) = (f_{x_1}(x), f_{x_2}(x))$

$$\frac{f(x+h) - f(x) - f'(x) \cdot h}{\|h\|} = (f_{x_1}(x + \vartheta_1 h_1 e_1) - f_{x_1}(x)) \frac{h_1}{\|h\|}$$
$$+ (f_{x_2}(x + h_1 e_1 + \vartheta_2 h_2 e_2) - f_{x_2}(x)) \cdot \frac{h_2}{\|h\|}.$$

Es ist $\dfrac{|h_j|}{\|h\|} \leq 1$ und f_{x_1}, f_{x_2} sind stetig. Also konvergieren die Faktoren von $\dfrac{h_j}{\|h\|}$ gegen 0 für $h \to 0$. Daraus folgt, dass die linke Seite der Gleichung gegen 0 konvergiert, was zu zeigen war.

b) Wir setzen für $y = x$ einfach $S(x) = f'(x)$. Für $y \neq x$ definieren wir die lineare Abbildung $S(y)$ durch

$$\mathbb{R}^p \ni z \mapsto S(y)(z) = f'(x)(z) + \frac{f(y) - f(x) - f'(x)(y-x)}{\|y-x\|} \cdot \left(\frac{y-x}{\|y-x\|} \mid z \right).$$

Für $z = y - x$ folgt $S(y)(y-x) = f(y) - f(x)$, also $f(y) = f(x) + S(y)(y-x)$. Sei e_j der j–te kanonische Basisvektor. Dann ist

$$\|(S(y) - f'(x))e_j\| = \|R(y,x)\| \cdot \left| \left(\frac{y-x}{\|y-x\|} | e_j \right) \right| \le \|R(y,x)\| \underset{y \to x}{\longrightarrow} 0,$$

also konvergiert $S(y)$ spaltenweise und damit koordinatenweise gegen $f'(x)$. Dann konvergiert $S(y)$ nach Satz 13.24 aber auch in der Norm gegen $f'(x) = S(x)$.   □

Das folgende Korollar scheint selbstverständlich zu sein, ist es aber nicht in Anbetracht der Einleitung zu diesem Abschnitt (Seite 436).

Korollar 14.9.
Ist f stetig differenzierbar, so ist f stetig.

Beweis: Die Abbildung $y \mapsto S(y)(y-x)$ ist stetig in $y = x$, also ist auch f dort stetig.   □

Mit der Formel $f(y) = f(x) + S(y)(y-x)$ ist die Ableitung der Kettenregel wie im eindimensionalen Fall sehr einfach.

Satz 14.10 (Kettenregel).
Sei $U \subseteq \mathbb{R}^p$ offen, $V \subseteq \mathbb{R}^q$ offen. Die Abbildungen $f : U \to V$ und $g : V \to \mathbb{R}^r$ seien beide stetig differenzierbar. Dann ist $h = g \circ f : U \to \mathbb{R}^r$ stetig differenzierbar und es gilt $h'(x) = g'(f(x))f'(x)$ (Matrixmultiplikation). Insbesondere ist

$$\frac{\partial h(x)}{\partial x_j} = g'(f(x)) \cdot \frac{\partial f(x)}{\partial x_j} = \sum_{k=1}^{q} \frac{\partial f_k(x)}{\partial x_j} \cdot \frac{\partial g(f(x))}{\partial y_k}.$$

Beweis: Wir zeigen zunächst, dass h partiell differenzierbar ist und die oben stehende Gleichung gilt. Dabei bezeichne S_f bzw. S_g die zu f und x bzw. zu g und $y_0 = f(x)$ gehörende Abbildung nach Teil b) von Theorem 14.8. Insbesondere ist $S_f(x) = f'(x)$ und $S_g(f(x)) = g'(f(x))$.
Für $u \ne 0$ ist

$$\begin{aligned} h(x+u) - h(x) &= g(f(x+u)) - g(f(x)) = S_g(f(x+u))(f(x+u) - f(x)) \\ &= S_g(f(x+u))S_f(x+u)u. \end{aligned}$$

Für $u = te_j$ folgt hieraus $h(x+te_j) - h(x) = S_g(f(x+te_j))S_f(x+te_j) \cdot te_j$, also nach den Rechenregeln für stetige Funktionen $h_{x_j}(x) = \lim_{t \to 0} \frac{1}{t}(h(x+te_j) - h(x)) = g'((f(x)) \underbrace{f'(x)e_j}_{=f_{x_j}}$. Damit ist h stetig nach x_j partiell differenzierbar, und da j beliebig war, erhält man $h'(x) = g'(f(x))f'(x)$.   □

Aufgaben: Zeigen Sie bitte:

1. Seien $f, g : U \to \mathbb{R}^q$ stetig differenzierbar. Dann ist $(f+g)'(x) = f'(x) + g'(x)$.
2. Seien $f, g : U \to \mathbb{R}$ stetig differenzierbar. Dann ist $(fg)' = f'g + fg'$.
3. Seien f, g wie in Aufgabe 1. Dann ist $(f(x) | g(x))' = g^t f' + f^t g'$. *Tipp:* Verwenden Sie Aufgabe 2 und $(f|g) = \sum_{j=1}^{q} f_j g_j$, sowie Satz 7.5.

4. Sei $f : U \to \mathbb{R}^q$ stetig differenzierbar und $\varphi : U \to \mathbb{R}$ ebenfalls. Dann ist $(\varphi f)'(x) = f(x)\varphi'(x) + \varphi(x)f'(x)$.
   Tipp: Berechnen Sie die partiellen Ableitungen und benutzen Sie dabei die Ableitungs-regeln für Funktionen einer unabhängigen Veränderlichen (siehe Satz 7.5).
5. Berechnen Sie im Folgenden die partiellen Ableitungen und prüfen Sie, wo sie stetig sind. Stellen Sie übungshalber die Jacobimatrix explizit auf.
   a) $f(x_1, x_2, x_3) = x_1 x_2 + x_2^2$.
   b) $f(x, y) = \sin(\sqrt{x^2 + y^2})$.
   c) $f(x, y) = \exp(x \cos(y^2))$.
   d) $f(u, v, w) = (u, v^2, \exp(u^2 - w^2))^t$.

Wiederholung

Begriffe: Partielle Ableitung, höhere Ableitungen, stetige Differenzierbarkeit, totale Ableitung, Jacobimatrix, Linearisierung.
Sätze: Vertauschbarkeit der höheren partiellen Ableitungen, Linearisierbarkeit, Kriterium für totale Differenzierbarkeit, Kettenregel.

14.3 Der Satz von Taylor, Extremwertbestimmungen

Motivation und Überblick

Analog zum Fall von Funktionen einer Veränderlicher approximieren wir eine skalare Funktion mehrerer Veränderlicher durch Polynome in mehreren Veränderlichen und zwar so, dass sie sich möglichst gut an die Funktion „anschmiegen". Wir benutzen dies zur Charakterisierung von lokalen Extremstellen.

Wir führen den Satz von Taylor für Funktionen mehrerer Veränderlicher auf den für Funktionen einer Veränderlichen zurück. Zunächst definieren wir die Hessematrix.

> **Definition 14.11.** *Sei* $f : U \subseteq \mathbb{R}^p \to \mathbb{R}$ *zweimal stetig differenzierbar. Dann heißt die Matrix der zweiten partiellen Ableitungen, also die Ableitung der Funktion* $x \to f(x)'$ **Hessematrix** $(\dfrac{\partial^2 f}{\partial x_i \partial x_j})_{i,j=1,\dots,p} = H(f)$ *von* f.

Wir weisen darauf hin, dass unter der Voraussetzung der Stetigkeit der zweiten Ableitungen die Hessematrix nach dem Satz 14.5 von H. A. Schwarz symmetrisch ist. Setzt man also in der Hessematrix in die zweiten partiellen Ableitungen irgendeinen Punkt $x = (x_1, \dots, x_p)^t \in U$ ein, so hat diese Matrix nach Theorem 10.75 nur reelle Eigenwerte und besitzt ein Orthonormalsystem aus Eigenvektoren.

Aufgaben: Berechnen Sie die Hessematrix der folgenden Funktionen und bestimmen Sie deren Eigenwerte in Abhängigkeit von den Variablen x, y, bzw. x, y, z.

1. $f(x, y) = x^2 + y^2 - 1$.
2. $f(x, y) = x^2 - y^2 + 1$.

3. $f(x, y) = \sin(x^2) + \sin(y^2)$.
4. $f(x, y) = \exp(x + y)$.
5. $f(x, y, z) = x^2 + y^2 + \exp(z)$.

Wie im Fall $p = 1$ (siehe Theorem 7.44) kann man „glatte" Funktionen durch Polynome annähern. Im folgenden ist $H(f)(x_0)$ die Hessematrix von f an der Stelle x_0.

Theorem 14.12. (Satz von Taylor)
Sei $\emptyset \neq U$ offen in $\mathbb{R}^p$ und $f : U \to \mathbb{R}$ eine skalare, zweimal stetig differenzierbare Funktion. Seien x und $y \neq x$ aus U und es liege die ganze Strecke $[x, y] = \{x + t(y - x) : 0 \leq t \leq 1\}$ in U. Dann gibt es einen Punkt x_0 auf dieser Strecke $[x, y]$, so dass gilt

$$f(y) = f(x) + f'(x)) \cdot (y - x) + \frac{1}{2}((y - x) \mid H(f)(x_0)(y - x)).$$

Ausführlicher bedeutet dies

$$f(y) = f(x) + \sum_{j=1}^{p} \frac{\partial f(x)}{\partial x_j}(y_j - x_j) + \frac{1}{2} \sum_{i,k=1}^{p} \frac{\partial^2 f(x_0)}{\partial x_i \partial x_k}(y_i - x_i)(y_k - x_k).$$

Beweis: Sei $g(t) = f(x + t(y - x))$. Wir wenden auf g den *eindimensionalen Satz von Taylor* (Theorem 7.44) an und erhalten

$$f(y) - f(x) = g(1) - g(0) = g'(0)(1 - 0) + \frac{1}{2}g''(\vartheta)(1 - 0)^2$$

mit $0 < \vartheta < 1$. Eine Anwendung der Kettenregel liefert die Behauptung. $\square$

Mit diesem Satz kann man Extremwertprobleme lösen. Dazu erinnern wir daran, wann eine symmetrische Matrix (wie zum Beispiel die Hessematrix an einer Stelle x_0) positiv definit genannt wird (vergleiche die Anwendung der Theorie symmetrischer Matrizen auf Seite 362).

Definition 14.13. *Die symmetrische Matrix A heißt* **positiv definit**, *wenn sie nur positive Eigenwerte hat. Sie heißt* **negativ definit**, *wenn $-A$ positiv definit ist.*

Nach Bemerkung 1, Seite 362, ist die symmetrische Matrix A genau dann positiv definit, wenn für alle $x \neq 0$ das Skalarprodukt $(x \mid Ax) > 0$ ist.

Wir definieren wie in Kapitel 7, Definition 7.47, lokale Extremalstellen.

Definition 14.14. *Sei $U \subseteq \mathbb{R}^p$ offen und $f : U \to \mathbb{R}$ eine skalare Funktion.*
$x \in U$ *heißt lokale* $\left\{ \begin{array}{l} \textbf{Minimalstelle} \\ \textbf{Maximalstelle} \end{array} \right\}$, *wenn es eine Kugel $B(x,r) \subseteq U$*
gibt mit $f(y) \left\{ \begin{array}{l} \geq \\ \leq \end{array} \right\} f(x)$ *für alle* $y \in B(x,r)$. $f(x)$ *selbst heißt dann* **loka-**
les $\left\{ \begin{array}{l} \textbf{Minimum} \\ \textbf{Maximum} \end{array} \right\}$.
Will man sich nicht festlegen, ob es ein Minimum oder Maximum ist, so spricht man von einem **lokalen Extremwert** *bzw. einer* **lokalen Extremalstelle.**

Benutzen Sie nun bitte das Applet "Funktionen zweier Veränderlicher im Raum". Schauen Sie sich die folgenden Funktionen an. Wo liegen lokale Minima, wo lokale Maxima? Bestimmen Sie dort (rechnerisch) die erste Ableitung und die Hessematrix und lassen Sie dort das Taylorpolynom 2. Grades, also $g(y) = f(x) + \frac{1}{2} (y - x | f''(x)(y - x))$ einzeichnen.

Beispiele: 1. $f(x,y) = x^2 + y^2$.
2. $f(x,y) = x^2 - y^2$.
3. $f(x,y) = \cos(x^2 + y^2)$.
4. $f(x,y) = \sqrt{4 - x^2 - 2y^2}$.

An einer Extremalstelle x_0 ist in den Beispielen die erste Ableitung gleich 0. Also ist für Punkte $x \approx x_0$ die Funktion f nach dem Satz von Taylor ungefähr gleich $g(x) := \frac{1}{2} (x - x_0 | H(f)(x_0)(x - x_0))$. Damit hat f offensichtlich in x_0 einen Extremwert, wenn g dies dort hat. Aber g hat dort einen Extremwert, wenn $f''(x_0)$ positiv (bzw. negativ) definit ist. Die Veranschaulichung legt also den folgenden Satz nahe.

Satz 14.15. (lokale Extremwerte)
Sei $U \subseteq \mathbb{R}^p$ offen und $f : U \to \mathbb{R}$ sei eine skalare Funktion.
a) Sei f einmal stetig differenzierbar. Ist x_0 eine lokale Extremalstelle, so ist $f'(x_0) = 0$.
b) Sei f zweimal stetig differenzierbar und $f'(x_0) = 0$. Ist die Hessematrix
$H(f)(x_0) \left\{ \begin{array}{l} positiv \\ negativ \end{array} \right\}$ *definit, so ist $f(x_0)$ ein lokales* $\left\{ \begin{array}{l} Minimum \\ Maximum \end{array} \right\}$.

Beweis: a) Wir führen die Aussage auf Funktionen *einer Variablen* zurück (siehe Satz 7.48). Sei $1 \leq j \leq p$ beliebig und x_0 eine lokale Extremalstelle von f. Dann ist 0 eine lokale Extremalstelle der Funktion *einer* Veränderlichen $g(s) = f(x_0 + se_j)$, wo e_j der j-te kanonische Basisvektor ist. Also ist $\frac{\partial f}{\partial x_j}(x_0) = g'(0) = 0$. Da j beliebig war, folgt die Behauptung.

b) Wegen $f'(x_0) = 0$ gibt es nach dem Satz von Taylor ein x_1 auf der Strecke zwischen x_0 und x mit

$$f(x) = f(x_0) + \frac{1}{2}(x - x_0 \mid H(f)(x_1)(x - x_0)).$$

Sei $H(f)(x_0)$ positiv definit. Dann kann man zeigen, dass $H(f)(y)$ positiv definit auf einer ganzen Kugel $B(x_0, \delta)$ ist.Ist also $\|x - x_0\| < \delta$, so ist der zweite Summand der rechten Seite echt größer als 0. Damit ist $f(x) > f(x_0)$. Da $x \in B(x_0, \delta)$ beliebig war, ist $f(x_0)$ ein lokales Minimum. Ist $H(f)(x_0)$ negativ definit, so betrachte $-f$.   □

Aufgabe: Untersuchen Sie, wo bei den Funktionen, die Sie sich vor Satz 14.15 angeschaut haben, lokale Extrema sind und bestimmen Sie, ob es sich um Minima oder Maxima handelt.

Wiederholung

Begriffe: Extremwerte, Extremalstellen, lokale Maxima und Minima.
Sätze: Satz von Taylor, Existenz von lokalen Extremwerten.

14.4 Der Umkehrsatz und seine Anwendungen

Motivation und Überblick

Sei $f : U \subseteq \mathbb{R}^p \to \mathbb{R}^p$ stetig differenzierbar und die Jacobimatrix $f'(x)$ sei invertierbar. Im Gegensatz zum Fall einer Veränderlichen (Satz 7.7) kann man hieraus nicht schließen, dass man zu f eine inverse Abbildung f^{-1} hat. f läßt sich aber *lokal* umkehren. Als Folgerung erhält man den Satz über implizit (durch Gleichungen) gegebene Funktionen und den Satz über Extrema unter Nebenbedingungen.

14.4.1 Der Umkehrsatz

Wir hatten in Korollar 11.4 gesehen, dass das lineare Gleichungssystem

$$Ax = y$$

mit p Gleichungen und p Unbekannten $x_1, \ldots, x_p$ genau dann für jede rechte Seite y eindeutig lösbar ist, wenn die Determinante $\det A \neq 0$ ist. Dann ist $x = A^{-1}y$. Daraus folgt: die Funktion $y \mapsto A^{-1}y$, die jeder rechten Seite y die Lösung $x = A^{-1}y$ zuordnet, ist linear und daher stetig differenzierbar, oder kürzer: *der Lösungsvektor x hängt stetig differenzierbar von der rechten Seite ab.*

Wir wollen nun den nichtlinearen Fall betrachten.

Beispiele:

1. Sei $f(x_1, x_2) = \begin{pmatrix} x_1 \\ (1+x_1^2)x_2 \end{pmatrix}$. Wir wollen das nichtlineare Gleichungssystem lösen:

$$x_1 = y_1$$
$$(1+x_1^2)x_2 = y_2.$$

Die eindeutig bestimmte Lösung für eine beliebige rechte Seite $\begin{pmatrix} y_1 \\ y_2 \end{pmatrix}$ lautet $x_1 = y_1$,

$x_2 = \dfrac{y_2}{1+y_1^2}$. Der Formel entnimmt man, dass die Lösung stetig differenzierbar von

der rechten Seite abhängt. Es ist $f'(x_1, x_2) = \begin{pmatrix} 1 & 0 \\ 2x_1 x_2 & 1+x_1^2 \end{pmatrix}$ und es gilt

$\det(f'(x_1, x_2)) \neq 0$. Auch die Umkehrabbildung $g = f^{-1}$, die jedem $\begin{pmatrix} y_1 \\ y_2 \end{pmatrix}$

den Wert $g(y_1, y_2) = \begin{pmatrix} y_1 \\ \dfrac{y_2}{1+y_1^2} \end{pmatrix}$ zuordnet, ist stetig differenzierbar und es gilt

$g'(y_1, y_2) = (f'(g(y_1, y_2)))^{-1}$ analog zum eindimensionalen Fall.

2. Sei jetzt f die Koordinatisierung durch Polarkoordinaten, also

$$x = r\cos\varphi,$$
$$y = r\sin\varphi.$$

Die Abbildung f ist hier $f(r, \varphi) = \begin{pmatrix} r\cos\varphi \\ r\sin\varphi \end{pmatrix}$ und ist auf $\mathbb{R}_+ \times \mathbb{R}$ erklärt. Auf $U =$

$]0, \infty[\times \mathbb{R}$ ist sie stetig differenzierbar mit $f'(r, \varphi) = \begin{pmatrix} \cos\varphi & -r\sin\varphi \\ \sin\varphi & r\cos\varphi \end{pmatrix}$. Also

gilt $\det(f'(r, \varphi)) = r \neq 0$ (auf U). Aber trotzdem ist das obige Gleichungssystem

nicht eindeutig lösbar, denn mit (r, φ) liefert auch $(r, \varphi + 2k\pi)$ das gleiche Paar $\begin{pmatrix} x \\ y \end{pmatrix}$.

Es gibt also keine Umkehrfunktion.

Schränkt man aber f ein auf $]0, \infty[\times]-\pi, \pi[=: U_1$ und betrachtet dann das Bild

$V = f(U_1) = \mathbb{R}^2 \setminus \{ \begin{pmatrix} t \\ 0 \end{pmatrix} : t \leq 0\}$ (geschlitzte Ebene), so bildet $f|_{U_1}$ ganz

U_1 bijektiv auf V ab. Die Einschränkung von f auf U_1 bedeutet, dass man für das Gleichungssystem

$$r\cos\varphi = x$$
$$r\sin\varphi = y$$

nur noch Lösungen in U_1 sucht. Und da gibt es zu jeder rechten Seite $\begin{pmatrix} x \\ y \end{pmatrix} \in V$ genau

eine Lösung $\begin{pmatrix} r \\ \varphi \end{pmatrix} = (f|_{U_1})^{-1}(x, y)$. Es gibt keine geschlossene Formel hierfür,

aber trotzdem kann man zeigen, dass $\begin{pmatrix} r \\ \varphi \end{pmatrix}$ stetig differenzierbar von der rechten Seite

(x, y) abhängt.

Beispiel 2 ist bereits typisch für den ganz allgemeinen Fall.

Theorem 14.16. (Satz über die Umkehrfunktion)

Sei $U \subseteq \mathbb{R}^p$ offen und die Abbildung $f : U \subseteq \mathbb{R}^p \to \mathbb{R}^p$ sei stetig differenzierbar. Sei für ein $x_0 \in U$ die Jacobimatrix $f'(x_0)$ invertierbar, also die Determinante $\det(f'(x_0)) \neq 0$. Dann gibt es eine offene Menge $U_0 \subseteq U$ mit

1. $x_0 \in U_0$ und $\det(f'(x)) \neq 0$ für alle $x \in U_0$.

2. Die Einschränkung $f \mid_{U_0}$ von f auf U_0 ist injektiv und $V = f(U_0)$ ist offen.

3. Die Umkehrfunktion $g : V \to U_0$ von $f \mid_{U_0}$ ist stetig differenzierbar und es gilt

$$g'(f(x)) = (f'(x))^{-1}.$$

Der Beweis ist nicht einfach (siehe [30, S. 295 ff]) und wird hier ausgelassen.

Aufgaben: Wenden Sie bitte den Satz auf die folgenden Abbildungen und angegebenen Stellen an, d. h. bestimmen Sie ein U_0, berechnen Sie V und $f^{-1} \mid U_0 = g$, sowie g'. Sie können U_0 klein und günstig wählen, es kommt auf das Prinzip an.

1. Sei A eine $p \times p$–Matrix, $\det(A) \neq 0$, $f(x) = Ax$ und $x_0 = 0$.

2. Sei $f(r, \varphi) = \begin{pmatrix} r\cos\varphi \\ r\sin\varphi \end{pmatrix}$; $\begin{pmatrix} r_0 \\ \varphi_0 \end{pmatrix} = \begin{pmatrix} 1 \\ 0 \end{pmatrix}$.

3. Sei $f(r, \varphi, \vartheta) = r \begin{pmatrix} \cos\varphi\cos\vartheta \\ \sin\varphi\cos\vartheta \\ \sin\vartheta \end{pmatrix}$; $\begin{pmatrix} r_0 \\ \varphi_0 \\ \vartheta_0 \end{pmatrix} = \begin{pmatrix} 1 \\ 0 \\ 0 \end{pmatrix}$.

14.4.2 Implizite Funktionen

Die Kreisgleichung $x^2 + y^2 = 1$ kann man sowohl nach y als auch nach x stetig differenzierbar auflösen: $y(x) = \sqrt{1 - x^2}$ oder $x(y) = \sqrt{1 - y^2}$. Je nachdem, welchen der Halbbögen man möchte, muss man die positive oder negative Wurzel wählen. Ist man zum Beispiel interessiert daran, dass der Punkt $(0,1)$ im Graphen der Funktion liegt und außerdem die Funktion differenzierbar ist, muss man $y(x) = +\sqrt{1 - x^2}$ wählen. (Warum gehen die anderen Möglichkeiten nicht?) Wir haben also eine Funktion $F : \mathbb{R}^2 \to \mathbb{R}^1$, nämlich $F(x, y) = x^2 + y^2 - 1$ und suchen eine Funktion $y : \mathbb{R}^1 \to \mathbb{R}^1$, $x \mapsto \sqrt{1 - x^2} = y(x)$ derart, dass sie die Gleichung $F(x, y(x)) = 0$ löst. Etwas komplizierter ausgedrückt: ihr Graph $G = \{(x, y(x)) : |x| < 1\}$ liegt in der Menge $M = \{(x, y)^t : x^2 + y^2 - 1 = 0\}$. Man sagt: y **ist durch $F = 0$ implizit definiert.**

Benutzen Sie nun bitte das Applet "Implizite Funktionen in der Ebene" bzw. "Implizite Funktionen im Raum". Wählen Sie die folgenden Beispiele, um einen Eindruck von implizit definierten Funktionen zu erhalten. Beachten Sie, dass sich oft mehrere Kurven bzw. Flächen zeigen. Jede einzelne ist Teilmenge der Menge der Lösungen der Gleichung $F(x) = 0$.

Beispiele: 1. $y^3x^2 - x^3y - 1 = 0$.
2. $x^3 + y^2 - z^2x = 0$.

3. $\sin(x + y - z^2) - 1/\sqrt{2} = 0$.

4. $\exp(x + y - z^2) - 1 = 0$.

Machen Sie auch eigene Beispiele.

Bezeichnungen: Sei $p = q + r$ mit q, $r \in \mathbb{N}$. Im Folgenden schreiben wir $z = (z_1, \ldots, z_p)^t = (x, y)^t$ mit $x = (x_1, \ldots, x_q)^t$, also $x_j = z_j$ für $j \leq q$ und $y = (y_1, \ldots, y_r)^t$, also $y_k = z_{q+k}$. Damit haben wir $\mathbb{R}^p = \mathbb{R}^q \times \mathbb{R}^r$ und die Analogie zum einführenden Beispiel ($q = r = 1$, $p = 2$) wird deutlich.

Sei $F : U \subseteq \mathbb{R}^p = \mathbb{R}^q \times \mathbb{R}^r \to \mathbb{R}^r$ eine stetig differenzierbare Funktion. Dann setzen wir

$$F_x = \left(\frac{\partial F}{\partial x_1}, \ldots, \frac{\partial F}{\partial x_q} \right), \quad F_y = \left(\frac{\partial F}{\partial y_1}, \ldots, \frac{\partial F}{\partial y_r} \right).$$

F_y ist also eine $r \times r$–Matrix und es ist die Jacobimatrix $F'(z) = (F_x, F_y)$ (bis auf die beiden überflüssigen Klammern in der Mitte zwischen F_x und F_y). Damit können wir den Satz über implizite Funktionen formulieren:

Theorem 14.17. (Satz über implizite Funktionen)
Sei $U \subseteq \mathbb{R}^p = \mathbb{R}^q \times \mathbb{R}^r$ offen und $F : U \to \mathbb{R}^r$, $(x, y) \mapsto F(x, y)$ stetig differenzierbar. Sei $M = \{(x, y)^t : F(x, y) = 0\} \neq \emptyset$ und es gebe ein $z_0 = (x_0, y_0)^t$ mit

1) $F(x_0, y_0) = 0$,

2) $\det(F_y(x_0, y_0)) \neq 0$.

Dann gibt es eine offene Menge $V \subseteq \mathbb{R}^q$, $x_0 \in V$, und eine stetig differenzierbare Funktion $\varphi : V \to \mathbb{R}^r$, $\varphi(x_1, \ldots, x_q) = (\varphi_1(x_1, \ldots, x_q), \varphi_2(x_1, \ldots, x_q), \ldots, \varphi_r(x_1, \ldots, x_q))^t$ mit den folgenden beiden Eigenschaften:

a) $\varphi(x_0) = y_0$.

b) Für alle $x \in V$ ist $(x, \varphi(x))^t \in U$ und $F(x, \varphi(x)) = 0$ (oder anders ausgedrückt: der Graph $G(\varphi)$ ist enthalten in M). Darüber hinaus ist

$$\varphi'(x) = -F_y(x, \varphi(x))^{-1} \cdot F_x(x, \varphi(x)).$$

Die Funktion φ heißt **implizit durch die Gleichung $F(x, y) = 0$ definiert**.

Beweis: (Skizze): Für die Abbildung $U \ni z \mapsto g(z) = \begin{pmatrix} x \\ F(x, y) \end{pmatrix} \in \mathbb{R}^p$ gilt $g'(z) = \begin{pmatrix} E_q & 0 \\ F_x & F_y \end{pmatrix}$, wo E_q die $q \times q$-Einheitsmatrix ist. Wir nehmen an, der Satz sei richtig. Dann gilt für $h(x) = (x, \varphi(x))^t$

$$\begin{pmatrix} x \\ 0 \end{pmatrix} = \begin{pmatrix} x \\ F(x, \varphi(x)) \end{pmatrix} = g\left(\begin{pmatrix} x \\ \varphi(x) \end{pmatrix} \right) = g(h(x)), \tag{14.1}$$

also $h(x) = g^{-1}(x, 0)$ und $\varphi(x) = (h_{q+1}(x), \ldots, h_p(x))^t$. Wir müssen also nur zeigen, dass g^{-1} auf einer passenden Menge existiert und dort stetig differenzierbar ist.

Es ist $\det g'(x_0, y_0) = \det(F_y(x_0, y_0)) \neq 0$. Nach dem Umkehrsatz 14.16 gibt es eine offene Menge U_0 mit $(x_0, y_0)^t \in U_0$, die von g bijektiv auf eine offene Menge $W \subseteq \mathbb{R}^p = \mathbb{R}^q \times \mathbb{R}^r$ abgebildet wird. $g(x_0, y_0) = \begin{pmatrix} x_0 \\ 0 \end{pmatrix}$ ist in W enthalten. g^{-1} ist die gesuchte Abbildung. □

Bemerkung: Wir können den Satz verallgemeinern:
Sei $F : U \subseteq \mathbb{R}^p \to \mathbb{R}^r$ stetig differenzierbar und es gebe ein $z_0 \in \mathbb{R}^p$ mit
  1) $F(z_0) = 0$,
  2) Der Rang von $F'(z_0)$ ist gleich r.
Dann gibt es Koordinaten $z_{k_1}, \ldots, z_{k_q}$ und eine stetig differenzierbare Funktion φ dieser Koordinaten, so dass für die Funktion $\tilde{F}$, die man erhält, wenn man statt der restlichen Koordinaten die Koordinatenfunktionen $\varphi_j(z_{k_1}, \ldots, z_{k_q})$ $(j = 1, \ldots, r)$ einsetzt, $\tilde{F}(z_{k_1}, \ldots, z_{k_q}) = 0$ gilt. Denn wegen $\mathrm{rg}(F'(z_0)) = r$ kann man die Spalten von $F'(z)$ so permutieren, dass der vorangegangene Satz gerade auf die durch die Permutation hervorgegangene Funktion G anwendbar wird. Dann muss man noch die inverse Permutation auf die Koordinaten anwenden.

Beispiel: Sei $F : \mathbb{R}^p \to \mathbb{R}$ eine skalare Funktion. Sei $\dfrac{\partial F(z_0)}{\partial x_p} \neq 0$. Dann können wir die Gleichung $F(z) = 0$ in einer (kleinen) Kugel um z_0 nach x_p auflösen. Typische Beispiele sind $F(x_1, x_2, x_3) = x_1^2 + x_2^2 + x_3^2 = 1$. Sei $z_0 = (0, 0, 1)^t$. Wir erhalten $x_3 = +\sqrt{1 - x_1^2 - x_2^2}$.
Schwieriger ist es, wenn man die Gleichung nicht so einfach durch eine Formel auflösen kann. Sei zum Beispiel $U = \{x : x_1, \ldots, x_p > 0\}$ und $F(x_1, \ldots, x_p) = \sum_{j=1}^{p} x_j \ln(x_j)$.
Für $x_0 = (1, 1, \ldots, 1)^t$ ist $F(x_0) = 0$. Es ist $\dfrac{\partial F(x)}{\partial x_p} = 1 + \ln(x_p) \neq 0$, falls x nahe genug bei x_0 liegt. Es gibt aber keine formelmäßige Auflösung der Gleichung $F(x) = 0$ nach x_p.

14.4.3 Extrema unter Nebenbedingungen

Eine klassische Aufgabe lautet: Bestimme unter allen Rechtecken mit gegebenem Umfang $M(> 0)$ dasjenige mit dem größten Flächeninhalt. Wir skizzieren die Lösung: Seien x und y die Kantenlängen. Die „Nebenbedingung" des vorgegebenen Umfangs lautet $F(x, y) = 2(x + y) - M = 0$. Der Flächeninhalt ist $f(x, y) = xy$. Aus der Nebenbedingung erhalten wir $y = (M - 2x)/2$. Dies in f eingesetzt ergibt $g(x) := f(x, (M - 2x)/2) = (Mx - 2x^2)/2$. Wir bestimmen die Extrema von g. $g'(x) = \dfrac{M}{2} - 2x$, also $x_E = \dfrac{M}{4}$. Daraus ergibt sich $y_E = \dfrac{M - 2x_E}{2} = \dfrac{M}{4}$, also $x_E = y_E$. (x_E, y_E) erfüllen nach Konstruktion $F(x_E, y_E) = 0$. Außerdem ist $g(x_E)$ ein Maximum von g. Damit ist (x_E, y_E) ein Maximum von $f(xy) = xy$ unter der Nebenbedingung $F(x, y) = 0$.

Wir haben das Problem gelöst, indem wir die Nebenbedingung nach y aufgelöst, die so erhaltene Funktion in f eingesetzt und von der neuen Funktion die möglichen Extremalstellen gesucht haben. Wir sahen jedoch im letzten Beispiel des vorigen Abschnitts, dass eine explizite formelmäßige Auflösung nicht immer möglich ist.

Es gibt eine andere Methode, die wir jetzt behandeln wollen. Dabei müssen wir die Funktion $y = \varphi(x)$ nicht explizit bestimmen. Dazu präzisieren wir zunächst:

Definition 14.18. *Sei* $p = q + r$ *mit* $q, r \in \mathbb{N}$. *Sei* U *offen in* $\mathbb{R}^p$ *und seien* $F : U \to \mathbb{R}^r$ *und* $f : U \to \mathbb{R}$ *gegebene Funktionen. Sei* $M = \{z : F(z) = 0\}$ *die Menge der Nullstellen von* F. *Ein Punkt* $z_0 \in M$ *heißt* $\left\{ \begin{array}{c} \textbf{Maximalstelle} \\ \textbf{Minimalstelle} \end{array} \right\}$ *von* f **unter der Nebenbedingung** $F(z) = 0$, *wenn es ein* $\varepsilon > 0$ *gibt, so dass für alle* $z \in B(z_0, \varepsilon) \cap M$ *stets* $\left\{ \begin{array}{c} f(z) \leq f(z_0) \\ f(z) \geq f(z_0) \end{array} \right\}$ *gilt.* z_0 *heißt dann* **Extremalstelle** *von* f **unter der Nebenbedingung** $F(z) = 0$.

Wir suchen also Extremalstellen von der *Einschränkung* von f auf die Nullstellenmenge M von F. Das nächste Theorem gibt uns ein notwendiges Kriterium: *Wenn es eine Extremalstelle unter Nebenbedingungen gibt, dann gibt es die Lagrange-Multiplikatoren.* Wenn wir den Satz anwenden, müssen wir nach Berechnung dieser Multiplikatoren und der Stelle z_E immer noch prüfen, ob diese Stelle wirklich eine Extremalstelle unter den Nebenbedingungen ist!

Theorem 14.19.
Sei $p = q + r$ *mit* $q, r \in \mathbb{N}$. *Sei* $U \subseteq \mathbb{R}^p$ *offen und* $F : U \to \mathbb{R}^r$, $z \mapsto F(z) = (F_1(z), \ldots, F_r(z))^t$ *sowie* $f : U \to \mathbb{R}$ *seien stetig differenzierbare Funktionen. Schließlich sei der Rang* $\text{rg}(F'(z)) = r$ *für alle* $z \in U$. *Sei* z_E *eine Extremalstelle von* f *unter der Nebenbedingung* $F(z) = 0$. *Dann gibt es eindeutig bestimmte reelle Zahlen* $\lambda_1, \ldots, \lambda_r$ *mit*

$$f'(z_E) = \lambda_1 F_1'(z_E) + \lambda_2 F_2'(z_E) + \cdots + \lambda_r F_r'(z_E).$$

Die λ_j *heißen* **Lagrange-Multiplikatoren.**

Beweis: Es gelte o.B.d.A. $\det\left(\left(\frac{\partial F(z_E)}{\partial z_j} \right)_{j=q+1,\ldots,p} \right) \neq 0$ (sonst permutiere man die Koordinaten). Wir setzen dann wieder $z = (x, y)$ mit $x \in \mathbb{R}^q$, $y \in \mathbb{R}^r$, insbesondere $z_E = (x_E, y_E)$. Ferner sei wie bisher $f_x = (\frac{\partial f}{\partial x_1}, \ldots, \frac{\partial f}{\partial x_q})$ und $f_y = (\frac{\partial f}{\partial y_1}, \ldots, \frac{\partial f}{\partial y_r})$.

Wegen $F(z_E) = 0$ gibt es nach dem Theorem über implizite Funktionen eine stetig differenzierbare Funktion φ mit $F(x, \varphi(x)) = 0$. Wir setzen $h(x) = (x, \varphi(x))$. Die Funktion $g(x) = f(h(x))$ hat dann ein ganz gewöhnliches Maximum oder Minimum in x_E. Also gilt

$$\begin{aligned} 0 &= g'(x_E) = f'(x_E, y_E)h'(x_E) = f_x(z_E) + f_y(z_E)\varphi'(x_E) \\ &= f_x(z_E) + f_y(z_E)(-F_y(z_E))^{-1} F_x(z_E), \end{aligned}$$

das heißt $f_x(z_E) = f_y(z_E) F_y(z_E)^{-1} F_x(z_E)$.

Daraus folgt mit $\boldsymbol{\lambda} = f_y(z_E) F_y(z_E)^{-1}$, dass $f_x(z_E) = \boldsymbol{\lambda} F_x(z_E)$, $f_y(z_E) = \boldsymbol{\lambda} F_y(z_E)$, insgesamt also $f'(z_E) = \boldsymbol{\lambda}(F_x(z_E), F_y(z_E)) = \boldsymbol{\lambda} F'(z_E) = \lambda_1 F_1'(z_E) + \lambda_2 F_2'(z_E) + \cdots + \lambda_r F_r'(z_E)$ gilt. $\qquad \square$

Um lokale Extrema unter der Nebenbedingung $F(z) = 0$ zu finden, muss man also das folgende (nichtlineare) Gleichungssystem für $p + r$ Unbekannte lösen:

$$
\begin{aligned}
F_j(z) &= 0 \text{ für } j = 1, \ldots, r, \\
\frac{\partial f}{\partial z_\ell}(z) &= \sum_{k=1}^{r} \lambda_k \frac{\partial F_k}{\partial z_\ell}(z) \text{ für } \ell = 1, \ldots, p.
\end{aligned}
$$

Es sind $p + r$ Gleichungen für die $p + r$ Unbekannten
$$z_1, \ldots, z_p, \; \lambda_1, \ldots, \lambda_r.$$

Beispiel: Wir bestimmen unter allen Quadern mit Oberfläche $M(> 0)$ denjenigen maximalen Volumens.

Lösung: Wir setzen $M/2 = K$ und erhalten $F(x, y, z) = xy + yz + xz - K = 0$. Aus $f(x, y, z) = xyz$, sowie $F_x = y + z$, etc. erhält man dann das folgende Gleichungssystem:

$$xy + yz + xz = K, \; f_x = yz = \lambda y + \lambda z, \; f_y = xz = \lambda x + \lambda z, \; f_z = xy = \lambda x + \lambda y.$$

Aus der dritten und vierten Gleichung folgt $y = \dfrac{\lambda x}{x - \lambda}$ und $z = \dfrac{\lambda x}{x - \lambda}$, also $y = z$. Setzen wir dies in die zweite Gleichung ein, so ergibt sich $y^2 = 2\lambda y$, also $\lambda = y/2 = \dfrac{\lambda x}{2(x - \lambda)}$. Aus dieser Gleichung folgt $1 = \dfrac{x}{2(x - \lambda)}$ und hieraus wiederum $x = 2\lambda = y$. Damit erhält man aus der ersten Gleichung $x = \sqrt{M/6}$. Der gesuchte Quader ist ein Würfel mit Kantenlänge $\sqrt{M/6}$. Sein Volumen ist dann $(M/6)^{3/2}$. Dass diese Lösung wirklich ein Maximum bei gegebener Oberfläche M ist, muss eigentlich gesondert untersucht werden.

Aufgaben:

1. Sei $A = \begin{pmatrix} a & b \\ b & c \end{pmatrix}$. Bestimmen Sie bitte die Extrema der Funktion $(x \mid Ax)$ unter der Nebenbedingung $\|x\|^2 = x_1^2 + x_2^2 = 1$.

2. (Konstruktion optimaler Gemüsedosen) Für einen Zylinder mit Radius r und Höhe h sei das Volumen $V = \pi r^2 h$ fest vorgegeben. Bestimmen Sie bitte r und h, so dass die Oberfläche $O = 2\pi rh + 2\pi r^2$ minimal wird. Vergleichen Sie den jetzigen Lösungsweg mit dem aus Aufgabe 3, S. 243.

3. Sei $U = \{x \in \mathbb{R}^p : x_1, \ldots, x_p > 0\}$ und $F(x) = \sum_{j=1}^{p} x_j - 1$, ferner $f(x) = -\sum_{j=1}^{p} x_j \ln(x_j)$. Bestimmen Sie bitte den Extremwert von f unter der Nebenbedingung $F(x) = 0$. Die Nebenbedingung bedeutet: man sucht den Extremwert unter allen Wahrscheinlichkeitsverteilungen auf der Menge $\{1, \ldots, p\}$. Die Funktion f selbst ist die Entropie der Verteilung.

Wiederholung

Begriffe: Umkehrfunktion, implizit gegebene Funktionen, Extremwerte unter Nebenbedingungen, Lagrangesche Multiplikatoren.

Sätze: Existenz einer lokalen Umkehrfunktion, Existenz implizit gegebener Funktionen, Bestimmung von Extremwerten unter Nebenbedingungen.

15. Mehrdimensionale Integration

Motivation und Überblick

Wir erklären das Integral durch Zurückführung auf eindimensionale Integrale (die sogenannte "iterierte Integration", die dem alten Cavalierischen[1] Prinzip entspricht). Wir erläutern das Verhalten des Integrals bei Wechsel des Koordinatensystems (etwa von rechtwinkligen zu Kugelkoordinaten). Schließlich erklären wir die Integration über den ganzen Raum mit besonderem Blick auf die Stochastik.

15.1 Das mehrdimensionale Integral über kompakte Mengen

Motivation und Überblick

Das Integral von Funktionen mehrerer Variablen beruht auf dem Prinzip, mit dem man das Volumen einfacher geometrischer Objekte im Raum wie zum Beispiel das Volumen von Quadern oder Zylindern berechnet:

$$\text{Volumen} \quad = \quad \text{Grundfläche} \quad \times \quad \text{Höhe}.$$

Wir führen das Integral anhand dieser geometrischen Überlegung ein und geben Beispiele zu seiner Berechnung. Wichtig ist dabei der Transformationssatz – das mehrdimensionale Gegenstück zur "Integration durch Substitution". Wir wenden die Theorie auf Rotationskörper an.

15.1.1 Definition des Integrals

Das Volumen $V(Q)$ eines Quaders $Q = [a_1, b_1] \times [a_2, b_2] \times [a_3, b_3]$ ist gleich $(b_1 - a_1)(b_2 - a_2)(b_3 - a_3)$, also gleich der Grundfläche mal der Höhe. Das Volumen eines Zylinders Z mit Grundfläche $K = \{(x, y)^t : x^2 + y^2 \leq R^2\}$ und Höhe h ist $\pi R^2 h$, also wieder gleich dem Produkt aus Grundfläche und Höhe.

Sei nun $f : [a, b] \times [c, d] \to \mathbb{R}_+$ eine beliebige Funktion, zum Beispiel $f(x, y) = 2 - x^2 - y^2$ auf dem Quadrat $[0, 1] \times [0, 1]$, und

$$G = \{(x, y, z)^t : 0 \leq x, y \leq 1, \, 0 \leq z \leq f(x, y)\}.$$

---

[1] Francesco Bonaventura Cavalieri, 1598–1647, italienischer Mathematiker und Astronom.

Die zweidimensionale Integration beruht darauf, dass man den Gegenstand, dessen Volumen man berechnen will, in lauter Zylinder mit sehr kleiner Höhe zerlegt, deren Grundfläche man mit dem Integral einer Variablen berechnet. Sei

$$K = \{(x, y, z)^t : a \leq x \leq b, \, c \leq y \leq d, \, 0 \leq z \leq f(x, y)\}.$$

Wir zerlegen das x-Intervall $[a, b]$ in kleine Stücke $a_k = a + k\delta x$ mit $\delta x = (b-a)/n$. Durch jeden Punkt $(a_k, 0, 0)^t$ legen wir eine Ebene parallel zur (y, z)-Ebene, die uns aus K eine Grundfläche der Größe $F(a_k) = \int_c^d f(a_k, y)dy$ herausschneidet. Das Volumen von K, also das Integral $\int_{[a,b]\times[c,d]} f(x, y)d^2(x, y)$ ist dann ungefähr gleich der Summe der Zylinder mit dieser Grundfläche und der Höhe δx also gleich $\sum_{k=0}^{n-1} F(a_k)\delta x$, also hat man

$$\int_{[a,b]\times[c,d]} f(x, y)d^2(x, y) \approx \sum_{k=0}^{n-1} \left(\int_c^d f(a_k, y)dy \right) \delta x \approx \int_a^b \left(\int_c^d f(x, y)dy \right) dx.$$

Benutzen Sie nun bitte das Applet "Mehrdimensionale Integration". Für $f(x, y) = 2 - x^2 - y^2$ ist $F(x) = \int_0^1 (2 - x^2 - y^2)dy = 2 - x^2 - \frac{1}{3}$, also

$$\lim_{n\to\infty} V(U_n) = \int_0^1 (2 - x^2 - \frac{1}{3})dx = 2 - \frac{2}{3} = \frac{4}{3} =: V(G).$$

Aufgabe: Zeigen Sie, dass man denselben Wert für $V(G)$ herausbekommt, wenn man die Rollen von x und y vertauscht, also $\int_0^1 \left(\int_0^1 f(x, y)dx \right) dy$ berechnet.

Aufgrund der bisherigen Überlegungen definieren wir das Integral, $\int_{[a,b]\times[c,d]} f(x, y)dxdy$, wobei wir folgende Voraussetzungen für f fordern:

Sei $f : [a, b] \times [c, d] =: R \to \mathbb{R}$ eine reelle Funktion, die die folgenden Eigenschaften hat:
(i) Für $x \in [a, b]$ ist die Funktion $_x f : [c, d] \to \mathbb{R}$, $y \mapsto {}_x f(y) = f(x, y)$ eine Regelfunktion und die hierdurch erhaltene Funktion

$$F : [a, b] \to \mathbb{R}, \, x \mapsto \int_c^d {}_x f(y)dy = \int_c^d f(x, y)dy = F(x)$$

ist wieder eine Regelfunktion.

(ii) Für jedes $y \in [c, d]$ ist die Funktion $^y f : [a, b] \to \mathbb{R}$, $x \mapsto {}^y f(x) = f(x, y)$ eine Regelfunktion und die Funktion

$$G : [c, d] \to \mathbb{R}, \, y \mapsto \int_a^b f(x, y)dx = G(y)$$

ist wieder eine Regelfunktion.

Satz 15.1. *Unter den obenstehenden Voraussetzungen gilt*

$$\int_a^b \left(\int_c^d f(x,y)dy \right) dx = \int_a^b F(x)dx = \int_c^d G(y)dy = \int_c^d \left(\int_a^b f(x,y)dx \right) dy.$$

Definition 15.2. *Hat $f : R \to \mathbb{R}$ die im vorangegangenen Satz vorausgesetzten Eigenschaften, so heißt f **integrierbar über R** und der gemeinsame Wert heißt* **Integral** $\int_R f(x,y)d^2(x,y)$ *von f über R.*

Bemerkungen:

1. Jede stetige Funktion ist integrierbar. Denn sei $f : R \to \mathbb{R}$ stetig. Dann sind $_x f$ und $^y f$ stetig (ein Argument wird ja konstant gehalten). Ebenso sieht man, dass $x \mapsto \int_c^d f(x,y)dy$ und die entsprechende Funktion von y stetig sind.
2. Jede Treppenfunktion $f = \sum_{j=1}^n a_j 1_{R_j}$ ist integrierbar, wobei R_j Rechtecke in R sind. Denn $_x f$ und $^y f$ sind Treppenfunktionen auf $[c,d]$ bzw. $[a,b]$.
3. Ist $f = \| \cdot \|_\infty - \lim f_n$, wo f_n Treppenfunktionen sind, so ist f integrierbar. Denn dann ist $_x f = \| \cdot \|_\infty - \lim_{n \to \infty} {_x f_n}$, also eine Regelfunktion, ebenso $^y f$. Jede zweidimensionale Regelfunktion (gleichmäßiger Grenzwert einer Folge von Treppenfunktionen in $\mathbb{R}^2$) ist also integrierbar.
4. Sei $D = \{(x,y) : 0 \le x \le 1, 0 \le y \le x\}$ das Dreieck zwischen der x–Achse, der Hauptdiagonalen und der Geraden $x = 1$. 1_D ist offensichtlich integrierbar, denn $_x 1_D = 1_{[0,x]}$ und $^y 1_D = 1_{[y,1]}$. Man erhält

$$\int_0^1 \left(\int_0^1 1_D(x,y)dy \right) dx = \int_0^1 x dx = \frac{1}{2}.$$

1_D ist nicht gleichmäßiger Limes einer Folge von Treppenfunktionen der oben angegebenen Art, denn für jede Treppenfunktion $f = \sum_{j=1}^n a_j 1_{R_j}$ (mit $R_j \subseteq [0,1] \times [0,1]$) gilt $\|1_D - f\| \ge 1$. Machen Sie sich das an einer Zeichnung klar. Es gibt also sinnvoller Weise mehr integrierbare Funktionen als nur die zweidimensionalen Regelfunktionen.

Unsere Definition des Integrals liefert sofort den folgenden Produktsatz:

Satz 15.3. *Sei $f : R = [a,b] \times [c,d] \to \mathbb{R}$ gegeben durch $f(x,y) = g(x)h(y)$, wo $g : [a,b] \to \mathbb{R}$ und $h : [c,d] \to \mathbb{R}$ Regelfunktionen sind. Dann ist f integrierbar und es gilt*

$$\int_R f(x,y)d^2(x,y) = \int_a^b g(x)dx \cdot \int_c^d h(y)dy.$$

Beispiel:

$$\int_R \exp(-\frac{x^2 + y^2}{2})d^2(x,y) = \int_a^b e^{-x^2/2}dx \cdot \int_c^d e^{-y^2/2}dy.$$

Definition 15.4. *Eine beliebige Menge $D \subseteq [a,b] \times [c,d] = R$ heißt* **integrierbar***, wenn 1_D integrierbar ist.*
Ist D integrierbar und $f : D \to \mathbb{R}$ eine reelle Funktion, so heißt f über D integrierbar, wenn $f1_D$ über R integrierbar ist. Man setzt dann

$$\int_D f(x,y)d^2(x,y) := \int_R f(x,y)1_D(x,y)d^2(x,y).$$

Beispiel: Sei $\rho > 0$ und $R = [-\rho, \rho] \times [-\rho, \rho]$. Sei $D = \{(x,y) : x^2 + y^2 \le \rho^2\}$ der Kreis mit Radius ρ und Mittelpunkt $(0,0)$.
Es ist $_x1_D = 1_{[-\sqrt{\rho^2-x^2}, \sqrt{\rho^2-x^2}]}$; Analoges gilt für ^y1_D. Damit ist

$$\int_R 1_D d^2(x,y) = \int_{-\rho}^{\rho} 2\sqrt{\rho^2 - x^2}dx = \pi\rho^2.$$

Sei allgemein $D = \{(x,y)^t : a \le x \le b, f(x) \le y \le g(x)\}$. Sei D integrierbar und f und g seien Regelfunktionen mit $f < g$. Sei $h : R \to \mathbb{R}$ eine integrierbare Funktion. Dann ist $\int_D h(x,y)d^2(x,y) = \int_a^b(\int_{f(x)}^{g(x)} h(x,y)dy)dx$.

Das **n-dimensionale Integral** kann man durch Induktion definieren. Wir wollen dies nicht ausführen, sondern nur die wichtige Regel notieren

$$\begin{aligned}
\int_Q f(x)d^n(x) &= \int_{a_1}^{b_1}\left(\int_{a_2}^{b_2} \cdots \left(\int_{a_n}^{b_n} f(x_1,\ldots,x_n)dx_n\right)dx_{n-1}\cdots\right)dx_1 \\
&= \int_{a_{\pi(1)}}^{b_{\pi(1)}}\left(\cdots\left(\int_{a_{\pi(n)}}^{b_{\pi(n)}} f(x_1,\ldots,x_n)dx_{\pi(n)}\right)dx_{\pi(n-1)}\cdots\right)dx_{\pi(1)}
\end{aligned}$$

für jede Permutation π von $\{1,\ldots,n\}$.

15.1.2 Transformation von Integralen

Das Integral $\int_R 1_{\{(x,y)^t : x^2+y^2 \le \rho^2\}}d^2(x,y)$ war schwierig zu berechnen, weil wir $K = \{(x,y)^t : x^2+y^2 \le \rho^2\}$ ungeeignet parametrisiert hatten. In Polarkoordinaten ist

$$K = \{(r\cos\varphi, r\sin\varphi)^t : 0 \le r \le 1, -\pi \le \varphi \le \pi\}$$

Aber wie berechnet man das Integral nun unter Benutzung der Polarkoordinaten?
Es ist $dx = x(r + dr, \varphi + d\varphi) - x(r,\varphi) \approx \frac{\partial x}{\partial r}dr + \frac{\partial x}{\partial \varphi}d\varphi$ und analog $dy \approx \frac{\partial y}{\partial r}dr + \frac{\partial y}{\partial \varphi}d\varphi$, also

$$\begin{pmatrix} dx \\ dy \end{pmatrix} \approx \begin{pmatrix} \frac{\partial x}{\partial r} & \frac{\partial x}{\partial \varphi} \\ \frac{\partial y}{\partial r} & \frac{\partial y}{\partial \varphi} \end{pmatrix} \begin{pmatrix} dr \\ d\varphi \end{pmatrix} = J(r,\varphi) \begin{pmatrix} dr \\ d\varphi \end{pmatrix}.$$

Der Flächeninhalt wird aber unter einer linearen Abbildung A durch $\det(A)$ verzerrt, genauer: Das Bild des Einheitsquadrats ist ein Parallelogramm mit dem Flächeninhalt $\det(A)$. Also ist $dxdy \approx \det(J(r,\varphi))drd\varphi$ und damit

$$\begin{aligned} \int_K 1d^2(x,y) &= \int_{-1}^{1} \left(\int_{\sqrt{1-x^2}}^{\sqrt{1-x^2}} 1dy \right) dx \\ &= \int_{-\pi}^{\pi} \left(\int_0^1 1 \cdot rdr \right) d\varphi = \int_{-\pi}^{\pi} \left(\int_0^1 rdr \right) d\varphi = \pi. \end{aligned}$$

Unser eben betrachteter Spezialfall lässt sich verallgemeinern:

Theorem 15.5. (Transformationssatz)
Seien $\emptyset \neq U, V$ offene Teilmengen von $\mathbb{R}^p$ und $f : U \to \mathbb{R}$ sei stetig. Ferner sei $\Phi : V \to U$ eine stetig differenzierbare bijektive Abbildung. Dann gilt für jede kompakte integrierbare Menge $C \subseteq U$

$$\int_C f(x)d^p x = \int_{\Phi^{-1}(C)} f(\Phi(y)) \mid \det(\Phi'(y)) \mid d^p y.$$

Der Beweis beruht auf der Formel

$$dx_1 \cdots dx_p \approx \mid \det(\Phi') \mid dy_1 \cdots dy_p,$$

die wir oben plausibel gemacht haben.

Beispiel: Sei $\varphi : [0,a] \to \mathbb{R}_+$ eine stetige Funktion. Wir drehen die Fläche $F = \{(x,y)^t : 0 \leq x \leq a, 0 \leq y \leq \varphi(x)\}$ einmal um die x–Achse und erhalten einen sogenannten **Rotationskörper** $K = \{(x,y,z)^t : 0 \leq x \leq a, 0 \leq y^2 + z^2 \leq \varphi(x)^2\}$. Hier bieten sich die folgenden Zylinderkoordinaten an: $x = x$, $y = r\cos\psi$, $z = r\sin\psi$ mit $-\pi \leq \psi \leq \pi$ und $r > 0$, also $(x,y,z)^t = f(x,r,\psi)$ und $f'(x,r,\psi) = \begin{pmatrix} 1 & 0 & 0 \\ 0 & \cos\psi & r(-\sin\psi) \\ 0 & \sin\psi & r\cos\psi \end{pmatrix}$.

Damit ist $\det(f'(x,r,\psi)) = r$. Daraus ergibt sich

$$V(K) = \int_K d^3(x,y,z) = \int_{-\pi}^{\pi} (\int_0^a (\int_0^{\varphi(x)} rdr)dx)d\psi = \pi \int_0^a \varphi(x)^2 dx,$$

ein Ergebnis, das vielleicht schon aus der Schule bekannt ist.

Wiederholung

Begriffe: Integral, integrierbare Menge.
Sätze Satz über die Reihenfolge der Integration, Produktsatz, Transformationssatz.

15.2 Integrale über $\mathbb{R}^p$

Motivation und Überblick

In der Technik, insbesondere bei bildgebenden Verfahren (Computertomographie, usw.) spielt die Fouriertransformation eine große Rolle. Bei ihr integriert man Funktionen über den ganzen Raum $\mathbb{R}^p$. Auch in der Stochastik spielen Integrale über $\mathbb{R}^p$ eine Rolle, wenn man gemeinsame Verteilungen von p stetig verteilten Zufallsvariablen berechnen will.

Analog zum eindimensionale Fall gehen wir wie folgt vor:
Sei $Q_n = [-n, n]^p = \{ (x_1, \ldots, x_p)^t \in \mathbb{R}^p : -n \leq x_j \leq n, 1 \leq j \leq p \}$.

> **Definition 15.6.** *Eine Funktion* $f : \mathbb{R}^p \to \mathbb{R}$ *heißt* **integrierbar über** $\mathbb{R}^p$*, wenn für jedes* $n \in \mathbb{N}$ f *über* Q_n *integrierbar ist, und die Folge* $(\int_{Q_n} |f| d^p x)_n$ *konvergiert. Dann konvergiert auch die Folge* $(\int_{Q_n} f d^p x)_n$ *und ihr Grenzwert* $\lim_{n \to \infty} \int_{Q_n} f d^p x$ *heißt* $\int_{\mathbb{R}^p} f d^p x$.

Aus den Rechenregeln für Folgen und denen für das Integral über Quader folgt, dass man auch mit Integralen der Form $\int_{\mathbb{R}^p}$ wie üblich rechnen kann.

Beispiel: Das folgende Beispiel dient dazu, $\int_{-\infty}^{\infty} \exp(-\frac{x^2}{2}) dx$ zu berechnen. Dazu sei Q_n das Quadrat $[-n, n] \times [-n, n]$. Das Beispiel auf S. 452 liefert $\int_{Q_n} \exp(-\frac{x^2 + y^2}{2}) d^2 x = \int_{-n}^{n} \exp(-\frac{x^2}{2}) dx \cdot \int_{-n}^{n} \exp(-\frac{y^2}{2}) dy$. Für $n \to \infty$ folgt $\int_{\mathbb{R}^2} \exp(-\frac{x^2 + y^2}{2}) d^2 x = \left(\int_{-\infty}^{\infty} \exp(-x^2/2) dx \right)^2$. Zur Bestimmung der linken Seite bieten sich Polarkoordinaten an:
Sei $K = \{(x, y)^t : -R \leq x \leq R, 0 \leq y \leq \sqrt{R^2 - x^2} \}$ und $f(x, y) = \exp(-\frac{x^2 + y^2}{2})$, ferner $\begin{pmatrix} x \\ y \end{pmatrix} = \begin{pmatrix} r \cos \varphi \\ r \sin \varphi \end{pmatrix} = \Phi(r, \varphi)$. Dann ist $1_K(x, y) = 1_{[0, R]}(r) 1_{[0, \pi]}(\varphi)$ und $f(x, y) = \exp(-r^2/2)$. Man erhält wegen $\det(\Phi') = r$ mit der Substitutionsregel (in Bezug auf r): $\int_K f(x, y) d^2(x, y) = \int_0^{\pi} \int_0^R r \exp(-r^2/2) dr d\varphi = \pi \cdot (1 - \exp(-R^2/2))$. Wir haben nur über den oberen Halbkreis integriert. Aus Symmetriegründen erhalten wir über den Vollkreis mit Radius R integriert das Doppelte. Für $R \to \infty$ erhalten wir das gewünschte Resultat $\int_{-\infty}^{\infty} \exp(-x^2/2) dx = \sqrt{2\pi}$.

Wiederholung

Begriff: Integral über $\mathbb{R}^n$.
Beispiel: $\int_{-\infty}^{\infty} \exp(-x^2/2) dx$.

16. Einführung in die Stochastik

Motivation und Überblick

Stochastik ist die "Lehre vom Zufall". Sobald Zufall im Spiel ist, kann man nur noch angeben, wie hoch die Wahrscheinlichkeit für eine bestimmte Situation ist. Wann immer ein Problem so komplex ist, dass man eine angestrebte Lösung in vernünftiger Zeit nicht voll bestimmen kann, wird man sich mit Näherungen zufrieden geben, die mit hoher Wahrscheinlichkeit die angestrebte Lösung sind. Darüber hinaus gibt es biologische, äußerst komplexe Systeme, von denen man in der Regel nur angeben kann, mit welcher Wahrscheinlichkeit sie sich in einem bestimmten Zustand befinden. Gleiches gilt in der Physik, wenn die betrachteten Teilchen sehr klein, aber auch sehr zahlreich sind und auf komplizierte Weise miteinander in Wechselwirkung treten, wie dies bei Gasen und Flüssigkeiten der Fall ist. Innerhalb der Informatik kann man zum Beispiel das Auftreten von Fehlern in der Hardware oder Software über Wahrscheinlichkeiten modellieren.

Stochastik umfasst die Wahrscheinlichkeitstheorie und die mathematische Statistik. Sie ist das mathematische Gebiet, in dem zufällige Ereignisse und alle damit zusammenhängenden Probleme theoretisch behandelt werden. Wir leiten das Kapitel mit einem Beispiel aus der Informatik und zwei Beispielen aus der Bio-Informatik ein. Anschließend behandeln wir Wahrscheinlichkeitsräume, sowie Zufallsvariablen und deren Parameter Mittelwert und Varianz. Es folgen die wichtigsten Grenzwertsätze, mit denen man komplizierte Wahrscheinlichkeiten angenähert berechnen kann. Wir schließen das Kapitel mit der zeitlichen Entwicklung von Systemen, die vom Zufall abhängen. Sie werden durch stochastische Prozesse beschrieben.

16.1 Einleitung

Motivation und Überblick

Wir gehen in diesem Abschnitt von einem intuitiven Verständnis von Wahrscheinlichkeiten aus und beschreiben anschaulich drei Probleme der Informatik, die auf Fragen der Stochastik führen. Dabei ist die Vorstellung von Wahrscheinlichkeit als relativer Häufigkeit oft hilfreich.

Zum Beispiel geht man bei der NASA davon aus, dass tausend Zeilen frisch geschriebener Programme fünfzig Fehler enthalten, die Wahrscheinlichkeit für einen Fehler pro Zeile ist also 0.05. Durch gute Tests bzw. extreme Qualitätskontrolle kann man die Fehlerwahrscheinlichkeit auf 0.001 drücken. Die Software für die

Mars Rovers enthält mehr als 400000 Zeilen Code. Eine typische Frage der Stochastik ist: Wieviel Fehler treten durchschnittlich bei einem Programmcode dieses Umfangs auf?
Wir werden von drei weiteren Problemen der Informatik ausgehen, um die Fragestellungen der Stochastik verstehen zu lernen.

Viele Ereignisse oder auch Messgrößen hängen vom Zufall ab. Das heißt, man kann nicht mit Sicherheit voraussagen, welches der möglichen Ereignisse eintritt oder welches Messergebnis man erhält. Die Wahrscheinlichkeitstheorie befasst sich damit, solche Phänomene zu beschreiben und ihre Struktur zu analysieren. Das Ziel ist, auf rational begründete Weise die Wahrscheinlichkeit von Ereignissen, sowie Mittelwerte von Funktionen anzugeben, die von Ereignissen abhängen. Die Wahrscheinlichkeitstheorie liefert ferner eine rational begründete Theorie der zeitlichen Entwicklung von zufälligen Ereignissen und Größen. Die Statistik erlaubt es, auf dieser Basis aus Messungen und Beobachtungen zugrunde liegende Wahrscheinlichkeiten rational zu erschließen.

Eine gute Vorstellung ist die, dass die Wahrscheinlichkeitstheorie eine mathematische Erfassung und Vertiefung von unserem Umgang mit relativen Häufigkeiten unserer Erfahrung ist.

Zur Einführung in die Stochastik erörtern wir **drei Probleme aus der Informatik bzw. Bio-Informatik:**
- Miller-Rabinscher Primzahltest,
- DNA-Vergleich,
- Nukleotid-Substitution.

Vor diesen Problemen diskutieren wir vier noch einfacher verständliche Beispiele:

Beispiele

1. Wir wählen das Würfeln mit einem unverfälschten Würfel. Wirft man genügend oft, etwa N mal ($N \approx 1000$), so sollten alle Augenzahlen etwa gleich häufig auftreten. Die relative Häufigkeit für eine jede unter den Augenzahlen ist also $\approx 1/6$. Man setzt daher die Wahrscheinlichkeit $W(\text{Augenzahl} = k) = 1/6$ für $k = 1, 2, \ldots, 6$.
   Bemerkung: In Zukunft wählen wir den international üblichen Buchstaben P (von probabilité, französisch: Wahrscheinlichkeit) statt W.
   Wir können nun auch die Wahrscheinlichkeit dafür ausrechnen, dass die Augenzahl eine gerade Zahl ist. Intuitiv ergibt sich für uns, falls wir die Augenzahl mit A bezeichnen, $P(2 \text{ teilt } A) = P(A = 2) + P(A = 4) + P(A = 6) = 1/2$.
2. Wir wählen ein Experiment mit zwei Ausgängen, Erfolg und Misserfolg. Kürzen wir den Ausgang wie in der Wahrscheinlichkeitstheorie üblich mit X ab, so ergibt sich je nach Experiment für $P(X = \text{Erfolg}) = p$, $P(X = \text{Misserfolg}) = 1 - p$, wobei $0 < p < 1$ ist. Besteht das Experiment etwa aus dem Werfen einer Münze, wobei Zahl als Erfolg, Wappen als Misserfolg gilt, so wird $p = 1/2$ sein. Betrachten wir jedoch das Zahlenlotto 6 aus 49, so

sind pro Spiel $\binom{49}{6}$ Ausgänge möglich, wovon einer ein Erfolg ist. Wir würden also $p = 1/\binom{49}{6}$ ansetzen.

3. Wir wiederholen das Experiment aus dem vorigen Beispiel N mal. Dabei gehen wir davon aus, dass die Ausgänge der schon durchgeführten Experimente den Ausgang des folgenden nicht beeinflussen. Schreiben wir wie üblich 1 für Erfolg und 0 für Misserfolg, so erhalten wir alle möglichen Ausgangsfolgen bei N-facher Durchführung als Elemente aus $\{0, 1\}^N$. Für $N = 5$ sind zum Beispiel $(1, 1, 1, 1, 1)$ und $(1, 0, 1, 0, 0)$ mögliche Ausgänge. Wir setzen wieder pro Durchführung eines Experimentes $P(X = 1) = p$, $P(X = 0) = 1 - p = q$ $(0 < p < 1)$. Wegen der Unabhängigkeit der Experimente voneinander ergibt sich intuitiv bei fünfmaliger Wiederholung

$$P(X_1 = 1, X_2 = 1, X_3 = 1, X_4 = 1, X_5 = 1) = P((1, 1, 1, 1, 1)) = p^5,$$

oder

$$P(X_1 = 1, X_2 = 0, X_3 = 1, X_4 = 0, X_5 = 0) = P((1, 0, 1, 0, 0))$$
$$= p^2(1 - p)^3.$$

Allgemeiner ist $P((x_1, \ldots, x_N)) = p^m q^{N-m}$, wenn m Koordinaten gerade gleich 1 und damit $N - m$ Koordinaten gleich 0 sind. Ist $p = 1/2$ und $N = 40$, so ist $P((1, 1, \ldots, 1)) = p^{40} \approx 9 \cdot 10^{-13}$. Anders ausgedrückt: dass man 40 mal hintereinander einen Erfolg erzielt, ist äußerst unwahrscheinlich, wenn die Chance für einen Erfolg bei einem Einzelexperiment $1/2$ ist.

4. Ein Spezialfall des vorigen Beispiels ist das wiederholte Greifen einer Kugel aus einer Urne. Eine Urne enthalte k weiße und $n - k$ schwarze Kugeln. Ein Experiment besteht aus dem zufälligen Herausgreifen einer Kugel; eine weiße gilt als Erfolg, eine schwarze als Misserfolg. Nach der Durchführung des Experimentes wird die Kugel wieder in die Urne zurückgelegt. Die Wahrscheinlichkeit für einen Erfolg ist dann vernünftigerweise $P(X = 1) = k/n$. N-malige Wiederholung wie im vorigen Beispiel ergibt dann zum Beispiel für die Wahrscheinlichkeit, dass die ersten r Versuche ein Misserfolg, die $N - r$ weiteren Versuche ein Erfolg sind, $P = (\frac{n-k}{n})^r (\frac{k}{n})^{N-r}$.

16.1.1 Drei Probleme aus der Informatik

Der Miller-Rabinsche Primzahltest. In der Kryptologie wie auch in anderen Gebieten der Informatik steht man vor dem Problem festzustellen, ob eine Zahl N (mit zum Beispiel 200 Dezimalstellen) eine Primzahl ist oder nicht. Wählt man bei dem RSA Verschlüsselungsverfahren einen neuen Schlüssel, so braucht man neue große Primzahlen. Es ist daher für die Anwendungen wesentlich, dass man diese schnell erzeugen kann, und die Größe beeinflusst unmittelbar die Sicherheit der Verschlüsselung. Um zu prüfen, ob eine Zahl eine Primzahl ist, würde sich der Satz von Fermat-Euler (Satz 4.63) anbieten: Man prüfe nach, ob $a^{N-1} \equiv 1 (\mathrm{mod} N)$ für alle zu N teilerfremden Zahlen a gilt; kurz:

$$\forall a[((2 \le a \le N-1) \text{ und } \mathrm{ggT}(a,n)=1) \Rightarrow a^{N-1} \equiv 1(\mathrm{mod} N)] \qquad (16.1)$$

Dieses Verfahren könnte man anwenden, wenn das Kriterium (16.1) notwendig und hinreichend dafür wäre, dass N prim ist. Aber es gibt Zahlen, die nicht prim sind und trotzdem (16.1) erfüllen (die sog. Carmichael[1]-Zahlen wie zum Beispiel $561 = 3 \cdot 11 \cdot 17$).

Miller und Rabin benutzen in ihrem Primzahltest statt des Kriteriums von Fermat das Kriterium aus Satz 4.64, das wir hier wiederholen: *Sei $N-1 = 2^s d$, wobei d ungerade ist. Die Zahl a mit $ggT(a,N)=1$ erfüllt das Kriterium K, wenn entweder $a^d \equiv 1(\mod N)$ gilt oder es ein r $(0 \le r \le s-1)$ gibt mit $a^{2^r d} \equiv -1(\mod N)$.* Im Gegensatz zum Fermat-Kriterium gibt es hier für jede zusammengesetzte Zahl N immer Zahlen a, für die das Kriterium nicht erfüllt ist. Eine ausführliche Darstellung des Tests von Miller und Rabin einschließlich aller Beweise findet man in [9, 14, 11].

Eine Zahl a mit $\mathrm{ggT}(a,N)=1$, die das Kriterium K erfüllt, heißt Zeuge für die Primzahleigenschaft von N, oder kurz: P-Zeuge. Sei $\varphi = \mid \mathbb{Z}_N^* \mid$ die Eulersche Funktion (s. Definition 4.61). Man kann beweisen: *ist N keine Primzahl, so gibt es höchstens $\varphi(N)/4$ solcher P-Zeugen*. Wählt man also zufällig eine Zahl a aus $\mathbb{Z}_N^* = \{x \in \{1, \dots, N-1\} : \mathrm{ggT}(x,N)=1\}$ aus, so ist die Wahrscheinlichkeit, dass sie ein P-Zeuge ist, wegen $\varphi(N) = \mid \mathbb{Z}_N^* \mid$ höchstens $1/4$ (vergleiche Beispiel 4, Seite 457; die weißen Kugeln sind hier die P-Zeugen).

Wir führen dieses Experiment nun 40 mal hintereinander aus. Sei N *keine* Primzahl. Dann ist die Wahrscheinlichkeit dafür, jedes mal einen P-Zeugen zu ziehen, kleiner als $4^{-40} \approx 8 \cdot 10^{-25}$ (siehe Beispiel 3, Seite 457). Wenn wir also aus 40-maliger Wiederholung des Experimentes, in dem wir stets nur P-Zeugen ziehen, schließen, dass N prim ist, so ist die Wahrscheinlichkeit dafür, dass wir uns irren, kleiner als 10^{-24}, also extrem klein. Erhalten wir aber bei den vierzig Experimenten einmal ein a, das K nicht erfüllt, also kein P-Zeuge ist, so wissen wir *sicher*, dass N keine Primzahl ist.

Sei N keine Primzahl. Sobald wir eine Zahl a gewählt haben, die das Kriterium K nicht erfüllt, brechen wir das Verfahren ab, weil wir dann sicher wissen, dass N keine Primzahl ist. Wir fragen uns, wie hoch die Wahrscheinlichkeit ist, dass wir nach k Experimenten abbrechen können ($1 \le k \le 40$)? Wir schreiben 1 dafür, dass das Kriterium K erfüllt ist, und 0, dass es nicht erfüllt ist. Wir haben $P(X=1) = p \le 1/4$ und $P(X=0) = q \ge 3/4$. Wir betrachten entsprechend dem Beispiel 3 oben die Menge $\Omega = \{0,1\}^{40}$ und setzen $P(\omega) = p^m q^{40-m}$, falls m Koordinaten von $\omega = (\omega_1, \dots, \omega_{40})$ m gleich 1 sind. Die Menge der ω, bei denen wir nach k Schritten abbrechen, ist

$$A_k = \{\omega : \omega_1 = \dots = \omega_{k-1} = 1, \omega_k = 0, \omega_{k+l} \in \{0,1\} \text{ für } 1 \le l \le 40-k\}.$$

Ist ω aus A_k, so ist $P(\omega) = qp^{k-1}p^\ell q^{40-k-\ell}$, falls unter den Koordinaten ω_m mit $m \ge k+1$ gerade ℓ gleich 1 sind. Die Anzahl dieser ω ist $\binom{40-k}{\ell}$ (verglei-

---

[1] Robert D. Carmichael, 1879–1967, Professor für Mathematik an der University of Illinois.

che Korollar 2.27). Die Wahrscheinlichkeit für A_k ist aber (intuitiv) einfach die Summe über die Wahrscheinlichkeiten der einzelnen ω, also $P(A_k) = qp^{k-1} \cdot$ $\sum_{\ell=0}^{40-k} \binom{40-k}{\ell} p^\ell q^{40-k-\ell} = qp^{k-1} \cdot (p+q)^{40-k} = qp^{k-1}$, weil $p + q = 1$ gilt. Die Wahrscheinlichkeit etwa, erst nach 10 Experimenten abbrechen zu können, ist also $P(A_{10}) \le \frac{3}{4} 4^{-9} \approx 2.9 \cdot 10^{-6}$.

Schließlich fragen wir, wie lange wir *durchschnittlich* experimentieren müssen, bis wir eine Zahl a erhalten, die das Kriterium K nicht erfüllt. Bezeichnen wir die Funktion, die angibt, wann wir abbrechen können, mit Y, so gilt $P(Y = k) = P(A_k) = qp^{k-1}$. Interpretieren wir Wahrscheinlichkeiten als relative Häufigkeiten, so ergibt sich für den gesuchten Durchschnitt intuitiv $\sum_{k=1}^{40} kqp^{k-1} =: \mathbb{E}(Y)$. Man erhält (siehe Beispiel 2, Seite 480) $\mathbb{E}(Y) \le 1/q \le 4/3$. Ist also N keine Primzahl, so wird man durchschnittlich etwa einen oder zwei Tests durchführen müssen, um eine Zahl a zu erhalten, die das Kriterium K nicht erfüllt.

Wir haben bisher nur berechnet, wie wahrscheinlich unser Irrtum ist, anzunehmen, dass N eine Primzahl ist, *unter der Bedingung, dass N keine Primzahl ist*. Aber die Situation ist in Wirklichkeit die, dass man sich eine Größenordnung wie etwa $10^{200} = N_0$, vorgibt, und dann unter allen Zahlen, die kleiner als N_0 sind, zufällig eine Zahl x auswählt und diese auf ihre Eigenschaft, Primzahl zu sein, testet. Wir möchten die Wahrscheinlichkeit dafür berechnen, dass x prim ist unter der Bedingung, dass wir nacheinander 10 P-Zeugen gefunden haben. Wir müssen dafür berücksichtigen, dass wir ja auch tatsächlich eine Primzahl gewählt haben können, und dürfen nicht nur die Bedingung untersuchen, dass N *keine* Primzahl ist. Dies führt auf die Fragestellung der "a posteriori – Wahrscheinlichkeit", die in der modernen Testtheorie eine zunehmend wichtige Rolle spielt (siehe [12, Kapitel 3]). Unser Problem wird mit Hilfe des Theorems 16.29 von Bayes in den Beispielen 2 und 3, Seite 484, gelöst.

DNA-Vergleich. Eine Möglichkeit zur Rekonstruktion der Entwicklungsgeschichte der Lebewesen besteht in der Untersuchung der Verwandtschaftsverhältnisse heute lebender Arten. Diese lassen sich anhand von Merkmalsvergleichen bestimmen, wobei die Anzahl der Übereinstimmungen ein Maß für die Nähe der Verwandtschaft ist. Diese Vergleiche werden nicht nur an morphologischen oder physiologischen Merkmalen durchgeführt, sondern auch an Genen, also den Abschnitten auf der DNA, die die Information für die Ausbildung eines bestimmten Proteins tragen. Die Information ist in der Sequenz der vier verschiedenen Bausteine der DNA, die Nukleotide, kodiert. Diese werden nach ihren Basen Adenin, Guanin, Cytosin und Thymin mit A, G, C, T bezeichnet. Zur Feststellung des Verwandtschaftsgrades zwischen verschiedenen Arten wird jeweils die Sequenz von entsprechenden Abschnitten eines bestimmten Gens ermittelt, ein Sequenzvergleich durchgeführt und die Anzahl der Übereinstimmungen der entsprechenden Nukleotide festgestellt. Die Frage ist: Ist die Zahl der Übereinstimmungen rein zufällig oder ist sie so groß, dass sie tatsächlich auf eine Verwandtschaftsbeziehung schließen lässt?

Wir wählen $n = 20$ und betrachten zwei zufällig gewählte Folgen. Sie stimmen an 15 Stellen überein. Wie hoch ist die Wahrscheinlichkeit hierfür?

Sei $\mathcal{A} = \{A, G, C, T\}$ und $\Omega_0 = \mathcal{A}^n$ die Menge aller Sequenzen der Länge n mit Buchstaben aus $\mathcal{A}$. Wir bilden $\Omega = \Omega_0 \times \Omega_0$, die Menge aller Paare solcher Sequenzen. Die Anzahl solcher Paare ist $\mid \Omega \mid = (4^n)^2 = 4^{2n}$. (Für dies und alles Folgende siehe Kapitel 2.3.2.) Sei $U_{1,2,\ldots,k} = \{(\omega, \omega') : \omega_j = \omega'_j$ für $j \leq k$, $\omega_j \neq \omega'_j$ für $j > k\}$. Wir erhalten durch Induktion nach kurzer Überlegung ($k = 1$ und $n = 3$ sind instruktiv genug) $|U^k| = 4^k \cdot (4 \cdot 3)^{n-k} = 4^n \cdot 3^{n-k}$. Entsprechendes gilt für die Menge $U_{j_1,\ldots,j_k}$ aller (ω, ω') mit $\omega_{j_1} = \omega'_{j_1}, \ldots, \omega_{j_k} = \omega'_{j_k}$ für $j_1 < j_2 < \cdots < j_k$ und $\omega_\ell \neq \omega'_\ell$ für die verbleibenden $n - k$ Indizes. Damit ergibt sich für die Menge U aller Paare, die an genau k Stellen übereinstimmen, $U = \biguplus_{j_1 < j_2 < \cdots < j_k} U_{j_1,\ldots,j_k}$. Also ist $|U| = \binom{n}{k} 4^n \cdot 3^{n-k}$. Da kein Paar vor einem anderen bevorzugt ist, also jedes Paar gleich wahrscheinlich ist, ergibt sich $P(U) = \dfrac{|U|}{|\Omega|} = \binom{n}{k} \dfrac{3^{n-k}}{4^n}$. In unserem Fall $n = 20$ und $k = 15$ erhält man $P(U) = \binom{20}{5} \cdot \dfrac{243}{2^{40}} \approx 3,4 \cdot 10^{-6}$. Unter den gemachten Annahmen ist die Wahrscheinlichkeit dafür, dass 2 zufällig irgendwoher stammende DNA-Folgen der Länge 20 an 15 Stellen übereinstimmen, äußerst gering. In der Statistik wird die Frage erörtert, welchen Schluss man hieraus am vernünftigsten zieht. Möglichkeiten sind: Die beiden kurzen Abschnitte deuten auf enge Verwandtschaft hin, oder die Annahme, dass alle Paare in der Gesamtheit, aus der man herausgegriffen hat, gleich wahrscheinlich sind, ist falsch. Oder die Annahme, dass alle Buchstabenfolgen gleich wahrscheinlich sind, ist falsch usw..

Nukleotid-Substitution. Die Nukleotidsequenz der DNA ist bei Organismen einer Art im Wesentlichen identisch; so unterscheiden sich die Genome zweier Menschen in der Regel nur in einem von 500 bis 1000 Nukleotiden. Vergleicht man die Nukleotidsequenzen innerhalb einer Population, so kann man davon ausgehen, dass an einer bestimmten Stelle in der Sequenz ein bestimmtes Nukleotid (A, G, T, C) vorherrscht. Spontan oder durch äußere Einflüsse können einzelne Nukleotide in der DNA-Sequenz gegen andere ausgetauscht werden (Punktmutation), beispielsweise ein A gegen ein G. Im Laufe der Zeit kann es dadurch an der beobachteten Stelle zu einer Veränderung der Häufigkeit oder gar zu einem Wechsel des vorherrschenden Nukleotids kommen. Die einfachste Art, das zeitliche Verhalten dieser Häufigkeitsveränderungen zu beschreiben, beruht auf der Annahme, dass innerhalb bestimmter Zeiteinheiten (in der Regel werden sie in der Größenordnung von mehreren Tausend Generationen gewählt) Nukleotidsubstitutionen mit bestimmten festen Wahrscheinlichkeiten stattfinden. Wir veranschaulichen dies in einem Graphen (die Buchstaben sind die Abkürzungen für die entsprechenden Nukleotide).

Wir haben nicht alle möglichen Verbindungen eingetragen, um die Übersicht nicht zu verlieren. P_{GA} ist die Wahrscheinlichkeit, dass in einer Zeiteinheit A durch G ersetzt wird. Sie kann 0 sein aber $P_{AA} + P_{GA} + P_{TA} + P_{CA}$ muss offensichtlich 1 ergeben, wobei $P_{AA} > 0$ besagt, dass A mit positiver Wahrscheinlichkeit an seinem Platz erhalten bleibt.

Der Übersichtlichkeit halber ersetzen wir A durch 1, G durch 2, C durch 3 und T durch 4 und fassen die möglichen Ersetzungs- oder Übergangswahrscheinlichkeiten

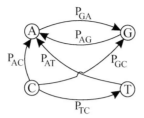

Abbildung 16.1. Graph der Übergänge (nicht vollständig gezeichnet)

in einer Matrix $P = \left(p^{\downarrow}{}_1, \ldots, p^{\downarrow}{}_4\right)$ zusammen, wobei $p^{\downarrow}{}_i = (p_{1i}, p_{2i}, p_{3i}, p_{4i})^t$. Es sind also alle Einträge ≥ 0 und alle Spaltensummen gleich 1.

Für die einfachsten Evolutionsmodelle nehmen wir an, dass die Übergangs- oder Ersetzungsmatrix sich selbst während der gesamten Evolution nicht ändert. Außerdem nehmen wir an, dass die Übergangswahrscheinlichkeiten nicht von der Vergangenheit abhängen. Das bedeutet zum Beispiel, dass p_{21}, also die Wahrscheinlichkeit, dass das System im nächsten Schritt von A nach G übergeht, nicht davon abhängt, welches Nukleotid im vorangegangenen Schritt durch A ersetzt wurde. Dann ergibt sich die Wahrscheinlichkeit für einen Übergang zum Beispiel von A nach C in *zwei* Schritten zu $p^{(2)}_{CA} = p_{CA}p_{AA} + p_{CB}p_{BA} + p_{CC}p_{CA} + p_{CT}p_{TA}$ oder in Matrixschreibweise: $P^{(2)} = P^2$.

Dies macht man sich am schnellsten klar, wenn man die p_{ij} wieder als relative Häufigkeiten interpretiert und Folgendes bedenkt. Um von A nach C in zwei Schritten zu gelangen, sind die folgenden Wege möglich: von A nach A und dann von A nach C, von A nach G und dann von G nach C, von A nach C und dann von C nach C, von A nach T und dann von T nach C. Weitere Möglichkeiten gibt es nicht.

Ein Problem ist: Stellt sich im Laufe der Evolution ein Gleichgewicht ein? Präziser: Konvergiert die Folge $(P^n)_n$ gegen eine Matrix Q? Für sie würde wegen $\lim P^n = P \lim P^{n-1}$ automatisch $PQ = Q = Q^2$ gelten, und das würde bedeuten, dass keine Änderung der Ersetzungswahrscheinlichkeiten mehr stattfindet.

Im Jukes-Cantor-Modell (s. [12, S. 466 ff]) hängt P von einem Parameter α ab $(0 < \alpha \leq 1/3)$:

$$P = \begin{pmatrix} 1-3\alpha & \alpha & \alpha & \alpha \\ \alpha & 1-3\alpha & \alpha & \alpha \\ \alpha & \alpha & 1-3\alpha & \alpha \\ \alpha & \alpha & \alpha & 1-3\alpha \end{pmatrix}.$$

Es ergibt sich als Folge aus der Theorie primitiver Matrizen (siehe das Beispiel auf Seite 501) $\lim_{n\to\infty} P^n = \begin{pmatrix} 1/4 & 1/4 & 1/4 & 1/4 \\ \vdots & \vdots & \vdots & \vdots \\ 1/4 & 1/4 & 1/4 & 1/4 \end{pmatrix}$ unabhängig von α. Nach sehr langer Zeit sind also alle Ersetzungen pro Zeiteinheit etwa gleich wahrscheinlich.

Es sei an dieser Stelle aber erwähnt, dass das Jukes-Cantor-Modell die tatsächlichen Gegebenheiten nicht realistisch beschreibt. Zum Beispiel ist bekannt, dass der Übergang von A nach G wahrscheinlicher ist als nach T oder C. Dies lässt sich dadurch erklären, dass A und G (ebenso wie C und T) eng verwandte Basen sind. Der Austausch zwischen chemisch ähnlichen Nukleotidbasen wird von den Reparaturenzymen der DNA eher übersehen, was die Wahrscheinlichkeit der Substitution erhöht. Aus diesem Grund wurden kompliziertere Markoff-Ketten-Modelle zur Beschreibung der Nukleotidsubstitution entwickelt, auf die wir hier aber nicht näher eingehen können.

Zusammenfassung. Bei den drei Problemen haben wir Ereignisse als Teilmengen einer Menge von Elementarereignissen kennen gelernt (so beim Miller-Rabin-Test die Teilmenge A_k von $\Omega = \{0, 1\}^{40}$). Ferner haben wir den Teilmengen Wahrscheinlichkeiten zugeordnet. Schließlich haben wir auch reelle Funktionen auf solch einem Ω untersucht und deren Durchschnittswert bestimmt (im Miller-Rabin-Test die Funktion Y).

Wir werden ausgehend von diesen Beispielen im nächsten Abschnitt die entsprechenden allgemeinen Begriffe und den Umgang mit ihnen behandeln, um so die Theorie allgemein anwendbar weiter zu entwickeln und damit die in diesem Abschnitt intuitiven Begründungen durch Beweise zu unterfüttern.

Wiederholung

Miller–Rabin–Test, DNA–Vergleich, Nukleotid–Substitution.

16.2 Wahrscheinlichkeitsräume

Motivation und Überblick

Um die in der Einleitung skizzierten Probleme exakt behandeln zu können, führen wir in diesem Abschnitt Wahrscheinlichkeitsräume axiomatisch ein und stellen ihre wichtigsten Eigenschaften zusammen. Besonderen Raum nehmen einerseits die diskreten Wahrscheinlichkeitsräume ein, andererseits diejenigen, die man mit einer stetigen Dichte beschreiben kann.

In den Beispielen hatten wir alle möglichen Ereignisse ω zu einer Menge Ω zusammengefasst. Die einzelnen Elemente sind Elementarereignisse, aus denen kompliziertere Ereignisse, die wir als Teilmengen von Ω gefunden hatten, zusammengesetzt sind.

Gehen wir vom Alltagsgebrauch des Wortes Ereignis aus, so werden mit den Ereignissen E und F auch "E und F", "E oder F" und "nicht E" Ereignisse sein.

Einleuchtend ist dabei, dass die Ereignisse damit eine Boolesche Algebra $\mathcal{E}$ bilden. Ist sie endlich, so ist sie nach Satz 4.92 isomorph zur Algebra aller Teilmengen der endlichen Menge Ω ihrer Atome, eben der Elementarereignisse. Hat man zwei Ereignisse A, B, so wird das Ereignis A und B durch die Menge $A \cap B$ dargestellt, das Ereignis A oder B durch die Menge $A \cup B$. Gilt $A \cap B = \emptyset$, so schließen sich A und B aus. Analog entspricht $A_1 \cap A_2 \cap \cdots \cap A_r$ dem Ereignis "A_1 und A_2 und $\cdots$ und A_r" und $A_1 \cup A_2 \cup \cdots \cup A_r$ dem Ereignis "A_1 oder A_2 oder $\cdots$ oder A_r".

Schließlich denken wir auch an die Möglichkeit von abzählbar vielen Ereignissen wie zum Beispiel die Zahl möglicher Signale pro Sekunde, beziehen also abzählbar viele Mengen mit ein.

Definition 16.1. *a) Sei Ω eine endliche oder abzählbare Menge und $\mathcal{E} = \mathcal{P}(\Omega)$ ihre Potenzmenge. Dann heißt das Paar $(\Omega, \mathcal{E})$ ein* **diskreter Ereignisraum**. *b) Eine Teilmenge von Ω heißt* **Ereignis**. *Die einelementige Menge $\{\omega\}$ heißt* **Elementarereignis**, *die leere Menge $\emptyset$ heißt* **unmögliches Ereignis**, Ω *selbst heißt das* **sichere Ereignis**.

Definition 16.2. *Zwei Ereignisse A und B* **schließen sich aus**, *wenn $A \cap B = \emptyset$ gilt. Die Ereignisse A_n ($n = 1, 2, \ldots$)* **schließen sich paarweise aus**, *wenn $A_i \cap A_k = \emptyset$ für alle Paare $i \neq k$ gilt.*

Die einelementige Menge $\{\omega\}$ wird oft mit dem Element selbst identifiziert, das dann ebenfalls Elementarereignis heißt. Ist der Zusammenhang klar, so schreiben wir einfacher Ω statt $(\Omega, \mathcal{E})$.

Indem wir bei der Wahrscheinlichkeit eines Ereignisses an relative Häufigkeit denken, leuchtet die folgende Definition sofort ein:

Definition 16.3. *a) Sei $(\Omega, \mathcal{E}))$ ein diskreter Ereignisraum. Sei $p : \Omega \to [0, 1]$, $\omega \to p(\omega)$ eine Funktion mit $\sum_{\omega \in \Omega} p(\omega) = 1$. Man definiert $P : \mathcal{E} \to [0, 1]$ durch*

$$P(A) = \sum_{\omega \in A} p(\omega).$$

P heißt **Wahrscheinlichkeitsverteilung** *oder* **Wahrscheinlichkeitsmaß** *auf Ω und $(\Omega, \mathcal{E}, P)$ heißt* **diskreter Wahrscheinlichkeitsraum**.

$P(A)$ ist die Wahrscheinlichkeit dafür, dass A eintritt. Statt $P(\{\omega\})$ schreibt man auch $P(\omega)$ und das ist nichts anderes als $p(\omega)$.

Eine Wahrscheinlichkeitsverteilung hat die folgenden Eigenschaften, von denen nur die unter c) aufgeführte nicht unmittelbar einleuchtet, und dies auch nur im Falle, dass Ω abzählbar, aber nicht endlich ist.

Satz 16.4. *Sei $(\Omega, \mathcal{E}, P)$ ein diskreter Wahrscheinlichkeitsraum. Dann gilt für die Wahrscheinlichkeit $P(A)$ eines Ereignisses A:*
a) $0 \leq P(A) \leq 1$, ferner $P(\Omega) = 1$ und $P(\emptyset) = 0$.
b) Ist $A \subseteq B$ so ist $P(A) \leq P(B)$.
c) Sind $A_1, A_2, \ldots$ sich paarweise ausschließende Ereignisse, so ist $P(\cup_k A_k) = \sum_k P(A_k)$.

Beweis: Nur c) muss man sich klar machen.
(I) Seien $A \cap B = \emptyset$ und A, B endlich, $A = \{\omega_1, \ldots, \omega_s\}$, $B = \{\omega_1', \ldots, \omega_r'\}$. Dann ist $A \cup B = \{\omega_1, \ldots, \omega_s, \omega_1', \ldots, \omega_r'\}$, wo alle Elemente **verschieden** voneinander sind. Also ist

$$
\begin{aligned}
P(A \cup B) &= p_{\omega_1} + p_{\omega_2} + \cdots + p_{\omega_s} + p_{\omega_1'} + \cdots + p_{\omega_r'} \\
&= (p_{\omega_1} + \cdots + p_{\omega_s}) + (p_{\omega_1'} + \cdots + p_{\omega_r'}) = P(A) + P(B).
\end{aligned}
$$

(II) Für t paarweise verschiedene endliche Ereignisse $A_1, \ldots, A_t$ erhält man $P(\cup_{k=1}^t A_k) = P(\underbrace{\bigcup_{k=1}^{t-1} A_k}_{=A} \cup \underbrace{A_t}_{=B})$, also durch Induktion $P(\bigcup_{k=1}^t A_k) = \sum_{k=1}^t P(A_k)$.

(III) Sei $B = \biguplus_{k=1}^\infty A_k$. Sei $\varepsilon > 0$ beliebig. Nach Satz 5.33 gibt es eine endliche Menge $D \subseteq B$ mit $P(B) - \varepsilon < P(D) \leq P(B)$. Da D endlich ist, gibt es nur endlich viele der A_k, die mit D nicht leeren Durchschnitt haben. Damit ist $P(D) = \sum_k P(D \cap A_k) \leq \sum P(A_k) =: \beta$. Da ε beliebig war, folgt $P(B) \leq \beta$. Andererseits ist für jedes $n \in \mathbb{N}$ die Vereinigung $B_n = \biguplus_{k=1}^n A_k$ enthalten in B, also ist $P(B_n) \leq P(B)$. Sei $\varepsilon > 0$ beliebig. Zu jedem k gibt es eine endliche Teilmenge $D_k \subseteq A_k$ mit $P(A_k) - \varepsilon/2^k < P(D_k)$. Wegen $\bigcup_{k=1}^n D_k \subseteq B_n$ folgt $\sum_{k=1}^n (A_k - \varepsilon/2^k) \leq \sum_{k=1}^n P(D_k) \underbrace{=}_{\text{nach II}} P(\bigcup_{k=1}^n D_k) \leq P(B)$.

Daraus folgt $\sum_{k=1}^\infty P(A_k) - \varepsilon = \beta - \varepsilon \leq P(B)$, und damit schließlich die Behauptung. $\square$

Aufgaben:

1. Beweisen Sie bitte die Formeln a) und b) des obigen Satzes. *Tipp:* Machen Sie sich die Aussagen zunächst für endliche Räume klar. Für abzählbare Räume benutzen Sie bitte den Satz 5.33.
2. Zeigen Sie bitte $P(A \cup B) = P(A) + P(B) - P(A \cap B)$. *Tipp:* Es ist $A \cup B = (A \setminus (A \cap B)) \biguplus (B \setminus (A \cap B)) \biguplus (A \cap B)$.
3. Zeigen Sie bitte: $\sum_{j=1}^n P(A_j) - \sum_{j<k} P(A_j \cap A_k) \leq P(\bigcup_{j=1}^k A_k) \leq \sum_{j=1}^k P(A_k)$. *Tipp:* Vergleichen Sie diese Formel mit Satz 2.32.
4. Bestimmen Sie einen Wahrscheinlichkeitsraum für das n-malige Wiederholen eines Erfolgs-Misserfolgs-Experimentes mit Parameter p (Beispiele 3 und 4, Seite 457). Wie groß ist die Wahrscheinlichkeit, bei 5 Experimenten genau 2 mal Erfolg zu haben? *Tipp:* Sei $A_2 = \{\omega \in \{0,1\}^5 : \text{genau 2 Koordinaten sind gleich 1}\}$. Wieviel Elemente enthält A_2? (Siehe Kapitel 2.3.2.)
5. Verallgemeinern Sie Ihr Ergebnis der vorigen Aufgabe auf beliebiges N (statt 5) und beliebiges k (statt 2).

Bisher hatten wir nur endliche oder abzählbare Wahrscheinlichkeitsräume definiert. Wiederholen wir ein Experiment, das als Ausgang Erfolg oder Misserfolg hat, beliebig oft, so bietet sich an, als Ω die Menge $\{0,1\}^{\mathbb{N}}$ zu wählen (vergleiche den

Primzahltest von Miller-Rabin). Diese ist nicht mehr abzählbar (siehe Satz 2.12). Mathematische Gründe sprechen dafür, dass man dann nicht mehr alle Teilmengen als Ereignisse ansehen kann. Daher gehen wir folgendermaßen vor.

Definition 16.5. *Sei $\emptyset \neq \Omega$ eine beliebige Menge.*

a) Eine Teilmenge $\mathcal{E}$ der Potenzmenge $\mathcal{P}(\Omega)$ aller Teilmengen von Ω heißt $\sigma-$ **Algebra** *oder* **Ereignisalgebra** *(über Ω), wenn sie die folgenden Eigenschaften hat:*

(i) $\emptyset \in \mathcal{E}$: das unmögliche Ereignis liegt in $\mathcal{E}$.

(ii) Ist $A \in \mathcal{E}$, so auch sein Komplement $A^c := \Omega \setminus A$: zu jedem Ereignis A gehört auch das Ereignis, dass A nicht passiert, zu $\mathcal{E}$.

(iii) Für jede Folge $(A_n) \subseteq \mathcal{E}$ von Ereignissen ist auch ihr Durchschnitt $\cap_{n \in \mathbb{N}} A_n$ aus $\mathcal{E}$: ist (A_n) also eine Folge von Ereignissen, so ist auch das Ereignis, dass alle A_n passieren, in $\mathcal{E}$.

b) Sei $\mathcal{E}$ eine beliebige Ereignisalgebra über Ω. Dann heißt das Paar $(\Omega, \mathcal{E})$ **Ereignisraum**.

Bemerkungen:

1. Die Bedingung (iii), dass der Durchschnitt von abzählbar vielen Ereignissen wieder ein Ereignis sein soll, wird durch folgende Überlegung motiviert: sei $\Omega = \{0,1\}^{\mathbb{N}}$. Auf Ω betrachten wir die Folge von Funktionen $S_n : \omega \mapsto$ $S_n(\omega) = \frac{1}{n} \sum_{k=1}^{n} \omega_k$, die den durchschnittlichen Erfolg in den ersten n Experimenten ausdrückt. Wir möchten wissen, in welchem Sinn diese Folge konvergiert. Die Menge $K \subseteq \Omega$, auf der $(S_n)_n$ gegen einen Wert p konvergiert, ist

$$K = \bigcap_{r \in \mathbb{N}} \bigcup_{m \in \mathbb{N}} \bigcap_{n \geq m} \{\omega : |S_n(\omega) - p| < 1/r\}$$

(denn $S_n(\omega)$ konvergiert genau dann gegen p wenn gilt:

$$\forall r \in \mathbb{N} \exists m \in \mathbb{N} \forall n \geq m (|S_n(\omega) - p| < 1/r).)$$

Diese Menge sollte ein Ereignis sein.

2. Setzen wir $A_1 = A$, $A_2 = B$ und $A_n = \emptyset$ für $n \geq 3$, so erhalten wir als Spezialfall: $A, B \in \mathcal{E} \Rightarrow A \cap B \in \mathcal{E}$.

Aufgabe: Zeigen Sie bitte, dass die Menge K die angegebene Form hat.

Wie üblich haben wir die Definition so knapp wie möglich gehalten. Je weniger Eigenschaften man bei der Definition fordert, desto einfacher ist es nachzuprüfen, ob eine Menge $\mathcal{U} \subseteq \mathcal{P}(A)$ diese Eigenschaften hat. Es stellt sich heraus, dass eine Ereignisalgebra weitere wichtige Eigenschaften hat:

Satz 16.6. *Sei $\mathcal{E}$ eine Ereignisalgebra über Ω. Dann gilt:*
a) $\Omega \in \mathcal{E}$: Das sichere Ereignis liegt in $\mathcal{E}$.
b) Ist (A_n) eine Folge in $\mathcal{E}$, so ist $\cup_{n \in \mathbb{N}} A_n \in \mathcal{E}$: Ist (A_n) eine Folge von Ereignissen, so ist das Ereignis, dass mindestens ein A_n passiert, ebenfalls in $\mathcal{E}$.
c) Sind $A, B \in \mathcal{E}$, so auch $A \Delta B = (A \cup B) \setminus (A \cap B)$. Das Ereignis "entweder A oder B" liegt also auch in $\mathcal{E}$.

Beweis: a) $\Omega = \emptyset^c$ liegt nach (ii) in $\mathcal{E}$.

b) $\cup_{n \in \mathbb{N}} A_n = (\cap_{n \in \mathbb{N}} A_n^c)^c$ liegt nach (ii) und (iii) in $\mathcal{E}$.

c) Zunächst liegt nach b) $A \cup B$ in $\mathcal{E}$ (setze $A_1 = A$, $A_2 = B$, $A_n = \emptyset$ für $n \geq 3$). Dann liegt nach (ii) und (iii) aber auch $A \Delta B = (A \cup B) \cap (A \cap B)^c$ in $\mathcal{E}$. $\square$

Die Potenzmenge selbst ist stets eine σ–Algebra. Um weitere Beispiele zu konstruieren benötigen wir den folgenden Satz:

Satz 16.7. *Sei $\mathcal{F} \subseteq \mathcal{P}(\Omega)$ eine beliebige nicht leere Teilmenge. Dann gibt es eine eindeutig bestimmte Ereignisalgebra $\mathcal{E}(\mathcal{F})$ mit den beiden Eigenschaften:*
a) $\mathcal{F} \subseteq \mathcal{E}(\mathcal{F})$
b) Ist $\mathcal{E}'$ eine beliebige Ereignisalgebra, die $\mathcal{F}$ enthält, so ist $\mathcal{E}(\mathcal{F}) \subseteq \mathcal{E}'$.

$\mathcal{E}(\mathcal{F})$ ist also die kleinste Ereignisalgebra, die $\mathcal{F}$ enthält. Sie heißt die **von $\mathcal{F}$ erzeugte Ereignisalgebra**.

Beweis: Wir betrachten die Menge $\mathcal{M}$ aller Ereignisalgebren $\mathcal{E}$, die $\mathcal{F}$ enthalten. $\mathcal{M}$ enthält die Potenzmenge $\mathcal{P}(\Omega)$, ist also nicht leer. Wir bilden nun den Durchschnitt $\mathcal{D} = \cap_{\mathcal{E} \in \mathcal{M}} \mathcal{E}$ über alle Ereignisalgebren, die $\mathcal{F}$ enthalten. *Dieser Durchschnitt ist die gewünschte Ereignisalgebra.* $\square$

Aufgabe: Führen Sie den Beweis des Satzes vollständig zu Ende.

Beispiele:

1. Sei $\Omega = \mathbb{R}$. Dann wählt man als Ereignisalgebra diejenige, die nach Satz 16.7 von den Intervallen $]a, b]$ erzeugt wird. Sie heißt auch Algebra der **Borelmengen**[2] von $\mathbb{R}$.
2. Sei Ω ein Intervall $J \subseteq \mathbb{R}$, also $J = <a, b>$ mit $a < b$. Die Endpunkte können, müssen aber nicht dazu gehören. Als Ereignisalgebra wählt man immer die, die von den Teilintervallen gebildet wird. Ähnlich verfährt man bei $\Omega = \mathbb{R}_+ = \{x \in \mathbb{R} : x \geq 0\}$.
3. Sei $\Omega = \mathbb{R}^p$. Hier wählt man sinnvollerweise als Ereignisalgebra diejenige, die von allen Quadern $]a_1, b_1] \times \cdots \times]a_p, b_p]$ erzeugt wird. Es ist die Algebra aller (p-**dimensionalen**) **Borelmengen**.
4. Sei $\Omega = \Omega_0^{\mathbb{N}}$, wo Ω_0 endlich ist. Dann wählt man sinnvollerweise die Ereignisalgebra, die von allen sogenannten **Zylindermengen** erzeugt wird. Dabei ist eine Zylindermenge Z von der Form $Z(\omega_1, \ldots, \omega_n) = \{(\omega_1, \ldots, \omega_n)\} \times \Omega_0^{\mathbb{N} \setminus \{1, \ldots, n\}}$, wo $\omega_1, \ldots, \omega_n$ beliebig gewählte Elemente aus Ω_0 sind. Eine solche Zylindermenge ist im Fall $\Omega_0 = \{0, 1\}$ zum Beispiel $Z = \{\omega \in \Omega : \omega_1 = \cdots = \omega_{n-1} = 1, \omega_n = 0\}$.

---

[2] Émile Borel, 1871–1956, Professor der Mathematik an der Sorbonne, Direktor der École Normale Supérieure Paris, Mitglied der Académie des Sciences.

Für die letzten Beispiele gilt der folgende Satz, der zeigt, dass die einelementigen Mengen in ihnen wie bei endlichen Mengen Ereignisse, auch hier Elementarereignisse genannt, sind.

Satz 16.8. *a) Sei $\Omega = \mathbb{R}$, J, $\mathbb{R}_+$ oder $\mathbb{R}^p$ und $\mathcal{E}$ die Ereignisalgebra aller Borelmengen von Ω. Dann liegt jede einelementige Menge in $\mathcal{E}$.*
b) Sei Ω_0 eine endliche Menge und $\Omega = \Omega_0^{\mathbb{N}}$. Dann liegt jede einelementige Menge in der von den Zylindermengen erzeugten Ereignisalgebra.

Beweis: Wir führen den Beweis für $\Omega = \mathbb{R}^p$. Alle anderen Fälle laufen analog.
Sei $x = (x_1, \dots, x_p)^t \in \mathbb{R}^p$. Dann ist

$$\{x\} = \cap_{n=1}^{\infty} (]x_1 - \frac{1}{n}, x_1] \times \cdots \times]x_p - \frac{1}{n}, x_p]).$$

Jede einzelne Menge $]x_1 - \frac{1}{n}, x_1] \times \cdots \times]x_p - \frac{1}{n}, x_p]$ gehört nach Voraussetzung zu $\mathcal{E}$, also auch ihr abzählbarer Durchschnitt. $\qquad\square$

In der Praxis betrachtet man oft Folgen von "Zufallsvariablen" X_n mit Werten in einer endlichen oder abzählbaren Menge oder in $\mathbb{R}$. Dabei bleibt häufig unklar, was eine "Zufallsvariable" ist. Eine präzise Definition gelingt mit Hilfe des Begriffs eines Wahrscheinlichkeitsraumes, der auf Kolmogoroff[3] zurückgeht:

Definition 16.9. *Sei Ω eine beliebige nichtleere Menge und $\mathcal{E}$ eine Ereignisalgebra über Ω. Sei ferner $P : \mathcal{E} \to [0,1]$ eine Abbildung mit den folgenden Eigenschaften:*
(i) $P(\Omega) = 1$.
(ii) Ist $\{A_n : n\}$ eine endliche oder abzählbare Menge paarweise disjunkter Ereignisse, so ist $P(\bigcup_n A_n) = \sum_n P(A_n)$.
Dann heißt P eine **Wahrscheinlichkeitsverteilung** *oder auch ein* **Wahrscheinlichkeitsmaß** *auf Ω und das Tripel $(\Omega, \mathcal{E}, P)$ ein* **Wahrscheinlichkeitsraum**.

Im folgenden Satz stellen wir einige wichtige Eigenschaften von Wahrscheinlichkeiten zusammen:

Satz 16.10. *Sei $(\Omega, \mathcal{E}, P)$ ein Wahrscheinlichkeitsraum. Dann gelten die folgenden Aussagen:*
a) $P(\emptyset) = 0$.
b) Ist $A \subseteq B$, so ist $P(A) \leq P(B)$.
c) Es ist $P(\Omega \setminus A) = 1 - P(A)$.
d) Ist $A = \bigcup_{n=1}^{\infty} A_n$ mit $A_n \subseteq A_{n+1}$ für alle n, so ist $P(A) = \lim_{n \to \infty} P(A_n)$.
e) Ist $A = \bigcap_{n=1}^{\infty} A_n$ mit $A_n \supseteq A_{n+1}$, so ist ebenfalls $P(A) = \lim_{n \to \infty} P(A_n)$.

---

[3] Andrei N. Kolmogoroff, 1903–1987, Professor der Mathematik in Moskau, Mitglied der Sowjetischen Akademie der Wissenschaften, Begründer der axiomatischen Wahrscheinlichkeitstheorie.

Aufgabe: Beweisen Sie bitte diesen Satz!

Tipp zu a): $\Omega = \Omega \cup \emptyset$ und Eigenschaft (ii) der Definition.

Tipp zu b): $B = A \cup (B \setminus A)$ und Eigenschaft (ii) der Definition.

Tipp zu c): $\Omega = A \uplus (\Omega \setminus A)$ und Eigenschaft (ii) der Definition.

Tipp zu d): Setze $B_1 = A_1$, $B_2 = A_2 \setminus B_1$ und allgemein $B_{n+1} = A_{n+1} \setminus A_n$. Die B_n bilden eine Folge von paarweise disjunkten Mengen mit $A_n = \bigcup_{k=1}^n B_k$.

Tipp zu e): Benutzen Sie c) und d).

Wir hatten in Satz 16.4 oben bewiesen, dass ein diskreter Wahrscheinlichkeitsraum der Definition 16.9 entspricht, wobei die Ereignisalgebra gerade die Potenzmenge ist. Neben den diskreten Wahrscheinlichkeitsräumen spielen in der Informatik die Wahrscheinlichkeitsräume mit stetiger Dichte eine wichtige Rolle:

Theorem 16.11. *Sei $p \in \mathbb{N}$ eine beliebige Zahl, $J = <a,b>$ ein Intervall ($a = -\infty$ und $b = \infty$ sind zugelassen) und $\Omega = J^p$. Sei ferner $f : \Omega \to \mathbb{R}_+$ eine stetige Funktion mit $\int_\Omega f(x)dx = 1$. Dann gibt es genau ein Wahrscheinlichkeitsmaß P auf der Ereignisalgebra $\mathcal{B}$ aller Borelmengen mit $P(L) = \int_L f(x)dx$ für alle Quader L in Ω. Man sagt dann, P hat die* **stetige Dichte** *f. Es gilt $P(\{x\}) = 0$ für alle x.*

Außerdem ist das Modell für abzählbar unendlich viele Experimente von Bedeutung:

Theorem 16.12. *Sei $(\Omega_0, \mathcal{E}, P_0)$ ein endlicher Wahrscheinlichkeitsraum und $\Omega = \Omega_0^\mathbb{N}$. $\mathcal{E}'$ sei die von den Zylindermengen erzeugte Ereignisalgebra. Dann gibt es genau ein Wahrscheinlichkeitsmaß P auf $(\Omega, \mathcal{E}')$, das auf Zylindermengen durch die Formel*

$$P(\{(\omega_1, \ldots, \omega_k)\} \times \Omega_0^{\mathbb{N}\setminus\{1,2,\ldots,k\}}) = P_0(\omega_1) \cdots P_0(\omega_k)$$

gegeben ist. Es gilt $P(\{\omega\}) = 0$ für alle ω.

Der Beweis der beiden Sätze ist schwierig und gehört in die Maßtheorie (siehe [4]).

Das wichtigste Wahrscheinlichkeitsmaß mit stetiger Dichte ist die Standard–Normalverteilung:

Definition 16.13. *Sei $\Omega = \mathbb{R}^p$ und $f(x) = \dfrac{1}{(2\pi)^{p/2}} \exp(-(x_1^2 + \cdots + x_p^2)/2)$. f ist die stetige Dichte der p-dimensionalen* **Standard-Normalverteilung** *.*

Ihre Bedeutung liegt im sogenannten zentralen Grenzwertsatz (Theorem 16.37), der es ermöglicht, komplizierte Wahrscheinlichkeiten durch diese Normalverteilung anzunähern.

Wiederholung

Begriffe: diskreter Ereignisraum, Elementarereignis, Ereignisalgebra, Ereignisraum, Borelmengen, Zylindermengen, Wahrscheinlichkeitsmaß, –verteilung, stetige Dichte, Standard–Normalverteilung.

Sätze: Eigenschaften einer Ereignisalgebra, von einer Menge erzeugte Ereignisalgebra, Eigenschaften eines Wahrscheinlichkeitsmaßes.

16.3 Zufallsvariablen

Motivation und Überblick

Beim Miller-Rabin-Test interessierte neben den Wahrscheinlichkeiten für das Auswählen der "richtigen" Zahlen auch die Funktion $Y = \min\{k : \omega_k = 0\}$, die angibt, wie lange man bis zum ersten Auftreten einer "richtigen" Zahl warten muss. Deren Werte hängen intuitiv gesprochen "vom Zufall" ab. Wir haben bereits anschaulich die durchschnittliche Wartezeit berechnet. In diesem Kapitel werden wir die allgemeine Theorie solcher Zufallsvariablen einschließlich ihrer Verteilungen behandeln und für reellwertige Zufallsvariablen auch die Kenngrößen Mittelwert und Varianz bestimmen.

16.3.1 Einführung

Wir liefern zunächst weitere Beispiele für Zufallsvariablen, also Funktionen, die vom Zufall abhängen.

Beispiele:

1. Wir betrachten wieder das N–malige Durchführen eines Erfolgs–Misserfolgs-Experimentes mit Parameter p (siehe Beispiele 3 und 4, Seite 457). Wir setzen wieder $P(\omega) = 2^{-N}, \omega = (\omega_1, \ldots, \omega_N)$. Uns interessiert jetzt die Zahl der Erfolge in diesen N Durchgängen des Experimentes. Sie ist gleich $\sum_{k=1}^{N} \omega_k$. Dies ist also eine reellwertige Funktion der Elementarereignisse.

2. Sei Ω die Menge aller Buchstaben des Alphabets und $p(\omega)$ sei die relative Häufigkeit, mit der der Buchstabe ω in deutschen Texten vorkommt (Wir nehmen an, dass man das eindeutig feststellen kann. Dies ermöglicht die Statistik. In binären Codes mit variabler Anzahl von Bits pro Buchstaben wird man den häufigsten Buchstaben weniger, den selteneren mehr Bits zuordnen. Man erhält so eine reelle Funktion auf Ω. Eine wichtige Frage ist die mittlere Anzahl der Bits pro Buchstaben eines deutschen Texts.

3. Beim Miller-Rabin-Test ist die Funktion $Y(\omega) = \min\{k : \omega_k = 0\}$ eine Zufallsvariable. Wir haben den Durchschnittswert $\mathbb{E}(Y)$ berechnet als $\sum_{k=1}^{40} kP(\{\omega : Y(\omega) = k\})$.

Wie das letzte Beispiel zeigt, ist es wichtig, die Wahrscheinlichkeit eines Ereignisses der Form $\{\omega : Y(\omega) = k\}$ zu berechnen, oder allgemeiner für reellwertige Funktionen X diejenige eines Ereignisses der Form $\{\omega : a < X(\omega) \leq b\} = X^{-1}(]a, b])$. Deshalb ist die folgende Definition fast zwingend.

Definition 16.14. *Sei* $(\Omega, \mathcal{E}, P)$ *ein Wahrscheinlichkeitsraum und* $(\Omega', \mathcal{E}')$ *ein beliebiger Ereignisraum. Eine Funktion* $X : \Omega \to \Omega'$ *heißt* **Zufallsvariable** *(mit Werten in* Ω'*), wenn das Urbild* $X^{-1}(E')$ *eines beliebigen Ereignisses* $E' \in \mathcal{E}'$ *ein Ereignis in* Ω*, also ein Element in* $\mathcal{E}$ *ist.*

Um mit dem Begriff besser umgehen zu können, stellen wir zunächst die wichtigsten Eigenschaften von Zufallsvariablen zusammen:

Satz 16.15. *Seien* $(\Omega, \mathcal{E}, P)$ *ein Wahrscheinlichkeitsraum und* $(\Omega', \mathcal{E}')$ *ein Ereignisraum. Dann gelten die folgenden Aussagen:*
a) Ist $(\Omega, \mathcal{E}, P)$ *diskret, so ist jede Funktion von* Ω *in* Ω' *eine Zufallsvariable.*
b) Ist $(\Omega', \mathcal{E}')$ *diskret, so ist* X *genau dann eine Zufallsvariable, wenn das Urbild* $X^{-1}(\omega')$ *eines jeden Punktes ein Ereignis in* Ω *ist.*
c) Sei $\mathcal{F}$ *eine Teilmenge von* $\mathcal{E}'$*, die* $\mathcal{E}'$ *erzeugt.* $X : \Omega \to \Omega'$ *ist genau dann eine Zufallsvariable, wenn* $X^{-1}(F) \in \mathcal{E}$ *für alle* $F \in \mathcal{F}$ *gilt.*

Beweis: a) und b) sind unmittelbare Folgerungen von c).
c) Nur die Aussage

$$\forall F[F \in \mathcal{F} \Rightarrow X^{-1}(F) \in \mathcal{E}] \implies X \text{ ist Zufallsvariable}$$

muss bewiesen werden, denn der Rest ist klar.
Es ist leicht zu zeigen, dass die Menge $\{G \subseteq \Omega' : X^{-1}(G) \subseteq \mathcal{E}\}$ eine σ–Algebra ist. Da sie $\mathcal{F}$ enthält, muss sie auch die von $\mathcal{F}$ erzeugte Ereignisalgebra $\mathcal{E}' = \mathcal{E}(\mathcal{F})$ enthalten. $\qquad\square$

Für $\Omega = \mathbb{R}$ wählen wir stillschweigend stets die Algebra $\mathcal{B}$ der Borelmengen als Ereignisalgebra. Damit ist das folgende Korollar klar:

Korollar 16.16.
Sei $X : \Omega \to \mathbb{R}$ *eine beliebige Funktion.* X *ist genau dann eine Zufallsvariable, wenn das Urbild eines jeden Intervalls ein Ereignis ist.*

Beweis: Die Menge $\mathcal{F}$ aller Intervalle erzeugt $\mathcal{B}$. $\qquad\square$

Beispiele:

1. Eine Teilmenge $A \subseteq \Omega$ ist genau dann ein Ereignis, wenn die Indikatorfunktion $X = 1_A$ eine Zufallsvariable ist. Denn es ist $A = X^{-1}([1, \infty[)$.
2. Sei $\Omega = \mathbb{R}^p$ und $\mathcal{E}$ die Algebra der Borelmengen. Dann ist $f : \mathbb{R}^p \to \mathbb{R}$ genau dann eine Zufallsvariable, wenn das Urbild eines jeden Intervalls eine Borelmenge ist. Jede stetige Funktion und jede Funktion, die stetig ist außer an abzählbar vielen Stellen, wo sie Sprünge macht, sind Zufallsvariablen.
3. Sei wieder $\Omega = \mathbb{R}^p$ mit $p \geq 3$ und $\mathcal{E}$ die Algebra der Borelmengen. Die Abbildung $\omega = (\omega_1, \ldots, \omega_p)^t \to (\omega_1, \omega_2)^t \in \mathbb{R}^2$ ist ein **Zufallsvektor**.
4. Sei $\Omega_0 = \{0, 1\}$ und $\Omega = \Omega_0^p$, mit der Potenzmenge als Ereignisalgebra. Dann ist die Einbettung $X : \Omega \ni \omega \to \omega \in \mathbb{R}^p$ ein Zufallsvektor.

5. Sei X eine reelle Zufallsvariable. Dann ist für jedes $t \in \mathbb{R}$ nach dem folgenden Satz 16.17 die Funktion $\omega \rightarrow \exp(it X(\omega))$ eine komplexe Zufallsvariable, die uns helfen wird, Kenngrößen von X zu berechnen.

Mit reellen Zufallsvariablen kann man einfach rechnen, wobei der folgende Satz für diskrete Wahrscheinlichkeitsräume offensichtlich ist. Wir führen zunächst die in der Wahrscheinlichkeitstheorie üblichen Bezeichnungen ein: Seien $(\Omega, \mathcal{E}, P)$ ein Wahrscheinlichkeitsraum, $(\Omega', \mathcal{E}')$ ein Ereignisraum und $X : \Omega \rightarrow \Omega'$ eine Zufallsvariable. Dann bedeutet $[X = a]$ die Menge $\{\omega \in \Omega : X(\omega) = a\}$ und für eine Teilmenge $F \in \mathcal{E}'$ ist $[X \in F]$ die Menge $\{\omega \in \Omega : X(\omega) \in F\}$. Entsprechend sind die Bezeichnungen $[a < X \leq b]$ etc. für reelle Zufallsvariablen zu verstehen.

Satz 16.17. *Sei $(\Omega, \mathcal{E}, P)$ ein Wahrscheinlichkeitsraum.*
a) Sind X, Y reelle Zufallsvariablen, so auch $X \pm Y$, XY, $\sup(X, Y)$ und $\inf(X, Y)$.
b) Sei (X_n) eine Folge von reellen Zufallsvariablen. Für jedes $\omega \in \Omega$ konvergiere die Folge $(X_n(\omega))_n$ in $\mathbb{R}$. Setzt man $X(\omega) = \lim_{n \rightarrow \infty} X_n(\omega)$, so ist auch X eine Zufallsvariable.
c) Ist X eine Zufallsvariable von $\Omega \rightarrow \mathbb{R}$ und $\varphi : \mathbb{R} \rightarrow \mathbb{C}$ stetig, so ist auch $\varphi \circ X : \omega \mapsto \varphi(X(\omega))$ eine Zufallsvariable.

Beweis: (I) $\mathbb{Q}$ ist abzählbar und $[(X + Y) < d] = \bigcup_{r \in \mathbb{Q}} ([X < r] \cap [Y < d - r])$. Nun folgt die Behauptung für die Summe aus der Bemerkung im Anschluss an die Definition des Ereignisraums (Def. 16.5). Der restliche Beweis für a) läuft ähnlich.
b) Es ist $[X < d] = \bigcup_{k \in \mathbb{N}} \bigcup_{m \in \mathbb{N}} \bigcap_{n \geq m} [X_n < d - 1/k]$, wie man aus der Konvergenz der Folge $(X_n)_n$ schließen kann.
c) Der Beweis ist nicht zu schwer, wird aber aus Platzgründen weggelassen. $\square$

16.3.2 Verteilung einer Zufallsvariablen

In der Praxis spielt der Wahrscheinlichkeitsraum, auf dem eine Zufallsvariable erklärt ist, wegen des folgenden Satzes nur eine geringe Rolle. Wir haben den abstrakten Begriff des Wahrscheinlichkeitsraumes im Wesentlichen deshalb eingeführt, um die Definition von Zufallsvariablen eindeutig geben zu können. In stark an der Praxis orientierten Büchern bleibt dieser Begriff oft undefiniert und daher unklar.

Satz 16.18. *Sei $(\Omega, \mathcal{E}, P)$ ein Wahrscheinlichkeitsraum und X eine Zufallsvariable auf Ω mit Werten in einem Ereignisraum $(\Omega', \mathcal{E}')$. Dann wird durch*

$$P_X(F) = P(X^{-1}(F)) \text{ für alle } F \in \mathcal{E}'$$

*eine Wahrscheinlichkeitsverteilung auf Ω' definiert, die **Verteilung von** X.*

Beweis: Es ist $P_X(\Omega') = P(X^{-1}(\Omega')) = P(\Omega) = 1$. Sei ferner (F_n) eine Folge von sich paarweise ausschließenden Ereignissen aus $\mathcal{E}'$. Dann schließen sich die Ereignisse $X^{-1}(F_n)$ ebenfalls paarweise aus. Damit ist

$$
\begin{aligned}
P_X(\bigcup_{n=1}^{\infty} F_n) &= P(X^{-1}(\bigcup_{n=1}^{\infty} F_n)) = P(\bigcup_{n=1}^{\infty} X^{-1}(F_n)) \\
&= \sum_{n=1}^{\infty} P(X^{-1}(F_n)) = \sum_{n=1}^{\infty} P_X(F_n).
\end{aligned}
$$

$\square$

Bemerkung:
Mit diesem Satz "holen" wir gewissermaßen die uns interessierende Wahrscheinlichkeitsverteilung von dem abstrakten Wahrscheinlichkeitsraum herunter auf den Ereignisraum, der uns interessiert. Alle Information über die Zufallsvariable X steckt jetzt in $(\Omega', \mathcal{E}', P_X)$ und statt der Zufallsvariablen $X : \Omega \to \Omega'$ brauchen wir jetzt nur noch die neue Zufallsvariable $\tilde{X} : \Omega' \to \Omega'$, $\omega \mapsto \omega$, *also die identische Abbildung auf Ω' zu betrachten*.

Ist X eine reellwertige oder vektorwertige Zufallsvariable, so betrachtet man oft auch die Verteilungsfunktionen.

Definition 16.19. *Sei $(\Omega, \mathcal{E}, P)$ ein beliebiger Wahrscheinlichkeitsraum und $X : \Omega \to \mathbb{R}^n$ eine Zufallsvariable, $X(\omega) = (X_1(\omega), \dots, X_n(\omega))$. Für $x \in \mathbb{R}^n$, $x = (x_1, \dots, x_n)^t$ sei*

$$
\begin{aligned}
F(x) &= P(X_1^{-1}(]-\infty, x_1]) \times X_2^{-1}(]-\infty, x_2]) \times \cdots \times X_n^{-1}(]-\infty, x_n])) \\
&= P(\{\omega : X_1(\omega) \le x_1, \dots, X_n(\omega) \le x_n\}).
\end{aligned}
$$

F heißt **Verteilungsfunktion von X.**

16.3.3 Die wichtigsten diskreten Verteilungen

1. Die **diskrete Gleichverteilung.** Sei Ω eine endliche Menge. Die Verteilung $P(\omega) = \frac{1}{|\Omega|}$ heißt diskrete Gleichverteilung oder **Laplace-Verteilung.**

2. Die **Binomialverteilung.** Sei $\Omega_0 = \{0, 1\}$ der diskrete Wahrscheinlichkeitsraum mit $P(1) = p$, $P(0) = 1 - p = q$ $(0 < p < 1)$. Sei $\Omega = \Omega_0^n$ und für $\omega = (\omega_1, \omega_2, \dots, \omega_n)$ sei $Y(\omega) = \sum_{k=1}^{n} \omega_k$. Sei $P(\omega) = p^{Y(\omega)} q^{n-Y(\omega)}$. Dieser Wahrscheinlichkeitsraum ist das Standard-Modell für die n-malige Wiederholung eines Erfolgs–Misserfolgs–Experiments. Die Zufallsvariable Y gibt die Zahl der Erfolge an. Es ist $Y(\Omega) = \{0, 1, \dots, n\} =: \Omega'$. Die Verteilung P_Y auf Ω' heißt **Binomialverteilung B(n,p)** zu den Parametern p und n (siehe Abb. 16.2 und 16.3 auf Seite 474). Die Menge der Elemente $\omega \in \Omega$ mit k Koordinaten gleich 1 hat nach Korollar 2.27 $\binom{n}{k}$ Elemente. Also ist

$$
P_Y(k) = P(\{\omega : Y(\omega) = k\}) = \binom{n}{k} p^k q^{n-k}. \tag{16.2}
$$

3. Die **geometrische Verteilung**. Sei Ω_0 wie unter 1 und $\Omega = \Omega_0^{\mathbb{N}}$. Wir benutzen das Wahrscheinlichkeitsmaß P auf der von den Zylindermengen erzeugten Ereignisalgebra, das durch $P\left(\{(\omega_1, \ldots, \omega_n)\} \times \Omega_0^{\mathbb{N}\setminus\{1,\ldots,n\}}\right) = p^k q^{n-k}$ gegeben ist (k die Zahl der Koordinaten ω_j, die gleich 1 sind, wo $1 \le j \le n$ ist) (siehe Theorem 16.12). Sei $Y(\omega) = \begin{cases} \infty & \forall k[\omega_k = 1] \\ \min\{k : \omega_k = 0\} & \text{sonst}. \end{cases}$

Y ist also die Zufallsvariable, die angibt, wie lange man auf den ersten Misserfolg warten muss (vergleiche den Miller-Rabin-Test). Wir erhalten $P(\{\omega : Y(\omega) = \infty\}) = 0$, weil diese Menge nur aus einem Element besteht. Für $k < \infty$ ergibt sich $Y_k := \{\omega : Y(\omega) = k\} = \{(\underbrace{1, 1, \ldots, 1}_{k-1 \text{ mal}}, 0)\} \times \Omega_0^{\mathbb{N}\setminus\{1,\ldots,k\}}$, also eine Zylindermenge. Daraus folgt $P(Y_k) = qp^{k-1}$. Da ∞ die Wahrscheinlichkeit 0 hat, wählen wir als Ereignisraum $\Omega' = \mathbb{N}$ mit der Wahrscheinlichkeitsverteilung $P(k) = qp^{k-1}$. Sie heißt die **geometrische Verteilung** $Geom(p)$ zum Parameter p (siehe Abbildung 16.4 auf Seite 475).

4. Die **Poisson**[4]**–Verteilung**. Sei $\Omega = \mathbb{N}_0$ und für $k \in \Omega$ sei $P(k) = e^{-\lambda}\dfrac{\lambda^k}{k!}$. Diese Verteilung heißt Poisson–Verteilung zum Parameter $\lambda > 0$ (siehe Abb. 16.5 auf Seite 475). Sie spielt beim Poisson–Prozess (Seite 492) und als Grenzverteilung von sogenannten "seltenen" Ereignissen (Satz 16.38) eine wichtige Rolle.

16.3.4 Die wichtigsten stetigen Verteilungen

1. Die **kontinuierliche Gleichverteilung**. Sei $J = <a, b>$ ein beschränktes Intervall; die Endpunkte können, müssen aber nicht zu J gehören. Sei $f(x) = 1_J(x)$ und $P(]u, v]) = \dfrac{1}{b-a} \int_u^v f(x)dx$. Das dadurch nach Theorem 16.11 definierte Wahrscheinlichkeitsmaß heißt kontinuierliche Gleichverteilung (siehe Abbildung 16.6 auf Seite 476).

2. Die **allgemeine Normalverteilung** *auf* $\mathbb{R}$. Sei $f(x) = \dfrac{1}{\sigma\sqrt{2\pi}} e^{-\frac{(x-m)^2}{2\sigma^2}}$. Die durch diese Dichtefunktion gegebene Verteilung mit der Verteilungsfunktion $F(x) = \int_{-\infty}^x f(t)dt$ heißt allgemeine Normalverteilung mit Parametern m und σ (siehe Abbildung 16.7 auf Seite 476). Deren Bedeutung sind m: Mittelwert und σ: Streuung (siehe Definition 16.22 und die Rechnungen im Anschluss an Satz 16.26).

3. Die **n-dimensionale Normalverteilung**. Sei $\Omega = \mathbb{R}^n$ und $\mathcal{E}$ die Borel-Algebra auf Ω. Die n–dimensionale Normalverteilung hat die Dichte $f(x_1, \ldots, x_n) = \prod_{j=1}^n f_j(x_j)$, wobei $f_j(x) = \dfrac{1}{\sigma\sqrt{2\pi}} e^{-\frac{(x-m_j)^2}{2\sigma_j^2}}$ ist. Sie liefert ein Modell für n stochastisch unabhängige normalverteilte Zufallsvariablen und tritt auch im Zusammenhang mit der sogenannten Brownschen Bewegung auf.

---

[4] Siméon-Denis Poisson, 1781–1840, Professor an der École Polytechnique, Paris.

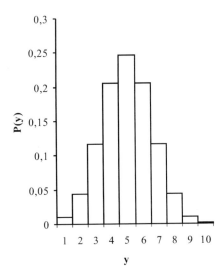

Abbildung 16.2. Darstellung von $B(10, 1/2)$

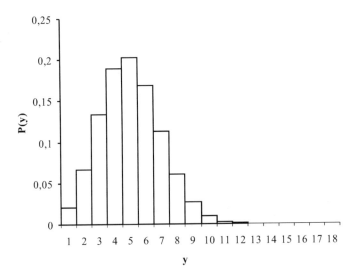

Abbildung 16.3. Darstellung von $B(20, 1/4)$

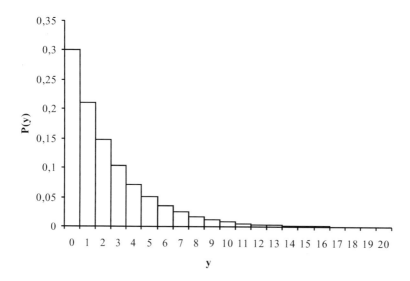

Abbildung 16.4. Geometrische Verteilung Geom(0.7)

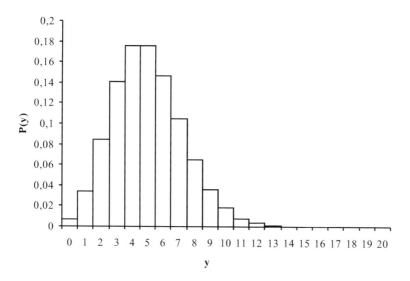

Abbildung 16.5. Poisson-Verteilung, $\lambda = 5$

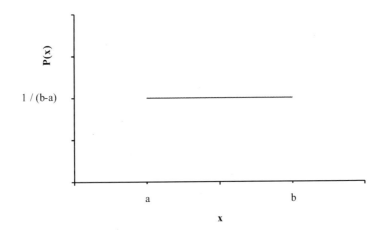

Abbildung 16.6. Dichte der Gleichverteilung auf $[a, b]$

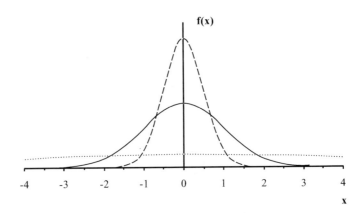

Abbildung 16.7. Dichte der Normalverteilung mit $m = 0$ und $\sigma = 0.2$, $\sigma = 1$, $\sigma = 5$

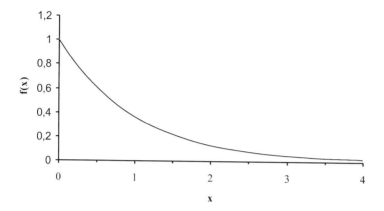

Abbildung 16.8. Dichte der Exponentialverteilung zum Parameter $\lambda = 1$

4. Die **Exponentialverteilung.** Sei $J = \mathbb{R}_+$ und $f(x) = \lambda e^{-\lambda x}$. Die durch diese stetige Dichte gegebene Verteilung heißt Exponentialverteilung (siehe Abbildung 16.8). Sie hängt mit der diskreten geometrischen Verteilung auf folgende Weise zusammen: Sei X eine Zufallsvariable, die eine Exponentialverteilung hat. Sei $Y(\omega) = \lfloor X(\omega) \rfloor$ der ganzzahlige Anteil von X. Dann ist $P(\{\omega : Y(\omega) = k\}) = P(X^{-1}([k, k+1])) = \lambda \int_k^{k+1} e^{-\lambda x} dx = (1 - e^{-\lambda})e^{-\lambda k}$. Für $p = e^{-\lambda}$ ist das die Verteilung Geom(p).

16.3.5 Definition von Erwartungswert und Varianz

Beim Miller-Rabin-Test hatten wir die Zufallsvariable Y betrachtet, die uns die Wartezeit bis zum ersten Auftreten einer Zahl angab, die kein P-Zeuge ist. Bei der Behandlung der geometrischen Verteilung hatten wir dies dann auf "abzählbar viele" Wiederholungen verallgemeinert und erhalten, dass Y geometrisch verteilt ist. Im Miller-Rabin-Test interessierte uns jedoch auch die "durchschnittliche" Wartezeit. Wir hatten für diesen Durchschnittswert ohne Begründung $\mathbb{E}(Y) = 1/(1 - p)$ angegeben.

Allgemein wird man für den durchschnittlich zu erwartenden Wert[5] $\mathbb{E}(X)$ im diskreten Fall einfach $\sum_{\omega \in \Omega} X(\omega)P(\omega)$ setzen.

Definition 16.20. (Erwartungswert diskreter Zufallsvariablen) *Sei* $X :$ (Ω, Σ, P) *eine reelle Zufallsvariable.* X *nehme nur die höchstens abzählbar vielen verschiedenen Werte* $x_1, x_2, \ldots$ *an. Es sei* $\sum_k |x_k| P(\{\omega : X(\omega) = x_k\}) <$ ∞. *Dann heißt*

$$\sum_k x_k P(\{\omega : X(\omega) = x_k\}) =: \mathbb{E}(X)$$

der **Erwartungswert** *oder* **erstes Moment** *von* X.

---

[5] $\mathbb{E}$: Erwartungswert, französisch espérance: Hoffnung

---

Definition 16.21. (Varianz und Streuung diskreter Zufallsvariablen) *Die Summe* $\sum_k x_k^2 P(\{\omega : X(\omega) = x_k\})$ *heißt* **zweites Moment**. *Ist dies endlich, so existiert der Erwartungswert und der Ausdruck*

$$\sum_k (x_k - \mathbb{E}(X))^2 P(\{\omega : X(\omega) = x_k\}) = V(X) = \mathbb{E}(X^2) - \mathbb{E}(X)^2$$

heißt die **Varianz** *von X, die Größe* $\sqrt{V(X)}$ *heißt* **Streuung** $\sigma(X)$ *von X.*

Definition 16.22. (Erwartungswert von Zufallsvariablen mit stetiger Dichte) *X besitze eine Verteilung der Form* $F(t) = \int_{-\infty}^t f(v)dv$ *mit stetiger Dichte f. Sei* $\int_{-\infty}^\infty |t| f(t)dt < \infty$. *Dann heißt*

$$\int_{-\infty}^\infty tf(t)dt$$

wieder **Erwartungswert** *oder* **erstes Moment** $\mathbb{E}(X)$ *von X.*

Definition 16.23. (Varianz und Streuung von Zufallsvariablen mit stetiger Dichte) *Es gelte* $\int_{-\infty}^\infty t^2 f(t)dt < \infty$. *Dann heißt dieses Integral das* **zweite Moment** *von X. In diesem Fall existiert auch* $\mathbb{E}(X)$ *und dann heißt*

$$\int (t - \mathbb{E}(X))^2 f(t)dt = \mathbb{E}(X^2) - \mathbb{E}(X)^2 \qquad (16.3)$$

die **Varianz** $V(X)$ *und die Quadratwurzel* $\sqrt{V(X)}$ *heißt* **Streuung** $\sigma(X)$ **von** *X.*

Bemerkungen:

1. Die Formeln für den Erwartungswert und die Varianz zeigen, dass man nur die Verteilung P_X der Zufallsvariablen benötigt. Deshalb spricht man oft auch vom **Erwartungswert** und von der **Varianz einer Verteilung**. Das ist nichts anderes als *der Erwartungswert und die Varianz der identischen Abbildung auf* $\mathbb{R}$.

2. Dass im Falle unendlicher Wahrscheinlichkeitsräume die Momente existieren, ist nicht selbstverständlich. Wir geben zwei Beispiele von Verteilungen an, bei denen der Erwartungswert nicht existiert:

   (i) $\Omega = \mathbb{N}$ und $P(k) = \dfrac{1}{k(k+1)}$. Wegen $\dfrac{1}{k(k+1)} = 1/k - 1/(k+1)$ ist $\sum_{k=1}^\infty \dfrac{1}{k(k+1)} = \lim_{n\to\infty}(1 - 1/(n+1)) = 1$, also ergibt P eine Wahrscheinlichkeitsverteilung. Aber es ist $\sum_{k=1}^\infty kP(k) = \sum_{k=1}^\infty 1/(k+1)$ und diese Reihe divergiert (siehe die harmonische Reihe auf Seite 166).

(ii) $\Omega = [1, \infty[$, $\mathcal{E}$: Algebra der Borelmengen. Die Funktion $f(x) = 1/x^2$ ist eine Dichte, aber $\int_1^\infty x f(x) dx = \infty$. Das erste Moment existiert nicht.

3. Existiert das zweite Moment, so auch das erste. Wir zeigen dies nur für stetige Dichten auf $\mathbb{R}$. Die anderen Fälle beweist man analog. Es ist $|x| \leq 1 + x^2$ also ist $\int_a^b |x| f(x) dx \leq \int_a^b f(x) dx + \int_a^b x^2 f(x) dx \leq 1 + \mathbb{E}(X^2)$. Nach Satz 7.53 folgt die Behauptung.

16.3.6 Berechnung von Erwartungswert und Varianz

Im Allgemeinen ist es schwierig, Erwartungswert und Varianz einer Verteilung zu berechnen. Wir betrachten die Fälle aus den Anwendungen, bei denen dies einfach möglich ist.

Der Fall diskreter Verteilungen. Sei (Ω, Σ, P) ein Wahrscheinlichkeitsraum und $X : \Omega \to \mathbb{N}_0$ eine Zufallsvariable, die nur natürliche Zahlen (einschließlich der 0) annimmt. Sei $p_k = P(\{\omega : X(\omega) = k\})$. Wegen $\Omega = \bigcup_{k \in \mathbb{N}_0} X^{-1}(\{k\})$ ist $\sum_{k \geq 0} p_k = 1$. Für alle $t \in \mathbb{R}$ mit $|t| \leq 1$ konvergiert also die Reihe $g_X(t) := \sum_{k \geq 0} t^k p_k$, auch wenn unendlich viele der $p_k \neq 0$ sind.

> **Definition 16.24.** *Die Funktion g_X heißt* **Erzeugendenfunktion** *der Verteilung von X.*

Als Potenzreihe ist g_X in $]-1,1[$ beliebig oft differenzierbar mit $g'_X(t) = \sum_{k \geq 1} k t^{k-1} p_k$ und $g''_X(t) = \sum_{k \geq 2} k(k-1) t^{k-2} p_k$. Konvergiert die Reihe $g'_X(t)$ auch für $t = 1$ so erhält man $g'_X(1) = \sum_{k \geq 1} k p_k = \mathbb{E}(X)$. Konvergiert die Reihe $g''_X(t)$ auch für $t = 1$, so erhält man

$$
\begin{aligned}
g''_X(1) &= \sum_{k \geq 2} k(k-1) p_k = \sum_{k \geq 2} k^2 p_k - \sum_{k \geq 2} k p_k \\
&= -p_1 + \sum_{k \geq 1} k^2 p_k + p_1 - \sum_{k \geq 1} k p_k = \mathbb{E}(X^2) - \mathbb{E}(X). \quad (16.4)
\end{aligned}
$$

g_X kann man oft formelmäßig bestimmen und damit Erwartungswert und Streuung berechnen.

Beispiele:

1. *Binomialverteilte Zufallsvariable:* Die Binomialverteilung hat also die Erzeugendenfunktion

$$
\begin{aligned}
g_{B(n,p)}(t) &= \sum_{k=0}^n \binom{n}{k} t^k p^k (1-p)^{n-k} \\
&= (tp + (1-p))^n = ((t-1)p + 1)^n.
\end{aligned}
$$

Damit ergibt sich $g'_{B(n,p)}(t) = n((t-1)p + 1)^{n-1} \cdot p$, also

$$\mathbb{E}(X) = \sum_{k=0}^{n} k \binom{n}{k} p^k (1-p)^{n-k} = g'_{B(n,p)}(1) = np.$$

Weiter ist $g''_{B(n,p)}(t) = n(n-1)((t-1)p+1)^{n-2} \cdot p^2$, also $g''_{B(n,p)}(1) = \mathbb{E}(X^2) - np = n(n-1)p^2$. Nach Gleichung (16.4) ist

$$V(X) = \mathbb{E}((X-\mathbb{E}(X))^2) = \mathbb{E}(X^2) - \mathbb{E}(X)^2 = n(n-1)p^2 + np - n^2 p^2 = np(1-p).$$

2. *Die geometrische Verteilung Geom(p):* Wir setzen wie üblich $q = 1 - p$. Es ist $g(t) = q \sum_{k=1}^{\infty} t^k p^{k-1} = \dfrac{qt}{1-tp}$. Nach kurzer Rechnung erhält man $\mathbb{E}(X) = 1/q$, $V(X) = p/q^2$.

3. *Die Poisson-Verteilung zum Parameter* $\lambda (> 0)$. Es ist

$$g_X(t) = \sum_{k=0}^{\infty} e^{-\lambda} \frac{t^k \lambda^k}{k!} = e^{-\lambda} e^{\lambda t} = e^{\lambda(t-1)}.$$

Es ist $g'_X(t) = \lambda e^{\lambda(t-1)}$, also $\mathbb{E}(X) = g'_X(1) = \lambda$. Ferner ist $g''_X(t) = \lambda^2 e^{\lambda(t-1)}$ und damit $g''_X(1) = \mathbb{E}(X^2) - \mathbb{E}(X) = \lambda^2$. Daraus erhält man $V(X) = \lambda = \mathbb{E}(X)$.

16.3.7 Verteilungen mit stetiger Dichte

Sei X stetig mit stetiger Dichte f verteilt, also $P(\{\omega : a < X(\omega) \le b\}) = \int_a^b f(t)dt$. Wegen $\int_{-\infty}^{\infty} f(x)dx = 1$ existiert die Fouriertransformierte $\hat{f}$ von f.

Definition 16.25. *Die Fouriertransformierte*

$$\hat{f}(t) = \int_{-\infty}^{\infty} \exp(-ist)f(s)ds = \varphi_X(t)$$

heißt **charakteristische Funktion** *von* X.

Wir berechnen die charakteristischen Funktionen einiger Verteilungen.

Beispiele:

1. Sei F die *Standard-Normalverteilung*. Wir erhalten nach dem Beispiel auf Seite 258

$$\varphi(t) = \frac{1}{\sqrt{2\pi}} \int_{-\infty}^{\infty} e^{-\frac{x^2}{2}} \cdot e^{-ixt}dx = e^{-t^2/2}.$$

2. Sei F die Verteilungsfunktion der Exponentialverteilung zum Parameter λ. Dann ist $\varphi(t) = \lambda \int_0^{\infty} e^{(-it-\lambda)x}dx = \dfrac{\lambda}{it + \lambda}$.

Die charakteristische Funktion dient dazu, die Momente einer Verteilung zu berechnen. Dazu benutzen wir Satz 8.14.

Satz 16.26. *Sei X stetig verteilt mit stetiger Dichte f. Es möge das erste, bzw. das zweite Moment der Zufallsvariablen X existieren. Dann ist*

$$\mathbb{E}(X) = i\varphi_X'(0)$$
$$\mathbb{E}(X^2) = -\varphi_X''(0).$$

Beispiel: Wir wenden diesen Satz an, um den Erwartungswert und die Varianz der Normalverteilung zu den Parametern m und σ (siehe Seite 247) zu berechnen. Zunächst erhält man nach Definition 8.12 und Beispiel 8.2 $\varphi(t) = e^{-imt-\sigma^2 t^2/2}$ und hieraus durch Differentiation $\varphi'(0) = -im$, also ist m der Erwartungswert. Ferner gilt $\varphi''(0) = -m^2 - \sigma^2$ und daraus erhält man nach Gleichung 16.3 die Varianz σ^2.

Aufgabe: Berechnen Sie Erwartungswert und Varianz der Exponentialverteilung zum Parameter λ.

Wiederholung

Begriffe: Zufallsvariable, reelle Zufallsvariable, Verteilung einer Zufallsvariablen, Verteilungsfunktion einer reellen Zufallsvariablen, die wichtigsten Wahrscheinlichkeitsverteilungen, Erwartungswert, erstes und zweites Moment, Varianz, Streuung, Erzeugendenfunktion, charakteristische Funktion.
Sätze: Rechenregeln für reelle Zufallsvariablen, Berechnung von Erwartungswert und Varianz.

16.4 Bedingte Wahrscheinlichkeiten und Unabhängigkeit

Motivation und Überblick

Die Wahrscheinlichkeit eines Ereignisses erhöht sich im Allgemeinen wesentlich, wenn man die Wahrscheinlichkeit von Komponenten des Ereignisses bereits kennt, oder deren Auftreten sicher ist. Dies führt auf den Begriff der bedingten Wahrscheinlichkeit, wie sie uns schon bei der Nukleotid–Substitution begegnet ist. Daneben gibt es Situationen, in denen sich die betrachteten Ereignisse gegenseitig überhaupt nicht beeinflussen, wie zum Beispiel das mehrfache Würfeln mit einem Würfel. Die Augenzahl beim zweiten Wurf hängt überhaupt nicht von der beim ersten Wurf ab.

Wir betrachten zunächst den Begriff der bedingten Wahrscheinlichkeit, der eine zentrale Rolle bei Markoff–Ketten spielt, die wir im Abschnitt 16.6.3 behandeln. Anschließend wird der Begriff der stochastischen Unabhängigkeit eingeführt, der zahllose Anwendungen hat. Unabhängigkeit ist eine der Voraussetzungen für die Gültigkeit der Grenzwertsätze.

16.4.1 Bedingte Wahrscheinlichkeiten

Um die Problemstellung zu beschreiben, beginnen wir mit einem Beispiel.

Beispiel: Sei $\Omega = \{0,1\}$ und $p_1 = p$, $p_0 = (1 - p) = q$. Wir wählen wieder den Wahrscheinlichkeitsraum für n Wiederholungen des Experiments, also $\Omega_n = \Omega^n$ und $p_\omega = p^{\sum_1^n \omega_i} q^{1 - \sum_1^n \omega_i}$, wo $\omega = (\omega_1, \ldots, \omega_n)$. Wir fragen nun, wie hoch ist die Wahrscheinlichkeit für genau k Erfolge, wenn wir schon wissen, dass $\omega_1 = 0$, also ein Misserfolg war? Sei $B = \{\omega \in \Omega_n : \omega_1 = 0\}$. Dann ist

$$P(\{\omega : \sum_{j=1}^n \omega_j = k\} \text{ unter der Bedingung } \omega \in B) = \binom{n-1}{k} p^k q^{(n-1)-k}.$$

Dies ergibt sich durch die elementare Überlegung, dass wir einfach $\omega' = (\omega_2, \ldots, \omega_n) \in \Omega^{n-1}$ betrachten müssen. Etwas anders ausgedrückt haben wir das Folgende gemacht: Sei $A_k = \{\omega \in \Omega_n : \sum_{j=1}^n \omega_j = k\}$. Wir haben nicht ganz A_k betrachtet, sondern nur $A_k \cap B = \{\omega \in \Omega_n : \omega_1 = 0 \text{ und } \sum_{j=1}^n \omega_j = k\}$. Es ist $P(A_k \cap B) = q \cdot \binom{n-1}{k} p^k q^{(n-1-k)}$, wie man leicht erhält, und $P(B) = q$.

Also ergibt sich $P(A_k \text{ unter der Bedingung } \omega \in B) = \dfrac{P(A_k \cap B)}{P(B)}$, oder allgemein für ein beliebiges Ereignis $A \in \mathcal{P}(\Omega_n)$:

$$P(A \text{ unter der Bedingung } B) = \frac{P(A \cap B)}{P(B)} =: P(A \mid B).$$

Wir formulieren dies in voller Allgemeinheit:

Definition 16.27. *Sei $(\Omega, \mathcal{E}, P)$ ein Wahrscheinlichkeitsraum, $B \in \mathcal{E}$ ein festes Ereignis und $A \in \mathcal{E}$ beliebig. Dann ist die Wahrscheinlichkeit für A unter der Bedingung, dass B eintritt, gegeben durch*

$$P(A \mid B) = \begin{cases} 0 & P(B) = 0 \\ \dfrac{P(A \cap B)}{P(B)} & \text{sonst} \end{cases}$$

$P(A|B)$ heißt **bedingte Wahrscheinlichkeit** *von A unter der Bedingung B.*

Es gilt also stets

$$P(A \mid B) \cdot P(B) = P(A \cap B) = P(B \cap A) = P(B|A) \cdot P(B). \tag{16.5}$$

Wir wollen dies auf endlich viele Ereignisse verallgemeinern:

Satz 16.28. *Seien $A_1, \ldots, A_n$ beliebige Ereignisse des Wahrscheinlichkeitsraumes $(\Omega, \mathcal{E}, P)$. Dann gilt*

$$\begin{aligned} P(A_1 \cap \cdots \cap A_n) &= P(A_1)P(A_2 \mid A_1) \cdot P(A_3 \mid A_1 \cap A_2) \cdots \\ &\quad \cdot P(A_n \mid A_1 \cap \cdots \cap A_{n-1}). \end{aligned} \tag{16.6}$$

Beweis: (durch Induktion) Die Aussage ist (nach Definition der bedingten Wahrscheinlichkeit) richtig für $n = 2$. Es möge sie für ein $n \geq 2$ gelten. Es ist

$$
\begin{aligned}
P(A_1 \cap \cdots \cap A_{n+1}) &= P(A_{n+1} \cap (A_1 \cap \cdots \cap A_n)) \\
&= P(A_{n+1}|A_1 \cap \cdots \cap A_n) P(A_1 \cap \cdots \cap A_n).
\end{aligned}
$$

Einsetzen der rechten Seite von Gleichung (16.6) liefert die Behauptung.   □

Mit dem Begriff der bedingten Wahrscheinlichkeit können wir die Eigenschaft der Nukleotid–Substitution, nicht von der Vergangenheit abzuhängen (siehe Seite 461) präzise definieren. Sei $A_k(j)$ das Ereignis, im Zeitpunkt k im Zustand j zu sein. Dann ist $P(A_{n+1}(i)|A_1(j_1) \cap A_2(j_2) \cap \cdots \cap A_n(j_n)) = P(A_{n+1}(i)|A_n(j_n))$ für alle Sequenzen $j_1, \ldots, j_n, i$.

Mit dem Begriff der bedingten Wahrscheinlichkeit können wir des weiteren wegen Gleichung (16.5) ein **Rückschlussverfahren** begründen (Berechnung sogenannter *a-posteriori–Wahrscheinlichkeiten*).

Beispiele:

1. Wir haben zwei Urnen U_1 und U_2 mit roten und schwarzen Kugeln. In der Urne U_1 mögen 30% rote, in der Urne U_2 70% rote Kugeln enthalten sein. Die Wahrscheinlichkeit eines Apparates, eine Kugel aus der Urne U_1 zu wählen, sei 80%, und daher die Wahrscheinlichkeit, aus der zweiten Urne U_2 auszuwählen, 20%. Wir erhalten eine rote Kugel und möchten die Wahrscheinlichkeit dafür berechnen, dass sie aus der Urne U_1 stammt, das heißt, wir möchten $P(K \text{ aus } U_1|K \text{ rot})$ berechnen.

2. Wir modifizieren das Beispiel mit den beiden Urnen, um die Situation an den Miller–Rabin–Test anzupassen. Wir wählen $N_0 = 10^{200}$. Wir haben zunächst eine Urne U mit den Zahlen $2, 3, \ldots, N_0$. Dann haben wir zwei Urnen V_1, V_2. Dabei besteht V_1 nur aus roten Kugeln, V_2 besteht aus roten und schwarzen Kugeln im Verhältnis $1 : 4$. Greifen wir eine Primzahl x aus U, so greifen wir anschließend eine Kugel aus V_1. Im anderen Fall entnehmen wir eine Kugel aus V_2. Dies entspricht dem Test, ob eine zu x teilerfremde Zahl $y < x$ Primzahlzeuge ist. Wir schätzen die Wahrscheinlichkeit, beim Griff in U eine Primzahl zu erhalten, durch eine auf Tschebyscheff[6] zurückgehende Formel ab: $P(x \text{ prim} \cap [x \leq N_0]) \approx \frac{1}{\ln(N_0)}$. Wie hoch ist die Wahrscheinlichkeit $P(x \text{ Primzahl}|\text{Kugel ist rot})$?

Bevor wir die beiden Beispiele ausrechnen, beweisen wir zunächst das dazu nötige Theorem von Bayes[7].

---

[6] Pafnuty Tschebyscheff, 1821–1894, Professor der Mathematik in St. Petersburg. Die erwähnte Formel lautet $c_1/\ln(x) < \pi(x)/x < c_2/\ln(x)$ mit zwei Konstanten c_1, c_2 dicht bei 1, x sehr groß und $\pi(x) = |\{p : p \text{ prim}, p \leq x\}|$.
[7] Thomas Bayes, 1702–1761, Pfarrer der Presbyterischen Kirche in Turnbridge Wells, Fellow der Royal Society seit 1742.

Theorem 16.29. (Bayes) *Sei* $(\Omega, \mathcal{E}, P)$ *ein Wahrscheinlichkeitsraum und* $A_1, \ldots, A_n$ *seien sich paarweise ausschließende Ereignisse mit positiver Wahrscheinlichkeit und* $\bigcup_{k=1}^n A_k = \Omega$. *Sei B ein Ereignis mit positiver Wahrscheinlichkeit. Dann gilt für $k = 1, \ldots, n$*

$$P(A_k \mid B) = \frac{P(A_k)P(B \mid A_k)}{P(A_1)P(B \mid A_1) + \cdots + P(A_n)P(B \mid A_n)}$$

Wir erschließen also die bedingte Wahrscheinlichkeit $P(A_1|B)$ von A_1 unter der Bedingung B aus den absoluten Wahrscheinlichkeiten von A_k und den bedingten Wahrscheinlichkeiten $P(B|A_k)$.

Beweis: Wir zeigen, dass der Nenner der zu beweisenden Formel gleich $P(B)$ ist. Es ist nämlich

$$\sum_{j=1}^n P(A_j)P(B \mid A_j) = \sum_{j=1}^n P(B \cap A_j) =_{(1)} P(\cup_{j=1}^n (B \cap A_j)) =_{(2)} P(B).$$

Dabei gilt Gleichung (1), weil $(B \cap A_j) \cap (B \cap A_k) = \emptyset$ wegen $A_j \cap A_k = \emptyset$ für $j \neq k$. Gleichung (2) gilt wegen $\cup_{j=1}^n A_j = \Omega$, also $\cup_{j=1}^n (B \cap A_j) = B \cap (\cup_{j=1}^n A_j) = B \cap \Omega = B$. Multipliziert man die zu beweisende Gleichung mit dem Nenner, so erhält man $P(A_k \mid B)P(B) = P(A_k)P(B \mid A_k)$ und das ist Gleichung (16.5). □

Beispiele:

1. (Fortsetzung des ersten der vorigen Beispiele) Es ist $P(U_1) = 0.8$, $P(U_2) = 0.2$, ferner $P(\text{rot}|U_1) = 0.3$, $P(\text{rot}|U_2) = 0.7$. Mit diesen Zahlen erhält man $P(U_1|\text{rot}) = \frac{0.3 \cdot 0.8}{0.3 \cdot 0.8 + 0.7 \cdot 0.2} = \frac{24}{38} = 0.63$.

2. (Fortsetzung des zweiten der vorigen Beispiele) Es ist $P(x\,\text{Primzahl}) = \frac{1}{\ln(10^{200})} \approx 2.2 \cdot 10^{-3}$, $P(x\,\text{keine Primzahl}) \approx 1 - 2.2 \cdot 10^{-3} = 0.9978$. Ferner ist $P(K\,\text{rot}|x\,\text{Primzahl}) = 1$, $P(K\,\text{rot}|x\,\text{keine Primzahl}) \leq 0.25$. Damit erhalten wir $P(x\,\text{Primzahl}|K\,\text{rot}) \geq 8.74 \cdot 10^{-3}$.

3. Wir variieren Beispiel 2, indem wir jetzt das Ereignis, einen P-Zeugen zu wählen, durch das Ereignis, 10 mal hintereinander einen solchen zu wählen, ersetzen. Das heißt, wir ersetzen das Verhältnis von rot zu schwarz in V_2 durch $1 : 4^{10}$. Dann erhalten wir $P(x\,\text{Primzahl}|K\,\text{rot}) = P(x\,\text{Primzahl}|10\,\text{P-Zeugen nacheinander}) \approx \frac{0.0022}{0.0022 + 0.9978 \cdot 4^{-10}} \approx 0.9996$.

Aufgabe: In Spam-mails tritt das Wort "Sex" mit 95% Wahrscheinlichkeit auf, in anderen Mails etwa mit 5% Wahrscheinlichkeit. Spam-mails selbst treten im Verhältnis zu anderen Mails wie 80:1 auf. Wie hoch ist die Wahrscheinlichkeit, dass eine erhaltene Mail eine Spam-mail ist, wenn in ihr das Wort "Sex" auftaucht? (Dies ist ein erster Ansatz für automatische Spam-Erkennung.)

16.4.2 Unabhängigkeit

"Unabhängigkeit" ist ein zentraler Begriff der Stochastik. Intuitiv haben wir ihn schon benutzt, als wir $\{0, 1\}^n = \Omega_n$ mit der Wahrscheinlichkeitsverteilung versehen haben, die durch $p(\omega) = p^{\sum \omega_j}(1 - p)^{n - \sum \omega_j}$ gegeben ist. Wir veranschaulichen den Begriff:

Beispiele:

1. $\Omega_1 = \{1, 2, 3, \ldots, 6\}$ mit $\mathcal{E} = \mathcal{P}(\Omega_1)$ stellt ein Modell für die möglichen Würfe mit einem Würfel dar. Wir wählen einen roten und einen blauen Würfel und werfen erst den roten, dann den blauen. Die Elementarereignisse sind dann $\omega = (\omega_1, \omega_2) \in \Omega_1^2$. Sei B das Ereignis, dass im zweiten Wurf eine 6 gewürfelt wird, also $B = \{(\omega_1, \omega_2) : \omega_2 = 6\}$. Sei A das Ereignis, dass im ersten Wurf eine 1 gewürfelt wird, also $A = \{(\omega_1, \omega_2) : \omega_1 = 1\}$. Nach allem intuitiven Verständnis von Unabhängigkeit ist A (erster Wurf!) unabhängig (das heißt unbeeinflusst) vom 2.Wurf, also ist $P(A \mid B) = P(A) = \frac{1}{6}$. Damit erhalten wir $P(A \cap B) = P(A \mid B)P(B) = P(A)P(B)$. Aber es ist auch klar, dass der erste Wurf den zweiten nicht beeinflusst, also ist $P(A \cap B) = P(B \mid A)P(A) = P(B)P(A)$. Wir erhalten

$$\begin{aligned} P(A \cap B) &= P(\{\omega : \omega_1 = 1 \text{ und } \omega_2 = 6\}) = P(\{(1, 6)\}) \\ &= P(\{\omega : \omega_1 = 1\}) \cdot P(\{\omega : \omega_2 = 6\}) = \frac{1}{6} \cdot \frac{1}{6} = \frac{1}{36}. \end{aligned}$$

Allgemein ist der Ansatz $P(\{\omega\}) = \frac{1}{36}$ für das Werfen von 2 Würfeln sinnvoll. Eine Ausnahme hiervon wäre das gleichzeitige Würfeln mit zwei Würfeln aus Stahl, die leicht magnetisiert sind. Die mathematische Statistik gibt Regeln an die Hand, durch langes Werfen zweier Würfel rational zu entscheiden, ob die Würfe unabhängig sind oder nicht.

2. Entsprechend ergibt sich die Unabhängigkeit bei n Würfen. Ist $A_j = \{\omega : \omega_j = k_j\}$ $(1 \le k_j \le 6)$, so ist A_j bei vernünftiger Versuchsanordnung unabhängig von A_k für $k \ne j$. Man erhält also $P(\{(k_1, \ldots, k_n)\}) = (\frac{1}{6})^n$.

Definition 16.30. *Sei $(\Omega, \mathcal{E}, P)$ ein Wahrscheinlichkeitsraum.*
a) Die Ereignisse $A_1, A_2, \ldots, A_n \in \mathcal{E}$ heißen **stochastisch unabhängig**, *wenn für beliebiges k ($1 \le k \le n$) und beliebige Indizes $1 \le i_1 < i_2 < \cdots < i_k \le n$ stets $P(A_{i_1} \cap \cdots \cap A_{i_k}) = P(A_{i_1})P(A_{i_2}) \cdots P(A_{i_k})$ gilt.*
b) Die abzählbar vielen Ereignisse $\{A_1, A_2, \ldots\}$ heißen stochastisch unabhängig, wenn jede endliche Teilmenge $\{A_{j_1}, \ldots, A_{j_n}\} \subseteq \{A_1, A_2, \ldots\}$ stochastisch unabhängig ist.
c) Seien $X_1, \ldots, X_n : \Omega \to \mathbb{R}$ Zufallsvariablen. Sie heißen stochastisch unabhängig, wenn für alle Intervalle $]a_j, b_j]$ die Mengen $X_1^{-1}(]a_1, b_1]), X_2^{-1}(]a_2, b_2]), \ldots, X_n^{-1}(]a_n, b_n])$ stochastisch unabhängig sind.

Aufgaben:

1. Sei $\tilde{\Omega} = \{0, 1\}$, $0 < p < 1$ und $\Omega = \tilde{\Omega}^n, \mathcal{E} = \mathcal{P}(\Omega), p_\omega = p^{\sum_1^n \omega_j}(1 - p)^{n - \sum_1^n \omega_j}$. Zeigen Sie bitte: die n Zufallsvariablen $X_j : \omega \to X_j(\omega) = \omega_j$ $(j = 1, \ldots, n)$ sind stochastisch unabhängig.

2. Sei $\tilde{\Omega} = \{1, 2, \ldots, 6\}$ und $\Omega = \tilde{\Omega}^2$, $\mathcal{E} = \mathcal{P}(\Omega)$, $p_\omega = \frac{1}{36}$. Das ist ein Modell für das Werfen zweier Würfel. Zeigen Sie bitte: die beiden Koordinatenfunktionen $X_j : \omega \mapsto \omega_j = X_j(\omega)$ sind stochastisch unabhängig.

Satz 16.31. *Sei* $X : \Omega \to \mathbb{R}^p$, $\omega \mapsto X(\omega) = (X_1(\omega), \ldots, X_p(\omega))$ *eine Zufallsvariable. Die Koordinatenfunktionen* $\omega \mapsto X_j(\omega)$ $(j = 1, \ldots, p)$ *seien stochastisch unabhängig.*

a) Sei X diskret verteilt, $X(\Omega) = \{x^{(k)} : k \in I\}$, *wo* $I \subseteq \mathbb{N}_0$ *endlich oder unendlich ist. Es sei* $x^{(k)} = (x_1^{(k)}, \ldots, x_p^{(k)})$. *Dann ist*

$$P([X = x^{(k)}]) = P([X_1 = x_1^{(k)}])P([X_2 = x_2^{(k)}]) \cdots P([X_p = x_p^{(k)}]).$$

b) X ist genau dann stetig verteilt mit Dichte f_X, wenn $X_1, \ldots, X_p$ stetig verteilt sind mit Dichten $f_{X_1}, \ldots, f_{X_p}$ und dann gilt

$$f_X(x_1, \ldots, x_p) = f_{X_1}(x_1) \cdots f_{X_p}(x_p).$$

Beweis: a) Es ist $[X = x^{(k)}] = \cap_{j=1}^p [X_j = x_j^{(k)}]$. Nach Definition der Unabhängigkeit folgt

$$P([X = x^{(k)}]) = P([X_1 = x_1^{(k)}]) \cdots P([X_p = x_p^{(k)}]).$$

b) Wir wollen den Beweis nicht führen. Er folgt aus dem Produktsatz 15.3 der Integration von Funktionen von mehreren Variablen.   □

Aufgaben:

1. Sei $\Omega_0 = \{1, 2, \ldots, m\}$ mit $P(\{k\}) = p_k$. Sei $\Omega = \Omega_0^n$ und $P(\omega) = P((\omega_1, \ldots, \omega_n)) = \prod_{k=1}^n p_{\omega_k}$. Zeigen Sie bitte, dass die Koordinatenfunktionen $X_j : \omega \mapsto \omega_j$ unabhängig sind.
2. Sei $\Omega = \mathbb{R}^p$, $\mathcal{E}$ die Algebra der Borelmengen und

$$P(Q) = (2\pi)^{-p/2} \int_Q \exp(-\frac{\|x\|^2}{2}) dx_1 \cdots dx_p.$$

Dies ist die **standardisierte p-dimensionale Normalverteilung**. Zeigen Sie bitte, dass die Koordinatenfunktionen $X_j : x = (x_1, \ldots, x_p) \mapsto x_j$ eindimensional standard normal verteilt und stochastisch unabhängig sind (vergleiche Satz 15.3).

Wiederholung

Begriffe: bedingte Wahrscheinlichkeit, stochastische Unabhängigkeit, p-dimensionale Normalverteilung.

Sätze: Theorem von Bayes, Verteilung stochastisch unabhängiger Zufallsvariablen.

16.5 Grenzwertsätze

Motivation und Überblick

In der Regel sind Wahrscheinlichkeiten trotz der Hochgeschwindigkeitsrechner schwer zu berechnen. Außerdem ist die Genauigkeit oft nicht erforderlich. Denn man kann die Wahrscheinlichkeiten approximieren, wie wir in diesem Abschnitt beweisen möchten. Es geht um drei Teilprobleme: Zunächst ist die Frage, wie hoch die Wahrscheinlichkeit dafür ist, dass das arithmetische Mittel der Erfolge in n Versuchen mit einer vorgegebenen Genauigkeit vom Mittelwert abweicht. Dies führt zum Gesetz der großen Zahl. Das zweite Problem betrifft die Frage, ob es eine Verteilung gibt, die Näherungsverteilung für viele in der Praxis auftretende Verteilungen ist. Dies führt auf die Normalverteilung und den zentralen Grenzwertsatz. Schließlich behandeln wir das Phänomen "seltener Ereignisse", die approximativ Poisson–verteilt sind.

16.5.1 Das Gesetz der großen Zahl

Wir betrachten wieder ein Experiment mit den Ausgängen 0 und 1 mit $p_1 = p$, $p_0 = (1 - p)$. Damit dies ein sinnvolles Modell für unser Experiment ist, sollte die Zahl der Erfolge nach n unabhängigen Durchführungen im Durchschnitt etwa p sein, und zwar umso genauer, je größer n ist.

Wir verallgemeinern und präzisieren unsere Überlegungen:

Definition 16.32. *Seien $(\Omega_n, \Sigma_n, P_n)$ Wahrscheinlichkeitsräume und für jedes n sei $X_n : \Omega_n \to \mathbb{R}$ eine Zufallsvariable. Die Folge (X_n) konvergiert **diskret stochastisch** gegen die Konstante c, wenn*

$$\lim_{n \to \infty} P_n(\{\omega \in \Omega_n : |X_n(\omega) - c| > \varepsilon\}) = 0$$

gilt.
*Sind alle $(\Omega_n, \Sigma_n, P_n)$ gleich, also gleich einem (Ω, Σ, P), so nennt man die Konvergenz **stochastisch**.*

Beispiel: Sei $\Omega = \{0, 1\}$ mit $p_1 = p$, $p_0 = (1 - p)$. Sei $\Omega_n = \Omega^n$ mit der Verteilung $p_\omega = p^{\sum_1^n \omega_j} (1 - p)^{n - \sum_1^n \omega_j}$. Dann sind die Veränderlichen $X_j : \omega \mapsto X_j(\omega) = \omega_j$ stochastisch unabhängig. Sei $S_n(\omega) = \frac{1}{n} \sum_{k=1}^n \omega_k = \frac{1}{n} \sum_{k=1}^n X_k(\omega)$. Dann stellt S_n die durchschnittliche Trefferzahl bei n unabhängigen Versuchen mit Ausgang 1 oder 0 dar. Wir behaupten: für $\varepsilon > 0$ ist

$$\lim_{n \to \infty} P_n(\{\omega : |S_n(\omega) - p| > \varepsilon\}) = 0.$$

Das heißt, die Wahrscheinlichkeit, dass die durchschnittliche Trefferzahl vom hypothetischen (dem Modell zugrunde gelegten) Wert p um mehr als ε abweicht, wird mit sehr zahlreicher Durchführung beliebig klein. Unsere Behauptung können wir erst nach den folgenden Sätzen beweisen.

Für das erste Hauptergebnis benötigen wir die folgende Ungleichung von Tschebyscheff.

Satz 16.33 (Ungleichung von Tschebyscheff). *Sei* X *eine Zufallsvariable, deren zweites Moment existiert. Dann gilt für beliebiges* $\varepsilon > 0$

$$P(\{\omega : |X(\omega) - \mathbb{E}(X)| > \varepsilon\}) \leq \frac{V(X)}{\varepsilon^2}.$$

Beweis: Wir nehmen an, dass X stetig auf $\mathbb{R}$ mit Dichte f verteilt ist. Für diskrete Verteilungen verläuft der Beweis völlig analog.

Es ist $1 \leq \dfrac{(x-m)^2}{\varepsilon^2}$ genau dann, wenn $x - m \leq -\varepsilon$ oder $x - m \geq \varepsilon$. Also ergibt sich

$$
\begin{aligned}
P(\{\omega : (X(\omega) - m)^2 \geq \varepsilon^2\}) &= \int_{-\infty}^{m-\varepsilon} f(x)dx + \int_{m+\varepsilon}^{\infty} f(x)dx \\
&\leq \int_{-\infty}^{m-\varepsilon} \frac{(x-m)^2}{\varepsilon^2} f(x)dx + \int_{m+\varepsilon}^{\infty} \frac{(x-m)^2}{\varepsilon^2} f(x)dx \\
&\leq \int_{-\infty}^{\infty} \frac{(x-m)^2}{\varepsilon^2} f(x)dx = V(X)/\varepsilon^2.
\end{aligned}
$$

$\square$

Um das Gesetz der großen Zahl zu beweisen, benötigen wir noch folgendes Lemma:

Lemma 16.34. *Seien* X *und* Y *unabhängige reelle Zufallsvariable auf dem Wahrscheinlichkeitsraum* (Ω, Σ, P) *mit Erwartungswert* $\mathbb{E}(X) = \mathbb{E}(Y) = 0$. *Es mögen die Varianzen* $V(X)$ *und* $V(Y)$ *endlich sein. Dann gilt* $\mathbb{E}(XY) = 0$.

Beweis: Es ist $0 \leq (|X| - |Y|)^2 = X^2 + Y^2 - |XY|$. Da die Varianzen endlich sind, existiert also auch der Erwartungswert von XY.

Sei zunächst $(\Omega, \mathcal{E}, P)$ ein diskreter Wahrscheinlichkeitsraum und $X(\Omega) = \{x_1, \ldots\}$, $Y(\Omega) = \{y_1, \ldots\}$. Sei $p_k = P(\{\omega : X(\omega) = x_k\})$ und $q_l = P(\{\omega : Y(\omega) = y_l\})$. Dann folgt aus der Unabhängigkeit von X und Y die Gleichung $P(\{\omega : X(\omega) = x_k\} \cap \{\omega : Y(\omega) = y_j\}) = p_k q_l$, also

$$
\begin{aligned}
\mathbb{E}(XY) &= \sum_{k,l} x_k y_l P(\{\omega : X(\omega) = x_k\} \cap \{\omega : Y(\omega) = y_j\}) \\
&= \sum_{k,l} x_k y_l p_k q_l = \left(\sum_k x_k p_k\right) \cdot \left(\sum_l y_l q_l\right) = \mathbb{E}(X)\mathbb{E}(Y) = 0.
\end{aligned}
$$

Sind nun X und Y stetig verteilt mit Dichten f und g, so drückt sich die Unabhängigkeit dadurch aus, dass die Dichte der gemeinsamen Verteilung von X und Y gerade die Funktion $(x, y) \mapsto f(x)g(y)$ ist und man erhält das Integral nach Satz 15.3:

$$\int_{-\infty}^{\infty} \int_{-\infty}^{\infty} xy f(x)g(y) dx dy = \left(\int_{-\infty}^{\infty} x f(x) dx\right) \cdot \left(\int_{-\infty}^{\infty} y g(y) dy\right) = \mathbb{E}(X)\mathbb{E}(Y) = 0.$$

$\square$

Satz 16.35 (Gesetz der großen Zahlen). *Sei* (Ω, Σ, P) *ein Wahrscheinlichkeitsraum und* $X_1, \dots, X_n : \Omega \to \mathbb{R}$ *seien paarweise stochastisch unabhängige Veränderliche mit Erwartungswert 0 und gleicher Varianz* $V(X_i) = \sigma^2$ *für alle* i. *Dann gilt für jedes* $\varepsilon > 0$

$$P(\{\omega :| \frac{1}{n} \sum_{j=1}^{n} X_j(\omega) |> \varepsilon\}) < \frac{\sigma^2}{n\varepsilon^2}.$$

Beweis: Sei $S(\omega) = \frac{1}{n} \sum_{j=1}^{n} X_j(\omega)$. Dann ist $\mathbb{E}(S) = \frac{1}{n} \sum_{j=1}^{n} \mathbb{E}(X_j) = 0$. Da die X_j alle stochastisch unabhängig sind, ist $\mathbb{E}(X_i X_j) = 0$ für $i \neq j$, also $\mathbb{E}(S^2) = \frac{1}{n^2} \sum_{j=1}^{n} \mathbb{E}(X_j^2) = \frac{\sigma^2}{n}$. Damit folgt die Formel aus der Ungleichung von Tschebyscheff. $\square$

Beispiel: (**Bernoullis Gesetz der großen Zahlen**)
Wir betrachten wieder das n–malige Durchführen eines Experiments mit den Ausgängen 0 und 1, also

$$\Omega_n = \{0, 1\}^n, \ p_\omega = p^{\sum_1^n \omega_j} (1-p)^{n-\sum_1^n \omega_j}, \ X_j(\omega) = \omega_j, \ Y_j(\omega) = X_j(\omega) - p.$$

Dann ist $\mathbb{E}(Y_j) = 0$ und $V(Y_j) = V(X_j) = p(1-p)$. Sei $S_n(\omega) = \frac{1}{n} \sum_{j=1}^{n} Y_j(\omega) = \frac{1}{n} \sum_{j=1}^{n} X_j(\omega) - p$. Wir erhalten also $P(\{\omega :| \frac{1}{n} \sum_{j=1}^{n} X_j(\omega) - p |> \varepsilon\}) \leq \frac{p(1-p)}{n\varepsilon^2}$. Die Folge $\frac{1}{n} \sum_{j=1}^{n} X_j(\omega)$ der durchschnittlichen Trefferzahl konvergiert also diskret stochastisch gegen den Wert p.

16.5.2 Zentraler Grenzwertsatz

Die Bernoulliverteilung $B(n, p)$ ist für große n schwer zu berechnen. Wir erinnern uns, dass diese Verteilung diejenige der Summe $S(\omega) = \sum_{k=0}^{n} \omega_k$ der Koordinaten in $\{0, 1\}^n$ mit der durch $P(\omega_1, \dots, \omega_n) = p^{S(\omega)} q^{n-S(\omega)}$ gegebenen Verteilung ist. Die Koordinatenfunktionen $X_j : \omega \mapsto \omega_j$ sind stochastisch unabhängig und haben alle die gleiche Verteilung $P([X_j = 0]) = q$ und $P([X_j = 1]) = p$.

Diese Situation liegt in sehr vielen Fällen vor. Man kann dann die Verteilung der Summe durch die Normalverteilung approximieren. Dazu erklären wir zunächst, was wir unter identisch verteilt verstehen wollen:

Definition 16.36. *Eine Menge* $\mathcal{X}$ *von reellen Zufallsvariablen auf einem Wahrscheinlichkeitsraum* $(\Omega, \mathcal{E}, P)$ *heißt* **identisch verteilt***, wenn* $P_X = P_Y$ *für alle* $X, Y \in \mathcal{X}$ *gilt.*

Sei $\mathcal{X}$ eine Menge identisch verteilter Zufallsvariablen. Dann gilt offensichtlich $\mathbb{E}(X) = \mathbb{E}(Y)$ und $V(X) = V(Y)$ für alle $X, Y \in \mathcal{X}$. Wir erinnern an die Verteilungsfunktion $F_X(t) = P_X(]-\infty, t]) = P([X \leq t])$ einer reellen Zufallsvariablen

X (siehe Definition 16.19). Die Verteilungsfunktion der Standardnormalverteilung wird mit $\Phi(t) = \dfrac{1}{\sqrt{2\pi}} \int_{-\infty}^{t} e^{-x^2/2} dx$ bezeichnet.

Theorem 16.37. (Zentraler Grenzwertsatz)*Für jedes $n \in \mathbb{N}$ sei $(\Omega_n, \mathcal{E}_n, P_n)$ ein Wahrscheinlichkeitsraum und $X_{1,n}, \ldots, X_{n,n}$ seien paarweise unabhängige reelle Zufallsvariable auf Ω_n, deren Varianzen existieren. Die Menge $\mathcal{X} = \{X_{i,n} : n \in \mathbb{N}, 1 \leq i \leq n\}$ sei identisch verteilt und es sei $\mathbb{E}(X_{i,n}) = m$, $V(X_{i,n}) = \sigma^2$. Sei*

$$S_n^*(\omega) = \frac{1}{\sigma\sqrt{n}} \sum_{k=1}^{n} (X_{k,n}(\omega) - m)$$

*die **standardisierte Summe** der $X_{k,n}$. Dann gilt für beliebige Zahlen $a < b$*

$$\lim_{n\to\infty} P([a \leq S_n^* \leq b]) = \Phi(b) - \Phi(a).$$

Die hier angegebene Version des zentralen Grenzwertsatzes ist nicht die allgemeinste. Aber auch der Beweis für diese einfache Form übersteigt unseren Rahmen.

Anwendung. Typischerweise wird dieser Satz auf die Binomialverteilung angewendet: Sei $\Omega_0 = \{0,1\}$ mit der Verteilung $P(1) = p$, $P(0) = q = 1 - p$ ($0 < p < 1$). Dann ist $\Omega_n = \Omega_0^n$, versehen mit der Verteilung $P(\omega) = p^{\sum_{k=1}^{n} \omega_k} q^{n-\sum_{k=1}^{n} \omega_k}$, für welche die Koordinatenfunktionen $X_{j,n} : \omega \mapsto \omega_j$ identisch verteilt und unabhängig sind. Es ist $\mathbb{E}(X_{j,n}) = p$ und $V(X_{j,n}) = pq$. Damit ist $S_n^*(\omega) = \dfrac{1}{\sqrt{npq}} \left(\sum_{k=1}^{n} \omega_k - np\right)$. Damit ergibt sich für die Abschätzung der Wahrscheinlichkeit, dass die Trefferzahl $\sum_{k=1}^{n} \omega_k$ im Intervall $[np - \alpha, np + \alpha]$ liegt, approximativ $\Phi(\dfrac{\alpha}{\sqrt{npq}}) - \Phi(-\dfrac{\alpha}{\sqrt{npq}})$. Denn es ist

$$np - \alpha \leq \sum_{k=1}^{n} \omega_k \leq np + \alpha \text{ genau dann, wenn } -\frac{\alpha}{\sqrt{npq}} \leq S_n^*(\omega) \leq \frac{\alpha}{\sqrt{npq}} \text{ gilt,}$$

und diese Wahrscheinlichkeit ist für große n ungefähr gleich $\Phi(\dfrac{\alpha}{\sqrt{npq}}) - \Phi(-\dfrac{\alpha}{\sqrt{npq}})$. Zum Beispiel erhält man für $n = 36$, $p = 1/2$ und $\alpha = 3$ $P(15 \leq \sum_{k=1}^{36} \omega_k \leq 21) \approx \Phi(1) - \Phi(-1) \approx 2/3$.

16.5.3 Verteilung seltener Ereignisse

Sei wieder $\Omega_n = \{0,1\}^n$ wie im Anwendungsabschnitt oben, aber jetzt hänge $p = p_n$ selbst von n ab und zwar so, dass $\lim_{n\to\infty} np_n = \lambda > 0$ gilt. Für große n ist also $p_n \approx \lambda/n$, das heißt, das Eintreffen des Erfolgs $\omega_k = 1$ ist sehr selten. Die exakte Verteilung von $\sum_{k=1}^{n} \omega_k =: S_n(\omega)$ ist die Binomialverteilung $B(n, p_n)$.

Der folgende Satz ist gewissermaßen ein Gegenstück zum zentralen Grenzwertsatz:

Satz 16.38. *Sei* $\lim_{n \to \infty} np_n = \lambda > 0$. *Dann gilt*

$$\lim_{n \to \infty} \binom{n}{k} p_n^k (1 - p_n)^{n-k} = \lim_{n \to \infty} P([S_n = k]) = e^{-\lambda} \frac{\lambda^k}{k!}.$$

Der Satz besagt, dass für große n in diesem Fall die Binomialverteilung ungefähr gleich der Poisson-Verteilung ist.

Beweis: Es sei $d_n = np_n - \lambda$. Dann ist $p_n = (\lambda + d_n)/n$. Daraus ergibt sich für fest gewähltes k:

$$\binom{n}{k} p_n^k (1 - p_n)^{n-k} = \frac{1}{k!} \frac{n(n-1) \cdots (n - (k-1))}{n^k} (\lambda + d_n)^k (1 - \frac{\lambda + d_n}{n})^{n-k}$$

$$= \frac{1}{k!} (1 - 1/n) \cdots (1 - (k-1)/n)(\lambda + d_n)^k (1 - \frac{\lambda + d_n}{n})^n$$

$$\cdot (1 - \frac{\lambda + d_n}{n})^{-k}.$$

Nun ist $\lim_{n \to \infty} (1 - 1/n)(1 - 2/n) \cdots (1 - (k-1)/n) = 1$, ferner $\lim_{n \to \infty} (\lambda + d_n)^k = \lambda^k$ und $\lim_{n \to \infty} (1 - \frac{\lambda + d_n}{n})^{-k} = 1$ wegen der Stetigkeit der Potenzfunktion $x \mapsto x^k$. Es gilt ferner $\lim_{n \to \infty} (1 - \frac{\lambda + d_n}{n})^n = e^{-\lambda}$, siehe die unten stehende Aufgabe. Insgesamt folgt aus allem bisher Bewiesenen die Behauptung. $\qquad\square$

Aufgaben:

1. Sei $(d_n)_n$ eine Nullfolge und $\lambda \in \mathbb{R}$ beliebig. Zeigen Sie bitte:
   a) $\lim_{n \to \infty} n \ln(1 + \frac{\lambda + d_n}{n}) = \lambda$.
   Tipp: Es ist $\ln(1 + \frac{\lambda + d_n}{n}) = \int_0^{\lambda/n} \frac{dt}{1+t} + \int_{\lambda/n}^{(\lambda + d_n)/n} \frac{dt}{1+t}$. Das zweite Integral ist wegen $1 + t \leq 1$ kleiner oder gleich d_n/n, das erste ist gleich $\ln(1 + \lambda/n)$. Verwenden Sie nun Beispiel 1, Seite 239.
   b) Zeigen Sie bitte $\lim_{n \to \infty} (1 - \frac{\lambda + d_n}{n})^n = e^{-\lambda}$.
   Tipp: Logarithmieren Sie die behauptete Gleichheit und benutzen Sie die Stetigkeit der Exponentialfunktion (vergleiche Beispiel 5, Seite 239).
2. Sei $n = 1000$ und $p_n = 0.01$. Berechnen Sie bitte $P(S_n \leq 10)$ einmal mit Hilfe der Approximation durch die Poisson-Verteilung, das andere Mal mit Hilfe des zentralen Grenzwertsatzes.

Wiederholung

Begriffe: (diskrete) stochastische Konvergenz, identisch verteilte Zufallsvariable.
Sätze: Ungleichung von Tschebyscheff, Gesetz der großen Zahlen, zentraler Grenzwertsatz, Verteilung seltener Ereignisse.

16.6 Stochastische Prozesse

Motivation und Überblick

Viele Systeme der Biologie entwickeln sich zufällig. Die Präzisierung dieses Phänomens führt auf den Begriff des stochastischen Prozesses. Wir führen ihn ein und behandeln zwei wichtige Klassen stochastischer Prozesse: den Poissonprozess als Signalprozess und Markoff–Ketten mit endlichem Zustandsraum, für die wir als Beispiel die Nukleotid–Substitution bereits kennen gelernt haben.

16.6.1 Einleitung

Viele Systeme der Naturwissenschaft und Technik entwickeln sich zufällig. Dies beschreiben wir mathematisch durch eine Funktion X, die von der kontinuierlichen oder diskreten Zeit einerseits und vom Zufall andererseits abhängt. Sei genauer $\mathbb{T} = [0, b[$ oder $T = \mathbb{N}_0$ die kontinuierliche beziehungsweise diskrete Zeit und $(\Omega, \mathcal{E}, P)$ ein Wahrscheinlichkeitsraum, schließlich $(\mathcal{Z}, \mathcal{E}')$ der Zustandsraum des Systems, der ein Ereignisraum ist. Dann ist X eine Abbildung von $\mathbb{T} \times \Omega \to \mathcal{Z}$, die jedem (t, ω) den Wert $X_t(\omega)$ zuordnet mit der Eigenschaft, dass für festes $t \in \mathbb{T}$ die Funktion $\omega \mapsto X_t(\omega)$ eine Zufallsvariable ist. Für festes ω hingegen beschreibt die Funktion $t \mapsto X_t(\omega)$ die zeitliche Entwicklung des Systems, wenn dieses zufällige Ereignis ω herausgegriffen ist (oder "passiert").

Definition 16.39. *Die Abbildung X heißt* **stochastischer Prozess**.

Im Eingangsbeispiel der Beschreibung von Nukleotid–Substitutionen ist die Evolution genau solch ein stochastischer Prozess mit endlichem Zustandsraum und diskreter Zeit, wie wir im Abschnitt über Markoff-Ketten ausführen werden.

Wir gehen nicht auf die allgemeine Theorie der stochastischen Prozesse ein, sondern behandeln nur den Poissonprozess und Markoff–Ketten mit endlichem Zustandsraum.

Zur Vereinfachung der Schreibweise lassen wir in Zukunft in der Regel die eckigen Klammern zur Beschreibung von Ereignissen fort. Statt $P([X_n = z_k])$ schreiben wir also einfach $P(X_n = z_k)$. Des weiteren setzen wir $P([X_n = z_k] \cap [X_m = z_j]) = P(X_n = z_k, X_m = z_j)$ usw.

16.6.2 Der Poisson-Prozess

Der Poisson-Prozess beschreibt zum Beispiel die zufällige Anzahl von Telefonanrufen oder allgemeiner von Nachrichten oder Signaleingängen in Abhängigkeit von der Zeit t. Er findet außerdem Anwendung bei der Rekonstruktion von langen DNA-Sequenzen aus Fragmenten (s. [12, Chapter 5]).

Sei (Ω, Σ, P) ein Wahrscheinlichkeitsraum und für jedes $t \in [0, \infty[$ sei $X_t : \Omega \to \mathbb{N}_0$ eine Zufallsvariable. $X_t(\omega) \in \mathbb{N}_0$ gibt zum Beispiel die Anzahl der Signaleingänge im Zeitraum $[0, t]$, abhängig vom Ereignis ω, an. Ebenso kann $X_t(\omega)$ die Anzahl der ausgestrahlten α–Teilchen im Zeitraum $[0, t]$, abhängig vom Ereignis ω, bedeuten. Wir setzen voraus, dass die folgenden Bedingungen erfüllt sind:

(I) *Die Anzahl der Signale in den Intervallen* $]0, t_1],]t_1, t_2], \ldots$ *und* $]t_{n-1}, t_n]$ *sind für* $0 < t_1 \cdots < t_n$ *unabhängig voneinander. Präzise: die Zufallsvariablen* $X_{t_{j+1}} - X_{t_j}$ *sind stochastisch unabhängig.*

(II) *Die Zuwächse* $X_{t+h} - X_t$ *sind unabhängig von* t *identisch verteilt, das heißt: für alle* $t \geq 0$, $h > 0$ *und* $k \in \mathbb{N}_0$ *ist* $P([X_{t+h} - X_t = k]) = P([X_h - X_0 = k])$.

(III) *Im Zeitpunkt* $t = 0$ *tritt kein Signal auf, das heißt* $P([X_0 = 0]) = 1$.

(IV) *Es gibt eine feste Zahl* $\lambda > 0$ *mit* $\lim_{h \to 0} \dfrac{P([X_h - X_0 = 1])}{h} = \lambda$. *Das bedeutet: Für kleine Zeiten ist die Wahrscheinlichkeit pro Zeiteinheit dafür, dass genau ein Signal eintrifft, gerade gleich der* Intensität λ.

(V) *Es gilt* $\lim_{h \to 0} \dfrac{P([X_h - X_0 \geq 2])}{h} = 0$. *Das bedeutet: Für kleine Zeiten ist die Wahrscheinlichkeit pro Zeiteinheit dafür, dass mehr als ein Signal auftritt, klein.*

Theorem 16.40. *Der stochastische Prozess* $(X_t)_{t \geq 0}$ *habe die oben angegebenen Eigenschaften (I) bis (V). Dann hat* X_t *für* $t > 0$ *eine Poisson-Verteilung mit Erwartungswert* λt. *Es gilt also für alle* $t > 0$ *und alle* $k \in \mathbb{N}_0$

$$P([X_t = k]) = e^{-\lambda t} \frac{(\lambda t)^k}{k!}.$$

Beweis: (vergl. die Behandlung der Binomialverteilung, Seite 472, und Satz 16.38)

(I) Es ist $[X_t = k] = \biguplus_{j=0}^{k} [X_t - X_0 = k - j] \cap [X_0 = j]$, also $P(X_t = k) = \sum_{j=0}^{k} P([X_t - X_0 = k - j] \cap [X_0 = j])$. Nun ist $[X_t = k - j] \cap [X_0 = j] \subseteq [X_0 = j]$. Nach (III) folgt $P([X_t = k - j] \cap [X_0 = j]) \leq P(X_0 = j) = 0$ für $j \geq 1$. Also ist $P(X_t = k) = P(X_t - X_0 = k)$.

(II) Sei $t > 0$ fest gewählt. Sei $N \in \mathbb{N}$ beliebig und $t_j = \frac{j \cdot t}{N}$, ferner $Y_{j,N} = X_{t_{j+1}} - X_{t_j}$. Dann ist $X_t - X_0 = \sum_{j=0}^{N-1} Y_{j,N}$. Die Zufallsvariablen $Y_{j,N}$ sind nach Voraussetzung (I) unabhängig und nach (II) identisch verteilt. Sei $p_N = P(Y_{1,N} = 1)$. Nach (IV) ist $p_N = \frac{\lambda t}{N} + r_N \frac{t}{N}$ mit $\lim_{N \to \infty} r_N = 0$. Sei $s_N = P(Y_{1,N} \geq 2)$. Nach (V) ist $s_N = u_N \cdot \frac{t}{N}$ mit $\lim u_N = 0$. Schließlich setzen wir $q_N = P(Y_{1,N} = 0) = 1 - P(Y_{1,N} = 1) - P(Y_{1,N} \geq 2) = 1 - \frac{t}{N}(\lambda + r_N + s_N)$. Aus Aufgabe 1b, Seite 491, folgt $\lim_{N \to \infty} q_N^N = e^{-\lambda t}$ und damit $\lim_{N \to \infty} q_N^N = \lim_{N \to \infty} q_N^{-k} \cdot \lim_{N \to \infty} q_N^N = e^{-\lambda t}$ wegen $\lim_{N \to \infty} q_N = 1$.

(III) Für beliebiges N ist damit $P([X_t - X_0 = 0]) = P(\bigcap_{j=0}^{N-1} [Y_j = 0]) = \prod_{j=0}^{N-1} P([Y_j = 0]) = q_N^N$. Da $P([X_t - X_0 = 0])$ gar nicht von N abhängt, erhält man $P([X_t - X_0 = 0]) = \lim_{N \to \infty} q_N^N = e^{-\lambda t}$. Mit dem gleichen Argument ergibt sich

$$P([X_t - X_0 = 1]) \quad = \quad P(\biguplus_{j \leq n-1}([Y_{j,N} = 1] \cap \bigcap_{k \neq j} Y_{k,N} = 0))$$

$$= \quad N p_N q_N^{N-1} = t(\lambda + s_N + r_N) q_N^{N-1},$$

also $P([X_t - X_0 = 1]) = \lim_{N \to \infty} t(\lambda + s_N + r_N) q_N^{N-1} = e^{-\lambda t} \cdot \lambda t$.

(IV) Sei $k \geq 2$. Wir setzen $A_N = [\sum_{j=0}^{N-1} Y_{j,N} = k] \cap \bigcap_{j=0}^{N-1} [Y_{j,N} \leq 1]$. Für $1 \leq \ell \leq k-1$ sei $B_{\ell,N} = \{\omega : |\{j : Y_{j,N}(\omega) \neq 0\}| = \ell, \sum_{j=0}^{N-1} Y_{j,N}(\omega) = k\}$ und $B_N = \bigcup_{\ell=1}^{k-1} B_{\ell,N}$. Dann ist $[X_t - X_0 = k] = A_N \uplus B_N$. Es ist $P(A_N) = \binom{N}{k} p_N^k q_N^{N-k} = \frac{1}{k} \cdot \frac{N(N-1) \cdots (N-(k+1))}{N^k} \cdot t^k (\lambda + s_N + u_N)^k q_N^{N-k}$ also $\lim_{N \to \infty} P(A_N) = e^{-\lambda t} \cdot \frac{(\lambda t)^k}{k!}$. Nun ist $B_{\ell,N}$ enthalten in der Menge derjenigen ω, für die $\sum_{j=0}^{N-1} Y_{j,N}(\omega) = k$ und mindestens ein $Y_{j,N}(\omega) \geq 2$ ist. Wegen $\lim_{N \to \infty} r_N = 0$ und $\lim_{N \to \infty} (\lambda + s_N + u_N) = \lambda > 0$ gibt es ein N_0 mit $r_N < \lambda + s_N + u_N$ für alle $N \geq N_0$. Dann ist $s_N < p_N$, also $s_N^r \leq s_N p_N^{r-1}$ für $r \geq 1$ und wir erhalten unter Berücksichtigung von $q_n \leq 1$

$$P(B_{\ell,N}) \quad \leq \quad \binom{N}{\ell} s_N p_N^{\ell-1} q_N^{N-\ell}$$

$$\leq \quad \frac{1}{\ell!} \frac{N(N-1) \cdots (N-(\ell+1))}{N^\ell} \cdot u_N t^{\ell-1} (\lambda + r_N + u_N)^{\ell-1}.$$

Damit folgt $\lim_{N \to \infty} P(B_{\ell,N}) = 0$, also $\lim_{N \to \infty} P(B_N) = 0$. Insgesamt ist $P(X_t - X_0 = k) = \lim P(A_N) = e^{-\lambda t} \frac{(\lambda t)^k}{k!}$. □

16.6.3 Markoff–Ketten

Wir hatten bei der Betrachtung der Nukleotid-Substitution in Abschnitt 16.1.1 ein System (nämlich eine Population) kennen gelernt, das vier verschiedene Zustände annehmen kann. Wir hatten die zeitliche Entwicklung dieses Systems beschrieben, genauer hatten wir Gesetzmäßigkeiten für die Wahrscheinlichkeiten für den Übergang von einem Zustand zu einem anderen im Laufe der Zeit formuliert.

Damit bildet der Prozess der Nukleotid-Substitution eine **Markoff–Kette**[8]. Dies wollen wir nun genauer erklären:

Wir denken uns ein System $\mathcal{S}$, das durch endlich viele Zustände beschrieben werden kann, die wir einfach durchnummerieren; die Menge der Zustände ist also $\mathcal{Z} = \{z_1, z_2, \ldots, z_r\}$. Zum Zeitpunkt $n (= 0, 1, 2, \ldots)$ befinde sich das System mit Wahrscheinlichkeit $p_k^{(n)}$ im Zustand z_k. Wir haben also einen stochastischen Prozess X mit diskreter Zeit. Genauer: Es gibt einen Wahrscheinlichkeitsraum $(\Omega, \mathcal{E}, P)$ und eine Abbildung X von $\mathbb{N}_0 \times \Omega$ in $\mathcal{Z}$, $(n, \omega) \mapsto X_n(\omega)$, mit der Eigenschaft, dass für alle n die Funktion $\omega \mapsto X_n(\omega)$ eine Zufallsvariable ist (wir erinnern daran, dass wir auf der endlichen Menge $\mathcal{Z}$ die Potenzmenge als Ereignisalgebra betrachten). Es ist $p_k^{(n)} = P([X_n = k])$.

---

[8] Andrei A. Markoff, 1856–1922, Professor der Mathematik in St. Petersburg.

Wir wollen Modelle angeben, für die man den Grenzwert $\lim_{n\to\infty} p_k^{(n)} =: p_k^{(\infty)}$ berechnen kann, vorausgesetzt man kennt die Wahrscheinlichkeiten $p_1^{(0)}, \ldots, p_r^{(0)}$ zum Zeitpunkt 0.

Für die zeitliche Entwicklung machen wir die folgenden zwei Annahmen:

(I) $P(X_{n+1} = z_k \mid X_0 = z_{k_0}, X_1 = z_{k_1}, \ldots, X_n = z_{k_n}) = P(X_{n+1} = z_k \mid X_n = z_{k_n})$. *Die bedingte Wahrscheinlichkeit für X_{n+1} hängt nicht von der gesamten Vergangenheit ab, sondern nur vom unmittelbar vorangegangenen Zustand.* Die bedingte Wahrscheinlichkeit $P(X_{n+1} = z_k \mid X_n = z_j)$ heißt **Übergangswahrscheinlichkeit** von z_j nach z_k.

(II) $P(X_{n+1} = z_k \mid X_n = z_j) = P(X_1 = z_k \mid X_0 = z_j)$. *Die Übergangswahrscheinlichkeiten hängen nicht vom speziellen Zeitpunkt n ab, sondern sind für alle Zeiten gleich.*

Definition 16.41. *Ein stochastischer Prozess $X : \mathbb{N}_0 \times \Omega \to \mathcal{Z}$, für den (I) und (II) gilt, heißt* **Markoff–Kette** *mit Zustandsraum $\mathcal{Z}$. Die Matrix der Übergangswahrscheinlichkeiten heißt* **Übergangsmatrix** *der Markoff–Kette.*

Wir wollen die folgenden Fragen untersuchen, deren Antwort uns Aufschluss über die Wahrscheinlichkeit P auf Ω gibt.

1. Gibt es ein eindeutig bestimmtes Wahrscheinlichkeitsmaß $p = (p_1, \ldots, p_r)$ auf $\mathcal{Z}$ mit $P(X_n = z_k) = p_k$ für alle n und alle k? Ist das der Fall, so nennt man p **invariant**. Wahrscheinlichkeitstheoretisch bedeutet das, dass *alle X_n identisch verteilt* sind. Die gemeinsame Verteilung ist gerade $p = (p_1, \ldots, p_r)$.
2. Sei $p^{(0)} = (p_1^{(0)}, \ldots, p_r^{(0)})$ eine beliebige Anfangsverteilung, also $p_j^{(0)} = P(X_0 = z_j)$. Konvergiert dann die Folge $p^{(n)} = (p_1^{(n)}, \ldots, p_r^{(n)})$ für $n \to \infty$, und wenn ja, ist $p^{(\infty)} = \lim_{n\to\infty} p^{(n)}$ invariant?

Der folgende Satz zeigt, dass man die Fragen auf Probleme der linearen Algebra zurückführen kann. Um die Kohärenz mit der gängigen Literatur zu gewährleisten, schreiben wir in Zukunft Wahrscheinlichkeitsverteilungen auf $\mathcal{Z}$ als Spaltenvektoren $p = \begin{pmatrix} p_1 \\ \vdots \\ p_r \end{pmatrix}$. Ferner erklären wir in Übereinstimmung mit den meisten Autoren die Übergangsmatrix durch

$$P = (p_{ij}) \quad \text{mit} \quad p_{ij} = P(X_1 = i \mid X_0 = j).$$

Damit ist also auch die bedingte Wahrscheinlichkeitsverteilung ein Spaltenvektor und die Spaltensumme ist stets 1. Der entscheidende Satz, der die Theorie der Markoff–Ketten mit der Linearen Algebra verbindet, lautet nun:

Satz 16.42. *Sei* $p^{(0)} = \begin{pmatrix} p_1^{(0)} \\ \vdots \\ p_r^{(0)} \end{pmatrix}$

die Verteilung von X_0. *Dann gilt für die Verteilung* $p^{(n)} = \begin{pmatrix} p_1^{(n)} \\ \vdots \\ p_r^{(n)} \end{pmatrix}$ *von* X_n

die Gleichung
$$p^{(n)} = P^n p^{(0)}.$$

Beweis: Wir erinnern an die Vereinbarung $[X = k] = \{\omega \in \Omega : X(\omega) = k\}$. Der Beweis benutzt vollständige Induktion.

$n = 1$: Es ist $[X_1 = z_i] = \biguplus_{z_j \in \mathcal{Z}} ([X_1 = z_i] \cap [X_0 = z_j])$ und
$P([X_1 = z_i] \cap [X_0 = z_j]) = P([X_1 = z_i] \mid [X_0 = z_j]) P([X_0 = z_j])$, also

$$
\begin{aligned}
p_i = P([X_1 = z_i]) &= \sum_{z_j \in \mathcal{Z}} P([X_1 = z_i] \cap [X_0 = z_j]) \\
&= \sum_{z_j \in \mathcal{Z}} P([X_1 = z_i] \mid [X_0 = z_j]) P([X_0 = z_j]) = \sum_j p_{ij} p_j^{(0)}.
\end{aligned}
$$

Das bedeutet $p^{(1)} = P p^{(0)}$.

Induktionsannahme: Sei $p^{(n)} = P^n p^{(0)}$ für ein $n \geq 1$.

Induktionsbehauptung: $p^{(n+1)} = P^{n+1} p^{(0)}$.

Beweis: Wie für $n = 0$ folgt $p^{(n+1)} = P p^{(n)}$. Einsetzen liefert die Behauptung.

Damit ist der Satz bewiesen. □

Stochastische Matrizen

Definition 16.43. *Eine* $r \times r$–*Matrix* $S = (s_{ij})$, *bei der alle Einträge* $s_{ij} \geq 0$ *sind, und deren Spaltensummen* $\sum_{i=1}^{r} s_{ij}$ *alle gleich 1 sind, heißt* **stochastische Matrix**.

Die Übergangsmatrix einer Markoff–Kette ist also eine stochastische Matrix. In diesem Abschnitt wollen wir die wichtigsten Eigenschaften stochastischer Matrizen losgelöst vom Kontext der Markoff–Ketten beweisen und die Ergebnisse dann auf Markoff–Ketten anwenden.

Wir benutzen im Folgenden die 1-Norm $\|x\| = \sum_{j=1}^{r} |x_j|$. Die zugehörige Operatornorm (Matrixnorm) (siehe Satz 13.4) ist gegeben durch $\|S\| := \|S\|_{11} = \|(s_{ij})\| = \max_k \left(\sum_j |s_{jk}| \right)$. Damit hat eine stochastische Matrix die Norm 1.

Die im Folgenden eingeführten Bezeichnungen werden insbesondere für Spaltenvektoren und quadratische Matrizen benutzt.

Der **Absolutbetrag** einer $q \times r-$ Matrix $S = (s_{ij})$ ist die Matrix $|S| = (|s_{ij}|)$. Mit dieser Bezeichnung erhalten wir $S^+ = 1/2(|S| + S) = (\max(s_{ij}, 0)) = (s_{ij}^+)$, $S^- = 1/2(|S| - S) = (-\min(s_{ij}, 0)) = (s_{ij}^-)$ und $S = 1/2(S^+ - S^-)$, sowie $|S| = 1/2(S^+ + S^-)$. Schließlich ist $\min(s_{ij}^+, s_{ij}^-) = 0$ für alle i, j.

Definition 16.44. *Eine $q \times r$–Matrix $S = (s_{ij})$ heißt* **positiv**, *in Zeichen: $S \geq 0$, wenn alle Einträge $s_{ij} \geq 0$ sind. Sie heißt* **strikt positiv**, *in Zeichen: $S \gg 0$, wenn alle $s_{ij} > 0$ sind.*
c) Die Matrix S ist größer oder gleich T, wenn $S - T$ positiv ist.

Wir fassen die einfachsten Eigenschaften der Positivität in einem Satz zusammen.

Satz 16.45. *a) Die Summe zweier positiver Matrizen ist positiv.*
b) Das Produkt zweier positiver Matrizen ist positiv. Ist einer der beiden Faktoren strikt positiv, und enthält der andere Faktor in jeder Zeile und jeder Spalte mindestens ein Element ungleich 0, so ist auch das Produkt strikt positiv.
c) Es gelte $S \geq T$. Dann ist $S + V \geq T + V$ für alle Matrizen V und $SV \geq TV$, $WS \geq WT$ für positive Matrizen V bzw. W.

Aufgabe: Beweisen Sie bitte diesen Satz.

Mit S^t bezeichnen wir die transponierte Matrix (Def. 10.32). Sei S eine positive $r \times r-$ Matrix. Genau dann ist S stochastisch, wenn $S^t \begin{pmatrix} 1 \\ \vdots \\ 1 \end{pmatrix} = \begin{pmatrix} 1 \\ \vdots \\ 1 \end{pmatrix} =: 1^{\downarrow}$.

Also ist 1 ein Eigenwert von S^t und damit nach Korollar 10.62 auch von S. Damit ist der **Fixraum** $F(S) = \{x \in \mathbb{R}^r : Sx = x\} \neq \{0\}$.

Wir erinnern an das **kanonische Skalarprodukt** $(x|y) = \sum_{j=1}^r x_j y_j$ auf $\mathbb{R}^r$, das wir im Folgenden der Bequemlichkeit halber häufig benutzen werden.

Sei $W = \{x \in \mathbb{R}^r : x \geq 0, (1^{\downarrow}|x) = 1\}$. W kann mit der Menge der Wahrscheinlichkeitsmaße auf $\mathcal{Z}$ identifiziert werden. Dazu setzt man $P_x(z_j) = x_j$ für $x \in W$. Umgekehrt sei P ein Wahrscheinlichkeitsmaß auf $\mathcal{Z}$. Ihm wird $x = (P(z_1), \ldots, P(z_r))^t$ zugeordnet.

Eine positive $r \times r$–Matrix S ist offenbar genau dann stochastisch, wenn $S(W) \subseteq W$ gilt. Damit ist mit S auch jede Potenz von S stochastisch.

Sei S eine stochastische $r \times r$–Matrix und $F(S) = \{x \in \mathbb{R}^r : Sx = x\}$ wie oben der Fixraum von S.

Unser nächstes größeres Ziel ist es, zu zeigen, dass in W eine Basis von $F(S)$ enthalten ist. Mit I bezeichnen wir die Einheitsmatrix. Eine wichtige Rolle auf dem

Weg zu diesem Ziel spielen die folgendermaßen definierten Matrizen, die ein Spezialfall der Mittelbildung von Cesaro[9] sind:

Definition 16.46. *Die gemittelte Summe* $M_n(S) = \frac{1}{n}\sum_{k=0}^{n-1} S^k$ *heißt* **Cesaro–Mittel** *zu* S.

Satz 16.47. *Sei S eine beliebige $r \times r$–Matrix mit $\|S\| = 1$. Sei $M_n(S) = \frac{1}{n}\sum_{k=0}^{n-1} S^k$. Dann konvergiert die Folge $(M_n(S))_n$ gegen die Projektion Q von $\mathbb{R}^r$ auf $F(S) = \{x : Sx = x\}$ mit $\ker(Q) = (I - S)(\mathbb{R}^r)$. Ferner gilt $SQ = QS = Q$.*

Beweis: Sei $F = F(S)$.

(I) Zunächst folgt aus der Submultiplikativität der Matrixnorm durch Induktion $\|S^n\| \le \|S\| \, \|S^{n-1}\| \le 1$, also $\lim_{n\to\infty} S^n/n = 0$.

(II) Ist $x \in F$ so ist $M_n(S)(x) = x$. Es ist $(I-S)M_n(S) = M_n(S)(I-S) = \frac{1}{n}(I-S^{n+1})$, also gilt $\lim_{n\to\infty} M_n(S)(I-S) = \lim_{n\to\infty}(I-S)M_n(S) = 0$.

(III) Sei $G = (I - S)(\mathbb{R}^r)$. Wir zeigen, dass $\mathbb{R}^r$ die direkte Summe $\mathbb{R}^r = F \oplus G$ ist.

Behauptung: $F \cap G = 0$.

Beweis: Sei $z \in F \cap G$. Dann gibt es ein y mit $z = (I - S)y$. Außerdem ist $M_n(S)(z) = z$ wegen $z \in F$. Damit folgt $z = M_n(S)(z) = M_n(S)(I - S)y$, also $z = \lim_{n\to\infty} M_n(S)(I - S)y = 0$.

Behauptung: $F + G = \mathbb{R}^r$.

Beweis: Wegen $F \cap G = \{0\}$ ist

$$\dim(F + G) = \dim(F) + \dim(G) = \dim(\ker(I - S)) + \dim((I - S)(\mathbb{R}^r)) = r,$$

wobei das letzte Gleichheitszeichen aus der Dimensionsformel (Satz 10.12) folgt. Damit ist $F \oplus G = \mathbb{R}^r$.

(IV) Sei Q die Projektion auf F mit Kern G. Ist $x \in F$, so ist $Sx = x$, also $M_n(S)x = x$ und damit $Qx = x = \lim M_n(S)x$. Ist aber $y \in G$, so ist $y = (I - S)z$ und daher $\lim M_n(S)y = 0 = Qy$. Damit folgt $Q = \lim_{n\to\infty} M_n(S)$. Schließlich erhält man $SQ = QS$ aus $(I - S)Q = Q(I - S) = 0$. $\quad\square$

Mit S ist auch S^n stochastisch, also ist $\|S^n\| = 1$ und wir können den vorangegangenen Satz anwenden.

Satz 16.48. *Sei S eine stochastische $r \times r$–Matrix und $Q = \lim_{n\to\infty} M_n(S)$. Dann ist Q eine stochastische Projektion auf den Fixraum $F(S)$ von S. Ferner enthält $F(S) \cap W$ eine Basis von $F(S)$.*

Beweis: Es sind alle Einträge in der Matrix $M_n(S)$ größer oder gleich 0, also ist $q_{ij} = \lim(M_n(S))_{ij} \ge 0$. Außerdem ist $1^\perp = M_n(S^t)1^\perp$, also $1^\perp = Q^t 1^\perp$; das bedeutet, alle Spaltensummen von Q sind gleich 1.

---

[9] Ernesto Cesaro, 1859–1906, zunächst Professor für Höhere Algebra in Palermo, später Professor für Analysis in Neapel.

Es bezeichne $e_i = (\delta_{ij})_{j=1\dots r}$ den i. kanonischen Einheitsvektor. Für jede Matrix A ist $a_i = A(e_i)$ die i–te Spalte und $A(\mathbb{R}^r)$ wird von $\{a_1, \dots, a_r\}$ erzeugt. Angewendet auf Q ergibt dies, dass F(S) eine Basis aus W enthält.   □

Wir wollen nun untersuchen, wann es nur einen einzigen invarianten Wahrscheinlichkeitsvektor p zu einer stochastischen Matrix S gibt und ferner, unter welchen Bedingungen die Folge $(S^n)_n x$ gegen p konvergiert, falls x selbst ein Wahrscheinlichkeitsvektor ist. Die beiden folgenden Begriffe spielen in den Anwendungen auf Markoff–Ketten eine wichtige Rolle.

Definition 16.49. *Sei S eine stochastische Matrix.*
a) S heißt **irreduzibel***, wenn es ein n_0 gibt, für das $\sum_{k=0}^{n_0} S^k$ strikt positiv ist.*
b) S heißt **primitiv***, wenn es ein n_0 gibt, für das S^{n_0} strikt positiv ist.*

Bemerkungen:

1. Ist $\sum_{k=0}^{n_0} S^k$ strikt positiv, so auch $\sum_{k=0}^{n} S^k$ für alle $n \geq n_0$. Insbesondere ist S genau dann irreduzibel, wenn $M_n(S)$ strikt positiv für alle $n \geq n_0$ ist.

2. Sei $S^n = (s_{ij}^{(n)})$. S ist genau dann irreduzibel, wenn es zu jedem Indexpaar (i,j) ein $n(i,j) \in \mathbb{N}$ gibt mit $s_{ij}^{(n(i,j))} > 0$. Denn das in der Definition geforderte n_0 ist dann einfach $n_0 = \max\{n(i,j) : i,j = 1, \dots, r\}$.

3. Jede primitive Matrix ist irreduzibel. $S = \begin{pmatrix} 0 & 1 \\ 1 & 0 \end{pmatrix}$ ist irreduzibel, aber nicht primitiv.

Die beiden folgenden Sätze beantworten unsere oben gestellten Fragen.

Theorem 16.50. *Sei S eine irreduzible stochastische $r \times r$–Matrix. Dann gibt es genau eine S–invariante Wahrscheinlichkeitsverteilung p. Sie ist strikt positiv. Ferner gilt für die Projektion $Q = \lim_{n\to\infty} M_n(S)$ die Gleichung $Qx = (1^\downarrow | x) p$.*

Beweis: (I) Sei wie bisher $Q = \lim_{n\to\infty} \frac{1}{n} \sum_{k=0}^{n-1} S^k$. Sei $T = M_{n_0}(S)$, wo n_0 so gewählt ist, dass T strikt positiv ist. Wegen $TQ = Q$ ist Q nach Satz 16.45 strikt positiv.
(II) *Behauptung:* $\mathrm{rg}(Q) = 1$.
Beweis: Sei p eine beliebige Spalte von Q. Sei $x \in F(S)$ beliebig, also $Sx = x = Tx$. Für $\lambda = \max\{\frac{x_j}{p_j} : j = 1, \dots, r\}$ ist $\lambda p - x$ positiv, aber nicht strikt positiv wegen $\lambda p_k - x_k = 0$ für diejenigen k, für die $\lambda = \frac{x_k}{p_k}$ gilt. Da T strikt positiv ist und $T(\lambda p - x) = \lambda Tp - Tx = \lambda p - x$ gilt, folgt aus Satz 16.45 $\lambda p - x = 0$. Also ist $x = \lambda p$, das heißt $F(S) = \{\lambda p : \lambda \in \mathbb{R}\}$. Da alle Spalten von Q in F liegen und Wahrscheinlichkeitsvektoren sind, ist $Q = (p, p, \dots, p)$, also $Q(x) = (1^\downarrow | x) p$. Somit ist p der einzige S-invariante Wahrscheinlichkeitsvektor, das heißt die gesuchte Wahrscheinlichkeitsverteilung.   □

Theorem 16.51. *Sei S eine primitive stochastische $r \times r$-Matrix und p der nach Theorem 16.50 eindeutig bestimmte Wahrscheinlichkeitsvektor, der unter S invariant ist. Dann gilt $p = \lim_{n\to\infty} S^n x$ für alle Wahrscheinlichkeitsvektoren x.*

Beweis: (I) Nach Satz 16.47 ist $\mathbb{R}^r = F(S) \oplus (I - S)(\mathbb{R}^r)$. Nach Theorem 16.50 ist $Qx = (1^{\downarrow}|x)p$. Um die Konvergenz zu zeigen, genügt es $\lim_{n\to\infty} \|S^n x\| = 0$ für $x \in \ker(Q)$ zu beweisen.

(II) Sei $S^n =: T = (t_{ij})$ strikt positiv und $\alpha = \min(t_{ij})$. Wegen $1^{\downarrow} \geq p$ ist $T \geq \alpha Q$. $U = T - \alpha Q$ ist positiv und alle Spalten von U haben die Summe $1 - \alpha$. Also ist $G := \frac{1}{1-\alpha}U$ wieder stochastisch und es gilt $T = (1 - \alpha)G + \alpha Q$. Für $x \in \ker(Q)$ folgt hieraus

$$\|Tx\| = (1 - \alpha)\|Gx\| \leq (1 - \alpha)\|G\|\,\|x\| \leq (1 - \alpha)\|x\|,$$

weil G als stochastische Matrix die Norm $\|G\| = 1$ hat. Mit x ist wegen $TQ = QT = Q$ auch $Tx \in \ker Q$. Durch Induktion folgt $\|T^k x\| \leq (1 - \alpha)^k \|x\|$, also $\lim \|T^k x\| = 0$. Nun ist die Folge $\|S^n x\|$ wegen $\|S^{n+1} x\| \leq \|S\|\,\|S^n x\| = \|S^n x\|$ monoton fallend und die Teilfolge $(\|T^k x\|)_k = (\|S^{nk} x\|)_k$ konvergiert gegen 0. Daraus folgt $\lim_{n\to\infty} \|S^n x\| = 0$. Damit ist der Satz bewiesen. $\qquad\square$

Anwendung auf Markoff–Ketten

Satz 16.52. *Sei P die Übergangsmatrix einer Markoff–Kette.*
a) P ist genau dann irreduzibel, wenn das System von jedem Zustand z_i zu jedem anderen Zustand z_j in endlicher Zeit mit positiver Wahrscheinlichkeit gelangt.
b) P ist genau dann primitiv, wenn es einen Zeitpunkt n gibt, so dass das System von jedem Zustand z_i mit positiver Wahrscheinlichkeit in n Schritten in jeden anderen Zustand z_k gelangt.

Beweis: a) Sei $P^n = (p_{ij}^{(n)})$. Es ist

$$p_{ij}^{(n)} = P(X_n = z_j | X_0 = z_i). \tag{16.7}$$

Damit folgt die Behauptung aus Bemerkung 1 auf Seite 499.

b) Sei $z_i \in \mathcal{Z}$ beliebig. Es ist mit den Bezeichnungen von Teil a) des Beweises P^n genau dann strikt positiv, wenn $p_{ij}^{(n)} > 0$ für alle Paare (i, j). Aus Gleichung (16.7) folgt die Behauptung. $\qquad\square$

Damit wird die Bedeutung des folgenden Satzes klar, dessen Beweis unmittelbar aus Satz 16.42 und den Theoremen 16.50 und 16.51 folgt.

Theorem 16.53. *Sei $(X_n)_n$ eine Markoff–Kette mit Übergangsmatrix P. P sei irreduzibel. Dann gibt es genau eine invariante Wahrscheinlichkeitsverteilung p auf $\mathcal{Z}$. Sie ist strikt positiv. Ist P darüber hinaus primitiv, so gilt für jede Anfangsverteilung $p^{(0)} = P_{X_0}$ auf $\mathcal{Z}$*

$$p = \lim_{n\to\infty} p^{(n)} = \lim_{n\to\infty} P_{X_n} = \lim_{n\to\infty} P^n p^{(0)}.$$

Um die invariante Verteilung zu bestimmen, muss man nur das Eigenwertproblem zum Eigenwert 1 lösen. Dies werden wir an einigen Beispielen demonstrieren:

Beispiel: Sei P die Übergangsmatrix des Jukes–Cantor–Modells (siehe Seite 461). Sie ist für alle α ($0 < \alpha \le 1/3$) primitiv. Außerdem gilt für sie $P1^\downarrow = 1^\downarrow$. Damit ist die diskrete Gleichverteilung $p = 1/4 \cdot 1^\downarrow$ auf dem Zustandsraum das einzige invariante Wahrscheinlichkeitsmaß. Es folgt $\lim_{n\to\infty} P^n = (p, p, p, p) = Q$, wie auf Seite 461 bereits behauptet.

Das Beispiel lässt sich verallgemeinern:

Definition 16.54. *Eine stochastische Matrix S heißt* **doppelt stochastisch**, *wenn* $S1^\downarrow = 1^\downarrow$ *gilt.*

Jede symmetrische stochastische Matrix ist doppelt stochastisch. Tatsächlich sind zum Beispiel die einfachen Übergangsmatrizen für Nukleotid-Substitution symmetrisch (siehe [12, S. 366 ff]). Es gilt der folgende wichtige Satz:

Satz 16.55. *Sei P die Übergangsmatrix einer Markoff–Kette auf dem Zustandsraum $\mathcal{Z} = \{z_1, \ldots, z_r\}$. Sei P primitiv. Dann gilt: $(P^n p)_n$ konvergiert genau dann für alle Wahrscheinlichkeitsverteilungen p gegen die diskrete Gleichverteilung $1/r \cdot 1^\downarrow$ auf $\mathcal{Z}$, wenn P doppelt stochastisch ist.*

Aufgabe: Beweisen Sie bitte diesen Satz. Orientieren Sie sich dabei am obigen Beispiel.

Es folgen einige in der Informatik wichtige Beispiele.

Beispiele:

1. Sei $G = (E, K, \tau)$ ein endlicher zusammenhängender Graph mit Knotenmenge $E = \{e_1, \ldots, e_r\}$. Eine **Irrfahrt** auf G ist eine Markoff–Kette mit der Übergangsmatrix $P(X_1 = e_k | X_0 = e_i) = \dfrac{1}{d(e_i)}$, wo $d(e_i)$ der Grad von e_i ist. Man beachte dabei, dass Schleifen doppelt gezählt werden.

2. Sei G ein einfaches Dreieck. Dann ist $P = \begin{pmatrix} 0 & 1/2 & 1/2 \\ 1/2 & 0 & 1/2 \\ 1/2 & 1/2 & 0 \end{pmatrix}$. P ist doppelt stochastisch und $P^2 \gg 0$. Also gilt $\lim_{n\to\infty} P^n p = 1/3 \cdot 1^\downarrow$.

3. Sei G der Baum mit zwei Blättern $\{1, 2\}$ und einem inneren Knoten 3. Dann wird die Irrfahrt durch $P = \begin{pmatrix} 0 & 0 & 1/2 \\ 0 & 0 & 1/2 \\ 1 & 1 & 0 \end{pmatrix}$ beschrieben. Es ist $P^{2n} = \begin{pmatrix} 1/2 & 1/2 & 0 \\ 1/2 & 1/2 & 0 \\ 0 & 0 & 1 \end{pmatrix}$. Damit ist P irreduzibel, aber nicht primitiv. Das invariante Maß ist $(1/4, 1/4, 1/2)^t$.

4. Irrfahrten auf $(\mathbb{Z}_m, \oplus)$. Sei $p = (p_0, \ldots, p_{m-1})^t$ ein beliebiges Wahrscheinlichkeitsmaß auf $\mathbb{Z}_m$. Wir setzen $P = (p_{ij})_{i,j=0,\ldots,m-1}$ mit $p_{ij} = p_{i\oplus j}$. Spezialfälle erhält man für $p_k = 1$, $p_j = 0$ für $j \ne k$. Wir bezeichnen diese Matrizen mit S_k. Man erhält $S_k = S_1^k$ und $S_k P = P S_k$. Außerdem gilt (und das hängt eng mit dieser Gleichung zusammen) $P(X_1 = i | X_0 = k) = P(X_1 = i \oplus j | X_0 = k \oplus j)$, *die Übergangswahrscheinlichkeiten sind invariant gegenüber der Addition.* Die Matrix P ist irreduzibel und doppelt stochastisch, aber nicht notwendig primitiv, wie man am Beispiel der S_k sieht.

Aufgaben:

1. Zeigen Sie bitte: Auf einem zusammenhängenden Graphen ist jede Irrfahrt irreduzibel.
2. Sei G ein regelmäßiges m–Eck, man hat also die Knotenmenge $\{1,\ldots,m\}$ und die Kantenmenge $\{\{i, i+1\} : 1 \leq i \leq m-1\} \cup \{\{1,m\}\}$. Zeigen Sie bitte, dass die Irrfahrt primitiv ist und stellen Sie eine Verbindung her zur Irrfahrt auf der Gruppe $(\mathbb{Z}_m, \oplus)$. *Tipp:* betrachten Sie die Abbildung $j \mapsto j - 1$ von G auf $\mathbb{Z}_m$.
3. Berechnen Sie die Irrfahrt auf dem Baum
   $(\{1,2,3,4,5\}, \{\{1,4\}, \{2,4\}, \{3,5\}, \{4,5\}\})$. Ist sie primitiv?
4. Sei G ein Baum mit mindestens zwei Blättern und einem inneren Knoten. Zeigen Sie bitte: Die diskrete Gleichverteilung ist nicht invariant unter der Irrfahrt auf G. *Tipp:* Kann die Übergangsmatrix doppelt stochastisch sein?

Wiederholung

Begriffe: stochastischer Prozess, Poisson-Prozess, Markoff–Kette, Übergangswahrscheinlichkeit, Übergangsmatrix, stochastische Matrix, Cesaro–Mittel, Fixraum, irreduzible Matrix, primitive Matrix, doppelt stochastische Matrix, Irrfahrt auf Graphen und Gruppen.

Sätze: Verteilung der Zufallsvariablen eines Poisson-Prozesses, Konvergenz der Cesaro–Mittel, Basis des Fixraumes einer stochastischen Matrix, invariantes Wahrscheinlichkeitsmaß einer irreduziblen stochastischen Matrix, Konvergenz der Potenzen einer primitiven stochastischen Matrix, Anwendungen auf Markoff–Ketten.

Literaturverzeichnis

1. A. V. Aho, J. D. Ullman: *Foundations of Computer Science (Principles of Computer Science Series)*, W. H. Freeman & Company, 1995.

2. A. V. Aho, J. D. Ullman: *Informatik. Datenstrukturen und Konzepte der Abstraktion.*, MITP-Verlag, 1996.

3. H. Amann: *Gewöhnliche Differentialgleichungen*, W. de Gruyter, Berlin – New York, 1983.

4. H. Bauer: *Maß- und Integrationstheorie*, 2. Auflage, W. de Gruyter, Berlin – New York, 1992.

5. M. W. Berry, Z. Drmac, E. R. Jessup: *Matrices, Vector Spaces, and Information Retrieval*, SIAM Review 41 (1999), 335–362.

6. A. Beutelspacher: *Kryptologie*, 6. Auflage, Vieweg, Braunschweig, 2002.

7. S. Bosch: *Algebra*, 2. Auflage, Springer-Verlag, New York – Berlin – Heidelberg, 1996.

8. I. N. Bronstein, K. A. Semendjajew: *Taschenbuch der Mathematik*, 21. Auflage, Harri Deutsch, Frankfurt a. M., 1981.

9. J. Buchmann: *Einführung in die Kryptographie*, Springer-Verlag, New York – Berlin – Heidelberg, 1999.

10. J. Clark, D. A. Holton: *Graphentheorie*, Spektrum Akademischer Verlag, Heidelberg – Berlin – Oxford, 1994.

11. R. Crandall, C. Pomerance: *Prime numbers - a computational perspective*, Springer-Verlag, Berlin – Heidelberg – New York, 2001.

12. W. J. Ewens, G. R. Grant: *Statistical Methods in Bioinformatics*, Springer-Verlag, New York – Berlin – Heidelberg, 2002.

13. G. Fischer: *Lineare Algebra*, 12. Auflage, Vieweg, Braunschweig – Wiesbaden, 2000.

14. O. Forster: *Algorithmische Zahlentheorie*, Vieweg, Braunschweig, 1996.

504   Literaturverzeichnis

15. J. v. zur Gathen, J. Gerhard: *Modern Computer Algebra*, Cambridge University Press, Cambridge (UK), 1999.

16. W. Greub: *Linear Algebra*, 4th ed., Springer-Verlag, Berlin – Heidelberg – New York, 1975.

17. W. Heise, P. Quattrocchi: *Informations- und Codierungstheorie. Mathematische Grundlagen der Daten-Kompression und -Sicherung in diskreten Kommunikationssystemen*, 3. neubearb. Auflage, Springer-Verlag, Berlin – Heidelberg – New York 1995.

18. B. Huppert: *Angewandte Lineare Algebra*, W. de Gruyter, Berlin – New York, 1990.

19. W. Kaballo: *Einführung in die Analysis I*, 2. Auflage, Spektrum Akademischer Verlag, Heidelberg – Berlin, 2000.

20. K. Königsberger: *Analysis 2*, 5. Aufl., Springer-Verlag Berlin – Heidelberg – New York, 2004.

21. W. Küchlin, A. Weber: *Einführung in die Informatik – objektorientiert mit Java*, 2. Auflage, Springer-Verlag, Berlin – Heidelberg – New York, 2003.

22. W. Oevel, *Einführung in die numerische Mathematik*, Spektrum Akademischer Verlag, Heidelberg – Berlin – Oxford, 1996.

23. B. Pareigis: *Analytische und projektive Geometrie für die Computer-Graphik*, B.G. Teubner, Stuttgart, 1990.

24. R. S. Rivest, A. Shamir, L. Adleman: *A method for obtaining digital signatures and public-key cryptosystems*, Communications of the ACM 21 (1978), 120–126.

25. A. Schönhage, V. Strassen: *Schnelle Multiplikation großer Zahlen*, Computing 7 (1971), 281–292.

26. U. Schöning: *Logik für Informatiker*, 5. Auflage, Spektrum Akademischer Verlag, Heidelberg – Berlin, 2000.

27. A. Tanenbaum: *Computer Networks*, 3rd ed., Prentice Hall, New Jersey, 1996.

28. W. Walter: *Gewöhnliche Differentialgleichungen*, 6. Auflage, Springer, Berlin – Heidelberg – New York, 1996.

29. K.-U. Witt: *Algebraische Grundlagen der Informatik*, Vieweg, Braunschweig – Wiesbaden, 2001.

30. M. Wolff, O. Gloor, C. Richard: *Analysis Alive*, Birkhäuser-Verlag, Basel, 1998.

Index

Druck und Bindung: Strauss GmbH, Mörlenbach